普通高等教育"十一五"国家级规划教材

电磁场理论与微波工程基础

（第二版）

陈抗生　编著

ZHEJIANG UNIVERSITY PRESS
浙江大学出版社

内容提要

《电磁场理论与微波工程基础》是普通高等教育"十一五"国家级规划教材。本书将电磁场与电磁波以及微波工程两门课涵盖的内容有机组织在一起，使理论与应用更好地结合。本书对电磁场与电磁波的分析研究按先交变场后静态场并以交变场为主的体系进行，静态场作为交变场角频率 $\omega\to 0$ 的特例给出。对交变场的讨论，通过导波结构的传输线模型将场与路两种处理方法巧妙结合起来，便于工程技术人员阅读。本书对微波工程有关问题的阐述，结合微带结构的射频与微波电路进行，以便与网络通信应用的背景更好结合。全书共 10 章。第 1 章麦克斯韦方程；第 2 章传输线理论与圆图；第 3 章平面波及其在介质交界面的反射与折射；第 4 章波导、谐振器与周期结构；第 5 章天线；第 6 章静态场(作为交变场特例给出)；第 7 章射频与微波器件的等效网络表示；第 8 章功分器、耦合器、滤波器；第 9 章放大器、振荡器、混频器；第 10 章射频前端电路系统分析与设计。

本书可作为电子信息类专业本科生"电磁场与电磁波"以及"微波工程"课程的教材，同时也可供有关工程技术人员参考。

图书在版编目(CIP)数据

电磁场理论与微波工程基础 / 陈抗生编著. —2 版.
—杭州：浙江大学出版社，2020.10
ISBN 978-7-308-20993-9

Ⅰ.①电…　Ⅱ.①陈…　Ⅲ.①电磁场－高等学校－教材②微波技术－高等学校－教材　Ⅳ.①O441.4②TN015

中国版本图书馆 CIP 数据核字(2020)第 252782 号

电磁场理论与微波工程基础(第二版)
陈抗生　**编著**

责任编辑　王元新　徐　霞
责任校对　阮海潮
封面设计　刘依群
出版发行　浙江大学出版社
(杭州市天目山路 148 号　邮政编码 310007)
(网址：http://www.zjupress.com)
排　　版　浙江时代出版服务有限公司
印　　刷　广东虎彩云印刷有限公司绍兴分公司
开　　本　787mm×1092mm　1/16
印　　张　34.25
字　　数　876 千
版 印 次　2020 年 10 月第 2 版　2020 年 10 月第 1 次印刷
书　　号　ISBN 978-7-308-20993-9
定　　价　56.00

前　　言

随着信息科学技术的进步，电磁运动规律及其应用在电子信息类专业本科生知识结构中的重要性越来越为人们所关注，这也对电磁场与电磁波类课程的教学提出了更高的要求。近年来，国内各高等院校对电磁场与电磁波类课程的教学进行了不同程度的改革。基础要加强，深度要提高，内容涵盖要拓宽，要与现代电磁理论的最新应用相结合，但授课时数要减少，已成为课程改革的共识。目前，我国已出版了多个版本的电磁场与电磁波类课程的教材以适应这一改革。比较通用的，如“电磁场与电磁波”，涵盖电磁场理论、微波技术与天线，而“微波工程”，大体涵盖微波技术、天线以及射频与微波电路。这两门课如果分开讲授，每门课要 80 学时，合起来就要 160 学时。但两门课内容有交叉，如果统一起来讲，128 个学时也就差不多了。

编写“电磁场理论与微波工程基础”教材的初衷是，将“电磁场与电磁波”与“微波工程”两门课涵盖的内容有机地组织到一本教材中，使基本电磁理论与工程应用更好结合，使总的教学时数减少到 96～104 个学时。这主要得益于本教材编写中对以下几个问题的处理：

1. 先交变场后静态场并以交变场为主的教材体系

本教材对电磁理论的讲解直接从麦克斯韦方程组开始，先交变场后静态场，并以交变场为主，静态场作为交变场角频率 $\omega=0$ 的特例给出。选择这一教材体系，主要考虑在现代，电磁理论的应用跟交变场关系尤为密切；此外，选修本课程的学生，通过大学普通物理课程的学习已对静态场有了一定的了解，直接从交变场讨论电磁问题也有了一定的基础。这个体系不仅提高了本课程的起点，还使静态场的教学时数大大减少。

2. 场和路两种研究方法的有机结合

电磁问题的研究，当所研究对象的尺度比波长小得多时，可以采用路的方法；而与波长可比拟甚至比波长大得多时，就要用场的方法。路是场的特例。场和路两种方法的有机结合，对于工程电磁问题的解决十分有益。传输线的横向尺寸比波长小得多，但纵向尺寸却比波长大得多，传输线理论兼有路和场两者的特点。本书第 1 章简要介绍麦克斯韦方程后，第 2 章就进入传输线基本理论。这不仅因为传输线理论在解决电磁工程问题中得到了广泛应用，也因为根据传输线理论建立起来的关于波的传播、反射、阻抗匹配等概念对其后理解电磁波的传播十分有益。不仅如此，本书还从麦克斯韦方程出发导出了导波结构的传输线模型，并在此基础上将导波的传播问题用传输线模型进行分析处理，使复杂的场问题简化为工程技术人员熟悉的路的问题。场和路两种处理方法的有机结合，使本教材易教易学，还节省了教学时数。

3. 必要的数学知识与电磁理论教学结合

涉及的数学知识多是电磁场与电磁波类课程难学难教的原因之一。本教材第1章将矢量分析中梯度、散度与旋度等抽象的数学概念与表达式跟构成麦克斯韦方程的四个具体物理定律的表达式联系起来，使这些抽象的数学概念变得很实在，同时也加深了对麦克斯韦方程的理解。其他，如偏微分方程与波方程的求解结合、线性代数与网络分析的结合，都有类似的收效。

4. 电磁理论与工程应用的结合

电磁场与电磁波偏重理论，微波工程偏重应用，将两者有机地组织到本教材中，为电磁理论与工程应用的结合创造了很好的条件。电磁理论应用领域甚广，本教材针对通信与网络等主要应用精选教学内容，微波工程围绕射频与微波电路中遇到的问题展开讨论，举的例子与读者感兴趣的或今后可能从事的工作领域相关联。理论与工程应用的这种结合，有利于提高学生学习电磁波类课程的积极性。

本书共分10章。第1章麦克斯韦方程，简要介绍电磁运动的基本规律，将矢量分析与麦克斯韦方程组的数学表述有机地结合起来。第2章传输线基本理论与圆图，其重要性不仅在于其应用的广泛性，还在于从传输线理论进入电磁波对已有一定电路知识背景的读者更容易一些，而且其后波导与谐振器中有些复杂的场问题也可用传输线理论来分析，而使问题简化。第3章平面波及其在介质交界面的反射与折射，首先详细讨论当边界趋于无穷远时均匀介质中的平面波解，包括有耗介质、各向异性介质等情况，并从场理论得出波传播的传输线模型；接着又基于波传播的传输线模型讨论介质交界面对平面波的反射与折射以及一维不均匀介质中波的传播。第4章波导、谐振器与周期结构，重点讨论波导，将谐振器和周期结构看成波导问题的推广。波导处理的是二维结构的三维场问题，谐振器和周期结构遇到的是三维结构的三维场问题，一般要用场方法分析处理。导波结构的传输线模型，可使有些问题的分析简化。第5章天线，研究电磁波的辐射与接收，主要是处理边界趋于无穷远时均匀介质中有源麦克斯韦方程的解。第6章静态场，将静态场作为交变场$\omega=0$的特例引入，包括静电场、恒定电场与恒定磁场。第7章射频与微波器件的等效网络表示，重点介绍微波网络，并简要介绍信号流图定理。微波网络及传输线理论对于微波工程十分重要。第8、9两章，重点讨论射频与微波电路问题。第8章功分器、耦合器、滤波器，这些元件是射频与微波电路中重要的无源微波电路元件。第9章放大器、振荡器、混频器，这些元件习惯上称作射频与微波有源电路，用于产生或放大微波信号，或将一个频率的能量转换为另一频率的能量。第10章射频前端电路系统分析与设计，结合射频与微波通信系统前端电路中接收与发送两个射频模块，讨论射频与微波电路的应用。

根据作者在浙江大学的教学实践，本书作为教材，安排两个学期讲授较妥。第一学期 64 学时，讲授第 1～6 章，涵盖电磁场理论、传输线、天线、波导、谐振器。第二学期 40 学时(包括 5 个设计实验)，讲授第 7～10 章，涵盖微波网络、射频与微波电路。

上海大学李英教授审阅了全书，并提出了许多宝贵意见。作者在此向李英教授表示衷心的感谢。

本书的前半部分很多材料取自作者编写并由高等教学出版社出版的“电磁场与电磁波”教材。美国麻省理工学院孔金瓯教授等撰写的 *Applied Electromagnetism* 一书对本书先交变场后静态场教材体系的确定影响很大。美国纽约理工大学彭松村教授(近年在台湾交通大学)的研究成果在本书中被引用，作者特向他们致谢。章献民教授、杨冬晓教授、冉立新教授、郑史烈副教授、叶险峰副教授、皇甫江涛副教授、谢银芳高级工程师等在本书撰写与使用本书初稿过程中提出过许多宝贵意见，郑国武、陈红胜等多名研究生的成果也在本书中得到应用，研究生张华锋完成了 5 个设计实验指导书的撰写，作者在此一并致谢。

感谢浙江大学教务部、浙江大学信息电子工程系、浙江大学电子信息技术与系统研究所为本书撰写提供各种便利与支持。感谢浙江大学出版社，尤其是应伯根、陈晓嘉对本书出版的支持。

本书大部分图表由顾为民工程师绘制，全书由王锴波女士完成电脑录入，在此表示谢意。

陈抗生

2020 年 8 月 18 日

符号表

A　安培
$\boldsymbol{A}$　矢量位
A_e　天线有效面积
$\boldsymbol{B}$　磁通量密度(磁感应强度)
B　电纳
b　归一化电纳
C　库仑
C　电容
c　真空中光速(3×10^8 m/s)
$\boldsymbol{D}$　电通量密度(电位移)
dB　分贝
$\boldsymbol{E}$　电场强度
e　自然对数的底
e　电子电荷
F　法拉
F　力
f　频率
G　电导
G　天线增益
g　加速度
G_D　天线方向性
$\boldsymbol{H}$　磁场强度
Hz　赫兹
I　电流
$\boldsymbol{J}$　电流密度
j　$\sqrt{-1}$
$\boldsymbol{k}$　波矢
k　传播常数,波数
L　电感
l　长度,曲线
dl　线元
d$\boldsymbol{l}$　线元矢量
$\boldsymbol{m}$　磁矩
m　米
N　牛顿
N　奈贝
$\boldsymbol{n}_0$　法线方向单位矢量
p　功率
$\boldsymbol{p}$　电矩
Q, q　电荷
Q　品质因数
R　电阻
r　归一化电阻
$\boldsymbol{S}$　坡印廷矢量
S　面积
d$\boldsymbol{S}$　面元矢量
dS　面元
T　温度
T　透射系数
T　时间周期
V　电压
v　速度
V　体积
dV　体积元
Wb　韦伯
W　能量
w　能量密度
X　电抗
x　归一化电抗
Y　导纳
y　归一化导纳
Z　阻抗
z　归一化阻抗
$\boldsymbol{Z}$　Z 矩阵
$\boldsymbol{Y}$　Y 矩阵
$\boldsymbol{S}$　S 矩阵
$\boldsymbol{A}$　A 矩阵
$\boldsymbol{T}$　T 矩阵
∇　梯度算符
α　波导纵向传播常数的虚部
β　波导纵向传播常数的实部
β　耦合度
γ　旋磁比
δ　δ 函数
δ　穿透深度
δ　介质损耗角
ε　介电常数(电容率)
η　波阻抗
η　效率
η_0　自由空间波阻抗(377Ω)
θ　角度
θ_b　布儒斯特角
θ_B　波束宽度
θ_c　临界角
κ　等效传输线传播常数
λ　波长
λ　本征值
λ_c　临界波长(截止波长)
λ_g　导波波长
μ　磁导率
π　圆周率
ρ　电荷密度
ρ　驻波系数
(ρ, φ, z)　圆柱坐标系
(r, θ, φ)　球坐标系
σ　电导率
σ　雷达截面
Φ　标量位
Φ　电位

χ	极化率或磁化率	ψ	电通量	$\boldsymbol{\Omega}$	立体角
ω	角频率	ψ	磁通量	Ω	欧姆
ψ	标量函数	Γ	反射系数		

目　录

第1章

麦克斯韦方程

宏观世界电磁运动服从麦克斯韦方程。麦克斯韦方程不是从几个公理推导出来的，而是根据实验研究总结出来的电磁运动的基本规律。麦克斯韦方程是正确的，因为宏观世界观察到的电磁现象可以从麦克斯韦方程得到解释，从麦克斯韦方程得出的结论为实验所证实。其中最为人们称道的是，麦克斯韦从麦克斯韦方程预言了电磁波的存在，其后为赫兹实验所证实，从此开创了人类应用电磁波的新纪元。

本章1.1节简要回顾构成麦克斯韦方程的四个基本定理，并用积分形式的麦克斯韦方程表示。积分形式的麦克斯韦方程反映电磁场在局部区域的平均性质。1.2节引入梯度算符“∇”后，将积分形式的麦克斯韦方程转变为微分形式的麦克斯韦方程。微分形式的麦克斯韦方程反映场在每一点的性质。对于时谐场，1.3节引入波的复矢量表示后，又得到用复矢量表示的时谐场的麦克斯韦方程。麦克斯韦方程包含电流连续与电荷守恒原理，这在1.4节讨论。1.5节指出，麦克斯韦方程组中独立的变量超过独立方程的个数，故还要有一组辅助方程才能对麦克斯韦方程求解。这组辅助方程就是物质的本构关系。麦克斯韦方程反映电荷、电流产生的场，而1.6节洛仑兹力方程则反映场对电荷、电流的作用。1.7节讨论电磁场量以及梯度、散度、旋度在柱坐标与球坐标系下如何表示。1.8节坡印廷定理，反映电磁运动的能量守恒关系。1.9节简要介绍电磁场的几个基本定理与原理。

1.1 积分形式的麦克斯韦方程

库仑定理（或高斯定理）、磁通连续性原理、法拉第定理和推广的安培定理是构成麦克斯韦方程的四个基本定理，其积分表达形式就是积分形式的麦克斯韦方程。这四个定理已在大学普通物理课程中讨论过，本节只是对这四个定理作简要的回顾。

1.1.1 库仑定理与高斯定理

1. 库仑定理

人们对电磁运动规律的认识是从对带电体之间的相互作用的研究开始的。1785 年库仑通过实验总结出两点电荷间的作用力(见图 1-1)为

$$\boldsymbol{F}_{e21}=\boldsymbol{R}_{12_0}\frac{q_1q_2}{4\pi\varepsilon_0\boldsymbol{R}_{12}^2}(\mathrm{N}) \tag{1.1.1}$$

这就是著名的库仑定理。式中：$\boldsymbol{F}_{e21}$表示点电荷 q_1 作用于点电荷 q_2 的力，是矢量，有大小和方向，单位是牛顿(N)；q_1、q_2 为两点电荷带的电荷量，单位是库仑(C)；一个电子所带电荷量的大小 e 为

$$e=1.6\times10^{-19}(\mathrm{C})$$

$\boldsymbol{R}_{12}=\boldsymbol{r}_2-\boldsymbol{r}_1$，是从 q_1 指向 q_2 的矢量。R_{12}为两点电荷间的距离，单位是米(m)；$\boldsymbol{R}_{12_0}$是从 q_1 指向 q_2 的单位矢量；$\varepsilon_0=8.854\times10^{-12}$法拉/米(F/m)，是一普适常数，叫做自由空间介电常数(或自由空间电容率)。自由空间相当于真空，故 ε_0 又叫做真空介电常数或真空电容率。图 1-1中矢径 $\boldsymbol{r}_1$、$\boldsymbol{r}_2$ 分别表示点电荷 q_1、q_2 的位置。$\boldsymbol{r}_1$、$\boldsymbol{r}_2$ 是矢量，其大小为点电荷 q_1、q_2 到坐标原点的距离，方向为从坐标原点指向点电荷 q_1、q_2 的方向。

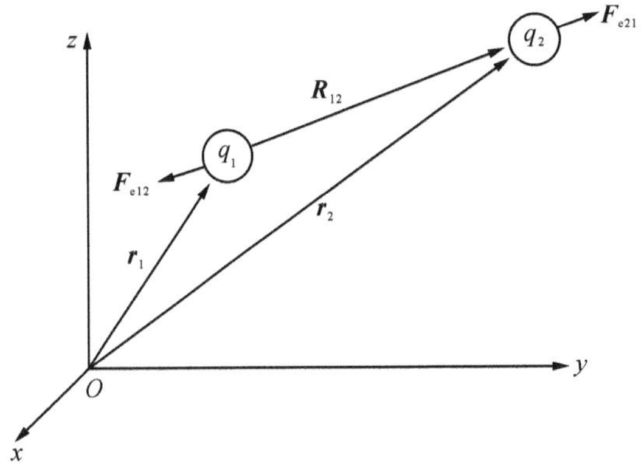

图 1-1 自由空间带正电的两点电荷间的作用力

点电荷 q_2 作用于点电荷 q_1 的力 $\boldsymbol{F}_{e12}$与 $\boldsymbol{F}_{e21}$大小相等，方向相反，即

$$\boldsymbol{F}_{e12}=-\boldsymbol{F}_{e21}$$

库仑定理告诉我们：相同极性电荷之间的力是斥力，不同极性电荷之间的力是吸力，两者方向相反；两点电荷之间作用力方向在两点电荷的连线上；两点电荷之间作用力的大小与两点电荷电量的乘积成正比，与两点电荷间距离的平方成反比。

2. 电场强度 *E*

式(1.1.1)表示的库仑力与质量为 m_1、m_2 两物体间的引力 F_{g21}相似，即

$$\boldsymbol{F}_{g21}=-\boldsymbol{R}_{12_0}\frac{Gm_1m_2}{R_{12}^2}\ (\mathrm{N}) \tag{1.1.2}$$

式中：R_{12}为两物体质心间距；G 为普适引力常数。但两者也有明显的区别，产生引力的源是质量 m，而产生电力的源是电荷 q；电荷有正负极性，而质量没有。

设地球的质量为 M，且其质心与坐标原点重合，则地球对任一质量为 m 的物体的作用力（重力）可表示为

$$\boldsymbol{F}_{\mathrm{g}}=-\boldsymbol{r}_0\frac{GMm}{r^2} \tag{1.1.3}$$

式中：$(-\boldsymbol{r}_0)$为指向地球地心的单位矢量；r 为质量为 m 的物体的质心到地球质心的距离。

根据式(1.1.3)，地球对质量为 m 的物体的作用力（重力）也可解释为地球产生的重力场 $\boldsymbol{g}$ 对该物体的作用，即

$$\boldsymbol{F}_{\mathrm{g}}=m\boldsymbol{g} \tag{1.1.4}$$

可见

$$\boldsymbol{g}=-\boldsymbol{r}_0\frac{GM}{r^2} \tag{1.1.5}$$

与此类似，置于自由空间中的点电荷 Q 对另一点电荷 q 的作用可认为是点电荷 Q 在其周围产生的电场 $\boldsymbol{E}$ 对另一点电荷 q 的作用。如果点电荷 Q 放在坐标原点，并定义置于坐标原点的点电荷 Q 产生的电场 $\boldsymbol{E}$ 为

$$\boldsymbol{E}=\frac{Q}{4\pi\varepsilon_0 r^2}\boldsymbol{r}_0\ (\mathrm{V/m}) \tag{1.1.6}$$

则由式(1.1.1)可知，点电荷 Q 对另一点电荷 q 的作用力可表示为

$$\boldsymbol{F}_{\mathrm{e}}=q\boldsymbol{E} \tag{1.1.7}$$

其中，$\boldsymbol{E}$ 叫做电场强度，单位为伏特/米(V/m)。

式(1.1.6)中 $\boldsymbol{r}_0$ 是以点电荷 Q 所在点为球心的径向单位矢量；而 r 为所观察点到点电荷 Q 的距离。

由式(1.1.7)可知，空间任一点单位试验正电荷($q=1$)受力的方向即电场 $\boldsymbol{E}$ 的方向，受力的大小即电场 $\boldsymbol{E}$ 的大小。所以点电荷 Q 产生的电场强度 $\boldsymbol{E}$ 是矢量，它是空间位置和时间的函数。空间位置可用矢径 $\boldsymbol{r}$ 表示，时间可用 t 表示，那么电场强度 $\boldsymbol{E}$ 一般可表示为

$$\boldsymbol{E}=\boldsymbol{E}(\boldsymbol{r},t)$$

注意，本书以后都用黑体字母表示矢量，而标量用非黑体字母表示。

在直角坐标系下，表示空间某点 P 位置的矢径 $\boldsymbol{r}_1$ 为

$$\boldsymbol{r}_1=x_1\boldsymbol{x}_0+y_1\boldsymbol{y}_0+z_1\boldsymbol{z}_0 \tag{1.1.8}$$

$\boldsymbol{r}_1$ 的方向即为坐标原点到所研究场点 P 的连线离开原点的方向，$\boldsymbol{r}_1$ 的模 $|\boldsymbol{r}_1|$ 为

$$|\boldsymbol{r}_1|=\sqrt{x_1^2+y_1^2+z_1^2} \tag{1.1.9}$$

即原点到所研究场点的距离，如图 1-2 所示。$\boldsymbol{r}_1$ 在三个坐标轴上投影即 x_1、y_1、z_1。而 $\boldsymbol{x}_0$、$\boldsymbol{y}_0$、$\boldsymbol{z}_0$ 即为 x、y、z 轴坐标方向的单位矢量，其大小、方向与空间位置无关，是常矢量。三者彼此垂直，即正交，故具有如下性质：

$$\boldsymbol{x}_0\cdot\boldsymbol{y}_0=\boldsymbol{y}_0\cdot\boldsymbol{z}_0=\boldsymbol{z}_0\cdot\boldsymbol{x}_0=0 \tag{1.1.10}$$

$$\boldsymbol{x}_0\cdot\boldsymbol{x}_0=\boldsymbol{y}_0\cdot\boldsymbol{y}_0=\boldsymbol{z}_0\cdot\boldsymbol{z}_0=1 \tag{1.1.11}$$

以及

$$\boldsymbol{x}_0\times\boldsymbol{y}_0=\boldsymbol{z}_0,\quad \boldsymbol{y}_0\times\boldsymbol{z}_0=\boldsymbol{x}_0,\quad \boldsymbol{z}_0\times\boldsymbol{x}_0=\boldsymbol{y}_0 \tag{1.1.12}$$

电场 $\boldsymbol{E}$ 在空间中可用一有向线段表示，如图 1-3 所示。有向线段的方向即电场 $\boldsymbol{E}$ 的方向，而其长度则表示 $\boldsymbol{E}$ 的大小。$\boldsymbol{E}$ 的大小可用模 $|\boldsymbol{E}|$ 表示，方向可用单位矢量 $\boldsymbol{e}_0$ 表示。$\boldsymbol{e}_0$ 的方向即为 $\boldsymbol{E}$ 的方向，而大小为 1，即模 $|\boldsymbol{e}_0|=1$。因此，引入单位矢量 $\boldsymbol{e}_0$ 后，$\boldsymbol{E}$ 可表示为

$$\boldsymbol{E}=|\boldsymbol{E}|\boldsymbol{e}_0 \tag{1.1.13}$$

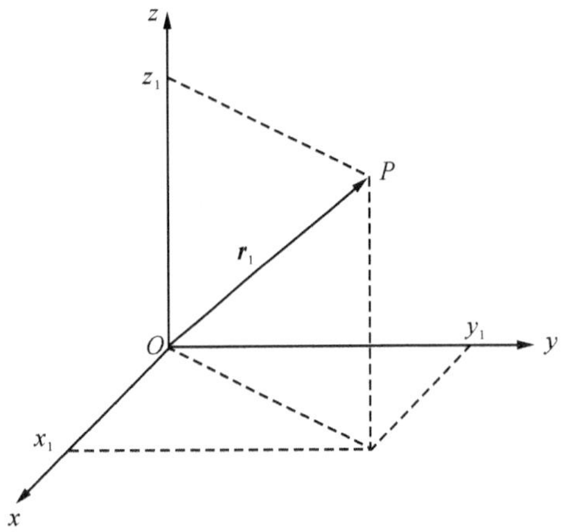

图 1-2　矢径 $\boldsymbol{r}_1$

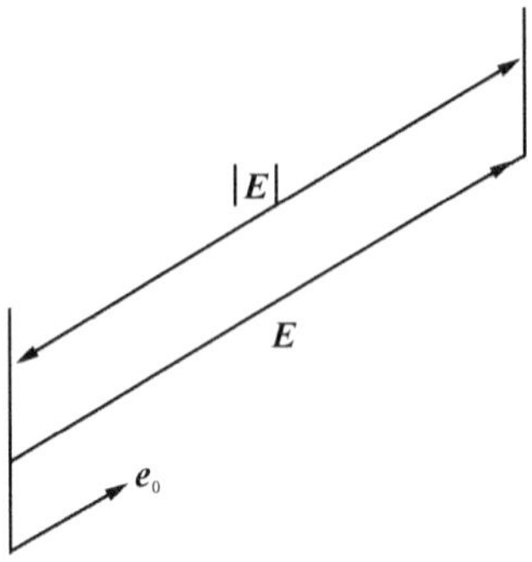

图 1-3　电场 $\boldsymbol{E}$ 在空间中用一有向线段表示

在不引起混淆的情况下，模 $|\boldsymbol{E}|$ 也可用非黑体的 E 表示。用非黑体字母表示矢量的模，这一习惯本书也采用。

当两矢量的模和方向都相同时，可以认为这两个矢量彼此相等，这一类矢量叫做自由矢量。本书后面对电磁场矢量的讨论都限于自由矢量。对于自由矢量，我们常常把矢量的起点平移到坐标原点，以使分析简化。所以电场强度 $\boldsymbol{E}$ 在直角坐标系下可用有向线段 $\overrightarrow{OP}$ 表示，如图 1-4 所示。如果 $\boldsymbol{E}$ 在 x、y、z 轴上的投影分别为 E_x、E_y、E_z，则 $\boldsymbol{E}$ 可表示为

$$\boldsymbol{E}=E_x\boldsymbol{x}_0+E_y\boldsymbol{y}_0+E_z\boldsymbol{z}_0 \tag{1.1.14}$$

因为按照矢量加法的平行四边形法则，矢量 $E_x\boldsymbol{x}_0+E_y\boldsymbol{y}_0+E_z\boldsymbol{z}_0$ 就是矢量 $\overrightarrow{OP}$，即电场 $\boldsymbol{E}$。

电场 $\boldsymbol{E}$ 的模 $|\boldsymbol{E}|$ 为

$$|\boldsymbol{E}|=\sqrt{E_x^2+E_y^2+E_z^2} \tag{1.1.15}$$

注意：E_x、E_y、E_z 都是矢径 $\boldsymbol{r}$ 与时间 t 的函数。

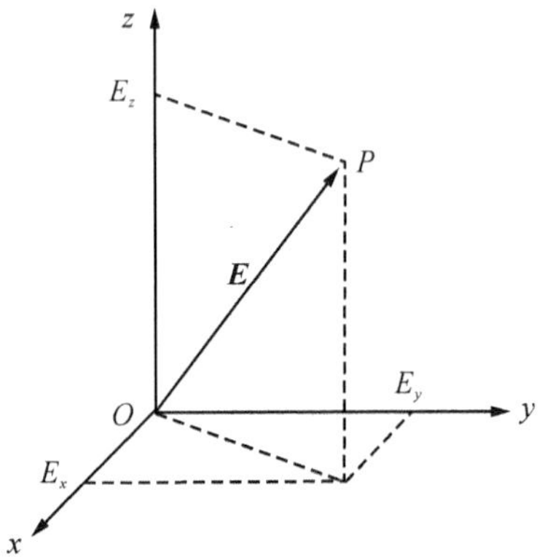

图 1-4　电场在直角坐标系中的表示

3. 电场线

正电荷 Q 产生的电场 $\boldsymbol{E}$ 的图解如图 1-5(a)所示。箭头表示电场 $\boldsymbol{E}$ 的方向，箭头的长短表示电场 $\boldsymbol{E}$ 的大小。电场 $\boldsymbol{E}$ 在空间的分布也可用电场线图解表示。电场线上任一点的切线方向表示该点电场 $\boldsymbol{E}$ 的方向，而穿过垂直于电场线方向单位面积的电场线数就表示该点的电场强度。正电荷 Q 产生的电场线如图 1-5(b)所示，电场线也叫做电力线。注意，电场线总是从正电荷出发终止于负电荷。了解用电场线描述电场对我们认识电磁场具有极其重要的意义。

4. 电偶极子

由相距为 d 的两点电荷 q、$-q$ 组成的系统(当 d 很小时)叫做电偶极子[见图 1-6(a)]。

电偶极子用电矩 $\boldsymbol{p}$ 表示

$$\boldsymbol{p}=q\boldsymbol{d} \tag{1.1.16}$$

式中：$\boldsymbol{d}$ 的方向由负电荷指向正电荷。

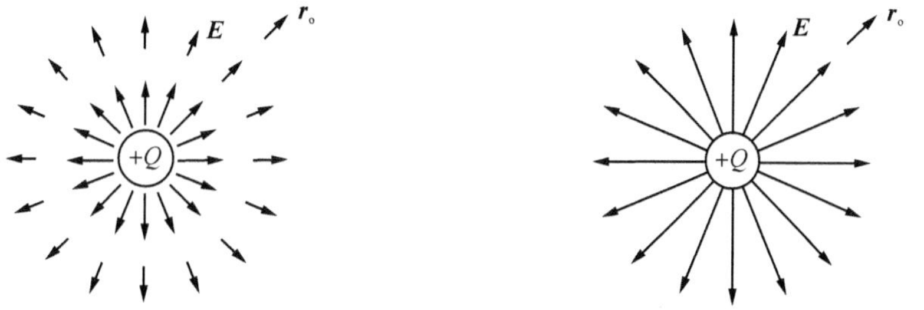

(a)点电荷+Q产生的电场　　(b)点电荷+Q产生的电场线图

图 1-5　点电荷＋Q 产生的电场及电场线图

实验证明：电荷产生的电场满足叠加原理，即 N 个点电荷产生的场等于每个点电荷产生的场的叠加。因此按照叠加原理，电偶极子产生的场就是两个点电荷产生的场的叠加。

按照两矢量相加的平行四边形法则，如图 1-6(a)所示的电偶极子在对称面上的 P 点，其合成场的指向是与对称面垂直的。类似地可以得到空间任一点电偶极子产生的场，其电场线的图解如图 1-6(b)所示。注意：在对称面上，电场只有与对称面垂直的法向分量，而与对称面平行的切向分量等于零。

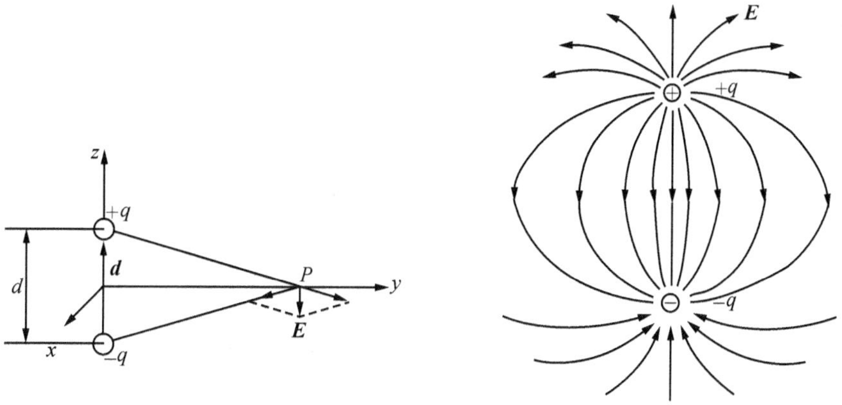

(a)电偶极子及其在对称面q点合成的电场　　(b)电偶极子产生的电场线图

图 1-6　电偶极子与其产生的电场线的图解

5. 电场中的介质

前面讨论的都是将点电荷置于自由空间或真空中的情况。现在我们考察一下，如果将一个正电荷 q 放在介质中将会发生什么情况？我们知道任何物质都由分子、原子组成，原子又由带正电的核和围绕核带负电的电子云构成。原子中核带的正电荷数与电子云带的负电荷数刚好相等，所以一般情况下原子所带净电荷为零，即呈电中性。没有外加电场时，介质中不会有电场。如果将正电荷 q 放到介质中，如图 1-7 所示，在点电荷＋q 产生的电场 $\boldsymbol{E}$ 的作用下，原子中电子云的对称中心相对于核有所移位，使原子的一端正电荷较多，另一端负电荷较多，如同一个电偶极子，电偶极子趋向于按电场方向排列。这个过程叫做介质的极化。这时介质中总的电场就包括两部

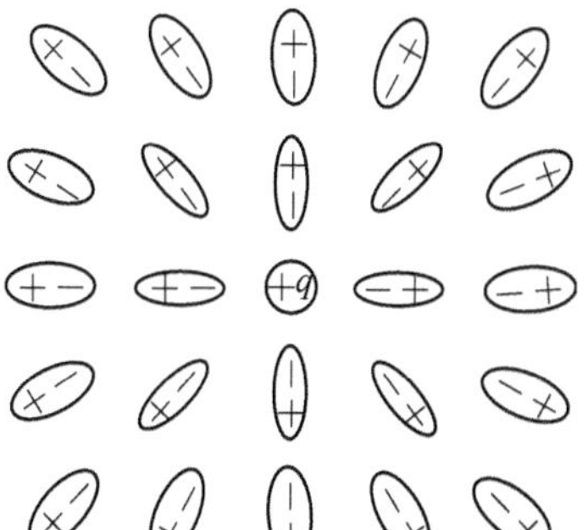

图 1-7　正电荷 q 产生的场使介质原子极化

分，没有介质时点电荷 q 产生的电场和因介质极化而致的诸多偶极子 $\boldsymbol{p}$ 产生的电场。总的场与介质特性有关，可表示为

$$\boldsymbol{E}=\boldsymbol{r}_0\frac{q}{4\pi\varepsilon r^2}\ (\mathrm{V/m}) \tag{1.1.17}$$

式中：ε 叫做介质的介电常数(或电容率)，通常表示为

$$\varepsilon=\varepsilon_r\varepsilon_0\,(\mathrm{F/m}) \tag{1.1.18}$$

式中：ε_r 为一个无量纲的量，叫做介质的相对介电常数(或介质相对电容率)，ε_r 一般大于 1。对于真空，$\varepsilon_r=1$；对于空气，$\varepsilon_r=1.0006$。常用介质材料的 ε_r 值见本书最后的附录 4。

6. 电通量密度或电位移 *D*

根据前面的分析，电荷 q 在介质中产生的场除了真空中产生的电场外还应包括介质极化而致的诸多偶极子 $\boldsymbol{p}$ 产生的电场，真空中产生的电场与介质中产生的电场是不同的。如果我们引入一个新的物理量 $\boldsymbol{D}$，即电通量密度，它与电场强度 $\boldsymbol{E}$ 的关系为

$$\boldsymbol{D}=\varepsilon\boldsymbol{E}\ (\mathrm{C/m^2}) \tag{1.1.19}$$

显然，$\boldsymbol{D}$ 的单位是库仑/米^2($\mathrm{C/m^2}$)。不管是在真空中还是介质中，电荷 q 产生的电通量密度 $\boldsymbol{D}$ 都是相等的。真空与介质的差别是由介电常数 ε 的差别反映出来的。

电场强度 $\boldsymbol{E}$ 用电场线表示，电通量密度 $\boldsymbol{D}$ 也可用电通量密度线表示，即其切线方向表示电通量密度的方向，穿过垂直于电通量密度线单位面积的电通量密度线数，表示电通量密度的大小。很多情况下 $\boldsymbol{D}$ 平行 $\boldsymbol{E}$，所以电场线与电通量密度线具有相同的形状。

$\boldsymbol{E}$ 和 $\boldsymbol{D}$ 构成了电磁场中最基本的一对特征场量，那么电通量密度 $\boldsymbol{D}$ 的物理意义究竟是什么呢？请看下面的高斯定理。

7. 高斯定理

根据电通量密度线的定义，穿过曲面 S 的电通量 Ψ 可表示为

$$\Psi=\int_S\boldsymbol{D}\cdot\mathrm{d}\boldsymbol{S}$$

式中：$\mathrm{d}\boldsymbol{S}$ 的方向即曲面 S 上某一面积元 $\mathrm{d}\boldsymbol{S}$ 的法线 $\boldsymbol{n}$ 的方向，大小就是该面积元的面积，所以 $\mathrm{d}\boldsymbol{S}=\boldsymbol{n}\mathrm{d}S$，如图 1-8 所示。因为 $\boldsymbol{D}\cdot\mathrm{d}\boldsymbol{S}=|\boldsymbol{D}||\mathrm{d}\boldsymbol{S}|\cos\theta$，这里 θ 为 $\boldsymbol{D}$ 与面积元法线 $\boldsymbol{n}$ 的夹角，$|\mathrm{d}\boldsymbol{S}|\cos\theta$就是$|\mathrm{d}\boldsymbol{S}|$在垂直于 $\boldsymbol{D}$ 的平面上的投影，所以 $\boldsymbol{D}\cdot\mathrm{d}\boldsymbol{S}$ 就是 $\boldsymbol{D}$ 通过面积元 $\mathrm{d}\boldsymbol{S}$ 的电通量。其积分就是穿过整个曲面的电通量 Ψ。

如果点电荷 q 置于坐标原点，其电通量密度 $\boldsymbol{D}$ 在半径 $\boldsymbol{r}$ 方向上。设以原点为球心有一个假想的球面(见图 1-9)，则通过该球面的电通量 Ψ_D 为

$$\Psi_D=\oint_{球面S}\boldsymbol{D}\cdot\mathrm{d}\boldsymbol{S}=\oint_{球面S}\frac{q}{4\pi r^2}\boldsymbol{r}_0\cdot\mathrm{d}\boldsymbol{S} \tag{1.1.20}$$

式中：$\mathrm{d}\boldsymbol{S}=r^2\mathrm{d}\boldsymbol{\Omega}\boldsymbol{r}_0$，$r$ 为球面的半径，$\mathrm{d}\boldsymbol{\Omega}$ 为球面上面积元 $\mathrm{d}\boldsymbol{S}$ 对球心所张立体角，$\boldsymbol{r}_0$ 为 $\boldsymbol{r}$ 方向上的单位矢量，即面积元 $\mathrm{d}\boldsymbol{S}$ 法线方向单位矢量。将 $\mathrm{d}\boldsymbol{S}$ 代入式(1.1.20)，得到

$$\Psi_D=\oint_S\boldsymbol{D}\cdot\mathrm{d}\boldsymbol{S}=\oint_{球面S}\frac{qr^2}{4\pi r^2}\mathrm{d}\boldsymbol{\Omega}\,\boldsymbol{r}_0\cdot\boldsymbol{r}_0=\frac{q}{4\pi}\oint_{球面S}\mathrm{d}\boldsymbol{\Omega}=q \tag{1.1.21}$$

这就是说穿过假想球面的电通量等于球心处点电荷 q。

按照叠加原理，N 个点电荷产生的场等于每个点电荷产生的场的叠加，即

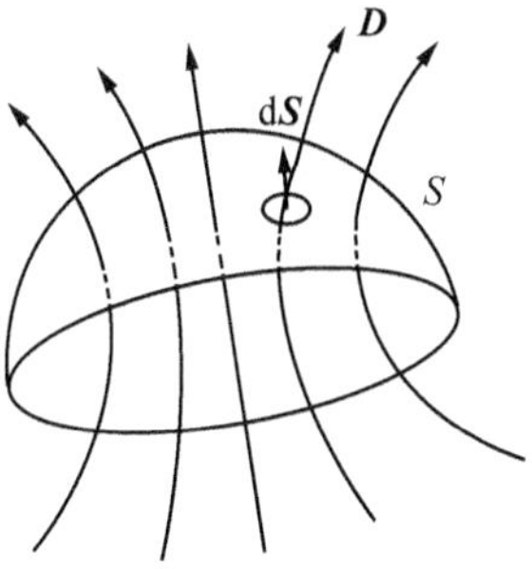

图 1-8 穿过曲面 S 的电通量 $\boldsymbol{\Psi}$

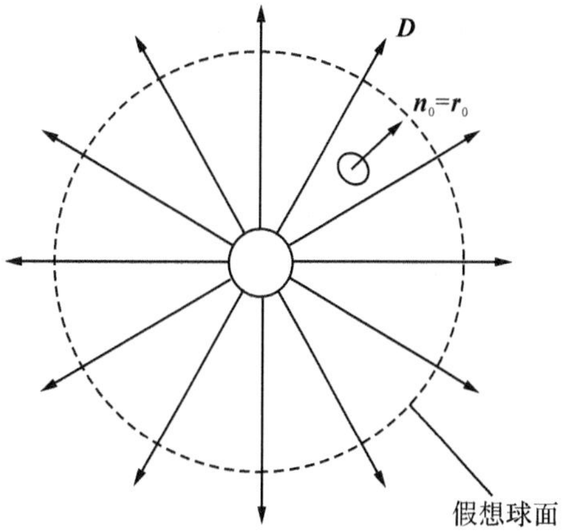

图 1-9 点电荷 q 产生的电通量密度 $\boldsymbol{D}$

$$\boldsymbol{D} = \sum_{n=1}^{N} \frac{q_n}{4\pi r_n} \boldsymbol{r}_{n0}$$

由此，进一步得到穿过任意闭合曲面的电通量 $\oint_S \boldsymbol{D} \cdot \mathrm{d}\boldsymbol{S}$ 等于该闭合曲面包围的总电荷 Q，即

$$\oint_S \boldsymbol{D} \cdot \mathrm{d}\boldsymbol{S} = Q$$

如果定义单位体积内包含的电荷量为体电荷密度 ρ_V，则闭合曲面包围的体积 V 内总电荷 Q 为电荷密度 ρ_V 的体积分，即 $Q = \int_V \rho_V \mathrm{d}V$，所以上式可表示为

$$\oint_S \boldsymbol{D} \cdot \mathrm{d}\boldsymbol{S} = \int_V \rho_V \mathrm{d}V \tag{1.1.22}$$

式中：体电荷密度 ρ_V 的单位是库仑/米^3（$\mathrm{C/m^3}$），一般来说，它是矢径 $\boldsymbol{r}$ 和时间 t 的函数。

式(1.1.22)就是积分形式的高斯定理。

注意：库仑定理、高斯定理都是实验规律的总结，两者等价。从库仑定理可以得出高斯定理；反之，从高斯定理也可得出库仑定理。不要因为上面的分析就误认为高斯定理是由库仑定理推导出来的。

1.1.2 磁通连续性原理

1. 磁通量密度或磁感应强度 B

地球是一个特大的磁体，在其周围存在磁场，而且任何时候永磁棒的磁矩都指向地磁的北极。世界上最早根据这一现象发明了原始罗盘（即指南针）的是中国。但是直到 19 世纪人们对磁现象才有了比较深入的认识。电荷产生电场可用电场线表示，永磁体产生的磁场也可用磁场线（也叫做磁力线）表示，如图 1-10(a)所示。任何永磁体的南极、北极都是成对出现的，迄今为止还没有发现单独的磁极存在。这与电荷不同，正电荷与负电荷可单独存在。相同极性磁极接近时有斥力；不同极性磁极接近时有吸力，且作用力与距离的平方成反比。

如果将一个小磁体加工成可自由转动的磁针，那么磁针所指示的方向即磁场线方向，穿过

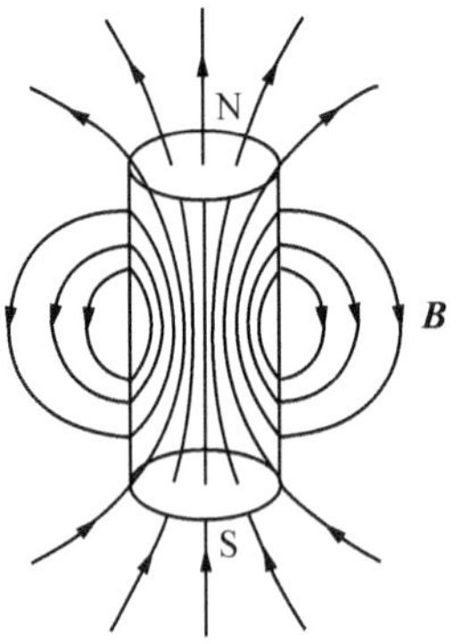

(a)永磁体及其产生的磁场线

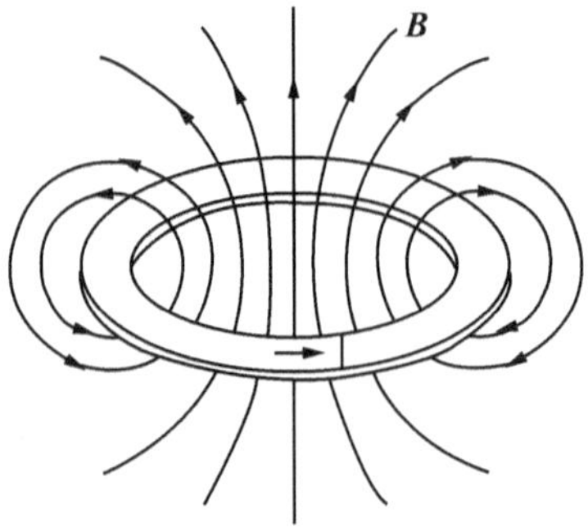

(b)磁偶极子及其产生的磁场线

图 1-10　永磁体与磁偶极子

与磁场线垂直的单位面积的磁场线数就表示所观察点的磁通量密度，用 **B** 表示。奥斯特(Hans Christian Oersted，1777—1851)在 1819 年发现，除永磁体可使附近磁针偏转外，在通电导线周围也可使磁针偏转，即说明电流能产生磁力，通电导线周围有磁场。这是将电与磁联系起来研究的开端。通电闭合回路产生的磁场，其磁场线与永磁体产生的磁场线很相似[见图 1-10(b)]。通电闭合回路的直径很小时，这种闭合环形电流叫做磁偶极子。

前面我们通过两带电体之间的相互作用定义电场，同样可以通过两通电导线间的相互作用定义磁场。1825 年安培(André-Marie Ampére，1775—1836)通过两载流导体之间相互作用的研究总结出了载流导体所受磁力的定律，即安培定律；毕奥(Biot)和萨伐(Savart)确定了磁场和电流之间的定量关系，即毕奥—萨伐定律。按照安培定律、毕奥—萨伐定律，对于间距为 d 的两平行直导线(见图 1-11)，当两导线上电流同方向时，两导线相互吸引，即两导线受到吸引力；而当两导线上电流方向相反时，两导线相互排斥，即两导线受到排斥力。通电导线间的这种作用力可解释为：流过导线 1 的电流 I_1 在其周围产生磁场 $\boldsymbol{B}_1$，通过 $\boldsymbol{B}_1$ 作用于导线 2；同样，流过导线 2 的电流 I_2 在其周围产生磁场 $\boldsymbol{B}_2$，通过 $\boldsymbol{B}_2$ 作用于导线 1。

通过无限长直导线的电流 I 产生的磁场如图 1-12 所示。如果右手大拇指指向与电流 I 方向一致，那么右手四指方向即为磁场线方向，并形成闭合回路。电流与磁场的这种关系叫做右手螺旋关系。

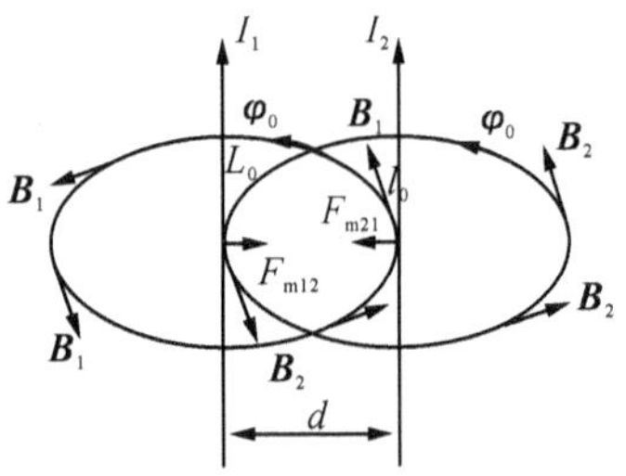

图 1-11　两通电并行直导线

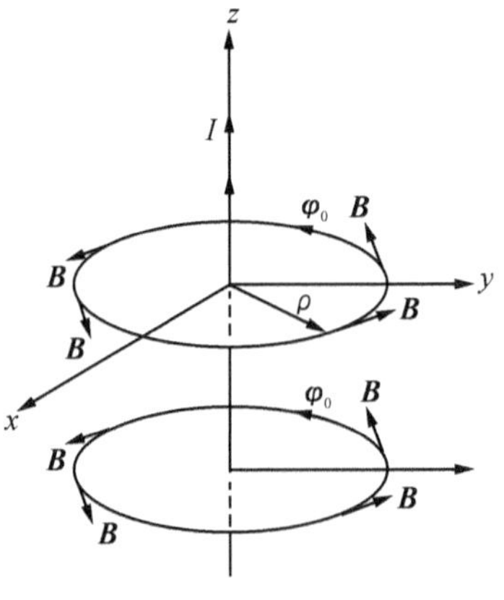

图 1-12　无限长直导线的电流 I 产生的磁场

无限长直导线周围产生的磁通量密度 **B** 与所观察点的空间位置及电流 I 的关系为

$$\boldsymbol{B}=\boldsymbol{\varphi}_0 \frac{\mu_0 I}{2\pi\rho} \tag{1.1.23}$$

式中：$\boldsymbol{B}$ 的单位为韦伯/米^2（Wb/m^2）；I 是流过导线的电流，单位为安培（A）；ρ 为所观察点到导线的径向距离，单位为米（m）；$\boldsymbol{\varphi}_0$ 是角向（或圆周方向）单位矢量，表示磁通量密度的方向；μ_0 是一个常数，叫做自由空间或真空磁导率，$\mu_0=4\pi\times10^{-7}$，与真空介电常数 ε_0 对应。

ε_0、μ_0 定义了真空中光速 c。

$$c=\frac{1}{\sqrt{\mu_0\varepsilon_0}}\approx 3\times10^8(\mathrm{m/s}) \tag{1.1.24}$$

通电导线 2 的一小段 $\mathrm{d}\boldsymbol{l}_2$ 在通电导线 1 产生的磁场 $\boldsymbol{B}_1$ 的作用下所受的力 $\mathrm{d}\boldsymbol{F}_2$ 为

$$\mathrm{d}\boldsymbol{F}_2=I_2\mathrm{d}\boldsymbol{l}_2\times\boldsymbol{B}_1 \tag{1.1.25}$$

其中，$\mathrm{d}\boldsymbol{l}_2$ 的大小为 $\mathrm{d}l_2$，方向为导线 2 上电流的方向。根据前述电流与其产生磁场的右手螺旋关系，图 1-11 中导线 1 的电流 I_1 在导线 2 产生的磁场 $\boldsymbol{B}_1$ 是从纸面进去的，这个从纸面进去的磁场对导线 2 流过的电流 I_2 的作用力，其方向既与 $\boldsymbol{B}_1$ 垂直，也与电流方向垂直，还满足右手螺旋关系，即如果右手四指从电流正方向到磁场 $\boldsymbol{B}_1$ 的方向，则右手大拇指方向就是导线 2 受力的方向。按照这一规则，当两通电导线电流同方向时，导线 2 受到的力指向导线 1，两导线就相互吸引，否则就相互排斥。

2. 磁场强度 *H*

下面考察将通电直导线置于介质中的情况。物质由原子组成，原子中有绕核旋转的电子，电子本身还有自旋。无论是电子的绕核旋转还是自旋，其结果相当于一个产生磁场的环形电流，类似于一小磁体。因此，介质可以看成由无限多小磁体组成。由于绕核旋转电子以及自旋电子取向的随机性，无限多小磁体的排列也是随机的，它们产生的磁场相互抵消，介质中不会有净磁场。当通电导线置于介质中时，在通电导线产生的磁场 $\boldsymbol{B}$ 的作用下，构成介质的无限多小磁体将按磁场线方向有序排列，这时无限多小磁体产生的磁场彼此不会完全抵消，而有净磁场产生。这种现象叫做介质的磁化。通电导线置于介质中时，除了介质不存在时，通电导线产生的磁场外，还有在通电导线产生的磁场感应下，构成介质的无限多小磁体有序排列产生的净磁场。合成磁场的大小与介质的特性有关。通电导线在介质中产生的总磁场的表达式为

$$\boldsymbol{B}=\boldsymbol{\varphi}_0 \frac{\mu I}{2\pi\rho} \tag{1.1.26}$$

式中：$\mu=\mu_r\mu_0$，μ 叫做介质的磁导率；μ_r 是一个无量纲的量，叫做介质的相对磁导率，反映介质的磁特性。对于大多数介质，$\mu_r\approx 1$，而 $\mu_r\gg 1$ 的介质叫铁磁性介质。常用铁磁性介质的相对磁导率见本书后面的附录 4。

前面已讨论过，$\boldsymbol{E}$ 与 $\boldsymbol{D}$ 是描述电磁场的一对场量，磁通量密度 $\boldsymbol{B}$ 与电场强度 $\boldsymbol{E}$ 对应。通电导线在真空中与介质中产生的磁通量密度 $\boldsymbol{B}$ 是不一样的。我们将引入另一场量 $\boldsymbol{H}$，它与 $\boldsymbol{B}$ 的关系是

$$\boldsymbol{B}=\mu\boldsymbol{H} \tag{1.1.27}$$

式中：H 叫做磁场强度，单位为安/米（A/m）。对于 $\boldsymbol{H}$，不管是在真空中还是介质中，通电直导线产生的磁场强度 $\boldsymbol{H}$ 都是相同的，即

$$\boldsymbol{H}=\boldsymbol{\varphi}_0 \frac{I}{2\pi\rho} \tag{1.1.28}$$

$\boldsymbol{B}$ 与 $\boldsymbol{H}$ 就是描述电磁场的另一对场量，磁场强度 $\boldsymbol{H}$ 与电通量密度 $\boldsymbol{D}$ 对应。

与此类似，电偶极子、磁偶极子也是一组对应的物理量。电偶极子用电矩 $\boldsymbol{p}$ 表示，磁偶极子可用磁矩 $\boldsymbol{m}$ 表示，且 $\boldsymbol{m}$ 的表达式为

$$\boldsymbol{m}=IS\boldsymbol{z}_0 \tag{1.1.29}$$

式中：I 是圆环上的电流，单位为 A；S 是圆环包围的面积，单位为米^2(m^2)；单位矢量 $\boldsymbol{z}_0$ 方向可这样确定：如果右手四指顺电流方向，大拇指方向就是 $\boldsymbol{z}_0$ 方向。

3. 磁通连续性原理

迄今为止，对磁现象的研究表明，世界上没有单独的磁极存在，磁力线永远构成闭合回路，这就是磁通连续性原理。因为磁力线自成闭合回路，对于任何封闭曲面，穿出闭合曲面的磁通量一定等于穿进闭合曲面的磁通量，这就是说穿出闭合曲面的净磁通量等于零，即

$$\oint_S \boldsymbol{B}\cdot \mathrm{d}\boldsymbol{S}=0 \tag{1.1.30}$$

因此，磁力线与电力线不同，电力线总是从正电荷出发，终止于负电荷，电力线"有头有尾"，而磁力线没有起始，"无头无尾"。

磁通连续性原理也叫做磁的库仑定理或磁的高斯定理。迄今观察到的磁极或"磁荷"总是成对出现的，任一闭合曲面包围的总"磁荷"一定等于零，穿过任一闭合曲面磁通量的代数和一定等于零，这就是把磁通连续性原理也叫做磁的库仑定理或磁的高斯定理的原因。

1.1.3 法拉第电磁感应定理

前面所述的对电磁现象的研究都是在静止电荷与恒定电流的状态下进行的，其电场、磁场不随时间变化。电磁学研究的一个重大进展是 1831 年法拉第(Michael Faraday，1791—1867)发现电磁感应现象，这是人们第一次对随时间变化的电磁场进行研究。法拉第定理指出，随时间变化的磁场会感应电场。

如图 1-13 所示，如果穿过闭合导线 l 所包围的面积的磁通量 $\boldsymbol{\Psi}_\mathrm{m}$ 随时间变化的，则会感应一个电动势 V_emf，其可表示为

$$V_\mathrm{emf}=\oint_l \boldsymbol{E}\cdot \mathrm{d}\boldsymbol{l}$$

V_emf 的大小等于穿过闭合导线 l 所包围的面积 S 的磁通量 $\Psi_\mathrm{m}=\int_S \boldsymbol{B}\cdot \mathrm{d}\boldsymbol{S}$ 随时间变化率的负数，即

$$V_\mathrm{emf}=\oint_l \boldsymbol{E}\cdot \mathrm{d}\boldsymbol{l}=-\frac{\partial \Psi_\mathrm{m}}{\partial t}=-\frac{\partial}{\partial t}\int_S \boldsymbol{B}\cdot \mathrm{d}\boldsymbol{S}$$

因为微分对时间坐标进行，积分对空间坐标进行，两者次序可调换，所以可得

$$\oint_l \boldsymbol{E}\cdot \mathrm{d}\boldsymbol{l}=-\int_S \frac{\partial \boldsymbol{B}}{\partial t}\cdot \mathrm{d}\boldsymbol{S} \tag{1.1.31}$$

这就是法拉第定理。

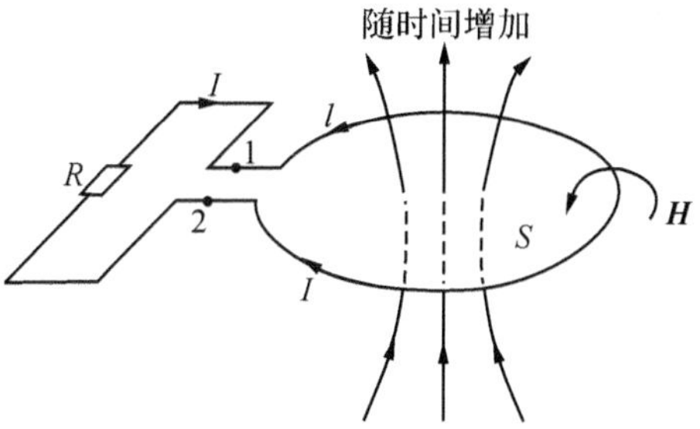

图 1-13　穿过闭合导线 l 的磁通量随时间变化会感应一个电动势

1.1.4　安培全电流定理与位移电流

1. 安培全电流定理

电流流过导体，在其周围产生磁场，如果右手大拇指与电流方向一致，则右手四指方向就是磁场方向。安培全电流定理告诉我们，磁场强度 $\boldsymbol{H}$ 沿任一闭合回路 l 的线积分等于穿过回路 l 所包围面积的电流 I_t，即

$$\oint_l \boldsymbol{H} \cdot \mathrm{d}\boldsymbol{l} = I_t = I + I_d \tag{1.1.32}$$

式中：I_t 是全电流。右边第一项 I 在导电媒质中叫传导电流 I_c，它是由导体中自由电子的定向运动引起的；在气体或真空中叫运流电流 I_v，它是由真空或气体中荷电粒子的运动引起的。所以 I 包括传导电流与运流电流两部分，即

$$I = I_c + I_v \tag{1.1.33}$$

式(1.1.32)右边第二项 I_d 叫位移电流，它并不代表电荷的运动，因而与传导电流、运流电流不同。传导电流、运流电流和位移电流之和称为全电流。

运流电流的体密度 $\boldsymbol{J}_V$ 定义为 $\boldsymbol{J}_V = \rho_V \boldsymbol{v}$，$\rho_V$ 为体电荷密度，$\boldsymbol{v}$ 为电荷运动速度，$\boldsymbol{J}_V$ 表示单位时间穿过垂直于 V 方向单位面积的电荷数。$\int_S \boldsymbol{J}_V \cdot \mathrm{d}\boldsymbol{S}$ 表示每秒穿过曲面 S 的总电荷，即运流电流 I_v。类似地定义 $\boldsymbol{J}_c$、$\boldsymbol{J}_d$ 分别表示传导电流与位移电流的体密度，可得

$$I_c = \int_S \boldsymbol{J}_c \cdot \mathrm{d}\boldsymbol{S}$$

$$I_d = \int_S \boldsymbol{J}_d \cdot \mathrm{d}\boldsymbol{S}$$

体电流密度 $\boldsymbol{J}$ 的单位为安培/米^2($\mathrm{A/m^2}$)，一般来说，它也是矢径 $\boldsymbol{r}$ 和时间 t 的函数。

于是，式(1.1.32)也可表示为

$$\oint_l \boldsymbol{H} \cdot \mathrm{d}\boldsymbol{l} = \int_S \boldsymbol{J} \cdot \mathrm{d}\boldsymbol{S} + \int_S \boldsymbol{J}_d \cdot \mathrm{d}\boldsymbol{S} \tag{1.1.34}$$

式中：

$$\boldsymbol{J} = \boldsymbol{J}_c + \boldsymbol{J}_V \tag{1.1.35}$$

$$\boldsymbol{J}_c = \sigma \boldsymbol{E} \tag{1.1.36}$$

$$\boldsymbol{J}_V = \rho_V \boldsymbol{v} \tag{1.1.37}$$

其中，$\boldsymbol{J}_c$ 为传导电流密度；σ 为导体的电导率，单位为 S/m；E 为导体内的电场强度。式(1.1.36)就是我们熟知的微分形式的欧姆定理。$\boldsymbol{J}_V = \rho_V \boldsymbol{v}$ 为真空中或气体中的电流密度，其中 ρ_V 和 $\boldsymbol{v}$ 分别为真空或气体中荷电粒子的密度和速度。$\boldsymbol{J}_d$ 为位移电流密度，可表示为

$$\boldsymbol{J}_{\mathrm{d}}=\frac{\partial \boldsymbol{D}}{\partial t} \tag{1.1.38}$$

其中，$\boldsymbol{D}$ 为电通量密度或电位移。将式(1.1.38)代入式(1.1.34)，得安培全电流定理为

$$\oint_l \boldsymbol{H}\cdot \mathrm{d}\boldsymbol{l}=\int_S \boldsymbol{J}\cdot \mathrm{d}\boldsymbol{S}+\int_S \frac{\partial \boldsymbol{D}}{\partial t}\cdot \mathrm{d}\boldsymbol{S} \tag{1.1.39}$$

安培全电流定理表示电流能产生磁场，在传导电流、运流电流不存在的区域，随时间变化的电场(或位移电流)产生磁场。

2. 关于位移电流的初步讨论

位移电流 I_{d} 是麦克斯韦(James Clerk Maxwell，1831—1879 年)在 1873 年首先引入的。为了说明位移电流的概念，请参看图 1-14 所示电路，电容器 C 通过导线连接到交流电源 $V_S(t)$，设

$$V_S(t)=V_0\cos\omega t$$

显然导线中的电流为

$$I_{\mathrm{c}}=\int_{S_{\mathrm{c}}} \boldsymbol{J}_{\mathrm{c}}\cdot \mathrm{d}\boldsymbol{S}=\int_{S_{\mathrm{c}}} \sigma\boldsymbol{E}\cdot \mathrm{d}\boldsymbol{S}$$

式中：S_{c} 为导线截面；$\mathrm{d}\boldsymbol{S}$ 的方向为电流流过导线的方向。

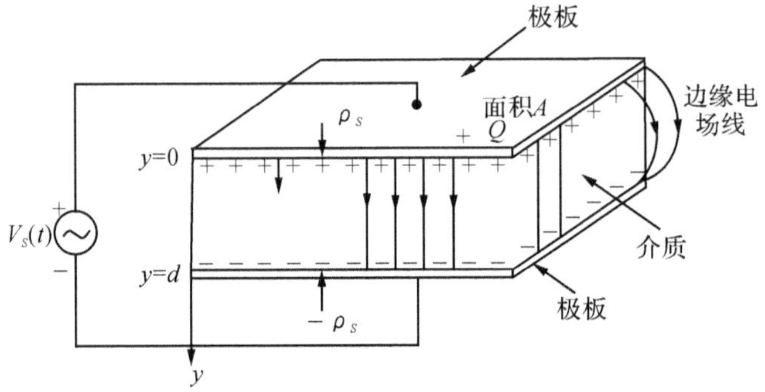

图 1-14　交流电源与平行板电容器相连构成的回路

在电容器极板上有电荷 $Q=CV_S$，C 为电容器的电容量。对于平行板电容器，电容 $C=\dfrac{\varepsilon A}{d}$，其中 A 为极板面积，d 为两平板的间距，ε 为两平行极板间填充介质的介电常数，V_S 为电容器两极板间的电压。Q 随时间的变化率即极板上的电流 I_{q} 为

$$I_{\mathrm{q}}=\frac{\mathrm{d}Q}{\mathrm{d}t}=C\frac{\mathrm{d}V_S}{\mathrm{d}t}=C\frac{\mathrm{d}}{\mathrm{d}t}(V_0\cos\omega t)=-CV_0\omega\sin\omega t$$

这里我们假定导线的电导率 σ 很大很大，导线上压降可忽略，即极板两端电压等于源电压。由电源、导线、电容器构成的电流回路，其通过的电流应连续，导线中电流要等于极板上电流 I_{q}，那么电容器中电流是多少呢？位移电流的引入可解释回路电流连续的问题。两极板上加电压 V_S 后，在电容器空间产生电场 $\boldsymbol{E}$，即

$$\boldsymbol{E}=\boldsymbol{y}_0\frac{V_S}{d}=\boldsymbol{y}_0\frac{V_0}{d}\cos\omega t$$

$\boldsymbol{E}$ 的大小为 V_S/d，方向同 $\boldsymbol{y}_0$ 方向，总的位移电流 I_{d} 为

$$I_{\mathrm{d}}=\int_S \boldsymbol{J}_{\mathrm{d}}\cdot \mathrm{d}\boldsymbol{S}=\int_S \frac{\partial}{\partial t}\boldsymbol{D}\cdot \mathrm{d}\boldsymbol{S}=\int_A \frac{\partial}{\partial t}\left[\boldsymbol{y}_0\frac{\varepsilon V_0}{d}\cos\omega t\right]\cdot(\boldsymbol{y}_0\mathrm{d}S)$$

$$= -\frac{\varepsilon A}{d} V_0 \omega \sin \omega t = -C V_0 \omega \sin \omega t$$

因为 d$\boldsymbol{S}$ 方向为极板法线方向，故 d$\boldsymbol{S}=\boldsymbol{y}_0$dS；$C$ 为平行板电容器电容。这个电流与极板上的电流刚好相等。

注意，上面的例题不是对位移电流的正确性进行证明，而是说明位移电流概念解释了由电容器构成的回路中电流的连续性。

引入位移电流后的全电流定理表明，随时间变化的电场会产生磁场，它和法拉第定理一起将电场、磁场联系了起来。引入位移电流的正确性是因为引入位移电流概念后得出的结论被其后的实验所证明。其中最重要的一点是，麦克斯韦引入位移电流概念后预言了电磁波的存在，其后赫兹在 1886—1889 年间通过实验证明了电磁波的存在。迄今宏观世界观察到的电磁现象没有一个与位移电流的概念相冲突，所以我们说位移电流概念的引入是正确的。

1.1.5　积分形式的麦克斯韦方程组

现在我们把法拉第电磁感应定理、安培全电流定理、高斯定理、磁通连续性原理重写如下：

$$\oint_l \boldsymbol{E} \cdot \mathrm{d}\boldsymbol{l} = -\int_S \frac{\partial \boldsymbol{B}}{\partial t} \cdot \mathrm{d}\boldsymbol{S} \tag{1.1.40a}$$

$$\oint_l \boldsymbol{H} \cdot \mathrm{d}\boldsymbol{l} = \int_S \left(\boldsymbol{J} + \frac{\partial \boldsymbol{D}}{\partial t}\right) \cdot \mathrm{d}\boldsymbol{S} \tag{1.1.40b}$$

$$\oint_S \boldsymbol{D} \cdot \mathrm{d}\boldsymbol{S} = \int_V \rho_V \mathrm{d}V \tag{1.1.40c}$$

$$\oint_S \boldsymbol{B} \cdot \mathrm{d}\boldsymbol{S} = 0 \tag{1.1.40d}$$

式(1.1.40)就是积分形式的麦克斯韦方程组，它们是在实验基础上得出的电磁运动规律的科学概括。

式(1.1.40a)表示随时间变化的磁场产生电场，而式(1.1.40b)则表示随时间变化的电场会产生磁场。式(1.1.40c)表示电场是有源的，源就是电荷，而式(1.1.40d)说明磁场是无源的，空间不存在自由的磁荷，或者说在人类所能达到的空间区域至今还没有发现单独的磁荷存在。

1.1.6　电荷与电流分布的模型

电荷与电流是激发电磁场的源。前面我们已接触过体电荷密度 ρ_V 与体电流密度 $\boldsymbol{J}_V$。顾名思义，体电荷密度 ρ_V、体电流密度 $\boldsymbol{J}_V$，电荷与电流分布于一个体积内的。电荷与电流分布还可以有其他的形式，下面将进一步讨论。

1. 电荷分布模型

描述电荷在空间的分布可以用体电荷密度、面电荷密度、线电荷密度和点电荷。

(1) 体电荷密度 ρ_V

体电荷密度 ρ_V 的定义为

$$\rho_V(\boldsymbol{r},t) = \lim_{\Delta V \to 0} \frac{\Delta Q}{\Delta V} \tag{1.1.41}$$

式中：$\boldsymbol{r}$ 是电荷源的坐标；ΔQ 是元体积 ΔV 内包含的电荷。体电荷密度 ρ_V 的单位为 $\mathrm{C/m^3}$。因此体积 V 内的总电荷为

$$Q(t)=\int_V \rho_V(\boldsymbol{r},t)\mathrm{d}V \tag{1.1.42}$$

(2) 面电荷密度 ρ_S

如果电荷只分布在厚度接近零的薄层内，就称它为面电荷，这只有在完纯导体表面才能实现。完纯导体是电导率 $\sigma\to\infty$ 的导体。面电荷密度 ρ_S 的定义是

$$\rho_S(\boldsymbol{r},t)=\lim_{\Delta S\to 0}\frac{\Delta Q}{\Delta S} \tag{1.1.43}$$

式中：ρ_S 的单位为 $\mathrm{C/m^2}$；ΔQ 是分布在面积元 ΔS 上的电荷。因此曲面 S 上总电荷 Q_S 为

$$Q_S(t)=\int_S \rho_S(\boldsymbol{r},t)\mathrm{d}S \tag{1.1.44}$$

(3)线电荷密度 ρ_l

如果电荷只分布在有限长度的曲线 l 上，就叫做线电荷。这也是一种理想情况，因为按曲线的定义，曲线是没有粗细的，假定其直径为零。线电荷密度 ρ_l 的定义是

$$\rho_l=\lim_{\Delta l\to 0}\frac{\Delta Q}{\Delta l} \tag{1.1.45}$$

式中：ρ_l 的单位为 C/m；ΔQ 是分布在线元 Δl 上的电荷，因此曲线 l 上的总电荷 Q_l 为

$$Q_l(t)=\int_l \rho_l(\boldsymbol{r},t)\mathrm{d}l \tag{1.1.46}$$

(4)点电荷

点仅占据空间一位置，无广延性，因此数学意义上的点电荷密度是 $\pm\infty$，单位为 $\mathrm{C/m^3}$。利用 δ 函数，位于 $\boldsymbol{r}_1$ 或 $(x_1,\ y_1,\ z_1)$ 的点电荷 q 可表示为

$$\rho(x,y,z)=q\delta(x-x_1)\delta(y-y_1)\delta(z-z_1) \tag{1.1.47}$$

或

$$\rho(\boldsymbol{r})=q\delta(\boldsymbol{r}-\boldsymbol{r}_1) \tag{1.1.48}$$

N 个点电荷模型可表示为

$$\rho(\boldsymbol{r})=\sum_{n=1}^{N}q_n\delta(\boldsymbol{r}-\boldsymbol{r}_n) \tag{1.1.49}$$

式中：$\boldsymbol{r}_n$ 表示第 n 个点电荷的空间位置。

2. 电流密度模型

(1) 体电流密度 $\boldsymbol{J}_V$

电荷运动导致电流。在气体或真空中体电流密度用 $\boldsymbol{J}_V$ 表示，设载流子的体密度为 $\rho_V(\mathrm{C/m^3})$，漂移速度为 $\boldsymbol{v}$ (m/s)，电流密度 $\boldsymbol{J}_V$ 的定义为

$$\boldsymbol{J}_V=\rho_V\boldsymbol{v} \tag{1.1.50}$$

注意：体电流密度的量纲不是 $\mathrm{A/m^3}$，而是 $\mathrm{A/m^2}$。

导体中电流密度用 $\boldsymbol{J}_c$ 表示，它与所加电场强度 $\boldsymbol{E}$ 的关系为

$$\boldsymbol{J}_c=\sigma\boldsymbol{E} \tag{1.1.51}$$

式中：σ 为导体的电导率，单位为 S/m(西门子/米)；$\boldsymbol{E}$ 为电场强度，单位为 V/m，所以 $\boldsymbol{J}_c$ 的单位是 $\mathrm{A/m^2}$。

若已知电流密度 $\boldsymbol{J}$，则穿过曲面 S 的电流强度 $I(t)$ 为

$$I(t) = \int_S \boldsymbol{J}(\boldsymbol{r},t) \cdot \mathrm{d}\boldsymbol{S} \tag{1.1.52}$$

由此可见，电流强度不是矢量，而是标量。

(2) 面电流密度 $\boldsymbol{J}_S$

面电流密度 $\boldsymbol{J}_S$ 是指载流子的面电荷密度 ρ_S 与载流子漂移速度 $\boldsymbol{v}$ 之积，即

$$\boldsymbol{J}_S = \rho_S \boldsymbol{v} \tag{1.1.53}$$

注意：面电流密度的量纲不是 $\mathrm{A/m^2}$，而是 $\mathrm{A/m}$。

考虑以任一源点 $\boldsymbol{r}$ 为中心的面积元 $\mathrm{d}\boldsymbol{S}$，若此处面电流密度 $\boldsymbol{J}_S$ 不是零矢量，则 $\boldsymbol{J}_S(\boldsymbol{r})\mathrm{d}\boldsymbol{S}$ 称为面电流元，它的单位是 $\mathrm{A \cdot m}$。

(3) 线电流 I

线电流 I 的定义为线电荷密度 ρ_l 与线电荷漂移速率 v 之积，即

$$I = \rho_l v \tag{1.1.54}$$

所以线电流的单位是 A，而不是 A/m，即不存在线电流密度。

当需要与所研究场点的空间坐标区分时，激发场的源，即电荷密度 ρ 与电流密度 $\boldsymbol{J}$ 的空间坐标用上标带撇的矢径 $\boldsymbol{r}'$ 表示。因此，随时间、空间变化的场源 ρ、$\boldsymbol{J}$ 可表示为 $\rho(\boldsymbol{r}',t)$ 和 $\boldsymbol{J}(\boldsymbol{r}',t)$。从源点指向场点的矢量用 $\boldsymbol{R}$ 表示(见图 1-15)。

$$\boldsymbol{R} = \boldsymbol{r} - \boldsymbol{r}' \tag{1.1.55}$$

其中，$\boldsymbol{R}$ 叫做距离矢量，其模 $|\boldsymbol{R}| = |\boldsymbol{r} - \boldsymbol{r}'|$，表示源所在点到所研究场点的距离。

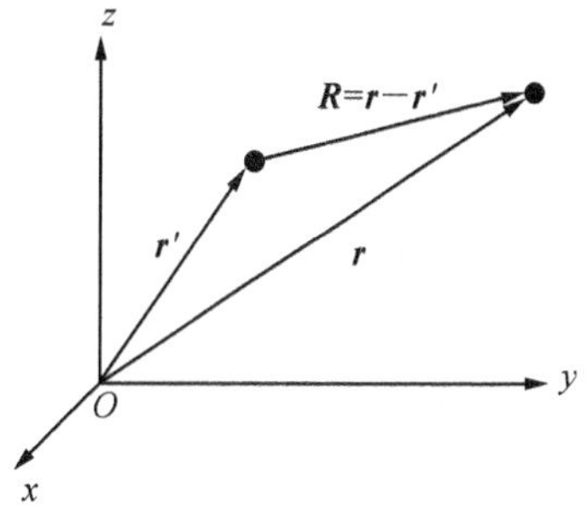

图 1-15　场点与源点坐标的表示

1.2　微分形式的麦克斯韦方程

积分形式的麦克斯韦方程反映电磁场在局部区域的平均性质。如果要得到场在每一点的性质，可将积分区域趋于零，闭合曲面 S 包围的区域 V，或闭合曲线 l 包围的面积 S 趋于一个点时，就得到该点场的性质了。微分形式的麦克斯韦方程反映场在每点的特性，可从积分形式的麦克斯韦方程得到。在得出微分形式麦克斯韦方程之前，有必要先介绍一下梯度算符 ∇，以及 ∇ 作用于标量场、矢量场的运算。

1.2.1　梯度算符 ∇

梯度算符 ∇，读作“del”，在直角坐标下，它的定义是

$$\nabla = \frac{\partial}{\partial x}\boldsymbol{x}_0 + \frac{\partial}{\partial y}\boldsymbol{y}_0 + \frac{\partial}{\partial z}\boldsymbol{z}_0 \tag{1.2.1}$$

从形式上看，∇ 是一个矢量，但它与一般的矢量不同，它具有微分运算的功能。

在直角坐标下，梯度算符 ∇ 作用于标量场 $\Phi(x,y,z)$，定义为 ∇ 直接与 Φ 相乘，即

$$\nabla\Phi(x,y,z) = \frac{\partial\Phi(x,y,z)}{\partial x}\boldsymbol{x}_0 + \frac{\partial\Phi(x,y,z)}{\partial y}\boldsymbol{y}_0 + \frac{\partial\Phi(x,y,z)}{\partial z}\boldsymbol{z}_0 \tag{1.2.2}$$

但梯度算符∇与矢量场$\boldsymbol{A}(x,y,z)$相作用时，分为点乘与叉乘，其中点乘为

$$\nabla\cdot\boldsymbol{A}=\left(\frac{\partial}{\partial x}\boldsymbol{x}_0+\frac{\partial}{\partial y}\boldsymbol{y}_0+\frac{\partial}{\partial z}\boldsymbol{z}_0\right)\cdot(A_x\boldsymbol{x}_0+A_y\boldsymbol{y}_0+A_z\boldsymbol{z}_0)=\frac{\partial A_x}{\partial x}+\frac{\partial A_y}{\partial y}+\frac{\partial A_z}{\partial z} \tag{1.2.3}$$

而叉乘就是∇与$\boldsymbol{A}$取矢量积，即

$$\begin{aligned}\nabla\times\boldsymbol{A}&=\left(\frac{\partial}{\partial x}\boldsymbol{x}_0+\frac{\partial}{\partial y}\boldsymbol{y}_0+\frac{\partial}{\partial z}\boldsymbol{z}_0\right)\times(A_x\boldsymbol{x}_0+A_y\boldsymbol{y}_0+A_z\boldsymbol{z}_0)\\&=\left(\frac{\partial A_z}{\partial y}-\frac{\partial A_y}{\partial z}\right)\boldsymbol{x}_0+\left(\frac{\partial A_x}{\partial z}-\frac{\partial A_z}{\partial x}\right)\boldsymbol{y}_0+\left(\frac{\partial A_y}{\partial x}-\frac{\partial A_x}{\partial y}\right)\boldsymbol{z}_0\\&=\begin{vmatrix}\boldsymbol{x}_0&\boldsymbol{y}_0&\boldsymbol{z}_0\\\frac{\partial}{\partial x}&\frac{\partial}{\partial y}&\frac{\partial}{\partial z}\\A_x&A_y&A_z\end{vmatrix}\end{aligned} \tag{1.2.4}$$

式(1.2.1)定义的∇理解起来很抽象，但通过∇作用于标量场Φ和矢量场$\boldsymbol{A}$后，式(1.2.2)至式(1.2.4)的物理意义就很清楚了。

1.2.2　标量场$\boldsymbol{\Phi}$的梯度

标量场Φ的梯度 grad Φ是一个矢量，其方向就是标量场Φ最大变化率的方向，大小就是最大变化率方向的变化率，即最大变化率。可以证明梯度 grad Φ就等于$\nabla\Phi$，即表示为

$$\mathrm{grad}\Phi=\nabla\Phi \tag{1.2.5}$$

如图 1-16 所示，设P_1为等值面$\Phi(\boldsymbol{r})=C$上的一点，C为常数，dC为一微小增量，d$\boldsymbol{r}$由P_1指向P_2，P_2为等值面$\Phi(\boldsymbol{r})=C+\mathrm{d}C$上的一点，则当 d$\boldsymbol{r}\to 0$时 d$C$/d$\boldsymbol{r}$的极限为

$$\lim_{\mathrm{d}\boldsymbol{r}\to 0}\frac{\mathrm{d}C}{\mathrm{d}\boldsymbol{r}}$$

其就是 d$\boldsymbol{r}$方向的方向导数。

$$\mathrm{d}\boldsymbol{r}=\mathrm{d}x\boldsymbol{x}_0+\mathrm{d}y\boldsymbol{y}_0+\mathrm{d}z\boldsymbol{z}_0$$

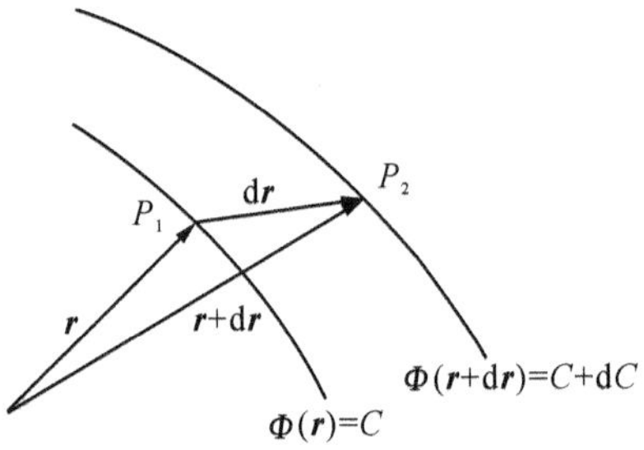

图 1-16　梯度定义

当|d$\boldsymbol{r}$|很小时，有

$$\mathrm{d}\Phi=\Phi(\boldsymbol{r}+\mathrm{d}\boldsymbol{r})-\Phi(\boldsymbol{r})=\frac{\partial\Phi}{\partial x}\mathrm{d}x+\frac{\partial\Phi}{\partial y}\mathrm{d}y+\frac{\partial\Phi}{\partial z}\mathrm{d}z \tag{1.2.6}$$

式中：$\frac{\partial\Phi}{\partial x}$、$\frac{\partial\Phi}{\partial y}$、$\frac{\partial\Phi}{\partial z}$就是$x$、$y$、$z$方向的方向导数或变化率。

利用式(1.2.2)关于$\nabla\Phi$的定义，式(1.2.5)右边可表示为

$$\mathrm{d}\Phi=\nabla\Phi\cdot\mathrm{d}\boldsymbol{r} \tag{1.2.7}$$

因为

$$\begin{aligned}\nabla\Phi\cdot\mathrm{d}\boldsymbol{r}&=\left(\frac{\partial\Phi}{\partial x}\boldsymbol{x}_0+\frac{\partial\Phi}{\partial y}\boldsymbol{y}_0+\frac{\partial\Phi}{\partial z}\boldsymbol{z}_0\right)\cdot(\mathrm{d}x\boldsymbol{x}_0+\mathrm{d}y\boldsymbol{y}_0+\mathrm{d}z\boldsymbol{z}_0)\\&=\frac{\partial\Phi}{\partial x}\mathrm{d}x+\frac{\partial\Phi}{\partial y}\mathrm{d}y+\frac{\partial\Phi}{\partial z}\mathrm{d}z\end{aligned}$$

这就是说，$\nabla\Phi$在任一方向 d$\boldsymbol{r}$的投影($\nabla\Phi\cdot\mathrm{d}\boldsymbol{r}$)就是 d$\boldsymbol{r}$方向的方向导数。

如果 d$\boldsymbol{r}$沿等值面$\Phi(\boldsymbol{r})=C$，或 d$\boldsymbol{r}$与等值面$\Phi(\boldsymbol{r})=C$相切，此时 d$\Phi=0$，即

$$d\Phi=\nabla\Phi\cdot d\boldsymbol{r}=0$$

因为 $d\boldsymbol{r}$ 与等值面相切，所以 $\nabla\Phi$ 的方向与等值面的法线方向重合。等值面的法线方向是场变化最陡的方向，所以 $\nabla\Phi$ 的方向就是 Φ 变化最陡的方向，即最大变化率的方向。一般情况下，如果设 $\nabla\Phi$ 与 $d\boldsymbol{r}$ 的夹角为 θ，则

$$d\Phi=|\nabla\Phi||d\boldsymbol{r}|\cos\theta$$

当 $d\boldsymbol{r}$ 与等位面法线重合，或 $d\boldsymbol{r}$ 的方向与 $\nabla\Phi$ 的方向一致时，$\theta=0$，$d\Phi$ 最大，即得到最大变化率为

$$|\nabla\Phi|=\left.\frac{d\Phi}{d\boldsymbol{r}}\right|_{\boldsymbol{r}\text{在等位面法线方向}}$$

由上面分析可知，$\nabla\Phi$ 是一个矢量，方向为 Φ 最大变化率的方向，大小就是最大变化率方向的变化率。这就是梯度 grad Φ。

标量场 Φ 的梯度 $\nabla\Phi$ 充分描述了标量场 Φ 在空间变化的特征。标量场空间任一点 (x, y, z) 沿任一方向的变化率（即方向导数）是不一样的。梯度 $\nabla\Phi$ 在任一方向 l_0 的投影 $(\nabla\Phi\cdot l_0)$ 就是该方向的变化率（即该方向的方向导数）。因此，梯度 $\nabla\Phi$ 是描述标量场 Φ 随空间变化特性非常好的一个物理量。

【例 1.1】 设标量电位 $\Phi=x^2+y^2z$，求沿 $\boldsymbol{l}=\boldsymbol{x}_0+\boldsymbol{y}_0-\boldsymbol{z}_0$ 方向在点(1，−1，2)的方向导数 $d\Phi/d\boldsymbol{l}$。

解　函数 Φ 的梯度为

$$\nabla\Phi=\left(\frac{\partial}{\partial x}\boldsymbol{x}_0+\frac{\partial}{\partial y}\boldsymbol{y}_0+\frac{\partial}{\partial z}\boldsymbol{z}_0\right)(x^2+y^2z)=2x\boldsymbol{x}_0+2zy\boldsymbol{y}_0+y^2\boldsymbol{z}_0$$

$\boldsymbol{l}$ 方向单位矢量为

$$\boldsymbol{l}_0=\frac{\boldsymbol{l}}{|\boldsymbol{l}|}=\frac{\boldsymbol{x}_0+\boldsymbol{y}_0-\boldsymbol{z}_0}{\sqrt{1^2+1^2+(-1)^2}}=\frac{\boldsymbol{x}_0+\boldsymbol{y}_0-\boldsymbol{z}_0}{\sqrt{3}}$$

所以沿 $\boldsymbol{l}$ 方向的方向导数为

$$\frac{d\Phi}{d\boldsymbol{l}}=\nabla\Phi\cdot\boldsymbol{l}_0=(2x\boldsymbol{x}_0+2yz\boldsymbol{y}_0+y^2\boldsymbol{z}_0)\cdot\left(\frac{\boldsymbol{x}_0+\boldsymbol{y}_0-\boldsymbol{z}_0}{\sqrt{3}}\right)=\frac{2x+2yz-y^2}{\sqrt{3}}$$

在点(1，−1，2)处

$$\left.\frac{d\Phi}{d\boldsymbol{l}}\right|_{(1,-1,2)}=\frac{2-4-1}{\sqrt{3}}=\frac{-3}{\sqrt{3}}=-\sqrt{3}$$

1.2.3　矢量场的散度与散度定理

1. 矢量场的散度

高斯定理 $\oint_S\boldsymbol{D}\cdot d\boldsymbol{S}=\int_V\rho_V dV$ 将面积分与体积分联系起来，如果将闭合曲面 S 包围的体积 V 缩小到一个点，就表示该点场的性质了。为此定义矢量场的散度 div $\boldsymbol{D}$

$$\text{div}\,\boldsymbol{D}=\lim_{\Delta V\to 0}\frac{\oint_{\Delta S}\boldsymbol{D}\cdot d\boldsymbol{S}}{\Delta V}\tag{1.2.8}$$

式中：ΔV 是体积元；ΔS 是包围体积元 ΔV 的闭合曲面；$\oint_{\Delta S}\boldsymbol{D}\cdot d\boldsymbol{S}$ 叫做穿出闭合曲面 ΔS 的总

的电通量 Ψ_D，故式(1.2.8)表示的就是电通量 Ψ_D 的体密度。如果 div $\boldsymbol{D}>0$，表示元体积 ΔV 中有净的电通量 Ψ_D 流出；如果 div $\boldsymbol{D}<0$，表示有净的电通量 Ψ_D 流入；而 div $\boldsymbol{D}=0$，表示流出的电通量等于流入的电通量。我们称这一特性为电通量密度 $\boldsymbol{D}$ 的发散特性。下面讲解如何计算 div $\boldsymbol{D}$。

设 $\boldsymbol{D}=D_x\boldsymbol{x}_0+D_y\boldsymbol{y}_0+D_z\boldsymbol{z}_0$

并定义有向面积元为

$$\mathrm{d}\boldsymbol{S}=\mathrm{d}S_x\boldsymbol{x}_0+\mathrm{d}S_y\boldsymbol{y}_0+\mathrm{d}S_z\boldsymbol{z}_0 \tag{1.2.9}$$

式中：$\mathrm{d}S_x$、$\mathrm{d}S_y$、$\mathrm{d}S_z$ 分别为 $\mathrm{d}\boldsymbol{S}$ 在 y-z 坐标面、x-z 坐标面和 x-y 坐标面的投影，所以穿过闭合曲面 ΔS 的电通量 $\oint_{\Delta S}\boldsymbol{D}\cdot\mathrm{d}\boldsymbol{S}$ 可表示为

$$\begin{aligned}\oint_{\Delta S}\boldsymbol{D}\cdot\mathrm{d}\boldsymbol{S}&=\oint_{\Delta S}(D_x\boldsymbol{x}_0+D_y\boldsymbol{y}_0+D_z\boldsymbol{z}_0)\cdot(\mathrm{d}S_x\boldsymbol{x}_0+\mathrm{d}S_y\boldsymbol{y}_0+\mathrm{d}S_z\boldsymbol{z}_0)\\&=\oint_{\Delta S}(D_x\mathrm{d}S_x+D_y\mathrm{d}S_y+D_z\mathrm{d}S_z)\end{aligned} \tag{1.2.10}$$

如图 1-17 所示，设元体积 ΔV 为一立方体，边长为 $\mathrm{d}x$、$\mathrm{d}y$、$\mathrm{d}z$，其体积 $\Delta V=\mathrm{d}x\mathrm{d}y\mathrm{d}z$。电通量 $\oint_{\Delta S}\boldsymbol{D}\cdot\mathrm{d}\boldsymbol{S}$ 计算可在立方体的六个侧面上进行。

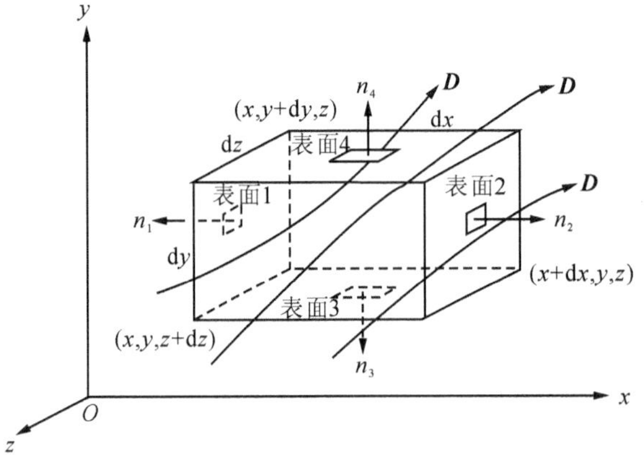

图 1-17　矢量场散度在一个体积元上的计算

在 $x=x_0$ 与 $x=x_0+\mathrm{d}x$ 两个侧面，D_y 和 D_z 分量对积分没有贡献，只要考虑 D_x 分量；而在 $y=y_0$ 与 $y=y_0+\mathrm{d}y$ 两个侧面，D_x 和 D_z 分量对积分没有贡献，只要考虑 D_y 分量；在 $z=z_0$ 与 $z=z_0+\mathrm{d}z$ 两个侧面，D_x 和 D_y 分量对积分没有贡献，只要考虑 D_z 分量。先计算 $x=x_0$ 与 $x=x_0+\mathrm{d}x$ 两个侧面的积分 $\int\boldsymbol{D}\cdot\mathrm{d}\boldsymbol{S}$。因为 $\mathrm{d}\boldsymbol{S}$ 的方向为侧面法线的方向，由体积内部指向体积外部，所以对于 $x=x_0$ 侧面，$\mathrm{d}\boldsymbol{S}=-\mathrm{d}y\mathrm{d}z\boldsymbol{x}_0$，而在 $x=x_0+\mathrm{d}x$ 侧面，$\mathrm{d}\boldsymbol{S}=\mathrm{d}y\mathrm{d}z\boldsymbol{x}_0$。由此得到

$$\begin{aligned}\int_{\Delta S(x=x_0)+\Delta S(x=x_0+\mathrm{d}x)}\boldsymbol{D}\cdot\mathrm{d}\boldsymbol{S}&=\int_{\Delta S(x=x_0)}(D_x\boldsymbol{x}_0+D_y\boldsymbol{y}_0+D_z\boldsymbol{z}_0)\cdot(-\boldsymbol{x}_0)\mathrm{d}y\mathrm{d}z+\\&\quad\int_{\Delta S(x=x_0+\mathrm{d}x)}(D_x\boldsymbol{x}_0+D_y\boldsymbol{y}_0+D_z\boldsymbol{z}_0)\cdot(\boldsymbol{x}_0)\mathrm{d}y\mathrm{d}z\\&=\int_{\Delta S(x=x_0)}-D_x\mathrm{d}y\mathrm{d}z+\int_{\Delta S(x=x_0+\mathrm{d}x)}D_x\mathrm{d}y\mathrm{d}z\end{aligned}$$

假定 $\mathrm{d}y$、$\mathrm{d}z$ 很小，在 $\mathrm{d}y\mathrm{d}z$ 小面积内，D_x 为常数，可拿到积分号外，由此得到

$$\int_{\Delta S(x=x_0)+\Delta S(x=x_0+\mathrm{d}x)}\boldsymbol{D}\cdot\mathrm{d}\boldsymbol{S}=(D_x|_{x=x+\mathrm{d}x}-D_x|_{x=x_0})\mathrm{d}y\mathrm{d}z$$

所以此时

$$\lim_{\Delta V\to 0}\frac{\int_{\Delta S(x=x_0)+\Delta S(x=x_0+dx)}\boldsymbol{D}\cdot d\boldsymbol{S}}{\Delta V}=\lim_{\Delta V\to 0}\frac{(D_x|_{x=x_0+dx}-D_x|_{x=x_0})dydz}{dxdydz}$$

$$=\lim_{dx\to 0}\frac{D_x|_{x=x_0+dx}-D_x|_{x=x_0}}{dx}$$

$$=\frac{\partial D_x}{\partial x} \tag{1.2.11}$$

同理，在 $y=y_0$ 与 $y=y_0+dy$ 两个侧面，有

$$\lim_{\Delta V\to 0}\frac{\int_{\Delta S(y=y_0)+\Delta S(y=y_0+dy)}\boldsymbol{D}\cdot d\boldsymbol{S}}{\Delta V}=\frac{\partial D_y}{\partial y} \tag{1.2.12}$$

在 $z=z_0$ 与 $z=z_0+dz$ 两个侧面，有

$$\lim_{\Delta V\to 0}\frac{\int_{\Delta S(z=z_0)+\Delta S(z=z_0+dz)}\boldsymbol{D}\cdot d\boldsymbol{S}}{\Delta V}=\frac{\partial D_z}{\partial z} \tag{1.2.13}$$

所以

$$\mathrm{div}\,\boldsymbol{D}=\lim_{\Delta V\to 0}\frac{\oint_{\Delta S}\boldsymbol{D}\cdot d\boldsymbol{S}}{\Delta V}=\frac{\partial D_x}{\partial x}+\frac{\partial D_y}{\partial y}+\frac{\partial D_z}{\partial z} \tag{1.2.14}$$

根据式(1.2.3)，∇ 与 $\boldsymbol{D}$ 的标量积为

$$\nabla\cdot\boldsymbol{D}=\frac{\partial D_x}{\partial x}+\frac{\partial D_y}{\partial y}+\frac{\partial D_z}{\partial z}$$

$\nabla\cdot\boldsymbol{D}$ 刚好等于式(1.2.14)的右边，所以电通量密度 $\boldsymbol{D}$ 的散度 div $\boldsymbol{D}$ 可记为

$$\mathrm{div}\,\boldsymbol{D}=\nabla\cdot\boldsymbol{D} \tag{1.2.15}$$

严格地说，$\nabla\cdot\boldsymbol{D}$ 不能作为矢量场 $\boldsymbol{D}$ 的散度定义。$\left(\frac{\partial D_x}{\partial x}+\frac{\partial D_y}{\partial y}+\frac{\partial D_z}{\partial z}\right)$ 与 $\lim_{\Delta V\to 0}\frac{\oint_{\Delta S}\boldsymbol{D}\cdot d\boldsymbol{S}}{\Delta V}$ 等价，是散度的又一种定义。$\nabla\cdot\boldsymbol{D}$ 可以看作是 $\left(\frac{\partial D_x}{\partial x}+\frac{\partial D_y}{\partial y}+\frac{\partial D_z}{\partial z}\right)$ 的一种表示。

2. 散度定理

下面进一步讨论流出包围有限大小的体积 V 的闭合曲面 S 的电通量 $\oint_S\boldsymbol{D}\cdot d\boldsymbol{S}$ 与散度 div $\boldsymbol{D}$ 的关系，这就是散度定理。

如图 1-18 所示，将有限体积元 V 分割成 N 个元体积 ΔV，对每一个元体积取极限就可得到相应的散度 div $\boldsymbol{D}$。显然，根据 div $\boldsymbol{D}$ 的定义式(1.2.8)以及式(1.2.15)，可得

$$\sum_N\left(\oint_{\Delta S}\boldsymbol{D}\cdot d\boldsymbol{S}\right)=\sum_N(\nabla\cdot\boldsymbol{D})\Delta V$$

当 $N\to\infty$，$\Delta V\to dV$ 时，上式求和就变成了求积分。因为除了包围体积 V 的闭曲面 S 外，所有相邻体积元交界面上 $\oint_{\Delta S}\boldsymbol{D}\cdot d\boldsymbol{S}$ 相互抵消，这样我们就得到

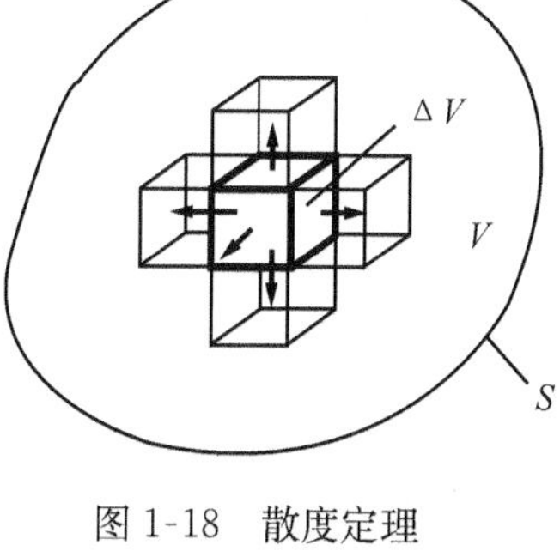

图 1-18　散度定理

$$\oint_S \boldsymbol{D} \cdot \mathrm{d}\boldsymbol{S} = \int_V (\nabla \cdot \boldsymbol{D}) \mathrm{d}V \tag{1.2.16}$$

式(1.2.16)就是著名的散度定理。它表示电通量密度 $\boldsymbol{D}$ 沿闭合曲面的面积分 $\oint_S \boldsymbol{D} \cdot \mathrm{d}\boldsymbol{S}$（或流出闭合曲面 S 总的电通量）等于矢量 $\boldsymbol{D}$ 的散度 $\nabla \cdot \boldsymbol{D}$ 的体积分，积分域 V 为 S 包围的体积。

虽然式(1.2.16)是针对电通量密度 $\boldsymbol{D}$ 得出的，对于其他矢量，散度定理都是适用的。如对磁通量密度 $\boldsymbol{B}$，也有

$$\oint_S \boldsymbol{B} \cdot \mathrm{d}\boldsymbol{S} = \int_V \nabla \cdot \boldsymbol{B} \mathrm{d}V$$

3. 拉普拉斯算符

如果要求标量场 Φ 梯度的散度，就要进行"$\nabla \cdot \nabla$"的运算，$\nabla \cdot \nabla$ 记作 ∇^2，叫做拉普拉斯算符，在直角坐标下，按算符 ∇ 的定义

$$\nabla \cdot \nabla = \left(\frac{\partial}{\partial x}\boldsymbol{x}_0 + \frac{\partial}{\partial y}\boldsymbol{y}_0 + \frac{\partial}{\partial z}\boldsymbol{z}_0\right) \cdot \left(\frac{\partial}{\partial x}\boldsymbol{x}_0 + \frac{\partial}{\partial y}\boldsymbol{y}_0 + \frac{\partial}{\partial z}\boldsymbol{z}_0\right) = \frac{\partial^2}{\partial x^2} + \frac{\partial^2}{\partial y^2} + \frac{\partial^2}{\partial z^2} \tag{1.2.17}$$

得标量场 Φ 梯度的散度为

$$\begin{aligned}\operatorname{div}(\operatorname{grad}\Phi) &= \nabla \cdot \nabla \Phi \\ &= \left(\frac{\partial}{\partial x}\boldsymbol{x}_0 + \frac{\partial}{\partial y}\boldsymbol{y}_0 + \frac{\partial}{\partial z}\boldsymbol{z}_0\right) \cdot \left(\frac{\partial \Phi}{\partial x}\boldsymbol{x}_0 + \frac{\partial \Phi}{\partial y}\boldsymbol{y}_0 + \frac{\partial \Phi}{\partial z}\boldsymbol{z}_0\right) \\ &= \frac{\partial^2 \Phi}{\partial x^2} + \frac{\partial^2 \Phi}{\partial y^2} + \frac{\partial^2 \Phi}{\partial z^2} = \nabla^2 \Phi \end{aligned} \tag{1.2.18}$$

【例 1.2】 求 $\boldsymbol{E} = x^2 y \boldsymbol{x}_0 + 3y^2 \boldsymbol{y}_0 + 2xz\boldsymbol{z}_0$ 在(2，−2，0)这一点的散度。

解
$$\nabla \cdot \boldsymbol{E} = \frac{\partial E_x}{\partial x} + \frac{\partial E_y}{\partial y} + \frac{\partial E_z}{\partial z} = \frac{\partial}{\partial x}(x^2 y) + \frac{\partial}{\partial y}(3y^2) + \frac{\partial}{\partial z}(2xz) = 2xy + 6y + 2x$$

可见，在(2，−2，0)这一点 $\nabla \cdot \boldsymbol{E}|_{(2,-2,0)} = -16$。

1.2.4 矢量场的旋度与斯托克斯定理

1. 矢量场的旋度

从法拉第定理 $\oint_l \boldsymbol{E}\mathrm{d}\boldsymbol{l} = -\frac{\partial}{\partial t}\int_S \boldsymbol{B} \cdot \mathrm{d}\boldsymbol{S}$ 可知，如果将积分区域收缩至一个点，就能得到反映该点的电场特征。为此定义电场 $\boldsymbol{E}$ 的环量面密度如下：

$$\text{电场}\,\boldsymbol{E}\,\text{的环量面密度} = \lim_{\Delta S \to 0} \frac{\oint_{\Delta l} \boldsymbol{E} \cdot \mathrm{d}\boldsymbol{l}}{\Delta S} \tag{1.2.19}$$

式中：$\oint_{\Delta l} \boldsymbol{E} \cdot \mathrm{d}\boldsymbol{l}$ 叫做环量，积分路径 Δl 为包围面积 ΔS 的闭合曲线，如图 1-19 所示，积分路径 $\mathrm{d}\boldsymbol{l}$ 方向与面元 ΔS 的方向满足右手螺旋关系，即如果右手四指顺着积分路径方向，那么右手大拇指方向就是面元的法线方向。

电场 $\boldsymbol{E}$ 的环量面密度反映电场 $\boldsymbol{E}$ 的涡旋特性。它跟标量场 Φ 在某一方向的变化率(方向导数)相当，也跟方向有关。对于标量场 Φ，沿等值面的切线方向场的变化率为零。对于电场

$\boldsymbol{E}$ 的环量面密度，如果包围面元 ΔS 的方向这样选择，使得积分路径 $\Delta \boldsymbol{l}$ 与电场 $\boldsymbol{E}$ 垂直，即 $\boldsymbol{E}\cdot \mathrm{d}\boldsymbol{l}=0$，那么环量面密度为零。所以环量面密度与 $\mathrm{d}\boldsymbol{S}$ 的方向有关。过空间给定点的面元 ΔS 有无数个方向，每一个方向都对应一个环量面密度。

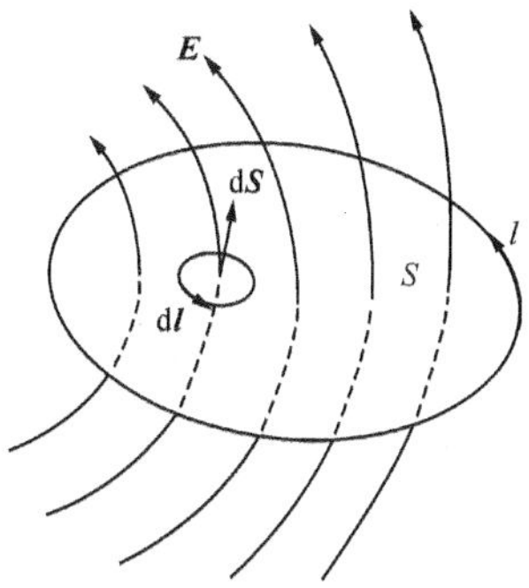

图 1-19　环量面密度

对应于标量场 Φ 中梯度 gradΦ 的定义，对于矢量场 $\boldsymbol{E}$，同样也可定义一个旋度 Curl $\boldsymbol{E}$。Curl $\boldsymbol{E}$ 是一个矢量，它的方向就是取最大环量面密度时面元 ΔS 的方向，大小就是最大环量面密度。Curl $\boldsymbol{E}$ 在面元 ΔS 法线方向 n_0 的投影就是该方向的环量面密度，即

$$(\text{Curl } \boldsymbol{E})\cdot \boldsymbol{n}_0=\lim_{\Delta S\to 0}\frac{\oint_{\Delta l}\boldsymbol{E}\cdot \mathrm{d}\boldsymbol{l}}{\Delta S} \tag{1.2.20}$$

式(1.2.20)就是矢量场 $\boldsymbol{E}$ 的旋度 Curl $\boldsymbol{E}$ 的数学表达式。

那么 Curl $\boldsymbol{E}$ 怎么计算呢？

按式(1.2.20)的定义，Curl $\boldsymbol{E}$ 在 x 方向的投影(或电场 $\boldsymbol{E}$ 在 x 方向的环量面密度)为

$$(\text{Curl } \boldsymbol{E})\cdot \boldsymbol{x}_0=\lim_{\Delta S_x\to 0}\frac{\oint_{\Delta l_{yz}}\boldsymbol{E}_{yz}\cdot \mathrm{d}\boldsymbol{l}_{yz}}{\Delta S_x} \tag{1.2.21}$$

式中：$\boldsymbol{E}_{yz}=E_y\boldsymbol{y}_0+E_z\boldsymbol{z}_0$；$\mathrm{d}\boldsymbol{l}_{yz}=\mathrm{d}y\boldsymbol{y}_0+\mathrm{d}z\boldsymbol{z}_0$；$\Delta S_x$ 为$(y-z)$坐标面上的面积元；Δl_{yz} 则为包围面积元 ΔS_x 的闭合曲线。因为当面积元的法线方向与 x 轴重合时，面积元 ΔS 落在$(y-z)$平面，矢量场的 E_x 分量对线积分没有贡献。为了进一步理解式(1.2.21)所包含的意义，请参看图 1-20。设 ΔS_x 为边长 Δy、Δz 构成的矩形，即 $\Delta S_x=\Delta y\Delta z$，$\Delta l_{yz}$ 为矩形路径$\overline{ABCD}$，在$\overline{AB}$、$\overline{CD}$边上只有 E_y 分量对积分有贡献，在$\overline{DA}$、$\overline{BC}$边上只有 E_z 分量对积分有贡献，所以

$$\int_{\Delta l_{yz}}\boldsymbol{E}_{yz}\cdot \mathrm{d}\boldsymbol{l}_{yz}=\int_{\overline{ABCD}}[E_{y}|_{on\overline{AB}}\mathrm{d}y+E_{z}|_{on\overline{BC}}\mathrm{d}z+(-E_{y}|_{on\overline{CD}}\mathrm{d}y)+(-E_{z}|_{on\overline{DA}}\mathrm{d}z)]$$

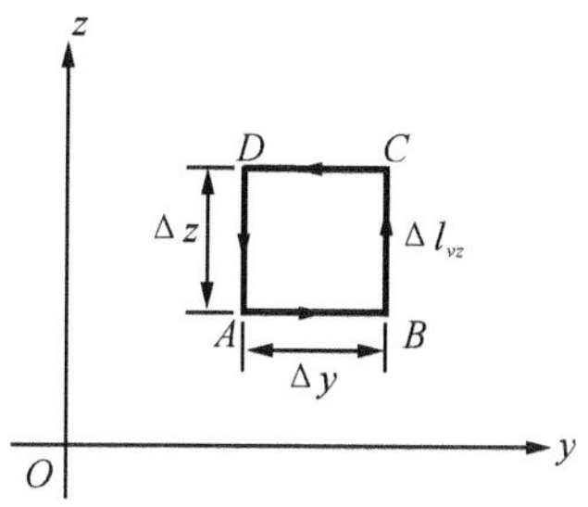

图 1-20　矢量场旋度在一个面积元上的计算

当矩形 $ABCD$ 趋于无穷小时，边长 Δy、Δz 也趋于无穷小，此时可认为在$\overline{AB}$、$\overline{CD}$上 E_y 为常数，在$\overline{DA}$、$\overline{BC}$上 E_z 为常数，E_y、E_z 可移到积分号外，故得到

$$\int_{\Delta l_{yz}}\boldsymbol{E}_{yz}\cdot \mathrm{d}\boldsymbol{l}_{yz}=(E_{y}|_{on\overline{AB}})\Delta y-(E_{y}|_{on\overline{CD}})\Delta y+(E_{z}|_{on\overline{BC}})\Delta z-(E_{z}|_{on\overline{DA}})\Delta z$$

所以

$$\begin{aligned}(\text{Curl } \boldsymbol{E})\cdot \boldsymbol{x}_0&=\lim_{\Delta S\to 0}\frac{\int_{\Delta l_{yz}}\boldsymbol{E}_{yz}\cdot \mathrm{d}\boldsymbol{l}_{yz}}{\Delta S_x}\\&=\lim_{\substack{\Delta y\to 0\\ \Delta z\to 0}}\left(\frac{(E_{y}|_{on\overline{AB}})\Delta y-(E_{y}|_{on\overline{CD}})\Delta y+(E_{z}|_{on\overline{BC}})\Delta z-(E_{z}|_{on\overline{DA}})\Delta z}{\Delta y\Delta z}\right)\end{aligned}$$

$$= \lim_{\substack{\Delta y \to 0 \\ \Delta z \to 0}} \left(\frac{E_z|_{on\overline{BC}} - E_z|_{on\overline{DA}}}{\Delta y} - \frac{E_y|_{on\overline{CD}} - E_y|_{on\overline{AB}}}{\Delta z} \right)$$

$$= \frac{\partial E_z}{\partial y} - \frac{\partial E_y}{\partial z} \tag{1.2.22}$$

同理，定义 $\boldsymbol{E}$ 的旋度在 y 方向的投影 $(\text{Curl}\ \boldsymbol{E}) \cdot \boldsymbol{y}_0$ 为

$$(\text{Curl}\ \boldsymbol{E}) \cdot \boldsymbol{y}_0 = \lim_{\Delta S_y \to 0} \frac{\int_{\Delta l_{xz}} \boldsymbol{E}_{xz} \cdot d\boldsymbol{l}_{xz}}{\Delta S_y} = \frac{\partial E_x}{\partial z} - \frac{\partial E_z}{\partial x} \tag{1.2.23}$$

定义 $\boldsymbol{E}$ 的旋度在 z 方向的投影 $(\text{Curl}\ \boldsymbol{E}) \cdot \boldsymbol{z}_0$ 为

$$(\text{Curl}\ \boldsymbol{E}) \cdot \boldsymbol{z}_0 = \lim_{\Delta S_z \to 0} \frac{\int_{\Delta l_{xy}} \boldsymbol{E}_{xy} \cdot d\boldsymbol{l}_{xy}}{\Delta S_z} = \frac{\partial E_y}{\partial x} - \frac{\partial E_x}{\partial y} \tag{1.2.24}$$

式(1.2.22)至式(1.2.24)表示 Curl $\boldsymbol{E}$ 矢量在 x、y、z 方向的三个分量，故 Curl $\boldsymbol{E}$ 可表示为

$$\text{Curl}\ \boldsymbol{E} = \left(\frac{\partial E_z}{\partial y} - \frac{\partial E_y}{\partial z}\right)\boldsymbol{x}_0 + \left(\frac{\partial E_x}{\partial z} - \frac{\partial E_z}{\partial x}\right)\boldsymbol{y}_0 + \left(\frac{\partial E_y}{\partial x} - \frac{\partial E_x}{\partial y}\right)\boldsymbol{z}_0$$

$$= \begin{vmatrix} \boldsymbol{x}_0 & \boldsymbol{y}_0 & \boldsymbol{z}_0 \\ \frac{\partial}{\partial x} & \frac{\partial}{\partial y} & \frac{\partial}{\partial z} \\ E_x & E_y & E_z \end{vmatrix} \tag{1.2.25}$$

式(1.2.25)的右边正是式(1.2.4)表示的算符 ∇ 与 $\boldsymbol{A}$ 的叉积 $\nabla \times \boldsymbol{A}$。

$$\text{Curl}\ \boldsymbol{A} = \nabla \times \boldsymbol{A} \tag{1.2.26}$$

$\nabla \times \boldsymbol{A}$ 严格地说不能作为矢量场 $\boldsymbol{E}$ 的旋度的定义，它是 Curl $\boldsymbol{E}$ 的一种书写形式，但对旋度的运算带来很大方便。

2. 斯托克斯定理

对于有限面积 S(见图 1-21)，如果将 S 分成无限多小矩形面积元 ΔS_n 之和；当 ΔS_n 足够小时，式(1.2.21)可表示为

$$\sum_n (\nabla \times \boldsymbol{E}) \cdot \boldsymbol{n}_0 \Delta S_n = \sum_n \oint_{\Delta l_n} \boldsymbol{E}_n \cdot d\boldsymbol{l}_n$$

上式左边即 $(\nabla \times \boldsymbol{E})$ 穿过面积 S 总的通量。

$$\sum_n (\nabla \times \boldsymbol{E}) \cdot \boldsymbol{n}_0 \Delta S_n = \int_S (\nabla \times \boldsymbol{E}) \cdot d\boldsymbol{S}$$

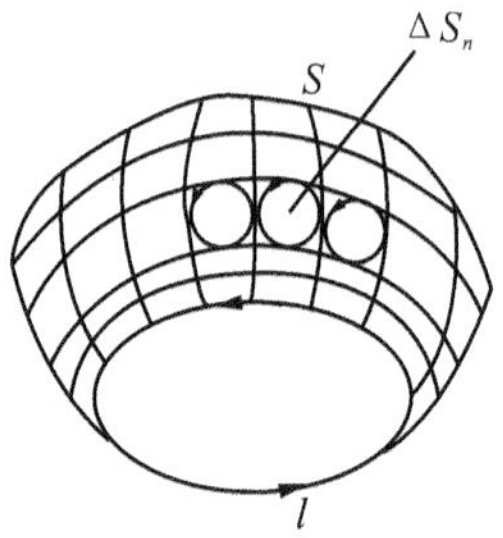

图 1-21　旋度定义

而右边 n 个线积分，除了包围面积 S 的周边 l 外，所有相邻面积元交界线的线积分都抵消，故有

$$\sum_n \oint_{\Delta l_n} \boldsymbol{E}_n \cdot d\boldsymbol{l}_n = \oint_l \boldsymbol{E} \cdot d\boldsymbol{l}$$

由此得到

$$\oint_l \boldsymbol{E} \cdot d\boldsymbol{l} = \int_S (\nabla \times \boldsymbol{E}) \cdot d\boldsymbol{S} \tag{1.2.27}$$

这就是著名的斯托克斯定理，它表示电场 $\boldsymbol{E}$ 沿闭合曲线 l 的线积分(或环量)等于 $\boldsymbol{E}$ 的旋度 $(\nabla \times \boldsymbol{E})$ 穿过闭曲线 l 所包围面积 S 的总的通量。

前面导出斯托克斯定理尽管是针对电场 $\boldsymbol{E}$ 进行的，但对其他矢量场也是适用的，如用于磁场强度 $\boldsymbol{H}$，就有

$$\oint_l \boldsymbol{H} \cdot \mathrm{d}\boldsymbol{l} = \int_S (\nabla \times \boldsymbol{H}) \cdot \mathrm{d}\boldsymbol{S}$$

【例 1.3】 已知 $\boldsymbol{A} = \dfrac{x\boldsymbol{x}_0 + 2y\boldsymbol{y}_0}{x+y}$，求点(1, 1, 0)处的旋度及该点沿 $\boldsymbol{l} = \boldsymbol{z}_0 + \boldsymbol{y}_0$ 的环量面密度。

解　$$\nabla \times \boldsymbol{A} = \begin{vmatrix} \boldsymbol{x}_0 & \boldsymbol{y}_0 & \boldsymbol{z}_0 \\ \dfrac{\partial}{\partial x} & \dfrac{\partial}{\partial y} & \dfrac{\partial}{\partial z} \\ \dfrac{x}{(x+y)} & \dfrac{2y}{(x+y)} & 0 \end{vmatrix} = \frac{x-2y}{(x+y)^2}\boldsymbol{z}_0$$

在(1,1,0)处，$\nabla \times \boldsymbol{A}|_{(1,1,0)} = -\dfrac{1}{4}\boldsymbol{z}_0$

l 方向单位矢量 $\boldsymbol{l}_0 = \dfrac{\boldsymbol{z}_0 + \boldsymbol{y}_0}{\sqrt{2}}$，故沿 l 方向的环量面密度为

$$(\nabla \times \boldsymbol{A}) \cdot \boldsymbol{l}_0 = -\frac{1}{4\sqrt{2}}$$

1.2.5 矢量运算的几个恒等关系

根据前面关于梯度、散度、旋度及拉普拉斯算符 ∇^2 的定义，可得以下矢量运算的恒等关系

$$\nabla \times (\nabla \times \boldsymbol{A}) = \nabla(\nabla \cdot \boldsymbol{A}) - \nabla^2 \boldsymbol{A} \tag{1.2.28}$$

$$\nabla \cdot (\nabla \times \boldsymbol{A}) = 0 \tag{1.2.29}$$

$$\nabla \times (\nabla \Phi) = 0 \tag{1.2.30}$$

$$\nabla \cdot (\boldsymbol{A} \times \boldsymbol{B}) = \boldsymbol{B} \cdot (\nabla \times \boldsymbol{A}) - \boldsymbol{A} \cdot (\nabla \times \boldsymbol{B}) \tag{1.2.31}$$

$$\nabla \cdot (\Phi \boldsymbol{A}) = \boldsymbol{A} \cdot \nabla \Phi + \Phi \nabla \cdot \boldsymbol{A} \tag{1.2.32}$$

$$\nabla \times (\Phi \boldsymbol{A}) = \nabla \Phi \times \boldsymbol{A} + \Phi \nabla \times \boldsymbol{A} \tag{1.2.33}$$

【例 1.4】 在直角坐标系下证明式(1.2.28)。

解　等式左边按矢量运算规则可写为

$$\nabla \times (\nabla \times \boldsymbol{A}) = \nabla \times \left[\boldsymbol{x}_0\left(\frac{\partial A_z}{\partial y} - \frac{\partial A_y}{\partial z}\right) + \boldsymbol{y}_0\left(\frac{\partial A_x}{\partial z} - \frac{\partial A_z}{\partial x}\right) + \boldsymbol{z}_0\left(\frac{\partial A_y}{\partial x} - \frac{\partial A_x}{\partial y}\right)\right]$$

$$= \begin{vmatrix} \boldsymbol{x}_0 & \boldsymbol{y}_0 & \boldsymbol{z}_0 \\ \dfrac{\partial}{\partial x} & \dfrac{\partial}{\partial y} & \dfrac{\partial}{\partial z} \\ \left(\dfrac{\partial A_z}{\partial y} - \dfrac{\partial A_y}{\partial z}\right) & \left(\dfrac{\partial A_x}{\partial z} - \dfrac{\partial A_z}{\partial x}\right) & \left(\dfrac{\partial A_y}{\partial x} - \dfrac{\partial A_x}{\partial y}\right) \end{vmatrix}$$

$$= \boldsymbol{x}_0\left(\frac{\partial^2 A_y}{\partial x \partial y} + \frac{\partial^2 A_z}{\partial x \partial z} - \frac{\partial^2 A_x}{\partial y^2} - \frac{\partial^2 A_x}{\partial z^2}\right) -$$

$$\boldsymbol{y}_0\left(\frac{\partial^2 A_y}{\partial x^2} + \frac{\partial^2 A_y}{\partial z^2} - \frac{\partial^2 A_x}{\partial x \partial y} - \frac{\partial^2 A_z}{\partial y \partial z}\right) + \boldsymbol{z}_0\left(\frac{\partial^2 A_x}{\partial x \partial z} + \frac{\partial^2 A_y}{\partial z \partial y} - \frac{\partial^2 A_z}{\partial x^2} - \frac{\partial^2 A_z}{\partial y^2}\right)$$

$$= \boldsymbol{x}_0\left(\frac{\partial}{\partial x}(\nabla \cdot \boldsymbol{A}) - \nabla^2 A_x\right) + \boldsymbol{y}_0\left(\frac{\partial}{\partial y}(\nabla \cdot \boldsymbol{A}) - \nabla^2 A_y\right) +$$

$$\boldsymbol{z}_0\left(\frac{\partial}{\partial z}(\nabla\cdot\boldsymbol{A})-\nabla^2 A_z\right)$$
$$=\nabla(\nabla\cdot\boldsymbol{A})-\nabla^2\boldsymbol{A}$$

从恒等关系式(1.2.29)、式(1.2.30)可知,旋度的散度等于零,而梯度的旋度也等于零。1.2.5对矢量场的讨论就用到这些性质。

【例1.5】 设 $\boldsymbol{r}=x\boldsymbol{x}_0+y\boldsymbol{y}_0+z\boldsymbol{z}_0$,$r=\sqrt{x^2+y^2+z^2}$,证明

(1)$\nabla r=\frac{\boldsymbol{r}}{r}$;(2)$\nabla\cdot\boldsymbol{r}=3$;(3)$\nabla\cdot\nabla r=\nabla^2 r=\frac{2}{r}$;(4)$\nabla\left(\frac{1}{r}\right)=-\frac{\boldsymbol{r}}{r^3}$;(5)$\nabla\times\boldsymbol{r}=0$;(6)$\nabla\cdot\nabla\frac{1}{r}=\nabla^2\frac{1}{r}=-4\pi\delta(r)$。

解 因为 $\boldsymbol{r}=x\boldsymbol{x}_0+y\boldsymbol{y}_0+z\boldsymbol{z}_0$,所以 $r=\sqrt{x^2+y^2+z^2}$

$$\nabla r=\frac{\partial r}{\partial x}\boldsymbol{x}_0+\frac{\partial r}{\partial y}\boldsymbol{y}_0+\frac{\partial r}{\partial z}\boldsymbol{z}_0=\frac{\boldsymbol{r}}{r}$$

$$\nabla\cdot\boldsymbol{r}=\frac{\partial x}{\partial x}+\frac{\partial y}{\partial y}+\frac{\partial z}{\partial z}=3$$

$$\nabla\times\boldsymbol{r}=\begin{vmatrix}\boldsymbol{x}_0 & \boldsymbol{y}_0 & \boldsymbol{z}_0\\ \frac{\partial}{\partial x} & \frac{\partial}{\partial y} & \frac{\partial}{\partial z}\\ x & y & z\end{vmatrix}=0$$

$$\nabla\left(\frac{1}{\boldsymbol{r}}\right)=\frac{\mathrm{d}}{\mathrm{d}\boldsymbol{r}}\left(\frac{1}{r}\right)\nabla r=-\frac{1}{r^2}\frac{\boldsymbol{r}}{r}=-\frac{\boldsymbol{r}}{r^3}$$

$$\nabla\cdot\nabla\boldsymbol{r}=\nabla\cdot\frac{\boldsymbol{r}}{r}=\frac{\nabla\cdot\boldsymbol{r}}{r}+\boldsymbol{r}\cdot\nabla\frac{1}{r}=\frac{3}{r}-\boldsymbol{r}\cdot\frac{\boldsymbol{r}}{r^3}=\frac{3}{r}-\frac{1}{r}=\frac{2}{r}$$

$$\nabla^2\frac{1}{r}=\nabla\cdot\nabla\frac{1}{r}=\nabla\cdot\left(-\frac{\boldsymbol{r}}{r^3}\right)=-\left[\frac{\nabla\cdot\boldsymbol{r}}{r^3}+\boldsymbol{r}\cdot\nabla\frac{1}{r^3}\right]$$
$$=-\left[\frac{3}{r^3}+\boldsymbol{r}\cdot\frac{\mathrm{d}}{\mathrm{d}r}\left(\frac{1}{r^3}\right)\nabla r\right]=-\left[\frac{3}{r^3}-\frac{3}{r^3}\right]=0\qquad(r\neq 0)$$

上式当 $r\neq 0$ 时成立,但不能确定 $\nabla^2\frac{1}{r}$ 在 $r=0$ 点的值,为此计算

$$\int_V\nabla^2\frac{1}{r}\mathrm{d}V=\int_V\nabla\cdot\nabla\frac{1}{r}\mathrm{d}V=\int_S\nabla\frac{1}{r}\cdot\boldsymbol{n}_0\mathrm{d}\boldsymbol{S}=-\int_S\frac{\boldsymbol{r}}{r^3}\cdot\boldsymbol{n}_0\mathrm{d}\boldsymbol{S}$$

如果积分区域不包括 $r=0$ 的原点,其积分为零。如果包括 $r=0$ 的原点,则

$$\int_V\nabla^2\frac{1}{r}=-\int_S\frac{\boldsymbol{r}}{r^3}\cdot\boldsymbol{n}_0\mathrm{d}S=-\int_S\frac{\mathrm{d}S_r}{r^2}=-\int_S\mathrm{d}\boldsymbol{\Omega}=-4\pi$$

式中:$\mathrm{d}S_r$ 是包围积分区域 V 的曲面上面积元 $\mathrm{d}S$ 在半径为 r 的球面上的投影;$\mathrm{d}\Omega$ 是面积元 $\mathrm{d}S$ 对球心所张立体角。

根据 δ 函数的定义

$$\int_V\delta(r)\mathrm{d}V=\begin{cases}1 & 0\in V\\ 0 & 0\notin V\end{cases}$$

故得到 $-4\pi\int_V\delta(r)\mathrm{d}V=-4\pi$,与前面的结果比较,可得

$$\nabla^2\frac{1}{r}=-4\pi\delta(r)$$

1.2.6　微分形式的麦克斯韦方程

根据前面得到的矢量场的斯托克斯定理

$$\oint_l \boldsymbol{A} \cdot \mathrm{d}\boldsymbol{l} = \int_S (\nabla \times A) \cdot \mathrm{d}\boldsymbol{S}$$

麦克斯韦方程中两个旋度方程式(1.1.40a)和式(1.1.40b)可写为

$$\oint_l \boldsymbol{E} \cdot \mathrm{d}\boldsymbol{l} = \int_S (\nabla \times \boldsymbol{E}) \cdot \mathrm{d}\boldsymbol{S} = -\int_S \frac{\partial \boldsymbol{B}}{\partial t} \cdot \mathrm{d}\boldsymbol{S}$$

$$\oint_l \boldsymbol{H} \cdot \mathrm{d}\boldsymbol{l} = \int_S (\nabla \times \boldsymbol{H}) \cdot \mathrm{d}\boldsymbol{S} = \int_S \left(\boldsymbol{J} + \frac{\partial \boldsymbol{D}}{\partial t}\right) \cdot \mathrm{d}\boldsymbol{S}$$

由上两式可得

$$\nabla \times \boldsymbol{E} = -\frac{\partial \boldsymbol{B}}{\partial t} \tag{1.2.34a}$$

$$\nabla \times \boldsymbol{H} = \boldsymbol{J} + \frac{\partial \boldsymbol{D}}{\partial t} \tag{1.2.34b}$$

同样根据矢量场的散度定理

$$\oint_S \boldsymbol{A} \cdot \mathrm{d}\boldsymbol{S} = \int_V (\nabla \cdot \boldsymbol{A}) \mathrm{d}V$$

麦克斯韦方程组中两个散度方程式(1.1.40c)和式(1.1.40d)可写成

$$\oint_S \boldsymbol{D} \cdot \mathrm{d}\boldsymbol{S} = \int_V \nabla \cdot \boldsymbol{D} \mathrm{d}V = \int_V \rho_V \mathrm{d}V$$

$$\oint_S \boldsymbol{B} \cdot \mathrm{d}\boldsymbol{S} = \int_V \nabla \cdot \boldsymbol{B} \mathrm{d}V = 0$$

由此得到

$$\nabla \cdot \boldsymbol{D} = \rho_V \tag{1.2.34c}$$

$$\nabla \cdot \boldsymbol{B} = 0 \tag{1.2.34d}$$

式(1.2.34)就是微分形式的麦克斯韦方程组。积分形式的麦克斯韦方程组反映电磁运动在某一局部区域的平均性质。而微分形式的麦克斯韦方程组反映场在空间每一点的性质，它是积分形式的麦克斯韦方程当积分域缩小到一个点的极限。以后我们对电磁问题的分析一般都从微分形式的麦克斯韦方程组出发。

由式(1.2.34)可见，对于时变场，电场的散度和旋度都不为零，所以电力线起始于正电荷而终止于负电荷。磁场的散度恒为零，而旋度不为零，所以磁力线是与电流交链的闭合曲线，并且磁力线与电力线两者互相交链。在远离场源的无源区域中，电场和磁场的散度都为零，这时磁力线和电力线将自行闭合，相互交链，在空间形成电磁波，后面将专门讨论。

【例 1.6】　如果 $\boldsymbol{E} = \boldsymbol{x}_0 \cos x$，那么 $\boldsymbol{B}$ 随时间变化吗？

解　由式(1.2.34a)可知

$$-\frac{\partial \boldsymbol{B}}{\partial t} = \nabla \times \boldsymbol{E} = 0$$

所以，$\boldsymbol{B}$ 不随时间变化。

【例 1.7】　在 $0 \leqslant x \leqslant 1, 0 \leqslant y \leqslant 1$ 区域，磁场 $\boldsymbol{B} = \boldsymbol{x}_0 \sin x + \boldsymbol{y}_0 \sin y$ 存在吗？

解　因为 $\nabla \cdot \boldsymbol{B} = \cos x + \cos y$，在 $0 \leqslant x \leqslant 1, 0 \leqslant y \leqslant 1$ 区域，$\cos x + \cos y \neq 0$，即 $\nabla \cdot \boldsymbol{B} \neq 0$，

与麦克斯韦方程(1.2.34d)矛盾。所以在 $0\leqslant x\leqslant 1, 0\leqslant y\leqslant 1$ 区域 $\boldsymbol{B}=\boldsymbol{x}_0\sin x+\boldsymbol{y}_0\sin y$ 的磁场不存在。

【例 1.8】 如果 $\boldsymbol{D}=\boldsymbol{x}_0\cos x\sinh y+\boldsymbol{y}_0\sin x\cosh y$,求区域内电荷密度 ρ_V。

解 根据式(1.2.34c),有

$$\rho_V=\nabla\cdot\boldsymbol{D}=-\sin x\sinh y+\sin x\sinh y=0$$

区域内电荷密度 $\rho_V=0$,场可以由包围区域的界面上的面电荷产生。体电荷密度 ρ_V 不包括面电荷密度 ρ_S。

1.3 复矢量与时谐场的麦克斯韦方程组

1.3.1 复矢量

麦克斯韦方程组包含的四个电磁场量 $\boldsymbol{E}$、$\boldsymbol{D}$、$\boldsymbol{B}$ 和 $\boldsymbol{H}$ 以及场源 $\boldsymbol{J}$ 和 ρ_V 都是时间和空间的函数。如果这些量对时间作简谐变化,就称为时谐变量。其中场源 ρ_V 是标量,其余均是矢量。对于时谐场量,引入复矢量表示后,对时谐场量的微分、积分的运算将简化为乘、除 $\mathrm{j}\omega$ 的代数运算,而乘积项时间平均值的计算也将简化为取实部运算。给时谐场麦克斯韦方程组的求解带来很大的方便。

设随时间作简谐变化的电场强度 $\boldsymbol{E}(x,y,z,t)$ 为

$$\boldsymbol{E}(x,y,z,t)=\boldsymbol{x}_0E_x(x,y,z,t)+\boldsymbol{y}_0E_y(x,y,z,t)+\boldsymbol{z}_0E_z(x,y,z,t) \tag{1.3.1}$$

其 x 分量 $E_x(x, y, z, t)$ 可表示为

$$E_x(x,y,z,t)=E_1(x,y,z)\cos(\omega t+\varphi_1) \tag{1.3.2}$$

这是一个时谐标量,现定义一个复数 $E_x(x,y,z)$ 与其对应

$$E_x(x,y,z)=E_1(x,y,z)\mathrm{e}^{\mathrm{j}\varphi_1} \tag{1.3.3}$$

对应的意义是

$$E_x(x,y,z,t)=\mathrm{Re}\{E_x(x,y,z)\mathrm{e}^{\mathrm{j}\omega t}\} \tag{1.3.4}$$

所以时谐标量 $E_x(x,y,z,t)$ 与复数 $E_x(x,y,z)$ 对应。

同样 $\boldsymbol{E}(x,y,z,t)$ 的 y 分量 $E_y(x,y,z,t)$ 可表示为

$$E_y(x,y,z,t)=E_2(x,y,z)\cos(\omega t+\varphi_2) \tag{1.3.5}$$

其对应的复数为

$$E_y(x,y,z)=E_2(x,y,z)\mathrm{e}^{\mathrm{j}\varphi_2} \tag{1.3.6}$$

所以 $E_y(x,y,z,t)$ 可表示为

$$E_y(x,y,z,t)=\mathrm{Re}\{E_y(x,y,z)\mathrm{e}^{\mathrm{j}\omega t}\} \tag{1.3.7}$$

$\boldsymbol{E}(x,y,z,t)$ 的 z 分量 $E_z(x,y,z,t)$ 可表示为

$$E_z(x,y,z,t)=E_3(x,y,z)\cos(\omega t+\varphi_3) \tag{1.3.8}$$

其对应的复数为

$$E_z(x,y,z)=E_3(x,y,z)\mathrm{e}^{\mathrm{j}\varphi_3} \tag{1.3.9}$$

因此 $E_z(x,y,z,t)$ 可表示成

$$E_z(x,y,z,t)=\mathrm{Re}\{E_z(x,y,z)\mathrm{e}^{\mathrm{j}\omega t}\} \tag{1.3.10}$$

将式(1.3.4)、式(1.3.7)、式(1.3.10)代入式(1.3.1)，可得 $\boldsymbol{E}(x,y,z,t)$ 为

$$\boldsymbol{E}(x,y,z,t)=\mathrm{Re}\{[\boldsymbol{x}_0E_x(x,y,z)+\boldsymbol{y}_0E_y(x,y,z)+\boldsymbol{z}_0E_z(x,y,z)]\mathrm{e}^{\mathrm{j}\omega t}\}$$

定义复矢量 $\boldsymbol{E}(x, y, z)$ 为

$$\boldsymbol{E}(x,y,z)=\boldsymbol{x}_0E_x(x,y,z)+\boldsymbol{y}_0E_y(x,y,z)+\boldsymbol{z}_0E_z(x,y,z) \tag{1.3.11}$$

则

$$\boldsymbol{E}(x,y,z,t)=\mathrm{Re}\{\boldsymbol{E}(x,y,z)\mathrm{e}^{\mathrm{j}\omega t}\} \tag{1.3.12}$$

所以引入复矢量 $\boldsymbol{E}(x,y,z)$ 后，时谐电场矢量 $\boldsymbol{E}(x,y,z,t)$ 与复矢量 $\boldsymbol{E}(x,y,z)$ 对应。

同样，时谐磁通量密度矢量 $\boldsymbol{B}(x,y,z,t)$ 与磁通量密度复矢量 $\boldsymbol{B}(x,y,z)$ 对应，即

$$\boldsymbol{B}(x,y,z,t)=\mathrm{Re}\{\boldsymbol{B}(x,y,z)\mathrm{e}^{\mathrm{j}\omega t}\} \tag{1.3.13}$$

对于电通量密度 $\boldsymbol{D}$、磁场强度 $\boldsymbol{H}$ 也有

$$\boldsymbol{D}(x,y,z,t)=\mathrm{Re}\{D(x,y,z)\mathrm{e}^{\mathrm{j}\omega t}\} \tag{1.3.14}$$

$$\boldsymbol{H}(x,y,z,t)=\mathrm{Re}\{H(x,y,z)\mathrm{e}^{\mathrm{j}\omega t}\} \tag{1.3.15}$$

与时谐电磁场量 $\boldsymbol{E}(x,y,z,t)$、$\boldsymbol{B}(x,y,z,t)$、$\boldsymbol{D}(x,y,z,t)$ 和 $\boldsymbol{H}(x,y,z,t)$ 对应的复矢量 $\boldsymbol{E}(x,y,z)$、$\boldsymbol{B}(x,y,z)$、$\boldsymbol{D}(x,y,z)$ 和 $\boldsymbol{H}(x,y,z)$ 不是时间 t 的函数，它们是矢量，有三个分量，而且每一个分量是复数，这就是把它们叫做复矢量的原因。

根据复矢量的定义，对时谐矢量微分的运算与对应的复矢量乘 $\mathrm{j}\omega$ 等效，即

$$\frac{\partial}{\partial t}\boldsymbol{E}(x,y,z,t)=\mathrm{Re}\{\mathrm{j}\omega\boldsymbol{E}(x,y,z)\mathrm{e}^{\mathrm{j}\omega t}\} \tag{1.3.16a}$$

$$\frac{\partial}{\partial t}\boldsymbol{E}(x,y,z,t)\leftrightarrow\mathrm{j}\omega\boldsymbol{E}(x,y,z) \tag{1.3.16b}$$

将式(1.3.2)、式(1.3.5)、式(1.3.8)代入式(1.3.1)，再将式(1.3.1)代入式(1.3.16a)的左边，与将式(1.3.3)、式(1.3.6)、式(1.3.9)代入式(1.3.11)，再将式(1.3.11)代入式(1.3.16a)的右边，都得到

$$\begin{aligned}\frac{\partial}{\partial t}\boldsymbol{E}(x,y,z,t)&=-\omega[\boldsymbol{x}_0E_1(x,y,z)\sin(\omega t+\varphi_1)+\boldsymbol{y}_0E_2(x,y,z)\sin(\omega t+\varphi_2)+\\&\qquad\boldsymbol{z}_0E_3(x,y,z)\sin(\omega t+\varphi_3)]\\&=\mathrm{Re}\{\mathrm{j}\omega\boldsymbol{E}(x,y,z)\mathrm{e}^{\mathrm{j}\omega t}\}\end{aligned}$$

时谐矢量用复矢量表示后，两时谐矢量叉积的时间平均值计算也可简化为取实部运算。设复矢量 $\boldsymbol{E}(\boldsymbol{r})=\boldsymbol{E}_\mathrm{r}+\mathrm{j}\boldsymbol{E}_\mathrm{i}$，$\boldsymbol{H}(\boldsymbol{r})=\boldsymbol{H}_\mathrm{r}+\mathrm{j}\boldsymbol{H}_\mathrm{i}$，$\boldsymbol{E}_\mathrm{r}$、$\boldsymbol{H}_\mathrm{r}$ 为复矢量 $\boldsymbol{E}(\boldsymbol{r})$、$\boldsymbol{H}(\boldsymbol{r})$ 的实部；$\boldsymbol{E}_\mathrm{i}$、$\boldsymbol{H}_\mathrm{i}$ 为其虚部，与复矢量 $\boldsymbol{E}(\boldsymbol{r})$、$\boldsymbol{H}(\boldsymbol{r})$ 对应的时谐矢量 $\boldsymbol{E}(\boldsymbol{r},t)$、$\boldsymbol{H}(\boldsymbol{r},t)$ 为

$$\boldsymbol{E}(\boldsymbol{r},t)=\mathrm{Re}\{\boldsymbol{E}(\boldsymbol{r})\mathrm{e}^{\mathrm{j}\omega t}\}=\boldsymbol{E}_\mathrm{r}\cos\omega t-\boldsymbol{E}_\mathrm{i}\sin\omega t$$

$$\boldsymbol{H}(\boldsymbol{r},t)=\mathrm{Re}\{\boldsymbol{H}(\boldsymbol{r})\mathrm{e}^{\mathrm{j}\omega t}\}=\boldsymbol{H}_\mathrm{r}\cos\omega t-\boldsymbol{H}_\mathrm{i}\sin\omega t$$

所以 $\boldsymbol{E}(\boldsymbol{r},t)\times\boldsymbol{H}(\boldsymbol{r},t)$ 的时间平均值是

$$[\boldsymbol{E}(\boldsymbol{r},t)\times\boldsymbol{H}(\boldsymbol{r},t)]=\frac{1}{T}\int_0^T\boldsymbol{E}(\boldsymbol{r},t)\times\boldsymbol{H}(\boldsymbol{r},t)\mathrm{d}t=\frac{1}{2}(\boldsymbol{E}_\mathrm{r}\times\boldsymbol{H}_\mathrm{r}+\boldsymbol{E}_\mathrm{i}\times\boldsymbol{H}_\mathrm{i})$$

如果我们取复矢量 $\boldsymbol{E}(\boldsymbol{r})$ 与 $\boldsymbol{H}(\boldsymbol{r})$ 的共轭复矢量 $\boldsymbol{H}^*(\boldsymbol{r})$ 的叉积

$$\boldsymbol{E}(\boldsymbol{r})\times\boldsymbol{H}^*(\boldsymbol{r})=\boldsymbol{E}_\mathrm{r}\times\boldsymbol{H}_\mathrm{r}+\boldsymbol{E}_\mathrm{i}\times\boldsymbol{H}_\mathrm{i}+\mathrm{j}(\boldsymbol{E}_\mathrm{i}\times\boldsymbol{H}_\mathrm{r}-\boldsymbol{E}_\mathrm{r}\times\boldsymbol{H}_\mathrm{i})$$

那么就可以将 $\boldsymbol{E}(\boldsymbol{r},t)\times\boldsymbol{H}(\boldsymbol{r},t)$ 的时间平均值表示为

$$[\boldsymbol{E}(\boldsymbol{r},t)\times\boldsymbol{H}(\boldsymbol{r},t)]=\frac{1}{2}\mathrm{Re}\{\boldsymbol{E}(\boldsymbol{r})\times\boldsymbol{H}^*(\boldsymbol{r})\} \tag{1.3.17}$$

$\boldsymbol{E}(\boldsymbol{r},t)\times\boldsymbol{H}(\boldsymbol{r},t)$ 叫做瞬时坡印廷矢量，而 $\boldsymbol{E}(\boldsymbol{r})\times\boldsymbol{H}^*(\boldsymbol{r})$ 叫做复数坡印廷矢量，将在 1.8

节中专门讨论。

【例 1.9】 已知复矢量 $\boldsymbol{E}(\boldsymbol{r})=\boldsymbol{x}_0 2\mathrm{j}\mathrm{e}^{-\mathrm{j}kz}+\boldsymbol{y}_0(1+\mathrm{j})\mathrm{e}^{-\mathrm{j}kz}+\boldsymbol{z}_0(3-\mathrm{j}4)\mathrm{e}^{-\mathrm{j}kz}$，求与之对应的时谐矢量 $\boldsymbol{E}(\boldsymbol{r},t)$。

解 将复矢量 $\boldsymbol{E}(\boldsymbol{r})$ 的三个分量(它们是复数)用模与相角的形式表示

$$\boldsymbol{E}(\boldsymbol{r})=\boldsymbol{x}_0 2\mathrm{e}^{-\mathrm{j}(kz-\pi/2)}+\boldsymbol{y}_0\sqrt{2}\,\mathrm{e}^{-\mathrm{j}(kz-\pi/4)}+\boldsymbol{z}_0 5\mathrm{e}^{-\mathrm{j}(kz+0.93)}$$

所以 $$\boldsymbol{E}(\boldsymbol{r},t)=\boldsymbol{x}_0 2\cos\left(\omega t-kz+\frac{\pi}{2}\right)+\boldsymbol{y}_0\sqrt{2}\cos\left(\omega t-kz+\frac{\pi}{4}\right)+\boldsymbol{z}_0 5\cos(\omega t-kz-0.93)$$

1.3.2 用复矢量表示时谐场的麦克斯韦方程

由前面讨论可知，对时谐矢量 $\frac{\partial}{\partial t}$ 的运算与对应的复矢量乘以 $\mathrm{j}\omega$ 等效，所以引入 $\boldsymbol{E}$、$\boldsymbol{B}$ 的复矢量后，麦克斯韦方程式(1.2.34a)

$$\nabla\times\boldsymbol{E}(x,y,z,t)=-\frac{\partial}{\partial t}\boldsymbol{B}(x,y,z,t)$$

可写为 $\nabla\times\mathrm{Re}\{\boldsymbol{E}(x,y,z)\mathrm{e}^{\mathrm{j}\omega t}\}=-\mathrm{Re}\{\mathrm{j}\omega\boldsymbol{B}(x,y,z)\mathrm{e}^{\mathrm{j}\omega t}\}$

因为算符 ∇ 只对空间求导数，所以 ∇ 运算与取实部运算 Re 可调换次序，即

$$\mathrm{Re}\{\nabla\times\boldsymbol{E}(x,y,z)\mathrm{e}^{\mathrm{j}\omega t}\}=\mathrm{Re}\{-\mathrm{j}\omega\boldsymbol{B}(x,y,z)\mathrm{e}^{\mathrm{j}\omega t}\}$$

所以时谐电磁场量用复矢量表示时，麦克斯韦方程式(1.2.34a)表示为

$$\nabla\times\boldsymbol{E}(x,y,z)=-\mathrm{j}\omega\boldsymbol{B}(x,y,z) \tag{1.3.18a}$$

式中：复矢量 $\boldsymbol{B}(x,y,z)$ 的定义为

$$\boldsymbol{B}(x,y,z,t)=\mathrm{Re}\{\boldsymbol{B}(x,y,z)\mathrm{e}^{\mathrm{j}\omega t}\}$$

同理，麦克斯韦方程式(1.2.34b)、式(1.2.34c)和式(1.2.34d)可分别表示为

$$\nabla\times\boldsymbol{H}(x,y,z)=\mathrm{j}\omega\boldsymbol{D}(x,y,z)+\boldsymbol{J}(x,y,z) \tag{1.3.18b}$$

$$\nabla\cdot\boldsymbol{D}(x,y,z)=\rho_V(x,y,z) \tag{1.3.18c}$$

$$\nabla\cdot\boldsymbol{B}(x,y,z)=0 \tag{1.3.18d}$$

式中：复矢量 $\boldsymbol{D}(x,y,z)$、$\boldsymbol{H}(x,y,z)$、$\boldsymbol{J}(x,y,z)$ 与复数 $\rho_V(x,y,z)$ 的定义为

$$\boldsymbol{D}(x,y,z,t)=\mathrm{Re}\{\boldsymbol{D}(x,y,z)\mathrm{e}^{\mathrm{j}\omega t}\}$$

$$\boldsymbol{H}(x,y,z,t)=\mathrm{Re}\{\boldsymbol{H}(x,y,z)\mathrm{e}^{\mathrm{j}\omega t}\}$$

$$\boldsymbol{J}(x,y,z,t)=\mathrm{Re}\{\boldsymbol{J}(x,y,z)\mathrm{e}^{\mathrm{j}\omega t}\}$$

$$\rho_V(x,y,z,t)=\mathrm{Re}\{\rho_V(x,y,z)\mathrm{e}^{\mathrm{j}\omega t}\}$$

方程式(1.3.18a)至式(1.3.18d)就是用复矢量表示的时谐场的麦克斯韦方程。本课程主要研究随时间作简谐变化的电磁场，式(1.3.18a)至式(1.3.18d)就是本书以后分析电磁场的基本方程。因为任何周期场可用傅里叶级数展开为基波及各次谐波的叠加，非周期场也可用傅里叶积分展开，所以对谐变电磁场的分析并不失一般性。

现在我们把积分形式的麦克斯韦方程、微分形式的麦克斯韦方程以及用复矢量表示的时谐场的麦克斯韦方程列于表 1-1，以便查阅。

表 1-1　麦克斯韦方程

	微分形式	积分形式	时谐场的复矢量形式
法拉第定理	$\nabla\times\boldsymbol{E}=-\dfrac{\partial\boldsymbol{B}}{\partial t}$	$\oint_l\boldsymbol{E}\cdot\mathrm{d}\boldsymbol{l}=-\int_S\dfrac{\partial\boldsymbol{B}}{\partial t}\cdot\mathrm{d}\boldsymbol{S}$	$\nabla\times\boldsymbol{E}=-\mathrm{j}\omega\boldsymbol{B}$
安培定理	$\nabla\times\boldsymbol{H}=\boldsymbol{J}+\dfrac{\partial\boldsymbol{D}}{\partial t}$	$\oint_l\boldsymbol{H}\cdot\mathrm{d}\boldsymbol{l}=\int_S\left(\boldsymbol{J}+\dfrac{\partial\boldsymbol{D}}{\partial t}\right)\cdot\mathrm{d}\boldsymbol{S}$	$\nabla\times\boldsymbol{H}=\boldsymbol{J}+\mathrm{j}\omega\boldsymbol{D}$
高斯定理	$\nabla\cdot\boldsymbol{D}=\rho_V$	$\oint_S\boldsymbol{D}\cdot\mathrm{d}\boldsymbol{S}=\int_V\rho_V\mathrm{d}V$	$\nabla\cdot\boldsymbol{D}=\rho_V$
磁通连续性原理	$\nabla\cdot\boldsymbol{B}=0$	$\oint_S\boldsymbol{B}\cdot\mathrm{d}\boldsymbol{S}=0$	$\nabla\cdot\boldsymbol{B}=0$

这里要再次强调一下，微分形式的麦克斯韦方程组与积分形式的麦克斯韦方程组中有关场量 $\boldsymbol{E}(\boldsymbol{r},t)$、$\boldsymbol{D}(\boldsymbol{r},t)$、$\boldsymbol{H}(\boldsymbol{r},t)$、$\boldsymbol{B}(\boldsymbol{r},t)$ 等都是时间坐标与空间坐标的函数，而复矢量形式的麦克斯韦方程组中有关场量 $\boldsymbol{E}(\boldsymbol{r})$、$\boldsymbol{D}(\boldsymbol{r})$、$\boldsymbol{H}(\boldsymbol{r})$、$\boldsymbol{B}(\boldsymbol{r})$ 等只是空间坐标的函数。复矢量形式的场量乘上 $\mathrm{e}^{\mathrm{j}\omega t}$ 取实部才是微分形式、积分形式麦克斯韦方程组中的场量。

【例 1.10】　已知复矢量 $\boldsymbol{E}=\boldsymbol{y}_0E_y=\boldsymbol{y}_0E_{y0}\sin\dfrac{\pi}{a}x\mathrm{e}^{-\mathrm{j}k_zz}$，求复矢量 $\boldsymbol{B}$。

解　由式(1.3.34a)得

$$\boldsymbol{B}=-\frac{\nabla\times\boldsymbol{E}}{\mathrm{j}\omega}=-\frac{\nabla\times(\boldsymbol{y}_0E_y)}{\mathrm{j}\omega}=-\frac{1}{\mathrm{j}\omega}\left(-\boldsymbol{x}_0\frac{\partial E_y}{\partial z}+\boldsymbol{z}_0\frac{\partial E_y}{\partial x}\right)$$

$$=-\boldsymbol{x}_0\frac{k_z}{\omega}E_{y0}\sin\frac{\pi}{a}x\mathrm{e}^{-\mathrm{j}k_zz}+\boldsymbol{z}_0\mathrm{j}\frac{\pi}{a\omega}E_{y0}\cos\frac{\pi}{a}x\mathrm{e}^{-\mathrm{j}k_zz}$$

本书以后对交变场的研究主要针对随时间作简谐变化的场，主要从复矢量形式的麦克斯韦方程组研究电磁运动的特性。为简化书写，复矢量形式的电磁场量 $\boldsymbol{E}(\boldsymbol{r})$ 等没有采用特殊符号以跟与时间有关场量 $\boldsymbol{E}(\boldsymbol{r},t)$ 等区分，请读者留意。如果场量与时间坐标有关，一般会标明 $\boldsymbol{E}(t)$、$\boldsymbol{H}(t)$ 等，不会引起混淆。

1.3.3　静电场、恒定磁场与时变场

根据前面所述，电场 $\boldsymbol{E}$ 由电荷 q 产生，而磁场 $\boldsymbol{H}$ 由电流 $I=\dfrac{\mathrm{d}q}{\mathrm{d}t}$ 产生，因为 q 与 $\dfrac{\mathrm{d}q}{\mathrm{d}t}$ 是独立变量，所以只要电流是常数，电荷产生的电场与电流产生的磁场彼此独立。为了说明这一点，考虑恒速运动的荷电粒子束形成的直流电流的一个小段。这一小段电荷产生的电场由这一小段包含的电荷量 q 决定，但恒定电流产生的磁场只与电流 $\dfrac{\mathrm{d}q}{\mathrm{d}t}$ 有关，而与 q 无关。运动的荷电粒子多、速度慢与荷电粒子少、速度快两种情况可以得到相同的电流 I，即产生相同的磁场，但两种情况产生的电场不同。

不随时间变化的电荷产生的电场叫静电场，不随时间变化的电流(以后称为恒定电流)产生的磁场叫恒定磁场，因为 q 与 $\dfrac{\mathrm{d}q}{\mathrm{d}t}$ 是独立的，所以静电场和恒定磁场彼此也是独立的。静电场与恒定磁场统称为静态场。

与静态场对应的是动态场，其特点是场随时间变化，亦称为时变场或交变场。当电荷密度

和电流随时间变化时就产生交变场。再考虑运动的荷电粒子形成电流的一小段，如果$\frac{\mathrm{d}q}{\mathrm{d}t}$随时间变化，那么在给定荷电粒子束的一小段其电荷量也随时间变化，反过来也是一样。当电子束的一小段包含的电荷量（即电荷密度）随时间变化，其电流$\frac{\mathrm{d}q}{\mathrm{d}t}$也随时间变化。在这种情况下，电场和磁场耦合在一起，彼此不再独立。随时间变化的电场产生磁场，而随时间变化的磁场产生电场。表 1-2 总结了静电场、恒定磁场、交变场的存在条件及相关场量。

表 1-2　麦克斯韦方程

	条　　件	场　　量
静电场	静止电荷（$\frac{\partial q}{\partial t}=0$）	电场强度 $\boldsymbol{E}$（V/m） 电通量密度 $\boldsymbol{D}$（C/m^2），$\boldsymbol{D}=\varepsilon\boldsymbol{E}$
恒定磁场	恒定电流（$\frac{\partial I}{\partial t}=0$）	磁通量密度 $\boldsymbol{B}$（Wb/m^2） 磁场强度 $\boldsymbol{H}$（A/m），$\boldsymbol{B}=\mu\boldsymbol{H}$
交变场	随时间变化的电流（$\frac{\partial I}{\partial t}\neq 0$）	$\boldsymbol{E}$、$\boldsymbol{D}$、$\boldsymbol{B}$、$\boldsymbol{H}$ （$\boldsymbol{E}$，$\boldsymbol{D}$）与（$\boldsymbol{B}$，$\boldsymbol{H}$）耦合在一起

1.4　电流连续性原理

电荷守恒与电流连续性原理是指流出元体积 ΔV 的电流等于元体积内电荷随时间的减少率，其数学表达式为

$$\nabla\cdot\boldsymbol{J}=-\frac{\partial\rho_V}{\partial t} \tag{1.4.1}$$

根据散度定理，由式(1.4.1)可得

$$\oint_S\boldsymbol{J}\cdot\mathrm{d}\boldsymbol{S}=\int_V(\nabla\cdot\boldsymbol{J})\mathrm{d}V=-\int_V\frac{\partial\rho_V}{\partial t}\mathrm{d}V=-\frac{\partial}{\partial t}\int_V\rho_V\mathrm{d}V=-\frac{\partial Q}{\partial t}$$

上式左边表示从元体积流出的电流；右边表示元体积内电荷随时间的减少率。

电荷守恒与质量守恒是联系在一起的。根据现代物质结构理论，物质由原子构成，原子又由核与围绕核旋转的电子构成。核由质子、中子构成，质子带正电，电子带负电。只要质子、电子守恒，电荷就守恒。所以电荷守恒与电流连续性原理体现了质量守恒。

下面将证明，电荷守恒与电流连续性原理就包含在麦克斯韦方程中。用算符 ∇ 点乘式(1.2.34b)两边，并利用矢量运算恒等关系 $\nabla\cdot(\nabla\times\boldsymbol{A})=0$ 得到

$$\nabla\cdot\boldsymbol{J}+\frac{\partial}{\partial t}(\nabla\cdot\boldsymbol{D})=0 \tag{1.4.2}$$

将式(1.2.34c)代入式(1.4.2)可得

$$\nabla\cdot\boldsymbol{J}+\frac{\partial\rho_V}{\partial t}=0$$

即式(1.4.1)。

有一点要说明，不要误认为电荷守恒与电流连续性原理是从麦克斯韦方程组推导出来的，而应当理解为麦克斯韦方程组满足电荷守恒与电流连续性原理。麦克斯韦方程满足电荷守恒与电流连续性原理这更加说明麦克斯韦方程组的正确性。

1.5　物质的本构关系

1.5.1　麦克斯韦方程组中独立的方程数与物质的本构关系

1. 麦克斯韦方程组中独立的方程

麦克斯韦方程组中有几个方程是独立的？这个问题对于我们用麦克斯韦方程组求解具体电磁问题很重要。

如果对式(1.2.34a)取散度，因为旋度的散度等于零，故得到

$$\nabla\cdot(\nabla\times\boldsymbol{E})=\nabla\cdot\left(-\frac{\partial\boldsymbol{B}}{\partial t}\right)=-\frac{\partial}{\partial t}\nabla\cdot\boldsymbol{B}=0$$

这就是说$\nabla\cdot\boldsymbol{B}$为一与时间无关的常数，而式(1.2.34d)告诉我们这个常数就是零。所以式(1.2.34d)包含在式(1.2.34a)中。这就是说$\nabla\cdot\boldsymbol{B}=0$不是一个独立的方程。

在 1.4 节对式(1.2.34b)取散度已得到

$$\nabla\cdot(\nabla\times\boldsymbol{H})=\nabla\cdot\left(\boldsymbol{J}+\frac{\partial\boldsymbol{D}}{\partial t}\right)=\nabla\cdot\boldsymbol{J}+\frac{\partial}{\partial t}(\nabla\cdot\boldsymbol{D})=0$$

如果把电荷与电流的连续方程式(1.4.1)作为一个基本方程，那么将上式与式(1.4.1)比较便得到

$$\nabla\cdot\boldsymbol{D}=\rho_V$$

所以$\nabla\cdot\boldsymbol{D}=\rho_V$也不是一个独立的方程。

归纳起来麦克斯韦方程组中两个散度方程式(1.2.34c)和式(1.2.34d)包含在两个旋度方程式(1.2.34a)和式(1.2.34b)以及电流与电荷的连续方程式(1.4.1)中。所以如果把电流与电荷的连续方程作为基本方程，麦克斯韦方程组中只有两个旋度方程是独立的。两个独立的旋度方程式(1.2.34a)和式(1.2.34b)以及电流与电荷的连续方程式(1.4.1)共包含$\boldsymbol{E}$、$\boldsymbol{D}$、$\boldsymbol{B}$、$\boldsymbol{H}$、$\boldsymbol{J}$五个矢量和一个标量ρ，每个矢量又有 3 个分量，所以这 3 个独立的方程共有 16 个独立的标量场分量，而这 3 个独立的方程总共只包含 7 个独立的标量方程，所以仅从麦克斯韦方程以及电流与电荷的连续方程出发还不足以解出 16 个独立的标量场分量，我们还需要另外 9 个标量场方程，这就是物质的本构关系。

2. 物质的本构关系

物质的本构关系是指由介质特性决定的三个方程，它们将介质中$\boldsymbol{D}$跟$\boldsymbol{E}$、$\boldsymbol{B}$跟$\boldsymbol{H}$、$\boldsymbol{J}$跟$\boldsymbol{E}$联系起来，方程为式(1.1.19)、式(1.1.27)和式(1.1.36)，现重写如下

$$\boldsymbol{D}=\varepsilon\boldsymbol{E}\tag{1.5.1}$$

$$\boldsymbol{B}=\mu\boldsymbol{H}\tag{1.5.2}$$

$$\boldsymbol{J}_c=\sigma\boldsymbol{E}\tag{1.5.3}$$

式(1.5.1)反映介质在电场作用下发生极化，而式(1.5.2)表示介质在磁场作用下发生磁

化，式(1.5.3)则是微分形式的欧姆定理。ε 叫介质的介电常数，μ 叫介质的磁导率，σ 叫介质的电导率。引入相对介电常数 ε_r、相对磁导率 μ_r 后，ε、μ 可表示为

$$\varepsilon=\varepsilon_r\varepsilon_0$$

$$\mu=\mu_r\mu_0$$

式中：$\varepsilon_0=8.85\times10^{-12}\,\mathrm{F/m}$，$\mu_0=4\pi\times10^{-7}\,\mathrm{H/m}$ 分别叫做真空或自由空间介电常数与磁导率。

物质的本构关系式(1.5.1)至式(1.5.3)是矢量方程，每个方程可分解为三个标量方程，故共有 9 个标量方程。它们作为辅助方程与麦克斯韦方程组一起构成一组自洽的方程。

用麦克斯韦方程求解电磁问题时，首先要把场所在空间的介质特性描述出来。ε、μ、σ 是描述介质特性的量。这就是说，只有在所研究空间 ε、μ、σ 的具体表达式知道后，才能对麦克斯韦方程组求解。所以，如图 1-22(a)所示的置于自由空间的无限长介质圆柱体，圆柱介质所在区域用Ⅰ标记，其余部分用Ⅱ标记。对于该介质系统电磁场问题的求解，首先要将其介质特性描述出来。图 1-22(a)所示的介质系统，介电系数 ε 是半径 ρ 的函数，并表示为

$$\varepsilon(\rho)=\begin{cases}\varepsilon_1 & 0<\rho<a\\ \varepsilon_2=\varepsilon_0 & a<\rho<\infty\end{cases} \tag{1.5.4a}$$

其图解如图 1-22(b)所示。

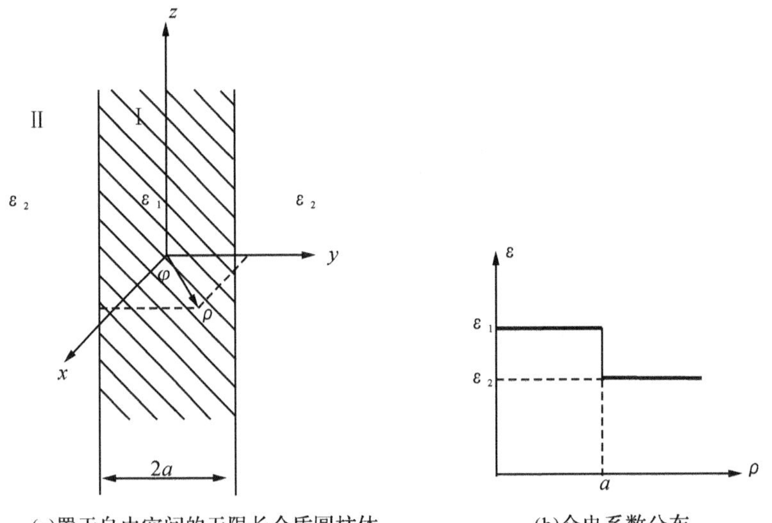

(a)置于自由空间的无限长介质圆柱体　(b)介电系数分布

图 1-22　圆柱介质系统

如果假定介质 1、2 是绝缘介质，不导电，其磁导率 μ_1、μ_2 近似为 μ_0，则得到

$$\mu_1=\mu_2=\mu_0 \tag{1.5.4b}$$

$$\sigma_1=\sigma_2=0 \tag{1.5.4c}$$

式(1.5.4)就是对我们所研究空间介质特性的具体描述。从麦克斯韦方程以及辅助方程式(1.5.1)至式(1.5.3)，并在给定的边值条件下，就能得出图 1-22 所示系统场问题的解。因此，我们研究电磁问题，一定要学会如何用 ε、μ、σ 描述介质的特性。

1.5.2　介质按 ε、μ、σ 进行分类

ε、μ、σ 等完全由电磁场所在空间的介质的特性决定。介质不同，ε、μ、σ 就不一样。自由空间、水、等离子体等都是电磁场所存在空间的介质，它们各自的特性不同，ε、μ、σ 也就不等。所

以，电磁场所存在空间的介质可以按 ε、μ、σ 进行分类。

如果 ε、μ、σ 与空间坐标无关，就是均匀介质，否则就是不均匀介质。ε、μ 与频率无关叫非色散介质，否则就叫色散介质。如果 ε、μ、σ 与电磁波在空间取向性无关，叫做各向同性介质，否则就叫各向异性介质。

本构方程为线性关系所表示的介质称为线性介质。线性介质中 ε、μ、σ 不是电场 $\boldsymbol{E}$ 或磁场 $\boldsymbol{H}$ 的函数。在非线性介质中，电极化强度 P、磁化强度 $\boldsymbol{M}$ 与 $\boldsymbol{E}$、$\boldsymbol{H}$ 不再是线性关系

$$\boldsymbol{P}=\varepsilon_0(\chi_e^{(1)}E+\chi_e^{(2)}E^2+\chi_e^{(3)}E^3+\cdots) \tag{1.5.5}$$

$$\boldsymbol{M}=\chi_m^{(1)}H+\chi_m^{(2)}H^2+\chi_m^{(3)}H^3+\cdots \tag{1.5.6}$$

因此 ε、μ 不再是常量，而跟 $\boldsymbol{E}$、$\boldsymbol{H}$ 幅度有关。$\chi_e^{(1)}$、$\chi_e^{(2)}$、$\chi_e^{(3)}$ 和 $\chi_m^{(1)}$、$\chi_m^{(2)}$、$\chi_m^{(3)}$ 等分别叫做介质的一次、二次、三次电极化率和磁化率。

根据物质结构的经典电子理论，ε、μ 为频率的函数，在高频电场作用下，$\boldsymbol{D}$ 滞后于合成电场强度 $\boldsymbol{E}$，$\boldsymbol{B}$ 滞后于合成磁场强度 $\boldsymbol{H}$。ε、μ 为复数。

$$\varepsilon(\omega)=\varepsilon'(\omega)-j\varepsilon''(\omega) \tag{1.5.7}$$

$$\mu(\omega)=\mu'(\omega)-j\mu''(\omega) \tag{1.5.8}$$

式中：$\varepsilon'(\omega)$ 是复介电常数的实部，它与频率函数的关系确定电磁波在介质中传播的色散特性；$\varepsilon''(\omega)$ 为复介电常数的虚部，由它确定电磁波在介质中的损耗。对于复磁导率 $\mu(\omega)$ 的实部 $\mu'(\omega)$ 和虚部 $\mu''(\omega)$ 也可做类似的解释。一种具有电子极化、离子极化和偶极子极化三种机构的假想介质的 ε' 和 ε'' 与频率关系如图 1-23 所示。这个图着重示出了这三种极化机构所影响的频率范围。

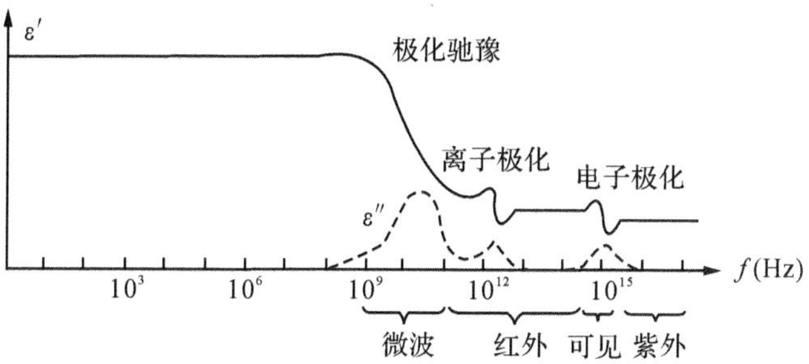

图 1-23　典型介质 ε' 和 ε'' 的频率关系

在技术科学中，通常用介质损耗角 δ_e 来表示介电损耗。δ_e 定义为

$$\delta_e=\arctan\frac{\varepsilon''}{\varepsilon'} \tag{1.5.9}$$

由于实际上对于一般介质，总有 $\dfrac{\varepsilon''}{|\varepsilon'|}\ll 1$，所以

$$\boldsymbol{D}=(\varepsilon'-j\varepsilon'')\boldsymbol{E}=\varepsilon'\left(1-j\frac{\varepsilon''}{\varepsilon'}\right)\boldsymbol{E}\approx\varepsilon' e^{-j\delta_e}\boldsymbol{E} \tag{1.5.10}$$

式(1.5.10)表明介质损耗角 δ_e 实际上表示电介质中电位移矢量 $\boldsymbol{D}$ 与电场强度 $\boldsymbol{E}$ 之间的相位差。

关于金属材料的介电常数，对于微波及其以下频率的电磁波，$\dfrac{\varepsilon''}{|\varepsilon'|}\gg 1$，介电常数虚部是主要的，这时金属呈现导电性，电磁波在金属中受到强烈衰减。对于紫外线或更短波长的电磁波，$\varepsilon'\approx 1$，$\varepsilon''\ll 1$，金属呈现电介质特性，对于电磁波近乎透明。

介电常数实部和虚部之间有内在关系，这是克莱末—克郎宁关系。克莱末—克郎宁关系

指出，色散介质(ε_r 与频率有关)一定有损耗，而损耗介质($\varepsilon''\neq 0$)一定色散。

线性、均匀、各向同性、无色散的介质，通常叫做简单介质。σ 很大的介质称为导体，σ 很小的介质叫做绝缘体。σ 为无穷大的介质称为完纯导体，而 $\sigma=0$ 的介质叫完纯介质。良导体的介电常数很难测量，其相对介电常数的实部通常视作 1。对于一般介质，$\varepsilon_r>1$。在等离子体中 ε_r 可以小于 1，甚至为负。对于大多数线性介质，其磁导率与真空磁导率非常接近，μ_r 一般可视作 1。对于铁磁介质，$\mu_r\gg 1$，通常是非线性的。

1.6　洛仑兹力

1.6.1　洛仑兹力方程

麦克斯韦方程表示电荷、电流激发的电磁场，而场对电荷、电流的作用为洛仑兹力方程所描述。洛仑兹力方程也是从实验研究中总结出来的。按洛仑兹力方程，带电量 q、速度为 $\boldsymbol{v}$ 的质点在电磁场中受到的力为

$$\boldsymbol{F}=q(\boldsymbol{E}+\boldsymbol{v}\times\boldsymbol{B}) \tag{1.6.1}$$

其中，力 $\boldsymbol{F}$ 的单位是牛顿(N)；电量 q 的单位是库仑(C)。

洛仑兹力中第一项 $q\boldsymbol{E}$ 就是式(1.1.7)表示的电场力，它是带电体相互间作用规律的实验总结。第二项是磁场力，也是实验规律的总结。它与式(1.1.24)表示的通电导线在磁场中受力 $\boldsymbol{F}_m=I\mathrm{d}\boldsymbol{l}\times\boldsymbol{B}$ 是一致的。如果导线上电流 I 只是由电荷 q 运动引起的，那么 $I\mathrm{d}\boldsymbol{l}=q\boldsymbol{v}$，此时 $\boldsymbol{F}_m=q\boldsymbol{v}\times\boldsymbol{B}$。磁场力 $\boldsymbol{F}_m$ 正比于 $\boldsymbol{v}$ 与 $\boldsymbol{B}$ 的叉积。由于静止电荷 $\boldsymbol{v}=0$，所以磁场对静止电荷不起作用。对运动电荷也仅当其速度 $\boldsymbol{v}$ 有与 $\boldsymbol{B}$ 垂直的分量时，即 $\boldsymbol{v}\times\boldsymbol{B}\neq 0$，磁场才对运动电荷起作用。磁场对运动电荷的作用力总是与运动电荷的速度 $\boldsymbol{v}$ 垂直，所以磁场力总是使荷电质点运动轨迹弯转。

洛仑兹力方程将电磁学与力学联系起来。因为物质是由原子构成的，而原子是由带负电的电子与带正电的核组成。所以洛仑兹方程描述了电磁场对构成物质的基本单元——电子和核(它们都可看成荷电质点)的作用，而物质对电磁场的作用则由麦克斯韦方程和物质的本构关系反映出来。

本书较少涉及洛仑兹力方程，当研究场与电荷相互作用时，洛仑兹力方程是必不可少的。下面我们用洛仑兹力方程推导等离子体的本构关系。

1.6.2　等离子体

等离子体是电离了的气体，含有大量带正电的离子和带负电的电子。这些电子和离子可以自由运动，这与束缚在原子中的带负电的电子和带正电的核是有区别的。离开地面 80～120km 高空的电离层就是一个等离子体，电离层是由太阳辐射来的紫外光电离高空大气而形成的。日光灯工作时两电极间大部分空间也为等离子体填充。

没有外加电场时，等离子体中电子和离子均匀分布，正负电荷重心重合。接下去考虑电场

作用于等离子体，等离子体中的电子和离子将受到电场力作用而运动。因为电子质量比离子质量小得多，离子的运动可忽略。对于时谐场，电子受到的力按洛仑兹力方程为

$$\boldsymbol{F}=-e\boldsymbol{E} \tag{1.6.2}$$

式中：$e=1.6\times10^{-19}$C，所以电子受到的力也是随时间作简谐变化的。在此简谐力的作用下，电子将在平衡位置附近作简谐振动。此时正、负电荷重心不再重合，形成电偶极子。假定 $\boldsymbol{x}$ 为电子离开正离子的位移，由牛顿第二定律得

$$\boldsymbol{F}=m\frac{\mathrm{d}^2\boldsymbol{x}}{\mathrm{d}t^2}=-m\omega^2\boldsymbol{x} \tag{1.6.3}$$

式中：$m=9.1\times10^{-31}$kg 为电子质量；ω 为时谐电场 $\boldsymbol{E}$ 的角频率。

根据偶极子定义，电偶极矩为

$$\boldsymbol{p}=-e\boldsymbol{x}$$

如果设 N 为等离子体中单位体积内的电子数，则电偶极矩密度 $\boldsymbol{P}$ 为

$$\boldsymbol{P}=-Ne\boldsymbol{x} \tag{1.6.4}$$

将式(1.6.3)的 $\boldsymbol{x}$ 代入式(1.6.4)，再利用式(1.6.2)得到

$$\boldsymbol{P}=\frac{-Ne^2}{m\omega^2}\boldsymbol{E} \tag{1.6.5}$$

第 6 章将会证明，任何介质中电通量密度 $\boldsymbol{D}$ 由自由空间部分 $\varepsilon_0\boldsymbol{E}$ 与介质极化产生的电偶极矩 $\boldsymbol{P}$ 两部分构成。等离子体也是一种介质，所以等离子体中 $\boldsymbol{D}$ 也由自由空间部分 $\varepsilon_0\boldsymbol{E}$ 与等离子体部分 $\boldsymbol{P}$ 构成，即

$$\boldsymbol{D}=\varepsilon_0\boldsymbol{E}+\boldsymbol{P}=\varepsilon_0\boldsymbol{E}-\frac{Ne^2}{m\omega^2}\boldsymbol{E}=\varepsilon_0\left(1-\frac{\omega_P^2}{\omega^2}\right)\boldsymbol{E} \tag{1.6.6}$$

式中：$\omega_P=\sqrt{\dfrac{Ne^2}{m\varepsilon_0}}$ 叫做等离子体频率。所以等离子体可用一介电常数为

$$\varepsilon=\varepsilon_0\left(1-\frac{\omega_P^2}{\omega^2}\right) \tag{1.6.7}$$

的介质等效。

电离层中电子浓度随电离层离开地面的高度以及昼夜时间而变化。白天的典型值为 10^{12} 电子/m^3，相应的 $\omega_P=5.64\times10^7$ rad/s，或 $f_P=9$MHz。因此，如果电磁场的频率 $f\gg f_P$，则电离层与自由空间无多大差别。但是对于较低频率的电磁场，ε 可以为负。在第 4 章我们将对 ε 为负的介质进行讨论。电离层的等效介电系数随频率变化的这一特性，在通信工程中得到重要应用。

1.7　正交坐标系

常用的坐标系有直角坐标系、圆柱坐标系与球坐标系。这些坐标系中坐标轴之间彼此正交，故称为正交坐标系。当我们所研究的电磁系统边界面与坐标等于常数的面一致时，对电磁问题的研究就方便得多了。所以坐标系的正确选择对电磁问题的研究十分重要。

实际工程中遇到的边界面以平面、柱面、球面最多，所以平面直角坐标系、圆柱坐标系与球坐标系得到最广泛应用。本章前面对电磁场量的讨论都是在直角坐标系下进行的，电磁场量

在圆柱坐标系与球坐标系下的表示以及它们在三个坐标系间的变换，这是本节讨论的一个主题。前面讨论微分形式的麦克斯韦方程时，关于梯度、散度、旋度的定义与所选坐标系无关，所以麦克斯韦方程组的形式与所选坐标系无关，但梯度、散度、旋度的具体表达式则跟所选坐标系有关，所以梯度、散度、旋度在圆柱坐标系与球坐标系的表示是本节讨论的另一个主题。

1.7.1 圆柱坐标系及电磁场量在圆柱坐标系中的表示

1. 圆柱坐标系

图 1-24 所示的是圆柱坐标系。在圆柱坐标系中，表示场量空间位置的三个坐标为 (ρ, φ, z)。坐标轴 ρ 为矢径 $\boldsymbol{r}$ 在 x-y 平面的投影；φ 是从 x 轴计算的方位角；z 跟直角坐标系中 z 轴一致。(ρ, φ, z) 的变化范围为：$0 \leqslant \rho < \infty$，$0 \leqslant \varphi \leqslant 2\pi$ 以及 $-\infty < z < \infty$。$\boldsymbol{\rho}_0$、$\boldsymbol{\varphi}_0$、$\boldsymbol{z}_0$ 分别为三个坐标轴增加方向单位矢量。在图 1-24 中，它们示于 $\rho=\rho_1$ 的圆柱面、垂直于 x-y 面的半平面 $\varphi=\varphi_1$ 以及 $z=z_1$ 的水平面的交点上。$\boldsymbol{\rho}_0$ 是沿半径 ρ 向外的方向，$\boldsymbol{\varphi}_0$ 的方向在水平面内与圆柱面相切，$\boldsymbol{z}_0$ 则是垂直方向。

注意：在直角坐标系中单位矢量 $\boldsymbol{x}_0$、$\boldsymbol{y}_0$、$\boldsymbol{z}_0$ 都是常矢量，而在圆柱坐标系中，在矢量指向上仅 $\boldsymbol{z}_0$ 是常矢量，$\boldsymbol{\rho}_0$、$\boldsymbol{\varphi}_0$ 的指向都是方位角 φ 的函数，即

$$\boldsymbol{\rho}_0=\boldsymbol{\rho}_0(\varphi), \quad \boldsymbol{\varphi}_0=\boldsymbol{\varphi}_0(\varphi), \quad \boldsymbol{z}_0=\text{常矢量} \tag{1.7.1}$$

在柱坐标系中矢径 $\boldsymbol{r}$（见图 1-24）表示为

$$\boldsymbol{r}=\rho\boldsymbol{\rho}_0+z\boldsymbol{z}_0 \tag{1.7.2}$$

由于 $\boldsymbol{\rho}_0$、$\boldsymbol{\varphi}_0$、$\boldsymbol{z}_0$ 三者彼此也正交，故具有如下性质：

$$\boldsymbol{\rho}_0 \cdot \boldsymbol{\rho}_0=\boldsymbol{\varphi}_0 \cdot \boldsymbol{\varphi}_0=\boldsymbol{z}_0 \cdot \boldsymbol{z}_0=1 \tag{1.7.3}$$

$$\boldsymbol{\rho}_0 \cdot \boldsymbol{\varphi}_0=\boldsymbol{\varphi}_0 \cdot \boldsymbol{z}_0=\boldsymbol{z}_0 \cdot \boldsymbol{\rho}_0=0 \tag{1.7.4}$$

$$\boldsymbol{\rho}_0 \times \boldsymbol{\varphi}_0=\boldsymbol{z}_0, \quad \boldsymbol{\varphi}_0 \times \boldsymbol{z}_0=\boldsymbol{\rho}_0, \quad \boldsymbol{z}_0 \times \boldsymbol{\rho}_0=\boldsymbol{\varphi}_0 \tag{1.7.5}$$

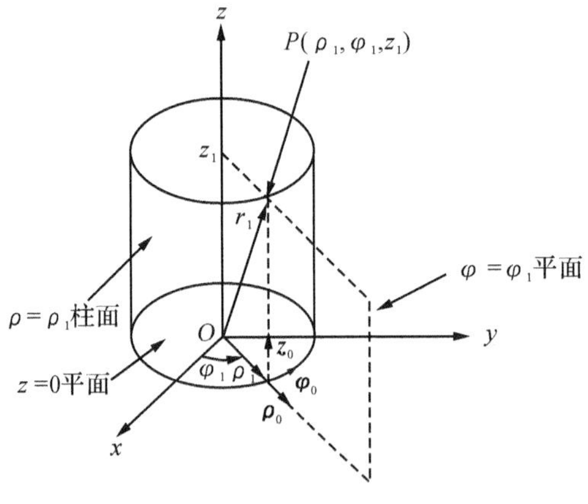

图 1-24　点 $P(\rho_1, \varphi_1, z_1)$ 在柱坐标系中的表示

2. 电磁场量在圆柱坐标系中表示

以电场强度 $\boldsymbol{E}$ 为例，矢量 $\boldsymbol{E}$ 在圆柱坐标系中可表示为

$$\boldsymbol{E}=E_\rho\boldsymbol{\rho}_0+E_\varphi\boldsymbol{\varphi}_0+E_z\boldsymbol{z}_0 \tag{1.7.6}$$

$\boldsymbol{E}$ 的模为

$$|\boldsymbol{E}|=\sqrt{E_\rho^2+E_\varphi^2+E_z^2} \tag{1.7.7}$$

如图 1-25 所示，柱坐标系中微分体积元中三条边长分别为

$$\mathrm{d}l_\rho=\mathrm{d}\rho,\quad \mathrm{d}l_\varphi=\rho\mathrm{d}\varphi,\quad \mathrm{d}l_z=\mathrm{d}z \tag{1.7.8}$$

所以微分长度元 d$\boldsymbol{l}$ 为

$$\mathrm{d}\boldsymbol{l}=\boldsymbol{\rho}_0\mathrm{d}\rho+\boldsymbol{\varphi}_0\rho\mathrm{d}\varphi+\boldsymbol{z}_0\mathrm{d}z \tag{1.7.9}$$

而三个坐标面上的面积元 d$\boldsymbol{S}_\rho$、d$\boldsymbol{S}_\varphi$、d$\boldsymbol{S}_z$ 分别为

$$\mathrm{d}\boldsymbol{S}_\rho=\boldsymbol{\rho}_0\rho\mathrm{d}\varphi\mathrm{d}z\ (\varphi\text{-}z\ 柱面) \tag{1.7.10}$$

$$\mathrm{d}\boldsymbol{S}_\varphi=\boldsymbol{\varphi}_0\mathrm{d}\rho\mathrm{d}z\ (\rho\text{-}z\ 平面) \tag{1.7.11}$$

$$\mathrm{d}\boldsymbol{S}_z=\boldsymbol{z}_0\rho\mathrm{d}\varphi\mathrm{d}\rho\ (\rho\text{-}\varphi\ 平面) \tag{1.7.12}$$

微分体积元 dV 则为

$$\mathrm{d}V=\rho\mathrm{d}\rho\mathrm{d}\varphi\mathrm{d}z \tag{1.7.13}$$

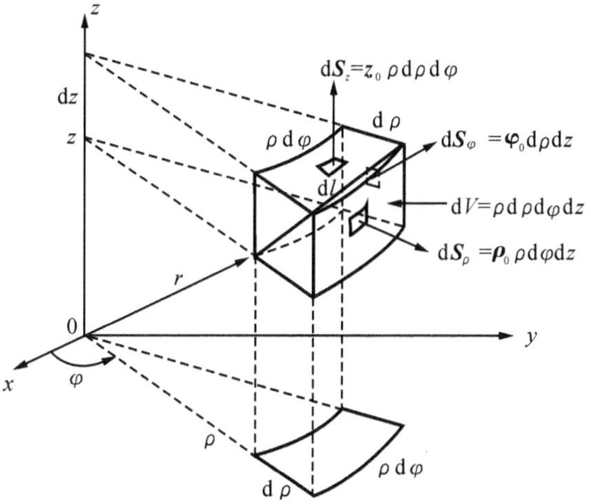

图 1-25　柱坐标系中微分体积元与面积元

1.7.2　球坐标系及电磁场量在球坐标系中的表示

1. 球坐标系

球坐标系中表示场量空间位置的三个坐标为$(r,\ \theta,\ \varphi)$，如图 1-26 所示。

坐标 r 等于常数的面是以原点为圆心的球面；θ 从 z 轴起计算，θ 等于常数的面是一个圆锥面，顶点在原点；方位角 φ 与柱坐标系中相同，φ 从 x 轴起计算，φ 等于常数的平面垂直于 x-y 的半平面。所以坐标 r、θ、φ 的变化范围为：$0\leqslant r<\infty$，$0\leqslant\theta\leqslant\pi$，$0\leqslant\varphi\leqslant 2\pi$。图 1-26 中在三个坐标面的交点，同时也标出了三个坐标轴增加方向的单位矢量 $\boldsymbol{r}_0$、$\boldsymbol{\theta}_0$、$\boldsymbol{\varphi}_0$。

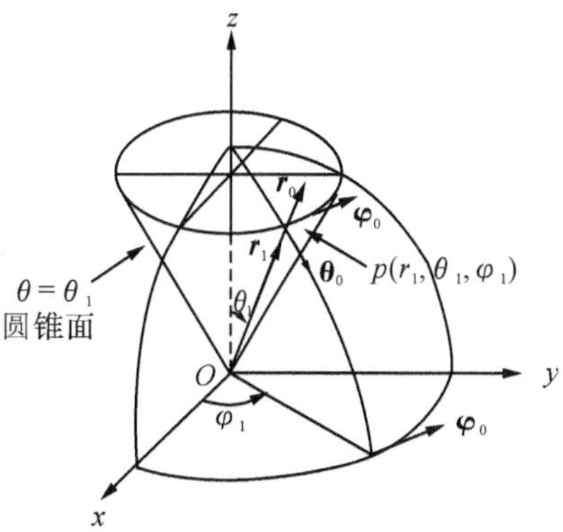

图 1-26　点 P 在球坐标系中的表示

同样请注意，$\boldsymbol{\varphi}_0$ 是变矢量，因为它与柱坐标系单位矢量 $\boldsymbol{\varphi}_0$ 是同一回事。$\boldsymbol{r}_0$ 明显也是变矢量，因为同在一片蓝

天下，天顶方向各不同。$\boldsymbol{\theta}_0$ 的性质如何？就要分析一下正南方向有无绝对意义。观察一下地球仪上的径线，如东径 120°子午线，它形状是个半圆。南北方向就是子午线的切线方向，而圆上的切线方向处处皆不同。所以正南方向无绝对意义，说明 $\boldsymbol{\theta}_0$ 也是一个变矢量。由此得到

$$\boldsymbol{r}=\boldsymbol{r}_0(\theta,\varphi),\quad \boldsymbol{\theta}_0=\boldsymbol{\theta}_0(\theta,\varphi),\quad \boldsymbol{\varphi}_0=\boldsymbol{\varphi}_0(\varphi) \tag{1.7.14}$$

表示场空间位置的矢径 $\boldsymbol{r}$ 可表示为

$$\boldsymbol{r}=r\boldsymbol{r}_0 \tag{1.7.15}$$

式中：r 为坐标原点到欲研究场量所在点的距离。

单位矢量 $\boldsymbol{r}_0$、$\boldsymbol{\theta}_0$、$\boldsymbol{\varphi}_0$ 三者也正交，具有如下性质：

$$\boldsymbol{r}_0\cdot\boldsymbol{r}_0=\boldsymbol{\theta}_0\cdot\boldsymbol{\theta}_0=\boldsymbol{\varphi}_0\cdot\boldsymbol{\varphi}_0=1 \tag{1.7.16}$$

$$\boldsymbol{r}_0\cdot\boldsymbol{\theta}_0=\boldsymbol{\theta}_0\cdot\boldsymbol{\varphi}_0=\boldsymbol{\varphi}_0\cdot\boldsymbol{r}_0=0 \tag{1.7.17}$$

$$\boldsymbol{r}_0\times\boldsymbol{\theta}_0=\boldsymbol{\varphi}_0,\quad \boldsymbol{\theta}_0\times\boldsymbol{\varphi}_0=\boldsymbol{r}_0,\quad \boldsymbol{\varphi}_0\times\boldsymbol{r}_0=\boldsymbol{\theta}_0 \tag{1.7.18}$$

2. 电磁场量在球坐标系中表示

仍以电场强度 $\boldsymbol{E}$ 为例，矢量 $\boldsymbol{E}$ 在球坐标系中可表示为

$$\boldsymbol{E}=\boldsymbol{r}_0E_r+\boldsymbol{\theta}_0E_\theta+\boldsymbol{\varphi}_0E_\varphi \tag{1.7.19}$$

$\boldsymbol{E}$ 的模为

$$|\boldsymbol{E}|=\sqrt{E_r^2+E_\theta^2+E_\varphi^2} \tag{1.7.20}$$

球坐标系中微分体积元（见图 1-27）三条边长分别为

$$\mathrm{d}l_r=\mathrm{d}r,\quad \mathrm{d}l_\theta=r\mathrm{d}\theta,\quad \mathrm{d}l_\varphi=r\sin\theta\mathrm{d}\varphi \tag{1.7.21}$$

所以球坐标中微分长度元、微分面积元、微分体积元分别为

$$\mathrm{d}\boldsymbol{l}=\boldsymbol{r}_0\mathrm{d}r+\boldsymbol{\theta}_0r\mathrm{d}\theta+\boldsymbol{\varphi}_0r\sin\theta\mathrm{d}\varphi \tag{1.7.22}$$

$$\mathrm{d}\boldsymbol{S}_r=\boldsymbol{r}_0r^2\sin\theta\mathrm{d}\theta\mathrm{d}\varphi\ (\theta\text{-}\varphi\ \text{球面}) \tag{1.7.23}$$

$$\mathrm{d}\boldsymbol{S}_\theta=\boldsymbol{\theta}_0r\sin\theta\mathrm{d}r\mathrm{d}\varphi\ (r\text{-}\varphi\ \text{锥面}) \tag{1.7.24}$$

$$\mathrm{d}\boldsymbol{S}_\varphi=\boldsymbol{\varphi}_0r\mathrm{d}r\mathrm{d}\theta\ (r\text{-}\theta\ \text{平面}) \tag{1.7.25}$$

$$\mathrm{d}V=r^2\sin\theta\mathrm{d}r\mathrm{d}\theta\mathrm{d}\varphi \tag{1.7.26}$$

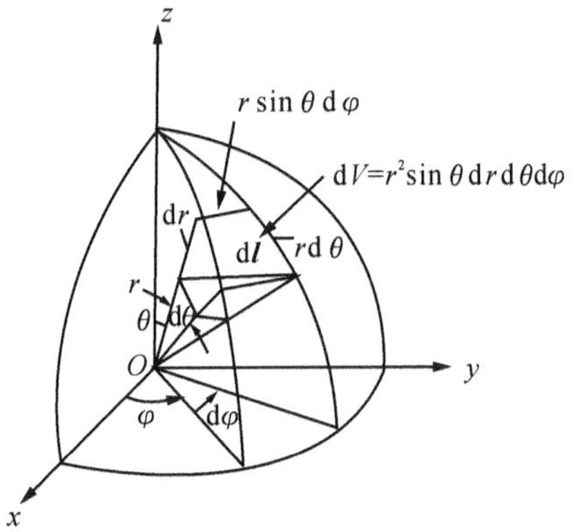

图 1-27　球坐标系中微分体积元

球坐标系中球面上面积元 $\mathrm{d}S_r$ 对球心所张立体角 $\mathrm{d}\Omega$ 定义为

$$\mathrm{d}\Omega=\frac{\mathrm{d}S_r}{r^2} \tag{1.7.27}$$

整个球面对球心所张立体角 Ω 为

$$\Omega=\int\frac{\mathrm{d}S_r}{r^2}=\int_0^{2\pi}\mathrm{d}\varphi\int_0^{\pi}\sin\theta\mathrm{d}\theta=4\pi \tag{1.7.28}$$

1.7.3　坐标变换

由图 1-24 所示的圆柱坐标系与直角坐标系几何关系可知，空间任一点 P 在直角坐标系中坐标$(x,\ y,\ z)$与圆柱坐标系中坐标$(\rho,\ \varphi,\ z)$的关系是

$$\begin{cases} z=z & (1.7.29) \\ x=\rho\cos\varphi & (1.7.30) \\ y=\rho\sin\varphi & (1.7.31) \end{cases}$$

$$\begin{cases} \rho=\sqrt{x^2+y^2} & (1.7.32) \\ \varphi=\arctan\dfrac{y}{x} & (1.7.33) \end{cases}$$

而从图 1-26 所示的球坐标系与直角坐标系几何关系可知，空间任一点 P 在直角坐标系中坐标$(x,\ y,\ z)$与球坐标系中坐标$(r,\ \theta,\ \varphi)$的关系是

$$\begin{cases} x=r\sin\theta\cos\varphi & (1.7.34) \\ y=r\sin\theta\sin\varphi & (1.7.35) \\ z=r\cos\theta & (1.7.36) \end{cases}$$

$$\begin{cases} r=\sqrt{x^2+y^2+z^2} \\ \theta=\arctan\dfrac{\rho}{z},\ \rho=\sqrt{x^2+y^2} \\ \varphi=\arctan\dfrac{y}{x} \end{cases}$$

空间任一点 P 在球坐标系中坐标$(r,\ \theta,\ \varphi)$与圆柱坐标系中坐标$(\rho,\ \varphi,\ z)$的关系是

$$\begin{cases} \varphi=\varphi & (1.7.37) \\ z=r\cos\theta & (1.7.38) \\ \rho=r\sin\theta & (1.7.39) \end{cases}$$

$$\begin{cases} r=\sqrt{z^2+\rho^2} & (1.7.40) \\ \theta=\arctan\dfrac{\rho}{z} & (1.7.41) \end{cases}$$

同一矢量在三个坐标系中可以有不同的表达式。因为它们表示同一矢量，其坐标相互间可以转换。表 1-3 所示为三种坐标系下的坐标变换关系。

下面利用坐标变换关系研究同一矢量在不同坐标系中的表示，并通过直角坐标系中矢量 $\boldsymbol{A}_{\text{rec}}$变换到柱坐标条中矢量 $\boldsymbol{A}_{\text{cyl}}$的例子说明。

设在直角坐标系中矢量 $\boldsymbol{A}_{\text{rec}}=\boldsymbol{x}_0A_x+\boldsymbol{y}_0A_y+\boldsymbol{z}_0A_z=\boldsymbol{x}_0xy+\boldsymbol{y}_0yz+\boldsymbol{z}_0xz$，那么该矢量在柱坐标系中的表达式为

$$\boldsymbol{A}_{\text{cyl}}=\boldsymbol{\rho}_0A_\rho+\boldsymbol{\varphi}_0A_\varphi+\boldsymbol{z}_0A_z$$

$\boldsymbol{A}_{\text{rec}}$与 $\boldsymbol{A}_{\text{cyl}}$表示同一矢量，显然有关系 $\boldsymbol{A}_{\text{rec}}=\boldsymbol{A}_{\text{cyl}}$，$A_\rho$ 是 $\boldsymbol{A}_{\text{cyl}}$在 ρ_0 方向投影，故得关系

$$\begin{aligned} A_\rho &=\boldsymbol{A}_{\text{cyl}}\cdot\boldsymbol{\rho}_0=\boldsymbol{A}_{\text{rec}}\cdot\boldsymbol{\rho}_0=(\boldsymbol{x}_0A_x+\boldsymbol{y}_0A_y+\boldsymbol{z}_0A_z)\cdot(\boldsymbol{x}_0\cos\varphi+\boldsymbol{y}_0\sin\varphi) \\ &=A_x\cos\varphi+A_y\sin\varphi \end{aligned}$$

同理

$$\begin{aligned} A_\varphi &=\boldsymbol{A}_{\text{rec}}\cdot\boldsymbol{\varphi}_0=(\boldsymbol{x}_0A_x+\boldsymbol{y}_0A_y+\boldsymbol{z}_0A_z)\cdot[\boldsymbol{x}_0(-\sin\varphi)+\boldsymbol{y}_0\cos\varphi] \\ &=-A_x\sin\varphi+A_y\cos\varphi \end{aligned}$$

$$A_z=\boldsymbol{A}_{\text{rec}}\cdot\boldsymbol{z}_0=(\boldsymbol{x}_0A_x+\boldsymbol{y}_0A_y+\boldsymbol{z}_0A_z)\cdot\boldsymbol{z}_0=A_z$$

然后将 $A_x=xy$，$A_y=yz$，$A_z=xz$ 代入 A_ρ、A_φ、A_z，得到

$$A_\rho=xy\cos\varphi+yz\sin\varphi$$

$$A_\varphi=-xy\sin\varphi+yz\cos\varphi$$

$$A_z=xz$$

表 1-3　三种坐标系下的坐标变换关系

变　换	坐标变量	单位矢量	矢量分量
直角坐标→圆柱坐标	$\rho=\sqrt{x^2+y^2}$ $\varphi=\tan^{-1}(y/x)$ $z=z$	$\boldsymbol{\rho}_0=\boldsymbol{x}_0\cos\varphi+\boldsymbol{y}_0\sin\varphi$ $\boldsymbol{\varphi}_0=-\boldsymbol{x}_0\sin\varphi+\boldsymbol{y}_0\cos\varphi$ $\boldsymbol{z}_0=\boldsymbol{z}_0$	$A_\rho=A_x\cos\varphi+A_y\sin\varphi$ $A_\varphi=-A_x\sin\varphi+A_y\cos\varphi$ $A_z=A_z$
圆柱坐标→直角坐标	$x=\rho\cos\varphi$ $y=\rho\sin\varphi$ $z=z$	$\boldsymbol{x}_0=\boldsymbol{\rho}_0\cos\varphi-\boldsymbol{\varphi}_0\sin\varphi$ $\boldsymbol{y}_0=\boldsymbol{\rho}_0\sin\varphi+\boldsymbol{\varphi}_0\cos\varphi$ $\boldsymbol{z}_0=\boldsymbol{z}_0$	$A_x=A_\rho\cos\varphi-A_\varphi\sin\varphi$ $A_y=A_\rho\sin\varphi+A_\varphi\cos\varphi$ $A_z=A_z$
直角坐标→球坐标	$r=\sqrt{x^2+y^2+z^2}$ $\theta=\tan^{-1}\left[\dfrac{\sqrt{x^2+y^2}}{z}\right]$ $\varphi=\tan^{-1}\left(\dfrac{y}{x}\right)$	$\boldsymbol{r}_0=\boldsymbol{x}_0\sin\theta\cos\varphi+\boldsymbol{y}_0\sin\theta\sin\varphi+\boldsymbol{z}_0\cos\theta$ $\boldsymbol{\theta}_0=\boldsymbol{x}_0\cos\theta\cos\varphi+\boldsymbol{y}_0\cos\theta\sin\varphi-\boldsymbol{z}_0\sin\theta$ $\boldsymbol{\varphi}_0=-\boldsymbol{x}_0\sin\varphi+\boldsymbol{y}_0\cos\varphi$	$A_r=A_x\sin\theta\cos\varphi+A_y\sin\theta\sin\varphi+A_z\cos\theta$ $A_\theta=A_x\cos\theta\cos\varphi+A_y\cos\theta\sin\varphi-A_z\sin\theta$ $A_\varphi=-A_x\sin\varphi+A_y\cos\varphi$
球坐标→直角坐标	$x=r\sin\theta\cos\varphi$ $y=r\sin\theta\sin\varphi$ $z=r\cos\theta$	$\boldsymbol{x}_0=\boldsymbol{r}_0\sin\theta\cos\varphi+\boldsymbol{\theta}_0\cos\theta\cos\varphi-\boldsymbol{\varphi}_0\sin\varphi$ $\boldsymbol{y}_0=\boldsymbol{r}_0\sin\theta\sin\varphi+\boldsymbol{\theta}_0\cos\theta\sin\varphi+\boldsymbol{\varphi}_0\cos\varphi$ $\boldsymbol{z}_0=\boldsymbol{r}_0\cos\theta-\boldsymbol{\theta}_0\sin\theta$	$A_x=A_r\sin\theta\cos\varphi+A_\theta\cos\theta\cos\varphi-A_\varphi\sin\varphi$ $A_y=A_r\sin\theta\sin\varphi+A_\theta\cos\theta\sin\varphi+A_\varphi\cos\varphi$ $A_z=A_r\cos\theta-A_\theta\sin\theta$
圆柱坐标→球坐标	$r=\sqrt{\rho^2+z^2}$ $\theta=\tan^{-1}(\rho/z)$ $\varphi=\varphi$	$\boldsymbol{r}_0=\boldsymbol{\rho}_0\sin\theta+\boldsymbol{z}_0\cos\theta$ $\boldsymbol{\theta}_0=\boldsymbol{\rho}_0\cos\theta-\boldsymbol{z}_0\sin\theta$ $\boldsymbol{\varphi}_0=\boldsymbol{\varphi}_0$	$A_r=A_\rho\sin\theta+A_z\cos\theta$ $A_\theta=A_\rho\cos\theta-A_z\sin\theta$ $A_\varphi=A_\varphi$
球坐标→圆柱坐标	$\rho=r\sin\theta$ $\varphi=\varphi$ $z=r\cos\theta$	$\boldsymbol{\rho}_0=\boldsymbol{r}_0\sin\theta+\boldsymbol{\theta}_0\cos\theta$ $\boldsymbol{\varphi}_0=\boldsymbol{\varphi}_0$ $\boldsymbol{z}_0=\boldsymbol{r}_0\cos\theta-\boldsymbol{\theta}_0\sin\theta$	$A_\rho=A_r\sin\theta+A_\theta\cos\theta$ $A_\varphi=A_\varphi$ $A_z=A_r\cos\theta-A_\theta\sin\theta$

将(x, y, z)用(ρ, φ, z)表示，得到

$$A_\rho=(\rho\cos\varphi)(\rho\sin\varphi)\cos\varphi+(\rho\sin\varphi)z\sin\varphi$$

$$A_\varphi=-(\rho\cos\varphi)(\rho\sin\varphi)(\sin\varphi)+(\rho\sin\varphi)z\cos\varphi$$

$$A_z=(\rho\cos\varphi)z$$

所以　$$\boldsymbol{A}_{\text{cyl}}=\boldsymbol{\rho}_0(\rho^2\cos^2\varphi\sin\varphi+\rho z\sin^2\varphi)-\boldsymbol{\varphi}_0(\rho^2\cos\varphi\sin^2\varphi-\rho z\sin\varphi\cos\varphi)+\boldsymbol{z}_0(\rho\cos\varphi)z$$

1.7.4　梯度、散度、旋度在柱坐标与球坐标系下的表达式

前面讨论的梯度、散度、旋度，它们的定义与所选坐标系无关，因许多问题在柱坐标系、球坐标系下计算更方便，故需要应用柱坐标、球坐标下梯度、散度、旋度的表达式。

在圆柱坐标系下，算子∇可表示为

$$\nabla=\frac{\partial}{\partial\rho}\boldsymbol{\rho}_0+\frac{1}{\rho}\frac{\partial}{\partial\varphi}\boldsymbol{\varphi}_0+\frac{\partial}{\partial z}\boldsymbol{z}_0 \tag{1.7.42}$$

设矢量$\boldsymbol{A}=\boldsymbol{\rho}_0A_\rho+\boldsymbol{\varphi}_0A_\varphi+\boldsymbol{z}_0A_z$，标量$\Phi=\Phi(\rho,\varphi,z)$，则

$$\nabla\Phi=\frac{\partial\Phi}{\partial\rho}\boldsymbol{\rho}_0+\frac{1}{\rho}\frac{\partial\Phi}{\partial\varphi}\boldsymbol{\varphi}_0+\frac{\partial\Phi}{\partial z}\boldsymbol{z}_0 \tag{1.7.43}$$

$$\nabla^2\Phi=\frac{1}{\rho}\frac{\partial}{\partial\rho}\left(\rho\frac{\partial\Phi}{\partial\rho}\right)+\frac{1}{\rho^2}\frac{\partial^2\Phi}{\partial\varphi^2}+\frac{\partial^2\Phi}{\partial z^2} \tag{1.7.44}$$

$$\nabla\cdot\boldsymbol{A}=\frac{1}{\rho}\frac{\partial(\rho A_\rho)}{\partial\rho}+\frac{1}{\rho}\frac{\partial A_\varphi}{\partial\varphi}+\frac{\partial A_z}{\partial z} \tag{1.7.45}$$

$$\nabla\times\boldsymbol{A}=\frac{1}{\rho}\begin{vmatrix}\boldsymbol{\rho}_0 & \rho\boldsymbol{\varphi}_0 & \boldsymbol{z}_0\\ \dfrac{\partial}{\partial\rho} & \dfrac{\partial}{\partial\varphi} & \dfrac{\partial}{\partial z}\\ A_\rho & \rho A_\varphi & A_z\end{vmatrix} \tag{1.7.46}$$

在球坐标系下，算子∇为

$$\nabla=\frac{\partial}{\partial r}\boldsymbol{r}_0+\frac{1}{r}\frac{\partial}{\partial\theta}\boldsymbol{\theta}_0+\frac{\partial}{r\sin\theta\partial\varphi}\boldsymbol{\varphi}_0 \tag{1.7.47}$$

设

$$\boldsymbol{A}=A_r\boldsymbol{r}_0+A_\theta\boldsymbol{\theta}_0+A_\varphi\boldsymbol{\varphi}_0,\ \Phi=\Phi(r,\theta,\varphi)$$

则

$$\nabla\Phi=\frac{\partial\Phi}{\partial r}\boldsymbol{r}_0+\frac{1}{r}\frac{\partial\Phi}{\partial\theta}\boldsymbol{\theta}_0+\frac{1}{r\sin\theta}\frac{\partial\Phi}{\partial\varphi}\boldsymbol{\varphi}_0 \tag{1.7.48}$$

$$\nabla^2\Phi=\frac{1}{r^2}\frac{\partial}{\partial r}\left(r^2\frac{\partial\Phi}{\partial r}\right)+\frac{1}{r^2\sin\theta}\frac{\partial}{\partial\theta}\left(\sin\theta\frac{\partial\Phi}{\partial\theta}\right)+\frac{1}{r^2\sin^2\theta}\frac{\partial^2\Phi}{\partial\varphi^2} \tag{1.7.49}$$

$$\nabla\cdot\boldsymbol{A}=\frac{\partial(r^2A_r)}{r^2\partial r}+\frac{1}{r\sin\theta}\left[\frac{\partial}{\partial\theta}(A_\theta\sin\theta)+\frac{\partial A_\varphi}{\partial\varphi}\right] \tag{1.7.50}$$

$$\nabla\times\boldsymbol{A}=\frac{1}{r^2\sin\theta}\begin{vmatrix}\boldsymbol{r}_0 & r\boldsymbol{\theta}_0 & r\sin\theta\boldsymbol{\varphi}_0\\ \dfrac{\partial}{\partial r} & \dfrac{\partial}{\partial\theta} & \dfrac{\partial}{\partial\varphi}\\ A_r & rA_\theta & r\sin\theta A_\varphi\end{vmatrix} \tag{1.7.51}$$

【例 1.11】 求 $\boldsymbol{E}=\boldsymbol{r}_0\left(\frac{a^3\sin\theta}{r^2}\right)-\boldsymbol{\theta}_0\left(\frac{a^3\cos\theta}{r^2}\right)$在点$\left(\frac{a}{2},\frac{\pi}{2},\pi\right)$的散度。

解 在球坐标系中

$$\begin{aligned}\nabla\cdot\boldsymbol{E}&=\frac{1}{r^2}\frac{\partial}{\partial r}(r^2E_r)+\frac{1}{r\sin\theta}\frac{\partial}{\partial\theta}(E_\theta\sin\theta)+\frac{1}{r\sin\theta}\frac{\partial E_\varphi}{\partial\varphi}\\&=\frac{1}{r^2}\frac{\partial}{\partial r}(a^3\sin\theta)+\frac{1}{r\sin\theta}\frac{\partial}{\partial\theta}\left(-\frac{a^3\sin\theta\cos\theta}{r^2}\right)\\&=0-\frac{a^3\cos2\theta}{r^3\sin\theta}=-\frac{a^3\cos2\theta}{r^3\sin\theta}\end{aligned}$$

在点$\left(\frac{a}{2},\frac{\pi}{2},\pi\right)$处，$\nabla\cdot\boldsymbol{E}|_{\left(\frac{a}{2},\frac{\pi}{2},\pi\right)}=8$

【例 1.12】 $\boldsymbol{A}=\boldsymbol{\rho}_0 10\mathrm{e}^{-2\rho}\sin\varphi+\boldsymbol{z}_0 10\cos\varphi$，求$\nabla\times\boldsymbol{A}$在点$\left(2,\frac{\pi}{2},3\right)$的值。

解 在柱坐标系中

$$\nabla\times\boldsymbol{A}=\frac{1}{\rho}\begin{vmatrix}\boldsymbol{\rho}_0 & \rho\boldsymbol{\varphi}_0 & \boldsymbol{z}_0\\ \dfrac{\partial}{\partial\rho} & \dfrac{\partial}{\partial\varphi} & \dfrac{\partial}{\partial z}\\ 10\mathrm{e}^{-2\rho}\sin\varphi & 0 & 10\cos\varphi\end{vmatrix}=-\boldsymbol{\rho}_0\frac{10\sin\varphi}{\rho}-\boldsymbol{z}_0\frac{10\mathrm{e}^{-2\rho}}{\rho}\cos\varphi$$

在点$\left(2,\frac{\pi}{2},3\right)$处，$\nabla\times\boldsymbol{A}|_{\left(2,\frac{\pi}{2},3\right)}=-5\boldsymbol{\rho}_0$

1.8 坡印廷定理

质量守恒、能量守恒是自然界两个最基本的定理。1.4 节的分析表明，麦克斯韦方程符合电荷守恒原理。因为电子、质子是带电的基本质点，所以电荷守恒也体现质量守恒。本节讨论的坡印廷定理则是能量守恒在麦克斯韦方程中的体现。

根据我们在电路课程中学到的知识，电磁能量守恒的一种体现是，源提供给单位体积元 V 内的功率应当等于体积 V 内的功率损耗、V 内储能的增加以及从 V 向外流出的功率三项之和。通过大学普通物理以及电路课程的学习，相信读者对于源提供的功率、体积内功率的损耗、电磁储能密度的基本概念已有所了解。电磁功率流用什么表示，以及怎样从麦克斯韦方程得出这几个量之间的关系，这就是下面要讨论的问题。

电场 $\boldsymbol{E}$ 的量纲是 V/m，磁场 $\boldsymbol{H}$ 的量纲是 A/m，$\boldsymbol{E}$ 与 $\boldsymbol{H}$ 乘积的量纲是 $\mathrm{W/m^2}$，与功率流密度的量纲相同。所以 $\boldsymbol{E}$ 与 $\boldsymbol{H}$ 的乘积与电磁功率流有关。两矢量的乘积有点积和叉积，因为点积是标量，而功率流是矢量，所以我们定义一个矢量 $\boldsymbol{S}(\boldsymbol{r}, t)$，它是 $\boldsymbol{E}(\boldsymbol{r}, t)$ 与 $\boldsymbol{H}(\boldsymbol{r}, t)$ 的叉积，即

$$\boldsymbol{S}(\boldsymbol{r},t)=\boldsymbol{E}(\boldsymbol{r},t)\times\boldsymbol{H}(\boldsymbol{r},t) \tag{1.8.1}$$

如果式(1.8.1)定义的 $\boldsymbol{S}(\boldsymbol{r},t)$ 就是我们要找的电磁功率流表达式，那么从包围体积 V 的闭合曲面 $\boldsymbol{S}$ 流出去的功率应当是

$$\oint_S \boldsymbol{S}(\boldsymbol{r},t)\cdot \mathrm{d}\boldsymbol{S}=\int_V \nabla\cdot\boldsymbol{S}(\boldsymbol{r},t)\mathrm{d}V=\int_V \nabla\cdot[\boldsymbol{E}(\boldsymbol{r},t)\times\boldsymbol{H}(\boldsymbol{r},t)]\mathrm{d}V \tag{1.8.2}$$

可见，为了得出式(1.8.2)我们利用了散度定理。

矢量 $\boldsymbol{S}(\boldsymbol{r}, t)$ 是否表示电磁功率流尚需进一步分析。电磁运动服从麦克斯韦方程，关于电磁功率流的分析还得从麦克斯韦方程组出发。

因为　$\nabla\cdot[\boldsymbol{E}(t)\times\boldsymbol{H}(t)]=\boldsymbol{H}(t)\cdot\nabla\times\boldsymbol{E}(t)-\boldsymbol{E}(t)\cdot\nabla\times\boldsymbol{H}(t)$

为此用 $\boldsymbol{E}$ 点乘式(1.2.34b)、$\boldsymbol{H}$ 点乘式(1.2.34a)，得到

$$\boldsymbol{H}(t)\cdot\nabla\times\boldsymbol{E}(t)=-\mu\boldsymbol{H}(t)\cdot\frac{\partial\boldsymbol{H}(t)}{\partial t} \tag{1.8.3}$$

$$\boldsymbol{E}(t)\cdot\nabla\times\boldsymbol{H}(t)=\boldsymbol{E}(t)\cdot\boldsymbol{J}(t)+\varepsilon\boldsymbol{E}(t)\cdot\frac{\partial\boldsymbol{E}(t)}{\partial t} \tag{1.8.4}$$

这里我们利用了本构关系 $\boldsymbol{D}=\varepsilon\boldsymbol{E}$，$\boldsymbol{B}=\mu\boldsymbol{H}$。以上相减得到

$$\begin{aligned}\nabla\cdot\boldsymbol{S}(t)=\nabla\cdot[\boldsymbol{E}(t)\times\boldsymbol{H}(t)]=&-\frac{\partial}{\partial t}\left[\frac{\mu}{2}\boldsymbol{H}(t)\cdot\boldsymbol{H}(t)\right]-\\&\frac{\partial}{\partial t}\left[\frac{\varepsilon}{2}\boldsymbol{E}(t)\cdot\boldsymbol{E}(t)\right]-\boldsymbol{J}(t)\cdot\boldsymbol{E}(t)\end{aligned} \tag{1.8.5}$$

将式(1.8.5)代入式(1.8.2)得到

$$\begin{aligned}\oint_S \boldsymbol{S}(t)\cdot\mathrm{d}\boldsymbol{S}&=\int_V[\nabla\cdot\boldsymbol{S}(t)]\mathrm{d}V\\&=-\frac{\partial}{\partial t}\int_V\left[\frac{\mu}{2}\boldsymbol{H}(t)\cdot\boldsymbol{H}(t)\right]\mathrm{d}V-\frac{\partial}{\partial t}\int_V\left[\frac{\varepsilon}{2}\boldsymbol{E}(t)\cdot\boldsymbol{E}(t)\right]\mathrm{d}V\\&\quad-\int_V[\boldsymbol{J}(t)\cdot\boldsymbol{E}(t)]\mathrm{d}V\end{aligned} \tag{1.8.6}$$

式中：$\frac{\mu}{2}\boldsymbol{H}(t)\cdot\boldsymbol{H}(t)$ 和 $\frac{\varepsilon}{2}\boldsymbol{E}(t)\cdot\boldsymbol{E}(t)$ 具有单位体积能量的量纲。以后将证明，$\frac{\mu}{2}\boldsymbol{H}(t)\cdot\boldsymbol{H}(t)$ 表示单位体积中瞬时储存的磁场能；而 $\frac{\varepsilon}{2}\boldsymbol{E}(t)\cdot\boldsymbol{E}(t)$ 表示单位体积中瞬时储存的电场能。根据电路原理，$\boldsymbol{J}(t)\cdot\boldsymbol{E}(t)$ 表示单位体积中功率损耗，而 $-\boldsymbol{J}(t)\cdot\boldsymbol{E}(t)$ 表示源提供的功率。所以式(1.8.6)的右边表示体积 V 内源提供的功率以及 V 内储存能量随时间的减少率。根据能量

守恒关系，它应当等于从体积 V 流出的功率。所以式(1.8.6)左边 $\oint_S \boldsymbol{S}(t)\cdot \mathrm{d}\boldsymbol{S}$ 表示从 V 流出的电磁功率，而 $\boldsymbol{S}(t)$ 表示电磁功率流。式(1.8.5)或式(1.8.6)表示的电磁能流关系叫做坡印廷定理，而矢量 $\boldsymbol{S}(\boldsymbol{r},t)$ 叫做瞬时坡印廷功率流。

对于时谐场，定义复数坡印廷功率流 $\boldsymbol{S}(r)$，它是复矢量 $\boldsymbol{E}(\boldsymbol{r})$ 与 $\boldsymbol{H}(\boldsymbol{r})$ 的共轭复矢量 $\boldsymbol{H}^*(\boldsymbol{r})$ 的叉积，即

$$\boldsymbol{S}(\boldsymbol{r})=\boldsymbol{E}(\boldsymbol{r})\times\boldsymbol{H}^*(\boldsymbol{r}) \tag{1.8.7}$$

记住：式(1.8.7)定义的复数坡印廷矢量不是时间 t 的函数。通过复数坡印廷功率流 $\boldsymbol{S}(\boldsymbol{r})$ 求瞬态坡印廷功率流 $\boldsymbol{S}(\boldsymbol{t})$ 的时间平均值 $\langle\boldsymbol{S}(\boldsymbol{t})\rangle$ 极为方便

$$\begin{aligned}\langle\boldsymbol{S}(\boldsymbol{t})\rangle &= \frac{1}{T}\int_0^T \boldsymbol{E}(x,y,z,t)\times\boldsymbol{H}(x,y,z,t)\mathrm{d}t\\ &=\frac{1}{2\pi}\int_0^{2\pi}\boldsymbol{E}(x,y,z,t)\times\boldsymbol{H}(x,y,z,t)\mathrm{d}(\omega t)\\ &=\frac{1}{2}\mathrm{Re}\{\boldsymbol{E}(\boldsymbol{r})\times\boldsymbol{H}^*(\boldsymbol{r})\}\end{aligned} \tag{1.8.8}$$

因此，时间平均坡印廷功率流 $\langle\boldsymbol{S}(\boldsymbol{t})\rangle$ 的计算可简化为取复数坡印廷功率流 $\boldsymbol{E}(\boldsymbol{r})\times\boldsymbol{H}^*(\boldsymbol{r})$ 实部的运算。注意在本书中瞬态坡印廷功率流与复数坡印廷功率流虽然用了相同的符号 $\boldsymbol{S}$，但瞬态坡印廷功率流都标明是 t 的函数，即 $\boldsymbol{S}(t)$，这样不会引起混淆。

复数坡印廷功率流的物理意义也可从复矢量形式的麦克斯韦方程得出。将 $\boldsymbol{D}=\varepsilon\boldsymbol{E}$，$\boldsymbol{B}=\mu\boldsymbol{H}$ 代入式(1.3.18a)和式(1.3.18b)得

$$\nabla\times\boldsymbol{E}(\boldsymbol{r})=-\mathrm{j}\omega\mu\boldsymbol{H}(\boldsymbol{r}) \tag{1.8.9}$$

$$\nabla\times\boldsymbol{H}(\boldsymbol{r})=\mathrm{j}\omega\varepsilon\boldsymbol{E}(\boldsymbol{r})+\boldsymbol{J} \tag{1.8.10}$$

式中：ε、μ 可能为复数，也可能与空间坐标有关。

$$\varepsilon=\varepsilon'-\mathrm{j}\varepsilon''$$

$$\mu=\mu'-\mathrm{j}\mu''$$

以 $\boldsymbol{H}(\boldsymbol{r})$ 的共轭复数 $\boldsymbol{H}^*(\boldsymbol{r})$ 点乘式(1.8.9)，再用 $\boldsymbol{E}(\boldsymbol{r})$ 点乘式(1.8.10)的共轭复数，然后相减，如果媒质中只有传导电流，即 $\boldsymbol{J}=J_c(r)=\sigma\boldsymbol{E}(\boldsymbol{r})$，可得

$$\nabla\cdot[\boldsymbol{E}(\boldsymbol{r})\times\boldsymbol{H}^*(\boldsymbol{r})]=-\mathrm{j}\omega[\mu|\boldsymbol{H}(\boldsymbol{r})|^2-\varepsilon^*|\boldsymbol{E}(\boldsymbol{r})|^2]-\sigma|\boldsymbol{E}(\boldsymbol{r})|^2 \tag{1.8.11}$$

或者

$$\begin{aligned}\nabla\cdot\boldsymbol{S}(\boldsymbol{r})&=-\mathrm{j}\omega[\mu|\boldsymbol{H}(\boldsymbol{r})|^2-\varepsilon^*|\boldsymbol{E}(\boldsymbol{r})|^2]-\sigma|\boldsymbol{E}(\boldsymbol{r})|^2\\&=-\omega[\mu''|\boldsymbol{H}(\boldsymbol{r})|^2+\varepsilon''|\boldsymbol{E}(\boldsymbol{r})|^2]-\sigma|\boldsymbol{E}(\boldsymbol{r})|^2-\\&\quad\mathrm{j}2\omega\left(\frac{1}{2}\mu'|\boldsymbol{H}(\boldsymbol{r})|^2-\frac{1}{2}\varepsilon'|\boldsymbol{E}(\boldsymbol{r})|^2\right)\\&=-p_r-\mathrm{j}2\omega(w_m-w_e)\end{aligned} \tag{1.8.12}$$

式中：

$$p_r=\mathrm{Re}[-\nabla\cdot\boldsymbol{S}(\boldsymbol{r})]=\omega[\mu''|\boldsymbol{H}(\boldsymbol{r})|^2+\varepsilon''|\boldsymbol{E}(\boldsymbol{r})|^2]+\sigma|\boldsymbol{E}(\boldsymbol{r})|^2 \tag{1.8.13}$$

$$w_m=\frac{1}{2}\mu'|\boldsymbol{H}(\boldsymbol{r})|^2 \tag{1.8.14}$$

$$w_e=\frac{1}{2}\varepsilon'|\boldsymbol{E}(\boldsymbol{r})|^2 \tag{1.8.15}$$

其中，w_e、w_m 分别表示时间平均电场能密度与磁场能密度；p_r 代表单位体积内电阻损耗与介质损耗。电阻损耗由媒质的有限电导率引起，它等于 $\sigma|\boldsymbol{E}(\boldsymbol{r})|^2$，而介质损耗说明介质的极化或磁化跟不上电场或磁场的变化，即存在迟滞效应，产生迟滞损耗。例如水分子极化恢复力较强，在交变场中就存在迟滞损耗，而且电场随时间变化越快，迟滞损耗功率就越大，这部分损耗

与电阻损耗一起转化为热能。如对式(1.8.13)由闭合曲面 S 包围的元体积 V 积分,并利用矢量分析中的散度定理式(1.2.16),得到

$$-\oint_S \boldsymbol{S}(\boldsymbol{r}) \cdot \boldsymbol{n}_0 \mathrm{d}S = \int_V [p_\mathrm{r} + \mathrm{j}2\omega(w_\mathrm{m} - w_\mathrm{e})] \mathrm{d}V = P_\mathrm{r} + \mathrm{j}2\omega(W_\mathrm{m} - W_\mathrm{e}) \tag{1.8.16}$$

$$P_\mathrm{r} = \int_V \omega(\mu'' \mid \boldsymbol{H} \mid^2 + \varepsilon'' \mid \boldsymbol{E} \mid^2) \mathrm{d}V + \int_V \sigma \mid \boldsymbol{E} \mid^2 \mathrm{d}V \tag{1.8.17}$$

$$W_\mathrm{m} = \int_V w_\mathrm{m} \mathrm{d}V \tag{1.8.18}$$

$$W_\mathrm{e} = \int_V w_\mathrm{e} \mathrm{d}V \tag{1.8.19}$$

式中:$\boldsymbol{n}_0$ 为闭合曲面 S 向外的法向单位矢量。式(1.8.16)左边 $-\oint_S \boldsymbol{S}(\boldsymbol{r}) \cdot \boldsymbol{n}_0 \mathrm{d}S$ 表示通过闭合曲面 S 流入体积 V 的总电磁功率,是复数。式(1.8.16)右边第一项实部 P_r 表示体积 V 内的介质损耗与电阻损耗;右边第二项虚部中 W_m、W_e 分别表示体积 V 内总的磁场能和电场能。所以式(1.8.16)表示,流入闭合曲面 S 包围的体积 V 内的复数坡印廷功率的实部等于体积 V 内平均损耗的功率。当体积 V 内储存的磁场能与电场能的时间平均值不相等时,对于时间呈现电性的或磁性的这部分平均净储能,需要用复数坡印廷功率流的虚部来平衡。在一个闭合的区域中所包含的电磁场系统与外界交换能量时,可以等效地表示成具有一定端口的网络系统,系统中储存的电能和磁能的时间平均值之差可用网络输入阻抗的电抗部分等效地表示。

【例 1.13】 如果某区域内 $\boldsymbol{E}=\boldsymbol{x}_0 E_0 \mathrm{e}^{-\mathrm{j}kz}$,假定 ε、μ 是实数,求 $\boldsymbol{E}(t)$、$\boldsymbol{H}(t)$、$\boldsymbol{S}(t)$、$\langle \boldsymbol{S}(t) \rangle$ 以及电场能 $W_\mathrm{e}(t)$、磁场能 $W_\mathrm{m}(t)$ 及其平均值 $\langle W_\mathrm{e}(t) \rangle$、$\langle W_\mathrm{m}(t) \rangle$。

解　根据式(1.8.9)

$$\boldsymbol{H}(\boldsymbol{r}) = \frac{1}{-\mathrm{j}\omega\mu} \nabla \times \boldsymbol{E}(\boldsymbol{r}) = y_0 E_0 \frac{k}{\omega\mu} \mathrm{e}^{-\mathrm{j}kz}$$

所以

$$\boldsymbol{E}(t) = \mathrm{Re}\{\boldsymbol{x}_0 E_0 \mathrm{e}^{-\mathrm{j}kz} \mathrm{e}^{\mathrm{j}\omega t}\} = \boldsymbol{x}_0 E_0 \cos(\omega t - kz)$$

$$\boldsymbol{H}(t) = \mathrm{Re}\left\{\boldsymbol{y}_0 \frac{k}{\omega\mu} E_0 \mathrm{e}^{-\mathrm{j}kz} \mathrm{e}^{\mathrm{j}\omega t}\right\} = \boldsymbol{y}_0 \frac{k}{\omega\mu} E_0 \cos(\omega t - kz)$$

$$\boldsymbol{S}(t) = \boldsymbol{E}(t) \times \boldsymbol{H}(t) = \boldsymbol{z}_0 \frac{k}{\omega\mu} E_0^2 \cos^2(\omega t - kz)$$

$$\langle \boldsymbol{S}(t) \rangle = \frac{1}{2} \mathrm{Re}\{\boldsymbol{E} \times \boldsymbol{H}^*\} = \boldsymbol{z}_0 \frac{k}{\omega\mu} \frac{E_0^2}{2}$$

$$W_\mathrm{e}(t) = \frac{\varepsilon E_0^2}{2} \cos^2(\omega t - kz)$$

$$W_\mathrm{m}(t) = \frac{k^2 E_0^2}{2\mu\omega^2} \cos^2(\omega t - kz)$$

$$\langle W_\mathrm{e}(t) \rangle = \frac{\varepsilon}{4} E_0^2$$

$$\langle W_\mathrm{m}(t) \rangle = \frac{k^2}{4\omega^2 \mu} E_0^2 = \frac{\varepsilon}{4} E_0^2$$

【例 1.14】 由半径为 a 的两圆形板构成一平板电容器,间距为 d,其间充以介电常数为 ε、电导率为 σ 的介质,如图 1-28 所示。假设两板间加电压 $V=V_\mathrm{m}\cos\omega t$,电容器的边缘效应可忽略不计,电容器中电场可近似为 $\boldsymbol{E}=z_0 \dfrac{V_\mathrm{m}}{d} \cos\omega t$,求:

(1)电容器中任一点由位移电流、传导电流产生的 $\boldsymbol{H}$；

(2)坡印廷功率流的瞬时值 $\boldsymbol{S}(t)$；

(3)电容器中热损耗功率 P；

(4)证明供给电容器的平均功率等于其中的平均热损耗功率。

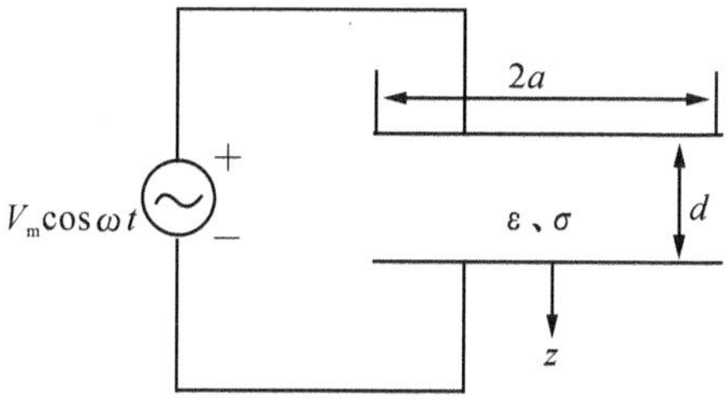

图 1-28　例 1.14 图

解　(1)电通量密度 $\boldsymbol{D}=\varepsilon\boldsymbol{E}=\boldsymbol{z}_0\dfrac{\varepsilon V_m}{d}\cos\omega t$，位移电流密度 $\boldsymbol{J}_d=\dfrac{\partial\boldsymbol{D}}{\partial t}=-\boldsymbol{z}_0\dfrac{\omega\varepsilon V_m}{d}\sin\omega t$，传导电流密度 $\boldsymbol{J}_c=\sigma\boldsymbol{E}=\boldsymbol{z}_0\dfrac{\sigma V_m}{d}\cos\omega t$，根据全电流定律 $\oint_l\boldsymbol{H}\cdot d\boldsymbol{l}=\int_S(\boldsymbol{J}_c+\boldsymbol{J}_d)\cdot d\boldsymbol{S}$ 得到

$$2\pi\rho H_\varphi=\pi\rho^2(\boldsymbol{J}_c+\boldsymbol{J}_d)=\pi\rho^2\left(\frac{\sigma V_m}{d}\cos\omega t-\frac{\omega\varepsilon V_m}{d}\sin\omega t\right)$$

所以

$$\boldsymbol{H}=\boldsymbol{\varphi}_0\frac{1}{2}\left(\frac{\sigma V_m}{d}\cos\omega t-\frac{\omega\varepsilon V_m}{d}\sin\omega t\right)\rho$$

(2)$$\boldsymbol{S}(t)=\boldsymbol{E}(t)\times\boldsymbol{H}(t)=\frac{V_m}{d}\cos\omega t\times\frac{1}{2}\left(\frac{\sigma V_m}{d}\cos\omega t-\frac{\omega\varepsilon V_m}{d}\sin\omega t\right)\rho\boldsymbol{z}_0\times\boldsymbol{\varphi}_0$$

$$=-\boldsymbol{\rho}_0\left(\frac{\sigma V_m^2}{2d^2}\cos^2\omega t-\frac{\omega\varepsilon V_m^2}{4d^2}\sin 2\omega t\right)\rho$$

(3)热损耗功率 P 为

$$P=VI=V\boldsymbol{J}_c\pi a^2=V_m\cos\omega t\cdot\frac{\sigma V_m}{d}\cos\omega t\pi a^2=\frac{\sigma\pi a^2}{d}V_m^2\cos^2\omega t$$

平均功率损耗为

$$P_{av}=\frac{1}{T}\int_0^T P\mathrm{d}t=\frac{\sigma\pi a^2}{2d}V_m^2$$

(4)供给电容器的功率：

将 $\boldsymbol{E}$、$\boldsymbol{H}$ 写成复矢量形式

$$\boldsymbol{E}=\frac{V_m}{d}\boldsymbol{z}_0$$

$$\boldsymbol{H}=\frac{1}{2}\left(\frac{\sigma V_m}{d}+\mathrm{j}\frac{\omega\varepsilon V_m}{d}\right)\rho\varphi_0$$

供给电容器功率流密度为

$$\boldsymbol{S}_{av}=\frac{1}{2}\mathrm{Re}(\boldsymbol{E}\times\boldsymbol{H}^*)=\frac{1}{2}\mathrm{Re}\left\{\frac{1}{2}\left[\frac{V_m}{d}\left(\frac{\sigma V_m}{d}-\mathrm{j}\frac{\omega\varepsilon V_m}{d}\right)\rho(\boldsymbol{z}_0\times\varphi_0)\right]\right\}$$

进入电容器的功率为

$$P'_{av}=\oint_S\boldsymbol{S}_{av}\cdot\mathrm{d}\boldsymbol{S}=\oint\frac{\sigma V_m^2 a}{4d^2}(-\boldsymbol{\rho}_0)\cdot(-\boldsymbol{\rho}_0)\mathrm{d}\boldsymbol{S}=\frac{\sigma\pi a^2}{2d}V_m^2$$

由于 $P_{av}=P'_{av}$，所以源供给电容器的功率 P'_{av} 等于平均热损耗功率 P_{av}。

1.9 电磁场的几个基本原理和定理

下列基本原理和定理表明电磁场的一些基本性质，它们都是从麦克斯韦方程导出的，在电磁问题求解中占有重要地位。有些原理或定理只在一定条件下成立，应用时要注意是否符合规定的条件。

1.9.1 叠加定理

如果在我们所研究的区域内及边界上，涉及的都是线性媒质，即媒质的 ε、μ、σ 都与场强无关，那么麦克斯韦方程所描述的系统就是线性系统。根据线性系统的叠加原理，若 $\boldsymbol{E}_i$、$\boldsymbol{D}_i$、$\boldsymbol{B}_i$、$\boldsymbol{H}_i$，i 从 1 到 n 是给定边界条件下麦克斯韦方程的多个解，则 $\sum\limits_{i=1}^{n}\boldsymbol{E}_i$、$\sum\limits_{i=1}^{n}\boldsymbol{D}_i$、$\sum\limits_{i=1}^{n}\boldsymbol{B}_i$、$\sum\limits_{i=1}^{n}\boldsymbol{H}_i$ 必是麦克斯韦方程在同一边界条件下的解，这就是叠加定理。

1.9.2 时变电磁场的唯一性定理

通过麦克斯韦方程组求解时变场，有一个问题首先要搞清楚，我们所得到的解是否唯一？在什么条件下才是唯一的？这就是时变场的唯一性定理要回答的问题。

对于一个正确规定的问题，唯一性定理保证有一个而且只有一个解。假定感兴趣的区域用 V 表示，而且它被一个闭合表面 S 所包围，再假设 V 内的一组源对场量产生两个不同的解，并令 $\boldsymbol{E}_a$ 和 $\boldsymbol{H}_a$ 表示一组解，$\boldsymbol{E}_b$ 和 $\boldsymbol{H}_b$ 表示另一组解，两组解均满足麦克斯韦方程。这两组解之差用 $\delta\boldsymbol{E}=\boldsymbol{E}_a-\boldsymbol{E}_b$ 和 $\delta\boldsymbol{H}=\boldsymbol{H}_a-\boldsymbol{H}_b$ 表示。唯一性定理要求 $\delta\boldsymbol{E}=\delta\boldsymbol{H}=0$，现在要问，在什么条件下，唯一性定理才成立。

由麦克斯韦方程的线性性质，可知 $\delta\boldsymbol{E}$ 和 $\delta\boldsymbol{H}$ 满足 V 中的无源麦克斯韦方程

$$\nabla\times\delta\boldsymbol{H}=\mathrm{j}\omega\varepsilon\delta\boldsymbol{E}+\sigma\delta\boldsymbol{E} \tag{1.9.1a}$$

$$\nabla\times\delta\boldsymbol{E}=-\mathrm{j}\omega\mu\delta\boldsymbol{H} \tag{1.9.1b}$$

重复类似于 1.8 节中导出复数坡印廷定理的步骤，可得到关系

$$\nabla\cdot(\delta\boldsymbol{E}\times\delta\boldsymbol{H}^*)=-\mathrm{j}\omega[\mu|\delta\boldsymbol{H}|^2-\varepsilon^*|\delta\boldsymbol{E}|^2]-\sigma|\delta\boldsymbol{E}|^2 \tag{1.9.2a}$$

或

$$\int_S(\delta\boldsymbol{E}\times\delta\boldsymbol{H}^*)\cdot\mathrm{d}\boldsymbol{S}=-\mathrm{j}\omega\int_V[\mu\,|\,\delta\boldsymbol{H}\,|^2-\varepsilon^*\,|\,\delta\boldsymbol{E}\,|^2]\mathrm{d}V-\int_V\sigma\,|\,\delta\boldsymbol{E}\,|^2\mathrm{d}V \tag{1.9.2b}$$

如果式(1.9.2b)左边的面积分为零，则要求右边的体积分也为零。在右边体积分的三项中被积函数 $|\delta\boldsymbol{E}|^2$ 及 $|\delta\boldsymbol{H}|^2$ 为非负函数，使等式右边为零的唯一可能是 $|\delta\boldsymbol{E}|^2$ 及 $|\delta\boldsymbol{H}|^2$ 均为零。这意味着区域 V 内的场只有唯一的一组解。

如果对于 V 内场的任何可能解，在 V 的边界面 S 上电场或磁场的切向分量取确定值，那么对于所假定的 V 内的两组解在 S 面上应有

$$(\boldsymbol{E}_2-\boldsymbol{E}_1)\times\mathrm{d}\boldsymbol{S}=0\quad 或\quad (\boldsymbol{H}_2-\boldsymbol{H}_1)\times\mathrm{d}\boldsymbol{S}=0$$

在 S 的每一个面积元上如果上面的条件能够保证成立，就可使式(1.9.2b)左边的面积分为零。因此电磁场的唯一性定理可表述如下：对于一个被闭合面 S 包围的区域 V，如果 S 面上的电场或磁场的切向分量给定，或者在 S 面上的部分区域给定 $\boldsymbol{E}$ 的切向分量，在 S 的其余表面给定 $\boldsymbol{H}$ 的切向分量，那么在区域 V 内的电磁场是唯一确定的。

1.9.3　等效原理

由唯一性定理可得到等效原理。在某一空间区域内，能够产生同样场的两种源，称其在该区域内是等效的。很多场合下，用等效源代替实际源会给解题带来很大方便。

按照等效原理，如果源在体积 V 内，欲求 V 外某一点场时，可以这样处理：假设 V 内为零场，此时闭合面 S 上出现了不连续，为满足边界条件，可假定 S 上有切向场 $\boldsymbol{n}_0\times\boldsymbol{H}$ 和 $\boldsymbol{E}\times\boldsymbol{n}_0$，$\boldsymbol{n}_0$ 为 S 法线方向的单位矢量，$\boldsymbol{H}$ 和 $\boldsymbol{E}$ 为 S 面上的场。这样 V 内一次源的影响就为边界面上的二次源 $\boldsymbol{n}_0\times\boldsymbol{H}$ 和 $\boldsymbol{E}\times\boldsymbol{n}_0$ 所代替。根据唯一性定理可以看出，二次源可以产生唯一的与真实源相同的场。

应用等效原理解题时，我们往往把二次源放到我们所“感兴趣”的区域的边界上，二次源在我们感兴趣的区域内产生与真实源相同的解，但在我们“不感兴趣”的区域，二次源的解可能与真实源产生的解不同，甚至是错误的。这是我们在应用等效原理时要注意的。

前面所引进的二次源是一种等效源，或者说是一种虚源。其中 $\boldsymbol{n}_0\times\boldsymbol{H}$ 是容易理解的，它相当于电流密度矢量(3.5 节将专门讨论)，记作 $\boldsymbol{n}_0\times\boldsymbol{H}=\boldsymbol{J}_s$。对照 $\boldsymbol{J}_s=\boldsymbol{n}_0\times\boldsymbol{H}$，对偶地把 $\boldsymbol{E}\times\boldsymbol{n}_0$ 叫做磁流密度矢量，记作 $\boldsymbol{J}_{ms}=\boldsymbol{E}\times\boldsymbol{n}_0$。因而这里所引进的新的波源磁流，实际上就是切向电场，这纯粹是为了数学上的方便，而真正的波源还是电荷和电流，因为切向电场实际上也是由电荷和电流产生的。

已经知道，位移电流密度和传导电流密度与磁场强度 $\boldsymbol{H}$ 的关系为

$$\nabla\times\boldsymbol{H}=\boldsymbol{J}+\mathrm{j}\omega\boldsymbol{D}$$

引进磁流密度后可表示为

$$\nabla\times\boldsymbol{E}=-\boldsymbol{J}_m-\mathrm{j}\omega\boldsymbol{B}$$

引入虚拟磁流后，按照连续性原理，必定有磁荷，于是有

$$\nabla\cdot\boldsymbol{J}_m=\frac{-\partial\rho_m}{\partial t}$$

由于旋度的散度为零，可以推导出

$$\nabla\cdot\boldsymbol{B}=\rho_m$$

引进磁荷和磁流后，麦克斯韦方程组变为

$$\begin{cases}\nabla\times\boldsymbol{E}=-\boldsymbol{J}_m-\mathrm{j}\omega\boldsymbol{B}\\ \nabla\times\boldsymbol{H}=\boldsymbol{J}+\mathrm{j}\omega\boldsymbol{D}\\ \nabla\cdot\boldsymbol{D}=\rho\\ \nabla\cdot\boldsymbol{B}=\rho_m\end{cases}\tag{1.9.3}$$

式中：ρ_m 为磁荷密度，单位为 $\mathrm{Wb/m^3}$；$\boldsymbol{J}_m$ 为磁流密度，单位为 $\mathrm{V/m^2}$。

1.9.4　对偶定理

引进磁荷和磁流后的麦克斯韦方程中关于电的量和磁的量具有对偶性。为此，我们写出

只由电荷、电流作为源激发的和只由等效磁荷、等效磁流作为源激发的电磁场方程组和电流连续方程。

电型源：

$$\nabla\times\boldsymbol{E}+\mathrm{j}\omega\mu\boldsymbol{H}=0 \tag{1.9.4a}$$

$$\nabla\times\boldsymbol{H}-\mathrm{j}\omega\varepsilon\boldsymbol{E}=\boldsymbol{J} \tag{1.9.4b}$$

$$\nabla\cdot\boldsymbol{E}=\rho/\varepsilon \tag{1.9.4c}$$

$$\nabla\cdot\boldsymbol{H}=0 \tag{1.9.4d}$$

$$\nabla\cdot\boldsymbol{J}+\mathrm{j}\omega\rho=0 \tag{1.9.4e}$$

磁型源：

$$\nabla\times\boldsymbol{E}+\mathrm{j}\omega\mu\boldsymbol{H}=-\boldsymbol{J}_{\mathrm{m}} \tag{1.9.5a}$$

$$\nabla\times\boldsymbol{H}-\mathrm{j}\omega\varepsilon\boldsymbol{E}=0 \tag{1.9.5b}$$

$$\nabla\cdot\boldsymbol{E}=0 \tag{1.9.5c}$$

$$\nabla\cdot\boldsymbol{H}=\rho_{\mathrm{m}}/\mu \tag{1.9.5d}$$

$$\nabla\cdot\boldsymbol{J}_{\mathrm{m}}+\mathrm{j}\omega\rho_{\mathrm{m}}=0 \tag{1.9.5e}$$

不难看出这两组方程式之间存在着明显的对应关系，也就是说如果将上两组方程式中的所有场量和源量作如下代换：

$\boldsymbol{E}\Rightarrow\boldsymbol{H}$	$\boldsymbol{E}\Rightarrow\boldsymbol{H}$
$\boldsymbol{H}\Rightarrow-\boldsymbol{E}$	$\boldsymbol{H}\Rightarrow-\boldsymbol{E}$
$\varepsilon\Rightarrow\mu$	$\varepsilon\Rightarrow\mu$
$\mu\Rightarrow\varepsilon$	$\mu\Rightarrow\varepsilon$
$\rho\Rightarrow\rho_{\mathrm{m}}$	$\rho_{\mathrm{m}}=-\rho$
$\boldsymbol{J}\Rightarrow\boldsymbol{J}_{\mathrm{m}}$	$\boldsymbol{J}_{\mathrm{m}}\Rightarrow-\boldsymbol{J}$

那么电型源方程变为磁型源方程，而磁型源方程则变为电型源方程。电型源方程和磁型源方程式的这种对应形式称为二重性或对偶性。

电磁场方程式的二重性提供了这样一种便利，如果知道一个问题(例如电型源问题)的解就可由对偶关系得出它的对偶问题(为一磁型源问题)的解，而无须重复求解方程。由电偶极[见图 1-29(a)]的辐射场写出磁偶极子[见图 1-29(b)]的辐射场可作为二重性应用的简单例子。因为，引入磁流、磁荷概念后，这两种基本辐射单元极其相似。电偶极子天线表面上有交变电流，在天线的两端电流为零，而有电荷的堆积，电流和电荷之间满足连续性方程。作为实际可行的磁偶极子的裂缝天线，其口径上有切向电场，相当于磁流密度，在裂缝的两端切向电场为零，即磁流为零，因而裂缝的两端也相当于磁荷的堆积。电偶极子、磁偶极子天线将会在第 5 章作深入讨论。

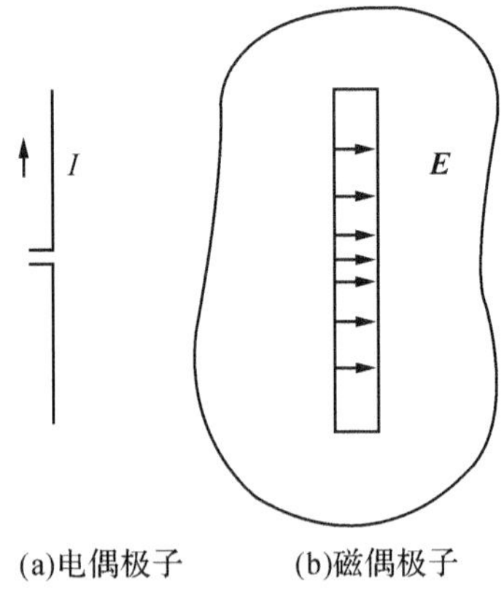

图 1-29　电偶极子与磁偶极子的对偶

1.9.5　镜像原理

镜像原理是由唯一性定理导出的，它实际上是等效性原理在理想导体边界情况下的应用。

当源靠近理想导体壁时，所产生的场相当于原有的源和它对该壁作为镜面产生的镜像一起建立的场。确定镜像的原则是，它与原有的源共同建立的场在边界上满足理想导体的边界条件（理想导体的边界条件将在 3.5 节专门讨论）。这样求源靠近理想导体壁产生的场转化为求原有的源与其镜像产生的场，使场的求解大为简化。如何根据边界条件确定镜像将在以后有关章节中讨论，下面是相应的结论。

电荷对平面理想导体壁的镜像是另一侧等距处与原电荷大小相等、符号相反的电荷。

电流元即交变电偶极子对理想导体平面表面的镜像如图 1-30 所示。值得注意的是与界面垂直的电流元其镜像为同方向的电流元，而与界面平行的电流元其镜像为反向的电流元。等效磁流元即磁偶极子在理想导体表面的镜像也如图 1-30 所示，它与电流元镜像的关系相反。

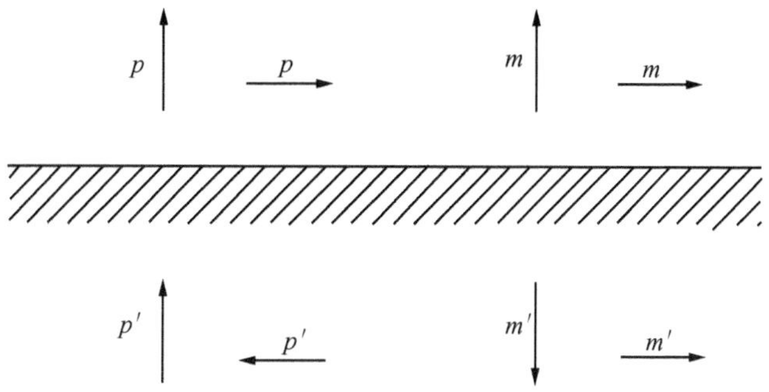

图 1-30　电偶极子及磁偶极子在理想导体表面的镜像

1.9.6　互易定理

电磁互易定理反映两组不同的场源之间的影响和响应关系。其数学形式推导如下。

考虑同一线性介质中的两组频率相同的源 $\boldsymbol{J}^a$、$\boldsymbol{J}_{\mathrm{m}}^a$ 和 $\boldsymbol{J}^b$、$\boldsymbol{J}_{\mathrm{m}}^b$。我们用 $\boldsymbol{E}^a$、$\boldsymbol{H}^a$ 表示源 a 产生的场，用 $\boldsymbol{E}^b$、$\boldsymbol{H}^b$ 表示源 b 产生的场，写出相应的场方程式为

$$\nabla\times\boldsymbol{E}^a=-\mathrm{j}\omega\mu\boldsymbol{H}^a-\boldsymbol{J}_{\mathrm{m}}^a \tag{1.9.6a}$$

$$\nabla\times\boldsymbol{H}^a=\mathrm{j}\omega\varepsilon\boldsymbol{E}^a+\boldsymbol{J}^a \tag{1.9.6b}$$

和

$$\nabla\times\boldsymbol{E}^b=-\mathrm{j}\omega\mu\boldsymbol{H}^b-\boldsymbol{J}_{\mathrm{m}}^b \tag{1.9.7a}$$

$$\nabla\times\boldsymbol{H}^b=\mathrm{j}\omega\varepsilon\boldsymbol{E}^b+\boldsymbol{J}^b \tag{1.9.7b}$$

以 $\boldsymbol{E}^b$ 点乘 $\nabla\times\boldsymbol{H}^a$ 的方程，$\boldsymbol{H}^b$ 点乘 $\nabla\times\boldsymbol{E}^b$ 的方程，所得两式相减后为

$$-\nabla\cdot(\boldsymbol{E}^b\times\boldsymbol{H}^a)=E\mathrm{j}E\omega\varepsilon\boldsymbol{E}^b\cdot\boldsymbol{E}^a+\mathrm{j}\omega\mu\boldsymbol{H}^a\cdot\boldsymbol{H}^b+\boldsymbol{E}^b\cdot\boldsymbol{J}^a+\boldsymbol{H}^a\cdot\boldsymbol{J}_{\mathrm{m}}^b \tag{1.9.8}$$

再将上式的 a 和 b 互换得

$$-\nabla\cdot(\boldsymbol{E}^a\times\boldsymbol{H}^b)=\mathrm{j}\omega\varepsilon\boldsymbol{E}^a\cdot\boldsymbol{E}^b+\mathrm{j}\omega\mu\boldsymbol{H}^b\cdot\boldsymbol{H}^a+\boldsymbol{E}^a\cdot\boldsymbol{J}^b+\boldsymbol{H}^b\cdot\boldsymbol{J}_{\mathrm{m}}^a \tag{1.9.9}$$

将式(1.9.9)减去式(1.9.8)有

$$-\nabla\cdot(\boldsymbol{E}^a\times\boldsymbol{H}^b-\boldsymbol{E}^b\times\boldsymbol{H}^a)=\boldsymbol{E}^a\cdot\boldsymbol{J}^b+\boldsymbol{H}^b\cdot\boldsymbol{J}_{\mathrm{m}}^a-\boldsymbol{E}^b\cdot\boldsymbol{J}^a-\boldsymbol{H}^a\cdot\boldsymbol{J}_{\mathrm{m}}^b \tag{1.9.10}$$

如果在区域 V 内无源，$\boldsymbol{J}=\boldsymbol{J}_{\mathrm{m}}=0$，式(1.9.10)可化为

$$\nabla\cdot(\boldsymbol{E}^a\times\boldsymbol{H}^b-\boldsymbol{E}^b\times\boldsymbol{H}^a)=0$$

此式在 V 上积分，应用散度定理化为面积分后得

$$\int_S(\boldsymbol{E}^a\times\boldsymbol{H}^b-\boldsymbol{E}^b\times\boldsymbol{H}^a)\cdot\mathrm{d}\boldsymbol{S}=0 \tag{1.9.11}$$

式(1.9.11)称为洛仑兹引理,或洛仑兹互易定理。如果区域 V 内有源,对式(1.9.8)积分后得

$$-\int_S (\boldsymbol{E}^a \times \boldsymbol{H}^b - \boldsymbol{E}^b \times \boldsymbol{H}^a) \cdot \mathrm{d}\boldsymbol{S}$$
$$= \int_V (\boldsymbol{E}^a \cdot \boldsymbol{J}^b - \boldsymbol{H}^a \cdot \boldsymbol{J}_\mathrm{m}^b - \boldsymbol{E}^b \cdot \boldsymbol{J}^a + \boldsymbol{H}^b \cdot \boldsymbol{J}_\mathrm{m}^a)\mathrm{d}V \tag{1.9.12}$$

在实际问题中,源总是局限于有限空间的。以后将证明局限于有限空间的源在无穷远处电场和磁场之间的关系为

$$\boldsymbol{E}_\theta = \eta \boldsymbol{H}_\varphi,\ \boldsymbol{E}_\varphi = -\eta \boldsymbol{H}_\theta \tag{1.9.13}$$

这里 $\eta=\sqrt{\dfrac{\mu}{\varepsilon}}$ 为介质的空间波阻抗。如果将式(1.9.12)的积分扩展至全空间,而 S 变为半径无穷大的球面,利用式(1.9.13)可以证明式(1.9.12)右边 S 面上的积分为零,从而得到互易定理

$$\int_V (\boldsymbol{E}^a \cdot \boldsymbol{J}^b - \boldsymbol{H}^a \cdot \boldsymbol{J}_\mathrm{m}^b)\mathrm{d}V = \int_V (\boldsymbol{E}^b \cdot \boldsymbol{J}^a - \boldsymbol{H}^b \cdot \boldsymbol{J}_\mathrm{m}^a)\mathrm{d}V \tag{1.9.14}$$

式(1.9.14)的积分区域 V 是全空间。如果在有界区域的边界面上式(1.9.12)左边面积分为零,例如理想导体包围的闭合区域,那么这时互易定理式(1.9.14)也适用。

下面我们来解释互易定理的物理意义。首先我们注意到积分中的量不是复共轭量,因此一般来说式(1.9.14)中的积分并不表示功率。Rumsey 将这两个积分称为反应(reaction)。例如,式(1.9.12)左边的积分是场 a 对于源 b 的反应,并利用符号表示为

$$\langle a,b\rangle = \int_V (\boldsymbol{E}^a \cdot \boldsymbol{J}^b - \boldsymbol{H}^a \cdot \boldsymbol{J}_\mathrm{m}^b)\mathrm{d}V \tag{1.9.15}$$

而式(1.9.14)右边的积分是场 b 对于源 a 的反应,用符号 $\langle b,a\rangle$ 表示。于是互易定理式(1.9.14)的反应可表示为

$$\langle a,b\rangle = \langle b,a\rangle \tag{1.9.16}$$

反应概念可以看作是彼此独立的场与源之间响应的量度。

电磁工程中许多问题可以借助电磁互易定理来求解,而使其变得很简单。例如,从场的互易定理可以得出网络的互易定理,网络的互易定理在电路问题中得到广泛应用。再如利用电磁互易定理可以证明,同一天线作为发射天线的特性和作为接收天线的特性相同;在波导或谐振腔中,同一个探极作为激励器和作为接收器的特性相同;紧贴着理想导体表面放置的平行于导体表面的电流源不可能在空间激励起电磁波。

应当强调指出的是,互易定理与介质的性质有关。只是在一定类型的介质中才有互易关系式(1.9.14),而在一些特殊介质中,如磁化等离子体、磁化铁氧体,互易关系式(1.9.14)不再成立,这样的介质称为不可逆介质。

习 题 1

1.1　简述人们是怎样通过带电体间相互作用认识电场的，又是怎样通过通电导体间相互作用认识磁场的。

1.2　$\boldsymbol{E}$、$\boldsymbol{D}$、$\boldsymbol{B}$ 及 $\boldsymbol{H}$ 分别描述电磁场的什么性质？它们的单位是什么？

1.3　简述构成麦克斯韦方程的四个基本定理的物理意义。

1.4　简述梯度、散度与旋度的物理意义。

1.5　根据旋度定义，试说明矢量 $\boldsymbol{A}$ 与其旋度 $\nabla\times\boldsymbol{A}$ 在方向上相互垂直。

1.6　计算下列标量场的梯度：

(1)$u=x^3y^2z$

(2)$u=x^2+2y^2-3z^2$

(3)$u=xy+yz+xz$

(4)$u=\sqrt{xyz}$

1.7　求下列矢量场的 $\nabla\cdot\boldsymbol{A}$ 和 $\nabla\times\boldsymbol{A}$：

(1)$\boldsymbol{A}=x^2\boldsymbol{x}_0+2y^2\boldsymbol{y}_0+3z^2\boldsymbol{z}_0$

(2)$\boldsymbol{A}=(y+z)\boldsymbol{x}_0+(x+z)\boldsymbol{y}_0-(x+y)\boldsymbol{z}_0$

(3)$\boldsymbol{A}=(x^2+y^2)\boldsymbol{x}_0+(x^3+y^3)\boldsymbol{y}_0$

(4)$\boldsymbol{A}=5xy\boldsymbol{x}_0+6yz\boldsymbol{y}_0+zx\boldsymbol{z}_0$

1.8　求下列矢量场的 $\nabla\cdot\boldsymbol{A}$ 和 $\nabla\times\boldsymbol{A}$：

(1)$\boldsymbol{A}(\rho,\varphi,z)=\boldsymbol{\rho}_0\rho^2\cos\varphi+\boldsymbol{\varphi}_0\rho\sin\varphi$

(2)$\boldsymbol{A}(r,\theta,\varphi)=\boldsymbol{r}_0 r\sin\theta+\boldsymbol{\theta}_0\dfrac{1}{r}\sin\theta+\boldsymbol{\varphi}_0\dfrac{1}{r^2}\cos\theta$

1.9　假定 $\boldsymbol{A}=A_x\boldsymbol{x}_0+A_y\boldsymbol{y}_0+A_z\boldsymbol{z}_0$，$\boldsymbol{B}=B_x\boldsymbol{x}_0+B_y\boldsymbol{y}_0+B_z\boldsymbol{z}_0$，证明式(1.2.31)$\nabla\cdot(\boldsymbol{A}\times\boldsymbol{B})=\boldsymbol{B}\cdot(\nabla\times\boldsymbol{A})-\boldsymbol{A}\cdot(\nabla\times\boldsymbol{B})$成立。

1.10　写出以下时谐矢量的复矢量表示：

(1) $\boldsymbol{V}(t)=3\cos(\omega t)\,\boldsymbol{x}_0+4\sin(\omega t)\boldsymbol{y}_0+5\cos(\omega t+\pi/2)\boldsymbol{z}_0$

(2) $\boldsymbol{E}(t)=[3\cos\omega t+4\sin\omega t]\,\boldsymbol{x}_0+8[\cos\omega t-\sin\omega t]\boldsymbol{z}_0$

(3) $\boldsymbol{H}(t)=0.8\sin(kz-\omega t)\boldsymbol{x}_0$

1.11　从下面复矢量写出相应的时谐矢量：

(a) $\boldsymbol{C}=\boldsymbol{x}_0-\mathrm{j}\boldsymbol{y}_0$

(b) $\boldsymbol{C}=(\boldsymbol{x}_0+\mathrm{j}\boldsymbol{y}_0-\mathrm{j}\boldsymbol{z}_0)$

(c) $\boldsymbol{C}=\exp(-\mathrm{j}kz)\boldsymbol{x}_0+\mathrm{j}\exp(\mathrm{j}kz)\boldsymbol{y}_0$

1.12　求球坐标中单位矢量 $\boldsymbol{r}_0$、$\boldsymbol{\theta}_0$、$\boldsymbol{\varphi}_0$ 的旋度：

$\nabla\times\boldsymbol{r}_0=0$

$\nabla\times\boldsymbol{\theta}_0=\boldsymbol{\varphi}_0\dfrac{1}{r}$

$\nabla\times\boldsymbol{\varphi}_0=(\boldsymbol{r}_0\cot\theta-\boldsymbol{\theta}_0)/r$

1.13　将 $\boldsymbol{A}_{\text{rec}}=\boldsymbol{x}_0x+\boldsymbol{y}_0y+\boldsymbol{z}_0z$ 变换到 $\boldsymbol{A}_{\text{cyl}}$ 和 $\boldsymbol{A}_{\text{sph}}$（下标 rec、cyl、sph 分别表示直角坐标、柱坐标和球坐标中的量）。

1.14　将柱坐标中矢量 $\boldsymbol{A}_{\text{cyl}}=\boldsymbol{\rho}_0\rho^2+\boldsymbol{\varphi}_0\cos\varphi$ 变换到直角坐标、球坐标中矢量 $\boldsymbol{A}_{\text{rec}}$、$\boldsymbol{A}_{\text{sph}}$。

1.15　无源空间 $\boldsymbol{H}=z\boldsymbol{y}_0+y\boldsymbol{z}_0$，$\boldsymbol{D}$ 随时间变化吗？

1.16　如果在某一表面 $\boldsymbol{E}=0$，是否就可得出在该表面 $\dfrac{\partial \boldsymbol{B}}{\partial t}=0$？为什么？

1.17　两无限大平板间有电场 $\boldsymbol{E}=\boldsymbol{x}_0A\sin\left(\dfrac{\pi}{d}y\right)\mathrm{e}^{\mathrm{j}(\omega t-kz)}$，其中 A 为常数，试求：

(1) $\nabla\cdot\boldsymbol{E}$ 和 $\nabla\times\boldsymbol{E}$。

(2) $\boldsymbol{E}$ 能否用一位置的标量函数的负梯度表示，为什么？

(3) 求与 $\boldsymbol{E}$ 相联系的 $\boldsymbol{H}$。

1.18　求 z 方向无限长线电流 $\boldsymbol{z}_0I\delta(x)\delta(y)$ 激发的恒定磁场 $\boldsymbol{H}$ 及其旋度 $\nabla\times\boldsymbol{H}$。

1.19　一半径为 a 的导体圆盘以角速度 ω 在均匀磁场中作等速旋转，设圆盘与磁场互相垂直，如题 1.19 图所示，试求圆盘中心与它边缘之间的感应电动势。

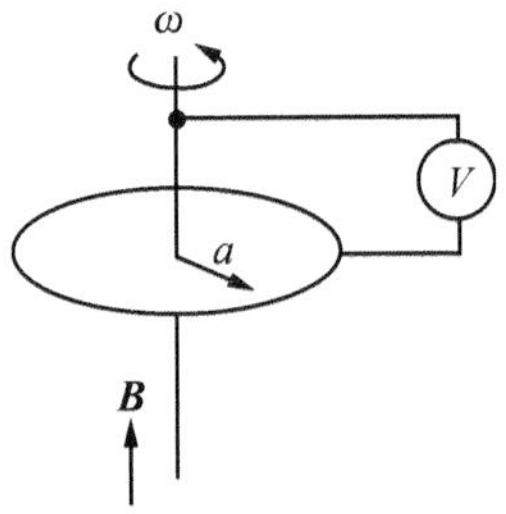

题 1.19 图

1.20　在一半径为 a 的无限长圆柱中有一交变磁通通过，其变化规律为 $\boldsymbol{\Psi}=\boldsymbol{\Psi}_0\sin\omega t$，试求圆柱内外任意点的电场强度。

1.21　一点电荷（电量为 10^{-5}C）作圆周运动，其角速度 $\omega=1000$ 弧度/s，圆周半径 $r=$ 1cm，如题 1.20 图所示，试求圆心处位移电流密度。

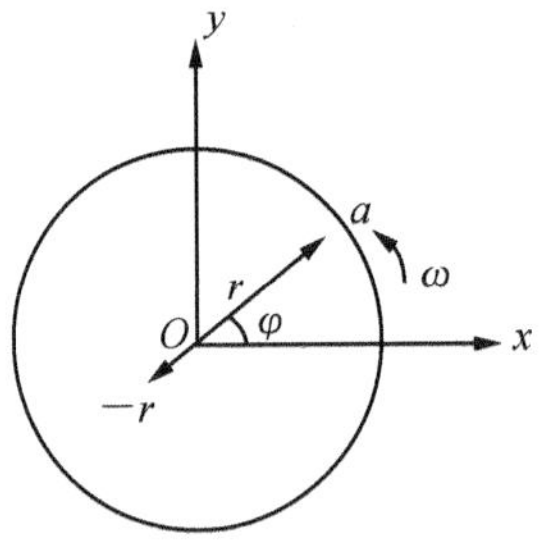

题 1.21 图

1.22　在真空中，磁场强度为 $\boldsymbol{H}(\boldsymbol{r},t)=\boldsymbol{y}_0\cos(2\pi\times3\times10^8t-2\pi z)$，求位移电流密度。

1.23　无源、无损耗介质中的电场矢量为 $\boldsymbol{E}(x,z,t)=\boldsymbol{y}_0E_{\text{m}}\cos(\omega t-k_xx-k_zz)$(V/m)，试：

(1)求与 $\boldsymbol{E}$ 相伴的磁场矢量 $\boldsymbol{H}(x,z,t)$；

(2)讨论 $\boldsymbol{E}$、$\boldsymbol{H}$ 存在的必要条件。

1.24　对于调幅广播，频率 f 从 500kHz 到 1MHz，假定电离层电子浓度 $N=10^{12}\text{m}^{-3}$，试确定电离层有效介电系数 ε_e 的变化范围。

1.25　设电场强度 $\boldsymbol{E}=E_y\boldsymbol{y}_0=\boldsymbol{y}_0E_{ym}\sin\dfrac{m\pi x}{a}\cos\dfrac{n\pi y}{b}$，求磁场强度 $\boldsymbol{H}$，以及瞬时坡印廷功

率流 $\boldsymbol{S}(t)$ 与平均坡印廷功率流 $\langle\boldsymbol{S}\rangle$。

1.26　假定 $\boldsymbol{E}=(\boldsymbol{x}_0+\mathrm{j}\boldsymbol{y}_0)\mathrm{e}^{-\mathrm{j}z}$，$\boldsymbol{H}=(\boldsymbol{y}_0-\mathrm{j}\boldsymbol{x}_0)\mathrm{e}^{-\mathrm{j}z}$，求用 z、ωt 表示的 $\boldsymbol{S}$ 及 $\langle\boldsymbol{S}\rangle$。

1.27　求在电场 $\boldsymbol{E}=10^4\,\mathrm{V/m}$ 或磁场 $\boldsymbol{B}=10^4\,\mathrm{G}$（高斯 $\mathrm{G}=10^{-4}\ \mathrm{Wb/m^2}$）两种情况下，比较单位体积中储存的电场能与磁场能的差别。

1.28　假定（$\boldsymbol{E}_1$、$\boldsymbol{B}_1$、$\boldsymbol{H}_1$ 和 $\boldsymbol{D}_1$）、（$\boldsymbol{E}_2$、$\boldsymbol{B}_2$、$\boldsymbol{H}_2$ 和 $\boldsymbol{D}_2$）分别为源（$\boldsymbol{J}_1$、ρ_{v_1}）、（$\boldsymbol{J}_2$、ρ_{v_2}）激发的满足麦克斯韦方程的解。求源为（$\boldsymbol{J}_t=\boldsymbol{J}_1+\boldsymbol{J}_2$，$\rho_{v_t}=\rho_{v_1}+\rho_{v_2}$）时麦克斯韦方程的解。请说明你在得出解的过程中应用了什么原理？

第2章

传输线基本理论与圆图

由平行双导体构成的导引电磁波结构叫做传输线。平行双导线、同轴线、平行平板波导及其变形微带线就是我们熟知的传输线。传输线的特点是其横截面尺寸与波长相比很小很小，但波传播的纵向，其尺寸可与波长相比拟，甚至比波长大得多。因此，如果用波长来计量可称之为“长线”。由于传输线结构的这一特点，传输线问题可以从复杂的麦克斯韦方程简化到基尔霍夫电压、电流定理来处理。基尔霍夫电压、电流定理是麦克斯韦方程当$\frac{\partial}{\partial t}\to 0$时的特例。

研究传输线基本理论的重要性不仅因为平行双导线、同轴线、微带线等在电路与网络中得到了广泛应用，还在于其他波导，如柱形金属波导、光波导等，也可借助传输线理论使其分析得到简化。此外，对于已熟悉电路基本概念的读者，从传输线理论进入电磁场与电磁波一般问题的研究也更容易一些。因为电磁波的一些基本概念，如波的传播、波遇到不均匀处的反射、驻波与功率传输等，通过传输线的学习就很容易理解。

本章2.1节指出，基尔霍夫电压、电流定理是麦克斯韦方程当$\frac{\partial}{\partial t}\to 0$时的特例。2.2节讨论传输线的等效电路模型，并从基尔霍夫电压、电流定理导出传输线基本方程及其解。2.3节讨论反射系数、驻波系数、输入阻抗及其与负载的关系。传输线圆图在微波技术发展史中是可数的几个里程碑之一。2.4、2.5节讨论传输线圆图及其应用。2.6节用偶—奇模分析技术讨论耦合微带线。最后2.7节简要介绍传输线的瞬态响应。

2.1 基尔霍夫电压、电流定理

基尔霍夫电压、电流定理是电路分析的基本方程。如图2-1(a)所示电路，基尔霍夫电压定理(KVL)是指任一回路一周的电压降之和为零，即

$$\sum_i V_i = 0 \tag{2.1.1}$$

而基尔霍夫电流定理(KCL)是指流进或流出任一电路节点的电流[见图 2-1(b)]的代数和为零,即

$$\sum_i I_i = 0 \tag{2.1.2}$$

KVL、KCL 实际上就是法拉第定理、电流连续原理当$\frac{\partial}{\partial t}\to 0$ 时的特例。因为当$\frac{\partial}{\partial t}\to 0$ 时,积分形式的法拉第定理为

$$\oint_L \boldsymbol{E}\cdot \mathrm{d}\boldsymbol{l} = -\frac{\partial}{\partial t}\int \boldsymbol{B}\cdot \mathrm{d}\boldsymbol{S} = 0$$

根据矢量场的分类,满足上式的电场 $\boldsymbol{E}$ 称为保守场。电场的线积分定义为电压,故沿图 2-1(a)所示任一回路一周的线积分,其结果就是式(2.1.1)。

当回路中存在与电池、发电机等源相联系的非保守场 $\boldsymbol{E}'$时,基尔霍夫电压定理(KVL)的表现形式将在第 6 章进一步讨论。

当$\frac{\partial}{\partial t}\to 0$ 时,电流连续性原理为$\nabla\cdot\boldsymbol{J}=-\frac{\partial\rho_v}{\partial t}=0$。应用散度定理,就是$\oint_S \boldsymbol{J}\cdot\boldsymbol{n}\mathrm{d}S=0$

将上式应用于图 2-1(b)所示的电路节点,得到

$$I_1 - I_2 - I_3 + I_4 + I_5 = 0$$

这就是式(2.1.2)。

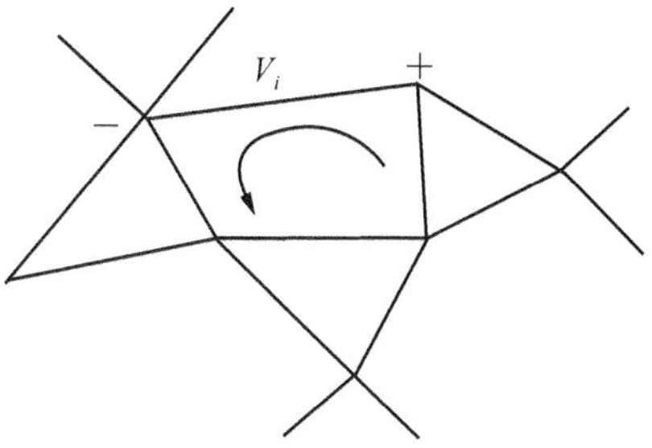

(a)沿任一回路一周的电压降之和为零

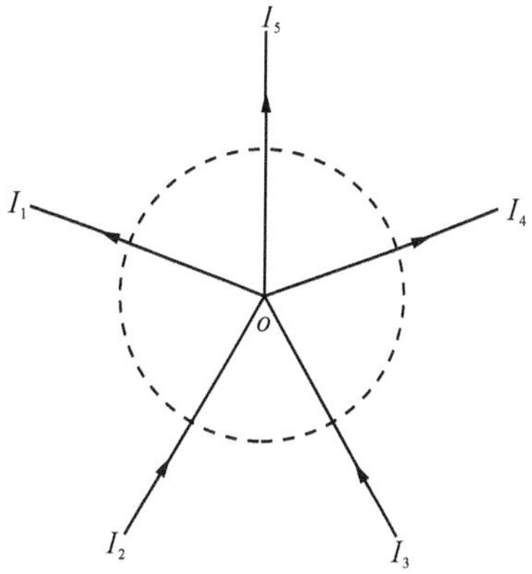

(b)流出或流入任一节点电流的代数和为零

图 2-1　基尔霍夫电压、电流定理图示

这里有必要对$\frac{\partial}{\partial t}\to 0$ 这个条件作一些说明。$\frac{\partial}{\partial t}\to 0$,表示场随时间变化很慢,或角频率 ω 很低,或波长 λ 很长。所谓波长很长,是相对于电路元件的几何尺寸而言的。对于 50Hz 的交流电,自由空间波长达 6000 公里,常见的电路元件与 6000 公里的波长相比很小很小,可以认为在元件所占据的尺度范围内,场在空间的变化可忽略,电场、磁场能量储存在电路元件里。

2.2　传输线的等效电路模型与传输线方程及其解

2.2.1　传输线的等效电路模型

图 2-2(a)、(b)所示的平行双导线、同轴线在电力网、电话网、有线电视网用得较多；图 2-2(c)所示的平行平板波导虽然工程上应用不多，但其变形——图 2-2(d)所示的微带线则广泛用于射频与微波集成电路。图中还给出了这几种传输线电场线、磁场线的大致分布。就场分布而言，它们的共同点是电磁场都与横截面平行，电磁场的这种结构称为横电磁模(TEM 模)* 。

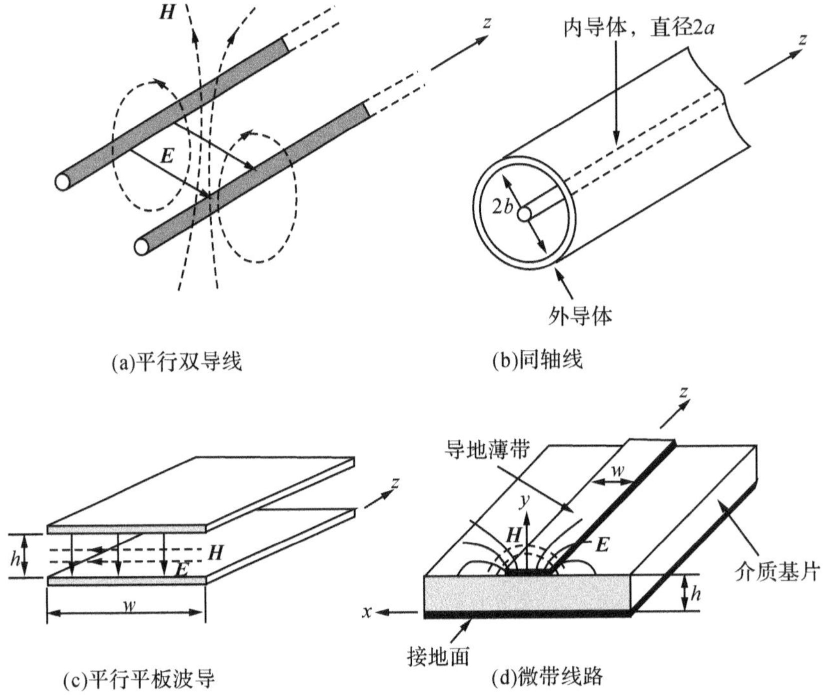

(a)平行双导线　(b)同轴线　(c)平行平板波导　(d)微带线路

图 2-2　常用传输线

传输线在电路中相当于一个二端口网络，一个端口连接信号源，通常叫做输入端，另一个端口连接负载，叫做负载端(或输出端、终端)，如图 2-3 所示。V_g 是信号源，信号可以是数字脉冲信号，但本节主要针对随时间作简谐变化的连续波信号。R_g 是信号源的内阻，Z_L 是负载。注意，为了表示方便，以后不管是平行双导线、同轴线还是微带线，都用平行双导线表示传输线。

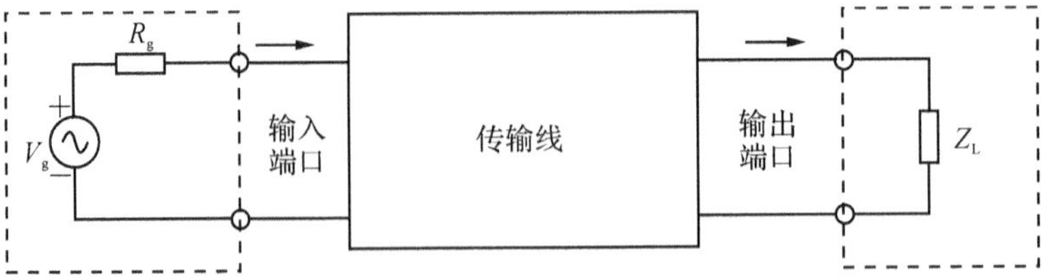

图 2-3　作为电路中二端口网络的传输线

严格地说，由于填充介质的不均匀，微带线传播的不是纯 TEM 模，通常称为准 TEM 模。

当频率较低，电阻、电导、电感、电容等基本电路元件的尺寸比波长小得多时，常用基尔霍夫电压、电流定理(KVL、KCL) 对电路进行分析。图 2-2 所示的 4 种传输线，尽管其横向尺寸都比波长小得多，但在纵方向可与波长相比拟，直接应用基尔霍夫定理对其进行分析有一定困难。但是，如果我们把图 2-4(a)所示的传输线分成 n 段，如图 2-4(b)所示，只要 n 足够大，每段长度 Δz 比波长小得多，在 Δz 长度范围内，基尔霍夫定理就可适用了。

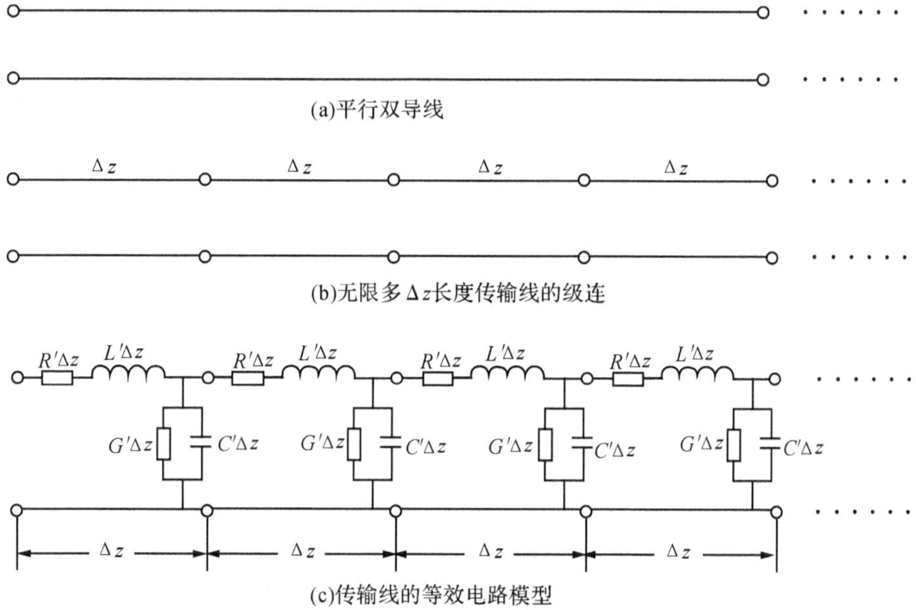

图 2-4　传输线的等效电路模型

接下去要考虑的是，传输线怎样用 R、G、L、C 构成的电路等效以便用基尔霍夫定理分析。

让我们仔细考虑一下图 2-2 所示的三种传输线，不管它们在结构上有多大差别，但当电流沿导体流动时，由于构成导体材料的电导率 σ 有限，都会产生电阻损耗，可用一串联电阻 R 等效。如果两导体间填充的介质不是完纯介质，电导率 σ 不完全等于零，有少量漏电，会产生漏电损耗，可用一并联电导 G 表示。导体周围有磁场线，表示有磁场能量的储存，可用一串联电感 L 等效，而两导体间电场线存在这一事实说明导体间储有电能，可用一并联电容 C 表示。如果定义 R'、G'、L'、C'分别为传输线单位长度的等效电阻、等效电导、等效电感、等效电容，那么在传输线一小段 Δz 长度内，其等效电阻、等效电导、等效电感、等效电容分别为 $R'\Delta z$、$G'\Delta z$、$L'\Delta z$、$C'\Delta z$，这样，图 2-4(b)所示的传输线可用级连的、由 $R'\Delta z$、$G'\Delta z$、$L'\Delta z$、$C'\Delta z$ 组成的电路等效，如图2-4(c)所示。

因为传输线的损耗、储存的磁能和电能沿传输线都是均匀分布的，传输线的等效电路参数 R'、G'、L'、C'沿传输线也是均匀分布的，故称它们为分布参数电路。

前面从物理概念说明，传输线可以用级连的、由 $R'\Delta z$、$G'\Delta z$、$L'\Delta z$、$C'\Delta z$ 组成的电路等效，等效的内涵至少包括以下几点：

(1)传输线沿纵向的功率损耗与等效电路损耗是相等的；

(2)沿单位长度传输线储存的电磁能量与相应的等效电路储存的电磁能量是相等的；

(3)传输线沿纵向传送的功率与等效电路传送的功率是相等的；

(4)传输线上电压与电流之比与等效电路上电压与电流之比是相等的；

(5)传输线上电压、电流波沿纵向传播的速度与等效电路上电压、电流波传播的速度是相等的。

以上等效原理就是我们确定单位长度传输线的等效电路参数 R'、G'、L'、C'的依据。这些参数取决于传输线构成材料的物理性质(主要是电磁特性)、几何结构与形状,而与传输线上传播的电压、电流无关。有关平行双导线、同轴线以及平行平板波导的等效电路参数计算公式如表 2-1 所示。对于复杂结构的传输线,等效电路参数的解析表达式很难得到,但可通过数值计算得到。

表 2-1　平行双导线、同轴线以及平行平板波导的等效电路参数 R'、G'、L'和 C'

参数	同轴线	平行双导线	平行平板波导	单位
R' (Ω/m)	$\frac{R_s}{2\pi}\left(\frac{1}{a}+\frac{1}{b}\right)$	$\frac{R_s}{\pi a}$	$\frac{2R_s}{w}$	Ω/m
L' (H/m)	$\frac{\mu}{2\pi}\ln\left(\frac{b}{a}\right)$	$\frac{\mu}{\pi}\ln\left[\left(\frac{d}{2a}\right)+\sqrt{\left(\frac{d}{2a}\right)^2-1}\right]$	$\frac{\mu h}{w}$	H/m
G' (S/m)	$\frac{2\pi\sigma}{\ln\left(\frac{b}{a}\right)}$	$\frac{\pi\sigma}{\ln\left[\left(\frac{d}{2a}\right)+\sqrt{\left(\frac{d}{2a}\right)^2-1}\right]}$	$\frac{\sigma w}{h}$	S/m
C' (F/m)	$\frac{2\pi\varepsilon}{\ln\left(\frac{b}{a}\right)}$	$\frac{\pi\varepsilon}{\ln\left[\left(\frac{d}{2a}\right)+\sqrt{\left(\frac{d}{2a}\right)^2-1}\right]}$	$\frac{\varepsilon w}{h}$	F/m

* 说明:对于同轴线:$2b$——外导体内直径,$2a$——内导体外径。

对于平行双导线:$2a$——导线直径,d——两导线中心间距。

对于平行平板波导:h——两导电平板间距,w——平板宽度,假定 $h \ll w$。

μ、ε、σ 属于填充介质的量,$R_s=\sqrt{\frac{\pi f \mu_c}{\sigma_c}}$,其中 μ_c、σ_c 属于导体的量。

2.2.2　传输线方程及其解

1. 传输线方程

现在我们把 z 到 $z+\Delta z$ 这一小段的等效电路重新绘制如图 2-5 所示,设 $V(z,t)$、$I(z,t)$ 为 z 处电压、电流,$V(z+\Delta z,t)$、$I(z+\Delta z,t)$是$(z+\Delta z)$处电压、电流,利用基尔霍夫电压、电流定律,可得

$$V(z,t)-R'\Delta z I(z,t)-L'\Delta z\frac{\partial I(z,t)}{\partial t}-V(z+\Delta z,t)=0 \tag{2.2.1}$$

$$I(z,t)-G'\Delta z V(z+\Delta z,t)-C'\Delta z\frac{\partial V(z+\Delta z,t)}{\partial t}-I(z+\Delta z,t)=0 \tag{2.2.2}$$

将式(2.2.1)、式(2.2.2)除以 Δz,并重新排列得到

$$\frac{V(z+\Delta z,t)-V(z,t)}{\Delta z}=-\left[R'I(z,t)+L'\frac{\partial I(z,t)}{\partial t}\right] \tag{2.2.3}$$

$$\frac{I(z+\Delta z,t)-I(z,t)}{\Delta z}=-\left[G'V(z+\Delta z,t)+C'\frac{\partial V(z+\Delta z,t)}{\partial t}\right] \tag{2.2.4}$$

当 $\Delta z\to 0$,取极限,得到

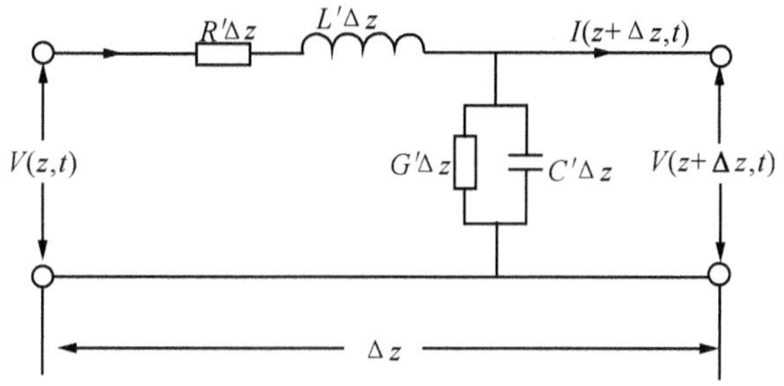

图 2-5　长度 Δz 为传输线的等效电路

$$\frac{\partial V(z,t)}{\partial z}=-\left[R'I(z,t)+L'\frac{\partial I(z,t)}{\partial t}\right] \tag{2.2.5}$$

$$\frac{\partial I(z,t)}{\partial z}=-\left[G'V(z,t)+C'\frac{\partial V(z,t)}{\partial t}\right] \tag{2.2.6}$$

式(2.2.5)、式(2.2.6)就是传输线上电压、电流满足的微分方程，叫做传输线方程。

正如前面所述，本书主要研究随时间作简谐变化的场量。引入简谐变量 $V(z,t)$、$I(z,t)$ 的复数表示形式 $V(z)$、$I(z)$①，即

$$V(z,t)=\text{Re}\{V(z)e^{j\omega t}\} \tag{2.2.7}$$

$$I(z,t)=\text{Re}\{I(z)e^{j\omega t}\} \tag{2.2.8}$$

将式(2.2.7)、式(2.2.8)代入式(2.2.5)、式(2.2.6)，并将取实部运算与取微分运算的次序调换，就得到

$$\text{Re}\left\{\frac{dV(z)}{dz}e^{j\omega t}\right\}=-\text{Re}\{[R'I(z)+j\omega L'I(z)]e^{j\omega t}\}$$

$$\text{Re}\left\{\frac{dI(z)}{dz}e^{j\omega t}\right\}=-\text{Re}\{[G'V(z)+j\omega C'V(z)]e^{j\omega t}\}$$

由上面两式就可得到复数形式的传输线方程

$$\frac{dV(z)}{dz}=-(R'+j\omega L')I(z) \tag{2.2.9}$$

$$\frac{dI(z)}{dz}=-(G'+j\omega C')V(z) \tag{2.2.10}$$

注意：$V(z)$、$I(z)$ 不是时间 t 的函数。本章以后对传输线的分析主要从式(2.2.9)和式(2.2.10)出发。

2. 传输线方程的解

为了分析简单起见，先假定平行双导线无损耗，即 $R'=0$，$G'=0$，式(2.2.9)和式(2.2.10)可简化为

$$\frac{dV}{dz}=-j\omega L'I \tag{2.2.11}$$

$$\frac{dI}{dz}=-j\omega C'V \tag{2.2.12}$$

---

①　这里定义的复数 V，通常叫做相量(phasor)，并用符号 $\tilde{V}$ 或 $\dot{V}$ 表示。本书不用相量这个名称，为简化书写，也不加上标“～”或“·”，请读者留意。引入简谐变量复数表示的好处是，对时间的微分、积分简化为乘、除 jω 的代数运算，时间平均功率的计算简化为取实部运算，即 $\frac{1}{T}\int V(z,t)I(z,t)dt=\frac{1}{2}\text{Re}\{V(z)I^*(z)\}$

对式(2.2.11)微分一次再将式(2.2.12)代入,得到

$$\frac{d^2V}{dz^2}=-\omega^2 L'C'V \tag{2.2.13}$$

定义 $k=\omega\sqrt{L'C'}$,那么式(2.2.13)可表示为

$$\left(\frac{d^2}{dz^2}+k^2\right)V=0 \tag{2.2.14}$$

其解为

$$V=V^{i}e^{-jkz}+V^{r}e^{jkz} \tag{2.2.15}$$

将式(2.2.15)代入式(2.2.11),同时定义

$$Z_c=\frac{1}{Y_c}=\frac{k}{\omega C'}=\frac{\omega L'}{k}=\sqrt{\frac{L'}{C'}} \tag{2.2.16}$$

得到

$$I=\frac{1}{Z_c}(V^{i}e^{-jkz}-V^{r}e^{jkz}) \tag{2.2.17}$$

式(2.2.15)、式(2.2.17)表示的 V、I 都是复数,计及时间变量后,有

$$V(z,t)=\mathrm{Re}[V^{i}e^{j(\omega t-kz)}+V^{r}e^{j(\omega t+kz)}]=V^{i}\cos(\omega t-kz)+V^{r}\cos(\omega t+kz) \tag{2.2.18}$$

$$\begin{aligned}I(z,t)&=\mathrm{Re}\left[\frac{V^{i}e^{j(\omega t-kz)}-V^{r}e^{j(\omega t+kz)}}{Z_c}\right]\\&=\frac{1}{Z_c}[(V^{i}\cos(\omega t-kz)-V^{r}\cos(\omega t+kz)]\end{aligned} \tag{2.2.19}$$

以后为简化书写,将取实部运算的 Re 省略了,式(2.2.19)写成

$$V(z,t)=[V^{i}e^{j(\omega t-kz)}+V^{r}e^{j(\omega t+kz)}] \tag{2.2.20}$$

$$I(z,t)=\frac{1}{Z_c}[V^{i}e^{j(\omega t-kz)}-V^{r}e^{j(\omega t+kz)}] \tag{2.2.21}$$

式(2.2.18)、式(2.2.19)或式(2.2.20)、式(2.2.21)表示的是波。第一项表示 $+z$ 方向传播的波,叫做入射波,用上标 i 标记。第二项表示 $-z$ 方向传播的波,叫做反射波,用上标 r 标记。式中 V^{i} 就是入射波的振幅,V^{r} 就是反射波的振幅,ω 是角频率。V^{i}、ω 由激励源决定,k 称为传播常数,与传输线特征有关。

为了理解式(2.2.18)、式(2.2.19)所表示的波的特征,下面以式(2.2.18)右边第一项入射波

$$V^{in}(z,t)=V^{i}\cos(\omega t-kz)$$

为例,进行较为深入的讨论。可以从两个途径考察入射波。先固定于空间某一点,比如 $z=0$,观察 $V^{in}(z,t)$ 随时间的变化。图 2-6 所示为 $z=0$ 处 $V^{in}(0,t)$ 随 t 的变化。

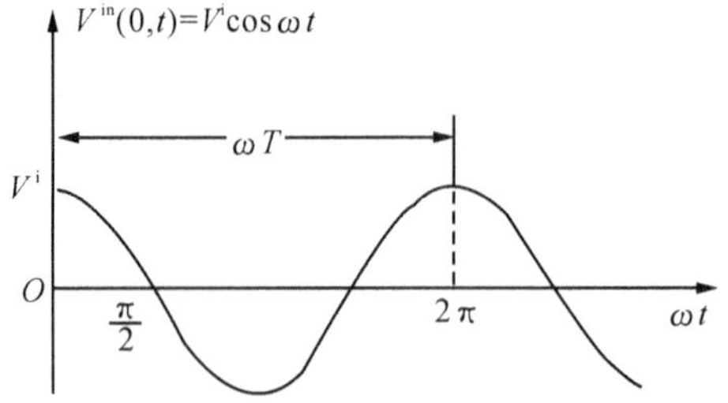

图 2-6 $z=0$ 处波 $V^{in}(0,t)$ 随时间的变化

由图 2-6 可见，$V^{\text{in}}(0,t)$随 t 作周期变化，表示随时间的简谐振荡。相位变化 2π 的时间叫周期 T，即 $\omega T=2\pi$，所以

$$T=\frac{2\pi}{\omega} \tag{2.2.22a}$$

或

$$\omega=\frac{2\pi}{T} \tag{2.2.22b}$$

频率 $f=\frac{1}{T}=\frac{\omega}{2\pi}$，表示每秒振荡的次数，单位用赫(Hz)。故 $\omega=2\pi f$，单位是弧度/秒(rad/s)。由式(2.2.22b)可知，ω 表示 2π 时间长度内包含的时间周期数。

固定时间 t，观察 $V^{\text{in}}(z,t)$随 z 的变化，如图 2-7 所示 $t=0$，$t=\frac{T}{4}$，$t=\frac{T}{2}$(或 $\omega t=0$，$\omega t=\frac{\pi}{2}$，$\omega t=\pi$)三个时刻 $V^{\text{in}}(z,t)$随空间 z 的变化。

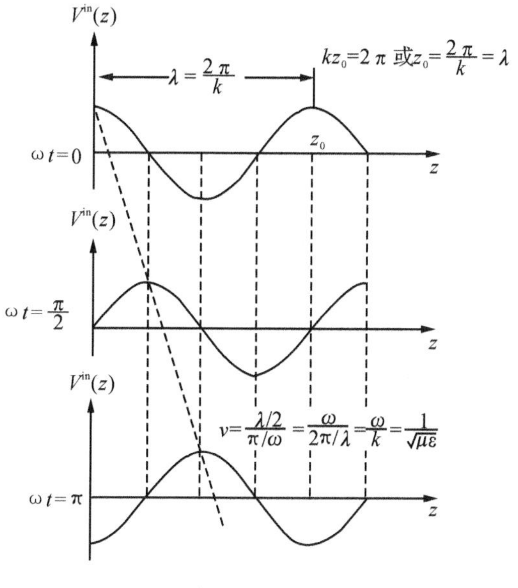

图 2-7 不同时刻 t，波 $V^{\text{in}}(z,t)$随 z 的变化

由图 2-7 可见，$V^{\text{in}}(z,t)$在 z 方向也是周期变化的，相位变化 2π 的距离叫波长 λ，即 $k\lambda=2\pi$，由此得到

$$\lambda=\frac{2\pi}{k} \tag{2.2.23a}$$

或

$$k=\frac{2\pi}{\lambda} \tag{2.2.23b}$$

式(2.2.23b)也表示 k 为 2π 距离内包含的波数，或 2π 距离内包含的空间周期数。

比较式(2.2.22b)与式(2.2.23b)可见，空间域中波长 λ、波数 k 与时间域中周期 T、角频率 ω 等价。这就是将 k 也叫做空间频率的原因。

由图 2-7 可以清楚地看到一个简谐波沿$+z$ 方向传播。现在要问入射波的传播速度是多少？设想一个人站在入射波的波峰上，此人随着波峰前进的速度即入射波的速度。由图 2-7 可见，时间上经过 $T/2$，波峰前进了 $\lambda/2$。故波峰前进的速度，或等相位点前进的速度为

$$v_{\text{p}}^{\text{i}}=\frac{\lambda/2}{T/2}$$

将式(2.2.22a)与式(2.2.23a)代入，就得到

$$v_{p}^{i}=\frac{\omega}{k} \tag{2.2.24a}$$

因为 $\omega=2\pi f$，而 $k=\frac{2\pi}{\lambda}$，代入式(2.2.24a)，得到

$$v_{p}^{i}=f\lambda$$

对于反射波，有

$$V^{re}(z,t)=V^{r}\cos(\omega t+kz)$$

其中，ω、k 表示的意义与入射波相同，但反射波等相位点的移动速度为

$$v_{p}^{r}=-\frac{\omega}{k} \tag{2.2.24b}$$

式中：负号表示反射波传播方向与入射波相反，即沿 $-z$ 方向传播。

将式 $k=w\sqrt{L'C'}$ 代入式(2.2.24)，得到无损耗线上波的传播速度

$$v_{p}=\frac{1}{\sqrt{L'C'}} \tag{2.2.25}$$

将表 2-1 中平行双导线、同轴线与平行平板波导的 L'、C' 值代入，得到

$$v_{p}=\frac{1}{\sqrt{\mu\varepsilon}} \tag{2.2.26}$$

普通物理告诉我们，式(2.2.26)表示的就是介质中的光速，所以沿平行双导线、同轴线、平行平板波导传播的电压波、电流波，其相速 v_p 等于填充介质中的光速。只要 ε 与频率无关，v_p 也与频率无关。波传播速度 v_p 与频率无关，叫做无色散。所以只要 ε 与频率无关，平行双导线、同轴线、平行平板波导就是无色散的。

比较式(2.2.15)和式(2.2.17)的第一项，Z_c 为入射波电压与入射波电流之比，具有阻抗量纲，称为特征阻抗。其倒数 $Y_c=1/Z_c$ 称为特征导纳。比较两式的第二项发现，反射波电压与反射波电流相位上刚好相差 180°。

对于有损耗的情况，如果传播常数 k 与特征阻抗 Z_c(或导纳 Y_c)的定义为

$$\mathrm{j}k=\sqrt{(R'+\mathrm{j}\omega L')(G'+\mathrm{j}\omega C')} \tag{2.2.27}$$

$$Z_c=\frac{1}{Y_c}=\sqrt{\frac{R'+\mathrm{j}\omega L'}{G'+\mathrm{j}\omega C'}} \tag{2.2.28}$$

那么传输线方程式(2.2.9)、式(2.2.10)变为

$$\frac{\mathrm{d}V(z)}{\mathrm{d}z}=-\mathrm{j}kZ_cI(z) \tag{2.2.29}$$

$$\frac{\mathrm{d}I(z)}{\mathrm{d}z}=-\mathrm{j}kY_cV(z) \tag{2.2.30}$$

传输线上电压、电流仍取式(2.2.15)和式(2.2.17)的形式，但记住此时 k、Z_c 均为复数。如果将 k 记为

$$k=k_r-\mathrm{j}k_i \tag{2.2.31}$$

则式(2.2.20)和式(2.2.21)可改写为

$$V=V^{i}\mathrm{e}^{-k_iz}\mathrm{e}^{\mathrm{j}(\omega t-k_rz)}+V^{r}\mathrm{e}^{k_iz}\mathrm{e}^{\mathrm{j}(\omega t+k_rz)} \tag{2.2.32}$$

$$I=\frac{1}{Z_c}\left[V^{i}\mathrm{e}^{-k_iz}\mathrm{e}^{\mathrm{j}(\omega t-k_rz)}-V^{r}\mathrm{e}^{k_iz}\mathrm{e}^{\mathrm{j}(\omega t+k_rz)}\right] \tag{2.2.33}$$

所以如果传播常数的虚部 $k_i>0$，损耗将使正方向传播的入射波振幅随 z 的增加而衰减，

如图 2-8 所示。所以 k_i 叫做波的衰减因子或衰减常数，k_r 叫相位常数，表示波的传播。故在有耗介质中，波的等相位点传播速度为

$$v_p=\frac{\omega}{k_r} \tag{2.2.34}$$

传输线上通过 z 等于常数的任一平面的功率可按下式计算

$$P(z)=\frac{1}{2}\mathrm{Re}[V(z)\cdot I^*(z)] \tag{2.2.35}$$

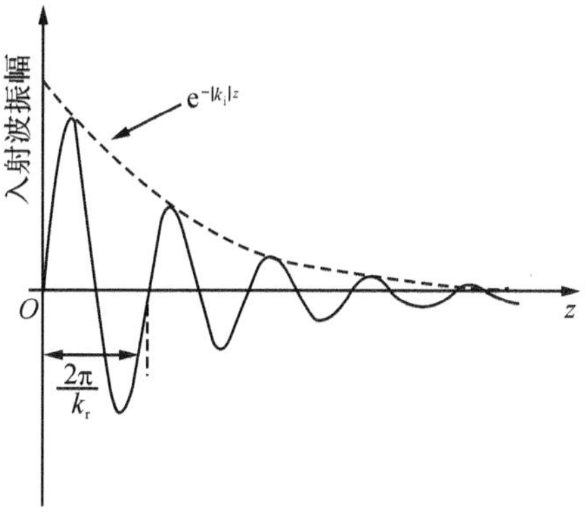

图 2-8　传输线上衰减波

2.2.3　传输线的特征参数

由式(2.2.20)、式(2.2.21)或式(2.2.32)、式(2.2.33)可见，传输线上电压、电流的分布既与源的作用、传输线本身的特征有关，还与负载有关。显而易见，入射波幅度 V^i、角频率 ω 由激励信号源决定，一般作为已知量给出。传播常数 k、特征阻抗 Z_c 则由传输线的几何、物理参数决定，而反射波幅度 V^r 与负载 Z_L 有关，后面将会进一步讨论。

传播常数 k 与特征阻抗 Z_c(或特征导纳 Y_c)是反映传输线特征的两个参数。根据传输线的等效电路模型[见图 2-4(c)]，一般情况下传输线有 R'、L'、G'、C' 4 个参数。注意当 $R'\neq0$、$G'\neq0$时，k 与 Z_c 均为复数，每个复数由实部和虚部两部分组成，实际上也是 4 个参数，它们之间的关系由式(2.2.27)和式(2.2.28)表示。频率低时，R'、L'、G'、C'是可测的量；频率高时，k、Z_c 则是可测的量。对于射频与微波电路，工作频率比较高，传输线的特征参数用 k、Z_c(或 Y_c)表示较为合适。

下面先讨论传播常数 k、特征阻抗 Z_c 与传输线几何、物理参数之间的关系。

(1)平行双导线、同轴线与平行平板波导特征参数的计算

平行双导线、同轴线与平行平板波导特征参数的计算较为简单，将表 2-1 中的 L'、C'代入 $k=w\sqrt{L'C'}$ 就可得到平行双导线、同轴线的与平行平板波导传播常数 k，即

$$k=\omega\sqrt{\mu\varepsilon} \tag{2.2.36}$$

式中：ε、μ 为填充介质的介电常数与磁导率。

将表 2-1 中平行双导线、同轴线与平行平板波导的 L'、C'值代入式(2.2.16)就得同轴线、平行双导线与平行平板波导特征阻抗的表达式

$$Z_c\big|_{平行平板波导}=\sqrt{\frac{L'}{C'}}=\frac{1}{\pi}\sqrt{\frac{\mu_0}{\varepsilon}}\ln\left[\left(\frac{d}{2a}+\sqrt{\left(\frac{d}{2a}\right)^2-1}\right)\right] \tag{2.2.37}$$

$$Z_c|_{同轴线}=\sqrt{\frac{L'}{C'}}=\frac{1}{2\pi}\sqrt{\frac{\mu_0}{\varepsilon}}\ln\frac{b}{a} \tag{2.2.38}$$

$$Z_c|_{平行平板波导}=\sqrt{\frac{L'}{C'}}=\frac{h}{w}\sqrt{\frac{\mu_0}{\varepsilon}} \tag{2.2.39}$$

【例 2.1】 已知平行双导线由铜质材料制成，填充介质为空气，其间距 $d=10\text{mm}$，线径 $2a=1.63\text{mm}$，求该平行双导线特征阻抗 Z_c。

解 设空气介电系数 $\varepsilon_1\approx\varepsilon_0$，将 μ_0、ε_0、d、a 的具体数值代入式(2.3.37)，得到 $Z_c=300\Omega$。

【例 2.2】 同轴线内导体外径 $a=3.60\text{mm}$，外导体内径 $b=10\text{mm}$，填充介质的相对介电系数 $\varepsilon_r=1.5$，$\mu_r=1$，$\sigma_1=0$，求同轴线的特征阻抗 $Z_c=\sqrt{\frac{L'}{C'}}$。

解 将上述参数代入式(2.2.38)，得到

$$Z_c=\sqrt{\frac{L'}{C'}}=\frac{1}{2\pi}\sqrt{\frac{\mu}{\varepsilon}}\ln\frac{b}{a}=60\sqrt{\frac{1}{1.5}}\ln\frac{10/2}{3.60/2}=50(\Omega)$$

(2)微带线的特征参数

微带线体积小、成本低、频带宽，与平面集成电路工艺兼容，便于规模生产，在射频与微波电路中得到广泛应用。决定微带线特征的几何物理参数主要是基片相对介电系数 ε_r、厚度 h、导带宽度 w、导带厚度 t、电导率 σ，如图 2-2(c)所示，起主要作用的是 ε_r、h 和 w。场主要在横截面内，可用 TEM 模近似，其电气特性可用传播常数 k、等效阻抗 Z_e 表示。k 跟 Z_e 一般为复数。k 与 ω 关系表示微带线的色散特性，常用有效介电系数 ε_{eff} 与频率 ω 关系表示

$$\varepsilon_{eff}=\left(\frac{k_r}{k_0}\right)^2 \tag{2.2.40}$$

式中：$k_0=\omega\sqrt{\mu_0\varepsilon_0}$ 为自由空间传播常数；k_r 为传播常数 k 的实部。有效介电系数 ε_{eff} 的物理意义是，微带线上波传播的速度跟介电系数为 ε_{eff} 的介质中波传播的速度相等。而导波波长 λ_g 为

$$\lambda_g=\frac{2\pi}{k_r}=\frac{\lambda_0}{\sqrt{\varepsilon_{eff}}} \tag{2.2.41}$$

其中，λ_0 为自由空间波长。

微带线的工程设计包括分析与综合两个方面。所谓微带线的分析，即根据微带线的几何、物理参数求微带线的电气特征参数。微带线综合要解决的问题与分析刚好相反，即如何根据微带线的电气特性参数决定微带线的几何物理参数。

如果微带线导带的宽度 w 与介质厚度 h 之比 w/h 满足条件 $w/h\gg1$，即微带线的边缘效应忽略不计并可当作平行平板波导处理，则微带线的特征阻抗 Z_c 可近似为

$$Z_c=\sqrt{\frac{L}{C}}=\sqrt{\frac{\mu}{\varepsilon}}\frac{h}{w} \tag{2.2.42}$$

传播常数 k 为

$$k=\omega\sqrt{\mu\varepsilon}=\frac{\omega}{v} \tag{2.2.43}$$

其中，v 为介质中光速。

实际微带线并不满足 $w/h\gg1$ 的条件，边缘效应不可忽略。此外，由于介质填充的不均匀，微带线中传播的并不是纯 TEM 模，有色散。因此，当 $w/h\gg1$ 条件不满足时，对式(2.2.42)和式(2.2.43)进行修正是必要的。

考虑边缘效应后，如图 2-2(d)所示，一部分电力线从导带边缘漏逸出去，其作用等效于降低了填充介质的有效介电常数和增加了导带的宽度。许多学者或根据实验数据或根据严格理论的数值计算结果，对微带线特征参数的计算公式进行修正。根据 Wheeler 和 Schneider 给出的结果，在不计色散、导带有限厚度、损耗以及屏蔽影响的简化情况下，微带线等效特征阻抗 Z_e 可按下式计算：

$$Z_e=\frac{\eta_0}{\sqrt{\varepsilon_{eff}}}\left\{\frac{w}{h}+1.393+0.67\ln\left(\frac{w}{h}+1.44\right)\right\}^{-1}\left(\frac{w}{h}\geqslant 1\right) \tag{2.2.44}$$

式中：$\eta_0=\sqrt{\frac{\mu_0}{\varepsilon_0}}=120\pi(\Omega)$，有效相对介电系数 ε_{eff} 为

$$\varepsilon_{eff}=\frac{\varepsilon_r+1}{2}+\frac{\varepsilon_r-1}{2}F\left(\frac{w}{h}\right) \tag{2.2.45}$$

$$F\left(\frac{w}{h}\right)=\left(1+\frac{12h}{w}\right)^{-\frac{1}{2}}\qquad\left(\frac{w}{h}\geqslant 1\right)$$

式中：ε_r 为基片的相对介电系数。微带线的传播常数 k 与相速 v_p 分别为

$$k=\omega\sqrt{\mu\varepsilon_e}=\omega\sqrt{\varepsilon_{eff}\varepsilon_0\mu_0}=k_0\sqrt{\varepsilon_{eff}} \tag{2.2.46}$$

$$v_p=\frac{1}{\sqrt{\varepsilon_e\mu_0}}=\frac{1}{\sqrt{\varepsilon_{eff}\varepsilon_0\mu_0}}=\frac{c}{\sqrt{\varepsilon_{eff}}} \tag{2.2.47}$$

微带线中传播的波长 λ_g 则为

$$\lambda_g=\frac{v_p}{f}=\frac{c}{\sqrt{\varepsilon_{eff}}\,f}=\frac{\lambda}{\sqrt{\varepsilon_{eff}}} \tag{2.2.48}$$

式中：λ 为自由空间波长。

微带线具体设计时，设计初始数据是微带线等效阻抗 Z_e、ε_{eff} 及介质基片相对介电常数 ε_r，要确定的是微带线相对结构尺寸 w/h，可按下式计算。

当 $Z_e\sqrt{\varepsilon_{eff}}\geqslant 89.91$，也就是 $A>1.52$ 时

$$\frac{w}{h}=\frac{8\exp(A)}{\exp(2A)-2} \tag{2.2.49a}$$

当 $Z_e\sqrt{\varepsilon_{eff}}<89.91$，也就是 $A<1.52$ 时

$$\frac{w}{h}=\frac{2}{\pi}\left\{B-1-\ln(2B-1)+\frac{\varepsilon_r-1}{2\varepsilon_r}\left[\ln(B-1)+0.39-\frac{0.61}{\varepsilon_r}\right]\right\} \tag{2.2.49b}$$

式中：$A=\frac{Z_e}{60}\left\{\frac{\varepsilon_r+1}{2}\right\}^{1/2}+\frac{\varepsilon_r-1}{\varepsilon_r+1}\left\{0.23+\frac{0.11}{\varepsilon_r}\right\}$；$B=\frac{60\pi^2}{Z_e\sqrt{\varepsilon_r}}$。

式(2.2.48)的最大误差不超过 1%。

【例 2.3】 设微带线 $w/h=5$，基片 $\varepsilon_r=9.7$，$\mu=\mu_0$，按近似公式(2.2.42)与修正公式(2.2.44)计算其特征阻抗 Z_c。

解　按近似公式(2.2.42)计算得

$$Z_c=\sqrt{\frac{\mu_0}{\varepsilon_0}}\frac{1}{\sqrt{9.7}}\frac{1}{5}=24.2(\Omega)$$

按修正公式(2.2.44)计算 Z_e，先计算 ε_{eff}：

$$F\left(\frac{w}{h}\right)=\left(1+\frac{12h}{w}\right)^{-\frac{1}{2}}=(1+60)^{-\frac{1}{2}}=0.128$$

$$\varepsilon_{eff}=\frac{\varepsilon_r+1}{2}+\frac{\varepsilon_r-1}{2}F\left(\frac{w}{h}\right)=5.907$$

则
$$Z_e=\frac{377}{\sqrt{5.907}}\{5+1.393+0.67\ln(5+1.44)\}^{-1}=20.3(\Omega)$$

即边缘效应使微带线特征阻抗变小。

2.3　反射系数、驻波系数与输入阻抗

传输线旨在将源端的电信号传到终端的负载，如图 2-9 所示。$z<0$ 为传输线所在区域，负载在 $z=0$ 处与传输线相连接。传输线用传播常数 k 与特征阻抗 Z_c 表示，负载用负载阻抗 Z_L 表示。激励传输线的源离开负载很远，图中未画出，入射波 $V^i e^{-jkz}$ 沿 $+z$ 方向传播，当它到达传输线与负载连接点（$z=0$），将激励起沿 $-z$ 方向传播的反射波 $V^r e^{jkz}$，入射波和反射波的叠加就构成传输线上实际的电压、电流分布。对于给定的传输线，其特征参数 k 与 Z_c 是不变的，V^i 与 ω 由源决定，认为是已知量。因此根据式(2.2.20)、式(2.2.21)或式(2.2.32)、式(2.2.33)可知，传输线上电压、电流分布主要由电压反射波幅度 V^r 决定。V^r 与负载 Z_L 有关，本小节主要讨论负载 Z_L 对传输线上电压、电流传播的影响。

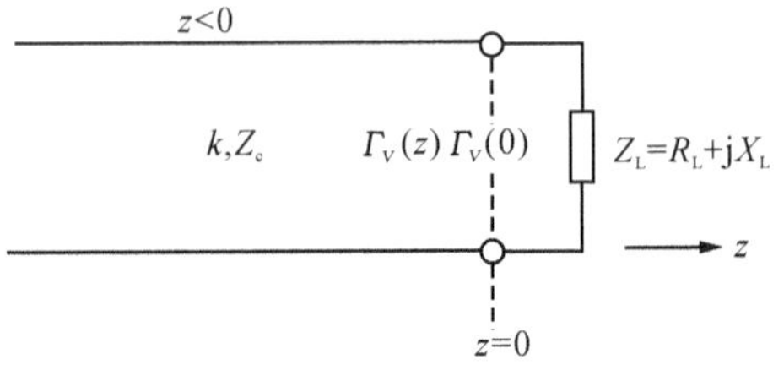

图 2-9　连接负载的传输线

负载 Z_L 定义为负载与传输线连接处（$z=0$）的电压 $V(0)$ 与电流 $I(0)$ 之比，即

$$Z_L=\frac{V(0)}{I(0)} \tag{2.3.1}$$

其中，Z_L 一般是复数，$Z_L=R_L+jX_L$。R_L 是其实部，叫负载电阻，X_L 是其虚部，叫负载电抗。

2.3.1　反射系数 Γ_V 与输入阻抗 Z_{in}（或输入导纳 Y_{in}）

1. 反射系数 Γ_V 及其沿传输线的变换

传输线与负载连接处（$z=0$）反射波大小及相位不仅与负载有关，还与入射波有关，为了消除入射波大小对反射波的影响，将电压反射波 $V^r e^{jkz}$ 用入射波 $V^i e^{-jkz}$ 归一化，并将它定义为电压反射系数 Γ_V

$$\Gamma_V(z)=\frac{V^r e^{jkz}}{V^i e^{-jkz}}=\frac{V^r}{V^i}e^{j2kz}=\Gamma_V(0)e^{j2kz} \tag{2.3.2}$$

式中：$\Gamma_V(0)$ 为 $z=0$ 处电压反射系数，可表示为

$$\Gamma_V(0)=\frac{V^r}{V^i} \tag{2.3.3}$$

$\Gamma_V(0)$ 一般记为 Γ_L。式(2.3.2)表示传输线上任一点 z 处反射系数 $\Gamma_V(z)$ 与负载处反射系数 $\Gamma_V(0)$ 的变换关系。

2. 用反射系数表示电压、电流与阻抗

根据 2.2 节，传输线上电压 V 和电流 I 可分解为入射波与反射波的叠加，并重写如下：

$$V(z)=V^{\mathrm{i}}\mathrm{e}^{-\mathrm{j}kz}+V^{\mathrm{r}}\mathrm{e}^{\mathrm{j}kz} \tag{2.3.4}$$

$$I(z)=\frac{1}{Z_{\mathrm{c}}}(V^{\mathrm{i}}\mathrm{e}^{-\mathrm{j}kz}-V^{\mathrm{r}}\mathrm{e}^{\mathrm{j}kz}) \tag{2.3.5}$$

引入电压反射系数 $\Gamma_V(z)$后，式(2.3.4)、式(2.3.5)中的 $V(z)$、$I(z)$可表示为

$$V(z)=[1+\Gamma_V(z)]V^{\mathrm{i}}\mathrm{e}^{-\mathrm{j}kz} \tag{2.3.6}$$

$$I(z)=[1-\Gamma_V(z)]\frac{V^{\mathrm{i}}\mathrm{e}^{-\mathrm{j}kz}}{Z_{\mathrm{c}}} \tag{2.3.7}$$

式(2.3.6)与式(2.3.7)就是用反射系数表示传输线上电压、电流分布的表达式。式(2.3.7)右边第二项前的负号表示电流反射波与电压反射波之间有 180°相位差。

定义传输线上任一点的电压 $V(z)$与电流 $I(z)$之比为该点的阻抗 $Z(z)$，即

$$Z(z)=\frac{V(z)}{I(z)} \tag{2.3.8}$$

将式(2.3.6)、式(2.3.7)代入式(2.3.8)，得到

$$Z(z)=Z_{\mathrm{c}}\,\frac{1+\Gamma_V(z)}{1-\Gamma_V(z)} \tag{2.3.9}$$

式(2.3.9)就是用反射系数表示阻抗的表达式。因为 $\Gamma_V(z)$沿传输线 z 轴是变化的，所以传输线沿 z 轴每一点的阻抗也是不同的。

从式(2.3.9)不难得出用阻抗表示反射系数的表达式

$$\Gamma_V(z)=\frac{Z(z)-Z_{\mathrm{c}}}{Z(z)+Z_{\mathrm{c}}} \tag{2.3.10}$$

将 $z=0$ 处负载阻抗 Z_{L} 代入式(2.3.10)得到 $z=0$ 处，即负载端的反射系数 $\Gamma_V(0)$

$$\Gamma_V(0)=\frac{Z(0)-Z_{\mathrm{c}}}{Z(0)+Z_{\mathrm{c}}}=\frac{Z_{\mathrm{L}}-Z_{\mathrm{c}}}{Z_{\mathrm{L}}+Z_{\mathrm{c}}} \tag{2.3.11}$$

由上面分析可知，对于给定参数的传输线，根据式(2.3.11)，可以从负载 Z_{L} 计算负载端反射系数 $\Gamma_V(0)$或 Γ_{L}。利用反射系数 Γ_V 沿传输线的变换关系式(2.3.2)可得到传输线任一位置 z 处的反射系数 $\Gamma_V(z)$。最后根据式(2.3.6)、式(2.3.7)与式(2.3.9)就可得到传输线任一位置 z 处的电压 $V(z)$、电流 $I(z)$与阻抗 $Z(z)$。这就是说，对于给定参数的传输线，负载阻抗决定了传输线上电压、电流及其比值阻抗的分布。

频率低时，传输线上电压、电流是易于测量的量，常用电压、电流分布表示传输线的工作状态。高频工作时，电压、电流已失去确切的定义，不易测量，一般都基于入射波、反射波描述传输线的工作状态。因此高频时反射系数是描述传输线状态常用的电参量。

3. 电压、电流与阻抗(或导纳)沿传输线的变换

传输线上电压 V 和电流 I 可用入射波与反射波的叠加表示；反之，入射波和反射波也可用电压、电流表示。为此以特征阻抗 Z_{c} 乘式(2.3.5)的两边并与式(2.3.4)相加或相减得到

$$V^{\mathrm{i}}\mathrm{e}^{-\mathrm{j}kz}=\frac{1}{2}[V(z)+Z_{\mathrm{c}}I(z)] \tag{2.3.12}$$

$$V^{\mathrm{r}}\mathrm{e}^{\mathrm{j}kz}=\frac{1}{2}[V(z)-Z_{\mathrm{c}}I(z)] \tag{2.3.13}$$

将 $z=0$ 代入式(2.3.12)和式(2.3.13)，就得到用负载端电压 $V(0)$、电流 $I(0)$ 表示的入射波幅值 V^{i}、反射波幅值 V^{r}。再将用负载端电压 $V(0)$、电流 $I(0)$ 表示的入射 V^{i}、V^{r} 代入式(2.3.4)、式(2.3.5)就得到电压、电流沿传输线的变换关系

$$V(z)=V(0)\cos kz-\mathrm{j}Z_{c}I(0)\sin kz \tag{2.3.14}$$

$$I(z)=-\mathrm{j}Y_{c}V(0)\sin kz+I(0)\cos kz \tag{2.3.15}$$

如果用负载 Z_L 表示计算负载端反射系数 $\Gamma_V(0)$，再用 $\Gamma_V(0)$ 表示 $\Gamma_V(z)$，就得到用负载 Z_L 表示的反射系数 $\Gamma_V(z)$，将此 $\Gamma_V(z)$ 代入式(2.3.9)就得到阻抗沿传输线变换关系

$$Z(z)=Z_{c}\frac{Z(z=0)-\mathrm{j}Z_{c}\tan kz}{Z_{c}-\mathrm{j}Z(z=0)\tan kz} \tag{2.3.16}$$

对于长度为 l 的一段传输线，如果定义 $z=0$ 为终端，$z=-l$ 为始端，将 $z=-l$ 代入式(2.3.16)，得到始端输入阻抗 Z_{in} 与终端负载阻抗 Z_L 的关系为

$$Z_{in}=Z(z=-l)=Z_{c}\frac{Z_{L}+\mathrm{j}Z_{c}\tan kl}{Z_{c}+\mathrm{j}Z_{L}\tan kl} \tag{2.3.17}$$

传输线上电压、电流关系用导纳表示时，不难得到

$$\Gamma_{i}(z)=\frac{Y(z)-Y_{c}}{Y(z)+Y_{c}} \tag{2.3.18}$$

$$Y(z)=Y_{c}\frac{1+\Gamma_{i}(z)}{1-\Gamma_{i}(z)} \tag{2.3.19}$$

$$Y_{in}(z=-l)=Y_{c}\frac{Y_{L}(z=0)+\mathrm{j}Y_{c}\tan kl}{Y_{c}+\mathrm{j}Y_{L}(z=0)\tan kl} \tag{2.3.20}$$

式中：导纳 $Y(z)=I(z)/V(z)$，为阻抗 $Z(z)$ 的倒数，表示传输线上电流与电压之比。电流反射系数 Γ_i 表示反射波电流与入射波电流之比。

利用传输线上阻抗变换关系，就可由负载阻抗求任一截面输入阻抗。

【例 2.4】 如图 2-10 所示，一特性阻抗为 50Ω 的传输线终端接有 $Z_{L1}=(50-\mathrm{j}50)\Omega$ 的负载阻抗。在距终端 $l_1=1.5\text{cm}$ 处并接一特性阻抗为 75Ω 的传输线，它的终端接有 $Z_{L2}=(75+\mathrm{j}75)\Omega$ 的负载，长度 $l_2=2\text{cm}$。已知工作波长 $\lambda=10\text{cm}$，求接点 AA 前 3cm 处传输线始端的输入阻抗，即传输线始端的状态。

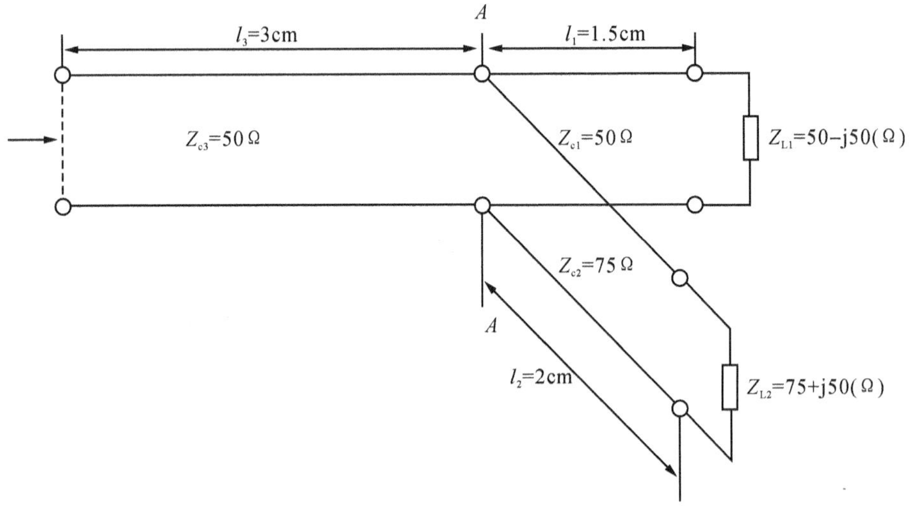

图 2-10　例 2.4 中的并联分支传输线

解　因为 Z_{L1} 支路与 Z_{L2} 支路并联，用导纳计算方便，故先将负载阻抗转换成导纳：

$$Y_{L1}=\frac{1}{Z_{L1}}=\frac{1}{50(1-j1)}=\frac{0.5+j0.5}{50}=0.01+j0.01$$

$$Y_{L2}=\frac{1}{Z_{L2}}=\frac{1}{75(1+j1)}=\frac{0.5-j0.5}{75}=0.0067+j0.0067$$

从负载 Z_{L1} 到接点 AA 截面相移 $kl_1=\frac{2\pi}{10}\times1.5=0.3\pi$，从负载 Z_{L2} 到 AA 截面相移 $kl_2=\frac{2\pi}{10}\times2=0.4\pi$。所以从 Y_{L1} 变换到接入点 AA 的输入导纳 Y_{A1} 为

$$Y_{A1}=Y_{c1}\frac{Y_{L1}+jY_{c1}\tan kl_1}{Y_{c1}+jY_{L1}\tan kl_1}=0.05069+j0.00850(S)$$

从 Y_{L2} 变换到接入点 AA 的输入导纳 Y_{A2} 为

$$Y_{A2}=Y_{c2}\frac{Y_{L2}+jY_{c2}\tan kl_2}{Y_{c2}+jY_{L2}\tan kl_2}=0.00792-j0.00874(S)$$

Y_{A1} 与 Y_{A2} 并联，其并联导纳 Y_A 为

$$Y_A=Y_{A1}+Y_{A2}=0.05861-j0.00024$$

从接入点 AA 到始端相移 $kl_3=\frac{2\pi}{10}\times3=0.6\pi$，所以始端输入导纳 Y_{in} 为

$$Y_{in}=Y_{c1}\frac{Y_A+jY_{c1}\tan kl_3}{Y_{c1}+jY_A\tan kl_3}=\frac{0.3704+j0.2894}{50}(S)$$

输入阻抗为

$$Z_{in}=\frac{1}{Y_{in}}=83.62-j64.7(\Omega)$$

2.3.2　电压、电流沿传输线变换的图示及驻波系数与驻波相位

1. 反射系数沿传输线变换的图示

反射系数 Γ_V 沿传输线的变换很简单，由式(2.3.2)表示。按式(2.3.10)，因为阻抗可以是复数，所以 Γ_V 一般也是复数。终端 $z=0$ 处 $\Gamma_V(0)$ 可表示为

$$\Gamma_V(0)=\frac{Z_L-Z_c}{Z_L+Z_c}=|\Gamma_V(0)|e^{j\Psi(0)} \tag{2.3.21}$$

此处

$$|\Gamma_V(0)|=\left|\frac{Z_L-Z_c}{Z_L+Z_c}\right|=\sqrt{\frac{(R_L-Z_c)^2+X_L^2}{(R_L+Z_c)^2+X_L^2}}<1 \tag{2.3.22a}$$

$$\Psi(0)=\arctan\frac{2X_LZ_c}{R_L^2+X_L^2-Z_c^2} \tag{2.3.22b}$$

由变换关系式(2.3.2)可知，$z=-l$ 处反射系数 $\Gamma_V(z=-l)$ 为

$$\Gamma_V(z=-l)=\Gamma_V(0)e^{-j2kl}=|\Gamma_V(0)|e^{j[\Psi(0)-2kl]} \tag{2.3.23}$$

其图解如图 2-11 所示。式(2.3.23)表示，沿着 $-z$ 方向(或朝振荡源方向)，当与终端负载 Z_L 的距离 l 增加时，反射系数的模不变，而相位减小 $2kl$ 的角度。所以对于无耗线，反射系数沿传输线的变换只是相位变化。在 Γ 复平面上，当阻抗 Z_L 不变时，传输线上 Γ_V 轨迹是以原点为圆心、半径为 $|\Gamma_V(0)|$ 的圆，$|\Gamma_V(0)|\leqslant1$。l 增加 $\lambda/2$，相位变化重复一次。

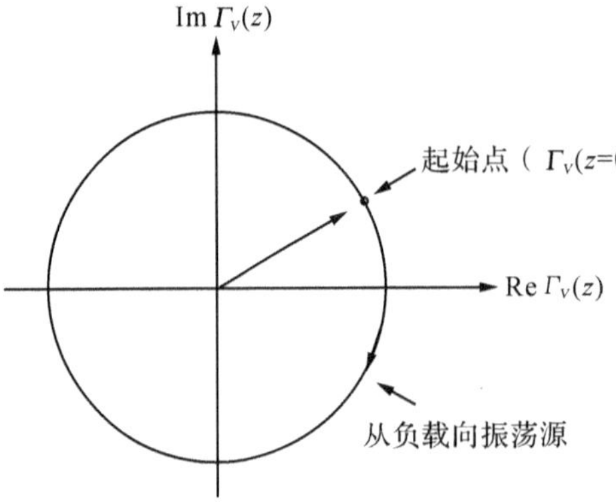

图 2-11 传输线上反射系数的图解

2. 电压、电流沿传输线变换的图示

由式(2.3.6)、式(2.3.7)可得 $z=-l$ 处以入射波电压、电流归一化的电压、电流的模分别为

$$\left|\frac{V(z=-l)}{V^{\mathrm{i}}\mathrm{e}^{\mathrm{j}kl}}\right|=|1+\Gamma_V(z=-l)|$$

$$\left|\frac{I(z=-l)}{V^{\mathrm{i}}\mathrm{e}^{\mathrm{j}kl}/Z_{\mathrm{c}}}\right|=|1-\Gamma_V(z=-l)|$$

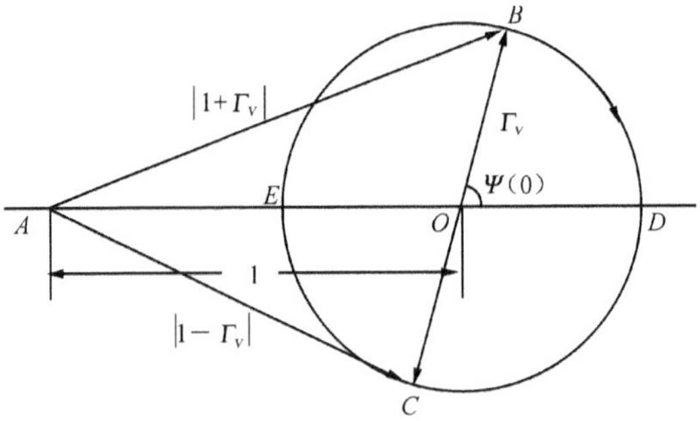

图 2-12 传输线上归一化电压、电流的模

如果入射波电压幅度为 1V，则得

$$|V(z=-l)|=|1+\Gamma_V(z=-l)|$$

$$Z_{\mathrm{c}}|I(z=-l)|=|1-\Gamma_V(z=-l)|$$

电压 $V(z)$ 图解如图 2-12 所示。$\overline{AO}$线长度为 1，反射系数圆半径即 $|\Gamma_V|$，$\overline{AB}$线的长度即 $|1+\Gamma_V|$，$\overline{AC}$线长度即 $|1-\Gamma_V|$。右半径位置(图中的 D 点)，即 $\Psi(0)-2kl=-2n\pi$ 时，电压模最大，其最大值为

$$V_{\max}=1+|\Gamma_V(z=-l)|=1+|\Gamma_V(0)| \tag{2.3.24}$$

左半径位置(图中的 E 点)，即当 $\Psi(0)-2kl=-(2n+1)\pi$ 时，电压模最小，其最小值为

$$V_{\min}=1-|\Gamma_V(z=-l)|=1-|\Gamma_V(0)| \tag{2.3.25}$$

离开终端 $z=0$ 向振荡源出现的第一个电压腹点位置 $d_{\max 1}$ 为

$$d_{\max 1}=\frac{\Psi(0)}{2k}=\frac{\Psi(0)\lambda}{4\pi} \tag{2.3.26}$$

离开终端 $z=0$ 向振荡源出现的第一个电压节点位置 $d_{\min 1}$ 为

$$d_{\min 1}=\frac{\Psi(0)\lambda}{4\pi}+\frac{\lambda}{4}=d_{\max 1}+\frac{\lambda}{4} \tag{2.3.27}$$

同理可决定电流最大波腹、波节位置。电压波腹位置刚好是电流波节位置,电压波节位置正好是电流波腹。电压沿传输线的分布如图 2-13 所示。电压的这种分布叫做驻波。

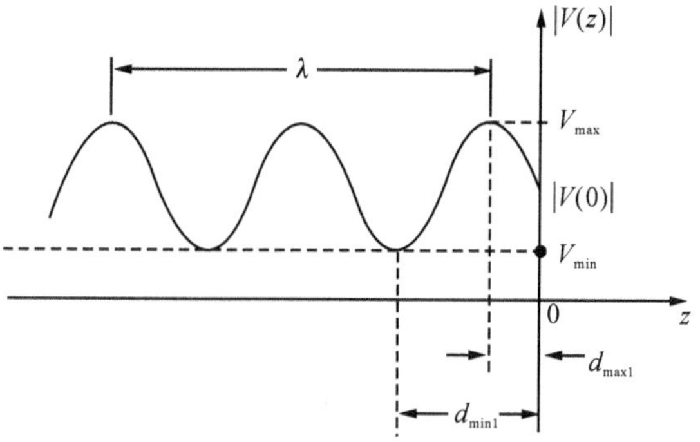

图 2-13　传输线上电压沿线分布

3. 驻波系数与驻波相位

定义传输线上电压最大值与最小值之比为驻波系数 VSWR,常用 ρ 表示。利用式(2.3.24)、式(2.3.25)得到

$$\rho=\frac{V_{\max}}{V_{\min}}=\frac{1+|\Gamma_V|}{1-|\Gamma_V|} \tag{2.3.28}$$

或

$$|\Gamma_V|=\frac{\rho-1}{\rho+1} \tag{2.3.29}$$

离开终端负载第一个驻波电压节点位置 $d_{\min 1}$,如果用波长 λ 归一化,即 $\tilde{d}_{\min 1}=\frac{d_{\min 1}}{\lambda}$ 称为驻波相位。驻波相位也可用 $\tilde{d}_{\max 1}=\frac{d_{\max 1}}{\lambda}$ 表示。驻波系数 ρ 及驻波最小点位置 $d_{\min 1}$(或驻波相位 $\frac{d_{\min 1}}{\lambda}$)是描述传输状态的又一特征量。

由上面分析可见,在电压波腹、波节(或电流波节、波腹)处,电压和电流都是实数,其输入阻抗为纯电阻。

4. 传输线与负载匹配以及负载开路、短路三种情况下传输线上的电压电流分布

为了分析方便,假定入射波电压为 1V。

(1)传输线与负载匹配

传输线与负载匹配是指传输线特征阻抗与负载阻抗相等,即 $Z_L=Z_c$,$\Gamma_V=0$,将 $\Gamma_V=0$ 代入式(2.3.6)与式(2.3.7),这时传输线上只有入射波,反射波消失。电压、电流沿传输线没有变化,这种状态称为行波。

(2)负载开路

负载开路时,$Z_L=\infty$,将其代入式(2.3.22)得到 $|\Gamma_V|=1$,$\Psi=0$。利用式(2.3.24)至式(2.3.27)可得

$$V_{\max}=2$$
$$V_{\min}=0$$

$$d_{\min 1}=\lambda/4$$

(3)负载短路

负载短路时，$Z_L=0$，将其代入式(2.3.22)得到$|\Gamma_V|=1$，$\Psi=180°$，此时

$$V_{\max}=2$$

$$V_{\min}=0$$

$$d_{\min 1}=0$$

三种情况下的电压、电流分布如图 2-14 所示。

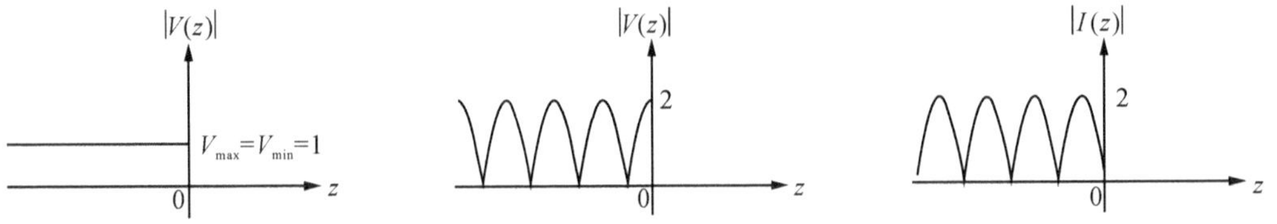

(a)负载与传输线匹配　　(b)负载开路　　(c)负载短路

图 2-14　传输线上电压、电流的分布

2.3.3　阻抗(或导纳)沿传输线变换的图示及分布式微带电路元件

阻抗或导纳沿传输线的变换，可以直接用式(2.3.17)计算，比较复杂，不易用图解表示，但几种特殊情况下的阻抗沿传输线变换的图示还是很容易得到的。

传输线与负载匹配时，$Z_L=Z_c$，$\Gamma_V=0$，由式(2.3.9)得到 $Z(z)=Z_c$，即传输线任意位置的阻抗等于传输线的特征阻抗。因为传输线与负载匹配时，传输线上只有入射波，电压与电流之比即入射波电压与入射波电流之比，这就是特征阻抗。

对于长度为 l 的一段开路传输线，如果坐标原点仍取在负载端(见图 2-9)，因为开路端阻抗为无穷大，即 $Z_L=Z(0)=Z_c$，代入式(2.3.16)得到始端 $z=-l$ 处输入阻抗为

$$Z_{in}(z=-l)=\frac{Z_c}{\mathrm{j}\tan kl}=-\mathrm{j}Z_c\cot kl \tag{2.3.30}$$

注意，当 $kl\ll 1$ 时，即相当于低频或传输线长度比波长小得多时，有

$$Z_{in}(z=-l)\approx\frac{Z_c}{\mathrm{j}kl}=\frac{\sqrt{\frac{L}{C}}}{\mathrm{j}\omega\sqrt{LC}\,l}=\frac{1}{\mathrm{j}\omega Cl}$$

所以开路传输线当 $kl\ll 1$ 时相当于一电容。当 $kl=\frac{\pi}{2},\frac{3\pi}{2},\cdots$或 $l=\frac{\lambda}{4},\frac{3}{4}\lambda,\cdots$时，$Z_{in}=0$，相当于串联 LC 谐振回路。当 $kl=0,\pi,2\pi,\cdots$或 $l=0,\frac{\lambda}{2},\lambda,\cdots$时，$Z_{in}=\infty$，相当于并联 LC 谐振回路。

对于终端短路传输线，$Z_L=Z(0)=0$，代入式(2.3.16)得到

$$Z_{in}(z=-l)=\mathrm{j}Z_c\tan kl \tag{2.3.31}$$

当 $kl\ll 1$ 时，有

$$Z_{in}(z=-l)\approx\mathrm{j}\sqrt{\frac{L}{C}}\,\omega\sqrt{LC}\,l=\mathrm{j}\omega Ll$$

所以短路传输线当 $kl\ll 1$ 时相当于一电感。当 $l=0,\frac{\lambda}{2},\lambda,\cdots$时，相当于 LC 串联谐振电路；当

$l=\frac{\lambda}{4},\frac{3}{4}\lambda,\cdots$时，相当于 LC 并联谐振电路。

终端开路、短路两种情况下输入阻抗随传输线长度 l 的变化如图 2-15 所示。

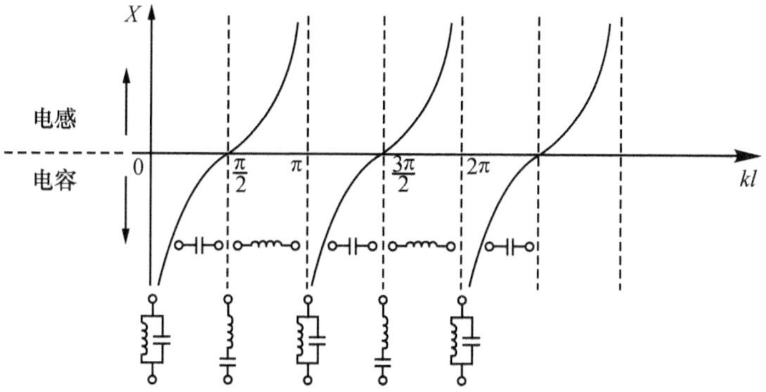

(a)终端开路

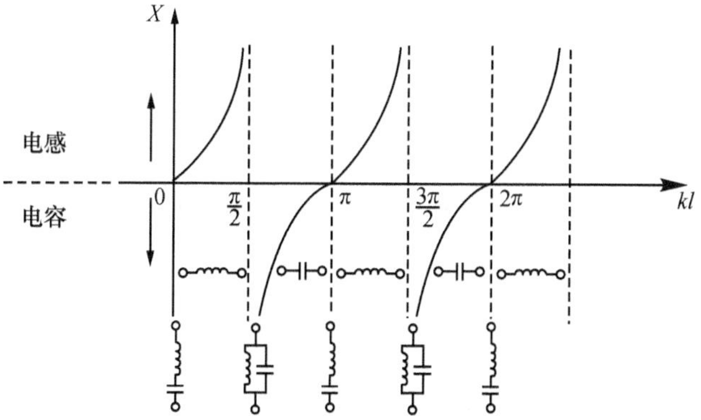

(b)短路

图 2-15　终端开路、短路两种情况下输入阻抗随传输线长度 l 的变化

当传输线长度 l 为 $\lambda/4$ 时，$\tan kl=\infty$，代入式(2.2.17)得到 $\lambda/4$ 传输线的输入阻抗 Z_{in} 为

$$Z_{in}\left(z=\frac{-\lambda}{4}\right)=\frac{Z_c^2}{Z_L} \tag{2.3.32}$$

即当传输线长度为 $\lambda/4$ 时，输入阻抗 Z_{in} 与负载阻抗 Z_L 乘积等于传输线特征阻抗的平方。

微带线与平面集成电路工艺兼容，利用开路、短路微带线输入阻抗沿微带线的变换，可制成分布式微带电路元件，如图 2-16 所示。a 为长度小于 $\lambda/4$ 的开路微带线，可作电路的电容；b 为长度小于 $\lambda/4$ 的短路微带线，可作电路的电感；c 为 $\lambda/4$ 的开路微带线，可作串联谐振电路；d 为 $\lambda/4$ 的短路微带线，可作并联谐振电路。

根据式(2.3.32)，$\lambda/4$ 微带线相当于一变压器，可作阻抗变换器，如图 2-16(e)所示。当负载是纯电阻时，即 $Z_c=R_L$，如果 $\lambda/4$ 段微带线的设计(主要是宽度 w 的选择)，使得 $Z_{c1}=\sqrt{Z_cR_L}$，即 $\lambda/4$ 段微带线的特征阻抗 Z_{c1} 等于传输特征阻抗 Z_c(一般为纯电阻)与负载电阻 R_L 乘积的开方，那么 $\lambda/4$ 处输入阻抗 $Z_{in}=\frac{Z_{c1}^2}{R_L}=Z_c$，这就是说通过 $\lambda/4$ 微带线的阻抗变换后，实现了阻抗匹配。开路、短路微带线的这些性质在微带电路设计中得到了广泛应用。

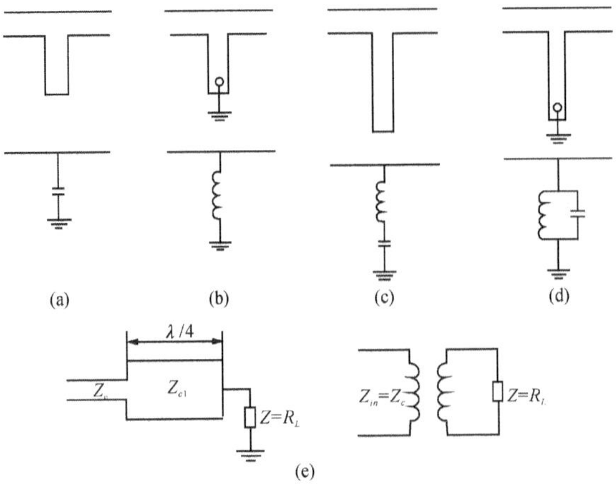

图 2-16　微带电路元件

$\frac{\lambda}{4}$短路、开路传输线其输入端等效于开路、短路的特点，可用于射频与微波电路中有源半导体器件直流偏置电路设计。对直流偏置电路设计的要求是，对直流是接通的，对高频则是断开的。高频能量不会通过直流偏置电路漏泄出去。请看下面的例题。

【例 2.5】 基于微带线的分布式直流偏置去耦电路如图 2-17(a)所示，试说明它与图 2-17(b)所示的集总式直流偏置去耦电路等效。

解 直流偏置去耦电路的功能是其对于 DC(直流)是直通，对于交流分量是隔离的。图 2-17(b)中 $C_{低频}$ 电容量足够大，对低频旁路，而 $C_{高频}$ 对高频分量旁路，因而电源中交变分量不会干扰电路工作。对于高频分量，电感 L 起扼流作用，因而高频分量不会进入电源。频率高时，$C_{高频}$、$L_{高频}$ 都很小，可用 $\lambda/4$ 开路微带线、短路微带线代替。图 2-17(a)中 30Ω 低阻抗 $\lambda/4$ 开路微带线其输入阻抗(容抗)接近零，相当于短路，而 100Ω 较高阻抗微带线其一端已被 $\lambda/4$ 开路微带线短路，从电路主线看，它相当于一段 $\lambda/4$ 短路线，其输入阻抗接近无穷大，因而高频分量不会进入电源。

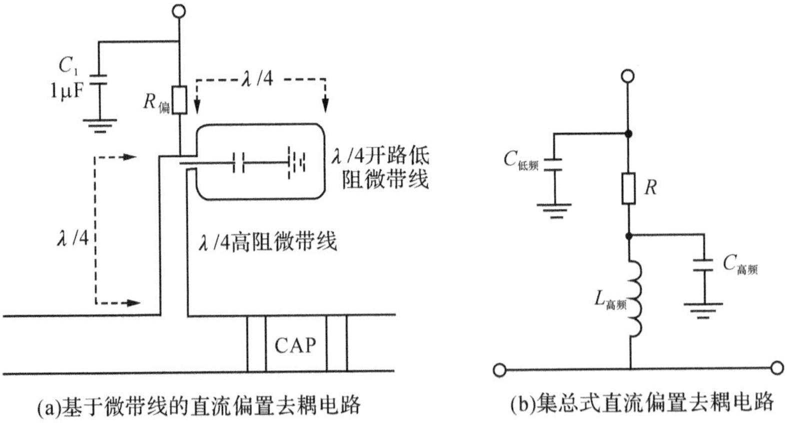

图 2-17　例 2.5 图

2.3.4　传输功率

传输线上传输的功率可按下式计算

$$P(z)=\frac{1}{2}\mathrm{Re}[V(z)\cdot I^{*}(z)] \tag{2.3.33}$$

式中：$V(z)$、$I(z)$由入射波、反射波两项构成。引入反射系数后，$V(z)$、$I(z)$用式(2.3.6)、式(2.3.7)表示，代入式(2.2.33)得到

$$\begin{aligned}P(z)&=\frac{1}{2}\mathrm{Re}\left[V^{\mathrm{i}}(1+\Gamma_V(z))\cdot\frac{V^{\mathrm{i}*}}{Z_{\mathrm{c}}^{*}}(1-\Gamma_v^{*}(z))\right]\\&=\frac{1}{2}\mathrm{Re}\left[\frac{|V^{\mathrm{i}}|^2}{Z_{\mathrm{c}}^{*}}-\frac{|V^{\mathrm{i}}|^2}{Z_{\mathrm{c}}^{*}}|\Gamma_V(z)|^2+\frac{|V^{\mathrm{i}}|^2}{Z_{\mathrm{c}}^{*}}(\Gamma_V(z)-\Gamma_v^{*}(z))\right]\end{aligned}$$

对于无损耗传输线，Z_{c} 是实数，则上式第三项等于零。任意一点处电压反射系数的模恒等于$|\Gamma_V|$，所以无损耗传输线上传输功率 $P(z)=P$，不随位置而变，即

$$P=\frac{1}{2}\frac{|V^{\mathrm{i}}|^2}{Z_{\mathrm{c}}}-\frac{1}{2}\frac{|V^{\mathrm{i}}|^2}{Z_{\mathrm{c}}}|\Gamma_V|^2=P^{\mathrm{i}}-P^{\mathrm{r}} \tag{2.3.34}$$

式中：

$$P^{\mathrm{i}}=\frac{1}{2}\frac{|V^{\mathrm{i}}|^2}{Z_{\mathrm{c}}} \tag{2.3.35}$$

$$P^{\mathrm{r}}=\frac{1}{2}\frac{|V^{\mathrm{i}}|^2}{Z_{\mathrm{c}}}|\Gamma_V|^2 \tag{2.3.36}$$

分别为传输线 z 处的入射波功率和反射波功率。式(2.3.34)表明，传输线上任一点功率等于入射波功率与反射波功率之差。由式(2.3.35)、式(2.3.36)得到

$$\frac{P^{\mathrm{r}}}{P^{\mathrm{i}}}=|\Gamma_V|^2 \tag{2.3.37}$$

说明反射波功率与入射波功率之比等于电压反射系数模的平方。

对于无损耗传输线，通过线上任一点的传输功率应该是相同的。我们可以取线上任一点的电压和电流来计算功率。但是为了简便起见，一般都取电压腹点或节点处值计算，因为该处的阻抗为纯电阻。如取电压腹点，则功率为

$$P=\frac{1}{2}|V_{\max}|\cdot|I_{\min}|=\frac{1}{2}\frac{|V_{\max}|^2}{Z_{\mathrm{c}}\rho} \tag{2.3.38}$$

如果取电压节点，则得

$$P=\frac{1}{2}|V_{\min}|\cdot|I_{\max}|=\frac{1}{2}\frac{Z_{\mathrm{c}}|I_{\max}|^2}{\rho} \tag{2.3.39}$$

可见，当传输线的耐压一定或能载的电流一定时，驻波系数 ρ 越趋近于 1，传输功率越大。

在不发生电压击穿条件下，传输线允许传输的最大功率称为传输线的功率容量。据此定义，传输线的功率容量为

$$P_{\mathrm{br}}=\frac{1}{2}\frac{|V_{\mathrm{br}}|^2}{Z_{\mathrm{c}}} \tag{2.3.40}$$

式中：V_{br}为线间击穿电压。

2.4　传输线圆图

在射频和微波电路中经常遇到阻抗计算和阻抗匹配问题。原则上我们可以利用前面导出的式(2.3.17)等变换关系式进行计算，但非常麻烦。利用本节介绍的传输线圆图则不仅简便，

而且直观，并能满足一般工程应用要求。

以图 2-9 所示的终端接负载的传输线为例，输入阻抗计算可以有两种途径，一是直接用式(2.3.17)，将终端负载阻抗 Z_L 代入，即可求出始端输入阻抗 $Z_{in}(z=-l)$。另一途径是，先利用阻抗与反射系数变换关系式(2.3.10)求出负载端 $z=0$ 处反射系数 $\Gamma_V(0)$，然后利用反射系数变换关系式(2.3.2)求出输入端 $z=-l$ 处反射系数 $\Gamma_V(-l)$，最后再一次利用阻抗与反射系数变换关系式(2.3.9)求出 $z=-l$ 处输入阻抗 $Z_{in}(z=-l)$。在后面一种计算步骤中反射系数沿传输线的变换是很方便的，只要在图 2-11 所示的等 $|\Gamma_V(0)|$ 圆上旋转即可。如果利用阻抗与反射系数变换关系在反射系数的圆图上能把阻抗以适当方式标出，那么可直接利用这个图由反射系数求阻抗，或由阻抗求反射系数。在反射系数图上表示阻抗最简便的方法就是把阻抗实部 R 及虚部 X 的等值线标出。传输线圆图正是体现这一变换关系的图。它是在一个单位电压反射系数圆内包含着传输线各种特征量，如归一化阻抗、反射系数和驻波系数及其他各种数据的图，能方便直观地进行传输线的阻抗计算和阻抗匹配。

本节首先讨论传输线圆图的构成，然后举例说明其使用方法。

2.4.1 反射系数圆与阻抗圆图

前面已提过传输线上反射系数变换的轨迹是在反射系数 Γ_V 复平面上的同心圆。反射系数模的最大值为 1。所以传输线上所有可能的反射系数值必须落在半径为 1 的单位圆内，如图 2-18 所示。用反射系数表示阻抗的好处是，传输线所有可能的阻抗(或导纳)值都在一个单位圆内。而如果阻抗或导纳在平面直角坐标系中表示时，阻抗的实部 R、虚部 X 都可趋于无穷大，表示出来很不方便。现在的问题是如何将直角坐标系中等 R、等 X 线映射到极坐标系的反射系数单位圆内。为此我们利用阻抗与反射系数的变换关系 $Z(z)=Z_c\dfrac{1+\Gamma_V(z)}{1-\Gamma_V(z)}$ 将 $Z(z)$ 以特征阻抗 Z_c 归一化，即

$$z(z)=\frac{Z(z)}{Z_c}=\frac{1+\Gamma_V(z)}{1-\Gamma_V(z)} \tag{2.4.1}$$

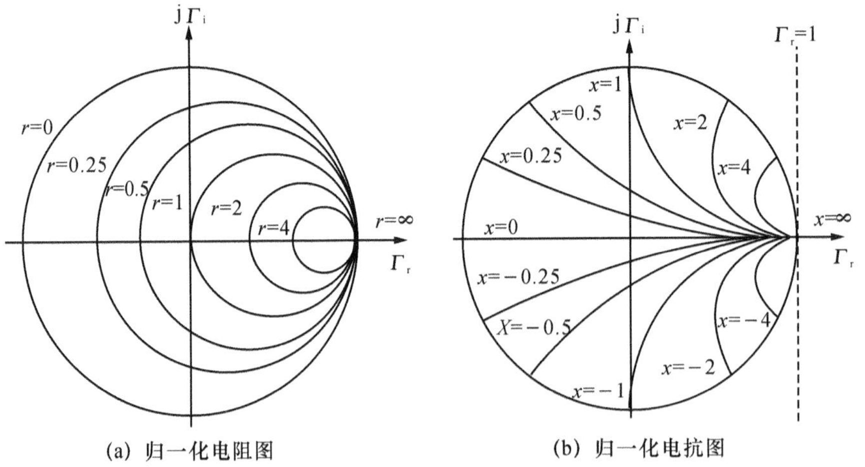

图 2-18　Γ 平面上归一化阻抗圆

令归一化阻抗 $z(z)=r+jx$，r、x 分别为归一化电阻与电抗；反射系数 Γ 用其实部、虚部之和表示，即 $\Gamma=\Gamma_r+j\Gamma_i$。为了书写方便，本节后面将表示电压反射系数 Γ_V 的下标 v 省去。将

$z(z)$、Γ 代入式(2.4.1)得到

$$r+\mathrm{j}x=\frac{1+\Gamma_r+\mathrm{j}\Gamma_i}{1-\Gamma_r-\mathrm{j}\Gamma_i}=\frac{1-\Gamma_r^2-\Gamma_i^2+\mathrm{j}2\Gamma_i}{(1-\Gamma_r)^2+\Gamma_i^2} \tag{2.4.2}$$

式(2.4.2)两边实部、虚部分别相等，得到

$$\left[\Gamma_r-\frac{r}{1+r}\right]^2+\Gamma_i^2=\left(\frac{1}{1+r}\right)^2 \tag{2.4.3}$$

$$(\Gamma_r-1)^2+\left(\Gamma_i-\frac{1}{x}\right)^2=\left(\frac{1}{x}\right)^2 \tag{2.4.4}$$

式(2.4.3)、式(2.4.4)就是将直角坐标系等 r、等 x 线映射到反射系数圆上的关系式。

式(2.4.3)表示，当归一化电阻 r 为常数时，反射系数 Γ 的轨迹为一族圆，圆心坐标为 $\left[\frac{r}{(r+1)},0\right]$，半径为 $\frac{1}{(r+1)}$。图 2-18(a)所示为 $r=0,\frac{1}{4},\frac{1}{2},1,2,4,\infty$ 的阻抗轨迹。由图可见，所有的圆都通过(1,0)，r 和 $\frac{1}{r}$ 圆与实轴的交点关于圆中心对称。

式(2.4.4)表示归一化电抗 x 为常数时反射系数 Γ 的矢量轨迹，其轨迹也为一族圆，圆心坐标为 $\left(1,\frac{1}{x}\right)$，半径为 $\frac{1}{x}$。图 2-18(b)所示为 $x=0,\pm0.25,\pm0.5,\pm1,\pm2,\pm4,\infty$ 的阻抗轨迹。由图可见，$\pm x$ 的圆弧关于实轴成镜像对称，x 和 $-\frac{1}{x}$ 圆与 $\Gamma=1$ 的圆交点在直径两端相对应。x 圆和 $\frac{1}{x}$ 圆与 $\Gamma=1$ 的圆交点关于虚轴对称。

将上述归一化电阻圆、归一化电抗圆加到反射系数圆上，就得到完整的阻抗圆图，如图 2-19所示。

由上述阻抗圆图的构成，阻抗圆图上部分特征点、线、区域的意义解释如下：

(1)阻抗圆的上半圆内，$x>0$，其电抗为感抗；下半圆内，$x<0$，其电抗为容抗。

(2)阻抗圆图的实轴 $x=0$，实轴上每一点对应的阻抗都是纯电阻，叫做纯电阻线。

(3)$|\Gamma|=1$ 的圆，$r=0$，其上对应的阻抗都是纯电抗，叫做纯电抗圆。

(4)实轴左端点，即左实轴与 $|\Gamma|=1$ 的圆的交点，$z=0$，代表阻抗短路点，而右实轴与 $|\Gamma|=1$ 的圆的交点，即右端点，$z=\infty$，代表开路点。圆图中心 $z=1$，$|\Gamma|=0$，$\rho=1$，叫做阻抗匹配点。

(5)圆图实轴左半径上的点代表电压波节点或电流波腹点，其上数据代表 $r_{\min}$ 和驻波系数的倒数。实轴右半径上的点代表电压波腹点或电流波节点，其上数据代表 $r_{\max}$ 和驻波系数 ρ。因为根据式(2.3.28)，驻波系数 ρ 为

$$\rho=\frac{1+|\Gamma|}{1-|\Gamma|}$$

实轴上为纯电阻 r，在实轴左半径，$r_{\min}<1$，$|\Gamma|=\frac{1-r_{\min}}{1+r_{\min}}$，所以

$$\rho=\frac{1+\dfrac{1-r_{\min}}{1+r_{\min}}}{1-\dfrac{1-r_{\min}}{1+r_{\min}}}=\frac{1}{r_{\min}}$$

在实轴右半径，$r_{\max}>1$，$|\Gamma|=\frac{r_{\max}-1}{r_{\max}+1}$，所以

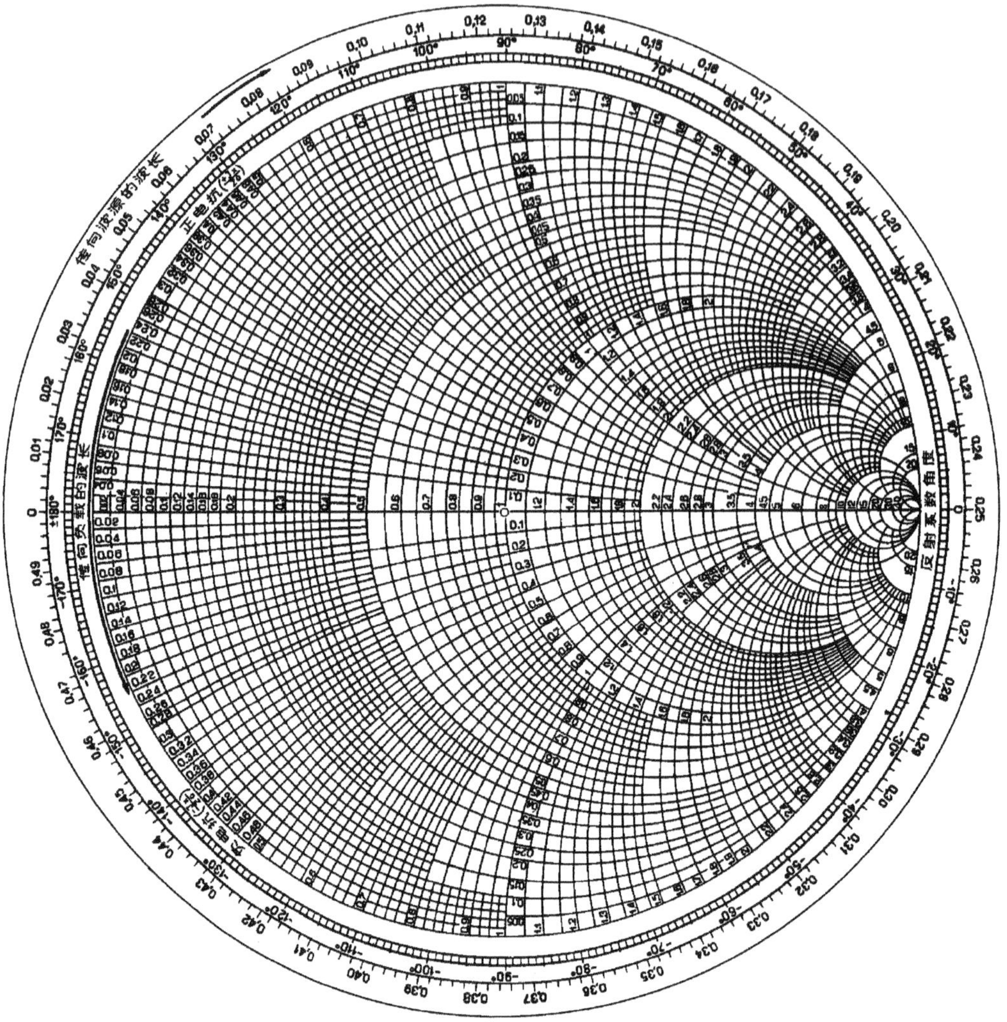

图 2-19　阻抗圆图

$$\rho=\frac{1+\dfrac{r_{\max}-1}{r_{\max}+1}}{1-\dfrac{r_{\max}-1}{r_{\max}+1}}=r_{\max}$$

(6)阻抗圆图上短路点(实轴左端点)与圆图上某一阻抗对应点的连线长度就是以入射波电压归一化的电压的模$|1+\Gamma|$,短路点与该阻抗对称点(以圆图圆心为对称中心)连线长度就是以入射波电流归一化的电流的模$|1-\Gamma|$。

(7)沿圆图旋转一周为$\lambda/2$,不是λ。

使用圆图时要注意以下几点:

(1)旋转的方向问题。传输线由负载向电源方向移动(l增大),在圆图上应顺时针方向旋转;反之,由电源向负载方向移动(l减小),则应逆时针方向旋转。这是因为l是从负载端计算的。由式(2.3.2)可知,当l增加时,$\Gamma_V(z=-l)$的相角减小,应顺时针旋转;而l减小时,$\Gamma_V(z=-l)$的相角增大,应逆时针旋转。

(2)反射系数值圆图上未标出,计算时需将半径等分来确定。圆图中心$|\Gamma|=0$,最大圆周

的$|\Gamma|=1$。有的圆图在下面附有相应计算尺，其上标有反射系数、驻波系数，计算时可直接读取。

(3)为便于计算，在圆图纯电抗圆外面还有两个同心圆，最里面一个圆标有以度表示的反射系数的相角 ψ。另外一个同心圆标出的是以波长 λ 归一化的传输线长度 d/λ(通常叫电长度)，表示向电源(或向负载)方向的电长度。为了避免圆图上出现几次零值点，电长度从 π 为起始点，但这对计算旋转的电长度无关紧要，因为旋转的电长度是传输线上两点间的相对距离。同时要注意，圆图中的归一化阻抗点 z 所对应的电长度是由连接圆图中心和 z 点的直线延长与电长度圆周的交点来确定，而不是由 z 所在的电抗曲线与电长度圆周的交点来确定。

2.4.2 导纳圆图

在实际电路中，有时已知的不是阻抗而是导纳，并需要计算导纳。微波电路常用并联元件构成，这时用导纳计算更方便。用以计算导纳的圆图称为导纳圆图，利用导纳与反射系数的关系，并定义归一化导纳 $y(z)$

$$y(z)=\frac{Y(z)}{Y_c}=\frac{G}{Y_c}+\mathrm{j}\,\frac{B}{Y_c}=g+\mathrm{j}b \tag{2.4.5}$$

式中：$g=\dfrac{G}{Y_c}$，$b=\dfrac{B}{Y_c}$为归一化电导与电纳。代入关系式(2.3.19)得到

$$y(z)=g+\mathrm{j}b=\frac{1+\Gamma_i(z)}{1-\Gamma_i(z)} \tag{2.4.6}$$

与式(2.4.1)形式上完全一致，只是归一化阻抗用相应的归一化导纳代替，r 换成 g，x 换成 b，电压反射系数 Γ_V 换成电流反射系数 Γ_i，而归一化阻抗与归一化导纳互为倒数，即

$$y(z)=\frac{1}{z(z)}$$

另一方面，长度为 $l=\dfrac{\lambda}{4}$的无损耗传输线段，由式(2.3.32)可知，负载阻抗 Z_L 与输入阻抗 $Z_{in}(l=\dfrac{\lambda}{4})$有如下关系：

$$Z_{in}\left(l=\frac{\lambda}{4}\right)\cdot Z_L=Z_c^2 \quad 或 \quad z_{in}\left(l=\frac{\lambda}{4}\right)z_L=1$$

而

$$y_L=\frac{1}{z_L}$$

于是得

$$z_{in}\left(l=\frac{\lambda}{4}\right)=y_L \quad 和 \quad z_L=y_{in}\left(l=\frac{\lambda}{4}\right) \tag{2.4.7}$$

这表明，圆图中任一点的归一化阻抗值就是经 $\lambda/4$ 后的归一化导纳值，而该归一化阻抗对应的归一化导纳值则是经 $\lambda/4$ 后的归一化阻抗值。因此，阻抗圆图的点(r, x)绕圆图中心旋转 180°即得到其对应的归一化导纳值(g, b)，将整个阻抗圆图旋转 180°即得到导纳圆图，如图 2-20 所示。

由于

$$g+\mathrm{j}b=\frac{1}{r+\mathrm{j}x}=\frac{r}{r^2+x^2}-\mathrm{j}\,\frac{x}{r^2+x^2}$$

可见 b 的符号与 x 的符号相反，所以导纳圆图的上半圆内 b 为负，下半圆内 b 为正。阻抗圆图可以当导纳圆图用，也可通过下面的关系得到说明。

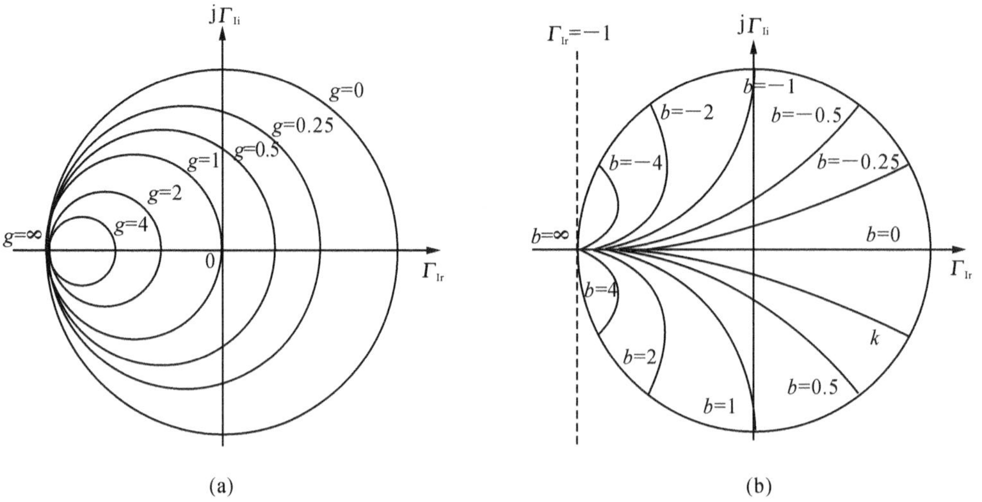

图 2-20　导纳圆图

$$z=\frac{1+\Gamma_V}{1-\Gamma_V}=\frac{1+|\Gamma_V|e^{j\psi}}{1-|\Gamma_V|e^{j\psi}}$$

而

$$y=\frac{1-\Gamma_V}{1+\Gamma_V}=\frac{1-|\Gamma_V|e^{j\psi}}{1+|\Gamma_V|e^{j\psi}}=\frac{1+|\Gamma_V|e^{j(\psi-\pi)}}{1-|\Gamma_V|e^{j(\psi-\pi)}}$$

所以，如果在阻抗圆图上已知传输线某处的归一化阻抗点，则该点沿等 Γ 圆旋转 180°后的对应点即为对应的归一化导纳点。

因此，将阻抗圆图整个地旋转 180°就得到导纳圆图，但实际上还是原来的阻抗圆图。但如果由某点阻抗求该点的导纳，则应先求该点的归一化阻抗，然后沿等 Γ 圆旋转 180°后的相应点就是该点的归一化导纳点。

如果由传输线上某点阻抗或导纳求另一点阻抗或导纳，都可用图 2-19 所示的阻抗圆图求解。此时圆图上相应点的值或为归一化阻抗值或为归一化导纳值。但图 2-19 所示阻抗圆图当导纳圆图用时，要注意圆图上特征点、线、面与当作阻抗圆图用时的区别。主要是：

(1)圆图上半圆 $b>0$，电抗为容抗，下半圆 $b<0$，其电抗为感抗。

(2)圆图实轴 $b=0$，是纯电导线。

(3)$|\Gamma|=1$ 的圆 $g=0$，是纯电纳圆。

(4)实轴左端点与$|\Gamma|=1$ 的圆交点，$y=0$，是开路点；而右实轴与$|\Gamma|=1$ 的圆的交点，即右端点，$y=\infty$，代表短路；圆图中心仍是匹配点。

(5)圆图实轴左半径上的点代表电压波腹、电流波节，其上数据代表 g_{min} 和驻波系数的倒数$\frac{1}{\rho}$，而实轴右半径上的点代表电压波节、电流波腹，其上数据代表 g_{max} 和驻波系数 ρ。

所以具体应用时，阻抗圆图、导纳圆图实际上是同一张图，只要记住圆图上特征点、线、面所代表的物理意义的区别。

2.5　圆图应用

圆图在微波技术发展史上具有里程碑意义，在射频与微波电路分析设计中圆图得到了广泛应用。本节从四个方面介绍圆图的基本应用，一是用圆图表示传输线的工作状态；二是用圆图进行电路阻抗与导纳的计算；三是用圆图进行电路的阻抗匹配；四是与阻抗有关的物理量在圆图上表示。

2.5.1 传输线工作状态的图示

电压、电流、阻抗（或导纳）、反射系数，驻波系数与驻波相位等表示传输线工作状态的量都可在圆图上直观地表示出来。

设传输线特征阻抗为 50Ω，终端连接的负载阻抗 $Z_L=(50+j50)\Omega$，则其归一化阻抗为 $z_L=1+j1$。圆图上 $r=1$ 与 $x=1$ 的等值线的交点 A（见图 2-21），即 z_L 在圆图上的位置，将$\overline{OA}$线延长交$|\Gamma|=1$ 的圆于 C 点，则负载处反射系数模 $|\Gamma_L|=\dfrac{\overline{OA}}{\overline{OC}}=0.447$。

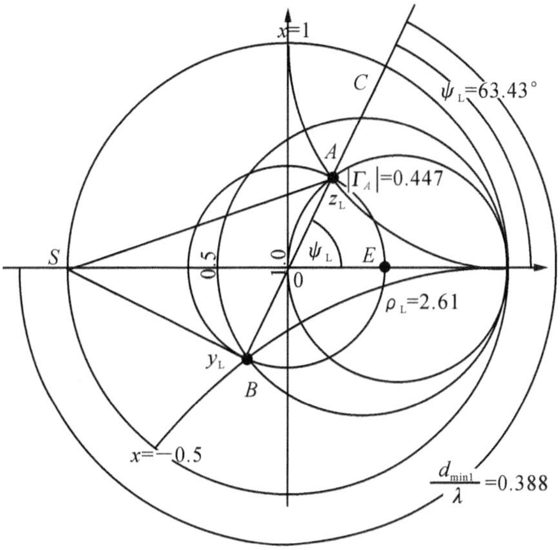

图 2-21　圆图表示传输线工作状态

$\overline{OA}$与右实轴夹角即负载处反射系数相角 $\psi_L=63.43°$。将 A 点沿等$|\Gamma_L|$圆旋转与右实轴交点 E，此点 r 值即驻波系数 ρ_L，由圆图读出 $\rho_L=r_{maxL}\doteq 2.61$。从 A 点沿$|\Gamma_L|$圆转到圆图实轴左半径的电长度即$\dfrac{d_{min1L}}{\lambda}$，由圆图读得此值为

$$\frac{d_{min1}}{\lambda}=0.50-0.162=0.388$$

将 A 点绕圆心转过 180°到 B 点，或将 A 点与圆心 O 的连线$\overline{OA}$延长到它的对称点 B，即$\overline{OA}=\overline{OB}$，读出过 B 点的等 r、等 x 线的值分别为 0.5、−0.5。所以 A 点对应的导纳 $y_L=0.5-j0.5$。

阻抗圆图实轴左端点 S 与 A 点连线 SA 就是以入射波电压归一化的电压，而 S 与导纳对应点 B 的连线 SB 就是以入射波电流归一化的电流。

传输线从负载向源移动 l，等效于沿等$|\Gamma_L|$圆顺时针旋转电长度 l/λ。该点传输线工作状态（如阻抗、反射系数、驻波系数与驻波相位、电压、电流）也可方便地用圆图表示出来。

2.5.2 输入阻抗的计算

阻抗或导纳沿传输线的变换，可方便地用圆图求得。如果传输线无损耗，反射系数的模$|\Gamma|$沿传输线是不变的，所以对于无损耗线，阻抗或导纳沿传输线的变换在圆图上就表现为沿等$|\Gamma|$圆旋转。旋转的角度决定于传输线的电长度l/λ。

如果碰到传输线并联，一般要用导纳圆图计算，因为对于并联电路，导纳是相加的。但要注意，不是相对导纳相加而是绝对导纳相加，这可通过下面的例题来说明。

【例 2.6】 用圆图求解例 2.4。

解 将负载阻抗对传输线特征阻抗归一化，即

$$z_{L1}=\frac{Z_{L1}}{Z_{c1}}=1-j,\quad z_{L2}=\frac{Z_{L2}}{Z_{c2}}=1+j$$

在圆图(见图 2-22)上找到相应的点 z_{L1} 和 z_{L2}。因为涉及并联运算，应先把负载阻抗用导纳表示，在导纳圆图上运算，最后将输入导纳转换为输入阻抗。

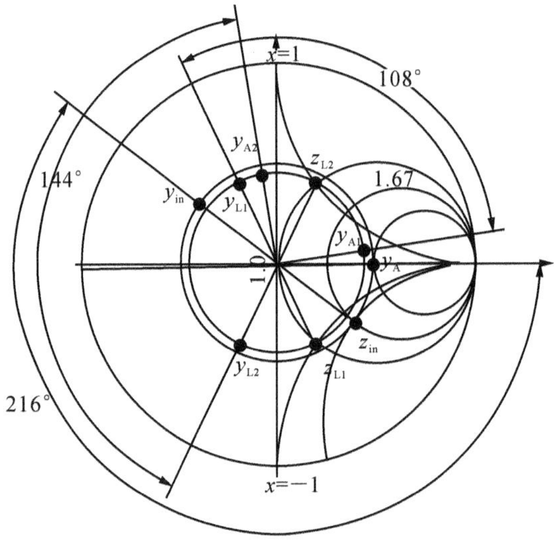

图 2-22　例 2.6 圆图数据

在圆图上从点 z_{L1} 沿顺时针方向旋转 180°得到与 z_{L1} 对应的归一化导纳 $y_{L1}=0.5+j0.5$。再从 y_{L1} 旋转 $2kl_1=2\times\frac{2\pi}{10}\times1.5=0.6\pi=108°$，就得到将 z_{L1} 变换到接入点 AA 面的归一化导纳 $y_{A1}=2.5342+j0.4252$。

同样从 z_{L2} 旋转 180°，得到与 z_{L2} 对应的归一化导纳 $y_{L2}=0.5-j0.5$。再从 y_{L2} 旋转 $2kl_2=2\times\frac{2\pi}{10}\times2=0.8\pi=144°$，就得到将 z_{L2} 变换到接入点 AA 面的归一化导纳 $y_{A2}=0.5942-j0.6553$。

在 AA 截面两导纳并联，但这里不能将两个归一化导纳直接相加，因为两传输线特征阻抗不同。必须把两个归一化导纳分别变换为(绝对)输入导纳 $Y_{A1}=y_{A1}/Z_{c1}=0.05069+j0.00850$，$Y_{A2}=y_{A2}/Z_{c2}=0.00792-j0.00874$，现在可计算 AA 面上合成导纳 $Y_A=Y_{A1}+Y_{A2}=0.05861-j0.00024$，而 AA 面上合成归一化导纳为 $y_A=Y_A Z_{c1}=2.9305-j0.012$。

在导纳圆图上找到和 $y_A=2.9305-j0.012$ 对应的点 A，沿顺时针方向转 $2kl_3=2\times\frac{2\pi}{10}\times3$

$=1.2\pi=216^\circ$，得到始端归一化输入导纳 $y_{in}=0.3704+j0.2894$，从 y_{in} 再旋转 180° 就得到始端归一化输入导纳 Z_{in}，通过该点等值线得出

$$z_{in}=1.6724-j1.2941$$

所以传输线始端的输入阻抗为

$$Z_{in}=z_{in}Z_{c1}=(83.62-j64.7)\Omega$$

2.5.3　与负载相关的物理量在圆图上的表示

在电子线路课程中放大器的放大系数、振荡器的输出功率都与负载有关。负载阻抗 Z_L 一般是复数，$Z_L=R_L+jX_L$。如果在 R_L 为 x 轴、X_L 为 y 轴的直角坐标系下表示，因为 R_L、X_L 的取值范围可以从正无穷大到负无穷大，所以放大器的放大系数、振荡器的输出功率随负载的变化在这样的平面上很难表示。如果把这些物理量与负载关系表示在圆图上就很容易了，因为不管负载怎么变化，都落在 $|\Gamma=1|$ 的单位圆内。图 2-23 所示就是放大器输出等功率曲线在圆图上的表示。

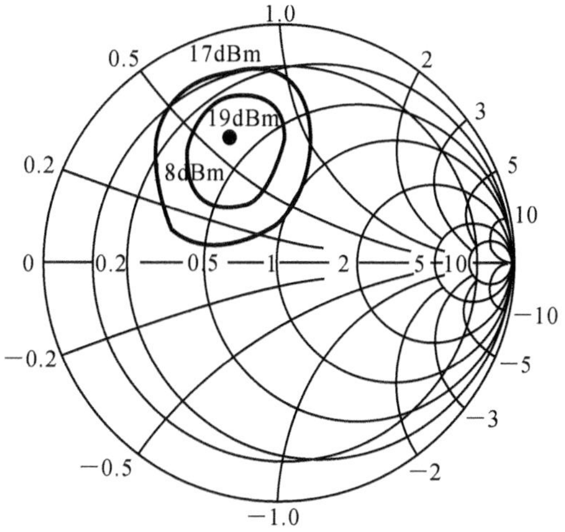

图 2-23　放大器输出等功率曲线在圆图上的表示

2.5.4　用圆图进行电路的阻抗匹配

由图 2-23 可见，放大器的输出功率与外接负载的阻抗值有强烈的依赖关系。根据电子线路课程对放大器的分析，对于图 2-24 所示的放大器的分析模型，当放大器输入端与输出端处于共轭匹配时，放大器输出最大。所谓共轭匹配，是指

$$Z_S=Z_{in}^*,\quad Z_L=Z_{out}^*$$

式中：Z_{in}、Z_{out} 是分别从输入、输出端口向放大器看进去的输入阻抗；而 Z_S 是从输入端口向源看进去的阻抗；Z_L 则是从输出端向负载方向看进去的阻抗。在微带电路中源端与负载端接的阻抗一般与微带线的特征阻抗 Z_c 相等，为 50Ω。这样就需要在放大器的输入、输出端口分别插入一个匹配网络，将 $Z_c=50\Omega$ 阻抗变换为放大器输入、输出端口要求的阻抗，即 $Z_S=Z_{in}^*$，$Z_L=Z_{out}^*$。

从外电路角度看匹配网络的作用：把放大器要求的 Z_S 或 Z_L 变换为微带线的特征阻抗

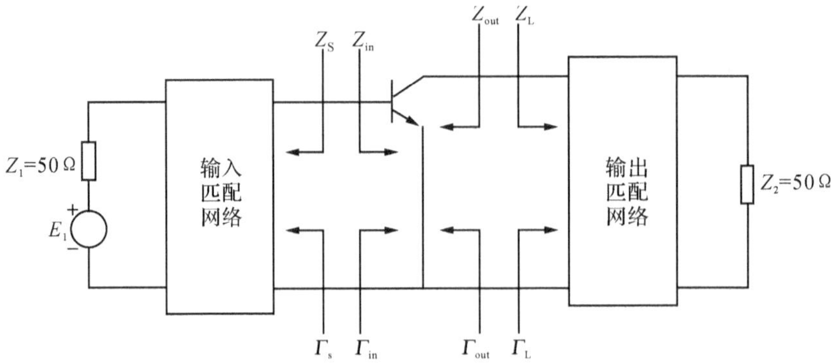

图 2-24　带有匹配网络的放大器电路

Z_c。这个阻抗变换问题可归结为图 2-25 所示的问题。图 2-25(a)所示负载阻抗 Z_L 不等于传输线特性阻抗 Z_c,传输线上存在反射波。图 2-25(b)所示传输线与负载之间接入一个阻抗变换网络,网络端口 2 的负载阻抗 Z_L 变换为端口 1 的 Z_c。这样,端口 1 与传输线处于匹配状态,传输线上无反射波,从端口 1 输入的微波信号能全部为负载吸收,如图 2-25(c)所示。

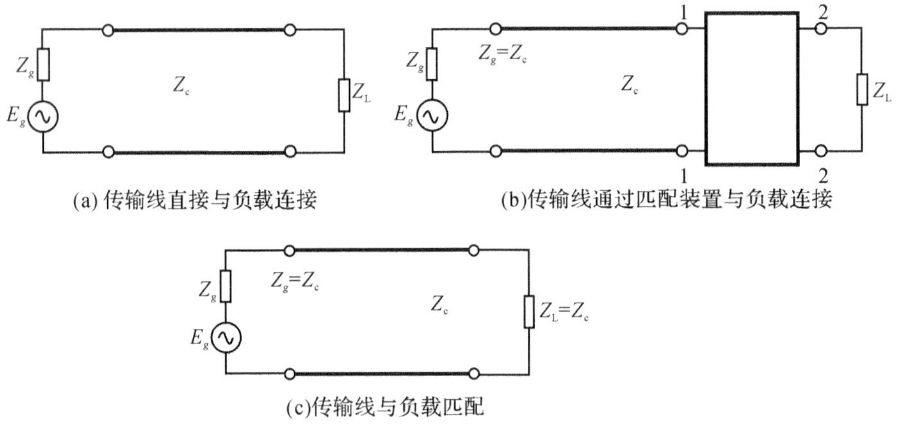

图 2-25　负载的阻抗匹配

低频时变压器就是熟知的阻抗变换器,但它们很难用到微波频率。下面介绍几种常用的阻抗变换器。

(1)用集总参数元件实现阻抗匹配

用集总参数元件实现阻抗匹配通过下面的例 2.7 予以说明。

【例 2.7】 如图 2-26(a)所示,归一化负载阻抗 $z_L=2+j2$,可以用并联电容与串联电感进行阻抗匹配,确定电容、电感的具体数值。

解 第一步,在图 2-26(b)所示圆图上找到对应阻抗 $z_L=2+j2$ 的 A 点。第二步,将 A 点沿等$|\Gamma|$圆转过 180°到 B 点(记住此时圆图为导纳圆图),由过 B 点等值线得到负载 z_L 对应的导纳 $y_L=g_L+jb_L=0.25-j0.25$。第三步,并联电容的作用使 B 点沿等 g_L 圆旋转,取并联电纳值使 B 点转到等 g_L 圆与虚线圆交于 C 点,其导纳值为 $y_C=0.25+j0.44$。所以并联电容 $C=0.25+0.44=0.69$。虚线圆与 $g=1$ 的圆以圆心对称。第四步,将 y_C 沿等$|\Gamma|$圆转过 180°到 D 点(记住此时圆图为阻抗圆图),因为虚线圆与 $r=1$ 的圆以圆心对称,所以 D 点在 $r=1$ 的圆上,阻抗 $z_D=1+jx_D=1.0-j1.7$。第五步,串联电感的作用使 D 点沿 $r=1$ 的圆旋转,取串联电感的值使其电抗与 x_D 大小相等、符号相反,即 $x_D=1.7$。这样 D 点就转到 $r=1,x_D=0$

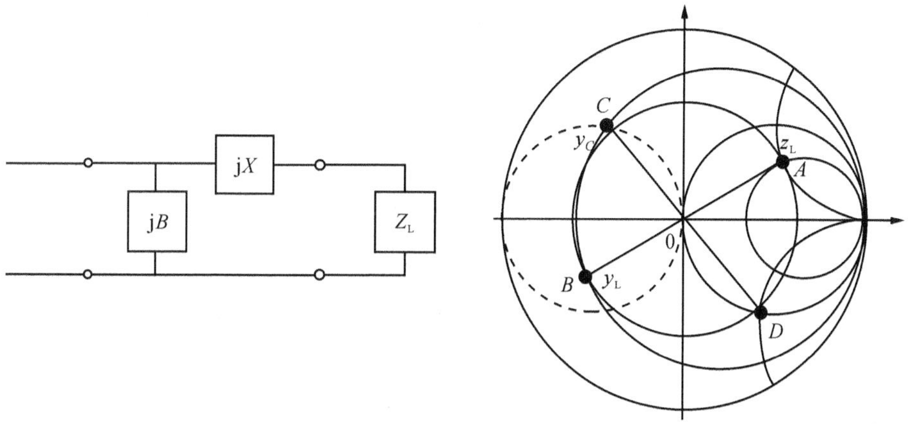

(a)匹配电路 (b)用圆图进行匹配

图 2-26 用集总参数元件实现阻抗匹配

的匹配点，即圆心 O，从而实现匹配。

可以证明，只要 z_L 在 $1+jx$ 圆外面，都可用图 2-26(a)a 个示电路进行匹配。其证明留给读者做练习，见习题 2.20。

(2)$\lambda/4$ 阻抗变换器

$\lambda/4$ 阻抗变换器前面已讨论过，但它只对纯电阻负载进行阻抗匹配。所以如果用 $\lambda/4$ 阻抗变换器对任意负载 Z_L 进行阻抗匹配，需将 $\lambda/4$ 变换器接在离负载一段距离的电压波节或电压波腹处，因为在电压波节或电压波腹处输入阻抗为纯电阻。

(3)并联支路可变电纳变换器

并联支路可变电纳变换器是由主传输线上并联一个或数个短路面位置可调的支路传输线构成的。对于主传输线每一支路相当于一个并联可变电纳，故这种变换器叫做并联支路可变电纳变换器。

图 2-27(a)所示为可移动单可变电纳变换器，其特点是并联短路传输线与主传输线连接点位置可动。如果连接点流过电流大，对连接点电接触性能要求很高。经过并联支路可变电纳变换器的变换，从主传输线与匹变换器连接点左面，即从源向负载端看进去的归一化输入导纳 y_L(或归一化输入阻抗 z_L)，在圆图上位于 $g=1$、$b=0$(或 $r=1$、$x=0$)的匹配点。下面对可移动单可变电纳变换器的阻抗变换原理进行讨论。

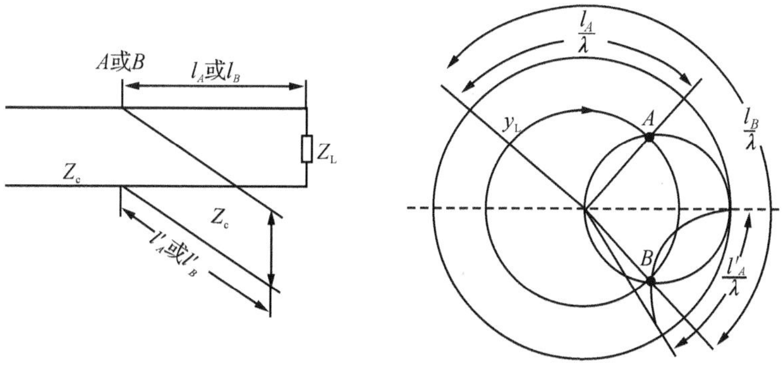

(a)结构 (b)工作原理

图 2-27 可移动单可变电纳变换器及其工作原理

单可变电纳变换器实现匹配的过程可用图 2-27(b)说明。$y_L=g_L+jb_L$ 为归一化负载导纳点。并联支路传输线离开负载沿主传输线移动,从主传输线与支路传输线连接点右边向负载看进去的输入导纳 y'_{in} 可从 y_L 点沿等 $|\Gamma_L|$ 圆旋转得到。连接点与负载之间电长度 l/λ 刚好使 y'_{in} 落在 $g=1$ 的等 g 圆上,即 $y'_{in}=1+jb'_{in}$,就是图 2-27(b)中的 A 点或 B 点。然后调节并联支路传输线短路面位置,使并联支路引入的归一化电纳为 $-jb'_{in}$。这样从连接点左边看进去的归一化输入导纳 $y_{in}=1$,从而实现负载与传输线的匹配。

图 2-28(a)为双可变电纳变换器的结构,有两个并联短路传输线与主传输线相连,但连接点位置固定不变,两支路传输线间距一般为 $\lambda/4$ 或 $\lambda/8$。由于并联短路传输线与主传输线连接点位置固定不变,连接点结构比较容易设计,使之通过较大的电流。其缺点是在圆图上存在所谓阻抗不能匹配的“死区”,在该区域内不能实现阻抗的完全匹配。

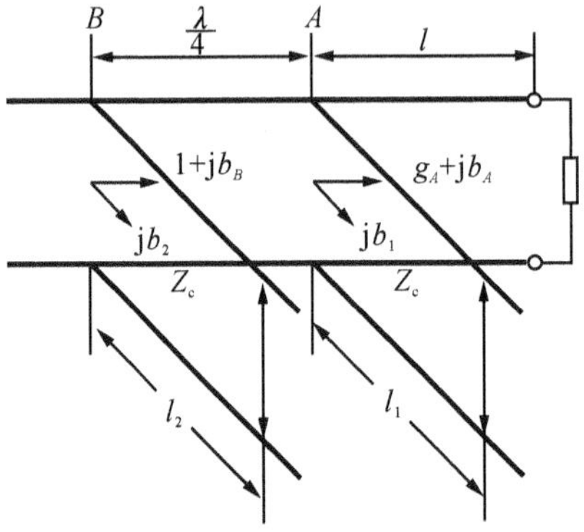

(a)结构

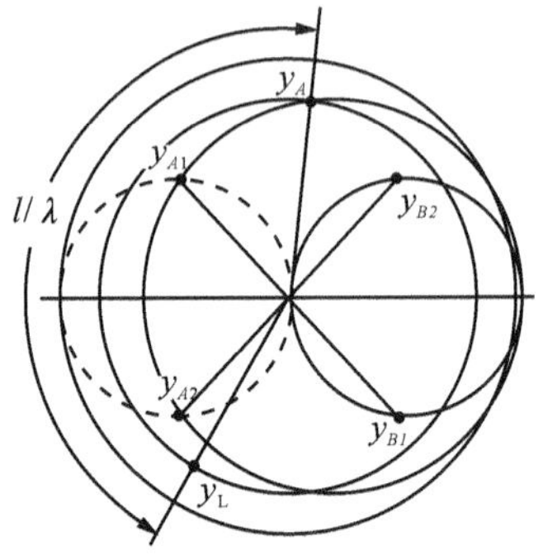

(b)工作原理

图 2-28　双可变电纳变换器

双可变电纳变换器其匹配过程如图 2-28(b)所示。负载导纳 $y_L=g_L+jb_L$ 经过主传输线变换到与第一个并联支路传输线连接点的输入导纳为 $y'_{in}=y_A=g_A+jb_A$,即图 2-28(b)中的 y_A 点。调节第一个并联支路传输线短路面位置,由第一个并联支路引入的电纳 jb_1 使得 $y''_{in}=y_A+jb_1=g_A+j(b_A+b_1)$ 刚好与虚线圆相交,交点为图中的 y_{A1} 或 y_{A2} 点。虚线圆与 $g=1$ 的圆以圆图中心对称。因为第二个并联支线与第一个并联支线间隔为 $\lambda/4$。经过 $\lambda/4$ 主传输线变换,y''_{in} 变换到 $g=1$ 的等 g 圆上,即图中的 y_{B1} 或 y_{B2}。最后通过第二个并联支线引入的电纳使从第二个并联支线连接点左边看进去的输入导纳 $y_{in}=1$,达到匹配。

对于两并联支线间距为 $\lambda/4$ 的双可变电纳变换器,如果 y'_{in} 在 $g=1$ 的圆内,则不可能实现负载与传输线匹配,即存在所谓不匹配的“死区”。这个问题在三可变电纳变换器中得到解决(见习题 2.19)。

下面通过微带放大器设计过程(见图 2-29),说明圆图在微波电路设计中的应用。放大器所用有源器件是场效应晶体管(FET),在图 2-29 中用箭头向右的三角形▷表示。设计放大器,增益是一个重要的指标,为得到高的放大器增益,一般要求作为信号输入电路的微带线的特征阻抗与晶体管输入阻抗匹配,而晶体管输出阻抗与负载阻抗(一般都设定为微带线阻抗)匹配。微带线阻抗一般为 50Ω,放大器用的晶体管的输入、输出阻抗与 50Ω 的微带线阻抗有很大差别,所以放大晶体管的输入端和输出端都要设计相应的匹配电路。图 2-29(a)所示的是微带放大器电路版图,图(b)所示的是在圆图上表示的阻抗匹配过程。图 2-29(a)中 1 是信号输入端口,2 是输出端口。版图 Ⅰ 表示 50Ω 微带线直接与晶体管相连。晶体管的输入阻抗

Z_{in}^* 在圆图 2-29(b)上的对应点为Ⅰ。版图Ⅱ由于微带线 a 的接入，使圆图中对应于晶体管输入阻抗点Ⅰ顺时针旋转到 $g=1$ 的圆上，即圆图中的点Ⅱ。版图Ⅲ并联开路微带线 b 的长度，使得由并联微带支线 b 引入的电纳刚好与点Ⅱ对应的电纳抵消，实现输入电路的匹配。圆图中就是点Ⅱ沿 $g=1$ 的圆旋转到圆图匹配点Ⅲ。版图Ⅳ为晶体管的输出直接接到 50Ω 微带线，版图Ⅴ、Ⅵ表示输出电路的匹配过程。微带线 c、d 的作用与输入电路中微带线 a、b 的作用相当。

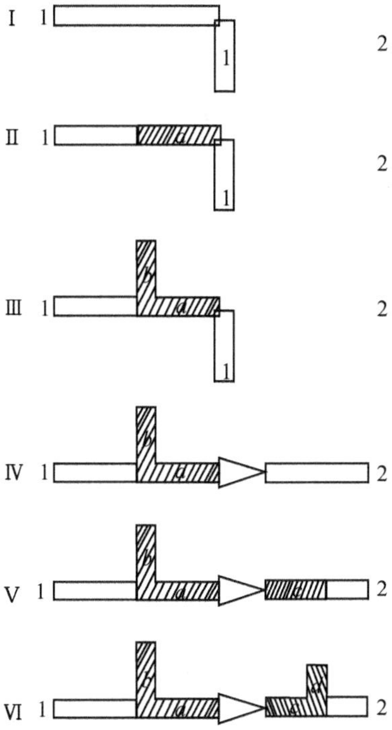

(a)

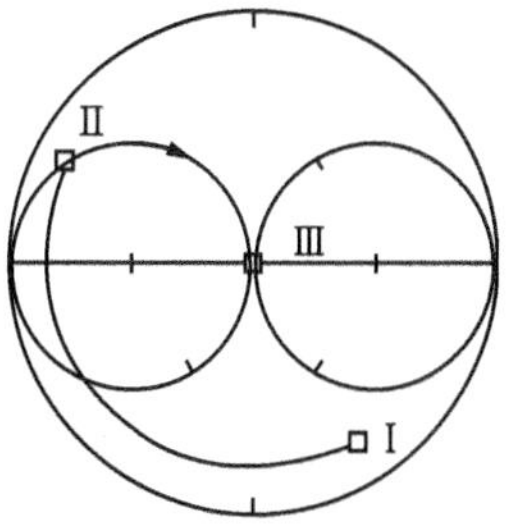

(b)

图 2-29　微带放大器设计过程及数据

2.6　耦合微带线

微带线已在前面讨论过，耦合微带线由两根平行放置、彼此靠得很近的微带线构成，有不对称和对称两种结构。两根微带线的尺寸完全相同的就是对称耦合微带线，如图 2-30 所示。尺寸不相同的就是不对称耦合微带线。耦合微带线可用来设计各种定向耦合器、滤波器、平衡与不平衡变换器等。下面用偶—奇模分析技术对耦合微带线作简要的讨论，进一步的分析将在第 8 章结合微带器件进行。由图 2-30 可见，耦合微带线的主要几何、物理参数有介质基片介电系数 ε 及其厚度 h、

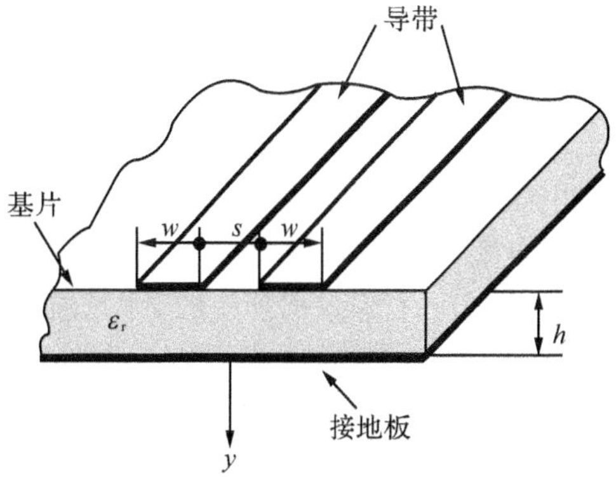

图 2-30　对称耦合微带线

导带宽度 w 及两导带之间的间隙 s。

普通微带线传播的是准 TEM 模，其电气特性主要由等效特征阻抗 Z_e 及传播常数 k_e（或有效介电系数 ε_e）表示。Z_e、k_e（或 ε_e）则可由微带线的几何、物理参数决定。现在要问，表示耦合微带线电气特性的参数是什么？它们与耦合微带线的几何、物理参数有什么关系？对于对称耦合微带线，利用偶—奇模分析技术，这个问题不难解决。下面主要介绍耦合微带线的偶—奇模分析技术。

耦合微带线的偶—奇模分析技术利用了耦合微带线的几何对称性。

我们知道，当两微带线单独存在时，它们传播的都是准 TEM 模，可认为电场只有 E_y 分量。当两微带线靠近发生耦合而作为耦合微带线[见图 2-31(a)]时，假定两微带线中传播的电磁场基本上保持着原来的模式结构，由于结构的对称性，耦合微带线中的场将有两种不同的组合。一种组合对于 $x=0$ 对称面是偶对称的，即两微带线中所传输的电场沿 y 轴方向同为正值，如图 2-31(b)所示。另一种组合对于 $x=0$ 对称面是奇对称的，即两个微带线中所传输的电场沿 y 轴方向一个为正，另一个为负，如图 2-31(c)所示。对于偶对称模式（简称偶模，以后用上标 e 表示），在 $x=0$ 对称面上，磁场的切向分量为零，电力线平行于对称面，对称面可等效为“磁壁”，相当于开路；对于奇对称模式（简称奇模，以后用上标 o 表示），对称面上电场的切向分量为零，对称面可等效为“电壁”，相当于短路。奇模和偶模的特征阻抗、色散或有效介电系数都是有区别的。

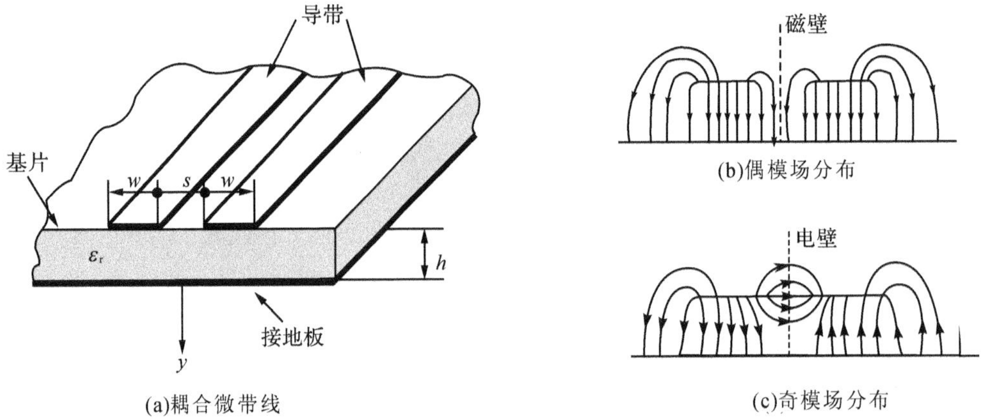

图 2-31　对称耦合微带线及其场分布

一个值得关注的特性是，耦合微带线任何一种激励都可分解成奇模与偶模激励的组合。图 2-32(a)所示为一段长度为 l 的对称耦合微带线，有时也用波经过这段耦合线的相位移 $\theta=\beta l$ 表示其长度，β 为耦合线传播常数的实部。①、②、③、④分别为耦合微带线的端口。图 2-32(b)表示该对称耦合微带线端口①为 1V 的电压激励。图 2-32(c)表示该耦合线被等幅反相电压激励，它将在两根导带上激起数量相等、符号相反的电荷分布，故是奇对称激励，激励的场是奇模。图 2-32(d)表示该耦合线被等幅同相电压激励，是偶对称激励，激励的场是偶模。显然，图 2-32(c)和(d)所示的奇模激励、偶模激励的组合就是图 2-32(b)。因此对图 2-32(b)激励的耦合微带线的分析就转变为图 2-32(c)和(d)表示的奇模、偶模激励微带线的分析。

耦合微带线的偶—奇模分析技术，就是首先将耦合微带线分解为偶模、奇模的组合；然后用一般微带线理论处理偶模、奇模微带线上波的传播问题；最后再将偶模、奇模微带线上传播的波组合起来，就得到了耦合微带线问题的解。这种方法的优点是将复杂的耦合微带线问题

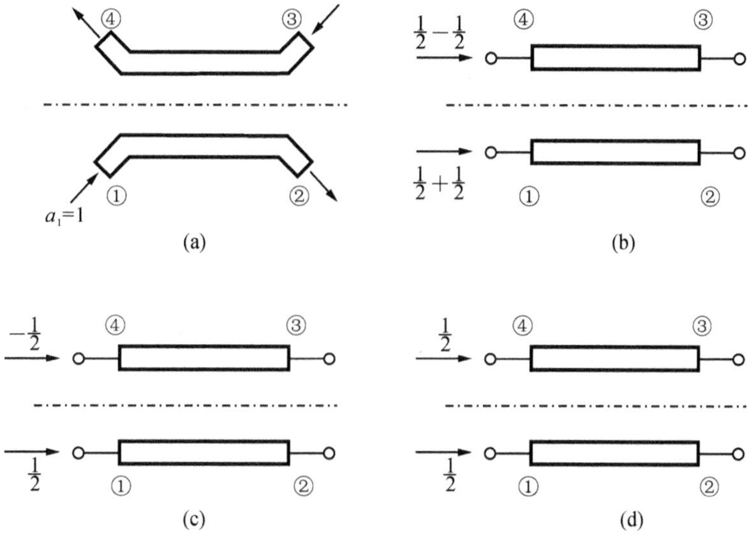

图 2-32　对称耦合微带线激励的分解

简化到用普通微带线理论就可处理的问题。

对包括微带线在内的一般传输线的分析，是从得出传输线的等效电路开始，并由此得到传输线方程及其解。同样对耦合微带线的具体分析，我们也从得出耦合微带线的等效电路模型开始，并借此得出耦合微带线上电压、电流满足的方程。然后基于对称性，利用偶、奇模分解技术得出偶模、奇模满足的方程及其解，以及描述偶模、奇模传输线的特征参数。

设耦合微带线两耦合线上的电压分布分别为 $V_1(z)$ 和 $V_2(z)$，线上电流分别为 $I_1(z)$ 和 $I_2(z)$，且传输线工作在无损耗状态，此时两耦合线上任一微分段 dz 可等效为如图 2-33 所示的电路。其中，C_a、C_b 为各自独立的分布电容；L_a、L_b 为各自独立的分布电感；两线之间的耦合由互分布电容 C_{ab} 与互分布电感 L_{ab} 表示。为了简化分析，在这个模型中损耗的影响没有反映出来。对于对称耦合微带线有 $C_a=C_b$，$L_a=L_b$，$L_{ab}=M$。

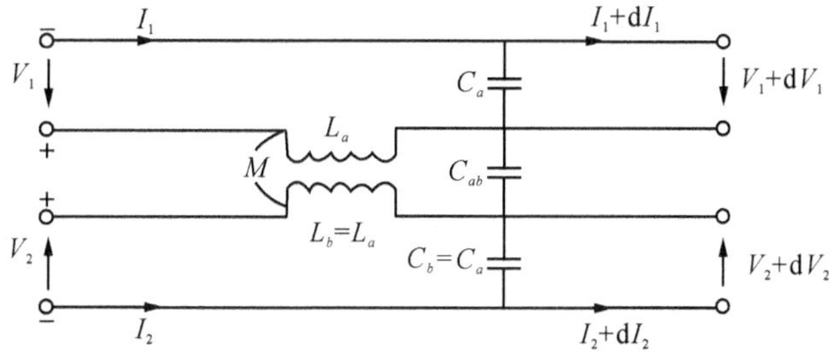

图 2-33　对称耦合微带线的等效电路

由电路理论可得

$$\begin{cases}\dfrac{\mathrm{d}V_1}{\mathrm{d}z}=-\mathrm{j}\omega LI_1-\mathrm{j}\omega L_{ab}I_2\\[2mm]\dfrac{\mathrm{d}V_2}{\mathrm{d}z}=-\mathrm{j}\omega L_{ab}I_1-\mathrm{j}\omega LI_2\\[2mm]\dfrac{\mathrm{d}I_1}{\mathrm{d}z}=-\mathrm{j}\omega CV_1+\mathrm{j}\omega C_{ab}V_2\\[2mm]\dfrac{\mathrm{d}I_2}{\mathrm{d}z}=+\mathrm{j}\omega C_{ab}V_1-\mathrm{j}\omega CV_2\end{cases}\tag{2.6.1}$$

式中：$L=L_a$ 与 $C=C_a+C_{ab}$ 分别表示另一根耦合线存在时的单线分布电感和分布电容。式(2.6.1)即耦合微带线方程。

利用偶—奇模分析技术，可以将激励分为奇模激励和偶模激励的组合。设两线的激励电压分别为 V_1、V_2，则可表示为两个等幅同相电压 V^e 激励(即偶模激励)和两个等幅反相电压 V^o 激励(即奇模激励)。V_1 和 V_2 与 V^e 和 V^o 之间的关系为

$$\begin{cases} V^e+V^o=V_1 \\ V^e-V^o=V_2 \end{cases} \tag{2.6.2}$$

于是有

$$\begin{cases} V^e=\dfrac{V_1+V_2}{2} \\ V^o=\dfrac{V_1-V_2}{2} \end{cases} \tag{2.6.3}$$

(1)偶模激励

耦合微带线为偶模激励时，对称面可等效为“磁壁”，如图 2-31(b)所示。此时，在式(2.6.1)中令 $V_1=V_2=V^e$，$I_1=I_2=I^e$，得

$$\frac{dV^e}{dz}=-j\omega(L+L_{ab})I^e \tag{2.6.4a}$$

$$\frac{dI^e}{dz}=-j\omega(C-C_{ab})V^e \tag{2.6.4b}$$

令偶模传播常数 k^e、特征阻抗 Z_c^e(或特征导纳 Y_c^e)分别为

$$k^e=\omega\sqrt{LC(1+K_L)(1-K_C)} \tag{2.6.5}$$

$$Z_c^e=\frac{1}{Y_c^e}=\sqrt{\frac{L(1+K_L)}{C(1-K_C)}} \tag{2.6.6}$$

其中，$K_L=L_{ab}/L$，$K_C=C_{ab}/C$ 分别为电感耦合系数和电容耦合系数，则式(2.6.4)可改写为

$$\frac{dV^e}{dz}=-jk^e Z_c^e I^e \tag{2.6.7a}$$

$$\frac{dI^e}{dz}=-jk^e Y_c^e V^e \tag{2.6.7b}$$

式(2.6.7)就是偶模激励满足的方程。传播常数 k^e、特征阻抗 Z_c^e(或特征导纳 Y_c^e)就是偶模激励时传输线的特征参数。

(2)奇模激励

当耦合微带线为奇模激励时，对称面可等效为“电壁”，如图 2-31(c)所示。此时，在式(2.6.1)中令 $V_1=-V_2=V^o$，$I_1=-I_2=I^o$，得

$$\begin{cases} \dfrac{dV^o}{dz}=-j\omega L(1-K_L)I^o \\ \dfrac{dI^o}{dz}=-j\omega C(1+K_C)V^o \end{cases} \tag{2.6.8}$$

同样可令奇模传输常数 k^o、特征阻抗 Z_c^o(或征导纳 Y_c^o)分别为

$$k^o=\omega\sqrt{LC(1-K_L)(1+K_C)} \tag{2.6.9}$$

$$Z_c^o=\frac{1}{Y_c^o}=\sqrt{\frac{L(1-K_L)}{C(1+K_C)}} \tag{2.6.10}$$

则式(2.6.8)可写成

$$\begin{cases}\dfrac{\mathrm{d}V^{\mathrm{o}}}{\mathrm{d}z}=-\mathrm{j}k^{\mathrm{o}}Z_{\mathrm{c}}^{\mathrm{o}}I^{\mathrm{o}} & (2.6.11\mathrm{a})\\ \dfrac{\mathrm{d}I^{\mathrm{o}}}{\mathrm{d}z}=-\mathrm{j}k^{\mathrm{o}}Y_{\mathrm{c}}^{\mathrm{o}}V^{\mathrm{o}} & (2.6.11\mathrm{b})\end{cases}$$

式(2.6.11)就是奇模激励满足的方程。传播常数 k^{o}、特征阻抗 $Z_{\mathrm{c}}^{\mathrm{o}}$(或征导纳 $Y_{\mathrm{c}}^{\mathrm{o}}$)就是奇模激励时传输线的特征参数。

所以耦合微带线上传播的电压、电流作偶、奇模分解后，它们满足的方程式(2.6.7)、式(2.6.11)与普通微带线满足的方程是一样的。因为耦合微带线任何一种激励都可分解为偶模与奇模的组合。所以对耦合微带线的分析都可以从式(2.6.7)、式(2.6.11)出发。关键要先确定偶、奇模的传播常数与特征阻抗，即 k^{e}、$Z_{\mathrm{c}}^{\mathrm{e}}$ 与 k^{o}、$Z_{\mathrm{c}}^{\mathrm{o}}$。

现已开发了不少耦合微带线的计算工具，可以计算耦合微带线的偶、奇模的传播常数与特征阻抗。图 2-34 所示为基片介电系数 $\varepsilon_{\mathrm{r}}=10$ 的耦合微带线偶模和奇模特征阻抗的计算曲线。

耦合微带线的耦合效应与滤波特性将在第 8 章结合微带耦合器与滤波器进一步讨论。

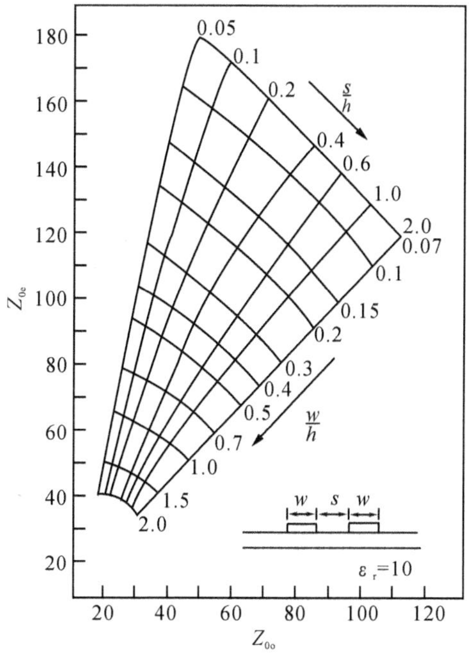

图 2-34　基片介电系数 $\varepsilon_{\mathrm{r}}=10$ 的耦合微带线偶模和奇模特征阻抗的计算曲线

2.7　传输线的瞬态响应

传输线瞬态响应的分析可以直接在时域中进行，利用傅里叶变换也可在频域中进行。

2.7.1 时域分析

前面对传输线的分析都是在稳态情况下进行的，即传输线为连续的简谐振荡源激励，传输线上传播的是随时间作简谐变化的单频率波。当传输线传播数字信号时，波源的扰动局限在一个很短的时间内，如果用傅里叶展开，那么波源中包含无限多频率分量。这就需要研究传输线的瞬态响应。瞬态响应一般要在时域中进行分析。首先讨论一下时域中信号的表示。

最基本的数字信号实为电压脉冲信号。脉冲持续时间为 τ 的信号可表示为

$$V(t)=\begin{cases} V_0 & 0\leqslant t\leqslant\tau \\ 0 & t<0,\ t>\tau \end{cases} \tag{2.7.1}$$

其图解如图 2-35(a)所示。

任何脉冲信号可表示为两个阶跃函数 $U(t)$ 的组合，即

$$V(t)=V_0U(t)-V_0U(t-\tau) \tag{2.7.2}$$

其图解如图 2-35(b)所示。

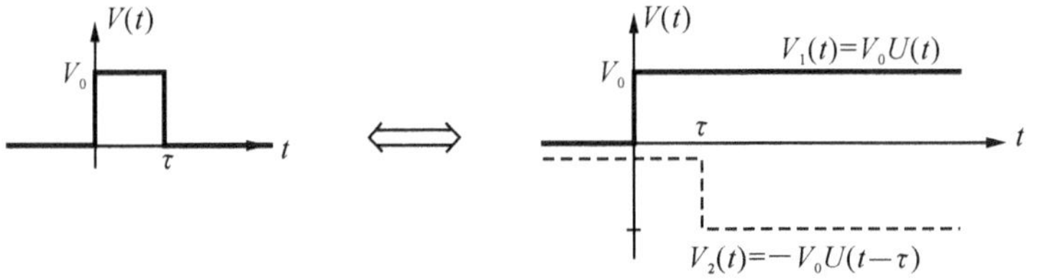

图 2-35　电压脉冲及其分解为两个阶跃电压的组合

阶跃函数 $U(t)$ 具有性质

$$U(t)=\begin{cases} 1 & t\geqslant 0 \\ 0 & t<0 \end{cases} \tag{2.7.3}$$

因此，传输线对阶跃电压 $U(t)$ 激励的响应是分析任意波形激励时传输线瞬态响应的基础。

如图 2-36(a)所示，长度为 l、传播常数为 k、特征阻抗为 Z_c 的传输线，其终端($z=l$)接纯电阻负载 Z_L，始端($z=0$)通过开关 S 与内阻为 R_g 的电压源 V_g 相连。

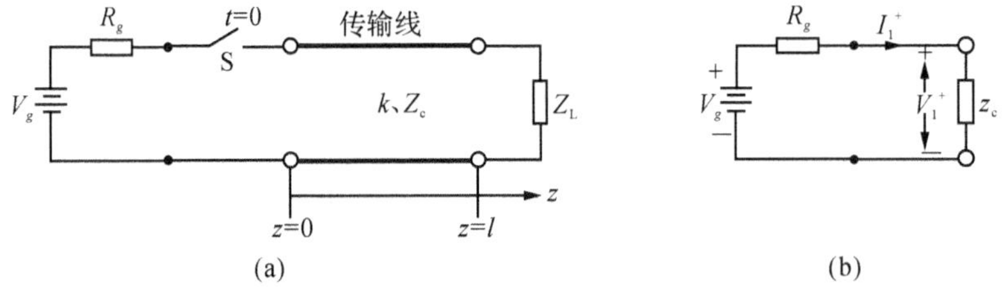

图 2-36　与源、负载连接的传输线电路刚接通($t=0^+$)时的等效电路

如果在 $t=0$ 时刻，开关 S 使源与传输线接通，相当于一阶跃电压加到传输线始端。显然在 $t=0^+$，即源与传输线刚接通，传输线上只有入射波，没有反射波，传输线对源的影响相当于接一个负载 Z_c，如图 2-36(b)所示。因此在 $t=0^+$，传输线始端($z=0$)初始电压 V_1^+、电流 I_1^+ 分别为

$$I_1^+=\frac{V_g}{R_g+Z_c} \tag{2.7.4a}$$

$$V_1^+ = I_1^+ Z_c = \frac{V_g Z_c}{R_g + Z_c} \tag{2.7.4b}$$

随着时间推移，此电压、电流波以相速 $v_p = \dfrac{1}{\sqrt{\mu\varepsilon}}$ 沿传输线传播。当波到达传输线终端（$z=l$），如果负载 Z_L 与传输线不匹配，部分能量被反射回来往源方向传播，当反射回来的波到达传输线始端（$z=0$），如果始端源与传输线又不匹配，一部分能量又被反射回来往负载（$z=l$）方向传播。如此不断重复下去，其过程如图 2-37 所示。

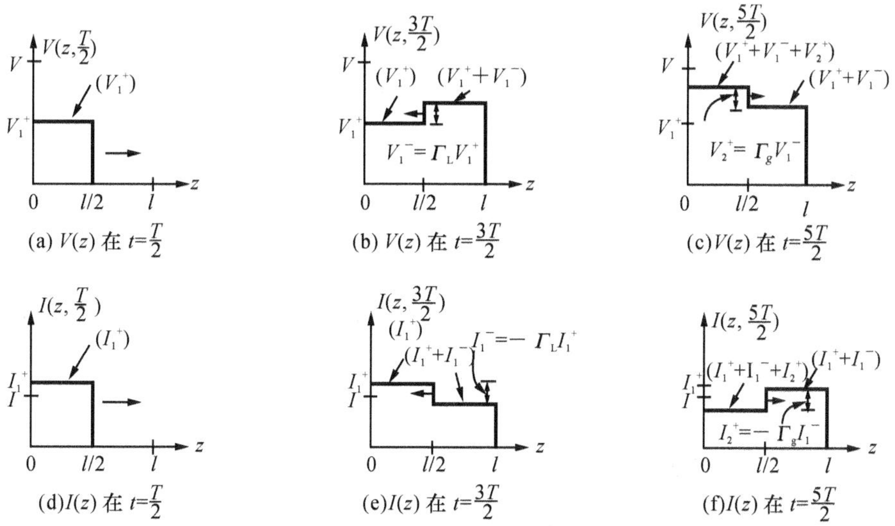

图 2-37　在阶跃电压作用下传输线上电压、电流的瞬变过程

定义 $T=l/v_p$，即波由传输线始端（$z=0$）传播到终端（$z=l$）的时间延迟。当 $t_1=T/2$ 时，波只传播到传输线的中点（$z=l/2$），只有入射波，没有反射波，传输线上电压分布如图 2-37(a)所示。

$$V\left(z,\frac{T}{2}\right)=\begin{cases} V_1^+ & 0\leqslant z<\dfrac{l}{2} \\ 0 & \dfrac{l}{2}<z\leqslant l \end{cases}$$

当 $t=T$ 时，波到达传输线终端（$z=l$），负载端反射系数 Γ_L 为

$$\Gamma_L = \frac{Z_L - Z_c}{Z_L + Z_c} \tag{2.7.5}$$

反射电压 V_1^- 为

$$V_1^- = \Gamma_L V_1^+$$

假定 $Z_L = 1.5Z_c$，则 $\Gamma_L = \dfrac{1.5-1}{1.5+1} = 0.2$，$V_1^- = 0.2V_1^+$，则

当 $t=\dfrac{3}{2}T$ 时，传输线上的电压分布如图 2-37(b)所示，有

$$V\left(z,\frac{3T}{2}\right)=\begin{cases} V_1^+ & 0\leqslant z<\dfrac{l}{2} \\ V_1^+ + V_1^- = 1.2V_1^+ & \dfrac{l}{2}<z\leqslant l \end{cases}$$

当 $t=2T$ 时，反射波 V_1^- 到达始端（$z=0$），如果源与传输线不匹配，始端反射系数 Γ_g 为

$$\Gamma_g=\frac{R_g-Z_c}{R_g+Z_c} \tag{2.7.6}$$

假定 $R_g=3Z_c$，则 $\Gamma_g=0.5$。

反射电压 $V_2{}^+$ 为

$$V_2^+=\Gamma_g V_1^-=\Gamma_g\Gamma_L V_1^+=0.5\times0.2V_1^+=0.1V_1^+$$

当 $t_3=\frac{5}{2}T$ 时，传输线上电压分布如图 2-37(c)所示，有

$$V\left(z,\frac{5T}{2}\right)=\begin{cases}V_1^++V_1^-+V_2^+=(1+0.2+0.1)V_1^+ & \left(0\leqslant z<\frac{l}{2}\right)\\ V_1^++V_1^-=(1+0.2)V_1^+ & \left(\frac{l}{2}<z\leqslant l\right)\end{cases}$$

传输线上电流分布也可进行类似分析。$t=t_1$、t_2、t_3 时刻的电流分布如图 2-37(d)、(e)和(f)所示。

如果把上面过程继续进行下去，传输上最终电压分布为

$$\begin{aligned}V_\infty&=V_1^++V_1^-+V_2^++V_2^-+V_3^++V_3^-+\cdots\\&=V_1^+(1+\Gamma_L+\Gamma_L\Gamma_g+\Gamma_L^2\Gamma_g+\Gamma_L^2\Gamma_g^2+\Gamma_L^3\Gamma_g^2+\cdots)\\&=V_1^+[(1+\Gamma_L)(1+\Gamma_L\Gamma_g+\Gamma_L^2\Gamma_g^2+\cdots)]\\&=V_1^+(1+\Gamma_L)\frac{1}{1-\Gamma_L\Gamma_g}\end{aligned} \tag{2.7.7}$$

将式(2.7.5)、式(2.7.6)表示的 Γ_L、Γ_g 代入式(2.7.7)，得到

$$V_\infty=\frac{V_gZ_L}{R_g+Z_L} \tag{2.7.8}$$

这就是阶跃电压加到传输线始端、传输线达到稳态时的电压。到达稳态时传输线上稳态电流为

$$I_\infty=\frac{V_\infty}{Z_L}=\frac{V_g}{R_g+Z_L} \tag{2.7.9}$$

这跟直流电路分析得出的结果是一致的。在直流电路分析中，传输线仅仅当作一段导线把负载和源连起来。

当传输线为任意波形电压 $V(t)$ 激励时(见图 2-38)，首先将激励波形分解为多个矩形电压脉冲的叠加，如图 2-38 中虚线所示；然后研究传输线为矩形电压激励时的瞬态响应；最后把所有这些瞬态响应加起来就得到波源 $V(t)$ 激励传输线的瞬态响应。如果激励波源的波形较复杂，要用很多个矩形脉冲去逼近，这种分析传输线瞬态响应的方法是很费时的。

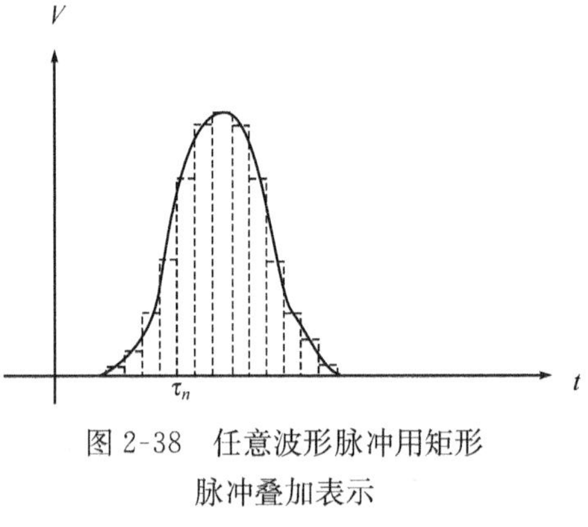

图 2-38　任意波形脉冲用矩形脉冲叠加表示

2.7.2　频域分析

前面对传输线瞬态响应的分析是在时域中进行的。如果我们把激励源 $V(t)$ 展开为多个频率不同的简谐振荡源的叠加，即 $V(t)=\sum_n A_n e^{j\omega_n t}$，那么对于角频率为 ω_n 的任一简谐振荡源 $A_n e^{j\omega_n t}$ 激励的波沿传输线的传播就可用稳态的方法进行分析。把所有 $A_n e^{j\omega_n t}$ 激励的波在传

输线的任一位置(如 $z=z_1$)的值计算出来,进行傅里叶反变换就得到该位置电压或电流随时间的变化,即传输线的瞬态响应。如果波传播速度与激励源的频率有关,那么这种方法分析传输线的瞬态响应就更有优越性。

习 题 2

2.1 简述高频时用反射系数表示传输线状态的优点。

2.2 市话用的平行双导线,忽略损耗时测得其分布电路参数为

$$L'=6.21\times10^{-7}\,\text{Hm}^{-1}$$

$$C'=3.79\times10^{-11}\,\text{Fm}^{-1}$$

求特征阻抗 Z_c 与波传播的速度 v。

2.3 微带线介质基片厚度 $h=1.0\text{mm}$,相对介电常数 $\varepsilon_r=10$,确定特征阻抗 $Z_c=50\Omega$、有效相对介电常数 $\varepsilon_{eff}=6.5$ 的微带线的宽度 w。

2.4 传输线特征阻抗 $Z_c=50\Omega$,负载阻抗 $Z_L=85\Omega$,求:

(1) 负载端反射系数 Γ_L;

(2) 驻波系数 ρ,驻波最小点位置 d_{min1}/λ;

(3) 传输线长度 $l=\frac{\lambda}{4},\frac{\lambda}{2},\frac{3\lambda}{8}$处的输入阻抗 Z_{in};

(4) 如果负载端电压为 10V,沿传输线电压与电流的最大与最小值 V_{max}、V_{min}、I_{max}、I_{min}。

2.5 传输线特征阻抗 $Z_c=50\Omega$,负载阻抗 $Z_L=50+j50\Omega$,求:

(1) 负载端反射系数 Γ_L;

(2) 传输线上的电压驻波系数 ρ 与离开负载第一个驻波最小点位置$\frac{d_{min1}}{\lambda}$;

(3) 如果入射波电压幅值为 1V 时,负载上电压以及沿传输线电压与电流的最大与最小值 V_{max}、V_{min}、I_{max}、I_{min}。

2.6 用圆图计算如题 2.6 图所示电路的输入阻抗 Z_{in},设角频率 $\omega=10^9\,\text{rad/s}$。

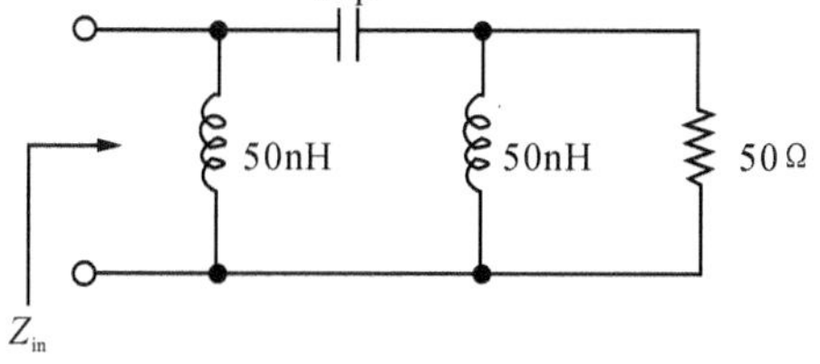

题 2.6 图

2.7 下面两条传输线哪一条传输功率大?

传输线 1:特征阻抗 $Z_{c1}=50\Omega$,$V_{max}=100\text{V}$,$V_{min}=80\text{V}$

传输线 2:特征阻抗 $Z_{c2}=75\Omega$,$V_{max}=150\text{V}$,$V_{min}=100\text{V}$

2.8 传输线特征阻抗为 50Ω,终端开路,测得始端输入阻抗为 j66Ω,求传输线以波长计

的电长度$\frac{l}{\lambda}$。

2.9　传输线特征阻抗为50Ω，终端短路，测得始端输入阻抗为$-$j40Ω，求传输线以波长计的电长度$\frac{l}{\lambda}$。

2.10　无损耗传输线终端短路时测得输入阻抗$Z_{in}^{sc}=j62.5\Omega$，开路时测得输入阻抗$Z_{in}^{oc}=-j40\Omega$，终端接上负载时，测得以波长计的离开负载第一个驻波最小点位置$d_{min}=0.1\lambda$，驻波系数$\rho=3$，求负载阻抗Z_L。

2.11　求题2.11图所示各电路中各无损线段中A参考面上的电压反射系数与输入阻抗和每个负载上所吸收的功率(设AA面上传输功率为P)。

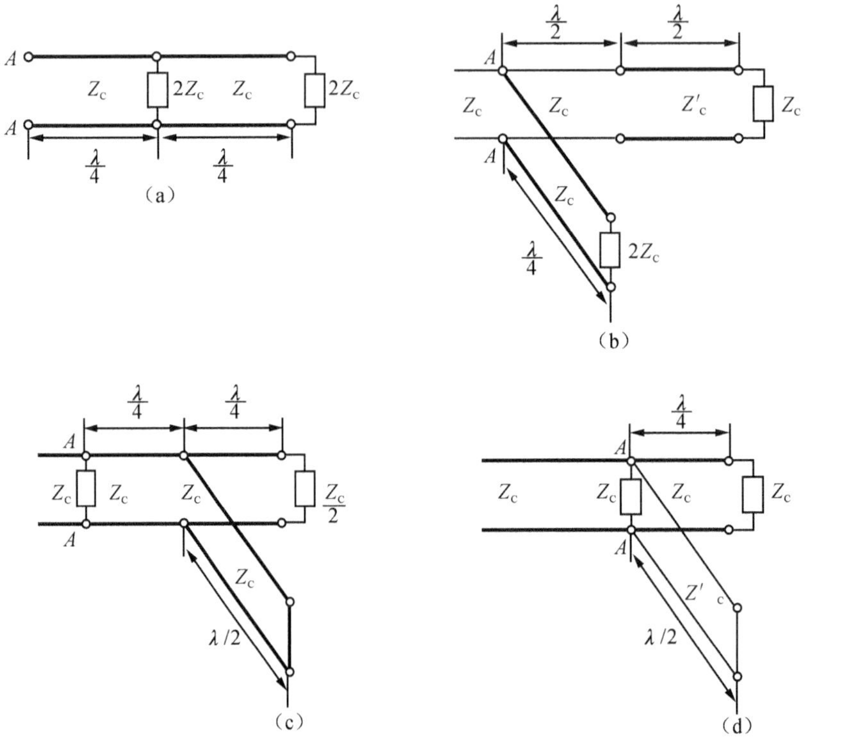

题2.11图

2.12　如题2.11(c)、(d)图所示电路，画出沿线电压、电流振幅分布图，并求出它们的最大值和最小值。

2.13　一段传输线，其中电压驻波系数恒定为ρ，证明沿线各参考面上能出现的最大电纳为$b_{max}=\pm\frac{(\rho^2-1)}{2\rho}$。

2.14　无损耗同轴线的特征阻抗为50Ω，负载阻抗为100Ω，工作频率为1000MHz，今用$\lambda/4$线进行匹配，求此$\lambda/4$线的长度和特征阻抗，并求此$\lambda/4$匹配器在反射系数小于0.1条件下的工作频率范围。

2.15　传输线的特性阻抗$Z_c=50\Omega$，负载阻抗$Z_L=(100-j50)\Omega$，欲用四分之一波长阻抗变换器进行阻抗匹配，问四分之一波长阻抗变换器接在离开负载多远的地方(以波长计)？它的特征阻抗多大？

2.16　传输线特征阻抗 $Z_c=50\Omega$，负载阻抗 $Z_L=(50+j100)\Omega$，工作波长 $\lambda_0=10$cm，用可移动单可变电纳匹配器进行匹配，决定可变电纳匹配器到负载 Z_L 的距离 d，以及并联短路支线长度 l。

2.17　习题 2.16 可以有两组解，当工作波长 $\lambda=1.02\lambda_0$ 时两组解的驻波系数 ρ 分别上升到何值；比较两组解的结果，讨论应选择哪组解。

2.18　能否用间距为 $\lambda/10$ 的并联双可变电纳匹配器来匹配归一化导纳为 3.5+j1 的负载？

2.19　试说明题 2.19 图所示的三可变电纳匹配器可实现任何负载(或导纳)与传输线的匹配。(提示：将三可变电纳匹配器 A、B 两短路线看成一双可变电纳匹配器，也可把 B、C 两短路线看成一双可变电纳匹配器。如果前者负载处于盲区，后者一定出盲区。)

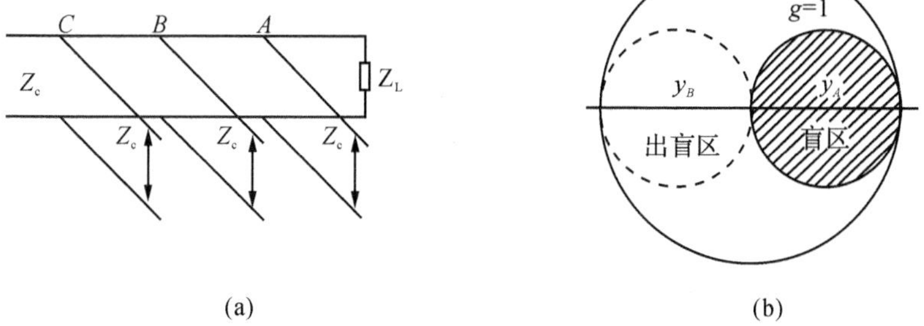

题 2.19 图　三可变电纳匹配器

2.20　频率低或器件尺寸比波长小得多时，可用集总参数元件进行电路匹配，试说明：若归一化负载在 1+jx 圆内，可用题 2.20(a)图所示的电路匹配，若归一化负载在 1+jx 圆外，可用题 2.20(b)图所示的电路匹配。

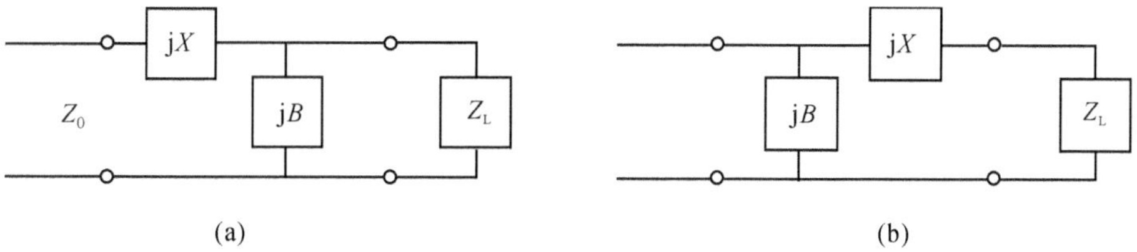

题 2.20 图

2.21　说明下列同轴线的不接触 S 型活塞是一个短路活塞(见题 2.21 图)的工作原理。

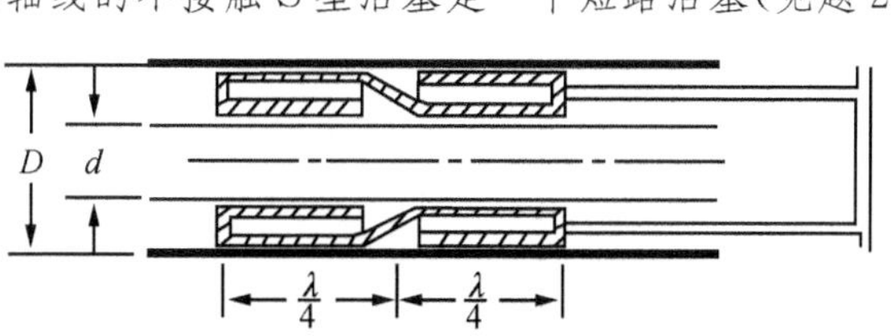

题 2.21 图

2.22　有一空气介质的同轴线需装入介质支撑薄片，薄片材料为聚苯乙烯，其相对介电常数 $\varepsilon_r=2.55$(见题 2.22 图)，为使介质不引起反射，介质中心孔直径 ϕ(同轴线内导体和它配合)应该是多少？

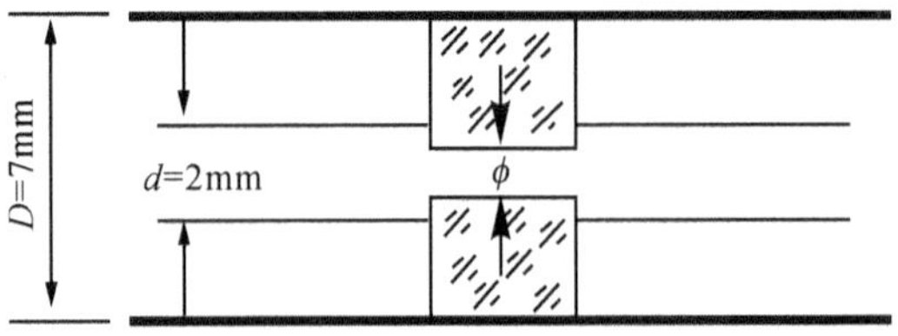

题 2.22 图

2.23 题 2.23 图所示为一同轴线介质阻抗变换器，它的结构是在同轴线内外导体间充填长度为$\frac{\lambda}{4\sqrt{\varepsilon_r}}$的两块介质($\varepsilon=\varepsilon_r\varepsilon_0$, $\mu=\mu_0$)。若同轴线原是匹配的，证明两介质间距 l 由零变到$\frac{\lambda}{4}$时，输入驻波比从 1 变到 ε_r^2。

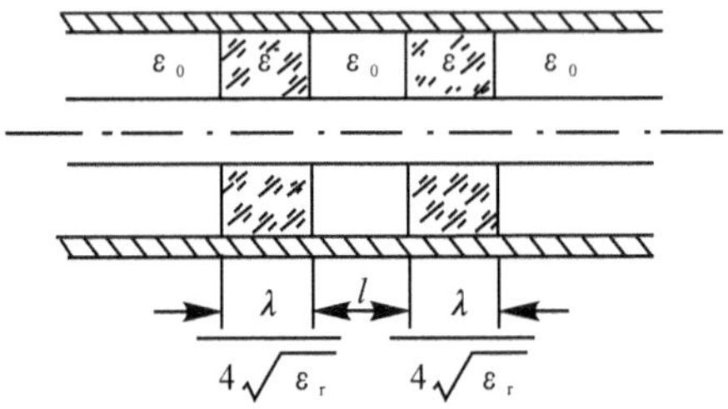

题 2.23 图

2.24 确定题 2.24 图中晶体管的负载 Γ_L。

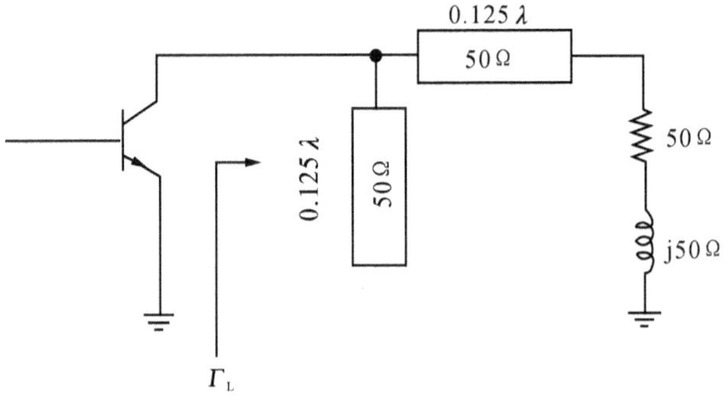

题 2.24 图

2.25 设计一个微带线匹配网络，将负载 $Z_L=(50-j50)\Omega$ 变换到题 2.25 图所示的 $Z_{in}=(25+j25)\Omega$。

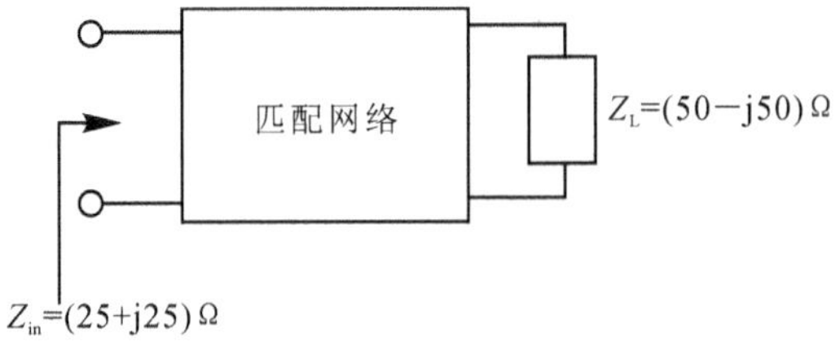

题 2.25 图

2.26 简述用奇—偶模分析技术分析耦合微带线的基本思想，以及表示耦合微带线的基本参数。

2.27 耦合微带线介质基片厚度 $d=1.0$mm，相对介电常数 $\varepsilon_r=10$，确定耦合微带线的带

宽 w 及间隙 s，使得其偶模与奇模的特征阻抗分别为 $Z_c^e=65\Omega$，$Z_c^o=50\Omega$。

2.28　如题 2.28 图所示，源电压 $E=5V$，源电阻 $Z_g=10\Omega$，传输线特征阻抗 $Z_c=50\Omega$，负载 $R_1=32\Omega$，$R_2=8\Omega$，稳态时负载 R_1+R_2 上的电压、电流分别为 V_L、I_L。现将 R_1 短路，试证明负载上电压、电流改变量 ΔV_L、ΔI_L 为

$$\frac{\Delta V}{V_L}=\frac{-R_1}{(R_1+R_2)\left(1+\frac{R_2}{Z_c}\right)},\quad \Delta V_L=-Z_c\Delta I_L$$

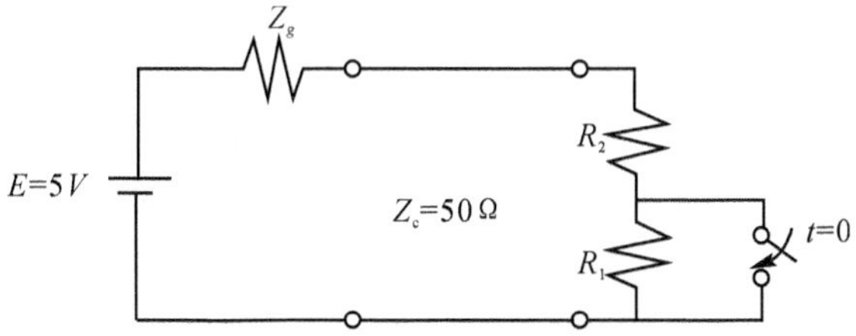

题 2.28 图

第3章

平面波及其在介质交界面的反射与折射

本章从麦克斯韦方程及物质的本构关系出发，首先对在均匀且边界趋于无穷远的介质中传播的平面波进行讨论，并在此基础上研究介质交界面对平面波的反射与折射以及多层介质中波的传播。

3.1 节给出无源、线性、均匀且各向同性介质中电场强度 $\boldsymbol{E}$ 与磁场强度 $\boldsymbol{H}$ 满足的波方程，以及当边界趋于无穷远时的平面波解。3.2 节进一步讨论平面波的极化、色散及电磁波谱。3.3 节讨论各向异性介质中平面波的传播。3.4 节给出平面波传播的传输线模型。3.5 节给出麦克斯韦方程在介质交界面的形式——边界条件。3.6、3.7 节从边界条件出发并利用波传播的传输线模型讨论介质交界面对平面波的反射与折射以及多层介质中波的传播。

3.1 波方程及其平面波解

3.1.1 无源、线性、均匀、无耗且各向同性介质中的波方程

本节讨论无源、线性、均匀、无耗且各向同性介质中麦克斯韦方程的解。所谓无源，就是指所研究的区域内不存在产生电磁场的源 $\boldsymbol{J}$ 与 ρ_v。对于线性、均匀、无耗且各向同性介质，即 ε、μ 是实常数，电导率 $\sigma=0$，而且 ε、μ 与波传播的方向无关。在这种特定情况下，将物质的本构关系式(1.5.1)、式(1.5.2)、式(1.5.3)代入麦克斯韦方程(1.3.18)，得到

$$\nabla\times\boldsymbol{E}=-\mathrm{j}\omega\mu\boldsymbol{H} \tag{3.1.1}$$

$$\nabla\times\boldsymbol{H}=\mathrm{j}\omega\varepsilon\boldsymbol{E} \tag{3.1.2}$$

$$\nabla\cdot\boldsymbol{E}=0 \tag{3.1.3}$$

$$\nabla\cdot\boldsymbol{H}=0 \tag{3.1.4}$$

根据 1.5 节关于麦克斯韦方程组中独立方程的讨论，式(3.1.1)、式(3.1.2)表示的两个旋度方程是彼此独立的方程，这两个方程中只有 **E** 和 **H** 两个独立的场量，因此联立解这个分程组，可得到 **E** 和 **H** 的解。但在式(3.1.1)、式(3.1.2)中，**E** 和 **H** 耦合在一起，为此首先要从这两个方程中消去 **E** 或 **H**，得到只关于 **E** 或 **H** 的方程。如果对式(3.1.1)取旋度，并将式(3.1.2)代入，得到

$$\nabla\times(\nabla\times\boldsymbol{E})=-\mathrm{j}\omega\mu(\nabla\times\boldsymbol{H})=-\mathrm{j}\omega\mu(\mathrm{j}\omega\varepsilon\boldsymbol{E})=\omega^2\mu\varepsilon\boldsymbol{E}$$

利用恒等关系 $\nabla\times(\nabla\times\boldsymbol{E})=\nabla(\nabla\cdot\boldsymbol{E})-\nabla^2\boldsymbol{E}$，而根据式(3.1.3)，$\nabla\cdot\boldsymbol{E}=0$，所以上式可表示为

$$\nabla^2\boldsymbol{E}+\omega^2\mu\varepsilon\boldsymbol{E}=0 \tag{3.1.5}$$

同样对式(3.1.2)取旋度，将式(3.1.1)代入，并利用式(3.1.4)以及上面的矢量运算恒等关系，得到

$$\nabla^2\boldsymbol{H}+\omega^2\mu\varepsilon\boldsymbol{H}=0 \tag{3.1.6}$$

式(3.1.5)、式(3.1.6)可合并写成

$$(\nabla^2+k^2)\begin{cases}\boldsymbol{E}\\ \boldsymbol{H}\end{cases}=0 \tag{3.1.7}$$

式中：$k^2=\omega^2\mu\varepsilon$。

在自由空间或真空中，$\mu=\mu_0$，$\varepsilon=\varepsilon_0$，$k$ 记作 k_0，则有

$$k_0^2=\omega^2\mu_0\varepsilon_0 \tag{3.1.8}$$

式(3.1.5)、式(3.1.6)或式(3.1.7)就是关于 **E** 或 **H** 满足的方程，叫做无源简单介质中的波方程。简单介质是指线性、均匀、各向同性介质。$k=\omega\sqrt{\mu\varepsilon}$ 叫做传播常数，其物理意义以后会深入讨论。式(3.1.7)在形式上与传输线上电压 V、电流 I 满足的波方程类似。V、I 是标量，而 **E**、**H** 是矢量，所以式(3.1.7)叫做矢量波方程。

3.1.2　平面电磁波

1. 边界趋于无穷远时无源简单介质中波方程的解

波方程(3.1.7)是在无源、线性、均匀、无耗且各向同性介质情况下导出的，其解跟边界条件有关。当边界趋于无穷远时，其解很简单，可表示为一个常数矢量与一个指数函数相乘，即

$$\begin{cases}\boldsymbol{E}=\boldsymbol{E}_0\,\mathrm{e}^{-\mathrm{j}(k_xx+k_yy+k_yz)}\\ \boldsymbol{H}=\boldsymbol{H}_0\,\mathrm{e}^{-\mathrm{j}(k_xx+k_yy+k_zz)}\end{cases} \tag{3.1.9}$$

式中：$\boldsymbol{E}_0$、$\boldsymbol{H}_0$ 是常数矢量。因为

$$\nabla^2\begin{cases}\boldsymbol{E}\\ \boldsymbol{H}\end{cases}=\left(\frac{\partial^2}{\partial x^2}+\frac{\partial^2}{\partial y^2}+\frac{\partial^2}{\partial z^2}\right)\begin{cases}\boldsymbol{E}_0\,\mathrm{e}^{-j(k_xx+k_yy+k_yz)}\\ \boldsymbol{H}_0\,\mathrm{e}^{-j(k_xx+k_yy+k_yz)}\end{cases}=-k^2\begin{cases}\boldsymbol{E}\\ \boldsymbol{H}\end{cases}$$

所以解(3.1.9)满足波方程(3.1.7)。解(3.1.9)表示只有传播到无穷远的波，而没有从无穷远反射回来的波。这符合边界趋于无穷远这一条件。

下面用分离变量法求解波方程中(3.1.7)，其解就是式(3.1.9)。

在直角坐标系中 **E**、**H** 可表示为

$$\boldsymbol{E}(x,y,z)=E_x(x,y,z)\boldsymbol{x}_0+E_y(x,y,z)\boldsymbol{y}_0+E_z(x,y,z)\boldsymbol{z}_0 \tag{3.1.10}$$

$$\boldsymbol{H}(x,y,z)=H_x(x,y,z)\boldsymbol{x}_0+H_y(x,y,z)\boldsymbol{y}_0+H_z(x,y,z)\boldsymbol{z}_0 \tag{3.1.11}$$

将上述 $\boldsymbol{E}$、$\boldsymbol{H}$ 表达式代入波方程(3.1.7)得

$$(\nabla^2+k^2)[E_x(x,y,z)\boldsymbol{x}_0+E_y(x,y,z)\boldsymbol{y}_0+E_z(x,y,z)\boldsymbol{z}_0]=0 \tag{3.1.12a}$$

$$(\nabla^2+k^2)[H_x(x,y,z)\boldsymbol{x}_0+H_y(x,y,z)\boldsymbol{y}_0+H_z(x,y,z)\boldsymbol{z}_0]=0 \tag{3.1.12b}$$

要使上式成立,只有等式左边每个分量都等于零,即

$$(\nabla^2+k^2)E_i(x,y,z)=0 \quad (i=x,y,z) \tag{3.1.13a}$$

$$(\nabla^2+k^2)H_i(x,y,z)=0 \quad (i=x,y,z) \tag{3.1.13b}$$

用分离变量法解式(3.1.13a)表示的标量波动方程时,设 $E_i(x,y,z)$ 可分离成

$$E_i(x,y,z)=X(x)Y(y)Z(z) \tag{3.1.14}$$

然后将式(3.1.14)代入式(3.1.13a),并注意到在直角坐标系下

$$\nabla^2=\frac{\partial^2}{\partial x^2}+\frac{\partial^2}{\partial y^2}+\frac{\partial^2}{\partial z^2}$$

就得到

$$\frac{\partial^2 X(x)}{\partial x^2}Y(y)Z(z)+\frac{\partial^2 Y(y)}{\partial y^2}X(x)Z(z)+\frac{\partial^2 Z(z)}{\partial z^2}X(x)Y(y)+k^2X(x)Y(y)Z(z)=0$$

等式两边同时除以 $X(x)Y(y)Z(z)$ 得到

$$\frac{\dfrac{\partial^2 X(x)}{\partial x^2}}{X(x)}+\frac{\dfrac{\partial^2 (Y)}{\partial y^2}}{Y(y)}+\frac{\dfrac{\partial^2 Z(z)}{\partial z^2}}{Z(z)}+k^2=0 \tag{3.1.15}$$

显然,等式左边第1、2、3项分别只是 x、y、z 的函数,要使它们加起来等于常数 $-k^2$,只能是每一项都等于某一待定常数 $-k_x^2$、$-k_y^2$、$-k_z^2$,于是得到

$$\frac{\mathrm{d}^2 X(x)}{\mathrm{d}x^2}+k_x^2X(x)=0 \tag{3.1.16a}$$

$$\frac{\mathrm{d}^2 Y(y)}{\mathrm{d}y^2}+k_y^2Y(y)=0 \tag{3.1.16b}$$

$$\frac{\mathrm{d}^2 Z(z)}{\mathrm{d}z^2}+k_z^2Z(z)=0 \tag{3.1.16c}$$

以及

$$k_x^2+k_y^2+k_z^2=k^2=\omega^2\mu\varepsilon \tag{3.1.17}$$

那么求式(3.1.16a)、式(3.1.16b)和式(3.1.16c)的解分别为

$$X(x)\sim \mathrm{e}^{-\mathrm{j}k_x x}$$

$$Y(y)\sim \mathrm{e}^{-\mathrm{j}k_y y}$$

$$Z(z)\sim \mathrm{e}^{-\mathrm{j}k_z z}$$

式中:$\mathrm{e}^{-\mathrm{j}k_x x}$、$\mathrm{e}^{-\mathrm{j}k_y y}$、$\mathrm{e}^{-\mathrm{j}k_z z}$ 表示沿 x、y、z 方向传播到无穷远的波,另一个解 $\mathrm{e}^{\mathrm{j}k_x x}$、$\mathrm{e}^{\mathrm{j}k_y y}$、$\mathrm{e}^{\mathrm{j}k_z z}$ 表示逆 x、y、z 方向由无穷远传播来的波,若假定边界趋于无穷远,不存在反射波,这个解可以不予考虑。

根根式(3.1.14),可得

$$E_i=E_{0i}\mathrm{e}^{-\mathrm{j}(k_x x+k_y y+k_z z)}=E_{0i}\mathrm{e}^{-\mathrm{j}\boldsymbol{k}\cdot\boldsymbol{r}} \qquad (i=x,y,z) \tag{3.1.18}$$

式中:

$$\boldsymbol{k}=k_x\boldsymbol{x}_0+k_y\boldsymbol{y}_0+k_z\boldsymbol{z}_0 \tag{3.1.19}$$

$$\boldsymbol{r}=x\boldsymbol{x}_0+y\boldsymbol{y}_0+z\boldsymbol{z}_0$$

$\boldsymbol{k}$ 叫做波矢,其绝对值 k 叫做传播常数,k^2 满足的方程(3.1.17)叫做介质的色散方程。将式(3.1.18)代入式(3.1.10)就得到电场强度 $\boldsymbol{E}$ 的解为

$$\boldsymbol{E}(\boldsymbol{r})=\boldsymbol{E}(x,y,z)=\boldsymbol{x}_0E_{0x}\mathrm{e}^{-\mathrm{j}\boldsymbol{k}\cdot\boldsymbol{r}}+\boldsymbol{y}_0E_{0y}\mathrm{e}^{-\mathrm{j}\boldsymbol{k}\cdot\boldsymbol{r}}+\boldsymbol{z}_0E_{0z}\mathrm{e}^{-\mathrm{j}\boldsymbol{k}\cdot\boldsymbol{r}}=E_0\mathrm{e}^{-\mathrm{j}\boldsymbol{k}\cdot\boldsymbol{r}} \tag{3.1.20}$$

式中：
$$\boldsymbol{E}_0=E_{0x}\boldsymbol{x}_0+E_{0y}\boldsymbol{y}_0+E_{0z}\boldsymbol{z}_0 \tag{3.1.21}$$

同理，式(3.1.13b)解得

$$\boldsymbol{H}(\boldsymbol{r})=\boldsymbol{H}(x,y,z)=\boldsymbol{H}_0\mathrm{e}^{-\mathrm{j}\boldsymbol{k}\cdot\boldsymbol{r}} \tag{3.1.22}$$

式中：
$$\boldsymbol{H}_0=H_{0x}\boldsymbol{x}_0+H_{0y}\boldsymbol{y}_0+H_{0z}\boldsymbol{z}_0 \tag{3.1.23}$$

计及时间因子 $\mathrm{e}^{\mathrm{j}\omega t}$ 后，其解为

$$\boldsymbol{E}(\boldsymbol{r},t)=\boldsymbol{E}_0\mathrm{e}^{\mathrm{j}(\omega t-\boldsymbol{k}\cdot\boldsymbol{r})} \tag{3.1.24}$$

$$\boldsymbol{H}(\boldsymbol{r},t)=\boldsymbol{H}_0\mathrm{e}^{\mathrm{j}(\omega t-\boldsymbol{k}\cdot\boldsymbol{r})} \tag{3.1.25}$$

这里我们省略了取实部的运算符号 Re，以后遇到类似情况不再特别说明。式(3.1.21)、式(3.1.23)表示的 $\boldsymbol{E}_0$、$\boldsymbol{H}_0$ 是常数矢量，所以从形式上看式(3.1.20)和式(3.1.22)表示电场 $\boldsymbol{E}$ 和磁场 $\boldsymbol{H}$ 的解是一个常数矢量 $\boldsymbol{E}_0$、$\boldsymbol{H}_0$ 与一个指数函数 $\mathrm{e}^{-\mathrm{j}\boldsymbol{k}\cdot\boldsymbol{r}}$ 的乘积，即方向由常数矢量 $\boldsymbol{E}_0$、$\boldsymbol{H}_0$ 决定，大小由标量函数 $\mathrm{e}^{-\mathrm{j}\boldsymbol{k}\cdot\boldsymbol{r}}$ 决定。这个解我们以后把它叫做均匀平面波。

2. 平面波的梯度、散度、旋度运算

根据散度、旋度的定义，对电磁场量取散度、旋度的运算，就是进行微分的运算，但式(3.1.20)、式(3.1.22)表示平面波解，对电场 $\boldsymbol{E}$、磁场 $\boldsymbol{H}$ 取散度、旋度的运算可简化为代数运算。因为

$$\begin{aligned}\nabla(\mathrm{e}^{-\mathrm{j}\boldsymbol{k}\cdot\boldsymbol{r}})&=\left(\frac{\partial}{\partial x}\boldsymbol{x}_0+\frac{\partial}{\partial y}\boldsymbol{y}_0+\frac{\partial}{\partial z}\boldsymbol{z}_0\right)\mathrm{e}^{-\mathrm{j}(k_x x+k_y y+k_z z)}\\&=-\mathrm{j}(k_x\boldsymbol{x}_0+k_y\boldsymbol{y}_0+k_z\boldsymbol{z}_0)\mathrm{e}^{-\mathrm{j}(k_x x+k_y y+k_z z)}\\&=-\mathrm{j}\boldsymbol{k}\mathrm{e}^{-\mathrm{j}\boldsymbol{k}\cdot\boldsymbol{r}}\end{aligned} \tag{3.1.26}$$

再利用矢量运算恒等关系式(1.2.32)、式(1.2.33)得到

$$\begin{aligned}\nabla\cdot\boldsymbol{E}&=\nabla\cdot(\boldsymbol{E}_0\mathrm{e}^{-\mathrm{j}\boldsymbol{k}\cdot\boldsymbol{r}})=\boldsymbol{E}_0\cdot\nabla(\mathrm{e}^{-\mathrm{j}\boldsymbol{k}\cdot\boldsymbol{r}})+\mathrm{e}^{-\mathrm{j}\boldsymbol{k}\cdot\boldsymbol{r}}\nabla\cdot\boldsymbol{E}_0\\&=-\mathrm{j}\boldsymbol{k}\cdot(\boldsymbol{E}_0\mathrm{e}^{-\mathrm{j}\boldsymbol{k}\cdot\boldsymbol{r}})=-\mathrm{j}\boldsymbol{k}\cdot\boldsymbol{E}\end{aligned} \tag{3.1.27}$$

$$\begin{aligned}\nabla\times\boldsymbol{E}&=\nabla\times(\boldsymbol{E}_0\mathrm{e}^{-\mathrm{j}\boldsymbol{k}\cdot\boldsymbol{r}})=\nabla(\mathrm{e}^{-\mathrm{j}\boldsymbol{k}\cdot\boldsymbol{r}})\times\boldsymbol{E}_0+\mathrm{e}^{-\mathrm{j}\boldsymbol{k}\cdot\boldsymbol{r}}\nabla\times\boldsymbol{E}_0\\&=-\mathrm{j}\boldsymbol{k}\times\boldsymbol{E}_0\mathrm{e}^{-\mathrm{j}\boldsymbol{k}\cdot\boldsymbol{r}}=-\mathrm{j}\boldsymbol{k}\times\boldsymbol{E}\end{aligned} \tag{3.1.28}$$

$$\nabla\cdot\nabla\boldsymbol{E}=\nabla\cdot\nabla(\boldsymbol{E}_0\mathrm{e}^{-\mathrm{j}\boldsymbol{k}\cdot\boldsymbol{r}})=\nabla^2(\boldsymbol{E}_0\mathrm{e}^{-\mathrm{j}\boldsymbol{k}\cdot\boldsymbol{r}})=-k^2\boldsymbol{E} \tag{3.1.29}$$

这就是说对平面波求梯度可简化为乘 $(-\mathrm{j}\boldsymbol{k})$，而求散度、旋度可分别简化为与 $(-\mathrm{j}\boldsymbol{k})$ 点乘、叉乘。

3. 平面波的特点

从平面波解(3.1.20)、解(3.1.22)可知，平面波有以下一些特点：

(1)$\boldsymbol{E}$、$\boldsymbol{H}$、$\boldsymbol{k}$ 三者相互垂直，且构成右手螺旋关系

将式(3.1.20)、式(3.1.22)代入麦克斯韦方程组中两个散度方程 $\nabla\cdot\boldsymbol{E}=0$，$\nabla\cdot\boldsymbol{H}=0$，可得到

$$\boldsymbol{k}\cdot\boldsymbol{H}_0=0 \tag{3.1.30}$$

$$\boldsymbol{k}\cdot\boldsymbol{E}_0=0 \tag{3.1.31}$$

式(3.1.30)、式(3.1.31)表示波矢量 $\boldsymbol{k}$ 与电场 $\boldsymbol{E}$、磁场 $\boldsymbol{H}$ 垂直。而将式(3.1.20)、式(3.1.22)代入麦克斯韦方程组中两个旋度方程 $\nabla\times\boldsymbol{E}=-\mathrm{j}\omega\mu\boldsymbol{H}$ 和 $\nabla\times\boldsymbol{H}=\mathrm{j}\omega\varepsilon\boldsymbol{E}$，则可得到

$$\boldsymbol{H}_0=\frac{1}{\omega\mu}\boldsymbol{k}\times\boldsymbol{E}_0 \tag{3.1.32}$$

$$\boldsymbol{E}_0=-\frac{1}{\omega\varepsilon}\boldsymbol{k}\times\boldsymbol{H}_0 \tag{3.1.33}$$

式(3.1.32)、式(3.1.33)表示 $\boldsymbol{E}$ 跟 $\boldsymbol{H}$ 也相互垂直。式(3.1.30)至式(3.1.34)四式合起来，就表示 $\boldsymbol{E}$、$\boldsymbol{H}$、$\boldsymbol{k}$ 三者相互垂直，且构成右手螺旋关系。因此，我们可以选择一个特定的坐标系使得

$$\boldsymbol{E}_0=E_0\boldsymbol{x}_0 \tag{3.1.34}$$

$$\boldsymbol{H}_0=H_0\boldsymbol{y}_0 \tag{3.1.35}$$

$$\boldsymbol{k}=k\boldsymbol{z}_0 \tag{3.1.36}$$

在这个特定坐标系中，电场、磁场、波矢各只有一个分量。

于是式(3.1.20)和式(3.1.22)可表示为

$$\boldsymbol{E}=E_0\mathrm{e}^{-\mathrm{j}kz}\boldsymbol{x}_0 \tag{3.1.37}$$

$$\boldsymbol{H}=H_0\mathrm{e}^{-\mathrm{j}kz}\boldsymbol{y}_0 \tag{3.1.38}$$

一般情况下，$\boldsymbol{E}$、$\boldsymbol{H}$、$\boldsymbol{k}$ 各有三个分量。

如果我们定义 z 为纵向，则在这个特定坐标系中，电场、磁场都没有纵向分量。电场、磁场都没有纵向分量的场叫做横电磁模或 TEM 模。平行双导线、同轴线中的电磁场就属于 TEM 模。

(2)波阻抗

模 $|\boldsymbol{E}|$ 与 $|\boldsymbol{H}|$ 之比为一常数，叫做波阻抗。

引入单位波矢 $\boldsymbol{\kappa}_0$，使得 $\boldsymbol{\kappa}_0\cdot\boldsymbol{\kappa}_0=1$，$\boldsymbol{k}=k\boldsymbol{\kappa}_0$，这就是说 $\boldsymbol{\kappa}_0$ 是波矢 $\boldsymbol{k}$ 的单位矢量。则式(3.1.32)、式(3.1.33)可表示为

$$\boldsymbol{H}_0=Y\boldsymbol{\kappa}_0\times\boldsymbol{E}_0 \tag{3.1.39}$$

$$\boldsymbol{E}_0=-Z\boldsymbol{\kappa}_0\times\boldsymbol{H}_0 \tag{3.1.40}$$

式中：

$$Z=\frac{1}{Y}=\omega\mu/k=k/\omega\varepsilon=\sqrt{\mu/\varepsilon} \tag{3.1.41}$$

Z(或 Y)叫做均匀介质中平面波的本征阻抗(或本征导纳)。它表示平面波电场强度的模 $|\boldsymbol{E}|$ 与磁场强度的模 $|\boldsymbol{H}|$ 之比。本征阻抗也叫波阻抗，习惯上用 η 表示。对于自由空间，波阻抗为 $\sqrt{\mu_0/\varepsilon_0}=377\Omega$，用 η_0 表示。

(3)与 $\boldsymbol{k}$ 垂直的平面相位相等

如图 3-1 所示，在与 $\boldsymbol{k}$ 垂直的平面内，$\boldsymbol{r}$ 在 $\boldsymbol{k}$ 上的投影都等于 $\overline{OP}$，所以在此平面内每一点，$\boldsymbol{k}\cdot\boldsymbol{r}$ 都相等，也就是说在该平面内平面波的相位到处都一样。这就是我们把式(3.1.20)、式(3.1.22)叫做平面波的原因。而且只要 $\boldsymbol{k}$ 是实数，电场 $\boldsymbol{E}$ 或磁场 $\boldsymbol{H}$ 的幅值对于一给定的常数相平面是均匀的。一个平面波具有均匀的幅度，叫做均匀平面波。

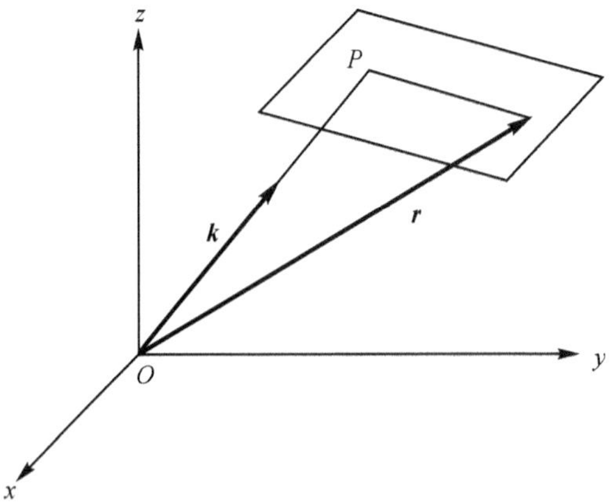

图 3-1 与 $\boldsymbol{k}$ 垂直的等相位面

(4)平面波传播的方向、波长 λ 与相速 v_{p}

等相位面运动的方向，或与等相位面垂直的方向就是波传播的方向。因为平面波的等相位面与波矢 $\boldsymbol{k}$ 垂直，所以波矢 $\boldsymbol{k}$ 的方向就是平面波传播的方向。

如果取 $\boldsymbol{k}$ 在坐标轴 z 方向，则 $\boldsymbol{k}\cdot\boldsymbol{r}=kz$，此时对式(3.1.20)乘 $e^{j\omega t}$ 再取实部得到电场 $\boldsymbol{E}$ 的瞬时表达式为

$$\boldsymbol{E}(\boldsymbol{r},t)=\mathrm{Re}[\boldsymbol{E}_0 e^{-j\boldsymbol{k}\cdot\boldsymbol{r}} e^{j\omega t}]=\boldsymbol{E}_0\cos(\omega t-kz) \tag{3.1.42}$$

电场 $\boldsymbol{E}$ 与波矢 $\boldsymbol{k}$ 垂直(或与 z 轴垂直)，在 x-y 平面内，如取电场 $\boldsymbol{E}$ 在 x 轴方向，则

$$\boldsymbol{E}(\boldsymbol{r},t)=\boldsymbol{x}_0\boldsymbol{E}_0\cos(\omega t-kz) \tag{3.1.43}$$

式(3.1.43)表示沿 z 方向(也就是 k 方向)传播的波，波长 λ 及等相位点运动速度 v_p 为

$$\lambda=\frac{2\pi}{k} \tag{3.1.44}$$

$$v_p=\frac{\omega}{k}=\frac{\omega}{\omega\sqrt{\mu\varepsilon}}=\frac{1}{\sqrt{\mu\varepsilon}} \tag{3.1.45}$$

式(3.1.45)表示波运动的速度等于介质中的光速。

真空中 $\mu=\mu_0$，$\varepsilon=\varepsilon_0$，传播常数 $k=\omega\sqrt{\mu_0\varepsilon_0}=k_0$，这时等相位点运动速度为

$$\frac{\omega}{k_0}=\frac{1}{\sqrt{\mu_0\varepsilon_0}}=c=3\times10^8(\mathrm{m/s}) \tag{3.1.46}$$

即为真空中的光速，而波长 λ_0 为

$$\lambda_0=\frac{2\pi}{k_0}=\frac{c}{f} \tag{3.1.47}$$

式中：f 为波的频率。

由上面分析可知，平面波的性质主要由波矢 $\boldsymbol{k}$ 决定，因为 $\boldsymbol{k}$ 的方向就是波传播的方向，波长 $\lambda=\frac{2\pi}{k}$，等相位点运动速度 $v_p=\frac{\omega}{k}$，$\boldsymbol{E}$、$\boldsymbol{H}$、$\boldsymbol{k}$ 三者相互垂直构成右手螺旋关系，而等相位面是与 $\boldsymbol{k}$ 垂直的平面。

平面波是被理想化了的。例如，从很远的天线辐射来的波严格地说是球面波，但如果观察点被限制在一个局部的小区域，就可近似为一平面波。

【例 3.1】 平面波波矢 $\boldsymbol{k}$ 的方向与 z 轴夹角为 θ，磁场 $\boldsymbol{H}$ 垂直纸面(即 y 方向)如图 3-2 所示，问电场 $\boldsymbol{E}$ 在什么方向？

解 因为平面波的电场 $\boldsymbol{E}$，磁场 $\boldsymbol{H}$ 以及波矢 $\boldsymbol{k}$ 三者相互垂直并构成右手螺旋关系，根据图 3-2，$\boldsymbol{H}$ 从纸面出来，$\boldsymbol{E}$ 一定平行于纸面(即在 x-z 平面内)且跟 $\boldsymbol{k}$ 垂直，此外 $\boldsymbol{E}$、$\boldsymbol{H}$、$\boldsymbol{k}$ 三者又构成右手螺旋关系，所以 $\boldsymbol{E}$ 在 x-z 平面内与 $\boldsymbol{k}$ 垂直的矢量 $\boldsymbol{u}$ 的方向平行。矢量 $\boldsymbol{u}$ 的方向可用单位矢量 $\boldsymbol{u}_0$ 表示，即 $\boldsymbol{u}_0=-\boldsymbol{z}_0\sin\theta+\boldsymbol{x}_0\cos\theta$。

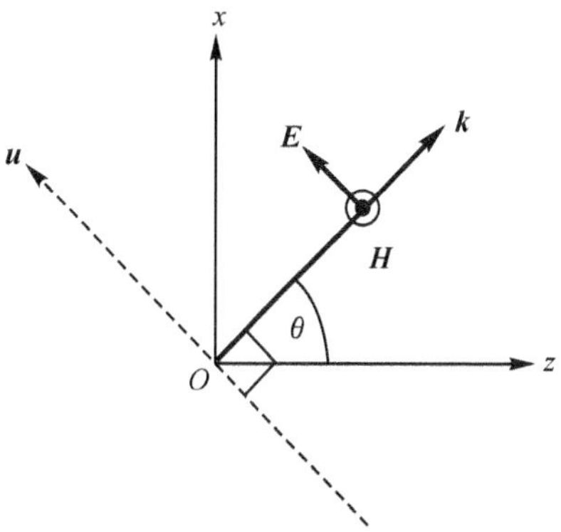

图 3-2　平面波，其传播方向与 z 轴夹角为 θ

【例 3.2】 在 ε_r、ε_0、μ_0 介质中，电场 $\boldsymbol{E}=\boldsymbol{x}_0E_0e^{-j3k_0z}$，$k_0=\omega\sqrt{\mu_0\varepsilon_0}$，$\omega=2\pi\times10^6\,\mathrm{rad/s}$，求介质的相对介电常数 ε_r、等相位面、波长 λ、相速 v_p、波阻抗 η 及磁场 $\boldsymbol{H}$。

解 由 $\boldsymbol{E}$ 的指数项表达式可知，$k=\omega\sqrt{\mu_0\varepsilon_r\varepsilon_0}=3\omega\sqrt{\mu_0\varepsilon_0}=3k_0$，所以 $\varepsilon_r=9$，$\boldsymbol{k}\cdot\boldsymbol{r}=kz=3k_0z$，即 $\boldsymbol{k}$ 与 $\boldsymbol{z}_0$ 方向一致，与 k 垂直的等相位面就是与 z 轴垂直的平面。

波长　$$\lambda=\frac{2\pi}{k}=\frac{2\pi}{3k_0}=\frac{2\pi}{3\omega\sqrt{\mu_0\varepsilon_0}}=\frac{2\pi\times3\times10^8}{3\times2\pi\times10^6}=100(\mathrm{m})$$

相速 $v_p=\frac{\omega}{3k_0}=\frac{\omega}{3\omega\sqrt{\mu_0\varepsilon_0}}=\frac{c}{3}=10^8(\text{m/s})$

波阻抗 $\eta=\sqrt{\frac{\mu_0}{\varepsilon_r\varepsilon_0}}=\frac{1}{3}\sqrt{\frac{\mu_0}{\varepsilon_0}}=\frac{377}{3}=125.6(\Omega)$

磁场 $\boldsymbol{H}=\frac{\nabla\times\boldsymbol{E}}{-\mathrm{j}\omega\mu_0}=\frac{-\mathrm{j}3k_0\boldsymbol{z}_0\times\boldsymbol{E}}{-\mathrm{j}\omega\mu_0}=\boldsymbol{y}_0\ \frac{3}{\eta_0}\boldsymbol{E}_0\mathrm{e}^{-\mathrm{j}3k_0z}$

3.1.3 导电介质中的平面波

本节前面得出的波方程及其平面波解，是在电导率 $\sigma=0$ 的完纯介质中得出的。下面要将其结果推广到 $\sigma\neq0$ 的导电介质中。

1. 导电介质的复介电系数表示及其麦克斯韦方程

导体是非常重要的一类介质，电导率 σ(单位是 S/m)是其特征参数。对于各向同性导体，传导电流密度 $\boldsymbol{J}_c$ 与电场强度 $\boldsymbol{E}$ 的关系为

$$\boldsymbol{J}_c=\sigma\boldsymbol{E} \tag{3.1.48}$$

计及传导电流密度后，安培全电流定律的微分形式为

$$\nabla\times\boldsymbol{H}=\mathrm{j}\omega\boldsymbol{D}+\boldsymbol{J}_c$$

对于各向同性介质，将 $\boldsymbol{D}=\varepsilon\boldsymbol{E},\boldsymbol{J}_c=\sigma\boldsymbol{E}$ 代入安培全电流定律描述的方程，得到

$$\nabla\times\boldsymbol{H}=\mathrm{j}\omega\left(\varepsilon-\mathrm{j}\frac{\sigma}{\omega}\right)\boldsymbol{E}$$

如果我们定义复介电常数

$$\tilde{\varepsilon}=\varepsilon-\mathrm{j}\frac{\sigma}{\omega} \tag{3.1.49}$$

那么，复介电常数的虚部就表示介质对电导率的影响，这里我们用 $\tilde{\varepsilon}$ 表示复介电常数。引入复介电常数后，麦克斯韦方程可表示为

$$\nabla\times\boldsymbol{E}=-\mathrm{j}\omega\mu\boldsymbol{H} \tag{3.1.50a}$$

$$\nabla\times\boldsymbol{H}=\mathrm{j}\omega\tilde{\varepsilon}\boldsymbol{E} \tag{3.1.50b}$$

$$\nabla\cdot\boldsymbol{H}=0 \tag{3.1.50c}$$

$$\nabla\cdot\boldsymbol{E}=0 \tag{3.1.50d}$$

对式(3.1.50a)两边取旋度并将式(3.1.50b)代入，可得波方程

$$(\nabla^2+\omega^2\mu\tilde{\varepsilon})\boldsymbol{E}=0 \tag{3.1.51}$$

或

$$(\nabla^2+k^2)\boldsymbol{E}=0 \tag{3.1.52}$$

式(3.1.52)就是导电介质中的波方程，其中 $k^2=w^2\mu\tilde{\varepsilon}$。

2. 导电介质中的平面波

只要将介电系数 ε 为实常数的波方程(3.1.7)中的实数 ε 换成复介电系数 $\tilde{\varepsilon}$ 就得到了导电介质中波方程(3.1.52)，所以在导电介质中也可得到平面波形式的解。如在特定坐标系下，使得 $\boldsymbol{E}$、$\boldsymbol{H}$、$\boldsymbol{k}$ 都只有一个分量，便得到

$$\boldsymbol{E}=\boldsymbol{x}_0E_0\mathrm{e}^{-\mathrm{j}kz} \tag{3.1.53a}$$

$$\boldsymbol{H}=\boldsymbol{y}_0\left(\frac{E_0}{\eta}\right)\mathrm{e}^{-\mathrm{j}kz} \tag{3.1.53b}$$

式中：

$$\eta=\sqrt{\frac{\mu}{\tilde{\varepsilon}}} \tag{3.1.54}$$

η 为导电介质的波阻抗。注意，因为 $\tilde{\varepsilon}$ 是复数，所以导电介质中 k、η 都是复数，定义

$$k=\omega\sqrt{\mu\varepsilon}\left[1-\mathrm{j}\frac{\sigma}{\omega\varepsilon}\right]^{\frac{1}{2}}=k_{\mathrm{r}}-\mathrm{j}k_{\mathrm{i}} \tag{3.1.55}$$

以及

$$\eta=|\eta|\mathrm{e}^{\mathrm{j}\varphi} \tag{3.1.56}$$

式中：$\sigma/\omega\varepsilon$ 叫做导电介质的损耗正切；$|\eta|$、φ 分别为复数本征阻抗 η 的模和相角；k_{r}、k_{i} 分别为 k 的实部和虚部，并假定为正实数，k_{i} 前面取负号使所得到的解当 k_{i} 取正实数时有物理意义。将式(3.1.54)、式(3.1.55)代入式(3.1.53)，得到

$$\boldsymbol{E}=\boldsymbol{x}_0E_0\mathrm{e}^{-k_{\mathrm{i}}z}\mathrm{e}^{-\mathrm{j}k_{\mathrm{r}}z}=\boldsymbol{x}_0E_x \tag{3.1.57}$$

$$\boldsymbol{H}=\boldsymbol{y}_0\left[\frac{E_0}{|\eta|}\right]\mathrm{e}^{-k_{\mathrm{i}}z}\mathrm{e}^{-\mathrm{j}k_{\mathrm{r}}z}\mathrm{e}^{-\mathrm{j}\varphi} \tag{3.1.58}$$

E 的瞬时值为

$$E_x=E_0\mathrm{e}^{-k_{\mathrm{i}}z}\cos(\omega t-k_{\mathrm{r}}z) \tag{3.1.59}$$

式(3.1.59)表示的波 z 方向传播的速度为

$$v=\frac{\omega}{k_{\mathrm{r}}} \tag{3.1.60}$$

随着波向 $+z$ 方向传播，幅度则按指数规律衰减，其衰减速率为 k_{i} 奈贝/米(N/m)。如果式(3.1.55)中 k_{i} 前面取＋号，则随着波向 $+z$ 方向传播，幅度不断增加，不符合实际情况，所以 k_{i} 前应取负号。

现在我们定义导电介质中平面波的穿透深度 d_{p}，当 $k_{\mathrm{i}}z=k_{\mathrm{i}}d_{\mathrm{p}}=1$ 时，按式(3.1.59)场幅度衰减到 $z=0$ 处的 $1/e$。显然 d_{p} 为

$$d_{\mathrm{p}}=\frac{1}{k_{\mathrm{i}}} \tag{3.1.61}$$

因此，当介电常数 $\tilde{\varepsilon}=\varepsilon_{\mathrm{r}}-\mathrm{j}\varepsilon_{\mathrm{i}}$ 为复数时，传播常数的实部 k_{r} 表示波的传播，虚部 k_{i} 则表示波传播方向的衰减。传播常数的虚部 k_{i} 源于复介电系数的虚部 ε_{i}，故虚部 ε_{i} 表示介质的损耗。

为简化书写，以后不再区分用 $\tilde{\varepsilon}$ 表示的复介电常数以及 ε 表示的实介电常数，不管介质有耗还是无耗都用 ε 表示。

由上面分析可知，导电介质中平面波与介电系数为实常数的介质中的平面波相比，前者波的幅度沿传播方向不断衰减，而后者波的幅度沿传播方向到处都一样。

下面分几种情况分析电导率 σ 对波传播的影响。

(1)电导率很小的介质

电导率很小的介质，其 $\frac{\sigma}{\omega\varepsilon}\ll 1$，式(3.1.55)可近似为

$$k=\omega\sqrt{\mu\varepsilon\left(1-\mathrm{j}\frac{\sigma}{\omega\varepsilon}\right)}\approx\omega\sqrt{\mu\varepsilon}\left(1-\mathrm{j}\frac{\sigma}{2\omega\varepsilon}\right) \tag{3.1.62}$$

所以

$$k_{\mathrm{r}}=\omega\sqrt{\mu\varepsilon} \tag{3.1.63a}$$

$$k_{\mathrm{i}}=\frac{\sigma}{2}\sqrt{\frac{\mu}{\varepsilon}} \tag{3.1.63b}$$

因此在电导率很小的介质中，波以传播常数 k_r 沿正 z 方向传播，其幅度不断衰减，衰减速率为 k_i(N/m)，每行进 d_p 距离

$$d_p=\frac{2}{\sigma}\sqrt{\frac{\varepsilon}{\mu}} \tag{3.1.64}$$

场衰减到$\frac{1}{e}$。

冰的电导率很小，$\sigma\approx10^{-6}$ S/m，$\varepsilon\approx3.2\varepsilon_0$，损耗正切为

$$\tan\delta=\frac{\sigma}{\omega\varepsilon}=\frac{10^{-6}}{2\pi f\times3.2\times8.85\times10^{-12}}=\frac{5.6\times10^3}{f}$$

因此当频率在兆赫范围，损耗正切是很小的，其穿透深度 $d_p\approx9.5$km，这就是说在兆赫频率范围，电磁波用于探测冰层厚度是很好的。美国阿波罗登月飞行利用的也是兆赫范围频率电磁波，因为在该频率范围月球表面电导率很低，电磁波有较大的穿透深度。

对于更高的频率，由于冰层中含有气泡，气泡中空气对高频电磁波产生散射，所以上面简单的模型对于更高频率的电磁波不再适用。

(2)电导率很大的介质

电导率很大的介质叫良导体，$\frac{\sigma}{\omega\varepsilon}\gg1$，此时 k 近似为

$$k=\omega\sqrt{\mu\varepsilon}\left[1-\mathrm{j}\frac{\sigma}{\omega\varepsilon}\right]^{\frac{1}{2}}\approx\sqrt{\omega\mu\left(\frac{\sigma}{2}\right)}(1-\mathrm{j}) \tag{3.1.65}$$

因此穿透深度为

$$d_p=\sqrt{\frac{2}{\omega\mu\sigma}}=\delta \tag{3.1.66}$$

式中：δ 表示 d_p 很小很小，习惯上叫做趋肤深度。这就是说对于良导体电磁场主要集中在表面趋肤深度 δ 厚度的薄层内，这种效应叫做趋肤效应。

(3)完纯导体

对于完纯导体，$\sigma\to\infty$，趋肤深度 $\delta\to0$，导体内没有电磁场，此时

$$\boldsymbol{J}=\sigma\boldsymbol{E}$$

因为 $\sigma\to\infty$，欲保证表面电流有限，$\boldsymbol{E}\to0$。

对于 Au、Ag、Cu、Al 等良导体，可被视为完纯导体，例如 Cu 的电导率 $\sigma=5.8\times10^7$ S/m。某些金属在极低温度下呈超导特性，叫做超导体。超导铅在温度为 4.2K 时，对于直流其电导率 σ 大于 2.7×10^{20} S/m。

【例 3.3】 设海水 $\sigma=4$S/m，$\varepsilon=81\varepsilon_0$，$\mu=\mu_0$，求频率为 50Hz、1MHz、100MHz 三个频率下海水的复介电常数 ε。

解　$$\varepsilon=81\varepsilon_0-\mathrm{j}\frac{\sigma}{\omega}=81\varepsilon_0\left(1-\mathrm{j}\frac{\sigma}{81\omega\varepsilon_0}\right)$$

将 ω、ε_0 及 σ 的值代入，得到

$$\varepsilon=\begin{cases}81\varepsilon_0(1-\mathrm{j}1.78\times10^7) & f=50\text{Hz}\\81\varepsilon_0(1-\mathrm{j}8.9\times10^2) & f=1\text{MHz}\\81\varepsilon_0(1-\mathrm{j}8.9) & f=100\text{MHz}\end{cases}$$

可见，虚部越大，表示导电性能越好，所以对于频率低于 100MHz 的电磁波，海水可视作导体。

【例 3.4】 设海水 $\sigma=4\text{S/m}$，$\varepsilon=81\varepsilon_0$，$\mu=\mu_0$，当 $f=100\text{Hz}$，水表面电场强度为 1V/m，问 100m 深处电场强度有多大？

解 当 $f=100\text{Hz}$ 时，有

$$\frac{\sigma}{\omega\varepsilon}=\frac{4\times36\pi\times10^9}{2\pi\times10^2\times81}\gg1$$

所以对 100Hz 频率，海水是良导体，可用式(3.1.66)求 d_p

$$d_p=\frac{1}{\sqrt{\pi\times10^2\times4\pi\times10^{-7}\times4}}=25.2(\text{m})$$

所以 100m 深处场强为

$$e^{-100/25.2}\times1\text{V/m}=0.0188(\text{V/m})$$

【例 3.5】 继续例 3.4，求水表面功率密度是多少？

用式(3.1.57)和式(3.1.58)得到

$$\langle \boldsymbol{S}\rangle=\frac{1}{2}\text{Re}\left\{\frac{E_0^2}{|\eta|}(e^{-2k_iz}e^{j\varphi})\boldsymbol{z}_0\right\}=\frac{E_0^2}{2|\eta|}e^{-2k_iz}(\cos\varphi)\boldsymbol{z}_0$$

因为
$$\varepsilon=\varepsilon-j\frac{\sigma}{\omega}=81\times8.854\times10^{-12}-j\frac{4}{2\pi\times100}\approx-j6.37\times10^{-3}$$

$$\eta=\sqrt{\frac{\mu}{\varepsilon}}=\sqrt{4\pi\times\frac{10^{-7}}{-j6.37\times10^{-3}}}=1.4\times10^{-2}\sqrt{j}$$

所以
$$|\eta|=1.4\times10^{-2},\quad \varphi=45^\circ$$

在 $z=0$ 处，$|E|=1\text{V/m}$，所以

$$\langle \boldsymbol{S}\rangle=\boldsymbol{z}_0 25.3(\text{W/m}^2)$$

由于电磁波在海水中传播衰减很快，这给潜艇间通信带来了困难。海水的相对介电常数差不多为 81，平均电导率为 4S/m，从式(3.1.55)可得衰减常数 k_i 为

$$k_i=\omega\sqrt{\mu_0\varepsilon}\left[1+\left(\frac{\sigma}{\omega\varepsilon}\right)^2\right]^{\frac{1}{4}}\sin\left[\frac{1}{2}\tan^{-1}\left(\frac{\sigma}{\omega\varepsilon}\right)\right]$$

随着频率增加，损耗不断增加，在很高的频率，式(3.1.63b)适用，即

$$k_i=\frac{\sigma}{2}\sqrt{\frac{\mu_0}{\varepsilon}}=83.8(\text{N/m})=728(\text{dB/m})$$

这个衰减系数非常大，波每传播 4mm 距离，功率就衰减一半。

为使损耗减小，工作频率必须降低，但是即使 $f=1\text{kHz}$，衰减还是较大，按式(3.1.55)有

$$k_i=0.126(\text{N/m})=1.1(\text{dB/m})\ (\text{频率为 1kHz 时})$$

因此，在 1kHz 频率，电磁波在海水中传播 100m，其衰减达到 110dB。如果应用更低的频率，传播的信号速率就会很小。

3.2 平面波的极化、色散以及电磁波谱

3.2.1 平面波的极化

电磁波的极化描述电磁波运动的空间性质。

对于时谐电磁场，空间固定点的电场 $\boldsymbol{E}$ 随时间作简谐变化。波的极化可以用固定点的电场矢量末端点在与波矢 $\boldsymbol{k}$ 垂直的平面内的投影随时间运动的轨迹来描述。如果其场矢量末端点投影轨迹是一条直线，这种波叫做线极化波。如果场矢量末端点投影轨迹是一圆，叫做圆极化波。如果末端点投影轨迹是一椭圆，就叫做椭圆极化波。太阳光、普通照明光源发出的光可以是随机极化的，这种电磁波叫做非极化波。电磁波也可能是部分极化。部分极化波可以看成是极化波与非极化波的混合。

如果取 $\boldsymbol{k}$ 的方向为坐标轴 z 的方向，因为 $\boldsymbol{E}$、$\boldsymbol{H}$、$\boldsymbol{k}$ 相互垂直，所以电场只有 E_x、E_y 两个分量，平面波电场 $\boldsymbol{E}$ 可表示成

$$\boldsymbol{E}=\boldsymbol{x}_0 E_{xm}\mathrm{e}^{-\mathrm{j}(kz-\varphi_a)}+\boldsymbol{y}_0 E_{ym}\mathrm{e}^{-\mathrm{j}(kz-\varphi_b)} \tag{3.2.1}$$

根据时谐矢量的复矢量表示的定义，可得

$$E_x(z,t)=\mathrm{Re}\{E_{xm}\mathrm{e}^{-\mathrm{j}(kz-\varphi_a)}\mathrm{e}^{\mathrm{j}\omega t}\}=E_{xm}\cos(\omega t-kz+\varphi_a) \tag{3.2.2a}$$

$$E_y(z,t)=\mathrm{Re}\{E_{ym}\mathrm{e}^{-\mathrm{j}(kz-\varphi_b)}\mathrm{e}^{\mathrm{j}\omega t}\}=E_{ym}\cos(\omega t-kz+\varphi_b) \tag{3.2.2b}$$

式中：E_{xm}、E_{ym} 为实数。为了得到电场矢量 $\boldsymbol{E}$ 末端点在 x-y 平面随时间变化的轨迹方程，需将式(3.2.2a)与式(3.2.2b)中$(\omega t-kz)$消去得到关于 E_x、E_y 的方程。

令　　$\varphi=\varphi_b-\varphi_a$

则由式(3.2.2)可得

$$\frac{E_x}{E_{xm}}\sin\varphi_b-\frac{E_y}{E_{ym}}\sin\varphi_a=\cos(\omega t-kz)\sin\varphi \tag{3.2.4a}$$

$$\frac{E_x}{E_{xm}}\cos\varphi_b-\frac{E_y}{E_{ym}}\cos\varphi_a=-\sin(\omega t-kz)\sin\varphi \tag{3.2.4b}$$

求以上两式的平方和，则可消去式中的$(\omega t-kz)$，得到

$$\frac{E_x^2}{E_{xm}^2}+\frac{E_y^2}{E_{ym}^2}-\frac{2\cos\varphi}{E_{xm}E_{ym}}E_xE_y-\sin^2\varphi=0 \tag{3.2.5}$$

下面分几种情况分析关于 E_x、E_y 的方程(3.2.5)。

1. 线极化

如果 $\varphi=0$ 或 π，由式(3.2.5)可得

$$E_y=\pm\left(\frac{E_{ym}}{E_{xm}}\right)E_x \tag{3.2.6}$$

在 E_x-E_y 平面，这是关于斜率为$\left(\pm\frac{E_{ym}}{E_{xm}}\right)$的直线。$\varphi=0$ 取正号，$\varphi=\pi$ 取负号。$\varphi=\pi$ 的情况如图 3-3 所示。

2. 圆极化

如果　$\varphi=\pm\frac{\pi}{2}$，$\frac{E_{ym}}{E_{xm}}=1$

则式(3.2.5)成为

$$E_x^2+E_y^2=E_{xm}^2 \tag{3.2.7}$$

其图解在 E_x-E_y 平面是一个圆，所以是圆极化。圆的半径等于 E_{xm}。

注意当 $\varphi=\frac{\pi}{2}$时

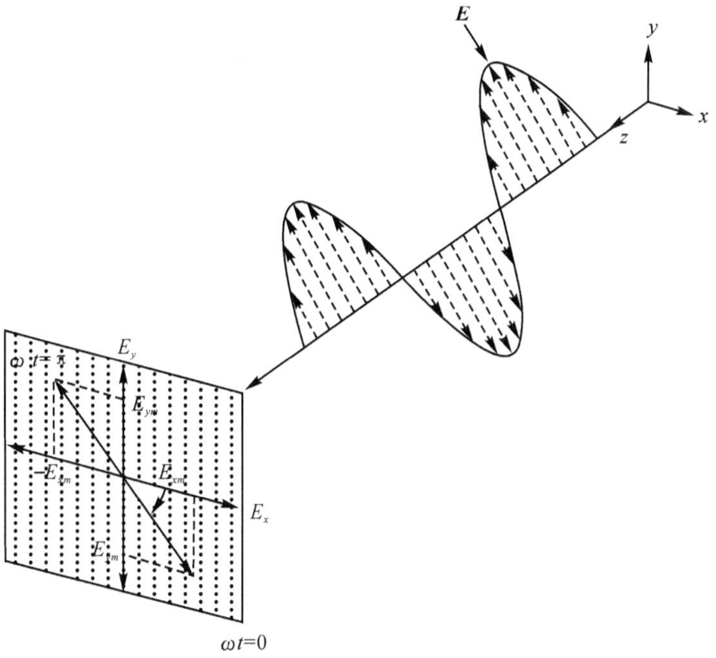

图 3-3　线极化

$$E_x = E_{xm}\cos(\omega t - kz + \varphi_a) \tag{3.2.8a}$$

$$E_y = -E_{xm}\sin(\omega t - kz + \varphi_a) \tag{3.2.8b}$$

因为电场矢量 $\boldsymbol{E}$ 末端点随时间是顺时针旋转的，如果用左手顺着旋转方向，大拇指就指向 z，故称左手极化波。而当 $\varphi = -\frac{\pi}{2}$ 时，也得到一个圆极化波，但这是右手圆极化波，即当右手四指顺着矢量末端点旋转时，大拇指就是 $+z$ 的方向。由螺旋天线辐射的右旋圆极化波，其电场矢量末端点运动轨迹如图 3-4 所示。

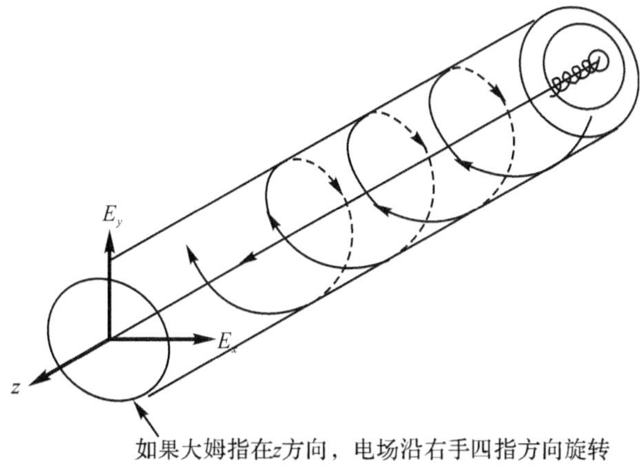

图 3-4　圆极化(右旋)

3. 椭圆极化

除了线极化和圆极化这两种特殊情况外，式(3.2.5)表示的是一个椭圆方程，它说明 E_x、E_y 合成矢量 $\boldsymbol{E}$ 的端点轨迹为椭圆(见图 3-5)，故称为椭圆极化。椭圆的中心在原点，椭圆内

切于边长 $2E_{xm}$、$2E_{ym}$ 的矩形。椭圆的长轴 $2a$、短轴 $2b$ 以及椭圆的取向角 ψ 满足

$$a^2+b^2=E_{xm}^2+E_{ym}^2 \tag{3.2.9a}$$

$$\pm ab=E_{xm}E_{ym}\sin\varphi \tag{3.2.9b}$$

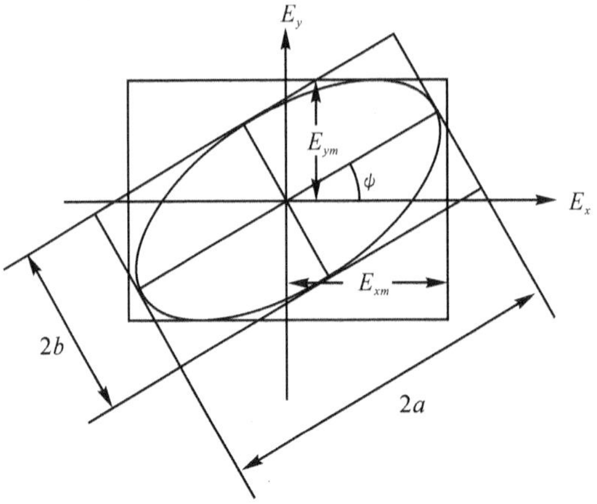

图 3-5　椭圆极化

$$\tan 2\psi=\frac{2E_{xm}E_{ym}}{E_{xm}^2-E_{ym}^2}\cos\varphi \tag{3.2.9c}$$

4. 邦加复平面

为了预示电场矢量末端点运动轨迹的形状与旋转方向，我们把前面几种情况都表示在一复平面(称为邦加复平面)上，在该平面上每一点都对应一个幅度 A 与相位 φ(见图 3-6)，假定复矢量表示的电场 $\boldsymbol{E}$ 为

$$\boldsymbol{E}=(\boldsymbol{x}_0E_x+\boldsymbol{y}_0E_y)\mathrm{e}^{-\mathrm{j}kz} \tag{3.2.10}$$

由下式定义 A 和 φ

$$\frac{E_y}{E_x}=A\mathrm{e}^{\mathrm{j}\varphi} \tag{3.2.11}$$

那么对于线极化波，$\frac{E_y}{E_x}$ 在该复平面对应的点就是实轴，$\varphi=0$ 或 π。对于圆极化，在该复平面对应的点就是 $A=1$，$\varphi=\pm\frac{\pi}{2}$。进一步研究表明，如果 $\frac{E_y}{E_x}$ 落在上半平面，都是左手椭圆极化的，落在下半平面都是右手椭圆极化的。当虚轴 $y\to\infty$ 时，近似为线极化波，因为此时电场的 E_x 分量可略去。

【例 3.6】 当 $E_{xm}=E_{ym}$，$\varphi_b-\varphi_a=\frac{\pi}{2}$，$\boldsymbol{E}$ 由式(3.2.1)表示，求磁场矢量末端点的运动轨迹。

解　由麦克斯韦方程式(3.1.1)以及式(3.2.1)表示的磁场 $\boldsymbol{H}$ 为

$$\boldsymbol{H}=\frac{\nabla\times\boldsymbol{E}}{-\mathrm{j}\omega\mu}=-\boldsymbol{x}_0\frac{E_{ym}}{\eta_0}\mathrm{e}^{\mathrm{j}\varphi_b}\mathrm{e}^{-\mathrm{j}kz}+\boldsymbol{y}_0\frac{E_{xm}}{\eta_0}\mathrm{e}^{\mathrm{j}\varphi_a}\mathrm{e}^{-\mathrm{j}kz}$$

所以在时域中磁场分量 H_x、H_y 为

$$H_x(z,t)=\frac{E_{xm}}{\eta_0}\sin(\omega t-kz+\varphi_a)$$

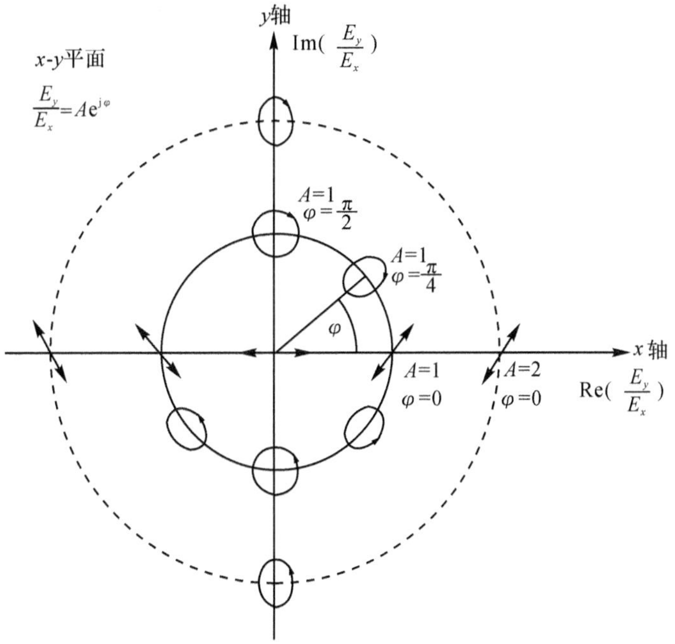

图 3-6　极化波的极化取决于比值$\frac{E_y}{E_x}$,波的传播方向为 $\boldsymbol{z}_0$

$$H_y(z,t)=\frac{E_{xm}}{\eta_0}\cos(\omega t-kz+\varphi_a)$$

因此
$$H_x^2+H_y^2=(\frac{a}{\eta_0})^2$$

磁场矢量末端运动轨迹也是一个圆,与式(3.2.8)比较,在 $kz=\varphi_a$, $\omega t=0$,$\boldsymbol{E}$ 在 x 方向,$\boldsymbol{H}$ 在 y 方向,随时间演变,它们按同样方向旋转,且永远相互垂直,如图 3-7 所示。

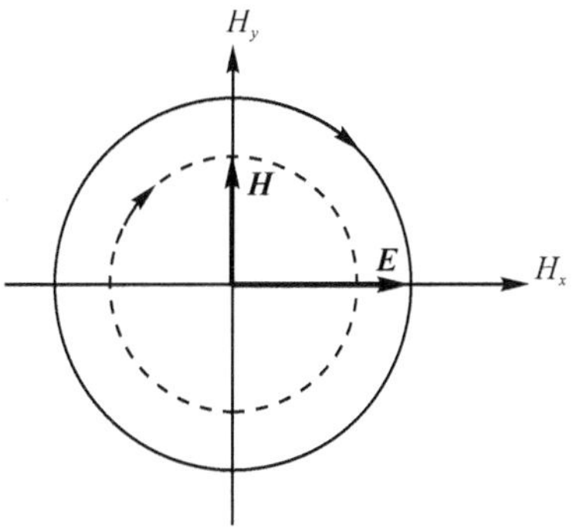

图 3-7　圆极化波的 $\boldsymbol{E}$、$\boldsymbol{H}$ 场

电磁波的极化特性得到了广泛应用。调幅电台辐射的电磁波的电场垂直于地面平行于天线塔。所以收音机天线就要安置得与电场方向平行即与地面垂直接收效果才最好。但是对于电视广播,电场 $\boldsymbol{E}$ 与地面平行,所以电视机接收天线就要与地面平行,且对准电视发射台方向。很多调频广播电台,波是圆极化的,接收天线就可任意放置,只要对准电视信号发来的方向即可。

为了增加特定频率范围内的通信容量,某些卫星通信系统利用正交极化的两个波束,使通信容量比单极化通信系统增加一倍。

3.2.2　色散与群速

色散是指波传播的速度与频率的关系。如果波传播速度与频率无关,就称无色散,反之就是有色散。

色散的名称来源于光学。当一束阳光投射到三棱镜上时,在棱镜的另一边就可看到赤、橙、黄、绿、青、蓝、紫七色光散开的图像。这就是光波段电磁波的色散现象,是由于不同频率的光在棱镜中具有不同的介电系数(或折射率),即具有不同的相速度所致。对于理想介质,$k=\omega\sqrt{\mu\varepsilon}$,$k$ 与 ω 成正比,相速 v_p 与频率 ω 无关,所以理想介质是无色散介质。如果 k 与 ω 不成线性关系,相速 v_p 与 ω 有关,这种介质就称为色散介质。第 1 章讨论过的等离子体其有效介电系数 ε 是 ω 的函数,k 与 ω 不再成线性关系,因而 v_p 与 ω 有关,故等离子体属于色散介质。

引起色散的原因是多方面的,介质的介电系数与频率有关引起的色散叫做介质色散,只是色散的一种原因,还有所谓波导色散,将在第 4 章讨论。

色散是限制电磁波传输信号速率的重要因素。因为任何信号都可表示为任一时间的函数,总可用傅里叶展开将信号表示为无数不同频率正弦波的叠加。当信号加到电磁波载体上传播时,如果与信号频谱对应每个频率分量的相速相同,那么信号传播一段距离后其合成波形与初始波形不会有变化。如果信号所包含的各频率分量相速不等,那么信号传播一段距离后,信号各分量合成的波形将与起始时的波形不同。图 3-8 表示矩形脉冲波经光纤长距离传输后因色散畸变为一钟形波,光脉冲变宽后有可能使接收端的前后两个脉冲无法分辨,从而限制光纤传输的最大码率。

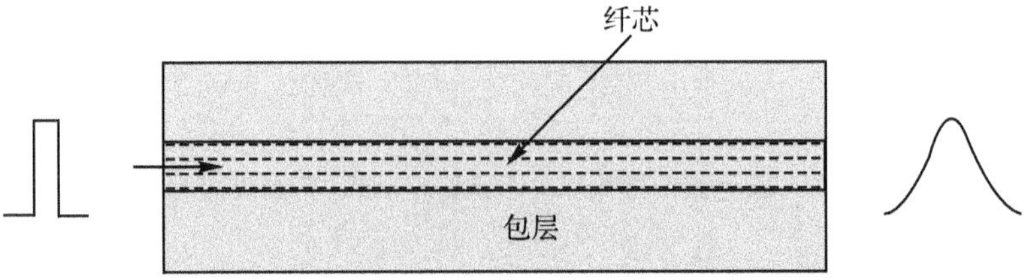

图 3-8 光纤色散引起传输信号的畸变

$\boldsymbol{E}(z,t)=\boldsymbol{E}_0\cos(\omega t-kz)$表示的平面波是在时间、空间上无限延伸的单频率的电磁波,叫做单色波。单色波不能传播信息。信号加到电磁波上就不再是单色波。非单色波的传播与单色波的传播有什么区别呢?下面考虑一种最简单的情况,传播的信号只含两个频率分量,一个比载波 ω_c 略高,为 $\omega_c+\mathrm{d}\omega$;另一个比 ω_c 略低,为 $\omega_c-\mathrm{d}\omega$,其瞬时表达式为

$$\boldsymbol{E}(t)=\boldsymbol{E}_0\cos(\omega_c-\mathrm{d}\omega)t+\boldsymbol{E}_0\cos(\omega_c+\mathrm{d}\omega)t$$

此信号沿波导传播 z 距离后,两个波的合成为

$$\boldsymbol{E}(z,t)=\boldsymbol{E}_0\cos[(\omega_c-\mathrm{d}\omega)t-(k_{zc}-\mathrm{d}k_z)z]+\cos[(\omega_c+\mathrm{d}\omega)t-(k_{zc}+\mathrm{d}k_z)z]$$

上式写成更简洁的形式为

$$\boldsymbol{E}(z,t)=2\boldsymbol{E}_0\cos[(\mathrm{d}\omega)t-(\mathrm{d}k_z)z]\cos(\omega_c t-k_{zc}z)$$

因此,该信号可看成是一高频载波 $\cos(\omega_c t-k_{zc}z)$,其振幅被低频波 $\cos[(\mathrm{d}\omega)t-(\mathrm{d}k_z)z]$ 调制,如图 3-9 所示。类似于式(2.2.24)的推导,振幅包络的传播速度为

$$v_g=\frac{\mathrm{d}\omega}{\mathrm{d}k_z} \tag{3.2.12}$$

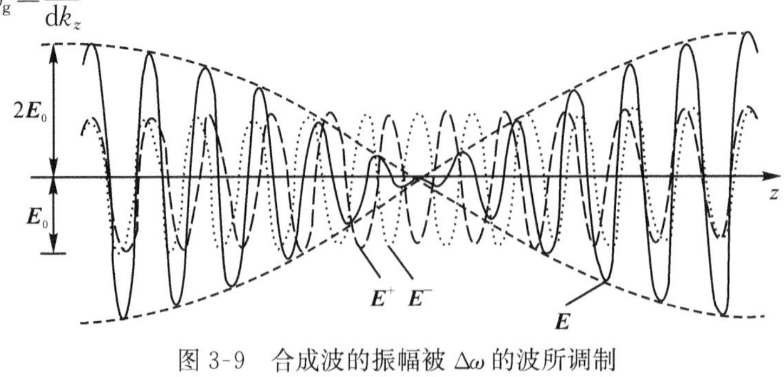

图 3-9 合成波的振幅被 $\Delta\omega$ 的波所调制

如果有更复杂的信号波形，即信号中包含更多的频率分量，且假定波导(导引电磁波的结构)的色散比较小，那么在一个不大的频率范围内，整个信号包络可近似为以 v_g 速度在传播。

信号包络运动的速度才真正表示信号传播的速度，也就是电磁能流运动的速度，故称 v_g 为波导的群速。

利用 $v_p=\dfrac{\omega}{k_z}$ 表达式，群速可进一步表示为

$$v_g=\frac{v_p}{1-\dfrac{\omega}{v_p}\left(\dfrac{dv_p}{d\omega}\right)} \tag{3.2.13}$$

由式(3.2.13)可见，如果 v_p 与频率无关，即 $\dfrac{dv_p}{d\omega}=0$，则群速等于相速，$v_g=v_p$。对于以前讨论的平行双导线、同轴线，当工作于 TEM 模时，v_p 与频率无关，v_p 等于 v_g，且都等于传输线所在介质的光速。

$$v_p=v_g=\frac{1}{\sqrt{\varepsilon\mu}}$$

色散特性 $k(\omega)$ 在 ω-k 平面上表示为一条曲线，图 3-10 所示是典型的等离子体的色散曲线。曲线上任一点与原点连线斜率 $\tan\theta_p$ 表示该点相速 v_p，而切线斜率 $\tan\theta_g$ 表示该点群速 v_g，θ_p、θ_g 的意义如图 3-10 所示。因为由式 (1.6.8)可知等离子体

$$k=\omega\sqrt{\mu_0\varepsilon_0\left(1-\frac{\omega_p^2}{\omega^2}\right)}$$

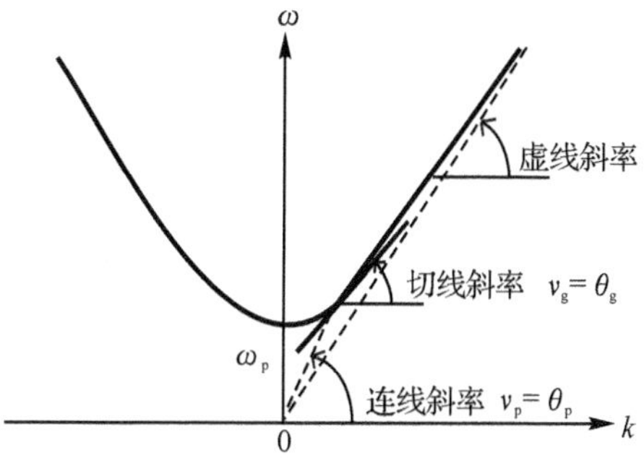

图 3-10　等离子体色散曲线

当 $\omega=\omega_p$ 时，$k=0$；$\omega\to\infty$时，$k=\omega\sqrt{\mu_0\varepsilon_0}$。对于无色散介质，色散曲线是从原点出发、斜率为 $\dfrac{1}{\sqrt{\mu\varepsilon}}$ 的直线。

3.2.3　电磁波谱

1. 电磁波谱图

在自由空间，电磁波以光速 $c(3\times10^8\,\mathrm{m/s})$传播。波长 λ 与频率 f 满足下面关系：

$$\lambda=\frac{c}{f}$$

所以电磁波可以用波长或频率区分。频率和波长的变化范围可以覆盖多个数量级，为了简化

数字，频率单位常用千赫、兆赫等表示，波长单位常用千米、毫米等表示，如表 3-1、3-2 所示。

表 3-1 频率常用单位

名 称	简写	与 Hz 的关系
千赫(kilohertz)	kHz	10^3
兆赫(megahertz)	MHz	10^6
吉赫(gigahertz)	GHz	10^9
太赫(Terahertz)	THz	10^{12}
皮赫(Petahertz)	PHz	10^{15}

表 3-2 波长常用单位

名 称	简写	与 m 的关系
千米(kilometre)	km	10^3
毫米(millimetre)	mm	10^{-3}
微米(micrometre) (or micron)	μm	10^{-6}
纳米(nanometre)	nm	10^{-9}

理论上电磁波的频率可以从零到无穷大，实际上我们所掌握的电磁波的频率范围是有限的。电磁波可用频率的范围称为电磁波谱，如图 3-11 所示。从图 3-11 可见，普通无线电波，包括甚低频（VLF，3～30kHz）、低频（LF，30～300kHz）、中频（MF，300～3000kHz）、高频（HF，3～30MHz）、甚高频（VHF，30～300MHz），频率从几 kHz 到 300MHz。如果用波长来称呼，甚低频、低频、中频、高频、甚高频又叫做超长波、长波、中波、短波、超短波，波长从 10^5m 到 1m。广义地说，微波是指频率从 300MHz 到 300GHz 范围内的电磁波，其相应的波长范围是 1m 至 1mm。根据应用上的特点，微波又可细分成分米波、厘米波、毫米波，如表 3-3 所示。微波与红外的过渡段称为亚毫米波。光波所指的频率范围比可见光（380THz 到 770THz）要宽。从现代激光和光学系统应用的频率来看，光波一般是指频率从 100THz 到 1000THz 的电磁波谱，相应的波长为 3μm 至 300nm。比可见光波长更短的依次是紫外线、X 射线、γ 射线。

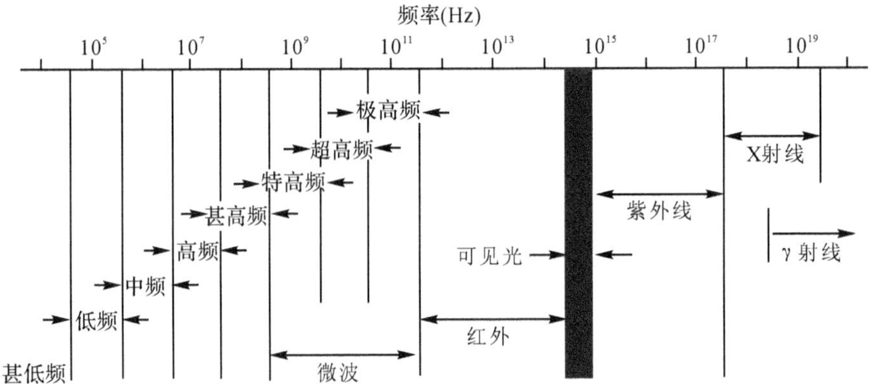

图 3-11 电磁波谱图

表 3-3 微波波段

波长范围 (m)	频率范围	波段名称			备 注
		按波长	按频率	代号	
10～1	30～300MHz	米波	甚高频	VHF	普通无线电波与微波的过渡
1～0.1	300～3000MHz	分米波	特高频	UHF	微波
0.1～0.01	3～30GHz	厘米波	超高频	SHF	
0.01～0.001	30～300GHz	毫米波	极高频	EHF	
0.001～0.00001	300～30000GHz	亚毫米波			微波与红外的过渡

有时用一些特定的字母代表微波中的某一波段，这些代号起源于初期雷达研究的保密需要，后来沿用至今，没有严格和统一的定义。比较通行的代号如表3-4所示。

表3-4　雷达波段代号

波段代号	P	L	S	C	X	K	K_u	Q	V
波段	米波	22cm	10cm	5cm	3cm	2cm	1.25cm	8mm	4mm

2. 电磁波大气传输窗口

实现信号的远距离传输，传输过程中损耗一定要小。利用接近地球表面的空间传递信息时，要考虑大气对电磁波传输的影响。大气对于电磁波，有些频率范围是透明的，称为大气窗口，如图3-12所示。第一个较宽的大气窗口覆盖了从射频到厘米波这一段电磁波谱。波长从10mm到1mm也有几个窄的大气窗口。这些大气窗口在通信、雷达、遥感等领域也得到了广泛应用。在光波段又有一个很宽的大气窗口，其中包括为人眼所感知的可见光窗口。紧靠光波的红外也有很多窄的窗口。由于大气中微粒(如很小的水滴、尘埃)散射引起的损耗，光波通过大气的传输只能在短距离上得到应用。

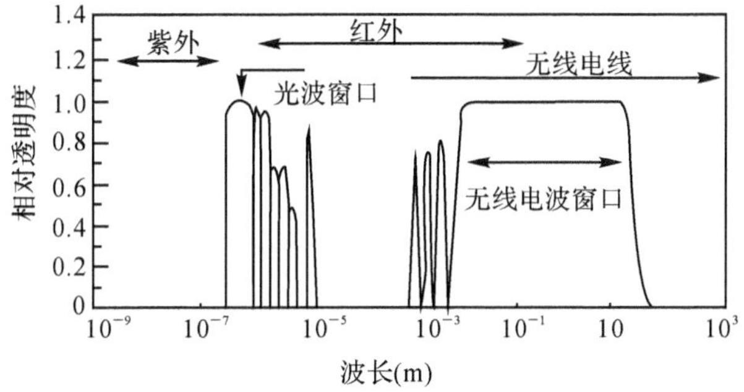

图3-12　电磁波大气传输窗口

事情都有两面性，大气吸收对于远距离通信当然不利，但对于室内无线通信，因为通信距离短，大气吸收不再是制约通信的主要因素，相反由于大气吸收，波不能传播到很远。利用这一特性可实现频率的空间复用。因此处于大气吸收峰的60GHz附近这一段频谱资源，目前正被大力开发应用。

3. 不同波段电磁波的传播特性及其应用

电磁波谱的各个波段在空间的传播特性是不一样的。长波可以沿地球的弯曲表面传播到很远，这种传播方式叫地波。短波可以借助60～300km高空的电离层折射返回地面，这种传播方式叫天波。到了超短波、微波和光波波段，电磁波则能穿过电离层达到外层空间(视距传播)，这种传播方式称为空间波。考虑大气吸收，利用穿透电离层的视距传播，通常采用微波。地球和宇宙空间之间的通信、卫星通信必须使用微波。陆地移动通信越来越多地采用微波。微波视距传播用于陆地长距离通信有它不利的一面，即在地球上它不能传播到很远的地方，因为地球表面是弯曲的表面，一个高100m的发射天线其作用半径只有约40km。为了解决微波在陆地上传播距离有限这个难题，通常在发射台与接收台之间设立若干中继站，站与站之间距离不超过视距，这样微波信号就可像接力棒一样，一站一站地传下去。也可把中继站设在人造地球卫星上，这样通信的距离就很大了。目前广泛使用的是赤道上空距地球表面约36000km

的同步轨道上的同步卫星。三颗同步卫星就可覆盖全球的大部分面积(南北极除外)。

光波通过大气衰减较大,光波通过大气传输只能在短距离上实现。光波的长距离传播要用低损耗的光纤。1970年美国康宁玻璃公司研制出第一条光导纤维(损耗为20dB/km,波长为0.8μm)。目前工作在1.45～1.65μm波长的商用低损耗石英光纤每公里损耗可小于0.2dB。

3.3　各向异性介质中平面波

3.3.1　各向异性介质中 ε、μ 的并矢表示

1. 各向异性介质中 $\boldsymbol{\varepsilon}$、$\boldsymbol{\mu}$ 的矩阵表示

各向异性介质中波传播特性与电磁场的空间取向有关。各向异性介质有电各向异性介质与磁各向异性介质之分。在电各向异性介质中,电场强度 $\boldsymbol{E}$ 与电通量密度 $\boldsymbol{D}$ 不再平行,$\boldsymbol{E}$ 与 $\boldsymbol{D}$ 一般的线性关系为

$$\begin{pmatrix} D_x \\ D_y \\ D_z \end{pmatrix} = \begin{pmatrix} \varepsilon_{xx} & \varepsilon_{xy} & \varepsilon_{xz} \\ \varepsilon_{yx} & \varepsilon_{yy} & \varepsilon_{yz} \\ \varepsilon_{zx} & \varepsilon_{zy} & \varepsilon_{zz} \end{pmatrix} \begin{pmatrix} E_x \\ E_y \\ E_z \end{pmatrix} \tag{3.3.1}$$

所以在电各向异性介质中,介电系数 ε 要用9个元素组成的矩阵(或质量)表示。

而在磁各向异性介质中,磁通量密度 $\boldsymbol{B}$ 与磁场强度 $\boldsymbol{H}$ 也不再平行,其关系为

$$\begin{pmatrix} B_x \\ B_y \\ B_z \end{pmatrix} = \begin{pmatrix} \mu_{xx} & \mu_{xy} & \mu_{xz} \\ \mu_{yx} & \mu_{yy} & \mu_{yz} \\ \mu_{zx} & \mu_{zy} & \mu_{zz} \end{pmatrix} \begin{pmatrix} H_x \\ H_y \\ H_z \end{pmatrix} \tag{3.3.2}$$

所以在磁各向异性介质中,磁导率 μ 也要用9个元素组成的矩阵表示。

式(3.3.1)表示在电各向异性介质中,外加电场 E_x 分量可感应 D_x、D_y、D_z 三个分量,而式(3.3.2)表示,在磁各向异性介质中,外加磁场 B_x 分量可感知 H_x、H_y、H_z 三个分量。其余以此类推。

用矩阵表示的物质本构关系式(3.3.1)与式(3.3.2)代入麦克斯韦方程很不方便,为此引入并矢概念,使式(3.3.1)与式(3.3.2)表达式很简洁。

2. 并矢及各向异性介质中 $\boldsymbol{\varepsilon}$、$\boldsymbol{\mu}$ 的并矢表示

两矢量乘积运算除了标积和矢积外,在物理问题中还可能碰到两种矢量的直接相乘:

$$\begin{aligned} \overline{\overline{C}} = \boldsymbol{AB} &= (A_x\boldsymbol{x}_0 + A_y\boldsymbol{y}_0 + A_z\boldsymbol{z}_0)(B_x\boldsymbol{x}_0 + B_y\boldsymbol{y}_0 + B_z\boldsymbol{z}_0) \\ &= A_xB_x\boldsymbol{x}_0\boldsymbol{x}_0 + A_xB_y\boldsymbol{x}_0\boldsymbol{y}_0 + A_xB_z\boldsymbol{x}_0\boldsymbol{z}_0 + \\ &\quad A_yB_x\boldsymbol{y}_0\boldsymbol{x}_0 + A_yB_y\boldsymbol{y}_0\boldsymbol{y}_0 + A_yB_z\boldsymbol{y}_0\boldsymbol{z}_0 + \\ &\quad A_zB_x\boldsymbol{z}_0\boldsymbol{x}_0 + A_zB_y\boldsymbol{z}_0\boldsymbol{y}_0 + A_zB_z\boldsymbol{z}_0\boldsymbol{z}_0 \end{aligned} \tag{3.3.3}$$

称 $\overline{\overline{C}}$ 为并矢。所以在三维空间,标量用一个元素表示,矢量用三个元素表示,而并矢就要用9

个元素表示。

并矢的一次标积为$\overline{\overline{A}}\cdot\overline{\overline{B}}$,其运算法则是夹在中间的两个单位矢量按标积运算。如

$$\boldsymbol{x}_0\boldsymbol{x}_0\cdot\boldsymbol{x}_0\boldsymbol{y}_0=\boldsymbol{x}_0\boldsymbol{y}_0$$

$$\boldsymbol{x}_0\boldsymbol{x}_0\cdot\boldsymbol{y}_0\boldsymbol{y}_0=0$$

并矢的二次标积为$\overline{\overline{A}}:\overline{\overline{B}}$,其运算法则是夹在中间的两个单位矢量先按标积运算,剩下的两边的两个单位矢量再进行一次标积运算。如

$$\boldsymbol{x}_0\boldsymbol{x}_0:\boldsymbol{x}_0\boldsymbol{x}_0=\boldsymbol{x}_0\cdot\boldsymbol{x}_0=1$$

$$\boldsymbol{x}_0\boldsymbol{x}_0:\boldsymbol{x}_0\boldsymbol{y}_0=\boldsymbol{x}_0\cdot\boldsymbol{y}_0=0$$

在各向异性介质中引入并矢后,物质的本构关系表达式就显得很简洁。

如果定义并矢$\overline{\overline{\varepsilon}}$

$$\overline{\overline{\varepsilon}}=\begin{bmatrix}\varepsilon_{xx}\boldsymbol{x}_0\boldsymbol{x}_0 & \varepsilon_{xy}\boldsymbol{x}_0\boldsymbol{y}_0 & \varepsilon_{xz}\boldsymbol{x}_0\boldsymbol{z}_0\\ \varepsilon_{yx}\boldsymbol{y}_0\boldsymbol{x}_0 & \varepsilon_{yy}\boldsymbol{y}_0\boldsymbol{y}_0 & \varepsilon_{yz}\boldsymbol{y}_0\boldsymbol{z}_0\\ \varepsilon_{zx}\boldsymbol{z}_0\boldsymbol{x}_0 & \varepsilon_{zy}\boldsymbol{z}_0\boldsymbol{y}_0 & \varepsilon_{zz}\boldsymbol{z}_0\boldsymbol{z}_0\end{bmatrix}\tag{3.3.4}$$

而

$$\boldsymbol{D}=D_x\boldsymbol{x}_0+D_y\boldsymbol{y}_0+D_z\boldsymbol{z}_0$$

$$\boldsymbol{E}=E_x\boldsymbol{x}_0+E_y\boldsymbol{y}_0+E_z\boldsymbol{z}_0$$

按并矢一次点积的定义,式(3.3.1)可简写为

$$\boldsymbol{D}=\overline{\overline{\varepsilon}}\cdot\boldsymbol{E}\tag{3.3.5}$$

因为

$$\begin{aligned}\overline{\overline{\varepsilon}}\cdot\boldsymbol{E}=&(\varepsilon_{xx}E_x+\varepsilon_{xy}E_y+\varepsilon_{xz}E_z)\boldsymbol{x}_0+(\varepsilon_{yx}E_x+\varepsilon_{yy}E_y+\varepsilon_{yz}E_z)\boldsymbol{y}_0\\&+(\varepsilon_{zx}E_x+\varepsilon_{zy}E_y+\varepsilon_{zz}E_z)\boldsymbol{z}_0\end{aligned}$$

它的三个分量刚好是式(3.3.1)所表示的D_x、D_y、D_z,所以并矢$\overline{\overline{\varepsilon}}$的元素$\varepsilon_{ij}$表示$E_j$分量产生$D_i$分量的比例系数。

同样引入并矢$\overline{\overline{\mu}}$

$$\overline{\overline{\mu}}=\begin{bmatrix}\mu_{xx}\boldsymbol{x}_0\boldsymbol{x}_0 & \mu_{xy}\boldsymbol{x}_0\boldsymbol{y}_0 & \mu_{xz}\boldsymbol{x}_0\boldsymbol{z}_0\\ \mu_{yx}\boldsymbol{y}_0\boldsymbol{x}_0 & \mu_{yy}\boldsymbol{y}_0\boldsymbol{y}_0 & \mu_{yz}\boldsymbol{y}_0\boldsymbol{z}_0\\ \mu_{zx}\boldsymbol{z}_0\boldsymbol{x}_0 & \mu_{zy}\boldsymbol{z}_0\boldsymbol{y}_0 & \mu_{zz}\boldsymbol{z}_0\boldsymbol{z}_0\end{bmatrix}\tag{3.3.6}$$

式(3.3.2)可记为

$$\boldsymbol{B}=\overline{\overline{\mu}}\cdot\boldsymbol{H}\tag{3.3.7}$$

3.3.2　电各向异性介质中的波方程及其平面波解

1. 电各向异性介质中的波方程

电各向异性介质中的介电系数用并矢$\overline{\overline{\varepsilon}}$表示后,麦克斯韦方程可表示为

$$\nabla\times\boldsymbol{E}=-\mathrm{j}\omega\mu\boldsymbol{H}\tag{3.3.8}$$

$$\nabla\times\boldsymbol{H}=\mathrm{j}\omega\boldsymbol{D}=\mathrm{j}\omega\overline{\overline{\varepsilon}}\cdot\boldsymbol{E}\tag{3.3.9}$$

$$\nabla\cdot\boldsymbol{D}=0\tag{3.3.10}$$

$$\nabla\cdot\boldsymbol{B}=0\tag{3.3.11}$$

对式(3.3.8)取旋度,并将式(3.3.9)代入可得

$$\nabla\times\nabla\times\boldsymbol{E}-\omega^2\mu\boldsymbol{D}=0 \tag{3.3.12a}$$

因为$\nabla\times(\nabla\times\boldsymbol{E})=\nabla(\nabla\cdot\boldsymbol{E})-\nabla^2\boldsymbol{E}$，式(3.3.12a)也可表示为

$$-\nabla^2\boldsymbol{E}+\nabla(\nabla\cdot\boldsymbol{E})-k_0^2\,\overline{\overline{\varepsilon}}_{\mathrm{r}}\cdot\boldsymbol{E}=0 \tag{3.3.12b}$$

其中，$k_0^2=\omega^2\mu_0\varepsilon_0$，并矢$\overline{\overline{\varepsilon}}_{\mathrm{r}}$定义为$\overline{\overline{\varepsilon}}_{\mathrm{r}}=\dfrac{\overline{\overline{\varepsilon}}}{\varepsilon_0}$，并设$\mu=\mu_0$。式(3.3.12)就是电各向异性介质中的波方程。

如果假定电各向异性介质中波方程取平面波形式的解

$$\boldsymbol{E}(\boldsymbol{r},t)=\boldsymbol{E}_0\mathrm{e}^{-\mathrm{j}\boldsymbol{k}\cdot\boldsymbol{r}} \tag{3.3.13}$$

$$\boldsymbol{H}(\boldsymbol{r},t)=\boldsymbol{H}_0\mathrm{e}^{-\mathrm{j}\boldsymbol{k}\cdot\boldsymbol{r}} \tag{3.3.14}$$

那么将式(3.3.13)与式(3.3.14)形式的解代入波动方程式(3.3.12)，并根据算符∇对平面波作用的关系，式(3.1.26)至式(3.1.29)，式(3.3.12b)就成为

$$k^2\boldsymbol{E}_0-\boldsymbol{k}(\boldsymbol{k}\cdot\boldsymbol{E}_0)-k_0^2\,\overline{\overline{\varepsilon}}_{\mathrm{r}}\cdot\boldsymbol{E}_0=0 \tag{3.3.15}$$

这就是电各向异性介质中平面波解的复数振幅应当满足的矢量波方程。每个矢量方程式可分解为三个直角坐标分量方程。矢量波动方程(3.3.15)的非零解条件所导致的方程称为色散方程，用于确定平面波的波数k与ω的关系。

2. 电各向异性介质中，$\boldsymbol{D}$、$\boldsymbol{H}$、$\boldsymbol{k}$相互垂直并构成右手螺旋关系

如果将平面波解(3.3.13)、解(3.3.14)代入麦克斯韦方程中的两个散度方程式(3.3.10)、式(3.3.11)，得到

$$\boldsymbol{k}\cdot\boldsymbol{D}=0 \tag{3.3.16}$$

$$\boldsymbol{k}\cdot\boldsymbol{B}=\mu\boldsymbol{k}\cdot\boldsymbol{H}=0 \tag{3.3.17}$$

再将平面波解代入$\boldsymbol{H}$的旋度方程(3.3.9)，得

$$\boldsymbol{k}\times\boldsymbol{H}=-\omega\boldsymbol{D} \tag{3.3.18}$$

式(3.3.16)至式(3.3.18)表明，$\boldsymbol{D}$与$\boldsymbol{H}(\boldsymbol{B})$、$\boldsymbol{k}$三者按右手螺旋关系相互垂直。

由于介电常数$\overline{\overline{\varepsilon}}$是张量，$\boldsymbol{D}$与$\boldsymbol{E}$一般是不平行的。将式(3.3.13)表示的平面波解代入$\nabla\times\nabla\times\boldsymbol{E}$得到

$$\nabla\times\nabla\times\boldsymbol{E}=-\nabla^2\boldsymbol{E}+\nabla(\nabla\cdot\boldsymbol{E})=k^2\left(\boldsymbol{E}-\frac{\boldsymbol{k}\cdot\boldsymbol{E}}{k^2}\boldsymbol{k}\right)=k^2\boldsymbol{E}_\perp \tag{3.3.19}$$

这里$\boldsymbol{E}_\perp$是电场垂直于波矢$\boldsymbol{k}$方向的分量。将式(3.3.19)与式(3.3.12a)比较，可见

$$\boldsymbol{D}=\frac{k^2}{\omega^2\mu}\boldsymbol{E}_\perp \tag{3.3.20}$$

因此$\boldsymbol{E}$的垂直于$\boldsymbol{k}$的分量$\boldsymbol{E}_\perp$与矢量$\boldsymbol{D}$平行，$\boldsymbol{E}$矢量处于$\boldsymbol{D}$与$\boldsymbol{k}$构成的平面内。电各向异性介质中平面波的电磁场矢量方向与波矢量方向之间的关系如图3-13所示。

所以，与各向同性介质中平面波相比，电各向异性介质中不是$\boldsymbol{E}$、$\boldsymbol{H}$、$\boldsymbol{k}$，而是$\boldsymbol{D}$、$\boldsymbol{H}$、$\boldsymbol{k}$三者构成右手螺旋关系，互相垂直。

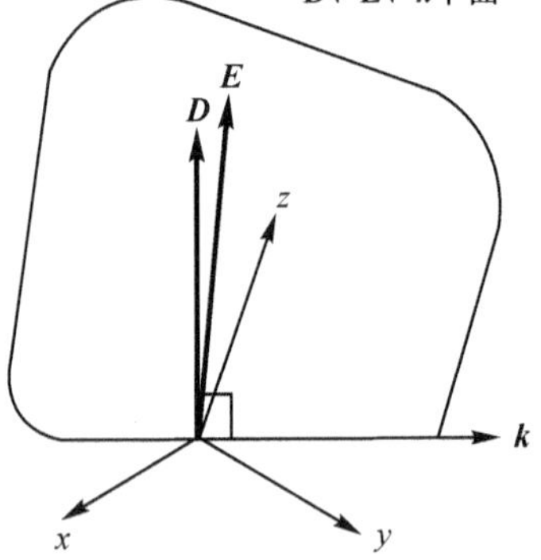

图3-13　电各向异性介质中平面波场矢量与波矢量的关系

3. 单轴介质中的平面波

单轴介质的典型代表如石英、方解石，当取主对称轴(在光学中称为光轴)为z轴时，其主轴系统中的介电系数张量可

写为

$$\bar{\bar{\varepsilon}}=\begin{pmatrix}\varepsilon_{\perp} & 0 & 0\\ 0 & \varepsilon_{\perp} & 0\\ 0 & 0 & \varepsilon_{/\!/}\end{pmatrix} \tag{3.3.21}$$

将式(3.3.21)代入式(3.3.16)，得到

$$\boldsymbol{k}\cdot\boldsymbol{E}=\left(1-\frac{\varepsilon_{/\!/}}{\varepsilon_{\perp}}\right)k_zE_z \tag{3.3.22}$$

再将式(3.3.22)代入矢量波动方程(3.3.15)，并将它进一步分解为直角坐标分量方程后，式(3.3.15)可写成下面的矩阵形式

$$\begin{pmatrix}k^2-\omega^2\mu\varepsilon_{\perp} & 0 & -\left(1-\dfrac{\varepsilon_{/\!/}}{\varepsilon_{\perp}}\right)k_xk_z\\ 0 & k^2-\omega^2\mu\varepsilon_{\perp} & -\left(1-\dfrac{\varepsilon_{/\!/}}{\varepsilon_{\perp}}\right)k_yk_z\\ 0 & 0 & k_x^2+k_y^2+\dfrac{\varepsilon_{/\!/}k_z^2}{\varepsilon_{\perp}}-\omega^2\mu\varepsilon_{/\!/}\end{pmatrix}\begin{pmatrix}E_{0x}\\ E_{0y}\\ E_{0z}\end{pmatrix}=0 \tag{3.3.23}$$

方程(3.3.23)有非零解的条件为

$$\det\begin{pmatrix}k^2-\omega^2\mu\varepsilon_{\perp} & 0 & -\left(1-\dfrac{\varepsilon_{/\!/}}{\varepsilon_{\perp}}\right)k_xk_z\\ 0 & k^2-\omega^2\mu\varepsilon_{\perp} & -\left(1-\dfrac{\varepsilon_{/\!/}}{\varepsilon_{\perp}}\right)k_yk_z\\ 0 & 0 & k_x^2+k_y^2+\dfrac{\varepsilon_{/\!/}k_z^2}{\varepsilon_{\perp}}-\omega^2\mu\varepsilon_{/\!/}\end{pmatrix}=0 \tag{3.3.24}$$

称为色散方程。显然，当

$$k^2=\omega^2\mu\varepsilon_{\perp} \tag{3.3.25}$$

和

$$k_x^2+k_y^2+\frac{\varepsilon_{/\!/}}{\varepsilon_{\perp}}k_z^2=\omega^2\mu\varepsilon_{/\!/} \tag{3.3.26}$$

式(3.3.24)得到满足。故式(3.3.25)、式(3.3.26)就是色散方程的两个解。

如果设 $\boldsymbol{k}$ 在 y-z 平面内，θ 是波矢 $\boldsymbol{k}$ 与 z 轴的夹角，则 $k_x=0$，$k_y=k\sin\theta$，第2个解式(3.3.26)可写成更方便的形式

$$k^2\left(\sin^2\theta+\frac{\varepsilon_{/\!/}}{\varepsilon_{\perp}}\cos^2\theta\right)=\omega^2\mu\varepsilon_{/\!/} \tag{3.3.27}$$

式(3.3.25)和式(3.3.27)表示在单轴介质中可能传播的两种平面波，它们具有不同的物理特征，分别称为寻常波和非寻常波。

(1)寻常波

将解(3.3.25)代入矢量波动方程(3.3.23)后可得

$$E_z=0 \tag{3.3.28}$$

再将式(3.3.28)代入式(3.3.22)，得到

$$\boldsymbol{k}\cdot\boldsymbol{E}=0 \tag{3.3.29}$$

式(3.3.29)表明波的电场矢量 $\boldsymbol{E}$ 没有平行于波矢量 $\boldsymbol{k}$ 的分量，因此 $\boldsymbol{E}$ 与 $\boldsymbol{D}$ 的方向重合。由于 $E_z=0$，所以 $\boldsymbol{E}$ 及 $\boldsymbol{D}$ 与光轴 z 方向垂直，因此 $\boldsymbol{E}$ 及 $\boldsymbol{D}$ 垂直于 $\boldsymbol{k}$ 和 z 轴构成的平面。可见解式(3.3.25)表示的波是相对于传播方向 k 的横电磁波(TEM)，与各向同性介质中的平面波性质相同，所以称为寻常波。由式(3.3.25)很容易求出寻常波的相速为

$$v_{\mathrm{p}}=\sqrt{\frac{1}{\mu\varepsilon_{\perp}}} \tag{3.3.30}$$

(2)非寻常波

光轴 z 和波矢 $\boldsymbol{k}$ 构成的平面(y-z 平面)称为主截面。在如此选取的坐标系中 $k_x=0$。将非寻常波解(3.3.27)代入矢量波动方程(3.3.23),得 $E_x=0$,所以电场矢量 $\boldsymbol{E}$ 处于 y-z 平面内,由式(3.3.20)电位移矢量 $\boldsymbol{D}$ 也在 y-z 平面内。但现在 $\boldsymbol{E}$ 有沿波传播方向的分量,而 $\boldsymbol{D}$ 与 $\boldsymbol{k}$ 总是垂直的,所以 $\boldsymbol{D}$ 与 $\boldsymbol{E}$ 不再保持平行。波的这种特性是各向同性介质中的 TEM 波所不具备的,所以称为非寻常波。由式(3.3.27)可求出波的相速

$$v_{\mathrm{p}}=\sqrt{\frac{\sin^2\theta}{\mu\varepsilon_{/\!/}}+\frac{\cos^2\theta}{\mu\varepsilon_{\perp}}} \tag{3.3.31}$$

可见,波的相速与传播方向有关,这是非寻常波与寻常波的另一区别。寻常波与非寻常波的电磁场矢量与波传播方向的关系如图 3-14(a)和(b)所示。

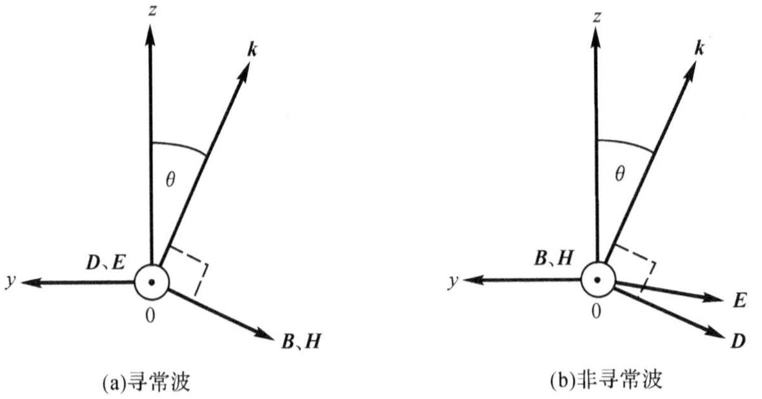

图 3-14　电磁场矢量与波矢量关系

如果以电位移矢量 $\boldsymbol{D}$ 的方向表示波的极化,我们可以看到寻常波与非寻常波都是线极化波,但图 3-14 表明这两个波的极化是正交的。当一极化方向任意的线极化波以 θ_{i} 角倾斜入射到单晶片上时,如果晶面与主光轴(z 轴)垂直,将分解为极化方向垂直于 y-z 平面的寻常波和极化在 y-z 平面内的非寻常波。由于两种波的 k 值不同,折射角不同,在晶片内这两个波的射线将分离,这就是双折射现象,如图 3-15 所示。从晶片射出的这两个波用透镜合成后一般是椭圆极化波,调整晶片厚度及波的入射角便可获得所希望的极化。四分之一波板就是利用这一原理得到圆极化光的。

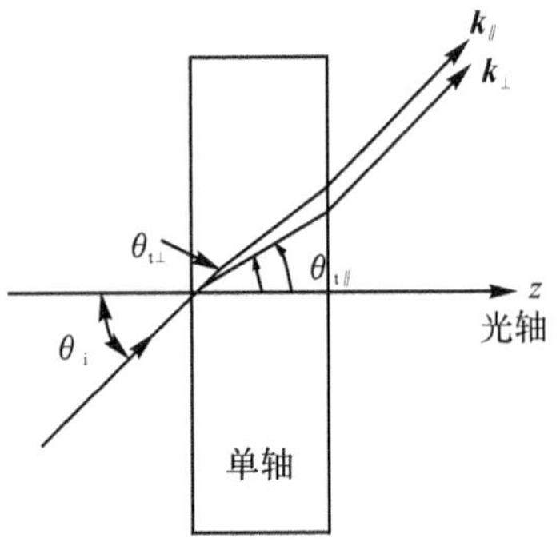

图 3-15　单轴晶体中的双折射

当电磁波垂直入射到斜切割的单轴晶体表面时,其透射波的波矢方向不变;等相位面仍为垂直于波矢方向的平面,寻常波的等幅面仍沿与波矢相同的方向前进,但非寻常波的等振幅面沿与波矢方向不同的功率流方向前进,这时能速的方向与相速的方向不同,如图 3-16 所示。

4. 液晶

液晶是一种液体,其分子有序排列,液晶可以被电场激活。在非激活态时,液晶是各向同性的,当加上电场后,液晶中分子将平行于电场或垂直于电场排列,并成为各向异性介质。

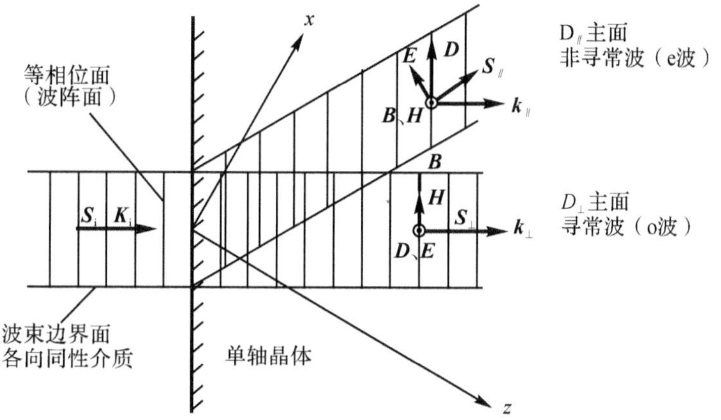

图 3-16　发生双折射时的波矢与功率流

图 3-17 所示为一个典型的液晶显示器原理结构，它是工作于所谓的"扭曲"(DAP)模式。图 3-17(a)表示激活前的正常态，进入液晶的光已被偏振片极化，该极化光通过液晶时极化方向不变。当通过第二个偏振片时全部被吸收。最终结果没有光通过显示器。而在激活态[见图 3-17(b)]，液晶改变通过光的极化方向，第二个偏振片对于改变了极化方向的通过光是透明的，所以光能通过显示器。

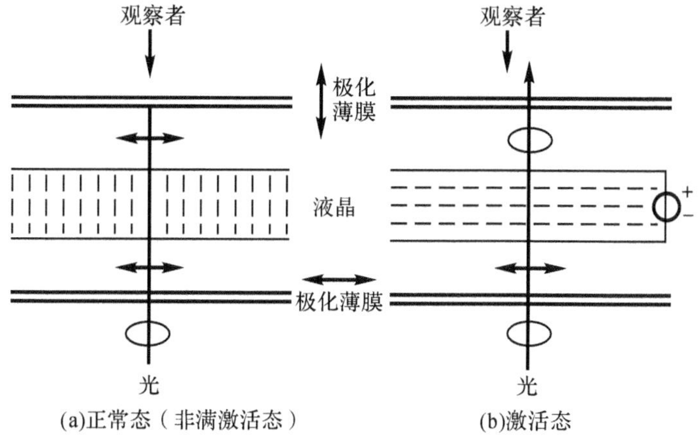

图 3-17　作为显示器的液晶

3.3.3　磁化铁氧体中的平面波

1. 磁化铁氧体磁导率的张量表示

铁氧体是一族化合物的总称，是一种或两种金属氧化物与作为显示器的液晶 Fe_2O_3 混合烧结而成的。铁氧体的化学成分为 $MO \cdot Fe_2O_3$，其中 M 为二阶金属离子，如 Mn^{++}、Mg^{++}或 Ni^{++}等。

铁氧体属于非金属类磁性材料，它的电阻率高达 $10^8\Omega \cdot cm$，这个数值比铁的电阻率大 10^{12}倍，因而电磁波能深入其内部与其中的自旋电子发生相互作用。铁氧体的介电常数很高，在微波频率下，其值在 10 到 20 之间。

当电磁波通过由恒定磁场($\boldsymbol{H}_0 = H_0\boldsymbol{z}_0$)偏置下的磁化铁氧体时，铁氧体在各个方向上的磁

导率是不相同的，即磁导率是一个张量，呈现各向异性。高频下磁化铁氧体的相对磁导率是一反对称二阶张量

$$\mu_r=\begin{bmatrix}\mu_{11} & -j\mu_{12} & 0\\ j\mu_{12} & \mu_{11} & 0\\ 0 & 0 & 1\end{bmatrix} \tag{3.3.32}$$

式中：

$$\mu_{11}=1+\frac{\omega_g\omega_m}{\omega_g^2-\omega^2} \tag{3.3.33}$$

$$\mu_{12}=\frac{\omega\omega_m}{\omega_g^2-\omega^2} \tag{3.3.34}$$

而

$$\omega_g=\gamma_e H_0 \tag{3.3.35}$$

$$\omega_m=\gamma_e M_0 \tag{3.3.36}$$

其中 $\gamma_e=\dfrac{e}{m}=-1.76\times10^{11}C/k_g$，是一个常数，称为旋磁比；$M_0$ 就是当磁场 H_0 足够大时，铁氧体被磁化到饱和时的饱和磁矩。

由此可见：

(1)未受磁化的铁氧体是一均匀各向同性的介质。

铁氧体"未受磁化"，意味着 $H_0=0, M_0=0$。而根据式(3.3.35)与式(3.3.36)，就有 $\omega_g=0, \omega_m=0$。因而 $\mu_{11}=1, \mu_{12}=0, \boldsymbol{B}=\mu_0\boldsymbol{H}$。所以此时铁氧体是均匀且各向同性的介质。

(2)当一恒定磁场 H_0 加在铁氧体上时，$\omega_g\neq0, \omega_m\neq0$，因而 $\mu_{11}\neq1, \mu_{12}\neq0$，磁导率 μ 是张量，变成一块各向异性介质。

张量表示的磁导率 μ 意味着什么呢？如果沿着 x 方向施加高频磁场 h_x，则不仅沿 x 方向产生一个磁感应强度分量 $\mu_0\mu_{11}h_x$，而且还沿 y 方向产生另一个分量 $j\mu_0\mu_{12}h_x$。μ_{11} 项可以认为是 $\boldsymbol{h}$ 对 $\boldsymbol{b}$ 的直接贡献，而 μ_{12} 项可以认为是一耦合项，它把高频能量由一种偏振转变为另一种偏振，而这两种偏振是互相垂直的。

注意，本小节我们用小写 $\boldsymbol{h}$、$\boldsymbol{b}$ 表示交变磁场强度与磁通量密度，以便与表示恒定磁场的大写 H_0 相区别。

(3)如果没有高频场，即 $\omega=0$，则 $\mu_{11}=1+\dfrac{\omega_m}{\omega_g}, \mu_{12}=0$，铁氧体就成为一种磁性单轴晶体。因此，磁导率张量是对高频磁场而言的。

(4)μ_{11}、μ_{12} 都是外加直流磁场 $\boldsymbol{H}_0$、饱和磁化强度 $\boldsymbol{M}_0$ 和外加频率 ω 的函数。因此可以用改变 $\boldsymbol{H}_0$ 的办法改变 μ_{11} 和 μ_{12}。

(5)当 $\omega=\omega_g, \mu_{11}\to\infty, \mu_{12}\to\infty$，会发生所谓共振现象。这类共振是由铁磁材料中自旋电子的一致进动而引起的，因此我们称它为铁磁共振。

张量磁导率 μ_r 是在高频场为小信号(即 $h\ll H_0$)情况下得到的，在这个条件下，μ_{11} 和 μ_{12} 与交变磁场 $\boldsymbol{h}$ 无关，因此 $\boldsymbol{b}$ 和 $\boldsymbol{h}$ 的关系是线性的。在大信号时，小信号的近似结果不能适用，铁氧体将呈现非线性效应。考虑非线性效应时要计及在磁场作用下自旋电子进动过程中的阻尼损耗。

2. 波方程及其平面波解

为了与直流磁场 $\boldsymbol{H}$ 相区别，本小节用小写的 $\boldsymbol{b}$ 和 $\boldsymbol{h}$ 表示交变磁通量密度和磁场强度。利用并矢 $\overline{\overline{\mu}}$ 表示磁化铁氧体的磁导率后，$\boldsymbol{b}$ 与 $\boldsymbol{h}$ 的线性关系可表示成

$$\boldsymbol{b}=\overline{\overline{\mu}}\cdot\boldsymbol{h} \tag{3.3.37}$$

麦克斯韦方程组中两个旋度方程为

$$\nabla\times\boldsymbol{h}=\mathrm{j}\omega\varepsilon_0\boldsymbol{E} \tag{3.3.38}$$

$$\nabla\times\boldsymbol{E}=-\mathrm{j}\omega\overline{\overline{\mu}}\cdot\boldsymbol{h} \tag{3.3.39}$$

对式(3.3.38)取旋度，并将式(3.3.39)代入，消去 $\boldsymbol{E}$，得到

$$-\nabla^2\boldsymbol{h}+\nabla(\nabla\cdot\boldsymbol{h})-\omega^2\varepsilon_0\overline{\overline{\mu}}\cdot\boldsymbol{h}=0 \tag{3.3.40}$$

式(3.3.40)就是磁化铁氧体中波方程的一般表示。形式上，它与电各向异性介质中的波方程(3.3.12)相同。

假设铁氧体中具有平面波解

$$\boldsymbol{h}=\boldsymbol{h}_0\mathrm{e}^{-\mathrm{j}\boldsymbol{k}\cdot\boldsymbol{r}} \tag{3.3.41}$$

$$\boldsymbol{k}=k_x\boldsymbol{x}_0+k_y\boldsymbol{y}_0+k_z\boldsymbol{z}_0 \tag{3.3.42}$$

$$\boldsymbol{r}=x\boldsymbol{x}_0+y\boldsymbol{y}_0+z\boldsymbol{z}_0 \tag{3.3.43}$$

式(3.3.40)成为

$$k^2\boldsymbol{h}_0-\boldsymbol{k}(\boldsymbol{k}\cdot\boldsymbol{h}_0)-\omega^2\varepsilon_0\overline{\overline{\mu}}\cdot\boldsymbol{h}_0=0 \tag{3.3.44}$$

式(3.4.44)就是磁化铁氧体中平面波解满足的矢量波方程，与电各向异性介质中的波方程(3.3.15)相当。因此，该矢量波方程的非零解条件也可用于确定波数 k 作为 ω 函数的色散方程。为了把式(3.3.44)写成分量形式，将式(3.3.41)表示的平面波解中的常数矢量 $\boldsymbol{h}_0$ 写成

$$\boldsymbol{h}_0=h_x\boldsymbol{x}_0+h_y\boldsymbol{y}_0+h_z\boldsymbol{z}_0 \tag{3.3.45}$$

并设 $\boldsymbol{k}$ 在 x-z 平面且与 z 轴成 θ 角，即

$$\boldsymbol{k}=k_x\boldsymbol{x}_0+k_z\boldsymbol{z}_0 \tag{3.3.46}$$

$$\left.\begin{aligned}k_x&=k\sin\theta\\k_z&=k\cos\theta\\k_y&=0\end{aligned}\right\} \tag{3.3.47}$$

这样，写成分量形式后，式(3.3.44)就成为

$$\begin{bmatrix}k^2-k^2\sin^2\theta-k_0^2\mu_{11} & \mathrm{j}k_0^2\mu_{12} & -k^2\sin\theta\cos\theta\\ -\mathrm{j}k_0^2\mu_{12} & k^2-k_0^2\mu_{11} & 0\\ -k^2\sin\theta\cos\theta & 0 & k^2-k^2\cos^2\theta-k_0^2\end{bmatrix}\begin{bmatrix}h_x\\h_y\\h_z\end{bmatrix}=0 \tag{3.3.48}$$

式(3.3.48)是线性齐次方程组，其非零解必须使其系数行列式为零，由此得传播常数的两个解 $k^{\pm}$ 为

$$k^{\pm}=k_0\left\{\frac{(\mu_{11}^2-\mu_{12}^2-\mu_{11})\sin^2\theta+2\mu_{11}\pm[(\mu_{11}^2-\mu_{12}^2-\mu_{11})^2\sin^2\theta+4\mu_{12}^2\cos^2\theta]^{\frac{1}{2}}}{2[(\mu_{11}-1)\sin^2\theta+1]}\right\}^{\frac{1}{2}} \tag{3.3.49}$$

研究两种特别有意义的情况：

(1)波矢 $\boldsymbol{k}$ 平行于直流磁场 $\boldsymbol{H}_0$

因为 $\boldsymbol{H}_0$ 在 z 轴方向，$\boldsymbol{k}$ 平行于 $\boldsymbol{H}_0$，即 $\boldsymbol{k}$ 平行于 z 轴，故此时 $\theta=0$。将 $\theta=0$ 代入式(3.3.49)，得到

$$k^{\pm}=k_0(\mu_{11}\pm\mu_{12})^{\frac{1}{2}} \tag{3.3.50}$$

这种情况铁氧体中传播的波称为纵向传播的波。这里纵向、横向是对直流磁场 $\boldsymbol{H}_0$ 而言的。

(2)波矢 $\boldsymbol{k}$ 正交于直流磁场 $\boldsymbol{H}_0$

因为波矢 $\boldsymbol{k}$ 正交于直流磁场 $\boldsymbol{H}_0$，故这种情况铁氧体中传播的波也称为横向传播的波。

$\boldsymbol{H}_0$ 已指定在 z 轴方向，$\boldsymbol{k}$ 垂直于 $\boldsymbol{H}_0$，即 $\boldsymbol{k}$ 与 z 轴垂直，故此时 $\theta=\frac{\pi}{2}$。将 $\theta=\frac{\pi}{2}$ 代入式(3.3.49)，有两个解。

当式(3.3.49)右边括号中的"±"取"+"时，得到

$$k=k_0\left(\frac{\mu_{11}^2-\mu_{12}^2}{\mu_{11}}\right)^{\frac{1}{2}} \tag{3.3.51}$$

将式(3.3.51)代入式(3.4.48)，由式(3.3.48)第三行，因 $k^2-k_0^2\neq 0$，就要求 $h_z=0$，而由第一、二行，h_x、h_y 不为零，这就是说，交变磁场 h 没有平行于 $\boldsymbol{H}_0$ 的 z 分量，与 $\boldsymbol{H}_0$ 垂直，即 $\boldsymbol{h}\perp\boldsymbol{H}_0$。

而当式(3.3.49)右边括号中的"±"取"−"时，得到

$$k=k_0 \tag{3.3.52}$$

式中：

$$k_0=\omega\sqrt{\mu_0\varepsilon_0} \tag{3.3.53}$$

将式(3.3.52)代入式(3.4.48)，由该式(3.3.48)第三行，因 $k^2-k_0^2=0$，h_z 可以不为零，而由第一、二行，要求 h_x、h_y 为零。这就是说，交变磁场 h 只有平行于 $\boldsymbol{H}_0$ 的 z 分量 h_z，即 $\boldsymbol{h}/\!/\boldsymbol{H}_0$。

下面对式(3.3.50)、式(3.3.51)与式(3.3.52)表示的几种特殊情况下的磁化铁氧体中波的传播作进一步的讨论。

(1)纵向传播的波($\theta=0$)

已如前述，由方程(3.3.48)的第三行，并应用式(3.3.50)中的 k 值，得到

$$h_z=0 \tag{3.3.54a}$$

而由方程(3.3.48)的第一或第二式可得

$$\frac{h_y}{h_x}=\frac{k^2-k_0^2\mu_{11}}{k_0^2(-\mathrm{j}\mu_{12})}=\pm\mathrm{j} \tag{3.3.54b}$$

式中：±号与式(3.3.50)中的符号一致。因此

$$\boldsymbol{h}_0^{\mp}=h_x(\boldsymbol{x}_0\pm\mathrm{j}\boldsymbol{y}_0) \tag{3.3.55}$$

这说明式(3.3.55)的解是圆极化波，$\boldsymbol{h}_0^{\mp}$ 分别代表左旋和右旋圆极化波的磁场强度矢量，由式(3.3.50)可见，右旋波和左旋波的传播速度是不同的。

记有效相对磁导率为

$$\mu_e^{\mp}=\mu_{11}\pm\mu_{12}=1+f_{\mathrm{m}}(f_{\mathrm{g}}\pm f)^{-1} \tag{3.3.56}$$

式中：$f_{\mathrm{g}}=\omega_{\mathrm{g}}/2\pi$，$f_{\mathrm{m}}=\omega_{\mathrm{m}}/2\pi$。

如以多晶体 YIG 铁氧体为例，$M_0=1750\mathrm{Oe}$ $\left(1\mathrm{Oe}=\frac{1000}{4\pi}\mathrm{A/m}\right)$，故 $f_{\mathrm{m}}=4.9\mathrm{GHz}$，有效相对磁导率 $\mu_e^{\mp}$ 与 f_g/f 的关系曲线如图 3-18 所示。f 值选 9.8GHz。从图 3-18 中可知，左旋圆极化波的有效磁导率 μ_e^- 随 f_g/f 缓慢变化，并随 f_g/f 的增大，有效磁导率 μ_e^- 从 1.5 减到 1。然而右旋圆极化波的有效磁导率 μ_e^+ 从一开始是小正值，并在 $f_g/f=1-f_{\mathrm{m}}/f$ 处，$\mu_e^+=0$，一直至极点 $f_g/f=1$ 处都是止带，然后都是通带。所以当 $f=f_g$ 时，μ_e^+ 具有共振特性，而 μ_e^- 为有限值，无共振特性。

利用式(3.3.56)，则式(3.3.50)简记为

$$k^{\mp}=k_0\sqrt{\mu_e^{\mp}} \tag{3.3.57}$$

所以平面波在各向异性铁氧体中传播，由于分解成左、右旋圆极化波的 k 值不同而具有不同相

速,从而使合成波的极化平面旋转。假如两分量相等或无衰减、极化平面的转角 φ 由

$$\varphi=\frac{(k^{-}-k^{+})z}{2} \tag{3.3.58}$$

来计算。当 $\omega\gg\omega_{\mathrm{g}}$, $\omega\gg\omega_{\mathrm{m}}$,式(3.3.58)可表示为

$$\varphi=\frac{\omega_{\mathrm{m}}}{2c}z \tag{3.3.59}$$

式中:c 是铁氧体材料中的光速,因此这种情况转角与频率无关,从而把铁氧体可以制成宽带器件。如果波在反向传播,可得相同转角,这表明铁氧体这种各向异性介质是非互易的,这种非互易性质即法拉第旋转。

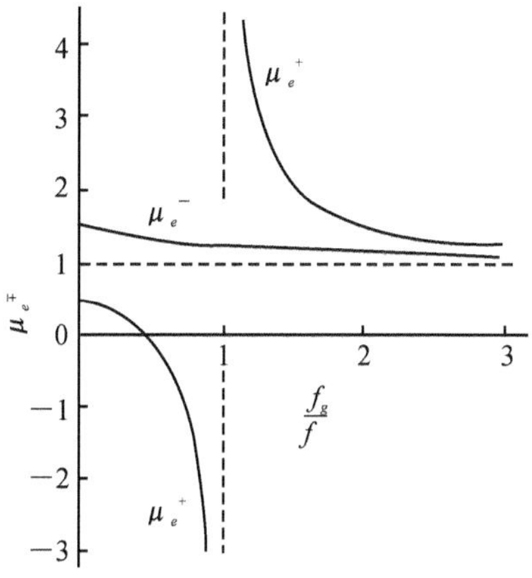

图 3-18　9.8GHz 平面波在 YIG 铁氧体中

(2)横向传播的波($\theta=\frac{\pi}{2}$)

对于 $\boldsymbol{h}/\!/\boldsymbol{H}_0$,波数 k 与铁氧体的各向异性无关,因而铁氧体中的场与各向同性介质中的场是一样的,故这种波一般称为寻常波。因为 h_z 是磁场强度 $\boldsymbol{h}$ 的唯一非零分量,故 $b_z=\mu_0 h_z$ 是磁通量密度矢量的唯一非零分量。从旋度方程

$$\omega\boldsymbol{b}_0=\boldsymbol{k}_0\times\boldsymbol{E}_0 \tag{3.3.60}$$

得电场的唯一非零分量为

$$E_y=\sqrt{\frac{\mu_0}{\varepsilon_0}}h_z \tag{3.3.61}$$

以及

$$\boldsymbol{k}=k_0\boldsymbol{x}_0 \tag{3.3.62}$$

因此,寻常波是线极化 TEM_x 波,如同在 μ_0 和 ε 的各向同性介质中传播一样。

对于 $\boldsymbol{h}\perp\boldsymbol{H}_0$,其传播常数为式(3.3.51),一般称为非寻常波,由式(3.3.48)和式(3.3.51)可以分别求得电场和磁场如下

$$\begin{aligned}
&h_z=0\\
&\frac{h_y}{h_x}=-\mathrm{j}\,\frac{\mu_{11}}{\mu_{12}}\\
&b_x=b_z=0\\
&b_y=\left(\frac{\mu_0 k^2}{k_0^2}\right)h_y=\mu_0\mu_e h_y\\
&E_x=E_y=D_x=D_y=0\\
&E_z=-\sqrt{\frac{\mu_0\mu_e}{\varepsilon_0}}h_y\\
&\boldsymbol{k}=k\boldsymbol{x}_0\\
&k=k_0\sqrt{\mu_e}\\
&\mu_e=\frac{\mu_{11}^2-\mu_{12}^2}{\mu_{11}}=\frac{f^2-(f_{\mathrm{g}}+f_{\mathrm{m}})^2}{f^2-f_{\mathrm{g}}^2-f_{\mathrm{g}}f_{\mathrm{m}}}
\end{aligned} \tag{3.3.63}$$

由式(3.3.63)可见,非寻常波仅具有 h_x、h_y 和 E_z 三个分量,因波在传播方向存在 h_x 分量,故这种波是 TE_x 波,且有$\frac{h_y}{h_x}=-\mathrm{j}(\mu_{11}/\mu_{12})$。因此,磁矢量 $\boldsymbol{h}$ 在 x-y 平面内是椭圆极化的,如图 3-19 所示。

由 μ_e 的表达式可见，当$\frac{f_g}{f}=1-\frac{f_m}{f_g}$，$\mu_e=0$；当$\frac{f_g}{f}=-\frac{f_m}{2f}+\sqrt{\left(\frac{f_m}{2f}\right)^2+1}$时，可出现极点，如图 3-20 所示。

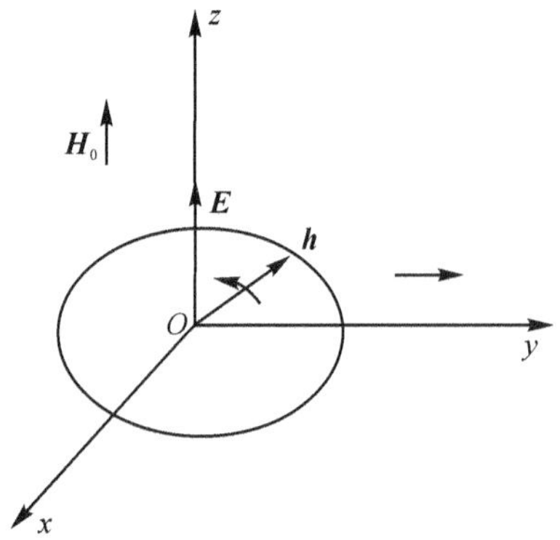

图 3-19　非寻常波的椭圆极化

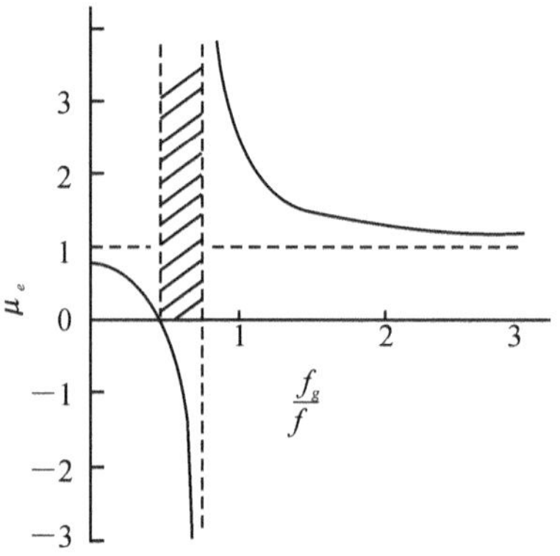

图 3-20　9.4GHz 非寻常平面波在 YIG 铁氧体中垂直于直流磁场传播时 μ_e 与$\frac{f_g}{f}$的关系

3.4　电磁波按 TE、TM 模的分解以及波传播传输线模型

根据前面分析，平面波电场 $\boldsymbol{E}$、磁场 $\boldsymbol{H}$ 与波矢 $\boldsymbol{k}$ 三者相互垂直，且构成右手螺旋关系，所以我们可以选择一个特定的坐标系使得

$$\boldsymbol{k}=k\boldsymbol{z}_0$$

$$\boldsymbol{E}_0=E_0\boldsymbol{x}_0$$

$$\boldsymbol{H}_0=H_0\boldsymbol{y}_0$$

在这个特定坐标系中，电场、磁场、波矢各只有一个分量。电场 $\boldsymbol{E}$、磁场 $\boldsymbol{H}$ 的解为

$$\boldsymbol{E}=E_0\mathrm{e}^{-\mathrm{j}kz}\boldsymbol{x}_0$$

$$\boldsymbol{H}=H_0\mathrm{e}^{-\mathrm{j}kz}\boldsymbol{y}_0$$

其中：$E_0/H_0=\eta=\sqrt{\mu/\varepsilon}$叫做波阻抗。

而根据传输线理论，纵向趋于无穷远（没有反射波）的传输线上的电压 $V(z)$、电流 $I(z)$为

$$V(z)=V^{\mathrm{i}}\mathrm{e}^{-\mathrm{j}kz}$$

$$I(z)=I^{\mathrm{i}}\mathrm{e}^{-\mathrm{j}kz}$$

其中，$V^{\mathrm{i}}/I^{\mathrm{i}}=Z_c=\sqrt{L/C}$叫做传输线的特征阻抗。

如果我们把特定坐标系下平面波电场 $\boldsymbol{E}$、磁场 $\boldsymbol{H}$ 与传输线上电压 V、电流 I 相比较，其数学表达式十分相似。两者传播常数都为 k，电场 $\boldsymbol{E}$ 与 V 对应，磁场 $\boldsymbol{H}$ 与 I 对应，而 η 与 Z_c 对应。这就给我们一个启示，能否将平面电磁波的传播用传输线上电压、电流波的传播等效？若能做到这一点，就可借用成熟的传输线理论与技术处理平面电磁波的传播问题。本节将证明如果电磁波按 TE、TM 模分解，那么对每种模式的横向电磁场量沿纵向的传播就可用传输线上电压、电流的传播等效。

3.4.1 任何电磁波可分解为 TE 与 TM 两种模式电磁波的线性组合

根据矢量分析的亥姆霍兹定理，可以将任一矢量场 $\boldsymbol{A}$ 分解为一个无旋场与一个无源场之和，即

$$\boldsymbol{A}=\boldsymbol{A}_1+\boldsymbol{A}_2 \tag{3.4.1}$$

$\boldsymbol{A}_1$、$\boldsymbol{A}_2$ 具有性质：$\nabla\times\boldsymbol{A}_1=0$ 与 $\nabla\cdot\boldsymbol{A}_2=0$

如果电场矢量 $\boldsymbol{E}$、磁场矢量 $\boldsymbol{H}$ 按无旋场、无源场分解，并将任一场量分解为横向场量与纵向场量之和，那么一组场电场只有横向分量，没有纵向分量，电场分布在横截面内，这种场叫做横电模，简记为 TE 模。

$$\boldsymbol{E}'(\boldsymbol{r})=\boldsymbol{E}'_t(\boldsymbol{r}) \tag{3.4.2}$$

$$E'_z=0 \tag{3.4.3}$$

$$\boldsymbol{H}'(\boldsymbol{r})=\boldsymbol{H}'_t(\boldsymbol{r})+H'_z\boldsymbol{z}_0 \tag{3.4.4}$$

另一组场磁场只有横向分量，没有纵向分量，磁场分布在横截面内，这种场叫做横磁模，简记为 TM 模。

$$\boldsymbol{E}''(\boldsymbol{r})=\boldsymbol{E}''_t(\boldsymbol{r})+E''_z(\boldsymbol{r})\boldsymbol{z}_0 \tag{3.4.5}$$

$$\boldsymbol{H}''(\boldsymbol{r})=\boldsymbol{H}''_t(\boldsymbol{r}) \tag{3.4.6}$$

$$H''_z(\boldsymbol{r})=0 \tag{3.4.7}$$

式中：上标“′”表示属于 TE 模的量；上标“″”表示属于 TM 模的量。z 轴表示纵向，与 z 轴垂直的方向表示横向。下标 z 表示纵向场量，而下标 t 表示横向场分量。横向场量 $\boldsymbol{E}_t$、$\boldsymbol{H}_t$ 在与 z 轴垂直的平面内，有两个分量，是矢量。E'_z、H''_z 是标量。

如果对于所取定的纵方向 z，电场、磁场都没有纵向分量，电磁场量都在与 z 轴垂直的平面内，这种电磁场结构称为横电磁模，记为 TEM 模。它是 TE、TM 模的特例。

所以根据矢量分析的亥姆霍兹定理，任何电磁场可以分解为 TE 与 TM 两种模式电磁场的线性组合。

有一点需要指出，对于特定的平面波场结构，究竟是 TE、TM 还是 TEM 模，跟所选定的纵方向有关。对于无源、边界趋于无穷远空间的平面波，如果纵向 z 与波矢 $\boldsymbol{k}$ 的方向一致，而且电场 $\boldsymbol{E}$、磁场 $\boldsymbol{H}$ 都跟 $\boldsymbol{k}$ 垂直，所以电场、磁场都在与纵向 z 轴垂直的横截面内，没有纵向分量。因此，当纵向 z 轴与波矢 $\boldsymbol{k}$ 方向一致时，就是 TEM 模，如图 3-21(a)所示。如果坐标轴的选择使得波矢 $\boldsymbol{k}$ 在 $(x\text{-}z)$ 平面内，即只有 k_x、k_z 两个分量，$k_y=0$，因为 $\boldsymbol{E}$、$\boldsymbol{H}$、$\boldsymbol{k}$ 相互垂直，$\boldsymbol{E}$、$\boldsymbol{H}$ 必有一个在 y 方向。如果电场 $\boldsymbol{E}$ 在 y 方向，就是 TE 模，如图 3-21(b)所示。如果 $\boldsymbol{H}$ 在 y 方向

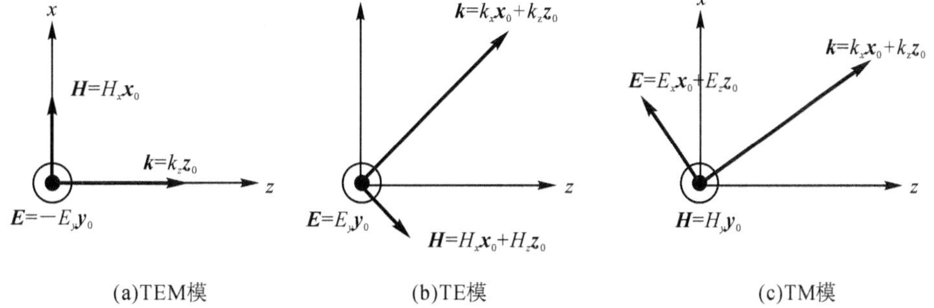

图 3-21　平面波场的模式与坐标选择的关系

就是 TM 模，如图 3-21(c)所示。

3.4.2 电磁波传播的传输线模型

本小节将证明，只要将电磁场分解成 TE 及 TM 两种模式，电磁场量又分解成横向场量 $\boldsymbol{E}_t$、$\boldsymbol{H}_t$ 与纵向场量 E_z、H_z，并将横向场量 $\boldsymbol{E}_t$、$\boldsymbol{H}_t$ 再分解成模式函数 $\boldsymbol{e}$、$\boldsymbol{h}$ 与其幅值 $V(z)$、$I(z)$ 的乘积，那么 $V(z)$、$I(z)$ 就满足传输线方程。这就是电磁波传播的传输线模型。下面以 TM 模为例给予证明。

对于 TM 模，如果定义 z 为纵向，其场量可由式(3.4.5)至式(3.4.7)表示。

下面将 $\boldsymbol{H}''_t(\boldsymbol{r})$ 分解成模式函数 $\boldsymbol{h}''(\boldsymbol{\rho})$ 与模式函数的幅值 $I''(z)$ 的乘积，而将 $\boldsymbol{E}''_t(\boldsymbol{r})$ 分解成模式函数 $\boldsymbol{e}''(\rho)$ 与其幅值 $V''(z)$ 的乘积，即

$$\boldsymbol{E}''_t(\boldsymbol{r})=\boldsymbol{e}''(\boldsymbol{\rho})V''(z) \tag{3.4.8}$$

$$\boldsymbol{H}''_t(\boldsymbol{r})=\boldsymbol{h}''(\boldsymbol{\rho})I''(z) \tag{3.4.9}$$

式中：

$$\boldsymbol{\rho}=x\boldsymbol{x}_0+y\boldsymbol{y}_0 \tag{3.4.10}$$

所以

$$\boldsymbol{r}=x\boldsymbol{x}_0+y\boldsymbol{y}_0+z\boldsymbol{z}_0=\boldsymbol{\rho}+z\boldsymbol{z}_0$$

显然，$\boldsymbol{E}''_t$、$\boldsymbol{H}''_t$ 的方向完全由 $\boldsymbol{e}''(\boldsymbol{\rho})$、$\boldsymbol{h}''(\boldsymbol{\rho})$ 表示，也就是说 $\boldsymbol{e}''(\boldsymbol{\rho})$、$\boldsymbol{h}''(\boldsymbol{\rho})$ 均与 z 轴垂直，模式函数 $\boldsymbol{e}''(\boldsymbol{\rho})$、$\boldsymbol{h}''(\boldsymbol{\rho})$ 表示场在与 z 轴垂直的横截面中分布，场沿 z 方向变化则完全由 $V''(z)$、$I''(z)$ 表示。现在要问，横向场量 $\boldsymbol{E}''_t$、$\boldsymbol{H}''_t$ 作这样分解后，模式函数 $\boldsymbol{e}''(\boldsymbol{\rho})$、$\boldsymbol{h}''(\boldsymbol{\rho})$ 以及模式函数的幅值 $V''(z)$、$I''(z)$ 满足什么方程？因为 $\boldsymbol{E}''$、$\boldsymbol{H}''$ 要满足麦克斯韦方程，所以 $\boldsymbol{e}''(\boldsymbol{\rho})$、$\boldsymbol{h}''(\boldsymbol{\rho})$ 及 $V''(z)$、$I''(z)$ 满足的方程必须从麦克斯韦方程得到。

定义横向算符

$$\nabla_t=\frac{\partial}{\partial x}\boldsymbol{x}_0+\frac{\partial}{\partial y}\boldsymbol{y}_0 \tag{3.4.11}$$

根据 ∇_t 的这一定义，算符为

$$\nabla=\frac{\partial}{\partial x}\boldsymbol{x}_0+\frac{\partial}{\partial y}\boldsymbol{y}_0+\frac{\partial}{\partial z}\boldsymbol{z}_0=\nabla_t+\frac{\partial}{\partial z}\boldsymbol{z}_0 \tag{3.4.12}$$

$$\nabla_t\cdot\nabla_t=\nabla_t^2=\frac{\partial^2}{\partial x^2}+\frac{\partial^2}{\partial y^2} \tag{3.4.13}$$

$$\nabla^2=\nabla_t^2+\frac{\partial^2}{\partial z^2} \tag{3.4.14}$$

现将式(3.4.11)、式(3.4.12)及式(3.4.6)、式(3.4.7)、式(3.4.9)代入散度方程

$$\nabla\cdot\boldsymbol{H}=0$$

得到

$$\left(\nabla_t+\frac{\partial}{\partial z}\boldsymbol{z}_0\right)\cdot\boldsymbol{H}''_t(\boldsymbol{r})=\left(\nabla_t+\frac{\partial}{\partial z}\boldsymbol{z}_0\right)\cdot[\boldsymbol{h}''(\boldsymbol{\rho})I''(z)]=0$$

因为 $\boldsymbol{h}''(\boldsymbol{\rho})$ 与 z 轴垂直，$\boldsymbol{z}_0\cdot\boldsymbol{h}''(\boldsymbol{\rho})=0$，故由上式得到

$$\nabla_t\cdot[\boldsymbol{h}''(\boldsymbol{\rho})I''(z)]=0$$

$I''(z)$ 与横向坐标无关，因此

$$\nabla_t\cdot\boldsymbol{h}''(\boldsymbol{\rho})=0 \tag{3.4.15}$$

将式(3.4.5)至式(3.4.7)以及式(3.4.11)、式(3.4.12)代入旋度方程

$$\nabla\times\boldsymbol{E}''=-\mathrm{j}\omega\varepsilon\boldsymbol{H}''$$

得到

$$\left(\nabla_t+\frac{\partial}{\partial z}\boldsymbol{z}_0\right)\times(\boldsymbol{E}''_t+E''_z\boldsymbol{z}_0)=-\mathrm{j}\omega\mu\boldsymbol{H}''=-\mathrm{j}\omega\mu(\boldsymbol{H}''_t+H''_z\boldsymbol{z}_0)$$

等式两边纵向、横向两个分量分别相等，由纵向分量相等可得

$$\nabla_t \times \boldsymbol{E}''_t = -\mathrm{j}\omega\mu \boldsymbol{H}''_z = 0$$

再将式(3.4.8)代入上式得

$$\nabla_t \times \{\boldsymbol{e}''(\boldsymbol{\rho}) V''(z)\} = 0$$

因为 $V''(z)$ 与横向坐标无关，故得

$$\nabla_t \times \boldsymbol{e}''(\boldsymbol{\rho}) = 0 \tag{3.4.16}$$

将式(3.4.14)及式(3.4.6)、式(3.4.9)代入波方程

$$(\nabla^2 + k^2)\boldsymbol{H}'' = 0$$

得到

$$\left(\nabla_t^2 + \frac{\partial^2}{\partial z^2} + k^2\right)\boldsymbol{h}''(\boldsymbol{\rho}) I''(z) = 0$$

或

$$\nabla_t^2[\boldsymbol{h}''(\boldsymbol{\rho}) I''(z)] + \frac{\partial^2}{\partial z^2}[\boldsymbol{h}''(\boldsymbol{\rho}) I''(z)] + k^2[\boldsymbol{h}''(\boldsymbol{\rho}) I''(z)] = 0$$

上式两边同时除以 $h''(\rho) I''(z)$，得到

$$\frac{\nabla_t^2 \boldsymbol{h}''(\boldsymbol{\rho})}{\boldsymbol{h}''(\boldsymbol{\rho})} + \frac{\dfrac{\partial^2 I''(z)}{\partial z^2}}{I''(z)} + k^2 = 0$$

等式左边第一项只是横向坐标 ρ 的函数，第二项只是纵向坐标 z 的函数，它们加起来等于常数 $-k^2$，只有每一项都等于一常数才有可能，令 $\dfrac{\frac{\partial^2 I''(z)}{\partial z^2}}{I''(z)} = -k_z^2$，可得

$$\frac{\mathrm{d}^2 I''(z)}{\mathrm{d}z^2} + k_z^2 I''(z) = 0 \tag{3.4.17}$$

$$\nabla_t^2 \boldsymbol{h}''(\boldsymbol{\rho}) + (k^2 - k_z^2)\boldsymbol{h}''(\rho) = 0$$

令

$$k_t^2 = k^2 - k_z^2 \tag{3.4.18}$$

得到

$$(\nabla_t^2 + k_t^2)\boldsymbol{h}''(\boldsymbol{\rho}) = 0 \tag{3.4.19}$$

式(3.4.17)表示的二阶微分方程可用两个耦合的一阶微分方程表示，即

$$\begin{cases} \dfrac{\mathrm{d}I''(z)}{\mathrm{d}z} = -\mathrm{j}k_z Y'' V''(z) & (3.4.20) \\ \dfrac{\mathrm{d}V''(z)}{\mathrm{d}z} = -\mathrm{j}k_z Z'' I''(z) & (3.4.21) \end{cases}$$

式中：$Y'' = \dfrac{1}{Z''}$，Y'' 到底表示什么，还不清楚。为此，利用旋度方程

$$\nabla \times \boldsymbol{H}'' = \mathrm{j}\omega\varepsilon \boldsymbol{E}''$$

或

$$\left(\nabla_t + \frac{\partial}{\partial z}\boldsymbol{z}_0\right) \times \boldsymbol{H}''_t = \mathrm{j}\omega\varepsilon(\boldsymbol{E}''_t + E''_z \boldsymbol{z}_0)$$

等式两边横向、纵向分量分别相等，由横向分量相等，得到

$$\frac{\partial}{\partial z}(\boldsymbol{z}_0 \times \boldsymbol{H}''_t) = \mathrm{j}\omega\varepsilon \boldsymbol{E}''_t$$

或

$$\frac{\partial}{\partial z}[\boldsymbol{z}_0 \times \boldsymbol{h}''(\boldsymbol{\rho}) I''(z)] = \mathrm{j}\omega\varepsilon[\boldsymbol{e}''(\boldsymbol{\rho}) V''(z)]$$

给一限制条件：

$$\boldsymbol{e}''(\boldsymbol{\rho}) \times \boldsymbol{h}''(\boldsymbol{\rho}) = z_0 \tag{3.4.22}$$

其物理意义是 $\boldsymbol{e}''(\boldsymbol{\rho})$、$\boldsymbol{h}''(\boldsymbol{\rho})$ 只表示 $\boldsymbol{E}''_t$、$\boldsymbol{H}''_t$ 在横截面的分布，$\boldsymbol{E}''_t$、$\boldsymbol{H}''_t$ 大小全部由 $V''(z)$、$I''(z)$

表示，因而 $e''(\rho)$、$h''(\rho)$ 相当于单位向量，或基函数。那么上式可表示为

$$\frac{\mathrm{d}I''(z)}{\mathrm{d}z}=-\mathrm{j}\omega\varepsilon V''(z)$$

可进一步改写成

$$\frac{\mathrm{d}I''(z)}{\mathrm{d}z}=-\mathrm{j}k_z\frac{\omega\varepsilon}{k_z}V''(z)$$

将上式与式(3.4.20)比较不难得出

$$Y''=\frac{1}{Z'}=\frac{\omega\varepsilon}{k_z} \tag{3.4.23}$$

而时间平均纵向坡印廷功率流为

$$\begin{aligned}P''_z&=\frac{1}{2}\mathrm{Re}[(\boldsymbol{E}''\times\boldsymbol{H}''^*)\cdot\boldsymbol{z}_0]\\&=\frac{1}{2}\mathrm{Re}\{(\boldsymbol{E}''_t\times\boldsymbol{H}''^*_t)\cdot\boldsymbol{z}_0\}\\&=\frac{1}{2}\mathrm{Re}\{[(\boldsymbol{e}''(\boldsymbol{\rho})V''(z))\times(\boldsymbol{h}''^*(\boldsymbol{\rho})I''^*(z))]\cdot\boldsymbol{z}_0\}\\&=\frac{1}{2}\mathrm{Re}\{V''(z)I''^*(z)[\boldsymbol{e}''(\boldsymbol{\rho})\times\boldsymbol{h}''^*(\boldsymbol{\rho})]\cdot\boldsymbol{z}_0\}\\&=\frac{1}{2}\mathrm{Re}\{V''(z)I''^*(z)\}\end{aligned} \tag{3.4.24}$$

这里我们应用了模式函数归一化的条件，$\boldsymbol{e}''(\boldsymbol{\rho})$、$\boldsymbol{h}''(\boldsymbol{\rho})$ 只表示方向，不表示大小，即 $\boldsymbol{e}''(\boldsymbol{\rho})\times\boldsymbol{h}''^*(\boldsymbol{\rho})=\boldsymbol{z}_0$。式(3.4.24)表示，传输线传送的功率 $\frac{1}{2}\mathrm{Re}[V''(z)I''^*(z)]$ 正好等于坡印廷功率流的纵向(z 方向)分量，也就是 z 方向的坡印廷功率流。

因此，对于 TM 模横向场量 $\boldsymbol{E}''_t$、$\boldsymbol{H}''_t$ 的幅值 $V''(z)$、$I''(z)$ 沿纵向 z 的传播可用如图 3-22 所示传输线等效。传输线的特征阻抗 $Z=\frac{k_z}{w}$、传播常数 $\kappa=k_z$。

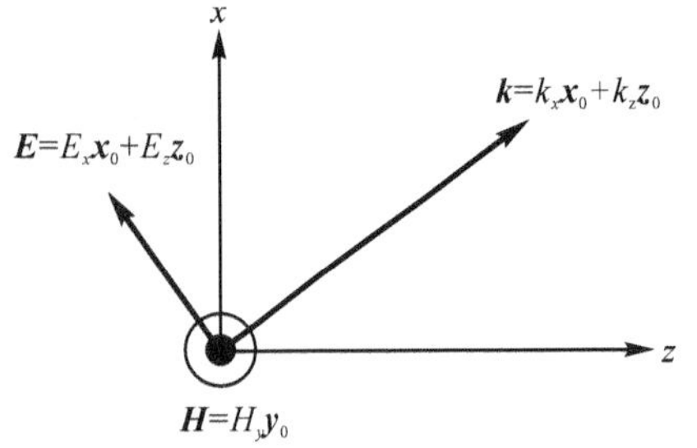

(a)TM模场量表示及其坐标系

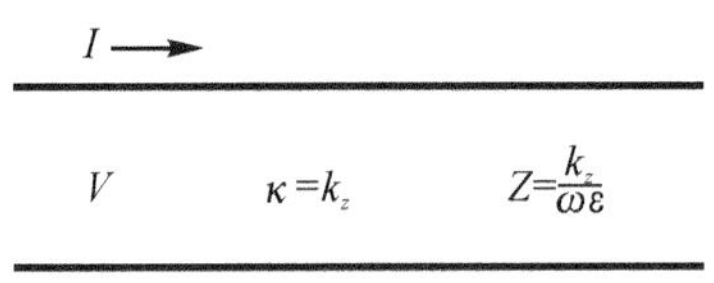

(b)TM模z方向波传播的等效传输线模型

图 3-22　均匀介质中 TM 模传播的传输线模型

对于 TE 模，类似地将 $\boldsymbol{E}'_t(\boldsymbol{r})$ 分解成模式函数 $\boldsymbol{e}'(\boldsymbol{\rho})$ 与模式函数的幅值 $V'(z)$ 的乘积，而将 $\boldsymbol{H}'_t(\boldsymbol{r})$ 分解成模式函数 $\boldsymbol{h}'(\boldsymbol{\rho})$ 与其幅值 $I'(z)$ 的乘积，即

$$\boldsymbol{E}'_t(\boldsymbol{r})=\boldsymbol{e}'(\boldsymbol{\rho})V'(z) \tag{3.4.25}$$

$$\boldsymbol{H}'_t(\boldsymbol{r})=\boldsymbol{h}'(\boldsymbol{\rho})I'(z) \tag{3.4.26}$$

经过类似推导可得模式函数 $\boldsymbol{e}'(\boldsymbol{\rho})$、$\boldsymbol{h}'(\boldsymbol{\rho})$ 满足

$$\nabla_t\cdot\boldsymbol{e}'(\boldsymbol{\rho})=0 \tag{3.4.27}$$

$$\nabla_t\times\boldsymbol{h}'(\boldsymbol{\rho})=0 \tag{3.4.28}$$

$$e'(\boldsymbol{\rho})\times h'(\boldsymbol{\rho})=z_0 \tag{3.4.29}$$

$$(\nabla_t^2+k_t^2)e'(\boldsymbol{\rho})=0 \tag{3.4.30}$$

$$k_t^2=k^2-k_z^2$$

而模式函数幅值 $V'(z)$、$I'(z)$满足传输线方程

$$\frac{\mathrm{d}V'(z)}{\mathrm{d}z}=-\mathrm{j}k_zZ'I'(z) \tag{3.4.31}$$

$$\frac{\mathrm{d}I'(z)}{\mathrm{d}z}=-\mathrm{j}k_zY'V'(z) \tag{3.4.32}$$

式中：

$$Z'=\frac{1}{Y'}=\frac{\omega\mu}{k_z} \tag{3.4.33}$$

以及时间平均纵向坡印廷功率流

$$P'_z=\frac{1}{2}\mathrm{Re}[V'(z)I'^*(z)] \tag{3.4.34}$$

因此，对于 TE 模横向场量 $\boldsymbol{E}'_t(\boldsymbol{r})$、$\boldsymbol{H}'_t(\boldsymbol{r})$的幅值 $V'(z)$、$I'(z)$沿纵向 z 的传播可用如图3-23所示传输线等效。

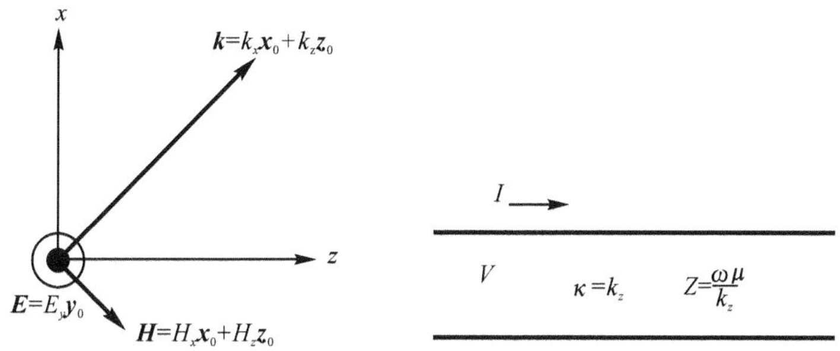

(a)TE模场量表示及其坐标系　(b)TE模z方向波传播的等效传输线模型

图 3-23　均匀介质中 TE 模传播的传输线模型

为了便于比较，现把 TE、TM 模传输线模型的有关公式列于表 3-5。

表 3-5　TE、TM 模场量的有关公式

TE 模	TM 模
$\boldsymbol{E}=\boldsymbol{E}'_t$	$\boldsymbol{E}=\boldsymbol{E}''_t+E''_z\boldsymbol{z}_0$
$\boldsymbol{H}=\boldsymbol{H}'_t+H'_z\boldsymbol{z}_0$	$H=H''_t$
$E'_z=0$	$H''_z=0$
$\boldsymbol{E}'_t=\boldsymbol{e}'(\boldsymbol{\rho})V'(z)$	$\boldsymbol{E}''_t=\boldsymbol{e}''(\boldsymbol{\rho})V''(z)$
$\boldsymbol{H}'_t=\boldsymbol{h}'(\boldsymbol{\rho})I'(z)$	$\boldsymbol{H}''_t=\boldsymbol{h}''(\boldsymbol{\rho})I''(z)$
$\nabla_t\cdot\boldsymbol{e}'=0$	$\nabla_t\cdot\boldsymbol{h}''=0$
$\nabla_t\times\boldsymbol{h}'=0$	$\nabla_t\times\boldsymbol{e}''=0$
$(\nabla_t^2+k_t^2)\boldsymbol{e}'=0$	$(\nabla_t^2+k_t^2)\boldsymbol{h}''=0$
$k_t^2=k^2-k_z^2$	$k_t^2=k^2-k_z^2$
$\boldsymbol{h}'=\boldsymbol{z}_0\times\boldsymbol{e}'$	$\boldsymbol{e}''=-\boldsymbol{z}_0\times\boldsymbol{h}''$

续　表

TE 模	TM 模
$\dfrac{dV'(z)}{dz}=-jk'_zZ'I'(z)$	$\dfrac{dV''(z)}{dz}=-jk''_zZ''I''(z)$
$\dfrac{dI'(z)}{dz}=-jk'_zY'V'(z)$	$\dfrac{dI''(z)}{dz}=-jk''_zY''V''(z)$
$Z'=\dfrac{1}{Y'}=\dfrac{\omega\mu}{k'_z}$	$Z''=\dfrac{1}{Y''}=\dfrac{k''_z}{\omega\varepsilon}$

由表 3-5 可见，电磁场用 TE 及 TM 两种模式的场叠加表示后，本来要解耦合的三维波方程简化为解二维波方程

$$(\nabla^2+k_t^2)\begin{cases}\boldsymbol{e}'=0 & \text{TE 模}\\ \boldsymbol{h}''=0 & \text{TM 模}\end{cases} \tag{3.4.35}$$

以及耦合的一维传输线方程

$$\frac{dV(z)}{dz}=-jk_zZI(z) \tag{3.4.36}$$

$$\frac{dI(z)}{dz}=-jk_zYV(z) \tag{3.4.37}$$

$$k_z^2=k^2-k_t^2 \tag{3.4.38}$$

$$Z=\frac{1}{Y}\begin{cases}\dfrac{\omega\mu}{k_z} & \text{TE 模}\\[2mm] \dfrac{k_z}{\omega\varepsilon} & \text{TM 模}\end{cases} \tag{3.4.39}$$

因此，只从解方程的角度看，把电磁波分解成 TE 及 TM 两种模式的场，其优越性是十分明显的。因此把电磁波分成 TE、TM 两种模式，不仅给数学分析带来方便，也便于实际应用。

二维特征波方程(3.4.35)中的本征值 k_t 也叫做横向传播常数，由具体波导的横向边界条件确定。与本征值 k_t 相应的本征函数 $\boldsymbol{e}$、$\boldsymbol{h}$ 通常叫做模式函数。模式函数只与横向坐标有关，表示场在横截面的分布。模式函数的幅值 $V(z)$、$I(z)$ 满足传输线方程式(3.4.36)、式(3.4.37)，其传播常数 k_z 及特征阻抗 Z(或特征导纳 Y)由式(3.4.38)、式(3.4.39)决定。

因此，就波沿纵向 z 轴的传播而言，电磁波按 TE、TM 模式分开后，可用式(3.4.36)、式(3.4.37)的传输线等效，而等效传输线传送的功率就等于波的纵向功率流。

从表 3-5 可见，对于电场 TE 模的散度 $\nabla\cdot\boldsymbol{e}'=0$，TM 模的旋度 $\nabla\times\boldsymbol{e}''=0$，而亥姆霍兹定理告诉我们：任一矢量场可分解为一个散度等于零的场和另一个旋度等于零的场之和。由此可知，把电磁场分解为 TE 与 TM 两种模场的叠加是完备的，它与亥姆霍兹定理是一致的。

【例 3.9】 如图 3-24 所示，自由空间 TM 平面波波矢 $\boldsymbol{k}_0$ 在 x-z 平面内，与 z 轴的夹角 $\theta=30°$，请给出波在 z、x 方向传播的等效传输线模型。

解　对于 x 方向波传播的等效传输线，传播常数 $\kappa=k_x=k_0\sin30°=\dfrac{k_0}{2}$，特征阻抗为

$$Z_x=\frac{k_x}{\omega\varepsilon_0}=\frac{k_0}{2\omega\varepsilon_0}=\frac{1}{2}\sqrt{\frac{\mu_0}{\varepsilon_0}}=\frac{\eta_0}{2}$$

对于 z 方向波传播的等效传输线，传播常 $\kappa=k_z=k_0\cos30°=\dfrac{\sqrt{3}}{2}k_0$，特征阻抗为

$$Z_z=\frac{k_z}{\omega\varepsilon_0}=\frac{\sqrt{3}k_0}{2\omega\varepsilon_0}=\frac{\sqrt{3}}{2}\sqrt{\frac{\mu_0}{\varepsilon_0}}=\frac{\sqrt{3}}{2}\eta_0$$

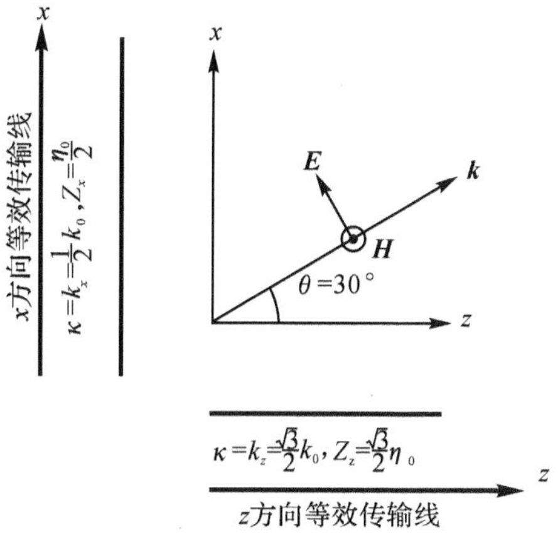

图 3-24　自由空间 TE 平面波沿 z 方向、x 方向传播的传输线模型

3.5　边界条件

本章前面几节讨论了均匀介质中电磁波的传播。所谓均匀介质，其介电系数 ε、磁导率 μ 是常数。本章接下去讨论一维不均匀介质中波的传播。所谓一维不均匀介质是指介质的介电常数 ε 沿某一坐标轴(如 z 轴)方向是不均匀的，可以用 $\varepsilon(z)$ 表示。

两均匀介质Ⅰ和Ⅱ在 $z=0$ 处相接构成的介质交界面[见图 3-25(a)]就是最基本的一维不均匀介质系统。该系统的介电系数 ε 沿 z 轴的分布在 $z=0$ 处发生突变[见图 3-25(b)]。根据我们日常对光现象的观察，倾斜投射到介质交界面的平面波一部分被反射回来，一部分透过介质交界面继续传播。这就是所谓介质交界面对平面波的反射与折射。

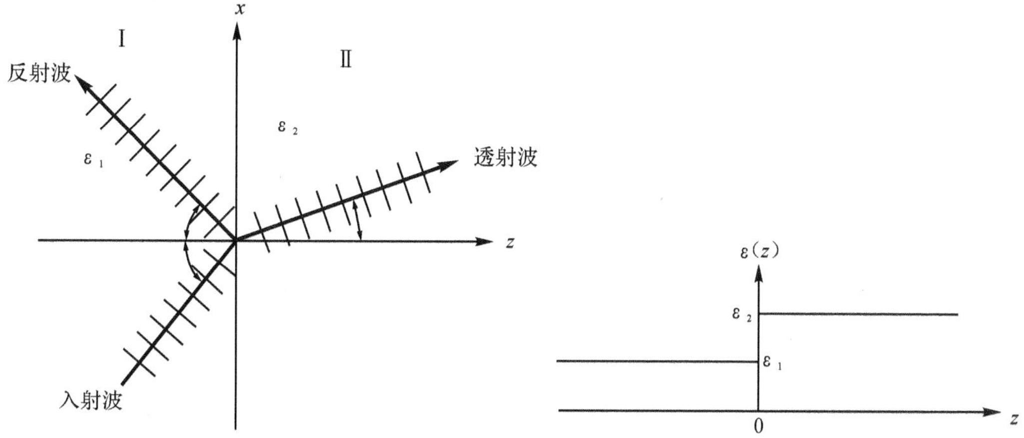

(a)介质交界面对入射波的反射与折射　　(b)介质交界面两旁介电系数分布

图 3-25　介质交界面

介质交界面对平面波的反射与折射要满足介质交界面的边界条件。边界条件实际上就是

麦克斯韦方程在介质交界面的表达形式，它可以从麦克斯韦方程得到。

1. 介质交界面切向场量满足的边界条件

图 3-26 所示的介质Ⅰ与Ⅱ的交界面，ε_1、μ_1 与 ε_2、μ_2 分别为介质Ⅰ与Ⅱ的介电系数和磁导率。一般介质的磁导率 μ 近似等于自由空间磁导率 μ_0，在下面分析中假定介质Ⅰ与Ⅱ的磁导率 μ 都等于 μ_0。$\boldsymbol{n}$ 为交界面法线方向的单位矢量，从介质Ⅱ指向介质Ⅰ。E_{1t}、E_{2t} 与 H_{1t}、H_{2t} 分别为介质交界面两旁电场与磁场的切向分量。现在我们结合图 3-26(a)所示界面，考察跨越交界面由闭合曲线 l 围成的矩形面积元 S，其平行于交界面的长边 Δl 比垂直于交界面的窄边 h 大得多，即 $\Delta l \gg h$。同时假定当积分面积元 S 趋于零时，窄边 h 比长边 Δl 更快趋于零。在这一假定下，由积分形式的法拉第定理式(1.1.31)得到

$$\oint_l \boldsymbol{E} \cdot \mathrm{d}\boldsymbol{l} \approx E_{1t}\Delta l - E_{2t}\Delta l = -\frac{\partial}{\partial t}\int_S \boldsymbol{B} \cdot \mathrm{d}\boldsymbol{S} = 0$$

所以 $$E_{1t} = E_{2t} \tag{3.5.1a}$$

或 $$\boldsymbol{n} \times (\boldsymbol{E}_1 - \boldsymbol{E}_2) = 0 \tag{3.5.1b}$$

得出式(3.5.1)时，由于假定 h 比 Δl 更快趋于零，所以垂直于边界 h 路径上的线积分可忽略。同时因为 $\boldsymbol{B}$ 为有限值，当 $S \to 0$ 时，积分 $\int_S \boldsymbol{B} \cdot \mathrm{d}\boldsymbol{S} = 0$。式(3.5.1)的图解如图 3.26(a)所示，交界面 $\boldsymbol{E}_1$、$\boldsymbol{E}_2$ 不连续，但切向分量相等，即 $E_{1t} = E_{2t}$。

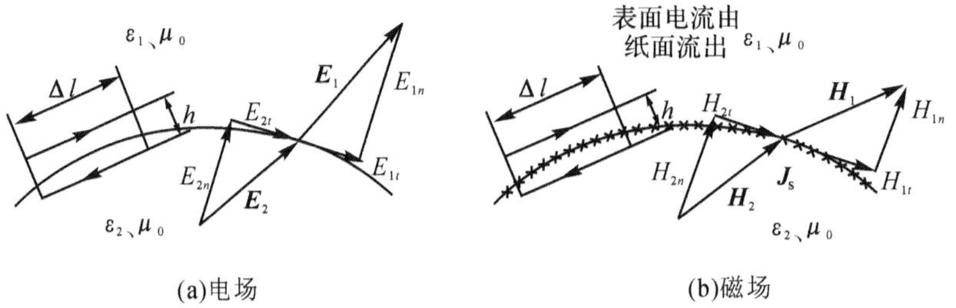

图 3-26 介质交界面切向场量满足的边界条件图示

接下去将积分形式的全电流定理式(1.1.34)用于介质交界面一个小的区域，如图 3-26(b)所示，可得到

$$\oint_l \boldsymbol{H} \cdot \mathrm{d}\boldsymbol{l} = H_{1t}\Delta l - H_{2t}\Delta l = \int_S \left(\boldsymbol{J} + \frac{\partial \boldsymbol{D}}{\partial t}\right) \cdot \mathrm{d}\boldsymbol{S} = \boldsymbol{J}_s \Delta l$$

即 $$H_{1t} - H_{2t} = \boldsymbol{J}_s \tag{3.5.2a}$$

或 $$\boldsymbol{n} \times (\boldsymbol{H}_1 - \boldsymbol{H}_2) = \boldsymbol{J}_s \tag{3.5.2b}$$

得出式(3.5.2)时，同样因为 $\boldsymbol{D}$ 为有限值，故当 $S \to 0$ 时，$\frac{\partial}{\partial t}\int \boldsymbol{D} \cdot \mathrm{d}\boldsymbol{S} \to 0$，但要注意，$\lim\limits_{h \to 0}\int_S \boldsymbol{J} \cdot \mathrm{d}\boldsymbol{S}$ 可以不为零，并将它定义为表面电流密度 $\boldsymbol{J}_s$

$$\boldsymbol{J}_s = \lim_{h \to 0}\int_S \boldsymbol{J} \cdot \mathrm{d}\boldsymbol{S} \tag{3.5.3}$$

式(3.5.2)的图解如图 3.26(b)所示，交界面两旁磁场切向分量不连续，其差值等于表面电流。

式(3.5.1)、式(3.5.2)所表示的边界条件简述如下：

在介质交界面两旁切向电场连续，而切向磁场不连续，其不连续值等于表面电流。

因为面电流密度 $\boldsymbol{J}_s$ 仅对于完纯导体才存在，所以边界条件的陈述又可归结为：

(1)两个具有有限电导率的介质，交界面切向电场和切向磁场都连续。

(2)完纯导体表面切向电场为零,表面电流 $\boldsymbol{J}_s=\boldsymbol{n}_0\times\boldsymbol{H}$,$\boldsymbol{n}_0$ 是导体表面的单位法向矢量。

完纯导体内部电磁场不在,即 $\boldsymbol{E}_2=0$,$\boldsymbol{H}_2=0$,导体表面切向电场要连续,所以 $E_{1t}=0$(E_{1t} 表示切向电场)。

2. 介质交界面法向场量满足的边界条件

接下去结合图 3-27(a)所示考察跨越交界面的圆柱体小盒子,图中 D_{1n}、D_{2n}分别为介质交界面两旁电通量密度的法向分量。假定柱体侧面积比底面积小得多,当圆柱体体积 $V\to 0$ 时,侧面积比底面积更快趋于零,柱体收缩为一个面,将积分形式的高斯定理式(1.1.21)应用到这样的体积就得到

$$\oint_S \boldsymbol{D}\cdot \mathrm{d}\boldsymbol{S}=D_{1n}\Delta S-D_{2n}\Delta S=\int_V \rho_v \mathrm{d}V=\rho_s\Delta S$$

即 $$D_{1n}=D_{2n}=\rho_s \tag{3.5.4a}$$

或 $$\boldsymbol{n}\cdot(\boldsymbol{D}_1-\boldsymbol{D}_2)=\rho_s \tag{3.5.4b}$$

式中:ρ_s 为介质交界面表面电荷密度,定义为

$$\lim_{h\to 0}\int_V \rho_V \mathrm{d}V=\rho_s \tag{3.5.5}$$

得出式(3.5.4)时,穿过柱体侧面电通量忽略不计,这是因为积分体积元侧面积比底面积小得多,且当体积 $V\to 0$ 时,比底面积更快趋于零。

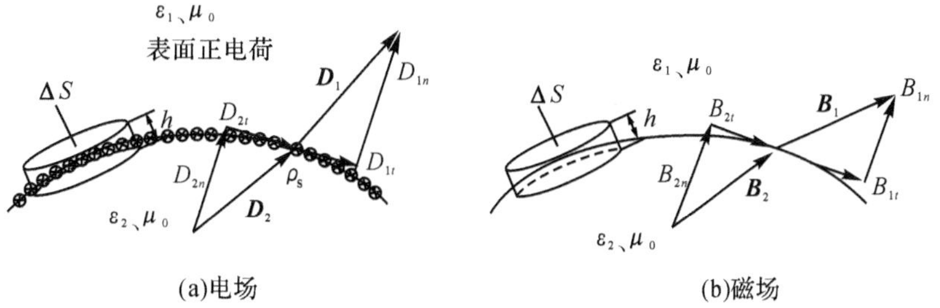

图 3-27　介质交界面法向场量满足的边界条件图示

同样将式(1.1.30)表示的磁通连续性原理应用于该体积元,如图 3-27(b)所示,就得到

$$\int_S \boldsymbol{B}\cdot \mathrm{d}\boldsymbol{S}=B_{1n}\Delta S-B_{2n}\Delta S=0$$

即 $$B_{1n}=B_{2n} \tag{3.5.6a}$$

$$\boldsymbol{n}\cdot(\boldsymbol{B}_1-\boldsymbol{B}_2)=0 \tag{3.5.6b}$$

式中:B_{1n}、B_{2n}分别为介质交界面两旁磁通量密度的法向分量,式(3.5.4)、式(3.5.6)的图解分别如图 3.27(a)和(b)所示。

式(3.5.4)、式(3.5.6)表示的边界条件陈述如下:

磁通量密度 $\boldsymbol{B}$ 的法向分量在交界面两旁连续;电通量密度 $\boldsymbol{D}$ 的法向分量在交界面两旁不连续,等于交界面表面电荷密度 ρ_s。

完纯导体内部不存在电磁场,即 $B_{2n}=0$,$D_{2n}=0$,所以完纯导体表面 $B_n=0$,$D_n=\rho_s$,即完纯导体表面磁场的法线分量等于零,电通量密度的法向分量等于导体表面电荷密度 ρ_s。

如果将导体表面的场分解成与导体表面相切的切向场量以及与表面垂直的法向场量,将切向场量与法向场量代入麦克斯韦方程,可得到切向场量与法向场量彼此之间的关系。根据这些关系,从导体表面电场的切向分量等于零、磁场的法向分量等于零又可得到导体表面电场

法向分量在法线 n 方向导数等于零，即 $\frac{dE_n}{dn}=0$，以及磁场的切向分量 H_t 沿法线方向导数等于零，即 $\frac{dH_t}{dn}=0$。导体表面边界条件的这两个表达式以后也会用到。

【例 3.10】 如图 3-28 所示，间距为 a 的理想平行平板导体(无限大)引导的 TEM 波沿 z 方向传播，已知其电场强度 $\boldsymbol{E}$ 为

$$\boldsymbol{E}=\boldsymbol{x}_0 E_x=\boldsymbol{x}_0 E_0 \mathrm{e}^{-\mathrm{j}kz}$$

求：(1)两平板内壁上每单位宽度的电流；

(2)两平板内壁上面电荷密度的分布。

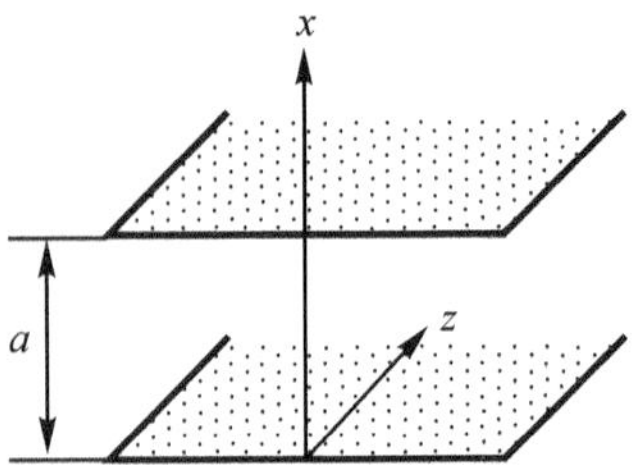

图 3-28　平行导电板

解　根据麦克斯韦方程组中的旋度方程

$$\nabla\times\boldsymbol{E}=-\mathrm{j}\omega\mu_0\boldsymbol{H}$$

得到

$$\begin{aligned}\boldsymbol{H}&=\frac{1}{-\mathrm{j}\omega\mu_0}\nabla\times\boldsymbol{E}=\frac{1}{-\mathrm{j}\omega\mu_0}\nabla\times(\boldsymbol{x}_0 E_x)\\&=\frac{1}{-\mathrm{j}\omega\mu_0}\boldsymbol{y}_0\frac{\partial E_x}{\partial z}=\boldsymbol{y}_0\frac{k}{\omega\mu}E_0\mathrm{e}^{-\mathrm{j}kz}\\&=\boldsymbol{y}_0\frac{1}{\eta_0}E_0\mathrm{e}^{-\mathrm{j}kz}\end{aligned}$$

式中：$\eta_0=\sqrt{\frac{\mu_0}{\varepsilon_0}}=377\Omega$。

(1)在内壁 $x=0$ 平面，$\boldsymbol{n}_0=\boldsymbol{x}_0$；在内壁 $x=a$ 平面，$\boldsymbol{n}_0=-\boldsymbol{x}_0$。$x=0,a$ 平面内壁上单位宽度电流为

$$\boldsymbol{J}_s|_{x=0}=\boldsymbol{n}_0\times\boldsymbol{H}|_{x=0}=\boldsymbol{x}_0\times\boldsymbol{y}_0\frac{E_0}{\eta_0}\mathrm{e}^{-\mathrm{j}kz}=\boldsymbol{z}_0\frac{E_0}{\eta}\mathrm{e}^{-\mathrm{j}kz}$$

$$\boldsymbol{J}_s|_{x=a}=\boldsymbol{n}_0\times\boldsymbol{H}|_{x=a}=(-\boldsymbol{x}_0)\times\boldsymbol{y}_0\frac{E_0}{\eta_0}\mathrm{e}^{-\mathrm{j}kz}=-\boldsymbol{z}_0\frac{E_0}{\eta}\mathrm{e}^{-\mathrm{j}kz}$$

(2)$x=0,a$ 两平板内壁上面电荷密度的分布为

$$\rho_{s|x=0}=\boldsymbol{n}_0\cdot\boldsymbol{D}=\boldsymbol{x}_0\cdot(\varepsilon_0\boldsymbol{E})=\boldsymbol{x}_0\cdot\boldsymbol{x}_0 E_0\mathrm{e}^{-\mathrm{j}kz}=\varepsilon_0 E_0\mathrm{e}^{-\mathrm{j}kz}$$

$$\rho_{s|x=a}=\boldsymbol{n}_0\cdot\boldsymbol{D}=-\boldsymbol{x}_0\cdot(\varepsilon_0\boldsymbol{E})=-\boldsymbol{x}_0\cdot\boldsymbol{x}_0\varepsilon_0 E_0\mathrm{e}^{-\mathrm{j}kz}=-\varepsilon_0 E_0\mathrm{e}^{-\mathrm{j}kz}$$

3.6　平面波在介质交界面的反射与折射

本节根据电磁波在介质交界面必须满足的边界条件，分析介质交界面对平面波的反射与折射。

3.6.1　分析模型与分析方法

如图 3-29 所示，$z<0$ 的区域Ⅰ和 $z>0$ 的区域Ⅱ分别为相对介电系数 ε_{r1} 和 ε_{r2} 的介质填充，$z=0$ 就是两介质相接触的交界面，以后简称为介质交界面。

以波矢 $\boldsymbol{k}^{i}$ 为特征的平面波由介质Ⅰ以倾斜角 θ^{i} 投射到介质交界面。θ^{i} 为波矢 $\boldsymbol{k}^{i}$ 与交界面法线(即 z 轴)的夹角。如前所述,倾斜投射到介质交界面的平面波一部分被反射回来,一部分透过介质交界面继续传播。倾斜投射到介质交界面的平面波叫入射波,被交界面反射回来的波叫反射波,穿过交界面继续传播的波叫折射波(或透射波)。$\boldsymbol{k}^{i}$、$\boldsymbol{k}^{r}$、$\boldsymbol{k}^{t}$ 分别为入射波、反射波、折射波(或透射波)的波矢。上标 i、r、t 则分别为属于入射波、反射波、折射波(或透射波)的量。

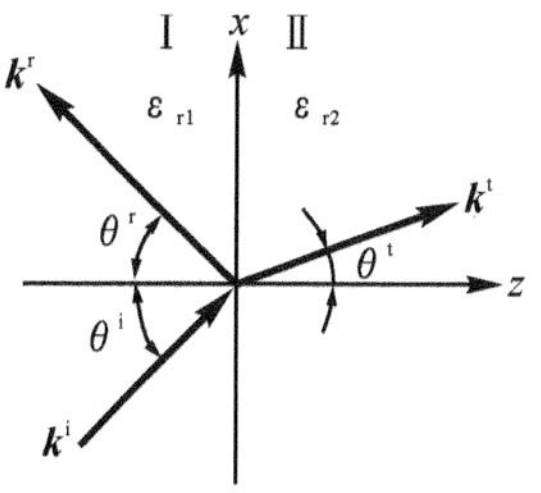

图 3-29　介质交界面对平面波的反射与折射

定义入射波波矢 $\boldsymbol{k}^{i}$ 与交界面法线 n 构成的平面为入射面。坐标轴的选择使 z 轴与界面垂直,而 x 轴与界面平行,且 x-z 平面就是入射面。因此 y 轴与入射面垂直。坐标轴方向这样选取后,波矢 $\boldsymbol{k}^{i}$ 只有 k_x^{i} 与 k_z^{i} 两个分量。

介质交界面对平面波的反射与折射(或透射)问题的分析,关键是要确定反射波与折射波(或透射波)传播的方向,即波矢 $\boldsymbol{k}^{r}$、$\boldsymbol{k}^{t}$ 的方向,以及反射波、折射波的大小。波矢 $\boldsymbol{k}^{r}$、$\boldsymbol{k}^{t}$ 的方向可以用反射角 θ^{r} 与折射角 θ^{t} 表示。θ^{r}、θ^{t} 分别表示 $\boldsymbol{k}^{r}$、$\boldsymbol{k}^{t}$ 与交界面法线(即 z 轴)的夹角。反射波、折射波的大小常以入射波进行归一化。以入射波归一化的反射波、折射波的大小叫做反射系数与折射系数(或透射系数)。

3.4 节已讨论过任何电磁波可分解为 TE 模与 TM 模的组合,因此介质交界面对平面电磁波的反射、折射(或透射)可以分为 TE、TM 两种情况来处理。

图 3-30(a)所示属于 TE 模的情况。z 轴垂直于介质交界面,入射波波矢 $\boldsymbol{k}^{i}$ 在 x-z 平面内与入射面重合,只有两个分量,即 $\boldsymbol{k}^{i}=k_x^{i}\boldsymbol{x}_0+k_z^{i}\boldsymbol{z}_0$,$k_y^{i}=0$。电场 $\boldsymbol{E}^{i}=E_y^{i}\boldsymbol{y}_0$ 只有 E_y^{i} 分量,与入射面垂直,故这类波也叫垂直极化波。磁场 $\boldsymbol{H}^{i}$ 在入射面内,即与入射面平行,也与 $\boldsymbol{k}^{i}$ 垂直,有两个分量,$\boldsymbol{H}^{i}=H_x^{i}\boldsymbol{x}_0+H_z^{i}\boldsymbol{z}_0$。$\boldsymbol{E}^{i}$、$\boldsymbol{H}^{i}$、$\boldsymbol{k}^{i}$ 三者相互垂直构成右手螺旋关系。

图 3-30(b)所示属于 TM 模的情况。入射波波矢 $\boldsymbol{k}^{i}$ 也在 x-z 平面内与入射面重合,只有两个分量,即 $\boldsymbol{k}^{i}=k_x^{i}\boldsymbol{x}_0+k_z^{i}\boldsymbol{z}_0$,$k_y^{i}=0$,但磁场只有 y 分量,即 $\boldsymbol{H}^{i}=\boldsymbol{y}_0H_y^{i}$,而电场 E^{i} 与入射面平行,有两个分量,即 $\boldsymbol{E}^{i}=E_x^{i}\boldsymbol{x}_0+E_z^{i}\boldsymbol{z}_0$,故又叫做平行极化波。$\boldsymbol{E}^{i}$、$\boldsymbol{H}^{i}$、$\boldsymbol{k}^{i}$ 三者也构成右手螺旋关系。

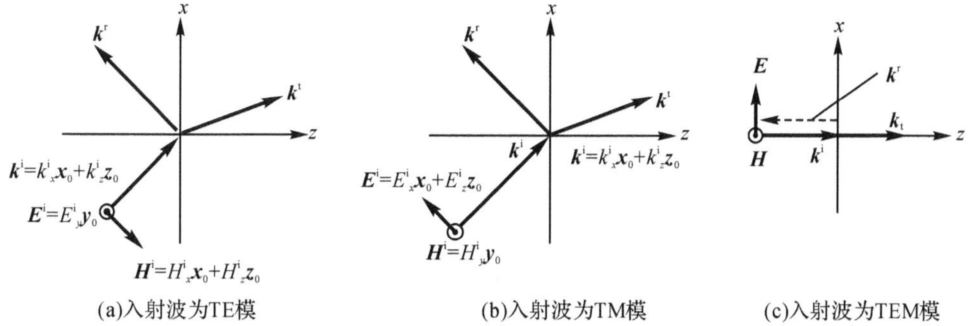

(a)入射波为TE模　(b)入射波为TM模　(c)入射波为TEM模

图 3-30　介质交界面对平面波反射、折射的三种情况

还有一种特殊情况,波矢 $\boldsymbol{k}^{i}$ 与 z 轴重合,即入射波垂直投射到介质交界面,电场 $\boldsymbol{E}^{i}$、磁场 $\boldsymbol{H}^{i}$ 只有横向分量,$\boldsymbol{E}^{i}=\boldsymbol{x}_0E_x^{i}$,$\boldsymbol{H}^{i}=\boldsymbol{y}_0H_y^{i}$,$\boldsymbol{E}^{i}$、$\boldsymbol{H}^{i}$、$\boldsymbol{k}^{i}$ 也构成右手螺旋关系。这种情况就是 TEM 模,它是 TE、TM 模的特例。

任何复杂的电磁波都可分解成 TE、TM 的组合,而 TEM 又是 TE、TM 模的特例,所以介质交界面对平面波的反射、折射只需分析 TE、TM 两种情况即可。

边界条件是我们分析介质交界面对平面波的反射、折射的根本出发点。具体处理有两种途径，一是先写出交界面两旁入射波、反射波、折射波的有关场量，然后利用交界面的边界条件，得到反射波、折射波与入射波关系，这种方法叫做场量匹配法。二是将 $z=0$ 处相接的两介质用 $z=0$ 处级连的传输线等效，介质交界面对平面波的反射、折射问题等效为级连传输线上电压、电流波的传播问题，并用传输线理论处理介质交界面对入射波的反射与折射。这种方法叫做传输线模型法。两种方法初看起来差别较大，前者用场的方法，后者简化到路的方法，但两者完全等价。对于只有一个介质交界面，两种方法都不复杂，但如果遇到多个介质交界面，用传输线模型处理就方便多了。本节用传输线模型法分析介质交界面的反射与折射。

3.6.2 介质交界面对 TE 波(或垂直极化波)的反射与折射

如图 3-31 所示，介质交界面两边无论是 $z<0$ 的区域Ⅰ还是 $z>0$ 的区域Ⅱ，都是均匀介质。根据均匀介质的传输线模型，区域Ⅰ、Ⅱ z 方向波的传播都可用特定参数的传输线等效。对于区域Ⅰ，TE 模等效传输线的传播常数 κ_1 与特征阻抗 Z_1 为

$$\kappa_1=k_{z1}=\sqrt{k_1^2-k_{x1}^2}=k_1\cos\theta_1 \tag{3.6.1}$$

$$Z_1=\frac{\omega\mu}{k_{z1}} \tag{3.6.2}$$

而 $k_1=\omega\sqrt{\mu_0\varepsilon_{r1}\varepsilon_0}=k_0\sqrt{\varepsilon_{r1}}$，$k_0=\omega\sqrt{\mu_0\varepsilon_0}$，$\theta_1$ 是入射波波矢 $\boldsymbol{k}_1^{\mathrm{i}}$ 与交界面法线(即 z 轴)的夹角。对于区域Ⅱ，等效传输线的传播常数 κ_2、特征阻抗 Z_2 为

$$\kappa_2=k_{z2}=\sqrt{k_2^2-(k_{x2})^2} \tag{3.6.3}$$

$$Z_2=\frac{\omega\mu}{k_{z2}} \tag{3.6.4}$$

而
$$k_2=\omega\sqrt{\mu_0\varepsilon_{r2}\varepsilon_0}=k_0\sqrt{\varepsilon_{r2}}$$

等效传输线 1 与 2 能否在交界面直接连起来，还需要证明。为此要利用交界面的边界条件。

根据均匀介质的传输线模型，对于 TE 模，有

$$\boldsymbol{E}_{t1}=\boldsymbol{e}_1(\boldsymbol{\rho})V_1(z) \tag{3.6.5}$$

$$\boldsymbol{H}_{t1}=\boldsymbol{h}_1(\boldsymbol{\rho})I_1(z) \tag{3.6.6}$$

根据 3.4 节，在图 3-31 所示的特定坐标系下，$k_y=0$，无论区域Ⅰ还是区域Ⅱ，场在 y 方向都没有变化，$\boldsymbol{e}(\boldsymbol{\rho})$、$\boldsymbol{h}(\boldsymbol{\rho})$ 只是坐标 x 的函数，并可表示为

$$\boldsymbol{e}(\boldsymbol{\rho})=-\varphi(x)\boldsymbol{y}_0 \tag{3.6.7}$$

$$\boldsymbol{h}(\boldsymbol{\rho})=\varphi(x)\boldsymbol{x}_0 \tag{3.6.8}$$

式(3.6.7)右边加负号的原因在后面说明。模式函数 $\varphi(x)$ 满足

$$\left(\frac{\mathrm{d}^2}{\mathrm{d}x^2}+k_x^2\right)\varphi(x)=0 \tag{3.6.9}$$

不管区域Ⅰ还是区域Ⅱ，边界都趋于无穷远，其解为

$$\varphi(x)=\mathrm{e}^{-\mathrm{j}k_x x} \tag{3.6.10}$$

式(3.6.10)表示区域Ⅰ、区域Ⅱ沿介质交界面有相同的传播常数，即

$$k_{x1}=k_{x2}=k_x \tag{3.6.11a}$$

或
$$k_1\sin\theta_1=k_2\sin\theta_2 \tag{3.6.11b}$$

式中：θ_1、θ_2 分别为波矢 $\boldsymbol{k}_1$、$\boldsymbol{k}_2$ 与 z 轴或交界面法线的夹角。这就是物理学中熟知的斯耐尔(Snell)定律。因为波矢 $\boldsymbol{k}$ 与相对介电系数的平方根$\sqrt{\varepsilon_{\mathrm{r}}}$或折射率 n 成正比，故斯耐尔定律也可表示为

$$\sqrt{\varepsilon_{\mathrm{r1}}}\sin\theta_1=\sqrt{\varepsilon_{\mathrm{r2}}}\sin\theta_2 \tag{3.6.11c}$$

或

$$n_1\sin\theta_1=n_2\sin\theta_2 \tag{3.6.11d}$$

将(3.6.11a)代入式(3.6.3)可得

$$\kappa_2=k_{z2}=\sqrt{k_2^2-k_x^2}=\sqrt{k_2^2-(k_1\sin\theta_1)^2}$$

由式(3.6.5)至式(3.6.8)可得

$$\boldsymbol{E}_{t1}=\boldsymbol{y}_0E_{y1}=-\boldsymbol{y}_0\varphi(x)V_1(z) \tag{3.6.12}$$

$$\boldsymbol{H}_{t1}=\boldsymbol{x}_0H_{x1}=\boldsymbol{x}_0\varphi(x)I_1(z) \tag{3.6.13}$$

同样可得

$$\boldsymbol{E}_{t2}=\boldsymbol{y}_0E_{y2}=-\boldsymbol{y}_0\varphi(x)V_2(z) \tag{3.6.14}$$

$$\boldsymbol{H}_{t2}=\boldsymbol{x}_0H_{x2}=\boldsymbol{x}_0\varphi(x)I_2(z) \tag{3.6.15}$$

式(3.6.12)与式(3.6.13)右边的负号以保证坡印廷功率流在正 z 方向，跟传输线上传送的功率方向一致。

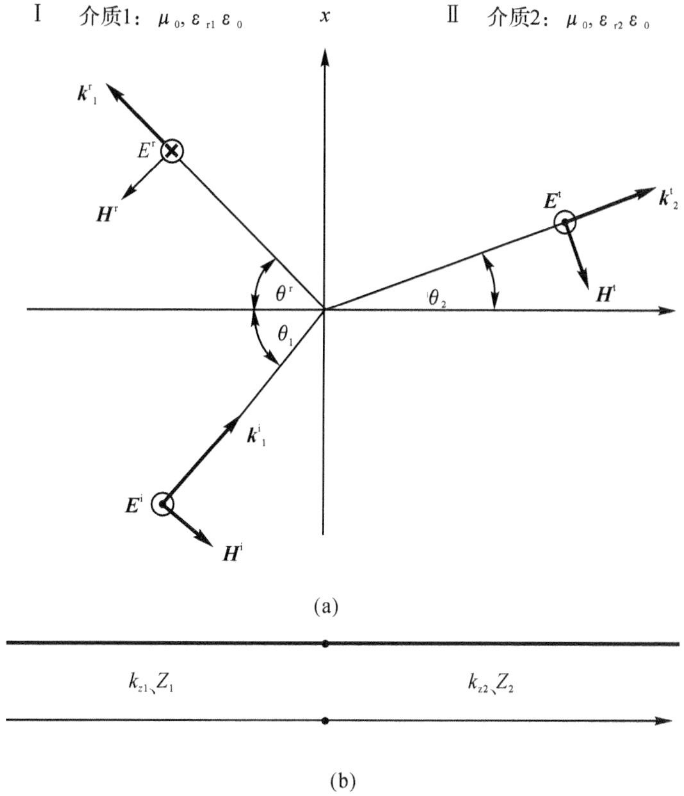

图 3-31　介质交界面对 TE 波(垂直极化波)的反射和折射(a)及其传输线类比(b)

介质交界面($z=0$)两旁 $\boldsymbol{E}_t$、$\boldsymbol{H}_t$ 连续，即

$$\boldsymbol{E}_{t1}=\boldsymbol{E}_{t2}\,,\ \boldsymbol{H}_{t1}=\boldsymbol{H}_{t2}$$

将式(3.6.12)至式(3.6.15)代入得到

$$\varphi(x)V_1(z=0)=\varphi(x)V_2(z=0)$$

$$\varphi(x)I_1(z=0)=\varphi(x)I_2(z=0)$$

即
$$V_1(z=0)=V_2(z=0) \tag{3.6.16}$$
$$I_1(z=0)=I_2(z=0) \tag{3.6.17}$$

介质交界面($z=0$)处 V、I 连续,意味着两传输线可直接连起来,如图 3-31(b)所示。

因为传输线Ⅱ趋于无穷远,没有反射波,所以 $z=0$ 处输入阻抗等于其特征阻抗 Z_2,根据传输线理论,$z=0$ 处反射系数 Γ 为
$$\Gamma(z=0)=\frac{Z_2-Z_1}{Z_2+Z_1} \tag{3.6.18}$$

将 Z_1、Z_2 代入得到
$$\Gamma(z=0)=\frac{k_{z1}-k_{z2}}{k_{z1}+k_{z2}} \tag{3.6.19}$$

式中:$k_{zi}=\sqrt{k_i^2-k_x^2}$,$k_i^2=k_0^2\varepsilon_{ri}=\omega^2\mu_0\varepsilon_{ri}\varepsilon_0 \quad (i=1,2)$。

因为
$$V_1(z)=V_1^{\mathrm{i}}[1+\Gamma(z)]\mathrm{e}^{-\mathrm{j}k_{z1}z}$$
$$V_2(z)=V_2^{\mathrm{i}}\mathrm{e}^{-\mathrm{j}k_{z2}z}$$

在 $z=0$ 交界面处,$V_1(0)=V_2(0)$,得到 $V_1^{\mathrm{i}}(1+\Gamma(z=0))=V_2^{\mathrm{i}}$,所以折射系数 $T(z=0)=\dfrac{E_{y2}}{E_{y1}}=\dfrac{V_2^{\mathrm{i}}}{V_1^{\mathrm{i}}}$如下式所示:
$$T(z=0)=1+\Gamma(z=0) \tag{3.6.20}$$

将 Z_1、Z_2 代入得到
$$T(z=0)=\frac{2k_{z1}}{k_{z1}+k_{z2}} \tag{3.6.21}$$

解传输线方程
$$\begin{cases}\dfrac{\mathrm{d}V_i}{\mathrm{d}z}=-\mathrm{j}k_{zi}Z_iI_i(z)\\[2mm]\dfrac{\mathrm{d}I_i(z)}{\mathrm{d}z}=-\mathrm{j}k_{zi}Y_iV_i(z)\end{cases}$$

式中:$Z_i=\dfrac{1}{Y_i}=\omega\mu/k_{zi}$,下标 $i=1$ 或 2,表示区域Ⅰ、Ⅱ中的量,可得到级连传输线上电压与电流分布,也就是 E_y、H_x 沿 z 轴的分布。

根据传输线理论 $z<0$ 区域Ⅰ的解为
$$\begin{cases}V_1(z)=V_1^{\mathrm{i}}\mathrm{e}^{-\mathrm{j}k_{z1}z}+V_1^{\mathrm{r}}\mathrm{e}^{\mathrm{j}k_{z1}z}=[1+\Gamma(z)]V_1^{\mathrm{i}}\mathrm{e}^{-\mathrm{j}k_{z1}z} & (3.6.22)\\[2mm] I_1(z)=\dfrac{1}{Z_1}[V_1^{\mathrm{i}}\mathrm{e}^{-\mathrm{j}k_{z1}z}-V_1^{\mathrm{r}}\mathrm{e}^{-\mathrm{j}k_{z1}z}]=[1-\Gamma(z)]\dfrac{V_1^{\mathrm{i}}}{Z_1}\mathrm{e}^{-\mathrm{j}k_{z1}z} & (3.6.23)\end{cases}$$

在 $z>0$ 的区域Ⅱ趋于无穷远,没有反射波只有入射波,即
$$\begin{cases}V_2(z)=V_2^{\mathrm{i}}\mathrm{e}^{-\mathrm{j}k_{z2}z} & (3.6.24)\\[2mm] I_2(z)=\dfrac{V_2^{\mathrm{i}}}{Z_2}\mathrm{e}^{-\mathrm{j}k_{z2}z} & (3.6.25)\end{cases}$$

式中:入射波幅度 V_1^{i} 认为是已知的,V_2^{i} 可由式(3.6.20)得到。式(3.6.22)至式(3.6.25)就是描述区域Ⅰ、Ⅱ中 E_y、H_x 沿 z 轴分布的关系式。

3.6.3 介质交界面对 TM 波(或平行极化波)的反射与折射

如图 3-32(a)所示,与分析 TE 波投射到介质交界面的情况一样,取 z 为纵向,区域Ⅰ与Ⅱ

z 方向波的传播都可用特定参数的传输线等效。对于区域Ⅰ，TM 模等效传输线的传播常数

$$\kappa_1 = k_{z1} = k_1\cos\theta_1 = \sqrt{k_1^2 - k_{x1}^2}$$

特征阻抗为

$$Z_1 = \frac{k_{z1}}{\omega\varepsilon_{r1}\varepsilon_0}$$

区域Ⅱ等效传输线的传播常数

$$\kappa_2 = k_{z2} = \sqrt{k_2^2 - k_{x2}^2}$$

特征阻抗为

$$Z_2 = \frac{k_{z2}}{\omega\varepsilon_{r2}\varepsilon_0}$$

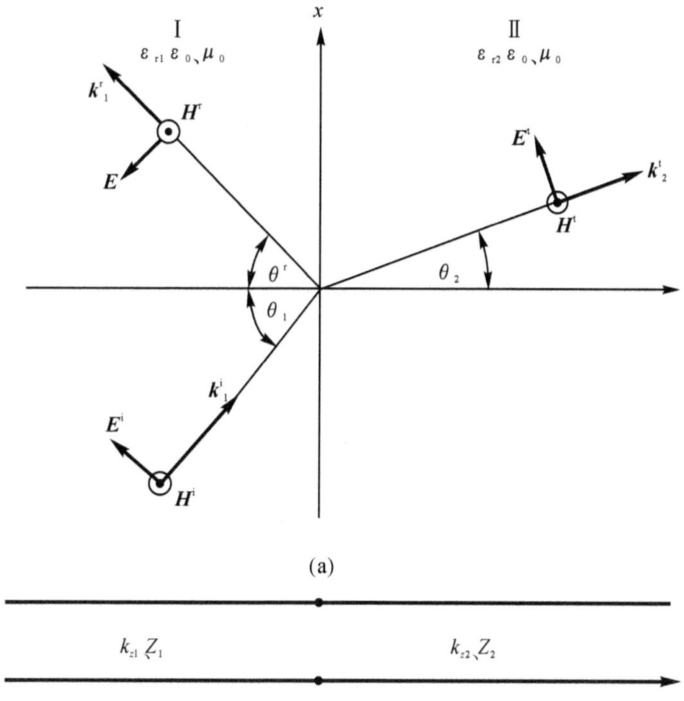

图 3-32　介质交界面对 TM 波(平行极化波)的反射、折射(a)及其传输线类比(b)

区域Ⅰ、区域Ⅱ有相同的模式函数 $\varphi(x)$，沿介质交界面有相同的传播常数，即 $k_{x1} = k_{x2} = k_x$。交界面切向场连续可导出交界面 $z=0$ 处

$$V_1(z=0) = V_2(z=0)$$

$$I_1(z=0) = I_2(z=0)$$

因此传输线 1 与 2 可以直接连起来，如图 3-32(b)所示。因为区域Ⅱ在 $+z$ 方向趋于无穷远，传输线 2 在 z 方向也趋于无穷远，只有入射波、没有反射波，其输入阻抗 Z_{in} 等于传输线 2 的特征阻抗 Z_2。根据传输线理论，在 $z=0$ 处反射系数 $\Gamma(z=0)$ 为

$$\Gamma(z=0) = \frac{Z_2 - Z_1}{Z_2 + Z_1} \tag{3.6.26}$$

区域Ⅰ、Ⅱ中电流可表示为

$$I_1(z) = I_1^{\rm i}{\rm e}^{-{\rm j}k_{z1}z} + I_1^{\rm r}{\rm e}^{{\rm j}k_{z1}z} = [(1-\Gamma(z))]I_1^{\rm i}{\rm e}^{-{\rm j}k_{z1}z}$$

上式括弧中$\Gamma(z)$前负号是因为电压反射系数与电流反射系数相差一负号，而本书定义的反射系数都是对电压而言(或电场而言)的。

$$I_2(z)=I_2^{\mathrm{i}}\mathrm{e}^{-\mathrm{j}k_{z2}z}$$

由 $z=0$ 处 $I_1(z=0)=I_2(z=0)$，得到

$$I_1^{\mathrm{i}}[1-\Gamma(z=0)]=I_2^{\mathrm{i}}$$

所以
$$\frac{I_2^{\mathrm{i}}}{I_1^{\mathrm{i}}}=1-\Gamma(z=0)$$

式中：I_2^{i} 是区域Ⅱ的入射波电流，即透射波电流；I_1^{i} 是区域Ⅰ入射波电流；$\frac{I_2^{\mathrm{i}}}{I_1^{\mathrm{i}}}$ 即交界面折射系数 $T(z=0)$，因为TM模透射系数 T 定义为 $T=\frac{H_{y2}}{H_{y1}}=\frac{I_2^{\mathrm{i}}}{I_1^{\mathrm{i}}}$，所以

$$T(z=0)=1-\Gamma(z=0) \tag{3.6.27}$$

如果将TM模的 Z_1、Z_2 代入式(3.6.26)、式(3.6.27)就得到

$$\Gamma(z=0)=\frac{\varepsilon_{\mathrm{r}1}k_{z2}-\varepsilon_{\mathrm{r}2}k_{z1}}{\varepsilon_{\mathrm{r}1}k_{z2}+\varepsilon_{\mathrm{r}2}k_{z1}} \tag{3.6.28}$$

$$T(z=0)=\frac{2\varepsilon_{\mathrm{r}2}k_{z1}}{\varepsilon_{\mathrm{r}2}k_{z2}+\varepsilon_{\mathrm{r}2}k_{z1}} \tag{3.6.29}$$

同样在式(3.6.28)、式(3.6.29)中

$$k_{zi}=\sqrt{k_i^2-k_x^2}\quad k_i^2=k_0^2\varepsilon_{\mathrm{r}i}=\omega^2\mu\varepsilon_{\mathrm{r}i}\varepsilon_0\quad(i=1,2)$$

介质交界面对平面波反射、折射的传输线模型可以这样理解，在图3-31、图3-32的特定坐标系下，以波矢 $\boldsymbol{k}_1^{\mathrm{i}}$ 为特征的平面波倾斜投射到介质交界面时，在区域Ⅰ与Ⅱ，y 方向没有波的传播，x 方向有 $\mathrm{e}^{-\mathrm{j}k_x x}$ 的行波传播，而在 z 方向，与 z 垂直的横向电场、磁场沿 z 轴的传播与级连传输线上电压、电流波的传播等效。

【例3.13】 做镜片的树脂材料介电系数 $\varepsilon_2=1.55\varepsilon_0$，光波(TM模)从空气一侧以30°角投射到 $z=0$ 空气与树脂交界面(见图3-33)，求交界面反射系数 $\Gamma(0)$、折射系数 $T(0)$ 以及空气中与树脂中 z 方向的场分布。设入射波磁波 $E_1^{\mathrm{i}}(0)=1\mathrm{V/m}$，级连等效传输线模型如图3-33(b)和(c)所示。

解
$$k_1=k_0=\omega\sqrt{\mu_0\varepsilon_0}$$

$$k_2=\omega\sqrt{\varepsilon_2\mu_0}=\sqrt{1.67}k_0$$

空气一侧等效传输线参数为

$$\kappa_1=k_{z1}=k_1\cos30°=\frac{\sqrt{3}}{2}k_0=0.866k_0$$

$$Z_1=\frac{k_{z1}}{\omega\varepsilon_0}=\frac{\sqrt{3}}{2}\eta_0=0.866\eta_0$$

树脂一侧等效传输线参数为

$$\kappa_2=k_{z2}=\sqrt{k_2^2-(k_1\sin30)^2}=k_0\sqrt{1.67-0.25}=1.19k_0$$

$$Z_2=\frac{k_{z2}}{\omega\varepsilon_2}=\frac{1.19k_0}{1.67\omega\varepsilon_0}=0.713\eta_0$$

$$\Gamma(0)=\frac{Z_2-Z_1}{Z_2+Z_1}=\frac{0.713-0.866}{0.713+0.866}=-0.097$$

$$|V_1(0)|=|1+\Gamma_1(0)||V_1^{\mathrm{i}}|=1-0.097|V_1^{\mathrm{i}}|=0.903|V_1^{\mathrm{i}}|$$

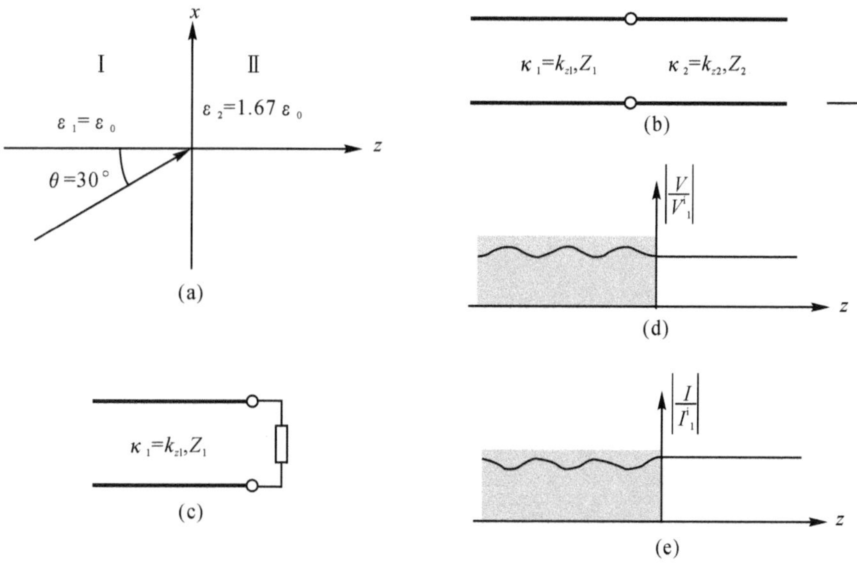

图 3-33　例 3.13 图

$$|V_{1\max}|=(1+|\Gamma|)|V_1^i|=1.097|V_1^i|$$

$$|V_{1\min}|=(1-|\Gamma|)|V_1^i|=0.903|V_1^i|$$

$$d_{\min 1}=\frac{\lambda}{2}$$

空气侧入射波电流为

$$|I_1(0)|=I_1^i|1-\Gamma(0)|=1.097I_1^i$$

$$|I_{1\max}|=(1+|\Gamma|)I_1^i=1.097I_1^i$$

$$|I_{1\min}|=(1-|\Gamma|)I_1^i=0.903I_1^i$$

$$I_1^i=V_1^i/Z_1$$

树脂侧电压、电流为行波。空气侧、树脂侧 z 方向 E_y、H_x 分布即传输线上电压、电流分布，如图 3-33(d)和(e)所示。

基于本节得到的结果，有关介质交界面对平面波的反射、折射的进一步讨论将在本节后面进行。

3.6.4　临界角与布儒斯特角

1. 临界角

下面进一步讨论式(3.6.11)表示的斯奈尔定律，图 3-34 所示是其图解。图 3-34(a)所示为 $n_1<n_2$ 的情况。左右两个半圆的半径分别为 k_1 与 k_2(k_1、k_2 为介质 1、2 的波数)，波矢为 $\boldsymbol{k}^i$ 的入射波投射到介质交界面产生波矢为 $\boldsymbol{k}^r$、$\boldsymbol{k}^t$ 的反射波、折射波，它们的 x 分量都是相等的。图 3-34(b)所示为 $n_1>n_2$ 的情况，当入射角 $\theta>\theta_c$ 时，k_x 比 k_2 大，此时

$$k_{z2}^2=k_2^2-k_x^2<0$$

或

$$k_{z2}=\pm j\alpha$$

此处 $\alpha=\sqrt{k_x^2-k_2^2}$ 是正的实数，我们选 $k_{z2}=-j\alpha$，以保证折射波场

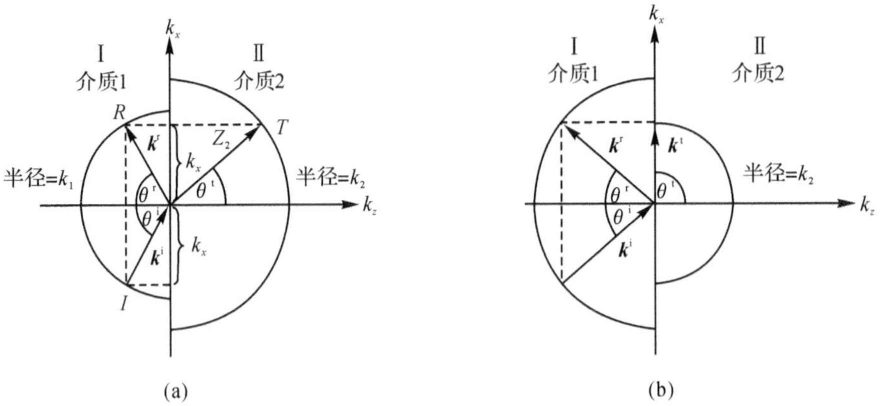

图 3-34　斯奈尔定律的图解，当 θ 大于临界角 θ_c 时为全反射

$$\boldsymbol{E}^t=\boldsymbol{y}_0 Ta\mathrm{e}^{-\alpha z}\mathrm{e}^{-\mathrm{j}k_x x} \tag{3.6.30a}$$

有物理意义。

式(3.6.30a)乘 $\mathrm{e}^{\mathrm{j}\omega t}$ 并取实部得到 $\boldsymbol{E}^t$ 的瞬态表达式为

$$\boldsymbol{E}^t(\boldsymbol{r},t)=\boldsymbol{y}_0 Ta\mathrm{e}^{-\alpha z}\cos(\omega t-k_x x) \tag{3.6.30b}$$

波沿 x 方向传播，等相位面仍然是平面，但 $\boldsymbol{E}^t$ 的大小沿 z 作指数衰减($\mathrm{e}^{-\alpha z}$)。我们称这种平面波为非均匀平面波，场的幅值在等相位平面上并不到处相等，而是随离开界面距离的增加不断衰减，最终到零，故这种非均匀平面波又叫做表面波，以强调这种波只有在表面附近才能检测到。注意，表面波的衰减与有限电导率 σ 的介质中平面波的衰减不同，前者波沿界面(x 方向)传播，但在与界面垂直的方向波的幅度不断衰减；后者波传播方向与波幅度衰减方向相同。

只有当入射角 θ 大于临界角 θ_c 时，表面波才出现，即

$$k_x>k_2\quad 或\quad \theta>\theta_c$$

临界角 θ_c 可表示为

$$\theta_c=\arcsin\left(\frac{k_2}{k_1}\right)=\arcsin\sqrt{\frac{\varepsilon_{r2}}{\varepsilon_{r1}}} \tag{3.6.31}$$

必须记住：只有 $n_1>n_2$ 时，即 $k_1>k_2$ 时临界角才存在。下面将证明入射角 θ^i 大于临界角 θ_c 时介质交界面将发生全反射。

当 $\theta^i=\theta_1>\theta_c$ 时，即入射角大于临界角时，k_{z2} 为

$$k_{z2}=k_0\sqrt{\varepsilon_{r2}-\varepsilon_{r1}\sin^2\theta_1}=-\mathrm{j}k_0\sqrt{\varepsilon_{r1}\sin^2\theta_1-\varepsilon_{r2}}=-\mathrm{j}\alpha_2$$

$$\alpha_2=k_0\sqrt{\varepsilon_{r1}\sin^2\theta_1-\varepsilon_{r2}}$$

式中：α_2 是实数，故 k_{z2} 是虚数。注意，为保证折射波场有物理意义，k_{z2} 取 $-\mathrm{j}\alpha_2$ 形式。此时特征导纳 Y_2 为

$$Y_{2\mathrm{TE}}=\frac{k_{z2}}{\omega\mu}=-\frac{\mathrm{j}\alpha_2}{\omega\mu}$$

$$Y_{2\mathrm{TM}}=\mathrm{j}\frac{\omega\varepsilon_{r2}\varepsilon_0}{\alpha_2}$$

因而 Y_2 也是虚数。此时交界面的反射系数 Γ 由式(3.6.18)或式(3.6.26)可得

$$\Gamma_{\mathrm{TE}}=\frac{\cos\theta_1+\mathrm{j}\sqrt{\sin^2\theta_1-\frac{\varepsilon_{r2}}{\varepsilon_{r1}}}}{\cos\theta_1-\mathrm{j}\sqrt{\sin^2\theta_1-\frac{\varepsilon_{r2}}{\varepsilon_{r1}}}}=\mathrm{e}^{\mathrm{j}2\varphi_{\mathrm{TE}}} \tag{3.6.32}$$

$$\Gamma_{TM}=\frac{-\frac{\varepsilon_{r2}}{\varepsilon_{r1}}\cos\theta_1-j\sqrt{\sin^2\theta_1-\frac{\varepsilon_{r2}}{\varepsilon_{r1}}}}{\frac{\varepsilon_{r2}}{\varepsilon_{r1}}\cos\theta_1-j\sqrt{\sin^2\theta_1-\frac{\varepsilon_{r2}}{\varepsilon_{r1}}}}=-e^{j2\varphi_{TM}} \tag{3.6.33}$$

$$\varphi_{TE}=\tan^{-1}\left[\frac{\sqrt{\sin^2\theta_1-\frac{\varepsilon_{r2}}{\varepsilon_{r1}}}}{\cos\theta_1}\right] \tag{3.6.34}$$

$$\varphi_{TM}=\tan^{-1}\left[\frac{\sqrt{\sin^2\theta_1-\frac{\varepsilon_{r2}}{\varepsilon_{r1}}}}{\frac{\varepsilon_{r2}}{\varepsilon_{r1}}\cos\theta_1}\right] \tag{3.6.35}$$

所以无论是 TE 还是 TM 波，只要入射角大于临界角，反射系数的模总是 1，表示介质交界面发生全反射。

从上面分析可知，介质—介质交界面对波的反射与介质—导体交界面对波的反射是不一样的。对于介质—导体交界面，不管入射波是 TE 还是 TM，不管入射角是大还是小，都是全反射，对于切向电场入射波与反射波还有 180°相移。对于介质—介质交界面，反射系数不仅与入射波型(TE 或 TM)有关，还与入射角大小有关。只有从密媒质到疏媒质(即从 ε 大的介质到 ε 小的介质)且入射角 θ 大于临界角 θ_c 时才发生全反射。$\theta>\theta_c$ 时入射波与反射波相移不是 π，而由式(3.6.34)、式(3.6.35)表示。

【例 3.14】 如图 3-35 所示，置于水下的各向同性光源，只是在立体角 θ_c 内的光才能折射到空气中，水的相对介电系数在光频下为 $1.7\varepsilon_0$，请计算临界角 θ_c。

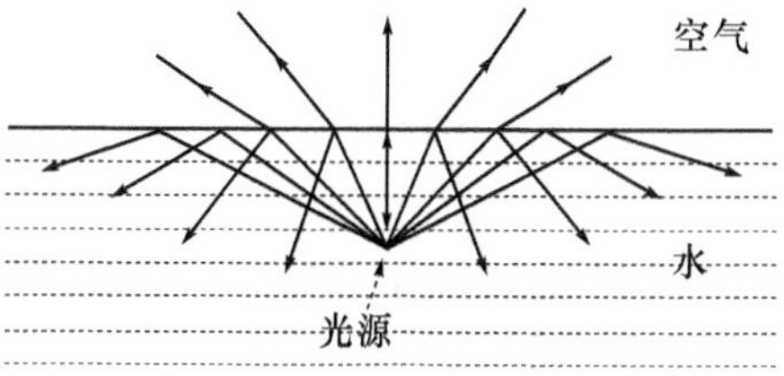

图 3-35　光从水到空气的折射

解　由式(3.3.31)可得

$$\theta_c=\arcsin\left(\frac{1}{\sqrt{1.77}}\right)=49°$$

2. 布儒斯特(*Brewster*)角

假定图 3-36 所示的介质 1、2 无损耗，即 ε_1、ε_2 均为实数。下面将证明当入射波为 TM 波或平行极化波时，存在一个特定入射角 θ_b，当 $\theta=\theta_b$ 时，反射系数 $\Gamma_{TM}=0$，入射波无反射地全部折射到介质 2。由式(3.6.28)可见，要使 $\Gamma_{TM}=0$，就要求

$$\varepsilon_{r1}k_{z2}=\varepsilon_{r2}k_{z1}$$

将 $k_{z1}=k_1\cos\theta_b$，$k_{z2}=k_2\cos\theta_2$ 代入得到

$$\omega\sqrt{\mu_0\varepsilon_{r2}\varepsilon_0}\cos\theta_b=\omega\sqrt{\mu_0\varepsilon_{r1}\varepsilon_0}\cos\theta_2$$

当然也要满足斯奈尔定律，即相位匹配条件 $k_1\sin\theta_b=k_2\sin\theta_2$，即

$$\omega\sqrt{\mu_0\varepsilon_{r1}\varepsilon_0}\sin\theta_b=\omega\sqrt{\mu_0\varepsilon_{r2}\varepsilon_0}\sin\theta_2$$

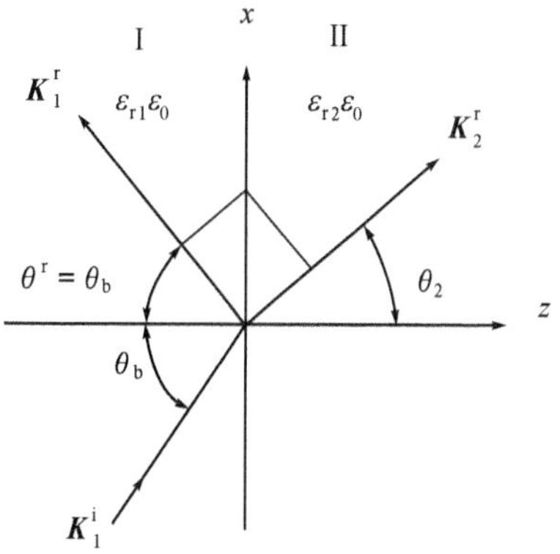

图 3-36　入射角等于布儒斯特角时平行极化平面波的反射和折射

解上述两个方程，得到

$$\theta_2+\theta_b=\frac{\pi}{2} \tag{3.6.36}$$

以及

$$\theta_b = \arctan\sqrt{\frac{\varepsilon_{r2}}{\varepsilon_{r1}}} \tag{3.6.37}$$

式中：使 $\Gamma=0$ 的特定入射角 θ_b 就叫做布儒斯特角。

注意，对 TE 入射波（或垂直极化入射波），任何入射角 θ 都不能使 $\Gamma_{TE}=0$。如果要使 $\Gamma_{TE}=0$，只有当 $\varepsilon_{r1}=\varepsilon_{r2}$ 时才可能。$\varepsilon_{r1}=\varepsilon_{r2}$ 就是均匀介质情况，当然没有反射，此结论请读者自行分析。

如果非极化光以布儒斯特角 θ_b 投射到介质交界面，那么非极化光中 TM 模成分全部折射到介质 2，而 TE 模成分部分折射到介质 2，部分反射回介质 1。所以反射光中只有 TE 极化波，如图 3-37 所示。因此，利用布儒斯特现象可从非极化光输入得到 TE 极化光输出。

非极化光从空气投射到介质交界面，假定介质交界面是水平的，相对介电常数为 2.25，我们想要知道其反射波的组成。设想将入射波分解为等量的两个极化波，一个平行极化，一个垂直极化。Γ_{TE} 为垂直极化入射波的反射系数，Γ_{TM} 为平行极化入射波的反射系数，$|\Gamma_{TE}|^2$、$|\Gamma_{TM}|^2$ 比例于相应极化波的反射功率，Γ_{TE}、Γ_{TM} 用式（3.6.19）和式（3.6.28）计算，计算结果如图3-38所示。由图可见 $|\Gamma_{TE}|^2$ 比 $|\Gamma_{TM}|^2$ 来得大。所以反射光中垂直极化波（电场方向与入射面垂直）比其他方向极化的波占有较大的份额。

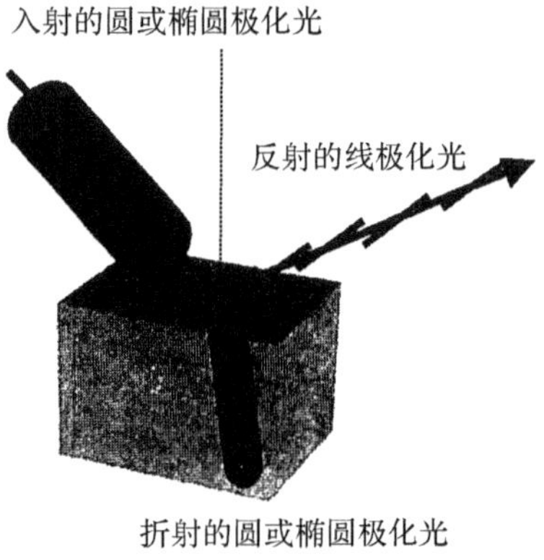

图 3-37　利用布儒斯特现象从非极化光得到极化光输出

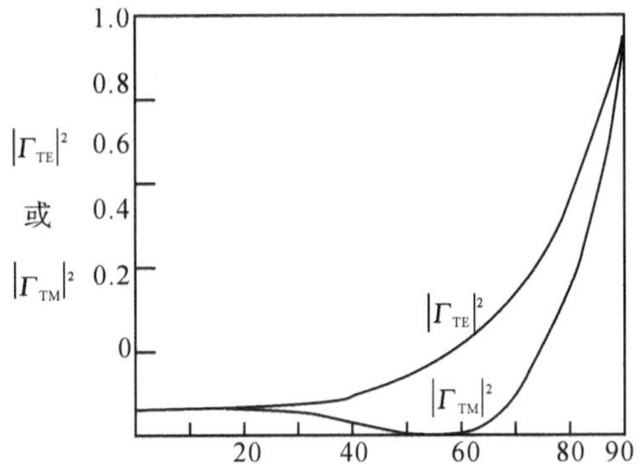

图 3-38　反射功率与入射角关系 $\varepsilon=2.25\varepsilon_0$，布儒斯特角 $\theta_b=56°$

3.6.5　吸收介质界面的反射

前面讨论介质交界面对平面波的反射和折射时，没有特别强调介质损耗的影响。当介质Ⅱ有耗时，即

$$\varepsilon_{r2}=\varepsilon'_{r2}-j\varepsilon''_{r2} \tag{3.6.38}$$

为复数时，介质交界面对平面波的反射和折射跟前面介质Ⅱ无耗时的情况是有区别的。

（1）吸收介质中传播的是非均匀平面波

因为介质Ⅱ的相对介电系数是复数，故介质Ⅱ中的波数 k_2 也是复数

$$k_2=k_0\sqrt{\varepsilon_{r2}}=k_{r2}-jk_{i2} \tag{3.6.39}$$

其中，ε_{r2} 为有耗介质 2 的复相对介电系数，根据前面讨论的理由，边界面两边的波矢在边界面上的投影相等，即

$$\boldsymbol{k}_1 \cdot \boldsymbol{r} = \boldsymbol{k}_2 \cdot \boldsymbol{r} = \boldsymbol{k}_{r2} \cdot \boldsymbol{r} - \mathrm{j}\boldsymbol{k}_{i2} \cdot \boldsymbol{r} \tag{3.6.40}$$

上式的实部和虚部分别相等，得到

$$\boldsymbol{k}_1 \cdot \boldsymbol{r} = \boldsymbol{k}_{r2} \cdot \boldsymbol{r} \tag{3.6.41}$$

$$\boldsymbol{k}_{i2} \cdot \boldsymbol{r} = 0 \tag{3.6.42}$$

一般说来，$\boldsymbol{k}_{r2}$和 $\boldsymbol{k}_{i2}$的方向不同，这种情况下的波称为非均匀平面波。特别是 $\boldsymbol{k}_{i2} \cdot \boldsymbol{r} = 0$，其意思是指确定等幅面的方向 $\boldsymbol{k}_{i2}$，往往同边界面正交。另一方面，$\boldsymbol{k}_{r2}$等相位面的方向是任意的。等相位面和等幅面的图解如图 3-39(a)所示。

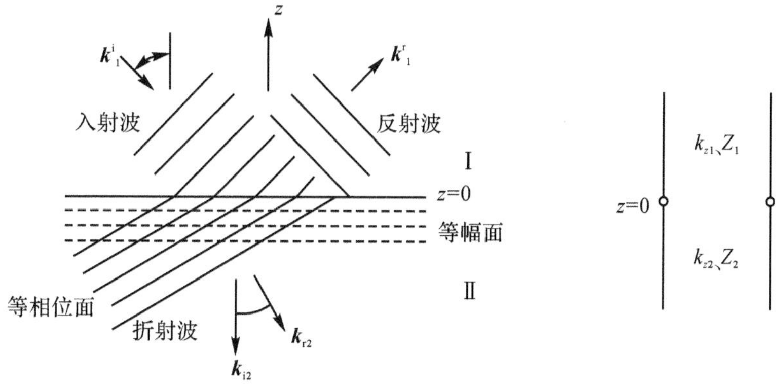

(a)吸收介质交界面波矢量的实部和虚部(k_{r2}和k_{i2})的图示　　(b) 等效电路

图 3-39　吸收介质交界面

图 3-39(a)表明，波沿着矢量 $\boldsymbol{k}_{r2}$的方向运动，但是波的振幅却随着离开边界面的距离增加而指数衰减。等幅面与等相位面不再重合，这就是非均匀平面波。

介质—介质交界面入射角大于临界角，介质Ⅱ中传播的也是非均匀平面波，但与吸收介质中传播的非均匀平面波有区别，吸收介质中等相位面与 $\boldsymbol{k}_{r2}$垂直，而入射角大于临界角时，等相位面与交界面垂直。

(2) 反射系数与折射系数

图 3-39(a)所示为由空气吸收介质构成的介质交界面，其等效电路如图 3-39(b)所示，吸收介质由损耗的传输线等效，其特征阻抗、传播常数均为复数。TE、TM 模反射系数公式仍由式(3.6.19)与式(3.6.28)表示，但要注意，此时 ε_2、k_{z2}均为复数。

根据式(3.6.19)、式(3.6.28)计算所得出的反射系数模平方(相当于反射功率)的一般特征如图 3-40 所示。其中表明对于一种典型的金属$|\Gamma|^2$ 与 θ 的关系。对于 TE 模，$|\Gamma'|^2$ 从正入射时的值随入射角的增加而单调增加，至掠入射时增至 1。另一方面对于 TM 模，$|\Gamma''|^2$ 曲线在某一角度 θ_1 时经历一个稍微变化的最小值，而 θ_1 的大小取决于介质Ⅱ的特性。这个角度称为主入射角，它与介质Ⅱ无损耗时的布儒斯特角相对应。

3.6.6　导体界面的反射

1. 介质—导体界面的传输线模型

取 z 轴与介质—导体交界面垂直，介质交界面对 z 方向波传播的反射与折射可用级连的传输线等效。介质中波沿 z 方向传播用传播常数 k_{z1}、特征阻抗为 Z_1 的传输线等效，导体用传

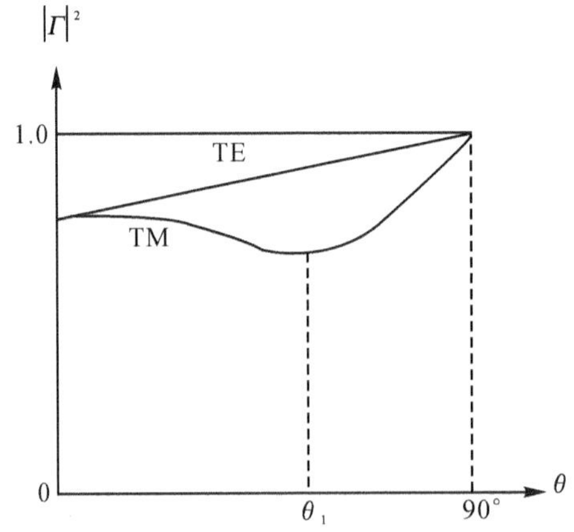

图 3-40　一种典型金属的反射系数模的平方$|\Gamma|^2$与入射角的关系(在光频范围)

播常数 k_{zm}、特征阻抗为 Z_m 的传输线等效，如图 3-41 所示。要解决的问题是如何计算 k_{zm}、Z_m。

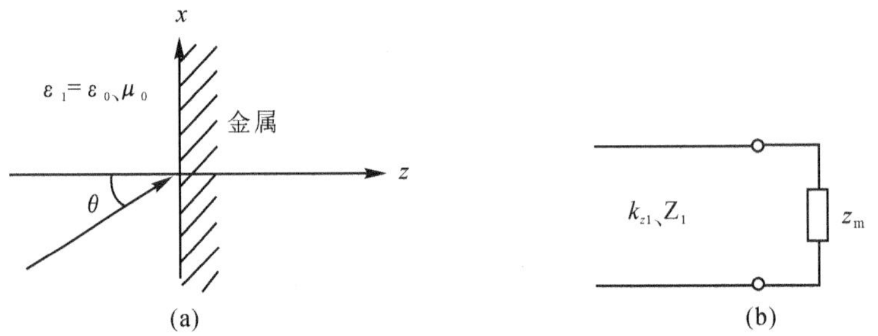

图 3-41　介质导体交界面及其等效电路

导体可看作介电系数虚部比实部大得多的特殊介质。根据式(3.1.49)其相对复介电系数 ε_m 可表示为

$$\varepsilon_m=\varepsilon'_m-j\varepsilon''_m \tag{3.6.43}$$

如果 ε'_m 近似为 1，则虚部 ε''_m 为

$$\varepsilon''_m=\frac{\sigma}{\omega\varepsilon_0} \tag{3.6.44}$$

式中：ω 为角频率，ε_0 为真空介电常数。在微波频率段，ε_m 的虚部比实部大得多，即 $\varepsilon''_m\gg\varepsilon'_m$。此时不论对于 TE 还是 TM 波，纵向传播常数 k_{zm}为

$$k_{zm}=\sqrt{k_0^2(\varepsilon'_m-j\varepsilon''_m)-k_x^2}\approx\sqrt{-jk_0^2\varepsilon''_m}=\sqrt{\frac{\omega\mu_0\sigma}{2}}(1-j)=\frac{1}{\delta}(1-j) \tag{3.6.45}$$

式中：
$$\delta=\sqrt{\frac{2}{\omega\mu_0\sigma}} \tag{3.6.46}$$

δ 是趋肤深度，表示波经过 δ 距离后，减小到原来的 $1/e$，此时波阻抗为

$$Z_{TE}=Z_{TM}=Z_m=R(1+j) \tag{3.6.47}$$

$$R=\frac{\omega\mu_0\delta}{2}=\sqrt{\frac{\omega\mu_0}{2\sigma}} \tag{3.6.48}$$

因此，介质—导体交界面可用传播常数为 k_{z1}、特征阻抗为 Z_1、端接负载阻抗为 Z_m 的传输线等效。

【例 3.15】 求微波频率铜的波阻抗 Z_m，设 $f=10\text{GHz}$。

解　铜的电导率 $\sigma=5.8\times10^7\text{S/m}$，$f=10\text{GHz}$ 时，由式(5.5.5)、式(5.5.6)得

$$Z_{\text{m}}=R(1+\text{j})$$

$$R=\sqrt{\frac{\omega\mu_0}{2\sigma}}=2.6\times10^{-2}(\Omega)$$

所以导体铜对于微波可视为短路。

2. 平面波从完纯导体表面的反射

平面波从完纯导体表面的反射如图 3-42(a)所示。对于完纯导体，$\delta\to0$，$R\to0$，反射系数 $\Gamma\to-1$，当区域Ⅰ用传输线等效时，区域Ⅱ的导体，不管是 TE 还是 TM 都相当于短路，其等效电路如图 3-42(b)所示。因此，平面波从完纯导体表面的反射，相当于短路传输线电压、电流波的反射。短路传输线上的电压、电流分布等效于横向电场、横向磁场的分布，如图 3-42(c)和(d)所示。对于 TE 模，横向电场是 E_y，横向磁场是 H_x，而对于 TM 模，横向电场则是 E_x，横向磁场是 H_y。$\Gamma\to-1$ 也表明在导体表面电场切向分量的入射波与反射波有 π 相移。

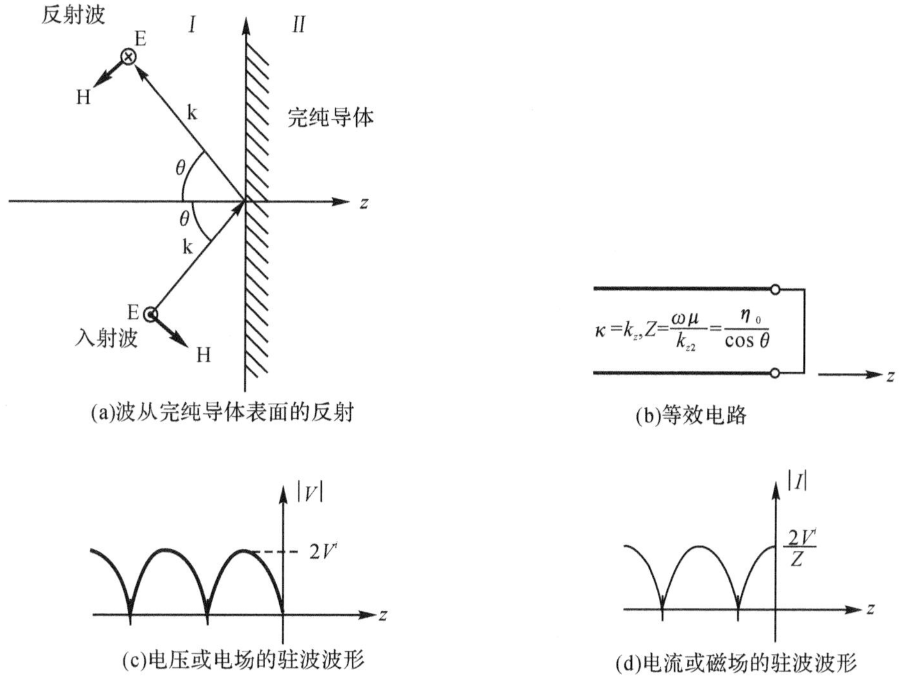

(a)波从完纯导体表面的反射　(b)等效电路

(c)电压或电场的驻波波形　(d)电流或磁场的驻波波形

图 3-42　平面波倾斜投射到完纯导体表面

对于非完纯导体，如果 δ 足够大，只要区域Ⅱ纵方向 z 的线度比趋肤深度 δ 大得多，就可认为区域Ⅱ纵向趋于无穷。

3.6.7　电离层的反射

离开地面 80～120km 的电离层可看作等离子体，由式(1.6.7)可得其介电常数为

$$\varepsilon=\varepsilon_0\left(1-\frac{\omega_{\text{p}}^2}{\omega^2}\right)$$

式中：ω_{p} 叫等离子体角频率，对于围绕地球大气层的等离子体，ω_{p} 可近似为

$$\omega_{\text{p}}=2\pi\times9\times10^6(\text{Hz})$$

当入射电磁波 ω 小于 ω_p 时，ε 有可能小于 1 甚至为负。当 ε 为负时，等离子体相当于一导体，对入射电磁波全反射。下面对此进行分析。

图 3-43(a)所示是所讨论问题的分析模型，入射平面波波矢 $\boldsymbol{k}$ 以 45°角从空气一侧倾斜投射到空气与电离层交界面($z=0$)，定义空气一侧为区域Ⅰ，ε_1 近似为 ε_0。电离层为区域Ⅱ，其介电系数为 ε_2，设入射波角频率 $\omega=\frac{\omega_p}{\sqrt{5}}$，按式(1.6.7)有 $\varepsilon_2=-4\varepsilon_0$。故电离层用 $-4\varepsilon_0$ 的介质表示。图 3-43(b)所示为图 3-43(a)分析模型的等效电路。k_{z1}、Z_1 与 k_{z2}、Z_2 分别为区域Ⅰ与Ⅱ等效传输线的传播常数与特征阻抗。区域Ⅰ、Ⅱ的波数 k_1、k_2 为

$$k_1=\omega\sqrt{\mu_0\varepsilon_1}=\omega\sqrt{\mu_0\varepsilon_0}=k_0$$

$$k_2=\omega\sqrt{\mu_0\varepsilon_2}=\omega\sqrt{\mu_0(-4\varepsilon_0)}=-\mathrm{j}2k_0$$

故 k_x、k_{z1}、k_{z2} 为

$$k_x=k_1\sin 45^\circ=\frac{\sqrt{2}}{2}k_0$$

$$k_{z1}=k_1\cos 45^\circ=\frac{\sqrt{2}}{2}k_0$$

$$k_{z2}=\sqrt{k_2^2-k_x^2}=\sqrt{-4k_0^2-\left(\frac{\sqrt{2}}{2}k_0\right)^2}=-\mathrm{j}2.12k_0$$

其中，k_{z2} 开方取负号以保证 $+z$ 方向传播的波是衰减波。由 k_{z1}、k_{z2} 得到特征阻抗 Z_1、Z_2 为

$$Z_1=\begin{cases}\dfrac{\omega\mu_0}{k_{z1}}=\sqrt{2}\,\eta_0 & \text{TE}\\[2ex] \dfrac{k_{z1}}{\omega\varepsilon_1}=\dfrac{\sqrt{2}}{2}\eta_0 & \text{TM}\end{cases}$$

$$Z_2=\begin{cases}\dfrac{\omega\mu}{k_{z2}}=\dfrac{\mathrm{j}}{2.12}\eta_0 & \text{TE}\\[2ex] \dfrac{k_{z2}}{\omega\varepsilon_2}=\dfrac{\mathrm{j}2.12}{4}\eta_0 & \text{TM}\end{cases}$$

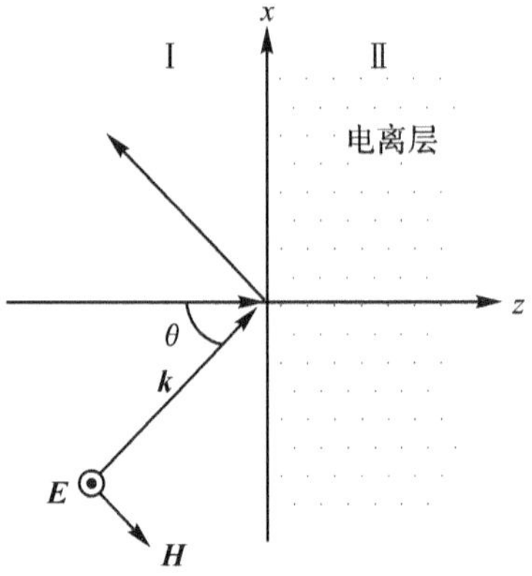

(a)空气—电离层交界面

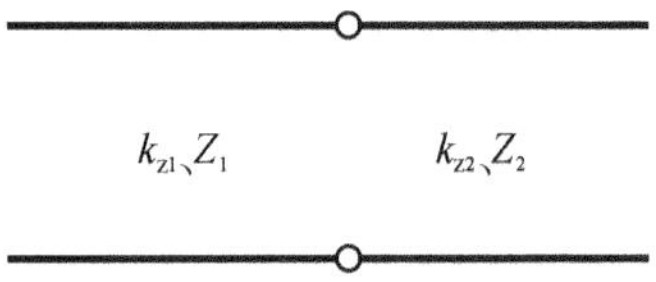

(b)等效电路

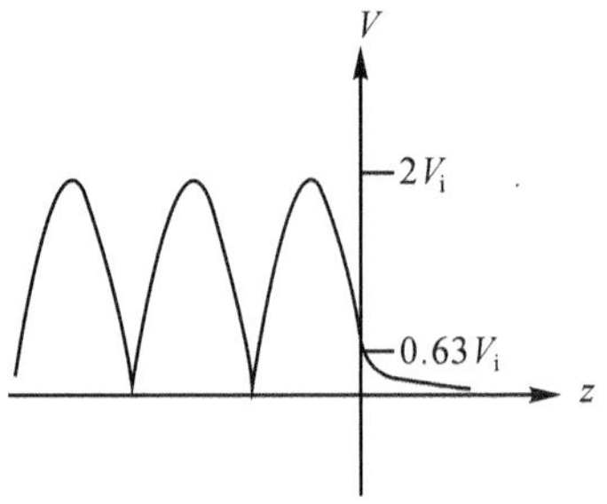

(c)空气侧电场强度分布

图 3-43　电离层对平面波的反射

将 TE、TM 模 Z_1、Z_2 代入反射系数表达式 $\Gamma=\frac{Z_2-Z_1}{Z_2+Z_1}$，得到

$$\Gamma_{\mathrm{TE}}=1.0\mathrm{e}^{\mathrm{j}143^\circ}$$

$$\Gamma_{\mathrm{TM}}=-1.0\mathrm{e}^{\mathrm{j}286^\circ}=1.0\mathrm{e}^{\mathrm{j}106^\circ}$$

注意，不论入射平面波是 TE 还是 TM，反射系数的模 $|\Gamma|$ 都为 1，但反射系数的相角 ψ 是不同的，对于 TE 模 $\psi_{\mathrm{TE}}(0)=143^\circ$，$\psi_{\mathrm{TM}}(0)=106^\circ$。

关于场分布，根据所选坐标系，$k_y=0$，场在 y 方向没有变化，x 方向场分布由模式函数 $\varphi(x)=\mathrm{e}^{-\mathrm{j}k_x x}=\mathrm{e}^{-\mathrm{j}\frac{\sqrt{2}}{2}k_0 x}$ 表示。z 方向的场分布，对于 TE 模传输线上电压 V 与电场 E_y 分布相当，对于 TM 模，传输线上电流与 H_y 相当。

因为 $z=0$ 处反射系数的模 $|\Gamma|=1$，区域Ⅰ对应的传输线上电压、电流分布为纯驻波。

$V_{1max}=2V_1^i$，$V_{1min}=0$，V_1^i 为入射电压波幅值，因为 $\psi_{TE}(0)=143°$，所以 TE 模的第一个电压波节 d_{min1} 离开交界面 $z=0$ 的距离为

$$d_{min1}=\frac{\lambda}{4}+\frac{143°}{720°}\lambda=0.4486\lambda$$

交界面 $z=0$ 处电压模为

$$|V(z=0)|=|V_1^i[1+\Gamma_{TE}(0)]|=0.63V_1^i$$

由此可得出入射平面波为 TE 时，空气一侧传输线上电压或电场 E_y 的分布，而在电离层中，因 k_{z2} 是虚数，没有波的传播，场按 $e^{-2.12k_0z}$ 衰减。TE 模传输线上电压 V 或电场 E_y 沿 z 轴的分布如图 3-43(c)所示。

3.7　多层平板介质中波的传播

下面讨论用传输线模型解多层平板介质系统[见图 3-44(a)]中波的传播问题。多层平板介质系统的相对介电系数沿 z 轴的分布可表示为

$$\varepsilon_r(z)=\begin{cases}\varepsilon_{r\mathrm{I}} & z<0\\ \varepsilon_{r1} & 0<z<z_1\\ \varepsilon_{r2} & z_1<z<z_2\\ \vdots & \vdots\\ \varepsilon_{rn} & z_{n-1}<z<z_n\\ \varepsilon_{r\mathrm{III}} & z>z_n\end{cases} \tag{3.7.1}$$

式中：下标Ⅰ、Ⅲ、1、2、…、n 分别表示属于区域Ⅰ、Ⅲ以及区域Ⅱ中第 1、2、…、n 层介质中的量。

式(3.7.1)表示在 $z<0$ 的区域Ⅰ与 $z>0$ 的区域Ⅲ，介质是均匀分布的，其相对介电系数分别为 $\varepsilon_{r\mathrm{I}}$、$\varepsilon_{r\mathrm{III}}$；在 $0<z<z_n$ 的区域Ⅱ，有 n 层平板介质，在每一层内介质是均匀的，介电系数为常数，但在相邻两平板介质的交界面，介电系数发生跳变。

设以波矢 $\boldsymbol{k}_\mathrm{I}^i$ 为特征的入射平面波(TE 或 TM)，从区域Ⅰ以 θ 角倾斜投射到图 3-44(a)所示的多层介质系统，根据介质交界面对波反射、折射的分析，入射平面波的一部分反射回区域Ⅰ，以波矢 $\boldsymbol{k}_\mathrm{I}^r$ 表示，还有一部分透过 n 层介质在区域Ⅲ继续传播，以波矢 $\boldsymbol{k}_\mathrm{III}^t$ 表示。现在要确定区域Ⅰ的反射波与区域Ⅲ的透射波的大小及其传播方向，以及在 n 层介质内的场分布或波的传播。坐标系的选择与前面单层平板介质系统相同，使得波矢 $\boldsymbol{k}$ 只有两个分量，$\boldsymbol{k}=k_x\boldsymbol{x}_0+k_z\boldsymbol{z}_0$，$y$ 方向场没有变化，$k_y=0$。在这个特定坐标系中，TE、TM 模的场各只有三个分量，对于 TE 模，电场只有 E_y 分量，$\boldsymbol{E}=E_y\boldsymbol{y}_0$，磁场有两个分量 $\boldsymbol{H}=H_x\boldsymbol{x}_0+H_z\boldsymbol{z}_0$。对于 TM 模，磁场只有 H_y 分量，$\boldsymbol{H}=H_y\boldsymbol{y}_0$，电场有两个分量，$\boldsymbol{E}=E_x\boldsymbol{x}_0+E_z\boldsymbol{z}_0$。取 z 为纵向，因为纵向场量可用横向场量表示，所以多层介质系统中场分布或波的传播归结为确定 E_y、H_x(对于 TE 模)或 E_x、H_y(对于 TM 模)在区域Ⅰ、Ⅱ、Ⅲ的场分布或波的传播。

多层介质系统中场分布(或波的传播)的求解也有两个途径，一是写出区域Ⅰ、Ⅲ以及区域Ⅱ每一层介质中的场量，然后在$(n+1)$个界面上列出 E_y、H_x(对于 TE 模)或 E_x、H_y(对于 TM 模)连续的 $2(n+1)$个方程。联立求解 $2(n+1)$个表示边界条件的方程，即可得到多层介质系

统中场问题的解。第二个途径，将区域Ⅰ、Ⅱ、Ⅲ沿 z 方向波的传播用级连的传输线等效[见图 3-44(b)]，用成熟的传输线理论求解多层介质系统中的场分布或波的传播。下面以 TE 模为例进行分析。

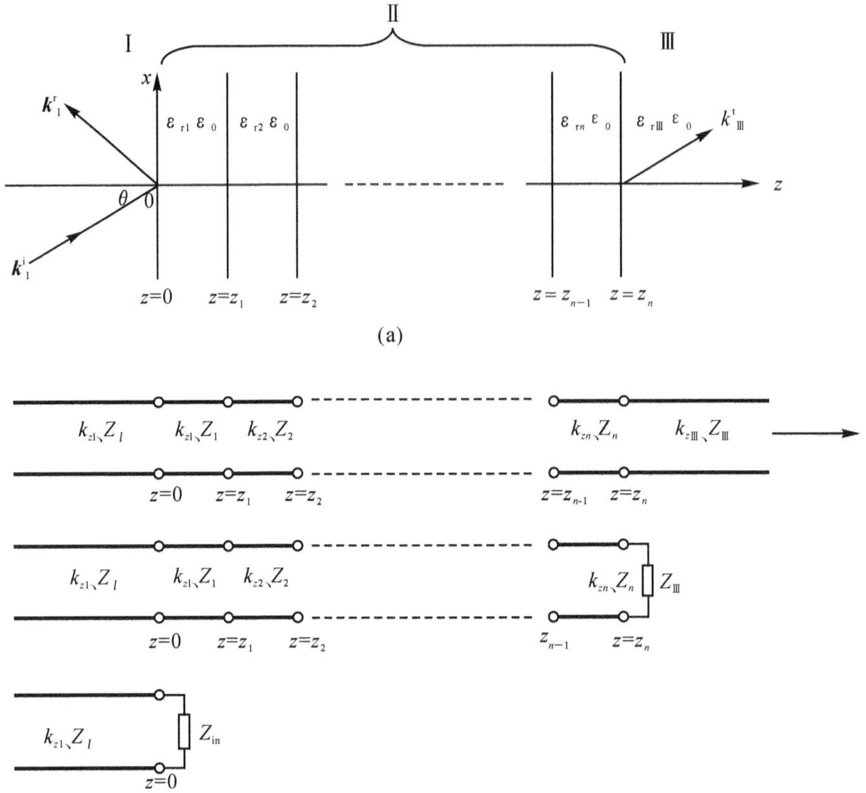

(a)

(b)

图 3-44　多层平板介质系统及其等效电路

根据波传播的传输线模型，TE 模第 j 级传输线上电压 $V_j(z)$、电流 $I_j(z)$ 与第 j 层介质中场量 E_{jy}、H_{jx} 关系为

$$E_{jy}=-\varphi_j(x)V_j(z) \tag{3.7.2}$$

$$H_{jx}=\varphi_j(x)I_j(z) \tag{3.7.3}$$

其中，$\varphi_j(x)$ 叫模式函数，满足方程

$$\left(\frac{\mathrm{d}^2}{\mathrm{d}x^2}+k_x^2\right)\varphi_j(x)=0 \tag{3.7.4}$$

无论是区域Ⅰ、Ⅲ还是区域Ⅱ，x 方向边界条件相同，$\varphi_j(x)$ 取相同形式的解

$$\varphi_j(x)\sim \mathrm{e}^{-\mathrm{j}k_x x} \tag{3.7.5}$$

上式中下标 $j=\mathrm{I},\mathrm{III},1,2,\cdots,n$。式(3.7.5)表示图 3-44(a)所示多层平板介质系统沿界面 x 方向场以 $\mathrm{e}^{-\mathrm{j}k_x x}$ 变化，即在 x 方向是行波。根据斯奈尔定律，各个区域 x 方向传播常数 k_x 都相等，即

$$k_x=k_{x\mathrm{I}}=k_{x\mathrm{III}}=k_{x1}=k_{x2}=\cdots=k_{xn}=k_{\mathrm{I}}\sin\theta \tag{3.7.6}$$

$V_j(z)$、$I_j(z)$ 满足传输线方程，第 j 节传输线的传播常数 k_{zj}、特征阻抗 Z_j（或特征导纳 Y_j）为

$$k_{zj}=\sqrt{k_j^2-k_x^2}=\sqrt{k_0^2\varepsilon_{\mathrm{r}j}-k_{\mathrm{I}}^2\sin^2\theta}\quad j=\mathrm{I},\mathrm{III},1,2,\cdots,n \tag{3.7.7}$$

$$Z_j=\frac{1}{Y_j}=\frac{\omega\mu}{k_{zj}}\quad j=\mathrm{I},\mathrm{III},1,2,\cdots,n \tag{3.7.8}$$

介质交界面切向场量 E_y、H_x 连续导致交界面等效传输线电压、电流的连续。这就是图 3-44(a)所示的多层介质系统就波的纵向(z 方向)传播而言可用级连的传输线等效的根据。

区域Ⅲ趋于无穷远，其等效传输线Ⅲ也趋于无穷远，$z=z_n$ 处输入阻抗 $Z_{in}(z_n)$ 等于区域Ⅲ的特征阻抗 $Z_{Ⅲ}$，所以图 3-44(b)所示的传输线模型又可简化为图 3-44(c)所示，利用传输线阻抗变换关系，级连传输线模型又进一步简化到图 3-44(d)所示。$Z_{in}(0)$是从区域Ⅰ沿 z 方向看进去的输入阻抗。由此得到 $z=0^-$ 处反射系数 $\Gamma(z=0^-)$为

$$\Gamma(z=0^-)=\frac{Z_{in}(0)-Z_{Ⅰ}}{Z_{in}(0)+Z_{Ⅰ}}=\frac{Y_{Ⅰ}-Y_{in}(0)}{Y_{Ⅰ}+Y_{in}(0)} \tag{3.7.9}$$

z 方向场量 E_y、H_x 的变化由 $V(z)$、$I(z)$决定。区域Ⅰ中的电压、电流分布为

$$\begin{cases} V_{Ⅰ}(z)=[1+\Gamma_{Ⅰ}(z)]V_{Ⅰ}^{i}e^{-jk_{zⅠ}z} & (3.7.10a) \\ I_{Ⅰ}(z)=[1-\Gamma_{Ⅰ}(z)]\dfrac{V_{Ⅰ}^{i}}{Z_{Ⅰ}}e^{-jk_{zⅠ}z} & (3.7.10b) \end{cases}$$

式中：$\Gamma_{Ⅰ}(z)=\Gamma_{Ⅰ}(0^-)e^{j2k_{zⅠ}z}$，$\Gamma_{Ⅰ}(0^-)$由(3.7.9)得到，入射波幅值 $V_{Ⅰ}^{i}$ 是已知量。

$z=0$ 交界面处 V、I 连续，有

$$[1+\Gamma_{Ⅰ}(0^-)]V_{Ⅰ}^{i}=[1+\Gamma_1(0^+)]V_1^{i}$$

由此得到区域Ⅱ第一节传输线上入射波电压 V_1^{i} 为

$$V_1^{i}=\frac{1+\Gamma_{Ⅰ}(0^-)}{1+\Gamma_1(0^+)}V_{Ⅰ}^{i} \tag{3.7.11}$$

式中：
$$\Gamma_1(0^+)=\Gamma_1(z=z_1^-)e^{-j2k_{z1}(z_1-0)}$$

$$\Gamma(z=z_1^-)=\frac{Z_{in}(z=z_1^-)-Z_1}{Z_{in}(z=z_1^-)+Z_1}$$

所以区域Ⅱ第一节传输线上电压、电流为

$$V_1(z)=[1+\Gamma_1(z)]V_1^{i}e^{-jk_{z1}z} \tag{3.7.12a}$$

$$I_1(z)=[1-\Gamma_1(z)]\frac{V_1^{i}}{Z_1}e^{-jk_{z1}z} \tag{3.7.12b}$$

以此类推可得区域Ⅱ第二节、第三节以至第 n 节传输线上电压、电流的分布。在区域Ⅲ，没有反射波，电压、电流都是行波。

$$V_{Ⅲ}^{i}(z=z_n^+)=V_n(z_n^-)=V_n^{i}[1+\Gamma(z_n^-)] \tag{3.7.13a}$$

$$I_{Ⅲ}^{i}(z=z_n^+)=\frac{V_{Ⅲ}^{i}(z=z_n^+)}{Z_{Ⅲ}} \tag{3.7.13b}$$

$$\Gamma(z_n^-)=\frac{Z_{Ⅲ}-z_n}{Z_{Ⅲ}+z_n}$$

【例 3.16】 如图 3-45(a)所示，TE 入射平面波波矢 $\boldsymbol{k}_1$ 以 $\theta=45°$角倾斜投射到薄层介质，已知 $\varepsilon_{r1}=1$，$\varepsilon_{r2}=3$，$\varepsilon_{r3}=2$，$k_{z2}d=315°\left(或\dfrac{d}{\lambda_z}=\dfrac{7}{8}\right)$，求 $z=0$ 处反射系数 $\Gamma(0^-)$及场分布。图中(b)、(c)和(d)是其等效电路。

解　计算等效传输线参数

$$k_1=\omega\sqrt{\mu_0\varepsilon_0}=k_0,\ k_2=\omega\sqrt{3\varepsilon_0\mu_0}=\sqrt{3}k_0,\ k_3=\omega\sqrt{2\varepsilon_0\mu_0}=\sqrt{2}k_0$$

$$k_{x1}=k_{x2}=k_{x3}=k_1\sin45°=\frac{1}{\sqrt{2}}k_0$$

$$k_{z1}=\sqrt{k_1^2-k_{x1}^2}=\sqrt{k_0^2-\left(\frac{k_0}{\sqrt{2}}\right)^2}=\frac{1}{\sqrt{2}}k_0$$

$$k_{z2}=\sqrt{k_2^2-k_{x2}^2}=\sqrt{3k_0^2-\left(\frac{k_0}{\sqrt{2}}\right)^2}=\sqrt{2.5}\,k_0$$

$$k_{z3}=\sqrt{k_3^2-k_{x1}^2}=\sqrt{2k_0^2-\left(\frac{k_0}{\sqrt{2}}\right)^2}=\sqrt{1.5}\,k_0$$

$$Z_1=\frac{\omega\mu_0}{k_{z1}}=\frac{\omega\mu_0}{\frac{1}{\sqrt{2}}k_0}=\sqrt{2}\,\eta_0=532.7\Omega$$

$$Z_2=\frac{\omega\mu_0}{k_{z2}}=\frac{\omega\mu_0}{\sqrt{2.5}\,k_0}=\frac{\eta_0}{\sqrt{2.5}}=238.3\Omega$$

$$Z_3=\frac{\omega\mu_0}{k_{z3}}=\frac{\omega\mu_0}{\sqrt{1.5}\,k_0}=\frac{\eta_0}{\sqrt{1.5}}=307.6\Omega$$

用公式求解：

$$Z_{\text{in}}(0^-)=Z_2\,\frac{Z_3+\text{j}Z_2\tan k_{z2}d}{Z_2+\text{j}Z_3\tan k_{z2}d}=238.3\,\frac{307.6+\text{j}238.3\tan315^\circ}{238.3+\text{j}307.6\tan315^\circ}\approx230.75+\text{j}59.5$$

$$\Gamma(0^-)=\frac{Z_{\text{in}}(0^-)-Z_1}{Z_{\text{in}}(0^-)+Z_1}=\frac{230.75+\text{j}59.5-532.7}{230.75+\text{j}59.5+532.7}=\frac{-301.95+\text{j}59.5}{763.45+\text{j}59.5}$$
$$=0.402\text{e}^{\text{j}164.39^\circ}=-0.387+\text{j}0.108$$

在 $z=0$ 交界面处电压 $V(0)$、电流 $I(0)$为

$$V(0)=[1+\Gamma(0^-)]V_1^{\text{i}}=[1-0.387+\text{j}0.108]V_1^{\text{i}}$$
$$=0.613+\text{j}0.108\approx0.622\text{e}^{\text{j}9.99^\circ}(\text{V})\quad(\text{假设 }V_1^{\text{i}}=1\text{V})$$

$$I(0)=[1-\Gamma(0^-)]\frac{V_1^{\text{i}}}{Z_1}=\frac{(1.387-\text{j}0.108)}{532.7}=\frac{1.391\text{e}^{-\text{j}4.45^\circ}}{532.7}$$
$$=2.61\times10^{-3}\,\text{e}^{-\text{j}4.45^\circ}(\text{A})$$

为了方便起见，这里我们假定入射波电压 $V_1^{\text{i}}=1\text{V}$。

区域Ⅰ：

$$V_{1\max}=(1+|\Gamma|)V_1^{\text{i}}=1.402\ (\text{V})$$
$$V_{1\min}=(1-|\Gamma|)V_1^{\text{i}}=0.598\ (\text{V})$$
$$I_{1\max}=[1+|\Gamma(0^-)|]\frac{V_1^{\text{i}}}{Z_1}=\frac{1.402}{532.7}=2.64\times10^{-3}(\text{A})$$
$$I_{1\min}=[1-|\Gamma(0^-)|]\frac{V_1^{\text{i}}}{Z_1}=\frac{0.598}{532.7}=1.12\times10^{-3}(\text{A})$$
$$d_{\min1}=\frac{\psi(0)\lambda}{4\pi}+\frac{\lambda}{4}=\frac{164.39^\circ\lambda}{720^\circ}+\frac{\lambda}{4}=0.478\lambda$$

区域Ⅱ：

$$\Gamma(d^-)=\frac{Z_3-Z_2}{Z_3+Z_2}=\frac{307.6-238.3}{307.6+238.3}\approx0.127$$
$$\Gamma(0^+)=\Gamma(d^-)\text{e}^{-\text{j}2k_{z2}d}=0.127\text{e}^{-\text{j}630^\circ}=0.127\text{e}^{-\text{j}270^\circ}=\text{j}0.127$$
$$V_2^{\text{i}}=\frac{1+\Gamma(0^-)}{1+\Gamma(0^+)}=\frac{0.613+\text{j}0.108}{1+\text{j}0.127}=\frac{0.622\text{e}^{\text{j}9.99^\circ}}{1.008\text{e}^{\text{j}7.24^\circ}}=0.618\text{e}^{\text{j}2.75^\circ}$$

所以 $V_2(d^-)=[1+\Gamma(d^-)]\times0.618\text{e}^{\text{j}2.75^\circ}\text{e}^{-\text{j}315^\circ}=0.696\text{e}^{-\text{j}312.25^\circ}$

$$I(d^-)=[1-\Gamma(d^-)]\times\frac{V_2^{\text{i}}}{Z_2}=\frac{1-0.127}{238.3}\times0.618\text{e}^{\text{j}2.75^\circ}=\frac{0.539\text{e}^{\text{j}2.75^\circ}}{238.3}$$

$$=2.26\times10^{-3}\mathrm{e}^{\mathrm{j}2.75^\circ}(\mathrm{A})$$

$$V_{2\max}=(1+|\Gamma_2|)|V_2^{\mathrm{i}}|=1.127\times0.618=0.697\ (\mathrm{V})$$

$$V_{2\min}=(1-|\Gamma_2|)|V_2^{\mathrm{i}}|=0.873\times0.618=0.540\ (\mathrm{V})$$

$$I_{2\max}=(1+|\Gamma_2|)\frac{|V_2^{\mathrm{i}}|}{Z_2}=\frac{0.698}{238.3}=2.93\times10^{-3}(\mathrm{A})$$

$$I_{2\min}=(1-|\Gamma_2|)\frac{|V_2^{\mathrm{i}}|}{Z_2}=\frac{0.539}{238.3}=2.26\times10^{-3}(\mathrm{A})$$

区域Ⅲ为行波，故

$$V_3(d^+)=V_2(d^-)$$

$$I_3(d^+)=I_2(d^-)$$

根据以上计算得到的三个区域有代表性的几个特征点的电压电流值，即可画出 z 方向电压、电流的大致分布，如图 3-45(e)和(f)所示。

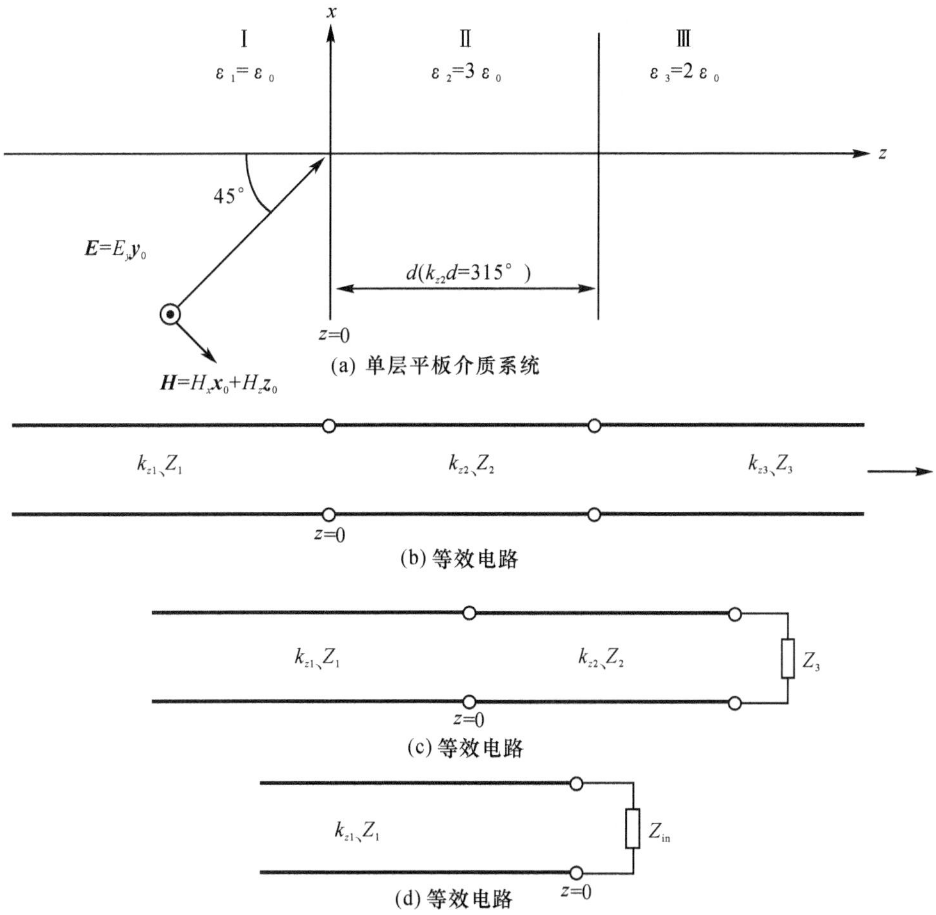

(a) 单层平板介质系统

(b) 等效电路

(c) 等效电路

(d) 等效电路

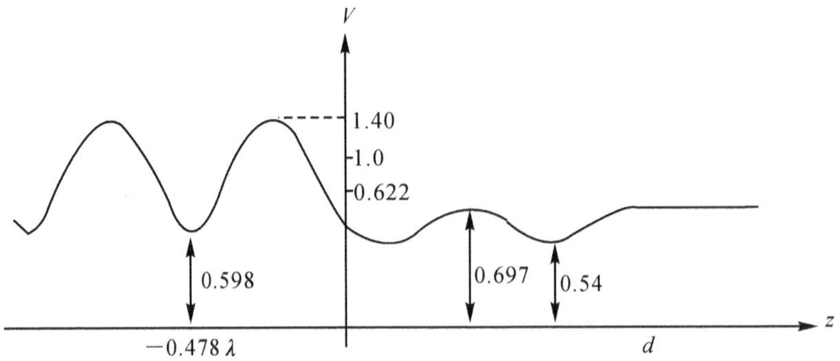

(e) 电压分布

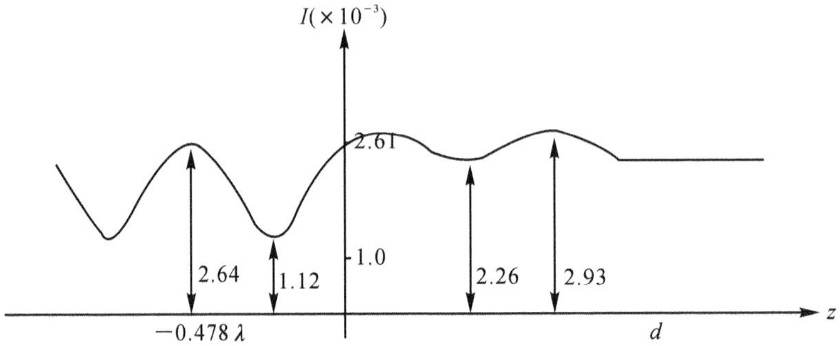

(f) 电流分布

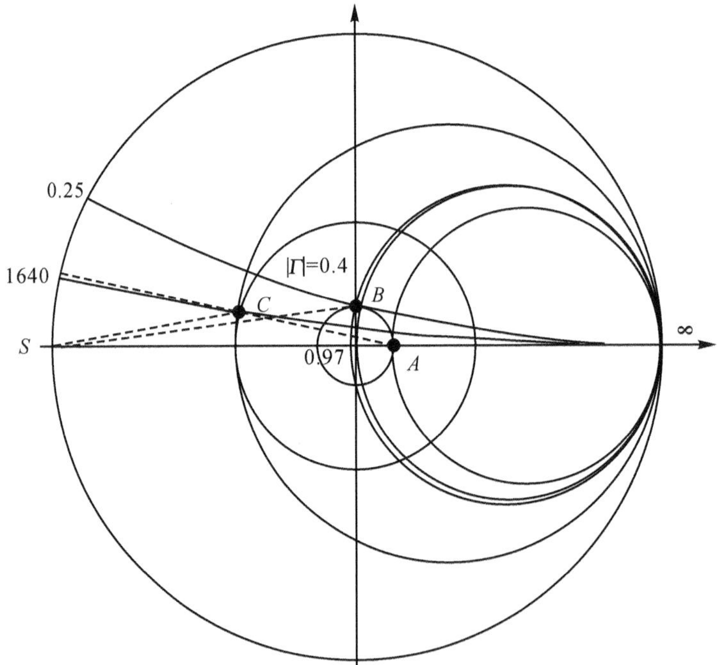

(g) 圆图求解过程

图 3-45　单层平板介质对平面波的反射、透射

用圆图计算[见图 3-45(g)]：

$z=d^-$ 处的归一化阻抗 $z(d^-)=\dfrac{Z(d^+)}{Z_2}=\dfrac{Z_3}{Z_2}=\dfrac{307.6}{238.3}=1.291$，在圆图上对应于 A 点。

$\Gamma(d^-)=\dfrac{\overline{OA}(\text{圆图圆心 } O \text{ 到 } A \text{ 点连线长度})}{r(\text{圆图半径})}=\dfrac{1.05}{8.25}=0.127$（与计算值为 0.127 相等）

从 A 点沿等 $|\Gamma(d^-)|$ 圆旋转 $2k_{z2}d=630°$ 到 B 点，读出 B 点归一化阻抗为 $z(0^+)=0.97+\text{j}0.25$。

实际阻抗 $Z(0^+)=z(0^+)\times Z_2=(0.97+\text{j}0.25)\times 238.3=(231.15+\text{j}59.6)\Omega$（计算值为 $230.75+\text{j}59.5$）

$z(0^-)=\dfrac{Z(0^+)}{Z_1}=\dfrac{231.15+\text{j}59.6}{532.7}=0.434+\text{j}0.112$，在圆图上对应于 C 点。

$\Gamma(0^-)=\dfrac{\overline{OC}(\text{圆图圆心 } O \text{ 与 } C \text{ 点连线长度})}{r(\text{圆图半径})}=\dfrac{3.30}{8.25}=0.4$，$\psi(0^-)=165°$（计算值 $|\Gamma(0^-)|=0.402$，$\psi(0^-)=164.39°$）

圆图上　$|1+\Gamma(0^-)|=\overline{SC}$（圆图短路点 S 与 C 点连线长度）

$|1+\Gamma(0^+)|=\overline{SB}$（圆图短路点 S 与 B 点连线长度）

因为　$|[1+\Gamma(0^-)]V_1^{\text{i}}|=|[1+\Gamma(0^+)]V_2^{\text{i}}|$

所以　$|V_2^{\text{i}}|=\dfrac{|1+\Gamma(0^-)|}{|1+\Gamma(0^+)|}=\dfrac{\overline{SC}}{\overline{SB}}=\dfrac{5.15}{8.3}=0.62$（计算值为 0.618）

根据 $\Gamma(0^-)$、$\Gamma(0^+)$、V_1^{i}、V_2^{i}，区域Ⅰ、Ⅱ、Ⅲ中有代表性点的 V、I 即可以方便算得

$$V_{1\max}=1.4\text{V},\quad V_{1\min}=0.6\text{V}$$

$$d_{\min 1}=0.479\lambda$$

$$I_{1\max}=2.63\times10^{-3}\text{A},\quad I_{1\min}=1.13\times10^{-3}\text{A}$$

$$V_{2\max}=0.698\text{V},\quad V_{2\min}=0.541,\quad |V(d^-)|=0.698\text{V}$$

$$I_{2\max}=2.92\times10^{-3}\text{A},\quad I_{2\min}=2.27\times10^{-3}\text{A},\quad |I(d^-)|=2.92\times10^{-3}\text{A}$$

$$V(d^+)=V(d^-)$$

$$I(d^+)=I(d^-)$$

以上得到的值与按公式计算得到的相差很小。因此，用圆图进行粗略估计，读数误差不会很大。但计算过程非常形象直观。

【例 3.12】 图 3-46(a)所示为多层介质膜干涉滤波器，由每层厚度 $d=\lambda_z/4$ 的高折射率和低折射率的薄膜构成，试说明其工作原理。即在狭窄的波长范围内反射光束很强，而在此波长范围以外，反射很小（$\lambda_z=\dfrac{2\pi}{k_z}$，为 z 方向的波导波长）。

解　在高、低折射率两介质界面一定有光的反射。注意，当光束由高折射率介质投射到低折射率介质，与由低折射率介质投射到高折射率介质，其反射系数相位相差 180°，而光在每一层介质来回反射一次相移也是 180°。所以从每一层介质交界面反射回来的光相位都相同。即图中从 AA 面反射回来的光束 1，与从 BB 面反射回来的光束 2，在 AA 面是同相的。因为对于光束 2，薄层介质中来回一次，相移 180°，在 BB 面上又有 180°相移，总相移刚好 360°。这就使得 $\lambda_z=4d$ 的光几乎全部反射回来。当 λ 变化使 $d\neq\lambda_z/4$，各交界面反射回来的光相位不相等，相互抵消一部分，就使得反射光变弱了。只要层数足够多，$\lambda_z=4d$ 的光，反射就很强，而 $\lambda_z\neq 4d$ 的光，反射光束就很小。

图 3-46(a)所示为多层介质系统，其等效级连传输线模型如图 3-46(b)所示，如果级连传输线的长度都为 $\lambda_z/4$，特征阻抗周期性地一级大、一级小，那么利用圆图很容易看到其输入阻抗（只要层数 n 足够大）不是趋于零，就是趋于无穷大（取决于 n 是奇数还是偶数），$z=0^-$ 处反

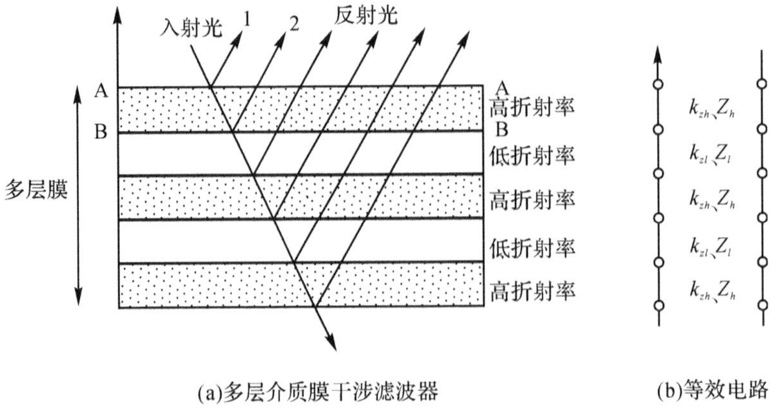

图 3-46 多层介质膜干涉滤波器及其等效电路

射系数的模$|\Gamma(z=0^-)|$接近 1，即全反射。如果级连传输线的长度偏离 $\lambda_z/4$，$z=0$ 处输入阻抗不再趋于 0 或无穷大，反射系数的模变小。

习 题 3

3.1 设：$\boldsymbol{E}=E_x\boldsymbol{x}_0=\boldsymbol{x}_0 10\cos(6\pi\times10^9 t+20\pi z)$ (mV/m)，问：矢量 $\boldsymbol{E}$ 在什么方向？波沿什么方向传播？波的幅度多大？频率 $f=$？相位常数 $k=$？相速 $v_p=$？

3.2 自由空间电磁波有 f_0、λ_0、k_0、v_0。当它进入介质，其介电常数 $\varepsilon=9\varepsilon_0$，磁导率 $\mu=\mu_0$，求介质中电磁波的 f、λ、k 及 v。

3.3 已知均匀平面电磁波在均匀媒质中传播，其电场强度的表达式为 $\boldsymbol{E}=\boldsymbol{x}_0E_x=\boldsymbol{x}_0 10\cos(\omega t-kz+30°)$ (mV/m)，工作频率为 $f=1\text{GHz}$，媒质的参数为 $\varepsilon=2.25\varepsilon_0$，$\mu=\mu_0$，$\sigma=0$，试求：

(1)相位常数 k、相速 v_p、波长 λ 和波阻抗 η。

(2)$t=0$、$z=1.5\text{m}$ 处，$\boldsymbol{E}$、$\boldsymbol{H}$、$\boldsymbol{S}(t)$、$\langle\boldsymbol{S}\rangle$各为多少？

(3)在 $z=0$ 处，E 第一次出现最大值(绝对值)的时刻 t 等于多少？

3.4 商用调幅广播电台覆盖地域最低信号场强为 20mV/m，与之相联系的最小功率密度是多少？最小磁场是多少？

3.5 自由空间平面电磁波的平均能流密度为 1.0mW/m^2，平面波沿 z 方向传播，其工作频率 $f=1000\text{MHz}$，电场强度的表达式为 $\boldsymbol{E}=E_m\cos(\omega t-k_0z+60°)$。试求在 $z=1\text{m}$ 处，$t=0.01\mu\text{s}$ 时的 $\boldsymbol{E}$、$\boldsymbol{H}$、$\boldsymbol{S}$ 等于多少？

3.6 均匀平面波的频率为 50MHz。设地球的 $\mu=\mu_0$，$\varepsilon=4\varepsilon_0$，$\sigma=10^{-4}\text{S/m}$，求地球的衰减常数与趋肤深度。

3.7 一平面电磁波从空气垂直地向海面传播，已知某海域海水的参数为 $\varepsilon=80\varepsilon_0$，$\mu=\mu_0$，$\sigma=1\text{S/m}$，平面电磁波在海平面处的场强表达式为：$\boldsymbol{E}=\boldsymbol{x}_0 1000\text{e}^{-k_iz}\text{e}^{\text{j}(\omega t-k_rz)}$ (V/m)，工作波长为 300m。试求电场强度的振幅为 $1\mu\text{V/m}$ 时离海面的距离，并写出这个位置上 $\boldsymbol{E}$、$\boldsymbol{H}$ 的表达式。

3.8 求下列场的极化性质。

(1)$\boldsymbol{E}=(\mathrm{j}\boldsymbol{x}_0+\boldsymbol{y}_0)\mathrm{e}^{-\mathrm{j}kz}$

(2)$\boldsymbol{E}=(4\boldsymbol{x}_0+2\boldsymbol{y}_0)\mathrm{e}^{\mathrm{j}kz}$

(3)$\boldsymbol{E}=[(1-\mathrm{j})\boldsymbol{y}_0+(1+\mathrm{j})\boldsymbol{z}_0]\mathrm{e}^{-\mathrm{j}kx}$

(4)$\boldsymbol{E}=[(2+\mathrm{j})\boldsymbol{x}_0+(3-\mathrm{j})\boldsymbol{z}_0]\mathrm{e}^{-\mathrm{j}ky}$

3.9　平面波垂直投射到完纯导电板上,问反射波的极化特性与入射波的极化特性有何差异?

3.10　设有一椭圆极化波为:$\boldsymbol{E}=\boldsymbol{x}_0E_{xm}\cos(\omega t-kz)+\boldsymbol{y}_0E_{ym}\cos(\omega t-kz+\pi/2)$,试将其分解为旋向相反、振幅不等的两个圆极化波。

3.11　一线极化波电场的两个分量为 $E_x=6\cos(\omega t-kz-30^\circ)$,$E_y=8\cos(\omega t-kz-30^\circ)$,试将它分解成振幅相等、旋向相反的两个圆极化波。

3.12　电各向异性介质中,$\boldsymbol{E}$、$\boldsymbol{D}$、$\boldsymbol{H}$、$\boldsymbol{B}$、$\boldsymbol{S}$、$\boldsymbol{k}$ 6 个矢量,哪 4 个共平面?说明理由。

3.13　试求单轴晶体内寻常波和非寻常波的传播方向之间的夹角,并求其最大值。

3.14　如题 3.14 图所示,平面波从空气垂直入射至铁氧体,设入射电场 $\boldsymbol{E}^{\mathrm{i}}(z)=\boldsymbol{x}_0E_0\mathrm{e}^{-\mathrm{j}kz}$,并沿 z 轴在铁氧体上加一直流饱和磁场 $\boldsymbol{H}_0$,试求空气中的反射波和铁氧体中的透射波。

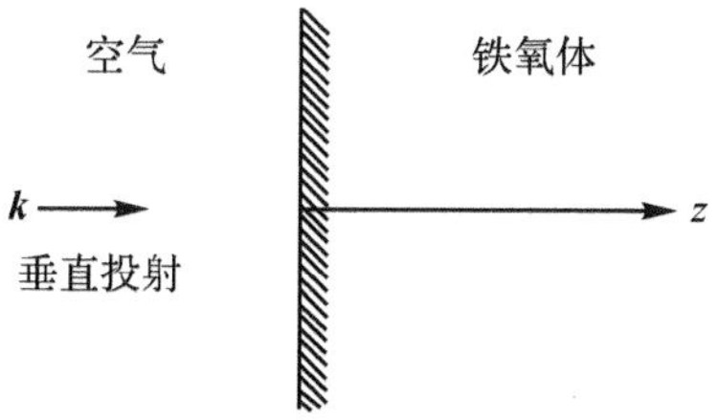

题 3.14 图

3.15　导电单轴媒质电参量如下:

$$\varepsilon=\begin{bmatrix}\varepsilon & 0 & 0\\ 0 & \varepsilon & 0\\ 0 & 0 & \varepsilon_z\end{bmatrix}$$

$$\sigma=\begin{bmatrix}\sigma & 0 & 0\\ 0 & \sigma & 0\\ 0 & 0 & \sigma_z\end{bmatrix}$$

试求其中寻常波和非寻常波的色散关系。当 $\dfrac{\sigma_z}{\sigma}\ll 1$ 时,说明任何极化波经过具有这种性质媒质时将成为线极化波。

3.16　设海水低频时可以用 $\varepsilon=81\varepsilon_0$,$\mu=\mu_0$,$\sigma=4\mathrm{S/m}$ 介质表示,平面波波矢 $\boldsymbol{k}$ 与 x 轴夹角为 30°,给出波沿 x 方向传播的传输线模型(给出等效传输线的特征参数)。

3.17　一圆极化均匀平面波自空气投射到非磁性媒质表面 $z=0$,入射角 $\theta_{\mathrm{i}}=60^\circ$,入射面为 x-z 面。要求反射波电场在 y 方向,求媒质的相对介电系数 ε_{r}。

3.18　垂直极化平面波由媒质Ⅰ倾斜投射到媒质Ⅱ,如题 3.18 图所示,$\varepsilon_1=4\varepsilon_0$,$\varepsilon_2=\varepsilon_0$,求:

(1) 产生全反射时的临界角;

(2) 当 $\theta=60^\circ$ 时,求 k_x、k_{z1}(用 $k_0=\omega\sqrt{\mu_0\varepsilon_0}$ 表示);

(3) 求 k_{z2}(用 k_0 表示)；

(4) 在媒质Ⅱ,求场衰减到 $1/e$ 时离开交界面的距离；

(5) 求反射系数 Γ。

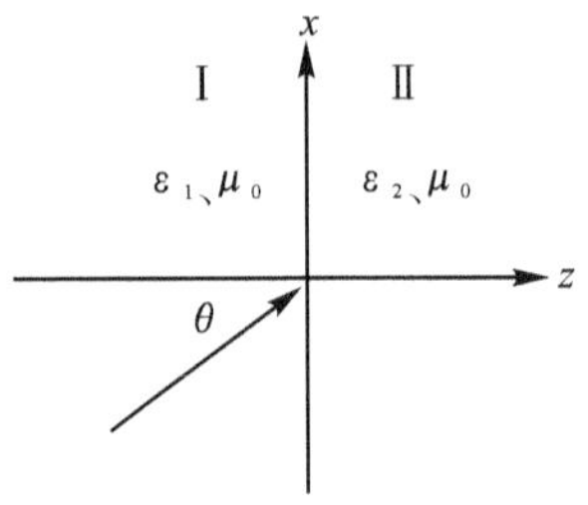

题 3.18 图

3.19　频率为 1MHz 平面波,从空气垂直投射到铜上,入射波电场幅值 $E=100\text{V/m}$,求反射系数 Γ、趋肤深度 δ、离开铜表面一个趋肤深度距离的 $\boldsymbol{E}$ 及 $\boldsymbol{H}$(铜的电导率 $\sigma=5.8\times10^7\text{S/m}$)。

3.20　一均匀平面电磁波由空气向理想介质($\mu=\mu_0$、$\varepsilon=9\varepsilon_0$)垂直入射。已知 $z=5\text{m}$ 处 $H_y=H_2=10\text{e}^{-\text{j}k_2z}=10\text{e}^{-\text{j}\frac{\pi}{4}}$ (mA/m)(设介质分界面处为 $z=0$,初相 $\varphi=0°$)。试求:

(1)此平面电磁波的工作频率；

(2)写出介质区域及空气区域的 E_2、H_2、E_1、H_1 的表达式；

(3)在介质区域中再求:

① 由复数振幅写出复数或瞬时的表达式；

② 坡印廷矢量瞬时表达式 S 及 S_{av}；

③ 电场与电场能量密度的瞬时表示式 w_e、w_m,以及它们的最大值 $w_{e\max}$、$w_{m\max}$；

④ 能量密度的平均值 w_{eav}、w_{mav}。

3.21　均匀平面波垂直投射到介质板,介质板前电场的大小如题 3.21 图所示,求:

(1)介质板的介电常数 ε；

(2)入射波的工作频率。

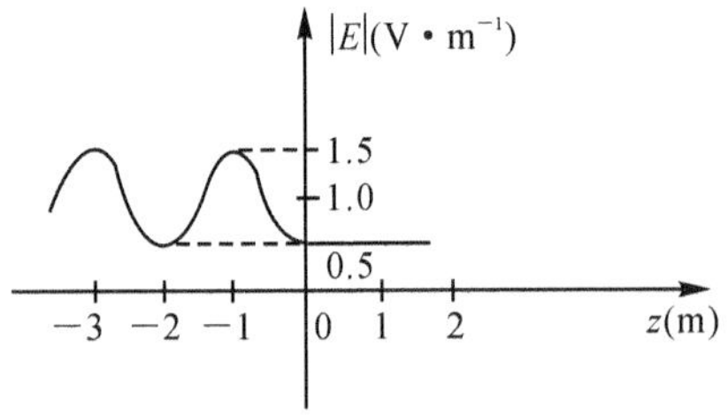

题 3.21 图

3.22　在介电系数分别为 ε_1 与 ε_3 的介质中间放置一块厚度为 d 的介质板,其介电常数为 ε_2,三种介质的磁导率均为 μ_0,若均匀平面波从介质 1 以 $\theta^i=0°$ 垂直投射到介质板上,试证明当 $\varepsilon_2=\sqrt{\varepsilon_1\varepsilon_3}$,且 $d=\dfrac{\lambda_0}{4\sqrt{\varepsilon_{r2}}}$ 时,没有反射。如果 $\theta^i\neq0°$,导出没有反射时的 d 的表达式。

3.23　空气中均匀平面波垂直投射到厚度为 d 的铜片上,铜的 $\mu=\mu_0$, $\dfrac{\sigma}{\omega\varepsilon}\gg1$,求铜两侧

的电场之比。

3.24　光从空气以 $\theta=30^\circ$ 角投射到厚度为 l 的薄层介质，如题 3.24 图所示。薄层介质的介电系数 $\varepsilon_g=2.25\varepsilon_0$，给出 x 方向等效传输线模型（给出级连传输线的特征参数）。并用传输线模型求反射系数、透射系数及沿 z 轴的场分布，设 $l=0.65\lambda$。

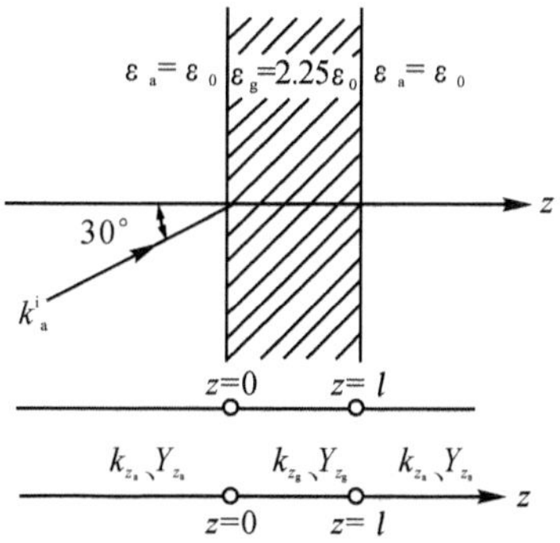

题 3.24 图

3.25　在玻璃基片上涂覆多层介质膜，从原理上说明，只要适当选择每层膜的厚度及膜材的介电系数，该多层膜系统既可制作成增透膜（$\Gamma\to 0$），也可制作成全反射膜（$\Gamma\to 1$）。你能设计这样的多层膜系统吗？如果能，谈谈你的设计思想。

第 4 章

波导、谐振器与周期结构

波导用来定向传播电磁波，其横截面可分为内部与外部两个区域，电磁场被限制在内部区域振荡而沿纵向传播。本章对波导的分析，假定波导纵方向均匀且趋于无穷远，只有入射波没有反射波，所处理的是二维结构的三维场问题。

当波导纵向遇到不均匀时，不仅有入射波还有反射波，所处理的就是三维结构的三维场问题。如果用恰当的方式在波导的两个端面产生全内反射，那么电磁场不仅横向限制在内部区域，纵向也限制在两反射面之间振荡，这就构成谐振器。谐振器用来储存电磁能量，它具有频率选择性。

如果波导结构在纵向具有周期性，那么利用周期结构的弗洛奎脱定理，仍可用较为简单的方法进行分析处理。周期结构在微波、光波段已得到越来越多的应用。

本章重点讨论波导，谐振器与周期结构只作简要介绍。

以平行双导体为结构特征的波导——平行双导线、同轴线、微带线已在第 2 章简要讨论过，它们工作于 TEM 模（微带线工作于准 TEM 模）。平行双导线由于辐射损耗等原因，其工作频率到几百兆就很高了。同轴线因损耗大、尺寸小、加工精度高，在毫米波段很少应用，主要用于厘米波段以及厘米波段以下的频率范围。此外，同轴线内导体附近电场较强，大功率应用时容易引起“击穿”，传输大功率受到限制。微带线与平面集成电路工艺兼容，适用于器件与电路的互联，其工作频率已拓展到毫米波。

本章着重讨论三类波导。第一类平板介质波导，具有平面结构的特点，与平面电路工艺兼容，在毫米波、亚毫米波、光波段都有应用，尤其在集成光路中应用广泛。耦合微带线也与集成电路工艺兼容，第 2 章已简要讨论过。这种波导结构在射频与微波电路中得到广泛应用，将在第 8 章进一步讨论。另一类是柱形金属波导，包括矩形波导与圆波导，同轴线也属于柱形金属波导，本章不再深入讨论。矩形波导与圆波导适合于厘米波、毫米波段的大功率传输。最后一类是光纤，光纤损耗小，传输容量大，是信号远距离传输的最佳选择。

本章 4.1 节概述各类波导共同的工作原理、特征参数以及波导问题的求解方法。4.2 节着重分析平板介质波导。4.3 与 4.4 节讨论矩形波导与圆波导。4.5 节从射线光学与波动光学角度对光纤进行讨论。4.6 与 4.7 节简要介绍谐振器与周期结构。4.8 节介绍基于矩形波导与圆波导的波导器件。

4.1　波导概述

本节着重讨论各类波导共同的工作原理、特征参数以及波导问题的求解方法。

4.1.1　波导的基本特征

如图 4-1 所示，工作于微波波段的矩形波导[见图 4-1(a)]、圆波导[见图 4-1(b)]，其横截面尺寸一般在厘米量级，而工作于光波段的平板介质光波导[见图 4-1(c)]和光纤[见图 4-1(d)]，其横截面尺寸在微米量级，两者相差 3～4 个数量级。从结构特征看，矩形波导、圆波导由金属材料围成封闭结构，而平板介质光波导、光纤则由介质材料构成，其结构是敞开的。它们看似差别很大，但还是有共同点，例如：

(1)波传播是纵向的，波导结构是均匀的。

如图 4-1 所示的这几种波导，尽管横截面内结构不均匀，但在波传播的纵向，其截面都是一样的。在下面的分析中，假定波导的纵向趋于无穷远。

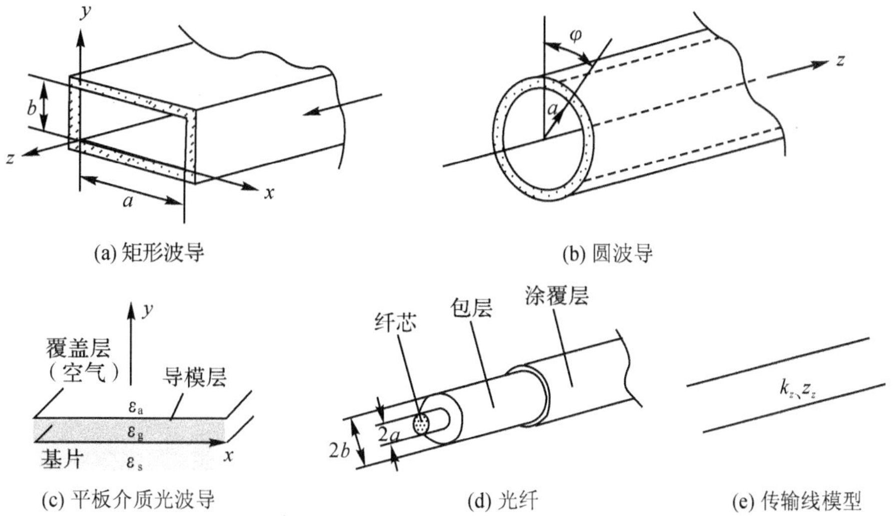

图 4-1　波导结构示例

根据波传播的传输线模型，如果将场分解为 TE 与 TM 两种模式，则对于每种模式场，横向电磁场量沿波导纵向的传播可以用均匀传输线上电压、电流波的传播等效，如图 4-1(e)所示。

(2)波导横截面可以分为内部区域与外部区域，波限制在内部区域沿纵向传播。

对于矩形波导、圆波导，被金属波导壁包围的部分就是内部区域，构成波导的金属壁就是外部区域。平板介质光波导通常由基片、导模层及覆盖层三部分组成，覆盖层有时就是空气。光波主要限制在导模层(一般不到 1μm)中传播，导模层就是内部区域，覆盖层、基片就是外部区域。光纤主要由纤芯(单模光纤一般为 4～8μm)与包层构成，纤芯是内部区域，包层就是外部区域，光线主要限制在纤芯中传播。

(3)波限制在波导内部区域沿波导纵向传播的基本过程相同。

波限制在波导内部区域传播的过程是，内部区域传播的电磁波倾斜投射到内外区域的交界面发生全内反射，且横向来回反射一次相移为 2π 的整倍数，从而保证内外区域交界面多次反射的波相位相同而不相互抵消，沿纵向曲折向前传播。

这里需要说明，在内外区域交界面发生全内反射，只是波限制在波导内部区域传播的必要条件，而波在内部区域来回反射一次相移为 2π 整倍数，则是波限制在内部区域传播的充分条件。这两个条件同时说明，在波导横截面内，内部区域的场按驻波分布，即场在横截面内发生谐振。这就是所谓横向谐振原理。在以后分析各类波导色散特性时，横向谐振原理将反复应用到。

从上面的讨论可知，不管各类波导的物理尺寸、材料、结构等方面有多大差别，但当它们用波长来量度时都处于同一量级，横截面内场都取驻波分布。因此，我们将矩形波导、圆波导、平板介质光波导、光纤等组织在同一章中讨论。

4.1.2 波导的特征参数

由前面的讨论可知，波导纵方向均匀且趋于无穷远，因而沿波导纵向传播的只有入射波，没有反射波。场在纵向取 $e^{-jk_z z}$ 的形式。场分量一般可表示为

$$\begin{cases} F(x,y)e^{-jk_z z} & (\text{直角坐标系表示}) \\ F(\rho,\varphi)e^{-jk_z z} & (\text{圆柱坐标系表示}) \end{cases} \tag{4.1.1}$$

式中：k_z 是波导 z 方向传播常数，习惯上把它叫做波导的纵向传播常数。

由式(4.1.1)可知，描述波导的特征参数主要有以下 4 个：

(1)场分布，可用各场分量在横截面的场分布 $F(x,y)$ 或 $F(\rho,\varphi)$ 表示。

波导横截面内的场分布充分反映了波导的工作特性，对于以波导为基础的各类无源、有源器件的设计来说，波导中场分布的知识至关重要。

满足波导横截面边界条件的一种可能的场分布叫做波导的模式，不同的模式有不同的场结构，它们都满足波导横截面的边界条件，可以独立存在。

波导中的场结构可以分为两大类，一类电场没有纵向分量($E_z=0$)，叫 TE 模；另一类磁场没有纵向分量($H_z=0$)，叫做 TM 模。波导中任何场都可分解为 TE 与 TM 模的组合。

(2)色散特性，可用纵向传播常数 k_z 的实部 k_{zr} 与 ω 关系(即 $k_{zr}\sim\omega$)表示。

传播常数 k_z 一般情况下是复数，表示为

$$k_z=k_{zr}-jk_{zi} \tag{4.1.2a}$$

实部 k_{zr} 常用 β 表示，虚部 k_{zi} 常用 α 表示。因此 k_z 也可表示为

$$k_z=\beta-j\alpha \tag{4.1.2b}$$

虚部 k_{zi}(或 α)前面的负号，表示当 k_{zi}(或 α)>0 时，波传播的方向(z 方向)是衰减的。

根据 3.2.2 关于色散特性的讨论，色散特性可以用 k_{zr}-ω 平面上的曲线表示。曲线上任一点与原点连线斜率 $\dfrac{\omega}{k_{zr}}$ 表示波导工作于该点所对应频率点的相速 v_p，而切线斜率 $\dfrac{d\omega}{dk_{zr}}$ 则表示工作于该点所对应频率点的群速 v_g。波导纵方向波长 $\lambda_z=\dfrac{2\pi}{k_{zr}}$。

色散特性也可表示为 $\left(\dfrac{k_{zr}}{k_0}\right)^2$ 与 ω(或 λ)的关系，k_0 为自由空间波数。$\left(\dfrac{k_{zr}}{k_0}\right)^2$ 定义为有效介电系数 ε_{eff}，它表示波沿波导纵向 z 传播的速度与介电系数为 ε_{eff} 的介质中光传播的速度相

等。色散特性也可直接表示为相速 v_p 与角频率 ω 的关系，即 $v_p \sim \omega$。微波波段，色散特性习惯用 $k_{zr} \sim \omega$ 表示；光波波段，习惯用 $\varepsilon_{eff} \sim \lambda$ 表示。

(3)特征阻抗，反映横向电场与横向磁场的模之比。

当不同波导连接时，特征阻抗越接近，连接处的反射越小。所以不同波导连接时，波导的特征阻抗是量度连接处对电磁波反射大小的一个很有用的参量。特征阻抗 Z 与传播常数 k_z 有关，即

$$Z=\begin{cases}\dfrac{\omega\mu}{k_z} & \text{TE}\\[2ex] \dfrac{k_z}{\omega\varepsilon_r\varepsilon_0} & \text{TM}\end{cases}\tag{4.1.3}$$

(4)损耗，可用传播常数 k_z 的虚部 k_{zi}(或 α)表示。

损耗是限制波导远距离传输电磁波的主要因素。目前，光纤的损耗可以做到每公里 0.2dB 以下。损耗的分析一般较难，本章不作专门讨论。

4.1.3　波导问题的求解

根据 3.4.1，任何电磁波可分解为 TE 与 TM 两种模式电磁波的线性组合，所以对波导问题的求解，首先要将场分解为 TE 与 TM 模，然后对 TE 与 TM 模分开求解，以简化分析。因为对于 TE 模，$E_z=0$，对于 TM 模，$H_z=0$。TE 与 TM 模分开处理后，可以将求 6 个电磁场分量问题简化为求 5 个场分量。

本章对波导的研究，假定产生电磁场的源不在我们研究的范围内，所以波导中的场也满足无源空间的波方程，即

$$(\nabla^2+k^2)\begin{cases}\boldsymbol{E}\\ \boldsymbol{H}\end{cases}=0\tag{4.1.4}$$

式中：

$$k^2=\omega^2\mu_0\varepsilon_r\varepsilon_0=k_0^2\varepsilon_r\tag{4.1.5}$$

$$k_0^2=\omega^2\mu_0\varepsilon_0\tag{4.1.6}$$

k 为介质中的波数，k_0 为自由空间或真空中波数，空气中波数常用 k_0 近似；ε_r 为介质的相对介电常数。

对于线性、均匀、各向同性的简单介质，当边界趋于无穷远时，波方程(4.1.4)的解已在 3.1 节分析过。对于波导问题，则要根据波导的具体边界条件对它进行求解。因为如前所述，本章分析的波导假定纵向(z 方向)均匀且趋于无穷远，没有反射波，z 方向场的变化可取 $e^{-jk_z z}$ 的形式，所以电场 $\boldsymbol{E}$ 和磁场 $\boldsymbol{H}$ 可表示为

$$\begin{cases}\boldsymbol{E}\\ \boldsymbol{H}\end{cases}=\begin{cases}\boldsymbol{E}(x,y)e^{-jk_z z}\\ \boldsymbol{H}(x,y)e^{-jk_z z}\end{cases}\quad(\text{直角坐标系})\tag{4.1.7a}$$

$$\begin{cases}\boldsymbol{E}\\ \boldsymbol{H}\end{cases}=\begin{cases}\boldsymbol{E}(\rho,\varphi)e^{-jk_z z}\\ \boldsymbol{H}(\rho,\varphi)e^{-jk_z z}\end{cases}\quad(\text{圆柱坐标系})\tag{4.1.7b}$$

将式(4.1.7)代入波方程(4.1.4)得到

$$(\nabla_t^2+k_t^2)\begin{cases}\boldsymbol{E}(x,y)\\ \boldsymbol{H}(x,y)\end{cases}=0\quad(\text{直角坐标系})\tag{4.1.8a}$$

$$(\nabla_t^2+k_t^2)\begin{cases}\boldsymbol{E}(\rho,\varphi)\\ \boldsymbol{H}(\rho,\varphi)\end{cases}=0\quad(\text{圆柱坐标系})\tag{4.1.8b}$$

式中：横向拉普拉斯算符∇_t^2为

$$\nabla_t^2=\frac{\partial^2}{\partial x^2}+\frac{\partial^2}{\partial y^2}\quad\text{（直角坐标系）}\tag{4.1.9a}$$

$$\nabla_t^2=\frac{1}{\rho}\frac{\partial}{\partial\rho}\left(\rho\frac{\partial}{\partial\rho}\right)+\frac{1}{\rho^2}\frac{\partial^2}{\partial\varphi^2}\quad\text{（圆柱坐标系）}\tag{4.1.9b}$$

而k_t与波数k的关系为

$$k_t^2=k^2-k_z^2\tag{4.1.10}$$

k_t叫做横向传播常数，可由波导横截面的边界条件确定。在直角坐标系下，k_t^2可分解为

$$k_t^2=k_x^2+k_y^2\tag{4.1.11}$$

所以k^2在直角坐标系下可表示为

$$k^2=\omega^2\mu\varepsilon_r\varepsilon_0=k_x^2+k_y^2+k_z^2\tag{4.1.12}$$

k_x与k_y分别叫做x与y方向的传播常数。式(4.1.12)也叫做介质中普遍的色散关系。考虑方向后，式(4.1.12)与式(4.1.11)又可表示为

$$\boldsymbol{k}=k_x\boldsymbol{x}_0+k_y\boldsymbol{y}_0+k_z\boldsymbol{z}_0=\boldsymbol{k}_t+k_z\boldsymbol{z}_0\tag{4.1.13}$$

$$\boldsymbol{k}_t=k_x\boldsymbol{x}_0+k_y\boldsymbol{y}_0\tag{4.1.14}$$

式中：$\boldsymbol{k}$和$\boldsymbol{k}_t$分别叫做波矢与横向波矢。

因此在纵向均匀且趋于无穷远的假定下，波导问题求解归结为在波导横截面边界条件下解二维矢量波方程(4.1.8)。

如果波导横截面有相同的边界条件，即场在横截面有相同的场结构，但内部区域沿纵向填充介质却不均匀，比如矩形波导、圆波导沿纵向部分区域为空气填充，部分区域为介质填充。这时由于内部区域纵向填充介质的不均匀，不仅有e^{-jk_zz}表示的入射波，还有e^{jk_zz}表示的反射波。纵向不均匀的这种情况，如果利用3.4节讨论过的波传播的传输线模型，还是可以处理的。因为按照波传播的传输线模型，波导中的场按TE、TM模分解后，横向场量可表示成模式函数$\boldsymbol{e}(\boldsymbol{\rho})$、$\boldsymbol{h}(\boldsymbol{\rho})$与其幅值$V(z)$、$I(z)$的乘积，而$V(z)$、$I(z)$中已包含了入射波和反射波。

根据3.4节讨论过的波传播的传输线模型，波导中的场按TE、TM模分解后，对于波导问题的求解就归结为求反映波导横截面场分布的模式函数$\boldsymbol{e}(\boldsymbol{\rho})$或$\boldsymbol{h}(\boldsymbol{\rho})$，以及反映纵方向场分布的$V(z)$、$I(z)$。表4-1所示为$\boldsymbol{e}(\boldsymbol{\rho})$、$\boldsymbol{h}(\boldsymbol{\rho})$，$V(z)$、$I(z)$与横向场量、纵向场量的关系。表中场量下标$t$表示横向场量。

表4-1　$\boldsymbol{e}(\boldsymbol{\rho})$、$\boldsymbol{h}(\boldsymbol{\rho})$，$V(z)$、$I(z)$与横向场量、纵向场量的关系

TE	TM
$\boldsymbol{E}'=\boldsymbol{E}'_t$	$\boldsymbol{E}''=\boldsymbol{E}''_t+\boldsymbol{E}''_z\boldsymbol{z}_0$
$\boldsymbol{H}'=\boldsymbol{H}'_t+\boldsymbol{H}'_z\boldsymbol{z}_0$	$\boldsymbol{H}''=\boldsymbol{H}''_t$
$\boldsymbol{E}'_t=\boldsymbol{e}'(\boldsymbol{\rho})V'(z)$	$\boldsymbol{E}''_t=\boldsymbol{e}''(\boldsymbol{\rho})V''(z)$
$\boldsymbol{H}'_t=\boldsymbol{h}'(\boldsymbol{\rho})I'(z)$	$\boldsymbol{H}''_t=\boldsymbol{h}''(\boldsymbol{\rho})I''(z)$
$\boldsymbol{H}'_z=\frac{\mathrm{j}}{\omega\mu}\nabla_t\times\boldsymbol{E}'_t$	$\boldsymbol{E}''_z=\frac{1}{\mathrm{j}\omega\varepsilon}\nabla_t\times\boldsymbol{H}''_t$

模式函数$\boldsymbol{e}(\boldsymbol{\rho})$或$\boldsymbol{h}(\boldsymbol{\rho})$满足二维矢量波方程，模式函数的幅值$V(z)$、$I(z)$满足传输线方程，并重写如下：

$$(\nabla_t^2+k_t^2)\begin{cases}\boldsymbol{e}'(\boldsymbol{\rho})\\ \boldsymbol{h}''(\boldsymbol{\rho})\end{cases}=0 \tag{4.1.15}$$

模式函数经过归一化，不管 TE 还是 TM 都具有关系

$$\boldsymbol{e}(\boldsymbol{\rho})\times\boldsymbol{h}(\boldsymbol{\rho})=\boldsymbol{z}_0 \tag{4.1.16}$$

$$\frac{\mathrm{d}V(z)}{\mathrm{d}z}=-\mathrm{j}k_z ZI(z) \tag{4.1.17a}$$

$$\frac{\mathrm{d}I(z)}{\mathrm{d}z}=-\mathrm{j}k_z YV(z) \tag{4.1.17b}$$

式中：

$$Z=\frac{1}{Y}=\begin{cases}\dfrac{\omega\mu}{k_z} & \text{TE}\\[2ex] \dfrac{k_z}{\omega\varepsilon} & \text{TM}\end{cases} \tag{4.1.18}$$

$$k_z=\sqrt{k^2-k_t^2}$$

此式就是式(4.1.10)。k_t 由横向边界条件确定。

注意，模式函数幅值 V、I 满足的传输线方程，对于 TE、TM 模形式上虽然一样，但传输线的特征阻抗 Z(或特征导纳 Y)是不一样的。

传输线方程的解已在第 2 章详细研究过，因此用波导的传输线模型求解波导问题，主要是在给定的横向边界条件下通过解二维矢量波方程(4.1.15)求横向传播常数 k_t 及表示横截面场分布的模式函数 $\boldsymbol{e}(\boldsymbol{\rho})$或 $\boldsymbol{h}(\boldsymbol{\rho})$。

值得指出的是，波传播的传输线模型对纵向的选取并没有任何限制。如果取与波导 z 轴垂直的方向为纵向，并得出该方向的等效网络也是可以的。由于习惯上将 z 轴定义为纵向，与 z 轴垂直的方向定义为横向，因此与 z 轴垂直的方向的等效网络也就称为横向等效网络。横向等效网络上的电压、电流分布正反映了波导横截面场分布。因此，利用传输线理论求解波导横向等效网络上的电压、电流分布，从而得出波导横截面场分布也是可能的。

本章对圆波导与光纤的分析基于解波方程(4.1.8)，对矩形波导的分析则主要基于解式(4.1.15)，而平板介质波导的分析，主要通过横向等效网络并用传输线理论进行。

4.2　平板介质波导

随着频率提高，尤其进入光波段，金属不再被视为良导体，不宜作为波导结构的材料，而对光透明或光传播损耗很小的介质就成为波导的首选材料。

平板介质波导主要用于光波段与毫米波段，其原理结构如图 4-2 所示。图(a)是毫米波介质波导截面图，图(b)则是平板介质光波导截面图。电磁波主要限制在介电系数为 ε_g 的导模层中传播。导模层的上面、下面分别是介电系数为 ε_a 和 ε_f 的覆盖层和缓冲层。覆盖层有时就是空气。支撑介质波导的衬底，毫米波介质波导用金属，介质光波导则用介质材料，通常把衬底用的介质叫做基片。

波限制在导模层中传播，要求导模层的介电系数大于覆盖层与缓冲层的介电系数，即

$$\varepsilon_g>\varepsilon_a,\quad \varepsilon_g>\varepsilon_f$$

在这一条件下，当导模层中电磁波倾斜投射到导模层与相邻介质交界面时，如果其入射角大于

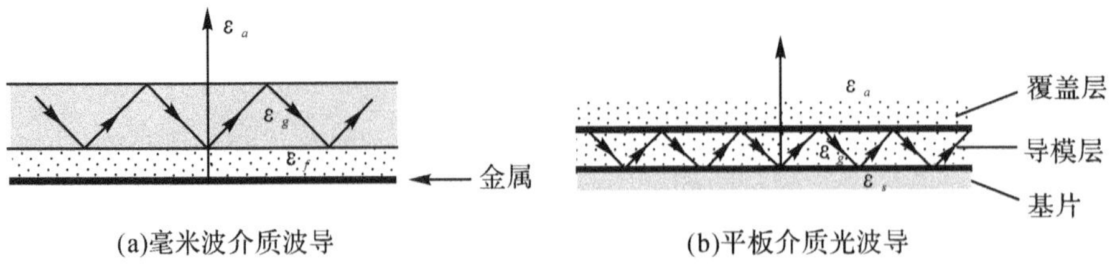

图 4-2　平板介质波导

临界角,而且波在导模层两界面来回反射一次相移为 2π 整倍数,那么倾斜投射到导模层与相邻介质交界面的电磁波,不仅在交界面发生全内反射,而且多次反射的波也同相叠加而不相互抵消,这样就能保证电磁波在导模层中曲折向前传播。

当电磁波主要限制在导模层中传播时,缓冲层中电磁场从导模层到衬底呈指数衰减,使衬底损耗对电磁传播的影响大大减小。对于平板介质光波导,如果基片损耗很小,缓冲层并不是必要的,导模层可直接制作在基片上。但对于毫米波介质波导,由于金属在毫米波段的损耗不可忽视,所以缓冲层是必要的。

4.2.1　平板介质波导的横向谐振原理

横向谐振原理是分析平板介质波导的有效方法,下面以图 4-3 所示的非对称单层介质波导为例证明,横向谐振包含波限制在导模层中传播必要而充分的条件。

如图 4-3(a)所示的非对称单层平板介质波导,与界面垂直的 x 方向,该波导可以分为三个区域。区域Ⅱ为导模层,区域Ⅰ、Ⅲ可理解为缓冲层(或基片)与覆盖层。坐标的选择使场在 y 方向没有变化。波限制在区域Ⅱ的导模层中沿界面 z 方向传播。

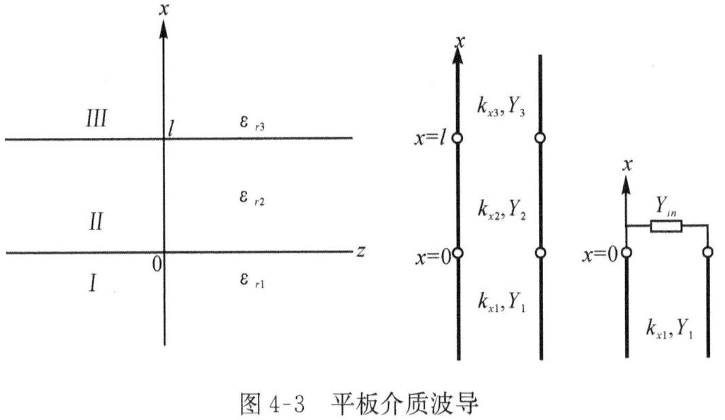

图 4-3　平板介质波导

与界面垂直的 x 方向,区域Ⅰ、Ⅲ没有波的传播,场随离开界面距离的增加而迅速衰减。导模层中 x 方向传播的波在与相邻介质的交界面发生全内反射,且来回反射一次其相移为 2π 整倍数,即场在 x 方向发生谐振,取驻波分布。习惯上将波传播的 z 方向定义为纵向,x 方向相对于波传播方向就是横向,故 x 方向的谐振叫做横向谐振。

根据波传播的传输线模型,x 方向波的传播可用图 4-3(b)和(c)所示的电路等效。图中 k_{xi}、$Y_i(i=1,2,3)$分别表示区域Ⅰ、Ⅱ、Ⅲ中 x 方向的传播常数与特征导纳。横向谐振要求从坐标轴 x 等于常数的任一参考面(比如 $x=0$)向 $x<0$、$x>0$ 区域看进去的输入阻抗或输入导纳之和等于零,即

$$Y^{\uparrow}+Y^{\downarrow}=0 \tag{4.2.1}$$

式中：$Y^{\downarrow}=Y_1$，$Y^{\uparrow}=Y_2\dfrac{Y_3+\mathrm{j}Y_2\tan k_{x2}l}{Y_2+\mathrm{j}Y_3\tan k_{x2}l}$。

将上两式代入(4.2.1)得到

$$Y_1+Y_2\frac{Y_3+\mathrm{j}Y_2\tan k_{x2}l}{Y_2+\mathrm{j}Y_3\tan k_{x2}l}=0 \tag{4.2.2}$$

式(4.2.2)可改写成

$$\tan k_{x2}l=\mathrm{j}\frac{Y_2(Y_1+Y_3)}{Y_1Y_3+Y_2^2} \tag{4.2.3}$$

如果电磁波能在薄层介质Ⅱ中传播，k_{x2}必然是实数，相应的特征导纳 Y_2 也是实数。从式(4.2.3)可见，此时 Y_1、Y_3 一定是虚数，相应的 k_{x1}、k_{x3}也是虚数，因而区域Ⅰ、Ⅲ在 x 方向没有波的传播。k_{x1}、k_{x3}为虚数的必要条件是介质Ⅱ的介电常数必须大于介质Ⅰ和Ⅲ的介电常数，即

$$\varepsilon_{r2}>\varepsilon_{r1}$$

$$\varepsilon_{r2}>\varepsilon_{r3}$$

式(4.2.3)还可改写为

$$\frac{Y_2-Y_1}{Y_2+Y_1}=\frac{Y_2+Y_3}{Y_2-Y_3}\mathrm{e}^{\mathrm{j}2k_{x2}l} \tag{4.2.4}$$

定义介质分界面的反射系数为

$$\Gamma_{12}=-\Gamma_{21}=\frac{Y_1-Y_2}{Y_1+Y_2}$$

$$\Gamma_{23}=-\Gamma_{32}=\frac{Y_2-Y_3}{Y_2+Y_3}$$

则式(4.2.4)可写成

$$\mathrm{e}^{-\mathrm{j}k_{x2}l}\Gamma_{23}\mathrm{e}^{-\mathrm{j}k_{x2}l}\Gamma_{21}=1 \tag{4.2.5}$$

式(4.2.5)表明，波在介质 2 沿 z 方向来回反射一次后，没有发生变化，倘若反射系数的模 $|\Gamma_{21}|$、$|\Gamma_{23}|$小于 1，那么式(4.2.5)不能成立，只有$|\Gamma_{21}|$、$|\Gamma_{23}|$等于 1 才能使式(4.2.5)成立，这就要求 Y_1、Y_3 为纯虚数，即

$$Y_1=\mathrm{j}x_1$$

$$Y_3=\mathrm{j}x_3$$

其中 x_1、x_3 为实数，因此介质分界面的反射系数为

$$\Gamma_{2i}=\frac{Y_2-Y_i}{Y_2+Y_i}=\frac{Y_2-\mathrm{j}x_i}{Y_2+\mathrm{j}x_i}=\mathrm{e}^{-\mathrm{j}2\varphi_i}\quad(i=1,3) \tag{4.2.6}$$

$$\varphi_i=\arctan\left(\frac{x_i}{Y_2}\right)\quad(i=1,3) \tag{4.2.7}$$

利用上面两式，式(4.2.5)还可改写为

$$\mathrm{e}^{-\mathrm{j}2\varphi_1}\mathrm{e}^{-\mathrm{j}2\varphi_3}\mathrm{e}^{-\mathrm{j}2k_{x2}l}=\mathrm{e}^{-\mathrm{j}2n\pi} \tag{4.2.8}$$

或者

$$\varphi_1+\varphi_3+k_{z_2}l=n\pi \tag{4.2.9}$$

式(4.2.8)和式(4.2.9)表明，电磁波沿导模层(介质 2)来回反射一次，其总相移为 2π 的整倍数。

归结起来，电磁波限制在导模层(介质 2)中传播的条件是

(1)$\varepsilon_{r2}>\varepsilon_{r1}$，$\varepsilon_{r2}>\varepsilon_{r3}$

(2)$\varphi_1+\varphi_3+k_{x2}l=n\pi$

条件(1)保证导模层介质 2 与介质 1、3 分界面发生全内反射，而条件(2)则保证导模层内波来回反射一次总相移为 2π 整倍数，使得介质分界面多次反射的波不会相互抵消而沿导模层曲折前进。

横向谐振条件 $\sum Y = 0$(或 $\sum Z = 0$) 包含了波限制在导模层中传播的必要充分条件，下面我们主要用横向谐振条件求平板介质波导的特性。

4.2.2　用横向谐振原理分析平板介质波导

1. 分析模型及其横向等效网络

图 4-4(a)所示是我们要分析的平板介质波导的截面图。坐标的选择使 x 轴与介质交界面垂直，场在 y 方向没有变化，波矢 $\boldsymbol{k}$ 只有两个分量，即 $k_y=0$，$\boldsymbol{k}=k_x\boldsymbol{x}_0+k_z\boldsymbol{z}_0$，波限制在 $x=0$ 与 $x=t_g$ 的导模层中沿界面 z 轴方向传播。覆盖层、导模层、缓冲层与衬底的磁导率均为 μ_0，而介电系数分别为 $\varepsilon_{ra}\varepsilon_0$、$\varepsilon_{rg}\varepsilon_0$、$\varepsilon_{rf}\varepsilon_0$ 和 $\varepsilon_{rs}\varepsilon_0$。如果有损耗，介电系数要用复数表示。一般认为覆盖层和缓冲层的损耗可忽略，其介电系数为实常数。而导模层和衬底的介电系数要用复数表示，以体现介质损耗。波限制在导模层中传播要求 $\mathrm{Re}(\varepsilon_{rg})>\varepsilon_{ra}$，$\mathrm{Re}(\varepsilon_{rg})>\varepsilon_{rf}$。导模层和缓冲层的厚度分别为 t_g 和 t_f。覆盖层和衬底沿 $\pm x$ 方向延伸，可视为延伸至无穷远。

由于坐标轴方向的选择，场在 y 方向没有变化，沿界面方向(z 方向)趋于无穷远，没有反射波，场在 z 方向取 $\mathrm{e}^{-\mathrm{j}k_z z}$ 的形式。所以多层平极介质波中场量一般可表示成

$$F(x)\mathrm{e}^{-\mathrm{j}k_z z} \tag{4.2.10}$$

式中：

$$k_z^2=k_i^2-k_{xi}^2=k_0^2\varepsilon_{ri}-k_{xi}^2 \quad (i=\mathrm{a,g,f,s}) \tag{4.2.11}$$

$i=\mathrm{a,g,f,s}$ 分别表示覆盖层、导模层、缓冲层与衬底。k_i 表示第 i 层介质波数，k_0 为自由空间波数，k_{xi} 表示第 i 层介质 x 方向的传播常数。根据斯耐尔定理，沿界面的传播常数 k_z，不管哪一层介质都相同，即

$$k_{za}=k_{zg}=k_{zf}=k_{zs}=k_z \tag{4.2.12}$$

根据波传播的传输线模型，如果取 z 为纵向，$F(x)$ 即模式函数，因为只是 x 的函数，模式函数满足的矢量波方程(4.1.16)也可化为标量波方程

$$\left(\frac{\mathrm{d}^2}{\mathrm{d}x^2}+k_x^2\right)F(x)=0 \tag{4.2.13}$$

根据第 3 章多层平板介质的传输线模型，如果取 z 轴为纵向，与 z 轴垂直的电磁场量沿 x 轴的传播可用级连传输线上的电压、电流的传播等效，其等效电路如图 4-4(b)所示。覆盖层、衬底分别用 $\pm x$ 方向延伸至无穷远的传输线等效，导模层和缓冲层则用长度为 t_g 和 t_f 的传输线等效。(k_{xa}、Y_a) 、(k_{xg}、Y_g)、(k_{xf}、Y_f)与(k_{xs}、Y_s)分别表示覆盖层、导模层、缓冲层和衬底 x 方向的的传播常数与特征阻抗。对于趋于无穷远的传输线，其输入导纳等于传输线的特征导纳，故图 4-4(b)所示又可进一步简化到图 4-4(c)所示。

根据式(4.2.11)，平板介质波导任何一层沿 x 方向传播常数(或级连传输线的传播常数) k_{xi} 可表示为

$$k_{xi}=\sqrt{k_0^2\varepsilon_{ri}-k_z^2} \quad (i=\mathrm{a,g,f,s}) \tag{4.2.14}$$

级连传输线的特征导纳 Y_i(或特征阻抗 Z_i)为

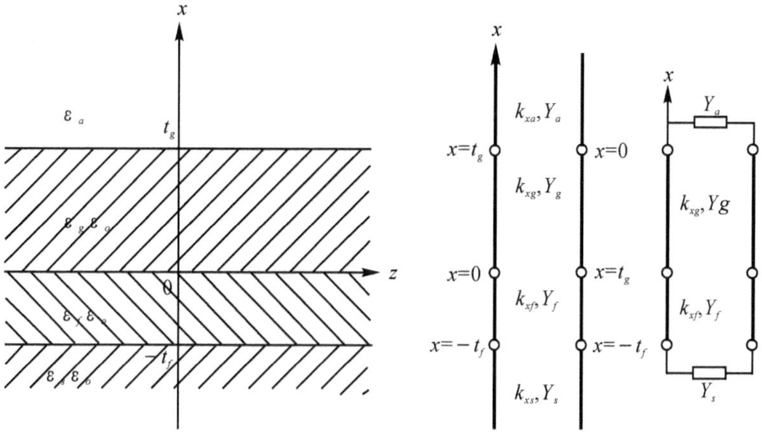

图 4-4　平板介质波导及其分析模型

$$Y_i=\frac{1}{Z_i}=\begin{cases}\dfrac{k_{xi}}{\omega\mu} & (i=\mathrm{a,g,f,s})\quad \text{TE 模}\\[2ex] \dfrac{\omega\varepsilon_{ri}\varepsilon_0}{k_{xi}} & (i=\mathrm{a,g,f,s})\quad \text{TM 模}\end{cases}\tag{4.2.15}$$

式中：i=a, g, f 和 s 表示空气、平板介质、缓冲介质和衬底中的量。

取 $x=0$ 为参考面，沿正、负 x 方向看进去的输入导纳 $Y^{\uparrow}$、$Y^{\downarrow}$ 分别为

$$Y^{\uparrow}=Y_{\mathrm{g}}\frac{Y_{\mathrm{a}}+\mathrm{j}Y_{\mathrm{g}}\tan k_{x\mathrm{g}}t_{\mathrm{g}}}{Y_{\mathrm{g}}+\mathrm{j}Y_{\mathrm{a}}\tan k_{x\mathrm{g}}t_{\mathrm{g}}}\tag{4.2.16}$$

$$Y^{\downarrow}=Y_{\mathrm{f}}\frac{Y_{\mathrm{s}}+\mathrm{j}Y_{\mathrm{f}}\tan k_{x\mathrm{f}}t_{\mathrm{f}}}{Y_{\mathrm{f}}+\mathrm{j}Y_{\mathrm{s}}\tan k_{x\mathrm{f}}t_{\mathrm{f}}}\tag{4.2.17}$$

式中：t_{f}、t_{g} 表示缓冲层 f 和导模层 g 的厚度。

x 方向谐振条件要求

$$Y^{\uparrow}+Y^{\downarrow}=0$$

将式(4.2.16)和式(4.2.17)代入就得到

$$Y_{\mathrm{g}}\frac{Y_{\mathrm{a}}+\mathrm{j}Y_{\mathrm{g}}\tan k_{x\mathrm{g}}t_{\mathrm{g}}}{Y_{\mathrm{g}}+\mathrm{j}Y_{\mathrm{a}}\tan k_{x\mathrm{g}}t_{\mathrm{g}}}+Y_{\mathrm{f}}\frac{Y_{\mathrm{s}}+\mathrm{j}Y_{\mathrm{f}}\tan k_{x\mathrm{f}}t_{\mathrm{f}}}{Y_{\mathrm{f}}+\mathrm{j}Y_{\mathrm{s}}\tan k_{x\mathrm{f}}t_{\mathrm{f}}}=0\tag{4.2.18}$$

再将式(4.2.14)和式(4.2.15)代入式(4.2.18)，就得到决定平板介质波导 $k_z\sim\omega$ 关系的色散方程。如果定义有效介电常数

$$\varepsilon_{\mathrm{eff}}=\left(\frac{k_z}{k_0}\right)^2\tag{4.2.19}$$

那么由式(4.2.18)求得 k_z，即可求得 $\varepsilon_{\mathrm{eff}}$。

图 4-5 所示就是根据式(4.2.18)计算的毫米波介质波导的色散曲线。该介质波导的几何物理参数是：覆盖层相当于空气，其相对介电系数 $\varepsilon_{\mathrm{ra}}=1$，导模层相对介电系数 $\varepsilon_{\mathrm{rg}}=12-\mathrm{j}10^{-3}$，相当于硅材料的介电系数，缓冲层介质损耗很小，可忽略，$\varepsilon_{\mathrm{rf}}=2.56$。衬底金属相对介电系数的实部一般视作 1，虚部则比实部大得多，计算中设 $\varepsilon_{\mathrm{rs}}=1-\mathrm{j}10^7$。缓冲层、导模层厚度以波长 λ 归一化，$t_{\mathrm{f}}/\lambda=0.05$。

色散曲线横坐标是 t_{g}/λ，纵坐标是有效介电常数 $\varepsilon_{\mathrm{eff}}$ 的实部，t_{f}/λ 是参变数。图 4-5 中给出了 $t_{\mathrm{f}}/\lambda=0$ 和 0.05 两种情况下 TE_1、TM_1 的色散曲线。由该色散曲线可知，当频率很高、t_{g}/λ 很大时，整个介质波导主要被导模层占据，其有效介电系数很自然接近硅材料的介电系数。当

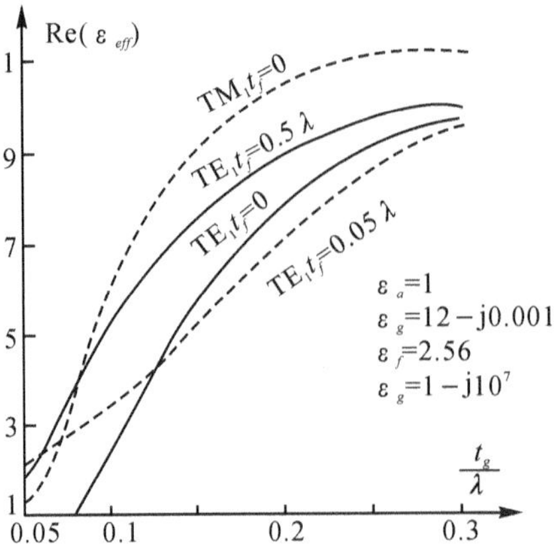

图 4-5　毫米波介质波导色散关系

t_g/λ 很小时，导模层对有效介电系数的贡献很小，有效介电系数主要由覆盖层和缓冲层的介电系数决定。

如果将图 4-4(a)所示平板介质波导的缓冲层、衬底为覆盖层的介质取代，就得到如图 4-6(a)所示的平板介质波导，这种结构具有对称性，$x=t_g/2$ 平面就是对称面。图 4-6(b)所示就是这种对称结构平板介质波导的横向(x 方向)等效网络。从 $x=0$ 向 x 方向看去的输入导纳 $Y^{\uparrow}$ 仍为式(4.2.18)，但从 $x=0$ 向 $-x$ 方向看去的输入导纳 $Y^{\downarrow}$ 变为

$$Y^{\downarrow}=Y_a$$

故横向谐振条件 $Y^{\uparrow}+Y^{\downarrow}=0$ 为

$$Y_a+Y_g\frac{Y_a+jY_g\tan k_{xg}t_g}{Y_g+jY_a\tan k_{xg}t_g}=0 \tag{4.2.20}$$

经过并不复杂的运算，式(4.2.20)有两个解：

$$Y_a+jY_g\tan\left(\frac{k_{xg}t_g}{2}\right)=0 \tag{4.2.21a}$$

$$Y_a-jY_g\cot\left(\frac{k_{xg}t_g}{2}\right)=0 \tag{4.2.21b}$$

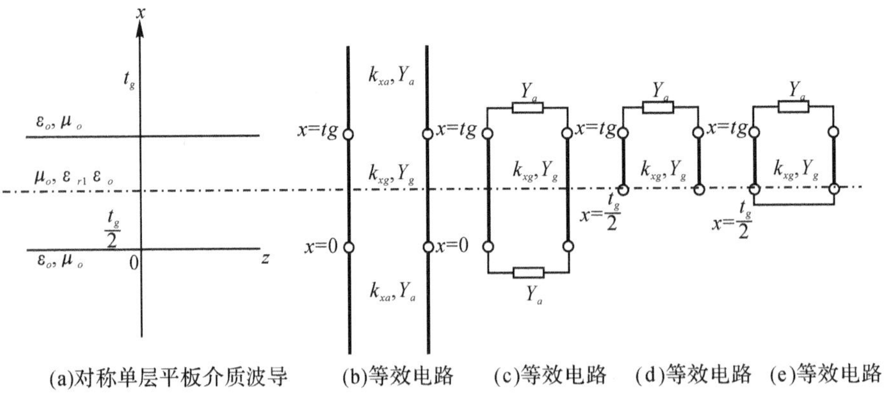

图 4-6　对称单层平板介质波导及其等效电路

式(4.2.21a)表示的第一个解正是图 4-6(c)所示的对称面开路的横向谐振表达式。而式(4.2.21b)表示的第二个解正是图 4-6(d)所示的对称面短路的横向谐振表达式。这就是说，对称结构的平板介质波导的解可分解为对称面开路与短路两种解的组合。

有必要说明一下，对称面开路是指对称面电压为波腹，电流为零。对称面短路是指对称面电流为波腹，电压为零。所以对电压而言，对称面开路电压取偶对称分布；对称面短路电压取奇对称分布。偶对称分布的场称为偶模，奇对称分布的场称为奇模。因此，对称结构平板介质波导中场也可表示为偶模和奇模的组合。对称结构中场分解为偶模与奇模的技术，简称偶—奇模分析技术，第 2 章对称耦合微带线分析已应用过这一技术，本书后面还会多次应用到。

偶—奇模分析技术基于场的维一性定理。结构的对称性意味着边界条件对称，按唯一性定理，这就导致场结构对称，偶对称场与奇对称场都满足对称结构的边界条件。

2. 场分布

前面已利用横向（x 方向）谐振条件得到 k_z，并根据式(4.2.14)得到 k_{xi}。求 x 方向场分布 $F(x)$ 就是求解方程(4.2.13)。不过利用横向（x 方向）传输线模型，传输线上电压与电流沿 x 方向的变化分别与波导中的电场、磁场沿 x 方向变化相当。因此，图 4-6 所示的横向等效网络上电压、电流分布就代表波导中场在横截面（x 方向）的分布。利用传输线理论，例如在 3.7 节分析多层介质系统场分布时做过的那样，横向等效网络上电压、电流分布的求解是很容易的。

对于图 4-6 所示的对称单层平板介质波导，坐标轴的选择使得 $k_y=0$，所有场量与坐标 y 无关，而沿界面的 z 方向都按 $e^{-jk_z z}$ 变化。在 x 方向，与 x 轴垂直的电场、磁场分量沿 x 轴的变化就跟图 4-6(b)、(c)、(d)所示的横向等效网络上电压 V、电流 I 沿 x 轴的变化相当。而电压 V、电流 I 沿 x 轴的变化可用传输线理论求得。

现以 TE 模对称面开路的情况为例，求导模层与覆盖层中电压与电流。

导模层中 x 方向电压、电流为传输波，如果以对称面 $x=\frac{t_g}{2}$ 作为参考点，则电压、电流可表示成

$$V_g(x)=\frac{1}{2}\left[1+\Gamma\left(x=\frac{t_g}{2}\right)e^{j2k_{xg}\left(x-\frac{t_g}{2}\right)}\right]V_g^i e^{-jk_{xg}\left(x-\frac{t_g}{2}\right)}$$

$$I_g(x)=\frac{1}{2}\left[1-\Gamma\left(x=\frac{t_g}{2}\right)e^{j2k_{xg}\left(x-\frac{t_g}{2}\right)}\right]V_g^i Y_g e^{-jk_{xg}\left(x-\frac{t_g}{2}\right)}$$

式中：V_g^i 为导模层中电压入射波的幅值，系数 1/2 为了使表达式简洁。

对称面开路（即电压偶对称分布）时，对称面（$x=t_g/2$）电压为波幅，电流 $I(x=t_g/2)=0$，故阻抗 $Z(x=t_g/2)\to\infty$。因而对称面电压反射系数 $\Gamma(x=t_g/2)=1$。于是 $V_g(x)$、$I_g(x)$ 简化为

$$V_g(x)=V_g^i\cos k_{xg}\left(x-\frac{t_g}{2}\right) \tag{4.2.22}$$

$$I_g(x)=-jY_g V_g^i\sin k_{xg}\left(x-\frac{t_g}{2}\right) \tag{4.2.23}$$

所以导模层中的场量可表示成

$$E_{yg}(x,z)=-V_g^i e^{-jk_z z}\cos k_{xg}\left(x-\frac{t_g}{2}\right) \tag{4.2.24}$$

$$H_{xg}(x,z)=-jV_g^i Y_g e^{-jk_z z}\sin k_{xg}\left(x-\frac{t_g}{2}\right) \tag{4.2.25}$$

$$H_{zg}(x,z)=-Y_g V_g^i e^{-jk_z z}\cos k_{xg}\left(x-\frac{t_g}{2}\right) \tag{4.2.26}$$

覆盖层在正、负 x 方向均趋于无穷，不存在反射波。对于 $x<0$ 与 $x>t_g$ 的区域，k_{xa} 是纯虚

数，可用 $j\alpha_a$ 表示。所以 $x<0$ 与 $x>t_g$ 的区域的场，例如 E_y 可表示成

$$E_{ya}=\begin{cases}-V_a^i e^{-jk_z z}e^{\alpha_a x} & (x<0)\\ -V_a^i e^{-jk_z z}e^{-\alpha_a(x-t_g)} & (x>t_g)\end{cases} \tag{4.2.27}$$

同样也可写出 H_x 与 H_z。

导模层中入射波幅值 V_g^i 由激励条件确定，介质分界面切向场量连续条件可决定覆盖层的场量表达式中的系数 V_a^i。

同样也可对 TE 模对称面短路的情况做类似的分析。

图 4-7 所示是平板介质光波导横截面内场分布的图解，图(a)、(b)表示对称面开路 TE_0、TE_2 模场分布，而图(c)、(d)则表示对称面短路 TE_1、TE_3 模场分布。由图可见，电磁场主要限制在 t_g 厚度的导模层内。导模层表面虽然还有部分电磁能量，但并不沿 x 方向传播，随离开表面距离的增加而指数衰减。由于在导模层表面仍可检测到波的存在，故也把这类波叫做表面波。

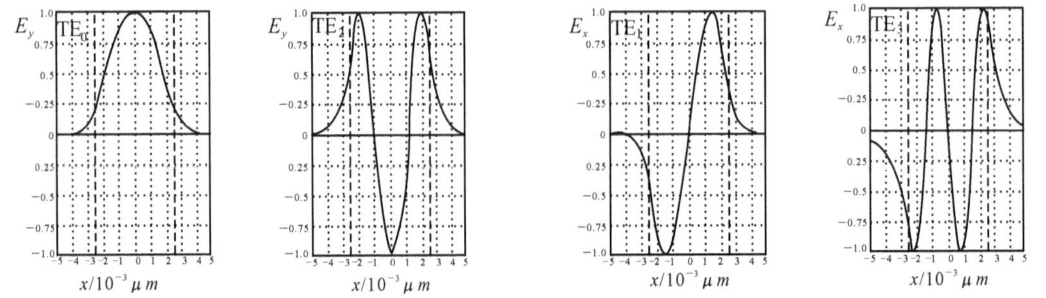

(a)对称面开路 TE_0　　(b)对称面开路 TE_2　　(c)对称面短路 TE_1 模　　(d)对称面短路 TE_3 模

图 4-7　单层平板介质波导中的电场分布

4.3　矩形波导

对矩形波导的分析，从矩形波导中波传播的部分波解释开始，然后基于波传播的传输线模型得出矩形波导的解，并在此基础上进一步分析矩形波导中波传播的特性，如色散关系、特征阻抗等。

4.3.1　矩形波导中波传播的部分波解释

平行双导线能导引电磁波，读者都有这方面的感性认识，第 2 章传输线理论更加深了对这一问题的理解。图 4-1(a)所示的矩形金属波导也能导引电磁波，怎么理解呢？一种理解是把矩形波导管看成由平行双导线并联上无限多 $\lambda/4$ 短路线而构成，如图 4-8 所示。因为 $\lambda/4$ 短路线的输入阻抗为无穷大，平行双导线上并联一个无穷大的阻抗对双导线上波的传播没有影响，无限多 $\lambda/4$ 短路线的并联就形成封闭结构——中空的金属波导。当然中空的金属波导与平行双导线还是有本质差别的。对于中空的金属波导管场只局域于金属波导管内，而平行双导线场在横截面并不局限在某一区域。这种理解只说明矩形波导管与平行双导线一样，可以

传播电磁波，但并没有具体回答矩形波导管中电磁波到底是怎么传播的。

下面用部分波的概念说明矩形波导中波传播的具体过程。根据 3.6.6 中介质与导体界面对平面波反射的分析，当平面波形式的电场

$$\left.\begin{aligned}&\boldsymbol{E}^{\mathrm{i}}=\boldsymbol{y}_0E_y^{\mathrm{i}}\\&E_y^{\mathrm{i}}=E_{y0}\mathrm{e}^{-\mathrm{j}k_xx}\mathrm{e}^{-\mathrm{j}k_yy}\mathrm{e}^{-\mathrm{j}k_zz}\end{aligned}\right\}\tag{4.3.1}$$

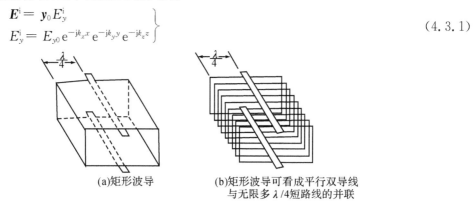

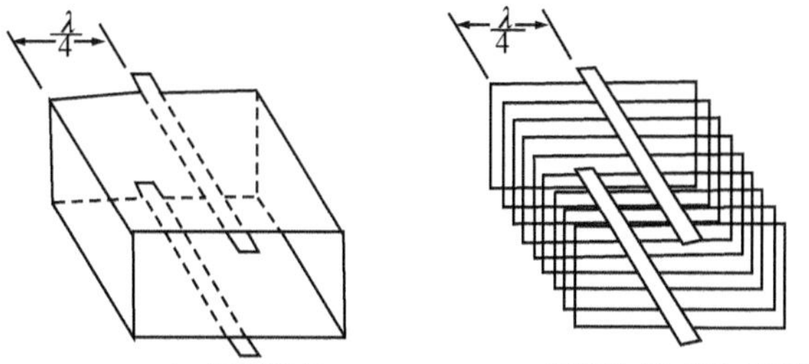

(a)矩形波导　　(b)矩形波导可看成平行双导线与无限多 λ/4短路线的并联

图 4-8　从平行双导线发展到矩形波导

由空气倾斜投射到图 4-9(a)所示的位于 $x=0$ 的完纯导电面，由于 E_y 与导电面相切，反射系数 $\Gamma=-1$，鉴于反射波沿 $-x$ 方向传播，反射波电场为

$$\left.\begin{aligned}&\boldsymbol{E}^{\mathrm{r}}=\boldsymbol{y}_0E_y^{\mathrm{r}}\\&E_y^{\mathrm{r}}=-E_{y0}\mathrm{e}^{\mathrm{j}k_xx}\mathrm{e}^{-\mathrm{j}k_yy}\mathrm{e}^{-\mathrm{j}k_zz}\end{aligned}\right\}\tag{4.3.2}$$

在 $x<0$ 的空气一侧，入射波与反射波合成的电场是

$$\left.\begin{aligned}&\boldsymbol{E}'=\boldsymbol{y}_0E'_y\\&E'_y=E_y^{\mathrm{i}}+E_y^{\mathrm{r}}=E_{y0}(\mathrm{e}^{-\mathrm{j}k_xx}-\mathrm{e}^{\mathrm{j}k_xx})\mathrm{e}^{-\mathrm{j}k_yy}\mathrm{e}^{-\mathrm{j}k_zz}\\&\quad=-2\mathrm{j}E_{y0}(\sin k_xx)\mathrm{e}^{-\mathrm{j}k_yy}\mathrm{e}^{-\mathrm{j}k_zz}\end{aligned}\right\}\tag{4.3.3}$$

可以看到入射波与反射波叠加的结果，在 $x<0$ 区域，有一个 x 方向按 $\sin k_xx$ 分布的波沿 $\boldsymbol{k}_{yz}=k_y\boldsymbol{y}_0+k_z\boldsymbol{z}_0$ 方向传播。注意，虽然入射波、反射波是平面波，但叠加的结果不再是平面波。

如果在 $\sin k_xx=0$，比如 $x=-\pi/k_x$ 处再放置一无限薄完纯导电片，这并不影响 $x=0$ 与 $x=-\pi/k_x$ 间的场分布。因为在 $x=-\pi/k_x$ 这一平面，电场 $E_y=0$，满足导电面上切向电场为零的边界条件。这就是说两导电面间就有一个沿 $\boldsymbol{k}_{yz}=k_y\boldsymbol{y}_0+k_z\boldsymbol{z}_0$ 方向传播的行波，该波在 x 方向却是按 $\sin k_xx$ 分布的驻波。如图 4-9(a)所示，这就是常见的平行平板波导。

如果在图 4-9(a)所示的平行平板波导的基础上，又在 $y=0$ 处放置一完纯导电板，则由式(4.3.3)表示的波投射到该导电板平面，也将被全反射，由于 $\boldsymbol{E}'=\boldsymbol{y}_0E'_y$ 与该导电板垂直，反射系数 $\Gamma=+1$，且反射波沿 $-y$ 方向传播，那么反射波电场为 $-2\mathrm{j}E_{y0}(\sin k_xx)\mathrm{e}^{\mathrm{j}k_yy}\mathrm{e}^{-\mathrm{j}k_zz}$。入射波与反射波叠加后的电场为

$$\begin{aligned}&\boldsymbol{E}''=\boldsymbol{y}_0E''_y\\&E''_y=-2\mathrm{j}E_{y0}(\sin k_xx)\mathrm{e}^{-\mathrm{j}k_yy}\mathrm{e}^{-\mathrm{j}k_zz}-2\mathrm{j}E_{y0}(\sin k_xx)\mathrm{e}^{\mathrm{j}k_yy}\mathrm{e}^{-\mathrm{j}k_zz}\\&\quad=-4\mathrm{j}E_{y0}(\sin k_xx)(\cos k_yy)\mathrm{e}^{-\mathrm{j}k_zz}\end{aligned}\tag{4.3.4}$$

式(4.3.4)表示，在 $x=0$ 与 $x=-\pi/k_x$ 间以及 $y<0$ 区域有一个 x 方向按 $\sin k_xx$ 分布，y 方向按 $\cos k_yy$ 分布的波沿 z 方向传播。如果在 $y=n\pi/k_y$，例如 $y=-\pi/k_y$ 处再放置一无限薄完纯导电片，这就构成了一矩形波导，如图 4-9(b)所示。$y=-\pi/k_y$ 放置的导电板也不影响 $y=0$ 与 $y=-\pi/k_y$ 区域的场分布，因为它满足导电面上电场法向分量在法线方向导数为零的边

界条件。

根据上述对矩形波导波传播的部分波解释，截面为 $a\times b$ 的矩形波导，如果 $a=m\pi/k_x$，$b=n\pi/k_y$（或 $k_x=m\pi/a$，$k_y=n\pi/b$），那么由于波导内壁多次反射的结果，对于电场 E_y 分量而言，波沿矩形波导的传播就表现为在横截面内以 $\sin\dfrac{m\pi}{a}x\cos\dfrac{n\pi}{b}y$ 分布的驻波场沿 z 方向以 $e^{-jk_z z}$ 为特征的行波传播。此时 E_y 的表达式为

$$E_y=-4jE_{y0}\sin\frac{m\pi}{a}x\cos\frac{n\pi}{b}y\,e^{-jk_z z} \tag{4.3.5}$$

式中：m、$n=0,1,2,\cdots$，但 m、n 不能同时取零。

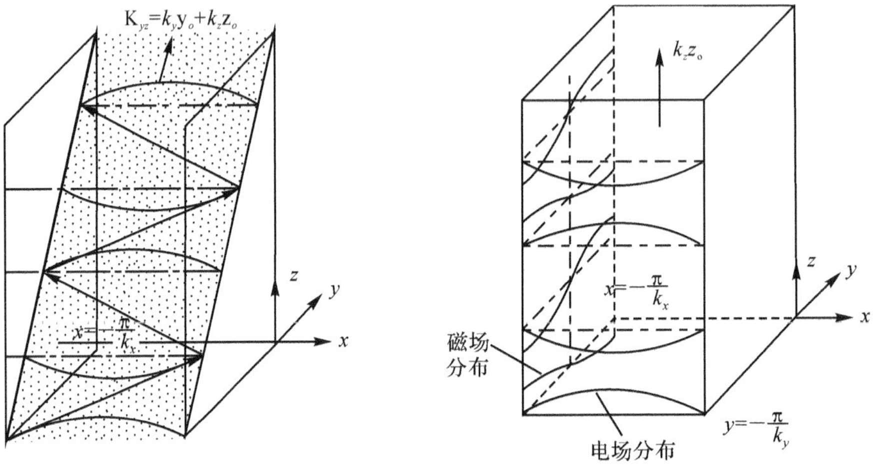

(a)　　(b)

图 4-9　矩形波导中波传播的部分波解释

4.3.2　矩形波导的求解

跟任何矢量场一样，矩形波导中的场可分解为 TE 与 TM 两种模式场的组合。对于 TE 模，电场纵向分量 $E_z=0$，只有横向分量 E_y 与 E_x。如果根据波传播的部分波解释得到矩形波导 E_y 分量满足的表达式(4.3.5)，则利用散度方程

$$\nabla\cdot\boldsymbol{E}=0\quad 或\quad \frac{\partial E_x}{\partial x}+\frac{\partial E_y}{\partial y}=0$$

将式(4.3.5)的 E_y 代入就得到 E_x。并应用旋度方程

$$\nabla\times\boldsymbol{E}=-j\omega\mu\boldsymbol{H}$$

得到磁场 $\boldsymbol{H}$。

对于 TM 模也可进行类似的求解。

读者也许会问，用部分波概念得出矩形波导问题的解是否严格？其实，根据唯一性定理，满足边界条件的解是唯一的。矩形波导部分波解释的基础是满足矩形波导导电壁上的边界条件。

下面利用矩形波导的传输线模型，通过求解模式函数满足的二维矢量波方程(4.1.15)以及耦合的一维传输线方程(4.1.17)得出矩形波导问题的解。

1. 矩形波导的传输线模型

图 4-10(a)所表示的是截面为 $a\times b$ 的矩形波导，其中 a 为矩形波导的宽边长度，b 为窄边长度。图 4-10(b)所示为其 z 方向的传输线模型，因为波导在 z 方向趋于无穷远，就用无限长传输线等效，k_z、Z_z 分别为 z 方向的传播常数与特征阻抗。

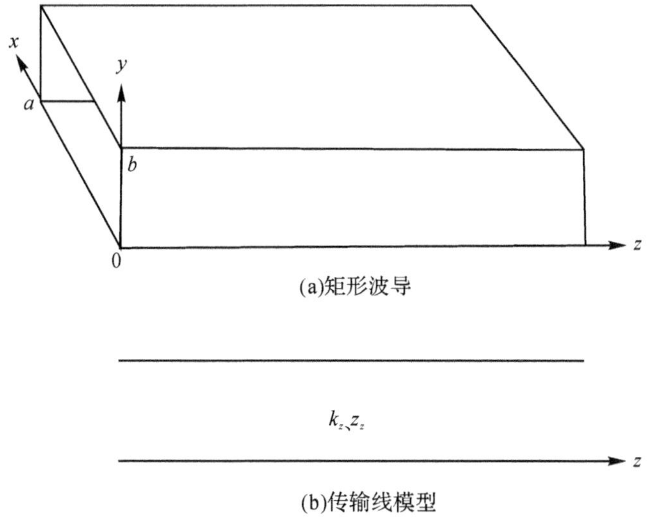

图 4-10　矩形波导及其传输线模型

2. 矩形波导的场分布

按矩形波导的传输线模型，矩形波导横截面场分布由模式函数 $\boldsymbol{e}$、$\boldsymbol{h}$ 表示，而纵方向场分布则由模式函数幅值 $V(z)$、$I(z)$ 表示，它们分别满足方程式(4.1.15)与式(4.1.17)，并重写如下：

$$(\nabla_t^2+k_t^2)\begin{cases}\boldsymbol{e}'(\boldsymbol{\rho})\\ \boldsymbol{h}''(\boldsymbol{\rho})\end{cases}=0 \tag{4.3.6}$$

$$\frac{\mathrm{d}V(z)}{\mathrm{d}z}=-\mathrm{j}k_zZI(z) \tag{4.3.7}$$

$$\frac{\mathrm{d}I(z)}{\mathrm{d}z}=-\mathrm{j}k_zYV(z) \tag{4.3.8}$$

式中：

$$Z=\frac{1}{Y}=\begin{cases}\dfrac{\omega\mu}{k_z} & \mathrm{TE}\\[2mm] \dfrac{k_z}{\omega\varepsilon} & \mathrm{TM}\end{cases} \tag{4.3.9}$$

$$k_z=\sqrt{k^2-k_t^2} \tag{4.3.10}$$

k_t 由矩形波导的横向边界条件确定。

先研究 TE 模。在直角坐标系下，TE 模模式函数 $\boldsymbol{e}'(\boldsymbol{\rho})=\boldsymbol{e}'(x,y)$ 可表示为

$$\boldsymbol{e}'(x,y)=e'_x(x,y)\boldsymbol{x}_0+e'_y(x,y)\boldsymbol{y}_0 \tag{4.3.11}$$

将式(4.3.11)代入式(4.3.6)，得到 e'_x、e'_y 满足的二维标量波方程

$$(\nabla_t^2+k_t^2)e'_x(x,y)=0 \tag{4.3.12}$$

$$(\nabla_t^2+k_t^2)e'_y(x,y)=0 \tag{4.3.13}$$

方程(4.3.12)可用分离变量法求解,先令

$$e'_x(x,y)=\varphi_x(x)\varphi_y(y) \tag{4.3.14}$$

然后将式(4.3.14)代入式(4.3.12)得到

$$\left(\frac{d^2}{dx^2}+k_x^2\right)\varphi_x(x)=0 \tag{4.3.15}$$

$$\left(\frac{d^2}{dy^2}+k_y^2\right)\varphi_y(y)=0 \tag{4.3.16}$$

$$k_x^2+k_y^2=k_t^2 \tag{4.3.17}$$

解方程式(4.3.15)与式(4.3.16),$\varphi_x(x)$、$\varphi_y(y)$的一般解为

$$\varphi_x(x)=A_1\sin(k_x x+\varphi_1)$$

$$\varphi_y(y)=A_2\sin(k_y y+\varphi_2)$$

将上面两式代入式(4.3.14),得到

$$e'_x(x,y)=A\sin(k_x x+\varphi_1)\sin(k_y y+\varphi_2) \tag{4.3.18}$$

根据式(3.4.27)可知,e'_x、e'_y 又满足关系

$$\nabla_t\cdot\boldsymbol{e}'=\frac{\partial}{\partial x}e'_x+\frac{\partial}{\partial y}e'_y=0$$

将式(4.3.18)代入上式,得到

$$e'_y(x,y)=A\frac{k_x}{k_y}\cos(k_x x+\varphi_1)\cos(k_y y+\varphi_2) \tag{4.3.19}$$

待定常数 φ_1、φ_2 根据边界条件确定。如果假定构成波导壁的金属为完纯导体,其表面切向电场为零,由此得到 e'_x、e'_y 满足的边界条件为[见图 4-10(a)]

$$\begin{aligned}&e'_x(x,y)=0\quad 当\ y=0,b\\&e'_y(x,y)=0\quad 当\ x=0,a\end{aligned} \tag{4.3.20}$$

由 $e'_x(x,y=0)=0$,$e'_y(x=0,y)=0$ 可确定

$$\varphi_1=\frac{\pi}{2}$$

$$\varphi_2=0$$

而由 $e'_x(x,y=b)=0$,$e'_y(x=a,y)=0$ 的边界条件可确定

$$k_x=\frac{m\pi}{a}\quad m=0,\ 1,\ 2,\ \cdots \tag{4.3.21}$$

$$k_y=\frac{n\pi}{b}\quad n=0,\ 1,\ 2,\ \cdots \tag{4.3.22}$$

根据边界条件确定的上述 φ_1、φ_2 以及 k_x 与 k_y 值代入式(4.3.18)、式(4.3.19),并同时乘 $\frac{n\pi}{b}$,就得到模式函数 e'_x、e'_y 为

$$e'_x(x,y)=A_{mn}\frac{n\pi}{b}\cos\frac{m\pi}{a}x\sin\frac{n\pi}{b}y \tag{4.3.23}$$

$$e'_y(x,y)=-A_{mn}\frac{m\pi}{a}\sin\frac{m\pi}{a}x\cos\frac{n\pi}{b}y \tag{4.3.24}$$

由式(4.1.16)又得到

$$h'_x(x,y)=-e'_y=A_{mn}\frac{m\pi}{a}\sin\frac{m\pi}{a}x\cos\frac{n\pi}{b}y \tag{4.3.25}$$

$$h'_y(x,y)=e'_x=A_{mn}\frac{n\pi}{b}\cos\frac{m\pi}{a}x\sin\frac{n\pi}{b}y \tag{4.3.26}$$

注意，式(4.3.23)至式(4.3.26)中，m、n 不能同时为零，否则所有场量均为零。

式(4.3.23)至式(4.3.26)表明，不同的一组数(m, n)表示模式函数满足矩形波导横向边界条件的一组解，矩形波导横截面内一种可能存在的场分布，称为场分布的一种模式，并用 m、n 标记。

对于 TE 模，第(m, n)模式函数幅值 $V_{mn}(z)$、$I_{mn}(z)$ 可通过解传输线方程(4.3.7)与(4.3.8)得到。已假定波导纵向趋于无穷远，没有反射波，只有入射波，故其解为

$$V_{mn}(z)=\mathrm{e}^{-\mathrm{j}k_{zmn}z} \tag{4.3.27}$$

$$I_{mn}(z)=Y_{mn}\mathrm{e}^{-\mathrm{j}k_{zmn}z} \tag{4.3.28}$$

式中：$Y_{mn}=\dfrac{1}{Z_{mn}}=\dfrac{k_{zmn}}{\omega\mu}$。

为了得到 k_z，先将式(4.3.21)与式(4.3.22)中的 k_x 与 k_y 代入式(4.3.17)得到 k_t，再将此 k_t 代入式(4.3.10)，就得到

$$k_z=\sqrt{k^2-k_t^2}=\sqrt{\omega^2\mu\varepsilon-\left(\frac{m\pi}{a}\right)^2-\left(\frac{n\pi}{b}\right)^2} \tag{4.3.29}$$

这就是矩形波导的色散关系。

如表 4-1 所示，TE 模横向场量 $\boldsymbol{E}'_t$、$\boldsymbol{H}'_t$ 为模式函数与其幅值电压、电流的乘积。而纵向场量 H'_z 又可用横向场量表示，将以前省略的时间因子 $\mathrm{e}^{\mathrm{j}\omega t}$ 写进去，于是得到 TE 模的场量表达式。前面已经指出，不同的 m、n 表示 TE 模的一组解，称为 TE 模的一种模式，记为 TE_{mn}。由线性微分方程理论可知，E'_{xmn}、E'_{ymn}、H'_{xmn}、H'_{ymn}、H'_{zmn} 是其解，它们的线性组合也是其解。故实际矩形波导 TE 模的场可表示为

$$E'_x=\sum_{m,n}A_{mn}\frac{n\pi}{b}\cos\frac{m\pi}{a}x\sin\frac{n\pi}{b}y\,\mathrm{e}^{\mathrm{j}(\omega t-k_z z)} \tag{4.3.30}$$

$$E'_y=\sum_{m,n}-A_{mn}\frac{m\pi}{a}\sin\frac{m\pi}{a}x\cos\frac{n\pi}{b}y\,\mathrm{e}^{\mathrm{j}(\omega t-k_z z)} \tag{4.3.31}$$

$$E'_z=0 \tag{4.3.32}$$

$$H'_x=\sum_{m,n}A_{mn}\frac{k_z}{\omega\mu}\frac{m\pi}{a}\sin\frac{m\pi}{a}x\cos\frac{n\pi}{b}y\,\mathrm{e}^{\mathrm{j}(\omega t-k_z z)} \tag{4.3.33}$$

$$H'_y=\sum_{m,n}A_{mn}\frac{k_z}{\omega\mu}\frac{n\pi}{b}\cos\frac{m\pi}{a}x\sin\frac{n\pi}{b}y\,\mathrm{e}^{\mathrm{j}(\omega t-k_z z)} \tag{4.3.34}$$

$$H'_z=\sum_{m,n}-\mathrm{j}A_{mn}\frac{\pi^2}{\omega\mu}\left[\frac{n^2}{b^2}+\frac{m^2}{a^2}\right]\cos\frac{m\pi}{a}x\cos\frac{n\pi}{b}y\,\mathrm{e}^{\mathrm{j}(\omega t-k_z z)} \tag{4.3.35}$$

对于 TM 模，也可进行类似的分析，有关导出过程留给读者作为练习，其场量表达式如下：

$$E''_x=\sum_{m,n}\left[-B_{mn}\frac{k_z}{\omega\varepsilon}\frac{m\pi}{a}\cos\frac{m\pi}{a}x\sin\frac{n\pi}{b}y\,\mathrm{e}^{\mathrm{j}(\omega t-k_z z)}\right] \tag{4.3.36}$$

$$E''_y=\sum_{m,n}\left[-B_{mn}\frac{k_z}{\omega\varepsilon}\frac{n\pi}{b}\sin\frac{m\pi}{a}x\cos\frac{n\pi}{b}y\,\mathrm{e}^{\mathrm{j}(\omega t-k_z z)}\right] \tag{4.3.37}$$

$$E''_z=\sum_{m,n}B_{mn}\frac{\pi^2}{\mathrm{j}\omega\varepsilon}\left(\frac{n^2}{b^2}+\frac{m^2}{a^2}\right)\sin\frac{m\pi}{a}x\sin\frac{n\pi}{b}y\,\mathrm{e}^{\mathrm{j}(\omega t-k_z z)} \tag{4.3.38}$$

$$H''_x=\sum_{m,n}B_{mn}\frac{n\pi}{b}\sin\frac{m\pi}{a}x\cos\frac{n\pi}{b}y\,\mathrm{e}^{\mathrm{j}(\omega t-k_z z)} \tag{4.3.39}$$

$$H_y'' = \sum_{m,n}\left[-B_{mn}\frac{m\pi}{a}\cos\frac{m\pi}{a}x\sin\frac{n\pi}{b}y\,e^{j(\omega t-k_z z)}\right] \tag{4.3.40}$$

$$H_z'' = 0 \tag{4.3.41}$$

注意，对于 TE_{mn} 模，下标 m、n 中有一个可以为零，而对于 TM_{mn} 模，下标 m、n 都不能为零，否则所有场量均为零，这就是两者的不同之处

由式(4.3.30)和式(4.3.41)可见，矩形波导内场分布有如下规律可循：

(1)不管是 TE 模还是 TM 模，E_y 与 H_x、E_x 与 H_y 空间分布规律是一样的，但 E_y 与 H_x 相差一负号，因为 $\boldsymbol{y}_0E_y$ 与 $\boldsymbol{x}_0H_x$ 的叉积表示的功率流在 $-z$ 方向，而实际功率流在 $+z$ 方向。E_y 与 H_x 差一负号可保证纵向功率流在 $+z$ 方向。

(2)$\dfrac{E_y}{H_x}$ 与 $\dfrac{E_x}{H_y}$ 都为特征阻抗 Z。对于 TE 模 $Z=\dfrac{\omega\mu}{k_z}$，对于 TM 模 $Z=\dfrac{k_z}{\omega\varepsilon}$。

(3)E_x 与 E_y 在横截面内分布，如果 E_x 取正弦分布，E_y 一定取余弦分布。反之，如果 E_x 取余弦分布，E_y 则取正弦分布。H_x 与 H_y 在横截面内分布也有这种关系。

掌握这些规律，对于我们理解与记忆矩形波导中场分量表达式很有帮助。

区分场量在横截面分布特征的主要是三角函数宗量中的正整数 m、n。不同的一组数 (m,n) 就表示不同结构的场。所以矩形波导中可以存在的电磁模式有 TE_{01}，TE_{02}，…，TE_{10}，TE_{20}，…，TE_{11}，TE_{12}，TE_{22}，TE_{23}，…；TM_{11}，TM_{12}，TM_{21}，TM_{22}，…。这无穷多个模式中的任何一个都满足矩形波导的边界条件，它们都可以独立存在。实际波导中究竟存在多少模式电磁场，对于纵向均匀的波导，取决于工作频率在各模式截止频率以上还是以下(截止频率概念将在后面讨论)以及波导的激励方式。如果波导纵向有不均匀性，就会激励起无穷多个模式，使得众多个模式场的叠加满足不均匀处的边界条件。

矩形波导中场分布最简单的是 $m=1$、$n=0$ 的 TE_{10} 模，也是矩形波导常用的工作模。将 $m=1$、$n=0$ 代入 TE 模场量表达式(4.3.30)至式(4.3.35)即可得到 TE_{10} 模场量表达式，它只有三个场分量，即 E_y、H_x 和 H_z：

$$E_y = -A_{10}\frac{\pi}{a}\sin\frac{\pi}{a}x\,e^{j(\omega t-k_z z)} \tag{4.3.42}$$

$$H_x = A_{10}\frac{k_z}{\omega\mu}\frac{\pi}{a}\sin\frac{\pi}{a}x\,e^{j(\omega t-k_z z)} \tag{4.3.43}$$

$$H_z = -jA_{10}\frac{1}{\omega\mu}\frac{\pi^2}{a^2}\cos\frac{\pi}{a}x\,e^{j(\omega t-k_z z)} \tag{4.3.44}$$

$$E_x = E_z = H_y = 0 \tag{4.3.45}$$

且场在 y 方向没有变化。TE_{10} 模场结构如图 4-11 所示。因为场沿 y 方向没有变化，所以图 4-11 只给出了 $y=\dfrac{b}{2}$ 平面上的场分布。图(a)为电场分布。TE_{10} 模电场只有 E_y 分量，它沿 x 方向是正弦变化，在宽边有半个驻波分布，在 $x=0$ 和 a 处为零，在 $x=\dfrac{a}{2}$ 处最大。图(b)为磁场分布。TE_{10} 模的磁场有 H_x 和 H_z 两个分量。H_x 沿宽边呈正弦分布，有半个驻波分布，即在 $x=0$ 和 a 处为零，在 $x=a/2$ 处最大；H_z 沿宽边呈余弦分布，在 $x=0$ 和 a 处最大，在 $x=\dfrac{a}{2}$ 处为零。H_x 与 H_z 沿 z 方向一个按正弦变化，另一个则按余弦变化。H_x 与 H_z 在 x-z 平面内合成闭合曲线，类似椭圆形状。

【例 4.1】 工作于 TE_{10} 模的矩形波导中磁场分布如图 4-12 所示，当波沿正 z 方向传播

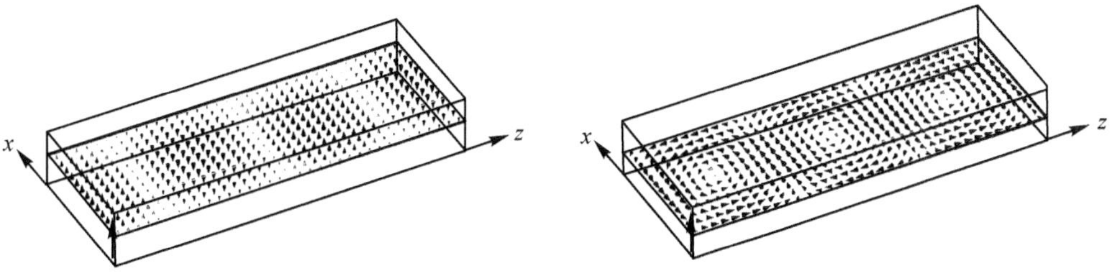

(a)电场分布　　(b)磁场分布

图 4-11　矩形波导 TE_{10} 模场分布

时，在 AA' 位置由 A 向 A' 看与在 BB' 位置由 B 向 B' 看，磁场末端点运动轨迹有何不同。试具体说明。

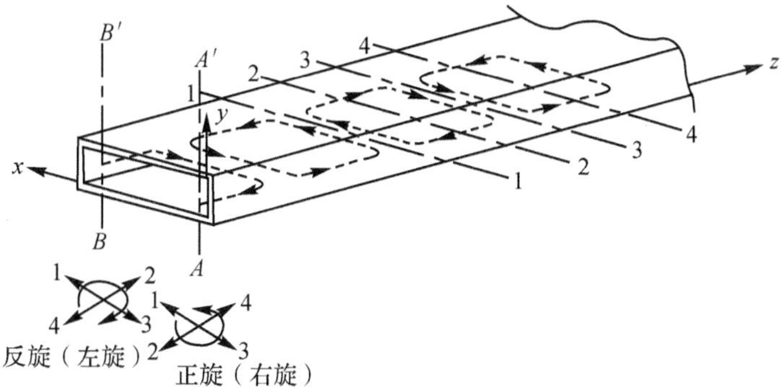

图 4-12　矩形波导中 TE_{10} 模的圆极化现象

解　当波沿 $-z$ 方向传播时，设 $t=0$ 时刻，1-1 面到达观测位置 AA'，磁场方向指向图中箭头 1 指示的方向。$t=T/4$ 时刻，2-2 面到达观测位置 AA'，磁场方向指向变为图中箭头 2 指示的方向。同样的分析，当 $t=\frac{T}{2}$、$t=\frac{3T}{4}$，3-3 面、4-4 面依次到达观测位置 AA'，磁场指向分别就是图中箭头 3、箭头 4 所指的方向。如果右手大拇指由 A 指向 A'，箭头 1 按右手四指方向经过箭头 2、3 位置转到箭头 4，故是右旋波。同理在 BB' 位置，观测到磁场旋转方向与 AA' 位置观测到的刚好相反，故是左旋波。

对于沿 $+z$ 方向传播的波，AA' 与 BB' 位置观察到磁场的旋转方向与 $-z$ 方向传播时观察到的旋转方向刚好相反。即 AA' 位置观察到的是左旋波，BB' 位置观察到的是右旋波。

在本小节分析的基础上，接下去主要讨论矩形波导色散、等效阻抗、管壁电流等特性。

4.3.3　色散特性

矩形波导纵向传播常数 k_z 与角频率 ω 关系（$k_z \sim \omega$），反映矩形波导色散特性。因此矩形波导的色散特性可以从分析式(4.3.29)得到。

1. 截止频率 f_c 与截止波长 λ_c

矩形波导沿纵向的传播由因子 $e^{-jk_z z}$ 表示。k_z 可以是复数，$k_z=k_{zr}-jk_{zi}$。其实部 k_{zr} 表示波的传播；$k_{zi}>0$ 时，虚部 k_{zi} 表示波沿传播方向衰减。如果 k_z 为纯虚数，即 $k_{zr}=0$，只有虚部 k_{zi}，就没有波的传播了。为表述方便，将式(4.3.29)重写如下：

$$k_z=\sqrt{\omega^2\mu\varepsilon-k_t^2}=\sqrt{\omega^2\mu\varepsilon-\left(\frac{m\pi}{a}\right)^2-\left(\frac{n\pi}{b}\right)^2}$$

由此可知，并不是所有频率的电磁波都能在矩形波导中传播的，当 $\omega^2\mu\varepsilon<k_t^2$ 时，k_z 为虚数，传播因子 $e^{-jk_z z}$ 成了衰减因子，说明波不能传播。只有当 $\omega^2\mu\varepsilon>k_t^2$ 时，k_z 为实数，波才可以传播。$k_z=0$ 或 $\omega^2\mu\varepsilon=k_t^2$ 是波导中波能否传播的临界状态。这时沿 z 方向没有波的传播，只是在横截面内振荡，沿 z 方向波的振幅和相位均不变。

由 $k_z=0$ 或 $k_t^2=\omega^2\mu\varepsilon$ 决定的频率称为截止频率（或临界频率），用 f_c 表示；相应的波长称为截止波长（或临界波长），用 λ_c 表示。所以

$$k_t^2=\omega_c^2\mu\varepsilon$$

将矩形波导 $k_t=\sqrt{k_x^2+k_y^2}=\sqrt{\left(\frac{m\pi}{a}\right)^2+\left(\frac{n\pi}{b}\right)^2}$ 代入就得到截止频率 f_c 为

$$f_c=\frac{k_t}{2\pi\sqrt{\mu\varepsilon}}=\frac{k_t}{2\pi}v=\frac{\sqrt{\left(\frac{m\pi}{a}\right)^2+\left(\frac{n\pi}{b}\right)^2}}{2\pi}v \tag{4.3.46}$$

式中：$v=\frac{1}{\sqrt{\mu\varepsilon}}$ 为介质中的光速，相应的截止波长则为

$$\lambda_c=\frac{v}{f_c}=\frac{2\pi}{k_t}=\frac{2}{\sqrt{\left(\frac{m}{a}\right)^2+\left(\frac{n}{b}\right)^2}} \tag{4.3.47}$$

截止波长或截止频率是波导最重要的特性之一。只有 $\lambda<\lambda_c$（或 $f>f_c$）的波才能在波导中传播。所以矩形波导具有“高通滤波器”性质。

对于 $a=2b$ 的矩形波导，可以得到如图 4-13 所示截止波长分布图。由图可见，当 $a<\lambda<2a$ 时，波导中只能传播 TE_{10} 模，可以做到单模工作。

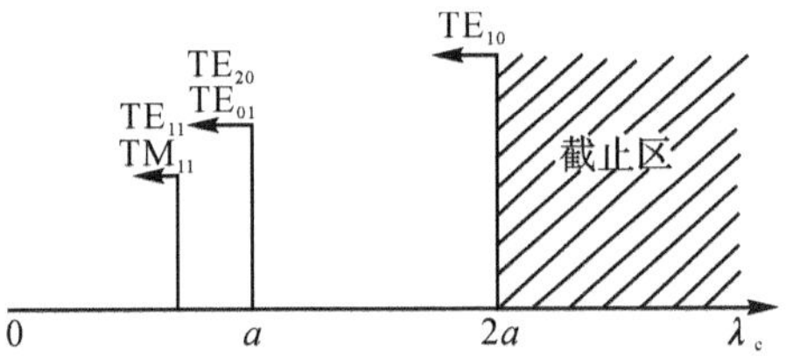

图 4-13　$a=2b$ 矩形波导的截止波长分布图

波导中不同模具有相同的截止波长（或截止频率）的现象，称为波导模式的“简并”，在矩形波导中，除 TE_{m0} 模和 TE_{0n} 模以外的模都有“简并”，因为所有 TE_{mn} 模和 TM_{mn} 模（m、$n\neq0$）都有相同的截止波长，它们都是“简并”的。

波导中截止波长最长（或截止频率最低）的模称为波导的最低型模（或称主模、基模），其他的模称为高次模。矩形波导中的主模是 TE_{10} 模（如果 $a>b$），其截止波长最长，等于 $2a$。当工作波长介于 a 与 $2a$ 之间，除 TE_{10} 模外，其他模都被截止，所以矩形波导能单模工作，这就是矩形波导选择 TE_{10} 模作为工作模的重要原因。

【例 4.2】 工作于 X 波段的矩形波导宽边 $a=23\text{mm}$，窄边 $b=10\text{mm}$，求该波导单模工作的波长范围或频率范围。

解 根据截止波长决定波导单模工作的条件，对于宽边 $a=23\text{mm}$，窄边 $b=10\text{mm}$ 的矩形波导，TE_{10}、TE_{01}、TE_{20} 模的截止波长分别为

$$\lambda_{cTE_{10}}=2a=46\text{mm},\quad \lambda_{cTE_{01}}=2b=20\text{mm},\quad \lambda_{cTE_{20}}=a=23\text{mm}$$

所以该矩形波导单模工作的波长范围为 $23\text{mm}<\lambda<46\text{mm}$，如果用频率表示则为 $6.52\text{GHz}<f<13.05\text{GHz}$。

2. 色散特性曲线

高于截止频率时由式(4.3.29)表示的色散关系，可用 $\omega\sim k_z$ 平面上的色散特性曲线表示。色散特性曲线上任一点与原点连线斜率表示该点相速，而切线斜率就表示群速。

对于 TE_{m0} 模的色散特性曲线常表示在 $\left(\frac{\omega}{\omega_{10}}、\frac{k_z}{k_{t10}}\right)$ 平面上，如图 4-14 所示。纵坐标 ω 用 ω_{10} 归一化，ω_{10} 是 TE_{10} 模的截止角频率，横坐标 k_z 用 k_{t10} 归一化，k_{t10} 为 TE_{10} 模的截止波数。图 4-14 所示表明，不管什么模色，越接近截止频率色散越严重。

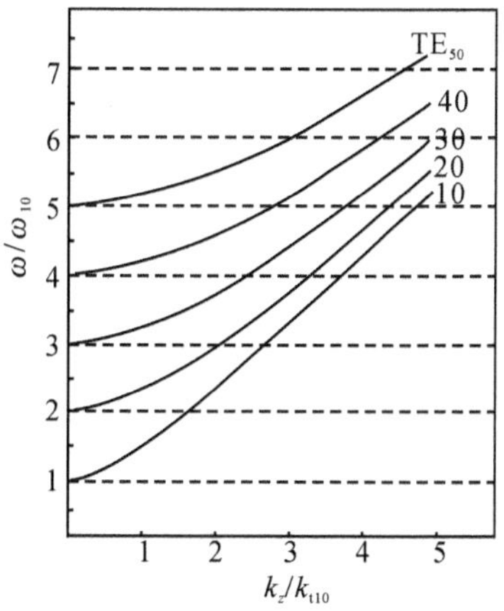

图 4-14　矩形波导色散特性

式(4.3.29)表示的色散关系称为波导色散，而由填充介质所引起的色散称为材料色散，在微波频率，材料色散一般不是主要的。

3. 相速度、群速度与波导波长

相速度 v_p 是指传输模等相位面沿波导轴向移动的速度。v_p 的一般表达式是

$$v_p=\frac{\omega}{k_z}$$

对于矩形波导，由式(4.3.29)可得

$$\frac{k_z^2}{\omega^2}=\mu\varepsilon-\frac{k_t^2}{\omega^2}=\frac{\lambda_c^2-\lambda^2}{\lambda_c^2 v^2}=\frac{1-(\lambda/\lambda_c)^2}{v^2}$$

所以矩形波导相速为

$$v_p=\frac{\omega}{k_z}=\frac{v}{\sqrt{1-\left(\frac{\lambda}{\lambda_c}\right)^2}} \tag{4.3.48}$$

式中：v 和 λ 分别为介质中的光速和波长。由此可见，波导中传输模的相速度大于同一介质中的光速。

矩形波导传输 TE_{10} 模时，$\lambda_c=2a$，所以

$$v_{pTE_{10}}=\frac{v}{\sqrt{1-\left(\frac{\lambda}{2a}\right)^2}} \tag{4.3.49}$$

群速度 v_g 是指由许多频率组成的波群的速度，或者说是波包的速度，其一般公式为

$$v_g=\frac{d\omega}{dk_z}$$

对于矩形波导，同样由式(4.3.29)可得

$$v_g=v\sqrt{1-\left(\frac{\lambda}{\lambda_c}\right)^2} \tag{4.3.50}$$

由此可见，波导中传输模的群速度小于同一介质中的光速。

矩形波导传输 TE_{10} 模的群速度为

$$v_{gTE_{10}}=v\sqrt{1-\left(\frac{\lambda}{2a}\right)^2} \tag{4.3.51}$$

由式(4.3.48)、式(4.3.50)可见,波导中传输模的相速度和群速度乘积等于波导填充介质中光速的平方

$$v_p \cdot v_g = v^2 \tag{4.3.52}$$

波导波长或相波长用 λ_g 表示,定义为某传输模相邻两等相位面之间的轴向距离。它与相速度 v_p 的关系是

$$\lambda_g = \frac{v_p}{f} \tag{4.3.53}$$

式中:f 是信号的振荡频率。将式(4.3.48)代入式(4.3.53),得到

$$\lambda_g = \frac{\lambda}{\sqrt{1-\left(\frac{\lambda}{\lambda_c}\right)^2}} \tag{4.3.54}$$

式(4.3.54)将波导中传输模的波导波长 λ_g、截止波长 λ_c 与介质中的波长 λ 三者联系起来。对于 TE_{10} 模,$\lambda_c = 2a$,其波导波长为

$$\lambda_{gTE_{10}} = \frac{\lambda}{\sqrt{1-\left(\frac{\lambda}{2a}\right)^2}} \tag{4.3.55}$$

由式(4.3.55)及 $v_p = \frac{\omega}{k_z}$ 可得到波导波长与传输模的纵向传播常数 k_z 的关系为

$$\lambda_g = \frac{2\pi}{k_z} \tag{4.3.56}$$

【例 4.3】 工作于 X 波段的矩形波导宽边 $a = 23$mm,窄边 $b = 10$mm,求工作波长 $\lambda = 3.2$cm 时 TE_{10} 模的波导波长 λ_g。

解　对于 $a = 23$mm,$b = 10$mm 的矩形波导,截止波长 $\lambda_{cTE_{10}} = 2a = 46$mm,当 TE_{10} 模的工作波长 $\lambda = 3.2$cm 时,$\lambda_{gTE_{10}} = 32/\sqrt{1-\left(\frac{32}{46}\right)^2} = 44.54$(mm),比自由空间波长来得大。

4.3.4　特征阻抗与等效阻抗

根据波导的等效传输线模型对特征阻抗的解释,特征阻抗反映了入射波场横向电场与横向磁场间关系。当两波导连接时,特征阻抗是度量两波导是否匹配的一个很好的物理量。记 Z_{TE}、Z_{TM} 分别为 TE、TM 模特征阻抗,则根据特征阻抗定义有

$$Z_{TE} = \frac{\omega\mu}{k_z}$$

$$Z_{TM} = \frac{k_z}{\omega\varepsilon}$$

利用式(4.3.56)并注意到 $\omega\mu = \frac{2\pi}{\lambda}\sqrt{\frac{\mu}{\varepsilon}}$,可得

$$Z_{TE} = \sqrt{\frac{\mu}{\varepsilon}}\frac{\lambda_g}{\lambda} = \eta\frac{\lambda_g}{\lambda} \tag{4.3.57}$$

$$Z_{TM} = \sqrt{\frac{\mu}{\varepsilon}}\frac{\lambda}{\lambda_g} = \eta\frac{\lambda}{\lambda_g} \tag{4.3.58}$$

式中：$\eta=\sqrt{\frac{\mu}{\varepsilon}}$是介质中的特征波阻抗；$\lambda$ 是介质中的波长。如果波导中的介质是空气，则 $\eta=\eta_0=\sqrt{\frac{\mu_0}{\varepsilon_0}}\doteq 377\Omega$，$\lambda=\lambda_0$，$\lambda_0$ 近似为自由空间波长。

因此对于空气填充的矩形波导（对于 TE_{10} 模），将式(4.3.55)代入式(4.3.57)就得到

$$Z_{TE_{10}}=\frac{\eta_0}{\sqrt{1-\left(\frac{\lambda}{2a}\right)^2}} \tag{4.3.59}$$

由式(4.3.59)可见，TE_{10} 模的特征阻抗与波导窄边尺寸 b 无关。这就是说，宽边尺寸 a 相同而窄边尺寸 b 不同的两个工作于 TE_{10} 模的矩形波导特征阻抗相等。实际测量表明，这两个波导连接时，在连接处必将产生波的反射，并不匹配。所以按式(4.3.59)定义的特征阻抗用来研究不同截面波导连接问题，对于 TE_{10} 模并不有效。

为此，对于矩形波导 TE_{10} 模引进等效阻抗的概念。业已提出三种定义，其等效阻抗与矩形波导宽边 a、窄边 b 均有关。一种按功率—电压定义，一种按功率—电流定义，还有一种按电压—电流定义，分别为

$$Z_{P\cdot V}=\frac{|V|^2}{2P}$$

$$Z_{P\cdot I}=\frac{2P}{|I|^2}$$

$$Z_{V\cdot I}=\frac{V}{I}$$

式中：P 为矩形波导工作于 TE_{10} 模的纵向功率流；V 定义为波导截面中心从底面到顶面电场的线积分；I 为顶面上总的纵向电流，即

$$V=\int_0^b E_y\,|_{x=\frac{a}{2}}\mathrm{d}y$$

$$I=\int_0^a H_x\mathrm{d}x=\int_0^a J_z\mathrm{d}x$$

将 TE_{10} 模有关场量代入 P、V 和 I 表达式，得到

$$(Z_{eTE_{10}})_{P\cdot V}=\frac{\pi}{2}\frac{b}{a}Z_{TE_{10}} \tag{4.3.60a}$$

$$(Z_{eTE_{10}})_{P\cdot I}=\frac{\pi^2}{8}\frac{b}{a}Z_{TE_{10}} \tag{4.3.60b}$$

$$(Z_{eTE_{10}})_{V\cdot I}=2\frac{b}{a}Z_{TE_{10}} \tag{4.3.60c}$$

三种方法定义的等效阻抗都与 b/a 有关。前面的系数有一些差别，实际计算时无关紧要。因为具体应用时阻抗（或导纳）都要归一化。故矩形波导 TE_{10} 模等效阻抗一般定义为

$$Z_{eTE_{10}}=\frac{b}{a}Z_{TE_{10}} \tag{4.3.61}$$

实践证明，当研究工作于 TE_{10} 模的不同截面矩形波导级连而引起阻抗失配问题时，等效阻抗 $Z_{eTE_{10}}$ 比特征阻抗 $Z_{TE_{10}}$ 有用得多。

【例 4.4】 如图 4-15(a)所示，截面为 $a=23$mm、$b=10$mm 的矩形波导，$z<0$ 区域为空气填充，介电系数近似为 ε_0，$z>0$ 区域为的介质填充，介电系数为 $2\varepsilon_0$。工作频率为 10GHz（或波长 $\lambda=3$cm）的 TE_{10} 模从 $z<0$ 区域输入，求 $z=0$ 处的反射系数。

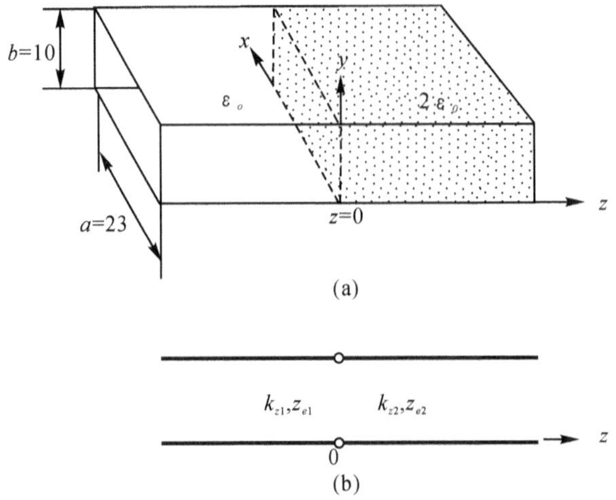

图 4-15　例 4.4 图

解　图 4-15(a)所示的 $z>0$ 区域填充介质的波导可用图 4-15(b)所示的级连传输线等效。$z<0$ 与 $z>0$ 区域传输线传播常数 k_{z1} 与 k_{z2} 分别为

$$k_{z1}=\sqrt{k_0^2-\left(\frac{\pi}{a}\right)^2}=\sqrt{\left(\frac{2\pi}{3}\right)^2-\left(\frac{\pi}{2.3}\right)^2}$$

$$k_{z2}=\sqrt{2k_0^2-\left(\frac{\pi}{a}\right)^2}=\sqrt{2\left(\frac{2\pi}{3}\right)^2-\left(\frac{\pi}{2.3}\right)^2}$$

等效阻抗 Z_{e1} 与 Z_{e2} 分别为

$$Z_{e1}=\frac{b}{a}\frac{\omega\mu}{k_{z1}}$$

$$Z_{e2}=\frac{b}{a}\frac{\omega\mu}{k_{z2}}$$

$Z=0$ 处反射系数 Γ 为

$$\Gamma=\frac{Z_{e2}-Z_{e1}}{Z_{e2}+Z_{e1}}=\frac{k_{z2}-k_{z1}}{k_{z2}+k_{z1}}=\frac{2.628-1.588}{2.628+1.588}=0.247$$

4.3.5　矩形波导管壁的电流

矩形波导管壁电流由管壁附近的磁场决定

$$\boldsymbol{J}_s=\boldsymbol{n}_0\times\boldsymbol{H}_s \tag{4.3.62}$$

式中：$\boldsymbol{n}_0$ 是波导内壁的单位法向矢量；$\boldsymbol{H}_s$ 为管壁附近的切向磁场。

在微波波段，由于趋肤效应，这种管壁电流集中在波导内壁表面层内流动，其趋肤深度的典型数量级是 10^{-4}cm，所以这种管壁电流可以看成是面电流。

将 TE_{10} 模管壁表面的切向磁场分量代入式(4.3.62)即可得到 TE_{10} 模的管壁电流分布，其推导留作练习。具体分布如图 4-16 所示。图中表示的是宽边 $y=0$，窄边 $x=0$ 面上的电流分布。当矩形波导传输 TE_{10} 模时，在左、右侧壁只有 J_y 分量电流，且大小相等，方向相同。在上、

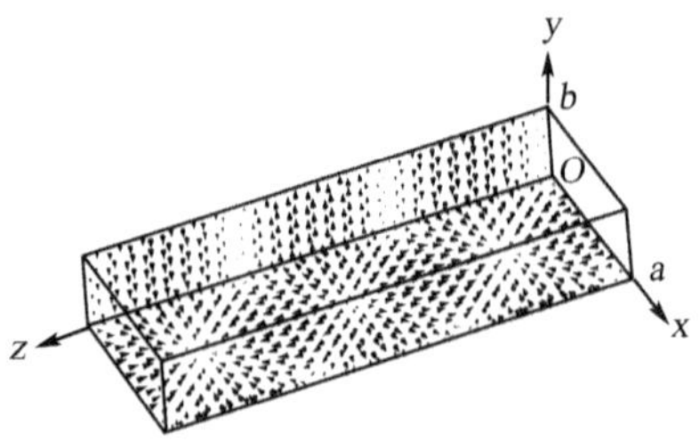

图 4-16　TE_{10} 模的管壁电流结构

下宽壁内电流由 J_x 和 J_z 合成，在同一 x 位置的上、下宽壁内，电流大小相等，方向相反。管壁电流从上、下管壁的一个中心发散出去，又汇聚到上、下管壁的另一个中心。如果上管壁是发散中心，对应于下管壁上的就是汇聚中心。在上、下管壁，发散中心与汇聚中心间隔 $\lambda_g/2$。它们通过波导中位移电流连续。在波导宽边中心只有纵向电流。

对管壁电流分布的了解有助于波导器件的设计。图 4-17所示的波导驻波测量线，用来检测波导中 TE_{10}模的纵向场分布。由于波导宽边中心只有纵向电流，在波导中心开槽不会切断电流，也就不会扰动波导中场分布。所以驻波测量线检测场的探针就从波导中心开的槽缝插入。探针检测到的微波能量经同轴检波器输出。同轴检波器中微波晶体二极管与内导体串接，可调短路器用来调配阻抗以提高检波效率。当探针沿波导纵向移动时，只要探针插入波导的深度很小，对场的扰动可忽略，那么探针检测的波导纵向场分布与实际波导中场分布就十分接近。

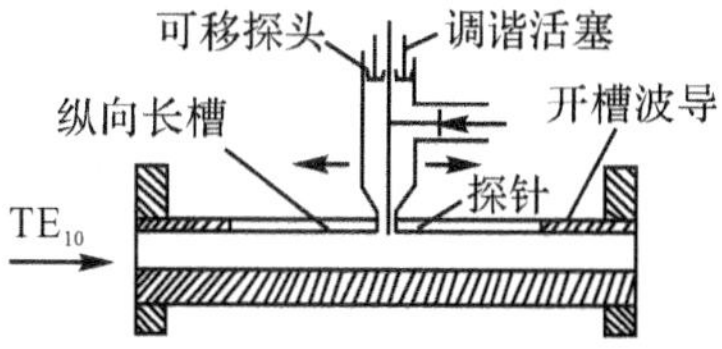

图 4-17　波导驻波测量线

4.3.6　矩形波导的损耗

当波导壁不是完纯导体时，电磁波沿波导传播过程中就会有功率损耗在波导壁上，电磁场的振幅将沿传输方向逐渐衰减。这种波导称为非理想波导。实际金属管波导都是非理想波导。如果波导中填充某种介质，而且又不是完纯介质，则会引起波导体积中的介质损耗，这种损耗也会造成波的衰减。

矩形波导的损耗使得纵向传播常数 k_z 不再是实数而是复数。习惯上 k_z 的实部 k_{zr}用 β 表示，而虚部 k_{zi}用 α 表示，所以

$$k_z=\beta-j\alpha$$

β 为相位常数，表示波的传播。β 与 ω 关系即色散特性。α 为衰减常数，$\alpha>0$ 表示波的衰减。此时沿波导传输的功率将按指数规律衰减，即

$$P_z=P_0 e^{-2\alpha z}$$

式中：P_0 为无耗波导的传输功率。波导单位长度的功率损耗则为

$$P_l=-\frac{\partial P_z}{\partial z}=2\alpha P_z$$

由此得到衰减常数为

$$\alpha=\frac{1}{2}\frac{P_l}{P_z}\quad (\mathrm{N/m}) \tag{4.3.63}$$

式(6.2.63)是一个精确公式。实际计算时，通常取 P_0 代替 P_z，从而得到 α 的近似公式

$$\alpha\approx\frac{1}{2}\frac{P_l}{P_0}\quad (\mathrm{N/m}) \tag{4.3.64}$$

所以波导损耗问题的研究可归结为衰减常数 α 的研究。

矩形波导的损耗来自两个方面，一是因为波导壁为非完纯导体，其特性可用有限电导率 σ 表示。当切向磁场在导电壁感应的电流在导体表面流动时就产生欧姆损耗。二是填充波导的介质并非完纯介质，有介质损耗，其相对介电常数为复数

$$\varepsilon_r=\varepsilon'_r-j\varepsilon''_r$$

ε''_r 表示介质损耗。一般情况下 $\varepsilon''_r\ll\varepsilon'_r$。

对于截面为 $a\times b$ 的矩形波导，TE_{10} 模工作波长为 λ 时，用微扰近似，可得矩形波导衰减常数 α 为

$$\alpha=\alpha_d+\alpha_w \tag{4.3.65}$$

$$\alpha_d=\frac{k_0^2}{\sqrt{k_0^2\varepsilon_r'-\left(\frac{\pi}{a}\right)^2}}\frac{\varepsilon_r''}{2} \tag{4.3.66}$$

$$\alpha_w=\frac{R_s}{\eta_0 b\sqrt{1-\left(\frac{\lambda}{2a}\right)^2}}\left[\varepsilon_r'+\frac{2b}{a}\left(\frac{\lambda}{2a}\right)^2\right] \tag{4.3.67}$$

式中：α_d 表示介质引起的损耗；α_w 表示波导壁引起的损耗。

$$\eta_0=\sqrt{\frac{\mu_0}{\varepsilon_0}},\ R_s=\sqrt{\frac{\omega\mu_0}{2\sigma}},\ k_0=\omega\sqrt{\mu_0\varepsilon_0}$$

由于波导壁表面并非理想的光滑表面，而是一个粗糙的表面，以及其他一些原因，实际矩形波导衰减常数比式(4.3.65)计算得到的要大。

4.3.7 矩形波导的激励与耦合

4.3.2 分析了矩形波导中电磁波可能存在的各种模式，并指出这些模式彼此独立，即某一模式的存在并不以另一模式的存在为前提，因为它们都独立满足矩形波导的边界条件。这就有可能使矩形波导工作于我们要求的模式。那么，如何在波导激发这些我们要求的导行模呢？这就涉及波导的激励。波导的激励就是电磁波从微波源向波导内有限空间辐射并在波导内激发出我们要求的导行模。与激励对偶的是耦合。波导的耦合则是从波导的有限空间内提取或接收某一导行模携带的微波信息。由于辐射和接收是互易的，因此激励与耦合具有相同的场结构，所以我们只介绍波导的激励。严格地用数学方法来分析波导的激励总是比较困难，这里仅定性地对这一问题作一说明。

对矩形波导的激励通常有三种方法：电激励、磁激励和电磁混合激励。

1. 电激励

电激励的典型方式是探针激励。将同轴线内导体延伸一小段，沿电场方向插入矩形波导内，就构成了探针激励，如图 4-18(a)所示。这种激励可看作电偶极子天线向波导内的辐射，故称电激励。电偶极子辐射在第 5 章讨论。在探针附近，由于电场会有 E_z 分量，电磁场分布与 TE_{10} 模有所不同，因而必然有高次模被激发。但当波导尺寸只允许主模传输时，激发起的高次模随着与探针位置的远离将快速衰减，因此不会在波导内传播。探针激励，也可看成同轴线到波导的过渡。为了提高功率耦合效率，同轴线到波导要实现匹配过渡，使探针位置两边波导与同轴线的阻抗匹配。简单而有效的方法之一就是在波导一端接上一个短路活塞，如图 4-18(b)所示。调节探针插入深度 d 和短路活塞位置 l，使同轴线耦合到波导中去的功率达到最大。短路活塞用以提供一个可调电抗以抵消和高次模相对应的探针电抗。

原则上，只要探针激励的电磁场中有一个分量（无论是电场还是磁场）与所激励的工作模式的某一分量相吻合，该模式的场就可以被激励。矩形波导中 TE_{10} 模电场只有 E_y 分量，且波导宽边中间最强。因此，为优先激励起 TE_{10} 模，激励探针应从波导宽边中间插入，因为此时探

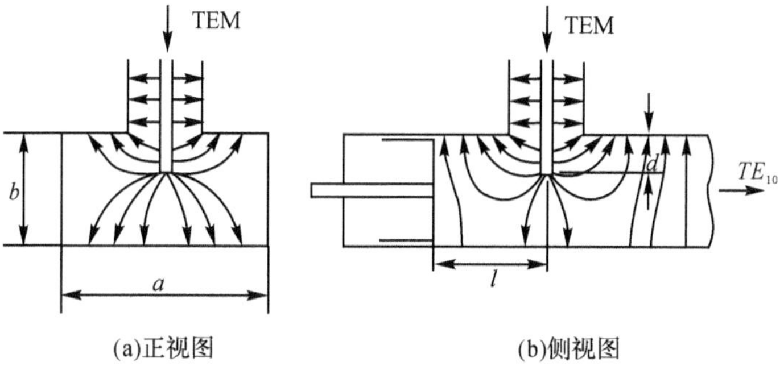

图 4-18　探针激励及其调配

针激励的场与 TE_{10} 模的场结构最吻合。

2. 磁激励

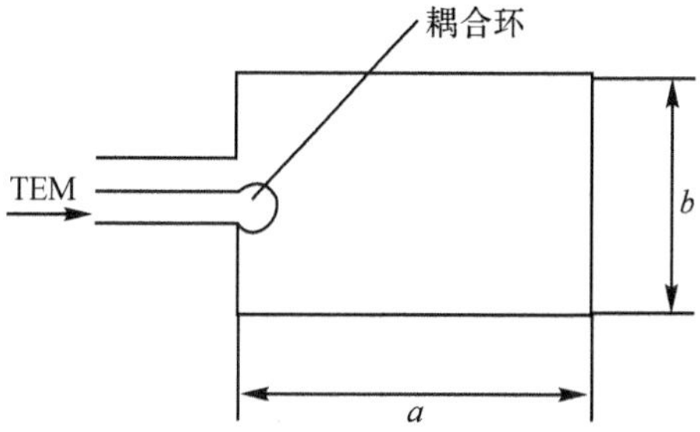

图 4-19　磁激励示意图

磁激励的典型方式是耦合环激励。将同轴线的内导体延伸一小段后弯成环形，将其端部焊在外导体上，然后插入波导中所需激励模式的磁场最强处，并使小环法线平行于磁力线，如图 4-19 所示。由于这种激励类似于磁偶极子天线向波导内的辐射故称为磁激励。磁偶极子天线也在第 5 章讨论。同样，也可连接一短路活塞以提高功率耦合效率。但由于耦合环不容易和波导紧耦合，而且匹配困难，频带较窄，最大耦合功率也比探针激励小，因此在实际中常用探针耦合。

3. 电磁混合激励

电磁混合激励典型的方式是小孔激励。除了上述两种激励之外，波导之间的激励往往采用小孔耦合，即在两个波导的公共壁上开孔或缝，使一部分能量辐射到另一波导中去，以此建立所要的传输模式。

小孔耦合时，如果小孔开在只有法向电场而切向磁场为零的地方，则激励是通过电场进行的，故称之为电激励，如图 4-20(a)所示。如果小孔开在只有切向磁场而电场为零的地方则称为磁激励，如图 4-20(b)所示。实际遇到的常常是孔开在既有法向电场又有切向磁场的地方，即属电、磁混合激励。电磁混合激励也叫做电流激励。

小孔耦合最典型的应用是波导定向耦合器，见图 4-70。

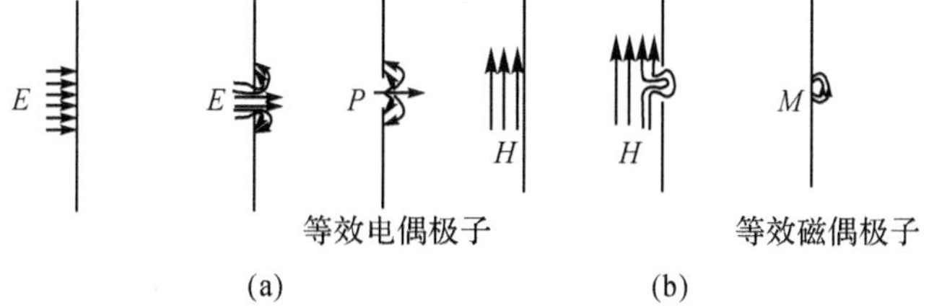

图 4-20　导电壁上耦合孔附近的场分布

4.4　圆波导

图 4-21 所示的半径为 a 的圆波导是又一类柱形金属波导，具有损耗较小与双极化特性，常用在天线馈线中。适当长度两端短路的圆波导还可用作微波谐振器。

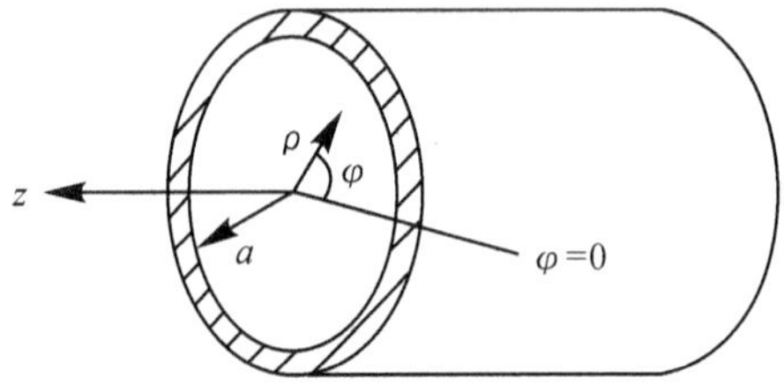

图 4-21　圆波导及其坐标系

对圆波导分析要在圆柱坐标系(ρ,φ,z)下进行，因为在圆柱坐标系下，坐标 ρ 为常数的柱面与圆波导的边界面重合，便于用边界条件求解。

本节对圆波导的求解，从波方程(4.1.8b)出发，并将方程(4.1.8b)重写如下

$$(\nabla_t^2+k_t^2)\begin{cases}\boldsymbol{E}(\rho,\varphi)\\ \boldsymbol{H}(\rho,\varphi)\end{cases}=0 \tag{4.4.1}$$

式中：$k_t^2=\omega^2\mu\varepsilon-k_z^2=k^2-k_z^2$。　　(4.4.2)

矢量波方程(4.4.1)$\boldsymbol{E}$、$\boldsymbol{H}$ 各有三个分量，可分解为三个标量波方程，其中场的纵向分量 E_z、H_z 满足的标量波方程最简单，为

$$(\nabla_t^2+k_t^2)\begin{cases}E_z(\rho,\varphi)\\ H_z(\rho,\varphi)\end{cases}=0 \tag{4.4.3}$$

将圆柱坐标系下横向拉普拉斯算符∇_t^2表达式(4.1.9b)代入式(4.4.3)，得到

$$\frac{1}{\rho}\frac{\partial}{\partial\rho}\left(\rho\frac{\partial H_z}{\partial\rho}\right)+\frac{1}{\rho^2}\frac{\partial^2 H_z}{\partial\varphi^2}+k_t^2H_z=0 \tag{4.4.4}$$

$$\frac{1}{\rho}\frac{\partial}{\partial\rho}\left(\rho\frac{\partial E_z}{\partial\rho}\right)+\frac{1}{\rho^2}\frac{\partial^2 E_z}{\partial\varphi^2}+k_t^2E_z=0 \tag{4.4.5}$$

根据麦克斯韦方程，横向场量可用纵向场量 E_z、H_z 表示

$$E_\rho=-\frac{1}{k_t^2}\left[\mathrm{j}k_z\frac{\partial E_z}{\partial\rho}+\frac{\mathrm{j}\omega\mu}{\rho}\frac{\partial H_z}{\partial\varphi}\right] \tag{4.4.6}$$

$$E_\varphi=-\frac{1}{k_t^2}\left[\frac{\mathrm{j}k_z}{\rho}\frac{\partial E_z}{\partial\varphi}-\mathrm{j}\omega\mu\frac{\partial H_z}{\partial\rho}\right] \tag{4.4.7}$$

$$H_\rho=-\frac{1}{k_t^2}\left[\mathrm{j}k_z\frac{\partial H_z}{\partial\rho}-\frac{\mathrm{j}\omega\varepsilon}{\rho}\frac{\partial E_z}{\partial\varphi}\right] \tag{4.4.8}$$

$$H_\varphi=-\frac{1}{k_t^2}\left[\frac{\mathrm{j}k_z}{\rho}\frac{\partial H_z}{\partial\varphi}+\mathrm{j}\omega\varepsilon\frac{\partial E_z}{\partial\rho}\right] \tag{4.4.9}$$

得出上面 4 式时，我们假定$\frac{\partial^2}{\partial z^2}=-k_z^2$，因为波导在纵向 z 趋于无穷远时，场在 z 方向按 $\mathrm{e}^{-\mathrm{j}k_z z}$ 变化。因此，对于圆波导问题，关键是求场的纵向分量 E_z、H_z。

1. TE 模

对于 TE 模，$E_z=0$，纵向场只有 H_z。在圆柱坐标系下应用分离变量法求解式(4.4.4)，令

$$H_z(\rho,\varphi)=\rho(\rho)\Phi(\varphi) \tag{4.4.10}$$

代入式(4.4.4)，得到方程

$$\frac{\rho^2}{\rho(\rho)}\frac{\partial^2\rho(\rho)}{\partial\rho^2}+\frac{\rho}{\rho(\rho)}\frac{\partial\rho(\rho)}{\partial\rho}+k_t^2\rho^2=-\frac{1}{\Phi}\frac{\partial^2\Phi}{\partial\varphi^2}$$

要此式成立，则等式两边须等于一个共同的常数。令此常数为 m^2，则得到如下两个常微分方程：

$$\frac{\mathrm{d}^2\Phi}{\mathrm{d}\varphi^2}+m^2\Phi=0 \tag{4.4.11}$$

$$\rho^2\frac{\mathrm{d}^2\rho(\rho)}{\mathrm{d}\rho^2}+\rho\frac{\mathrm{d}\rho(\rho)}{\mathrm{d}\rho}+(k_t^2\rho^2-m^2)\rho(\rho)=0 \tag{4.4.12}$$

式(4.4.11)是普通的常微分方程。考虑到圆波导存在着轴对称性，Φ 的解不写成 $\Phi=\cos(m\varphi-\psi)$ 的形式，因为起始角 ψ 无法决定。当 $\psi=0$ 时，$\cos(m\varphi-\psi)\to\cos m\varphi$；当 $\psi=-\frac{\pi}{2}$ 时，$\cos(m\varphi-\psi)\to\sin m\varphi$，而当 ψ 为其他任意角时，$\cos(m\varphi-\psi)$ 可分解成包含 $\cos m\varphi$ 和 $\sin m\varphi$ 的两部分。所以方程(4.4.11)解取下面的形式

$$\Phi(\varphi)=A_1\cos m\varphi+A_2\sin m\varphi=A\left|\begin{matrix}\cos m\varphi\\ \sin m\varphi\end{matrix}\right. \tag{4.4.13}$$

式中：A_1、A_2 为积分常数；m 必须取整数，$m=0,1,2,\cdots$。由于结构的轴对称性，当 ρ 和 z 一定时，坐标 φ 旋转 360°变成 $\varphi+2\pi$ 后，其电磁场的大小和方向不变，即有

$$\cos(m\varphi-\psi)=\cos[m(\varphi+2\pi)-\psi]$$

此式成立的条件即要求 m 须为整数，一般取正整数。负整数的结果与正整数一样。

方程(4.4.12)叫做贝塞尔方程，其解叫贝塞尔函数。贝塞尔函数与三角函数、指数函数极其相似。有关贝塞尔函数与三角函数、指数函数的类比见附录 3。方程(4.4.12)的一般解为

$$\rho(\rho)=B_1J_m(k_t\rho)+B_2Y_m(k_t\rho) \tag{4.4.14}$$

式中：B_1、B_2 为积分常数；$J_m(k_t\rho)$是第一类 m 阶贝塞尔函数，$Y_m(k_t\rho)$是第二类 m 阶贝塞尔函数，其变化曲线如图 4-22 所示。注意，当 $\rho\to 0$，第一类贝塞尔函数 $J_m(k_t\rho)$为有限值，而第二类贝塞尔函数 $Y_m(k_t\rho)$趋于负无穷大。不管是 $J_m(k_t\rho)$还是 $Y_m(k_t\rho)$，随着 ρ 的增大，交替地出现零和正的最大值与负的最大值。可以证明，贝塞尔函数与三角函数一样也具有正交性，因此函数可以用贝塞尔函数展开。

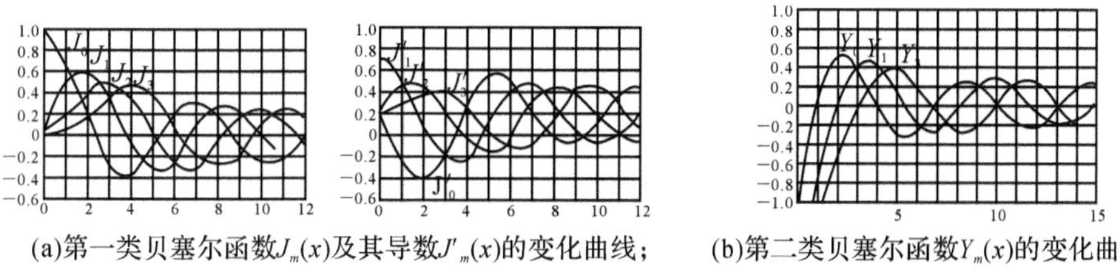

(a)第一类贝塞尔函数$J_m(x)$及其导数$J'_m(x)$的变化曲线；　(b)第二类贝塞尔函数$Y_m(x)$的变化曲线

图 4-22　贝塞尔函数

将式(4.4.12)和式(4.4.13)代入式(4.4.10)，并将 z 方向 $\mathrm{e}^{-\mathrm{j}k_z z}$ 变化因子考虑进去，便得到

$$H_z(\rho,\varphi,z)=\{B_1J_m(k_t\rho)+B_2Y_m(k_t\rho)\}A\left|\begin{matrix}\cos m\varphi\\ \sin m\varphi\end{matrix}\right.e^{-jk_zz} \tag{4.4.15}$$

边界条件要求：

(1)$0\leqslant\rho\leqslant a$，$H_z$ 应为有限值；

(2)在 $\rho=a$ 处，切向电场 $E_\varphi=E_z=0$。

根据条件(1)，要求 $B_2=0$。因为 $\rho\to0$ 时，$Y_m(k_t\rho)\to-\infty$，而圆波导中心处的场应该是有限的，故须令 $B_2=0$。

根据条件(2)，由式(4.4.7)可知，要求

$$\left.\frac{\partial H_z}{\partial\rho}\right|_{\rho=a}=0$$

将式(4.4.15)代入，得到

$$\left.\frac{\partial H_z}{\partial\rho}\right|_{\rho=a}=\{A_1k_tJ'_m(k_ta)\}B\left|\begin{matrix}\cos m\varphi\\ \sin m\varphi\end{matrix}\right.e^{-jk_zz}=0$$

则　　　$J'_m(k_ta)=0$

令 $J'_m(k_ta)$ 的第 n 个根为 u'_{mn}，则得到

$$k_ta=u'_{mn}\quad 或者\quad k_t=\frac{u'_{mn}}{a}\quad (n=1,2,\cdots) \tag{4.4.16}$$

根据式(4.4.2)定义的 k_t，当 $k=k_t$ 时，$k_z=0$，波导处于传播或截止的临界点。满足 $k=k_t$ 这一频率就是截止频率，相应的波长就是截止波长。因此，由式(4.4.16)可求得圆波导中 TE 模的截止波长为

$$\lambda_c=\frac{2\pi}{k_t}=\frac{2\pi a}{u'_{mn}} \tag{4.4.17}$$

表 4-2 所示为几个 u'_{mn} 值与相应的 TE 模截止波长值。

表 4-2　u'_{mn} 值与相应 TE_{mn} 模的 λ_c 值

波型	u'_{mn} 值	λ_c 值	波型	u'_{mn} 值	λ_c 值
TE_{11}	1.841	$3.41a$	TE_{22}	4.705	$0.94a$
TE_{21}	3.054	$2.06a$	TE_{02}	4.016	$0.90a$
TE_{01}	3.832	$1.64a$	TE_{13}	4.436	$0.74a$
TE_{31}	4.201	$1.50a$	TE_{03}	10.173	$0.62a$
TE_{12}	5.332	$1.18a$			

这样我们就得到 H_z 的解为

$$H_z=H_{mn}J_m\left(\frac{u'_{mn}}{a}\rho\right)\begin{matrix}\cos m\varphi\\ \sin m\varphi\end{matrix}\quad e^{-jk_zz} \tag{4.4.18a}$$

式中：$H_{mn}=A_1B$，为任意常数。方程式(4.4.4)的一般解应为

$$H_z=\sum_{m=0}^{\infty}\sum_{n=1}^{\infty}H_{mn}J_m\left(\frac{u'_{mn}}{a}\rho\right)\begin{matrix}\cos m\varphi\\ \sin m\varphi\end{matrix}\quad e^{-jk_zz} \tag{4.4.18b}$$

2. TM 模

对于 TM 模，$H_z=0$，$E_z\neq0$。用同样的方法可以求得

$$E_z=\{B_3J_m(k_t\rho)+B_4Y_m(k_t\rho)\}C\left|\begin{matrix}\cos m\varphi\\ \sin m\varphi\end{matrix}\right.e^{-jk_zz} \tag{4.4.19}$$

边界条件要求：

(1) $0 \leqslant \rho \leqslant a, E_z$ 为有限值；

(2) $\rho = a, E_\varphi = E_z = 0$。

由条件(1)，要求 $B_4 = 0$。

由条件(2)，要求 $J_m(k_t a) = 0$。

令 $J_m(k_t a)$ 的第 n 个根为 u_{mn}，则得到

$$k_t = \frac{u_{mn}}{a} \quad (n = 1, 2, \cdots) \tag{4.4.20}$$

由此可求得圆波导中 TM 模的截止波长为

$$\lambda_c = \frac{2\pi}{k_t} = \frac{2\pi a}{u_{mn}} \tag{4.4.21}$$

表 4-3 所示为几个 TM_{mn} 模的截止波长值。

表 4-3　u_{mn} 值与相应 TM_{mn} 模的截止波长值

波型	u_{mn} 值	λ_c 值	波型	u_{mn} 值	λ_c 值
TM_{01}	2.405	$2.62a$	TM_{12}	4.016	$0.90a$
TM_{11}	3.832	$1.64a$	TM_{22}	4.317	$0.75a$
TM_{21}	5.135	$1.22a$	TM_{03}	4.650	$0.72a$
TM_{02}	5.520	$1.14a$	TM_{13}	10.173	$0.62a$

这样，E_z 的解就变成

$$E_z = E_{mn} J_m\left(\frac{u_{mn}}{a}\rho\right) \begin{matrix} \cos m\varphi \\ \sin m\varphi \end{matrix} \quad e^{-jk_z z} \tag{4.4.22a}$$

式中：$E_{mn} = A_3 C$，为任意常数。其一般解应为

$$E_z = \sum_{m=0}^{\infty} \sum_{n=1}^{\infty} E_{mn} J_m\left(\frac{u_{mn}}{a}\rho\right) \begin{matrix} \cos m\varphi \\ \sin m\varphi \end{matrix} \quad e^{-jk_z z} \tag{4.4.22b}$$

4.4.1　场量表达式

1. TE 模

对于 TE 模，$E_z = 0$，将式(4.4.18)表示的 H_z 代入式(4.4.6)至式(4.4.9)就得到 TE 模的横向场量

$$E_\rho = \pm \sum_{m=0}^{\infty} \sum_{n=1}^{\infty} \frac{j\omega\mu m a^2}{(u'_{mn})^2 \rho} H_{mn} J_m\left(\frac{u'_{mn}}{a}\rho\right) \begin{matrix} \sin m\varphi \\ \cos m\varphi \end{matrix} \quad e^{j(\omega t - k_z z)} \tag{4.4.23a}$$

$$E_\varphi = \sum_{m=0}^{\infty} \sum_{n=1}^{\infty} \frac{j\omega\mu a}{u'_{mn}} H_{mn} J'_m\left(\frac{u'_{mn}}{a}\rho\right) \begin{matrix} \cos m\varphi \\ \sin m\varphi \end{matrix} \quad e^{j(\omega t - k_z z)} \tag{4.4.23b}$$

$$E_z = 0 \tag{4.4.23c}$$

$$H_\rho = \sum_{m=0}^{\infty} \sum_{n=1}^{\infty} \frac{-jk_z a}{u'_{mn}} H_{mn} J'_m\left(\frac{u'_{mn}}{a}\rho\right) \begin{matrix} \cos m\varphi \\ \sin m\varphi \end{matrix} \quad e^{j(\omega t - k_z z)} \tag{4.4.23d}$$

$$H_\varphi = \pm \sum_{m=0}^{\infty} \sum_{n=1}^{\infty} \frac{jk_z m a^2}{(u'_{mn})^2 \rho} H_{mn} J_m\left(\frac{u'_{mn}}{a}\rho\right) \begin{matrix} \sin m\varphi \\ \cos m\varphi \end{matrix} \quad e^{j(\omega t - k_z z)} \tag{4.4.23e}$$

$$H_z = \sum_{m=0}^{\infty}\sum_{n=1}^{\infty} H_{mn} J_m\left(\frac{u'_{mn}}{a}\rho\right)\begin{matrix}\cos m\varphi \\ \sin m\varphi\end{matrix}\quad e^{j(\omega t - k_z z)} \tag{4.4.23f}$$

由此可见，圆波导中的 TE 模有无穷多个，以 TE_{mn} 表示它，m 表示场沿圆周分布的驻波数，n 表示场沿半径分布的半驻波数或场的最大值个数。

2. TM 模

同样对于 TM 模，$H_z=0$，将式(4.4.22)表示的 E_z 代入式(4.4.6)至式(4.4.9)就得到 TM 模的横向场量

$$E_\rho = \sum_{m=0}^{\infty}\sum_{n=1}^{\infty} \frac{-jk_z a}{u_{mn}} E_{mn} J'_m\left(\frac{u_{mn}}{a}\rho\right)\begin{matrix}\cos m\varphi \\ \sin m\varphi\end{matrix}\quad e^{j(\omega t - k_z z)} \tag{4.4.24a}$$

$$E_\varphi = \pm \sum_{m=0}^{\infty}\sum_{n=1}^{\infty} \frac{jk_z a^2 m}{u_{mn}^2} E_{mn} J_m\left(\frac{u_{mn}}{a}\rho\right)\begin{matrix}\sin m\varphi \\ \cos m\varphi\end{matrix}\quad e^{j(\omega t - k_z z)} \tag{4.4.24b}$$

$$E_z = \sum_{m=0}^{\infty}\sum_{n=1}^{\infty} E_{mn} J_m\left(\frac{u_{mn}}{a}\rho\right)\begin{matrix}\cos m\varphi \\ \sin m\varphi\end{matrix}\quad e^{j(\omega t - k_z z)} \tag{4.4.24c}$$

$$H_\rho = \mp \sum_{m=0}^{\infty}\sum_{n=1}^{\infty} \frac{j\omega\varepsilon a^2 m}{u_{mn}^2 \rho} E_{mn} J_m\left(\frac{u_{mn}}{a}\rho\right)\begin{matrix}\sin m\varphi \\ \cos m\varphi\end{matrix}\quad e^{j(\omega t - k_z z)} \tag{4.4.24d}$$

$$H_\varphi = \sum_{m=0}^{\infty}\sum_{n=1}^{\infty} \frac{-j\omega\varepsilon a}{u_{mn}} E_{mn} J'_m\left(\frac{u_{mn}}{a}\rho\right)\begin{matrix}\cos m\varphi \\ \sin m\varphi\end{matrix}\quad e^{j(\omega t - k_z z)} \tag{4.4.24e}$$

$$H_z = 0 \tag{4.4.24f}$$

结果表明，圆波导中的 TM 模也有无穷多，以 TM_{mn} 表示它。

由上面的分析可知：

(1)圆波导和矩形波导一样，也具有高通特性，其传输模的相位常数也需满足关系 $k_z^2 = \omega^2\mu\varepsilon - k_t^2$。因此，圆波导中也只能传输 $\lambda<\lambda_c$ 的模，且因 λ_c 与圆波导的半径 a 成正比，故尺寸越小，λ_c 越小。

(2)圆波导也有“简并”现象：一种是 TE_{0n} 模和 TM_{1n} 模简并，这两种模的 λ_c 相同；另一种是特殊的“简并”现象，即所谓“极化简并”。这是因为场分量沿 φ 方向的分布存在着 $\cos m\varphi$ 和 $\sin m\varphi$ 两种可能性。这两种分布模的 m、n 和场结构完全一样，只是极化面相互旋转了 $90°/m$，故称为“极化简并”。除 TE_{0n} 和 TM_{0n} 模外，每种 TE_{mn} 和 TM_{mn} 模(m、$n\neq 0$)本身都存在这种简并现象。这种极化简并现象实际上也是存在的。因为圆波导加工总不可能保证完全是个正圆，若稍微出现有椭圆度，则其中传输的模就会分裂成沿椭圆长轴极化和沿短轴极化的两个模，从而形成“极化简并”现象。另外，波导中总难免出现不均匀性，如在波导壁上开孔或槽等，这也会导致模的“极化简并”。故圆波导通常不宜用作极化而要求稳定的传输系统。但有时我们又需要利用圆波导的这种“极化简并”现象来做成一些特殊的微波元件。

比较表 4-2 和表 4-3 可以看出，圆波导中的主模是 TE_{11} 模，其截止波长最长。图 4-23 所示为圆波导模式的截止波长分布图。由图可见，当 $2.61a<\lambda<3.41a$ 时，圆波导中只能传输 TE_{11} 模，可以做到单模工作。

汽车进入隧道，车载调幅收音机很难收到电台信号。这是因为调幅广播信号载波频率较低，波长较长。大地可用导体近似，隧道相当于一个圆波导。由于载波波长远大于隧道半径，此波导处于截止状态，因而广播电台发射的电磁波一进入隧道口就很快衰减，在隧道中就很难检测到了。

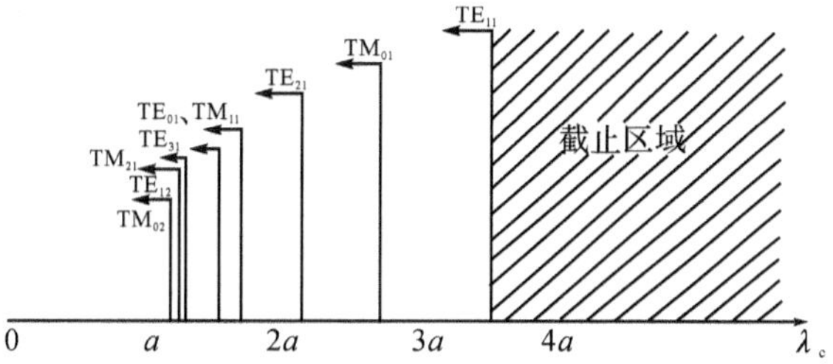

图 4-23　圆波导的模式截止波长分布图

4.4.2　三个主要模式及其应用

由各模式截止波长分布图(见图 4-23)可知,圆波导中 TE_{11} 模的截止波长最长,其场分布与矩形波导的 TE_{10} 模的场分布很相似,如图 4-24 所示。因此工程上容易通过矩形波导的横截面逐渐过渡为圆波导。

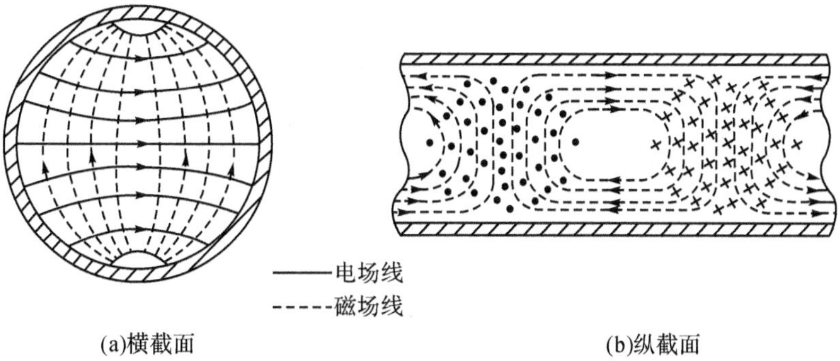

图 4-24　圆波导 TE_{11} 场结构分布图

TM_{01} 模是圆波导的第一个高次模,其场分布如图 4-25 所示。由于它具有圆对称性,故不存在极化简并模,因此常作为雷达天线与馈线的旋转关节中的工作模式。另外,因其磁场只有 H_φ 分量,故波导内壁电流只有纵向分量。因此,它可以有效地和轴向流动的电子流交换能量,故将其应用于微波电子管中的谐振腔及直线电子加速器中的工作模式。

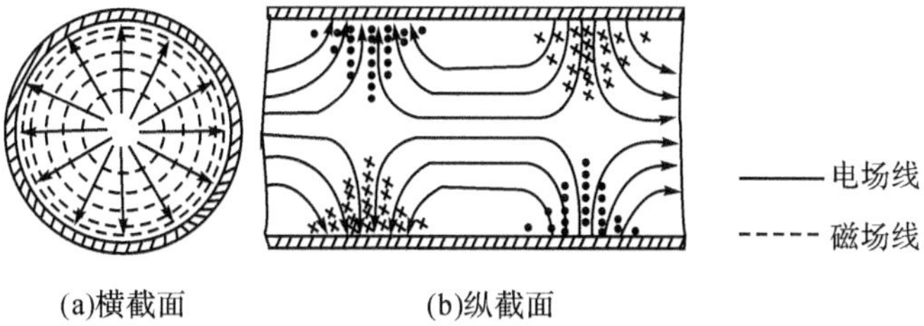

图 4-25　圆波导 TM_{01} 场结构分布图

圆波导的诸多高次模式中,特别要提一下 TE_{01} 模。比它低的模有 TE_{11}、TM_{01}、TE_{21} 模,它与 TM_{11} 模是简并模。它也是圆对称模,故"无极化简并"。其电场分布如图 4-26 所示,只有角向分量。磁场只有径向和轴向分量,故波导管壁电流无纵向分量,只有周向电流。因此,当传输功率一定时,随着频率升高,管壁的热损耗将单调下降,故其损耗相对其他模式来说是低的。因此可将工作在 TE_{01} 模的圆波导用于毫米波的远距离传输或制作高 Q 值的谐振腔。

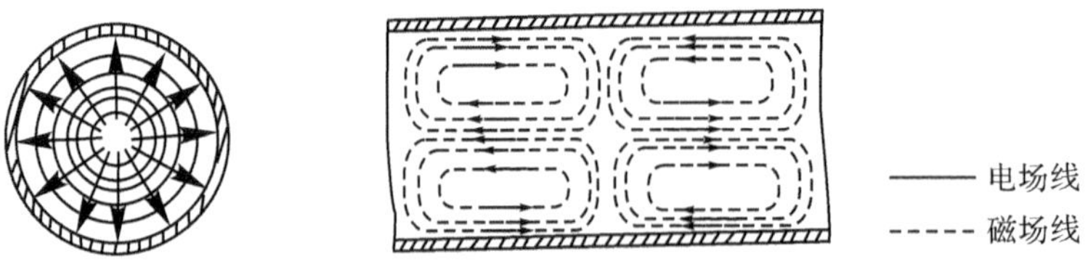

(a)横截面　　(b)纵截面

图 4-26　圆波导 TE_{01} 场结构分布图

4.5 光　纤

在光纤通信系统中，光纤是传播光波的介质，其典型结构如图 4-1(d)所示，为一同轴多层介质圆波导，自内向外为纤芯、包层及涂覆层。纤芯通常是折射率为 n_1 的高纯 SiO_2，并有少量掺杂剂(如 GeO_2)，以提高折射率。包层折射率 n_2 小于纤芯折射率 n_1，包层也由高纯 SiO_2 制造，掺杂 B_2O_3 及 F 等以降低折射率。纤芯和包层构成裸光纤。光纤的传输特性主要由它决定。光纤的芯径，对于多模光纤大多为 50μm，对于单模光纤仅 4～8μm。包层外径一般为 125μm，在包层外面还有 5～40μm 的涂覆层，材料是环氧树脂或硅橡胶，其作用是增强光纤的机械强度。再外面常有缓冲层(100μm)及套塑层。由于纤芯很细，即使传输的光能不大，但纤芯光强仍是很大的。

根据横截面上的折射率分布，光纤可分为两大类，即阶跃(SE)光纤和梯度(GI)光纤。阶跃光纤中纤芯与包层的折射率虽不同，但都为常数，其分布为阶跃函数

$$n(\rho)=\begin{cases} n_1 & \rho\leqslant a \\ n_2 & \rho>a \end{cases} \tag{4.5.1}$$

梯度光纤中纤芯的折射率与半径有关，其折射率分布(见图 4-27)为

$$n(\rho)=\begin{cases} n_1\left[1-2\Delta\left(\dfrac{\rho}{a}\right)^{\alpha}\right]^{\frac{1}{2}} & \rho\leqslant a \\ n_1(1-2\Delta)^{\frac{1}{2}}=n_2 & \rho>a \end{cases} \tag{4.5.2}$$

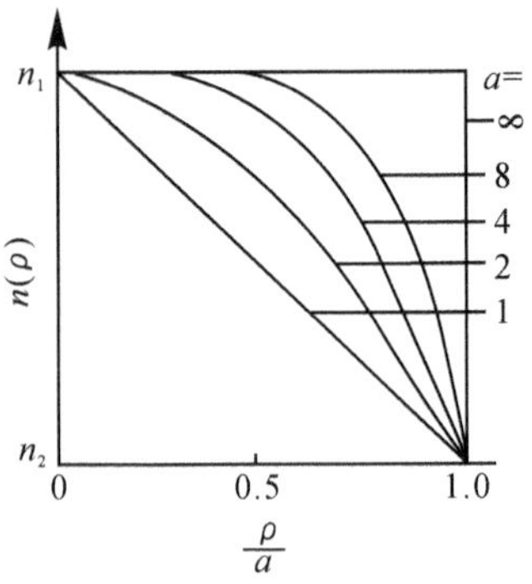

图 4-27　梯度光纤纤芯中的折射率分布

式中：a 为纤芯半径。α 取值范围为 1 到∞，当 $\alpha\gg10$ 时，折射率分布为阶跃型，$\alpha=1$ 时为三角型，梯度光纤中通常取 $\alpha\approx2$，即按平方律分布。

定义相对折射率差 Δ 为

$$\Delta=\frac{n_1^2-n_2^2}{2n_1^2}\approx\frac{n_1-n_2}{n_1} \tag{4.5.3}$$

在石英光纤中，$n_1\doteq1.5$，$\Delta\doteq0.01$，即包层折射率仅比纤芯略低一点。

光纤的分析有射线分析与波动分析之分。射线分析用几何光学的方法对光在光纤中的传播进行分析，其前提是光波波长很短，相对而言光纤的几何尺寸比波长大得多，多模光纤就属于这种情况。光纤的波动分析则从麦克斯韦方程出发求解波动方程，光纤中的传播波型(模式)、色散特性、场分布等都可从波动分析得到。光纤的波动分析又有严格的矢量波动分析与

标量波动分析之分。标量波动分析基于光纤纤芯与包层折射率之差很小这一事实，它是矢量波动分析的近似。

为简化起见，本节对光纤的分析以阶跃光纤为主。

4.5.1　光纤的射线分析

光在光纤中的传播，从几何光学角度看，归结为光射线（即光线）在光纤中传播。可以将光纤中传播的光线分为两类，即子午光线和斜射光线。子午光线是位于子午面（过光纤轴线的面）上的光线，而斜射光线是不经过光纤轴线传输的光线。

如果光纤纤芯的直径比波长大得多，那么子午光线在光纤中的传播跟平板介质光波导中光的传播有类似之处。根据光限制在平板介质光波导导模层中传播必要而充分的条件，光局限在光纤纤芯中传播就要求纤芯的折射率比包层大一些。在这一条件下，如图 4-28 所示，当光波从纤芯内部以入射角大于临界角倾斜投射到纤芯与包层界面，而且半径方向来回反射一次总相移为 2π 整倍数时，就能保证纤芯与包层交界面多次反射的波同相叠加沿轴曲折前进。

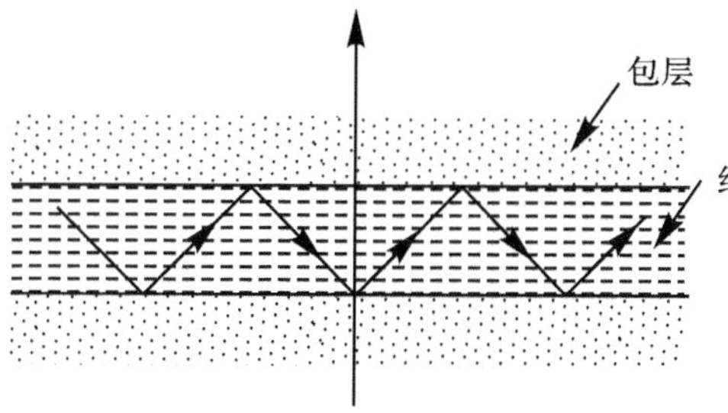

图 4-28　光在光纤中传播的射线图示

光源与光纤的耦合，一般是通过光纤端面实现的，但并不是所有投射到光纤端面的光进入纤芯后都能局限在纤芯中传播。图 4-29 所示为一个子午面上几条光线的传输情况。设 n_0、n_1 与 n_2 分别为空气、纤芯与包层折射率，对于空气，$n_0 \approx 1$，而且 n_1 略大于 n_2。当入射光线从空气以入射角 θ_0 投射到光纤端面，因空气折射率小于纤芯折射率，即 $n_0 < n_1$，光线产生折射，其折射角 θ_1 可从斯奈尔定律求得

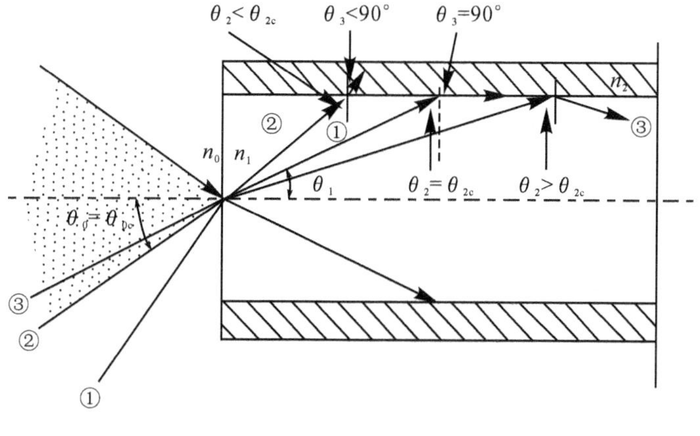

图 4-29　子午光线在阶跃光纤中传输

$$n_0 \sin\theta_0 = n_1 \sin\theta_1 \tag{4.5.4}$$

显然，$\theta_1 < \theta_0$。此折射光线又以 $\theta_2 = 90° - \theta_1$ 倾斜投射到纤芯与包层交界面，只有在纤芯与

包层界面处满足全反射条件的光线，才能在芯包界面间来回反射向前传输。这就要求 θ_2 等于或大于芯一包界面临界角 θ_{2c}，即

$$\theta_2 \geqslant \theta_{2c} = \arcsin\frac{n_2}{n_1} \tag{4.5.5}$$

联立式(4.5.4)与式(4.5.5)得到

$$\sin\theta_0 \leqslant \sqrt{n_1^2 - n_2^2} \approx n_1\sqrt{2\Delta} \tag{4.5.6}$$

这就是说从空气入射到光纤端面的光线，只有入射角 $\theta_0 \leqslant \arcsin(n_1\sqrt{2\Delta})$ 的光线进入纤芯后才能局限在纤芯中传播。为此定义入射临界角 θ_{0c} 为

$$\theta_{0c} = \arcsin(n_1\sqrt{2\Delta}) \tag{4.5.7}$$

当 $\theta_0 = \theta_{0c}$ 时，折射光到达芯—包界面入射角刚好等于芯一包界面临界角，即 $\theta_2 = \arcsin\left(\frac{n_2}{n_1}\right)$，该光线到达芯包界面时恰好产生掠射，它在包层内的折射角 $\theta_3 = 90°$。如图 4-29 所示的光线 1。

当 $\theta_0 > \theta_{0c}$，如图 4-29 所示的光线 2，折射光线到达芯—包界面入射角小于芯一包界面临界角，即 $\theta_2 \leqslant \arcsin\left(\frac{n_2}{n_1}\right)$，光线在包层中的折射角 $\theta_3 < 90°$，该光线将进入包层散失掉。因此光线 2 不能限制在纤芯中传播。

当 $\theta_0 < \theta_{0c}$，如图 4-29 所示的光线 3，折射光线到达芯—包界面入射角大于芯—包界面临界角，即 $\theta_2 \geqslant \arcsin\left(\frac{n_2}{n_1}\right)$，光线在包层中的折射角 $\theta_3 > 90°$，该光线在芯—包界面产生全反射。因此光线 3 限制在纤芯中传播。

定义入射临界角 θ_0 的正弦为数值孔径 NA，即

$$NA = \sin\theta_{0c} \doteq n_1\sqrt{2\Delta} \tag{4.5.8}$$

数值孔径是光纤的重要光学特性，它表示入射到光纤端面上的光线，只有与纤芯轴夹角为 θ_{0c} 的圆锥体内的入射光线，才能在纤芯内传输。从式(4.5.8)可见，NA 只决定于芯—包折射率差 Δ，与芯—包直径无关，Δ 越大，NA 越大，光纤聚光能力越强。从光纤与光源耦合角度看，NA 越大，可得到越高的耦合效率，但这与降低损耗、增加带宽有矛盾。纤芯与包层折射率的差异是通过纤芯与包层中不同的掺杂剂实现的。NA 要大，纤芯与包层折射率差也要大，纤芯与包层中掺杂剂的浓度也要增大，这就导致损耗增大。NA 增大，不同轨迹的光线轴向速度的差异也增大，这就导致不同轨迹光线到达输出端的时间差或者说模间色散增大。因而信号脉冲展宽严重，传输带宽变窄。所以从降低损耗、增加带宽考虑，希望 Δ 低一些。通常 $\Delta \approx 0.01$，则 NA 的值约为 0.1～0.3。

斜射光线在光纤中的传输情况较复杂，如图 4-30 所示。设有一光线在光纤端面 P 点进入纤芯，沿 PQ 直线传输，并在芯—包界面 Q 点产生全反射，再沿 QR 直线传输，形成一条空间折线。从它在光纤端面的投影图可见，传输轨迹限定在一定的范围内，并与一圆柱面相切，该圆柱面称为焦散面，半径为 a_0。斜射光线就在芯一包界面与焦散面间传输。以不同角度入射的斜射光线，有不同的焦散面。当 $a_0 = a$ 时，焦散面与芯包界面重合，折线变为螺旋线；当 $a_0 = 0$ 时，斜射光线变为子午光线。斜射光线的数值孔径与子午光线不同，比子午光线稍大。一般用子午光线来定义光纤的数值孔径。

梯度光纤中折射率分布见式(4.5.2)，沿半径方向是连续变化的。光线的传输轨迹不再是

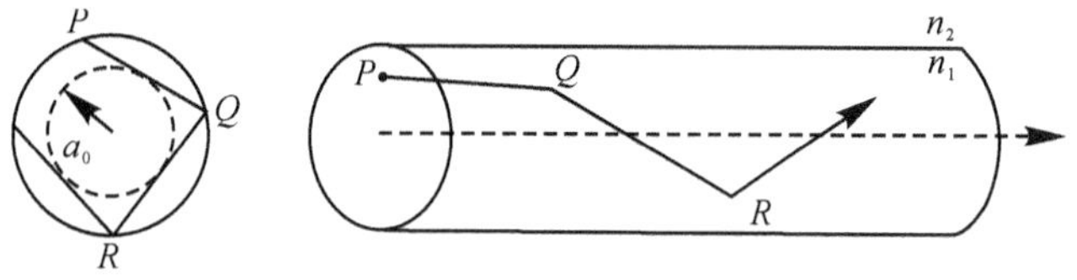

图4-30　斜射光线在阶跃光纤中的传输

直线。梯度光纤中的光线也可分为两类，即子午光线和斜射光线。子午光线的轨迹在子午面内，在光纤端面上的投影为一条直线，并限于 $r=r_m$ 的焦散面内；斜射光线的轨迹为不经过光纤轴线的空间曲线，在光纤端面上的投影限于两个焦散面之间，如图4-31所示。

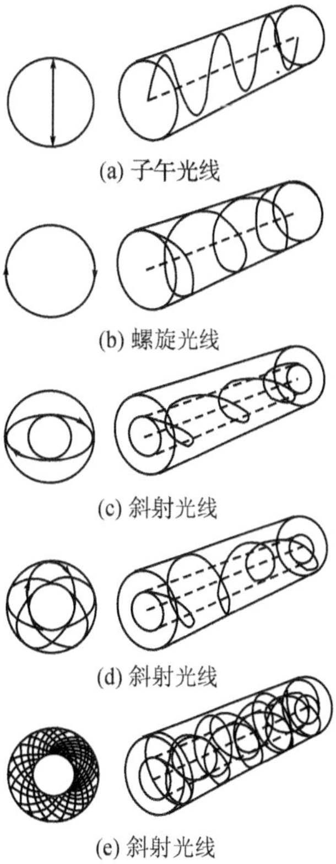

(a) 子午光线

(b) 螺旋光线

(c) 斜射光线

(d) 斜射光线

(e) 斜射光线

图4-31　梯度光纤中的光线轨迹实例

由于斜射光线的情况比较复杂，下面仅对子午光线的传输特点进行分析。前面分析阶跃光纤中光线传播时指出，对于子午光线，光线在阶跃光纤中传播与光在单层平板介质波导中传播是类似的。如果假定单层平板介质波导中薄层介质折射率按梯度光纤中纤芯折射率的变化规律变化，那么在这样的平板介质波导中光的传播与梯度光纤中子午光线的传播也是类同的。折射率渐变的平板介质可用多层平板介质波导等效，在这等效的多层介质波导中，每层介质的折射率等于渐变折射率介质在该层的平均折射率。多层介质波导中光的传播我们已分析过。所以梯度光纤中子午光线的传播可借用多层平板介质波导的分析方法。

如图4-32(a)所示，设纤芯由多层均匀的同轴层构成，每层的折射率自纤芯轴向外递减。光线由纤芯轴处入射，并向折射率递减的外层传输。由于 $n_1>n_2$，故折射角 θ_2 大于入射角 θ_1，层与层之间光线以直线传输；在下一层界面上，折射角 θ_3 大于入射角 θ_2。由于折射角愈来愈大，光线愈来愈向芯轴弯曲，故在某一点 $r=r_m$ 处发生全反射，光线折回中心。当然实际情况下折射率是均匀地从中心处的 n_1 渐变到包层折射率 n_2，光线的轨迹将从折线变为连续的曲线，形成如图4-32(b)所示的正弦形光线轨迹。如果折射率分布合适，就有可能使不同角度入射的全部光线以同样的轴向速度在光纤中传输，同时到达光纤轴上的某点，即所有光线都有相同的空间周期 L，这种现象称为自聚焦。可以预见，梯度光纤中的模间色散要比阶跃光纤小得多，从而有更高的传输带宽。

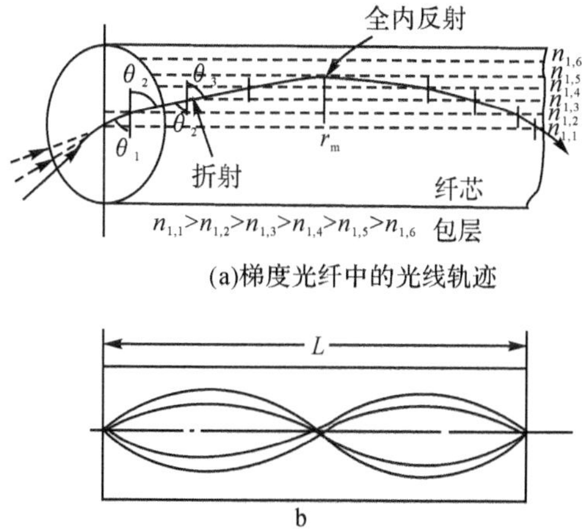

(a)梯度光纤中的光线轨迹

(b)自聚焦

图4-32　梯度光纤

最后，讨论一下梯度光纤的数值孔径。它可采用阶跃光纤的定义来描述，但由于梯度光纤的径向折射率分布 $n(\rho)$ 是变化的，因此端面各点的 NA 也是不同的。可用局部数值孔径 $NA(\rho)$ 来描述，它可表示为 $NA(\rho)=\sqrt{n^2(\rho)-n^2(a)}=n(\rho)$

$\sqrt{2\Delta_\rho}$，其中 $\Delta_\rho=[n(\rho)-n(a)]/n(\rho)$。显然，当 $\rho=0$ 时，$NA(\rho)_{\max}=n(0)(\sqrt{2\Delta})$ 为最大理论数值孔径。

4.5.2 光纤标量波动分析

严格描述光在光纤中的传播需从麦克斯韦方程出发求解波动方程，得到光纤中的传播波型(模式)色散特性、截止条件、传输功率等，这种分析方法称为光纤的波动分析。光纤的波动分析又有矢量波动分析与标量波动分析之分。因为光纤纤芯的折射率与包层折射率相差很小，光纤的标量波动分析是矢量波动分析的一种近似，但可使分析大为简化。本小节给出标量波动分析的基本思想及主要结果。

1. 分析模型

下面的分析以阶跃光纤为对象进行，以使分析简化。对于阶跃光纤，又进一步假定包层延伸至无穷远，即包层半径 $\rho\to\infty$。这是因为实际波导模式的场随 ρ 的增加迅速减小，可以认为外边界处于无穷远。这样就得到图 4-33 所示的阶跃光纤的简化分析模型，实际上就是一圆形介质波导。介质棒半径为 a，折射率为 n_1，介质棒周围介质的折射率为 n_2，相应的相对介电常数 $\varepsilon_{r1}=n_1^2$，$\varepsilon_{r2}=n_2^2$。

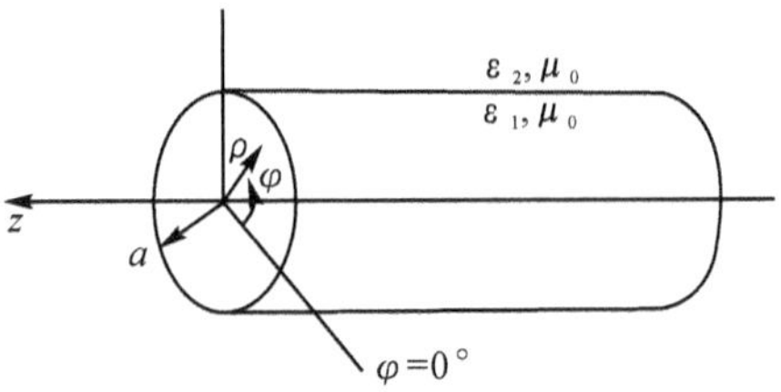

图 4-33 阶跃光纤的简化分析模型——圆形介质波导

2. 标量波动分析的依据及光纤标量波动方程

通信光纤中纤芯与包层的折射率相差很小，即相对折射率差 $\Delta\ll1$，这种情况俗称弱导光纤近似。因而在纤芯与包层分界面上的全反射临界角 $\theta_c=\arcsin\left(\dfrac{n_2}{n_1}\right)\approx90°$。为了在光纤中形成导波，光线的入射角必须大于临界角 θ_c，即光纤中光线几乎与光纤轴平行。这种波非常接近于 TEM 模，其轴向电磁场分量 E_z 和 H_z 很小，而横向分量 $\boldsymbol{E}_t$ 和 $\boldsymbol{H}_t$ 则很强。可以认为在这种弱导光纤中横向场的偏振方向在传输过程中保持不变，可用一个标量来描述。

设横向电场沿 y 方向，则电场 $\boldsymbol{E}_t$ 可用标量 E_y 表示。因为光纤在 z 方向假定趋于无穷远，E_y 可表示为

$$E_y(\rho,\varphi,z)\sim E_y(\rho,\varphi)\mathrm{e}^{-\mathrm{j}k_z z} \tag{4.5.9}$$

并满足下面的标量波方程

$$(\nabla_t^2+k_{ti}^2)E_{yi}(\rho,\varphi)=0 \tag{4.5.10}$$

$$k_{ti}^2=k_i^2-k_z^2 \tag{4.5.11}$$

式中：$i=1,2$，分别表示介质棒内(纤芯)和介质棒外(包层)的量。

在圆柱坐标系下，$\nabla_t^2\Phi=\dfrac{1}{\rho}\dfrac{\partial}{\partial\rho}\left(\rho\dfrac{\partial\Phi}{\partial\rho}\right)+\dfrac{1}{\rho^2}\dfrac{\partial^2\Phi}{\partial\varphi^2}$，所以圆柱坐标系下标量波方程(4.5.10)成为

$$\frac{1}{\rho}\frac{\partial}{\partial\rho}\left(\rho\frac{\partial E_{yi}}{\partial\rho}\right)+\frac{1}{\rho^2}\frac{\partial^2E_{yi}}{\partial\varphi^2}+k_{ti}^2E_{yi}=0 \tag{4.5.12}$$

我们关心的是光纤横截面内光场(光功率)分布,特别是光场沿光纤传输时的情况。求解方程(4.5.12)满足纤芯与包层交界面的边界条件,即可得光纤的标量解。

3. 用分离变量法求解标量波动方程(4.5.12)

用分离变量法求解标量波动方程(4.5.12)时,首先令

$$E_{yi}(\rho,\varphi)=\rho(\rho)\Phi(\varphi) \tag{4.5.13}$$

将式(4.5.13)代入式(4.5.12)得到

$$\frac{\mathrm{d}^2\rho(\rho)}{\mathrm{d}\rho^2}+\frac{1}{\rho}\frac{\mathrm{d}\rho(\rho)}{\mathrm{d}\rho}+\left(k_{ti}^2-\frac{m^2}{\rho^2}\right)\rho(\rho)=0 \tag{4.5.14}$$

$$\frac{\mathrm{d}^2\Phi(\varphi)}{\mathrm{d}\varphi^2}+m^2\Phi(\varphi)=0 \tag{4.5.15}$$

式(4.5.15)的解为

$$\Phi(\varphi)=c\mathrm{e}^{\mathrm{j}m\varphi}\text{或}\begin{matrix}\cos m\varphi\\ \sin m\varphi\end{matrix}\qquad(m=0,1,2,\cdots) \tag{4.5.16}$$

式(4.5.14)叫做贝塞尔方程,其解叫贝塞尔函数。

式(4.5.14)的解要具体分析。在纤芯即介质棒内部($i=1$)传输模的场应是驻波型解,$k_z^2<k_0^2n_1^2$,而且波传播的区域包括原点,所以解不能取第二类贝塞尔函数。在介质棒外部($i=2$),即包层,传输模的场沿 ρ 方向应是衰减的,$k_z^2>k_0^2n_2^2$。式(4.5.14)变为变态贝塞尔方程,而且外部空间包括无限远处,所以不能取第一类而只能取第二类变态贝塞尔函数。故得到

$$\rho_1(\rho)=DJ_m(k_{t1}\rho)\quad(\rho<a) \tag{4.5.17a}$$

$$\rho_2(\rho)=DK_m(\bar{k}_{t2}\rho)\quad(\rho>a) \tag{4.5.17b}$$

式中:a 为介质棒即纤芯的半径;$k_{t1}^2=k_0^2n_1^2-k_z^2$,$\bar{k}_{t2}^2=-k_{t2}^2=k_z^2-k_0^2n_2^2$。

在 $\rho=a$ 处有

$$\rho(a)=DJ_m(k_{t1}a)=DJ_m(u)=DK_m(\bar{k}_{t2}a)=DK_m(w) \tag{4.5.18}$$

所以

$$D=\frac{\rho(a)}{J_m(u)}=\frac{\rho(a)}{K_m(w)} \tag{4.5.19}$$

式中:

$$u=k_{t1}a=(k_0^2n_1^2-k_z^2)^{\frac{1}{2}}a \tag{4.5.20a}$$

$$w=\bar{k}_{t2}a=(k_z^2-k_0^2n_2^2)^{\frac{1}{2}}a \tag{4.5.20b}$$

因而

$$u^2+w^2=k_0^2(n_1^2-n_2^2)a^2 \tag{4.5.21}$$

其中,u、w 是以纤芯半径归一化的横向传播常数。

将式(4.5.19)代入式(4.5.17),并记 $\tilde{\rho}$ 为以 a 归一化的 ρ,得到

$$\rho(\rho)=\frac{\rho(a)}{J_m(u)}J_m(u\tilde{\rho})\quad\tilde{\rho}=\frac{\rho}{a}<1 \tag{4.5.22a}$$

$$\rho(\rho)=\frac{\rho(a)}{K_m(w)}K_m(w\tilde{\rho})\quad\tilde{\rho}=\frac{\rho}{a}>1 \tag{4.5.22b}$$

故最后得到

$$\begin{cases}E_{y1}=\dfrac{A_m}{J_m(u)}J_m(u\tilde{\rho})\mathrm{e}^{\mathrm{j}m\varphi}\qquad\tilde{\rho}=\dfrac{\rho}{a}<1 & (4.5.23\mathrm{a})\\[2ex] E_{y2}=\dfrac{A_m}{K_m(w)}K_m(w\tilde{\rho})\mathrm{e}^{\mathrm{j}m\varphi}\qquad\tilde{\rho}=\dfrac{\rho}{a}>1 & (4.5.23\mathrm{b})\end{cases}$$

或
$$\begin{cases} E_{y1}=\dfrac{A_m}{J_m(u)}J_m(u\tilde{\rho})[\cos m\varphi \text{ 或 } \sin m\varphi] & \tilde{\rho}=\dfrac{\rho}{a}<1 \quad (4.5.24a) \\ E_{y2}=\dfrac{A_m}{K_m(w)}K_m(w\tilde{\rho})[\cos m\varphi \text{ 或 } \sin m\varphi] & \tilde{\rho}=\dfrac{\rho}{a}>1 \quad (4.5.24b) \end{cases}$$

式中：A_m 为任意常数，与激励光纤的光功率大小有关。

注意，式(4.5.23)与式(4.5.24)中，归一化横向传播常数 u、w 尚未确定。

4. 光纤标量特征方程的导出过程

确定归一化横向传播常数 u、w 的方程叫做光纤标量特征方程。其导出过程如下：

(1)由 E_y 确定 H_x

标量波动近似的出发点是光纤中传播的是准 TEM 模。因而横向磁场只有 H_x 分量。H_x 与 E_y 有如下关系

$$H_x\approx-\frac{E_y}{Z} \tag{4.5.25}$$

式中：
$$Z=\begin{cases} Z_1=\dfrac{Z_0}{n_1} & \text{纤芯区} \\ Z_2=\dfrac{Z_0}{n_2} & \text{包层区} \end{cases}$$

Z 为芯区或包层区的波阻抗；Z_0 为自由空间波阻抗，一般记为 η_0。

(2)由 E_y、H_x 求 E_z、H_z

根据麦克斯韦方程，场的纵向分量 E_z、H_z 可用场的横向场量表示

$$E_z=\frac{-\mathrm{j}}{\omega\varepsilon}\left(\frac{\partial H_y}{\partial x}-\frac{\partial H_x}{\partial y}\right)\approx\frac{\mathrm{j}\eta_0}{k_0n^2}\frac{\mathrm{d}H_x}{\mathrm{d}y} \tag{4.5.26a}$$

$$H_z=\frac{\mathrm{j}}{\omega\mu_0}\left(\frac{\partial E_y}{\partial x}-\frac{\partial E_x}{\partial y}\right)\approx\frac{\mathrm{j}}{k_0\eta_0}\frac{\mathrm{d}E_y}{\mathrm{d}x} \tag{4.5.26b}$$

将式(4.5.24)、式(4.5.25)代入式(4.5.26)，并利用直角坐标与柱坐标变换关系以及贝塞尔函数的递推关系，最后得到在柱坐标系下 E_z、H_z 的表达式：

在纤芯区有

$$E_{z1}=-\frac{\mathrm{j}A_m}{2k_0n_1}\frac{u}{a}\left[\frac{J_{m+1}(u\tilde{\rho})}{J_m(u)}\sin(m+1)\varphi+\frac{J_{m-1}(u\tilde{\rho})}{J_m(u)}\sin(m-1)\varphi\right] \tag{4.5.27a}$$

$$H_{z1}=\frac{\mathrm{j}A_mu}{2k_0a\eta_0}\left[\frac{J_{m+1}(u\tilde{\rho})}{J_m(u)}\cos(m+1)\varphi-\frac{J_{m-1}(u\tilde{\rho})}{J_m(u)}\cos(m-1)\varphi\right] \tag{4.5.27b}$$

在包层区有

$$E_{z2}=-\frac{\mathrm{j}A_mw}{2k_0an_2}\left[\frac{K_{m+1}(w\tilde{\rho})}{K_m(w)}\sin(m+1)\varphi-\frac{K_{m-1}(w\tilde{\rho})}{K_m(w)}\sin(m-1)\varphi\right] \tag{4.5.28a}$$

$$H_{z2}=\frac{\mathrm{j}A_mw}{2k_0a\eta_0}\left[\frac{K_{m+1}(w\tilde{\rho})}{K_m(w)}\cos(m+1)\varphi+\frac{K_{m-1}(w\tilde{\rho})}{K_m(w)}\cos(m-1)\varphi\right] \tag{4.5.28b}$$

比较场的轴向分量与横向分量，在轴向分量表达式中多一项$\dfrac{u}{(ak_0)}$或$\dfrac{w}{(ak_0)}$，且

$$\frac{u}{ak_0}=\frac{a\sqrt{k_0^2n_1^2-k_z^2}}{ak_0}<\sqrt{n_1^2-n_2^2} \tag{4.5.29a}$$

$$\frac{w}{ak_0}=\frac{a}{ak_0}\sqrt{k_z^2-k_0^2n_2^2}<\sqrt{n_1^2-n_2^2} \tag{4.5.29b}$$

它们都在 Δ 数量级，即弱导光纤中场的轴向分量至少比横向分量小 Δ 数量级，合成场基本处于光纤横截面内，近似为 TEM 模。

由贝塞尔函数的特性可知，当 $w\to\infty$ 时，$K_m(w\tilde{\rho})\to\exp(-w\tilde{\rho})$。但从式(4.5.24b)可知，当 $\rho\to\infty$ 时，$K_m(w\tilde{\rho})$ 必须趋向零。故对于导模，w 必须为正。因此纵向传播常数的实部 $k_2>k_0n_2$，若 $w=0$，$k_2=k_0n_2$，则不满足 $K_m(w\tilde{\rho})|_{\rho\to\infty}=0$ 的条件，导模将不再约束在纤芯中轴向传输，能量向横向扩散，故定义 $w=0$ 为截止条件。再从 $J_m(u\tilde{\rho})$ 的性质可知，在纤芯内 u 必须为实数，否则场将衰减，因此有 $k_z\leqslant k_0n_1$。总之，导模传播常数 k_{zr} 的允许范围为

$$k_0n_2\leqslant k_{zr}\leqslant k_0n_1 \tag{4.5.30}$$

k_{zr} 的具体数值要由下面的特征方程确定。

(3)纤芯与包层交界面 E_z、H_z 连续的特征方程

利用纤芯与包层交界面的边界条件，在 $\rho=a$ 界面上，电场和磁场的轴向分量是连续的，例如 $E_{z1}=E_{z2}$，可得

$$\begin{aligned}&\frac{u}{n_1}\frac{J_{m+1}(u)}{J_m(u)}\sin(m+1)\varphi+\frac{u}{n_1}\frac{J_{m-1}(u)}{J_m(u)}\sin(m-1)\varphi\\&=\frac{w}{n_2}\frac{K_{m+1}(w)}{K_m(w)}\sin(m+1)\varphi-\frac{w}{n_2}\frac{k_{m-1}(w)}{k_m(w)}\sin(m-1)\varphi\end{aligned} \tag{4.5.31}$$

由式(4.5.31)又可得

$$\frac{u}{n_1}\frac{J_{m+1}(u)}{J_m(u)}=\frac{w}{n_2}\frac{K_{m+1}(w)}{K_m(w)} \tag{4.5.32}$$

$$\frac{u}{n_1}\frac{J_{m-1}(u)}{J_m(u)}=-\frac{w}{n_2}\frac{k_{m-1}(w)}{K_m(w)} \tag{4.5.33}$$

在弱导近似下 $n_1\approx n_2$，令 $n_1=n_2$，则式(4.5.32)和式(4.5.33)可简化为

$$u\frac{J_{m+1}(u)}{J_m(u)}=w\frac{K_{m+1}(w)}{K_m(w)} \tag{4.5.34}$$

$$u\frac{J_{m-1}(u)}{J_m(u)}=-w\frac{K_{m-1}(w)}{K_m(w)} \tag{4.5.35}$$

这两式即为弱导近似下光纤标量解的特征方程。按贝塞尔函数的递推公式可证明这两式属于同一方程。

(4)特征方程求解

式(4.5.34)或式(4.5.35)是超越方程，需用数字方法求解。解的步骤是：

1)先确定光纤芯子半径 a(可以测量)，相对折射率差 Δ 以及工作波长 λ 或 $k_0=2\pi/\lambda$；

2)根据式(4.5.21) $u^2+w^2=a^2k_0^2(n_1^2-n_2^2)$；

3)联立式(4.5.30)与式(4.5.21)得到 u 或 w；

4)从 $u^2=a^2(k_0^2n_1^2-k_z^2)$ 或 $w^2=a^2(k_z^2-k_0^2n_2^2)$ 求出 k_{zr}。

4.5.3　线偏振模及其截止特性与场分布

1. 线偏振模及其截止特性

下面我们从特征方程(4.5.35)出发研究阶跃光纤中的模式及其截止特性。标量波动分析是在光纤中传播准 TEM 模的前提下进行的，因此下面所讨论的模式是线偏振的。这是矢量

波动分析的一种近似。

光纤中某一模式电磁波如果不能局限在纤芯中传播而通过包层向外辐射，我们就称该模式电磁波的传播被截止。显然，包层中归一化横向传播常数 $w=\bar{k}_{t2}a=0$ 是波被限制在纤芯还是通过包层向外辐射的临界点，也就是该模式电磁波是传播还是截止的临界点。由特征方程(4.5.35)可知，如果 $w=0$，则有

$$J_{m-1}(u^{c}=k_{t1}^{c}a)=0 \tag{4.5.36}$$

k_{t1}^{c}是截止时纤芯内部的横向传播常数，上标 c 表示截止。因此对于给定的 m(表示角向变化关系 $\cos m\varphi$ 或 $\sin m\varphi$)，贝塞尔函数 $J_{m-1}(u=k_{t1}a)$的每一个根对应一个线偏振模的横向传播常数。贝塞尔函数 $J_{m-1}(u=k_{t1}a)$第 n 个根对应的那个线偏振模叫做 LP_{mn}模。下标 m 表示场在角向变化的次数，n 表示场在半径方向零场或暗环出现的次数。因为截止时 $k_{t2}=0$，根据式(4.5.18b)得 $k_{z}^{c}=n_{2}k_{0}$。又因为不管在纤芯还是包层纵向传播常数 k_{z} 都是相同的。所以由式(4.5.18a)我们可以得到截止时纤芯内横向传播常数 k_{t1}^{c}为

$$k_{t1}^{c^2}=k_{0}^{2}n_{1}^{2}-k_{z}^{c^2}=k_{0}^{2}n_{1}^{2}-k_{0}^{2}n_{2}^{2} \tag{4.5.37}$$

如果 $P_{m-1,n}$定义为贝塞尔函数 $J_{m-1}(u=k_{t1}a)$的第 n 个根，那么从式(4.5.36)可知，对于 LP_{mn}模有

$$k_{t1}^{c}=\frac{P_{m-1,n}}{a}$$

因此从式(4.5.37)可得

$$\left(\frac{P_{m-1,n}}{a}\right)^{2}=k_{0}^{2}(n_{1}^{2}-n_{2}^{2})$$

因为 $k_{0}=\dfrac{\omega}{c}=\dfrac{2\pi f}{c}$，故由上式得到 LP_{mn}模的截止频率为

$$f_{mn}^{c}=\frac{c}{2\pi a\sqrt{n_{1}^{2}-n_{2}^{2}}}P_{m-1,n} \tag{4.5.38}$$

式中：c 为光速。贝塞尔函数的根如表 4-4 所示。

表 4-4　贝塞尔函数的根

贝塞尔函数	根			
J_0	2.405	5.520	4.554	11.791
J_1	0 *	3.832	4.016	10.173
J_2	0 *	5.136	4.317	11.620
J_3	0 *	4.380	9.716	13.105

除了 $m=0$ 的模外，打星号的零根没有意义，因为此时$\dfrac{J_{m-1}(k_{t1}a)}{J_{m}(k_{t1}a)}$成为 0/0 不定型。但是对 LP_{01}模不存在这个问题。因为对 LP_{01}模截止条件为 $J_{-1}=0$。根据贝塞尔函数的性质有

$$J_{-m}=(-1)^{m}J_{m}$$

因此 $J_{-1}=-J_{1}$，贝塞尔函数 J_{1} 的根也就是 J_{-1}的根。$x=0$ 是 $J_{1}(x)$的根，这个根是可以接受的，因为 $x=0$ 时，$J_{0}(x=0)\neq 0$，所以 $J_{1}(0)/J_{0}(0)$有定义。J_{-1}的第一个根 $P_{-11}=0$ 是有意义的。因此对于 LP_{01}模，其截止频率为

$$f_{01}^{c}=\frac{\mathrm{c}}{2\pi a\sqrt{n_{1}^{2}-n_{2}^{2}}}P_{-1,1}=0 \tag{4.5.39}$$

这就是说 LP_{01} 模没有低频截止，工作于 LP_{01} 模的光纤任何频率下都能传播。由表 4-4 还可以看到贝塞尔函数的根除了零以外最低的是 2.405，它是贝塞尔函数 J_0 的第一个根，与 LP_{11} 模的截止条件对应。因此，从直流（0Hz）直到 f_{11}^c 这个频率范围内只有 LP_{01} 线编振模工作。

【例 4.5】 光纤纤芯半径 $a=250\times10^{-6}$ m，$n_1=2.1$，$n_2=2.0$，求 LP_{11} 模的截止频率 $f_{11}^c=?$

解 光纤纤芯半径 $a=250\times10^{-6}$ m，$n_1=2.1$，$n_2=2.0$，根据式(4.5.38)，对于 LP_{11} 模，截止频率为

$$f_{11}^c=\frac{3\times10^8}{2\pi\times250\times10^{-6}}\frac{1}{\sqrt{2.1^2-2.0^2}}P_{01}$$

P_{01} 是贝塞尔函数 J_0 的第一个根，从贝塞尔函数表查得为 2.405，由此算得

$$f_{11}^c=7.2\times10^{11}\ \text{Hz}$$

2. 线偏振模的场分布

为了得到线偏振模的场分布，首先要求得对应模的本征值，即横向传播常数 k_{t1} 或纵向传播常数 k_{zr}，这就要求解特征方程式(4.5.34)或式(4.5.35)，它们是超越方程，要用数值解。为了使用方便，下面给出的是近似解。

除了 LP_{01} 模外，特征方程的近似解为

$$k_{t1}=k_{t1}^c\exp\left\{\frac{\arcsin(S/k_{t1}^c a)-\arcsin(S/V)}{S}\right\} \tag{4.5.40}$$

式中：$V=ak_0\sqrt{n_1^2-n_2^2}$，$S^2=(k_{t_1}^c a)^2-m^2-1$，$V$ 叫做归一化频率，以后会进一步讨论。

对于 LP_{01} 模，有

$$k_{t1}=\frac{(1+\sqrt{2})k_0\sqrt{n_1^2-n_2^2}}{1+(4+V^4)^{1/4}} \tag{4.5.41}$$

通过 k_{t1} 可求出 k_z，用 k_z 又可求出 k_{t2}。

用式(4.5.40)、式(4.5.41)给出的 k_{t1} 近似值代入弱导光纤近似下的场量表达式，就可据此描出电磁场在光纤中的分布。将近似计算的 k_{t1} 代入式(4.5.23a)、式(4.5.23b)就得到光纤中电场分布表达式

$$E_{y1}=A_m\frac{J_m(k_{t1}\rho)}{J_m(k_{t1}a)}(\cos m\varphi\ \text{或}\ \sin m\varphi)$$

$$E_{y2}=A_m\frac{K_m(k_{t2}\rho)}{K_m(k_{t2}a)}(\cos m\varphi\ \text{或}\ \sin m\varphi)$$

电场的其他分量比 y 分量小得多。

LP_{01} 模是光纤工作的最低模，其横截面的电场分布如图 4-34 所示。因为 $m=0$，所以电场在角向没有变化，场是轴对称的。场主要集中在纤芯，但包层中也有部分，且随离开芯包界面距离的增加而不断衰减。离开界面足够远，场衰减到零。电场指向可取两个方向，一个垂直指向，如图 4-34(a)所示，另一个水平指向，如图 4-34(b)所示。截止频率相同而场分布不同的模叫做简并模，所以 LP_{01} 模是二重简并的。有必要指出，当频率 $f\to\infty$，归一化横向传播常数 $u\to\infty$，$w\to\infty$，此时 $r=a$ 处横向电场、横向磁场均为零，即场集中在芯区。注意，为了显示包括包层中衰减的场，图 4-34 中场强以对数标度，因此如用倍数表示时，包层中显示的场强比纤芯

部分要小得多。

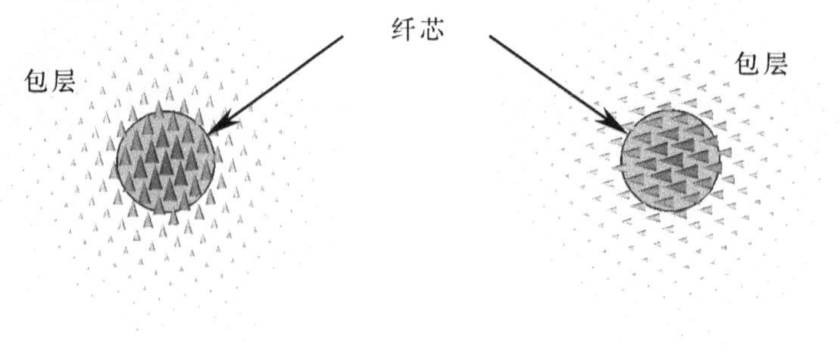

(a) 电场垂直指向　　(b) 电场水平指向

图 4-34　LP_{01}模电场分布

LP_{11}模的场分布要复杂一些，且是四重简并的，为节省篇幅，就不再讨论了。

3. 色散

光纤色散主要有材料色散、波导色散和模间色散三种色散效应。所谓材料色散就是由于制作光纤材料的折射率随工作频率 ω 而变化，从而引起色散。波导色散是由于波导结构引起的色散，主要体现在相移常数 k_z 是频率 ω 的函数。在传输过程中具有一定频谱的调制信号，因其各个分量经受不同的延迟，必然使信号发生畸变。模间色散是由于光纤中不同模式有不同群速，从而在光纤中传输时间不一样，同一波长的输入光脉冲，不同的模色将先后到达输出端，在输出端叠加形成展宽了的脉冲波形。显然只有多模光纤才会存在模间色散。模间色散比波导色散严重得多，这就是多模光纤传输信号的能力比单模光纤小得多的原因。对于单模光纤一般还存在一个波导色散与材料色散相抵消的零色散频段，大大增加了传输距离。

单模光纤工作于基模 LP_{01} 模，由于 LP_{01} 模是二重简并的，所以这两个简并模只是场分布的取向上有差别。如果光纤绝对圆对称，它们具有相同的色散特性。但是当光纤在制造过程中结构缺陷或杂质分布不均匀，光缆铺设过程中受到的应力不均匀，甚至工作温度不均匀，都会使光纤的圆对称受到干扰，即使是很小的干扰，也会使两个取向不同的简并模分裂成两个色散特性稍微不同的模式。这种模式色散称为极化色散。当光纤传输信号的带宽不大时，极化色散可以忽略不计，但当信号传输速率超过 10Gb/s，极化色散成为限制光纤传输速率进一步提高的一个重要因素。解决的办法：一是研制极化色散更小的光纤；二是采取极化补偿，提高已铺设光缆的传输容量。

4.6　谐振器

谐振器是一种具有储能和频率选择特性的元件，在射频与微波电路中起着 LC 振荡回路在低频电路中相同的作用。本节先介绍描述谐振器的特征参数，接着重点讨论传输线型谐振器、介质谐振器，最后对波导与谐振器的耦合、谐振器特征参数的测量进行了扼要的讨论。

用导电板围成一封闭的矩形空腔就构成矩形空腔谐振器。它也可看成两端用导电板短路的矩形波导。图 4-35 所示很形象地说明从图(a)所示的 LC 回路到矩形空腔谐振器的演变过程。LC 回路应用于高频时遇到困难，主要是频率较高时，LC 回路的欧姆损耗、介质损耗、辐射损耗都增大，而回路的电感量和电容量则要求很小，难以实现。为了适用于更高的频率，就需要减小 L 和 C，要减小 C，可增大两极板间距离；要减小 L，就要减小线圈的匝数，减少到只有一根导线[见图 4-35(b)]，然后并联导线以进一步减小 L[见图 4-35(c)、(d)]，并联的直导线无限增多的极限情况下就变成矩形谐振器[见图 4-35(e)]。

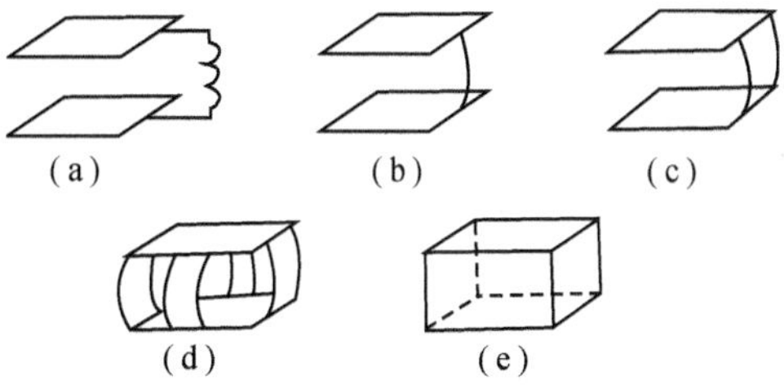

图 4-35　微波谐振器的形成

对于 LC 回路，电场能主要储存(或集总)在电容器里，磁场能主要储存(或集总)在电感器里，故称集总式谐振器。而对矩形空腔谐振器很难找到一个区域主要储藏电场能，另一个区域主要储藏磁场能。电场能、磁场能分布储存于整个空腔，故叫分布式谐振器，对于分布式谐振器，电感、电容已失去明确的定义。

4.6.1　谐振器的特征参数

谐振器的特性常用谐振频率 ω_0、品质因数 Q_0 及谐振器的损耗三个参量描述。下面结合 LC 回路说明这三个参量的物理意义。

LC 回路有并联与串联两种形式，如图 4-36 所示。并联电导 G、串联电阻 R 表示回路的损耗。所以低频 LC 回路有三个独立参数，即 L、C、R(或 G)。频率低时它们都有确切的物理意义，也很方便测量。到了微波、光波，L、C、R(或 G)已失去确切的物理意义，也不便于测量，而谐振频率 ω_0、品质因数 Q_0 及谐振器的损耗三个量既有确切的物理意义也便于测量。

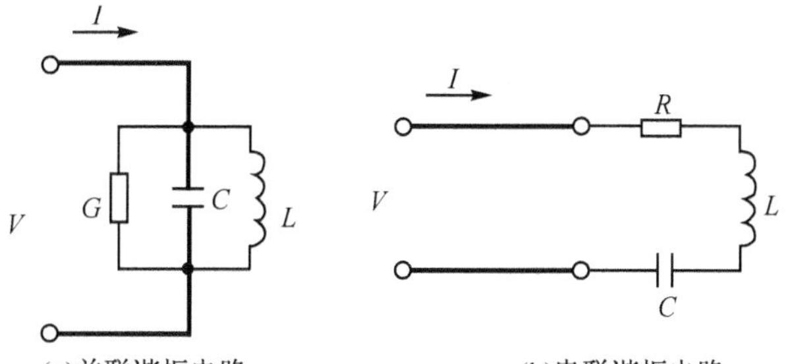

图 4-36　集总参数振荡电路

1. 谐振频率 ω_0

谐振频率 ω_0 表示谐振器的谐振特性。所谓谐振特性是指在谐振频率 ω_0 谐振器中能建立起最强的电磁振荡，偏离谐振频率 ω_0 电磁振荡就减弱，离开 ω_0 很远，电磁振荡就建立不起来了。对于 LC 回路，其谐振频率 ω_0 为

$$\omega_0=\frac{1}{\sqrt{LC}} \tag{4.6.1}$$

2. 品质因数 Q_0

品质因数 Q_0 表示谐振器频率选择的能力。Q_0 的定义是

$$Q_0 = 2\pi \frac{\text{谐振器储能}}{\text{一周期损耗的功率}} \tag{4.6.2}$$

显然，Q_0 越大，谐振器中电磁场一经激励，由于损耗最终使场衰减到零的时间越长。LC 回路谐振时，电容器储能最大时电感中储能为零，而电感储能最大时电容器中储能为零。所以 LC 回路的储能，对于并联 LC 回路可表示为 $\frac{1}{2}CV^2$，对于串联 LC 回路可表示为 $\frac{1}{2}LI^2$。损耗功率，对于并联谐振回路为 $P_{损} = \frac{1}{2}GV^2$，对于串联谐振回路为 $P_{损} = \frac{1}{2}RI^2$。因此，对并联谐振电路[见图 4-36(a)]，品质因数 Q_0 为

$$Q_0 = 2\pi \frac{\left(\frac{1}{2}\right)CV^2}{\left(\frac{1}{2}\right)GV^2 T} = \frac{\omega_0 C}{G} \tag{4.6.3}$$

对于串联谐振电路[见图 4-36(b)]

$$Q_0 = 2\pi \frac{\left(\frac{1}{2}\right)LI^2}{\left(\frac{1}{2}\right)RI^2 T} = \frac{\omega_0 L}{R} \tag{4.6.4}$$

对于串联谐振电路的阻抗为

$$Z(\omega) = R + \mathrm{j}\omega L + \frac{1}{\mathrm{j}\omega C} = R\left[1 + \mathrm{j}Q_0\left(\frac{\omega}{\omega_0} - \frac{\omega_0}{\omega}\right)\right] \tag{4.6.5}$$

对于并联谐振电路的导纳为

$$Y(\omega) = G + \mathrm{j}\omega C + \frac{1}{\mathrm{j}\omega L} = G\left[1 + \mathrm{j}Q_0\left(\frac{\omega}{\omega_0} - \frac{\omega_0}{\omega}\right)\right] \tag{4.6.6}$$

当 Q_0 较高，ω 偏离 ω_0 不大时，$Z(\omega)$、$Y(\omega)$ 可近似为

$$Z(\omega) \approx R\left(1 + \mathrm{j}2Q_0 \frac{\delta\omega}{\omega_0}\right) \tag{4.6.7}$$

$$Y(\omega) \approx G\left(1 + \mathrm{j}2Q_0 \frac{\delta\omega}{\omega_0}\right) \tag{4.6.8}$$

式中：$\delta\omega = \omega - \omega_0$。所以，当 $\omega = \omega_0$ 时，$Z(\omega) = R$（对于串联谐振）。$Y(\omega) = G$（对于并联谐振），当 ω 偏离 ω_0 时，$Z(\omega)$ 或 $Y(\omega)$ 虚部将增加。Q_0 越大，增加得越快。当一恒压源作用于串联谐振电路时，如果 $\omega = \omega_0$，流经谐振电路的电流最大；ω 偏离 ω_0，Q_0 越大电流下降得越快。而当一恒流源作用于并联谐振电路时，$\omega = \omega_0$，电路两端电压最高；偏离谐振频率时，Q_0 越大电压跌落越快，这样就得到图 4-37 所示的谐振曲线。

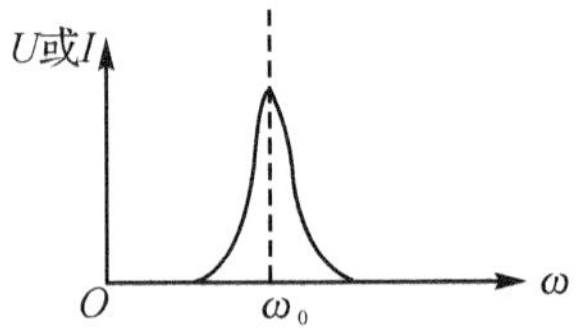

图 4-37　LC 回路谐振曲线

如果定义 $\omega_{\frac{1}{2}}$ 为 ω 偏离谐振频率 ω_0 使 $Z(\omega)$ 或 $Y(\omega)$ 虚部与实部相等的频率，则 $\omega = \omega_{\frac{1}{2}}$ 时根据式(4.6.7)或式(4.6.8)有

$$2Q_0 \frac{\left|\omega_{\frac{1}{2}} - \omega_0\right|}{\omega_0} = 1$$

所以
$$Q_0=\frac{\omega_0}{2\delta\omega_{\frac{1}{2}}} \tag{4.6.9}$$
式中：$\delta\omega_{\frac{1}{2}}=|\omega_{\frac{1}{2}}-\omega_0|$。在谐振曲线上 $\omega_{\frac{1}{2}}$ 就是使曲线降到峰值 0.707 时频率值。因为功率或能量正比于场幅值的平方，所以如果谐振曲线纵坐标以功率或能量作标度，则 $\omega_{\frac{1}{2}}$ 是功率或能量降到峰值功率或能量一半时的频率值。所以谐振器品质因数 Q_0 等于谐振频率 ω_0 除以功率谐振曲线半宽度（$2\delta\omega_{\frac{1}{2}}$）。品质因数越高，谐振曲线越尖锐，表示稍偏离谐振频率，电磁振荡就减到很小，也就是说谐振器选择频率的能力强。所以品质因数 Q_0 反映谐振器选择频率的能力。

导出式(4.6.9)时假定谐振器特征阻抗实部 R(或 G)在 ω_0 附近基本不变。对谐振器特征阻抗测量表明，只要 Q_0 足够高，这个假定是可以接受的。测量结果还表明谐振器阻抗虚部在 ω_0 附近随 $\delta\omega$ 近似线性变化。所以 $Z(\omega)$ 或 $Y(\omega)$ 用级数展开时可近似为
$$\begin{aligned}Z(\omega)&=R(\omega_0)+\mathrm{j}\left[X(\omega_0)+\delta\omega\frac{\partial X(\omega_0)}{\partial\omega}+\cdots\right]\\&\approx R(\omega_0)\left[1+\mathrm{j}\frac{\delta\omega}{R(\omega_0)}\frac{\partial X(\omega_0)}{\partial\omega}\right]\end{aligned} \tag{4.6.10}$$
$$Y(\omega)\approx G(\omega_0)\left[1+\mathrm{j}\frac{\delta\omega}{G(\omega_0)}\frac{\partial B(\omega_0)}{\partial\omega}\right] \tag{4.6.11}$$
与式(4.6.7)和式(4.6.8)比较，得到
$$Q_0=\frac{1}{2}\omega_0\frac{\partial X(\omega)/\partial\omega}{R(\omega_0)}\bigg|_{\omega=\omega_0} \tag{4.6.12}$$
$$Q_0=\frac{1}{2}\omega_0\frac{\partial B(\omega)/\partial\omega}{G(\omega_0)}\bigg|_{\omega=\omega_0} \tag{4.6.13}$$
在高频时，ω_0 及比值 $\frac{\partial B(\omega)/\partial\omega}{G(\omega_0)}\Big|_{\omega=\omega_0}$ 或 $\frac{\partial X(\omega)/\partial\omega}{R(\omega_0)}\Big|_{\omega=\omega_0}$ 便于测量，故高频时，Q_0 也可用式(4.6.12)与式(4.6.13)表示。

定义谐振频率点谐振器电抗与电纳斜率参量 x 与 b 为
$$x=\frac{1}{2}\omega_0\frac{\partial X(\omega)}{\partial\omega}\bigg|_{\omega=\omega_0} \tag{4.6.14}$$
$$b=\frac{1}{2}\omega_0\frac{\partial B(\omega)}{\partial\omega}\bigg|_{\omega=\omega_0} \tag{4.6.15}$$
则谐振器的品质因数又可表示为
$$Q_0=\frac{x}{R(\omega_0)} \tag{4.6.16}$$
$$Q_0=\frac{b}{G(\omega_0)} \tag{4.6.17}$$

无论是按式(4.6.14)与式(4.6.15)进一步计算 x 与 b，或者将式(4.6.16)与式(4.6.17)跟式(4.6.3)与式(4.6.4)比较，不难得到
$$x=\omega_0 L=\frac{1}{\omega_0 C}=\sqrt{\frac{L}{C}} \tag{4.6.18}$$
$$b=\omega_0 C=\frac{1}{\omega_0 L}=\sqrt{\frac{C}{L}} \tag{4.6.19}$$

这里我们利用了谐振时 $\omega_0 L=\frac{1}{\omega_0 C}$ 以及 $\omega_0=\frac{1}{\sqrt{LC}}$ 的关系。

3. 谐振器的损耗

谐振器作储能或选频元件等使用时，总与外面的系统（简称外电路）耦合，损耗常以外电路损耗归一化，所以谐振器损耗一般用对于外电路损耗的相对值表示。常用耦合度 β 表示谐振器的损耗，耦合度 β 定义为外电路损耗与谐振器内损耗之比。耦合度 β 越大，谐振器损耗相对于外电路损耗就越小。本节后面分析谐振器与外电路耦合时会对耦合度作进一步讨论。

4.6.2 传输线型空腔谐振器

前已提及将长度为 l 的矩形波导的两端用导电板封闭就构成矩形空腔谐振器[见图 4-38(a)]，同样将圆波导、同轴线两端用导电板短路，就构成圆柱空腔谐振器与同轴线谐振器[见图 4-38(b)、(c)]。我们把它们叫做传输线型空腔谐振器。根据波导的传输线模型，其等效电路可用长度为 l 的两端短路的一段传输线表示[见图 4-38(d)]。

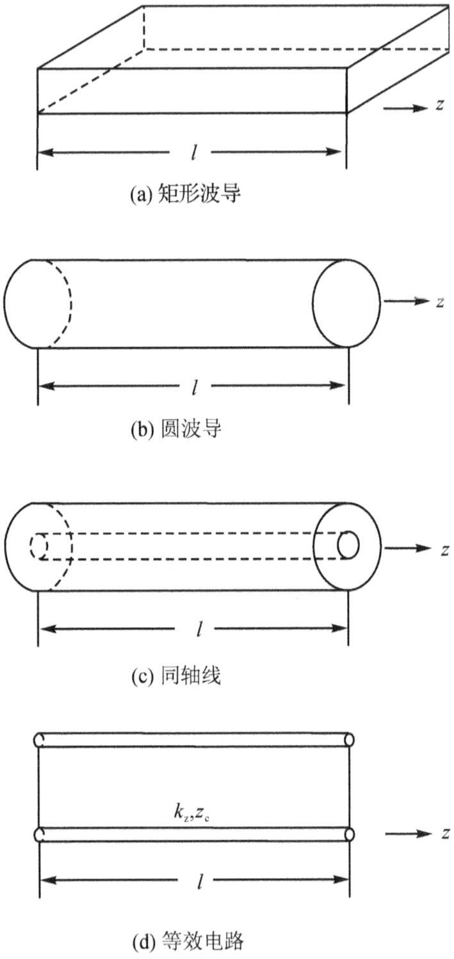

图 4-38 传输线型空腔谐振器及其等效电路

如图 4-38(a)、(b)、(c)所示，设某一模式电磁波沿 $+z$ 方向传播，因波导在 $z=l$ 平面为导电板短路，$+z$ 方向传播的电磁波被全反射并沿 $-z$ 方向传播。波导在 $z=0$ 处又为导电板短路，那么 $-z$ 方向传播的波再次被 $z=0$ 处导电板全反射。如果波在两短路面间来回反射一次相移刚好为 $2n\pi$（n 为整数），即多次反射的波同相叠加，就能在谐振器内建立起稳定的电磁振荡。如果谐振器无损耗，这个电磁振荡就能永远进行下去，所以谐振器能储存电磁能量。不同的 n 对应不同的振荡模式和不同的振荡频率，所以传输线型谐振器可在一系列分立的频率点上振荡，这是跟 LC 回路不同之处，LC 回路只在一个频率点振荡。如果波在两短路面间反射来回一次总相移偏离 2π 整倍数，多次反射的波的部分将相互抵消，电磁振荡就减弱。如果偏离 2π 整倍数较大，就建立不起稳定的电磁振荡。所以谐振器只能在那些来回反射一次相移为 2π 整倍数的频率点附近才能建立起较强的电磁振荡，这就是谐振器对频率的选择性。

1. 色散关系

矩形空腔谐振器、圆柱空腔谐振器与同轴线谐振器的色散关系可以由波导普遍的色散关系

$$\omega^2\mu\varepsilon = k_t^2 + k_z^2 \tag{4.6.20}$$

得出。横向传播常数 k_t 对于传输线型空腔谐振器是已知的，关键是求 k_z。根据前面分析，传

输线型空腔谐振器不仅在横向，而且在纵向都谐振。如图 4-35(d)所示，取 $z=0$ 为参考面，定义 $\overleftarrow{Z}$、$\overrightarrow{Z}$ 为从 $z=0$ 参考面向 $-z$、$+z$ 方向看进去的输入阻抗。因为 $z=0$ 为导电板短路，所以 $\overleftarrow{Z}=0$。$\overrightarrow{Z}$ 为长度 l 的短路传输线的输入阻抗

$$\overrightarrow{Z}=\mathrm{j}Z_z\tan k_z l$$

式中：$Z_z=\dfrac{1}{Y_z}=\begin{cases}\omega\mu/k_z & \mathrm{TE}\\ k_z/\omega\varepsilon & \mathrm{TM}\end{cases}$，为相应波导的特征阻抗或特征导纳。纵方向场谐振要求

$$\overleftarrow{Z}+\overrightarrow{Z}=0 \tag{4.6.21}$$

将 $\overleftarrow{Z}$、$\overrightarrow{Z}$ 代入得到

$$\mathrm{j}Z_z\tan k_z l=0$$

因为 $Z_z\neq 0$，要求 $\tan k_z l=0$，得到

$$k_z=\frac{p\pi}{l}\quad (p=0,\ 1,\ 2,\ \cdots) \tag{4.6.22}$$

将式(4.6.22)代入式(4.6.20)就得到传输线型空腔谐振器的色散关系如下

$$\omega^2\mu\varepsilon=k_t^2+\left(\frac{p\pi}{l}\right)^2 \tag{4.6.23}$$

式(4.6.23)决定了传输线型空腔谐振器的谐振频率。因此谐振器只能在满足式(4.6.23)的那些分立的频率点上才能建立起最强的电磁振荡，这些频率称为谐振器的谐振频率。谐振器的谐振频率构成分立谱。这就是谐振器谐振频率的分立性。

在微波与光波段具体应用中，常用谐振波长而不是谐振频率表示谐振器工作频率的分立性。为此将波数 k 用 $2\pi/\lambda$ 表示，即

$$k=\frac{2\pi}{\lambda}$$

代入式(4.6.23)得到

$$\left(\frac{2\pi}{\lambda}\right)^2=k_t^2+\left(\frac{p\pi}{l}\right)^2 \tag{4.6.24}$$

式(4.6.24)决定了传输线型空腔谐振器的谐振波长。序号 p 表示场在纵向(z 方向)变化的次数(或半波数)。

对于工作于 TEM 模的同轴线，$k_t=0$，代入式(4.6.24)就得到工作于 TEM 模同轴线空腔谐振器的谐振波长

$$\lambda_0=\frac{2l}{p} \tag{4.6.25}$$

对于矩形波导，将 $k_t^2=k_x^2+k_y^2$，$k_x=\dfrac{m\pi}{a}$，$k_y=\dfrac{n\pi}{b}$代入式(4.6.24)得到矩形空腔谐振器的谐振波长

$$\lambda_0=\frac{2}{\sqrt{\left(\dfrac{m}{a}\right)^2+\left(\dfrac{n}{b}\right)^2+\left(\dfrac{p}{l}\right)^2}} \tag{4.6.26}$$

对于 TE 模，m、n 中有一个可以为零，对 TM 模，m、n 都不能为零。

对于圆波导，$k_t=\dfrac{u'_{mn}}{a}$(对于 TE 模)或 $k_t=\dfrac{u_{mn}}{a}$(对于 TM 模)，u'_{mn}、u_{mn} 分别为第 m 阶贝塞尔函数的导数或第 m 阶贝塞尔函数的第 n 个根。

由式(4.6.26)可见，对于矩形空腔谐振器当 $b<a<l$ 时，TE_{101} 模式的谐振波长最长为

$$\lambda_0=\frac{2al}{\sqrt{a^2+l^2}} \tag{4.6.27}$$

为矩形空腔谐振器的主模，通常矩形空腔谐振器工作于 TE_{101} 模。

【例 4.6】 矩形空腔谐振器 $a=2.3\text{cm}$，$b=1.0\text{cm}$，$l=2.2\text{cm}$，主模是 TE_{101} 模，即 $m=1$，$n=0$，$p=1$，求矩形谐振器的谐振波长 λ_0

解 将 a、b、l 代入式(4.6.24)得到谐振波长 λ_0 为

$$\lambda_0=\frac{2}{\sqrt{\left(\frac{1}{2.3}\right)^2+\left(\frac{1}{2.2}\right)^2}}=3.18(\text{cm})$$

2. 场分布

矩形空腔谐振器、圆柱空腔谐振器与同轴线谐振器，其横截面$(x,\ y)$内的场分布与矩形波导、圆波导、同轴线横截面内场分布是一样的，由模式函数 $\boldsymbol{e}(x,y)$、$\boldsymbol{h}(x,y)$表示。差别是纵向场分布不一样。在波导中，假定纵向趋于无穷远，只有入射波没有反射波，场按 $\exp(-\text{j}k_z z)$变化。而在传输线型谐振器中，由于入射波与反射波干涉形成驻波，其驻波场分布可从解传输线方程得到

$$\frac{\text{d}V(z)}{\text{d}z}=-\text{j}k_z Z_z I(z) \tag{4.6.28}$$

$$\frac{\text{d}I(z)}{\text{d}z}=-\text{j}k_z Y_z I(z) \tag{4.6.29}$$

k_z、Z_z(或 Y_z)的意义已在前面交代过，联立式(4.6.28)和式(4.6.29)消去 $I(z)$得到

$$\left(\frac{\text{d}^2}{\text{d}z^2}+k_z^2\right)V(z)=0 \tag{4.6.30}$$

在边界 $z=0$，l 处，切向电场为零，故得 $V(z=0,\ l)=0$，在此边界条件下，其解为

$$V(z)\sim\sin k_z z \tag{4.6.31}$$

将式(4.6.31)代入传输线方程(4.6.28)，得到

$$I(z)\sim\text{j}Y_z\cos k_z z \tag{4.6.32}$$

式中：$k_z=\dfrac{p\pi}{l}$。

将式(4.6.31)、式(4.6.32)表示的模式函数幅值 $V(z)$、$I(z)$与相应波导模式函数相乘就得相应波导谐振器的场分布。对于截面为 $a\times b$、工作于 TE_{mn} 模的矩形波导构成的矩形空腔谐振器，其场分布就是

$$E_x=\sum_{m,n,p}A_{mnp}\frac{n\pi}{b}\cos\frac{m\pi x}{a}\sin\frac{n\pi y}{b}\sin\frac{p\pi z}{l} \tag{4.6.33a}$$

$$E_y=-\sum_{m,n,p}A_{mnp}\frac{m\pi}{a}\sin\frac{m\pi x}{a}\cos\frac{n\pi y}{b}\sin\frac{p\pi z}{l} \tag{4.6.33b}$$

$$E_z=0 \tag{4.6.33c}$$

$$H_x=\sum_{m,n,p}\text{j}A_{mnp}\frac{1}{\omega\mu}\frac{m\pi}{a}\frac{p\pi}{l}\sin\frac{m\pi x}{a}\cos\frac{n\pi y}{b}\cos\frac{p\pi z}{l} \tag{4.6.33d}$$

$$H_y=\sum_{m,n,p}\text{j}A_{mnl}\frac{1}{\omega\mu}\frac{m\pi}{b}\frac{p\pi}{l}\cos\frac{m\pi x}{a}\sin\frac{n\pi y}{b}\cos\frac{p\pi z}{l} \tag{4.6.33e}$$

$$H_z = \sum_{m,n,p} -\mathrm{j}A_{mnp}\frac{\left(\frac{n\pi}{b}\right)^2+\left(\frac{m\pi}{a}\right)^2}{\omega\mu}\cos\frac{m\pi x}{a}\cos\frac{n\pi y}{b}\sin\frac{p\pi z}{l} \tag{4.6.33f}$$

式(4.6.33)表示的场分布常记为 TE_{mnp} 模。下标 m、n 表示场在横截面内变化的次数，而 p 表示场在纵向变化的次数。对于 TM_{mnp} 模的矩形波导场分布表达式的导出留作练习。

矩形空腔谐振器最低模是 TE_{101} 模，将 $m=1$、$n=0$、$p=1$ 代入式(4.6.33)，只有三个场分量，即

$$E_y = -A_{101}\frac{\pi}{a}\sin\frac{\pi x}{a}\sin\frac{\pi}{l}z \tag{4.6.34a}$$

$$H_x = \mathrm{j}A_{101}\frac{\pi^2}{al}\frac{1}{\omega\mu}\sin\frac{\pi x}{a}\cos\frac{\pi z}{l} \tag{4.6.34b}$$

$$H_z = -\mathrm{j}A_{101}\frac{\pi^2}{\omega\mu a^2}\cos\frac{\pi}{a}x\sin\frac{\pi}{l}z \tag{4.6.34c}$$

其场结构如图 4-39 所示，电场只有 E_y 分量，在腔体中央最强；磁场只有 H_x、H_z 两个分量，在腔壁附近最强，腔体中央为零。因为场在 y 方向没有变化，图 4-39 所示只给出了 $y=\frac{b}{2}$ 平面上的场分布。

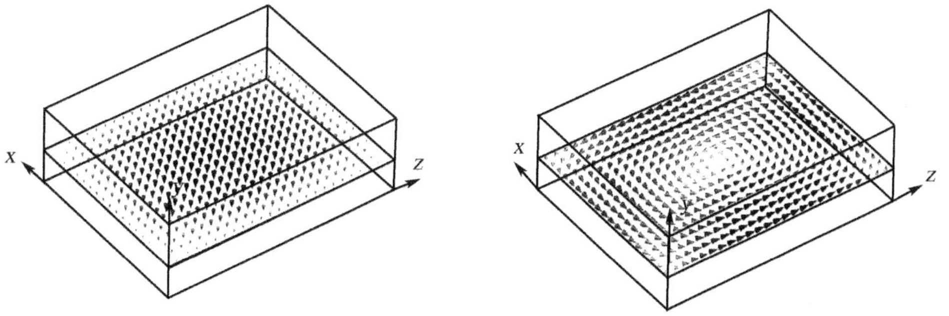

(a) 电场分布　　(b) 磁场分布

图 4-39　矩形空腔谐振器 TE_{101} 模场分布

3. 品质因数

按式(4.6.2)定义的谐振器的固有品质因数 Q_0，对 Q_0 计算，先要求出其储能 W

$$W = W_e + W_m = \frac{1}{2}\int_V \mu\,|\boldsymbol{H}|^2\mathrm{d}V \tag{4.6.35}$$

式中：W_e、W_m 分别为谐振器中任一瞬间电场储能与磁场储能，因为电场储能最大时，磁场磁能为零，磁场储能最大时，电场储能为零。式(4.6.35)右边表示的是最大磁场储能。当谐振器内介质损耗可忽略时，谐振器壁引起的损耗为

$$P_l = \frac{1}{2}\oint_s |\boldsymbol{J}_s|^2 R_s\mathrm{d}S = \frac{1}{2}R_s\oint_s |\boldsymbol{H}_s|^2\mathrm{d}S \tag{4.6.36}$$

式中：R_s 为腔壁表面电阻率；$\boldsymbol{J}_s$ 为表面电流；$\boldsymbol{H}_s$ 为表面切向磁场。

将式(4.6.35)、式(4.6.36)代入式(4.6.2)得到

$$Q_0 = \frac{2\pi}{T}\frac{\frac{1}{2}\int_V \mu\,|\boldsymbol{H}|^2\mathrm{d}V}{\frac{1}{2}R_s\oint_s |\boldsymbol{H}_s|^2\mathrm{d}S} = \frac{\omega\mu}{R_s}\frac{\int_V |\boldsymbol{H}|^2\mathrm{d}V}{\oint_s |\boldsymbol{H}_s|^2\mathrm{d}S} = \frac{2}{\delta}\frac{\int_V |\boldsymbol{H}|^2\mathrm{d}V}{\oint_s |\boldsymbol{H}_s|^2\mathrm{d}S} \tag{4.6.37}$$

式中：δ 为腔壁导体趋肤深度。

谐振腔内壁附近的切向磁场总要大于腔内部的磁场，如近似认为 $|\boldsymbol{H}^2|\approx\frac{1}{2}|\boldsymbol{H}_s|^2$，则可得

$$Q_0\approx\frac{1}{\delta}\frac{V}{S} \tag{4.6.38}$$

据式(4.6.38)可近似估计谐振腔的 Q_0 值。由此式可以看出，空腔谐振器的 Q_0 值近似与腔体体积 V 成正比，与其内壁表面积 S 成反比，与趋肤深度成反比。比值 V/S 越大，Q_0 值越高。因此，为获得较高的 Q_0 值应选择谐振器的形状使 V/S 大。因球的 V/S 最大，故球形谐振器 Q_0 最大。

如果要精确计算式(4.6.35)、式(4.6.36)，式中 $\boldsymbol{H}$、$\boldsymbol{H}_s$ 应为计及损耗后的磁场。以前计算场量时谐振器壁的损耗没有考虑。如果将损耗看成对没有损耗谐振器的扰动，当扰动很小时，作为一级近似，可以用没有损耗时的场计算谐振器的储能及腔壁的损耗，然后根据 Q_0 的定义计算 Q_0。这一近似对于工程应用来说，只要扰动小并不引起多少误差。

由于损耗较难精确计算，品质因数的计算误差较大，其精确值一般通过测量得到。

4.6.3　微带谐振器与介质谐振器

1. 微带谐振器

将介质基片上微带导电片切断，保留长为 l 的一段，就构成图 4-40(a)所示的矩形片微带谐振器。从原理上讲，它和柱形金属波导两端用导电板短接构成的谐振器相似，因为微带导电片切断部分相当于开路，产生全反射。这类问题分析的难点在于切断处将会激励起高次模，等效的开路面并不在导电薄片切断处。

微带谐振器介质基片上的导电薄片如果是圆形或椭圆形，就构成圆片形和椭圆片形微带谐振器，如图 4-40(b)和(c)所示。

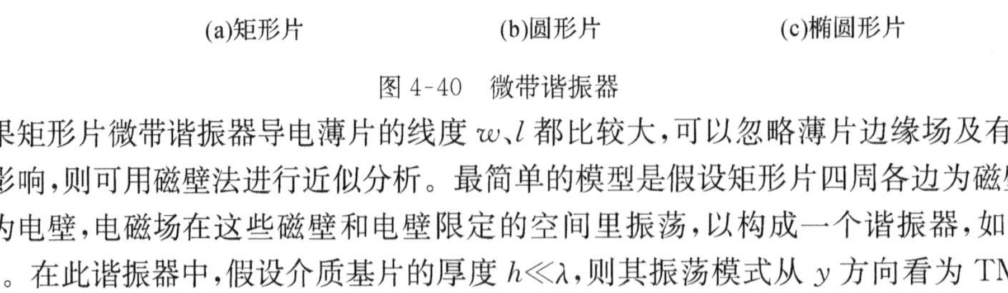

(a)矩形片　　(b)圆形片　　(c)椭圆形片

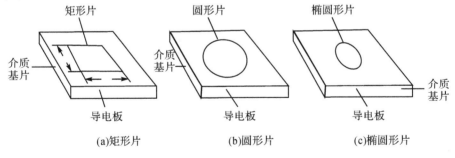

图 4-40　微带谐振器

如果矩形片微带谐振器导电薄片的线度 w、l 都比较大，可以忽略薄片边缘场及有限介质填充的影响，则可用磁壁法进行近似分析。最简单的模型是假设矩形片四周各边为磁壁，上下导体片为电壁，电磁场在这些磁壁和电壁限定的空间里振荡，以构成一个谐振器，如图 4-41(a)所示。在此谐振器中，假设介质基片的厚度 $h\ll\lambda$，则其振荡模式从 y 方向看为 TM 模，即在 y 方向磁场无纵向分量，$H_y=0$，但 $E_y\neq0$，由于 $h\ll\lambda$，场沿 y 方向无变化，$\frac{\partial}{\partial y}=0$，即 $k_y=0$。由于在 $z=\pm l/2$，$x=\pm w/2$ 为磁壁所包围，即电场切向分量在法线方向梯度为零或磁场切向

分量为零，在此条件下应用横向谐振原理不难得到

$$k_x=\frac{m\pi}{w}$$

$$k_z=\frac{n\pi}{l}$$

故决定谐振频率的色散方程为

$$\omega^2\mu\varepsilon=\left(\frac{m\pi}{w}\right)^2+\left(\frac{n\pi}{l}\right)^2 \tag{4.6.39}$$

由于磁壁模型忽略了边缘效应的影响，当 w、l 不是很大时，误差就很大，因而实际应用中是没有价值的。

为了补偿边缘效应，仍然基于磁壁模型，但 w、l 用等效宽度 w_e 与等效长度 l_e 代替，而介电常数 ε_r 用等效介电常数 ε_e 替代[见图 4-41(b)]，有关 w_e、l_e、ε_e 的计算不再深入讨论。

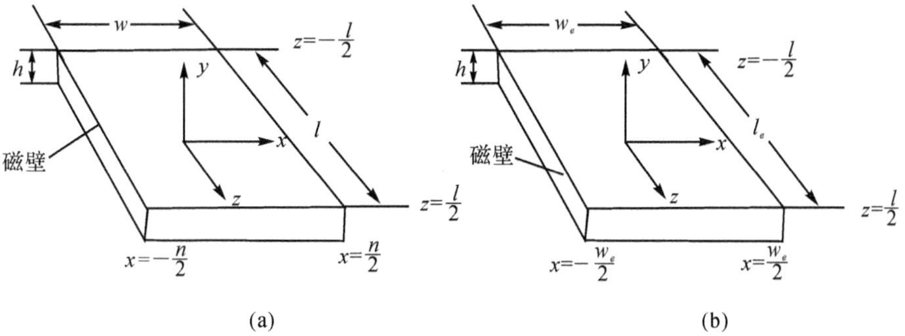

图 4-41　微带谐振器的磁壁法模型

2. 介质谐振器

介质谐振器已成为微波电路中的一种新型元件，主要用于滤波器和振荡器。

介质谐振器的形状有矩形、圆柱形、圆环形等。如图 4-42(a)、(b)、(c)所示，这些都是孤立的介质谐振器，它们便于理论分析。但在实际应用中，必须有支撑的支架、屏蔽外壳等，特别在微波集成电路中，常把它放在介质基片上，成为一种在轴方向非对称结构，如图 4-42(d)所示。

图 4-42　介质谐振器

介质谐振器的主要优点是：

(1)Q 值高，温度稳定性好，可以与殷钢媲美；

(2)体积小、重量轻，可作为混合集成电路元件用于微波和毫米波电路中；

(3)制造工艺简单，价格便宜；

(4)适合多种微波和耦合电路使用。

主要技术指标有以下 3 个:

(1)Q 值。它近似等于介质损耗角正切的倒数,介质损耗角正切越小,Q 值越高,更利于实际应用。

(2)谐振频率的温度系数 τ_f。它与介电常数的温度系数 τ_ε 及介质热膨胀系数 τ_v 有关。τ_f 越小,谐振频率随温度变化越小,谐振器的频率稳定度越高;

(3)相对介电常数 ε_r。在微波应用中,ε_r 在 30～100 范围内,在毫米波应用中,ε_r 在 30 以下。ε_r 越大,谐振器的体积越小,能量越向谐振器体内集中,受外电路影响越小。但也不能太大,太大时,对几何尺寸要求严格,不利于制作。

目前在 C 波段介质谐振器 Q 值已达 10^4 量级,τ_f 在 10^{-6} 量级,可与 TE_{101} 模矩形空腔谐振器相媲美,甚至更高,但其在体积、重量、加工等方面的优点则远非金属谐振腔所能达到的。

对介质谐振器的分析,较早的文献大都采用磁壁法,即把介质谐振器边界看成磁壁,电磁场在磁壁所限制体积内振荡。这种方法对高次振荡模谐振频率的计算误差尚小,但对低次模的误差可达 10%以上。为了进一步提高精度,也有采用变分法,并利用近似的数值分析,可使误差控制在 1%以内。

对于图 4-42(d)所示在实际上得到应用的介质谐振器,如果以 z 为纵向,可以分成三个基本模块[见图 4-43(a)],Ⅰ为介质谐振器所在区域,Ⅱ、Ⅲ为空气及介质基片所在区域,每个区域可用传输线等效,上下两导电板用短路线表示,不同模块交界面,用网络 T 表示模式之间的耦合。最终得到如图 4-43(b)所示的等效网络。下标 1、2、3 分别表示属于介质谐振器、空气与介质基片中场的物理量。

利用本章前面的分析结果,各模块所等效的传输线参数(传播常数 k_z 与特征阻抗 Z 或特征导纳 Y)可以求出。原则上用模式匹配法,可求出耦合网络 T_1、T_2 的参数。如果模式取得足够多可得到介质谐振器的精确解。

作为近似,如果略去模式之间的耦合,即用单位矩阵表示耦合网络 T_1、T_2,则图 4-43(b)所示的等效网络可简化为图 4-43(c)。

选取任一参考面,如 $z=h_1$,求出 $\pm z$ 方向看进去的输入导纳 $Y^\uparrow$、$Y^\downarrow$,谐振条件要求

$$Y^\uparrow + Y^\downarrow = 0 \tag{4.6.40}$$

式中:$Y^\uparrow$、$Y^\downarrow$ 是 ω 的函数,故上式可近似决定介质谐振器谐振频率的特征方程的一般表达式。这种方法比磁壁法的精度要高些。

圆柱形介质谐振器应用最广。为了简化分析,不考虑支撑介质及屏蔽外壳的影响,即只讨论如图 4-42(b)所示的孤立的谐振器,并重绘于图 4-44(a)。它可看作两端断开的一段圆柱介质波导。因此,圆柱介质谐振器在横截面内的场分布与圆柱介质波导是相同的,但纵向场分布与圆柱介质波导不同。由于纵方向介质—空气交界面的存在,谐振器内投射到交界面的入射波被全反射,入射波与反射波的叠加在纵方向形成驻波场。不过,这个驻波场分布与柱形金属空腔谐振器中驻波场分布也有区别,在柱形金属空腔谐振器中,金属壁反射系数不是-1(对于 E_t)就是$+1$(对于 H_t),反射系数相角不是 180°就是 0°,谐振器轴向长度为 $\lambda_g/2$ (λ_g 为波导波长)的整倍数。而对于介质谐振器,介质—空气交界面反射系数相角不仅与入射波型有关,还与入射角有关,既不是 180°也不是 0°。这样满足谐振时波沿轴向来回反射一次总相移为 $2n\pi$ 的条件为

$$2k_{z1}l + 2\varphi_{12} = 2n\pi$$

谐振器轴向长度 l 就不再是 $\lambda_g/2$ 的整倍数。式中:k_{z1} 是介质谐振器中纵向传播常数,φ_{12}

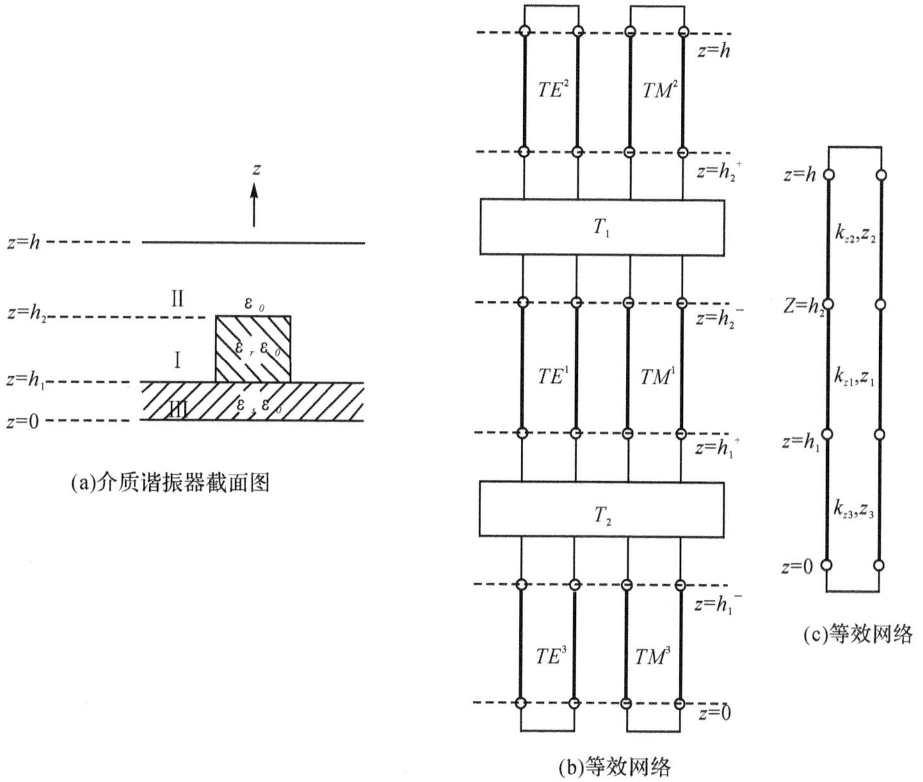

(a)介质谐振器截面图　(b)等效网络　(c)等效网络

图 4-43　屏蔽结构介质谐振器及其等效电路

是介质谐振器顶部、底部与空气交界面反射系数的相角。

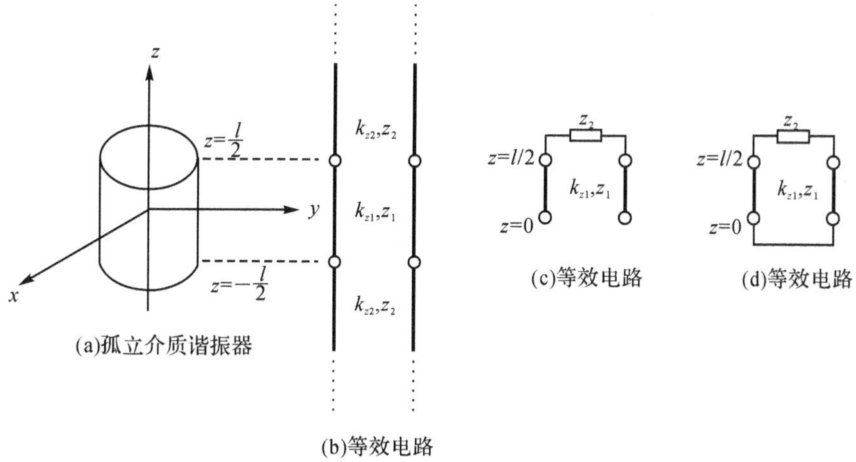

(a)孤立介质谐振器　(b)等效电路　(c)等效电路　(d)等效电路

图 4-44　孤立介质谐振器及其等效电路

对于介质谐振器的分析主要是如何确定轴向长度 l。在后面分析中，我们假定与介质谐振器对应的介质波导的纵向或横向传播常数 k_z 或 k_t 是已知的。

孤立圆柱介质波导结构的特点是，不仅在圆周方向，就是在轴向（z 方向）也有对称性。如果不考虑圆柱介质上顶与下底面的模式耦合效应，图 4-44(a)所示的孤立谐振器其轴向等效网络就如图 4-44(b)所示。由于图 4-44(a)所示的孤立谐振器以 $z=0$ 平面对称，相应的图 4-44(b)所示的等效网络上电压、电流分布也有对称性，但有偶对称与奇对称的区别。对称面

($z=0$)上电压为波幅、电流为零的分布称为偶模，而电流为波幅、电压为零的分布称为奇模。所以在对称面，对于偶模等效为开路，对于奇模就等效为短路。这样图 4-44(b)所示的横向等效网络可进一步简化为图 4-44(c)和(d)。

圆柱介质谐振器常用工作模式是偶对称的 TE 模。下面根据图 4-44(c)所示的等效网络导出偶对称 TE 模的特征方程，即决定谐振频率的方程。

取圆柱介质顶与空气交界面($z=l/2$)为参考面，从参考面向$\pm z$方向看进去的输入导纳$Y^{\uparrow}$、$Y^{\downarrow}$分别为

$$Y^{\uparrow}=Y_2=Y_0 \tag{4.6.41}$$

$$Y^{\downarrow}=\mathrm{j}Y_1\tan\left(\frac{k_{z1}l}{2}\right) \tag{4.6.42}$$

式中：Y_1、Y_0 分别为介质和空气部分的特性导纳，分别为

$$Y_1=\frac{k_{z1}}{\omega\mu} \tag{4.6.43}$$

$$Y_0=\frac{k_{z0}}{\omega\mu}=\frac{-\mathrm{j}\alpha_0}{\omega\mu} \tag{4.6.44}$$

$$k_{z1}=\sqrt{\omega^2\mu\varepsilon_{r1}\varepsilon_0-k_{t1}^2} \tag{4.6.45}$$

$$k_{z0}=-\mathrm{j}\alpha_0$$

$$\alpha_0=\sqrt{k_{t0}^2-\omega^2\mu\varepsilon_{r1}\varepsilon_0} \tag{4.6.46}$$

其中，k_{t1}、k_{t0}分别为介质与空气部分波导的横向传播常数。

谐振时从参考面向$\pm z$方向看进去的输入导纳$Y^{\uparrow}$与$Y^{\downarrow}$之和为零，将式(4.6.41)与式(4.6.42)代入式(4.6.40)，得到

$$-\mathrm{j}\frac{\alpha_0}{\omega\mu}+\mathrm{j}\frac{k_{z1}}{\omega\mu}\tan\left(\frac{k_{z1}l}{2}\right)=0 \tag{4.6.47}$$

或
$$\alpha_0=k_{z1}\tan\left(\frac{k_{z1}l}{2}\right)$$

因此

$$k_{z1}l/2=\arctan\left(\frac{\alpha_0}{k_{z1}}\right)+n\pi\quad(n=0,1,2,\cdots)$$

$$k_{z1}l=2\arctan\left(\frac{\alpha_0}{k_{z1}}\right)+2n\pi=(2n+\delta')\pi \tag{4.6.48}$$

δ'定义为

$$\delta'=\frac{2}{\pi}\arctan\frac{\alpha_0}{k_{z1}} \tag{4.6.49}$$

所以

$$k_{z1}=\frac{(2n+\delta')\pi}{l}=\frac{(p+\delta')\pi}{l}\quad(p=2n,\text{为偶数}) \tag{4.6.50}$$

将式(4.6.50)代入普遍的色散关系$k^2=\omega^2\mu\varepsilon=k_z^2+k_t^2$，得到

$$\omega^2\mu\varepsilon_{r1}\varepsilon_0=k_{t1}^2+k_{z1}^2=k_{t1}^2+\left(\frac{p+\delta'}{l}\pi\right)^2 \tag{4.6.51}$$

根据 4.5 节对介质圆波导的分析，可得出k_{t1}、k_{t0}或k_{z1}、α_0，并可进一步得出δ'，代入式(4.6.50)或式(4.6.51)就可得到给定谐振频率时谐振器轴向长度l。所以，式(4.6.50)或式(4.6.51)就是决定圆柱介质谐振器工作于偶对称 TE 模谐振频率的特征方程。这类工作模式

常记为 $TE_{mn(p+\delta)}$。下标 m、n 的物理意义与介质圆波导是一样的，m 表示场沿圆周方向变化的次数，n 表示沿半径方向场最大值出现的次数，p 表示谐振器中场沿轴向（z 方向）分布的半波数，当 $p=0$ 时，谐振器内轴向场分布不到半个波长，当 $p\neq 0$ 时，谐振器内场分布小于（$p+1$）个半波长而大于 p 个半波长。因此 $m=0$，$n=1$，$p=0$ 的 $TE_{01\delta'}$ 模是偶对称 TE 模的最低模。其场分布如图 4-45 所示。电场线以 z 轴为同心圆，没有纵向 z 分量，磁场线与电场线正交，是包含 z 轴平面内的闭合曲线，这种模式最容易与微带线耦合。

对于奇对称 TM 模，经过类似前面的分析，其特征方程为

$$k_{z1}l=2\arctan\left(\frac{\alpha_0\varepsilon_{r1}}{k_{z1}}\right)+2n\pi=(2n+\delta'')\pi \tag{4.6.52}$$

式中：

$$\delta''=\frac{2}{\pi}\arctan\frac{\alpha_0\varepsilon_{r1}}{k_{z1}} \tag{4.6.53}$$

对称面开路 TM 模与对称面短路 TE 模两种情况，其特征方程读者可自行导出。

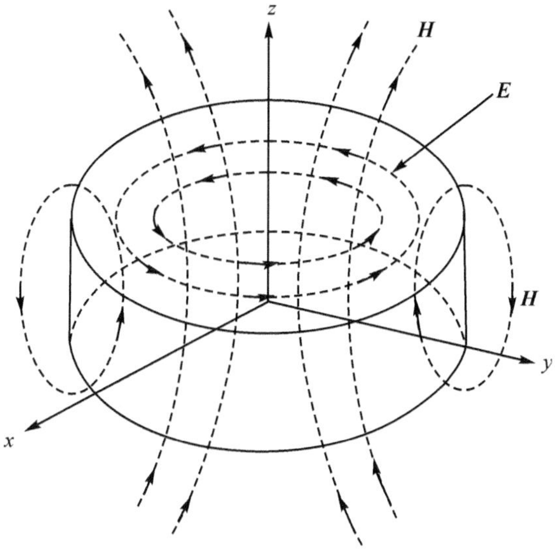

图 4-45　孤立圆柱介质谐振器场分布

4.6.4　谐振器与波导的耦合

空腔谐振器跟同轴线的耦合一般有两种方法，即电探针耦合与耦合环耦合。不管哪一种耦合方式，电探针激励的电场或耦合环激励的磁场与谐振器工作模式在探针附近的电场或耦合环附近的磁场分布要尽可能一致。波导与空腔谐振器的耦合一般用小孔耦合。波导通过小孔耦合到谐振器中的场也要与谐振器在小孔附近工作模式的场结构尽量一致。以上三种耦合结构如图 4-46(a)、(b)、(c)所示。

微带线与微带谐振器既可通过隙缝进行耦合，如图 4-46(d)所示，也可通过边缘漏泄场耦合，如图 4-46(e)所示。微带线与介质谐振器耦合，介质谐振器放在微带线一侧，通过漏泄场耦合，如图 4-46(f)所示。

传输线与谐振器的耦合及其等效电路如图 4-47(a)和(b)所示。谐振器用并联的 LCG 谐振电路表示，耦合器则用一无损二端口网络等效。

注意：图 4-47(b)所示的等效电路只对工作于某一特定模式的场而言，工作于不同模式的

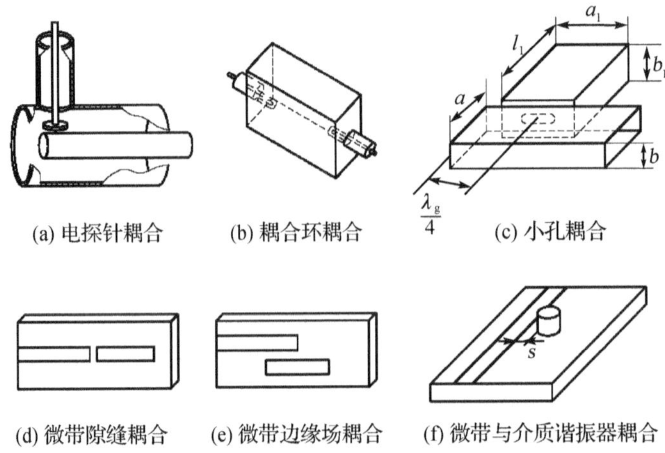

图 4-46　谐振器与波导的耦合

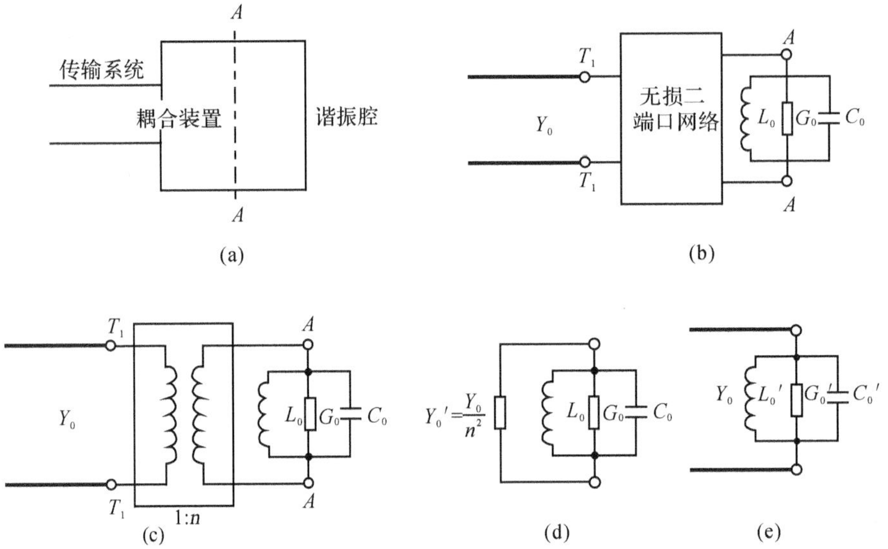

图 4-47　传输线与谐振器耦合的等效电路

谐振器要用不同参数的谐振电路等效。

如果把耦合器理解为从传输线到谐振器的一个升压变压器，升压比为 n，则图 4-47(b)所示的等效电路可表示成图 4-47(c)，传输线特征导纳 Y_0 变换到谐振器内时为 $Y'_0=\dfrac{Y_0}{n^2}$，故图 4-46(c)所示的等效电路可进一步简化到图 4-47(d)。所以谐振器与外电路耦合从谐振器角度看，传输线的影响等效于增加一损耗电导 Y'_0。此时总的损耗电导 $G_L=G_0+Y'_0$。定义与谐振器固有损耗联系的品质因数 Q_0 为

$$Q_0=\frac{\omega C_0}{G_0} \tag{4.6.54}$$

定义与外电路损耗联系的外观品质因数 Q_e 为

$$Q_e=\frac{\omega C_0}{Y'_0} \tag{4.6.55}$$

则与谐振器总的损耗联系的有载品质因数 Q_L 为

$$Q_L=\frac{\omega C_0}{Y'_0+G_0} \tag{4.6.56}$$

显然
$$\frac{1}{Q_L}=\frac{1}{Q_0}+\frac{1}{Q_e} \tag{4.6.57}$$

定义谐振器与外电路耦合度 β 为

$$\beta=\frac{Q_0}{Q_e}=\frac{Y'_0}{G_0}=\frac{Y_0}{n^2G_0} \tag{4.6.58}$$

由此得到

$$Q_0=Q_L(1+\beta) \tag{4.6.59}$$

它表示外电路损耗与谐振器内损耗之比。

如果将谐振器 L_0、C_0、G_0 通过理想变压器变换到传输线一端，其等效电路则简化到图 4-47(e)，其中 $C'_0=n^2C_0$，$G'_0=n^2G_0$，$L'_0=\frac{L_0}{n^2}$，所以从传输线角度看，谐振器相当于一个对频率敏感的负载。注意，不管把传输线特征导纳通过理想变压器归算到谐振器内，或把谐振器通过理想变压器归算到传输线，谐振器的品质因数不变。在谐振频率点，$\omega=\omega_0$，谐振器为一纯电导 G'_0。传输线终端 T_1 面反射系数 Γ 为

$$\Gamma=\frac{Y_0-G'_0}{Y_0+G'_0} \tag{4.6.60}$$

传输线上驻波系数 ρ 为

$$\rho=\frac{1+|\Gamma|}{1-|\Gamma|}=\begin{cases}\dfrac{Y_0}{G'_0}=\dfrac{Y_0}{n^2G_0}=\beta & Y_0>n^2G_0\\[2ex] \dfrac{G'_0}{Y_0}=\dfrac{n^2G_0}{Y_0}=\dfrac{1}{\beta} & n^2G_0>Y_0\end{cases} \tag{4.6.61}$$

即谐振器与外电路耦合度 $\beta>1$ 时，谐振器归一化电导 $g'_0=\frac{G'_0}{Y_0}=\frac{1}{\rho}$，$\rho=\beta$，当 $\beta<1$ 时，$g'_0=\frac{G'_0}{Y_0}=\rho$，$\rho=\frac{1}{\beta}$。

4.6.5　谐振器特征参数的测量

前已指出，对外电路而言，谐振器可看作是一个对频率敏感的负载。在谐振频率附近，谐振器所等效的负载特性随频率变化，根据传输线理论，传输线的状态也跟着变化，描述传输线状态的特征量，如反射系数、驻波系数与驻波相位也相应跟着变化。因而通过谐振频率附近与谐振器耦合的传输线上反射系数 Γ、驻波系数与驻波相位的测量即可提取谐振器的特征参数。

如果谐振器的品质因数较高，可以假定在谐振频率附近，谐振器电导 G'_0 不随频率而变，则谐振器偏离谐振频率时，从圆图上看，谐振器所等效的负载将沿等 G'_0 圆旋转，随谐振器工作频率与谐振频率偏离程度，即 $\Delta\omega=|\omega-\omega_0|$ 的增加，谐振器的电纳分量 $B'(\omega)$ 也增加，谐振器导纳在圆图上对应点，即等 G'_0 圆与等 $B'(\omega)$ 圆交点，不管 $G'_0<1$ 还是 $G'_0>1$，离开圆图中心点距离，即反射系数模 $|\Gamma(\omega)|$ 都增加[见图 4-48(a)和(b)]，而驻波系数 $\rho=(1+|\Gamma|)/(1-|\Gamma|)$ 当然也增加。所以在谐振频率附近驻波系数与频率关系 $\rho\sim\omega$ 以及反射系数模与频率关系 $|\Gamma|\sim\omega$ 为如图 4-49(a)与(b)所示的曲线。显然驻波系数最小点 ρ_{min} 与反射系数模最小点 $|\Gamma|_{min}$ 对应的频率就是谐振器的谐振频率 ω_0。而曲线随频率变化的尖锐度反映谐振器品

质因数高低。可以证明，当

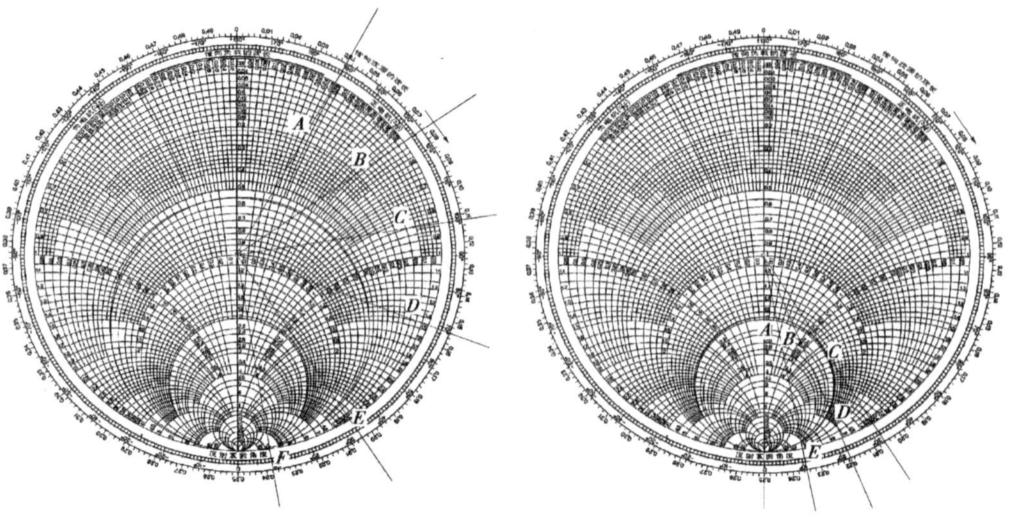

(a)d_{min} 随频率单调变化，$\beta>1$　　　(b)d_{min} 随频率非单调变化，$\beta<1$

图 4-48　谐振频率附近驻波最小点位置 l_{min} 在圆图上的表示

$$\rho_{1,2}=\frac{1+\rho_0+\sqrt{1+\rho_0^2}}{1+\rho_0-\sqrt{1+\rho_0^2}} \tag{4.6.62}$$

时，它所对应的 $2\Delta f$ 为腔的半功率带宽，即 $Q_L=\frac{f_0}{2\Delta f}$(见习题 4.26)。而由式(4.6.59)可得到谐振器的固有品质因数 Q_0。

谐振器的归一化电导 g'_0，根据式(4.6.61)，当耦合度 $\beta>1$，$g'_0=1/\rho_{min}$，当 $\beta<1$，$g'_0=\rho_{min}$。耦合度 β 是大于 1 还是小于 1，可由谐振频率附近驻波最小点位置随频率的变化规律确定。对于图 4-48(a)所示的 $G'_0<1$ 或 $\beta>1$ 的情况，最小点位置随频率单调变化，如图 4-49(c)所示。而对于图 4-48(b)所示的 $G'_0>1$ 或 $\beta<1$ 的情况，随着 ω 偏离 ω_0 程度的增加，驻波最小点位置相对于谐振时驻波最小点位置的偏离，先是随频率增加而增加，到达最大值后再增加频率，驻波最小点位置又接近谐振时的驻波最小点位置，如图 4-49(d)所示。所以谐振频率附近驻波最小点位置变化规律 $\beta>1$、$\beta<1$ 两种情况是不一样的，即

$$G'_0=\begin{cases}\dfrac{1}{\rho_0} & (d_{min}\text{随频率单调变化},\beta>1)\\ \rho_0 & (d_{min}\text{随频率非单调变化},\beta<1)\end{cases} \tag{4.6.63}$$

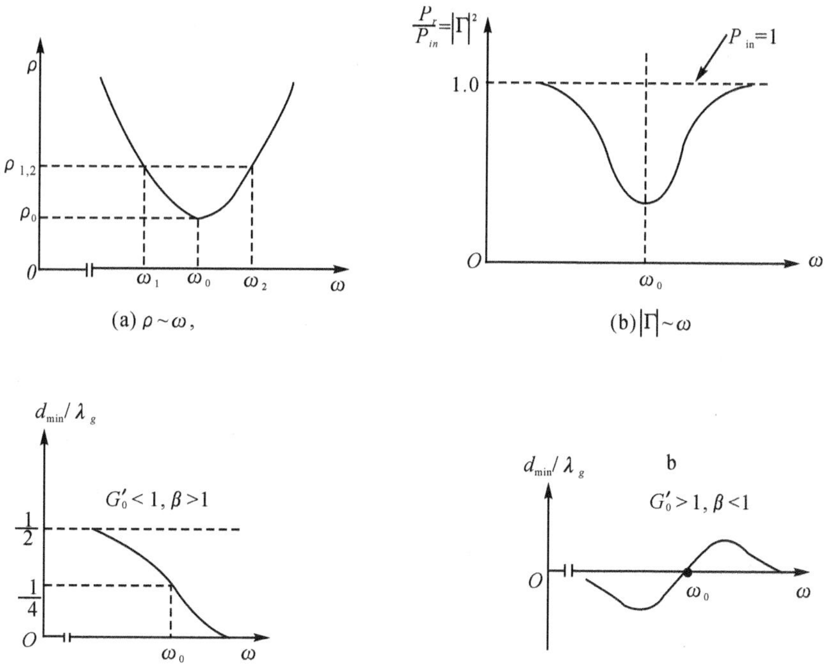

图 4-49　谐振器谐振频率附近 $\rho\sim\omega$，$d_{min}\sim\omega$

4.7　周期结构

前面分析过的波导，其结构纵方向是均匀的。如果波导的结构在纵向具有周期性，即其结构沿纵向以周期长度 d 不断重复，就形成周期结构。如图 4-50 所示中的周期层状介质、周期介质栅以及梳形慢波线都是周期结构的典型例子。微电子、光电子领域使用的各类晶体结构都具有周期性，电子波就是在这种周期结构中传播的。由于结构的周期性，电磁波在周期结构中的传播与均匀波导相比有许多新的特点，这就是本节要讨论的问题。

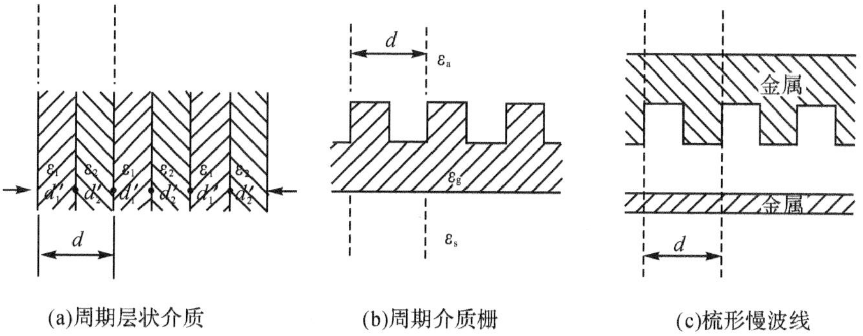

图 4-50　周期结构举例

对于均匀波导中的传播模式，纵向传播常数 $k_z=(k_0^2\varepsilon_r-k_t^2)^{\frac{1}{2}}>0$，$k_z$ 为实数，小于填充介质 ε_r 中的波数 $k_0\sqrt{\varepsilon_r}$。相速 $v_{pz}=\dfrac{\omega}{k_z}$ 比介质 ε_r 中的光速快，即传播的是快波。但在周期结构

中既可以传播相速比光速快的快波，也可以传播比光速慢的慢波。如果慢波的相速与电子束的运动速度同步，就可实现慢波与运动电子束间的有效能量交换。行波型微波电子器件和加速器正利用了慢波与电子束之间的能量交换。在行波型微波电子器件中，电子束通过与它同步的慢电磁波的有效相互作用，将电子束的动能转换为电磁波的能量，使波场得到放大。在加速器中则相反，电磁波能量转换给电子束，使电子束动能增大，电子束运动速度加快，甚至接近光速。

对于某一特定模式，均匀波导都有一个截止频率，低于截止频率电磁波不能传播，高于截止频率都能传播。对于周期结构，随着频率提高，电磁波不能传播的禁带与可以传播的通带交替出现。工作于禁带的周期结构，对电磁波是一个很好的反射器，在声表面波与光电子器件中得到有益的应用。

周期结构较之一般的三维结构分析起来要简单得多。当单元结构周期长度和波长可比拟的时候，利用周期结构的弗洛奎脱(Floquet)定理，可以简化到类似于均匀波导的三维场问题。

4.7.1　周期结构的一般性质

1. 弗洛奎脱定理

弗洛奎脱定理是描述周期结构性质的一个基本定理。

弗洛奎脱定理的一种表述是，在周期结构中，空间经过一个周期后，场量只差一个常数因子 $e^{-jk_{x0}d}$。因为经过一个周期后边界条件相同，场量只能在相位和幅度上有所变化。所以随时间作简谐变化的电磁场 $\psi(x,\ y,\ z)$ 在周期变化的方向具有性质：

$$\psi(x+d,y,z)=e^{-jk_{x0}d}\psi(x,y,z) \tag{4.7.1}$$

式中：x 轴是周期变化的方向；d 为周期长度，弗洛奎脱波数 k_{x0} 一般为复数：

$$k_{x0}=\beta_{x0}-i\alpha_x \tag{4.7.2}$$

其实部 β_{x0}，虚部 α_x 分别叫做相位常数和衰减常数，反映场经过一个周期后相位、幅度的变化。

根据弗洛奎脱定理对周期结构中场的这种解释，对于周期结构，如果已知一个周期小单元中场量的解，其他周期小单元中的场也就唯一确定。故对周期结构的研究取其中一个周期小单元已足够。

弗洛奎脱定理也可以用另外的方式表达。假定 $\psi(x,y,z)$ 可表示成

$$\psi(x,y,z)=e^{-jk_{x0}x}P(x,y,z) \tag{4.7.3}$$

那么由式(4.7.1)可得

$$\begin{aligned}\psi(x+d,y,z)&=e^{-jk_{x0}(x+d)}P(x+d,y,z)\\&=e^{-jk_{x0}d}\psi(x,y,z)\\&=e^{-jk_{x0}(x+d)}P(x,y,z)\end{aligned}$$

即

$$P(x+d,y,z)=P(x,y,z) \tag{4.7.4}$$

所以 $P(x,y,z)$ 是周期函数。

式(4.7.3)和式(4.7.4)就是弗洛奎脱定理的又一种表达形式。它表明，周期结构的场并非周期函数，但可表示成周期函数 $P(x,\ y,\ z)$ 与指数函数 $e^{-k_{x0}x}$ 乘积的形式。

弗洛奎脱定理的两种表述方式是等价的。因为由弗洛奎脱定理的第一种表述就可以得出

第二种表述，反之亦然。

下面我们主要从弗洛奎脱定理的第二种表述方式讨论周期结构中场的基本性质。

2. 周期结构中的场可分解成基波及各高次空间谐波的叠加

因为 $P(x,y,z)$ 是 x 的周期函数，故可将它在空间以周期 d 进行傅里叶展开，即

$$P(x,y,z)=\sum_{n=-\infty}^{\infty}a_n(\rho)\mathrm{e}^{-\mathrm{j}\frac{2n\pi}{d}x} \tag{4.7.5}$$

式中：$\rho=y\boldsymbol{y}_0+z\boldsymbol{z}_0$。

将式(4.7.5)代入式(4.7.3)得到

$$\psi(x,y,z)=\sum_{n=-\infty}^{\infty}a_n(\rho)\mathrm{e}^{-\mathrm{j}k_{xn}x} \tag{4.7.6}$$

式中：$k_{xn}=k_{x0}+2n\pi/d=\beta_{x0}+2n\pi/d-\mathrm{j}\alpha_x$。　(4.7.7)

因此，周期结构中的场量可用诸如 $a_n(\rho)\mathrm{e}^{-\mathrm{j}k_{xn}x}$ 的波叠加表示。这些波通常称为空间谐波，其中 $n=0$ 的波叫基波，$n\neq 0$ 的波统称为高次谐波。

要注意的是，基波及各次空间方谐波彼此不独立，它们要在相位与幅度上以适当的方式组合在一起才能满足周期结构的边界条件。这与前面讨论过的波导中的电磁场模式是不同的。波导中每个模式的场都独立满足波导边界条件，一个模式场的存在不以另一个模式存在为前提。

3. 周期结构的色散

周期结构的色散特性通常用 k_0d 与 β_xd 的关系曲线表示。该曲线的物理意义前面已讨论过。例如，该曲线上每一点与原点连线的斜率

$$\frac{k_0d}{\beta_xd}=\frac{\omega}{\beta}/c=\frac{v_\mathrm{p}}{c} \tag{4.7.8}$$

表示相速与光速之比。而每一点切线斜率

$$\frac{\mathrm{d}(k_0d)}{\mathrm{d}(\beta_xd)}=\frac{\mathrm{d}\omega}{\mathrm{d}\beta}/c=v_g/c \tag{4.7.9}$$

表示群速与光速之比。式中：v_p，v_g 分别表示周期结构所传播波的相速和群速。

为了获得周期结构色散特性曲线一的大致图像，我们把周期结构看成是对于基本 TEM 模传输线的周期扰动。TEM 模传输线的色散关系满足

$$\beta_x^2-\varepsilon_rk_0^2=0 \tag{4.7.10}$$

其中，ε_r 是介质的相对介电系数，式(4.7.10)的图解如图 4-51 所示，是通过原点的两条直线。

如果对这种基本 TEM 模传输线施加一个很小的周期扰动，可以预期，基本的色散关系与原来 TEM 模的色散关系偏离不大，但由于周期扰动的引入，将出现基波及各次空间谐波，其相位常数的关系为

$$\beta_{xn}=\beta_{x0}+\frac{2n\pi}{d} \tag{4.7.11}$$

因此，如果知道了基波的色散关系 $k_0d\sim\beta_{x0}d$，那么只要在 β_xd 轴上平移 $2n\pi$，即可得第 n 次空间谐波的色散关系。可以假定基波色散关系仍为图 4-51 所示曲线，那么利用平移技巧，整个周期结构的近似色散关系 $k_0d\sim\beta_xd$ 就如图 4-52 所示。

对于图 4-52 中两直线的交点，表示相交两直线所代表的两个模式在交点附近具有相同的

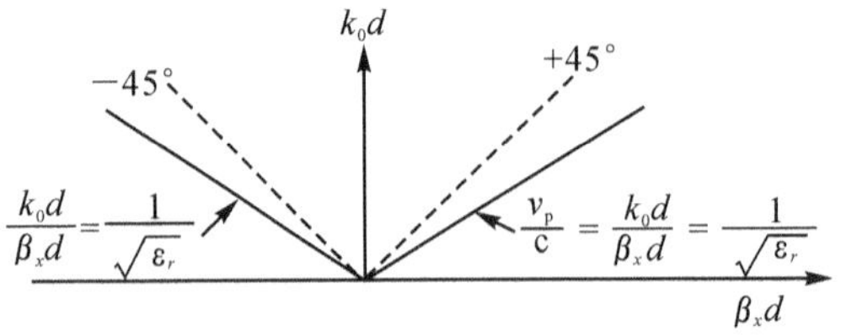

图4-51　均匀介质中 TEM 模色散关系($k_0\sim\beta_x$ 图)

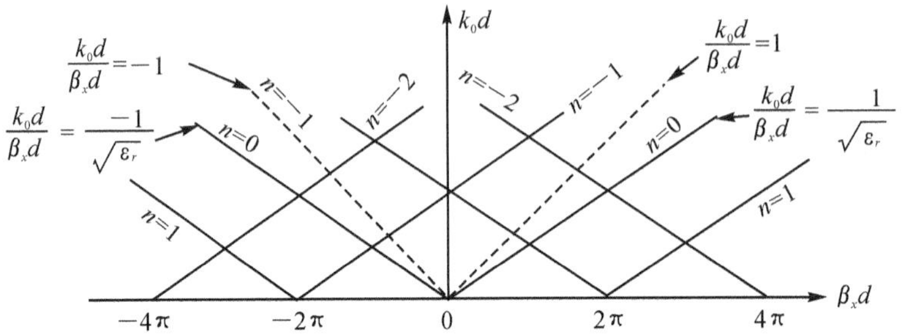

图 4-52　基本 TEM 模传输线施加周期扰动后的色散关系

相速,因而彼此之间可能发生相互作用,引起耦合,使色散曲线在交点附近发生畸变;远离交点,相速相差太大,不大可能发生耦合,基本保持原来的形状。计及交点附近不同模式耦合后,由基本 TEM 模周期扰动所得的周期结构的色散关系(见图 4-52)就变得复杂,此时传播常数是复数,图 4-53 是计及耦合效应后封闭周期结构的色散关系。

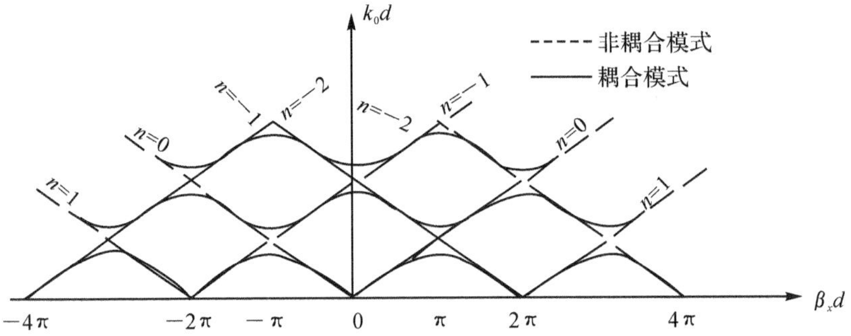

图 4-53　计及耦合效应后封闭周期结构的色散关系($k_0d\sim\beta_xd$)

无论从式(4.7.11)还是图 4-53,对于给定的频率,基波和各次空间谐波色散曲线的该频率点与原点连续斜率不同,但切线斜率相同,即基波和各次空间谐波相速不同,但有相同的群速。空间谐波序号越高,相速越慢。

由图 4-53 还可见,计及耦合效应后,对于封闭周期结构的波导,并不是所有频率的电磁波都能传播,出现所谓通带与禁带。在禁带范围内电磁波不能传播,传播常数的解一般为复数。工作在禁带的周期结构,对电磁波全反射,可作反射器。这种反射器当工作波长较长时不实用。工作于禁带的作为反射器的周期结构其周期长度接近半个波长。如果取 20～30 个周期作为无限长周期结构的近似,在微波波段,这个反射器尺寸就太大了。但在光波段,波长不到一个微米,20 多个周期也就 10 来个微米,完全可用成熟的微电子工艺分层交替生长不同薄膜而形成周期结构。事实上在微波波段用作反射器的金属导体到光波段对电磁波不再完全反射,不能作反射器。周期层状介质就成为光波段反射器的良好选择。图 4-54 就是用分子束外延生长的 27 层 AlAs－GaAs 作为反射器的周期结构。

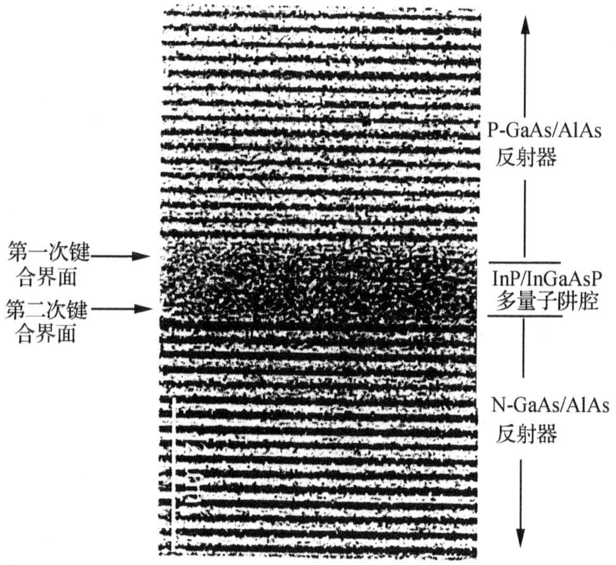

图 4-54　光电子器件中的周期层状介质

4. 周期结构的漏波辐射

参看图 4-55 所示的介质波导，如果在 $x>0$ 区域对薄层介质周期开槽而成为介质栅。设开槽前的介质波导，只有纵向波数 β_{sw} 的波限制在介质波导中传播，那么在 $z>0$ 的空气部分 z 方向没有波的传播，波数 k_z 为纯虚数，即

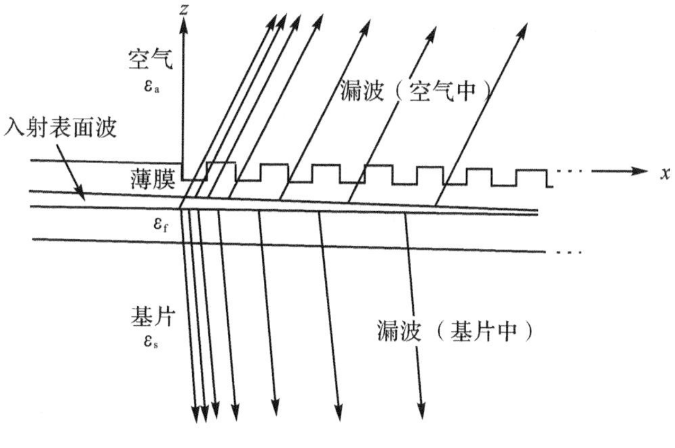

图 4-55　漏波辐射原理图

$$k_z^2=k_0^2-\beta_{sw}^2<0 \tag{4.7.13}$$

介质镜像线开槽而成为介质栅后由于扰动的周期性，将出现空间谐波，其纵向传播常数为

$$k_{xn}=\beta_{x0}+\frac{2n\pi}{d}-\mathrm{j}\alpha,n=0,\pm1,\pm2,\cdots \tag{4.7.14}$$

式中：d 为周期长度；β_{x0} 为基波传播常数的实部，α 则是它的虚部，表示波的衰减。α 一般比 β_{x0} 小得多。

如果扰动不大，$\beta_{x0}\approx\beta_{sw}$，那么当 $n<0$，如 $n=-1$，传播常数的实部为

$$\mathrm{Re}(k_{x-1}) \approx \beta_{sw} - \frac{2\pi}{d} \tag{4.7.15}$$

其绝对值有可能比 β_{sw} 小，空气中的波数 k_z 不再是纯虚数而出现实部，表明在 z 方向有波的传播。这就是负一次空间谐波工作的介质栅有可能实现漏波辐射的原因。

图 4-55 表示沿 $+x$ 方向原来束缚在单层介质波导中传播的表面波，当它进入 $x>0$ 的区域，该区域介质表面周期扰动的结果，产生 -1 次空间谐波。对于 -1 次空间谐波无论在空气部分还是基片部分 z 方向传播常数都可能是实数，因而激励出 z 方向传播的波，这就是在空气和基片中的漏波辐射。

4.7.2 电磁带隙结构

周期结构中电磁波的传播有通带、禁带的特点，频率落在禁带范围内的电磁波是不能传播的。禁带也叫做带隙。如果用人工方法构造的周期介质结构，其带隙落在光波(包括红外)，就可以将这种周期介质称为光子带隙(Photonic Band-gap，PBG)结构；如果带隙落在微波、毫米波波段，就将其称为电磁带隙(Electromagnetic Band-gap，EBG)结构。现有文献中 PBG 与 EBG 的界线很模糊。光子带隙结构概念提出在先，其后才拓展到电磁带隙，所以很多文献中将电磁带隙结构包括在光子带隙结构中。也有人认为，光波也是电磁波，电磁带隙结构比光子带隙结构涵盖的面更宽。本节着重讨论适合用平面工艺构造的人工周期介质结构，主要是基片集成波导(Substrate Integrated Waveguide，SIW)以及基于微带线的人工周期介质结构。

1. 基片集成波导(SIW)

基片集成波导是从工作于 TE_{10} 模的矩形波导演变而来的，但可以用平面电路工艺制作。其主要是矩形波导金属侧壁为金属过孔代替，而金属过孔可以用平面电路工艺实现。

参看图 4-56(a)所示的基片集成波导，它与矩形波导一样，在 y 方向 $y=0$ 与 $y=b$ 的下底、上盖仍然是导电平板。但在 x 方向 $x=0$ 与 $x=a$ 的左右两个侧面，矩形波导用的两块导电板在基片集成波导中却被沿 z 方向周期排列的两金属过孔阵列代替。这是基片集成波导与矩形波导相比的一个重要差别。金属过孔阵列的主要参数是直径为 d，以及在 z 方向的周期 p。

基片集成波导与矩形波导另一差别是，$\frac{b}{a}\ll 1$，即上下两导电板的间距 b 较之两过孔金属阵列的间距 a 是很小很小的。此外，矩形波导填充介质一般是空气，而基片集成波导则被相对介电系数为 ε_r 的介质填充。

尽管基片集成波导与矩形波导结构上有如此差别，但基片集成波导工作模的场分布与矩形波导 TE_{10} 模的场分布仍有相似之处。

矩形波导中 TE_{10} 模场分布的特点是，场在坐标轴 y 方向没有变化。电场只有 y 分量 E_y，沿 x 方向作正弦分布，在 $x=0$ 与 $x=a$ 的波导侧壁，$E_y=0$，而在 $x=\frac{a}{2}$ 处，E_y 最大。磁场在 $x-z$ 平面内，只有 H_x 与 H_z 两个分量，并闭合成椭圆曲线。在 $x=0$ 与 $x=a$ 的波导侧壁，磁场的切向分量 H_z 最大，在 $x=\frac{a}{2}$ 处，与波导侧面垂直的 H_x 分量最大。在波导侧壁表面电流只有 J_y 分量，没有轴向电流。

矩形波导金属侧壁为金属过孔阵列替代而演变为基片集成波导时，金属过孔阵列并不影

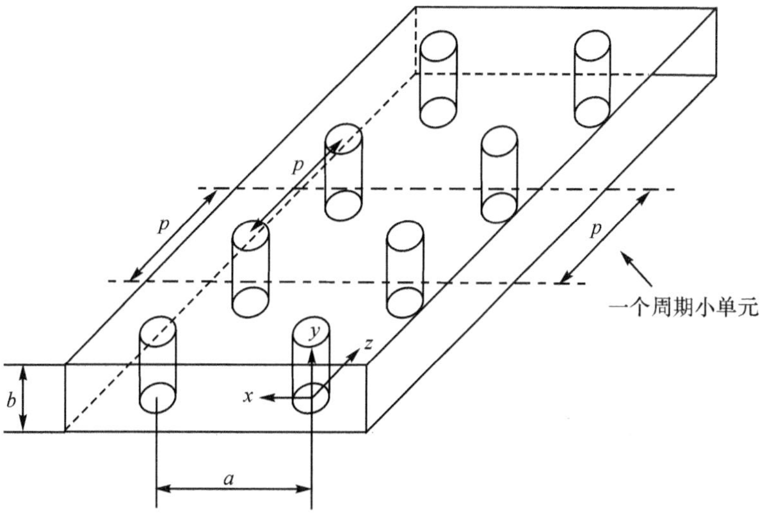

(a)基片集成波导

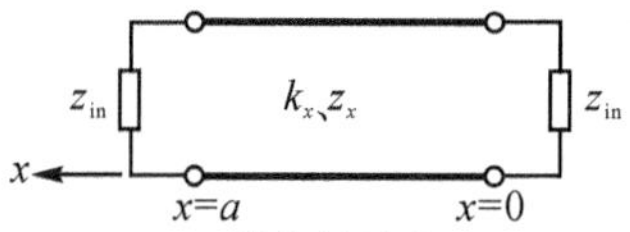

(b)横向等效电路

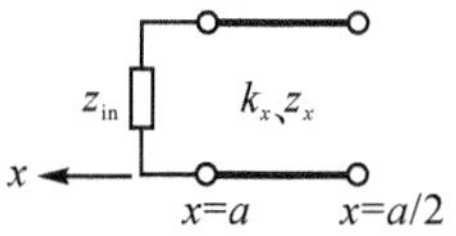

(c)横向等效电路

图 4-56　基片集成波导及其横向等效电路

响矩形波导 TE_{10} 模场的存在。首先，过孔阵列在 y 方向是均匀的，它不会影响到矩形波导中 TE_{10} 模场与两导电板间距 b 无关这一特点，所以对于基片集成波导，$\frac{b}{a}\ll 1$ 就不会影响到 TE_{10} 模这样的场分布。更重要的一点是，矩形波导 TE_{10} 模在 $x=0$ 与 $x=a$ 两个波导侧面，只有 y 方向表面电流 J_y，当矩形波导 $x=0$ 与 $x=a$ 两个侧面导电板为过孔金属阵列取代时，过孔金属陈列可以让表面电流 J_y 分量顺利通过，只要在一个波长范围内金属过孔数足够多，就不会影响到 TE_{10} 模在波导侧壁的电流分布。

当然对于哪些在矩形波导侧面具有轴向表面电流分量的模式，由于轴向电流被金属过孔阵列切断，在基片集成波导中是很难激励起来的。

以上分析表明，尽管基片集成波导与矩形波导侧壁的边界条件有差别，但侧壁表面电流 J_y 分量的流通均不受影响，所以矩形波导中 TE_{10} 模这样的场分布在基片集成波导中是可以存在的。

下面对基片集成波导色散特性的分析就是针对 TE_{10} 这样的模式展开的。

需要指出的是，基片集成波导的色散特性与矩形波导 TE_{10} 模的色散特性还是有区别的。矩形波导 TE_{10} 模，高于其截止频率的波都能传播，而基片集成波导由于金属过孔阵列沿 z 方向的周期性，z 方向传播的波将交替出现通带和禁带。此外，沿 z 方向周期排列的金属过孔阵列，也可能在 x 方向产生漏波辐射。x 方向的漏波辐射对于 z 方向传播的波表现为衰减，当然影响到色散特性。

基片集成波导的色散关系也满足波导普遍的色散方程：

$$k^2 = \omega^2\varepsilon_0\varepsilon_r\mu_0 = k_0^2\varepsilon_r = k_x^2 + k_y^2 + k_z^2 \quad (k_0^2 = \omega^2\varepsilon_0\mu_0) \tag{4.7.16}$$

对于 TE_{10} 这样的模式，场在 y 方向没有变化，$k_y = 0$。由于金属过孔阵列在 z 方向的周期性，周期结构中基本模式的场可展开为基波与各次空间谐波的组合，z 方向传播常数可表示为

$$k_{zn} = k_{z0} + \frac{2n\pi}{p} \quad (n = \pm 0, 1, 2, \cdots) \tag{4.7.17}$$

将式(4.7.17) 与 $k_y = 0$ 代入式(4.7.16)，就得到

$$k^2 = \omega^2\varepsilon_0\varepsilon_r\mu_0 = k_0^2\varepsilon_r = k_x^2 + k_{zn}^2 \tag{4.7.18}$$

其就是基片集成波导中对于 TE_{10} 这样的模式的色散关系。

色散关系是指 ω 与 k_z 的关系。但式(4.7.18) 中包括 ω、k_x 与 k_z 三个变量，仅凭式(4.7.18) 还不能得出 ω 与 k_z 的关系，因此还需要建立一个与 ω、k_x、k_z 有关的方程。这个方程可从波导的横向谐振原理得到。

基片集成波导中像 TE_{10} 模这样的波的传播，如果用部分波的概念可理解为，以波矢 $\boldsymbol{k}_{xz}$（在 $x-z$ 平面内）为特征的平面波以 θ 角倾斜投射到 $x = 0$ 与 $x = a$ 两个侧面被多次反射从而沿 z 轴曲折向前传播。θ 角定义为

$$\theta = \arctan\frac{k_{zn}}{k_x} \tag{4.7.19}$$

$x = 0$ 与 $x = a$ 两个侧面反射波的叠加在 x 方向形成驻波，即在 x 方向发生谐振。其等效电路如图 4-56(b) 所示。在 $0 < x < a$ 范围内，E_y 沿 x 方向传播用特征阻抗为 Z_x、传播常数为 k_x 的传输等效，$Z_x = \dfrac{\omega\mu}{k_x}$，$\vec{Z}_{in}$、$\overleftarrow{Z}_{in}$ 是从 $x = 0$ 与 $x = a$ 向 $-x$ 与 $+x$ 方向看进去的输入阻抗。由于场分布以 $x = \dfrac{a}{2}$ 平面对称，且对称面电压为波幅，电流为零，对称面相当于开路。因此，图 4-56(b) 所示的等效电路又可进一步简化到图 4-56(c)。因此，如果以 $x = a$ 为参考面，x 方向谐振要求，从 $x = a$ 参考面向 $+x$ 与 $-x$ 方向看进去的阻抗之和为零，由此得到

$$\overleftarrow{Z}_{in} - jZ_x\cot\frac{k_x a}{2} = 0 \tag{4.7.20}$$

式(4.7.20) 与式(4.7.18) 结合，即可得出基片集成波导的色散关系。

$\overleftarrow{Z}_{in}$ 怎么求？根据周期结构的弗洛奎脱定理，对于周期结构的分析，只要取一个周期小单元即可。为此将图 4-56(a) 中标出的一个周期小单元重新绘于图 4-57。我们把这个周期小单元叫相移壁波导。该波导 y 方向为间距 b 的两导电板限制，导电板上要满足切向电场为零的边界条件。Z 方向为所谓的相移波导壁限制，在相移波导壁上场量 φ 满足弗洛奎脱条件

$$\varphi(z + p) = e^{-jk_{zn}p}\varphi(z) \tag{4.7.21}$$

在上述相移壁波导的边界条件下，研究以波矢 $\boldsymbol{k}_{xz}$（在 $x-z$ 平面内）为特征的平面波以 θ 角倾斜投射到金属过孔不连续引起的反射与透射，即可得出从 $x = a$ 向 x 方向看进去的输入阻抗 $\overleftarrow{Z}_{in}$。由于金属过孔边界条件的复杂性，很难得到 $\overleftarrow{Z}_{in}$ 的解析解，但可用数值分析法求解。本书最后一章介绍的数值分析方法，还有矩量法都是可以参考的。

Ke Wu* 等给出了基片集成波导的设计准则，这些准则很好地体现在图 4-58 中。图中纵坐标周期 p、横坐标过孔金属直径 d 都以 λ_c 归一化。λ_c 是介电系数为 $\varepsilon_r\varepsilon_0$ 的介质基片中的波长：

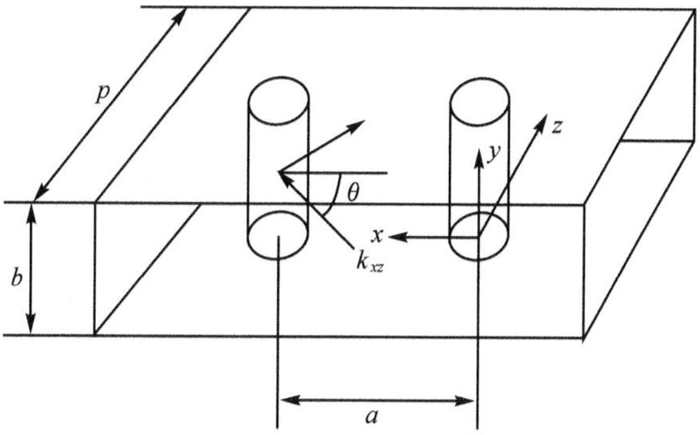

图 4-57　基片集成波导的一个周期小单元

$$\lambda_c = \frac{1}{f_c\ \sqrt{\varepsilon_r\varepsilon_0\mu_0}} \tag{4.7.22}$$

图 4-58 中打阴影的区域是基片集成波导优选工作的区域。图中 45° 斜线以下的区域 $d>p$，即金属过孔直径比周期 p 还大，这是不可实现的。$\frac{P}{\lambda_c}>0.25$ 有可能进入禁带。而 bc 线左边的区域，金属过孔直径 d 比周期 p 小好多，会产生漏波辐射。$\frac{P}{\lambda_c}<0.05$ 时，每一 λ_c 内金属过孔数超过 20，加工起来很困难。

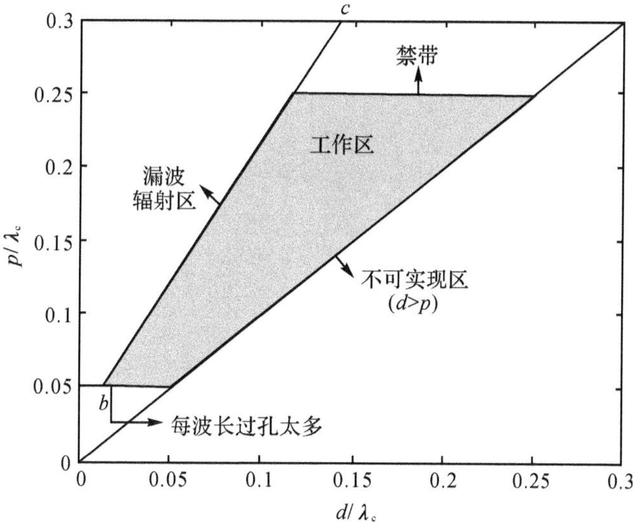

图 4-58　基片集成波导可以工作的区域

基片集成波导已在微波、毫米波电路中得到应用。基于基片集成波导的各类器件也都已提出来。

2. 基于微带线的电磁带隙结构

基于微带线的电磁带隙结构的实现一般有三种方法。其一，是在介质基片上沿微带线方向周期性地加工出小圆柱孔(不穿透接地面)，使得在介质基片上形成小圆柱孔的周期排列。其二，是在接地面上沿微带线方向，用微电子工艺周期性地将部分导电面刻蚀了，从而形成周期结构。接地导电面被刻蚀了的图形可以是圆形、矩形，甚至是更复杂的图形，如图 4-59 所示。其三在导电薄带上用微电子工艺周期性地将部分导电面刻蚀了而形成周期结构。

第一种方法要在介质基片上形成周期结构,不易用微电子工艺制作,用得不多。第二种方法实现起来最简单,因而应用最广。这种结构也叫做缺陷接地结构(Defected Ground Structure,DGS)。第三种方法因导电薄带的宽度 w 一般很小,在导电薄带上周期性地刻蚀图形,工艺上困难一些,能刻蚀图形的自由度也小一些。第三种方法的优点是接地导电金属可直接作支撑的介质,而第二种方法因在接地导电面上形成周期结构,接地导电面不能与直接支撑的金属接触。

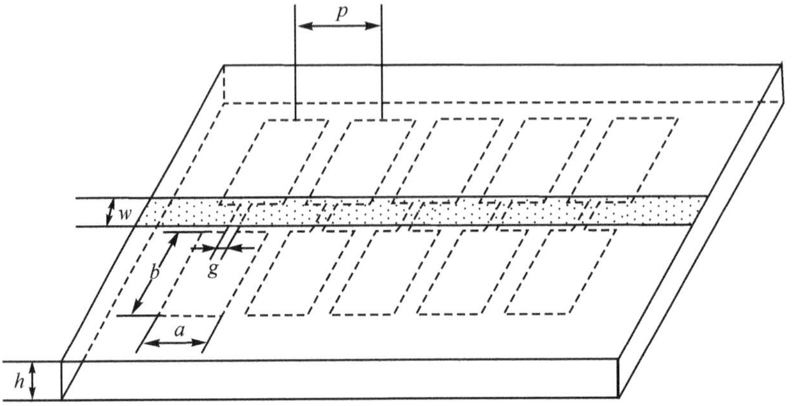

图 4-59 缺陷接地结构微带线

如图 4-59 所示的缺陷接地结构微带线,在接地导电面上周期性刻蚀出槽—孔形式的图形。其特征尺寸是槽宽 g 以及矩形孔 $a\times b$,槽的长度与等于微带线导电薄带的宽度 w,相邻两个槽—孔图形之间的距离即周期 p。微带线介质基片的厚度为 h。

槽—孔式的缺陷接地结构,槽缝部分电场集中,可用槽缝电容 C 等效,矩形孔部分有额外的磁力线穿过,可用电感 L 表示,它们是并联的。因此,槽—孔形式的缺陷接地结构可用并联 LC 电路等效,并联电阻 R 反映缺陷接地结构的辐射损耗。该并联 LC 电路与微带线的关系是串联的,这样 z 方向第 n 个周期小单元的等效电路就可用图 4-60 的级连电路等效。中间部分的并联 LC 电路表示槽—孔缺陷接地结构,两边的两段长度为半个周期($\frac{p}{2}$)的传输线,表示一个周期小单元内在槽—孔缺陷接地结构两边的微带线。整个缺陷接地结构微带线就是 n 个图 4-60 所示的电路的级连。

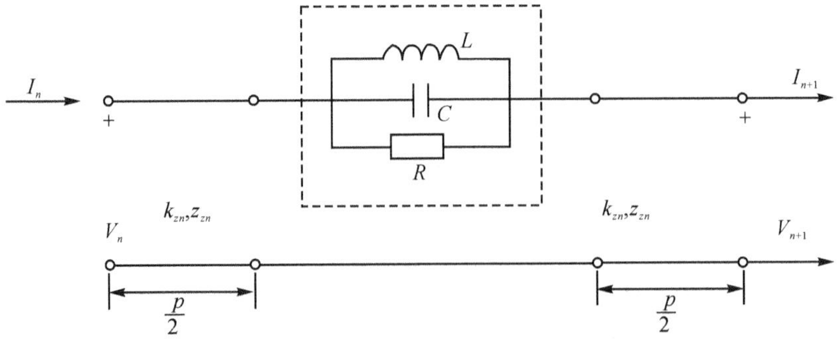

图 4-60 槽—孔式缺陷接地结构表示一个周期小单元的等效电路

确定槽－孔式缺陷接地结构等效电路参数，方法不只一种。一种方法是，通过测量或电磁场仿真软件的模拟得到每个周期小单元等效电路的 S 参数，然后根据此 S 参数提取等效电路参数 L、C 和 R。

缺陷接地结构的引入对微带线的影响表现在两个方面：一是 z 方向传播的波出现通带和禁带，利用这一特点，缺陷接地结构微带线可设计成带通、带阻等滤波器。二是特征阻抗也跟着变化。

图 4-61 所示的是在导电薄带上形成周期结构的一种方案。它是导电薄带上周期性地蚀刻矩形方孔得到的。正如图 4-61 所示，矩形孔的尺寸为 $L_p \times w_p$，周期长度为 p，微带线导电薄带的宽度为 w，介质基片厚度为 h。跟缺陷接地结构微带线一样，在导电薄带上形成周期结构的微带线也可设计作带通、带阻等滤波器。

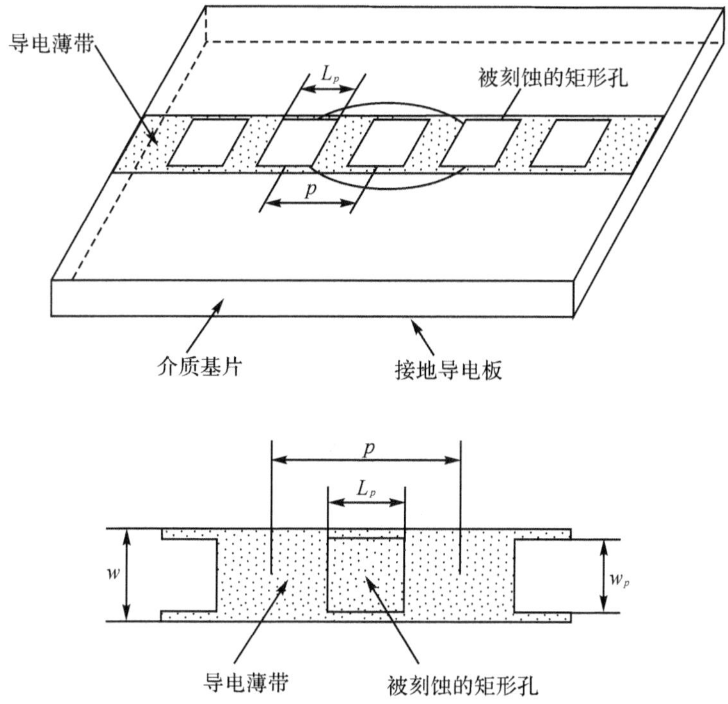

图 4-61　微带线导电薄带上形成周期结构

槽－孔式缺陷接地结构，槽缝电容 C 与矩形孔电感可独立调节，因而可在很大范围内改变其特征阻抗。

4.7.3　超材料

“超材料”(Metamaterials)一词是由美国德州大学奥斯丁分校的 Rodger Walser 博士于 1999 年首先提出，定义为人工制备的、具有自然界天然材料所不具备的电磁特性的宏观复合材料。其前缀“meta”是希腊语，意指“超越”。我们知道，世界上任何物质都由微小的原子组成，这些原子在空间中的周期排列能在宏观上实现不同性能。借鉴这一概念，超材料的实现正是先设计一个电尺寸很小的单元的空间结构，再将这个单元结构按周期或者非周期的方式排列成与波长相近或者大于波长的阵列，从而在宏观上实现所需要的各种电磁特性。因此，超材料可以认为是周期远小于空间波长或导波波长的周期性结构。因为周期非常小,可以看成是一种均匀材料。按照等效媒质理论,超材料在不同电磁波段表现相应的等效介电常数 ε 和等效磁导率 μ。其与自然界中的天然材料的本质区别在于,其电磁特性是由单元结构、尺寸及排布规律等因素决定,而与化学性质无关。通过设计改变单元结构、尺寸和排布规律,获得和自然界材料类似的,甚至自然界材料所不具备的超常电磁特性,为电磁波的调控提供了前所未有的灵活性。

"超材料"一词目前涵盖很多说法,如工程纹理表面、人工阻抗表面、人工磁性导体、双负材料,频率选择表面甚至是分形和手性材料。广义上而言,前一节的电磁带隙结构也可称为超材料,区别在于单元结构周期长度和波长比值的差别以及谐振方式的不同。这一节主要介绍基于周期性亚波长结构电磁共振单元的超材料,依次讨论双负材料和人工电磁表面,双负材料是最早研究的超材料,而人工电磁表面则把超材料从三维拓展到二维,进一步拓展了超材料的应用。

1. 双负材料

介电常数 ε 和磁导率 μ 是用来描述介质电磁特性的基本物理量。在绝大多数各向同性的自然介质中,ε 和 μ 的实部均取正值。有些自然介质,如金属和等离子体,当电磁波的频率低于其等离子频率时,ε 为负值。但在自然界中还没有发现磁导率 μ 为负的介质。而双负材料,也叫"负折射率介质""左手介质"等,是指介电常数 ε 和磁导率 μ 均为负的介质,即 $\varepsilon<0$ 和 $\mu<0$ 的介质。

尽管迄今在自然界中还未观察到负折射率介质的存在,但早在 20 世纪 50 年代,Mandel'Shtam 就开始注意负折射率介质中电磁波传播的特点。第一个在理论上系统地对负折射率介质中电磁波传播特性进行研究的是 Veselago,他于 1968 年发表了他的研究结果。电磁波在负折射率介质中传播行为与普通介质($\varepsilon>0$ 和 $\mu>0$)中的传播行为有明显的区别,例如逆斯耐尔折射、逆多普勒效应、逆契伦可夫辐射等。

下面从麦克斯韦方程出发对电磁波在负折射率介质中的传播特点作简要讨论。

(1)坡印廷功率流 S 的方向与相速 v_p 的方向相反

在线性、均匀、各向同性的简单介质中,麦克斯韦方程组中两个旋度方程为

$$\nabla\times \boldsymbol{E} = -\mathrm{j}\omega\mu\boldsymbol{H} \tag{4.7.23}$$

$$\nabla\times \boldsymbol{H} = \mathrm{j}\omega\varepsilon\boldsymbol{E} \tag{4.7.24}$$

当边界趋于无穷远时,取平面波形式的解

$$\boldsymbol{E}(\boldsymbol{r},t) = \boldsymbol{E}_0\mathrm{e}^{-\mathrm{j}\boldsymbol{k}\cdot\boldsymbol{r}} \tag{4.7.25}$$

$$\boldsymbol{H}(\boldsymbol{r},t) = \boldsymbol{H}_0\mathrm{e}^{-\mathrm{j}\boldsymbol{k}\cdot\boldsymbol{r}} \tag{4.7.26}$$

将式(4.7.25) 与式(4.7.26) 代入式(4.7.23) 与式(4.7.24) 得到

$$\boldsymbol{k}\times\boldsymbol{E}_0 = \omega\mu\boldsymbol{H}_0 \tag{4.7.27}$$

$$\boldsymbol{k}\times\boldsymbol{H}_0 = -\omega\varepsilon\boldsymbol{E}_0 \tag{4.7.28}$$

由式(4.7.27) 与式(4.7.28) 可以看出,当 $\varepsilon>0$ 和 $\mu>0$ 时,电场 $\boldsymbol{E}$、磁场 $\boldsymbol{H}$ 与波矢 $\boldsymbol{k}$ 三者之间在方向上满足右手螺旋关系。因此,$\varepsilon>0$ 和 $\mu>0$ 的这类普通介质就叫做右手介质。而当 $\varepsilon<0$ 和 $\mu<0$ 时,$\boldsymbol{E}$、$\boldsymbol{H}$、$\boldsymbol{k}$ 三者之间则满足左手螺旋关系,故 $\varepsilon<0$ 和 $\mu<0$ 的负折射率介质也叫做左手介质。普通介质与负折射率介质两种情况下,$\boldsymbol{E}$、$\boldsymbol{H}$、$\boldsymbol{k}$ 三者在方向上满足的关系如图 4-62(a) 和(b) 所示。

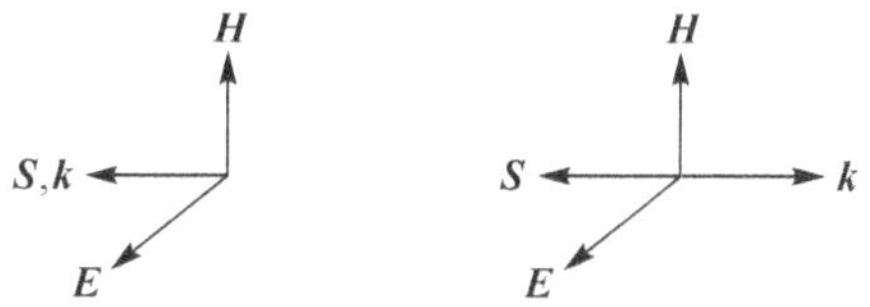

(a) $\varepsilon>0$, $\mu>0$　　(a) $\varepsilon<0$, $\mu<0$

图 4-62　普通介质与负折射率介质中 **E**、**H**、**k** 的关系

坡印廷功率流矢量 **S** 定义为

$$\boldsymbol{S} = \boldsymbol{E} \times \boldsymbol{H} \tag{4.7.29}$$

这表明不管是普通介质还是负折射率介质，**E**、**H**、**S** 三者之间总是成右手螺旋关系。普通介质与负折射率介质两种情况下，坡印廷功率流 **S** 的方向如图 4-62 所示。坡印廷功率流矢量 **S** 指示的方向就是电磁能量传播的方向，而波矢 **k** 的方向表示的是波前(等相位面)运动的方向，或相速度 v_p 的方向。因此，在 $\varepsilon > 0$，$\mu > 0$ 的普通介质中，坡印廷功率流 **S** 的方向与相速度 v_p 的方向一致，即波前离开波源传播；而在 $\varepsilon < 0$ 和 $\mu < 0$ 的负折射率介质中，坡印廷功率流 **S** 的方向与相速度 v_p 方向相反，即波前朝着波源方向传播。

折射率 n 定义为

$$n^2 = \mu_r \varepsilon_r \tag{4.7.30}$$

式中：ε_r、μ_r 为相对介电系数与相对磁导率。因此

$$n = \pm \sqrt{\mu_r \varepsilon_r} \tag{4.7.31}$$

式(4.7.31) 右边根号前的正负号要根据因果律确定。普通介质中，如果介质中有一定损耗为保证波离开波源不断衰减，n 取正；而对于负折射率介质，因为波矢 **k** 的方向与能量传播方向相反，如果介质中存在一定损耗，为保证波离开波源越远，能量密度越来越小，n 必须取负。这就是把 ε 和 μ 同时为负的介质叫做负折射率介质的原因。

对于负折射率介质中的波阻抗，Smith 和 Kroll 在研究电流源在负折射率介质中辐射能量时得出结论，能量要从电流源向远处辐射，必须要求负折射率介质的波阻抗为正，

$$Z = \sqrt{\frac{\mu}{\varepsilon}} \tag{4.7.32}$$

即根号前取正号。

(2) 逆斯耐尔效应

对于普通介质交界面，当入射波由介质 1 倾斜投射到介质 2[见图 4-63(a)]，根据斯耐尔定理，介质交界面两旁 k_x 必须连续，由此可得出入射波波矢 $\boldsymbol{k}_1^i$ 与折射波波矢 $\boldsymbol{k}_2^t$ 在交界面法线两侧；而对于普通介质－负折射率介质交界面，当入射波由普通介质 1 倾斜投到负折射率介质 2，交界面两旁 k_x 也必须连续。由于在负折射率介质中，坡印廷功率流 $\boldsymbol{S}_2^t$ 方向与波矢 $\boldsymbol{k}_2^t$ 的方向相反，坡印廷功率流 $\boldsymbol{S}_2^t$ 又只能取离开波源方向，这样折射波波矢 $\boldsymbol{k}_2^t$ 只能取图 4-63(b) 所指示的方向。这就是说，折射波波矢 $\boldsymbol{k}_2^t$ 与入射波波矢 $\boldsymbol{k}_1^i$ 在法线的同侧。我们称这一现象为逆斯耐尔效应，或负折射效应。

由于负折射率介质的负折射率特性，Veselago 指出一块负折射率介质平板将使点源发出的波重新汇聚。如图 4-64 所示，设在真空中放置一厚度为 d，折射率 $n=-1$ 的负折射率介质板，则在负折射率介质左侧物平面从一个点源发出的电磁波将汇聚到右侧像平面的一个点。这就是说用一块负折射率介质平板就能实现成像。

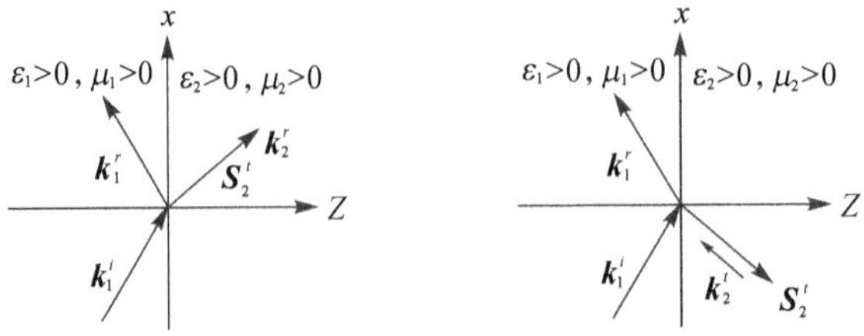

(a)普通介质交界面　　(b)普通介质-负折射率介质交界面

图 4-63　平面波在普通介质交界面与负折射率介质交界面的反射折射

(3) 逆多普勒效应

多普勒效应在普通物理课程中早已讨论过，当波源和观察者有相对运动时，观察者接收到的频率与实际波源频率不同。发射与接收的频率差别取决于波源与观察者的相对运动速度。在普通介质中，如果波源运动速度 v 比光速 c 小得多，即 $v \ll c$，当波源向着接收机运动时，接收机检测到的频率(视在频率) 高于波源发射的频率，反之低于发射频率。视在频率与波源频率之差称为多普勒频率漂移。

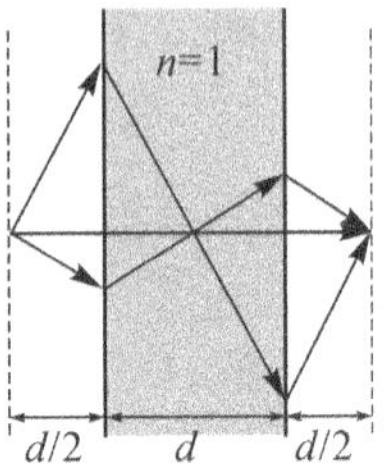

图 4-64　平板负折射率介质成像原理

但在负折射率介质中，如设 $n=-1$，波源向外辐射频率为 ω，当波源以 v 的速度运动，则在负折射率介质中检测到的频率 ω' 为

$$\omega' = \frac{1}{\sqrt{1-v^2/c^2}}(\omega + \boldsymbol{k}\cdot\boldsymbol{v}) \tag{4.7.33}$$

式中：$|\boldsymbol{k}| = |n|\omega/c$。

则当波源朝接收机方向运动时，检测到的频率为

$$\omega' = \omega\sqrt{\frac{c-v}{c+v}} \tag{4.7.34}$$

注意，式(4.7.34)是在 $n=-1$ 情况下得到的，它说明在负折射率介质中，当波源朝接收机方向运动时，接收机检测到的频率比波源振动频率要小，与普通介质中的现象刚好相反。与普通介质相比，这是负折射率介质中又一个逆效应，称为逆多普勒效应。

(4) 逆契伦可夫辐射效应

契伦可夫辐射效应是指，如果带电粒子在介质中以超过光在介质中的速度运动，即 $v > \frac{c}{|n|}$，则粒子将在其运动方向上辐射出角锥状的前向光锥，光锥的角度 θ 满足 $\cos\theta = \frac{c}{(nv)}$，如图 4-65(a)所示。但是在负折射率介质中，如果带电粒子在介质中以超过光在负折射率介质中的速度运动，则粒子辐射的是后向光锥，如图 4-65(b)所示。为与普通介质中的契伦可夫辐射相区别，负折射率介质中的这种辐射称为逆契仑可夫辐射。

负折射率介质中电磁波传播的异常行为不只是以上提及的这些，限于篇幅，不再继续讨论。

(5) 人工负折射率介质

既然负折射率介质中电磁波传播行为与普通介质中波的传播行为有如此大的区别，而迄今自然界中还没有发现负折射率介质的存在，那么能否用人工的方法设计一种结构，使电磁波在其中的传播行为与负折射率介质中的传播行为相同，我们称这种结构为人工负折射率介质。

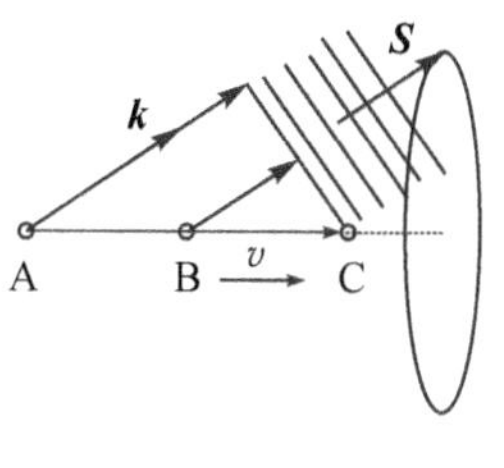

(a)带电粒子在普通介质中辐射的前向光锥

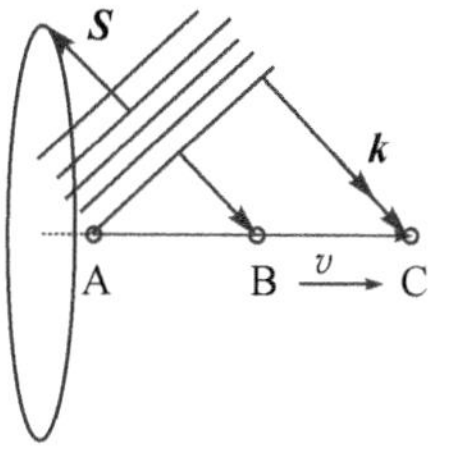

(b)带电粒子在负折射率介质中辐射的后向光锥

图 4-65　契伦可夫辐射

人工负折射率介质的设计始于 20 世纪 90 年代。1996 年，Pendry 在微波频段内实现了等效介电常数为负的周期排列的金属棒陈列结构。1999 年，Pendry 又构造出在微波频段等效磁导率为负的周期排列的开路环谐振器阵列结构。2000 年，Smith 等第一次把这两种结构结合起来，印制在电路板上，做成了金属棒陈列/开路环谐振器列阵结构的一维负折射率介质。

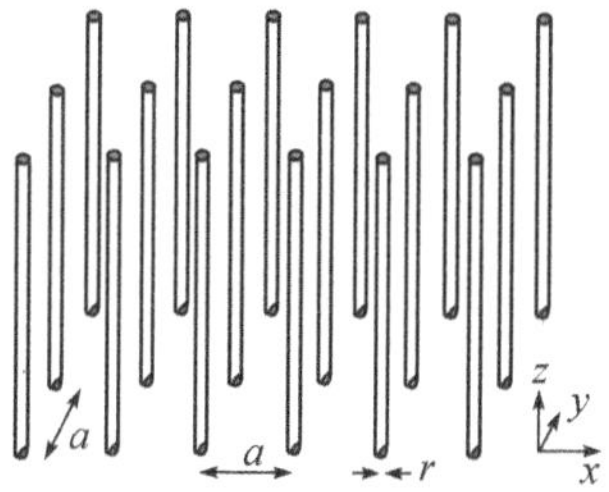

图 4-66　周期金属棒陈列结构

下面对图 4-66 所示的周期金属棒陈列结构的等效介电常数，在某一频段有可能为负的问题进行讨论。

我们已知，当工作频率 ω 低于等离子体固有振荡频率 ω_p，即 $\omega<\omega_p$ 时，等离子体的等效介电常数可以为负。等离子体是电离了的气体，含有大量带正电的离子和带负电的电子，且均匀分布。在交变电场的扰动下，等离子体中的电子和离子将在扰动电场的作用下运动。因为电子的质量比离子小得多，离子的运动可忽略，可以认为只是电子离开平衡位置而运动。电子离开平衡位置，电子与离子的电荷重心不重合，形成电偶极矩。这样原来正负电荷均匀分布的等离子体，受到电场扰动后，将形成均匀分布的振荡电偶极子陈列，而振荡的电偶极子相当于一段有高频电流通过的短导线。而图 4-66 所示的周期金属棒陈列，如果外加扰动电场的方向与棒的轴向一致，沿轴就有交变电流，它也相当于振荡的电偶极子。因此在外加电场的扰动下，周期排列的金属棒陈列与等离子体中均匀分布的振荡电偶极子阵列是等效的。既然当等离子体 $\omega<\omega_p$ 时，其等效介电系数为负，那么周期排列的金属棒陈列其等效介电系数在某一频率范围为负，是可以预期的。

等离子体频率可表示为

$$\omega_p=\sqrt{\frac{n\mathrm{e}^2}{m\varepsilon_0}} \tag{4.7.35}$$

对于金属棒阵列，要确定其等效的电子密度 n_{eff} 和有效电子质量 m_{eff}。设图 4-66 所示金属棒陈列，在 z 方向无限长，半径为 r，在 x 和 y 方向周期为 $a\,(a\gg r)$。外加电场沿 z 方向，工作波长 $\lambda\gg a$。

由于电子只限制在金属棒里运动，周期结构的等效电子密度为

$$n_{\mathrm{eff}}=\frac{\pi r^2}{a^2}n \tag{4.7.36}$$

其中，n 为金属棒中实际的电子密度。

在金属棒很细的假定下，棒具有很大的电感值，因而金属棒里电流值很难受到改变，相当于金属棒里流动的电子具有很大的质量。

在一个周期单元里考虑距离棒中心为 ρ 的磁场，由于假定金属棒在 z 方向为无限长，在每个周期单元的电通量可视为均匀分布。但电流分布却很不均匀，在金属棒区域有电流，其余区域没有电流，导致磁场的分布也很不均匀，越靠近金属棒的区域磁场越大。由于结构的周期性与对称性，相邻两个金属棒在其之间的中心位置产生的磁场大小相等，方向相反，其合成磁场值为零，即

$$\boldsymbol{H}\left(\frac{a}{2}\right)=0 \tag{4.7.37}$$

在此条件下，可以得到磁场的分布为

$$\boldsymbol{H}(\boldsymbol{\rho})=\varphi_0\frac{I}{2\pi}\left(\frac{1}{r}-\frac{1}{a-r}\right) \tag{4.7.38}$$

式中：电流 $I=\pi r^2 nev$，v 是电子运动的平均速度，e 是电子电荷。注意，式(4.7.38)很近似的，没有充分反映导线阵列对应的边界条件。根据 $\nabla\times\boldsymbol{A}=\mu_0\boldsymbol{H}$，可以得出矢量位 $\boldsymbol{A}$ 的分布为

$$\begin{aligned}\boldsymbol{A}(\boldsymbol{\rho})&=\boldsymbol{Z}_0\frac{\mu_0 I}{2\pi}\ln\left(\frac{a^2}{4r(a-r)}\right)(0<r<a/2)\\&=0(r>a/2)\end{aligned} \tag{4.7.39a}$$

在 $a\gg r$ 的假定下，Pendry 等指出，考虑到线阵边界条件，$\boldsymbol{A}$ 可近似为

$$\boldsymbol{A}(\boldsymbol{\rho})=\boldsymbol{Z}_0\frac{\mu_0 I}{2\pi}\ln\left(\frac{a}{r}\right) \tag{4.7.39b}$$

在良导体中，电子基本上在导体表面流动。根据经典力学，磁场中的电子对于动量的附加贡献为 $e\boldsymbol{A}$，$\boldsymbol{A}$ 是矢量磁位。在 $a\gg r$ 的假定下，在单位长度的金属棒内，其动量可近似表示为

$$\begin{aligned}\pi r^2 ne\boldsymbol{A}(r)&\approx\pi r^2 nv\frac{\mu_0\pi r^2 ne^2}{2\pi}\ln\left(\frac{a}{r}\right)\boldsymbol{z}_0\\&=m_{\mathrm{eff}}\pi r^2 nv\boldsymbol{z}_0\end{aligned} \tag{4.7.40}$$

式中：$m_{\mathrm{eff}}=\dfrac{\mu_0\pi r^2 ne^2}{2\pi}\ln\left(\dfrac{a}{r}\right)$ (4.7.41)

为电子的有效质量。由此可得周期金属棒阵列结构的等离子体频率为

$$\omega_p^2=\frac{n_{\mathrm{eff}}^2 e^2}{\varepsilon_0 m_{\mathrm{eff}}}=\frac{2\pi c^2}{a^2\ln\left(\frac{a}{r}\right)} \tag{4.7.42}$$

式中：c 为真空中的光速。因此，在 ω_p 频率以下，金属棒陈列结构具有负的等效介电常数。

虽然在推导金属棒陈列结构时用到了金属棒里的电子密度，但是由式(4.7.42)看到等离子体频率与金属棒的电子密度无关，而只跟金属棒的尺寸和结构的周期长度有关，这也说明周期金属棒陈列问题可以用等效电容和等效电感来理解。

设单位长度金属棒的总电感为 L(包括自感和互感)，考虑到金属棒上的电流 I 由沿着金属棒的外电场 E_z 激发，则对于单位长度金属棒就有

$$E_z=L\frac{\mathrm{d}i}{\mathrm{d}t}=\mathrm{j}\omega LI \tag{4.7.43}$$

因此，单位长度金属棒内电偶极矩 p 为

$$p=\frac{1}{a^2}\frac{I}{(\mathrm{j}\omega)}=-\frac{E_z}{\omega^2 La^2} \tag{4.7.44}$$

为求单位长度金属棒的电感值 L，可以通过计算 θ 等于任一常数平面内，穿过轴向单位长度、半径方向由 $\rho=r$ 到 $\dfrac{a}{2}$ 面积内的磁通量

$$\Phi = \mu_0 \int_r^{\frac{a}{2}} \boldsymbol{H}(\boldsymbol{\rho}) \mathrm{d}\rho \tag{4.7.45}$$

将式(4.7.38) 表示的 $\boldsymbol{H}(\boldsymbol{\rho})$ 代入上式得到

$$\Phi = \frac{\mu_0 I}{2\pi} \ln\left[\frac{a^2}{4r(a-r)}\right] \tag{4.7.46}$$

因为 $\Phi = LI$，所以从式(4.7.46) 可得出 L

$$L = \frac{\mu_0}{2\pi} \ln\left[\frac{a^2}{4r(a-r)}\right] \tag{4.7.47}$$

根据介质中的本构关系

$$\boldsymbol{D} = \varepsilon_r \varepsilon_0 \boldsymbol{E} = \varepsilon_0 \boldsymbol{E} + \boldsymbol{P}$$

对于金属棒周期陈列，可得

$$p = (\varepsilon_r - 1)\varepsilon_0 E_z \tag{4.7.48}$$

将式(4.7.47) 代入式(4.7.44) 得到 p，再将这个 p 代入式(4.7.48) 左边，在 $a \gg r$ 的条件下，考虑到线阵边界条件，电感 L 可近似为 $L = \frac{\mu_0}{2\pi}\ln(a/r)$，则得到

$$\varepsilon_r(\omega) = 1 - \frac{2\pi c^2}{\omega^2 a^2 \ln(a/r)} = 1 - \frac{\omega_p^2}{\omega^2} \tag{4.7.49}$$

因此，当 $\omega < \omega_p$ 时，$\varepsilon(\omega) < 0$。注意，式(4.7.49) 是在不考虑损耗情况下得出的。

对于图 4-67 所示开路谐振环陈列，每个谐振环相当于一个磁偶极子，根据电与磁的对偶原理，既然金属棒周期陈列可等效为电偶极子陈列，其有效介电系数当 $\omega < \omega_p$ 时为负，而开路环谐振器阵列可等效为磁偶极子陈列，也就有一个对应的磁等离子体频率，在某一频率范围等效磁导率为负也是可以预期的。为节省篇幅就不再进行深入讨论。

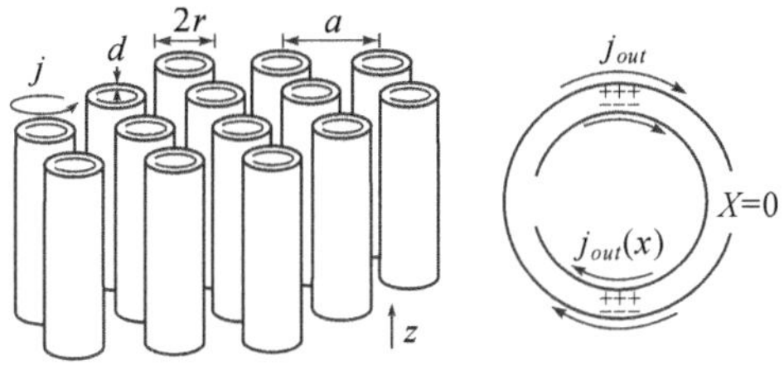

图 4-67　路环谐振器阵列结构

如果将金属棒周期阵列和开环谐振器周期阵列有机地组合到一起，适当的设计使得在同一频率范围内，金属棒周期阵列的等效介电系数与开路环谐振器周期阵列等效磁导率同时为负，就得到在该频率范围的负折射率介质。图 4-68 所示为金属棒周期阵列与开环谐振器周期陈列组合到一起的结构。图 4-68(a)表示的是在 0.25mm 厚的 FR4 玻璃纤维板的正、反两面分别用平面蚀刻技术得到的金属线与开路环谐振器结构。金属线的宽度为 0.25mm。z 方向高度为 10mm，共布置三个开路环谐振器，其线宽也为 0.25mm。将图 4-68(a)所示的印制有金属线和开路环谐振器的基片，进一步排列成阵列，就得到图 4-68(b)所示的人工负折射率介质结构。在 x、y 方向周期长度均为 5mm。

2000 年，美国加州大学 Smith 教授课题组通过理论分析和仿真对比讨论了将这种开环谐振器和金属线周期阵列模型结合组成负折射率材料的可行性，2002 年首次通过三棱镜实验验证了这种结构在微波频率的负折射，这之后负折射率材料的研究引起很大关注。在开口谐振环基础上，研究者发现了多种变体的负折射率材料，例如著名的 S 形和 Ω 形负折射材料。

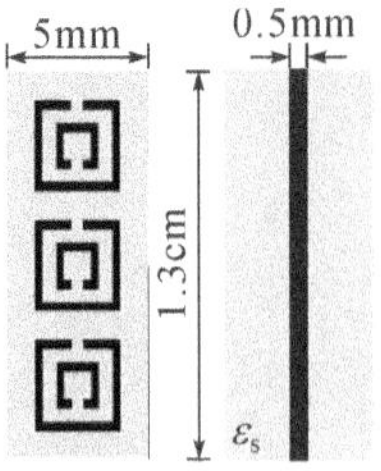

(a)印制在FR4正、反面上的开路环谐振器与金属棒

(b)人工负折射率介质

图 4-68 属棒阵列/开路环谐振器阵列同时印制在 FR4 上的人工负折射率介质

2003 年,普林斯顿大学的 Podolskiy 等人发现,金属线对可以代替开口谐振环实现负磁导率,这一发现为负折射率材料的新结构开辟了新道路。各种不同结构、不同频段的负折射率材料被相继报道,这些均可在很多文献中找到结果,这里不再赘述。

之后,研究者进一步发现实现负折射率材料的谐振结构可以有更广的应用空间。通过谐振器的几何参数的控制,其等效介电常数和磁导率可以进行调控。这使得超材料从负折射率材料上拓宽到更多的应用范畴,如零折射现象、频率选择表面、广义折射定律等,这些新的结构则在隐身技术、天线、电磁波调控以及光谱检测中具有越来越重要的应用。

2. 人工电磁表面

人工电磁表面(Metasurface)是一种二维表面,它可以看作是超材料的一个二维例子,已逐渐成为超材料发展的一个重要分支。与三维的 Matamaterial 相比,人工电磁表面在电磁波调控方面具有类似的性质,但是人工电磁表面具有低剖面、低损耗、设计简单、加工方便和成本低廉等优点。人工电磁表面的基本工作原理是通过设计单元表面结构、改变单元几何参数或者添加其他层,实现对电磁波的调控。它可以实现的典型功能有:

- 改变表面阻抗
- 控制表面反射系数的相位
- 控制表面波的传播
- 控制特定频率的吸收、反射或透射
- 设计新的边界条件控制天线的辐射特性
- 控制目标散射特性
- 设计可调阻抗表面实现可调节反射等

由于人工电磁表面的单元结构仅在二维平面内进行周期或准周期延拓,等效电磁参数不足以描述其性质。因此人们提出一些新的表征方法,其一是利用电磁极化强度,计算人工电磁表面的反射和透射系数;其二是通过计算表面阻抗表征人工电磁表面的电磁特性。

根据不同标准,人工电磁表面有多种分类方式。根据单元结构是否存在金属地可分为反射型和透射型人工电磁表面。根据单元结构对不同极化电磁波的响应,又可分为各向同性和各向异性人工电磁表面。而根据功能不同,还可分为相位梯度表面、惠更斯表面、编码表面以及表面波和漏波等。

(1)相位梯度表面和广义斯涅尔定理

相位梯度表面是表面具有梯度相位的人工电磁表面。如图 4-69 所示,使用相位梯度表面

可在介质交界面 x 方向引入相位分布 $\Phi(x)$，即在界面上不同 x 位置处，入射波所得到的相移不同。图中分别以 Φ 和 $\Phi+\mathrm{d}\Phi$ 表示相距 $\mathrm{d}x$ 的 O 点和 P 点处的相移。那么当电磁波入射到该表面时，电磁波的反射与折射会有什么不同？

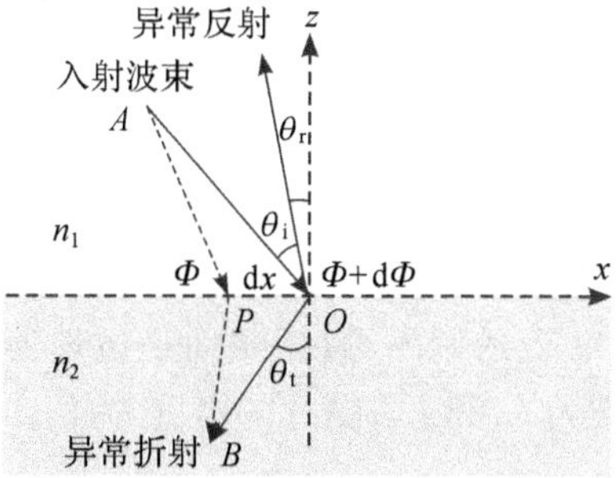

图 4-69　相位梯度表面和广义斯涅尔定理几何关系示意图

我们知道，电磁波入射到各向同性均匀介质交界面时会发生反射和折射现象。如图 4-70 所示，其反射满足反射定律，反射角 θ_r 等于入射角 θ_i；而折射则满足斯涅尔定理 $n_1\sin\theta_i = n_2\sin\theta_t$，其中 n_1，n_2 表示介质 1 和介质 2 的折射率，θ_i，θ_t 则表示入射角和折射角。当电磁波入射到相位梯度表面时是否仍然满足传统斯涅尔定律呢？结论是斯涅尔定理要进行修正，称为广义斯涅尔定理。下面就来推导广义斯涅尔定理。

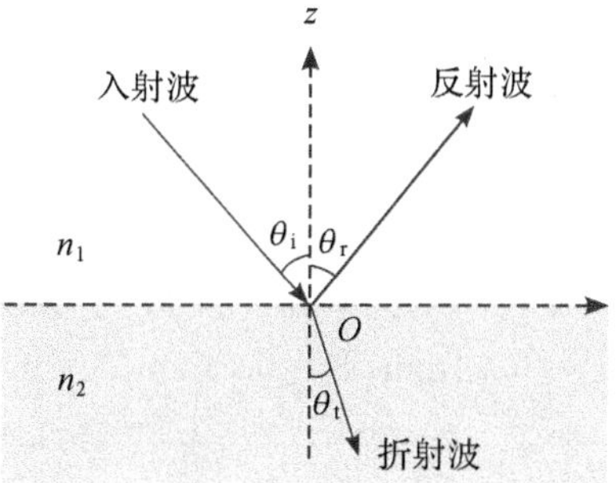

图 4-70　斯涅尔定理几何关系示意图

根据 Fermat 原理，电磁波沿最短路径传播。从 A 点出发的波束经过界面不同位置 O 和 P 处到达 B 点获得的相移相同，即电磁波经图 4-69 中 AOB 和 APB 两种路径的相移之差为 0，这样，

$$k_0 n_1 \mathrm{d}x\sin\theta_1 + (\Phi + \mathrm{d}\Phi) = k_0 n_2 \mathrm{d}x\sin\theta_2 + \Phi \tag{4.7.50}$$

其中，k_0 表示自由空间的波束，n_1，n_2 表示介质 1 和介质 2 的折射率，θ_i，θ_t 表示入射角和折射角。对式(4.7.50) 进行化简即可得到广义折射定律：

$$n_2\sin\theta_t - n_1\sin\theta_i = \frac{1}{k_0}\frac{\mathrm{d}\Phi}{\mathrm{d}x} \tag{4.7.51}$$

同理可得，广义反射定理表达式：

$$n_1\sin\theta_r - n_1\sin\theta_i = \frac{1}{k_0}\frac{\mathrm{d}\Phi}{\mathrm{d}x} \tag{4.7.52}$$

显然，由式(4.7.51)和式(4.7.52)可知，当分界面两侧的折射率已知，通过界面上人工电磁表面引入所需的相位梯度，可以任意控制反射和折射波束的传播路径，这就是相位梯度表面的工作原理。

事实上，除了引入一维相位梯度外，相位梯度表面还可以引入二维的相位梯度，这就是入射和折射非共面的广义斯涅尔定理的设计，这里不做详细论述，读者可查阅相关文献。

2011 年哈佛大学的 F. Cappsso 教授团队采用经典的 V 形结构构建了具有相位梯度的人工电磁表面，成功实现了满足广义斯涅尔定律的电磁波的异常反射和折射。V 形单元结构仅对交叉极化的电磁波能做出全相位响应，其效率不高。通过对单元结构形状、尺寸等设计，可以控制单元结构的电磁响应特性，从而实现对电磁波的调控。

图 4-71 所示是一种简单的相位梯度表面的单元结构，它由三层组成，底层是金属背板，厚度为 T_g，中间介质层采用厚度为 T_s的聚丙烯，横截面是边长为 D 的正方形，最上层是矩形金属贴片，矩形的长度和宽度分别为 L_x和 L_y，贴片的厚度为 T_a。

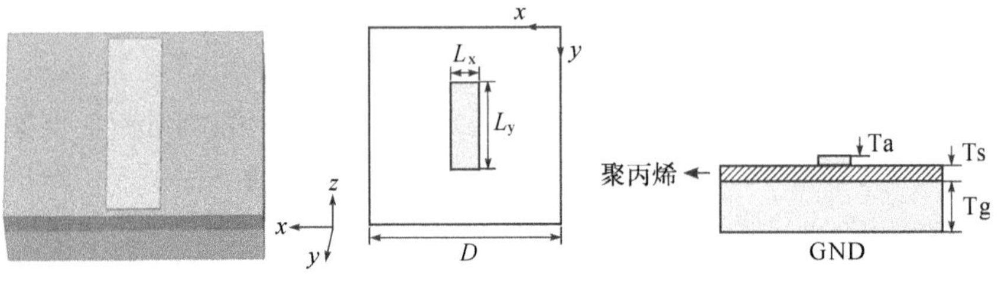

(a)单元结构示意图 (b)单元结构俯视图 (c)单元结构正视图

图 4-71 一种相位梯度表面的单元结构

当 y 方向极化的入射波照射到周期排列的单元结构时，保证其他尺寸不变的情况下改变矩形贴片的 L_y，观察其反射特性。图 4-72 所示是不同 L_y情况下基于这种单元周期性结构的反射系数的幅度和相位。可见，当单元结构的 L_y不同时，y 极化的入射波实现全反射，且其反射系数基本不变，但反射波的相位可以通过调节 L_y的大小实现 0～360°的全相位响应。仿真中，$D=1.5\text{mm}$，$L_x=0.32\text{mm}$，$T_a=0.01\text{mm}$，$T_s=0.2\text{mm}$，$T_g=0.45\text{mm}$，工作频率 $f=100\text{GHz}$。

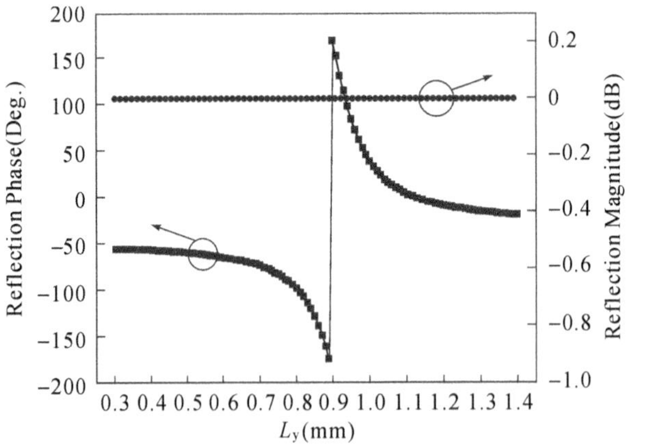

图 4-72 不同 L_y的单元周期性排列在 y 极化电磁波入射时的反射特性

用具有不同 L_y的单元结构构建相位梯度表面，可以实现电磁波任意角度的异常反射和折射。图 4-73(a)所示是用 20×20 单元结构组成的一维相位梯度表面，不同单元上 L_y尺寸不同以实现所需要的相位，图 4-73(b)为 y 极化电磁波垂直入射到该相位梯度表面时的反射情况，图中可见，其反射波在 45°方向上。

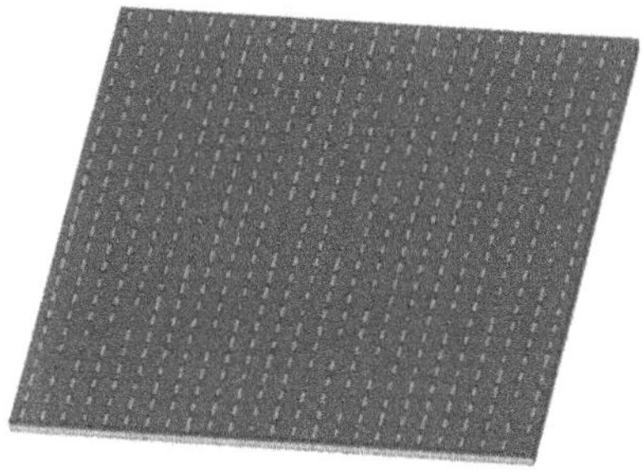

(a)20×20单元结构组成的相位梯度表面

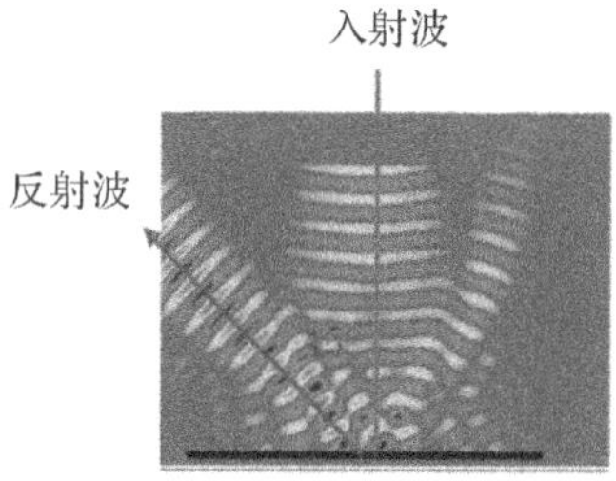

(b)电磁波垂直入射到相位梯度表面的异常反射

图 4-73　相位梯度表面及其异常反射

(2)人工电磁表面的应用

基于相位调制的人工电磁表面可以实现电磁波的调控。近十几年来携带轨道角动量的涡旋波束,由于其独特的波束特性在通信、传感以及成像领域引起研究者极大的关注。涡旋电磁波束最典型的特征是具有螺旋形波前,通过反射型或者透射型的人工电磁表面的设计,均可以很好地实现这种涡旋波束的产生。尤其是,随着人工电磁表面的不断发展以及加工技术的不断改进,基于人工电磁表面的产生方法已成为微波、毫米波、太赫兹等各频段涡旋电磁波产生的重要方法之一。

图 4-74(a)是利用 20×20 单元结构进行合理排列后实现的 100GHz 模态为 1 的涡旋电磁波的产生。人工电磁表面的排列需要满足两个要求:①模态为 1 的涡旋电磁波的相位分布;②馈源正入射时反射波方向在 30°位置。仿真结果显示,当喇叭馈源垂直入射时,在 30°方向上,有一个具有幅度中心为空洞的同时相位满足螺旋形相位分布的波束,该波束满足涡旋电磁波的基本特点。从图 4-74(b)的远场方向图可见,通过这种反射型人工电磁表面,成功实现了涡旋电磁波的发射。

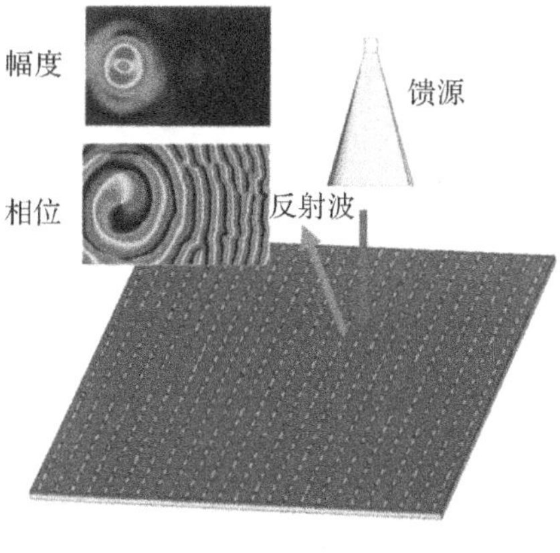

(a)

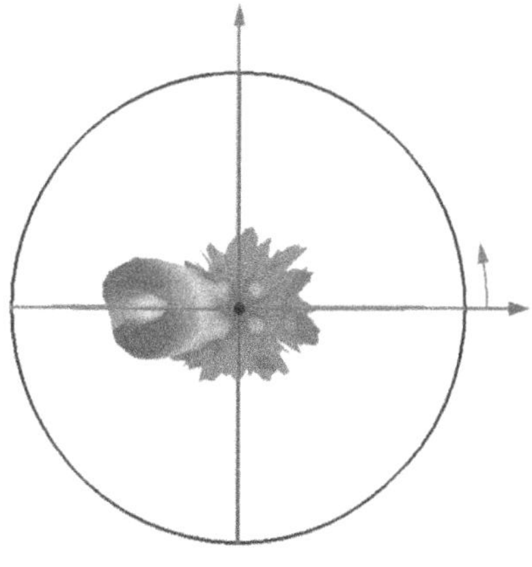

(b)

图 4-74　涡旋电磁波结构及其远场方向图

改变人工电磁表面的单元结构,可以优化所需要的幅度、相位以及带宽等特性。图 4-75(a)所示是一种双圈结构的人工电磁表面基本单元结构。与图 4-71 一样,它也是三层结构,底层为金属背板,属于反射型人工电磁表面,中间为聚酰亚胺层,上层为双圆环结构。圆环的宽度为 W,外环半径为 r,内环半径是外环半径的 55%。通过改变外环半径,可以实现单元结构反射相位的变化。相比于图 4-71 矩形贴片的单谐振，双圆环结构的双谐振特性可以很好地满足相位梯度表面或者相位调制表面所需要的 0～360°的全相位响应。在图 4-75(b)中，D=1.4mm，w=0.02mm，金属圆环、聚酰亚胺层和金属地板的厚度分别为 0.01mm、0.4mm、0.01mm 时，y 极化电磁波 100GHz 入射时的反射特性仿真结果。

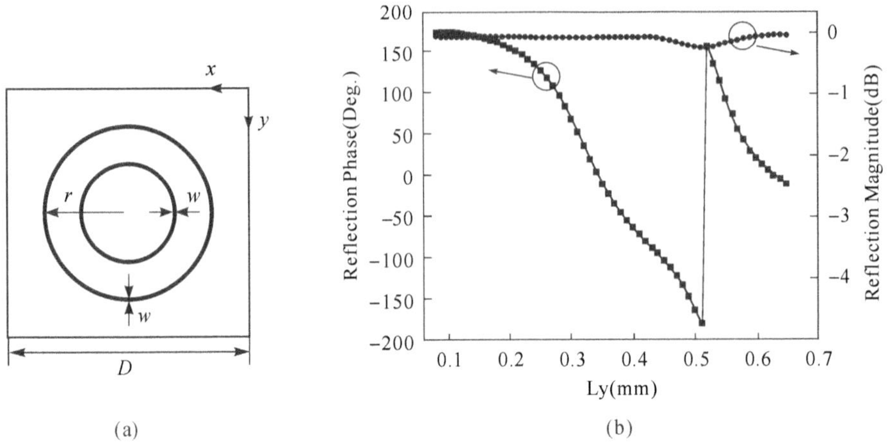

图 4-75　反射特性仿真结果

利用图 4-75 的单元结构，同样可以实现电磁波的波前调控。图 4-76 是利用这种单元结构实现的侧馈情况下，模态为 1 的涡旋电磁波的垂直反射。

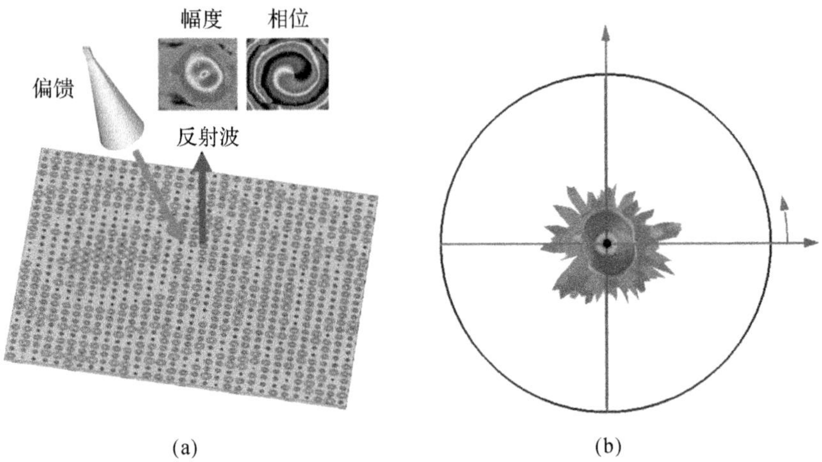

图 4-76　涡旋电磁波的垂直反射

图 4-77 所示是一种透射型人工电磁表面的基本单元，该单元由四层介质与五层金属相间排列构成，周期大小 a 为 1.2mm。介质材料为 Rogers RT5880，厚度 h 为 0.127mm。金属材料为铜，其中四层均为长度 l_p、宽度 w_p 的矩形贴片，中间一层为带有狭缝的金属层，狭缝的宽度 w_s 为 0.2mm，长度 l_s 为 0.7mm。

调整金属贴片的长和宽可以调节透射波的相位与幅度。表 4-1 给出了八种不同单元周期结构在 100GHz 电磁波垂直入射下对应透射系数幅度和相位。可见，通过金属贴片尺寸的选择，八个单元透射相位不仅可以满足准线性变化，而且可以实现透射相位 0～360°的全相位响应。起始相位为 20°，终止相位为 335°，相邻单元之间的相位间隔为 45°，每个单元的相位误差

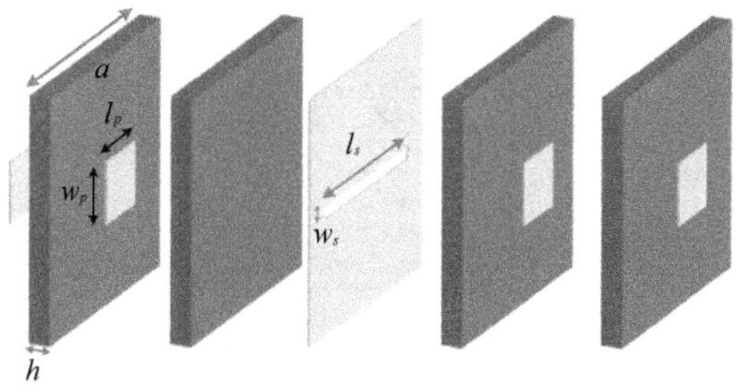

图 4-77 一种透射型的人工电磁表面的基本单元

不大于 1°；且每个单元透射幅度均大于−1dB。因此，由这些单元构成的人工电磁表面具有良好的幅度均匀性、准确的相位调控以及较小的传输损耗等优点。

表 4-1 八种单元对应的金属贴片尺寸和透射系数的关系

序号	1	2	3	4	5	6	7	8
l_p(mm)	0.74	0.98	0.86	0.8	0.76	0.9	0.62	0.54
w_p(mm)	0.86	0.82	0.76	0.68	0.58	0.48	0.36	0.9
相位(°)	20.8	65.2	111	154.9	200.3	244.1	290	334.5
幅度(dB)	−0.47	−0.49	−0.78	−0.15	−0.28	−0.13	−0.9	−0.84

与反射型人工电磁表面实现电磁波调控的原理一样，利用这种透射型的人工电磁表面，同样可以实现涡旋电磁波的产生，唯一不同的是其透射波是涡旋电磁波。采用叠加原理，利用一块人工电磁表面，还可以实现多个不同模态涡旋电磁波的叠加。更进一步，结合广义斯涅尔定理，则可以实现不同模态涡旋电磁波在空间上的分离。图 4-78(a)示出了利用图 4-77 单元结构构成的人工电磁表面产生模态为±1 两种涡旋电磁波发射的示意图，通过控制相位梯度的结合，两种模态涡旋电磁波可以在不同方向上分离。

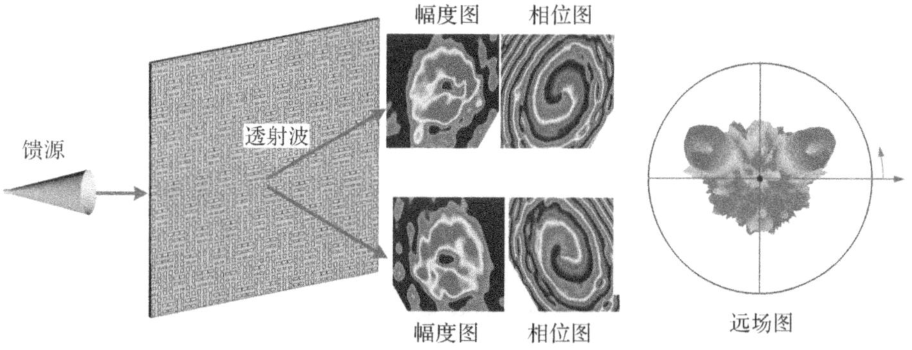

(a) (b)

图 4-78 利用人工电磁表面产生多个模态 OAM 波束的示意图

关于人工电磁表面的设计及其应用可以在很多文献中找到。如前所述，人工电磁表面还包括编码表面，国内东南大学的崔铁军教授课题组对此做了系统研究工作，通过人工电磁表面的编码设计，可以实现多波束或波束赋形，也可以实现涡旋电磁波的产生等。鉴于篇幅这里不做详细论述。

4.8　波导器件

波导不仅用来传输电磁波，也是构成各类无源、有源波导器件的基础。各类射频与微波应用电路，如通信、雷达的射频前端电路就是由这些器件构成的。本节从物理概念说明各种基于矩形波导与圆波导的器件。由于矩形波导器件应用广泛，重点介绍矩形波导器件。基于微带线的功率分配与合成器、耦合器与滤波器则在第 8 章专门讨论。

图 4-79 所示主要是用矩形波导器件构成的微波测量电路。其中①是体效应压控振荡器电源。②是压控振荡器，作为可调频率信号源。③是隔离器，隔离负载对信号源的影响。④是十字形定向耦合器，对入射信号功率采样。⑤是吸收式波长计，用于检测信号波长或频率。⑥是环行器，在本测量电路中用来对反射功率采样。⑦是被测对象，图中表示的矩形波导谐振器，通过壁上的小孔与系统耦合。⑧是短路块，使连接被测对象的波导端口 $A-A$ 面产生全反射。⑨、⑩是检波器，分别检测入射波、反射波信号。⑪、⑫是可调衰减器，控制被采样的入射波、反射波信号的大小。⑬是双迹示波器，显示经检波器⑨、⑩检测到的入射波反射波信号。

谐振器在谐振频率附近相当于一个对频率敏感的负载。图 4-79 所示的测量电路就是用来测量谐振器在谐振频率附近反射波的特性。测量开始时，短路块⑧连接到系统端口 $A-A$ 面，使从信号源来的入射波全反射，该反射波经环行器⑥被检波器⑩检测。调节可调衰减器⑪、⑫的衰减量，使经定向耦合器④并被检波器⑨检测到的入射波信号，与从短路块⑧反射回来并经环形器⑥最终被检波器⑩ 检测到的反射波信号相等，即在双迹示波器⑬显示的两路信号波形重合。然后取下短路块⑧，接上被测谐振器⑦。将双迹示波器上显示的反射波形与入射波形比较，就得到谐振器的反射特性。由此可提取谐振器的特征参数。反射功率最小点对应的频率就是谐振器的谐振频率。反射功率曲线在谐振频率附近变化的尖锐度反映谐振器品质因数的高低。

有必要指出，图 4-79 这种测量电路工程已不大应用，而为自动化程度更高的网络分析仪代替。网络分析仪也基于反射系数的测量，所以从测量原理这一点上看，两者也有相似之处。在实验教学中图 4-79 这种测量电路还是很有价值的，它告诉读者入射波与反射波是如何采样与测量的，怎样通过反射系数测量得出待测对象的特性。

1. 波导连接器

波导连接器的作用是将两个波导元件连接起来。对波导连接器的要求是，两连接的波导不仅要对准，而且接触电阻要尽量小。由于波导壁很薄，两波导的连接是通过钎焊在波导端面的“法兰”进行的。法兰有两种，一种叫平法兰，另一种叫抗流法兰，分别如图 4-80(a)、(b)所示。法兰上有 4 个既作连接又作定位用的孔。两波导的连接只要把两个法兰对准连接就好了。如果只是通过平法兰将两个波导连接起来，叫平法兰连接。平法兰连接结构简单、加工方便，但大功率运用时，波导壁有很大的高频电流流过，两平法兰之间的接触电阻有可能引起高频“打火”。如果两波导连接是通过一个抗流法兰与一个平法兰连接的，叫做平法兰与抗流法兰连接，如图 4-80(c)所示。抗流法兰在离开波导壁 $\lambda/4$ 处开 $\lambda/4$ 的纵向槽，以构成一段 $\lambda/4$ 短路线，使得从两波导法兰接触处向 $\lambda/4$ 短路线看进去的阻抗，相当于开路，因而两波导法兰

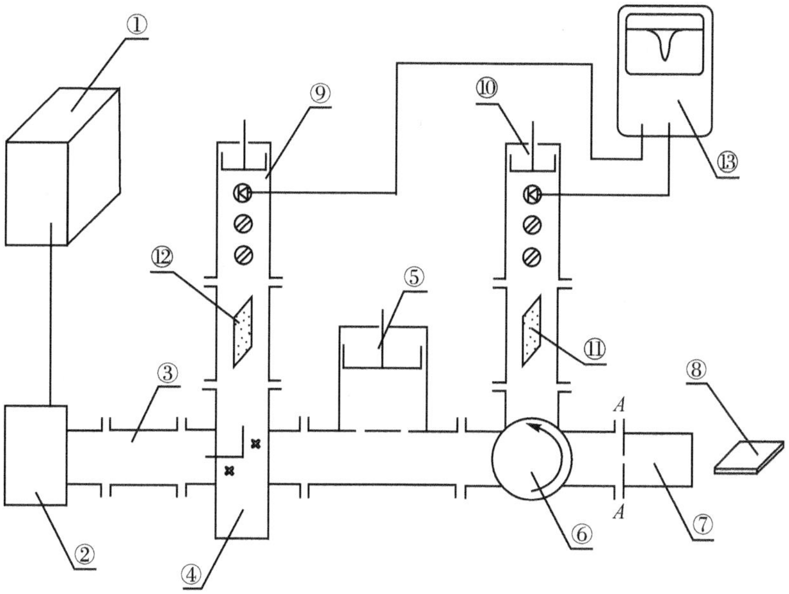

图 4-79　波导测试系统

接触处没有或只有很小高频电流流过，从而避免连接处“打火”现象的产生。两法兰接触处离开波导壁又近似 $\lambda/4$，构成一在两法兰接触处开路的 $\lambda/4$ 伞形线，因而在波导内壁，两波导虽然没有直接接触，但对微波还是短路的。相对于平法兰而言，抗流法兰的不足之处是频带窄，适用于大功率系统。

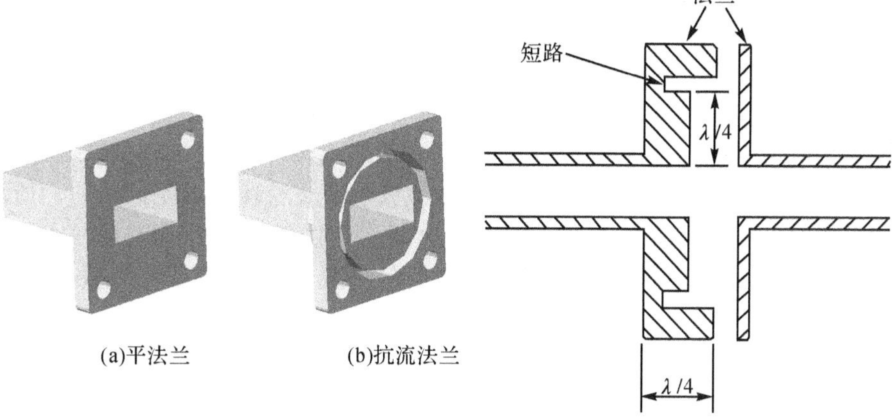

(a)平法兰　(b)抗流法兰　(c)平法兰与抗流法兰连接

图 4-80　连接法兰

2. 波导短路器

反射系数 $\Gamma=-1$ 的器件叫做短路器，而 $\Gamma=+1$ 的器件就叫做开路器。短路器的作用使入射电磁波被全反射。短路器分为固定式与可移动式两种。如果短路面固定的，叫做固定式短路器。如果短路面是可移动的，就叫做可移动式短路器。可移动式短路器也叫短路活塞。

波导终端用导电金属片短路就构成固定波导短路器，因为对于切向电场，金属短路面反射系数 $\Gamma=-1$。

可移动短路器有接触式与抗流式之分。接触式短路器，金属板通过有弹性的金属薄片与波导壁紧密接触实现波导终端的短路，如图 4-81(a)所示的同轴线短路器。抗流式短路器，则如图 4-81(b)所示，利用 $\lambda_z/4$ 阻抗变换器原理，在有效短路面上虽然金属片与波导壁没有直接接触，但在电性能上却是短路的，即输入阻抗为零。其阻抗变换过程如图 4-81 (c)所示。如不计短路器壁厚$\overline{ad}$，则$\overline{bc}\approx\overline{dc}$，且$\overline{bc}$、$\overline{dc}$都近似为 $\lambda_z/4$，所以$\overline{dc}$段相当于终端短路的$\frac{\lambda_2}{4}$传输线，$\overline{bc}$段相当于终端开路的$\frac{\lambda_2}{4}$传输线，两段传输线之间有接触电阻 R_k，它在电流波节处，在有效短路面 ab 处，输入阻抗为零。于是活塞块沿波导移动时，就实现了短路面的移动。抗流短路活塞的优点是损耗小，而且驻波系数可大于 100，但频带较窄，一般只有 10%～15%的带宽。

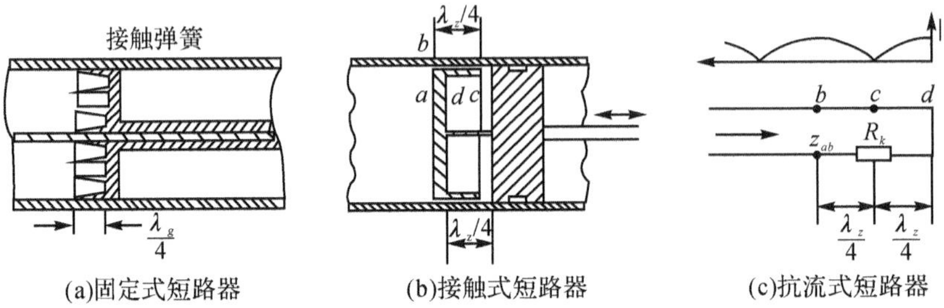

图 4-81　短路器

平行双导线末端断开叫做开路，但矩形波导末端开口还有部分能量辐射出去，不等于平行双导线的开路。离开波导短路面 $\lambda_g/4$ 处阻抗为无穷大，$\Gamma=1$，等效于波导开路。

3. 匹配负载

反射系数 $\Gamma=0$ 的器件叫做匹配负载。对于理想的匹配负载，入射波能量全部被吸收而没有反射。如果在波导终端放置吸收微波的介质，使之将入射波能量全部吸收，因而反射系数 $\Gamma=0$，这就是匹配负载。小功率时微波吸收材料一般做成薄片，或者涂在玻璃等介质基片上，薄片或基片表面与电场平行，微波能量将有效地被吸收介质片衰减，如图 4-82(a)所示。为了与波导匹配，吸收片做成尖劈形状，使阻抗渐变过渡。大功率运用时，用流动的水作为微波吸收材料，如图 4-82(b)所示。通水玻璃管插入波导的角度要小，以保证水负载与波导的匹配。如果能测出每秒水的流量及出入口的温差，即可测出微波输入功率。

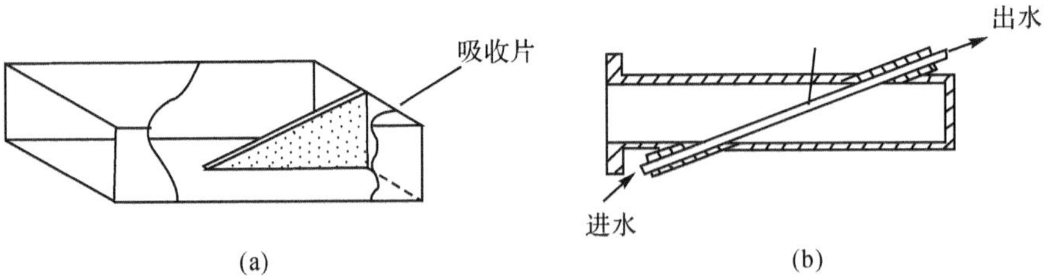

图 4-82　匹配负载

4. 可调衰减器

衰减器能控制微波传输功率的大小。常用的矩形波导可调衰减器，有两种结构形式，它们都基于 TE_{10} 模波导宽边中心电场最强这一事实。图 4-83(a)所示的可调衰减器，吸收电磁波的介质片从波导宽边中间插入，改变吸收片插入波导的深度，即可改变对入射微波场的衰减量，从而控制微波传输功率。图 4-83(b) 所示的可调衰减器，随吸收片从波导窄边逐步移向波导中心，吸收片对微波场的衰减也越来越增加，从而调节波导中微波传输的功率。吸收片两端做成渐变形式，以减小由于吸收片插入波导而引起的反射。

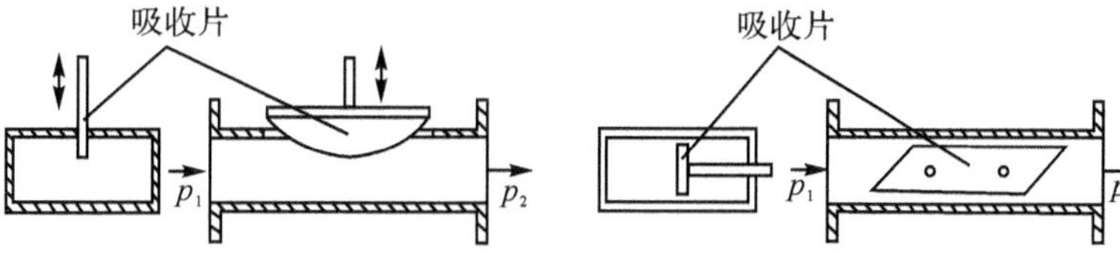

图 4-83　衰减器

5. 波导分支器

波导分支器主要用于微波功率的分配与合成。当分支波导宽面与 TE_{10} 模电场 $\boldsymbol{E}$ 所在平面平行时称为 *E-T* 分支，如图 4-84(a)所示；当分支波导宽面与 TE_{10} 模磁场 $\boldsymbol{H}$ 所在平面平行时称为 *H-T* 分支，如图 4-85(a)所示。

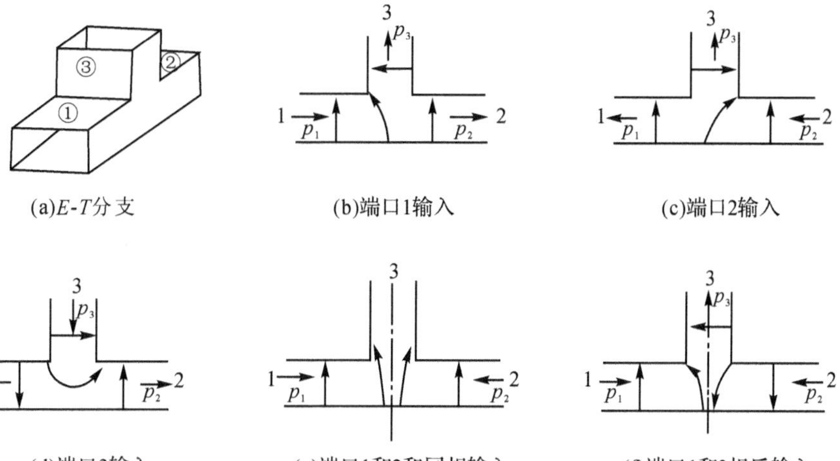

图 4-84　*E-T* 分支的特性

根据 TE_{10} 模电场分布的特点，*E-T* 分支有如下特性：

当信号由端口①或端②口输入时，另外两个端口都有输出且同相，如图 4-84(b)和(c)所示；当信号由端口③输入时，端口①和②都有输出且反相，如图 4-84(d)所示；当信号由端口①和②同相输入时，在端口③的对称面上可得电场的驻波波腹，端口③输出最小；如果①、②信号振幅也相等，则端口③的输出为零，如图 4-84(e)所示；当信号由端口①和②反相输入时，在端口③的对称面上可得到电场的驻波波节，端口③输出最大，如图 4-84(f)所示。

同样根据 TE_{10} 模电场分布的特点，*H-T* 分支的特性则为：当信号由端口③输入时，端口①和②有等幅同相输出，如图 4-85(b)。所以 *H-T* 分支可用做功率分配器和合成器。

将具有共同对称平面的 *E-T* 和 *H-T* 分支组合在一起就构成双 *T* 接头，如图 4-86 所示。通常称③臂为 *E* 臂，④臂为 *H* 臂，①、②臂为平分臂或侧臂，③、④臂为隔离臂。由 *E-T*、*H-T* 接头的特性可知双 *T* 具有如下特性：

(1)由 *E* 臂输入的功率将由侧臂反相等分输出，而不进入 *H* 臂；

(2)由 *H* 臂输入的功率将由侧臂同相等分输出，而不进入 *E* 臂；

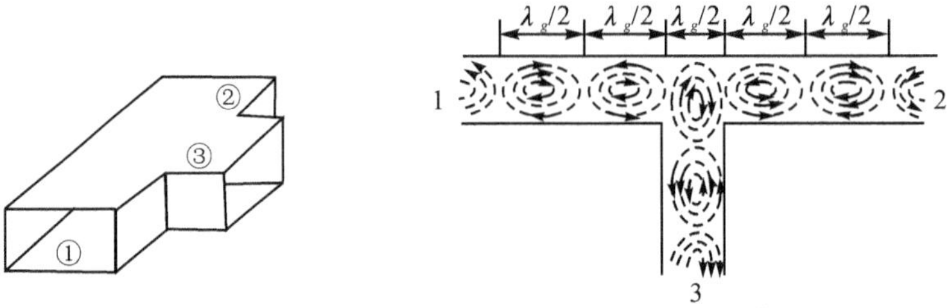

(a)*H-T*分支特性　　(b)场分布

图 4-85　*H-T* 分支

(3)如果 *E* 和 *H* 臂接匹配负载，功率由两侧臂输入，输入信号在共同对称面上为同相时(即为电场波腹时)，则功率进入 *H* 臂而不进入 *E* 臂；对称面上为反相时(即为电场波节时)，则功率进 *E* 臂而不进入 *H* 臂。

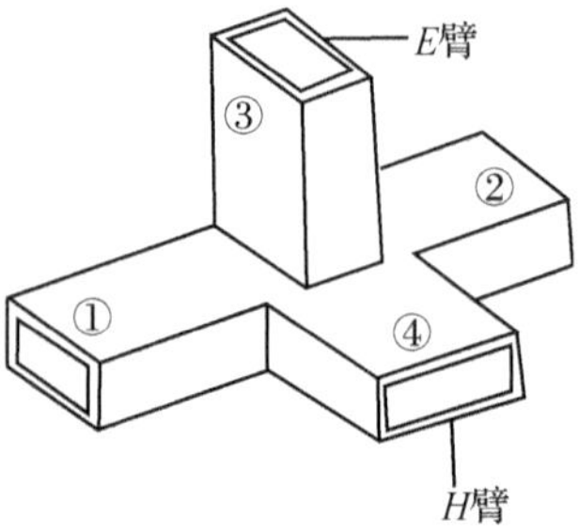

图 4-86　双 *T* 接头

6. 定向耦合器

定向耦合器是一种具有方向性的功率耦合器，它有 4 个端口。业已发展了多种结构形式的定向耦合器。图 4-87(a)所示是通过窄边间距为 $\lambda_g/4$ 的两个小孔耦合的定向耦合器，图(b)是通过宽边两个十字孔耦合的十字形定向耦合器。定向耦合器与一般耦合器差别是，功率耦合具有方向性。如果要将沿波导给定方向传输的一部分功率耦合出来进行分析处理，就可用定向耦合器。原则上，在波导壁开孔、开槽即可使波导中传播的电磁能量通过所开的孔或槽辐射到另一波导，如果耦合孔、耦合槽缝的设计使得辐射到另一波导的能量相互干涉，以致沿一个方向辐射被加强，另一方向被削弱，即可构成定向耦合器。

对于图 4-87(a)所示的通过窄边双孔耦合的定向耦合器。当信号从端口①输入时，大部分功率直通到端口②，同时有一小部分能量通过窄边小孔耦合到端口③与端口④之间的波导。习惯上将输入端口①与直通端口②之间的波导称为主波导，而将端口③与端口④之间的波导称为副波导。从端口①输入的信号，到达小孔 a 与 b 时，它们都将在副波导中激励起向端口③、端口④两个方向传输的波。很明显，向端口③方向传输的两个波同相叠加，因而端口③有信号输出，故称端口③为耦合端口。而向端口④方向传播的波，由于两小孔之间相距为 $\lambda_g/4$，从小孔 b 激励的向端口④传播的波比从小孔 a 激励的向端口④传播的波多走了半个波长，有 180°相位差，相互抵消，没有信号输出，与端口①隔离，故称端口④为隔离端口。因此信号从端口①输入时，端口③会耦合到能量，端口④则没有信号输出；相反信号从端口②输入，端口④会耦合到信号，端口③则没有信号，这就是说定向耦合器耦合输出的信号有方向性。所以定向耦合器能检测入射波、反射波场强。这也就是定向耦合器名称的由来。

上面分析时隐含了一个假定，经小孔耦合的功率很小，在小孔 a 与 b 处，入射波功率几乎相等。

图 4-87(b)所示的十字形定向耦合器在主波导宽边开有两个“＋”字形耦合孔，x、y 方向一般相距 $\lambda_g/4$。通过这两个孔，主波导能量耦合到副波导，副波导几何位置安放，使其轴与主波导轴垂直。两十字槽孔的辐射场在时间上有 $\pi/2$ 相移，空间上也有 $\pi/2$ 相移。所以，从端口①进入主波导的 TE_{10} 模电磁波通过两十字形耦合孔向副波导辐射时，向端口③方向传播的波相位相同，叠加的结果，辐射加强；而向端口④方向传播的波相位相反，彼此抵消，几乎没有波

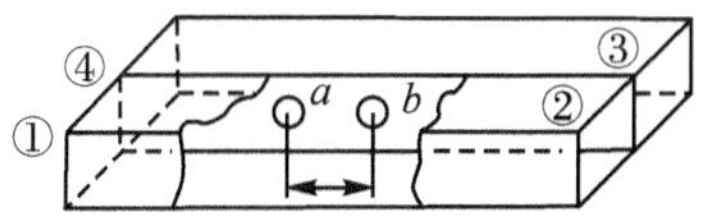

(a)窄边双孔耦合的定向耦合器

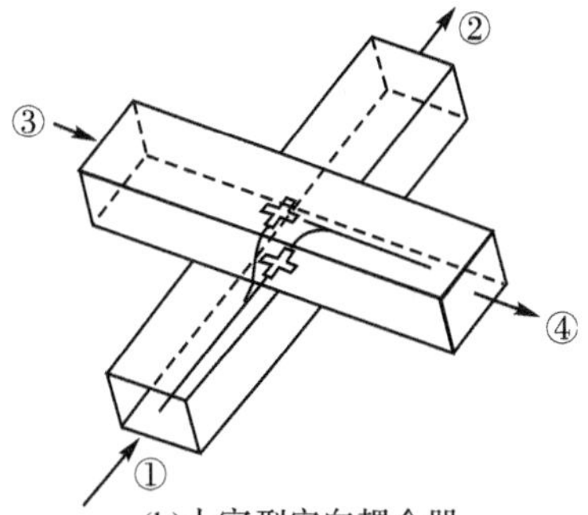

(b)十字型定向耦合器

图 4-87　小孔激励的定向耦合器

的传播。从端口②向端口①传播的波，通过两十字形耦合孔辐射到副波导，端口④方向波相加，端口③方向波相互抵消。所以十字形定向耦合器也能检测入射波、反射波场强。

7. 3dB 定向耦合器

3dB 定向耦合器要求耦合端口③输出功率与直通端口②输出功率相等，即端口②与③的输出刚好是输入功率的一半，小了 3dB，这就是把这类耦合器叫做为 3dB 耦合器的原因。

3dB 定向耦合器的一种结构如图 4-88 所示，在耦合区，将主、副波导公共侧壁去掉，从而实现主、副波导间强耦合。设主、副波导截面尺寸为 $a\times b$，则耦合区可看成截面为 $2a\times b$ 的波导。由于结构的对称性，可以用奇—偶模分析法进行分析。

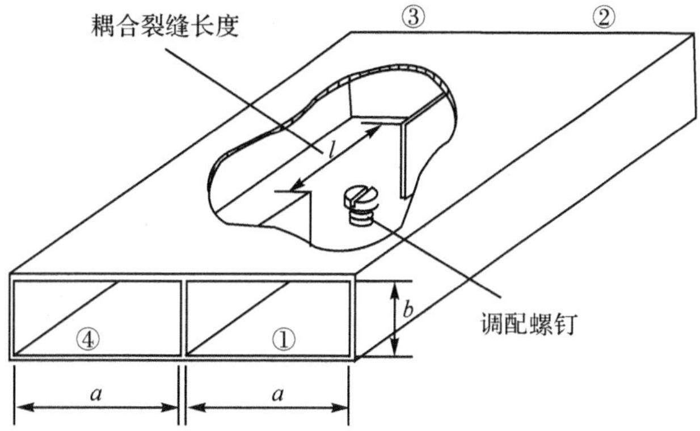

图 4-88　波导隙缝 3dB 定向耦合器

设入射电磁波 a_1 从端口①输入，当此信号进入截面为 $2a\times b$ 的波导的耦合区时将激励起两种传播模式的波，即偶对称的 TE_{10} 模（简称偶模）与奇对称 TE_{20} 模（简称奇模）。偶模场在端口①与端口④的入射波分别为 a_1^e 与 a_4^e。奇模场在端口①与端口④的入射波分别为 a_1^o 与 $-a_4^o$，即 a_1^o 与 a_4^o 有 180°相位差。这里上标 e、o 表示属于偶模与奇模的量。

端口①与端口④总的场是偶模与奇模场的相加。刚进入耦合区，在端口①，偶模场与奇模场同相，叠加后就是入射波场 a_1。端口④奇模场与偶模场反相，相互抵消，总的场 $a_4=0$。

进入耦合区，偶模与奇模（或 TE_{10} 模与 TE_{20} 模）的传播常数 k_z^e 与 k_z^o 是不同的

$$k_z^e=\frac{2\pi}{\lambda_g^e}=\sqrt{\left(\frac{2\pi}{\lambda}\right)^2-\left(\frac{\pi}{2a}\right)^2} \tag{6.4.1}$$

$$k_z^o = \frac{2\pi}{\lambda_g^o} = \sqrt{\left(\frac{2\pi}{\lambda}\right)^2 - \left(\frac{\pi}{a}\right)^2} \tag{6.4.2}$$

因此偶模、奇模经过耦合区的相移也是不同的。随着偶模、奇模沿耦合区的传播，它们到达耦合区末端，即端口②和端口③处，其相位关系与端口①与端口④处不同，叠加的结果，端口②和端口③都有功率输出，在某些特殊情况下，当偶模与奇模相位差达到 180°时，端口①的功率甚至全部耦合到端口③，直通端口②输出为零，即 $a_2=0$。可以证明如果选择耦合区的长度 l 使得它们的相位差为 90°，即

$$(k_z^e - k_z^o)l = \frac{\pi}{2}$$

那么偶模和奇模场经耦合区传播到端口②与端口③时，叠加的场有相同的幅度，即 $|a_2|=|a_3|$，同时还有 90°相位差。

8. 单螺调配器

从矩形波导宽边中心插入一个其插入深度可调节的螺钉，就构成了单螺调配器，如图 4-72(a)所示。它相当于一个并联可变电纳，可用于波导电路的调配。

插入波导的螺钉与相对的波导壁间有电力线，表示有电场储能，相当于一电容。螺钉表面有电流，表示周围有磁场储能，相当于一电感。螺钉插入波导较浅时，电容效应为主，可等效为一个电容 C。随插入深度的增加，电容效应减小，电感效应增加，可用串联的 LC 电路等效。插入很深时，电感效应为主，等效为一电感 L。此过程如图 4-89(b)所示。螺钉旋入波导的深度小于 $3b/4$(b 为波导窄边尺寸)一般为容性。如果在某一插入深度，串联 LC 回路的固有谐振频率 $\omega_0=1/\sqrt{LC}$，与波导传输电磁波的工作频率一致时，将发生谐振。

单螺调配器，插入波导螺钉附近电场较集中，大功率运用时，容易引起高频击穿。因此单螺调配器适用于低功率应用。如果波导宽边中央开槽，使螺钉能沿波导轴向移动，就等效于可移动单可变电纳匹配器，如图 4-89(c)所示。

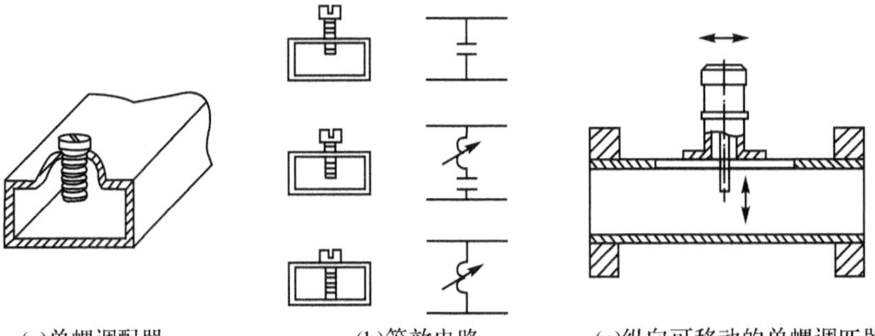

(a)单螺调配器　　(b)等效电路　　(c)纵向可移动的单螺调匹器

图 4-89　单螺调配器及其等效电路

9. 波导检波器

波导检波器用于检测波导内传播的微波信号。图 4-90 所示的波导检波器，作检波用的微波二极管串联接入同轴线内导体的延伸段，并从波导宽边中央插入。同轴线内导体延伸段的一端与波导壁连接。微波二极管两端感应的高频电压经二极管检波后由同轴线输出。检波二极管前面的两个可调螺钉相当于并联双可变电纳调配器，后面的可调短路器相当于短路面位置可调的并联短截线，都是用来进行阻抗匹配，以使入射微波能量更多地为检波器吸收。

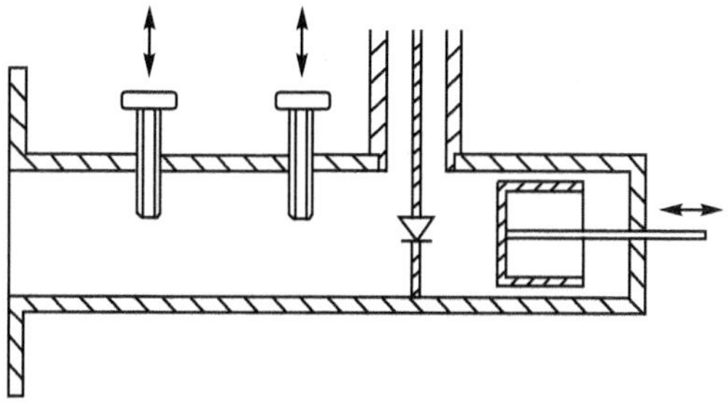

图 4-90　波导检波器

10. 容性膜片、感性膜片与谐振窗

在截面为 $a \times b$ 的矩形波导中插入两金属膜片，其厚度 t 比波导波长 λ_g 小得多，即 $t \ll \lambda_g$，且与波导壁紧密接触。如果膜片截面为 $a \times b_1$，其中 $b_1 < b/2$，且如图 4-91(a)所示那样沿宽边放置，可等效为一电容，故称为容性膜片。如果膜片截面为 $a_1 \times b$，其 $a_1 < a/2$，且如图 4-87(c)所示那样沿窄边放置，可等效为一电感，因而叫做感性膜片。

容性膜片或感性膜片分别可看成截面为 $a \times b'$ 或 $a' \times b$、长度为 t 的一小段波导。其中 $b' = b - 2b_1$，$a' = a - 2a_1$。z 方向等效电路如图 4-91(b)和(d)所示。对于图 4-91(a)所示的容性膜片，$b' < b$，所以小段波导的等效阻抗 Z_e' 小于矩形波导等效阻抗 Z_e，即 $Z_e' < Z_e$。对于图 4-74(c)所示的感性膜片，$a' < a$，所以小段波导等效阻抗 Z_e' 大于矩形波导等效阻抗 Z_e，即 $Z_e' > Z_e$。由等效电路图 4-91(b)可知，对于图 4-91(a)所示的容性膜片，归一化负载 $z_L = \frac{Z_e}{Z_e'} > 1$，在圆图实轴右半径上。因为 $t \ll \lambda$，所以 $k_{z_e} t \ll 1$，利用圆图求 $z=0$ 处输入阻抗，从实轴右半径顺时针旋转 $\frac{t}{\lambda} \ll 1$，一定在阻抗圆图下半圆，故是容性的。对于图 4-91(c)所示的感性膜片，归一化负载 $z_L = \frac{Z_e}{Z_e'} < 1$，在阻抗圆图实轴左半径。利用圆图求 $z=0$ 处输入阻抗，从实轴左半径顺时针旋转 $\frac{t}{\lambda} \ll 1$，一定在圆图上半圆，故是感性的。

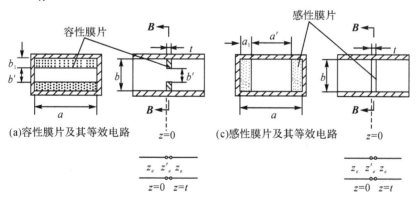

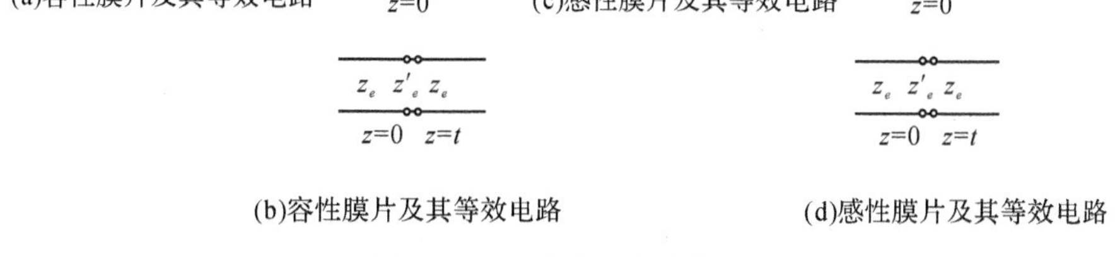

(a)容性膜片及其等效电路　(c)感性膜片及其等效电路

(b)容性膜片及其等效电路　(d)感性膜片及其等效电路

图 4-91　矩形波导中的膜片

11. 谐振窗

如果把图 4-91(a)和(c)所示的容性、感性膜片结合起来,如图 4-92 所示,就构成谐振窗。它相当于并联 LC 回路。当波导传播电磁波工作频率与 LC 回路固有谐振频率相等,即 $\omega=\frac{1}{\sqrt{LC}}$,电磁波可无反射通过。这种谐振窗常用于大功率波导系统作充气用的密封窗,也用于微波电子器件中作为真空部分与非真空部分的隔离窗。窗口密封用材料可以是玻璃、聚四氟乙烯、陶瓷片等。

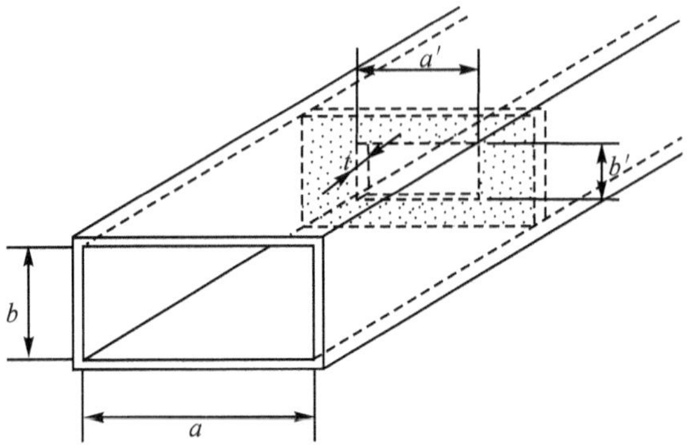

图 4-92　谐振窗

12. 波长计

波长计实际上是一个高 Q 谐振器。通过改变柱形谐振器的长度 l 实现波长计谐振频率的调谐。

圆柱波长计可工作于多种模式。图 4-93 所示的圆柱波长计工作于 TE_{011} 模。这种模式的

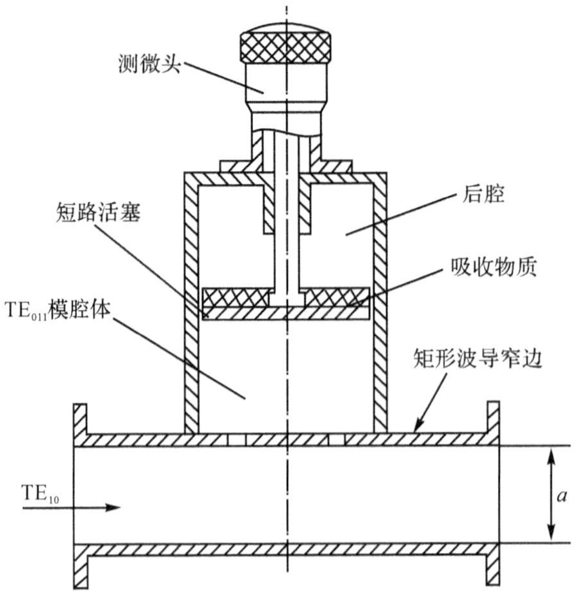

图 4-93　TE_{011} 模圆柱波长计

场分布有如下特点：场在圆周方向没有变化，具有轴对称性。谐振器壁只有圆周方向电流，没有径向电流。因此，改变波长计长度的调谐活塞与谐振器壁可做成非接触式，这给调谐活塞的制造带来了很大方便且没有磨损。但对于其他模式，非接触调谐活塞切断这些模式径向电流，迫使这些电流漏泄到活塞背后，正好被放置在活塞背后的吸收物质吸收，因而这些模式的品质因数很低，建立不起振荡。工作于 TE_{011} 模的圆柱波长计与波导耦合的一种方式如图 4-93 所示，它是通过谐振器底面两个耦合孔与矩形波导（TE_{10} 模）窄边耦合的，两耦合孔间距为半个波导波长。这样矩形波导从两耦合孔漏泄到圆柱形谐振器中的场最接近 TE_{01} 模场分布，圆柱腔中 TE_{01} 模就优先得到激励。

波长计可用来检测系统的工作频率，其原理如图 4-94 所示。系统耦合出的一部分微波能量，从工作于 TE_{10} 模的矩形波导左边输入，并为右边的波导检波器检测。工作于 TE_{011} 模的波长计通过波导窄边两个孔与矩形波导耦合，接在输入波导与检波器之间。调节波长计的可调短路活塞进而调节波长计的谐振频率。当波长计谐振频率与系统工作频率一致时，波长计谐振，波长计从系统吸收的能量最多，检波器输出变小，从而测得系统的工作频率。

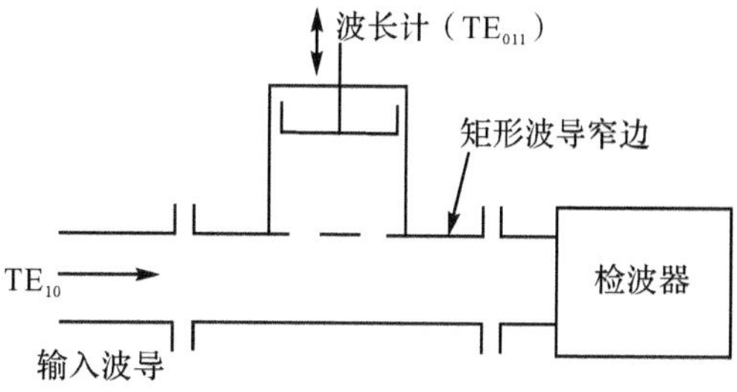

图 4-94　波长计工作原理

13. 旋转波导结

频率高于 C 波段，雷达发射机微波脉冲功率一般通过工作于 TE_{10} 模的矩形波导输出，并经天线辐射出去。如果要在天线旋转的情况下仍能使高功率微波顺利通过，仅用矩形波导作馈电波导是不够的。由于圆波导的对称性，天线的转动部分在圆波导段比较容易实现。4.8 节提到，圆波导 TM_{01} 模场结构具有轴对称性，且只有纵向电流，只要转动部分与固定部分电气接触性能好，就不会影响波的传播。旋转波导结就是这样一个装置，先将矩形波导 TE_{10} 模转换为圆波导 TM_{01} 模，再将圆波导 TM_{01} 模转换为矩形波导 TE_{10} 模。在圆波导部分实现天线的旋转，如图 4-95 所示。

这里要解决两个问题，一是矩形波导与圆波导的有效过渡，二是圆波导固定部分与转动部分良好的电气接触性能。第二个问题用抗流法兰给予解决。如图 4-95 所示，它是在离开圆波导壁 $\lambda/4$ 处纵向开 $\lambda/4$ 槽，槽末端短路，其阻抗为零，经过开槽部分 $\lambda/4$ 变换，其阻抗为无穷大，在那个地方串联一转动部分与固定部分接触的小电阻，还是开路，再经过径向 $\lambda/4$ 变换，从波导内壁看，尽管转动部分与固定部分机械上不接触，但电气上还是短路，不影响圆波导中波的传播。至于第一个问题，即矩形波导到圆波导的有效过渡，要使矩形波导 TE_{10} 模场有效地耦合到圆波导的 TM_{01} 模。如图 4-95 所示，开在矩形波导宽边中间，且离矩形波导短路面 $\lambda_g/4$ 的耦合孔，其附近的场近似圆对称，通过耦合孔漏泄到圆波导的场也近似圆对称，与 TM_{01} 模在 AA 面电场相符合。这样就会将圆波导中 TM_{01} 模优先激励起来。从圆波导到矩形波导的过渡也可做类似解释。3 个 90°波导弯头则是使天线轴线与圆波导转动部分轴线一致。

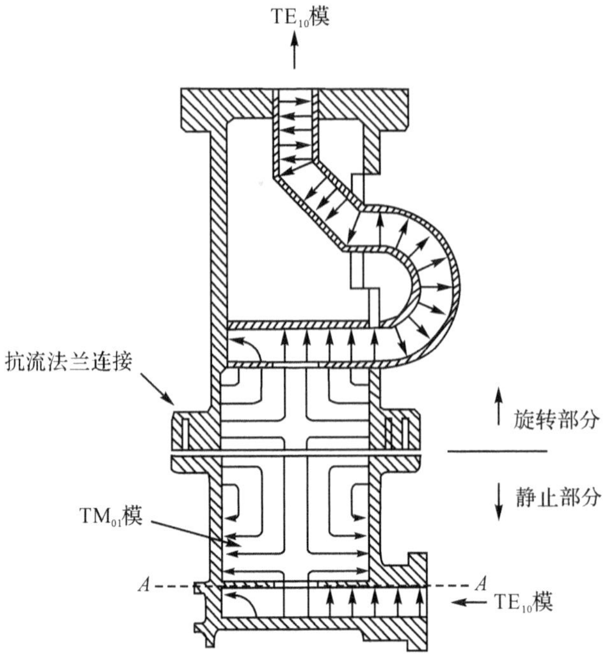

图 4-95　由两个方—圆波导过渡组成的旋转波导结

14. 慢波线

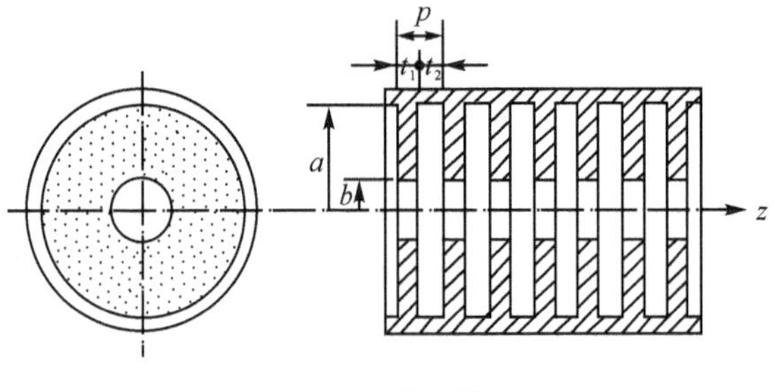

图 4-96　慢波线

图 4-96 所示的慢波线，实际上就是带中心孔的盘荷波导构成的周期系统，电子束从盘荷波导的中心孔通过。为使电子束与高频场有效相互作用，慢波线应工作于有电场纵向（z 方向）分量 E_z 的 TM 模，同时电子束沿纵向运动的速度要与慢波线上传播电磁波的相速同步。慢波线由于结构的周期性，既可传播相速大于光速的快波，也可以传播相速小于光速的慢波。因为电子速度总是小于光速的，所以只有慢波线上那些相速小于光速，且与电子束同步的空间谐波模式才能与电子束有效的相互作用。一般来说，空间谐波序号越高，电子束通过的中心孔高频场越弱。因此应尽量选择模式序号低且与电子束同步的空间谐波模式。

15. 铁氧体波导器件

前面介绍的各类波导器件都是互易的，器件的特性与波传播方向无关。利用铁氧体中波传播的非互易特性可制成如隔离器、移相器、环行器等非互易波导器件，它们的特性与波传播方向有关。铁氧体波导器件种类较多，下面主要介绍基于场移原理的场移式隔离器与环行器。

(1)场移式隔离器

隔离器的作用，在于对不同方向传播的电磁波提供不同的衰减，当电磁波正向通过时，衰减很小，而相反方向通过隔离器时，衰减很大。如果要隔离负载对源的影响，可在源与负载之间接入一隔离器，对于从源到负载的电磁波信号，隔离器处于正向工作状态，衰减很小，而对从负载反射回来的波，隔离器呈现很大的衰减，这就是说隔离器隔离了负载对源的影响。隔离器的名称也由此而来。

场移式隔离器的结构如图 4-97(a)所示，在矩形波导离开窄边 d 处放置一沿 y 方向磁化的铁氧体，在铁氧体表面贴上一个能吸收微波的电阻薄片。该电阻薄片对于正向（$+z$ 方向）通过的电磁波，衰减作用很小，而对于反向（$-z$ 方向）通过的电磁波，衰减很大，故具有隔离器功能。这种非互易的衰减特性源于波导中放置横向磁化铁氧体片后出现的不可逆场移效应，如图 4-97(b)所示。所谓不可逆场移效应，是指对于正向传播的波，电场分布与没有铁氧体时的 TE_{10} 模场分布差别不大，电阻吸收片位置高频电场很小，因而电阻吸收片对正向通过的电磁波衰减很小，而对于反向通过的电磁波，电场主要集中在铁氧体附近，电阻吸收片处电场最强，因而电阻吸收片对反向通过的电磁波呈现很大的衰减。

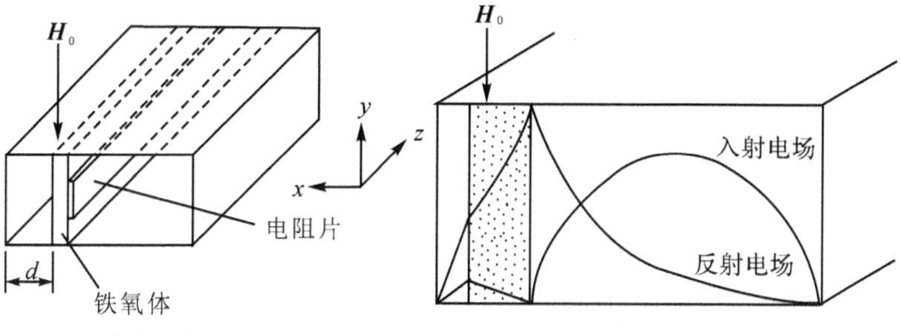

(a)场移式隔离器　(b)不可逆场移效应

图 4-97　场移式隔离器与不可逆场移效应

要解释波导中放置横向磁化铁氧体片后出现的不可逆场移效应其实并不难。首先，我们注意到 4.2 节例 4.1 说明的，如果波沿 $+z$ 方向传播，在铁氧体所在位置沿 y 方向看，对于高频磁场是右旋椭圆极化波，对于沿 $-z$ 方向传播的波是左旋椭圆极化波。本章习题 4.9 又证明，在

$$x=\frac{a}{\pi}\operatorname{arccot}\sqrt{\left(\frac{2a}{\lambda}\right)^2-1}\quad 或\quad x=a-\frac{a}{\pi}\operatorname{arccot}\sqrt{\left(\frac{2a}{\lambda}\right)^2-1}$$

处，磁场强度是圆极化的。

而根据 3.3.3 对横向磁化铁氧体中平面波传播的分析，右旋圆极化波与左旋圆极化波的有效磁导率 μ_e^+ 与 μ_e^- 是不同的。如图 3-18 所示，如果工作频率 $\omega>\omega_g$，$\mu_e^->1$，而 $\mu_e^+<1$ 甚至为负，即 $\mu_e^-\gg\mu_e^+$。因此当波正向传输时，电磁能量主要集中于波导中心轴线附近，但由于 μ_e^+ 很小使能量离开铁氧体，场强最大位置稍有偏移；而当波反向传播时，由于 μ_e^- 很大而使电磁场能量集中于铁氧体附近，也使 TE_{10} 模场强发生了移动。这就解释了横向磁化铁氧体引起的电场最强位置偏移的效应。

(2)对称 Y 形环行器

环行器有三个端口，也是非互易器件，它能保证微波功率的单向循环传输，而反向是隔离的。如图 4-98 所示的对称 Y 形环行器，微波功率的单向循环传输是指，如果微波信号从端口①输入，功率传输的顺序有两种可能，一种是顺时针，端口①输入功率单向传输到端口②，从端口②进入的信号单向传输到端口③，而从端口③输入的信号又单向回到端口①，完成一循环。

另一种是逆时针循环传输，其顺序为端口①→端口③→端口②→端口①。

对称Y形环行器保证微波功率单向循环传输的依据也是波导中放置横向磁化铁氧体片后出现的不可逆场移效应。这是因为在这种环行器的旋转对称中心区安放了一块铁氧体圆柱，并在轴向外加偏置磁场 $\boldsymbol{H}_0$ 使铁氧体磁化，从而使之具有非互易特性。

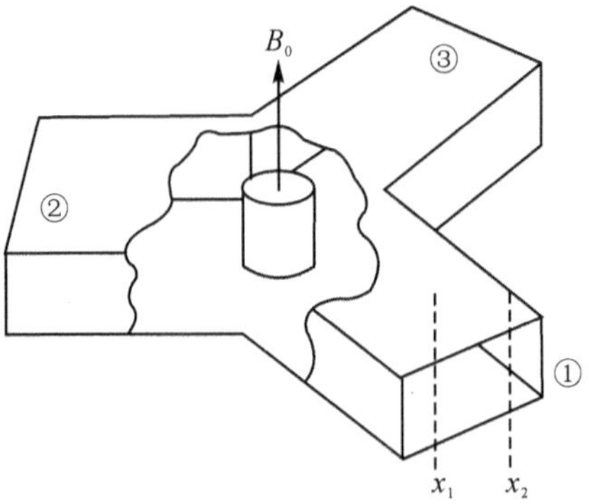

图 4-98　环行器结构

当 TE_{10} 波从环形器的端口①输入时，适当选择 $\boldsymbol{H}_0$ 的方向，使得在 $x=x_1$ 面上，微波磁场相对 $\boldsymbol{H}_0$ 的方向而言是左旋圆极化磁场，而在 $x=x_2$ 面上，微波磁场相对 $\boldsymbol{H}_0$ 的方向而言是右旋圆极化磁场。选择工作频率使 $\omega>\omega_g=\gamma\boldsymbol{H}_0$，由图 4-98 可见，其对应的 $\mu_e^->1$，$\mu_e^+<1$，从而可知在铁氧体柱中靠近端口③一侧的电磁场为吸引场（即电磁场能量相对集中增强），而靠近端口②一侧的电磁场为排斥场（即电磁场能量相对分散变小）。以上发生的场移效应使得环行器端口③有能量输出，而端口②无输出。若偏置磁场 $\boldsymbol{H}_0$ 反向，则电磁波从端口①输入时，端口②有输出，端口③没有输出。即功率循环传输方向，一个逆时针，一个顺时针。

习 题 4

4.1　波限制在波导内部区域传播必要而充分的条件是什么？

4.2　波导传播电磁波的特征用哪几个物理量描述？说明其物理意义。

4.3　导出对称单层平板介质波导色散方程(4.2.20)有两个解，即式(4.2.21a)和(4.2.21b)。

4.4　计算如题 4.4 图所示对称单层平板介质波导的有效介电系数与场分布。

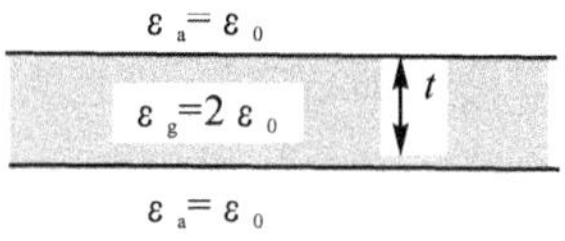

题 4.4 图

4.5　矩形波导通常为什么工作于 TE_{10} 模？

4.6　矩形波导 BJ-100 的宽边尺寸为 $a=22.86$mm，窄边尺寸为 $b=10.16$mm，工作于 TE_{10} 模，求截止波长 λ_c，如果传输频率为 10GHz 的信号，求导波波长 λ_g、相速 v_p 和等效阻抗 Z_e。当信号频率由 10GHz 逐步增大到 30GHz，写出在波导中依次可能出现的高次模式。

4.7　证明在矩形波导中传播 TE_{10} 模时，在

$$x=\frac{a}{\pi}\operatorname{arccot}\sqrt{\left(\frac{2a}{\lambda}\right)^2-1}\quad 或\quad x=a-\frac{a}{\pi}\operatorname{arccot}\sqrt{\left(\frac{2a}{\lambda}\right)^2-1}$$

处，磁场强度是圆极化的。

4.8　如果要把 BB-32 波导($a_1=72.14$mm，$b_1=8.6$mm)和 BJ-32 波导($a_2=72.14$mm，$b_2=34.04$mm)连接起来，并使之反射最小，拟在中间加入一段过渡波导，问过渡波导的截面尺寸 $a_3\times b_3$ 及其长度各为多少？（提示：用波导的传输线模型来解）

4.9　如题 4.9(a)图所示，矩形波导的宽边为 a，窄边为 b。$0<x<a_1$ 波导为空气填充，介电系数为 ε_a；$a_1<x<a$ 为介电系数 ε_1 的介质填充。波导的纵方向为 z 轴。用横向谐振原理求该部分填充介质的矩形波导的色散关系。(提示：波导中的场在 x、y 方向取驻波分布，即发生谐振。x、y 方向等效电路模型如题 4-9 图(b)和(c)所示。由 y 方向谐振，求出 $k_y=n\pi/b$，而 x 方向谐振表达式就是要求的色散关系。x 方向等效网络参数 $k_{xi}=\sqrt{\omega^2\mu\varepsilon_i-\left(\frac{n\pi}{b}\right)^2-k_z^2}$。)

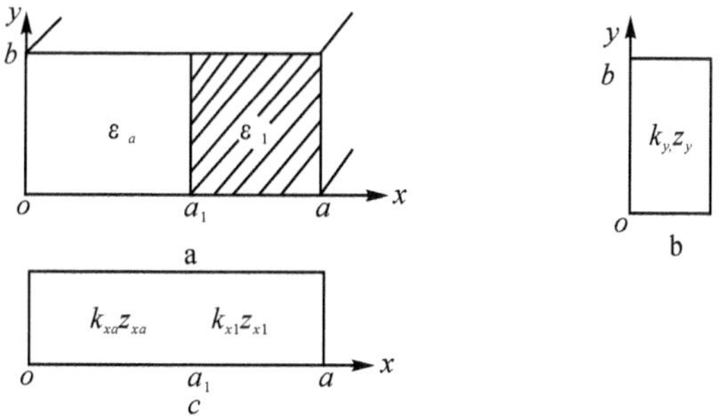

题 4.9 图

4.10　如题 4.10 图所示矩形波导(10mm×23mm)工作于 TE_{10} 模，侧壁打一个直径为 d 的圆孔，并接上一段内直径为 d 的金属圆管，为了防止微波能量通过金属圆管向外辐射，求直径 d 应小于何值。

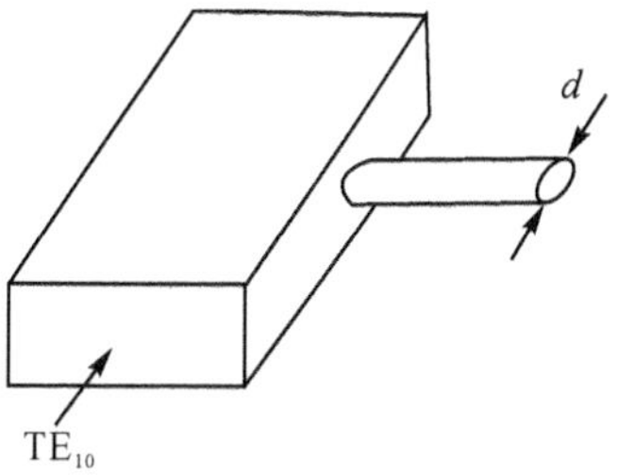

题 4.10 图

4.11　漆包线表面涂层对微波有损耗，如果将它绕成螺旋线，其外径等于圆波导内径，放到工作于 TE_{01} 模的圆波导中，可以抑制其他模式，试对这种模式抑制器进行说明。

4.12　光纤标量波动分析的依据是什么？LP 模的特点是什么？光纤中波传播的截止条件与圆波导中有什么不同？

4.13　远距离通信用光纤为什么都采用单模光纤而不用多模光纤？

4.14　介质圆波导芯半径 $a=25\mu m$，折射率 $n_1=1.45$，包层折射率 $n_2=1.4$，计算 LP_{01}、LP_{11}、LP_{21} 模的截止波长。

4.15　介质圆波导尺寸及 n_1、n_2 同习题 4.14，工作频率 $f=0.8f_{11}^c$，f_{11}^c 为 LP_{11} 模截止频率，利用近似式(4.5.41)计算 LP_{01} 模 k_{t1}，并进一步计算传播常数 k_z。

4.16　以半径为 a，内充空气的金属圆波导和芯半径为 a、芯区与包层折射率为 n_1、n_2 的介质圆波导为例，比较金属波导和介质波导的导波特性。

4.17　谐振器的特征参量有几个？说明其物理意义，谐振器与外电路耦合用什么特征量表示？物理意义是什么？

4.18　有一矩形空腔谐振器，其几何尺寸为 6cm×7.5cm×10cm，问其最长谐振波长是多少？

4.19　有一个微波加热炉，其腔体尺寸 a、b 和 l 分别为 44cm、36cm、40cm。如果频率在 2450±20MHz 范围内，试问微波炉工作时，谐振腔是多模工作还是单模工作？并说明理由？

4.20　矩形谐振腔的内截面几何尺寸为 22.86mm×10.16mm×25mm，谐振腔材料为铜，电导率为 5.8×10^7 s/m，腔工作在最低模，求：

(1)谐振波长 λ。

(2)固有品质因数 Q。

(3)若最大电场强度振幅为 1000V/m，问腔中储能和腔壁损耗的功率各是多少？

4.21　一个直径为 3cm，长度 $l=3$cm 的圆柱谐振器，求其最低模式的谐振频率。

4.22　谐振腔 A 和谐振腔 B 的几何尺寸和工作模式都相同，腔体 A 充以 $\varepsilon_r>1(\mu_r=1)$ 的介质，在它们各自的谐振频率下，电源在腔 A 和腔 B 中激起电场振幅相同的电磁振荡，问谐振腔 A 中任意点($H=0$ 的点除外)的磁能密度 w_{HA} 与谐振腔 B 中相应点的磁能密度 w_{HB} 是否相同？请说明理由。

4.23　有什么办法使圆波导腔只工作于 TE_{011} 模？

4.24　$\lambda/4$ 同轴线谐振腔和一同轴线耦合(见题 4.24 图)。

(1)若采用磁耦合(即耦合环耦合)，耦合环应放在什么地方？放置的方向应当如何？

(2)若采用电耦合(即探针耦合)，探针应放在什么地方？如果端面电容处要安装微波元器件，则探针必须装在侧面的什么地方？

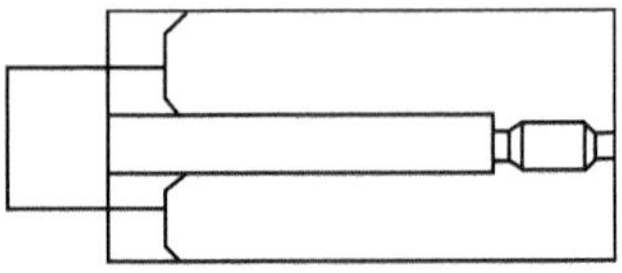

题 4.24 图

4.25　谐振器与传输线耦合，谐振器相当于一个对频率敏感的负载，如图 4-47(e)所示，在耦合度 $\beta>1$ 和 $\beta<1$ 两种情况下，分析谐振频率附近 T_1 参考面反射系数相位 ψ 随频率 ω 的变化关系。

4.26　传输线与矩形空腔谐振器耦合，测得其反射功率与频率关系如题 4.26 图所示。如果在谐振器顶部开一小孔，从孔中插入一青草叶子(对于谐振器的微扰)，分析在 $\beta>1$ 和 $\beta<1$ 两种情况下，随青草叶子插入谐振器深度的增加，反射功率曲线如何变化？

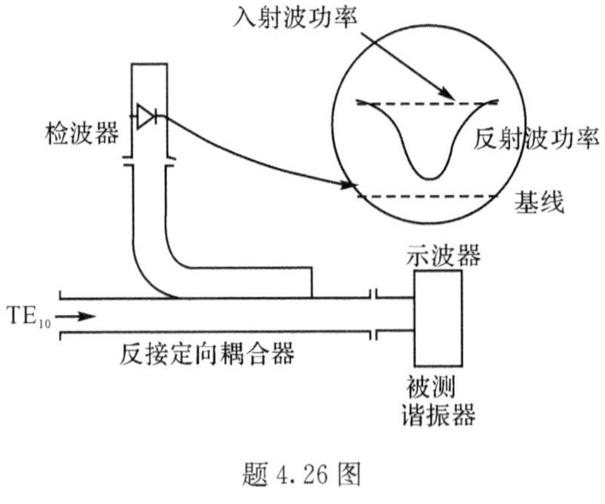

题 4.26 图

4.27　如题 4.27 图所示，在测量线上测得单口腔的 $\rho\sim f$ 曲线。

(1)说明在 $\rho\sim f$ 曲线的最小 ρ 处($\rho=\rho_0$)，腔的谐振频率；

(2)证明当 $\rho_{1,2}=\dfrac{1+\rho_0+\sqrt{1+\rho_0^2}}{1+\rho_0-\sqrt{1+\rho_0^2}}$ 时，它所对应的 $2\Delta f$ 为腔的半功率带宽，即 $Q_L=\dfrac{f_0}{2\Delta f}$。

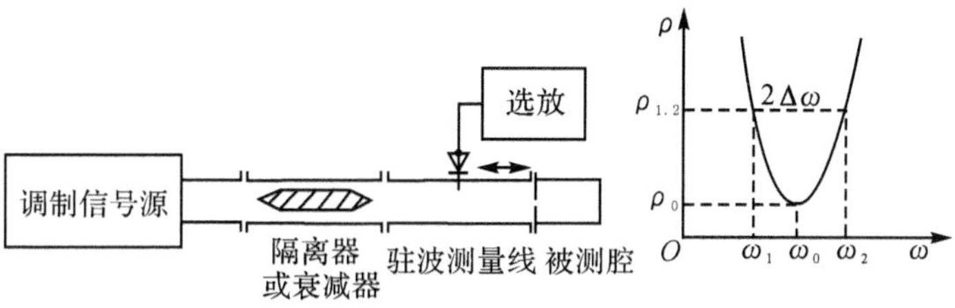

题图 4.27

4.28　周期结构中所谓的空间谐波模式与波导中的模式有什么差别?

4.29　电磁波在普通微带线与缺陷接地结构微带线中传播有什么区别？为什么?

4.30　矩形波导在 $z>0$ 区域，波导宽边沿轴线方向周期性地开隙缝。隙缝方向与 y 轴一致，其周期为 p，缝的宽度为 d，$d<p$。波从 $z<0$ 区域输入，试说明这种结构有可能产生漏波辐射做成漏波天线?

第5章

天　　线

能有效地发射和接收电磁波的装置叫做天线。

对天线问题的研究，本章先引入矢量位 $\boldsymbol{A}$ 与标量位 Φ，并从麦克斯韦方程得到矢量位 $\boldsymbol{A}$ 与标量位 Φ 满足的非齐次亥姆霍兹方程及其解，将求电场 $\boldsymbol{E}$ 和磁场 $\boldsymbol{H}$ 的问题转变为求矢量位 $\boldsymbol{A}$ 与标量位 Φ 的问题，然后通过对线天线和口径天线的分析，阐述天线的基本工作原理和设计原则及其应用。

本章 5.1 节介绍天线的基本概念及基本参数。5.2 节引入矢量位 $\boldsymbol{A}$ 与标量位 Φ 及其解。5.3 节分析电偶极子与磁偶极子的辐射及其特性。5.4、5.5 节重点讨论线天线与线阵天线。5.6、5.7 节讨论口径天线与微带天线。5.8 节讲解传输方程与雷达方程。

5.1　概　　述

辐射或接收电磁波的天线，从完成功能的角度看，可以把它看作一个转换器。在图 5-1(a)所示的发射模式中，振荡源产生的交变电磁振荡先耦合到波导，转变为波导中传播的导引电磁波，然后通过喇叭状的转换器(即天线)转换为自由空间传播的电磁波(在远区某局部区域可视为平面波)。而在图 5-1(b)所示的接收模式中则相反，从自由空间来的电磁波(一般为平面电磁波)先经喇叭状的转换器(天线)转变为波导中的导引电磁波，最终为波导另一端的接收机检测。

作为转换器的天线，其结构可以很复杂，但有时也很简单。下面介绍从平行双导线与矩形波导发展而来的两种结构简单的天线。

图 5-2(a)所示的平行双导线，有两个特点：其一，两导线间距 d 比波长 λ 小得多，即 $d \ll \lambda$，其二，两导线上电流大小相等、方向相反。当其终端开路时，导线上电流取驻波分布，开路端电压最大，电流等于零，离开开路端 $\lambda/4$(λ 为波长)处，电流最大，电压为零。如果所研究的场点 P 离开平行双导线足够远，由于两导线上流过的电流大小相等、方向相反，它们到 P 点的距离

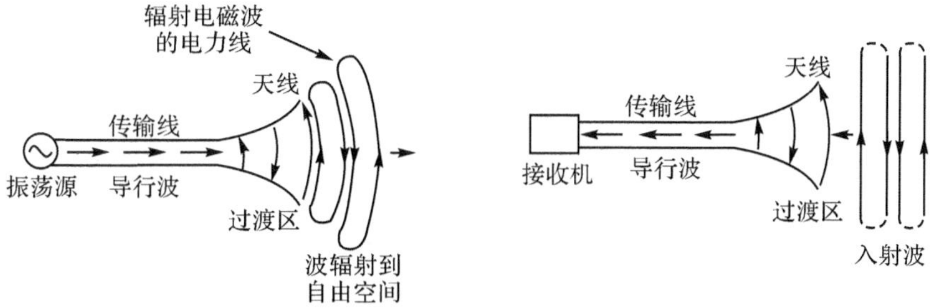

(a)发射模式　　　(b)接收模式

图 5-1　天线工作的两种模式

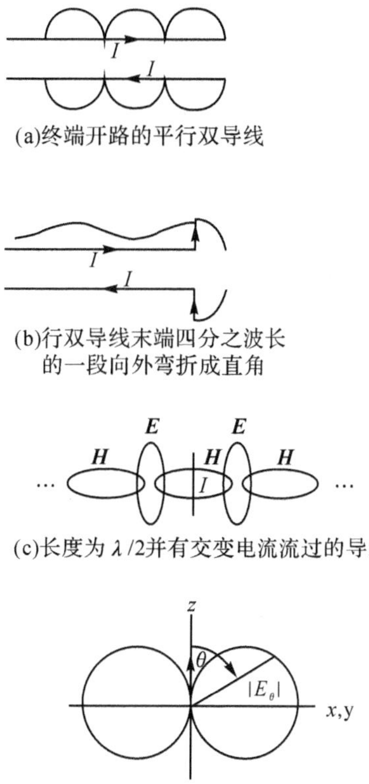

(a)终端开路的平行双导线

(b)行双导线末端四分之波长的一段向外弯折成直角

(c)长度为 λ/2并有交变电流流过的导线

(d)半波长天线辐射的场强在z-x平面的分布

图 5-2　线天线

几乎相等，因此它们在该点产生的磁场也大小相等，但方向相反，其合成的磁场接近零。这就是说图 5-2(a)所示的末端开路的平行双导线是不能辐射电磁波的。但是如果把平行双导线末端四分之波长的一段向外弯折，且弯折段与原导线成直角，如图 5-2(b)所示，则弯折的两段导线上电流同方向，离开弯折段导线足够远的地方它们产生的磁场方向相同，合成场就是两者的叠加。因此图 5-2(a)所示的开路平行双导线末端演变为图 5-2(b)，这种结构就能有效地向自由空间辐射电磁波了。这就是说，从平行双导线的导引电磁波到自由空间传播的电磁波的转换装置，实际上就是一段长度为 $\lambda/2$ 并有交变电流流过的导线，故这种天线也叫半波长线天线。不计平行双导线对它的激励，其理想模型就如图 5-2(c)所示，可以看作交变电流通过的一段导线。它是线天线中常用的一种天线结构。线天线的特点之一是，其长度与波长在同一数量级。

图 5-2(c)所示的线天线模型向自由空间辐射电磁波可从麦克斯韦方程得到解释。

根据推广的安培定理，$\nabla\times\boldsymbol{H}=\boldsymbol{J}+\varepsilon\dfrac{\partial\boldsymbol{E}}{\partial t}$，在图 5-2(c)所示的通电直导线周围就有随时间变化的电流产生的磁场。因$\nabla\cdot\boldsymbol{B}=0$，磁场线为一闭合曲线。通电导线以外的区域，根据法拉第定理，$\nabla\times\boldsymbol{E}=-\mu\dfrac{\partial\boldsymbol{H}}{\partial t}$，即随时间变化的磁场又感生随时间变化的电场。由于通电导线以外的区域，没有自由电荷，$\nabla\cdot\boldsymbol{E}=0$，电场线也是闭合曲线，与磁场线铰链，且铰链的磁场线与电场线相互垂直。因为根据法拉第定理 $\nabla\times\boldsymbol{E}=-\mu\dfrac{\partial\boldsymbol{H}}{\partial t}$，$\nabla\times\boldsymbol{E}$ 与 $\boldsymbol{H}$ 平行，但根据旋度定义，$\nabla\times\boldsymbol{E}$ 与 $\boldsymbol{E}$ 垂直，所以 $\boldsymbol{E}$ 与 $\boldsymbol{H}$ 垂直。随时间变化的电场，根据推广的安培定理$\nabla\times\boldsymbol{H}=\varepsilon\dfrac{\partial\boldsymbol{E}}{\partial t}$又感生随时间变化的磁场，此磁场又与电场铰链，如此不断重复下去，就如图 5-2(c)所示的那样，电磁场以通电导线为中心不断向外传播，这就是线天线辐射的电磁波。显然这种天线辐射的电磁波由于天线结构的轴对称性，它们在图 5-2(c) 所示的与 z 轴垂直的 x-y 平面内是没有方向性的。图 5-2(d)所示的就是半波长

天线辐射的场强在 z-x 或 z-y 平面的分布图。由图可见，在天线轴的方向没有辐射，与天线垂直的方向辐射最强。

矩形波导导引的电磁波转变为自由空间传播的电磁波，其转换器也很简单，如图 5-3(a)所示，将矩形波导终端断开，其断开的口面有铰链的电场线、磁场线泄漏出来。正如前面对线天线分析的那样，漏泄出的电场感生磁场，此磁场又感生电场，如此不断重复下去，电场、磁场就从矩形波导断开的口面向外传播。显然这种天线辐射的电磁波有方向性。实验表明，矩形波导断开，一部分能量反射回振荡源，用它做辐射电磁波的天线，效率是不高的。为了使矩形波导导引电磁波能量无反射地转换为自由空间传播的电磁波，将矩形波导断开的口面经过喇叭状过渡器转变为较大的口面[见图 5-3(b)]，口面的线度比波长大得多。通过这种转换器，矩形波导传播的电磁波几乎无反射地转换为自由空间传播的电磁波。这种转换器因其形状像喇叭，俗称喇叭天线。喇叭天线通过口面辐射电磁波，它是口径天线大类中的一种典型结构。口径天线的特点是，口面尺寸比波长大得多。图 5-3(c)所示是喇叭天线辐射的场强在 y-z 平面的分布，显然它是高度方向性的。

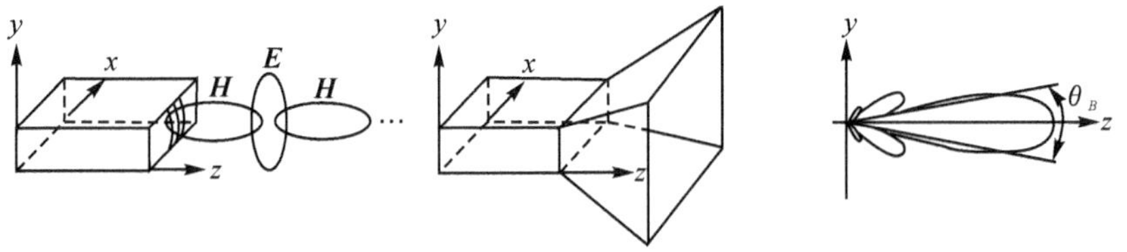

(a)矩形波导开口端的辐射　　(b)喇叭天线　　(c)喇叭天线辐射的场强在z-y平面的分布

图 5-3　喇叭天线

前面通过半波长线天线与喇叭天线简要介绍了线天线与口径天线辐射电磁波的基本过程，下面进一步讨论描述天线特性的主要参数。

1. 与天线方向性有关的参数

天线辐射电磁波的方向性，是天线的一个重要特性。如果广播电台天线设在某地域中心，为使该地域内接收机都能有较好的接收效果，该天线在该地域内就不要有方向性。不过对于点对点通信系统，一个天线的辐射要对准另一天线，天线辐射就要有方向性。

天线的方向性可以用方向性函数或方向图表示。离开天线一定距离处，描述天线辐射的电磁场强度在空间的相对分布的数学表达式称为天线的方向性函数；把方向性函数用图形表示出来，就是方向图。因为天线的辐射场分布于整个空间，所以天线的方向图通常是三维的立体方向图。图 5-2(d)、图 5-3(c)所示就是半波长线天线与喇叭天线方向图。最大辐射波束通常称为方向图的主瓣。主瓣旁边的几个小的波束叫旁瓣。

为了对各种天线的方向图进行比较，就需要规定一些表示方向图特性的参数，这些参数包括天线增益 G(或方向性 G_D)、波束宽度(或主瓣宽度)、旁瓣电平等。

(1)天线增益 G 与方向性 G_D

天线增益定义为被研究天线在最大辐射方向的辐射强度与被研究天线具有同等输入功率的各向同性天线在同一点所产生的最大辐射强度之比，表示天线最大辐射方向辐射强度的量度，其严格的定义是

$$G=\frac{\dfrac{\text{单位立体角最大辐射功率}}{\text{馈入天线总功率}}}{4\pi} \tag{5.1.1}$$

天线方向性 G_D 与天线增益 G 定义略有不同，而 G_D 可表示为

$$G_D=\frac{\dfrac{\text{单位立体角最大辐射功率}}{\text{总的辐射功率}}}{4\pi} \tag{5.1.2}$$

因为天线总有损耗，天线辐射功率比馈入功率总要小一些，所以天线增益总要比天线方向性小一些。

理想天线能把全部馈入天线的功率限制在某一立体角 Ω_B 内辐射出去，且在 Ω_B 立体角内均匀分布，如图 5-4 所示。这种情况下天线增益与天线方向性相等，即

$$G=G_D=\frac{4\pi}{\Omega_B} \tag{5.1.3}$$

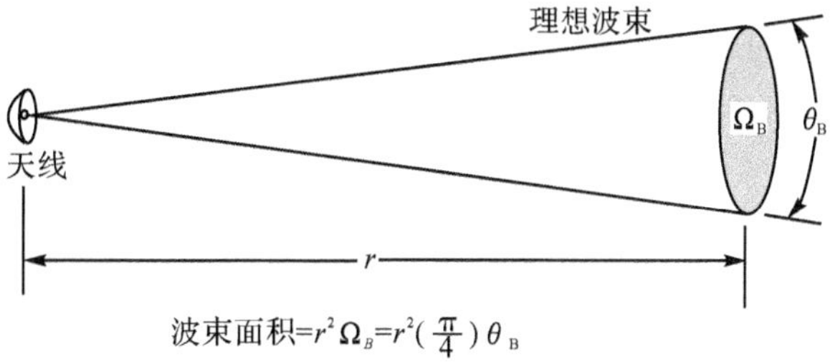

图 5-4　理想天线的辐射波束立体角 Ω_B 及波束宽度 θ_B

(2)波束宽度

实际天线的辐射功率有时并不限制在一个波束中，在一个波束内也非均匀分布。在波束中心辐射强度最大，偏离波束中心，辐射强度减小。辐射强度减小到 3dB 时的立体角即定义为 Ω_B。波束宽度 θ_B[见图 5-3(c)]与立体角 Ω_B 的关系，当 θ_B 较小时可表示为

$$\Omega_B=\frac{\pi}{4}\theta_B^2 \tag{5.1.4}$$

【例 5.1】　天线增益 40dB，假定波束截面为圆，求波束宽度 θ_B。

解　增益 G 为

$$G=10^{\frac{40}{10}}=10^4$$

从式(5.1.3)得到

$$\Omega_B=\frac{4\pi}{10^4}=4\pi\times10^{-4}(\text{sr})\quad(\text{sr 为球面度})$$

$$\theta_B=\sqrt{4/\pi}\sqrt{\Omega_B}=4\times10^{-2}\text{rad}=2.29^\circ$$

【例 5.2】　距地球 36000km 同步轨道上的卫星，发射天线波束宽度为 0.1°，该天线波束辐射到地球上面积有多大？

解　波束宽度为

$$\theta_B=\frac{\pi}{180^\circ}\times0.1^\circ=1.745\times10^{-3}(\text{rad})$$

由式(5.1.4)可得

$$\Omega_B=\frac{\pi}{4}\times(1.745\times10^{-3})^2=2.35\times10^{-6}(\text{sr})$$

天线波束照射面积为

$$A_{spot}=2.35\times10^{-6}(36000\times10^{3})^{2}=3.10\times10^{9}(m^{2})$$

(3)旁瓣电平

旁瓣电平是指离主瓣最近且电平最高的第一旁瓣电平，一般以分贝表示。方向图的旁瓣区一般是不需要辐射的区域，其电平应尽可能低。

2. 极化特性

极化特性是指天线在最大辐射方向电场矢量的方向随时间变化的规律。具体地说，就是在最大辐射方向某一固定位置上，电场矢量的末端随时间变化所描述的图形。

按天线所辐射的电场的极化形式，可将天线分为线极化天线、圆极化天线和椭圆极化天线。线极化又可分为水平极化和垂直极化；圆极化和椭圆极化都可分为左旋和右旋。当圆极化波入射到一个对称目标上时，反射波是反旋的。在传播电视信号时，利用这一特性可以克服由反射所引起的重影。一般来说，圆极化天线难以辐射纯圆极化波，其实际辐射的是椭圆极化波，这对利用天线的极化特性实现天线间的电磁隔离是不利的，所以对圆极化通常又引入椭圆度参数。

在通信和雷达中，通常采用线极化天线；但如果通信的一方是剧烈摆动或高速运动着的，为了提高通信的可靠性，发射和接收都应采用圆极化天线；如果雷达是为了干扰和侦察对方目标，也要使用圆极化天线。另外，在人造卫星、宇宙飞船和弹道导弹等空间遥测技术中，由于信号通过电离层后会产生法拉第旋转效应，因此其发射和接收也采用圆极化天线。

3. 天线效率与辐射电阻

天线效率定义为天线辐射功率与输入功率之比，常用 η_A 表示

$$\eta_A=\frac{P_\Sigma}{P_i}=\frac{P_\Sigma}{P_\Sigma+P_l} \tag{5.1.5}$$

式中：P_i 为输入功率；P_l、P_Σ 分别为损耗功率与天线辐射功率。显然，$P_i=P_\Sigma+P_l$。

常用天线的辐射电阻 R_Σ 来度量天线辐射功率的能力。天线的辐射电阻是一个虚拟的量，它以天线上流过的最大电流 I_m 定义，即电流 I_m 通过电阻 R_Σ 损耗的功率就等于天线辐射功率 P_Σ。

根据上述定义，辐射电阻与辐射功率的关系为

$$P_\Sigma=\frac{1}{2}I_m^2R_\Sigma \tag{5.1.6}$$

即辐射电阻为

$$R_\Sigma=\frac{2P_\Sigma}{I_m^2} \tag{5.1.7}$$

显然，辐射电阻越大，天线的辐射能力越强。因此辐射电阻的高低是衡量天线辐射能力的一个重要指标。

仿照引入辐射电阻的办法，天线损耗电阻 R_l 为

$$R_l=\frac{2P_L}{I_m^2} \tag{5.1.8}$$

将式(5.1.6)、式(5.1.8)代入式(5.1.5)得天线效率为

$$\eta_A = \frac{R_\Sigma}{R_\Sigma + R_l} = \frac{1}{1 + \dfrac{R_l}{R_\Sigma}} \tag{5.1.9}$$

可见，要提高天线效率，应尽可能提高 R_Σ，降低 R_l。

4. 输入阻抗

发射机一般通过一段馈线[如图 5-2(a)所示的平行双导线、图 5-3(a)所示的矩形波导]与天线连接起来。发射机输出的微波功率能否通过天线辐射到自由空间，馈线与天线的匹配十分重要。只有天线的输入阻抗等于馈线的特性阻抗，这样才能使天线获得最大功率。注意天线的输入阻抗与天线辐射电阻的区别。由式(5.1.7)可见，天线辐射电阻用天线上的最大电流 I_m 定义，而天线的输入阻抗与所取的参考面有关。如果以微波功率馈入天线的点为参考面，则天线的输入阻抗可以用馈入点的电流 I_{ref} 或电压 V_{ref} 定义，对应的天线阻抗分别为 $\dfrac{2P_\Sigma}{I_{ref}^2}$，$\dfrac{V_{ref}^2}{2P_\Sigma}$。$V_{ref}$、$I_{ref}$ 定义为所取参考面电场或磁场的积分。

天线的输入阻抗对频率的变化往往十分敏感，当天线工作频率偏离设计频率时，天线与馈线的匹配变坏，致使馈线上电压驻波比增大，天线效率降低。因此在实际应用中，还引入电压驻波比参数，并且驻波比不能大于某一规定值。

5. 频带宽度

天线的电参数都与频率有关，也就是说，上述电参数都是针对某一工作频率设计的。当工作频率偏离设计频率时，往往要引起天线参数的变化，例如主瓣宽度增大、旁瓣电平增高、增益系数降低、输入阻抗和极化特性变坏等。实际上，天线也并非工作在点频，而是有一定的频率范围的。当工作频率变化时，天线的有关电参数不应超出规定的范围，这一频率范围称为频带宽度，简称为天线的带宽。天线带宽的定义不如其他天线参数那样严格确切。

6. 天线噪声

天线噪声包括外部噪声和内部噪声两部分。内部噪声来源于天线本身的损耗，用损耗电阻 R_l 等效。损耗电阻 R_l 产生的噪声就等于内部噪声。外部噪声来源于宇宙、大气(含云、雨、雪)以及各种地物的热辐射，包括天空噪声、大气噪声、地球噪声、银河噪声和人工噪声。

电阻热噪声源于束缚电荷的随机起伏。在通带 B 范围内等效损耗电阻 R_l 产生的噪声电压的均方值为

$$V_n^2 = 4kTBR_l \tag{5.1.10}$$

式中：$k = 1.38 \times 10^{-23} J/^\circ K$，是波尔兹曼常数；$T$ 是电阻器的绝对温度，单位为 K；B 是带宽，单位为 Hz；R_l 是电阻，单位为 Ω。

如果以式(5.1.10)表示的噪声电压源连接到一个匹配电阻负载，则输出到匹配电阻负载的噪声功率为

$$N_i = kTB \tag{5.1.11}$$

所谓匹配电阻负载是指其阻值正好等于损耗电阻 R_l。

天空噪声的噪声功率可表示为

$$N = kT_A B \tag{5.1.12}$$

式中：B 是带宽；k 是波尔兹曼常数；T_A 是天线噪声温度。注意，天线的噪声温度与天线具体的物理温度是两个不同的概念，它们是有区别的。天线接收到的噪声功率越高，T_A 也越高。天线噪声温度是与天线接收到的噪声功率相关并由式(5.1.12)定义的温度。如果天线指向底层大气或地球表面，T_A 近似为 290K，如果天线指向天空，T_A 可能只有几 K。因此，卫星通信地面站天线常常建在城市郊区，以躲开高层建筑等对天线的辐射，减小天线接收到的噪声功率。

天线的互易性也是天线的一个重要特性。如果一给定天线工作在发射模式，A 方向辐射电磁波的能力比 B 方向强 100 倍，那么该天线工作于接收模式时，接收 A 方向辐射来的电磁波灵敏度比 B 方向也强 100 倍。也就是说，天线在发射模式和接收模式具有相同的方向性。图 5-2 与图 5-3 所示的两种天线都具有互易性。本章以后讨论的天线都是互易的。利用互易定理可以证明天线具有互易性。

最后，提一下关于天线"远区场"的概念。如果所观测点离开波源很远很远，波源可近似为点源。从点源辐射的波其波阵面是球面。因为观测点离开点源很远很远，在观察者所在的局部区域，其波阵面可近似为平面，当作平面波处理。符合这一条件的场通常称为远区场。在天线很多应用场合，远区场的假设都是成立的。远区场假设为我们分析研究天线辐射的场带来很大方便。这里所谓很远很远都是以波长来计量的。

5.2 标量和矢量位函数及其解

交变电流和交变电荷是激发电磁波的源。图 5-2(b)所示的线天线，导线上的交变电流是激发电磁波的源，而图 5-3(b)所示的喇叭天线，根据 1.9 节关于等效磁流的说明，口面上的电场可等效为虚拟的磁流，该虚拟磁流可看作激发空间电磁波的源。因此，天线问题求解必须从有源麦克斯韦方程出发。由于电与磁的对偶性，知道了电型源问题的解，可对偶地得出磁型源问题的解。下面从电型源的麦克斯韦方程出发进行分析。

$$\nabla\times\boldsymbol{E}=-\mathrm{j}\omega\mu\boldsymbol{H} \tag{5.2.1}$$

$$\nabla\times\boldsymbol{H}=\boldsymbol{J}+\mathrm{j}\omega\varepsilon\boldsymbol{E} \tag{5.2.2}$$

式中：$\boldsymbol{J}$ 是产生电磁场的源。如果 $\boldsymbol{J}$ 已知，那么通过解麦克斯韦方程可求得 $\boldsymbol{E}$ 和 $\boldsymbol{H}$。麦克斯韦方程也可通过求解标量位函数 $\boldsymbol{\Phi}$ 和矢量位函数$\boldsymbol{A}$进行。本节先给出如何用位函数 $\boldsymbol{A}$ 和 Φ 表示场$\boldsymbol{E}$ 和 $\boldsymbol{H}$，然后再给出位函数 $\boldsymbol{A}$ 跟 Φ 满足的微分方程及其解。

1. 矢量位 A 和标量位 Φ 及其满足的非齐次亥姆霍兹方程

根据磁通连续性原理，$\nabla\cdot\boldsymbol{B}=0$，而根据矢量分析，旋度的散度等于零，所以磁通量密度 $\boldsymbol{B}$ 可以用某一矢量 $\boldsymbol{A}$ 的旋度表示

$$\boldsymbol{B}=\nabla\times\boldsymbol{A} \tag{5.2.3}$$

所以式(5.2.3)定义的 $\boldsymbol{B}$，自动满足 $\nabla\cdot\boldsymbol{B}=0$。

因为 $\boldsymbol{B}=\mu\boldsymbol{H}$，将式(5.2.3)定义的 $\boldsymbol{B}$ 代入式(5.2.1)得到

$$\nabla\times(\boldsymbol{E}+\mathrm{j}\omega\boldsymbol{A})=0 \tag{5.2.4}$$

因为梯度的旋度等于零，所以选用标量位函数 Φ 定义，即

$$\boldsymbol{E}=-\mathrm{j}\omega\boldsymbol{A}-\nabla\Phi \tag{5.2.5}$$

其中，$\nabla\Phi$ 前取负号是考虑到静电场中电场强度 $\boldsymbol{E}$ 与电位 Φ 之间的关系。

按式(5.2.3)、式(5.2.5)定义的 $\boldsymbol{B}$ 与 $\boldsymbol{E}$ 满足麦克斯韦方程组中的两个方程，但是式(5.2.3)定义的 $\boldsymbol{A}$ 并不是唯一的。因为如果我们定义另一个矢量位函数 $\boldsymbol{A}'=\boldsymbol{A}+\nabla\psi$，$\psi$ 是一个任意的标量函数，那么由于梯度的旋度等于零，所以 $\boldsymbol{B}=\nabla\times\boldsymbol{A}'=\nabla\times\boldsymbol{A}$，即 $\boldsymbol{A}$ 与 $\boldsymbol{A}'$ 定义了同一个 $\boldsymbol{B}$。为了保证矢量位 $\boldsymbol{A}$ 唯一，有必要对矢量位 $\boldsymbol{A}$ 的散度 $\nabla\cdot\boldsymbol{A}$ 作一规定。规定如下：

$$\nabla\cdot\boldsymbol{A}+\mathrm{j}\omega\mu\varepsilon\Phi=0 \tag{5.2.6}$$

这个规定叫洛仑兹条件。它是从相对论原理得出的，具体推导本书从略，有兴趣的读者可参阅有关电磁理论的书。

将式(5.2.3)、式(5.2.5)代入式(5.2.2)，并利用本构关系 $\boldsymbol{B}=\mu\boldsymbol{H}$，得到

$$\nabla\times(\nabla\times\boldsymbol{A})=\mathrm{j}\omega\mu\varepsilon\{-\mathrm{j}\omega\boldsymbol{A}-\nabla\Phi\}+\mu\boldsymbol{J}$$

因为 $\nabla\times(\nabla\times\boldsymbol{A})=\nabla(\nabla\cdot\boldsymbol{A})-\nabla^2\boldsymbol{A}$，再应用洛仑兹条件，可得

$$\nabla^2\boldsymbol{A}+\omega^2\mu\varepsilon\boldsymbol{A}=-\mu\boldsymbol{J} \tag{5.2.7}$$

将式(5.2.5)代入 $\nabla\cdot\boldsymbol{E}=\rho_V/\varepsilon$，再一次应用洛仑兹条件得到

$$\nabla^2\Phi+\omega^2\mu\varepsilon\Phi=-\frac{\rho_V}{\varepsilon} \tag{5.2.8}$$

将式(5.2.5)和式(5.2.6)结合可得到用矢量位 $\boldsymbol{A}$ 表示的 $\boldsymbol{E}$

$$\boldsymbol{E}=-\mathrm{j}\omega\left(\boldsymbol{A}+\frac{\nabla\nabla\cdot\boldsymbol{A}}{k^2}\right) \tag{5.2.9}$$

方程式(5.2.7)、式(5.2.8)包含四个标量方程通常叫做非齐次亥姆霍兹方程。

2. 边界趋于无穷远时非齐次亥姆霍兹方程的解

边界趋于无穷远时非齐次亥姆霍兹方程的解非常简单，还得到了广泛的应用。

$$\boldsymbol{A}(\boldsymbol{r})=\frac{\mu}{4\pi}\int_V\frac{\boldsymbol{J}(\boldsymbol{r}')\mathrm{e}^{-\mathrm{j}k|\boldsymbol{r}-\boldsymbol{r}'|}}{|\boldsymbol{r}-\boldsymbol{r}'|}\mathrm{d}V' \tag{5.2.10}$$

$$\Phi(\boldsymbol{r})=\frac{1}{4\pi\varepsilon}\int_V\frac{\rho_V(\boldsymbol{r}')\mathrm{e}^{-\mathrm{j}k|\boldsymbol{r}-\boldsymbol{r}'|}}{|\boldsymbol{r}-\boldsymbol{r}'|}\mathrm{d}V' \tag{5.2.11}$$

式中：$k=\omega\sqrt{\mu\varepsilon}$，$\boldsymbol{r}$、$\boldsymbol{r}'$ 分别表示观察点(即所研究场点)及源所在点的位置矢量。$|\boldsymbol{r}-\boldsymbol{r}'|$ 即观察点与源点之间的距离，积分要覆盖所有源所在的区域(见图 5-5)。

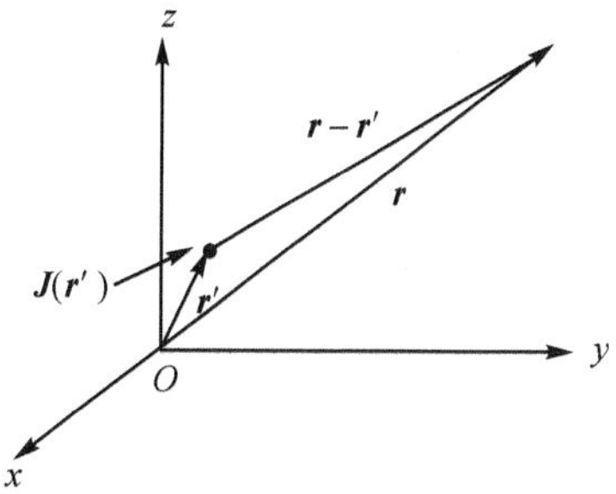

图 5-5 对 r' 处源 J 积分求观察点 r 处矢量位 $\boldsymbol{A}$

式(5.2.10)、式(5.2.11)表示的解意义可作进一步的解释。如果我们定义格林函数 $g(\boldsymbol{r})$ 为

$$g(\boldsymbol{r})=\frac{1}{4\pi}\frac{\mathrm{e}^{-\mathrm{j}k\boldsymbol{r}}}{\boldsymbol{r}} \tag{5.2.12}$$

则式(5.2.10)、式(5.2.11)的解实际上是源 $\mu_0\boldsymbol{J}(\boldsymbol{r}')$、$\rho(\boldsymbol{r}')/\varepsilon$ 与格林函数 $g(\boldsymbol{r})$ 的卷积为

$$\boldsymbol{A}(\boldsymbol{r})=\frac{\mu}{4\pi}\int_V\frac{\boldsymbol{J}(\boldsymbol{r}')\mathrm{e}^{-\mathrm{j}k|\boldsymbol{r}-\boldsymbol{r}'|}}{|\boldsymbol{r}-\boldsymbol{r}'|}\mathrm{d}V'=\boldsymbol{J}(\boldsymbol{r})*g(\boldsymbol{r}) \tag{5.2.13}$$

$$\Phi(\boldsymbol{r})=\frac{1}{4\pi\varepsilon}\int_V\frac{\rho_V(\boldsymbol{r}')\mathrm{e}^{-\mathrm{j}k|\boldsymbol{r}-\boldsymbol{r}'|}}{|\boldsymbol{r}-\boldsymbol{r}'|}\mathrm{d}V'=\rho_V(\boldsymbol{r})*g(\boldsymbol{r}) \tag{5.2.14}$$

信号分析与系统课程告诉我们，如果已知线性系统的冲击响应 $h(t)$，当系统为 $f(t)$ 的信

号激励时，其输出响应 $g(t)$ 就是 $h(t)$ 与 $f(t)$ 的卷积。

$$g(t)=\int_{-\infty}^{\infty} f(\tau)h(t-\tau)\mathrm{d}\tau = f(t)*h(t) \tag{5.2.15}$$

形式上式(5.2.13)、式(5.2.14)与式(5.2.15)完全一样，式(5.2.13)、式(5.2.14)中，源 $\mu_0 \boldsymbol{J}(\boldsymbol{r}')$ 与 $\rho(\boldsymbol{r}')/\varepsilon$、格林函数 $g(\boldsymbol{r})$、位函数 $\boldsymbol{A}(\boldsymbol{r})$ 与 $\Phi(\boldsymbol{r})$ 分别与式(5.2.15)激励信号 $f(t)$、冲击响应 $h(t)$ 以及响应 $g(t)$ 相当。在信号分析课程中，冲击响应 $h(t)$ 就是当系统为 $\delta(t)$ 作用时的输出，而 $g(\boldsymbol{r})$ 就是当冲击源 $\delta(\boldsymbol{r})$ 作用时系统的输出。接下去马上会证明这一点。对解(5.2.10)与(5.2.11)作如此解释，主要是基于我们所研究的空间 ε、μ 是线性的，因此麦克斯韦方程也是线性的，麦克斯韦方程描述的系统就是线性系统，天线辐射的场满足叠加原理，因此源 $\mu_0 \boldsymbol{J}(\boldsymbol{r}')$ 与 $\rho(\boldsymbol{r}')/\varepsilon$ 激励的场 $\boldsymbol{A}(\boldsymbol{r})$ 与 $\Phi(\boldsymbol{r})$ 就是源 $\mu_0 \boldsymbol{J}(\boldsymbol{r}')$ 与 $\rho(\boldsymbol{r}')/\varepsilon$ 与系统"冲击响应" $g(\boldsymbol{r})$ 的卷积。

根据前面对格林函数 $g(\boldsymbol{r})$ 作为系统"冲击响应"的解释，$g(\boldsymbol{r})$ 应是如下方程的解：

$$\nabla^2 g(\boldsymbol{r},\boldsymbol{r}')+k^2 g(\boldsymbol{r},\boldsymbol{r}')=-\delta(\boldsymbol{r},\boldsymbol{r}') \tag{5.2.16}$$

$\delta(\boldsymbol{r},\boldsymbol{r}')$ 定义为

$$\delta(\boldsymbol{r},\boldsymbol{r}')=\begin{cases}0 & \boldsymbol{r}\neq\boldsymbol{r}' \\ \infty & \boldsymbol{r}=\boldsymbol{r}'\end{cases}$$

并具有性质

$$\int_V f(\boldsymbol{r}')\delta(\boldsymbol{r},\boldsymbol{r}')\mathrm{d}V' = \begin{cases}0 & \boldsymbol{r}\notin V' \\ f(\boldsymbol{r}) & \boldsymbol{r}\in V'\end{cases} \tag{5.2.17}$$

表示在 $\boldsymbol{r}'$ 有一个 δ 脉冲激励源。比较式(5.2.16)与式(5.2.7)，可见 $g(\boldsymbol{r},\boldsymbol{r}')$ 就是系统在 $\delta(\boldsymbol{r},\boldsymbol{r}')$ 作用下的响应。

为了分析方便，假定源在原点，即 $r'=0$，式(5.2.16)成为

$$\nabla^2 g(\boldsymbol{r})+k^2 g(\boldsymbol{r})=-\delta(\boldsymbol{r})=-\delta(r)\quad (r=|r|) \tag{5.2.18}$$

利用球坐标中对称关系，$\frac{\partial}{\partial\varphi}=0$，$\frac{\partial}{\partial\theta}=0$，式(5.2.18)成为

$$\frac{1}{r^2}\frac{\mathrm{d}}{\mathrm{d}r}\left(r^2\frac{\mathrm{d}g}{\mathrm{d}r}\right)+k^2 g=-\delta(r) \tag{5.2.19}$$

作变量替换 $rg=u$，$g=\frac{u}{r}$，$\frac{\mathrm{d}g}{\mathrm{d}r}=\frac{\mathrm{d}u}{\mathrm{d}r\cdot r}-\frac{u}{r^2}$

代入式(5.2.19)得到

$$\frac{1}{r}\frac{\mathrm{d}}{\mathrm{d}r}\left[r^2\left(\frac{\frac{\mathrm{d}u}{\mathrm{d}r}}{r}-\frac{u}{r^2}\right)\right]+k^2 u=0\qquad (r\neq 0)$$

对上式化简，可得

$$\frac{\mathrm{d}^2 u}{\mathrm{d}r^2}+k^2 u=0$$

其解为

$$u=A\mathrm{e}^{-\mathrm{j}kr}+B\mathrm{e}^{\mathrm{j}kr} \tag{5.2.20}$$

所以
$$g=A\frac{\mathrm{e}^{-\mathrm{j}kr}}{r}+B\frac{\mathrm{e}^{\mathrm{j}kr}}{r} \tag{5.2.21}$$

$r\neq 0$ 区域没有任何源，同时只考虑从原点向外传播的波，不考虑任何向原点传播的波，则 $B=0$。

所以 $$g(\boldsymbol{r})=A\frac{\mathrm{e}^{-\mathrm{j}kr}}{r}$$

常数 A 取$\frac{1}{4\pi}$，当源不在原点，r 可用$|\boldsymbol{r}-\boldsymbol{r}'|$代入，所以一般情况下 $g(\boldsymbol{r},\boldsymbol{r}')$为

$$g(\boldsymbol{r},\boldsymbol{r}')=\frac{1}{4\pi}\frac{\mathrm{e}^{-\mathrm{j}k|\boldsymbol{r}-\boldsymbol{r}'|}}{|\boldsymbol{r}-\boldsymbol{r}'|}$$

这就是式(5.2.12)。

接下去将证明方程(5.2.7)的解确实是源 $\mu\boldsymbol{J}(\boldsymbol{r}')$与格林函数 $g(\boldsymbol{r})$的卷积。

现用 $\mu\boldsymbol{J}$ 乘以式(5.2.16)两边，并作体积分得

$$\nabla^2\int_{V'}\mu\boldsymbol{J}(\boldsymbol{r}')g(\boldsymbol{r},\boldsymbol{r}')\mathrm{d}V'+k_0^2\int_{V'}\mu\boldsymbol{J}(\boldsymbol{r}')g(\boldsymbol{r},\boldsymbol{r}')\mathrm{d}V'=-\int_{V'}\mu\delta(\boldsymbol{r},\boldsymbol{r}')\boldsymbol{J}(\boldsymbol{r}')\mathrm{d}V'$$

利用式(5.2.17)，上式成为

$$\nabla^2\int_{V'}\mu\boldsymbol{J}(\boldsymbol{r}')g(\boldsymbol{r},\boldsymbol{r}')\mathrm{d}V'+k_0^2\int_{V'}\mu\boldsymbol{J}(\boldsymbol{r}')g(\boldsymbol{r},\boldsymbol{r}')\mathrm{d}V'=-\mu\boldsymbol{J}(\boldsymbol{r}') \tag{5.2.22}$$

将式(5.2.22)与式(5.2.7)相比较，就得到式(5.2.13)。

所以如果源已知，不用直接求解麦克斯韦方程而先从式(5.2.10)、式(5.2.11)求矢量位$\boldsymbol{A}$与标量位$\boldsymbol{\Phi}$，然后根据式(5.2.5)、式(5.2.3)求出 E 和 B。利用式(5.2.9)也可直接从 A 求 E。

5.3 电偶极子与磁偶极子天线的辐射

电偶极子(也叫赫兹电偶极子或电振子)、磁偶极子(也叫赫兹磁偶极子或磁振子)是最基本的电磁辐射单元。工程中应用的众多天线都可分解为这两种偶极子天线的组合。电偶极子与磁偶极子具有对偶性，即知道了电偶极子天线辐射的场就可对偶地写出磁偶极子天线辐射的场。本节着重分析电偶极子天线辐射的场。

5.3.1 电偶极子的辐射

1. 分析模型

电偶极子是指一段有高频电流的短导线，如图 5-6(a)所示，导线的直径 d 与波长相比可忽略，因而可用线电流模型近似。所谓短，是指其长度 Δl 与波长相比很小很小，即 $\Delta l/\lambda\ll1$，并假定导线上各点电流的振幅和相位是相同的，即短导线上电流是均匀分布的。

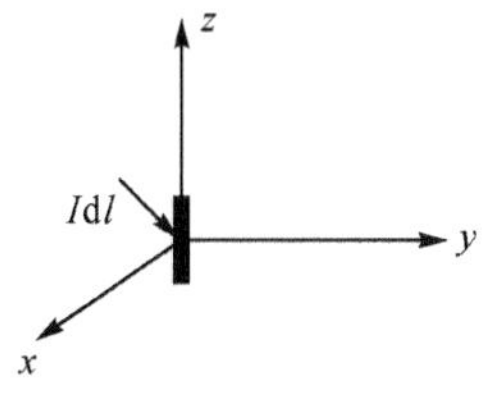

(a)偶极子模型

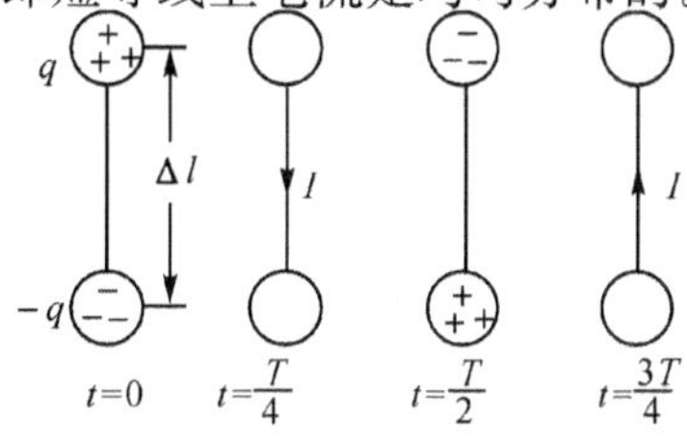

(b)振荡赫兹电偶极子

图 5-6 赫兹电偶极子

实际线天线上电流是不均匀分布的，如图 5-2(a)的半波长线天线。如果我们把实际线天线分成 n 段，只要 n 足够大，每段长度比波长小得多，那么每一段上的电流就可视为均匀分布，就可看成是一个电偶极子。整个线天线辐射的场就是所有这些电偶极子辐射场的总和。所以电偶极子辐射场的分析是线天线工程计算的基础。

上面所述的电偶极子模型表示的实际上是一个振荡电偶极子，如图 5-6(b)所示。它是被 Δl 分开的两个储存电荷的小球，球内储存的电荷随时间作简谐变化。图 5-6(b)给出在 $t=0$、$T/4$、$T/2$ 与 $3T/4$ 四个时刻小球储存的电荷。T 为简谐变化的周期。电荷随时间变化表示有电流。

根据偶极矩的定义，图 5-6(b)所示的振荡偶极子的偶极矩 $\boldsymbol{P}$ 应为

$$\boldsymbol{P}=q\Delta l \tag{5.3.1}$$

式中：q 为小球储存的电荷。P 对时间导数就是 $I\Delta l$：

$$\frac{\partial \boldsymbol{P}}{\partial t}=\mathrm{j}\omega\boldsymbol{P}=\frac{\partial q}{\partial t}\Delta l=I\Delta l \tag{5.3.2}$$

所以，电偶极子模型可以有两种表述，一种是把电偶极子看成一段有高频电流的短导线；另一种是把它看成振荡电偶极子。

2. 电偶极子的辐射

为了求电偶极子的辐射场 $\boldsymbol{E}$、$\boldsymbol{H}$，先求式(5.2.3)定义的辅助矢量位 $\boldsymbol{A}$。为简化分析，我们把电偶极子放到球坐标系的原点，偶极矩 $\boldsymbol{P}$ 的方向与坐标轴 z 重合(见图5-7)。显然，在电偶极子模型下，式(5.2.10)中

$$\Delta V'\boldsymbol{J}(\boldsymbol{r}')=I\Delta l\boldsymbol{z}_0 \tag{5.3.3}$$

因为电流源所占有空间 $\Delta V'=\Delta S\Delta l$，$\Delta S$ 为导线截面积，而 $J\Delta S=I$。

因为这个无限小天线放在坐标原点，故 $\boldsymbol{r}'=0$，由式(5.2.10)就得到电偶极子产生的矢量位 $\boldsymbol{A}$ 为

$$\boldsymbol{A}=\boldsymbol{z}_0\frac{\mu I\Delta l\mathrm{e}^{-\mathrm{j}kr}}{4\pi r} \tag{5.3.4}$$

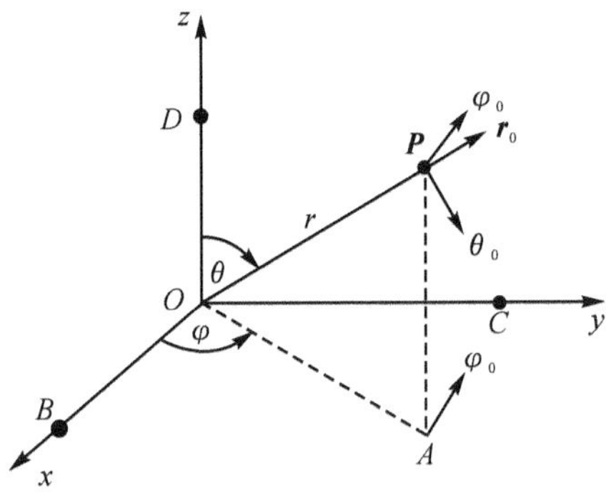

图 5-7 球坐标

对式中$\frac{\mathrm{e}^{-\mathrm{j}kr}}{r}$表示的物理意义要作一点解释。它表示 r 等于常数的球面是等相位面，幅度与 r 成反比。这正是球面波的特征。所以$\frac{\mathrm{e}^{-\mathrm{j}kr}}{r}$表示的就是球面波。

根据式(5.3.4)给出的 $\boldsymbol{A}$，并利用式(5.2.3)计算磁场，要用到第 1 章讨论过的球坐标。

在球坐标系下矢量 $\boldsymbol{A}$ 的旋度已在第 1 章给出，并重写如下

$$\begin{aligned}\nabla\times\boldsymbol{A}&=\frac{1}{r\sin\theta}\left[\frac{\partial}{\partial\theta}(A_\varphi\sin\theta)-\frac{\partial A_\theta}{\partial\varphi}\right]\boldsymbol{r}_0+\frac{1}{r}\left[\frac{1}{\sin\theta}\frac{\partial A_r}{\partial\varphi}-\frac{\partial}{\partial r}(rA_\varphi)\right]\boldsymbol{\theta}_0\\&\quad+\frac{1}{r}\left[\frac{\partial}{\partial r}(rA_\theta)-\frac{\partial A_r}{\partial\theta}\right]\boldsymbol{\varphi}_0\\&=\frac{1}{r^2\sin\theta}\begin{vmatrix}\boldsymbol{r}_0 & r\boldsymbol{\theta}_0 & r\sin\theta\boldsymbol{\varphi}_0\\ \dfrac{\partial}{\partial r} & \dfrac{\partial}{\partial\theta} & \dfrac{\partial}{\partial\varphi}\\ A_r & rA_\theta & r\sin\theta A_\varphi\end{vmatrix}\end{aligned} \tag{5.3.5}$$

将式(5.3.4)代入式(5.2.3)计算 B,要记住 $\boldsymbol{z}_0=\boldsymbol{r}_0\cos\theta-\boldsymbol{\theta}_0\sin\theta$,于是可得

$$\boldsymbol{H}=\frac{1}{\mu}\nabla\times\boldsymbol{A}=\varphi_0\frac{\mathrm{j}kI\Delta l\mathrm{e}^{-\mathrm{j}kr}}{4\pi r}\left[1+\frac{1}{\mathrm{j}kr}\right]\sin\theta \tag{5.3.6}$$

电偶极子以外的区域,$J=0$,故由式(5.2.2)得到

$$\boldsymbol{E}=\frac{1}{\mathrm{j}\omega\varepsilon}\nabla\times\boldsymbol{H}=\sqrt{\frac{\mu}{\varepsilon}}\frac{\mathrm{j}kI\Delta l\mathrm{e}^{-\mathrm{j}kr}}{4\pi r}\left\{\boldsymbol{r}_0\left[\frac{1}{\mathrm{j}kr}+\frac{1}{(\mathrm{j}kr)^2}\right]2\cos\theta+\boldsymbol{\theta}_0\left[1+\frac{1}{\mathrm{j}kr}+\frac{1}{(\mathrm{j}kr)^2}\right]\sin\theta\right\} \tag{5.3.7}$$

所以磁场只有 φ 分量,围绕 z 轴旋转,电场在包含 z 轴的平面内,没有 φ 分量。

离开电偶极子很远处(以后简称远区),即满足 $kr=2\pi r/\lambda\gg1$ 条件,将此条件代入式(5.3.6)、式(5.3.7)并略去高阶小量,就得到电偶极子远区的辐射场为

$$\boldsymbol{H}=\varphi_0\frac{\mathrm{j}kI\Delta l\mathrm{e}^{-\mathrm{j}kr}}{4\pi r}\sin\theta \tag{5.3.8}$$

$$\boldsymbol{E}=\boldsymbol{\theta}_0\sqrt{\frac{\mu}{\varepsilon}}\frac{\mathrm{j}kI\Delta l\mathrm{e}^{-\mathrm{j}kr}}{4\pi r}\sin\theta \tag{5.3.9}$$

不计式(5.3.8)与式(5.3.9)右边前面的系数,电偶极子远区辐射场可表示为球面波$\frac{\mathrm{e}^{-\mathrm{j}kr}}{r}$与方向性函数 $\sin\theta$ 的乘积。电偶极子辐射的场在圆周方向没有方向性,这与电偶极子结构的轴对称性是相联系的。

将式(5.3.8)和式(5.3.9)表示的电偶极子远区场与第 3 章讨论的平面波场比较,两者相似之处是:

(1)电场、磁场和波传播方向三者相互垂直。

(2)电场和磁场幅度之比均为媒质本征阻抗 $\eta=\sqrt{\mu/\varepsilon}$,大气中

$$\eta\approx\eta_0=\sqrt{\mu_0/\varepsilon_0}=377(\Omega)$$

但也有不同之处:

(1)电偶极子产生的场按 $1/r$ 衰减,均匀平面波场是一常数。

(2)电偶极子产生的场的场强是 θ 的函数,均匀平面波场强是常数。

(3)电偶极子产生的场等相位面是球面,均匀平面波场等相位面是一平面。

(4)电偶极子辐射场在半径方向波的速度为 $v=\omega/k$,而均匀平面波在一固定方向速度为 ω/k。

3. 电偶极子天线的特性

(1)辐射方向图

由式(5.3.9)可得,电场 $\boldsymbol{E}$ 只有 θ 分量,其大小为

$$|E_\theta|=\sqrt{\frac{\mu_0}{\varepsilon_0}}\frac{k|I|\Delta l}{4\pi r}|\sin\theta|$$

所以电偶极子天线的方向图由方向性函数 $\sin\theta$ 决定。当 $\theta=\pi/2$,$|E_\theta|$最大,当 $\theta=0$,$|E_\theta|=0$。图 5-8(a)和(b)分别给出了天线轴(z 轴)所在平面(z-x 平面)以及与天线轴垂直的(y-x)平面辐射电场$|E_\theta|$的分布。此辐射方向图表示,电偶极子天线在 φ 方向没有方向性,在 z 轴所在的平面内,电矩 $\boldsymbol{p}$ 的方向没有辐射,与电矩 $\boldsymbol{p}$ 垂直的方向辐射最强。

在自由空间电偶极子辐射的时间平均功率流为

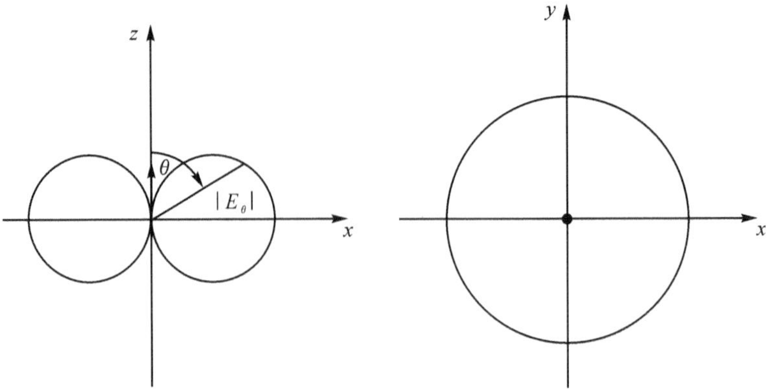

(a) x-z平面　　　　(b) x-y平面

图 5-8　电偶极子辐射场方向图

$$\langle \boldsymbol{S}\rangle=\frac{1}{2}\mathrm{Re}[\boldsymbol{E}\times\boldsymbol{H}^{*}]=\boldsymbol{r}_0\,\frac{1}{2}\sqrt{\frac{\mu_0}{\varepsilon_0}}\,|H_\varphi|^2=\boldsymbol{r}_0\,\frac{\eta_0}{2}\left(\frac{k|I|\Delta l}{4\pi r}\right)^2\sin^2\theta \tag{5.3.10}$$

将$|E_\theta|$代入式(5.3.10)，得到

$$\langle \boldsymbol{S}\rangle=\boldsymbol{r}_0\,\frac{1}{2\eta_0}|E_\theta|^2 \tag{5.3.11}$$

所以功率流$\langle \boldsymbol{S}\rangle$在空间的辐射方向图由 $\sin^2\theta$ 决定，如图 5-9 所示。图(a)、(b)分别为x-z、x-y 平面方向图，图(c)则为三维方向图。

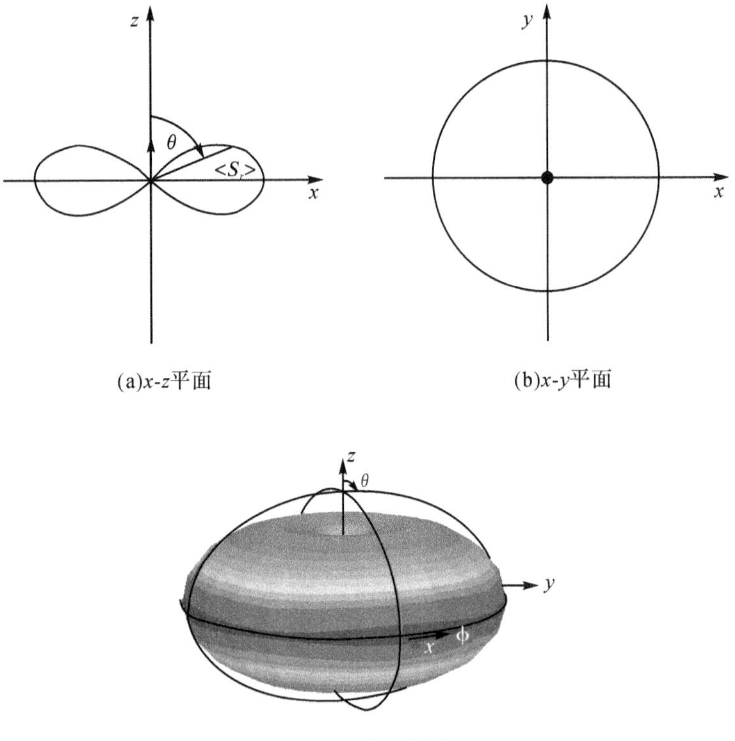

(a)x-z平面　　　　(b)x-y平面

(c)三维方向图

图 5-9　电偶极子的辐射功率方向图

(2)天线增益

对式(5.3.10)在半径为 r 的球面上积分，即可求得电偶极子天线辐射的总功率

$$P=\int_0^{2\pi}\mathrm{d}\varphi\int_0^{\pi}\mathrm{d}\theta r^2\sin\theta\langle S_r\rangle$$

$$=\frac{\eta_0}{2}\left|\frac{kI\Delta l}{4\pi}\right|^2 2\pi\int_0^{\pi}\mathrm{d}\theta\sin^3\theta=\frac{4\pi}{3}\eta_0\left|\frac{kI\Delta l}{4\pi}\right|^2 \tag{5.3.12}$$

天线的方向增益 $G_D(\theta,\varphi)$ 定义为坡印廷功率密度 $\langle S_r\rangle$（它是 θ 的函数）与半径为 r 的球面上平均功率密度（$P/4\pi r^2$）之比

$$G_D(\theta,\varphi)=\frac{\langle S_r\rangle}{P/4\pi r^2}=\frac{3}{2}\sin^2\theta \tag{5.3.13}$$

所以在 $\theta=\frac{\pi}{2}$ 方向，增益等于 1.5；在 $\theta=0$ 方向，增益等于零。天线方向图中增益最大值就是天线的方向性 G_D，所以电偶极子方向性

$$G_D=1.5$$

(3)辐射电阻

根据前面关于天线辐射电阻 R_Σ 的定义，对于电偶极子，电流 I 对空间坐标是常数，故辐射功率与辐射电阻有如下关系

$$P=\frac{1}{2}I^2R_\Sigma \tag{5.3.14}$$

将式(5.3.12)表示的电偶极子天线辐射的总功率代入式(5.3.14)，得到

$$R_\Sigma=\frac{2P}{I^2}=\frac{8\pi}{3}\eta_0\left|\frac{k\Delta l}{4\pi}\right|^2=\frac{2\eta_0}{3\lambda^2}\pi(\Delta l)^2 \tag{5.3.15}$$

对于自由空间，$\eta_0=120\pi$，代入式(5.3.15)得到

$$R_\Sigma=80\pi^2\frac{(\Delta l)^2}{\lambda^2} \tag{5.3.16}$$

(4)天线有效面积 A_e

天线有效面积 A_e 与天线实际面积是两个不同的概念。电偶极子天线模型中用线电流近似，短导线的线径可忽略，天线实际面积可近似为零。天线有效面积 A_e 与天线接收到的功率 P_R 相联系。设 $P_{波前}$ 为接收波束波阵面到达接收天线处的辐射功率密度，其有效面积 A_e 就定义为

$$P_R=A_eP_{波前} \tag{5.3.17}$$

这就是说，在同样辐射功率密度电磁波照射下，天线有效面积越大，天线接收到的功率越大。

为了计算电偶极子天线的有效面积 A_e，要求出在给定辐射功率密度 $P_{波前}$ 情况下电偶极子天线接收到的功率。

根据远区场的平面波假设，平面波功率密度 $P_{波前}$ 与平面波场强 E 的关系为

$$P_{波前}=\frac{E^2}{\sqrt{\mu_0/\varepsilon_0}} \tag{5.3.18}$$

再假定偶极子电矩 P 的方向与电场 E 极化方向一致，那么在此电场作用下，长度为 Δl 的电偶极子天线上感应的电压为

$$V=E\Delta l \tag{5.3.19}$$

如果设偶极子天线的等效阻抗为 $Z_A=R_\Sigma+\mathrm{j}X_A$，$X_A$ 是天线的等效电抗，那么处于接收状态下的电偶极子对于接收机而言，可用内阻抗为 Z_A、源电压 $V=E\Delta l$ 的电压源等效，而接收机相当于天线的负载 Z_T，如图 5-10 所示。显然当天线与负载阻抗共轭匹配时，即

$$Z_T = R_\Sigma - jX_A = Z_A^*$$

天线接收功率(负载 Z_T 吸收功率)最大,其值为

$$P_R = \frac{V^2}{4R_\Sigma} = \frac{E^2(\Delta l)^2}{4R_\Sigma} \tag{5.3.20}$$

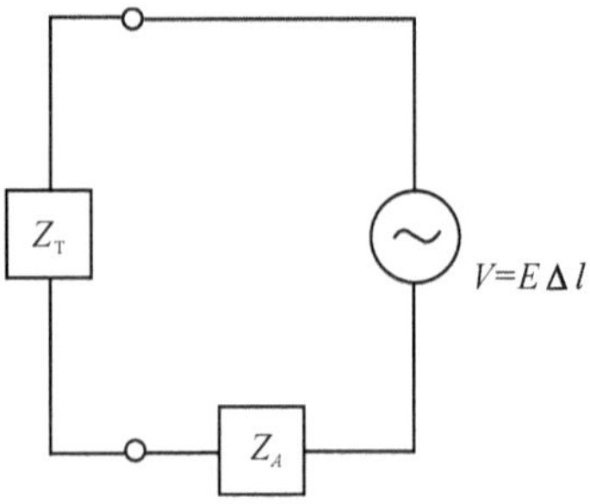

图 5-10　天线与负载共轭匹配时的等效电路

根据有效面积 A_e 的定义式(5.3.17),并将式(5.3.18)与式(5.3.20)代入,就得到

$$A_e = \frac{V^2}{4R_\Sigma} = \sqrt{\frac{\mu_0}{\varepsilon_0}}\frac{(\Delta l)^2}{4R_\Sigma}$$

再将式(5.3.15)表示的 R_Σ 代入,就得到电偶极子有效面积为

$$A_e = \frac{3\lambda^2}{8\pi} \tag{5.3.21}$$

因为对偶极子天线 $G_D = \frac{3}{2}$,故得到

$$\frac{G_D}{A_e} = \frac{\frac{3}{2}}{(3/8\pi)\lambda^2} = \frac{4\pi}{\lambda^2}$$

所以

$$G_D = \frac{4\pi A_e}{\lambda^2} \tag{5.3.22}$$

或

$$G = \frac{4\pi A_e}{\lambda^2} \tag{5.3.23}$$

式(5.3.23)仅对天线无损时才成立。

式(5.3.22)、式(5.3.23)是在电偶极子这种特殊情况下导出的,但是对于所有其他天线也是成立的,式(5.3.23)更为常用。按照式(5.3.23),天线增益 G 与天线有效面积 A_e 是等价的,知道其中一个量即可得出另一个量。显然,天线面积越大,有效面积也越大,但天线的增益与天线实际面积关系并非如此简单,因为天线增益还与波长有关。

严格地说,有电流通过的一段很短的导线不能视作电流均匀分布的电偶极子,因为在短导线的两端电流必须降到零。但对于图5-11所示的电容平板天线,在连接两电容平板的短线段上,电流几乎均匀,可视作常数。在上下两块平板上,电流都沿半径方向流动,方向却相反,一块板上电流指向圆心,另一块板上电流离开圆心。所以上下两块板在远区辐射场相互抵消。这就是说对于电容平板天线,远区辐射场主要由连接电容板的短线段上流过的电流产生,而短线段上的电流可视为均匀分布。所以电容平板天线可视作电偶极子。

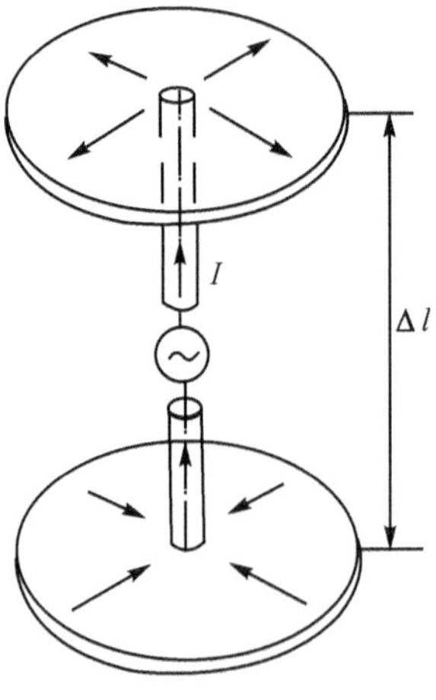

图 5-11　电容平板天线

【例 5.3】 计算电容平板天线辐射的总功率,假定该天线辐射的调幅波频率为 5MHz,$\Delta l = 1\text{m}$,短线半径为 0.3cm,电流 $I = 0.5\text{A}$。

解　先计算波长 $\lambda = \frac{c}{f} = \frac{3\times10^8}{5\times10^6} = 60(\text{m})$

所以该天线长度 Δl 与波长 λ 之比为 1/60,半径 a 与波长 λ 之比为 5×10^{-5},都比波长短得多,可以用式(5.3.12)进行计算

$$P_t=\frac{120\pi\times(0.5\times2\pi/60)^2}{12\pi}=27.4(\text{mW})$$

【例 5.4】 假定发射天线为一垂直于地面的电偶极子，离开发射天线 2.5km 有一个手持接收机的人，问此人至少移动多少距离(水平和垂直方向)接收机检测的信号将有 3dB 变化？

解 设天线所在点为原点，如果此人在地面沿半径方向离开发射天线，根据式(5.3.9)，$\theta=90°$，可得

$$\left|\frac{E(r')}{E(2500)}\right|=\frac{2500}{r'}$$

$\left|\frac{E(r')}{E(2500)}\right|$用分贝表示时为 $20\lg\left|\frac{2500}{r'}\right|$，使之等于$-3$dB，即

$$20\lg\left|\frac{2500}{r'}\right|=-3\text{dB}$$

得到 $r'=3531$m

如果此人在地面离天线 2500m 处垂直上升到 h 米，检测到信号衰减 3dB，则此时

$$r'=\sqrt{2500^2+h^2},\quad \sin\theta'=2500/r'$$

由

$$20\lg\left|\frac{E(r',\theta')}{E(2500,\theta=90°)}\right|=20\lg\left|\frac{2500\sin\theta'}{r'\sin90°}\right|=-3\text{dB}$$

可得 $h=1606$m

5.3.2 磁偶极子的辐射

1. 分析模型

任何载流细导线回路 L 都可看成一个磁偶极子。注意回路 L 不能翘曲，即回路 L 应该是某任意平面内的闭合曲线。当 L 趋于零，就过渡到理想磁偶极子。

本小节讨论的磁偶极子如图 5-12 所示，是一个在 x-y 平面上半径为 a 的细导线小圆环。导线的线径可忽略，导线上电流可用线电流近似。圆环上载有高频时谐电流 $i(t)=I_m\cos(\omega t+\varphi)$，故其复数表示是 $I=I_m e^{j\varphi}$，圆环半径 a 比波长 λ 小得多，即 $a\ll\lambda$，故可假定圆环上任何地方电流的振幅和相位处处相等。

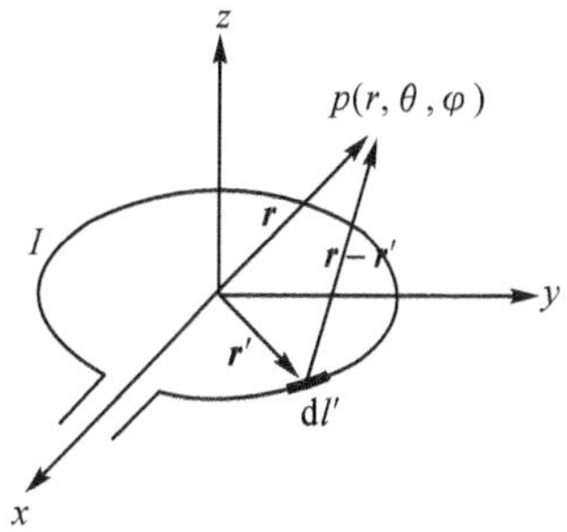

图 5-12　磁偶极子

该磁偶极子的偶极矩 $\boldsymbol{m}$ 定义为

$$\boldsymbol{m}=I\boldsymbol{S}=IS\boldsymbol{z}_0 \tag{5.3.24}$$

式中：I 是复数表示的电流；$\boldsymbol{S}$ 是回路 L 包围的有向面积，其大小 $S=\pi a^2$，如果右手四指与电流方向一致，大拇指方向即 $\boldsymbol{S}$ 的方向。在图 5-12 中，因为 S 在 x-y 平面，且逆时针旋转，故 $\boldsymbol{S}$ 的方向就是坐标轴 z 的正方向 $\boldsymbol{z}_0$。

前面对电偶极子模型作了两种解释，同样刚才定义的磁偶极子也可作另外的解释。

如果把“载流细导线圆环”为特征的磁偶极子等效为相距 Δl、两端磁荷分别为$+q_m$ 和$-q_m$ 的磁偶极子，这里的“等效”是指它们有相同的磁矩，这样就有如下关系：

$$\boldsymbol{m}=q_m\Delta\boldsymbol{l}=q_m\Delta l\boldsymbol{z}_0=IS\boldsymbol{z}_0 \tag{5.3.25}$$

式中：$\Delta\boldsymbol{l}$ 的方向是由$-q_m$ 指向$+q_m$，定为 $\boldsymbol{z}_0$ 方向。

当此磁偶极子随时间作简谐振荡，其磁流为

$$i_m=\frac{dq_m}{dt}=\frac{S}{\Delta l}\frac{di}{dt}=\frac{S}{\Delta l}\frac{d[I_m\cos(\omega t+\varphi)]}{dt}$$

对应的磁流复量为

$$I_m=j\omega\frac{S}{\Delta l}I\quad(I=I_m e^{j\varphi})\tag{5.3.26}$$

如果定义磁偶极子对应的磁流元为 $I_m\Delta\boldsymbol{l}=I_m\Delta l\boldsymbol{z}_0$，那么它与磁矩 m 的关系为

$$I_m\Delta l\boldsymbol{z}_0=j\omega SI\boldsymbol{z}_0=j\omega\boldsymbol{m}\tag{5.3.27}$$

式(5.3.27)与式(5.3.2)完全对应。电荷 q 与磁荷 q_m 对应，电矩 $\boldsymbol{P}$ 与磁矩 $\boldsymbol{m}$ 对应，电流元 $I\Delta l$ 与磁流源 $I_m\Delta l$ 对应。因此利用电与磁的对偶性，可以从电偶极子天线特性直接得到磁偶极子天线特性。不过本小节还是从磁偶极子模型先得出矢量位 $\boldsymbol{A}$，再从矢量位 $\boldsymbol{A}$ 得出 $\boldsymbol{E}$、$\boldsymbol{H}$。其结果与电偶极子天线比较，正符合电与磁的对偶关系。这对于加深电磁对偶原理的理解是很有帮助的。

2. 磁偶极子辐射的电磁场

根据图 5-12 所示的磁偶极子分析模型，式(5.2.10)中的 $\boldsymbol{J}(\boldsymbol{r}')dV'$ 简化为 $Id\boldsymbol{l}'$，故磁偶极子产生的矢量位 $\boldsymbol{A}$ 为

$$\boldsymbol{A}(\boldsymbol{r})=\frac{\mu I}{4\pi}\oint_L\frac{e^{jk|\boldsymbol{r}-\boldsymbol{r}'|}}{|\boldsymbol{r}-\boldsymbol{r}'|}d\boldsymbol{l}'\tag{5.3.28}$$

对式(5.3.28)右边的积分经过并不复杂的运算，可得

$$\boldsymbol{A}(\boldsymbol{r})=\frac{1+jkr}{4\pi r^2}e^{-jkr}\boldsymbol{m}\times\boldsymbol{r}\tag{5.3.29}$$

将式(5.3.29)代入式(5.2.3)，利用式(5.3.24)，并注意到 $\boldsymbol{z}_0\times\boldsymbol{r}_0=\boldsymbol{\varphi}_0\sin\theta$，由此可得

$$\boldsymbol{H}=\frac{\nabla\times\boldsymbol{A}}{\mu}=\nabla\times\left[\boldsymbol{\varphi}_0\frac{IS}{4\pi}\left(jk+\frac{1}{r}\right)\frac{e^{-jkr}}{r}\sin\theta\right]$$

即

$$\boldsymbol{H}=-\frac{ISk^2}{4\pi}\frac{e^{-jkr}}{r}\left\{\boldsymbol{r}_0\left[\frac{1}{jkr}+\frac{1}{(jkr)^2}\right]2\cos\theta+\boldsymbol{\theta}_0\left[1+\frac{1}{jkr}+\frac{1}{(jkr)^2}\right]\sin\theta\right\}\tag{5.3.30}$$

因为小电流环上的电流处处等幅同相，环本身又构成闭合回路，不会造成电荷的宏观堆积，故小电流环产生的标量位 $\Phi\equiv0$，这样将式(5.3.29)代入式(5.2.5)就可得到电场强度

$$\boldsymbol{E}=\boldsymbol{\varphi}_0\eta\frac{ISk^2}{4\pi}\left(1+\frac{1}{jkr}\right)\frac{e^{-jkr}}{r}\sin\theta\tag{5.3.31}$$

将式(5.3.31)、式(5.3.30)与式(5.3.6)、式(5.3.7)比较，函数结构完全相同，区别仅在于常数因子，如将式(5.2.27)进一步改写成

$$IS=\frac{I_m\Delta l}{j\omega}=\frac{(\mu I_m)\Delta l}{jk\eta}$$

式中：$\eta=\sqrt{\frac{\mu}{\varepsilon}}$。如将上式代入式(5.3.30)、式(5.3.31)得到

$$\boldsymbol{H}=jk\sqrt{\frac{\varepsilon}{\mu}}(\mu I_m)\Delta l\frac{e^{-jkr}}{4\pi r}\left\{\boldsymbol{r}_0\left[\frac{1}{jkr}+\frac{1}{(jkr)^2}\right]2\cos\theta+\boldsymbol{\theta}_0\left[1+\frac{1}{jkr}+\frac{1}{(jkr)^2}\right]\sin\theta\right\}\tag{5.3.32}$$

$$\boldsymbol{E}=-\boldsymbol{\varphi}_0 jk(\mu I_m)\Delta l\frac{e^{-jkr}}{4\pi r}\left(1+\frac{1}{jkr}\right)\sin\theta\tag{5.3.33}$$

将式(5.3.6)与式(5.3.33),式(5.3.7)与式(5.3.32)比较,如果将电偶极子的辐射场 $\boldsymbol{H}\to-\boldsymbol{E}$,$\boldsymbol{E}\to\boldsymbol{H}$,且将 $\mu\to\varepsilon$,$\varepsilon\to\mu$,$I\to(\mu I_{\mathrm{m}})$(或 $\boldsymbol{p}\to\mu\boldsymbol{m}$),就得到磁偶极子的辐射场。电偶极子与磁偶极子这一对偶关系是电磁对偶性的具体例子。

有必要说明一下,本书磁偶极矩 $\boldsymbol{m}$ 定义为 $\boldsymbol{m}=IS\boldsymbol{z}_0$,有些书上 $\boldsymbol{m}$ 定义为 $\boldsymbol{m}=\mu IS\boldsymbol{z}_0$。如果 $\boldsymbol{m}$ 定义为 $\boldsymbol{m}=\mu IS\boldsymbol{z}_0$,那么式(5.3.32)至式(5.3.33)中($\mu I_{\mathrm{m}}$)为 I_{m} 代替,电偶极子与磁偶极子对偶关系中 $I\to(\mu I_{\mathrm{m}})$ 为 $I\to I_{\mathrm{m}}$ 代替。

5.4 线天线

根据结构,常用天线可分为线天线与口径天线两类。线天线具有线形结构的特点,其横向尺寸远小于纵向尺寸,而纵向尺寸与波长相比在同一量级。这种天线在通信、雷达等无线电系统中得到广泛应用。

5.3 节分析的电偶极子天线,作为分析模型是很理想的,矢量位 $\boldsymbol{A}$ 很容易得到。但从工程角度看,这种天线并不实用,主要有两个问题:一是导线上电流均匀分布不易实现。导线末端点电流一般为零,如果导线上电流均匀分布,则导线上电流处处为零,这样就没有电磁辐射了。所以实际线天线上电流分布是不均匀的。二是电偶极子的辐射效率不会高。根据式(5.3.12)电偶极子的辐射功率与 Δl 的平方成比例,而 Δl 很小。为了提高天线的效率,实际线天线长度都与波长相比拟。因此,实际工程中应用的线天线与理想的电偶极子有差别,即天线长度与波长可比,沿天线轴的电流分布不再均匀。

5.4.1 线天线分析的基本思路及其解

对线天线分析的基本思路是:将长度 l 的线天线分成 n 个长度为 Δl 的子单元,只要 n 足够大,每一个子单元 Δl 的长度都满足 $\Delta l\ll\lambda$ 的条件,即每一个子单元都可看成一个电偶极子,因此整个线天线辐射的场就是 n 个电偶极子辐射场的叠加。在线天线分析中,导线直径 $2a$ 与波长相比可忽略这一假定仍然成立。如果天线半径 a 与波长 λ 之比小于 0.01,有关天线公式中忽略天线半径 a 的影响是许可的。

图 5-13 所示的线天线,振荡源从 $z=0$ 处接入,天线下端点坐标为 $z=-l_1$,上端点坐标为 $z=l_2$,天线长度 $l=l_1+l_2$ 与波长相比拟。设天线电流分布沿 z 轴不均匀,记作 $I(z)$。

现将长度为 l 的天线分成 n 个长度为 Δl 的子单元,每一个子单元 $\Delta l/\lambda<0.1$,即满足 $\Delta l\ll\lambda$ 的条件,可视为电偶极子。

对于图 5-13 中的一个典型子单元,在自由空间其辐射场 $\Delta\boldsymbol{E}$ 为

$$\Delta\boldsymbol{E}=\boldsymbol{\theta}_0{}'\frac{\mathrm{j}Ik\Delta l\eta_0\mathrm{e}^{-\mathrm{j}kr'}\sin\theta'}{4\pi r'}\tag{5.4.1}$$

在远区,r 比天线长度大得多,可作如下近似

$$\theta\approx\theta'\tag{5.4.2a}$$

$$r'\approx r-z\cos\theta\tag{5.4.2b}$$

因此式(5.4.1)可近似为

$$\Delta \boldsymbol{E}=\boldsymbol{\theta}'_0\frac{\mathrm{j}Ik\Delta l\eta_0\mathrm{e}^{-\mathrm{j}kr}\mathrm{e}^{\mathrm{j}kz\cos\theta}}{4\pi r}\sin\theta \tag{5.4.3}$$

注意:从式(5.4.1)到式(5.4.3)时,式(5.4.2b)的第二项 $z\cos\theta$ 在式(5.4.3)分母中被略去,但包含在分子指数项中的 $z\cos\theta$ 没有略去,因为对于 $\mathrm{e}^{\mathrm{j}kz\cos\theta}$,如果 $z\cos\theta$ 从 0 变化到 $\lambda/2$,$\mathrm{e}^{\mathrm{j}kz\cos\theta}$就从 1 变到 -1,将使积分改变符号,对积分值有重要影响,故不能略去。

因为天线沿 z 轴放置,$\Delta l=\Delta z$。所有这些子单元辐射场的总和,即整个天线辐射的场为式(5.4.3)的积分

$$\boldsymbol{E}=\int_{-l_1}^{l_2}\boldsymbol{E}\mathrm{d}z=\boldsymbol{\theta}'_0\int_{-l_1}^{l_2}\frac{\mathrm{j}kI\eta_0\mathrm{e}^{-\mathrm{j}kr}\mathrm{e}^{\mathrm{j}kz\cos\theta}}{4\pi r}\sin\theta\mathrm{d}z$$

$$=\boldsymbol{\theta}_0\frac{\mathrm{j}k\eta_0\mathrm{e}^{-\mathrm{j}kr}}{4\pi r}\sin\theta U(\theta) \tag{5.4.4}$$

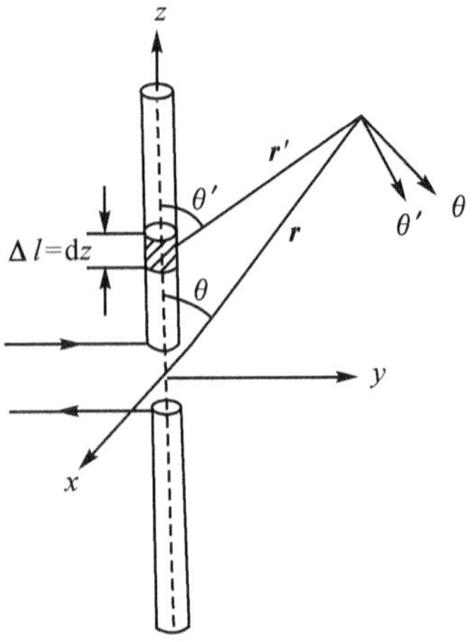

图 5-13　有限长度的线天线

同理可得 $$\boldsymbol{H}=\boldsymbol{\varphi}_0\frac{\mathrm{j}k\mathrm{e}^{-\mathrm{j}kr}}{4\pi r}\sin\theta U(\theta) \tag{5.4.5}$$

式中: $$U(\theta)=\int_{-l_1}^{l_2}I(z)\mathrm{e}^{\mathrm{j}kz\cos\theta}\mathrm{d}z \tag{5.4.6}$$

由式(5.4.4)和式(5.4.5)可见,对于远区,线天线辐射场与电偶极子辐射场在圆周方向(φ 方向)都以天线轴对称,没有变化。在 θ 方向,电偶极子按 $\sin\theta$ 变化,天线轴的方向 $\theta=0$ 没有辐射。线天线在 θ 方向场的变化则可在电偶极子基础上乘上修正因子 $U(\theta)$。因此,线天线辐射的场在远区,其主要特征可理解为球面波 $\frac{\mathrm{e}^{-\mathrm{j}kr}}{r}$ 与方向性函数 $\sin\theta U(\theta)$ 的乘积。

前面对线天线的分析是在天线上电流分布 $I(z)$ 给定的假设下进行的,实际上线天线辐射的场反过来又影响线天线上的电流分布。一般来说,$I(z)$ 也是场的函数。因此决定线天线辐射场的式(5.4.4)是一个积分方程,方程左边是待求场量,右边积分号内 I 又是待求场量的函数。对于复杂结构的天线,这个积分方程的解析解一般不易得到,要用数值方法求解。下面对线天线的分析是在 $I(z)$ 给定的前提下进行的,因而是近似的,但由此可观察到天线长度、天线上电流分布对辐射场的影响。

5.4.2　线天线举例

1. 短偶极子天线

所谓短偶极子天线,就是其长度 l 比波长小得多,即 $l\ll\lambda$,并假设其电流分布由中间最大值 I 线性地递降到端点的零,如图 5-14 所示。在这一假定下,线天线上的电流分布可表示为

$$I(z)=\begin{cases}I_0\left(1-\dfrac{z}{l_2}\right) & z\geqslant 0\\ I_0\left(1+\dfrac{z}{l_1}\right) & z<0\end{cases} \tag{5.4.7}$$

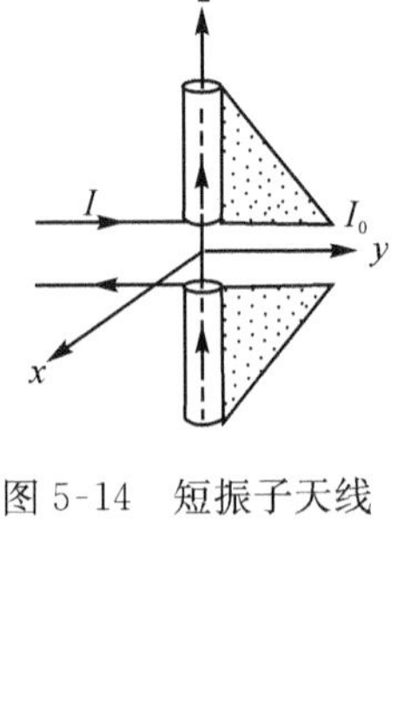

图 5-14　短振子天线

由式(5.4.6)以及 $k(l_1+l_2)\ll 1$ 条件,得到

$$U(\theta) \approx \int_{-l_1}^{l_2} I(z)\mathrm{d}z = \frac{1}{2}I_0(l_1 + l_2)$$

所以，只要

$$\Delta l = l_1 + l_2$$

$$I = \frac{1}{2}I_0$$

短偶极子天线的场就可以用电偶极子辐射场的公式计算。

2. 中心激励偶极子天线

中心激励偶极子天线，如图 5-15 所示，由平行双导线激励，两臂长相等，$l_1 = l_2 = l/2$，对于馈入点是对称的，l 的长度可与波长比拟。为了用式(5.4.4)至式(5.4.6)求中心激励偶极子天线的辐射场，首先要假定其上电流的近似分布 $I(z)$。正如本章一开始分析过的，中心激励偶极子天线可看作开路平行导线终端向外弯折成直角的结果。开路平行双导线上电流呈驻波分布，作为天线终端弯折成直角后，由于部分能量通过天线的辐射，平行双导线上电流不再为纯驻波分布，但弯折段的电流分布仍可用终端开路时的驻波分布近似，如下式所示：

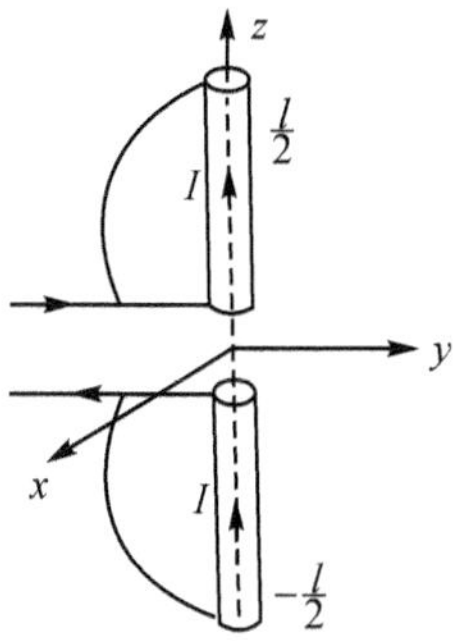

图 5-15 中心激励振子天线

$$I(z) = I_0 \sin\left[k\left(\frac{l}{2} - |z|\right)\right] \tag{5.4.8}$$

显然，在弯折部分的末端，$z = \pm l/2$ 处，电流 $I = 0$，这符合线天线的实际情况。有了线天线上电流分布的近似表达式(5.4.8)，将其代入式(5.4.6)就可计算 $U(\theta)$

$$U(\theta) = I_0 \int_{-l/2}^{l/2} \mathrm{d}z \sin\left[k\left(\frac{l}{2} - |z|\right)\right] \mathrm{e}^{\mathrm{j}kz\cos\theta}$$

经过并不复杂的运算，得到

$$U(\theta) = I_0 \frac{2}{k\sin^2\theta}\left[\cos\left(\frac{kl}{2}\cos\theta\right) - \cos\frac{kl}{2}\right]$$

因此线天线的辐射场为

$$E = \theta_0 \eta_0 \frac{\mathrm{j}I_0 \mathrm{e}^{-\mathrm{j}kr}}{2\pi r \sin\theta}\left[\cos\left(\frac{kl}{2}\cos\theta\right) - \cos\frac{kl}{2}\right] \tag{5.4.9}$$

当 $\theta \to 0$，由洛必达(L′hopital)法则给出 $|E_\theta| \to 0$，即在线天线轴的方向没有电磁辐射。下面主要是以天线的电长度(以波长作比较计的长度)作为参变量，分几种情况来讨论中心激励偶极子天线的方向图。

(1)半波偶极子天线

半波振子天线是指 $l = \lambda/2$，$kl = \pi$，即天线的长度为半个波长。将此 kl 代入式(5.4.9)，得到

$$|E_\theta| = \frac{\eta_0 I_0}{2\pi r \sin\theta}\left|\cos\left(\frac{\pi}{2}\cos\theta\right)\right| \tag{5.4.10}$$

由式(5.4.10)可见，$\theta = 0°$ 与 $180°$，即在线天线的轴上，没有电磁辐射，而 $\theta = 90°$ 与 $270°$，即与天线垂直的方向辐射最强。它与电偶极子的辐射方向图基本相似，如图 5-16 所示。

(2)1.5 波长天线

1.5 波长天线是指其长度 l 有 1.5 个波长，即 $l = 3\lambda/2$，$kl = 3\pi$，将此 kl 代入式(5.4.13)

得到

$$|E_\theta| = \frac{\eta_0 I_0}{2\pi r\sin\theta}\left|\cos\left(\frac{3\pi}{2}\cos\theta\right)\right| \tag{5.4.11}$$

当 $\theta=0^\circ$ 与 180° 以及 $\theta=\arccos\left(\frac{1}{3}\right)$ 与 $\arccos\left(-\frac{1}{3}\right)$ 时，$|E_\theta|=0$，这就是说在 x-z 平面的方向图上有 6 个零点，相邻两个零点之间有一个最大点，其方向图如图 5-17 所示。

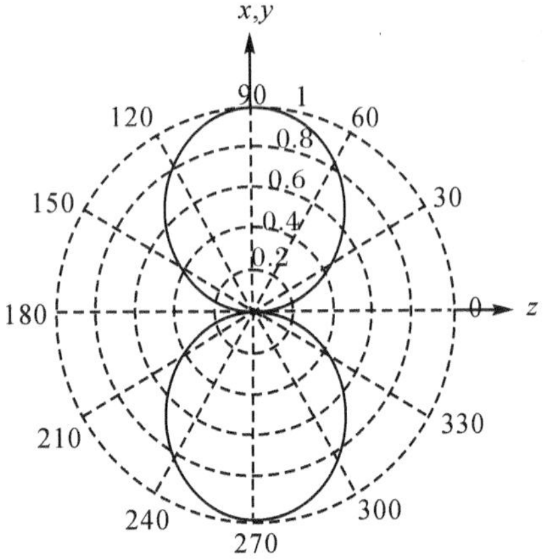

图 5-16　半波振子天线

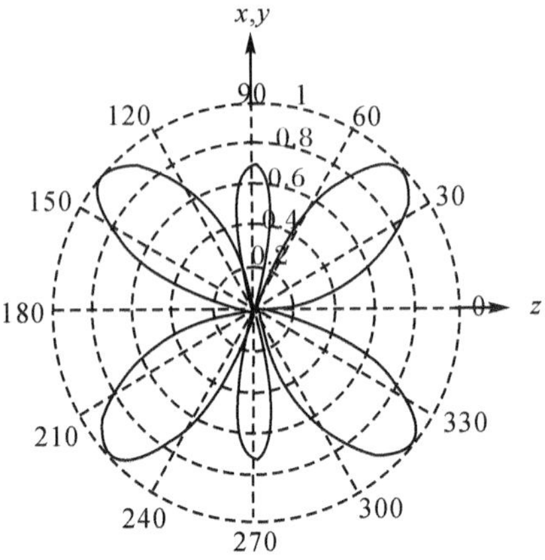

图 5-17　1.5λ 线天线辐射方向图

(3)2 波长线天线

对于 2 波长天线，$l=2\lambda$，代入式(5.4.9)得到

$$|E_\theta| = \frac{\eta_0 I_0}{2\pi r\sin\theta}|\cos(2\pi\cos\theta)-1| \tag{5.4.12}$$

当 $\theta=0,90^\circ,180^\circ$ 与 270° 时，$|E_\theta|=0$，即在方向图上有 4 个零点，4 个最大点。图 5-18 所示就是它的辐射方向图。

注意，以上结果我们都是在正弦分布电流的假定下得到的。

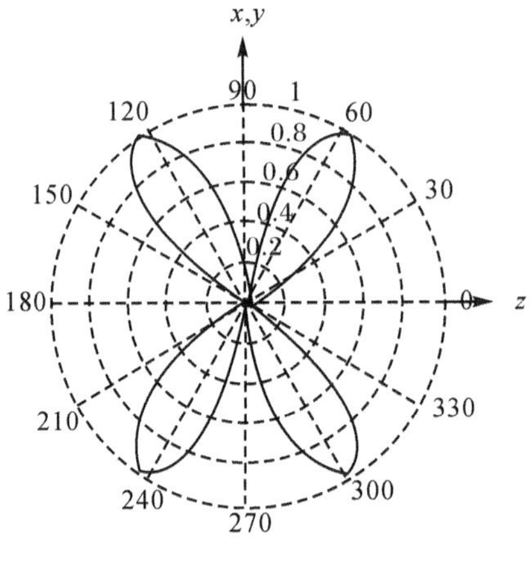

图 5-18　2λ 线天线辐射方向图

3. 单极天线

将同轴线的外导体与接地面相连，内导体伸出接地面就构成单极天线[见图 5-19(a)]。对单极天线的分析，应用 1.9.5 节指出的电流元的镜像原理就很方便。

镜像原理是指当电流源靠近理想导体壁时，所产生的场相当于原有的电流源和它对该壁作为镜面产生的镜像电流源一起建立的场。确定镜像的原则是，它与原有的源共同建立的场在边界上满足理想导体的边界条件。

对于单极天线，与同轴线外导体连接的接地面可视作理想导体壁。同轴线内导体延伸段就是原有电流源。以接地导电面为镜面，该延伸段的镜像就是镜像电流源，如图 5-19(b)所示。

对于图 5-19(a)接地导电面上切向电场当然为零。可以证明，对于图 5-19(b)，$z=0$ 对称面(即镜面)上，电场的切向分量也为零。为此将该天线的上下两臂(其长为 l)各等分成 n 段，

只要 n 足够大，每一小段 Δl 就可视为电偶极子。考虑离开对称面等距的两个电偶极子 Δl 、$\Delta l'$ 在对称面上辐射的场。因为这两个电偶极子电流方向相同，大小也相等，它们到对称面上任一点的距离也相等。总之由于对称性，如图 5-19(b)所示，这两个电偶极子在对称面任一点电场切向分量刚好抵消，而合成电场与对称面垂直。这一结论对于 n 个电偶极子辐射场都是成立的。

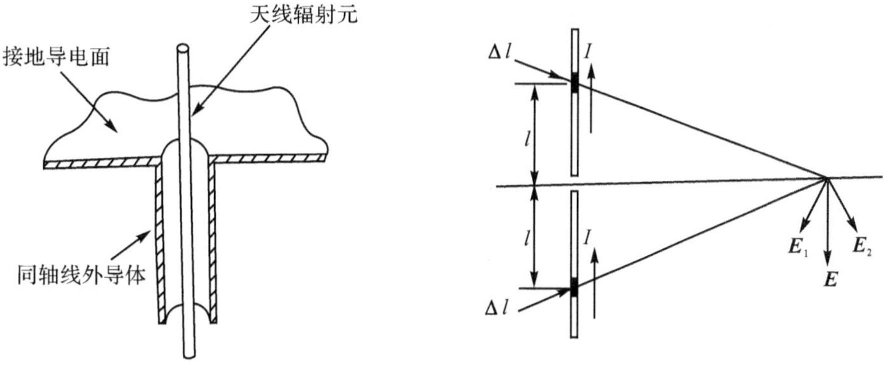

(a)同轴线馈电的单极天线　　(b)镜像

图 5-19　单极天线

这就是说图 5-19(a)与(b)两种情况，在接地导电面上方的场满足相同的边界条件，根据时变电磁场的唯一性定理可知，它们在接地导电面上方辐射的场应当是一样的。

因此，内导体伸出接地面高为 l 的单极天线[见图 5-19(a)]辐射场与中心激励的高度为 $2l$ 的线天线[见图 5-19(b)]辐射场相同。但是单极天线的输入阻抗(定义为中心激励点的电压与电流之比)只有中心激励天线输入阻抗的一半，因为单极天线激励电压只有中心激励线天线的一半。

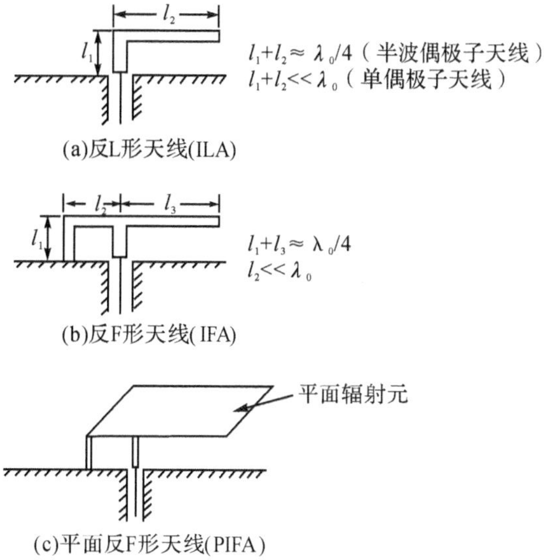

图 5-20

单极天线的变形在手持移动设备中得到广泛应用。图 5-20(a)所示将 $\lambda/4$ 单极天线弯折成反 L 形天线(ILA)，而图 5-20(b)所示将 $\lambda/4$ 单极天线弯折成反 F 形天线(IFA)，并在一端与地短路，短路端起到支撑天线的作用。它们都是 $\lambda/4$ 单极天线的变形。反 L 形天线，$l_1+l_2\approx\dfrac{\lambda}{4}$，反 F 型天线，$l_1+l_3\approx\dfrac{\lambda}{4}$，$l_2\ll\lambda$。因此，ILA 、IFA 相当于一端短路，一端开路长为 $\lambda/4$的谐振器。如果将导线代之以导电面，就得到平面反 F 天线(PIFA)，如图 5-20(c)所示。

5.5　线阵天线

前面讨论过的线天线由于结构的轴对称性，辐射场在角向(φ 方向)没有方向性。如果两个取向相同的线天线以间距 d 排列构成阵列，则该二元阵列天线结构不再具有轴对称性，两个线天线辐射的场相互干涉，在角向就有方向性。例如在与天线垂直的平面，跟两天线距离之差为 $n\lambda$ 的点，两天线辐射的场同相叠加而加强，跟两天线距离之差为 $(n+1/2)\lambda$ 的点，两天线辐射的场反相抵消而为零。所以将线天线排成阵列结构，就有可能在角向得到有方向性的辐射场。

如果若干线天线排列在一直线上构成的阵列结构称为线阵天线，如果排列在一平面上，就称为面阵天线。本节只讨论由相似天线元组成的线阵天线的方向性。所谓相似天线元是指各天线元的形状与尺寸相同，且以相同姿态排列。

根据线性系统的叠加原理，只要媒质是线性的，列阵天线的辐射场就是各天线元辐射场的矢量和。适当控制各天线元激励电流的大小与相位，就可得到所需的辐射特性。

参看图 5-21 所示的线阵天线。各天线元是中心激励的对称偶极子天线，它们都按 z 方向指向且沿 y 轴均匀排列。分析时还进一步假定每一辐射单元激励电流的幅值相同，而激励电流的相位，相邻两辐射单元相差 ψ，即第一个单元天线的激励电流为 $I(z)$，第二个单元天线为 $I(z)e^{j\psi}$，第三个单元天线为 $I(z)e^{j2\psi}$，等等。

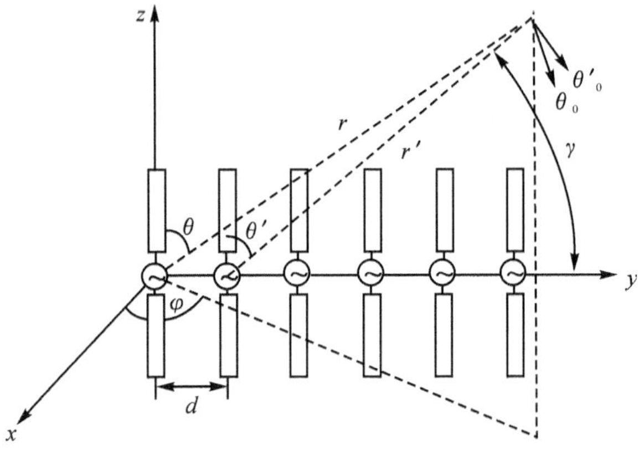

图 5-21　均匀线阵天线

应用叠加原理，该线阵天线辐射的场是各个单元天线辐射场的总和。第一个单元天线辐射场按式(5.4.4)为

$$\boldsymbol{E}_1=\boldsymbol{\theta}_0\frac{jk\eta_0 e^{-jkr}}{4\pi r}\sin\theta U(\theta) \tag{5.5.1}$$

同样，第二个单元天线辐射的场为

$$\boldsymbol{E}_2=\boldsymbol{\theta}_0\frac{jk\eta_0 e^{-jkr'}}{4\pi r'}\sin\theta' e^{j\psi}U(\theta') \tag{5.5.2}$$

式中：r 和 r' 分别为第一个与第二个单元天线至观察点(或要研究的场点)的距离。如果所研究场点离开天线相当远，即研究的是远区场，那么可以认为自各单元天线至研究的场点的射线平行，所以 r 和 r' 的关系可写成

$$r'=r-d[\boldsymbol{y}_0\cdot\boldsymbol{r}]=r-d\cos\gamma=r-d\sin\theta\sin\varphi \tag{5.5.3}$$

同时还有近似关系

$$\theta'=\theta$$

将式(5.5.3)表示的 r' 代入式(5.5.2)的分子，而式(5.5.2)分母中 r' 用 r 近似，可得

$$\boldsymbol{E}_2=\boldsymbol{\theta}_0\frac{jk\eta_0 e^{-jkr}}{4\pi r}e^{jkd\sin\theta\sin\varphi}\sin\theta e^{j\psi}U(\theta)$$

$$=\boldsymbol{E}_1 e^{j[kd\sin\theta\sin\varphi+\psi]} \tag{5.5.4}$$

所以 $\boldsymbol{E}_2$ 与 $\boldsymbol{E}_1$ 差别仅是一个相位因子 $e^{j[kd\sin\theta\sin\varphi+\psi]}$。相位因子第一项源于电磁波从线阵天线第二个单元天线到所研究场点比第一个单元天线少走 $d\sin\theta\sin\varphi$ 产生的相位差,第二项表示辐射单元天线1和2激励电流的相位移。依此类推,具有 n 个单元天线构成的均匀列阵天线总的辐射场为

$$\boldsymbol{E}_t=\boldsymbol{\theta}_0\frac{jk\eta_0 e^{-jkr}}{4\pi r}\sin\theta U(\theta)\{1+e^{j(\psi+kd\cos\gamma)}+\cdots+e^{j[(N-1)(\psi+kd\cos\gamma)]}\} \tag{5.5.5}$$

式中:$\cos\gamma=\sin\theta\sin\varphi$, $U(\theta)=\int_{-l}^{l}I(z)e^{jkz\cos\theta}dz$ 。

如果将式(5.5.5)右边括号中的项记为 $F(\theta,\varphi)$,则

$$F(\theta,\varphi)=1+e^{j(\psi+kd\cos\gamma)}+\cdots+e^{j[(N-1)(\psi+kd\cos\gamma)]} \tag{5.5.6}$$

则式(5.5.5)可简写为

$$\boldsymbol{E}_t=\boldsymbol{\theta}_0\frac{jk\eta_0 e^{-jkr}}{4\pi r}\sin\theta U(\theta)F(\theta,\varphi)=\boldsymbol{E}_e(\theta)F(\theta,\varphi) \tag{5.5.7}$$

式中:$\boldsymbol{E}_e(\theta)$ 为线天线辐射的场。因此,线阵天线辐射的场在远区,可理解为线天线辐射的场乘上一修正因子 $F(\theta,\varphi)$,其主要特征也可理解为球面波 $\frac{e^{-jkr}}{r}$ 与方向性函数 $\sin\theta U(\theta)F(\theta,\varphi)$ 的乘积。$F(\theta,\varphi)$ 通常叫做阵因子。线阵天线辐射场在角向的方向性,主要通过阵因子 $F(\theta,\varphi)$ 反映出来。阵因子是各单元天线辐射电场的相位之和。下面对线阵天线的讨论主要针对阵因子 $F(\theta,\varphi)$ 进行。

阵因子 $F(\theta,\varphi)$ 中的项取如下形式:

$$\sum_{n=0}^{N-1}x^n=\frac{1-x^N}{1-x}$$

其中,$x=e^{j(\psi+kd\cos\gamma)}$。所以 $F(\theta,\varphi)$ 又可表示为

$$F(\theta,\varphi)=\frac{1-e^{j[N(\psi+kd\cos\gamma)]}}{1-e^{j[\psi+kd\cos\gamma]}} \tag{5.5.8}$$

作方向图关心的主要是辐射场的模,即

$$|E_\theta|=|E_e||F|$$

因此,只是从方向图考虑,对阵因子最关心的也是其模

$$|F|=\left|\frac{1-e^{j[N(kd\cos\gamma+\psi)]}}{1-e^{j[kd\cos\gamma+\psi]}}\right|$$

因为
$$|1-e^{jx}|=\left|2j\sin\frac{x}{2}e^{jx/2}\right|=2\sin\frac{x}{2}$$

所以
$$|F|=\left|\frac{\sin N\left(\frac{kd\cos\gamma+\psi}{2}\right)}{\sin\left(\frac{kd\cos\gamma+\psi}{2}\right)}\right| \tag{5.5.9}$$

$F(\theta,\varphi)$ 反映了天线排成阵列后对天线辐射方向性的影响。对方向图最为关心的是最大辐射与零辐射的位置。由式(5.5.9)可见,当 $kd\cos\gamma+\psi=0,2\pi,\cdots$,$|F|$ 具有最大值 N。而当 $N\frac{kd\cos\gamma+\psi}{2}=m\pi(m\neq0,N,2N,\cdots)$,$|F|$ 为零。

对于最大辐射,有两种情况值得关注(假定 $\theta=\frac{\pi}{2}$)。

(1)边射阵

最大辐射方向垂直于阵轴方向，即 $\varphi=0$，代入式(5.5.10)得到 $\psi=0$。也就是说在垂直于阵轴方向上的各电流元到观察点没有波阵差，所以各电流元不需要相位差。

(2)端射阵

最大辐射方向在阵轴方向上，即 $\varphi=\pm\frac{\pi}{2}$，代入式(5.5.10)得到 $\psi=-kd\left(当\ \varphi=\frac{\pi}{2}\right)$或 $\psi=kd\left(当\ \varphi=-\frac{\pi}{2}\right)$。也就是说阵的各元电流沿阵轴($y$ 方向)依次滞后 kd。

因此线阵天线相邻元电流相位 ψ 的变化，引起方向图最大辐射方向的相应变化。所以要得到在角向有方向性的天线，线阵天线可以选择。下面以两个天线元组成的线阵天线为例，说明相邻两幅射单元相差 ψ 与天线方向性的关系。为此考察被间距 d 分开的两个线天线构成的天线阵在 $\theta=\frac{\pi}{2}$ 平面内辐射方向图。

先考察 $d=\lambda/2$ 的情况，观察 ψ 与方向性关系。

(1)两个辐射单元同相激励，即 $\psi=0$，因为 $d=\lambda/2$，故 $kd=\pi$，代入式(5.5.9)得到

$$|E_\theta|\sim\left|\cos\left(\frac{\pi}{2}\sin\varphi\right)\right|$$

其辐射方向图如图 5-22 所示。在远区，在 x 方向两辐射单元辐射的场同相，合成场为两者相加，场最强。在 y 方向，两辐射单元辐射场反相，合成场为零。

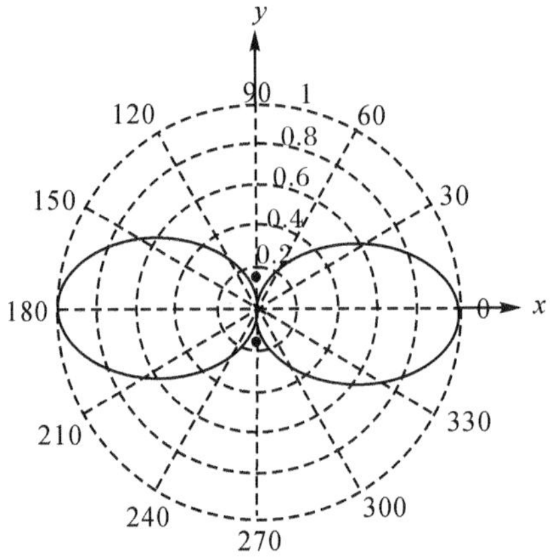

图 5-22　辐射方向图，两个辐射单元，$d=\lambda/2$，$\psi=0$

(2)$\psi=\pi$，两个辐射单元反相激励，同样将 $\psi=\pi$，$d=\lambda/2$(或 $kd=\pi$)代入式(5.5.9)得到

$$|E_\theta|\sim\left|\cos\left(\frac{\pi}{2}\sin\varphi+\frac{\pi}{2}\right)\right|$$

其辐射方向图如图 5-23 所示。与同相激励时刚好相反，沿 y 轴辐射场最强，沿 x 轴则没有辐射。这是因为沿 y 轴两辐射单元辐射的场同相叠加，而在 x 轴相互抵消。

(3)$\psi=\frac{\pi}{2}$两个辐射单元正交激励，将 $\psi=\pi/2$，$d=\lambda/2$(或 $kd=\pi$)代入式(5.5.9)得到

$$|E_\theta|\sim\left|\cos\left(\frac{\pi}{2}\sin\varphi+\frac{\pi}{4}\right)\right|$$

其辐射方向图如图 5-24 所示。

由图 5-22 至图 5-24 可见，只要改变列阵天线相邻两辐射单元激励电流的相位差 ψ 即可

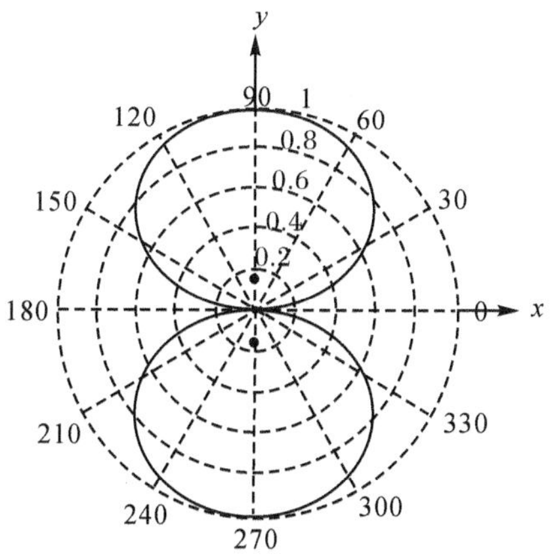

图 5-23 辐射方向图,两个辐射单元,$d=\lambda/2$, $\psi=\pi$

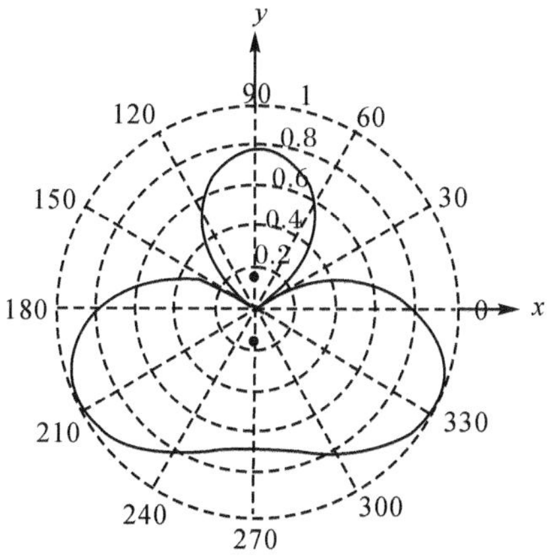

图 5-24 辐射方向图,两个辐射单元,$d=\lambda/2$, $\psi=\pi/2$

改变天线方向图。

接下来再观察改变相邻两辐射单元间距 d 对辐射方向图的影响。

(4)两辐射单元间距 $d=\lambda$, 且同相激励,即 $\psi=0$,代入式(5.5.9)得到

$$|E_\theta| \sim |\cos(\pi\sin\varphi)|$$

辐射方向图如图 5-25 所示。

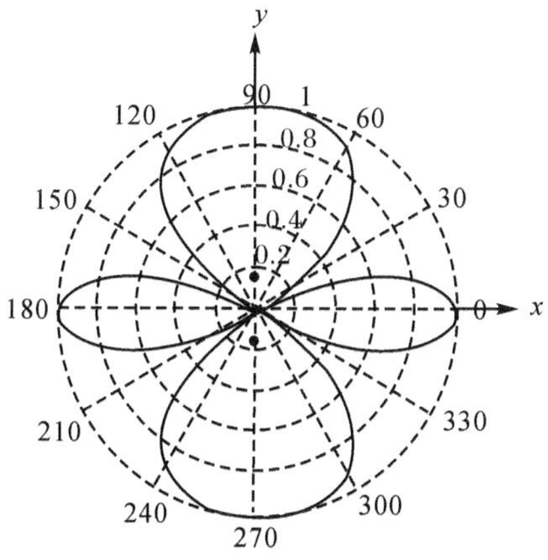

图 5-25 辐射方向图,两个辐射单元 $d=\lambda$,$\psi=0$

(5)两辐射单元间距 $d=\lambda$，且反相激励，即 $\psi=\pi$，代入式(5.5.9)得到

$$|E_\theta| \sim \left|\cos\left(\pi\sin\varphi+\frac{\pi}{2}\right)\right|$$

辐射方向图如图 5-26 所示。

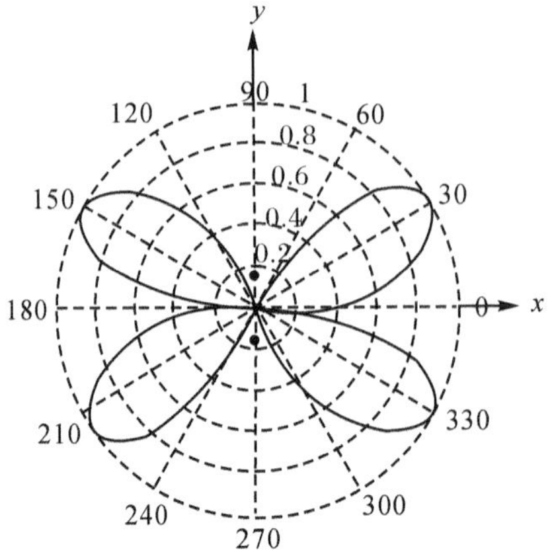

图 5-26　辐射方向图，两个辐射单元 $d=\lambda, \psi=\pi$

将图 5-22 与图 5-25、图 5-23 与图 5-26 进行比较，可明显看到间距 d 对方向图的影响。

1. 相控阵天线

由前面分析可知，改变线阵天线各天线元之间的距离 d 及各天线元激励电流的相位 ψ 即可改变列阵天线的辐射方向图。天线阵一旦建成，改变天线元之间的距离就不大现实了，但每一辐射单元的相位可以用电子方法控制，因而其辐射方向图也可用电子方法改变。通过控制线阵天线各辐射单元激励电流的相位从而实现对方向图的控制，这就是相控阵天线，如图 5-27所示。该线阵天线有 5 个天线元，由一个共同的信号源激励，源与每一个天线元之间接入一个电控移相器，用于改变每一天线元激励电流的相位。

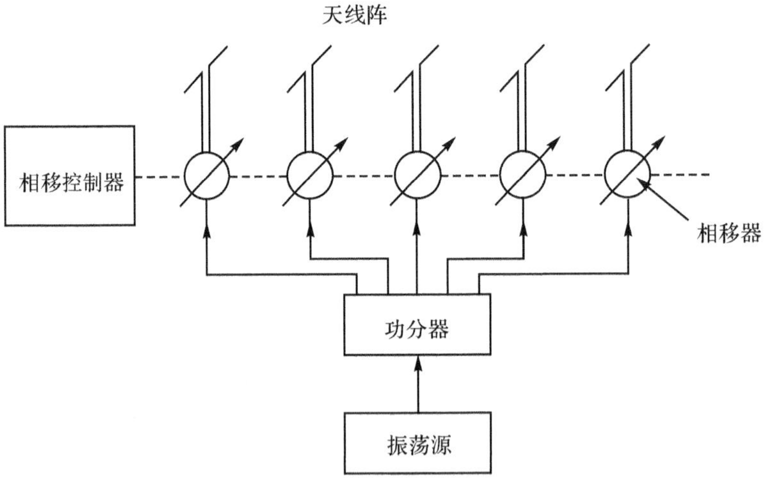

图 5-27　相控阵天线

通常相控阵天线方向图主瓣或辐射主波束的方向可以在一个很大的角度范围内用电子方法实现扫描。为了说明相控阵天线波束扫描的基本工作原理，我们以均匀列阵天线为例进行讨论。为了简单起见，只考虑 $\theta=90^\circ$平面的方向图，因为在与振子垂直的平面内，振子天线没

有方向性。$\theta=90°$平面内，方向图由阵因子决定，根据式(5.5.9)，最大辐射总是发生在

$$\psi+kd\sin\varphi_{\max}=0,2\pi,\cdots$$

式中：$\varphi_{\max}$是主瓣的坐标角。因此当相移ψ用电子方法改变时，表示天线阵主瓣方向的$\varphi_{\max}$可以很快地在大范围内改变。图 5-28 表示由 5 个偶极子单元组成的天线阵当ψ由 0°变到 180°时其辐射方向图的变化。从 0°到－180°的辐射方向图只要把图 5-28 方向图旋转 180°就可得到。

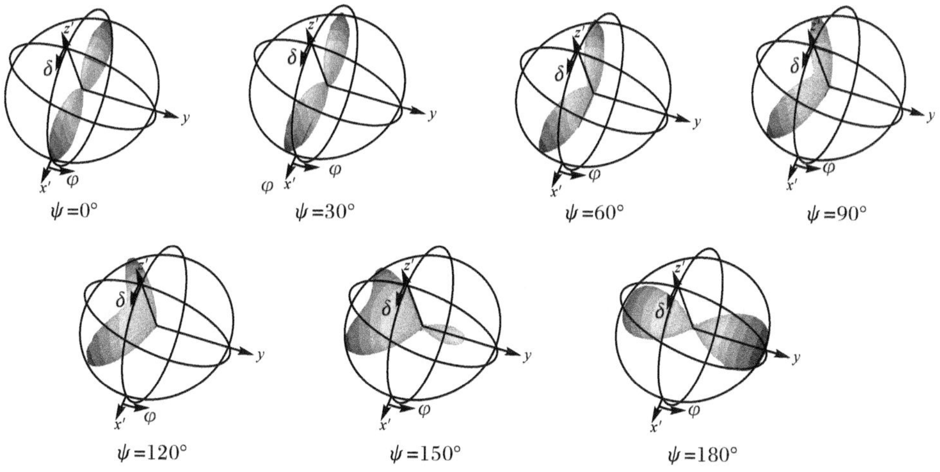

图 5-28　5 个单元天线阵的辐射方向图，$d=\lambda/2$，相位可控

如果用二维天线阵列，基本辐射单元不只排列在 y 轴上，而是排列在 x-y 平面上，就有可能实现一个很窄的波束在三维空间的精确扫描。相控阵天线在军事上有特别的应用价值。

2. 引向天线

引向天线又称八木天线，它由一个有源振子及若干个无源振子组成，其结构如图 5-29 所示。在无源振子中较长的一个为反射器，其余均为引向器，它广泛地应用于米波、分米波波段的通信、雷达、电视及其他无线电系统中。其工作原理如下：

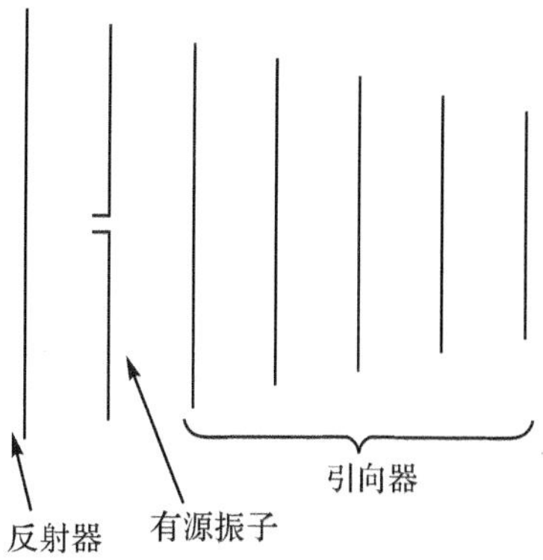

图 5-29　引向天线

由前面天线阵理论可知，列阵可以增强天线的方向性，而改变各单元天线的电流分配比可以改变方向图的形状，以获得所要的方向性。引向天线实际上也是一个天线阵，与前述天线阵相比，不同的是：只对其中的一个振子馈电，其余振子则是靠与馈电振子之间的近场耦合所产生的感应电流来激励的，而感应电流的大小取决于各振子的长度及其间距，因此调整各振子的长度及间距可以改变各振子之间的电流分配比，从而达到控制天线方向性的目的。如前所述，分析天线的方向性，必须首先求出各振子的电流分配比，即振子上的电流分布，但对于多元引向天线，要计算各振子上的电流分布是相当烦琐的。

5.6　口径天线

本章一开头介绍的喇叭天线就是口径天线。常见的抛物面天线则是口径天线的典型代表。与线天线不同，口径天线所载电流或磁流是沿天线体表面分布的，且天线的口径远大于工作波长。口径天线常用在无线电频谱的高频端，特别是微波波段。

5.6.1　理想口径天线

1. 口径天线的分析模型及分析方法

由矩形波导激励的喇叭天线，其口面上的场基本保持矩形波导中场分布特征，但由于矩形波导开口处边界条件的复杂性，口面上场分布的精确解很难得到。

为分析方便，本节假定口径天线口面上的场是由平面波照射引起的。要分析的口径天线理想化为被平面波照射的开有方孔的屏，屏表面涂有理想的吸波材料，如图 5-30 所示。当平面波从屏左边照射到吸收屏时，因为除了方孔外，电磁波都被屏吸收，作为口面的方孔，电场是均匀分布的。屏右边的场就是由口面（方孔处）的场激励的。

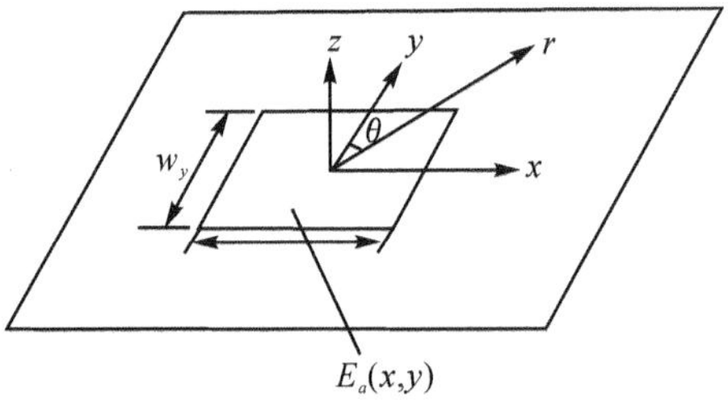

图 5-30　口径天线示意图

根据 1.9.4 节所述对偶原理，导线表面电流 $\boldsymbol{J}_s=\boldsymbol{n}\times\boldsymbol{H}$ 与裂缝处磁流 $\boldsymbol{J}_{ms}=\boldsymbol{E}\times\boldsymbol{n}$ 对偶。作为磁基本振子的裂缝天线与线天线对偶。因此，对裂缝天线的分析可借用线天线的分析结果。有鉴于此，本节对口径天线的分析将口径天线看成是无限多裂缝天线组成的天线阵，并求当相邻裂缝天线间距趋于零时的极限。因为裂缝天线可用线天线等效，所以可用前面线阵天线的分析结果理解口径天线问题。

前已提到，线阵天线远区场的特征可理解为球面波 $\dfrac{e^{-jkr}}{r}$ 乘上方向性函数 $\sin\theta U(\theta)F(\theta,\varphi)$。线天线在角向（$\varphi_0$ 方向）没有方向性。对于线阵天线，角向的方向性是通过阵因子 $F(\theta,\varphi)$ 反映出来的。因为对口径天线，对角向的方向性我们更为关注，所以下面对口径天线的分析，只讨论阵因子 $F(\theta,\varphi)$。

2. 理想口径天线的阵因子

我们先把图 5-30 所示的口径天线看成沿 x 轴排列的 N 个长度为 w_y 的线天线单元组成的天线阵。设相邻单元天线间距为 d，则该线阵天线总宽度 $w_x=(N-1)d$，当 N 很大时，近似等于 Nd。因为该口径天线口面上场是平面波的一部分，场的幅度、相位处处相同。所以等效天线阵的组成单元，即每一个线天线，激励磁流 I_m 沿 y 轴没有变化，对坐标 y 而言是常数，同时相邻单天线激励磁流的相位差也等于零，即 $\psi=0$。

现在考虑辐射的远区场，且限于 $\theta=90°$ 附近的一个很小的区域。对于这个很小的区域，

$\sin\theta$ 近似为1，那么 $\cos\gamma=\sin\theta\sin\varphi=\sin\varphi$。所以阵因子表达式(5.5.9)中三角函数的宗量就简化为

$$\frac{kd\cos\gamma+\psi}{2}=\frac{kd\sin\varphi}{2}$$

前面提到的口径天线的分析模型，将口径天线看成是无限多裂缝天线组成的天线阵，为消除阵因子表达式(5.5.9)中不确定天线数 N，阵因子 $F(\theta,\varphi)|_{\theta=90°}$ 的模以 N 规一化

$$|F(\varphi)|=\frac{1}{N}\left|\frac{\sin\dfrac{Nkd\sin\varphi}{2}}{\sin\dfrac{kd\sin\varphi}{2}}\right| \tag{5.6.1}$$

当 φ 很小而 N 很大时，$\sin\dfrac{kd\sin\varphi}{2}\approx\dfrac{kd\sin\varphi}{2}$，并注意到 $w_x\approx Nd$，这样 $|F(\varphi)|$ 就可表示为

$$\lim_{\substack{N\to\infty\\ d\to 0}}|F(\varphi)|_{\varphi\text{很小}}=\left|\frac{\sin\dfrac{Nkd\sin\varphi}{2}}{\dfrac{Nkd\sin\varphi}{2}}\right|=\left|\frac{\sin\dfrac{\pi w_x\sin\varphi}{\lambda}}{\dfrac{\pi w_x\sin\varphi}{\lambda}}\right| \tag{5.6.2}$$

定义 $s'=\sin\varphi/\lambda$，并引用辛格函数(sinc 函数)，式(5.6.2)就成为

$$\lim_{\substack{N\to\infty\\ d\to 0}}|F(\varphi)|=\left|\frac{\sin\pi s'w_x}{\pi s'w_x}\right|=|\mathrm{sinc}\,w_x s'| \tag{5.6.3}$$

辛格函数的定义是 $\mathrm{sinc}\,t=\dfrac{\sin\pi t}{\pi t}$。注意，辛格函数是矩形脉冲的傅里叶变换，这就是说口径天线远区辐射场就是口面上场的傅里叶变换，因为我们假定口面上的场是均匀分布的。这个结论与傅里叶光学得出的结论一致。

图5-31所示就是 $|F(\varphi)|^2(\theta=90°$时$)$与 $w_x s'$ 关系，它表示归一化坡印廷功率流在 x-z 平面的辐射方向图。第一个旁瓣比主瓣低13.2dB。主瓣功率跌落3dB(即半功率点)宽度或波束宽度 $\varphi_{B_{xz}}$ 在图中也标出。

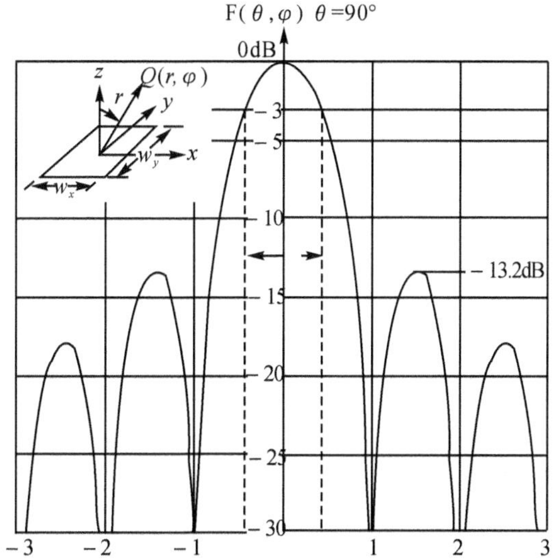

图5-31 口径天线 x-z 平面辐射方向图(φ 为 r 在 x-z 平面投影与 z 轴的夹角)

根据辛格函数(sinc 函数)可以决定口径天线波束宽度。在主瓣半功率点或 $\varphi=\dfrac{1}{2}\varphi_{B_{xz}}$ 点

$$\left|F\left(\frac{\varphi_{B_{xz}}}{2}\right)\right| = |\operatorname{sinc} w_x s'| = 0.707$$

根据辛格函数表查得

$$w_x s' = \frac{w_x}{\lambda}\sin\frac{\varphi_{B_{xz}}}{2} = 0.443$$

或

$$\sin\frac{\varphi_{B_{xz}}}{2} = 0.443\,\frac{\lambda}{w_x} \tag{5.6.4}$$

假定 $N=80, d=\frac{\lambda}{2}, w_x=Nd=40\lambda$，那么

$$\frac{40\lambda}{\lambda}\sin\frac{\varphi_{B_{xz}}}{2} = 0.443$$

$$\sin\frac{\varphi_{B_{xz}}}{2} = 0.0111$$

$$\frac{\varphi_{B_{xz}}}{2} = 0.6346^\circ$$

$$\varphi_{B_{xz}} = 1.269^\circ$$

在 φ_B 很小情况下，根据式(5.6.4)波束宽度 $\varphi_{B_{xz}}$ 可近似为

$$\varphi_{B_{xz}} = 2\sin\frac{\varphi_B}{2} = 2\times 0.443\,\frac{\lambda}{w_x} = 0.886\,\frac{\lambda}{w_x}\ (\text{rad}) \tag{5.6.5}$$

如果把图 5-30 所示口径天线看成沿 y 轴排列的 N 个长度为 w_x 线天线单元组成的天线阵，同样可得在 y-z 平面波束宽度 $\varphi_{B_{yz}}$ 为

$$\varphi_{B_{yz}} = 0.886\,\frac{\lambda}{w_y}\ (\text{rad}) \tag{5.6.6}$$

有一点必须指出，实际口径天线口面上场很难做到均匀分布，如图 5-32(a)所示(图 5-32(b)所示为其傅里叶变换)。如果适当选择口面场分布(见图 5-32(a)的渐变分布)，其辐射波束旁瓣比矩形分布(即均匀分布)小。但主瓣宽度比均匀分布的宽。也就是说口面场渐变分布时，波束宽度 $\varphi_{B_{xz}}$ 与 $\varphi_{B_{yz}}$ 与式(5.6.5)、式(5.6.6)不同，要略作修正，并表示为

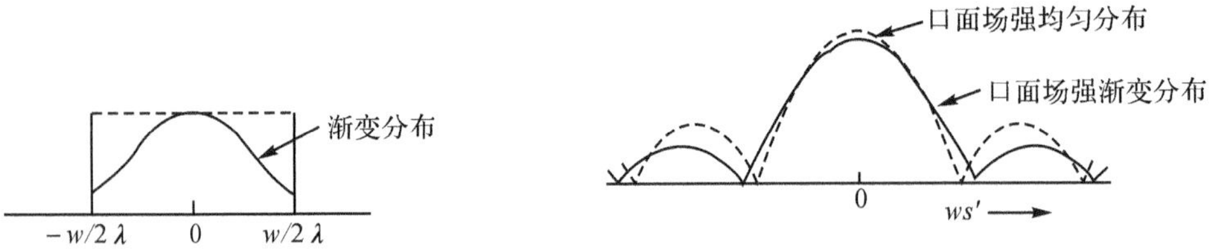

(a)口面场分布　　(b)远匹辐射波束场分布

图 5-32　口面场分布对天线辐射场的影响

$$\varphi_{B_{xz}} = b_x\,\frac{\lambda}{w_x}\ (\text{rad}) \tag{5.6.7}$$

$$\varphi_{B_{yz}} = b_y\,\frac{\lambda}{w_y}\ (\text{rad}) \tag{5.6.8}$$

口面场均匀分布时，b_x、b_y 就是前面得出的系数 0.886，变化很大时，b_x、b_y 可到 2，典型情况下，$b_x\approx 1, b_y\approx 1$。

根据天线方向性的定义式(5.1.3)

$$D=\frac{4\pi}{\Omega_B}$$

这里 Ω_B 表示天线的功率都在该立体角内辐射出去，且在 Ω_B 内均匀分布，对于方向性很好的笔形波束[见后面图 5-33(d)]，Ω_B 可近似为

$$\Omega_B \approx \varphi_{B_{xz}}\varphi_{B_{yz}} \tag{5.6.9}$$

所以

$$D=\frac{4\pi}{\Omega_B}\approx\frac{4\pi}{\varphi_{B_{xz}}\varphi_{B_{yz}}}$$

将式(5.6.7)至式(5.6.9)代入得到

$$D\approx\frac{4\pi}{\lambda^2}\frac{w_x w_z}{b_x b_y}=\frac{4\pi}{\lambda^2}A_e \tag{5.6.10}$$

所以有效面积为

$$A_e=\frac{w_x w_z}{b_x b_y}=\frac{A_p}{b_x b_y}$$

由此可见，对于口径天线，天线有效面积 A_e 与实际面积 $A_p(A_p = w_x w_y)$ 相差不大。对于图 5-32 这种口面场分布，有效面积 A_e 约为实际天线面积的 60%。

5.6.2 抛物面天线与卡塞格伦天线

图 5-30 所示这种口径天线实际上很少得到应用，因为大部分入射平面能量被屏吸收了。最常见的口径天线是抛物面天线，如图 5-33 所示。这里把辐射电磁波的波源叫馈源。频率较低时，用偶极子天线作馈源[见图 5-33(a)]频率较高时用喇叭天线作馈源[见图 5.30(b)]。馈源放在抛物面天线的焦点。抛物面是用金属材料做的，对电磁波几乎全反射。由于抛物面的几何性质，焦点处馈源辐射的电磁波经抛物面反射后其波矢是平行于抛物面轴线且波在与抛物面轴垂直的平面内相位一致[见图 5-33(c)]，这正好是图 5-32 口径天线口面上的场。因此焦点处馈源辐射的电磁波经抛物面反射后，在抛物面天线的口面就近似为平面波了。抛物面天线三维辐射方向图如图 5-33(d)所示。

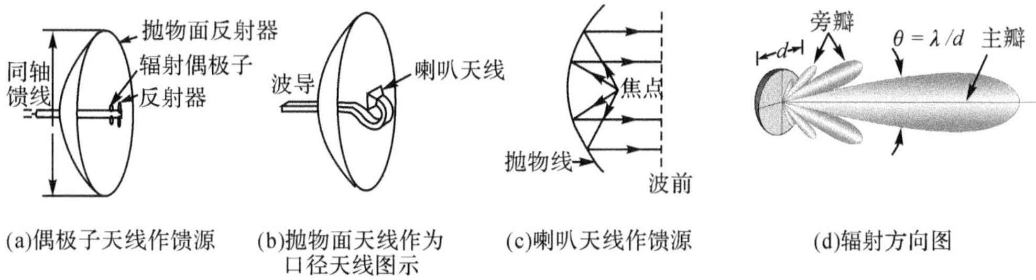

图 5-33　抛物面天线

无论用偶极子天线还是用喇叭天线作馈源，它们都有一定大小，不可能理想化为抛物面焦点上的一个点，辐射的场在各个方向也不均匀，所以实际抛物面天线口面上场不可能均匀分布。

图 5-34 所示的卡塞格伦天线是在普通抛物面天线的基础上发展起来的，其有两个反射面，一个是主反射面，另一个是副反射面。副反射面由埋在玻璃纤维中的水平方向的金属栅丝组成，玻璃纤维对电磁波是透明的。主反射面前 λ/4 处安放一个由金属栅丝组成的网，栅丝的方向相对于水平方向转过 45°。馈源安放在主反射面中心，并对准副反射面。馈源辐射的电

磁波是水平极化的，故被水平方向金属栅丝组成的副反射面反射，经副反射面反射回来的电磁波再次被主反射面反射。卡塞格伦天线独特之处是，从主反射面反射回来的波的极化方向较之入射波的极化方向转过了 90°，即变为垂直极化波。此垂直极化波可顺利通过副反射面。极化方向的旋转可作如下解译。

因为馈源辐射场是水平极化的，而副反射面由埋在玻璃纤维中的水平方向的金属栅丝组成，所以从副反射面反射回来投向主反射面的波也是水平极化的。该水平极化波到达主反射面前的栅网时，可分解成平行于栅丝方向的 E_{it} 与垂直于栅丝方向的 E_{in}（见图 5-35）。E_{it} 分量被栅网反射，其反射波中场 E_{rt} 相对于 E_{it} 有 180°相移。E_{in} 分量则穿过栅网到达主反射面，其反射波电场 E_{rn} 相对于 E_{in} 也有 180°相移。因为栅网与主反射面间距为 $\lambda/4$，所以 E_{rn} 返回到栅网时又经过 180°相移。这样 E_{rn}、E_{in} 在主反射面的栅网处同相。E_{rt}、E_{rn} 合成的反射波电场 E_r 将垂直指向（见图 5-35），即极化面转过 90°。

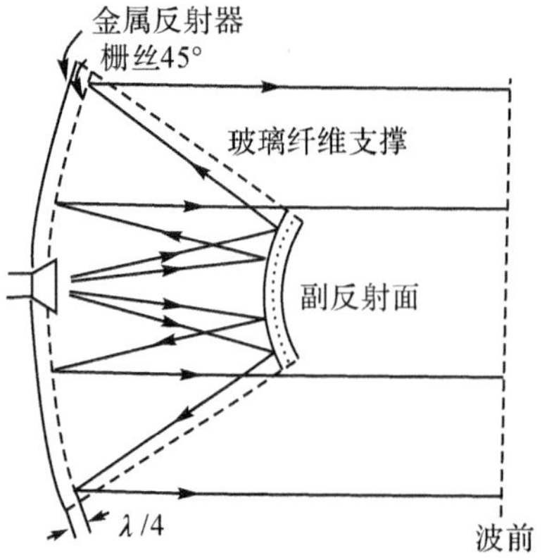

图 5-34　卡塞格伦天线

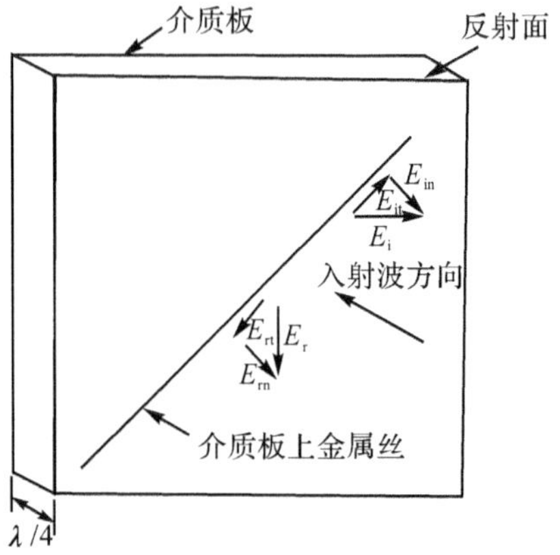

图 5-35　卡塞格伦天线极化面旋转原理

较之普通的抛物面天线，卡塞格伦天线的优点是，馈源安装方便，且解决了馈源对抛物面反射回来波的阻挡问题。

5.7　微带天线

微带天线自 20 世纪 70 年代以来引起了广泛的重视与研究，各种形状的微带天线已在通信、雷达等多个领域得到应用，下面简要介绍微带天线的结构、特点及工作原理。

微带天线的特点是：体积小、重量轻、低剖面，因此容易做到与高速飞行器共形，且电性能多样化（如双频微带天线、圆极化天线等），尤其是容易和有源器件、微波电路集成为统一组件，因而适合大规模生产。在现代通信中，微带天线广泛地应用于 100MHz 到 50GHz 的频率范围。

微带天线是由一块厚度远小于波长的介质板（称为介质基片）和覆盖在它的两面上的金属片（用印刷电路或微波集成技术制作的）构成的，其中完全覆盖介质板一片称为接地板，而尺寸可以和波长相比拟的另一片称为辐射元，俗称贴片，如图 5-36 所示，所以微带天线也叫贴片天线。辐射元的形状可以是方形、矩形、圆形和椭圆形等。

微带天线的馈电方式分为两种。一种是侧面馈电，如图 5-37(a)所示，馈电网络与辐射元刻制在同一表面。另一种是底馈，同轴线的外导体直接与接地板相接，内导体穿过接地板和介质基片与辐射元相接，如图 5-37(b)所示。

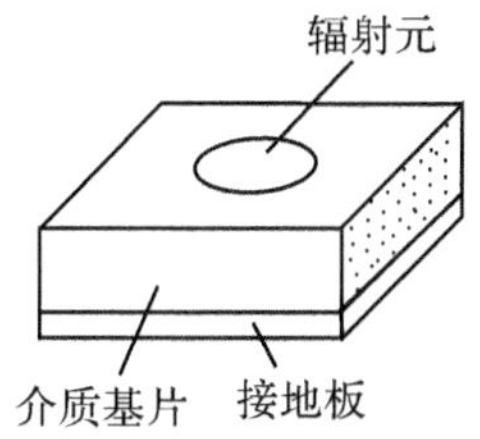

图 5-36　微带天线的结构

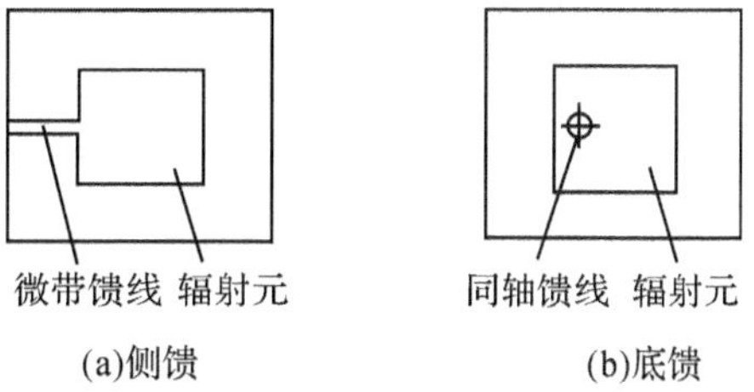

图 5-37　微带天线的馈电

为了简单起见，我们以图 5-38(a)所示的矩形微带天线为例进行分析。可以将这种微带天线视为一段长为 l、宽为 w、基片厚度为 h 且两端断开的微带天线。其中基片厚度 h 远小于波长 λ，而 l 近似等于半波长，即 $h \ll \lambda, l \approx \lambda/2$。

由于基片厚度 $h \ll \lambda$，场沿 h 方向均匀分布。在最简单的情况下，场沿宽度 w 方向也没有变化，而仅在长度方向($l \approx \lambda/2$)有变化，其场分布如图 5-38(b)所示。

由图 5-38(b)可见，在两开路端的电场均可以分解为相对于接地板的垂直分量和水平分量，两垂直分量方向相反，水平分量方向相同，因而在垂直于接地板的方向，两水平分量电场所产生的远区场同相叠加，而两垂直分量所产生的场反相相消。因此，两开路端的水平分量可以等效为无限大平面上同相激励的两个缝隙，如图 5-38(c)所示。缝的宽度 Δl 近似等于基片厚度 h，即 $\Delta l \approx h$，长度则为 w，两缝间距为 $l \approx \lambda/2$。缝的电场方向与长边垂直，并沿长边 w 均匀分布。这就是说，微带天线的辐射可以等效为由两个缝隙所组成的二元阵列。

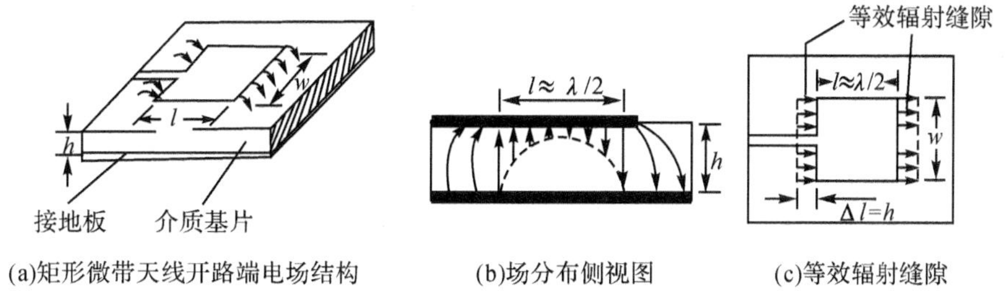

图 5-38　微带天线

对于间距为 l 的两个隙缝组成的二元阵，因其间距 $l \approx \lambda/2$，又同相激励，相邻两辐射单元相位差 $\psi = 0$，故当 $\theta = \pi/2$ 时，其 E 面辐射方向性函数为

$$F(\varphi)\big|_{\theta=90^\circ} = \cos\left(\frac{kl}{2}\sin\varphi\right) = \cos\left(\frac{\pi}{2}\sin\varphi\right) \tag{5.7.1}$$

按上式画出 E 面方向图如图 5-39 所示。

注意，矩形微带天线的 E 面方向图由于接地板的反射作用，使得辐射变成单方向的了。

从上面的分析可以看到，微带天线的波瓣较宽，方向系数较低，这正是微带天线的缺点之一。除此之外，微带天线的缺点还有频带窄、损耗大、交叉极化大、单个微带天线的功率容量小等。

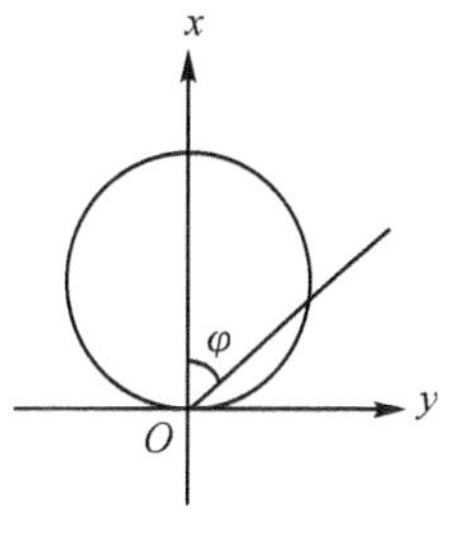

图 5-39　微带天线方向图

尽管如此，由于微带制作阵元的一致性很好，且易于集成，故很多场合将其设计成微带天线阵，而得到了广泛的应用。随着通信和新材料及集成技术的发展，微带天线必将在越来越多的领域发挥它的作用。

5.8 传输方程与雷达方程

5.8.1 传输方程

传输方程描述无线电通信线路的功率传输关系。参考图 5-40 所示的点对点通信线路，设发射机通过波导传输给发射天线的功率为 P_t，发射天线的增益为 G_t，其最大辐射方向指向接收端，如果发射天线与接收天线之间距离为 r，则它在接收天线处产生的功率密度为

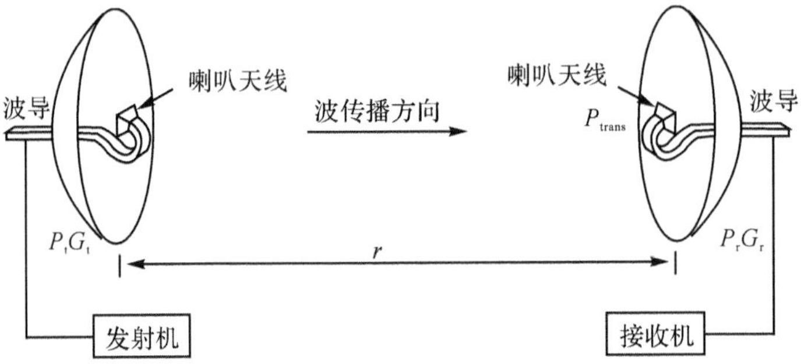

图 5-40　无线电通信线路示意图

$$P_{trans}=\frac{P_tG_t}{4\pi r^2} \tag{5.8.1}$$

设接收天线增益为 G_r，或者有效面积为 A_{er}，其最大接收方向指向发射端，在此情况下，它能接收到的最大功率为

$$P_{rmax}=A_{er}P_{trans}=\left(\frac{\lambda}{4\pi r}\right)^2P_tG_tG_r \tag{5.8.2}$$

式(5.8.2)称为弗里斯(Friis)传输方程。

作为弗里斯传输方程的具体应用，我们研究一下卫星通信中宇宙站(卫星)与地球站之间的信号传输方程。参看图 5-41 所示为卫星通信的上行线路与下行线路。对于下行线路，信号从卫星上的发射天线发出，经空间传播由地球站的接收天线接收。由于卫星转发器对地面不同方向的辐射效率不同，不同地面站接收到的功率是不同的。只有被卫星转发器天线最大辐射方向照射的地面站才能接收到式(5.8.2)表示的最大载波信号功率。

为了反映卫星转发器对地面不同方向的辐射效率的差别，定义 $EIRP$ 为卫星转发器对地面某一方向的等效全向辐射功率。显然，沿最大辐射方向的 $EIRP = P_tG_t$。引入 $EIRP$ 后，地球上某地面站接收机输入端的载波功率可表示为

$$P_r=\left(\frac{\lambda}{4\pi r}\right)^2\frac{G_r}{L}EIRP=\frac{EIRP}{L_P}\frac{G_r}{L} \tag{5.8.3}$$

式中：
$$L_P=\left(\frac{4\pi r}{\lambda}\right)^2 \tag{5.8.4}$$

称为自由空间传播损失；L 为附加的其他损失，如降雨损失、空气吸收损失及馈线损失等。例如，亚洲一号卫星北部波束对上海地区的 $EIRP$ 为 36dBW，对新疆的阿勒泰地区为 34dBW，

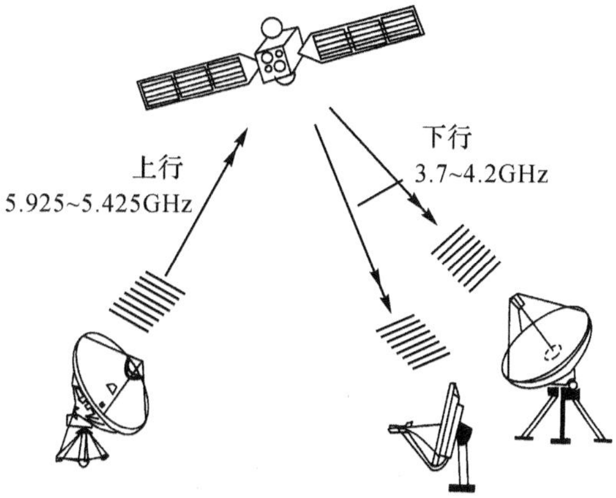

图 5-41　卫星通信的上行与下行线路

而对黑龙江的漠河地区只有 31dBW。

卫星接收系统的接收质量取决于载波功率 P_r 与噪声功率 P_N 之比。设 T_{sys} 为接收系统的等效噪声温度，则总噪声功率为

$$P_N = kT_{sys}B \tag{5.8.5}$$

式中：k 是波尔茨曼常数$\left(1.38\times10^{-23}\left(\frac{J}{K}\right)\right)$；$B$ 为接收系统带宽；T_{sys} 的单位为 K。

于是，接收系统的信噪比为

$$\frac{C}{N} = \frac{P_r}{P_N} = (EIRP)\frac{G_r}{kT_{sys}BL_PL} \tag{5.8.6}$$

式(5.8.6)也称为下行传输方程。式中：$\frac{G_r}{T_{sys}}$，称为接收系统的品质因数。

5.8.2 雷达方程

图 5-42 所示是雷达系统示意图。雷达与点对点通信系统的差别是，雷达接收从目标反射回来的信号，因此雷达接收到的信号一定与目标特性有关。此外，雷达微波功率的发送和目标回波信号的接收共用一个天线。

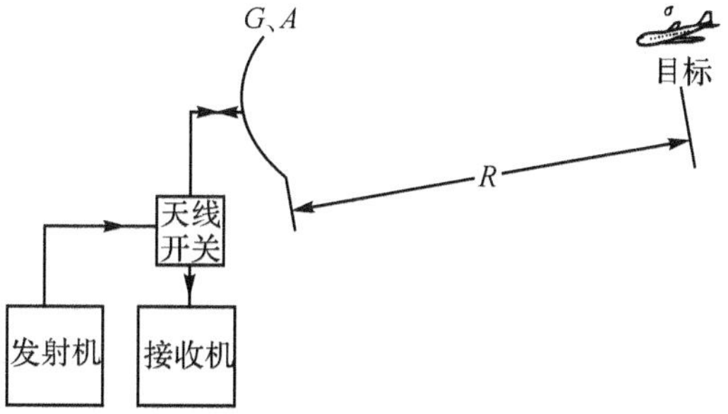

图 5-42　基本雷达系统

雷达发射和接收共用一个天线是通过天线开关实现的。雷达发射微波功率时，天线开关使雷达接收系统与天线隔离，微波功率不会串扰到接收部分，而在接收目标回收波信号时，天线开关又使雷达发射系统与天线断开，因而回波信号只进入接收机。

设 G 为雷达天线增益，距天线 r 处由天线辐射来的脉冲功率密度为

$$P_{\text{trans}}=\frac{P_{\text{t}}G}{4\pi r^2} \tag{5.8.7}$$

如果目标离开天线距离为 R，则目标处功率密度为

$$P_{\text{target}}=\frac{P_{\text{t}}G}{4\pi R^2} \tag{5.8.8}$$

式中：P_{t} 为天线发送功率。

目标对电磁波的散射特性用目标雷达截面 σ 表示，它既是目标接收面积的度量，也反映目标的辐射特性。给定方向的目标散射截面定义为某一指定方向散射波强度乘 $4\pi r^2$ 与极化方向给定的入射平面波单位面积功率之比。此处 r 是以目标为起始点的。

目标雷达截面 σ 的计算较为复杂。对于结构简单的规则目标，如直径 a 远大于波长的金属球，雷达截面为$\frac{\pi a^2}{4}$，与雷达辐射波束垂直的平板，雷达截面为

$$\sigma_{\text{平板}}=\frac{4\pi A_{\sigma}^2}{\lambda^2} \tag{5.8.9}$$

式中：A_{σ} 为平板的面积。

如果目标雷达截面 σ 给定，则由目标反射并到达天线的功率密度为

$$P_{\text{rec}}=\frac{P_{\text{t}}G}{4\pi R^2}\left(\frac{\sigma}{4\pi R^2}\right) \tag{5.8.10}$$

雷达天线接收到的功率为

$$P_{\text{r}}=P_{\text{rec}}A_{\text{e}}=P_{\text{rec}}\frac{\lambda^2 G}{4\pi}$$

或

$$P_{\text{r}}=\frac{P_{\text{t}}G^2\lambda^2\sigma}{(4\pi)^3R^4} \tag{5.8.11}$$

将 $G=4\pi A_{\text{e}}/\lambda^2$ 代入式(5.8.11)，得到 P_{r} 的两种表达式为

$$P_{\text{r}}=\frac{P_{\text{t}}GA_{\text{e}}\sigma}{(4\pi)^2R^4} \tag{5.8.12}$$

或

$$P_{\text{r}}=\frac{P_{\text{t}}A_{\text{e}}{}^2\sigma}{4\pi\lambda^2R^4} \tag{5.8.13}$$

粗看式(5.8.11)至式(5.8.13)，看不出 P_{r} 与波长或频率有相同的依赖关系。式(5.8.13)提供的关系最清楚，当天线大小与目标雷达载面相同时，接收功率与频率平方成比例。

如果定义 P_{rmin}是接收机最小可检测功率，则由式(5.8.11)得到雷达作用的最大距离为

$$R_{\max}=\left[\frac{P_{\text{t}}G^2\lambda^2\sigma}{(4\pi)^3P_{\text{rmin}}}\right]^{\frac{1}{4}} \tag{5.8.14}$$

实际目标是相当复杂的，其表面构成既有平面又有曲面，不仅曲率半径不一致，辐射特性也不一样。所以目标雷达截面要凭经验估计或通过缩尺模型的实测得到。即使对于同一目标，其雷达截面从不同的角度测量也可能相差数十分贝，如正对飞机飞行方向，飞机雷达截面只有 1m^2，而在其侧面方向，雷达截面可达 100m^2。

现代数值计算技术的进步，使得复杂目标雷达截面的数值模拟成为可能，备受人们关心重视。有关目标雷达截面 σ 及天线有效面积 A_{e} 本章不再深入讨论。

习题 5

5.1 假定波束宽度分别为 1°、2°、3°，问以分贝表示的天线增益为多少？

5.2 距地球 36000km 同步轨道上的卫星，问发射天线波束宽度为多大，才能覆盖地球上直径为 500 公里的地域？

5.3 基站天线发射功率为 100W，方向性为 1.5dB，问距离天线 1km 处，功率密度是多少？

5.4 已知某天线的辐射功率为 200W，方向性系数 $G_D = 10\text{dB}$。如果在最大辐射方向，要使 $r = 2R_0$ 处的场强等于原来（$G_D = 10\text{dB}$ 时）$r = R_0$ 处的场强，应选取方向性系数 G_D 等于多少的天线？

5.5 求半波电偶极子天线的辐射电阻与有效面积。

5.6 两个半波偶极子天线平行放置相距 1km，一个作发送，一个作接收，两天线之间连线与偶极子轴呈 45°夹角，发射天线发射功率 10W，频率 900MHz，接收天线能接收到多少功率？

5.7 假设商用广播覆盖地域，最小讯号场强为 25mV/m。假定广播用天线为 $\lambda/4$ 单极天线，最大覆盖地域离发射天线 20km，计算天线最小的辐射总功率。

5.8 两等幅馈电的半波偶极子沿 z 排列：

(1) $d=\dfrac{\lambda}{4}$，$\varphi=\dfrac{\pi}{2}$

(2) $d=\dfrac{\lambda}{4}$，$\varphi=-\dfrac{\pi}{2}$

它们的辐射功率都为 2W，计算上述两种情况在 x-y 平面内 $\varphi=30°$、$r=1\text{km}$ 处场强值。

5.9 由两同相激励的偶极子天线组成的天线阵，间距 $d = 1.5\lambda$，求 $\theta=\dfrac{\pi}{2}$ 平面内的辐射方向图。

5.10 无限大理想导体平面上方距平面 h 处垂直放置一半波偶极子天线，求远区辐射场及方向因子。

5.11 一架设在地面上的水平偶极子天线，工作波长 $\lambda = 50\text{m}$，若要在垂直于天线的平面内获得最大辐射仰角 $\Delta=30°$，试计算该天线应架设多高？

5.12 由 5 个偶极子天线组成一线阵天线，各单元天线间距 $d=\dfrac{\lambda}{4}$，各单元天线同相激励，激励电流大小相等，求 $\theta=90°$ 平面辐射方向图。

5.13 五单元边射阵，天线元间距为 $\dfrac{\lambda}{2}$，各天线元上的电流按 1∶2∶3∶2∶1 分布，试确定阵因子和归一化方向图。

5.14 编一个计算程序，计算不同 ψ 值下相控阵天线的方向图，ψ 为相邻两幅射单元激励电流相位差。构成天线的基本单元为半波长线天线，天线单元数 $N=10$，间距 d

$=\frac{\lambda}{4}$。

5.15　假定由于口面场非均匀分布，抛物面天线有效面积只是实际面积的 60%，如果要得到 45dB 增益，请计算抛物面天线直径。

(a)1GHz；(b)60GHz。

5.16　假设有一位于 x-y 平面内尺寸为 $a\times b$ 的矩形口径，口径内场为均匀相位和余弦振幅分布：$f(x)=\cos\left(\frac{\pi x}{a}\right)$，并沿 y 方向线极化，试求：

(1)x-z 平面内方向性函数；

(2)主瓣的半功率波瓣宽度；

(3)第一个零点的位置；

(4)第一旁瓣电平。

5.17　由位于坐标原点的 z 向电流元 $Il\boldsymbol{z}_0$ 和电流环 $IS\,\boldsymbol{z}_0$ 所产生的辐射场，如果 $Il=kIS$，试证明场到处都是圆极化的。

5.18　利用互易定理证明紧靠理想导体表面上的切向电流无辐射场。

5.19　雷达工作频率为 10GHz，接收机最小可检测功率 $P_{rmin}=-115$dBm(dBm 是相对于 1mW 的 dB 数)，天线增益 $G=45$dB，距雷达 200km 处目标的雷达截面 $\sigma=1.2\text{m}^2$，问雷达的发射功率至少要多大?

5.20　如果题 5.19 中雷达发射脉冲功率为 2mW，目标的雷达截面 $\sigma=0.2\text{m}^2$，求雷达的最大作用距离。

第6章

静 态 场

静态场包括静态的电场与静态的磁场，是由不随时间变化的电荷或电流激发的。其中不随时间变化的电荷激励的电场称为静电场，不随时间变化的电流(恒定电流)激励的磁场称为恒定磁场，促使电荷运动以形成恒定电流的电场叫恒定电场。如果所研究静电问题的几何特性与恒定电流问题相同，可以由静电场问题的解得出恒定电场问题的解，所以本章对静态电场的讨论主要针对静电场。

人们对电磁问题的认识一般从静态场再到交变场，本书对电磁场的讨论侧重随时间变化的交变场，并把静态场当作$\frac{\partial}{\partial t}\to 0$(或$\omega\to 0$)时交变场的特例。所以静态场的许多特性，可以在$\frac{\partial}{\partial t}\to 0$(或$\omega\to 0$)的条件下对交变场的结果取极限得到。

本章6.1节基于交变场的分析结果，在$\frac{\partial}{\partial t}\to 0$(或$\omega\to 0$)的条件下，得出静态场的支配方程。6.2—6.4节分别讨论静电场与静电位，电场中的介质、导体及电容，电场力与电场能。6.5—6.7节分别讨论恒定磁场，磁场中的介质、电感、磁场力与磁场能。

6.1 静态场的支配方程与边界条件

6.1.1 静态场的基本方程

静态场不随时间变化，所有场量对时间t都是常数，$\frac{\partial}{\partial t}$的运算都为零。将$\frac{\partial}{\partial t}\to 0$这一条件代入普遍的麦克斯韦方程、电流与电荷的连续方程，再加上物质的本构关系就得到决定静电场、恒定磁场与恒定电场的三组方程

$$\begin{cases}\nabla\times\boldsymbol{E}=0 & (6.1.1)\\ \nabla\cdot\boldsymbol{D}=\rho & (6.1.2)\\ \boldsymbol{D}=\varepsilon\boldsymbol{E} & (6.1.3)\end{cases}$$

$$\begin{cases}\nabla\times\boldsymbol{H}=\boldsymbol{J} & (6.1.4)\\ \nabla\cdot\boldsymbol{B}=0 & (6.1.5)\\ \boldsymbol{B}=\mu\boldsymbol{H} & (6.1.6)\end{cases}$$

$$\begin{cases}\boldsymbol{D}\cdot\boldsymbol{J}=0 & (6.1.7)\\ \boldsymbol{J}=\sigma\boldsymbol{E} & (6.1.8)\\ \nabla\times\boldsymbol{E}=0 & \end{cases}$$

式(6.1.1)至式(6.1.3)是静电场的基本方程，而式(6.1.4)至式(6.1.6)就是恒定磁场的基本方程。式(6.1.7)与式(6.1.8)再加上$\nabla\times\boldsymbol{E}=0$则是恒定电场的基本方程。注意，式(6.1.1)至式(6.1.3)只包含电场，不包括磁场，而式(6.1.4)至式(6.1.6)只包括磁场而不包括电场。所以对于静态场，电场和磁场彼此独立。

前面5.2节已指出，引入矢量磁位$\boldsymbol{A}$与标量电位Φ后，对电场$\boldsymbol{E}$和磁场$\boldsymbol{H}$的求解可以转化为对$\boldsymbol{A}$与Φ求解。对于静态场，将$\frac{\partial}{\partial t}\to 0$(或$\omega\to 0$)这一条件用到式(5.2.3)与式(5.2.5)，$\boldsymbol{B}$跟$\boldsymbol{A}$及$\boldsymbol{E}$跟Φ的关系就是

$$\boldsymbol{B}=\nabla\times\boldsymbol{A} \tag{6.1.9}$$

$$\boldsymbol{E}=-\nabla\Phi \tag{6.1.10}$$

注意，式(6.1.9)与式(6.1.10)中的量都不随时间变化。将式(6.1.10)代入式(6.1.2)并利用$\boldsymbol{D}=\varepsilon\boldsymbol{E}$，得到标量位$\Phi$满足的方程

$$\nabla^2\Phi=-\frac{\rho_V}{\varepsilon} \tag{6.1.11}$$

式(6.1.11)叫做电的泊松方程。将方程(6.1.11)与交变场中标量电位Φ满足的方程(5.2.8)相比较，当$k\to 0$(或$\omega\to 0$)时，方程(5.2.8)就简化到方程(6.1.11)。所以方程(6.1.11)是方程(5.2.8)当$k\to 0$(或$\omega\to 0$)的特例。

如果所研究空间$\rho_V=0$，方程(6.1.11)成为

$$\nabla^2\Phi=0 \tag{6.1.12}$$

式(6.1.12)叫做拉普拉斯方程。

对于恒定电场，将$\boldsymbol{E}=-\nabla\Phi$代入式(6.1.8)，再将式(6.1.8)代入式(6.1.7)，得到$\nabla^2\Phi=0$。这样，跟静电场问题一样，恒定电场问题也可转变为解拉普拉斯方程的问题。注意，静电场中的泊松方程在恒定电场中不存在，因为静电场问题中有点电荷源，而恒定电流问题中不存在点电流源。

对于恒定磁场，将式(6.1.9)代入式(6.1.4)，利用本构关系$\boldsymbol{B}=\mu\boldsymbol{H}$以及矢量运算的恒等关系$\nabla\times\nabla\times\boldsymbol{A}=\nabla\nabla\cdot\boldsymbol{A}-\nabla^2\boldsymbol{A}$，并注意到当$\frac{\partial}{\partial t}\to 0$(或$\omega\to 0$)时，洛仑兹条件(5.2.6)成为$\nabla\cdot\boldsymbol{A}=0$，就得到

$$\nabla^2\boldsymbol{A}=-\mu\boldsymbol{J} \tag{6.1.13}$$

将式(6.1.13)与交变场中矢量磁位$\boldsymbol{A}$满足的方程(5.2.7)相比较，式(6.1.13)就是方程(5.2.7)当$k\to 0$(或$\omega\to 0$)时的特例。式(6.1.13)也叫做磁的泊松方程。

6.1.2　静态场的边界条件

无论是交变场还是静态场，介质交界面场量满足的边界条件表达式相同，并重写如下：对于静电场

$$\boldsymbol{n}_0\times(\boldsymbol{E}_1-\boldsymbol{E}_2)=0\quad 或\quad E_{1t}=E_{2t} \tag{6.1.14}$$

$$\boldsymbol{n}_0\cdot(\boldsymbol{D}_1-\boldsymbol{D}_2)=\rho_S\quad 或\quad D_{1n}-D_{2n}=\rho_S \tag{6.1.15}$$

式中：$\boldsymbol{n}_0$ 是介质交界面法线方向单位矢量，从介质 2 指向介质 1。下标 n、t 分别表示交界面法线和切线方向场量；ρ_S 是交界面的表面电荷密度。

在完纯导体表面有

$$\boldsymbol{n}_0\times\boldsymbol{E}=0\quad 或\quad E_t=0 \tag{6.1.16}$$

$$\boldsymbol{n}_0\cdot\boldsymbol{D}=\rho_S\quad 或\quad D_n=\rho_S \tag{6.1.17}$$

对于恒定磁场，边界条件为

$$\boldsymbol{n}_0\times(\boldsymbol{H}_1-\boldsymbol{H}_2)=\boldsymbol{J}_S\quad 或\quad H_{1t}-H_{2t}=J_S \tag{6.1.18}$$

$$\boldsymbol{n}_0\cdot(\boldsymbol{B}_1-\boldsymbol{B}_2)=0\quad 或\quad B_{1n}-B_{2n}=0 \tag{6.1.19}$$

前已指出，当所研究空间不存在电荷时，静电场与恒定电场都满足拉普拉斯方程 $\nabla^2\Phi=0$。因此，有必要分析一下介质交界面（对于静电场）与导体交界面（对于恒定电场）电位 Φ 满足的条件。

对于静电场，如果介质交界面没有自由电荷，$\rho_S=0$，其边界条件为

$$E_{1t}=E_{2t}$$

$$D_{1n}=D_{2n}$$

也就是说，在介质交界面电通量密度的法向分量、电场的切向分量连续。

因为 $\boldsymbol{D}=\varepsilon\boldsymbol{E}$，$\boldsymbol{E}=-\nabla\Phi$，$E_{1t}=E_{2t}$，$D_{1n}=D_{2n}$ 又可表示为

$$\Phi_1=\Phi_2 \tag{6.1.20}$$

$$\varepsilon_1\frac{\partial\Phi_1}{\partial n}=\varepsilon_2\frac{\partial\Phi_2}{\partial n} \tag{6.1.21}$$

式(6.1.20)、式(6.1.21)就是介质交界面电位 Φ 满足的边界条件。利用格林定理可以证明在上述边界条件下解泊松方程或拉普拉斯方程，其解是唯一的。

对于恒定电场，在导体交界面处，由 $\nabla\cdot\boldsymbol{J}=0$ 可得

$$\boldsymbol{n}_0\cdot(\boldsymbol{J}_1-\boldsymbol{J}_2)=0\quad 或\quad \boldsymbol{J}_{1n}=\boldsymbol{J}_{2n} \tag{6.1.22}$$

式(6.1.22)表示在导体交界面两旁电流密度的法向分量连续，其图解如图 6-1 所示。

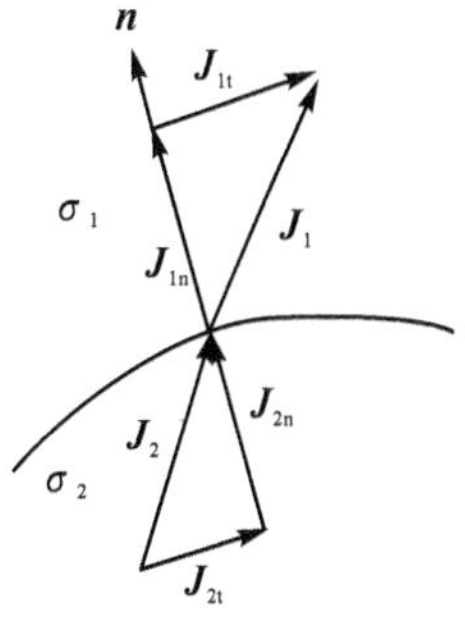

图 6-1　导体交界面的边界条件：$J_{1n}=J_{2n}$

因为 $\boldsymbol{J}=\sigma\boldsymbol{E}$，$\boldsymbol{E}=-\nabla\Phi$，所以式(6.1.22)又可写成

$$\sigma_1\frac{\partial\Phi_1}{\partial n}=\sigma_2\frac{\partial\Phi_2}{\partial n} \tag{6.1.23}$$

另外，在导体交界面处，由 $\nabla\times\boldsymbol{E}=0$ 可得

$$E_{1t}=E_{2t}$$

由这一条件也得到电位 Φ 连续，即

$$\Phi_1=\Phi_2$$

因此，静电场在介质交界面边界条件（当交界面不存在自由电荷

时),与恒定电场导体交界面边界条件数学形式上完全一致。表 6-1 给出两种场的基本方程与边界条件。

表 6-1 恒定电场与静电场方程的比较

	导电媒质中恒定电场	无源介质中静电场
基本方程	$\nabla\times\boldsymbol{E}=0$ $\nabla\cdot\boldsymbol{J}=0$ $\boldsymbol{J}=\sigma\boldsymbol{E}$	$\nabla\times\boldsymbol{E}=0$ $\nabla\cdot\boldsymbol{D}=0$ $\boldsymbol{D}=\varepsilon\boldsymbol{E}$
电位 Φ 满足的方程	$\boldsymbol{E}=-\nabla\Phi$ $\nabla^2\Phi=0$	$\boldsymbol{E}=-\nabla\Phi$ $\nabla^2\Phi=0$
边界条件	$J_{1n}=J_{2n}$ $E_{1t}=E_{2t}$ $\Phi_1=\Phi_2$ $\sigma_1\dfrac{\partial\Phi_1}{\partial n}=\sigma_2\dfrac{\partial\Phi_2}{\partial n}$	$D_{1n}=D_{2n}$ $E_{1t}=E_{2t}$ $\Phi_1=\Phi_2$ $\varepsilon_1\dfrac{\partial\Phi_1}{\partial n}=\varepsilon_2\dfrac{\partial\Phi_2}{\partial n}$

由表 6-1 可见,两组方程中 $\boldsymbol{J}$ 与 $\boldsymbol{D}$、σ 与 ε 所处地位相同,只要把 $\boldsymbol{J}$ 与 $\boldsymbol{D}$、σ 与 ε 相互替换,那么便把一组场方程变成了另一组场方程。因此在相同的边界条件下,如果已得到一种场的解,那么只要把 $\boldsymbol{J}$ 与 $\boldsymbol{D}$、σ 与 ε 进行替换,便可得到另一种场的解。由于这一原因,本章以后对恒定电场不再单独讨论。

6.1.3 回路中存在非保守场时的基尔霍夫电压定理(KVL)

2.1 节曾分析过回路中只存在保守场 $\boldsymbol{E}$ 时,基尔霍夫电压定理(KVL)的表现形式。所谓保守场,就是其旋度等于零,即 $\nabla\times\boldsymbol{E}=0$(或 $\oint_l \boldsymbol{E}\cdot d\boldsymbol{l}=0$)。本小结介绍当回路中存在非保守场 $\boldsymbol{E}'$ 时的基尔霍夫电压定理。非保守场一般与电池、发电机等源相联系,沿闭合回络的线积分不等于零,即 $\oint_l \boldsymbol{E}'\cdot d\boldsymbol{l}\neq 0$。

对于静电场,$\nabla\times\boldsymbol{E}=0$,利用斯托克斯定理,沿任一闭合曲线的积分为零。

$$\oint_l \boldsymbol{E}\cdot d\boldsymbol{l}=\int_S(\nabla\times\boldsymbol{E})\cdot d\boldsymbol{S}=0 \tag{6.1.24}$$

而根据本构关系 $\boldsymbol{J}=\sigma\boldsymbol{E}$,导体中流过的电流 I 为

$$I=\int_S \boldsymbol{J}\cdot d\boldsymbol{S}=\int_S \sigma\boldsymbol{E}\cdot d\boldsymbol{S}$$

因此,为了维持闭合回路中一个恒定电流,只静电场 $\boldsymbol{E}$ 是不够的,还必须有另外的场提供能量。为与静电场 $\boldsymbol{E}$ 区分,这个另外的场记为 $\boldsymbol{E}'$,它应具有如下性质:沿闭合回路 $\boldsymbol{l}$ 的线积分不等于零,即 $\oint_l \boldsymbol{E}'\cdot d\boldsymbol{l}\neq 0$。所以 $\boldsymbol{E}'$ 是非保守场。前面已指出,非保守场一般与源(如电池,发电机)联系在一起。

考虑非保守场 $\boldsymbol{E}'$ 后,图 6-2 所示的闭合回路上总的场就是 $(\boldsymbol{E}+\boldsymbol{E}')$,与回路相关的功率为

$$P=\int_V(\boldsymbol{E}+\boldsymbol{E}')\cdot\boldsymbol{J}dV$$

对于静态场,可以假定电流密度在导体截面 A 内均匀分布,因此

$$\boldsymbol{J}dV=JAd\boldsymbol{l}=Id\boldsymbol{l}$$

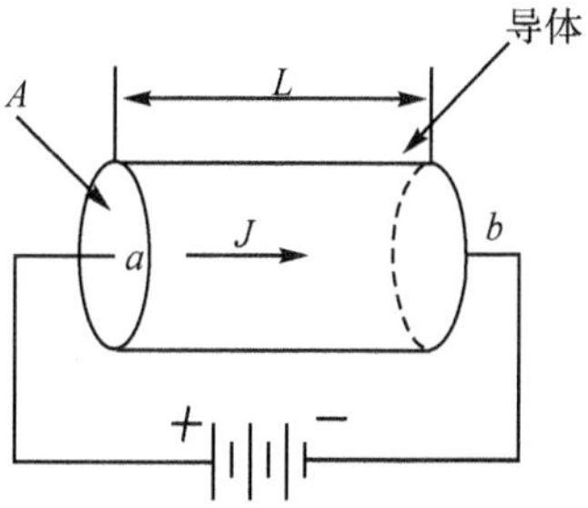

图 6-2　通过圆柱导体的均匀电流

上式成为

$$P=\oint_l I(\boldsymbol{E}+\boldsymbol{E}')\cdot d\boldsymbol{l}=I\oint_l \boldsymbol{E}'\cdot d\boldsymbol{l}$$

定义回路电动势(emf)为

$$\varepsilon=\oint_l \boldsymbol{E}'\cdot d\boldsymbol{l} \tag{6.1.25}$$

则 $\boldsymbol{E}'$ 提供给回路的功率就是

$$P=\varepsilon I$$

图 6-2 所示的回路可分为两部分，a、b 的下面是电池，表示提供能量的源；a、b 之间是导体构成的电路。一般情况下，回路的每一部分都可能包括导体构成的电路以及提供能量的源。对于回路 a、b 之间的一部分，一般可以写出

$$\begin{aligned}\int_a^b \frac{1}{\sigma}\boldsymbol{J}\cdot d\boldsymbol{l}&=\int_a^b(\boldsymbol{E}+\boldsymbol{E}')\cdot d\boldsymbol{l}=\int_a^b(-\nabla\Phi)\cdot d\boldsymbol{l}+\int_a^b\boldsymbol{E}'\cdot d\boldsymbol{l}\\&=-[\Phi_b-\Phi_a]+\varepsilon_{ab}\end{aligned} \tag{6.1.26}$$

式中：ε_{ab} 是 a、b 之间的电动势，如果 $\varepsilon_{ab}=0$，称回路 a 与 b 之间的部分是无源的，否则是有源的。在导体截面电流分布均匀的假定下，$J=I/A$，式(6.1.26)左边成为

$$\frac{IL}{\sigma A}=IR$$

式中：$R=\dfrac{L}{\sigma A}$，L 为导体长度，A 为导体截面积，R 是 a、b 间导体的电阻。这样式(6.1.26)就成为

$$-(\Phi_b-\Phi_a)+\varepsilon_{ab}=IR \tag{6.1.27}$$

如果回路 a 与 b 之间只是由导体构成的电路，没有源，则 $\varepsilon_{ab}=0$，同时定义 $\Phi_a-\Phi_b=V_{ab}$，则上式成为

$$V_{ab}=IR \tag{6.1.28}$$

这就是欧姆定理。

现在考虑整个回路，即 a 与 b 为同一点，$\Phi_b=\Phi_a$，就得到

$$\varepsilon=IR \tag{6.1.29a}$$

式中：R 表示回路中所有电阻；ε 是回路中所有电动势。如果回路中有 m 组电动势，n 个电阻，式(6.1.29a)就成为

$$\sum_{k=1}^{m}\varepsilon_k=\sum_{j=1}^{n}IR_j \tag{6.1.29b}$$

式(6.1.29)就是当回路中存在非保守场时的基尔霍夫电压定理。

6.2　静电场问题求解举例

下面根据静电场的基本方程及边界条件对部分静电场问题进行求解。

根据式(6.1.10)，静电场 $\boldsymbol{E}$ 可以用电位 Φ 的负梯度($-\nabla\Phi$)表示，即 $\boldsymbol{E}=-\nabla\Phi$，$\boldsymbol{E}$ 是矢量，Φ 是标量。很多情况下，从电荷密度 ρ_V 求电位 Φ，再求 $\boldsymbol{E}$，比从 ρ_V 直接求 $\boldsymbol{E}$ 容易一些。所

以静电场问题的求解在很多情况下就是在一定边界条件下解电位 Φ 满足的泊松方程(6.1.11)

$$\nabla^2\Phi=-\frac{\rho_V}{\varepsilon}$$

当 $\rho_V=0$ 就简化为解拉普拉斯方程

$$\nabla^2\Phi=0$$

1. 已知电荷密度分布 $\rho_V(\boldsymbol{r}')$ 求边界趋于无穷远的解

前面已比较过，式(6.1.11)是交变场标量电位 Φ 满足的方程(5.2.8)当 $k\to0$(或 $\omega\to0$)的特例。边界趋于无穷远时，方程(5.2.8)的解就是式(5.2.11)。因此，将 $k\to0$(或 $\omega\to0$)应用于式(5.2.11)，就可得到边界趋于无穷远时式(6.1.11)的解

$$\Phi(r)=\lim_{k\to0}\frac{1}{4\pi\varepsilon}\int_V\frac{\rho_V(\boldsymbol{r}')\mathrm{e}^{-\mathrm{j}k|\boldsymbol{r}-\boldsymbol{r}'|}}{|\boldsymbol{r}-\boldsymbol{r}'|}\mathrm{d}V'=\frac{1}{4\pi\varepsilon}\int_V\frac{\rho_V(\boldsymbol{r}')}{|\boldsymbol{r}-\boldsymbol{r}'|}\mathrm{d}V' \tag{6.2.1}$$

式中：$\boldsymbol{r}'$为源所在的坐标；$\boldsymbol{r}$ 为所研究场点的坐标；$|\boldsymbol{r}-\boldsymbol{r}'|$为所研究场点与源的距离；$V'$为源所在的区域。

根据式(6.2.1)，利用 $\boldsymbol{E}=-\nabla\Phi$，就可求得边界趋于无穷远时，电荷分布 $\rho_V(\boldsymbol{r}')$产生的电场 $\boldsymbol{E}$。

(1)静止点电荷产生的电位与电场

对于点电荷 q，要用 δ 函数表示其密度，即 $\rho_V(\boldsymbol{r}')=q\delta(\boldsymbol{r}-\boldsymbol{r}')$，当边界趋于无穷远时，将此 $\rho_V(\boldsymbol{r}')$代入式(6.2.1)，利用 $\delta(\boldsymbol{r}-\boldsymbol{r}')$函数的性质，得到

$$\Phi(\boldsymbol{r})=\frac{1}{4\pi\varepsilon}\frac{q}{|\boldsymbol{r}-\boldsymbol{r}'|} \tag{6.2.2}$$

如果点电荷放在坐标原点，式(6.2.2)成为

$$\Phi(\boldsymbol{r})=\frac{q}{4\pi\varepsilon r} \tag{6.2.3}$$

点电荷是一理想带电质点，电子、质子、原子核可看成是点电荷的例子。由(6.2.3)可见，点电荷产生的电位只与坐标 r 有关，这是源于点电荷分布的对称性。以点电荷所在点为坐标原点的球面上，电位到处相等，这样的面叫等位面。

将式(6.2.3)代入式(6.1.10)，点电荷产生的电场为

$$\boldsymbol{E}=-\nabla\Phi=-\nabla\frac{q}{4\pi\varepsilon r}=\frac{q}{4\pi\varepsilon r^2}\boldsymbol{r}_0 \tag{6.2.4}$$

式中：$\boldsymbol{r}_0$ 是 r 方向单位矢量。

(2)静电偶极子的电位与电场

如图 6-3 所示的沿 z 轴放置的两点电荷(q，$-q$)，当间距 $d\to0$ 时就构成静电偶极子。根据 1.9.1，只要媒质是线性的，静电场满足叠加原理，故边界趋于无穷远时，静电偶极子在空间某一点产生的电位是两点电荷在该点产生的电位的叠加。即

$$\Phi=\frac{q}{4\pi\varepsilon}\left(\frac{1}{r_1}-\frac{1}{r_2}\right)$$

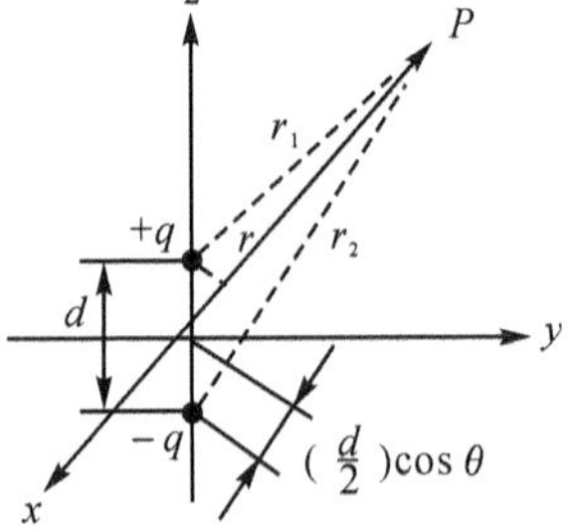

图 6-3　当 $d\to0$ 时的静电偶极子

式中：r_1、r_2 是所研究场点到两点电荷的距离。根据静电偶极子模型，$d\ll r_i(i=1,2)$，故在图 6-3 所示的球坐标系统中，r_1、r_2 可近

似为

$$r_1=\left[x^2+y^2+\left(z-\frac{d}{2}\right)^2\right]^{\frac{1}{2}}=\left(r^2-dz+\frac{d^2}{4}\right)^{\frac{1}{2}}$$

$$\approx r\left(1-\frac{d}{r}\frac{z}{r}\right)^{\frac{1}{2}}\approx r\left(1-\frac{1}{2}\frac{d}{r}\cos\theta\right)=r-\frac{1}{2}d\cos\theta$$

同样

$$r_2\approx r+\frac{1}{2}d\cos\theta$$

所以

$$\Phi=\frac{q}{4\pi\varepsilon}\left[\frac{1}{r-\frac{d\cos\theta}{2}}-\frac{1}{r+\frac{d\cos\theta}{2}}\right]=\frac{q}{4\pi\varepsilon}\frac{d\cos\theta}{r^2-\frac{d^2\cos\theta}{4}}$$

忽略高阶小项 d^2，就得到

$$\Phi(\boldsymbol{r},\theta)=\frac{p\cos\theta}{4\pi\varepsilon r^2}\tag{6.2.5a}$$

式中：$p=qd$。如定义电偶极矩 $\boldsymbol{p}=q\boldsymbol{d}$，$\boldsymbol{d}$ 由 $-q$ 指向正 q。因为 $p\cos\theta=\boldsymbol{p}\cdot\boldsymbol{r}_0$，故(6.2.5a)又可写为

$$\Phi(\boldsymbol{r},\theta)=\frac{\boldsymbol{p}\cdot\boldsymbol{r}_0}{4\pi\varepsilon r^2}\tag{6.2.5b}$$

式中：$\boldsymbol{r}_0$ 为 r 方向单位矢量。式(6.2.5)与式(6.2.3)相比，静电偶极子产生的电位随离开偶极子的距离 r 按 $\frac{1}{r^2}$减小，而不是$\frac{1}{r}$减小。

利用式(6.1.10)，静电偶极子产生的电场 $\boldsymbol{E}$ 为

$$\boldsymbol{E}=-\nabla\Phi(\boldsymbol{r},\theta)=-\boldsymbol{r}_0\frac{\partial}{\partial r}\Phi(\boldsymbol{r},\theta)-\boldsymbol{\theta}_0\frac{1}{r}\frac{\partial}{\partial\theta}\Phi(\boldsymbol{r},\theta)$$

$$=\frac{p}{4\pi\varepsilon r^3}(\boldsymbol{r}_0 2\cos\theta+\boldsymbol{\theta}_0\sin\theta)\tag{6.2.6}$$

注意，静电偶极子与振荡电偶极子相比，只是不随时间变化。它可看成振荡偶极子当 $\omega\to0$ 的特例。因此，静电偶极子产生的电场也可从振荡电偶极子辐射的电场当 $\omega\to0$(或 $k\to0$)取极限得到。式(6.2.6)正是式(5.3.7)表示的电偶极子天线辐射的电场 $\boldsymbol{E}$，当 $\omega\to0$(或 $k\to0$)时的极限。

静电偶极子的电场与电位分布如图 6-4 所示，电场 $\boldsymbol{E}$ 矢量在电位 Φ 降低方向并与等位面垂直。

(3) N 个点电荷系统产生的电位与电场

任何电荷分布，总可用无限多点电荷分布近似，对于线性系统，利用叠加原理不难求得边界趋于无穷远时，N 个点电荷系统产生的电位与电场。

$$\Phi(\boldsymbol{r})=\sum_{n=1}^{N}\frac{q_n}{4\pi\varepsilon r_n}\tag{6.2.7}$$

$$\boldsymbol{E}(\boldsymbol{r})=-\nabla\sum_{n=1}^{N}\frac{q_n}{4\pi\varepsilon r_n}=\sum_{n=1}^{N}\frac{q_n}{4\pi\varepsilon r_n^2}\boldsymbol{r}_{n0}\tag{6.2.8}$$

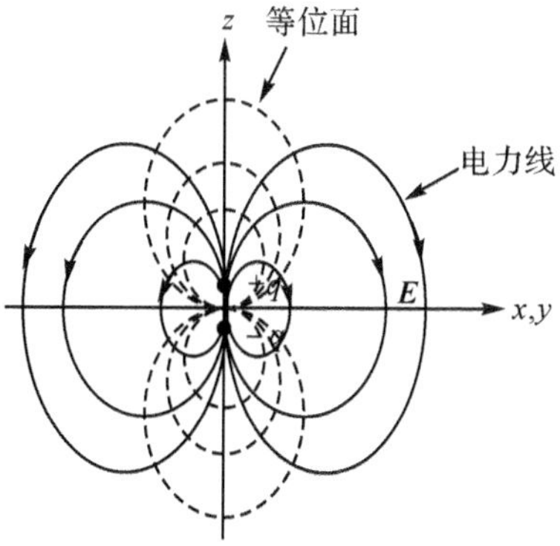

图 6-4　静电偶极子的电力线(实线)与等位面(虚线)

式中：r_n 是第 n 个点电荷到所研究场点的距离；$\boldsymbol{r}_{n0}$ 是从第 n 个点电荷到所研究场点方向的单位矢量。

2. 根据给定边值条件求解泊松方程得到静电场问题的解

当边界趋于无穷远时，泊松方程有统一的形式的解(6.2.1)。但在一般情况下，边界条件不同，解的形式也不同。边界条件愈复杂，解也愈复杂，有时得不到解析解，要用数值方法求解。下面讨论两种情况，一是最简单的平板电容器中的电场；二是热阴极平板真空二极管中的电场。平板电容器中没有电荷，求解的是拉普拉斯方程。真空二极管中存在电荷密度 ρ_V，求解的是泊松方程。

(1) 平板电容器中的电位与电场

参看图 6-5 所示的平板电容器，其间距为 d，且比导电板线度小得多。设上导电板电位 $\Phi(x=d)=V_0$，下导电板接地 $\Phi(x=0)=0$，并假定导电板的边缘效应可以忽略。因两导电板间无电荷，泊松方程就简化为拉普拉斯方程

$$\nabla^2\Phi=0$$

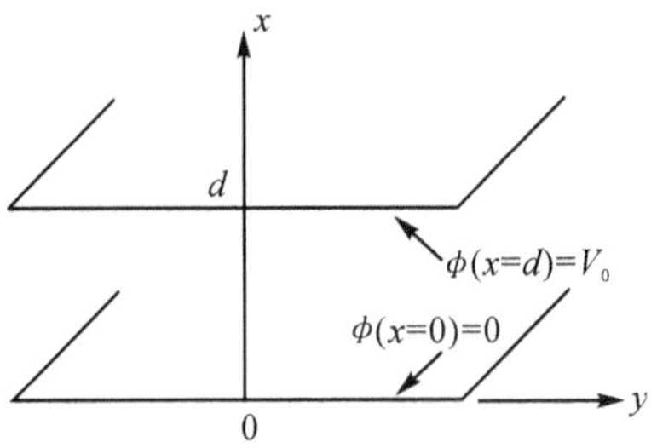

图 6-5 平行导电板系统

因为导电板的边缘效应可忽略，电位只是 x 的函数，故上式可表示为

$$\frac{\mathrm{d}^2\Phi(x)}{\mathrm{d}x^2}=0 \tag{6.2.9}$$

解式(6.2.9)得到

$$\Phi=C_1x+C_2$$

利用边界条件 $\Phi(x=0)=0$，$\Phi(x=d)=V_0$，得到

$$\Phi(x)=\frac{V_0}{d}x \tag{6.2.10}$$

故电场 $\boldsymbol{E}$ 为

$$\boldsymbol{E}=-\nabla\Phi=-\frac{\partial\Phi(x)}{\partial x}\boldsymbol{x}_0=-\frac{V_0}{d}\boldsymbol{x}_0 \tag{6.2.11}$$

(2) 热阴极平板真空二极管中的电位与电场以及 3/2 次方定理

图 6-6 所示的热阴极平板真空二极管，阴极加热后发射出的电子在阳极电压 V_0 的作用下，向阳极运动形成稳定电流，电极间有空间电荷分布。因此，二极管空间的电位应满足泊松方程。如假设电极之间距离比电极尺寸小得多，忽略电极边缘效应，泊松方程可简化为

$$\frac{\mathrm{d}^2\Phi(x)}{\mathrm{d}x^2}=-\frac{\rho_V}{\varepsilon_0} \tag{6.2.12}$$

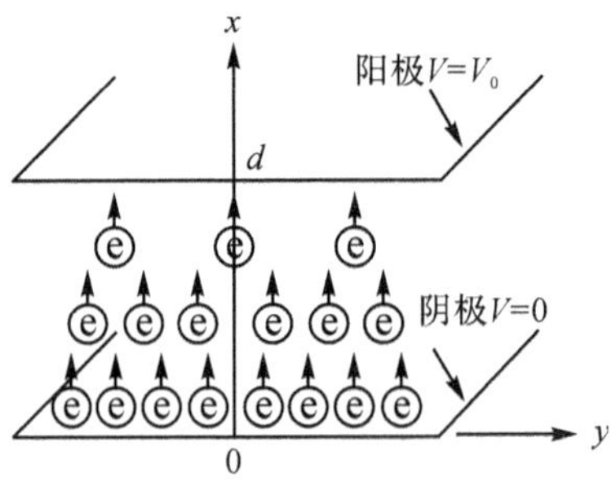

图 6-6 空间电荷限制平板二极管系统

边界条件是

(1)$\Phi|_{x=0}=0$

(2)$\Phi|_{x=d}=V_0$

(3) $\left.\dfrac{\mathrm{d}\Phi(x)}{\mathrm{d}x}\right|_{x=0}=0$

边界条件(1)与(2)是很清楚的，边界条件(3)要作一点说明。阳极刚加上电压 V_0 时，阴

极表面电场为正，电子从阴极表面逸出，并逐步加速飞向阳极。阴极表面电子速度较慢，电子密度较大，因为电子电荷是负的，致阴极附近电场降低。如果阴极发射电子能力无限，阴极表面总有足够的负电荷，使其产生的负电场与阳极电压在阴极表面产生的正电场相抵消，阴极表面合成电场 $\boldsymbol{E}=0$，电子发射达到稳定。所以边界条件(3)是有条件的，就是阴极电子发射能力无限。

注意，方程(6.2.12)的右边电荷密度 ρ_V 的具体分布到现在还是不确定的。它与电位 Φ 的分布有关。为了求解方程(6.2.12)，需要找出 ρ_V 与 Φ 的关系。

二极管中电子由阴极向阳极运动，其电流密度由下式决定：

$$J=-\rho_V v=\text{常数} \tag{6.2.13}$$

式中：v 为电子运动的速度，负号考虑到电子电荷是负的。

电子运动的速度由运动电子的位能与动能的相互转换关系决定，这一转换关系后面还会讨论。假设电子的电荷量为 e，则

$$\frac{1}{2}mv^2(x)=e\Phi(x)$$

所以

$$v(x)=\sqrt{\frac{2e}{m}\Phi(x)} \tag{6.2.14}$$

由式(6.2.13)、式(6.2.14)得到

$$\rho_V=-\frac{J}{v}=-J\left(\frac{m}{2e\Phi(x)}\right)^{\frac{1}{2}}$$

代入式(6.2.12)得到

$$\frac{\mathrm{d}^2\Phi(x)}{\mathrm{d}x^2}=\frac{J}{\varepsilon_0}\left(\frac{m}{2e\Phi(x)}\right)^{\frac{1}{2}}$$

上面方程的两边同时乘上 $2\dfrac{\mathrm{d}\Phi(x)}{\mathrm{d}x}$，然后进行积分得

$$\left(\frac{\mathrm{d}\Phi(x)}{\mathrm{d}x}\right)^2=\frac{4J}{\varepsilon_0}\left(\frac{m}{2e}\right)^{\frac{1}{2}}\Phi(x)^{\frac{1}{2}}+C_1$$

根据边界条件，得到 $C_1=0$，结果上式为

$$\frac{1}{\Phi(x)^{\frac{1}{4}}}\frac{\mathrm{d}\Phi(x)}{\mathrm{d}x}=\left[\frac{4J}{\varepsilon_0}\left(\frac{m}{2e}\right)^{\frac{1}{2}}\right]^{\frac{1}{2}}$$

再积分得到

$$\frac{4}{3}\Phi(x)^{\frac{3}{4}}=\left[\frac{4J}{\varepsilon_0}\left(\frac{m}{2e}\right)^{\frac{1}{2}}\right]^{\frac{1}{2}}x+C_2$$

因为边界条件 $x=0$ 时 $\Phi(x=0)=0$，所以 $C_2=0$，得到

$$\frac{4}{3}\Phi(x)^{\frac{3}{4}}=\left[\frac{4J}{\varepsilon_0}\left(\frac{m}{2e}\right)^{\frac{1}{2}}\right]^{\frac{1}{2}}x \tag{6.2.15}$$

式(6.2.15)表示电位在两电极之间的变化规律。

在阳极处($x=d$)，$\Phi(x=d)=V_0$，所以

$$\frac{4}{3}V_0^{\frac{3}{4}}=\left[\frac{4J}{\varepsilon_0}\left(\frac{m}{2e}\right)^{\frac{1}{2}}\right]^{\frac{1}{2}}d \tag{6.2.16}$$

将式(6.2.16)代入式(6.2.15)得到

$$\Phi(x)=V_0\left(\frac{x}{d}\right)^{\frac{4}{3}} \tag{6.2.17}$$

式(6.2.17)就是平板二极管中电位分布。电场分布则为

$$\boldsymbol{E}(x)=-\frac{\partial\Phi(x)}{\partial x}\boldsymbol{x}_0=-\boldsymbol{x}_0\ \frac{4}{3}\frac{V_0}{d}\left(\frac{x}{d}\right)^{\frac{1}{3}} \tag{6.2.18}$$

将式(6.2.16)两边平方就得到二极管上电流与电压关系

$$\frac{16}{9}V_0^{\frac{3}{2}}=\frac{4J}{\varepsilon_0}\sqrt{\frac{m}{2e}}d^2$$

设二极管极板面积为 A,则二极管电流 I 为

$$I = JA = \frac{4A\varepsilon_0}{9d^2}\sqrt{\frac{2e}{m}}V_0^{\frac{3}{2}} \tag{6.2.19}$$

这就是著名的真空二极管电流的二分之三次方定律。

3. 利用结构对称性求电场

前面所举例子都是通过求解泊松方程得到电位分布再求电场。如果电荷分布产生的场具有对称性,那么利用高斯定理

$$\oint_S \boldsymbol{D}\cdot \mathrm{d}\boldsymbol{S} = \int_V \rho_V \mathrm{d}V \tag{6.2.20}$$

则可很容易计算电荷产生的电场。

(1) 线电荷产生的电场

图 6-7 所示的线电荷产生的场具有轴对称性。当线电荷长度 $l\to\infty$,柱面上只有 ρ 方向的电场 E_ρ 分量,即 $\boldsymbol{E}=E_\rho\boldsymbol{\rho}_0$,且沿柱面均匀分布。设 ρ_l 为其线电荷密度,则式(6.2.20)右边 $\rho_V\mathrm{d}V=\rho_l\mathrm{d}l$。选择圆柱坐标系,使线电荷与坐标轴 z 重合,并作半径为 ρ 的柱面,将 $\boldsymbol{E}=E_\rho\boldsymbol{\rho}_0$ 及 $\rho_V\mathrm{d}V=\rho_l\mathrm{d}l$ 代入式(6.2.20),对于长度为 l 的圆柱体,柱体两端面没有电力线穿过,故得到

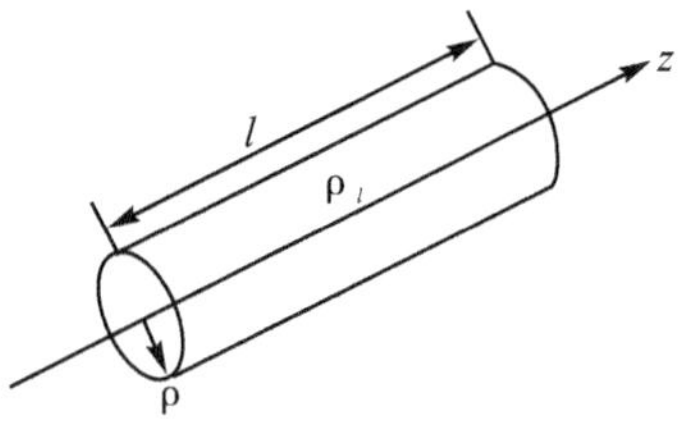

图 6-7　包围线电荷的圆柱闭合曲面

$$E_\rho(2\pi\rho)l=\frac{\rho_l l}{\varepsilon}$$

所以

$$E_\rho=\frac{\rho_l}{2\pi\varepsilon\rho} \tag{6.2.21}$$

(2) 面电荷产生的电场

如图 6-8 所示,$z=0$ 的无限大平面上有面电荷密度 ρ_S,显然电场只有 $+z$ 与 $-z$ 分量,即

$$\boldsymbol{E}=\begin{cases} E_z\boldsymbol{z}_0 & (z>0)\\ -E_z\boldsymbol{z}_0 & (z<0)\end{cases}$$

且场沿 z 等于常数的平面均匀分布。作一个包围面电荷的闭合柱面,其厚度为 d,底面积为 A。将 $\boldsymbol{E}$ 代入式(6.2.20),因为没有穿过圆柱侧面的电场分量,式(6.2.20)右边的积分只要在圆柱的两个底面进行即可,故得

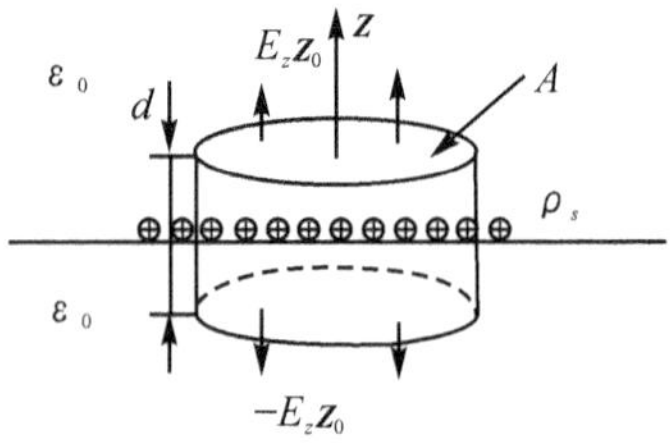

图 6-8　包围面电荷的柱形闭合曲面

$$\boldsymbol{z}_0\cdot(\boldsymbol{z}_0E_z)A+(-\boldsymbol{z}_0)\cdot(-\boldsymbol{z}_0E_z)A=\frac{\rho_S A}{\varepsilon}$$

$$E_z=\frac{\rho_S}{2\varepsilon} \tag{6.2.22}$$

4. 由电场求电位

由电位求电场是微分问题,而由电场求电位则是积分问题。

因为 $\boldsymbol{E}=-\nabla\Phi$,故得

$$\boldsymbol{E}\cdot\mathrm{d}\boldsymbol{r}=-\left(\frac{\partial\Phi}{\partial x}\mathrm{d}x+\frac{\partial\Phi}{\partial y}\mathrm{d}y+\frac{\partial\Phi}{\partial z}\mathrm{d}z\right)=-\mathrm{d}\Phi$$

两边积分,积分路径从 A 到 B,设 Φ_A、Φ_B 为 A、B 点的电位,则

$$V_{AB}=\Phi_A-\Phi_B=-\int_B^A\boldsymbol{E}\cdot\mathrm{d}\boldsymbol{r} \tag{6.2.23}$$

下面要证明,此积分与所选路径无关

对于静电场 $\nabla\times\boldsymbol{E}=0$,故有

$$\oint_l\boldsymbol{E}\cdot\mathrm{d}\boldsymbol{l}=\int_S(\nabla\times\boldsymbol{E})\cdot\mathrm{d}S=0$$

对于图 6-9 所示的由路径 1 与路径 2 构成的闭合路径 l,则

$$\oint_l\boldsymbol{E}\cdot\mathrm{d}\boldsymbol{l}=\int_{\text{路径1}}\boldsymbol{E}\cdot\mathrm{d}\boldsymbol{l}+\int_{\text{路径2}}\boldsymbol{E}\cdot\mathrm{d}\boldsymbol{l}=0$$

电场 $\boldsymbol{E}$ 沿路径 1 由 A 到 B 的积分为 V_{AB_1},沿路径 2 由 B 到 A 的积分为 V_{BA_2},故有 $V_{AB_1}+V_{BA_2}=0$,因为沿路经 2 由 A 到 B 的积分 $V_{AB_2}=-V_{BA_2}$,于是得到

$$V_{AB_1}=V_{AB_2} \tag{6.2.24}$$

所以在静电场中,由电场求电位,与积分路径无关。

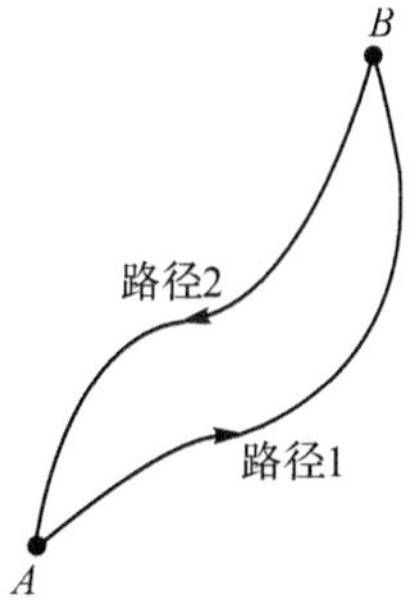

图 6-9　A 与 B 之间的线积分路径 1

由点电荷的电场 $\boldsymbol{E}=\frac{q}{4\pi\varepsilon r^2}\boldsymbol{r}_0$,可得

$$\Phi(r)-\Phi(\infty)=-\int_\infty^r\frac{q}{4\pi\varepsilon r'^2}\mathrm{d}r'$$

如将无穷远点电位作为参考电位,并设为零,即 $\Phi(\infty)=0$,则 $\Phi(r)=\frac{q}{4\pi\varepsilon r}$

5. 镜像法解静电场问题

镜像法解静电场问题的依据是唯一性定理。

对于无限大接地导电面上方一点电荷 q[见图 6-10(a)]产生的场,有一点可以肯定,在接

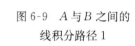

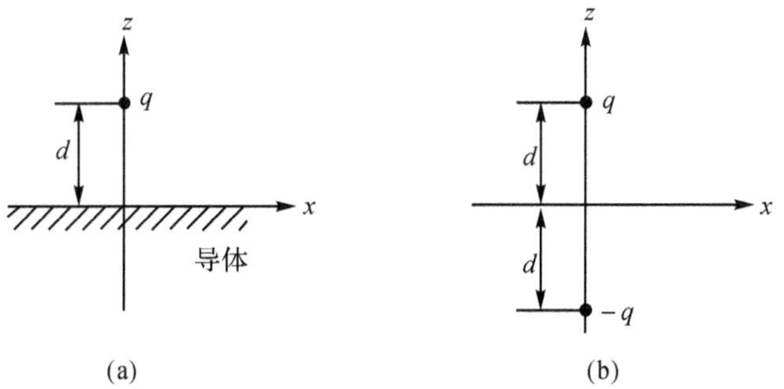

图 6-10　距无限大接地导电板 d 的点电荷 q 及两点电荷(q,$-q$)组成的偶极子系统

地导电面上切向电场一定为零。用镜像法求解此问题时,设想把导电面拿掉,并找一个镜像电荷 q',使得 (q,q') 联合产生的场在原接地导电面所在位置也满足切向电场为零这一条件。那么 (q,q') 在原无限大接地导电面上方联合产生的场,就是无限大接地导电面上方一点电荷 q 产生的场。因为它们满足相同的边界条件。问题是如何找镜像电荷 q'。q' 在什么位置?电荷量应多大?对于"无限大接地导电面上方一点电荷 q"这样的问题,镜像电荷 q' 很容易找,就是点电荷 q 以接地导电面为镜面的镜像点电荷 $-q$[见图 6-10(b)]。$(q,-q)$ 正好构成一个电偶极子。根据图 1-6(b),在电偶极子对称面上,电场只有与对称面垂直的法向分量,而与对称面平行的切向分量等于零。

对于图 6-11 所示点电荷与接地导电球系统的电位分布问题,也可用镜像原理求解,只是镜像电荷 q' 不太容易找到。基本思路是,在接地导电球球心与点电荷 q 连线(见图 6-11z 轴)上找离开球心 r_0 的一点,并在该点上置镜像电荷 q'。r_0 和 q' 的选择,使得 q、q' 联合作用在 $r=a$ 的球面上电位为零。按唯一性定理,q、q' 在 $r>a$ 区域产生的场与点电荷 q 及接地导电球系统在 $r>a$ 区域产生的场相同。

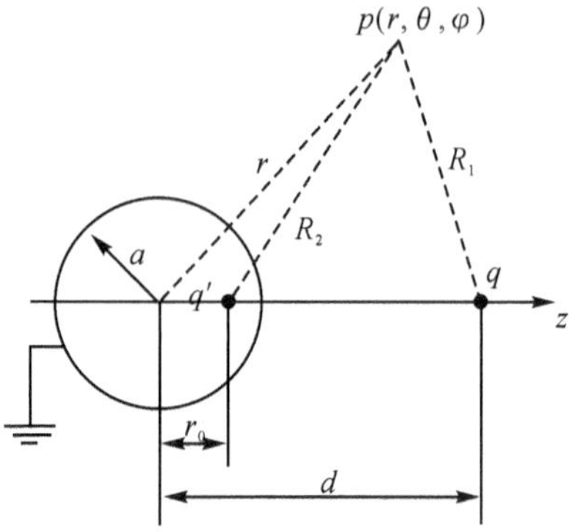

图 6-11　点电荷与接地导电球系统,镜像电荷 q' 置于离球心 r_0 处

因为 q、q' 产生的场为

$$\Phi(r,\theta)=\frac{1}{4\pi\varepsilon}\left(\frac{q}{R_1}+\frac{q'}{R_2}\right)$$

式中:$R_1=(r^2+d^2-2rd\cos\theta)^{\frac{1}{2}}$;$R_2=(r^2+r_0{}^2-2r_0r\cos\theta)^{\frac{1}{2}}$。这里我们用了球坐标。$r$ 是所研究场点的坐标,R_1、R_2 分别是点电荷、镜像电荷到所研究场点的距离。

如果要使 $r=a$ 的球面上电位为零,则有

$$\Phi(a,\theta)=\frac{1}{4\pi\varepsilon}\left[\frac{q}{(a^2+d^2-2ad\cos\theta)^{\frac{1}{2}}}+\frac{q'}{(a^2+r_0^2-2r_0a\cos\theta)^{\frac{1}{2}}}\right]$$

$$=\frac{1}{4\pi\varepsilon}\left[\frac{q}{\sqrt{2ad}\left(\dfrac{a^2+d^2}{2ad}-\cos\theta\right)^{\frac{1}{2}}}+\frac{q'}{\sqrt{2ar_0}\left(\dfrac{a^2+r_0{}^2}{2ar_0}-\cos\theta\right)^{\frac{1}{2}}}\right]=0$$

使上式成立的条件是

$$\frac{a^2+d^2}{2ad}=\frac{a^2+r_0{}^2}{2r_0a}$$

$$\frac{q}{\sqrt{2ad}}=\frac{-q'}{\sqrt{2ar_0}}$$

解上述两方程得到

$$r_0=\frac{a^2}{d}$$

$$q'=-q\left(\frac{a}{d}\right)$$

6.3 电场中的介质、导体与电容

6.3.1 电场中的介质

1. 介质的极化

从微观看，介质材料可以看作电偶极矩为 $\boldsymbol{p}$ 的偶极子集合，其偶极矩可以是永久性的，也可以是被电场感应而产生的。

对于氧、氮这类气体分子，其构成原子可以用带负电的电子云包围带正电荷的核的模型表示[见图 6-12(a)]。没有外加电场时，电子云和原子核的重心重合，其电偶极矩 $\boldsymbol{P}=0$，故称这种介质为非极化介质。但当电场 $\boldsymbol{E}$ 作用于原子时，负电荷趋向与 $\boldsymbol{E}$ 相反的方向，原子就成为一个静电偶极子[见图 6-12(b)]，可以用一个电偶极子等效[见图 6-12(c)]。因此，对于氧、氮这类气体，其偶极矩是被电场感应而产生的。这样产生的偶极子叫感应偶极子。注意，在两电荷之间的区域感应偶极子产生的电场与外加的电场方向相反。如果有很多原子，其总的作用效果是使外加电场有所降低。

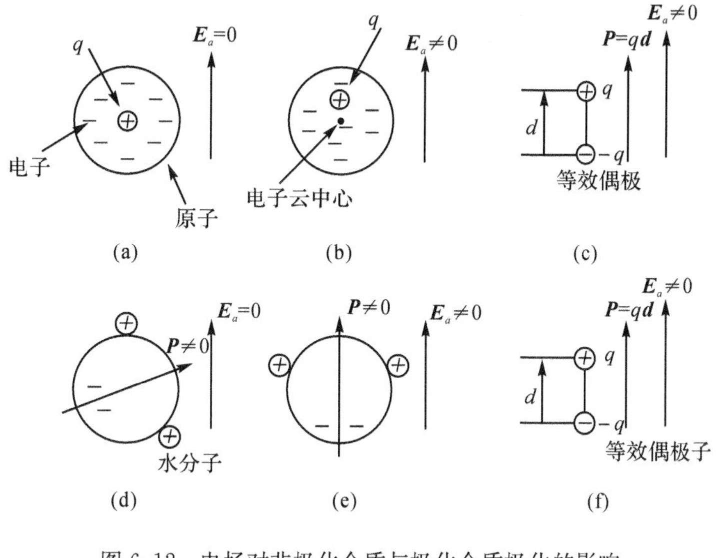

图 6-12 电场对非极化介质与极化介质极化的影响

对于水分子，它由两个氢原子和一个氧原子构成[见图 6-12(d)]，两个氢原子在氧原子旁边，但并不构成 180°的排列，而是构成 105°夹角的排列，所以氧原子一侧有净的负电荷，氢原子一侧有净的正电荷，正负电荷重心不重合。因而对于水分子，即使没有外加电场，其电矩 $\boldsymbol{P}\neq0$，有一个永久偶极矩。这就是把这种介质叫做极化介质的由来。由于这些偶极子的随机取向，净的偶极矩还是为零。但是在外加电场作用下，这些偶极子趋于按电场方向排列起来[见图6-12(e)]，净的偶极矩就不再为零。

总之，介质在电场作用下，感应偶极子(对于非极化介质)和永久偶极子(对于极化介质)都趋向于按电场方向排列。这个过程叫做介质的极化。

只要电场足够强，所有偶极子 $\boldsymbol{p}$ 都按电场方向有序排列，那么单位体积内总偶极矩 $\boldsymbol{P}$ 为

$$\boldsymbol{P}=n\boldsymbol{p}=nq\boldsymbol{d} \tag{6.3.1}$$

式中：$\boldsymbol{p}=q\boldsymbol{d}$ 为单个偶极子的电矩；n 为单位体积内的分子数。

这样，介质中总的电场就包括两部分，没有介质时自由电荷产生的电场以及因介质极化而致的诸多偶极子 $\boldsymbol{p}$ 产生的电场。这个场怎么计算？

2. 单位体积内总的电偶极矩 $\boldsymbol{P}$ 产生的场

由图 6-13 可见，不管是均匀极化还是不均匀极化，介质极化的结果在介质表面产生束缚面电荷 ρ_{Sb}，而图 6-14（立方体内某一截面）则说明，由于介质极化的不均匀，在介质体内出现束缚体电荷 ρ_{Vb}。束缚电荷局限在原子、分子尺度范围内，跟不限于特定分子、原子的“自由”电子是不同的。电偶极矩 P 产生的场正是这些束缚面电荷与束缚体电荷产生的场。

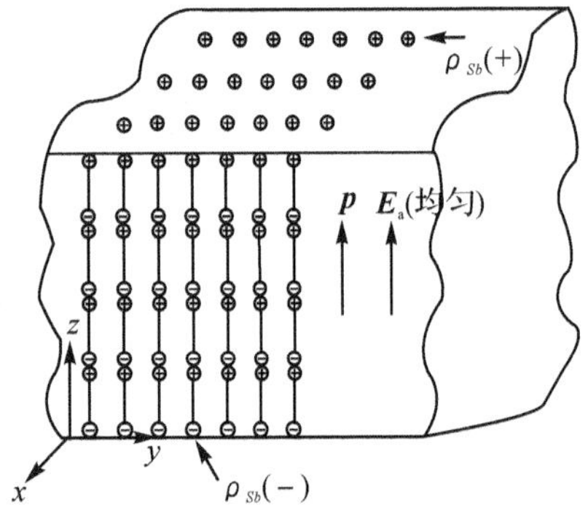

图 6-13　介质极化在介质表面产生束缚面电荷

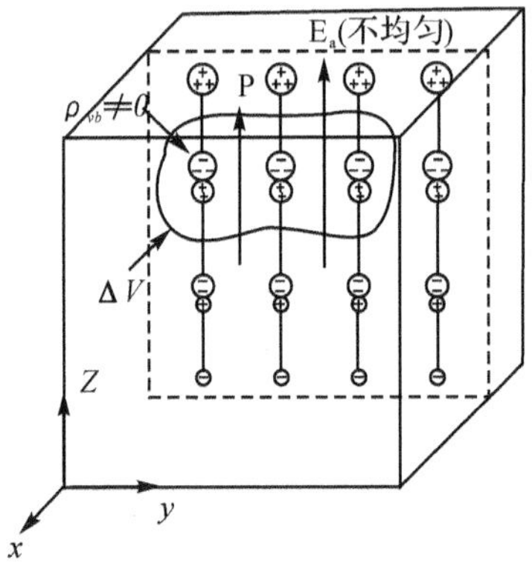

图 6-14　极化不均匀在介质体内出现束缚体电荷

下面来求束缚面电荷密度 ρ_{Sb}、束缚体电荷密度 ρ_{Vb} 与电偶极矩 $\boldsymbol{P}$ 的关系及其产生的场。

参看图 6-15 所示，设区域 V 中介质的电极化强度为 $\boldsymbol{P}$，V 中任一点的位置用矢径 $\boldsymbol{r}'$ 表示，围绕任一点的体积元用 $\mathrm{d}V'$ 表示，则该体积元内的电偶极矩为 $\boldsymbol{P}(\boldsymbol{r}')\mathrm{d}V'$。根据式(6.2.5b)，该电偶极矩在 $\boldsymbol{r}$ 点产生的电位为

$$\mathrm{d}\Phi=\frac{\boldsymbol{P}(\boldsymbol{r}')\cdot\boldsymbol{R}_0\mathrm{d}V'}{4\pi\varepsilon_0R^2}$$

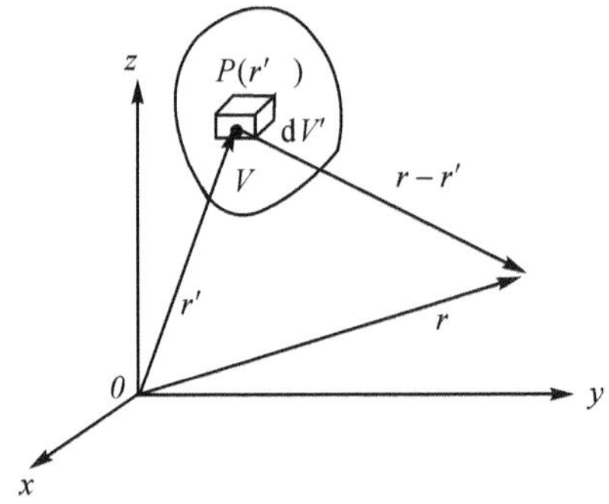

图 6-15　束缚电荷产生的电位

区域 V 内诸多极化后的偶极子产生的电位为

$$\Phi(\boldsymbol{r})=\frac{1}{4\pi\varepsilon_0}\int_V\frac{\boldsymbol{P}(\boldsymbol{r}')\cdot\boldsymbol{R}_0\mathrm{d}V'}{R^2} \tag{6.3.2}$$

式中：$R=|\boldsymbol{r}-\boldsymbol{r}'|$，$\boldsymbol{R}_0=\dfrac{\boldsymbol{r}-\boldsymbol{r}'}{|\boldsymbol{r}-\boldsymbol{r}'|}$，将 $\nabla'\dfrac{1}{R}=\dfrac{\boldsymbol{R}_0}{R^2}$ 代入式(6.3.2)，得

$$\Phi(\boldsymbol{r})=\frac{1}{4\pi\varepsilon_0}\int_V\boldsymbol{P}(\boldsymbol{r}')\cdot\nabla'\frac{1}{R}\mathrm{d}V' \tag{6.3.3}$$

利用矢量恒等式 $\nabla\cdot(f\boldsymbol{A})=f\nabla\cdot\boldsymbol{A}+\boldsymbol{A}\cdot\nabla f$，式(6.3.3)可整理为

$$\Phi(\boldsymbol{r})=\frac{1}{4\pi\varepsilon_0}\left[\int_V\nabla'\cdot\left(\frac{\boldsymbol{P}(\boldsymbol{r}')}{R}\right)\mathrm{d}V+\int_V\frac{-\nabla'\cdot\boldsymbol{P}(\boldsymbol{r}')}{R}\mathrm{d}V'\right]$$

对上式右边第一项用散度定理，可得到

$$\Phi(\boldsymbol{r}) = \frac{1}{4\pi\varepsilon_0}\int_S \frac{\boldsymbol{P}\cdot\boldsymbol{n}_0}{R}\mathrm{d}S' + \frac{1}{4\pi\varepsilon_0}\int_V \frac{-\nabla'\cdot\boldsymbol{P}(\boldsymbol{r}')}{R}\mathrm{d}V' \tag{6.3.4}$$

其中，n_0 为包围区域 V 界面 S 的外法向单位矢量。式(6.3.4)就是介质由电偶极矩 P 产生的场。

如果将上式与面电荷密度 ρ_{Sb}、体电荷密度 ρ_{Vb} 产生的电位

$$\Phi(\boldsymbol{r}) = \frac{1}{4\pi\varepsilon_0}\int_S \frac{\rho_{Sb}(\boldsymbol{r}')}{R}\mathrm{d}S' + \frac{1}{4\pi\varepsilon_0}\int_V \frac{\rho_{Vb}(\boldsymbol{r}')}{R}\mathrm{d}V' \tag{6.3.5}$$

比较，不难得到

$$\rho_{Vb} = -\nabla\cdot\boldsymbol{P} \tag{6.3.6}$$

$$\rho_{Sb} = \boldsymbol{P}\cdot\boldsymbol{n}_0 \tag{6.3.7}$$

式(6.3.6)、式(6.3.7)就是束缚体电荷密度 ρ_{Vb} 与束缚面电荷密度 ρ_{Sb} 与电偶极矩 $\boldsymbol{P}$ 的关系，ρ_{Vb}、ρ_{Sb} 也可分别叫做极化电荷体密度和面密度。这说明介质极化使介质内及其表面上出现了(净)束缚电荷，其密度分别满足式(6.3.6)和式(6.3.7)。极化后的介质产生的电场就是这些束缚电荷产生的电场。

3. 介质中的高斯定理

考虑介质极化感应的束缚电荷后，高斯定理为

$$\varepsilon_0\nabla\cdot\boldsymbol{E} = \rho_V + \rho_{Vb} \tag{6.3.8}$$

因为 $\rho_{Vb} = -\nabla\cdot\boldsymbol{P}$，故得

$$\varepsilon_0\nabla\cdot\boldsymbol{E} = \rho_V - \nabla\cdot\boldsymbol{P}$$

或

$$\varepsilon_0\nabla\cdot\boldsymbol{E} + \nabla\cdot\boldsymbol{P} = \nabla\cdot(\varepsilon_0\boldsymbol{E}+\boldsymbol{P}) = \rho_V$$

定义

$$\varepsilon_0\boldsymbol{E}+\boldsymbol{P} = \boldsymbol{D} \tag{6.3.9}$$

就得到介质中高斯定理

$$\nabla\cdot\boldsymbol{D} = \rho_V$$

在线性介质中，电矩 $\boldsymbol{P}$ 与外加电场成正比，即

$$\boldsymbol{P} = x_e\varepsilon_0\boldsymbol{E}$$

代入式(6.3.9)就得到

$$\boldsymbol{D} = \varepsilon_0\boldsymbol{E} + \varepsilon_0 x_e\boldsymbol{E} = \varepsilon_0(1+x_e)\boldsymbol{E} = \varepsilon_0\varepsilon_r\boldsymbol{E}$$

$$\varepsilon_r = 1 + x_e \tag{6.3.10}$$

式(6.3.10)就是相对介电常数 ε_r 的定义。

如图 6-16 所示，在介电常数为 ε 的无限大均匀介质中挖一个半径为 a 的球形空腔，空腔内介电系数为 ε_0，在球形空腔中心放一点电荷 q。求球腔壁表面的束缚面电荷密度 ρ_{Sb}、介质中束缚体电荷密度 ρ_{Vb}。

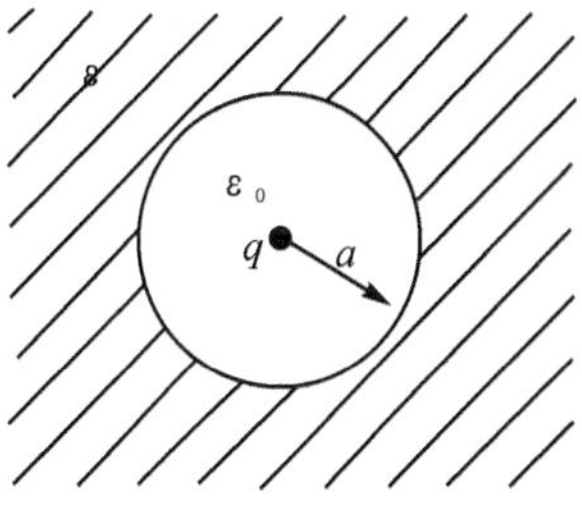

图 6-16　均匀介质中有一球形空腔

利用高斯定理可求得距球心 r 处的 $\boldsymbol{D}$ 与 $\boldsymbol{E}$ 为

$$\boldsymbol{D} = \frac{q}{4\pi r^2}\boldsymbol{r}_0$$

$$\boldsymbol{E} = \frac{q}{4\pi\varepsilon r^2}\boldsymbol{r}_0$$

介质中的极化强度 $\boldsymbol{P}$ 为

$$\boldsymbol{P}=(\varepsilon-\varepsilon_0)\boldsymbol{E}=(\varepsilon-\varepsilon_0)\frac{q}{4\pi\varepsilon r^2}\boldsymbol{r}_0$$

所以

$$\rho_{Sb}=\boldsymbol{P}\cdot\boldsymbol{n}_0=(\varepsilon-\varepsilon_0)\frac{q}{4\pi\varepsilon r^2}\boldsymbol{r}_0\cdot(-\boldsymbol{r}_0)|_{r=a}=-(\varepsilon-\varepsilon_0)\frac{q}{4\pi\varepsilon a^2}$$

$$\rho_{Vb}=-\nabla\cdot\boldsymbol{P}=-\frac{1}{r^2}\frac{\partial}{\partial r}(r^2P_r)=-(\varepsilon-\varepsilon_0)\frac{q}{4\pi\varepsilon r^2}\frac{\partial}{\partial r}\left(r^2\frac{1}{r^2}\right)=0$$

如果介质的介电常数与 r 有关，$\varepsilon(r)=\frac{k}{r}\varepsilon$，则

$$\boldsymbol{P}=[\varepsilon(r)-\varepsilon_0]\boldsymbol{E}=[\varepsilon(r)-\varepsilon_0]\frac{q}{4\pi\varepsilon(r)r^2}\boldsymbol{r}_0=\left[1-\frac{r\varepsilon_0}{k\varepsilon}\right]\frac{q}{4\pi r^2}\boldsymbol{r}_0$$

所以 $\boldsymbol{P}$ 只有 r 方向分量 P_r

$$\rho_{Vb}=-\nabla\cdot\boldsymbol{P}=-\frac{1}{r^2}\frac{\partial}{\partial r}(r^2P_r)=-\frac{1}{r^2}\frac{\partial}{\partial r}\left\{r^2\left[1-\frac{\varepsilon_0 r}{k\varepsilon}\right]\frac{q}{4\pi r^2}\right\}$$

$$=-\frac{q}{4\pi r^2}\frac{\partial}{\partial r}\left(1-\frac{\varepsilon_0 r}{k\varepsilon}\right)=\frac{q}{4\pi k\varepsilon_r r^2}$$

6.3.2　电场中的导体与电容

1. 电位系数、电容系数与电容

导体在外加电场作用下，与介质在外加电场作用下发生的情况不同。在外加电场作用下，导体中自由电子作宏观运动使导体自由电荷重新分布，重新分布的电荷产生的附加电场叠加到外加电场上，一方面使导体外的总电场不同于原来的外加电场，另一方面使导体内的总电场为零。导体内总电场为零意味着导体是一个等位体，导体表面是一个等位面，电荷分布在导体表面。在由多个导体组成的系统中，如果各导体带电量一定，那么每个导体的电位及电荷的分布状态则完全由导体的几何结构及导体间填充的介质的特性决定。电位系数、电容系数、电容就是描述这种特性的。

对于由 $(n+1)$ 个导体组成的独立系统，令各导体按 $0,1,2,\cdots,n$ 的顺序编号，且相应的带电量分别为 $q_0,q_1,q_2,\cdots,q_n$，则必有

$$q_0+q_1+\cdots+q_k+\cdots+q_n=0 \tag{6.3.11}$$

若取 0 号导体为电位参考点，即 $\Phi_0=0$，那么根据式(6.2.1)，编号为 $1,2,\cdots,n$ 的带电导体对空间任意一点 $\boldsymbol{r}$ 产生的电位为

$$\Phi(\boldsymbol{r})=\sum_{j=1}^{n}\frac{1}{4\pi\varepsilon}\oint_{S_j}\frac{\rho_{S_j}(r'_j)}{|\boldsymbol{r}-\boldsymbol{r}'_j|}\mathrm{d}S'_j \tag{6.3.12}$$

式中：$\mathrm{d}S'_j$ 为第 j 个导体的表面面积元；ρ_{S_j} 是 $\mathrm{d}S'_j$ 面积元的表面电荷密度；$\boldsymbol{r}'_j$ 是面积元 $\mathrm{d}S'_j$ 的位置，$|\boldsymbol{r}-\boldsymbol{r}'_j|$ 是 $\mathrm{d}\boldsymbol{S}'_j$ 面积元到所研究场点的距离，如图 6-17 所示。

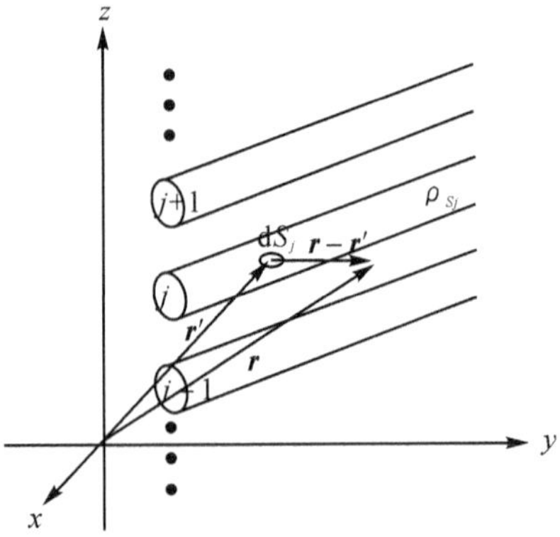

图 6-17　电场中的导体系统

由式(6.3.12)可见，在多导体系统中导体 j 对电位的

贡献比例于它的面电荷密度 ρ_{S_j}，而面电荷密度 ρ_{S_j} 又正比于它的带电总量 q_j，因而导体 j 对导体 i 的电位贡献 Φ_{ij} 正比于导体 j 的电量 q_j。引入比例系数 p_{ij}，这一关系可表示为

$$\Phi_{ij}=p_{ij}q_j \tag{6.3.13}$$

因而，整个系统各带电导体(包括导体 i 自身)在导体 i 上产生的电位 Φ_i 为

$$\Phi_i=\sum_{j=1}^{n}p_{ij}q_j \tag{6.3.14}$$

或

$$\left.\begin{aligned}\Phi_1&=p_{11}q_1+p_{12}q_2+\cdots+p_{1n}q_n\\ \Phi_2&=p_{21}q_1+p_{22}q_2+\cdots+p_{2n}q_n\\ &\vdots\\ \Phi_n&=p_{n1}q_1+p_{n2}q_2+\cdots+p_{nn}q_n\end{aligned}\right\} \tag{6.3.15}$$

由于式(6.3.11)的关系，上式中没有出现 q_0。式(6.3.15)用矩阵表示则为

$$[\Phi]=[p][q] \tag{6.3.16}$$

式中：$[\Phi]=[\Phi_1,\Phi_2,\cdots,\Phi_n]^{\mathrm{T}}$，$[q]=[q_1,q_2,\cdots,q_n]^{\mathrm{T}}$，均为列向量，而$[p]$为 $n\times n$ 矩阵

$$[p]=\begin{bmatrix}p_{11}&p_{12}&\cdots&p_{1n}\\ P_{21}&p_{22}&\cdots&p_{2n}\\ \cdots&\cdots&\cdots&\cdots\\ p_{n1}&p_{n2}&\cdots&p_{nn}\end{bmatrix}$$

称矩阵元素 p_{ij} 为电位系数。当 $i=j$ 时称为自电位系数，$i\neq j$ 时为互电位系数。电位系数 p_{ij} 的物理意义是，在多导体系统中，除导体 j 带单位 1 的正电荷外，其余导体均不带电时在导体 i 产生的电位。电位系数有如下特性：

$$p_{ii}>0,\ p_{ij}=p_{ji},\ p_{ii}>p_{ij} \tag{6.3.17}$$

通常给定的不是各导体上的电荷，而是它们的电位或各导体间电压，这些电位或电压是由对各导体充电的电源电势或电压来决定的。为此，我们需要建立各导体电荷 q 与导体间电压的关系。由式(6.3.16) 对矩阵$[p]$求逆可得

$$[q]=[p]^{-1}[\Phi]=[\beta][\Phi] \tag{6.3.18}$$

即

$$\left.\begin{aligned}q_1&=\beta_{11}\Phi_1+\beta_{12}\Phi_2+\cdots+\beta_{1i}\Phi_i+\cdots+\beta_{1n}\Phi_n\\ &\vdots\\ q_k&=\beta_{k1}\Phi_1+\beta_{k2}\Phi_2+\cdots+\beta_{ki}\Phi_i+\cdots+\beta_{kn}\Phi_n\\ &\vdots\\ q_n&=\beta_{n1}\Phi_1+\beta_{n2}\Phi_2+\cdots+\beta_{ni}\Phi_i+\cdots+\beta_{nn}\Phi_n\end{aligned}\right\} \tag{6.3.19}$$

式中：系数 β_{ij} 称为感应系数，它们和电位系数之间关系为

$$\beta_{ij}=\frac{p_{ji}}{\Delta} \tag{6.3.20}$$

式中：Δ 为$[p]$的行列式的值，P_{ji} 是相应的余因式。同样，下标相同的 β_{ii} 称为自有感应系数，下标互异的 β_{ij} 叫做互有感应系数。其含义可由下式给出

$$\beta_{ij}=\frac{q_i}{\Phi_j}\bigg|_{\Phi_j\neq 0,\text{其余导体接地，电位为零}} \tag{6.3.21}$$

因而感应系数也只跟导体的几何形状、尺寸、相互位置及介质的介电常数有关。而且感应系数中 β_{ii} 恒为正值，$\beta_{ij}\,(i\neq j)$则恒为负值。为避免使用负的感应系数，将电荷与电位之间关系通过所谓部分电容 C_{ij} 来表示。对一般由$(n+1)$个导体组成的系统可表示成

$$\begin{cases} q_1 = C_{10}(\Phi_1-\Phi_0)+C_{12}(\Phi_1-\Phi_2)+\cdots+C_{1k}(\Phi_1-\Phi_k)+\cdots+C_{1n}(\Phi_1-\Phi_n) \\ \vdots \\ q_k = C_{k1}(\Phi_k-\Phi_1)+C_{k2}(\Phi_k-\Phi_2)+\cdots+C_{k0}(\Phi_k-\Phi_0)+\cdots+C_{kn}(\Phi_k-\Phi_n) \\ \vdots \\ q_n = C_{n1}(\Phi_n-\Phi_1)+C_{n2}(\Phi_n-\Phi_2)+\cdots+C_{nk}(\Phi_n-\Phi_k)+\cdots+C_{n0}(\Phi_n-\Phi_0) \end{cases} \tag{6.3.22}$$

式(6.3.22)表示各导体上电量与导电系统中两导体之间电位差关系。

比较式(6.3.19)与式(6.3.22)，就可得出以感应系数表示部分电容的计算关系式。若令 $\Phi_1=\Phi_2=\cdots=\Phi_k=\cdots=\Phi_n=1$，则通过对应于 $q_i(i=1,2,\cdots,n)$ 的表达式，由比较系数法即可知

$$C_{i0}=\beta_{i1}+\beta_{i2}+\cdots+\beta_{ii}+\cdots+\beta_{in} \tag{6.3.23}$$

又若令 $\Phi_1=\Phi_3=\cdots=\Phi_n=1$ 而 $\Phi_2=0$，则仍由上两方程及式(6.3.23)，可得

$$C_{10}+C_{12}=\beta_{11}+\beta_{13}+\cdots+\beta_{1n}=C_{10}-\beta_{12}$$

因此 $\qquad C_{12}=-\beta_{12}$

同理可知

$$C_{ij}=-\beta_{ij}\ (i、j=1,\cdots,n,且\ i\neq j) \tag{6.3.24}$$

令式(6.3.22)中

$$\Phi_i-\Phi_0=\Phi_i=V_{ii}$$

$$\Phi_i-\Phi_j=V_{ij}$$

同时$(\Phi_i-\Phi_0)$项前系数记为 C_{ii}，那么式(6.3.22)可写成

$$\begin{aligned} q_1 &= C_{11}V_{11}+C_{12}V_{12}+\cdots+C_{1i}V_{1i}+\cdots+C_{1n}V_{1n} \\ &\vdots \\ q_k &= C_{k1}V_{k1}+C_{k2}V_{k2}+\cdots+C_{kk}V_{kk}+\cdots+C_{kn}V_{kn} \\ &\vdots \\ q_n &= C_{n1}V_{n1}+C_{n2}V_{n2}+\cdots+C_{ni}V_{ni}+\cdots+C_{nn}V_{nn} \end{aligned} \tag{6.3.25}$$

式中：$C_{ii}(i=1,2,\cdots,n)$称为自电容，可表示为

$$C_{ii}=\frac{q_i}{\Phi_i}\bigg|_{\Phi_k=\Phi_i(k=1,2,\cdots,n)} \tag{6.3.26}$$

因此，C_{ii} 表示当 n 个导体电位相同时，第 i 个导体与地之间的电容。

$$C_{ij}=\frac{q_i}{V_{ij}}=\frac{q_i}{\Phi_i-\Phi_j}\bigg|_{\Phi_m=0,(m=1,2,\cdots,j-1,j+1,\cdots,n)} \tag{6.3.27}$$

式中：C_{ij} 表示第 i 导体与第 j 导体间互有部分电容。所有部分电容恒为正值，且 $C_{ij}=C_{ji}$。

如果作参考点的导体(其电位 $\Phi_0=0$)在无穷远处，除参考点的导体系统仅有一个导体，则式(6.3.25)为

$$q_1=C_{11}\Phi_1 \tag{6.3.28}$$

称 C_{11} 为孤立导体的电容。

对于由两个导体(其编号为 0 和 1)组成的孤立系统，由式(6.3.11)可知，导体 0 和导体 1 带的电量相等但符号相反，设其电量分别为 $+q$、$-q$。从导体 1 出发的电力线全部终止于导体 2。如果令两导体间电位差 $\Phi_1-\Phi_0=V$，则从式(6.3.25)可得导体带电量 q 与两导体电位差 V 之比为常数，即

$$\frac{q}{V}=C \tag{6.3.29}$$

这一比值 C 称为两导体间的电容，并称两导体组成的孤立系统为电容器。

2. 电容 C 求解举例

(1) 平行板电容器的电容

面积为 A 被间距 d 分开的两平行导电板构成的系统叫做平行板电容器(见图 6-18)，忽略边缘场效应，两板间电场可表示为

$$\boldsymbol{E}=\boldsymbol{x}_0 E_0$$

两板间电位差为

$$V=\int_0^d E_0\,\mathrm{d}x=E_0 d$$

$x=0$ 平板上总电荷按边界条件为

$$Q=\varepsilon E_0 A$$

所以平行板电容器的电容为

$$C=\frac{Q}{V}=\frac{\varepsilon A}{d} \tag{6.3.30}$$

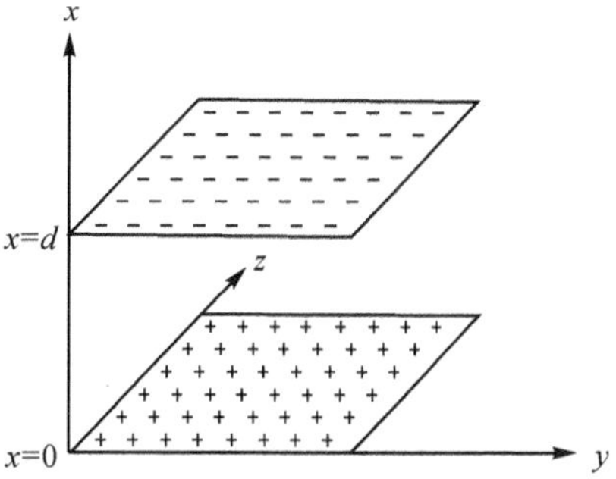

图 6-18　平行平板电容器

注意，此电容与电容器的几何尺寸及平板间所填充介质的介电常数有关，而与电场强度及板上电荷量无关。

(2) 同轴线单位长度的电容

同轴线内外圆柱导体的半径分别为 a 和 b(见图 6-19)，两导体间填充介质的介电常数为 ε，利用高斯定理可得同轴线中电场为

$$E(\rho)=\frac{Q}{2\pi\varepsilon\rho}$$

式中：Q 为单位长度导体表面电荷。内外导体间电压为

$$V=\int_a^b \boldsymbol{E}\cdot\mathrm{d}\rho=\int_a^b \frac{Q}{2\pi\varepsilon\rho}\mathrm{d}\rho=\frac{Q}{2\pi\varepsilon}\ln\frac{b}{a}$$

所以单位长度的电容 C 为

$$C=\frac{Q}{V}=\frac{2\pi\varepsilon}{\ln\dfrac{b}{a}} \tag{6.3.31}$$

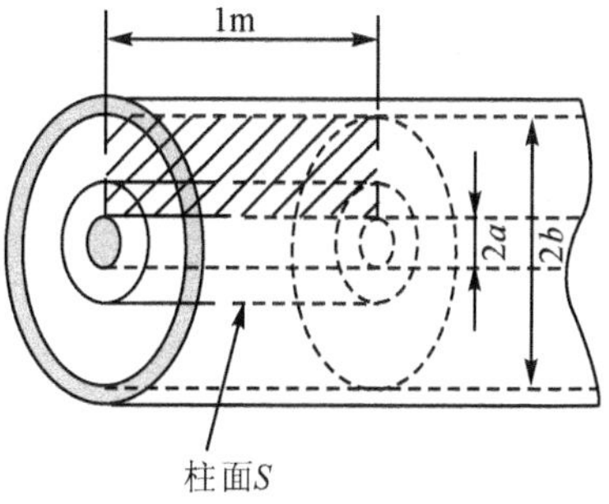

图 6-19　同轴线电容的计算

(3) 平行双导线单位长度的电容

图 6-20 所示的平行双导线，导线半径为 a，轴线间距为 d($d\gg a$)，设导线单位长度带的电量为 ρ_l 和 $-\rho_l$，在图示坐标系中，在两导线之间并由双导线的轴线确定的平面上一点的电场强度为

$$\boldsymbol{E}=\left(\frac{\rho_l}{2\pi\varepsilon_0 x}+\frac{\rho_l}{2\pi\varepsilon_0(d-x)}\right)\boldsymbol{x}_0$$

两线间的电位差为

$$V=\int_a^{d-a} E\,\mathrm{d}x=\frac{\rho_l}{\pi\varepsilon_0}\ln\frac{d-a}{a}$$

因而单位长度电容为

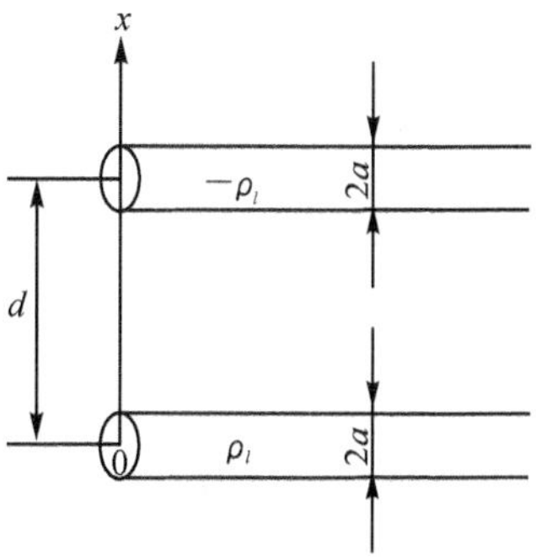

图 6-20　平行双导线的电容的计算

$$C=\frac{\pi\varepsilon_0}{\ln\frac{d-a}{a}} \tag{6.2.32}$$

6.4 电场力与电场储能

6.4.1 电场力

电场 $\boldsymbol{E}$ 对电荷 q 的作用力 $\boldsymbol{F}$，由洛仑兹力方程描述。对于静电场，洛仑兹力方程为

$$\boldsymbol{F}=q\boldsymbol{E} \tag{6.4.1}$$

式(6.4.1)是矢量方程，若电荷 q 为正，力的方向与电场方向一致。反之，如果电荷 q 为负，力的方向与电场方向相反。有一点要说明，式(6.4.1)中的电场 $\boldsymbol{E}$ 是外部电场，是由其他电荷产生的场，不包括受力作用的电荷本身产生的场。

将电场中的荷电质点从 A 点移到 B 点要做功

$$W=-\int_A^B q\boldsymbol{E}\cdot\mathrm{d}\boldsymbol{r} \tag{6.4.2}$$

其中，W 为正，表示外界对电场做功；反之，W 为负，表示场对外界做功。式(6.4.2)右边的负号正是考虑了这一差别。如果荷电质点移动方向与力方向相反，$\boldsymbol{E}$ 跟 $\mathrm{d}\boldsymbol{r}$ 点积是负的，就得到一个正的功 W，所以在这个方向移动电荷，需要从外部注入能量。反之，如果 $\boldsymbol{E}$ 与 $\mathrm{d}\boldsymbol{r}$ 在同一方向，$\boldsymbol{E}$ 与 $\mathrm{d}\boldsymbol{r}$ 点积为正，计算得到的功是负的，表示电荷对外部作了功，即外部系统得到能量。因为 $\boldsymbol{E}=-\nabla\Phi$，所以式(6.4.2)也可写成

$$W=-q\int_A^B\boldsymbol{E}\cdot\mathrm{d}\boldsymbol{r}=q(\Phi_B-\Phi_A) \tag{6.4.3}$$

这就是说，将电荷从低电位 A 移到高电位 B，外部要对系统做功，即需要从外部对系统注入能量。这种情况类似于重力场中将一重物从地面搬到高处，外部需要对此做功一样。

因此，荷电 q 的质点从点 A(电位为 Φ_A)移到点 B(电位为 Φ_B)，假定荷电质点在 A 点的初速为 v_0，那么根据能量守恒关系，荷电 q 的质点在 B 点速度 v 为

$$\frac{1}{2}mv^2=\frac{1}{2}mv_0^2+q(\Phi_A-\Phi_B) \tag{6.4.4}$$

式(6.4.4)告诉我们，如果已知电位函数 Φ，而不是电场 $\boldsymbol{E}$，并只要求电子运动速度 v，那么可直接用式(6.4.4)进行计算。

电场力在实际中广泛得到应用，常见的阴极射线管就是一例。阴极射线管通常叫做 CRT，广泛用作显示器，图 6-21 所示为阴极射线管基本工作原理。

电子注从阴极发射出来，然后被阳极加速，并从开孔的阳极通过，进入一对正交放置的平板电极，平板电极上所加的电压决定了极板间电场，此电场对运动电子的作用决定了电子轨迹的偏转，并最终决定电子注打到荧光屏并导致荧光屏上出现一个光点的位置。快速改变电极板上的电压 V_x、V_y，在荧光屏上就会出现光点运动的图像。利用式(6.4.4)，可计算电子注通过阳极时的速度。

根据库仑定理，两带电体之间作用的电场力与两带电体之间距离的平方成反比，即 $F\propto$

$\frac{1}{r^2}$。因此当 r 很小时，静电力就可起很大作用。微电子工艺的进步，使两带电体之间距离可精确控制到微米甚至纳米量级。从 20 世纪 80 年代末发展起来的硅微机械正是利用静电力驱动的。所谓硅微机械是以高纯硅作机械构件材料，运用微电子工艺在硅片上制作的各种机械。硅微马达就是用静电力驱动的，它的线度只有头发丝直径那么大，要用显微镜才能观察到它的转动。基于这种微马达，有可能制成直径在厘米量级的机器人。

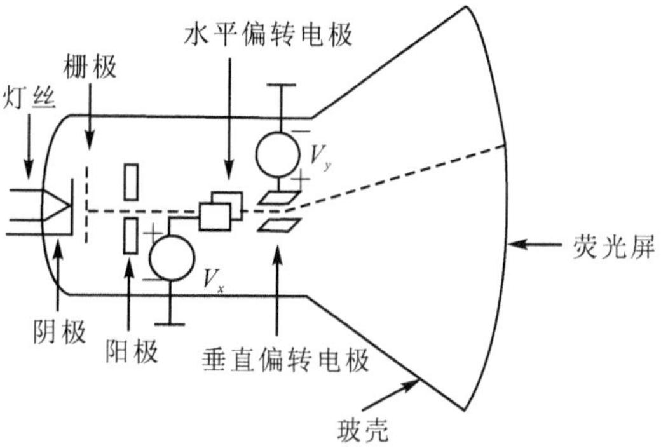

图 6-21　阴极射线管

全光通信中光交换是关键器件，业已提出了各种光交换方案，基于硅微机械的光交换器有可能成为最佳候选器件，图 6-22 所示是基于硅微机械的平面结构的二维阵列光交换器。在硅片上用先进的微电子工艺制作出可自由旋转或上下自由运动的反射镜阵列，控制反射镜阵列各反射镜状态，即可实现光交换。由于硅片上制作的微机械质量很小，其响应速度是很快的。

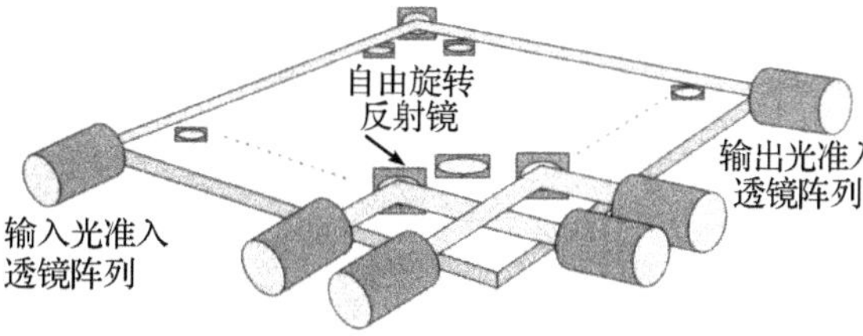

图 6-22　基于硅微机械的光交换器

6.4.2　荷电粒子与场的相互作用及其能量交换

电磁场中运动的荷电粒子（如真空中运动的自由电子，半导体中运动的电子和空穴）将会受到电场力和磁场力的作用，其运动状态会发生变化。式(6.4.4)告诉我们，如果荷电 q 的质点从高电位的点 A（电位为 Φ_A）移动到低电位的点 B（电位为 Φ_B），那么荷电质点动能 $\left(\frac{m}{2}v^2\right)$ 将增加，增加动能源于位能 $q\Phi$ 的减少。

参看图 6-23 所示热阴极真空二极管，其阴极接地，电位为 0，阳极接电源正极，电位为 V_0，阴极受热发射电子，电子带电量 $-e$($e=1.6\times10^{-19}$ C)。在极间电场 $\boldsymbol{E}$ 的作用下，从阴极向阳极运动并不断加速，最终打上阳极。如果忽略阴极发射电子的初速，即从阴极发射电子的初速 $v_0=0$，则根据式(6.4.4)，由 $\Phi_A=0$，$\Phi_B=V_0$，$q=-e$，得到

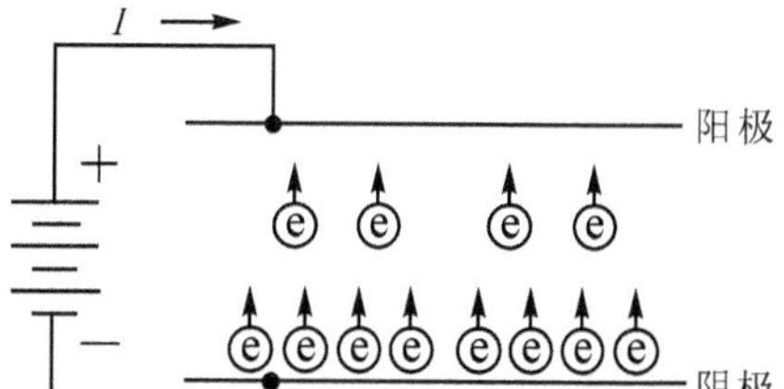

图 6-23　真空二极管中电子的运动

$$\frac{m}{2}v^2=eV_0$$

$$v=\sqrt{\frac{2e}{m}V_0}$$

这就是说电子从阴极向阳极运动并最终打上阳极时其减小的位能 eV_0 全部转化为电子的动能$\frac{1}{2}mv^2$。

有一点要说明，电子一旦离开阴极向阳极运动，外电路中就有感应电流，电子打上阳极并非电流的开始，而是电流的终结。事实是电子一离开阴极，就有极板到电子电荷间的电力线。电子向阳极运动，阳极上的电力线密度不断增加，阴极上的电力线密度不断减小，电极空间就有$\frac{\partial D}{\partial t}$的位移电流，极板上就有感应电荷（$q=D_n$）随时间变化引起的电流$\frac{\mathrm{d}q}{\mathrm{d}t}$，它等于电极空间的位移电流。根据电流连续原理，外电路中就有传导电流 $I=\int_S \boldsymbol{J}\cdot \mathrm{d}\boldsymbol{S}$，其中 $\boldsymbol{J}=\sigma\boldsymbol{E}$ 为导线中的传导电流密度，σ 为导线的电导率。

在图 6-23 中，电子从阴极向阳极运动，电场力与电子运动方向相同，使电子运动不断加速。使电子运动不断加速的电场称为加速电场（以后简称为加速场）。因此，电子在加速场中运动时，动能增加，场的能量（位能）减少。场减少的位能等于电子运动增加的动能。这就是说电子在加速场中运动时从场中得到能量。

对于图 6-24 所示的系统，设阳极由无限细的金属丝组成的栅网，其电位为 V_0，它对于运动电子是透明的。现在假设以 $v_0=\sqrt{\frac{2e}{m}V_0}$ 运动的电子流穿过栅网由阳极向阴极运动，这时电子受到的电场力 $-e\boldsymbol{E}$ 与运动方向相反，电子从阳极向阴极运动过程中不断减速，到达阴极时速度减小到零，即动能降为零，但位能增加了 eV_0，它等于电子减小的动能。这就是说，电子在减速场中运动时，其动能减小，而场的位能增加，电子把动能转交给场了。

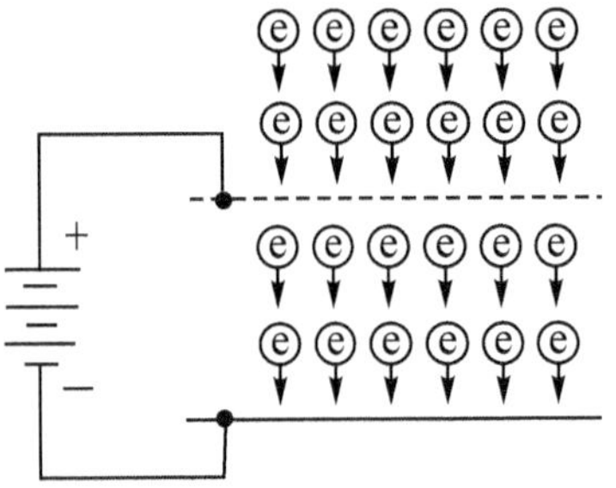

图 6-24　初速 v_0 的电子从阳极向阴极运动

从上面关于荷电粒子与场能量交换的分析，可以得出如下推论：

(1) 如果要使荷电粒子从直流电源得到的动能（$mv^2/2$）通过荷电粒子与高频场的相互作用转交给高频场使高频得到放大，那么必须使多数荷电粒子从高频减速场中通过。

(2) 如果能用某种方法使荷电粒子流的密度受到调制，那么只要使密度受到调制的荷电粒子流的稠密荷电粒子块在高频减速场中通过，就能使高频场得到放大。

在各类电子管与晶体管中，输入端通过场与荷电粒子作用，使荷电粒子流的密度得到调制，而在输出端，则使密度调制荷电粒子流的稠密荷电粒子块在高频减速场中通过。

6.4.3　电场储能

根据前面讨论，电子与静电场的相互作用有能量交换，这说明静电场有能量。先讨论两个点电荷系统的储能，再将它推广到更一般的情况。

1. 两点电荷系统的储能

如果系统中原来没有电场，将电量为 q_1 的点电荷放到坐标原点，不需要做功。但当点电荷 q_1 放到坐标原点后，移动电量为 q_2 的点电荷，由于受到点电荷 q_1 建立的电场的作用力，就有能量交换了。现将带电量为 q_2 的点电荷从无穷远移到距荷电为 q_1 的点电荷 r 米处，假定 q_1、q_2 同号，q_1、q_2 间作用力为斥力，可表示为

$$\boldsymbol{f}_{21}=\frac{q_1q_2}{4\pi\varepsilon r^2}\boldsymbol{r}_0 \tag{6.4.5}$$

将 q_2 从无穷远移到 r 处克服斥力所做功为

$$W=-\int_{\infty}^{r}\frac{q_1q_2}{4\pi\varepsilon r^2}\mathrm{d}r=\frac{q_1q_2}{4\pi\varepsilon r} \tag{6.4.6}$$

这个功变为贮存于两电荷系统的能量，设 U_E 为该系统储藏能，则

$$U_E=\frac{q_1q_2}{4\pi\varepsilon r} \tag{6.4.7}$$

2. N 个点电荷系统的储能

按照两点电荷系统储能的分析，要计算 N 个点电荷构成的系统的储能。只要将 N 个点电荷从无穷远移到系统中所处位置做的功全部算出来就行了。

先将 q_1 放在系统中所处位置，所有其他电荷处于无穷远，此时系统中没有任何电场储能。现在将点电荷 q_2 由无穷远移到系统中，设 r_{12} 为点电荷 q_1 与 q_2 间的距离。移动 q_2 所做的功为

$$W_{12}=\frac{q_1q_2}{4\pi\varepsilon r_{12}} \tag{6.4.8}$$

再将 q_3 从无穷远移到系统中，此时必须克服源于 q_1、q_2 的电场力而做功。设 Φ_{12} 为 q_1、q_2 建立的电位

$$\Phi_{12}=\frac{q_1}{4\pi\varepsilon r_1}+\frac{q_2}{4\pi\varepsilon r_2}$$

式中：r_1、r_2 为到 q_1、q_2 的距离。按式(6.4.2)将 q_3 放到 q_1、q_2 产生的场中，需要做的功是 $\Phi_{12}q_3$。所以将 q_1、q_2、q_3 放到系统中，所做功的总和是

$$W_{123}=\frac{q_1q_3}{4\pi\varepsilon r_{13}}+\frac{q_2q_3}{4\pi\varepsilon r_{23}}+\frac{q_1q_2}{4\pi\varepsilon r_{12}} \tag{6.4.9}$$

式(6.4.9)可写成

$$W_{123}=\frac{1}{2}\sum_{\substack{m=1\\m\neq n}}^{3}\sum_{n=1}^{3}\frac{q_mq_n}{4\pi\varepsilon r_{mn}} \tag{6.4.10}$$

第二个求和 m 从 1 到 3，但 $n=m$ 除外，系数$\frac{1}{2}$是因为式(6.4.10)中共 6 项，每一项计算了两次。

依此类推，对于 N 个点电荷有

$$W=U_E=\frac{1}{2}\sum_{\substack{m=1\\m\neq n}}^{N}\sum_{n=1}^{N}\frac{q_mq_n}{4\pi\varepsilon r_{mn}} \tag{6.4.11}$$

3. 电荷连续分布系统中电场储能

将 N 个点电荷系统的储能推广到电荷连续分布的情况，其根据是，如果将电荷所在区域分成无限个小体积元 ΔV。设 ρ_V 为电荷体密度，则每一个小体积元 ΔV 带电量就是 $\rho_V\Delta V$。当 $\Delta V\to 0$ 时，就可作点电荷系统处理，因而可用式(6.4.11)计算系统电场能。

仔细分析式(6.4.11)，第一个求和实际上就是除第 n 个电荷外，其他 $(N-1)$ 个电荷产生的电位，所以第一个求和可用电荷密度分布 ρ_V 产生的电位 Φ 代替

$$U_E=\frac{1}{2}\sum_{n=1}^{\infty}\Phi q_n \tag{6.4.12}$$

因为 q_n 是无限小，Φ 中是否包括在 q_n 产生的电位并不重要。式(6.4.12)的求和又可用积分代替，如

$$U_E=\frac{1}{2}\int_V\Phi\rho_V\mathrm{d}V \tag{6.4.13}$$

积分遍及整个包含电荷的区域，因为 $\nabla\cdot\boldsymbol{D}=\rho_V$，所以式(6.4.13)又可写成

$$U_E=\frac{1}{2}\int_{\text{全空间}}\Phi\,\nabla\cdot\boldsymbol{D}\mathrm{d}V \tag{6.4.14}$$

为了方便数学分析，式(6.4.14)积分遍及整个空间，因为产生电场的源——电荷以外的区域，$\nabla\cdot\boldsymbol{D}=0$，利用下面的矢量恒等式

$$\nabla\cdot(\varphi\boldsymbol{D})=\nabla\varphi\cdot\boldsymbol{D}+\varphi\,\nabla\cdot\boldsymbol{D} \tag{6.4.15}$$

式(6.4.14)成为

$$U_E=\frac{1}{2}\int_{\text{全空间}}\nabla\cdot(\Phi\boldsymbol{D})\mathrm{d}V+\frac{1}{2}\int_{\text{全空间}}\boldsymbol{E}\cdot\boldsymbol{D}\mathrm{d}V \tag{6.4.16}$$

得出上式时利用关系 $\boldsymbol{E}=-\nabla\Phi$。利用散度定理(1.2.16)，第一个体积分转变为面积分

$$\frac{1}{2}\int_{\text{全空间}}\nabla\cdot(\Phi\boldsymbol{D})\mathrm{d}V=\frac{1}{2}\int_{\text{全空间}}\Phi\boldsymbol{D}\,\mathrm{d}\boldsymbol{S} \tag{6.4.17}$$

从无穷远处观察，有限空间的电荷分布相当于一个点电荷，因此

$$\Phi\to\frac{Q}{4\pi\varepsilon}\frac{1}{r}\quad(\text{当 } r\to\infty)$$

$$D_r\to\frac{Q}{4\pi r^2}\quad(\text{当 } r\to\infty)$$

其中，Q 是有限体积中的总电荷。

所以当 $r\to\infty$，乘积 $\Phi\boldsymbol{D}$ 按 $1/r^3$ 减小，但积分表面按 r^2 增加，不足以补偿被积函数按 $1/r^3$ 减小的速度，所以式(6.4.17)中积分为零。注意到这一点，那么式(6.4.16)中积分第一项可略去，只保留第 2 项，即

$$U_E=\frac{1}{2}\int_{\text{全空间}}\boldsymbol{E}\cdot\boldsymbol{D}\mathrm{d}V=\frac{\varepsilon}{2}\int_{\text{全空间}}\boldsymbol{E}\cdot\boldsymbol{E}\mathrm{d}V \tag{6.4.18}$$

这里我们应用了 $\boldsymbol{D}=\varepsilon\boldsymbol{E}$ 关系。

式(6.4.18)表示，单位体积内的电场能或电场能密度为

$$w_e=\frac{\boldsymbol{D}\cdot\boldsymbol{E}}{2}=\frac{\varepsilon\boldsymbol{E}\cdot\boldsymbol{E}}{2} \tag{6.4.19}$$

6.5　恒定电流与恒定磁场关系——毕奥—萨伐定理

恒定电流产生的磁场叫恒定磁场。毕奥—萨伐定理描述的就是恒定电流跟恒定磁场的关系。

引入矢量磁位 $\boldsymbol{A}$ 后，磁场 $\boldsymbol{B}$ 可以表示为矢量磁位 $\boldsymbol{A}$ 的旋度

$$\boldsymbol{B}=\nabla\times\boldsymbol{A} \tag{6.5.1}$$

对于恒定磁场，矢量磁位 $\boldsymbol{A}$ 满足磁的泊松方程(6.1.13)，并重写如下

$$\nabla^2\boldsymbol{A}=-\mu_0\boldsymbol{J} \tag{6.5.2}$$

因为式(6.5.2)是交变场矢量磁位 $\boldsymbol{A}$ 满足的方程(5.2.7)当 $k\to 0$(或 $\omega\to 0$)的特例。因此，当边界趋于无穷远时方程(6.5.2)的解也就是方程(5.2.7)的解(5.2.10)当 $k\to 0$(或 $\omega\to 0$)的特例。这样就得到边界趋于无穷远时由恒定电流产生的矢量磁位 $\boldsymbol{A}$ 为

$$\boldsymbol{A}=\lim_{k\to 0}\frac{\mu}{4\pi}\int_V\frac{\boldsymbol{J}(\boldsymbol{r}')\mathrm{e}^{-\mathrm{j}k|\boldsymbol{r}-\boldsymbol{r}'|}}{|\boldsymbol{r}-\boldsymbol{r}'|}\mathrm{d}V'=\frac{\mu}{4\pi}\int_V\frac{\boldsymbol{J}(\boldsymbol{r}')}{|\boldsymbol{r}-\boldsymbol{r}'|}\mathrm{d}V' \tag{6.5.3}$$

将式(6.5.3)代入式(6.5.1)并利用 $\boldsymbol{B}=\mu\boldsymbol{H}$ 得到

$$\boldsymbol{H}(\boldsymbol{r})=\frac{\boldsymbol{B}}{\mu}=\frac{\nabla\times\boldsymbol{A}}{\mu}=\frac{1}{4\pi}\int_{V'}\nabla\times\left(\frac{\boldsymbol{J}(\boldsymbol{r}')}{|\boldsymbol{r}-\boldsymbol{r}'|}\right)\mathrm{d}V' \tag{6.5.4}$$

注意，这里我们调换了积分与微分次序，因为积分是对源(电流)所在坐标($\boldsymbol{r}'$)进行的，而微分是对研究场点坐标($\boldsymbol{r}$)进行的。同时还要注意到，$\boldsymbol{J}(\boldsymbol{r}')$是矢量，$\frac{1}{|\boldsymbol{r}-\boldsymbol{r}'|}$是标量，利用矢量运算恒等关系 $\nabla\times(\Phi\boldsymbol{A})=\nabla\Phi\times\boldsymbol{A}+\Phi\nabla\times\boldsymbol{A}$，因为 $\boldsymbol{J}(\boldsymbol{r}')$只是源所在坐标 r' 的函数，故 $\nabla\times\boldsymbol{J}(\boldsymbol{r}')=0$，而

$$\nabla\frac{1}{|\boldsymbol{r}-\boldsymbol{r}'|}=-\frac{\boldsymbol{r}-\boldsymbol{r}'}{|\boldsymbol{r}-\boldsymbol{r}'|^3} \tag{6.5.5}$$

这样式(6.5.4)就成为

$$\boldsymbol{H}(\boldsymbol{r})=\frac{1}{4\pi}\int_{V'}\frac{\boldsymbol{J}(\boldsymbol{r}')\times(\boldsymbol{r}-\boldsymbol{r}')}{|\boldsymbol{r}-\boldsymbol{r}'|^3}\mathrm{d}V' \tag{6.5.6}$$

这就是毕奥—萨伐定理。此式与静电场中泊松积分式(6.2.1)作用相同，但计算要复杂得多，一般要用数值求解。对一些简单结构，也可得到解析解。

如果恒定电流只限于沿导线流动，设导线截面为 $\mathrm{d}S$，则对于长度为 $\mathrm{d}l$ 的一段导线，

$$\boldsymbol{J}(\boldsymbol{r})\mathrm{d}V'=I\mathrm{d}\boldsymbol{l} \tag{6.5.7}$$

式中：I 是导线中通过的电流，$I=J\mathrm{d}S$，$\mathrm{d}\boldsymbol{l}$ 是矢量，大小为 $\mathrm{d}l$，方向就是电流流动的方向，将式(6.5.7)代入式(6.5.6)得到

$$\boldsymbol{H}(\boldsymbol{r})=\frac{I}{4\pi}\int_l\frac{\mathrm{d}\boldsymbol{l}\times(\boldsymbol{r}-\boldsymbol{r}')}{|\boldsymbol{r}-\boldsymbol{r}'|^3} \tag{6.5.8}$$

1. 无限长直导线上恒定电流产生的磁场

如图 6-25 所示，截面为 $\mathrm{d}S$ 的无限长直导线沿 z 轴放置，且电流 I 沿 z 方向流动，则有

$$\boldsymbol{J}(\boldsymbol{r}')\mathrm{d}V'=I\mathrm{d}z'\boldsymbol{z}_0$$

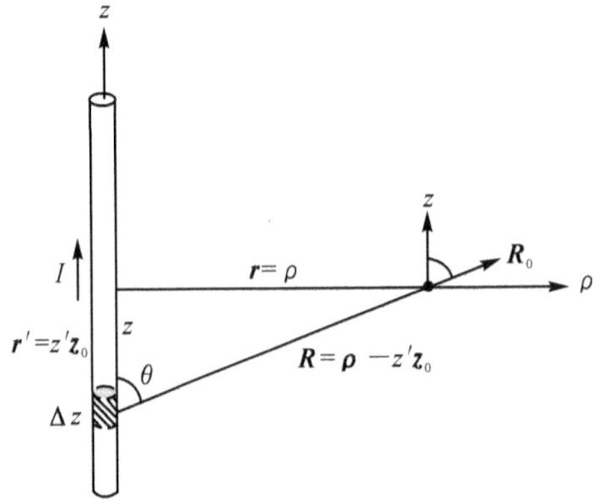

图 6-25 用毕奥—萨伐定理求电流 I 流过无限长导线产生的磁场

$$\boldsymbol{r}'=z'\boldsymbol{z}_0$$

将上述关系代入式(6.5.6),可得到

$$\begin{aligned}\boldsymbol{H}&=\frac{I}{4\pi}\int_{-\infty}^{\infty}\frac{\boldsymbol{z}_0\times\boldsymbol{R}_0}{R^2}\mathrm{d}z'=\boldsymbol{\varphi}_0\frac{I}{4\pi}\int_{-\infty}^{\infty}\frac{\sin\theta}{R^2}\mathrm{d}z'\\&=\boldsymbol{\varphi}_0\frac{I}{4\pi}\int_{-\infty}^{\infty}\frac{\rho\mathrm{d}z'}{(\rho^2+z'^2)^{\frac{3}{2}}}=\boldsymbol{\varphi}_0\frac{I}{2\pi\rho}\end{aligned}\tag{6.5.9}$$

式中:$R=|\boldsymbol{\rho}-z'_0\boldsymbol{z}_0|$,$\boldsymbol{R}_0=\dfrac{\boldsymbol{r}-\boldsymbol{r}'}{|\boldsymbol{r}-\boldsymbol{r}'|}$是$(\boldsymbol{r}-\boldsymbol{r}')$方向单位矢量,$\rho$ 是所研究场点到导线的垂直距离,$\boldsymbol{\varphi}_0$ 是柱坐标下方位角,θ 是 $\boldsymbol{R}_0$ 与 z 轴的夹角。由式(6.5.9)可见,无限长直导线上恒定电流产生的磁场只有 φ 分量,其大小随 ρ 的增加按 $1/\rho$ 减小。

2. 恒定磁偶极子

任何平面上的通电导线小圆环定义为磁偶极子。电流不随时间变化,就叫做恒定磁偶极子。5.3 节已得到随时间作简谐变化的磁偶极子辐射的电磁场。恒定磁偶极子可以看成时谐磁偶极子当 $\omega\to0$(或 $k\to0$)的特例。时谐磁偶极子产生的时谐磁场由式(5.3.30)表示。因此,当 $\omega\to0$(或 $k\to0$)时,式(5.3.30)表示的就是恒定磁偶极子产生的恒定磁场,由此得到

$$\boldsymbol{H}(\boldsymbol{r})=\frac{IS}{4\pi r^3}(\boldsymbol{r}_0 2\cos\theta+\boldsymbol{\theta}_0\sin\theta)\tag{6.5.10a}$$

或

$$\boldsymbol{H}(\boldsymbol{r})=\frac{m}{4\pi r^3}(\boldsymbol{r}_0 2\cos\theta+\boldsymbol{\theta}_0\sin\theta)\tag{6.5.10b}$$

式中:$m=IS$,为偶极子的磁矩。其中 $S=\pi a^2$,为圆环面积,a 为电流圆环半径。

将式(6.5.10)与式(6.2.6)比较,在远离场源处,恒定磁偶极子产生的磁场 $\boldsymbol{H}$ 与静电偶极子产生的电场有相同的数学表达式(如果将 m 定义为 μIS)。当然在物理本质上两者是有差别的,恒定磁偶极子和静电偶极子附近的场分布不同,$\boldsymbol{H}$ 线是闭合的,而 $\boldsymbol{E}$ 线是不闭合的。

对于半径为 a 的磁偶极子(见图 6-26),轴线上 $r_0=z_0$,$\theta=0°$,$r=\sqrt{a^2+z^2}$,根据式(6.5.10),其轴线上的磁场 $\boldsymbol{H}$ 为

$$\boldsymbol{H}=\frac{IS}{2\pi(a^2+z^2)^{\frac{3}{2}}}\boldsymbol{z}_0\tag{6.5.11}$$

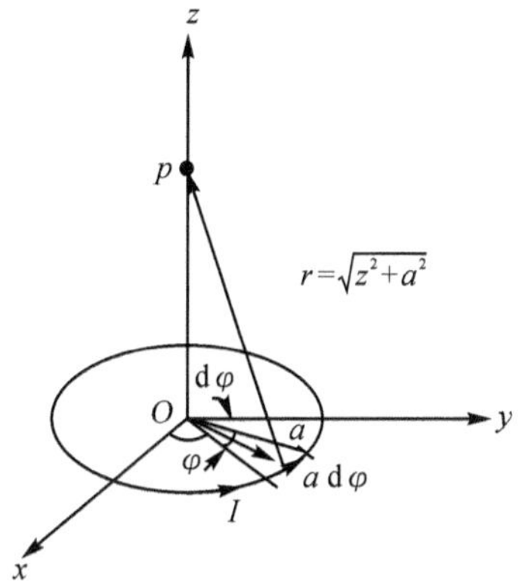

图 6-26　求磁偶极子轴线上的磁场

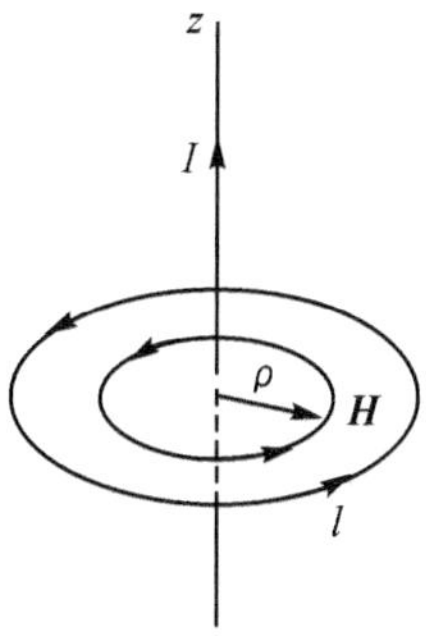

图 6-27　用安培定理求通电直导线产生的磁场

3. 利用结构对称性求磁场

对于恒定磁场，如果场具有对称性，利用安培定理可方便地求出电流产生的磁场。

根据斯托克斯定理，由 $\nabla\times\boldsymbol{H}=\boldsymbol{J}$ 可得

$$\oint_l \boldsymbol{H}\cdot \mathrm{d}\boldsymbol{l}=\int_S \boldsymbol{J}\cdot \mathrm{d}\boldsymbol{S}=I \tag{6.5.12}$$

对于前面计算过的电流 I 通过无限长导线的情况(见图 6-27)，选择圆柱坐标系，z 轴与导线重合，则磁场只有 φ 分量。积分路径以导线为中心，半径为 ρ 的圆，式(6.5.12)成为

$$\int_0^{2\pi} H_\varphi \rho \mathrm{d}\varphi = I$$

利用场分布的对称性，H_φ 与 φ 无关，可拿到积分号外，于是有

$$H_\varphi 2\pi\rho=I$$

$$H_\varphi=\varphi_0\ \frac{I}{2\pi\rho}$$

与用毕奥—萨伐定理得到的结果一致。这跟静电问题求解中，基于电场的对称性，利用高斯定理求电场是类似的。

6.6　磁场中的介质

1. 介质的磁化

介质在电场作用下，不管是对非极化介质而言的感应偶极子还是对极化介质而言的永久偶极子，都趋向于按电场方向排列。这个过程叫做介质的极化。那么介质在磁场作用下，有什么类似过程发生呢?

原子是组成介质材料的基本单元，不管是绕核旋转的电子云还是电子本身的自旋都类似于产生磁场的电流回路，即形成一个磁偶极子[见图 6-28(a)]，可用一个磁矩 $\boldsymbol{m}$ 等效。没有磁场时，这些磁矩随机取向，不会产生净的磁场。当介质中有外加磁场，且足够大时，这些磁矩将沿磁场方向有序排列，如图 6-28(b)所示。这个过程就叫做介质的磁化。

介质极化后，介质中除了自由电荷产生的电场外，还有因介质极化而致的诸多偶极子 $\boldsymbol{p}$ 产生的电场。介质磁化后也有类似情况。

设元电流的截面为 $\mathrm{d}\boldsymbol{S}$，电流为 I，磁矩 $\boldsymbol{m}$ 为

$$\boldsymbol{m}=I\mathrm{d}\boldsymbol{S} \tag{6.6.1}$$

则单位体积中总磁矩为

$$\boldsymbol{M}=N\boldsymbol{m}=NI\mathrm{d}\boldsymbol{S} \tag{6.6.2}$$

式中：N 为单位体积内磁偶极子数。

因此外加磁场作用于介质后，除了外加磁场外，还有介质磁化引发的磁矩 $\boldsymbol{m}$ 产生的磁场。

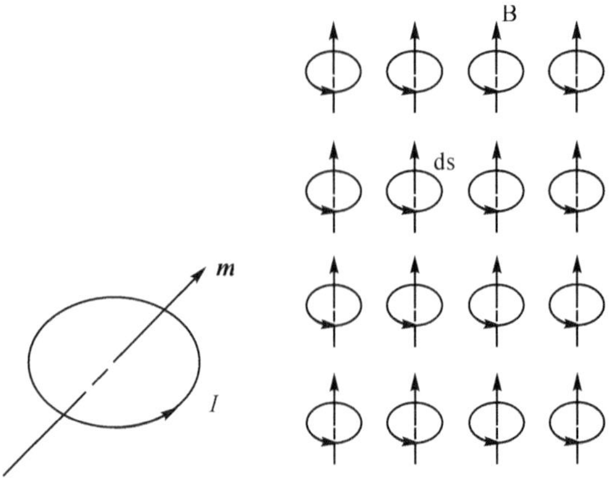

(a)磁偶极子　　(b)磁矩沿磁场方向有序排列

图 6-28　磁偶极子及其沿磁场方向有序排列

2. 束缚面电流与束缚体电流及其与磁矩 $\boldsymbol{M}$ 的关系

电场中的介质可以看作无限多按电场有序排列的电偶极子的集合，同样磁场中的介质也可以看作无限多按磁场有序排列的磁偶极子的集合。介质极化的结果在介质表面呈现束缚面电荷，在介质体内呈现束缚体电荷。介质磁化后在介质表面则呈现束缚面电流，而在介质体内呈现束缚体电流。

如图 6-29 所示，因为磁场只有 z 分量 B_z，磁矩 $\boldsymbol{m}$ 也只有 z 分量 m_z，按右手螺旋规则，如果大拇指在 z 方向，四指方向即为电流方向。在 y-z 界面，有 y 方向电流，即 $\boldsymbol{J}_{\mathrm{s}(y\text{-}z)\text{界面}}=\boldsymbol{y}_0 J_y$，在 x-z 界面有 $-x$ 方向电流，即 $\boldsymbol{J}_{\mathrm{s}(x\text{-}z)\text{界面}}=-\boldsymbol{x}_0 J_x$。

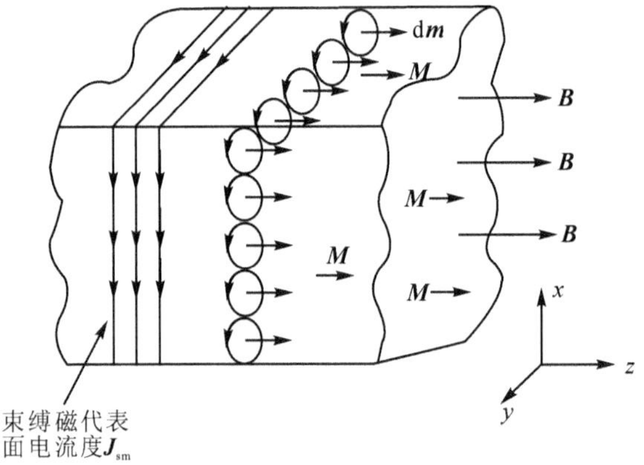

图 6-29　介质磁化引起束缚面电流的图示

介质表面电流一般表达式为

$$\boldsymbol{J}_{\mathrm{sm}}=\boldsymbol{M}\times\boldsymbol{n}_0 \tag{6.6.3}$$

式中：$\boldsymbol{n}_0$ 为界面法线方向单位矢量。

如果外加磁场 B 是均匀的，介质内部磁化产生的磁矩也是均匀的，由于相邻两个磁矩电流方向相反，大小相等，完全抵消，因此介质内部不会有净的电流。如果外加磁场 B 不均匀，介质磁化产生的磁矩分布也不均匀，那么相邻两磁矩电流方向虽然相反，但大小不等，有净的

电流密度 $\boldsymbol{J}_{\mathrm{m}}$。$\boldsymbol{J}_{\mathrm{m}}$ 与磁矩 $\boldsymbol{M}$ 的关系为

$$\boldsymbol{J}_{\mathrm{m}}=\nabla\times\boldsymbol{M} \tag{6.6.4}$$

式(6.6.3)、式(6.6.4)简要证明如下。

在图 6-30(a)所示磁性介质内，回路 l' 包围的面积为 S，沿回线 l' 作小柱体 $\mathrm{d}V'$，显然体积 $\mathrm{d}V'=\mathrm{d}\boldsymbol{S}'\cdot\mathrm{d}\boldsymbol{l}'$，$\mathrm{d}\boldsymbol{S}'$、$\mathrm{d}\boldsymbol{l}'$ 已在图中表示出来，$\mathrm{d}\boldsymbol{S}'$ 的方向即磁矩 $\mathrm{d}\boldsymbol{m}$ 的方向。每个磁矩 $\mathrm{d}\boldsymbol{m}$ 在 $\mathrm{d}\boldsymbol{S}'$ 方向等效为一个磁流 $\mathrm{d}\boldsymbol{I}_{\mathrm{m}}$。小柱体内磁矩数为$(N\mathrm{d}\boldsymbol{S}'\cdot\mathrm{d}\boldsymbol{l}')$，其中 N 为单位体积磁矩数。如果每个磁矩的束缚电流为 I，则小体积 $\mathrm{d}V'$ 内的束缚电流为

$$\mathrm{d}I_{\mathrm{m}}=I(N\mathrm{d}\boldsymbol{S}'\cdot\mathrm{d}\boldsymbol{l}')=(NI\mathrm{d}\boldsymbol{S}')\cdot\mathrm{d}\boldsymbol{l}'$$

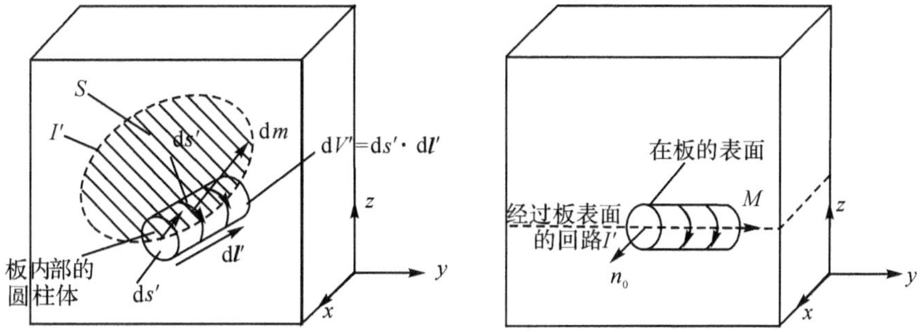

(a)束缚体电流计算的图示　　(b)束缚面电流计算的图示

图 6-30　束缚体电流与束缚面电流

将式(6.6.2)代入得到

$$\mathrm{d}I_{\mathrm{m}}=\boldsymbol{M}\cdot\mathrm{d}\boldsymbol{l}' \tag{6.6.5}$$

总的 I_{m} 为

$$I_{\mathrm{m}}=\oint_{l'}\boldsymbol{M}\cdot\mathrm{d}\boldsymbol{l}' \tag{6.6.6}$$

而 I_{m} 又可表示为

$$I_{\mathrm{m}}=\int_{S}\boldsymbol{J}_{\mathrm{m}}\cdot\mathrm{d}\boldsymbol{S} \tag{6.6.7}$$

S 是回线 l' 包围的面积。由此得到

$$I_{\mathrm{m}}=\int_{S}\boldsymbol{J}_{\mathrm{m}}\cdot\mathrm{d}\boldsymbol{S}=\oint_{l'}\boldsymbol{M}\cdot\mathrm{d}\boldsymbol{l}'=\int(\nabla\times\boldsymbol{M})\cdot\mathrm{d}\boldsymbol{S} \tag{6.6.8}$$

由式(6.6.8)就得到

$$\boldsymbol{J}_{\mathrm{m}}=\nabla\times\boldsymbol{M}$$

这就是式(6.6.4)。

接下来再在磁性材料表面作一回线 l'[见图 6-30(b)]。在材料表面，束缚表面电流与表面相切，式(6.6.5)成为

$$\mathrm{d}I_{\mathrm{m}}=M_{\tan}\mathrm{d}l' \tag{6.6.9}$$

$M_{\tan}$ 是磁矩 $\boldsymbol{M}$ 在表面的切向分量。由式(6.6.9)得到

$$M_{\tan}=\frac{\mathrm{d}I_{\mathrm{m}}}{\mathrm{d}l'}=J_{\mathrm{sm}} \tag{6.6.10}$$

J_{sm} 就是表面束缚电流密度。式(6.6.10)可写成矢量形式

$$\boldsymbol{J}_{\mathrm{sm}}=\boldsymbol{M}\times\boldsymbol{n}_0$$

这就是式(6.6.3)。

3. 相对磁导率 μ_r

计及 $\boldsymbol{J}_m$ 后，$\nabla\times\dfrac{\boldsymbol{B}}{\mu_0}=\boldsymbol{J}$ 可改写为

$$\nabla\times\frac{\boldsymbol{B}}{\mu_0}=(\boldsymbol{J}+\boldsymbol{J}_m)=\boldsymbol{J}+\nabla\times\boldsymbol{M}$$

$$\nabla\times\left(\frac{\boldsymbol{B}}{\mu_0}-\boldsymbol{M}\right)=\boldsymbol{J}$$

与 $\nabla\times\boldsymbol{H}=\boldsymbol{J}$ 比较，知

$$\frac{\boldsymbol{B}}{\mu_0}-\boldsymbol{M}=\boldsymbol{H}$$

所以
$$\boldsymbol{B}=\mu_0(\boldsymbol{H}+\boldsymbol{M})\tag{6.6.11}$$

对于线性介质，$\boldsymbol{M}$ 与 $\boldsymbol{H}$ 成正比，即

$$\boldsymbol{M}=x_m\boldsymbol{H}\tag{6.6.12}$$

所以
$$\boldsymbol{B}=\mu_0(1+x_m)\boldsymbol{H}=\mu_0\mu_r\boldsymbol{H}\tag{6.6.13}$$

$$\mu_r=1+x_m\tag{6.6.14}$$

其中，x_m 叫做磁化强度。

注意，$\boldsymbol{H}$ 是外加的场，而磁通量密度 $\boldsymbol{B}$ 是外加场与内部电子自旋产生的场的总和。

考察如图 6-31 所示的沿铁管轴线安置的导线。导线的半径为 a，并有电流 I 流过。铁管内外半径分别为 b 和 c，相对磁导率为 μ_r。试求铁管内外表面之束缚面电流密度与铁管中的体电流密度。

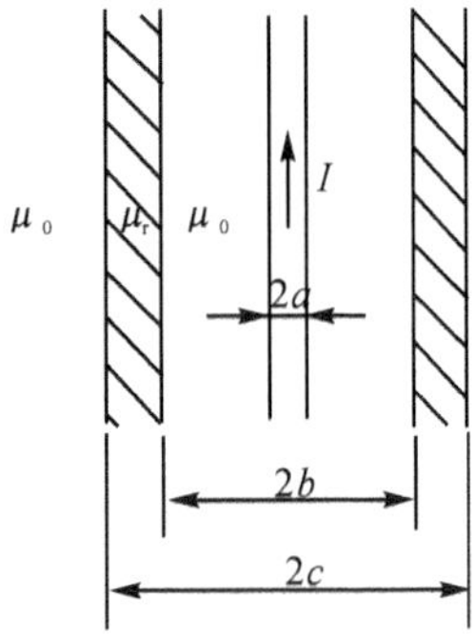

图 6-31 置于空铁管中的导线

根据对称性及全电流定理得到

$$\boldsymbol{H}=\frac{I}{2\pi\rho}\boldsymbol{\varphi}_0$$

因为

$$\boldsymbol{M}=(\mu_r-1)\boldsymbol{H}=(\mu_r-1)\frac{I}{2\pi\rho}\boldsymbol{\varphi}_0$$

所以空铁管内外表面束缚面电流密度为

$$\boldsymbol{J}_{sm}|_{\rho=b}=\boldsymbol{M}|_{\rho=b}\times\boldsymbol{n}=(\mu_r-1)\frac{I}{2\pi b}\boldsymbol{\varphi}_0\times(-\boldsymbol{\rho}_0)$$

$$=(\mu_r-1)\frac{I}{2\pi b}\boldsymbol{z}_0$$

$$\boldsymbol{J}_{sm}|_{\rho=c}=\boldsymbol{M}|_{\rho=c}\times\boldsymbol{n}=(\mu_r-1)\frac{I}{2\pi c}\boldsymbol{\varphi}_0\times(\boldsymbol{\rho}_0)=-(\mu_r-1)\frac{I}{2\pi c}\boldsymbol{z}_0$$

铁管中的束缚体电流密度为

$$\boldsymbol{J}_m=\nabla\times\boldsymbol{M}=\frac{\boldsymbol{\rho}_0}{\rho}\left(\frac{\partial M_z}{\partial\varphi}-\frac{\partial(\rho M_\varphi)}{\partial z}\right)+\boldsymbol{\varphi}_0\left(\frac{\partial M_\rho}{\partial z}-\frac{\partial M_z}{\partial\rho}\right)+\boldsymbol{z}_0\left(\frac{1}{\rho}\frac{\partial(\rho M_\varphi)}{\partial\rho}-\frac{1}{\rho}\frac{\partial(M_\rho)}{\partial\varphi}\right)$$

$$=\boldsymbol{z}_0\,\frac{1}{\rho}\frac{\partial}{\partial\rho}\left(\frac{(\mu_r-1)I}{2\pi}\right)=0$$

6.7　电感、磁场力与磁场能

6.7.1　电感

电场中带电导体的电位 Φ 与产生电位的电量 Q 之比，只与导体系统的固有参量有关，而与电量 Q 的大小无关。与此类似，磁场中通电线圈铰链的总磁通量 Ψ 与产生它的电流 I 之比，也只与闭合回路自身的几何、物理特性有关，而与电流 I 的大小无关。这一结论可由式(6.5.8)得到。根据式(6.5.8)，电流 I 产生的磁通量密度 B 与电流 I 成正比，而穿过某一闭合回路 l 的磁通量 Φ 与 B 成正比，所以磁通量 Φ 与电流 I 成正比。如果回路由 N 个通电线圈组成，则总磁通量为穿过 N 个线圈的磁通量之和，总磁通量称为磁链，记为 Ψ。这就是说，Ψ 与 I 成正比，Ψ 与 I 之比与电流 I 无关，而只与闭合回路自身的几何、物理特性有关。

为了描述电场中导体系统的特性引入自电容与互电容的概念，同样为描述磁场中通电线圈系统的特性就引入自感与互感的概念。

自感是自感系数的简称，用 L 表示，它的定义是穿过以电流回路为周界的任意曲面的磁链 Ψ 与回路电流 I 之比，即

$$L=\frac{\Psi}{I} \tag{6.7.1}$$

L 的单位是亨利(H)。一个回路的自感取决于回路的几何形状、大小以及填充介质的磁导率。

互感是互感系数的简称，只有两个回路才涉及互感，它表示两回路间的磁耦合程度。图 6-32 表示回路 l_1 与 l_2 之间的耦合是通过回路 l_1 的电流 I_1 产生的磁链 Ψ 与回路 l_2 实现耦合的。互感有 M_{12} 与 M_{21} 之分。M_{12} 定义为：由回路 l_1 的电流 I_1 产生的并穿过回路 l_2 的磁链 Ψ_{12} 与电流 I_1 之比

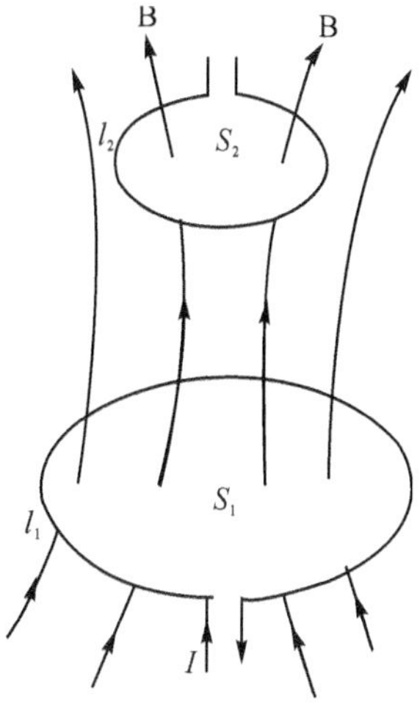

图 6-32　回路 l_1 通过磁力线与回路 l_2 耦合

$$M_{12}=\frac{\Psi_{12}}{I_1} \tag{6.7.2}$$

单位与自感相同。同理，回路 l_2 与 l_1 之间的互感 M_{21} 定义为

$$M_{21}=\frac{\Psi_{21}}{I_2} \tag{6.7.3}$$

I_2 是回路 l_2 中的电流，Ψ_{21} 是 I_2 产生的穿过回路 l_1 的磁链。

可以证明

$$M_{12}=M_{21}=M \tag{6.7.4}$$

1. 无限长平行双导线单位长度的电感

按照上面对电感的定义，如图 6-33 所示无限长平行双导线，设导线中电流为 I，根据无限长直导线产生的磁场式(6.5.9)，在两导线所确定的平面上任一点的磁通量密度 B 为

$$B=\frac{\mu_0 I}{2\pi x}+\frac{\mu_0 I}{2\pi(d-x)}$$

磁场的方向与导线轴线所在平面垂直，因而穿过两导线间与单位长度对应面积的磁链 Ψ_{out}（不包括导线内部的那部分磁链）为

$$\Psi_{out}=\int_a^{d-a}\left[\frac{\mu_0 I}{2\pi x}+\frac{\mu_0 I}{2\pi(d-x)}\right]dx=\frac{\mu_0 I}{\pi}\ln\frac{d-a}{a} \tag{6.7.5}$$

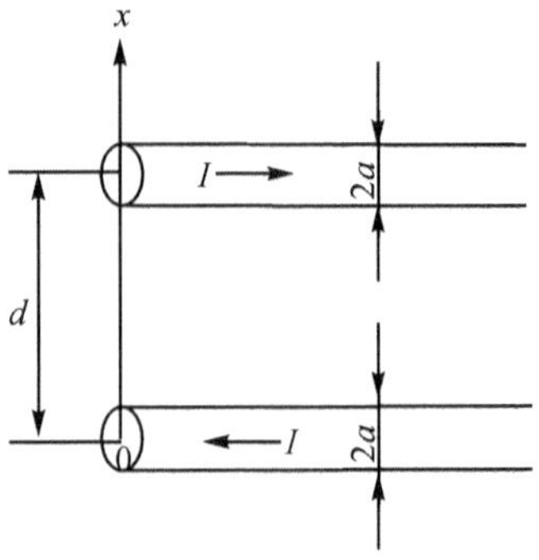

图 6-33　计算平行双导线的电感

称 Ψ_{out} 与电流 I 之比为外自感 l_{out}，即

$$l_{out}=\frac{\Psi_{out}}{I}=\frac{\mu_0}{\pi}\ln\frac{d-a}{a} \tag{6.7.6}$$

2. 同轴线单位长度的电感

对于图 6-19 所示的同轴线，利用安培定律得

$$\oint B\cdot d\boldsymbol{l}=\mu I$$

可决定磁通量密度 $\boldsymbol{B}$。取积分路径为 C，可得

$$\oint_C \boldsymbol{B}\cdot d\boldsymbol{l}=2\pi\rho B(\rho)=\mu I$$

所以

$$B(\rho)=\frac{\mu I}{2\pi\rho} \tag{6.7.7}$$

式中：ρ 为积分路径的半径；$B(\rho)$ 为离开中心 ρ 处的磁通量密度；I 为同轴线内导体上流过的电流；μ 为磁导率。单位长度同轴线交链的磁通量，即图 6-19 中穿过阴影面积的磁通量 Ψ 为

$$\Psi=\int_a^b B(\rho)d\rho$$

式中：a、b 为同轴线内外导体半径，将式(6.7.7)代入，可得

$$\Psi=\int_a^b\frac{\mu I}{2\pi\rho}d\rho=\frac{\mu I}{2\pi}\ln\frac{b}{a} \tag{6.7.8}$$

所以单位长度的电感 L 为

$$L=\frac{\Psi}{I}=\frac{\mu}{2\pi}\ln\frac{b}{a} \tag{6.7.9}$$

有一点要特别说明，点电荷产生电场与离开点电荷的距离 r^2 成反比，而无限长直导线产生的磁场与离开导线的距离 r 也成反比。这就是说一根通电导线通过磁场对另一根通电导线的影响在同样距离下比一个带电导体通过电场对另一带电导体的影响大得多。

6.7.2　安培定理

安培定理描述两通电导体间的相互作用，它也可从洛仑兹力方程得到。

对于只有恒定磁场，洛仑兹力方程中第一项电场力 $q\boldsymbol{E}$ 不起作用，所以洛仑兹力方程为

$$\boldsymbol{F}=q\boldsymbol{v}\times\boldsymbol{B} \tag{6.7.10}$$

式(6.7.10)表示磁场 $\boldsymbol{B}$ 作用于以速度 v 运动的电荷 q 的作用力。对于通电导体，如图 6-34所示，假定单位体积内有 N 个可以自由移动的荷电 q 的质点，其体电荷密度 $\rho_V=Nq$，如

果所有这些荷电质点以恒速 v 运动，或者说体电荷密度 ρ_V 以恒速 v 运动，根据式(1.1.50)，体电流密度为

$$\boldsymbol{J}_V=\rho_V\boldsymbol{v}=Nq\boldsymbol{v} \tag{6.7.12}$$

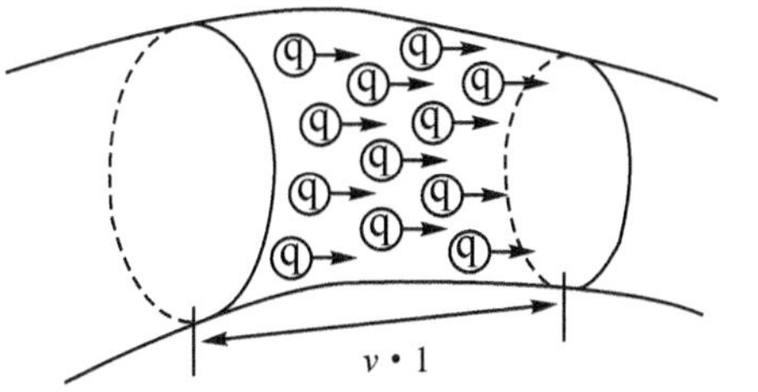

图 6-34　流过截面 A 的电流 $I=NqAv$

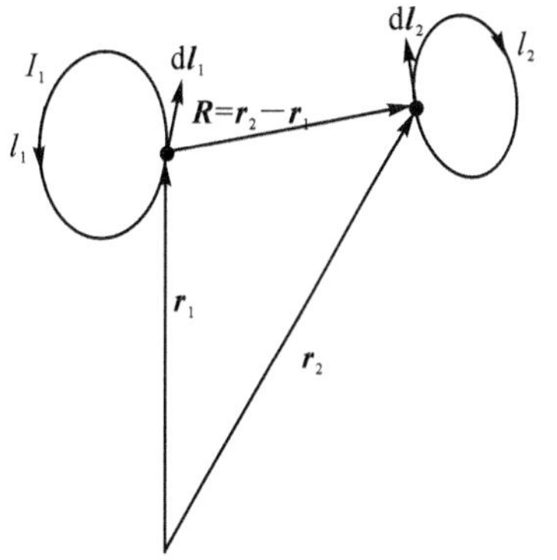

图 6-35　安培定理示意图

因为体电荷密度 $\rho_V=Nq$，$\mathrm{d}V$ 体积内总电荷就是 $Nq\mathrm{d}V$。根据式(6.7.10)磁场作用于体积 $\mathrm{d}V$ 内电荷总的作用力就是

$$\mathrm{d}\boldsymbol{F}=Nq\boldsymbol{v}\mathrm{d}V\times\boldsymbol{B}$$

利用式(6.7.12)定义的 $\boldsymbol{J}$，上式可写成

$$\mathrm{d}\boldsymbol{F}=(\boldsymbol{J}\times\boldsymbol{B})\mathrm{d}V \tag{6.7.13}$$

如果限定电荷在导体中运动，导体的总电流为 I，那么 $\boldsymbol{J}\mathrm{d}V=I\mathrm{d}\boldsymbol{l}$，$\mathrm{d}l$ 为元体积 $\mathrm{d}V$ 的长度，$\mathrm{d}\boldsymbol{l}$ 的方向为电流沿导体流动的方向，由式(6.7.13)可得

$$\mathrm{d}\boldsymbol{F}=I\mathrm{d}\boldsymbol{l}\times\boldsymbol{B} \tag{6.7.14}$$

式(6.7.14)表示当电流 I 流过导体时磁场对它的作用力。

根据式(6.5.8)导线上电流 I 产生的磁通量密度 $\boldsymbol{B}$ 为

$$\boldsymbol{B}=\frac{\mu_0 I}{4\pi}\int_{V'}\frac{\mathrm{d}\boldsymbol{l}\times(\boldsymbol{r}-\boldsymbol{r}')}{|\boldsymbol{r}-\boldsymbol{r}'|^3}\mathrm{d}V'$$

上式与式(6.7.14)结合，对于图 6-35 所示的电流为 I_1 的回路 l_1 产生的磁场 B_1 对电流为 I_2 的回路 l_2 的作用力 F_{12} 可表示为

$$\boldsymbol{F}_{12}=\frac{\mu_0}{4\pi}\oint_{l_2}\oint_{l_1}\frac{I_2\mathrm{d}\boldsymbol{l}_2\times(I_1\mathrm{d}\boldsymbol{l}_1\times\boldsymbol{R}_0)}{R^2} \tag{6.7.15}$$

式中：$R=|\boldsymbol{r}_2-\boldsymbol{r}_1|$，$\boldsymbol{R}_0=\dfrac{\boldsymbol{r}_2-\boldsymbol{r}_1}{|\boldsymbol{r}_2-\boldsymbol{r}_1|}$ 表示 $\boldsymbol{r}_2-\boldsymbol{r}_1$ 方向单位矢量。式(6.7.15)表示的就是安培定理。

6.7.3　恒定电流系统的磁场能

前面已分析过，电荷系统储存电场能，同样电流系统储存磁场能。因为正如前面所述，电流 I_1 的回路 l_1 产生的磁场 $\boldsymbol{B}_1$ 会对电流 I_2 的回路 l_2 施加一作用力，从而可能对 l_2 回路做功，这就说明磁场中有能量储存，这个能量源于回路 l_1 中建立电流 I_1 时外电源所做的功。

现以两个恒定电流回路系统为例进行讨论，假设构成回路的导线很细，可作线电流处理。分析的基本思路是，两个通电回路电流由零至稳定值的增长过程中外界对系统做的功，这个功

就转变为系统储能。

设 $t=0$ 初始时刻两个回路中电流均为零。先分析回路 l_1 中电流 i_1 由 0 至稳定值 I_1 的增长过程中外电源做的功。如图 6-36(a)所示，当回路 l_1 在 $\mathrm{d}t$ 时间内电流由 i_1 增长到$(i_1+\mathrm{d}i_1)$时，穿过回路 l_1 和回路 l_2 的磁通量 Ψ_{11} 和 Ψ_{12} 也相应增加到$(\Psi_{11}+\mathrm{d}\Psi_{11})$和$(\Psi_{12}+\mathrm{d}\Psi_{12})$。根据法拉第定理，$\Psi_{11}$ 的变化将在回路 l_1 中产生自感电动势

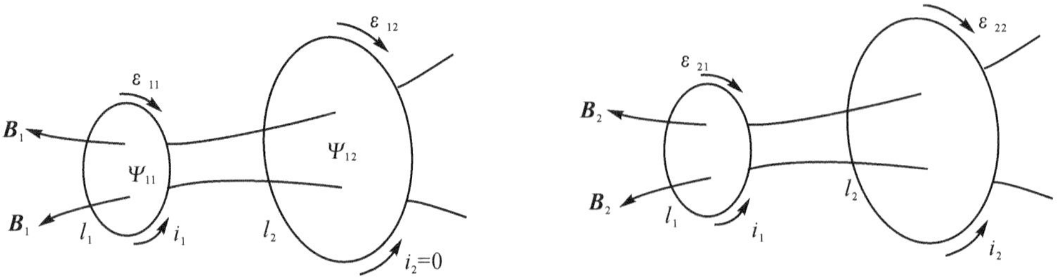

(a) $i_2=0$，建立 I_1 时外电源做的功　　(b) I_1 不变，建立 I_2 时外电源做的功

图 6-36　恒定磁场的磁场能

$$\varepsilon_{11}=-\frac{\mathrm{d}\Psi_{11}}{\mathrm{d}t}=-L_1\frac{\mathrm{d}i_1}{\mathrm{d}t} \tag{6.7.16}$$

式中：L_1 就是回路 l_1 的自感。注意，ε_{11} 在 l_1 中产生感应电流 i_{ind1} 与初始激励电流 i_1 的方向相反，阻止 i_1 的增加，为使 i_1 继续向最终的稳定值增加，必须由外电源给回路 l_1 提供一个电压 $V_1=-\varepsilon_{11}$ 来抵消自感电动势，以维持 l_1 中在 $\mathrm{d}t$ 时间内有增量 $\mathrm{d}i_1$。因此，$\mathrm{d}t$ 时间内外电源向回路 l_1 做的功是

$$\mathrm{d}W_{11}=V_1i_1\mathrm{d}t=L_1\frac{\mathrm{d}i_1}{\mathrm{d}t}i_1\mathrm{d}t=L_1i_1\mathrm{d}i_1 \tag{6.7.17}$$

因此，回路 l_1 中电流由 0 增加至稳定值 I_1 过程中外电源做的总功就是

$$W_{11}=\int_0^{I_1}L_1i_1\mathrm{d}i_1=\frac{1}{2}L_1I_1^2 \tag{6.7.18}$$

回路 l_1 在 $\mathrm{d}t$ 时间内电流由 i_1 增长到 $i_1+\mathrm{d}i_1$ 的过程中，还将引起了 Ψ_{12} 的变化，从而在 l_2 回路中也将产生互感电动势

$$\varepsilon_{12}=-\frac{\mathrm{d}\Psi_{12}}{\mathrm{d}t}=-M\frac{\mathrm{d}i_1}{\mathrm{d}t} \tag{6.7.19}$$

ε_{12} 在 l_2 中也将产生一个感应电流，将抵消 $\mathrm{d}i_1$ 的影响使 i_2 始终为零，因此必须由外电源给 l_2 提供一个电压 $V_2=-\varepsilon_{12}$ 来抵消互感电动势。这样，在 $\mathrm{d}t$ 时间由外电源向 l_2 做的功为使 i_2 始终为零而等于零，即

$$\mathrm{d}W_{12}=V_2i_2\mathrm{d}t=0$$

因此，回路 l_1 中电流 i_1 由零增长到稳定值 I_1 的过程中，外电源向 l_2 做的总功 W_{12} 为零。这就是说回路 l_1 中电流由零增长到稳定值，外电源对两回路系统做的总功为

$$W_1=W_{11}+W_{12}=\frac{1}{2}L_1I_1^2 \tag{6.7.20}$$

接下去保持 l_1 回路中电流 I_1 不变，而 l_2 回路中电流 i_2 由零增长到稳定值，如图 6-36(b)所示。根据同样的分析，在这一过程中，外电源对回路 l_2 做的功是

$$W_{22}=\int_0^{I_2}L_2i_2\mathrm{d}i_2=\frac{1}{2}L_2I_2^2 \tag{6.7.21}$$

式中：L_2 为回路 l_2 的自感。但外电源对回路 l_1 做的功 W_{21} 不为零。因为电流 i_2 由零增长到

稳定值的过程中回路 l_1 中产生的互感电动势 ε_{21}，企图改变已建立好的 I_1，要消除 ε_{21} 的影响而使 I_1 不变，需外接一电压 $V_{21}=-\varepsilon_{21}$ 的电源，该电源在 dt 时间内对 l_1 做的功是

$$\mathrm{d}W_{21}=V_{21}I_1\mathrm{d}t=M\frac{\mathrm{d}i_2}{\mathrm{d}t}I_1\mathrm{d}t=MI_1\mathrm{d}i_2$$

在整个过程中电源向 l_1 做的功为

$$W_{21}=\int_0^{I_2}MI_1\mathrm{d}i_2=MI_1I_2 \tag{6.7.22}$$

因此，外电源对两回路系统做的总功是

$$W_{\mathrm{m}}=\frac{1}{2}L_1I_1^2+\frac{1}{2}L_2I_2^2+MI_1I_2 \tag{6.7.23}$$

将式(6.7.23)改写为

$$\begin{aligned}W_{\mathrm{m}}&=\frac{1}{2}I_1(L_1I_1+MI_2)+\frac{1}{2}I_2(L_2I_2+MI_1)\\&=\frac{1}{2}I(\Psi_{11}+\Psi_{21})+\frac{1}{2}I_2(\Psi_{22}+\Psi_{12})\\&=\frac{1}{2}I_1\Psi_1+\frac{1}{2}I_2\Psi_2=\frac{1}{2}\sum_{i=1}^{2}I_i\Psi_i\end{aligned} \tag{6.7.24}$$

式中：$\Psi_1=\Psi_{11}+\Psi_{21}$、$\Psi_2=\Psi_{22}+\Psi_{12}$ 分别是穿过回路 l_1 和 l_2 的总的磁通量。

接下去把上面分析结果推广到对于由 n 个回路组成的系统，外电源对系统的做功，就是系统磁场能

$$W_{\mathrm{m}}=\sum_{i=1}^{n}\frac{1}{2}I_i\Psi_i \tag{6.7.25}$$

因为 $\Psi=\int_S\boldsymbol{B}\cdot\mathrm{d}\boldsymbol{S}$ 而 $\boldsymbol{B}=\nabla\times\boldsymbol{A}$，再利用斯托克斯定理就得到

$$\Psi=\oint_l\boldsymbol{A}\cdot\mathrm{d}\boldsymbol{l}$$

所以式(6.7.25) 又可写为

$$W_{\mathrm{m}}=\sum_{i=1}^{n}\frac{1}{2}\oint\boldsymbol{A}_i\cdot I_i\mathrm{d}\boldsymbol{l}_i \tag{6.7.26}$$

因为 I_i 为常数，故可移入积分号内。如果电流并不局限在导线内流动，而分布于整个体积，可利用 $I\mathrm{d}\boldsymbol{l}=\boldsymbol{J}\mathrm{d}V$，$\boldsymbol{J}$ 为体电流密度，dV 为体积元，将式(6.7.26)推广为

$$W_{\mathrm{m}}=\int_V\frac{1}{2}\boldsymbol{J}\cdot\boldsymbol{A}\mathrm{d}V \tag{6.7.27}$$

再将 $\nabla\times\boldsymbol{H}=\boldsymbol{J}$ 代入式(6.7.27)。式中积分是在有电流分布的区域中 V 内进行的，但在 V 外 $\boldsymbol{J}=0$，故积分区域可扩充至整个空间 V_∞，从而有

$$W_{\mathrm{m}}=\int_{V_\infty}\frac{1}{2}\boldsymbol{A}\cdot\nabla\times\boldsymbol{H}\mathrm{d}V \tag{6.7.28}$$

根据矢量恒等关系 $\nabla\cdot(\boldsymbol{A}\times\boldsymbol{H})=\boldsymbol{H}\cdot(\nabla\times\boldsymbol{A})-\boldsymbol{A}\cdot(\nabla\times\boldsymbol{H})$，并利用 $\boldsymbol{B}=\nabla\times\boldsymbol{A}$ 以及散度定理，可得到

$$\begin{aligned}W_{\mathrm{m}}&=\frac{1}{2}\int_{V_\infty}\boldsymbol{H}\cdot\nabla\times\boldsymbol{A}\mathrm{d}V-\frac{1}{2}\int_{V_\infty}\nabla\cdot(\boldsymbol{A}\times\boldsymbol{H})\mathrm{d}V\\&=\int\frac{1}{2}\boldsymbol{H}\cdot\boldsymbol{B}\mathrm{d}V-\frac{1}{2}\oint_{S_\infty}(\boldsymbol{A}\times\boldsymbol{H})\cdot\mathrm{d}S\end{aligned}$$

上式右边第二项积分,因为$|\boldsymbol{A}\times\boldsymbol{H}|\propto r^{-3}$,而$S\propto r^2$,故当$r\to\infty$,其积分为零,于是上式变为

$$W_m=\int_V \frac{1}{2}\boldsymbol{H}\cdot\boldsymbol{B}\mathrm{d}V \tag{6.7.29}$$

由式(6.7.29)可知,$\frac{1}{2}\boldsymbol{B}\cdot\boldsymbol{H}$就是单位体积的储能,因此磁场储能密度为

$$w_m=\frac{1}{2}\boldsymbol{H}\cdot\boldsymbol{B} \tag{6.7.30}$$

习 题 6

6.1　由导体围成一个任意形状的空腔,试证明腔内电场为零,腔内表面没有电荷。

6.2　如题6.2图所示,两个小球,其半径分别为a_1、a_2,它们之间间距为$d(d\gg a_1,d\gg a_2)$,两球所加电位各为V_1与V_2。试求它们之间斥力为多少?提示:先求两个小球带的电荷。

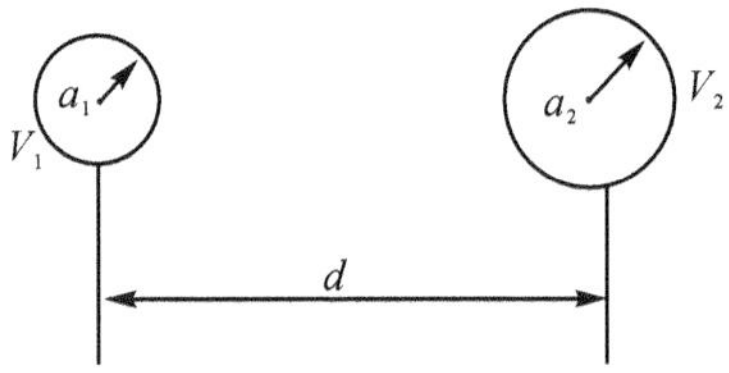

题6.2图

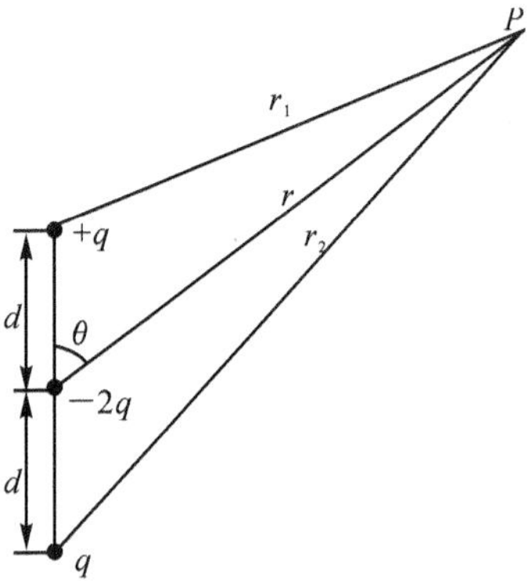

题6.3图

6.3　三点电荷排成一直线,两点电荷间距离为d,其所带电量分别为q、$-2q$、q,如题6.3图所示,试证明P点的电位为

$$V=\frac{qd^2}{4\pi\varepsilon_0 r^3}(3\cos^2\theta-1)$$

6.4　半径为a的圆环,其上均匀分布电荷,总电量为Q_1,在圆环轴线上P点放置一点电荷,其电量为Q_2,如题6.4图所示,试求点电荷Q_2所受的力。

6.5　在无限大理想均匀介质中,其介电常数为ε,$r=0$处有一点电荷Q_0,其周围分布着体电荷密度$\rho_V(r)=-Q\times\frac{p^2\mathrm{e}^{-pr}}{4\pi r}$($p$为常数)。试求离点电荷$Q_0$为$r$处的电场强度$\boldsymbol{E}$。

6.6　一半径为a的球,内部分布有体电荷,电荷密度为

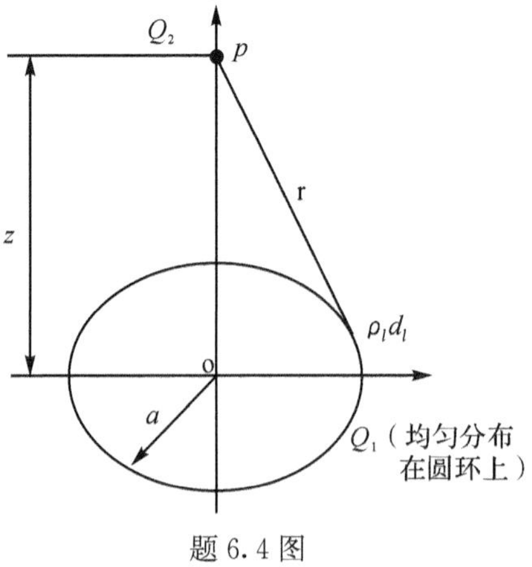

题6.4图

$$\rho_V=\begin{cases}\rho_{V0}\left(1-\dfrac{r^2}{a^2}\right) & r\leqslant a\\ 0 & r>a\end{cases}$$

求(1)球内总电荷;(2)空间各处 E、V;(3)计算 $E=E_{max}$ 时的 r 值。

6.7　电位 $\Phi(r)$ 如下式所示,求产生该电位的体电荷密度、面电荷密度与点电荷分布。

$$\Phi(r)=\begin{cases}\dfrac{1}{4\pi\varepsilon}\left(\dfrac{3+r^2}{r}\right) & r\leqslant d\\ \dfrac{1}{4\pi\varepsilon}\left(\dfrac{3+d^2}{r}\right) & r>d\end{cases}$$

6.8　一个以 10^5m/s 速度的电子对准很远处另一处于静止状态的电子运动,问该运动电子离静止电子多少距离时折回并离开静止电子。

6.9　试写出两个导体的电位系数和电容系数的关系式,用电位系数和电容系数表示电容 C 的公式。

6.10　半径分别为 a 和 b 的两个同心导电球构成的球形电容器,中间填充介质的介电系数为 ε,求该电容器的电容。

6.11　同轴电缆内导体直径为 $2a$,外导体内直径为 $2b$,中间为两层柱状介质填充,其介电系数分别为 ε_1 与 ε_2,交界面直径为 $2c$,要使两层介质中最大场强相等,应该怎样选择半径 a 和 b。

6.12　一圆柱形电容器,外导体内直径为 4cm,其间填充介质的击穿强度为 200kV/cm,设内导体直径可以自由选择,问该电容器最大承受电压为多大?

6.13　相对介电系数为 ε_r 的介质中有一强度为 $\boldsymbol{E}$ 的均匀电场,介质内有一球形空腔,如题 6.13 图所示,求球面上束缚电荷及球心电场 E'。

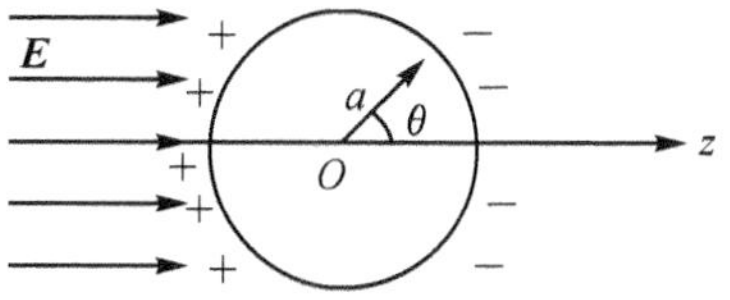

题 6.13 图

6.14　将平行板电容器充电至电位差 V,然后断开电源。电容器极板面积为 S,极板间距为 d,两极板是垂直放置的,使电容器一半浸没在相对介电系数为 ε_r 的介质中,试求:

(1) 电容 C;

(2) 极板上自由电荷 ρ_S 的分布;

(3) 两极板间空气和介质中的电场强度;

(4) 浸入液体后,电容器的能量比原电容器能量减少多少?(提示:电容器一半浸在液体后,极板上总电量不变。电位差 V 会改变,但空气部分与液体浸没部分电场强度仍然相等。)

6.15　一半径为 R 的金属薄球壳,放在空气中,设在离球心为 b 处放一点电荷 $-q$,如题 6.15 图所示,试求球心 O 点的电位。(提示:由于静电感应作用,在球壳内外表面的感应电荷分别为 q 与 $-q$,内表面 q 属非均匀分布,外表面 $-q$ 为均匀分布。建议用镜像法,设法使非均匀分布的 $+q$ 由 $-q$ 的镜像电荷 q' 来代替。这样球心 O 点的电位就由原电荷 $-q$ 及其镜像 q' 和

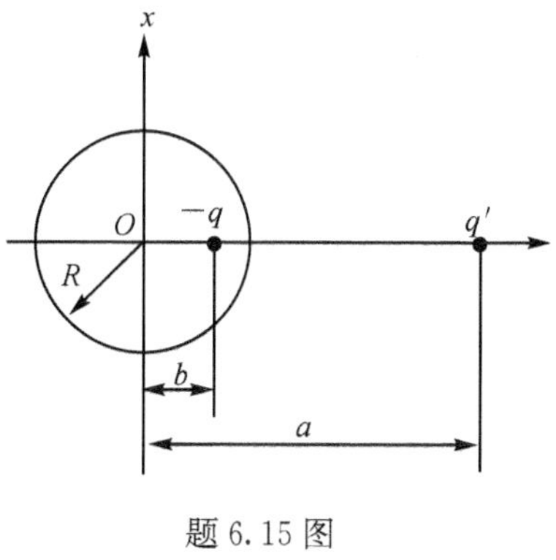

题 6.15 图

球壳外表面电荷$-q$共同产生)

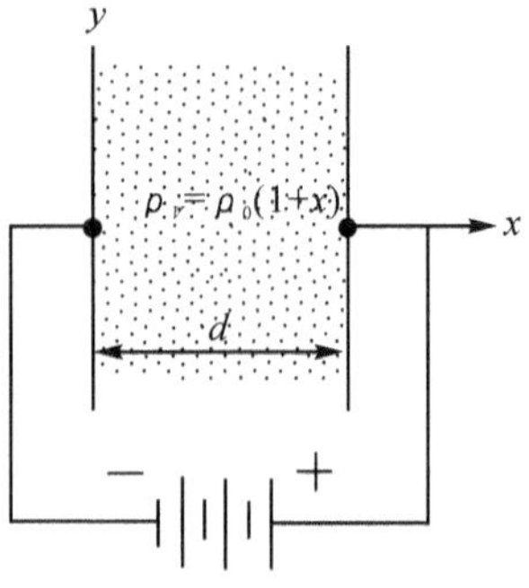

题 6.16 图

6.16　一平板电容器,接一电压V_0,已知两板间距离d远小于板面尺寸,并在两板间充入不均匀分布的体电荷密度$\rho_V=\rho_0(1+x)$,如题 6.16 图所示。试求极板间电位分布与电场强度$\boldsymbol{E}$为零的位置。

6.17　求如题 6.17 图所示面电流密度$\boldsymbol{J}_s=J_0\boldsymbol{x}_0$,在空间产生的磁场。

6.18　对于沿z轴放置的无限长通电螺线管,证明螺线管内只有z分量磁场,在螺线管外磁场为零。

6.19　内径为a、外径为b的导电管,中间填充空气,流过直流电流I安,求$\boldsymbol{H}$,(1)$\rho\leqslant a$;(2)$a\leqslant\rho\leqslant b$;(3)$b\leqslant\rho$。

6.20　两平行导线间距 1.5m,导线上通过电流 100A 但方向相反,求单位长度导线所受的力。

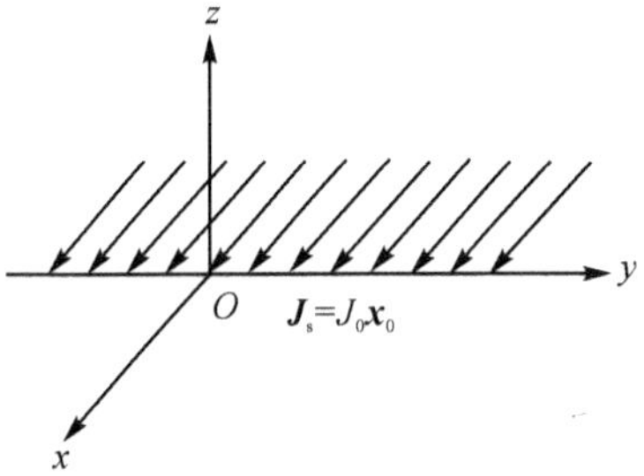

题 6.17 图

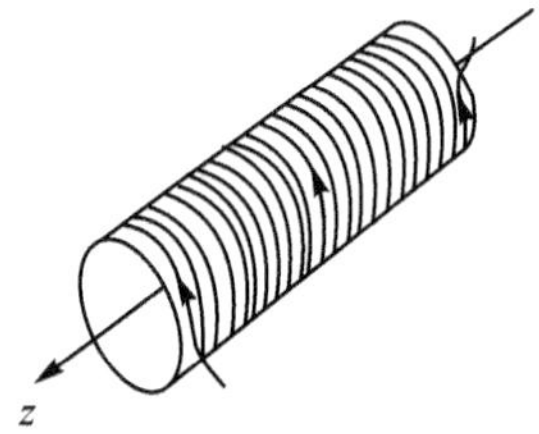

题 6.18 图

6.21　电流I通过半径为a的无限长导体,现以导体轴为轴作一半径为b、长为l的圆柱面(如题 6.21 图所示),为使导体与圆柱面之间区域中所储存的磁能为导体内所储存能的 4 倍,问所作柱面半径b是多少?

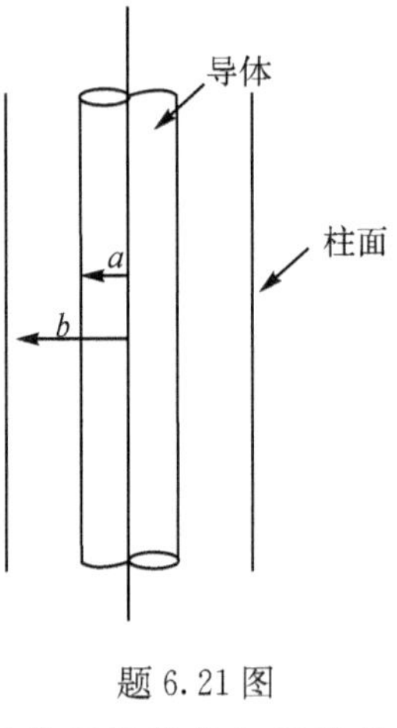

题 6.21 图

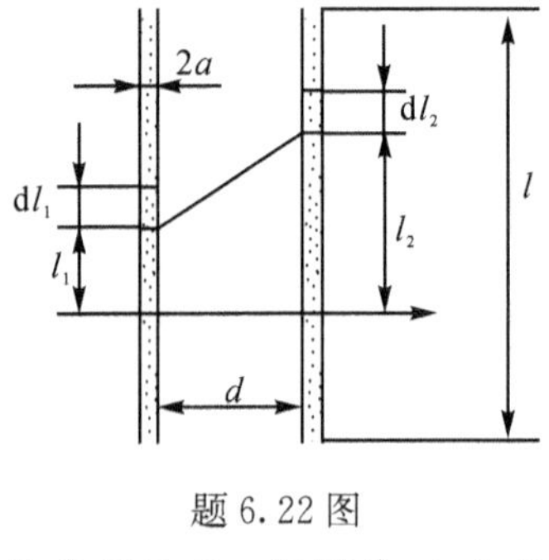

题 6.22 图

6.22　长为l的两根导线相互平行放置,导线直径为$2a$,间隔为d,如题 6.22 图所示,试求两导线间互感系数。

6.23　设半径为a的导体球充电位为V伏,球体以角速度ω绕其直径旋转,试求球心处的磁通量密度B。(提示:孤立导体电容$C=4\pi\varepsilon_0 a$,充电至V带的电量$Q=4\pi\varepsilon_0 aV$,并在球面上均匀分布,球以角速度ω旋转时,球面上任一点电流密度$\boldsymbol{J}_s=$

$\varepsilon_0 V\omega\sin\theta$。如题图6.23所示，先写出球面上 $J_s a\mathrm{d}\theta$ 所构成的圆电流环在球心处的磁通量密度 dB)

6.24　均匀磁化的磁介质的磁化强度为 $\boldsymbol{M}$，如果在其中挖出一个半径为 a 的球形腔，求此腔表面的面磁荷密度。(提示：利用电与磁的对偶性 $\rho_{sm}=\boldsymbol{M}\cdot\boldsymbol{n}$)

6.25　从荷电粒子与场的相互作用，说明晶体管放大器中荷电粒子(电子或空穴)如何将从直流电源中得到的能量转变为交变场能量，从而使交变场得到放大。

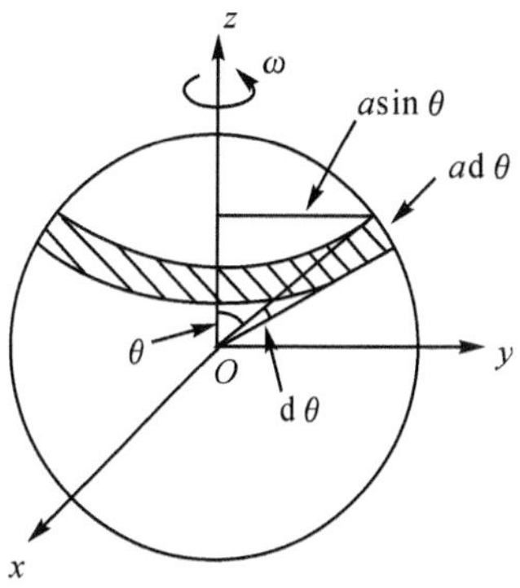

题图 6.23

第 7 章

射频与微波器件的等效网络表示

本书前面 6 章重点阐述了电磁场与电磁波的基本原理。从本章起将关注电磁场与电磁波在射频与微波电路中的应用。在无线通信、雷达、微波遥感、无线定位等射频与微波应用系统中，射频与微波电路是制约这些系统性能的关键之一。

射频与微波电路一般包括天线、放大器、混频器、振荡器、滤波器、功分器、耦合器、环形器等多种有源无源器件。这些器件的内部结构、工作原理都不一样。系统设计人员当然要了解这些器件的基本工作原理，但更为关注的是这些器件对输入的响应，即这些器件输出量与输入量之间的关系。所谓器件的等效网络表示，就是将各类器件都等效为一个网络，并根据器件与系统连接的端口数对应地将它们分为一端口网络、二端口网络以致更多端口网络。振荡器、匹配负载只有一个端口与系统连接，就用一端口网络表示。放大器、滤波器有两个端口与系统连接，就用二端口网络表示。混频器、环形器有三个端口与系统连接，定向耦合器有四个端口与系统连接，就分别用三端口网络、四端口网络表示。本章以二端口网络为主，重点讨论网络的能量关系、矩阵表示及其一般特性，最后结合晶体管放大器讨论流图定理。

对网络特性的描述，低频情况下二端口网络常用 Z、Y、h 或 $ABCD$ 参数表示。由于对这些参数测试所需的开路、短路条件在微波频段难以实现，因此这些参数在高频情况下很难准确地测量。在微波频段，描述网络特性最常用的是 S 参数，这些参数是根据传输波来定义的。由于新型网络分析仪的出现，可以很容易且准确地测量 S 参数，所以本章对网络特性的描述以 S 参数为主。

7.1 节给出 N 端口网络的能量关系，7.2、7.3 节讨论网络输入—输出量关系的矩阵表示及其特性，7.4 节关于晶体管的参数表示，7.5 节针对晶体管放大器讨论信号流图及其应用。

7.1 N 端口网络的能量关系

图 7-1(a)所示的是 N 端口器件，该器件通过微带线与系统连接，图(b)是它的 N 端口网

络表示，与端口连接的微带线用传输线表示。

根据波导的传输线模型，如果波导中的场量按 TE、TM 分解，再将横向场量 E_t、H_t 分解为模式函数 $\boldsymbol{e}(\rho)$、$\boldsymbol{h}(\rho)$与其幅值 $V(z)$、$I(z)$的乘积，即 $\boldsymbol{E}_t=\boldsymbol{e}(\rho)V(z)$，$\boldsymbol{H}_t=h(\rho)I(z)$，则 $V(z)$、$I(z)$满足传输线方程。模式函数 $\boldsymbol{e}(\rho)$、$\boldsymbol{h}(\rho)$反映场在波导横截面的分布，$V(z)$、$I(z)$具有电压、电流量纲，反映场在纵方向变化。当模式函数适当归一化，即 $\boldsymbol{e}(\rho)\times\boldsymbol{h}(\rho)=\boldsymbol{z}_0$，沿微带线的纵向功率流 $p_z=\frac{1}{2}\mathrm{Re}[\int_S \boldsymbol{E}_t\times\boldsymbol{H}_t^*\cdot\boldsymbol{z}_0\mathrm{d}S]$ 等于传输线上传播的功率 $p_z=\frac{1}{2}\mathrm{Re}[V(z)I^*(z)]$。微带线用纵向传播常数 k_z 与等效阻抗 Z_e 两个特征参数表示。Z_e 一般为 50Ω。

根据上面所述波导的传输线模型，第 n 端口面上的特征量可以用传输线上的电压 V_n、电流 I_n 表示，也可用入射波和反射波表示。下标 n 表示属于第 n 端口的量，$n=1, 2, \cdots, N$。电流 I_n 的正方向定义为流进第 n 端口的方向。如图 7-1 所示的 N 端口器件，入射波从端口流入，反射波从端口流出。习惯上用出射波表示从端口流出的量。出射波包含的可以不只是反射波。

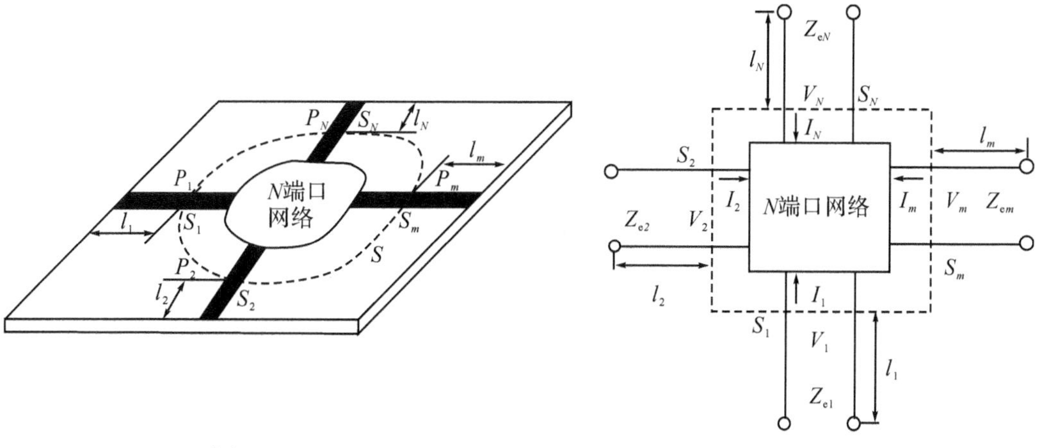

（a）　　（b）

图 7-1　N 端口器件及其等效网络

将复数坡印廷矢量 $\boldsymbol{S}$ 对包括 N 个端口表面 $S_n(n=1, 2, \cdots, N)$在内的闭曲面 S 进行积分[见图 7-1(a)]。因为微带线的电磁场主要限制在导电薄带与基片接地面之间，远离导电薄带场很快衰减到零。所以坡印廷矢量对整个闭曲面 S 的积分，可以简化到只在 N 个端口附近的表面上的积分。

$$\oint_S \boldsymbol{S}\cdot\boldsymbol{n}_0\mathrm{d}S=\sum_{n=1}^{N}\int_{S_n}\boldsymbol{S}\cdot\boldsymbol{n}_0\mathrm{d}S=\sum_{n=1}^{N}\int_{S_n}(\boldsymbol{E}\times\boldsymbol{H}^*)\cdot\boldsymbol{n}_0\mathrm{d}S \tag{7.1.1}$$

穿过第 n 端口表面 S_n 的纵向功率只与电场、磁场横向分量 $\boldsymbol{E}_t$、$\boldsymbol{H}_t$ 有关。根据波导的传输线模型，式(7.1.1)可进一步表示为

$$\begin{aligned}\oint\boldsymbol{S}\cdot\boldsymbol{n}_0\mathrm{d}S&=\sum_{n=1}^{N}\int_{S_n}(\boldsymbol{E}_t\times\boldsymbol{H}_t^*)\cdot\boldsymbol{n}_0\mathrm{d}S\\&=\sum_{n=1}^{N}\int_{S_n}[(\boldsymbol{e}\times\boldsymbol{h}^*)\cdot\boldsymbol{n}_0V_nI_n^*]\mathrm{d}S\\&=\sum_{n=1}^{N}V_nI_n^*\int_{S_n}(\boldsymbol{e}\times\boldsymbol{h}^*)\cdot\boldsymbol{n}_0\mathrm{d}S\end{aligned}$$

$$= \sum_{n=1}^{N} V_n I_n^* \tag{7.1.2}$$

而根据复数坡印廷定理有

$$-\oint_S \boldsymbol{S} \cdot \boldsymbol{n}_0 \mathrm{d}S = P_{\mathrm{r}} + \mathrm{j}2\omega(W_{\mathrm{m}} - W_{\mathrm{e}}) \tag{7.1.3}$$

式中：$\boldsymbol{n}_0$ 取闭曲面向外的法线方向。这就是说通过 N 个端口传输线流入 N 端口网络内复功率的实部等于网络内功率的损耗，而虚部用来平衡网络对于时间呈现电性或磁性的平均净储能。

7.2 二端口网络的矩阵表示

图 7-2 所示的二端口网络可以用阻抗矩阵 $\boldsymbol{Z}$、导纳矩阵 $\boldsymbol{Y}$、混合矩阵 $\boldsymbol{h}$、转移矩阵 $\boldsymbol{A}$、传输矩阵 $\boldsymbol{T}$ 和散射矩阵 $\boldsymbol{S}$ 等多种形式表示，现分别讨论如下。

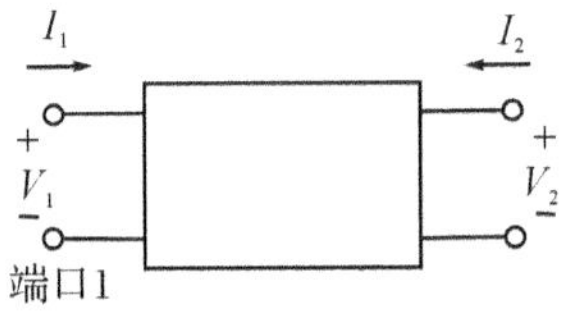

图 7-2 二端口网络

7.2.1 阻抗矩阵、导纳矩阵、混合矩阵、转移矩阵

1. 阻抗矩阵和导纳矩阵

频率较低时，网络端口的状态用电压 V、电流 I 表示较为方便，因为频率低时电压 V、电流 I 是可测的量。如果网络是线性的，则端口上的电压与电流就有如下关系：

$$V_1 = Z_{11} I_1 + Z_{12} I_2 \tag{7.2.1a}$$

$$V_2 = Z_{21} I_1 + Z_{22} I_2 \tag{7.2.1b}$$

式中：V_1、I_1、V_2、I_2 分别为端口 1、2 上的电压、电流。

式(7.2.1)又可写成矩阵形式

$$\boldsymbol{V} = \boldsymbol{Z}\boldsymbol{I} \tag{7.2.2}$$

式中：$\boldsymbol{V}$、$\boldsymbol{I}$ 为二端口网络的电压、电流向量

$$\boldsymbol{V} = \begin{bmatrix} V_1 \\ V_2 \end{bmatrix} = [V_1 \quad V_2]^{\mathrm{T}} \tag{7.2.3}$$

$$\boldsymbol{I} = \begin{bmatrix} I_1 \\ I_2 \end{bmatrix} = [I_1 \quad I_2]^{\mathrm{T}} \tag{7.2.4}$$

右上角 T 表示矩阵转置。

$\boldsymbol{Z}$ 为 2×2 矩阵，可表示为

$$\boldsymbol{Z} = \begin{bmatrix} Z_{11} & Z_{12} \\ Z_{21} & Z_{22} \end{bmatrix} \tag{7.2.5}$$

矩阵元素为

$$Z_{nm}=\left.\frac{V_n}{I_m}\right|_{I_k=0(\text{对于}k\neq m)}(n,m=1,2) \tag{7.2.6}$$

式(7.2.2)也可写成

$$\boldsymbol{I}=\boldsymbol{YV} \tag{7.2.7}$$

式中:$\boldsymbol{Y}$ 也为 2×2 矩阵,可表示为

$$\boldsymbol{Y}=\begin{bmatrix}Y_{11} & Y_{12}\\ Y_{21} & Y_{22}\end{bmatrix} \tag{7.2.8}$$

$$Y_{nm}=\left.\frac{I_n}{V_m}\right|_{V_k=0(\text{对于}k\neq m)}(n,m=1,2)$$

其中,Z_{nm} 具有阻抗量纲,Y_{nm} 具有导纳量纲,所以 $\boldsymbol{Z}$ 矩阵叫做阻抗矩阵,简称 $\boldsymbol{Z}$ 矩阵。$\boldsymbol{Y}$ 矩阵叫做导纳矩阵,简称 $\boldsymbol{Y}$ 矩阵。显然 $\boldsymbol{Z}$ 矩阵与 $\boldsymbol{Y}$ 矩阵有如下关系:

$$\boldsymbol{Z}=\boldsymbol{Y}^{-1} \tag{7.2.9}$$

式中:右上角"-1"表示矩阵求逆。

【例 7.1】 求图 7-3 所示 π 网络的 $\boldsymbol{Z}$ 矩阵表示。

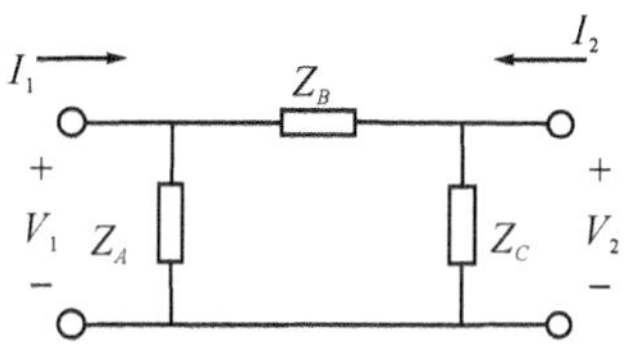

图 7-3　例 7.1 图

解　π 网络属于二端口网络,其 $\boldsymbol{Z}$ 矩阵表示为

$$\begin{bmatrix}V_1\\V_2\end{bmatrix}=\begin{bmatrix}Z_{11} & Z_{12}\\ Z_{21} & Z_{22}\end{bmatrix}\begin{bmatrix}I_1\\I_2\end{bmatrix}$$

根据式(7.2.6),Z_{11} 是当端口 2 开路($I_2=0$)时,端口 1 处电压电流之比,故

$$Z_{11}=\left.\frac{V_1}{I_1}\right|_{I_2=0}=Z_A/\!/(Z_B+Z_C)=\frac{Z_A(Z_B+Z_C)}{Z_A+Z_B+Z_C}$$

而 Z_{12} 是当端口 1 开路($I_1=0$)时,端口 1 两端的电压(即 Z_A 两端电压)与 I_2 之比,因为

$$V_1=\frac{Z_A}{Z_A+Z_B}V_{AB}$$

式中:$V_{AB}=I_2[Z_C/\!/(Z_A+Z_B)]$;$V_1$ 是 Z_A 与 Z_B 串联后 Z_A 两端的压降。由此得到

$$Z_{12}=\left.\frac{V_1}{I_2}\right|_{I_1=0}=\frac{Z_A}{Z_A+Z_B}[Z_C/\!/(Z_A+Z_B)]=\frac{Z_AZ_C}{Z_A+Z_B+Z_C}$$

同理可得到

$$Z_{21}=\left.\frac{V_2}{I_1}\right|_{I_2=0}=\frac{Z_C}{Z_B+Z_C}[Z_A/\!/(Z_B+Z_C)]=\frac{Z_AZ_C}{Z_A+Z_B+Z_C}$$

$$Z_{22}=\left.\frac{V_2}{I_2}\right|_{I_1=0}=Z_C/\!/(Z_A+Z_B)=\frac{Z_C(Z_A+Z_B)}{Z_A+Z_B+Z_C}$$

所以 π 网络的 $\boldsymbol{Z}$ 矩阵为

$$\boldsymbol{Z}=\frac{1}{Z_A+Z_B+Z_C}\begin{bmatrix}Z_A(Z_B+Z_C) & Z_AZ_C\\ Z_AZ_C & Z_C(Z_A+Z_B)\end{bmatrix}$$

为了使网络的矩阵参数与端口等效传输线的等效阻抗无关,需将各端口的电压、电流、阻抗进行归一化。所谓归一化是指把网络各端口的量对其等效阻抗 Z_e 归一化。等效阻抗 Z_e 一般情况下等于特征阻抗 Z_c。为此令归一化电压 v_n 与归一化电流 i_n 为

$$v_n=\frac{V_n}{\sqrt{Z_{en}}} \tag{7.2.10a}$$

$$i_n = I_n\sqrt{Z_{en}} \tag{7.2.10b}$$

对于二端口网络，$n=1,2$。同时引入归一化电压、归一化电流向量

$$\boldsymbol{v} = [v_1 \quad v_2]^{\mathrm{T}}$$

$$\boldsymbol{i} = [i_1 \quad i_2]^{\mathrm{T}}$$

则式(7.2.2)、式(7.2.7)成为

$$\boldsymbol{v} = \boldsymbol{z}\boldsymbol{i} \tag{7.2.11}$$

$$\boldsymbol{i} = \boldsymbol{y}\boldsymbol{v} \tag{7.2.12}$$

$\boldsymbol{z}$ 和 $\boldsymbol{y}$ 都是 2×2 矩阵，分别叫做归一化阻抗矩阵和归一化导纳矩阵，其中

$$z_{mn} = \frac{Z_{mn}}{\sqrt{Z_{en}Z_{em}}} \tag{7.2.13}$$

根据归一化电压 v_n、归一化电流 i_n 的定义，从第 n 端口流进的复功率流为

$$p_n = V_n I_n^* = v_n i_n^* \tag{7.2.14}$$

右上角“$*$”表示取复共轭。

2. 混合矩阵与转移矩阵

对于晶体管，端口 V、I 之间线性关系常表示为

$$\begin{bmatrix} V_1 \\ I_2 \end{bmatrix} = \begin{bmatrix} h_{11} & h_{12} \\ h_{21} & h_{22} \end{bmatrix}\begin{bmatrix} I_1 \\ V_2 \end{bmatrix} \tag{7.2.15}$$

矩阵 $\boldsymbol{h} = \begin{bmatrix} h_{11} & h_{12} \\ h_{21} & h_{22} \end{bmatrix}$叫做混合矩阵。

网络级连时，网络端口状态用转移矩阵 $\boldsymbol{A}$ 表示较方便，$\boldsymbol{A}$ 矩阵的定义是

$$\begin{bmatrix} V_1 \\ I_1 \end{bmatrix} = \begin{bmatrix} A_{11} & A_{12} \\ A_{21} & A_{22} \end{bmatrix}\begin{bmatrix} V_2 \\ -I_2 \end{bmatrix} \tag{7.2.16}$$

转移矩阵 $\boldsymbol{A}$(简称 $\boldsymbol{A}$ 矩阵)也叫做 $ABCD$ 矩阵，此时 A、B、C、D 分别为 $\boldsymbol{A}$ 矩阵的四个元素，即

$$\boldsymbol{A} = \begin{bmatrix} A_{11} & A_{12} \\ A_{21} & A_{22} \end{bmatrix} = \begin{bmatrix} A & B \\ C & D \end{bmatrix} \tag{7.2.17}$$

以上关于二端口网络的四种表述在低频情况下矩阵各元素(矩阵参数)的测量很方便。因为这些参数可以通过将二端口网络的端口进行开路和短路测试得到。例如

$$Z_{11} = \left.\frac{V_1}{I_1}\right|_{I_2=0} \tag{7.2.18}$$

就是将端口 2 设为交流开路(即 $I_2=0$)测得的。

3. $\boldsymbol{Z}$ 矩阵、$\boldsymbol{Y}$ 矩阵、$\boldsymbol{A}$ 矩阵的简单应用

当两个二端口网络串联[见图 7-4(a)]时用 $\boldsymbol{Z}$ 矩阵表示网络特性较方便，把两个独立的 $\boldsymbol{Z}$ 矩阵的元素相加就可得到总的 $\boldsymbol{Z}$ 矩阵的元素。对于图 7-4(b)所示的发射极接有电阻 R 的晶体管电路，可以表示为两个网络的串联，一个网络表示晶体管，另一网络表示串联电阻 R。用 Z 矩阵表示网络特性较方便。只要给出晶体管与串联电阻网络的 Z 参数表示，总的 $\boldsymbol{Z}$ 矩阵参数只要把表示晶体管和串联电阻的两个 $\boldsymbol{Z}$ 矩阵参数相加就得到。

$$\begin{bmatrix} V_1 \\ V_2 \end{bmatrix} = \begin{bmatrix} V_1^a + V_1^b \\ V_2^a + V_2^b \end{bmatrix} = \begin{bmatrix} Z_{11}^a + Z_{11}^b & Z_{12}^a + Z_{12}^b \\ Z_{21}^a + Z_{21}^b & Z_{22}^a + Z_{22}^b \end{bmatrix} \begin{bmatrix} I_1 \\ I_2 \end{bmatrix} \tag{7.2.19}$$

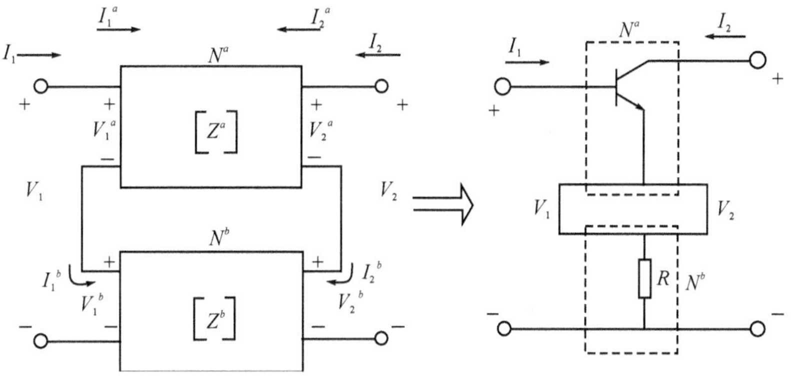

图 7-4 串联网络的 Z 矩阵及其应用

当两个二端口网络并联[见图 7-5(a)]时，则用 **Y** 矩阵表示网络特性较合适。把两个独立网络的 **Y** 矩阵的元素相加就得到总的 **Y** 矩阵的元素。对于图 7-5(b)所示的晶体管集电极电压通过电阻 R 反馈到基极电路可看作两个网络的并联，用 **Y** 矩阵表示网络特性较合适。

$$\begin{bmatrix} I_1 \\ I_2 \end{bmatrix} = \begin{bmatrix} I_1^a + I_1^b \\ I_2^a + I_2^b \end{bmatrix} = \begin{bmatrix} Y_{11}^a + Y_{11}^b & Y_{12}^a + Y_{12}^b \\ Y_{21}^a + Y_{21}^b & Y_{22}^a + Y_{22}^b \end{bmatrix} \begin{bmatrix} V_1 \\ V_2 \end{bmatrix} \tag{7.2.20}$$

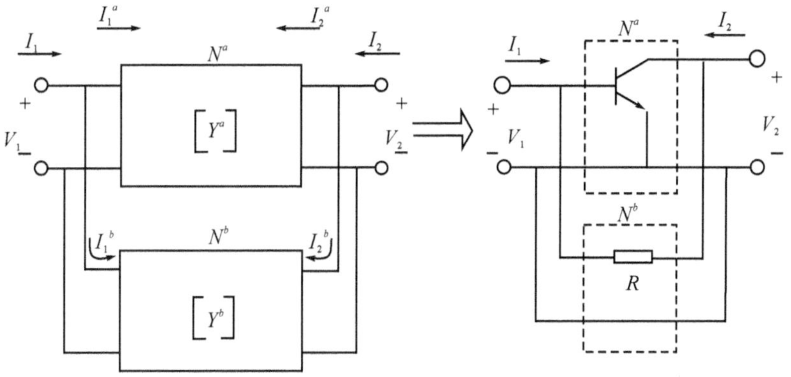

(a)网络并联　　(b)集电极与基极间接反馈电阻R的晶体管的等效网络

图 7-5 网络并联的 Y 矩阵及其应用

网络级连[见图 7-6(a)]时，则用 **A** 矩阵较方便。对于二端口网络，**A** 矩阵只有 4 个元素，通常叫做 $ABCD$ 矩阵。两个二端口网络级连时，总的 $ABCD$ 矩阵为两个独立的 $ABCD$ 矩阵相乘。对于集电极接有负载电阻 R 的晶体管电路，可看作两个矩阵的级连，用 $ABCD$ 矩阵表示就较方便。

$$\begin{bmatrix} V_1 \\ I_1 \end{bmatrix} = \begin{bmatrix} V_1^a \\ I_1^a \end{bmatrix} = \begin{bmatrix} A^a & B^a \\ C^a & D^a \end{bmatrix} \begin{bmatrix} V_2^a \\ -I_2^a \end{bmatrix} = \begin{bmatrix} A^a & B^a \\ C^a & D^a \end{bmatrix} \begin{bmatrix} A^b & B^b \\ C^b & D^b \end{bmatrix} \begin{bmatrix} V_2^b \\ -I_2^b \end{bmatrix}$$

$$= \begin{bmatrix} A & B \\ C & D \end{bmatrix} \begin{bmatrix} V_2^b \\ -I_2^b \end{bmatrix} \tag{7.2.21}$$

即

$$\begin{bmatrix} A & B \\ C & D \end{bmatrix} = \begin{bmatrix} A^a & B^a \\ C^a & D^a \end{bmatrix} \begin{bmatrix} A^b & B^b \\ C^b & D^b \end{bmatrix} \tag{7.2.22}$$

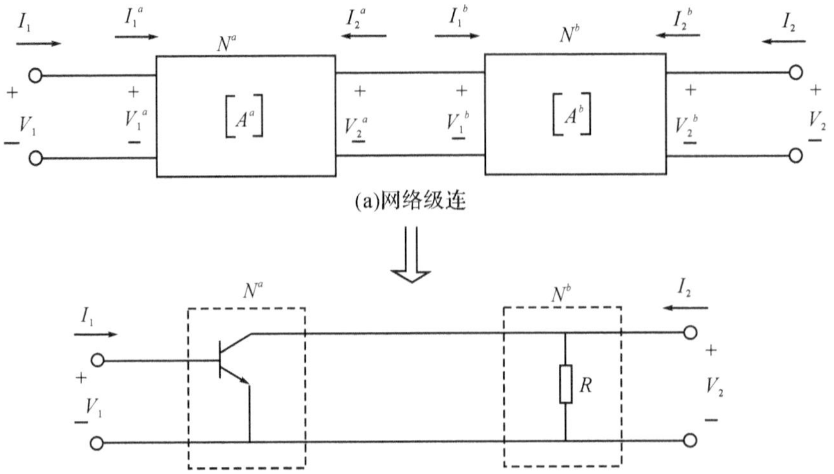

(a)网络级连

(b)集电极接负载电阻R的晶体管的等效网络

图 7-6　网络级连的 $ABCD$ 矩阵及其应用

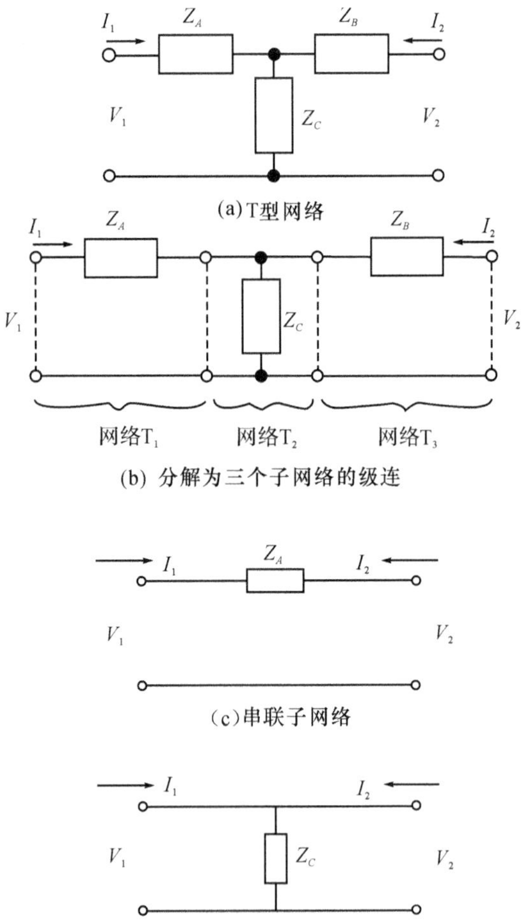

(a) T型网络

(b) 分解为三个子网络的级连

(c)串联子网络

(d) 并联子网络

图 7-7　T 型网络及其分解

【例 7.2】 求图 7-7(a)所示 T 型网络的 $\boldsymbol{A}$ 矩阵。

解　图 7-7(a)所示 T 型网络可分解为图 7-7(b)的 T_1、T_2、T_3 三个网络的级连，网络 T_1 和 T_3 的转移矩阵相同，如图 7-7(c)所示。欲求网络 T_1 的 $ABCD$ 矩阵元素 A，必须在端口 2 电流为零的情况下(即端口 2 开路)求出端口 1 上电压降与端口 2 上电压降的比值，即

$$A=\frac{V_1}{V_2}\bigg|_{I_2=0}=1$$

而求 B 元素，必须在端口 2 短路情况下，求出端口 1 上电压降与端口 2 输入电流之比，即

$$B=\frac{V_1}{-I_2}\bigg|_{V_2=0}=Z_A$$

同理可求出 C 元素和 D 元素分别为

$$C=\frac{I_1}{V_2}\bigg|_{I_2=0}=0$$

$$D=\frac{I_1}{-I_2}\bigg|_{V_2=0}=1$$

故网络 T_1 的 $ABCD$ 矩阵为$\begin{bmatrix}1 & Z_A\\ 0 & 1\end{bmatrix}$，网络 T_2 [见图 7-7(d)]的 $ABCD$ 矩阵元素也可同样求得。

$$A=\frac{V_1}{V_2}\bigg|_{I_2=0}=1$$

因为 $I_2=0$，端口 2 开路，故 $V_1=V_2$

矩阵元素 B 为

$$B=\left.\frac{V_1}{-I_2}\right|_{V_2=0}=0$$

另外两个元素为

$$C=\left.\frac{I_1}{V_2}\right|_{I_2=0}=Z_C^{-1}=Y_c$$

$$D=\left.\frac{I_1}{-I_2}\right|_{V_2=0}=1$$

故网络 T_2 的 $ABCD$ 矩阵为$\begin{bmatrix}1 & 0\\ Z_c^{-1} & 1\end{bmatrix}$ 或 $\begin{bmatrix}1 & 0\\ Y_c & 1\end{bmatrix}$

这样图 7-7(a)所示 T 型网络的 $ABCD$ 矩阵就是

$$\begin{bmatrix}A & B\\ C & D\end{bmatrix}=\begin{bmatrix}1 & Z_A\\ 0 & 1\end{bmatrix}\begin{bmatrix}1 & 0\\ Z_C^{-1} & 1\end{bmatrix}\begin{bmatrix}1 & Z_B\\ 0 & 1\end{bmatrix}=\begin{bmatrix}1+\dfrac{Z_A}{Z_C} & Z_A+Z_B+\dfrac{Z_AZ_B}{Z_C}\\ \dfrac{1}{Z_C} & 1+\dfrac{Z_B}{Z_C}\end{bmatrix}$$

7.2.2 散射矩阵 S 与传输矩阵 T

1. 散射矩阵 S

高频时网络端口电压、电流没有确切的定义，不便测量，但入射波和反射波是易于测量的，因而用入射波和反射波表示网络端口状态就成为很自然的选择，散射矩阵 $\boldsymbol{S}$ 就表示网络入射波和出射波之间的关系。

根据传输线理论，传输线的状态既可用电压 V 和电流 I 表示，也可用入射波电压 V^{i} 与反射波电压 V^{r} 表示，(V^{i}、V^{r})与(V、I)的关系为

$$V_n^{i}=\frac{1}{2}[V_n+Z_{en}I_n] \tag{7.2.23a}$$

$$V_n^{r}=\frac{1}{2}[V_n-Z_{en}I_n] \tag{7.2.23b}$$

式中：$n=1,\ 2$，上式两边除以$\sqrt{Z_{en}}$，对入射波电压 V_n^{i}、反射波电压 V_n^{r} 进行归一化，并定义 a_n、b_n 分别为归一化入射波和出射波，得到

$$a_n=\frac{V_n^{i}}{\sqrt{Z_{en}}}=\frac{1}{2}\left(\frac{V_n}{\sqrt{Z_{en}}}+\sqrt{Z_{en}}I_n\right) \tag{7.2.24a}$$

$$b_n=\frac{V_n^{r}}{\sqrt{Z_{en}}}=\frac{1}{2}\left(\frac{V_n}{\sqrt{Z_{en}}}-\sqrt{Z_{en}}I_n\right) \tag{7.2.24b}$$

以及

$$V_n=\sqrt{Z_{en}}(a_n+b_n) \tag{7.2.25a}$$

$$\sqrt{Z_{en}}I_n=a_n-b_n \tag{7.2.25b}$$

显然

$$\frac{b_n}{a_n}=\frac{V_n^{r}}{V_n^{i}}=\Gamma_n \tag{7.2.26}$$

根据式(7.2.10)定义的归一化电压和归一化电流，式(7.2.24)成为

$$a_n=\frac{1}{2}(v_n+i_n) \tag{7.2.27a}$$

$$b_n=\frac{1}{2}(v_n-i_n) \tag{7.2.27b}$$

或
$$v_n=a_n+b_n \tag{7.2.28a}$$

$$i_n=a_n-b_n \tag{7.2.28b}$$

定义归一化入射波列向量 $\boldsymbol{a}=[a_1\quad a_2]^{\mathrm{T}}$，出射波列向量 $\boldsymbol{b}=[b_1\quad b_2]^{\mathrm{T}}$，则式(7.2.27)、式(7.2.28)成为

$$\boldsymbol{a}=\frac{1}{2}(\boldsymbol{v}+\boldsymbol{i}) \tag{7.2.29a}$$

$$\boldsymbol{b}=\frac{1}{2}(\boldsymbol{v}-\boldsymbol{i}) \tag{7.2.29b}$$

$$\boldsymbol{v}=\boldsymbol{a}+\boldsymbol{b} \tag{7.2.30a}$$

$$\boldsymbol{i}=\boldsymbol{a}-\boldsymbol{b} \tag{7.2.30b}$$

同时由式(7.2.30)可得

$$\boldsymbol{v}=\sqrt{Z_{\mathrm{e}}}(\boldsymbol{a}+\boldsymbol{b}) \tag{7.2.31a}$$

$$\boldsymbol{i}=\sqrt{Z_{\mathrm{e}}}^{-1}(\boldsymbol{a}-\boldsymbol{b}) \tag{7.2.31b}$$

$\sqrt{Z_{\mathrm{e}}}$ 是一对角矩阵，对角线上元素为 $\sqrt{Z_{en}}$。

当二端口网络状态用归一化入射波 a 与归一化出射波 b 表示，则网络二端口特征量间关系可表示为

$$b_1=S_{11}a_1+S_{12}a_2 \tag{7.2.32a}$$

$$b_2=S_{21}a_1+S_{22}a_2 \tag{7.2.32b}$$

由式(7.2.32)可见，第 n 端口出射波中包括两部分，第一部分由 $S_{nn}a_n$ 组成，表示端口 n 上的反射波；第二部分 $S_{nm}a_m$ 表示从 m 端口到 n 端口的传输波。所以 n 端口出射波包括反射波和传输波两部分。

式(7.2.32)还可写成更简洁的形式

$$\boldsymbol{b}=\boldsymbol{S}\boldsymbol{a} \tag{7.2.33}$$

式中：$\boldsymbol{S}$ 为 2×2 矩阵，即

$$\boldsymbol{S}=\begin{bmatrix} S_{11} & S_{12} \\ S_{21} & S_{22} \end{bmatrix} \tag{7.2.34}$$

$$S_{nm}=\left.\frac{b_n}{a_m}\right|_{a_k=0(\text{对于}k\neq m)} \tag{7.2.35}$$

矩阵 $\boldsymbol{S}$ 叫做散射矩阵，简称 $\boldsymbol{S}$ 矩阵，式(7.2.34)就是二端口网络的散射矩阵表示。按式(7.2.35)定义，显然 S_{nn} 就是其他端口匹配时第 n 端口的反射系数。

由式(7.2.30)、式(7.2.32)、式(7.2.11)、式(7.2.12)可求得 $\boldsymbol{z}$、$\boldsymbol{y}$ 和 $\boldsymbol{S}$ 矩阵之间的关系为

$$\boldsymbol{S}=(\boldsymbol{z}-[1])(\boldsymbol{z}+[1])^{-1} \tag{7.2.36}$$

$$\boldsymbol{z}=([1]+\boldsymbol{S})([1]-\boldsymbol{S})^{-1} \tag{7.2.37}$$

$$\boldsymbol{S}=([1]-\boldsymbol{y})([1]+\boldsymbol{y})^{-1} \tag{7.2.38}$$

$$\boldsymbol{y}=([1]-\boldsymbol{S})([1]+\boldsymbol{S})^{-1} \tag{7.2.39}$$

式中：[1]为单位矩阵。

前面已提过，微波频率下 S 参数可以直接测量，应用最广。下面进一步说明 S 参数的物理意义。

按式(7.2.35)关于 **S** 矩阵各元素的定义，要测量二端口网络 S 参数，当输入或输出端口匹配时最容易测定。因为只有在输入或输出端口匹配时才能实现 $a_1=0$ 或 $a_2=0$。

如果要测量 S_{11} 或 S_{21}，必须保证输出端特征阻抗 Z_c 的传输线处于匹配状态，以便形成 $a_2=0$ 的条件，如图 7-8 所示。此时

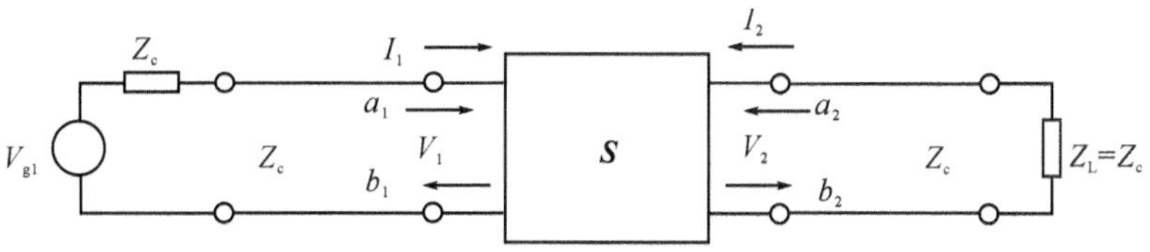

图 7-8 输出端匹配时测量 S_{11}、S_{21}

$$b_1=S_{11}a_1$$

$$b_2=S_{21}a_1$$

即
$$S_{11}=\frac{b_1}{a_1}\bigg|_{a_2=0}=\Gamma_{\text{in}}=\frac{Z_{\text{in}}-Z_c}{Z_{\text{in}}+Z_c} \tag{7.2.40}$$

故 S_{11} 表示输入端口 1 的反射系数。

而
$$S_{21}=\frac{b_2}{a_1}\bigg|_{a_2=0}=\frac{V_2^{\text{r}}/\sqrt{Z_c}}{(V_1+Z_cI_1)/(2\sqrt{Z_c})}\Bigg|_{I_2^{\text{i}}=V_2^{\text{i}}=0}$$

由于 $a_2=0$，故输出端(或端口 2)正向电压波 V_2^{i} 和正向电流波 I_2^{i} 为零，所以 $V_2^{\text{r}}=V_2$，而 $V_1=V_{g1}-Z_cI_1$，于是

$$S_{21}=\frac{2V_2^{\text{r}}}{V_{g_1}}=\frac{2V_2}{V_{g_1}} \tag{7.2.41}$$

由此可见端口 2 电压与信号源电压有直接关系，所以 S_{21} 表示二端口网络的正向电压增益。$|S_{21}|^2$ 定义为正向功率增益。

同理，S_{22} 表示输出端口反射系数，S_{12} 表示反向电压增益，而 $|S_{12}|^2$ 定义为反向功率增益。

【例 7.3】 计算串联阻抗 Z 的 S 参数。

解 串联阻抗矩阵的二端口网络如图 7-9(a)所示，网络所连传输线特征阻抗为 Z_c，为电压源 V_g 激励。源的内阻抗 Z_g 等于 Z_c，终端负载阻抗 $Z_L=Z_c$，如图 7-9(b)所示，其电戴维南等效电路如图 7-9(c)所示。

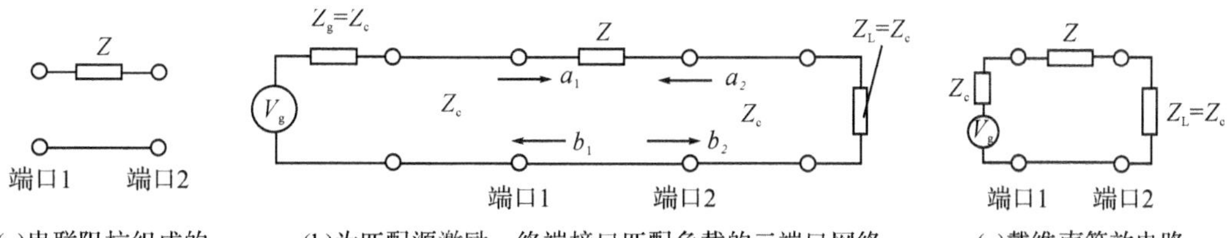

(a)串联阻抗组成的二端口网络 (b)为匹配源激励、终端接口匹配负载的二端口网络 (c)戴维南等效电路

图 7-9 串联阻抗的二端口网络表示

因为端口 2 匹配，$a_2=0$，按式(7.2.35)，S_{11} 为

$$S_{11}=\frac{b_1}{a_1}\bigg|_{a_2=0}=\frac{Z_{\text{in1}}-Z_c}{Z_{\text{in1}}+Z_c}$$

而 $Z_{\text{in1}}=Z+Z_c$，所以

$$S_{11}=\frac{Z}{Z+2Z_c}$$

由式(7.2.41)得到

$$S_{21}=\frac{2V_2}{V_g}=\frac{2Z_c}{Z+2Z_c}$$

由于网络两边对称,可以认为

$$S_{22}=S_{11},\quad S_{12}=S_{21}$$

【例 7.4】 如图 7-10(a)所示的 3dB 衰减器,它是由 R_1、R_2、R_3 三个电阻组成的二端口 T 型网络,并与特征阻抗 $Z_c=50\Omega$ 传输线连接,求该网络的 **S** 矩阵 $\begin{bmatrix} S_{11} & S_{12} \\ S_{21} & S_{22} \end{bmatrix}$ 以及 R_1、R_2、R_3 的数值。

解 作为衰减器,它应当与传输线匹配,即端口 1、2 的反射系数应为零,故得到 $S_{11}=S_{22}=0$,此时

$$b_1=S_{12}a_2$$

$$b_2=S_{21}a_1$$

因为是 3dB 衰减器,要求输出功率为输入功率的一半,即

$$\frac{b_1}{a_2}=\frac{b_2}{a_1}=\frac{1}{\sqrt{2}}\approx 0.707$$

也就是说 $S_{12}=S_{21}=\frac{1}{\sqrt{2}}\approx 0.707$

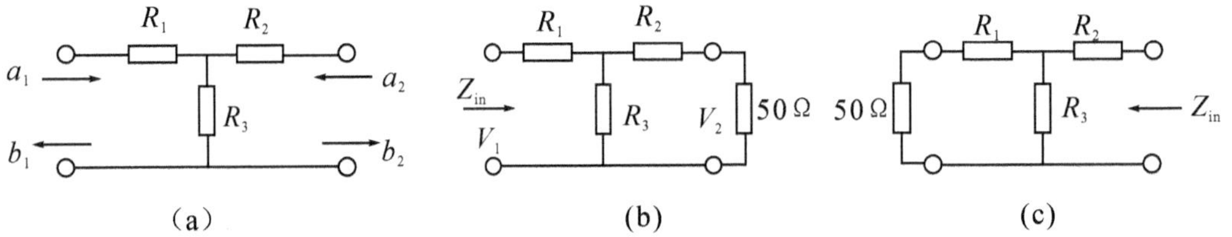

图 7-10 T 型网络 S 参量计算

接下来确定 R_1、R_2、R_3。参看图 7-10(b),与输出端口连接的传输线可用 50Ω 的负载等效,因而从端口 1 看进去的输入阻抗 Z_{in} 为

$$Z_{in(从端口1看进去)}=R_1+\frac{R_3(R_2+50)}{R_3+R_2+50}=50(\Omega)$$

同样参看图 7-10(c),从端口 2 看进去的输入阻抗 Z_{in} 为

$$Z_{in(从端口2看进去)}=R_2+\frac{R_3(R_1+50)}{R_3+R_1+50}=50(\Omega)$$

比较上面两式,可得 $R_1=R_2$,即此网络结构是对称的,这也正是 $S_{12}=S_{21}$ 所要求的。再次参考图 7-10(b),端口 2 电压 V_2 与端口 1 电压 V_1 的关系是

$$V_2=\left[\frac{\dfrac{R_3(R_1+50)}{R_3+R_1+50}}{\dfrac{R_3(R_1+50)}{R_3+R_1+50}+R_1}\right]\left(\frac{50}{50+R_1}\right)V_1$$

因为该衰减器两个端口都与连接的传输线匹配,即 $S_{11}=S_{22}=0$,故 $V_1^r=0$,$V_2^i=0$,由此得到 $V_1=V_1^i$,$V_2=V_2^r$,即 $\frac{V_2}{V_1}=\frac{V_2^r}{V_1^i}=S_{21}=\frac{1}{\sqrt{2}}\approx 0.707$,代入上式并利用输入阻抗关系式即可得到

$$R_1=\frac{\sqrt{2}-1}{\sqrt{2}+1}50(\Omega)=8.58(\Omega),\quad R_3=2\sqrt{2}\times 50=141.4(\Omega)$$

2. 传输矩阵 T

如果仍用归一化入射波 a 与归一化反射波 b 表示网络端口状态，当网络级连时，用传输矩阵 $\boldsymbol{T}$ 表示较为方便，二端口网络 $\boldsymbol{T}$ 矩阵的定义是

$$\begin{pmatrix} a_1 \\ b_1 \end{pmatrix} = \begin{pmatrix} T_{11} & T_{12} \\ T_{21} & T_{22} \end{pmatrix} \begin{pmatrix} b_2 \\ a_2 \end{pmatrix} \tag{7.2.42}$$

当第一个网络 N^x 与第二个网络 N^y 级连时(见图 7-11)，因为第一个网络的出射波与第二个网络的入射波相同。由于

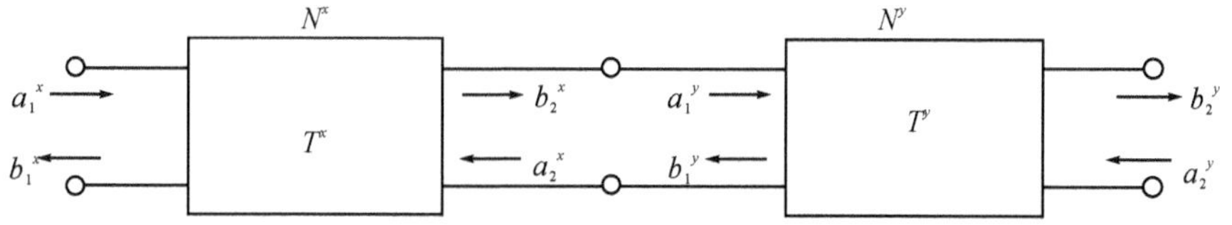

图 7-11　二端口网络级连

$$\begin{bmatrix} a_1^x \\ b_1^x \end{bmatrix} = \begin{bmatrix} T_{11}^x & T_{12}^x \\ T_{21}^x & T_{22}^x \end{bmatrix} \begin{bmatrix} b_2^x \\ a_2^x \end{bmatrix}$$

和

$$\begin{bmatrix} a_1^y \\ b_1^y \end{bmatrix} = \begin{bmatrix} T_{11}^y & T_{12}^y \\ T_{21}^y & T_{22}^y \end{bmatrix} \begin{bmatrix} b_2^y \\ a_2^y \end{bmatrix}$$

故网络 N^x 与网络 N^y 级连后总的传输矩阵 $\boldsymbol{T}$ 为

$$\begin{bmatrix} a_1^x \\ b_1^x \end{bmatrix} = \begin{bmatrix} T_{11}^x & T_{12}^x \\ T_{21}^x & T_{22}^x \end{bmatrix} \begin{bmatrix} T_{11}^y & T_{12}^y \\ T_{21}^y & T_{22}^y \end{bmatrix} = \boldsymbol{T} \begin{bmatrix} b_2^y \\ a_2^y \end{bmatrix}$$

即总的 $\boldsymbol{T}$ 矩阵是 $\boldsymbol{T}^x$ 与 $\boldsymbol{T}^y$ 的相乘。

二端口网络 S 参数与 T 参数的变换关系是

$$\begin{bmatrix} T_{11} & T_{12} \\ T_{21} & T_{22} \end{bmatrix} = \begin{bmatrix} \dfrac{1}{S_{21}} & -\dfrac{S_{22}}{S_{21}} \\ \dfrac{S_{11}}{S_{21}} & S_{12} - \dfrac{S_{11}S_{22}}{S_{21}} \end{bmatrix} \tag{7.2.43}$$

以及

$$\begin{bmatrix} S_{11} & S_{12} \\ S_{21} & S_{22} \end{bmatrix} = \begin{bmatrix} \dfrac{T_{21}}{T_{11}} & T_{22} - \dfrac{T_{21}T_{12}}{T_{11}} \\ \dfrac{1}{T_{11}} & -\dfrac{T_{12}}{T_{11}} \end{bmatrix} \tag{7.2.44}$$

7.2.3　多端口网络

前面以二端口网络为例，讨论用矩阵表示网络端口状态物理量之间关系，如网络端口状态用电压 V、电流 I 表示，就有 $\boldsymbol{Z}$ 矩阵、$\boldsymbol{Y}$ 矩阵、$\boldsymbol{A}$ 矩阵、$\boldsymbol{h}$ 矩阵，如用入射波、反射波表示，就有 $\boldsymbol{S}$ 矩阵、$\boldsymbol{T}$ 矩阵。这些讨论不难推广到更多端口网络(见图 7-1)，其端口上电压、电流关系为

$V_1 = Z_{11}I_1 + Z_{12}I_2 + \cdots + Z_{1N}I_N$　(对于端口 1)

$V_2 = Z_{21}I_1 + Z_{22}I_2 + \cdots + Z_{2N}I_N$　(对于端口 2)

……

$V_N = Z_{N1}I_1 + Z_{N2}I_2 + \cdots + Z_{NN}I_N$　(对于端口 N)

上式可写成矩阵形式

$$\boldsymbol{V}=\boldsymbol{ZI} \tag{7.2.45}$$

式中：

$$\boldsymbol{V}=[V_1,V_2,\cdots,V_N]^{\mathrm{T}} \tag{7.2.46}$$

$$\boldsymbol{I}=[I_1,I_2,\cdots,I_N]^{\mathrm{T}} \tag{7.2.47}$$

$$\boldsymbol{Z}=\begin{bmatrix} Z_{11} & Z_{12} & \cdots & Z_{1N} \\ Z_{21} & Z_{22} & \cdots & Z_{2N} \\ \vdots & & & \\ Z_{N1} & Z_{N2} & \cdots & Z_{NN} \end{bmatrix} \tag{7.2.48}$$

$$Z_{nm}=\left.\frac{V_n}{I_m}\right|_{I_k=0(\text{对于}k\neq m)}$$

各端口入射波与反射波关系为

$$b_1=S_{11}a_1+S_{12}a_2+\cdots+S_{1N}a_N \quad (\text{对于端口 }1)$$

$$b_2=S_{21}a_1+S_{22}a_2+\cdots+S_{2N}a_N \quad (\text{对于端口 }2)$$

$$\vdots$$

$$b_N=S_{N1}a_1+S_{N2}a_2+\cdots+S_{NN}a_N \quad (\text{对于端口 }N)$$

并简写成

$$\boldsymbol{b}=\boldsymbol{Sa} \tag{7.2.49}$$

式中：

$$\boldsymbol{b}=[b_1,b_2,\cdots,b_N]^{\mathrm{T}} \tag{7.2.50}$$

$$\boldsymbol{a}=[a_1,a_2,\cdots,a_N]^{\mathrm{T}} \tag{7.2.51}$$

$$\boldsymbol{S}=\begin{bmatrix} S_{11} & S_{12} & \cdots & S_{1N} \\ S_{21} & S_{22} & \cdots & S_{2N} \\ \vdots & & & \\ S_{N1} & S_{N2} & \cdots & S_{NN} \end{bmatrix} \tag{7.2.52}$$

$$S_{nm}=\left.\frac{b_n}{a_m}\right|_{a_k=0(\text{对于}k\neq m)}$$

以此类推可同样得出多端口网络 $\boldsymbol{Y}$ 矩阵、$\boldsymbol{A}$ 矩阵、$\boldsymbol{T}$ 矩阵的表达式。

对于多端口网络，式(7.2.36)到式(7.2.39)表示的 $\boldsymbol{S}$ 矩阵与 $\boldsymbol{Z}$ 矩阵 $\boldsymbol{Y}$ 矩阵关系也成立。

7.2.4 二端口网络各种参数矩阵换算表

前面讨论的 $\boldsymbol{Z}$ 矩阵、$\boldsymbol{Y}$ 矩阵、$\boldsymbol{A}$ 矩阵、$\boldsymbol{S}$ 矩阵、$\boldsymbol{T}$ 矩阵都表示同一网络，彼此之间当可转换，表 7-1 给出了二端口网络各种矩阵表示之间的换算关系。

表 7-1 二端口网络各种网络参数矩阵换算表

	$\boldsymbol{Z}$	$\boldsymbol{Y}$	$\boldsymbol{A}$	$\boldsymbol{S}$	$\boldsymbol{h}$
$\boldsymbol{Z}$	$\begin{bmatrix} z_{11} & z_{12} \\ z_{21} & z_{22} \end{bmatrix}$	$\frac{1}{\lvert y\rvert}\begin{bmatrix} y_{22} & -y_{12} \\ -y_{21} & y_{11} \end{bmatrix}$	$\frac{1}{a_{21}}\begin{bmatrix} a_{11} & \lvert a\rvert \\ 1 & a_{22} \end{bmatrix}$	$z_{11}=\frac{1+S_{11}-S_{22}-\lvert S\rvert}{1-S_{11}-S_{22}+\lvert S\rvert}$ $z_{12}=\frac{2S_{12}}{1-S_{11}-S_{22}+\lvert S\rvert}$ $z_{21}=\frac{2S_{21}}{1-S_{11}-S_{22}+\lvert S\rvert}$ $z_{22}=\frac{1-S_{11}+S_{22}-\lvert S\rvert}{1-S_{11}-S_{22}+\lvert S\rvert}$	$\begin{bmatrix} \frac{\lvert h\rvert}{h_{22}} & \frac{h_{12}}{h_{22}} \\ \frac{-h_{21}}{h_{22}} & \frac{1}{h_{22}} \end{bmatrix}$

续　表

	Z	**Y**	**A**	**S**	**h**
Y	$\frac{1}{\vert z\vert}\begin{bmatrix} z_{22} & -z_{12} \\ -z_{21} & z_{11} \end{bmatrix}$	$\begin{bmatrix} y_{11} & y_{12} \\ y_{21} & y_{22} \end{bmatrix}$	$\frac{1}{a_{12}}\begin{bmatrix} a_{22} & -\vert a\vert \\ -1 & a_{11} \end{bmatrix}$	$y_{11}=\frac{1-S_{11}+S_{22}-\vert S\vert}{1+S_{11}+S_{22}+\vert S\vert}$ $y_{12}=\frac{-2S_{12}}{1+S_{11}+S_{22}+\vert S\vert}$ $y_{21}=\frac{-2S_{21}}{1+S_{11}+S_{22}+\vert S\vert}$ $y_{22}=\frac{1+S_{11}-S_{22}-\vert S\vert}{1+S_{11}+S_{22}+\vert S\vert}$	$\begin{bmatrix} \frac{1}{h_{11}} & \frac{-h_{12}}{h_{11}} \\ \frac{h_{21}}{h_{11}} & \frac{\vert h\vert}{h_{11}} \end{bmatrix}$
A	$\frac{1}{z_{21}}\begin{bmatrix} z_{11} & \vert z\vert \\ 1 & z_{22} \end{bmatrix}$	$\frac{-1}{y_{21}}\begin{bmatrix} y_{22} & 1 \\ \vert y\vert & y_{11} \end{bmatrix}$	$\begin{bmatrix} a_{11} & a_{12} \\ a_{21} & a_{22} \end{bmatrix}$	$a_{11}=\frac{1+S_{11}-S_{22}-\vert S\vert}{2S_{21}}$ $a_{12}=\frac{1+S_{11}+S_{22}+\vert S\vert}{2S_{21}}$ $a_{21}=\frac{1-S_{11}-S_{22}+\vert S\vert}{2S_{21}}$ $a_{22}=\frac{1-S_{11}+S_{22}-\vert S\vert}{2S_{21}}$	$\begin{bmatrix} \frac{-\vert h\vert}{h_{21}} & \frac{-h_{11}}{h_{21}} \\ \frac{-h_{22}}{h_{21}} & \frac{-1}{h_{21}} \end{bmatrix}$
S	$S_{11}=$ $\frac{\vert z\vert+z_{11}-z_{22}-1}{\vert z\vert+z_{11}+z_{22}+1}$ $S_{12}=$ $\frac{2z_{12}}{\vert z\vert+z_{11}+z_{22}+1}$ $S_{22}=$ $\frac{2z_{21}}{\vert z\vert+z_{11}+z_{22}+1}$ $S_{22}=$ $\frac{\vert z\vert-z_{11}+z_{22}-1}{\vert z\vert+z_{11}+z_{22}+1}$	$S_{11}=$ $\frac{1-y_{11}+y_{22}-\vert y\vert}{1+y_{11}+y_{22}+\vert y\vert}$ $S_{12}=$ $\frac{-2y_{12}}{1+y_{11}+y_{22}+\vert y\vert}$ $S_{21}=$ $\frac{-2y_{21}}{1+y_{11}+y_{22}+\vert y\vert}$ $S_{22}=$ $\frac{1+y_{11}-y_{22}-\vert y\vert}{1+y_{11}+y_{22}+\vert y\vert}$	$S_{11}=$ $\frac{a_{11}+a_{12}-a_{21}-a_{22}}{a_{11}+a_{12}+a_{21}+a_{22}}$ $S_{12}=$ $\frac{2\vert a\vert}{a_{11}+a_{12}+a_{21}+a_{22}}$ $S_{21}=$ $\frac{2}{a_{11}+a_{12}+a_{21}+a_{22}}$ $S_{22}=$ $\frac{a_{22}+a_{12}-a_{21}-a_{11}}{a_{11}+a_{12}+a_{21}+a_{22}}$	$\begin{bmatrix} S_{11} & S_{12} \\ S_{21} & S_{22} \end{bmatrix}$	$S_{11}=$ $\frac{(h'_{11}-1)(h'_{22}+1)-h'_{12}h'_{21}}{\Delta_3}$ $S_{12}=\frac{2h'_{12}}{\Delta_3}$ $S_{21}=\frac{-2h'_{21}}{\Delta_3}$ $S_{22}=$ $\frac{(1+h'_{11})(1-h'_{22})+h'_{12}h'_{21}}{\Delta_3}$
h	$\begin{bmatrix} \frac{\vert z\vert}{Z_{22}} & \frac{Z_{12}}{Z_{22}} \\ \frac{-Z_{21}}{Z_{22}} & \frac{1}{Z_{22}} \end{bmatrix}$	$\begin{bmatrix} \frac{1}{y_{11}} & \frac{-y_{12}}{y_{11}} \\ \frac{y_{21}}{y_{11}} & \frac{\vert y\vert}{y_{11}} \end{bmatrix}$	$\begin{bmatrix} \frac{a_{12}}{a_{22}} & \frac{-\Delta_8}{a_{22}} \\ -\frac{1}{a_{22}} & \frac{a_{21}}{a_{22}} \end{bmatrix}$	$h'_{11}=$ $\frac{(1+S_{11})(1+S_{22})-S_{12}S_{21}}{\Delta_7}$ $h'_{12}=\frac{2S_{12}}{\Delta_7}$ $h'_{21}=\frac{-2S_{21}}{\Delta_7}$ $h'_{22}=$ $\frac{(1-S_{11})(1-S_{22})-S_{12}S_{21}}{\Delta_7}$	$\begin{bmatrix} h_{11} & h_{12} \\ h_{21} & h_{22} \end{bmatrix}$

$\Delta_3=(h'_{11}+1)(h'_{22}+1)-h'_{12}h'_{21}$　　$h'_{11}=\frac{h_{11}}{z_0}, h'_{12}=h_{12}$　　$|z|=z_{11}z_{22}-z_{12}z_{21}$

$\Delta_7=(1-S_{11})(1+S_{22})+S_{12}S_{21}$　　$h'_{21}=h_{21}, h'_{22}=h_{22}z_0$　　$|y|=y_{11}y_{22}-y_{12}y_{21}$

$\Delta_8=a_{11}a_{22}-a_{12}a_{21}$　　$|h|=h_{11}h_{22}-h_{21}h_{12}$

7.3　无源、互易和无耗网络 S 矩阵的特性

7.3.1　互易网络散射矩阵的对称性，即 $S_{mk}=S_{km}$

根据麦克斯韦电磁理论，对于互易介质，可以从场的互易定理导出电路的互易定理，即网络的阻抗矩阵具有对称性

$$\boldsymbol{Z}_{mk}=\boldsymbol{Z}_{km}\quad 或\quad \boldsymbol{Z}^{\mathrm{T}}=\boldsymbol{Z}$$

下面将证明，如果网络是互易的，$\boldsymbol{S}$ 矩阵也具有对称性，即 $S_{mk}=S_{km}$ 或 $[S]^{\mathrm{T}}=\boldsymbol{S}$。

由式(7.2.36)

$$\boldsymbol{S}=(\boldsymbol{z}-[1])(\boldsymbol{z}+[1])^{-1}$$

令
$$\boldsymbol{G}=\boldsymbol{z}+[1]$$
$$\boldsymbol{F}=\boldsymbol{z}-[1]$$

则
$$\boldsymbol{S}=\boldsymbol{F}\boldsymbol{G}^{-1} \tag{7.3.1}$$

而
$$\boldsymbol{F}\boldsymbol{G}=(\boldsymbol{z}-[1])(\boldsymbol{z}+[1])=\boldsymbol{z}^2-[1]$$
$$\boldsymbol{G}\boldsymbol{F}=(\boldsymbol{z}+[1])(\boldsymbol{z}-[1])=\boldsymbol{z}^2-[1]$$

故有
$$\boldsymbol{F}\boldsymbol{G}=\boldsymbol{G}\boldsymbol{F} \tag{7.3.2}$$

在此式两边左右都乘 $\boldsymbol{G}^{-1}$，得到
$$\boldsymbol{G}^{-1}\boldsymbol{F}=\boldsymbol{F}\boldsymbol{G}^{-1}$$

代入式(7.3.1)，得到
$$\boldsymbol{S}=\boldsymbol{G}^{-1}\boldsymbol{F}$$

取转置，并注意到 $\boldsymbol{F}$、$\boldsymbol{G}$ 都是互易的(因为阻抗矩阵 $\boldsymbol{Z}$ 是互易的)，则得
$$[S]^{\mathrm{T}}=(\boldsymbol{G}^{-1}\boldsymbol{F})^{\mathrm{T}}=[F]^{\mathrm{T}}(\boldsymbol{G}^{-1})^{\mathrm{T}}=\boldsymbol{F}\boldsymbol{G}^{-1}=\boldsymbol{S} \tag{7.3.3}$$

由此可见，散射矩阵是对称矩阵，其元素为
$$\boldsymbol{S}_{mk}=\boldsymbol{S}_{km} \tag{7.3.4}$$

需要注意的是，假定电路各端口阻抗不相同时，则
$$\boldsymbol{S}\neq\boldsymbol{S}^{\mathrm{T}},\quad \boldsymbol{S}_{mk}\neq\boldsymbol{S}_{km}$$

7.3.2 无源微波电路的耗散矩阵 $D=[1]-S^+S$ 为非负厄米矩阵，且 $|S_{mk}|\leqslant 1$

经过 N 端口输入网络总的复功率为
$$P=\sum_{n=1}^{N}V_nI_n^*=\boldsymbol{V}^{\mathrm{T}}\boldsymbol{I}^*=\boldsymbol{I}^+\boldsymbol{V}$$

式中：右上角"$*$"表示取复共轭，而"$+$"表示共轭转置。将式(7.2.31)代入，得到
$$\begin{aligned}P&=(\boldsymbol{a}-\boldsymbol{b})^+([\sqrt{z_e}]^{\mathrm{T}})^{-1}[\sqrt{z_e}](\boldsymbol{a}+\boldsymbol{b})\\&=(\boldsymbol{a}^+-\boldsymbol{b}^+)(\boldsymbol{a}+\boldsymbol{b})\\&=\boldsymbol{a}^+([1]-\boldsymbol{S}^+)([1]+\boldsymbol{S})\boldsymbol{a}\\&=\boldsymbol{a}^+([1]-\boldsymbol{S}^+\boldsymbol{S}-\boldsymbol{S}^++\boldsymbol{S})\boldsymbol{a}\\&=\boldsymbol{a}^+([1]-\boldsymbol{S}^+\boldsymbol{S})\boldsymbol{a}+\boldsymbol{a}^+(\boldsymbol{S}-\boldsymbol{S}^+)\boldsymbol{a}\\&=\boldsymbol{a}^+\boldsymbol{D}\boldsymbol{a}+\boldsymbol{a}^+\boldsymbol{Q}\boldsymbol{a}\end{aligned} \tag{7.3.5}$$

式中：　$\boldsymbol{D}=[1]-\boldsymbol{S}^+\boldsymbol{S}$，称为耗散矩阵。
$$\boldsymbol{Q}=\boldsymbol{S}-\boldsymbol{S}^+ \tag{7.3.6}$$

由于
$$\boldsymbol{D}^+=[1]-(\boldsymbol{S}^+\boldsymbol{S})^+=[1]-\boldsymbol{S}^+\boldsymbol{S}=\boldsymbol{D} \tag{7.3.7}$$
$$\boldsymbol{Q}^+=\boldsymbol{S}^+-\boldsymbol{S}=-\boldsymbol{Q}$$

所以 $\boldsymbol{D}$ 为厄米矩阵，而 $\boldsymbol{Q}$ 为反厄米矩阵。则式(7.3.5)中右边第一项，由厄米矩阵性质知
$$\boldsymbol{a}^+\boldsymbol{D}\boldsymbol{a}=\text{实数}$$

而根据反厄米矩阵性质，$\boldsymbol{Q}$ 可用厄米矩阵乘以 $j(=\sqrt{-1})$ 来表示，因此
$$\boldsymbol{a}^+\boldsymbol{Q}\boldsymbol{a}=\text{虚数}$$

将式(7.3.5)与式(7.1.2)比较，式(3.3.5)右边第一项，实数 $\boldsymbol{a}^+\boldsymbol{D}\boldsymbol{a}$ 就是复数坡印廷功率流的

实部 P_R；第二项虚数 $\boldsymbol{a}^+\boldsymbol{Qa}$ 就是复数坡印廷流虚部，因为 P_r 表示平均功率损耗，总是大于等于零，即

$$\boldsymbol{a}^+\boldsymbol{Da}=P_r\geqslant 0 \tag{7.3.8a}$$

而

$$\boldsymbol{a}^+\boldsymbol{Qa}=2\mathrm{j}\omega(W_m-W_e) \tag{7.3.8b}$$

式(7.3.8a)表示 $\boldsymbol{D}=[1]-\boldsymbol{S}^+\boldsymbol{S}$ 为非负厄米矩阵，即为半正定的。其元素

$$D_{mk}=D_{km}^*=\sum_{n=1}^{N}S_{nm}^*S_{nk}\quad(k\neq m) \tag{7.3.9a}$$

$$D_{mm}=1-\sum_{n=1}^{N}|S_{nm}|^2\leqslant 1\quad(k=m) \tag{7.3.9b}$$

由于 $\boldsymbol{a}$ 为任意矢量，如果 $\boldsymbol{a}=[0,\cdots;0,a_m,0,\cdots,0]^{\mathrm{T}}$，则由式(7.3.8)可知，$D_{mm}\leqslant 0$，于是有

$$\sum_{n=1}^{N}|S_{nm}|^2\leqslant 1\ (m=1,\ 2,\ \cdots,\ N) \tag{7.3.10}$$

这表明，在无源微波电路中，S 参数的绝对值 $|S_{mk}|$ 不能大于 1，即

$$|S_{mk}|\leqslant 1\quad(m,k=1,2,\cdots,N) \tag{7.3.11}$$

7.3.3 无耗网络的散射矩阵是幺正的

所谓散射矩阵是幺正的，即 $S^+S=[1]$

如果网络又可逆，则

$$S^*S=[1]$$

此性质在网络分析中很有用，现证明如下：

对于无耗网络，其平均耗散功率为零，所以复数坡印廷功率流的实部 $P_r=0$，由式(7.3.8a)可得

$$\boldsymbol{a}^+\boldsymbol{Da}=0$$

根据式(7.3.6)，上式为

$$[1]-S^+S=0$$

或

$$S^+S=[1] \tag{7.3.12}$$

此即为 $\boldsymbol{S}$ 的幺正性，对于互易网络，$\boldsymbol{S}^{\mathrm{T}}=\boldsymbol{S}$，则有

$$\boldsymbol{S}^*\boldsymbol{S}=[1] \tag{7.3.13}$$

7.3.4 参考面移动时 S 参数的幅值不变

参看图 7-1(a)，如果将端口 i 的参考面 S_i 向外移动 l_i 后得到新的参考面 S'_i，设新参考面入射波和反射波分别为 a'_i 和 b'_i，则有

$$a_i=\mathrm{e}^{-\mathrm{j}\beta_i l_i}a'_i=p_i a'_i \tag{7.3.14a}$$

$$b'_i=\mathrm{e}^{-\mathrm{j}\beta_i l_i}b_i=p_i b_i \tag{7.3.14b}$$

式中：$p_i=\mathrm{e}^{-\mathrm{j}\beta_i l_i}$，$\beta_i$ 为波导等效传输线传播常数。

用矩阵表示为

$$\boldsymbol{p}=\begin{bmatrix}p_1 & 0 & \cdots & 0\\ 0 & p_2 & \cdots & 0\\ \vdots & \vdots & & \vdots\\ 0 & 0 & \cdots & p_N\end{bmatrix} \tag{7.3.15}$$

即 $\boldsymbol{p}$ 为一对角矩阵，则式(7.3.14)可表示为

$$\boldsymbol{a}=\boldsymbol{p}\boldsymbol{a}' \tag{7.3.16a}$$

$$\boldsymbol{b}'=\boldsymbol{p}\boldsymbol{b} \tag{7.3.16b}$$

参考面为 S_i 和 S'_i 时，网络的散射矩阵分别为 $\boldsymbol{S}$ 和 $\boldsymbol{S}'$，则有

$$\boldsymbol{b}=\boldsymbol{S}\boldsymbol{a} \tag{7.3.17a}$$

$$\boldsymbol{b}'=\boldsymbol{S}'\boldsymbol{a}' \tag{7.3.17b}$$

将式(7.3.16)代入式(7.3.17b)得到

$$\boldsymbol{S}'\boldsymbol{a}'=\boldsymbol{p}\boldsymbol{S}\boldsymbol{a}=\boldsymbol{p}\boldsymbol{S}\boldsymbol{p}\boldsymbol{a}'$$

将此式两边右乘 $\boldsymbol{a}'^{-1}$，由于 $\boldsymbol{a}'\boldsymbol{a}'^{-1}=[1]$，因此得到

$$\boldsymbol{S}'=\boldsymbol{p}\boldsymbol{S}\boldsymbol{p} \tag{7.3.18}$$

其参数间关系为

$$S'_{ij}=S_{ij}\,\mathrm{e}^{-\mathrm{j}(\beta_i l_i+\beta_j l_j)} \tag{7.3.19}$$

由此可见，当参考面移动时，S 参数的幅值不变，只是相位发生变化，新的散射参数可由简单的相位关系得到。

以上四个性质对波导器件等效网络参数特性的分析很有用，将在下节予以说明。

7.3.5　无源器件网络参数特性

1. 一端口器件

一端口波导器件不是很多，常用的有终端反射器，终端匹配负载与失配负载，它们都是无源一端口器件。

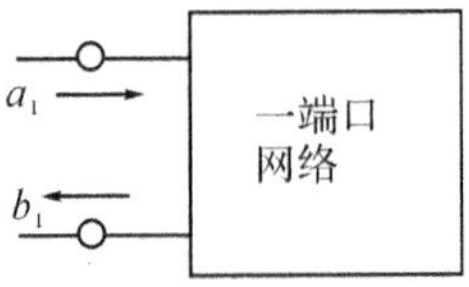

图 7-12　一端口网络

无源一端口器件可用无源一端口网络等效(见图 7-12)，因为端口数 $N=1$，其耗散矩阵 $\boldsymbol{D}$，散射矩阵 $\boldsymbol{S}$、阻抗矩阵 $\boldsymbol{Z}$ 和导纳矩阵 $\boldsymbol{Y}$ 都成为标量。对于终端反射器、终端匹配负载和失配负载等无源一端口器件，由式(7.3.9b)和式(7.3.10)可知

$$0\leqslant 1-|S_{11}|^2=d_{11}\leqslant 1 \tag{7.3.20}$$

式中：S_{11} 为反射系数。

对于终端反射器，如果损耗忽略不计，$d_{11}=0$，因此 $|S_{11}|=1$，这就是说如果无源一端口器件无损耗，一定为全反射。

对于终端匹配负载，理想情况下，入射波能量全部被负载吸收，反射系数 $S_{11}=0$，所以 $d_{11}=1$。

作测量标准的终端失配负载，入射波能量一部分被吸收，一部分被反射，$|S_{11}|<1$，$0<d_{11}<1$。

所以任何无源一端口器件，不管它的具体结构工作原理有多大差别，从 S 参数角度看，总可分为三类，一类是 $S_{11}=0$，通常叫匹配负载；另一类是 $S_{11}=1$，叫做短路器；还有一类是 $0<S_{11}<1$，叫做失配负载。

2. 二端口器件

无源二端口器件种类较多，常用的有连接器、匹配器、衰减器、相移器、滤波器、波型变换器

等,可用二端口网络等效(见图 7-13)。除衰减器外,多数器件损耗很小,可作无耗近似,一般也是互易的。下面先分析无耗、互易二端口网络的基本性质。

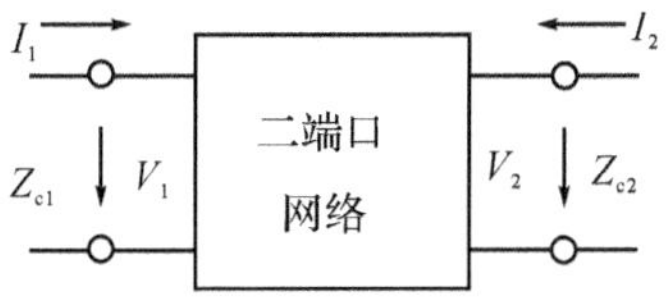

图 7-13　二端口网络

二端口器件等效为二端口网络时,其耗散矩阵 **D** 为

$$\boldsymbol{D}=\begin{bmatrix}1-|S_{11}|^2-|S_{21}|^2 & S_{11}^*S_{12}+S_{21}^*S_{22}\\ S_{12}^*S_{11}+S_{22}^*S_{21} & 1-|S_{12}|^2-|S_{22}|^2\end{bmatrix} \tag{7.3.21}$$

由式(7.3.10)得到

$$\left.\begin{aligned}|S_{11}|^2+|S_{12}|^2\leqslant 1\\ |S_{12}|^2+|S_{22}|^2\leqslant 1\end{aligned}\right\}\text{振幅关系} \tag{7.3.22}$$

对于无耗二端口网络,则为

$$\left.\begin{aligned}|S_{11}|^2+|S_{12}|^2=1\\ |S_{12}|^2+|S_{22}|^2=1\end{aligned}\right\} \tag{7.3.23}$$

又根据无耗二端口网络 **S** 矩阵的特性,得

$$\left.\begin{aligned}S_{11}^*S_{12}+S_{21}^*S_{22}=0\\ S_{12}^*S_{11}+S_{22}^*S_{21}=0\end{aligned}\right\}\text{相位关系} \tag{7.3.24}$$

于是,对于无耗互易二端口网络,可得到

$$|S_{11}|=|S_{22}| \tag{7.3.25}$$

$$2\arg S_{12}-(\arg S_{11}+\arg S_{22})=\pm\pi \tag{7.3.26}$$

若 $S_{11}=0$,则 $|S_{12}|=|S_{21}|=1$,$S_{22}=0$;若 $|S_{12}|=1$,则 $S_{11}=S_{22}=0$,或相反。由此可得如下无耗互易二端口网络的基本性质:

(1)若一个端口匹配,则另一个端口自动匹配;

(2)若网络是完全匹配的,则必然是完全传输的,或相反;

(3)S_{11}、S_{12} 和 S_{22} 的相角只有两个是独立的,已知其中两个相角,则第三个相角便可确定。

对于有耗情况,如果网络完全匹配,则有

$$|S_{21}|<1,\quad |S_{12}|<1 \tag{7.3.27}$$

性质(1)和(2)是完全可以理解的,如图 7-14 所示用一段矩形波导把系统的源和负载连起来,这段矩形波导就是二端口连接器件。显然,当损耗可忽略时,如果矩形波导与负载是匹配的,那么从源端看进去也是匹配的。如果矩形波导与源、负载都是匹配的,则源的电磁功率可全部传输到负载,这就是说这段矩形波导满足性质(1)与(2),因为它是无源、互易、无耗二端口元件。

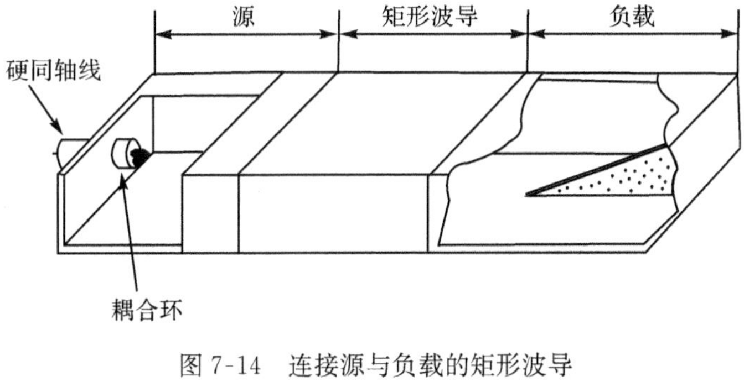

图 7-14　连接源与负载的矩形波导

利用以上性质，当我们模拟或测量无源、互易、无耗二端口网络 S 参数时，可减少独立测量或模拟的次数。

微带线看作二端口器件时，根据传输线理论其转移矩阵 $\boldsymbol{A}$ 为

$$\boldsymbol{A}=\begin{bmatrix} \cos kl & \mathrm{j}Z_c\sin kl \\ \mathrm{j}Y_c\sin kl & \cos kl \end{bmatrix} \tag{7.3.28}$$

微带线也可看成改变相位 kl 的移相器，其 $\boldsymbol{S}$ 矩阵为

$$\boldsymbol{S}=\begin{bmatrix} 0 & \mathrm{e}^{-\mathrm{j}kl} \\ \mathrm{e}^{-\mathrm{j}kl} & 0 \end{bmatrix} \tag{7.3.29}$$

理想的衰减器应该是一个相移为零、衰减量可变的二端口网络，其散射矩阵为

$$\boldsymbol{S}=\begin{bmatrix} 0 & \mathrm{e}^{-\alpha l} \\ \mathrm{e}^{-\alpha l} & 0 \end{bmatrix} \tag{7.3.30}$$

式中：α 为衰减因数；l 为衰减器长度。

【例 7.6】 并联开路微带线[见图 7-15(a)]常用作阻抗调配器，求它的 $\boldsymbol{A}$ 矩阵表示。

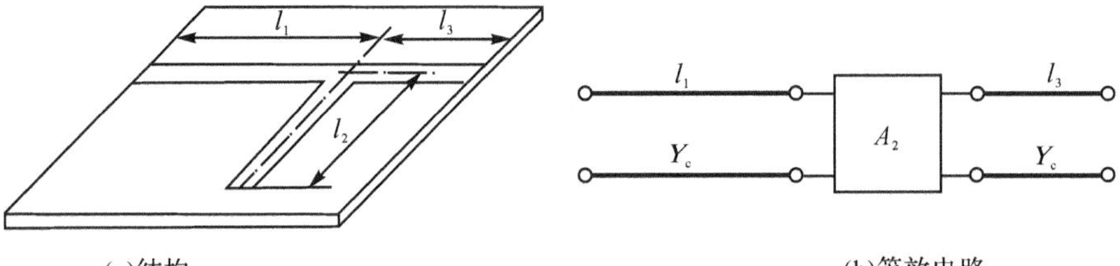

图 7-15 并联开路微带线

解 开路微带线输入导纳为 $Y=-\mathrm{j}Y_c\cot k_2 l_2$，因此图 7-15(a)又可简化为图 7-15(b)，其转移矩阵 $\boldsymbol{A}_2$ 为(见例 7.3)

$$\boldsymbol{A}_2=\begin{bmatrix} 1 & 0 \\ Y & 1 \end{bmatrix} \tag{7.3.31}$$

两段微带线与导纳 Y 的级连，总的转移矩阵为

$$\boldsymbol{A}_{总}=\boldsymbol{A}_1\boldsymbol{A}_2\boldsymbol{A}_3 \tag{7.3.32}$$

式中：$\boldsymbol{A}_1$、$\boldsymbol{A}_3$ 是长为 l_1、l_3 微带线等效的 $\boldsymbol{A}$ 矩阵；$\boldsymbol{A}_2$ 为开路微带线等效的 $\boldsymbol{A}$ 矩阵。

3. 三端口器件

三端口器件常用作分路元件或功率分配器和合成器。本节先讨论无耗三端口网络的基本性质。

无耗三端口网络有以下一些基本性质。

性质 1 无耗互易三端口网络不可能完全匹配，即三个端口不可能同时都匹配。

三端口元件等效为三端口网络时，其网络的散射矩阵为

$$\boldsymbol{S}=\begin{bmatrix} S_{11} & S_{12} & S_{13} \\ S_{21} & S_{22} & S_{23} \\ S_{31} & S_{32} & S_{33} \end{bmatrix} \tag{7.3.33}$$

由前面的分析可知，对于线性、无源、无耗三端口网络，不论其是否互易，由散射矩阵的幺正性可以得到：

$$\left.\begin{array}{l}|S_{11}|^2+|S_{21}|^2+|S_{31}|^2=1\\|S_{12}|^2+|S_{22}|^2+|S_{32}|^2=1\\|S_{13}|^3+|S_{23}|^2+|S_{33}|^2=1\end{array}\right\}\text{振幅关系} \tag{7.3.34}$$

和

$$\left.\begin{array}{l}S_{11}^*S_{12}+S_{21}^*S_{22}+S_{31}^*S_{32}=0\\S_{11}^*S_{13}+S_{21}^*S_{23}+S_{31}^*S_{33}=0\\S_{12}^*S_{13}+S_{22}^*S_{23}+S_{32}^*S_{33}=0\end{array}\right\}\text{相位关系} \tag{7.3.35}$$

$$\det\boldsymbol{S}=1 \tag{7.3.36}$$

下面用反证法证明性质 1。首先假定无耗三端口网络完全匹配，即假定 $S_{11}=S_{22}=S_{33}=0$，则由式(7.3.35)和式(7.3.36)可以得到

$$|S_{12}S_{23}S_{31}+S_{13}S_{32}S_{21}|=1 \tag{7.3.37}$$

$$S_{12}S_{13}=S_{23}S_{21}=S_{31}S_{32}=0 \tag{7.3.38}$$

对于互易网络，由式(7.3.37)，则得

$$2|S_{12}S_{23}S_{31}|=1$$

这与式(7.3.38)相矛盾。这是由于假定了 $S_{11}=S_{22}=S_{33}=0$ 所致，即此假定不应成立，故知互易无耗三端口网络不可能完全匹配。性质 1 得证。

性质 2　无耗非互易三端口网络能够完全匹配，并且适当地选择参考面，其正、反旋散射矩阵可表示为

$$\boldsymbol{S}_{\mathrm{T}}=\begin{bmatrix}0&1&0\\0&0&1\\1&0&0\end{bmatrix}\quad\text{和}\quad\boldsymbol{S}_{\mathrm{R}}=\begin{bmatrix}0&0&1\\1&0&0\\0&1&0\end{bmatrix} \tag{7.3.39}$$

对于非互易情况，由式(7.3.37)可知，它与式(7.3.38)不矛盾，即式(7.3.38)条件实际上存在。这可有两种情况，即如果

(1) $S_{12}=S_{23}=S_{31}=0$，则 $\det\boldsymbol{S}=|S_{13}S_{32}S_{21}|=1$，或者(2) $S_{13}=S_{21}=S_{32}=0$，则 $\det\boldsymbol{S}=|S_{12}S_{23}S_{31}|=1$。由此可知，无耗非互易三端口网络能够完全匹配。

又由 $\boldsymbol{S}$ 矩阵幺正性条件 $\sum_{k=1}^{N}S_{ki}^*S_{kj}=\delta_{ij}$ 可知，对于 $i=j$ 情况，可得到

对应于情况(1)：

$$|S_{13}|=|S_{32}|=|S_{21}|=1$$

则

$$S_{13}=\mathrm{e}^{\mathrm{j}\theta_{13}},S_{32}=\mathrm{e}^{\mathrm{j}\theta_{32}},S_{21}=\mathrm{e}^{\mathrm{j}\theta_{21}}$$

对应于情况(2)：

$$|S_{12}|=|S_{23}|=|S_{31}|=1$$

则

$$S_{12}=\mathrm{e}^{\mathrm{j}\theta_{12}},S_{23}=\mathrm{e}^{\mathrm{j}\theta_{23}},S_{31}=\mathrm{e}^{\mathrm{j}\theta_{31}}$$

如果将各个端口的参考面向外移动 l_i，则 $\mathrm{j}\theta_i=\mathrm{j}\beta_i l_i(i=1,2,3)$，于是得到情况(1)条件下的 $\boldsymbol{S}$ 矩阵为

$$\boldsymbol{S}=\begin{bmatrix}0&0&\mathrm{e}^{\mathrm{j}(\theta_{13}-\theta_1-\theta_3)}\\\mathrm{e}^{\mathrm{j}(\theta_{21}-\theta_2-\theta_1)}&0&0\\0&\mathrm{e}^{\mathrm{j}(\theta_{32}-\theta_3-\theta_2)}&0\end{bmatrix}$$

如果选取参考面，使得

$$\theta_1=\frac{1}{2}(\theta_{13}+\theta_{21}-\theta_{32})$$

$$\theta_2=\frac{1}{2}(-\theta_{13}+\theta_{21}+\theta_{32})$$

$$\theta_3=\frac{1}{2}(\theta_{13}-\theta_{21}+\theta_{32})$$

即得到

$$\boldsymbol{S}=\boldsymbol{S}_{\mathrm{R}}=\begin{bmatrix}0&0&1\\1&0&0\\0&1&0\end{bmatrix}\tag{7.3.40}$$

同样可以证明情况(2)条件下的 $\boldsymbol{S}$ 矩阵为

$$\boldsymbol{S}=\boldsymbol{S}_{\mathrm{T}}=\begin{bmatrix}0&1&0\\0&0&1\\1&0&0\end{bmatrix}\tag{7.3.41}$$

于是性质 2 得证。

由上述 $\boldsymbol{S}_{\mathrm{T}}$ 和 $\boldsymbol{S}_{\mathrm{R}}$ 表示的非互易无耗三端口元件称为无耗完全匹配的理想三端口环行器。对于 $\boldsymbol{S}=\boldsymbol{S}_{\mathrm{R}}$ 情况，$S_{21}=1$ 表示由端口 1 输入的功率完全传输至端口 2；而 $S_{31}=0$，表示端口 3 无输出，其余类推，如图 7-16(a)所示。同理，图 7-16(b)表示 $\boldsymbol{S}=\boldsymbol{S}_{\mathrm{T}}$ 的情况。

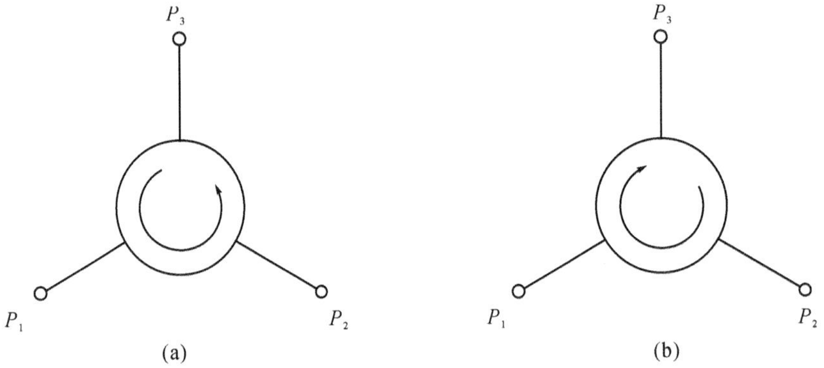

图 7-16　三端口环行器的 $\boldsymbol{S}$ 矩阵

4. 四端口器件

定向耦合器是四端口器件的代表，下面主要讨论定向耦合器的 S 参数表示。

对于无耗互易四端口网络，其 $\boldsymbol{S}$ 矩阵为

$$\boldsymbol{S}=\begin{bmatrix}S_{11}&S_{12}&S_{13}&S_{14}\\S_{12}&S_{22}&S_{23}&S_{24}\\S_{13}&S_{23}&S_{33}&S_{34}\\S_{14}&S_{24}&S_{34}&S_{44}\end{bmatrix}\tag{7.3.42}$$

下面我们先证明无耗互易四端口网络一个最基本的性质，即无耗互易四端口网络可以完全匹配。这可由无耗互易四端口网络 $\boldsymbol{S}$ 矩阵的幺正性得到证明。

事实上，先假定其中三个端口匹配，即假定

$$S_{11}=S_{22}=S_{33}=0$$

则由式(7.3.42)的幺正性可以得到

$$|S_{12}|^2+|S_{13}|^2+|S_{14}|^2=1 \tag{7.3.43}$$

$$|S_{12}|^2+|S_{23}|^2+|S_{24}|^2=1 \tag{7.3.44}$$

$$|S_{13}|^2+|S_{23}|^2+|S_{34}|^2=1 \tag{7.3.45}$$

$$|S_{14}|^2+|S_{24}|^2+|S_{34}|^2+|S_{44}|^2=1 \tag{7.3.46}$$

$$S_{13}^*S_{23}+S_{14}^*S_{24}=0 \tag{7.3.47}$$

由式(7.3.44)减去式(7.3.43)，得到

$$(|S_{23}|^2+|S_{24}|^2)-(|S_{13}|^2+|S_{14}|^2)=0 \tag{7.3.48}$$

由式(7.3.47)得到

$$|S_{13}||S_{23}|=|S_{14}||S_{24}| \tag{7.3.49}$$

则式(7.3.48)可以写成

$$\begin{aligned}&(|S_{23}|^2+|S_{24}|^2)-\frac{|S_{13}|^2|S_{23}|^2+|S_{14}|^2|S_{23}|^2}{|S_{23}|^2}\\&=(|S_{23}|^2+|S_{24}|^2)-\frac{|S_{14}|^2|S_{24}|^2+|S_{14}|^2|S_{23}|^2}{|S_{23}|^2}\\&=(|S_{23}|^2+|S_{24}|^2)\left(1-\frac{|S_{14}|^2}{|S_{23}|^2}\right)=0\end{aligned} \tag{7.3.50}$$

显然，当

$$|S_{14}|=|S_{23}| \tag{7.3.51}$$

时，式(7.3.50)成立，则由式(7.3.49)可得

$$|S_{13}|=|S_{24}| \tag{7.3.52}$$

将式(7.3.52)代入式(7.3.43)，并与式(7.3.45)比较，得到

$$|S_{12}|=|S_{34}| \tag{7.3.53}$$

将式(7.3.52)、式(7.3.53)和式(7.3.43)代入式(7.3.46)，得到

$$\begin{aligned}|S_{44}|^2&=1-(|S_{14}|^2+|S_{24}|^2+|S_{34}|^2)\\&=1-(|S_{14}|^2+|S_{13}|^2+|S_{12}|^2)=1-1=0\end{aligned}$$

故得

$$S_{11}=S_{22}=S_{33}=S_{44}=0 \tag{7.3.54}$$

式(7.3.54)表示，无耗互易四端口网络可以完全匹配。因此无耗互易四端口网络的 **S** 矩阵为

$$\boldsymbol{S}_0=\begin{bmatrix}0 & S_{12} & S_{13} & S_{14}\\ S_{12} & 0 & S_{23} & S_{24}\\ S_{13} & S_{23} & 0 & S_{34}\\ S_{14} & S_{24} & S_{34} & 0\end{bmatrix} \tag{7.3.55}$$

下面进一步证明，无耗互易四端口网络可以为一理想定向耦合器。如果根据习惯，将端口①为输入端口，那么这种定向耦合器只有图7-17(a)、(b)、(c)所示的三种形式。对于(a)，端口②与端口①隔离；对于(b)，端口③与端口①隔离；而对于(c)，端口④与端口①隔离。它们的 **S** 矩阵分别用 $\boldsymbol{S}_{02}$、$\boldsymbol{S}_{03}$ 和 $\boldsymbol{S}_{04}$ 表示。其证明如下。

利用式(7.3.51)、式(7.3.52)和式(7.3.53)，由式(7.3.55)所示 $\boldsymbol{S}_0$ 矩阵的幺正性得到

$$\left.\begin{aligned}&|S_{12}|^2+|S_{13}|^2+|S_{14}|^2=1\\&S_{13}S_{14}^*+S_{14}S_{13}^*=0\\&S_{12}S_{14}^*+S_{14}S_{12}^*=0\\&S_{12}S_{13}^*+S_{13}S_{12}^*=0\end{aligned}\right\} \tag{7.3.56}$$

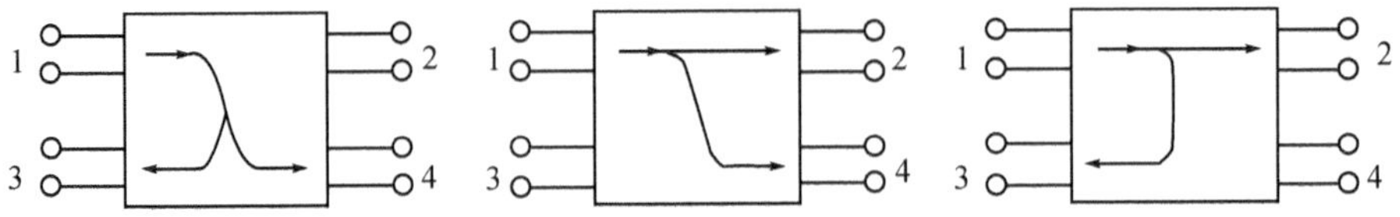

(a) S_{02}　　(b) S_{03}　　(c) S_{04}

图 7-17　无耗可逆四端口网络的 $\boldsymbol{S}$ 矩阵

若要上式成立，即若四个端口完全匹配，则 S_{12}、S_{13} 和 S_{14} 中必须有一个为零。这就是说，此四端口网络必定具有定向性，即为定向耦合器。

若 $S_{12}=0$，则式(7.3.55)变成

$$\boldsymbol{S}_{02}=\begin{bmatrix} 0 & 0 & S_{13} & S_{14} \\ 0 & 0 & S_{23} & S_{24} \\ S_{13} & S_{23} & 0 & 0 \\ S_{14} & S_{24} & 0 & 0 \end{bmatrix} \tag{7.3.57}$$

式(7.3.57)即表示图 7-17(a)的完全匹配网络的 $\boldsymbol{S}$ 矩阵。

若 $S_{13}=0$，则式(7.3.55)变成

$$\boldsymbol{S}_{03}=\begin{bmatrix} 0 & S_{12} & 0 & S_{14} \\ S_{12} & 0 & S_{23} & 0 \\ 0 & S_{23} & 0 & S_{34} \\ S_{14} & 0 & S_{34} & 0 \end{bmatrix} \tag{7.3.58}$$

式(7.3.58)即表示图 7-17(b)的 $\boldsymbol{S}$ 矩阵。

若 $S_{14}=0$，则得到图 7-17(c)的 $\boldsymbol{S}$ 矩阵为

$$\boldsymbol{S}_{04}=\begin{bmatrix} 0 & S_{12} & S_{13} & 0 \\ S_{12} & 0 & 0 & S_{24} \\ S_{13} & 0 & 0 & S_{34} \\ 0 & S_{24} & S_{34} & 0 \end{bmatrix} \tag{7.3.59}$$

由上面的分析可知，无耗互易四端口元件可以完全匹配，其 $\boldsymbol{S}$ 矩阵只有 $\boldsymbol{S}_{02}$、$\boldsymbol{S}_{03}$ 和 $\boldsymbol{S}_{04}$ 三种形式，且均为一理想定向耦合器，分别称为双向定向耦合器、同向定向耦合器和反向定向耦合器。

下面分析图 7-18 所示的同向定向耦合器的 S 参数表示。所有定向耦合器都是由耦合机构联系在一起的两对传输线构成的，1-2 为一条传输线，称为主线；3-4 为另一条传输线，称为副线。对于同向定向耦合器，副线功率流方向与主线一致。当功率由主线的端口①向端口②传输时，如果端口②、③、④都接匹配负载，则副线中只有端口④有耦合输出，另一端口③无输出。并称端口①为输入端，端口②为直通端，端口③为隔离端，端口④为耦合端。

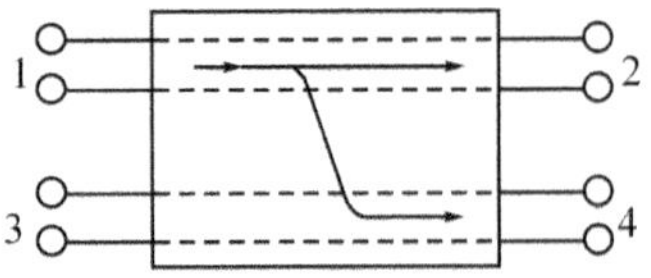

图 7-18　同向定向耦合器网络

如图 7-18 所示同向定向耦合器，由 $\boldsymbol{S}_{03}$ 的幺正性可得

$$\left.\begin{aligned} |S_{12}|^2+|S_{14}|^2=1 \\ |S_{12}|^2+|S_{23}|^2=1 \\ |S_{23}|^2+|S_{34}|^2=1 \\ |S_{14}|^2+|S_{34}|^2=1 \end{aligned}\right\} \tag{7.3.60}$$

和　　$S_{12}S_{14}^*+S_{23}S_{34}^*=S_{12}S_{23}^*+S_{14}S_{34}^*=0$　　(7.3.61)

由式(7.3.60)和式(7.3.61)得到

$$S_{12}=S_{34}=C_1 \tag{7.3.62}$$

则由式(7.3.61),得到

$$S_{14}=S_{23}=\mathrm{j}C_2 \tag{7.3.63}$$

而 $C_1^2+C_2^2=1$。因此得到定向耦合器的 $\boldsymbol{S}$ 矩阵为

$$\boldsymbol{S}=\begin{bmatrix} 0 & C_1 & 0 & \mathrm{j}C_2 \\ C_1 & 0 & \mathrm{j}C_2 & 0 \\ 0 & \mathrm{j}C_2 & 0 & C_1 \\ \mathrm{j}C_2 & 0 & C_1 & 0 \end{bmatrix} \tag{7.3.64}$$

定向耦合器的结构型式很多,有波导型、同轴线型、微带线型等;主线与副线的耦合方式也有孔(或槽)形、分支波导、耦合线段等,此处不再赘述。

实际应用时,定向耦合器需与信号源和负载连接,如图 7-19 所示。设端口②、③、④接负载后产生的反射系数为 Γ_2、Γ_3、Γ_4,则其反射波矩阵可由 $\boldsymbol{S}_{03}$ 求得

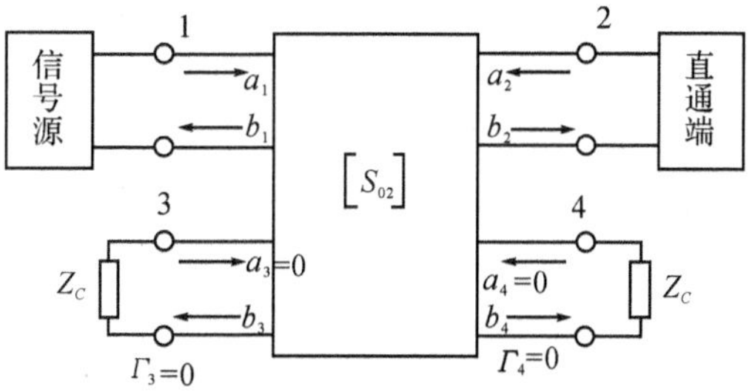

图 7-19　连接信号源和负载的理想定向耦合器

$$\boldsymbol{b}_{03}=\begin{bmatrix} b_2 \\ b_3 \\ b_4 \end{bmatrix}=\left\{\begin{bmatrix} 1 & 0 & 0 \\ 0 & 1 & 0 \\ 0 & 0 & 1 \end{bmatrix}-\begin{bmatrix} 0 & S_{23} & 0 \\ S_{23} & 0 & S_{34} \\ 0 & S_{34} & 0 \end{bmatrix}\begin{bmatrix} \Gamma_2 & 0 & 0 \\ 0 & \Gamma_3 & 0 \\ 0 & 0 & \Gamma_4 \end{bmatrix}\right\}^{-1}\begin{bmatrix} S_{12} \\ 0 \\ S_{14} \end{bmatrix}a_1 \tag{7.3.65}$$

当端口③和④接匹配负载时,$\Gamma_3=\Gamma_4=0$,于是

$$\begin{bmatrix} b_2 \\ b_3 \\ b_4 \end{bmatrix}=a_1\begin{bmatrix} S_{12} \\ S_{12}S_{23}\Gamma_2 \\ S_{14} \end{bmatrix} \tag{7.3.66}$$

即得到　　$b_2=S_{12}a_1$　　(7.3.67)

$$b_3=S_{12}S_{23}\Gamma_2 a_1=S_{23}a_2 \tag{7.3.68}$$

$$b_4=S_{14}a_1 \tag{7.3.69}$$

因此,端口③和④反射波的幅值为

$$|b_3|=|S_{23}||a_2|=|S_{14}||a_2| \tag{7.3.70}$$

$$|b_4|=|S_{14}||a_1| \tag{7.3.71}$$

这表明端口③和④的反射波分别由不同入射波所引起,却受到等量的衰减,如果在端口③和④接上匹配检波器则可以分别检测出来。所以利用定向耦合器可以构成反射计。这样,由主线上电磁波的不同传输方向,在副线中可得到不同端口的耦合输出。这正是定向耦合器名称的来由。

7.4　晶体管的 S 参数

射频与微波电路中，晶体管是应用最广的有源器件。微波晶体管的内部工作原理将在9.1专门讨论。本节从外部特性讨论工作于小信号情况下晶体管的 S 参数表示。

由于微波频率高，管芯的 S 参数与封装后晶体管的 S 参数是不同的。厂商通常只提供贴片式和封装式微波晶体管的 S 参数。贴片式晶体管通常要求在最佳的增益、带宽和噪声性能状态下应用。封装式晶体管非常普遍，因为它们是全封闭的形式并且易于操作。由封装引入的寄生元件会引起晶体管交流性能的下降。

双极晶体管在电路中有共基极、共发射极与共集电极三种接入方式。厂商通常提供的是共发射极接入方式下晶体管的 S 参数，并把它们作为一定直流偏置下的频率函数。因为最小噪声系数、线性输出功率和最大增益需要不同的直流偏置，因此厂商通常提供两套或三套 S 参数。

如果要得到共基极、共集电极接入方式下晶体管的 S 参数，可以利用表 7-1 所列的转换关系实现不同接入方式下晶体管 S 参数的转换。例如，要把共射极的 S 参数转换为共基极的 S 参数，首先把共发射极的 S 参数转换为共发射极的 Y 参数，然后把共发射极的 Y 参数转换为共基极的 Y 参数，再把共基极的 Y 参数转换为共基极的 S 参数。Y 参数之间转换关系如表 7-2 所示。

表 7-2　共基极、共发射极和共集电极 Y 参数之间的转换

$y_{11,e}=y_{11,b}+y_{12,b}+y_{21,b}+y_{22,b}=y_{11,c}$
$y_{12,e}=-(y_{12,b}+y_{22,b})=-(y_{11,c}+y_{12,c})$
$y_{21,e}=-(y_{21,b}+y_{22,b})=-(y_{11,c}+y_{21,c})$
$y_{22,e}=y_{22,b}=y_{11,c}+y_{12,c}+y_{21,c}+y_{22,c}$
$y_{11,b}=y_{11,e}+y_{12,e}+y_{21,e}+y_{22,e}=y_{22,e}$
$y_{12,b}=-(y_{12,e}+y_{22,e})=-(y_{21,e}+y_{22,e})$
$y_{21,b}=-(y_{21,e}+y_{22,e})=-(y_{12,e}+y_{22,e})$
$y_{22,b}=y_{22,e}=y_{11,c}+y_{12,c}+y_{21,c}+y_{22,c}$
$y_{11,c}=y_{11,e}=y_{11,b}+y_{12,b}+y_{21,b}+y_{22,b}$
$y_{12,c}=-(y_{11,e}+y_{12,e})=-(y_{11,b}+y_{21,b})$
$y_{21,c}=-(y_{11,e}+y_{21,e})=-(y_{11,b}+y_{12,b})$
$y_{22,c}=y_{11,e}+y_{12,e}+y_{21,e}+y_{22,e}=y_{11,b}$

晶体管 S 参数的表示，一是列表式，如图 7-20(a)所示。它以列表形式给出一个共发射极接入电路的晶体管在不同工作点及不同频率点上的 S 参数。另一种方式，将 S_{11} 和 S_{22} 的值作为频率函数显示在圆图上，如图 7-20(b)所示。两种表示方式各有优点，列表式数值精确，而在圆图上表示则很直观，便于查看。例如，$V_{CE}=10\text{V}$，$I_C=50\text{mA}$ 以及 $f=1000\text{MHz}$ 时，表中列出 S_{11} 的数值是 $0.77\underline{|173^\circ}$。根据反射系数与阻抗关系，在 50Ω 系统中与 S_{11} 相应的阻抗是

$$Z_{T1}=Z_c\,\frac{1+S_{11}}{1-S_{11}}=50\,\frac{1+0.77\underline{|173^\circ}}{1-0.77\underline{|173^\circ}}=50\times(0.1302+\text{j}0.0603)$$

$$=6.52+\text{j}3.02(\Omega)$$

V_{CE} (V)	I_C (mA)	f (MHz)	S_{11}		S_{21}		S_{12}		S_{22}	
			$\lvert S_{11}\rvert$	$\angle\phi$	$\lvert S_{21}\rvert$	$\angle\phi$	$\lvert S_{12}\rvert$	$\angle\phi$	$\lvert S_{22}\rvert$	$\angle\phi$
5.0	10	100	0.70	−102	17.42	128	0.044	43	0.65	−57
		300	0.75	−156	7.11	98	0.058	24	0.32	−97
		500	0.78	−170	4.36	88	0.064	25	0.26	−110
		700	0.78	−176	3.16	77	0.071	26	0.23	−117
		1000	0.78	176	2.26	67	0.078	27	0.24	−126
		1500	0.79	167	1.51	54	0.092	29	0.31	−133
	25	100	0.69	−131	24.24	118	0.029	38	0.56	−87
		300	0.77	−167	8.76	95	0.039	32	0.35	−137
		500	0.79	−176	5.26	85	0.046	36	0.32	−150
		700	0.80	178	3.82	78	0.055	40	0.31	−158
		1000	0.79	173	2.72	70	0.067	42	0.32	−164
		1500	0.81	164	1.82	59	0.088	42	0.34	−167
	50	100	0.71	−147	27.72	113	0.021	37	0.53	−107
		300	0.78	−173	9.59	94	0.030	40	0.41	−152
		500	0.81	179	5.72	85	0.038	46	0.39	−163
		700	0.81	176	4.09	78	0.048	50	0.38	−169
		1000	0.81	171	2.89	71	0.081	51	0.38	−175
		1500	0.82	163	1.96	62	0.082	49	0.40	−177
10	10	100	0.71	−92	18.77	131	0.037	47	0.70	−44
		300	0.74	−150	8.09	100	0.051	28	0.34	−69
		500	0.75	−166	5.01	87	0.056	28	0.27	−75
		700	0.76	−174	3.62	78	0.064	28	0.24	−79
		1000	0.76	179	2.58	69	0.071	30	0.24	−88
		1500	0.77	168	1.72	55	0.085	31	0.31	−104
	25	100	0.67	−120	27.10	122	0.027	42	0.57	−68
		300	0.73	−163	10.27	97	0.035	36	0.27	−110
		500	0.76	−174	6.21	86	0.043	39	0.22	−124
		700	0.77	−179	4.48	78	0.051	41	0.20	−132
		1000	0.77	175	3.19	71	0.062	43	0.20	−139
		1500	0.78	166	2.13	59	0.080	42	0.25	−142
	50	100	0.68	−137	31.53	116	0.020	37	0.49	−85
		300	0.74	−169	11.17	95	0.028	40	0.27	−131
		500	0.77	−177	6.69	85	0.037	48	0.24	−144
		700	0.77	178	4.82	78	0.047	48	0.23	−152
		1000	0.77	173	3.42	71	0.059	50	0.23	−158
		1500	0.79	165	2.30	61	0.078	47	0.27	−159

(a) MRF962共射级S参数

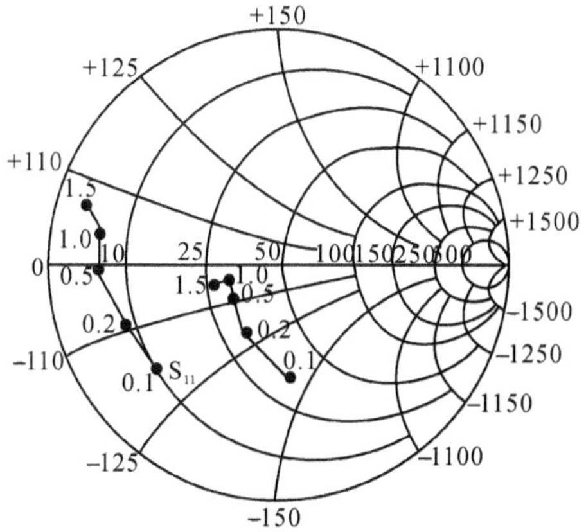

(b) 输入/输出反射系数随频率变化曲线

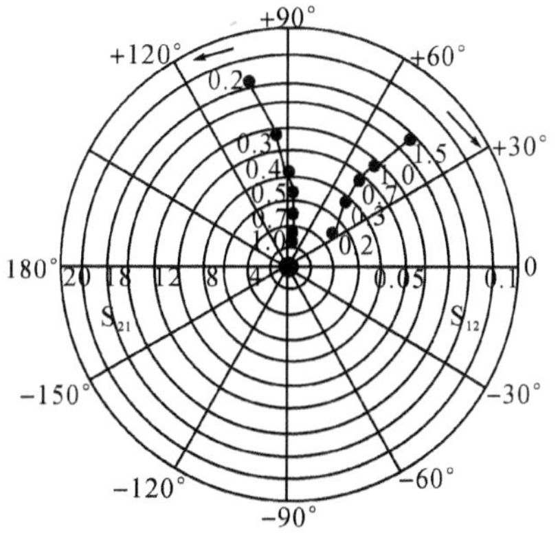

(c) 正向/反向传输系数随频率变化曲线

图 7-20　某型号晶体管的 S 参数数据

从图 7-20(b)可以看出，在 f=1000MHz 处与 S_{11} 相应的阻抗值大约等于由上式计算出的 Z_{T1} 的值。

正向和反射传输系数 S_{21} 和 S_{12} 通常由一个极坐标图给出，如图 7-20(c)所示。可以看出，S_{21} 和 S_{12} 幅度的标尺不同。例如，在 $V_{CE}=10V$，$I_C=50mA$ 以及 f=500MHz 时，从图中的曲线可以读出：$S_{21}=7|80°$，$S_{12}=0.036|45°$。这些读出数值与表中列出的数值近似一致。

图 7-21 所示为贴片式和封装式的晶体管 S_{11} 的典型曲线。由此可见封装对晶体管 S 参数的影响。这些曲线可用来设计晶体管输入和输出阻抗的等效电路。

从图 7-20 和图 7-21 可见，晶体管的 S 参数是频率的函数。理论分析表明，$|S_{21}|$、$|S_{12}|$ 和 $|S_{21}S_{12}|$ 随频率变化的典型特性如图 7-22 所示。从图中可以看出，参数 $|S_{21}|$ 在低于 β 截止频率(即 f_β)时，其值是常数，然后以 6dB/8 倍频程(分贝/8 倍频程)衰减。晶体管截止频率(f_c)是 $|S_{21}|$ 等于 1(0dB)时的频率。参数 $|S_{12}|$ 大约以 6dB/8 倍频程上升，直到 f_s 附近保持平稳，在更高的频率范围衰减。

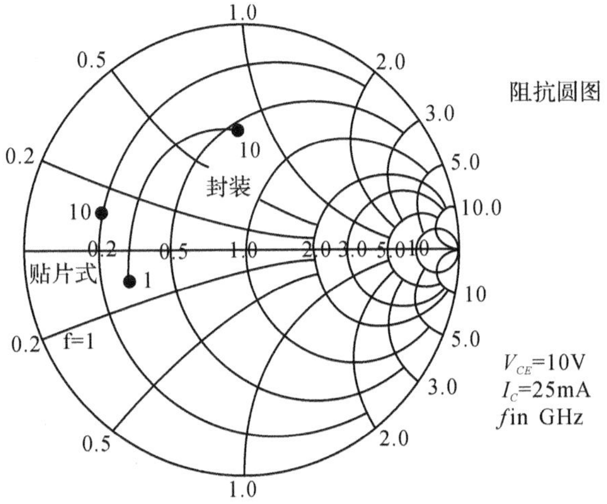

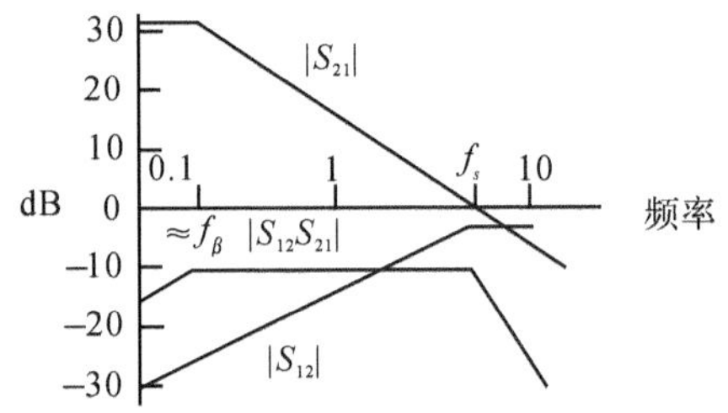

图 7-21　贴片式和封装式的共发射极晶体管的 S_{11}

图 7-22　$|S_{21}|$、$|S_{12}|$ 和 $|S_{21}S_{12}|$ 的频率特性

晶体管的 S 参数一般通过测量得到。利用晶体管的等效电路模型也可通过计算得到晶体管的 S 参数。等效电路模型要反映高频下器件的实际工作特性，有时会很复杂，而且模型电路的具体参数，有时也要通过晶体管特性曲线的实际测量提取。因此，晶体管的 S 参数主要通过测量得到。

7.5　信号流图

本节结合微波晶体管放大器电路讨论信号流图及其应用。

信号流图是一种表示和分析微波放大器中信号波的传输和反射的方便技术。一旦画出信号的流程图，就可以由梅森(Mason)定律获得各个变量之间的关系。用流程图方法推导各种表达式，诸如微波放大器的功率增益和复数电压增益等，非常容易。

7.5.1 微波晶体管放大器的信号流图表示

1. 微波晶体管放大器的构成模块及其 S 参数表示

如图 7-23 所示，微波晶体管放大器可分解为三个基本模块，即晶体管、源和负载三部分。晶体管有两个端口，与信号源连接的叫输入端口，与负载连接的叫输出端口，可用二端口网络等效。信号源用内阻抗为 Z_s 且随时间作简谐变化的电压源等效，负载则用阻抗 Z_L 表示。信号源和负载都可用一端口网络等效。

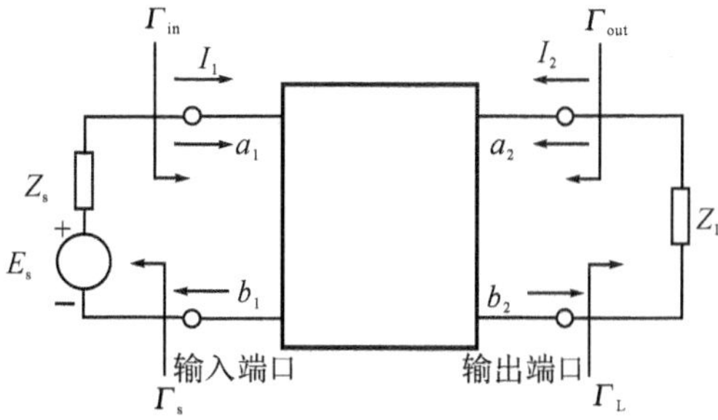

图 7-23　微波晶体管放大器方框图

定义 a_1、b_1 分别为晶体管输入端口归一化的入射波与出射波，而 a_2、b_2 分别为晶体管输出端口归一化的入射波与出射波，则用 S 参数表示的晶体管激励和响应的关系为

$$b_1 = S_{11}a_1 + S_{12}a_2 \tag{7.5.1}$$

$$b_2 = S_{21}a_1 + S_{22}a_2 \tag{7.5.2}$$

对于负载而言，b_2 是入射波，a_2 是反射波，反射系数 Γ_L 为

$$\Gamma_L = \frac{Z_L - Z_c}{Z_L + Z_c} \tag{7.5.3}$$

式中：Z_c 是输出端口连接负载的传输线的特征阻抗，对于微带电路，一般为 50Ω。显然，负载端入射波 b_2、反射波 a_2 与反射系数 Γ_L 有如下关系：

$$a_2 = \Gamma_L b_2 \tag{7.5.4}$$

源端归一化入射波与反射波的关系要略作推导。设端口 1 的电压为 V_1，从端口 1 流入源的电流为 I_1，E_s 是复数表示的正弦电压源，则可得

$$V_1 = E_s + I_1 Z_s \tag{7.5.5}$$

V_1、I_1 可分解为入射波与反射波的组合，即

$$V_1 = V_1^i + V_1^r$$

$$I_1 = (V_1^i - V_1^r)/Z_c$$

式中：Z_c 为晶体管输入端口与源连接的传输线的特征阻抗，对于微带电路，一般为 50 Ω。V_1^i、V_1^r 分别为向源看进去的入射波电压与反射波电压，而 V_1^i/Z_c、$-V_1^r/Z_c$ 分别为向源看进去的入射波电流与反射波电流。将上面两式代入式(7.5.5)可得

$$V_1^r + V_1^i = E_s + \left(\frac{V_1^i}{Z_c} - \frac{V_1^r}{Z_c}\right)Z_s \tag{7.5.6}$$

对于信号源而言，晶体管输入端口归一化入射波 a_1 就是向源看去的归一化反射波，而 b_1 则是向源看进去的归一化入射波。根据归一化入射波与反射波的定义，就有

$$a_1 = \frac{V_1^r}{\sqrt{Z_c}}$$

$$b_1 = \frac{V_1^i}{\sqrt{Z_c}}$$

同时定义
$$b_s=\frac{E_s\sqrt{Z_c}}{Z_s+Z_c} \tag{7.5.7}$$
以及源端口反射系数
$$\Gamma_s=\frac{Z_s-Z_c}{Z_s+Z_c} \tag{7.5.8}$$
则式(7.5.5)可表示为
$$a_1=b_s+\Gamma_s b_1 \tag{7.5.9}$$
当信号源在端口1与连接的传输线匹配时，$Z_s=Z_c$，$\Gamma_s=0$，就得到 $a_1=b_s$。

式(7.5.1)、式(7.5.2)、式(7.5.4)、式(7.5.7)以及式(7.5.9)共5个方程，变量有 a_1、b_1、a_2、b_2 以及 b_s，其中 b_s 是唯一的独立变量。联立解这5个方程可得出用 b_s 表示的 a_1、b_1 及 a_2、b_2，比如 a_1/b_s、b_1/b_s 及 a_2/b_s、b_2/b_s。这些比值已由梅森(Mason)定理描述。

2. 微波晶体管放大器的信号流图表示

式(7.5.1)与式(7.5,2)，以及式(7.5.4)、式(7.5.9)用 S 参数表示的晶体管、负载与源的激励一响应关系，可以用信号流图表示。构成信号流图的基本要素是节点与支路，具体规则如下：

(1) 指定每个变量为一个节点。

(2) 参数 S 和反射系数 Γ 以一条支路表示。

(3) 支路进入非独立变量的节点，并由独立变量的节点射出。这个独立变量的节点就是入射波，而反射波就是非独立变量节点。

(4) 一个节点等于进入节点的支路总和。

按照以上构成信号流图的规则，式(7.5.1)与式(7.5.2)以及式(7.5.4)、式(7.5.9)表示的是晶体管、负载与源的激励一响应关系，其信号流图如图7-24所示。节点 a_1、a_2、b_1、b_2、b_s 就是式(7.5.1)与式(7.5.2)，以及式(7.5.4)、式(7.5.9)中的变量。连接节点的支路则由变量前的系数(S 参数与反射系数)表示。这些系数也叫支路增益。

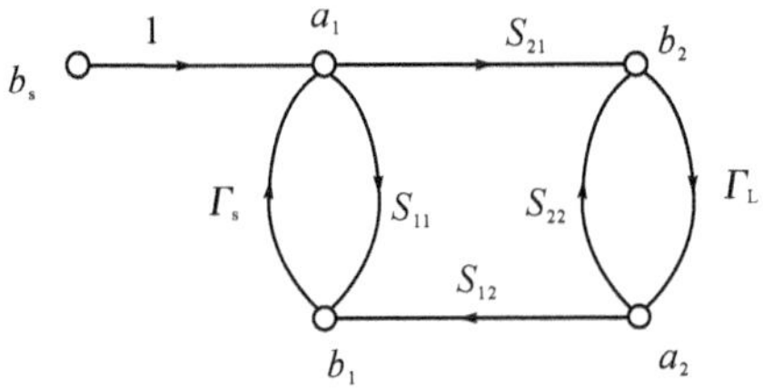

图7-24　微波晶体管放大器的信号流图

参看节点 a_1，进入节点 a_1 的支路有两条，一条是从 b_s 到 a_1，支路增益为1；另一条从 b_1 到 a_1，用 Γ_s 表示。按构成信号流图的规则(4)，即可写出 $a_1=b_s+\Gamma_s b_1$，这正是式(7.5.9)。再看节点 a_2，进入节点 a_2 的支路有一条，从 b_2 到 a_2，用 Γ_L 表示，根据信号流图的规则(4)，可写出 $a_2=\Gamma_L b_2$，这正是式(7.5.4)。再看节点 b_1，进入节点 b_1 的支路有两条，一条是从 a_1 到 b_1，用 S_{11} 表示，另一条从 a_2 到 b_1，用 S_{12} 表示。同样按构成信号流图的规则(4)，可写出 $b_1=S_{11}a_1+S_{12}a_2$，这就是式(7.5,1)。对于节点 b_2 同样可写出式(7.5.2)。节点 b_s 没有流进的支路。

7.5.2　梅森(Mason)定律及其应用

基于信号流图，就可确定非独立变量对独立变量的比例或者传递函数 T，这就是梅森定律。

$$T=\frac{P_1[1-\sum L(1)^{(1)}+\sum L(2)^{(2)}-\cdots]+P_2[1-\sum L(1)^{(2)}+\cdots]+\cdots}{1-\sum L(1)+\sum L(2)-\sum L(3)+\cdots} \tag{7.5.10}$$

下面结合微波晶体管放大器的信号流图 7-24，以确定比值 b_1/b_s 为例，说明式(7.5.10)中各项的定义。

图 7-24 中，b_s 是唯一的独立变量，b_1/b_s、b_2/b_s 等就是传递函数，因为它们都表示非独立变量 b_1、b_2 对独立变量 b_s 的比例。

当要求的传递函数确定后，或感兴趣的非独立变量对独立变量的比例确定后，P_1、P_2 就是连接该独立变量和非独立变量的不同路径。路径的定义为沿着同向支路的一种连通方式，当由独立变量向非独立变量移动时，同方向的支路上无节点。路径的数值为该路径上全部支路参数的乘积。

如果要确定图 7-24 中非独立变量 b_1 对独立变量 b_s 比值 b_1/b_s，就要检验从独立变量节点 b_s 到非独立变量 b_1 的所有可能路径。显然，有两条路径。一条是从 b_s 到 a_1 再到 b_1，路径的数值 $P_1=S_{11}$；另一条路径从 b_s 经 a_1、b_2、a_2 再到 b_1，路径的数值 $P_2=S_{21}\Gamma_L S_{12}$。

式(7.5.10)分母中求和项 $\sum L(1)$ 是全部一阶环路的总和。一阶环路的定义为由一个节点按箭头指定方向循环一周回到原点经过的所有支路参数的乘积。在图 7-24 中，$S_{11}\Gamma_s$、$S_{21}\Gamma_L S_{12}\Gamma_s$ 以及 $S_{22}\Gamma_L$ 都是一阶环路。

求和项 $\sum L(2)$ 是全部二阶环路的总和。二阶环路的定义为任意两个不接触的一阶环路的乘积。在图 7-24 中，$S_{11}\Gamma_s$ 和 $S_{22}\Gamma_L$ 互不接触，其乘积 $S_{11}\Gamma_s S_{22}\Gamma_L$ 即为二阶环路。

求和项 $\sum L(3)$ 是全部三阶环路的总和。三阶环路的定义为三个不接触的一阶环路的乘积。在图 7-24 中，没有三阶环路。以此类推，$\sum L(4)$、$\sum L(5)$ 等表示四阶、五阶和高阶环路。

式(7.5.10)分子中求和项 $\sum L(1)^{(P)}$ 是所有不接触连接独立变量和非独立变量的 P 路径的一阶环路的总和。在图 7-24 中，对于 $P_1=S_{11}$ 路径，有 $\sum L(1)^{(1)}=\Gamma_L S_{22}$，而对于路径 $P_2=S_{21}\Gamma_L S_{12}$，有 $\sum L(1)^{(2)}=0$。

求和项 $\sum L(2)^{(P)}$ 是所有不接触连接独立变量和非独立变量的 P 路径的二阶环路的总和。在图 7-24 中，$\sum L(2)^{(P)}=0$。以此类推，$\sum L(3)^{(P)}$、$\sum L(4)^{(P)}$ 等表示不接触 P 路径的高阶环路。

因此根据图 7-24 所示的微波晶体管放大器的信号流图，如要确定传递函数 b_1/b_s，按梅森定律各项的定义，可以得到：$P_1=S_{11}$、$P_2=S_{21}\Gamma_L S_{12}$、$\sum L(1)=S_{11}\Gamma_s+S_{22}\Gamma_L+S_{21}\Gamma_L S_{12}\Gamma_s$、$\sum L(2)=S_{11}\Gamma_s S_{22}\Gamma_L$ 以及 $\sum L(1)^{(1)}=\Gamma_L S_{22}$。将这些值代入式(7.5.10)，得到

$$\frac{b_1}{b_s}=\frac{S_{11}(1-\Gamma_L S_{22})+S_{21}\Gamma_L S_{12}}{1-(S_{21}\Gamma_s+S_{22}\Gamma_L+S_{21}\Gamma_L S_{12}\Gamma_s)+S_{11}\Gamma_s S_{22}\Gamma_L} \tag{7.5.11}$$

梅森定律的证明已超出本书大纲要求，故不再涉及。下面重点讨论用梅森定律得出微波放大器的功率增益和复数电压增益等问题。

1. 计算晶体管放大器输入端口反射系 Γ_{in} 与输出端口反射系数 Γ_{out}

晶体管放大器输入端口反射系数 Γ_{in} 定义为晶体管输出端口连接负载 Z_L 时，从晶体管输入端口向晶体管看进去的反射系数。根据 7.5.1 节关于晶体管放大器信号流图的讨论，只考虑晶体管及与其连接的负载 Z_L，其信号流图如图 7-25 所示。

按输入端反射系数 Γ_{in} 的定义

$$\Gamma_{in}=\frac{b_1}{a_1}$$

显然，$P_1=S_{11}$、$P_2=S_{21}\Gamma_L S_{12}$、$\sum L(1)=S_{22}\Gamma_L$ 以及 $\sum L(1)^{(1)}=\Gamma_L S_{22}$，利用梅森定律可以得到

$$\Gamma_{in}=\frac{S_{11}(1-S_{22}\Gamma_L)+S_{21}\Gamma_L S_{12}}{1-S_{22}\Gamma_L}=S_{11}+\frac{S_{12}S_{21}\Gamma_L}{1-S_{22}\Gamma_L} \tag{7.5.12}$$

如果 $\Gamma_L=0$，则由式(7.5.12)得到 $\Gamma_{in}=S_{11}$。同样，当没有从输出向输入的传输(即当 $S_{12}=0$)，上式也能得到 $\Gamma_{in}=S_{11}$。当 $S_{12}=0$ 时，我们称器件为单向二端口器件。

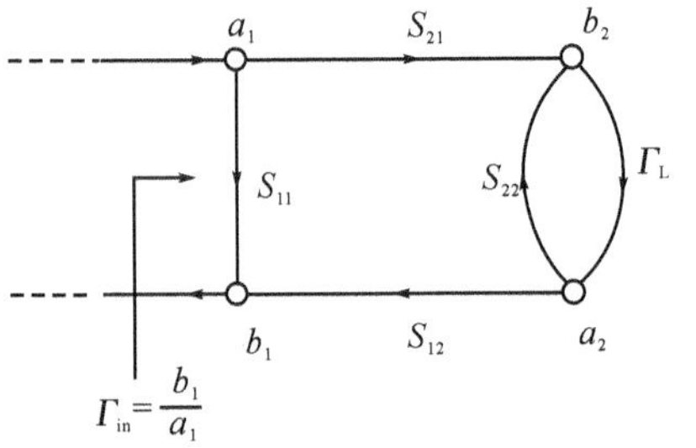

图 7-25　输入反射系数 Γ_{in} 的信号流图

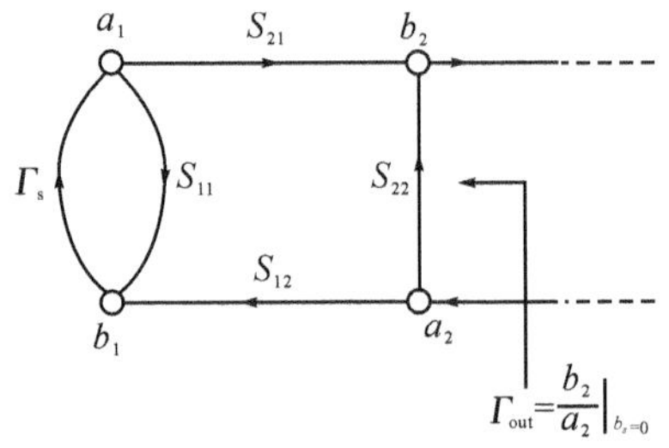

图 7-26　输出一反射系数 Γ_{out} 的信号流图

晶体管放大器输出端口反射系数 Γ_{out} 定义为晶体管源端电压源短路时，从晶体管输出端口向晶体管看进去的反射系数。同样根据 7.5.1 节关于晶体管放大器信号流图的讨论，只考虑晶体管及与其连接的源，且信号电压源被短路($b_s=0$)，其信号流图如图 7-26 所示。

按输出端反射系数 Γ_{out} 的定义

$$\Gamma_{out}=\frac{b_2}{a_2}$$

利用梅森定律可得

$$\Gamma_{out}=S_{22}+\frac{S_{12}S_{21}\Gamma_s}{1-S_{11}\Gamma_s} \tag{7.5.13}$$

2. 计算晶体管放大器功率增益和电压增益

(1) 输出与输入功率表达式

放大器的功率增益是指输出功率与输入功率之比，常用分贝表示。为了计算功率增益，先要得到输出与输入端口功率的表达式。

入射波和反射波的平方代表功率。因此，图 7-24 中释放到负载的功率由入射功率与反射功率之间的差值给出。也就是

$$P_L=\frac{1}{2}|b_2|^2-\frac{1}{2}|a_2|^2=\frac{1}{2}|b_2|^2(1-|\Gamma_L|^2) \tag{7.5.14}$$

根据电路理论，当晶体管放大器输出端与负载共轭匹配，即

$$\Gamma_L=\Gamma_{out}^*$$

可得最大输出功率，并定义这一功率输出为网络可用功率 P_{AVN}

$$P_{AVN}=P_L|_{\Gamma_L=\Gamma_{out}^*}=\left[\frac{1}{2}|b_2|^2-\frac{1}{2}|a_2|^2\right]\Big|_{\Gamma_L=\Gamma_{out}^*}$$

$$=\left[\frac{1}{2}|b_2|^2(1-|\Gamma_L|^2)\right]\Big|_{\Gamma_L=\Gamma_{out}^*}=\frac{1}{2}|b_2|^2(1-|\Gamma_{out}|^2) \tag{7.5.15}$$

放大器输入端输入功率可以由下式表示：

$$P_{in}=\frac{1}{2}|a_1|^2-\frac{1}{2}|b_1|^2=\frac{1}{2}|a_1|^2(1-|\Gamma_{in}|^2) \tag{7.5.16}$$

对于信号源，晶体管是其负载，从信号源向晶体管看去的负载可用 Z_{in} 或 Γ_{in} 表示，信号源与负载的共轭匹配条件就是

$$\Gamma_{in}=\Gamma_s^*$$

此时信号源可向负载(即晶体管放大器)输出最大功率，或放大器可从源得到最大的输入功率，定义这一功率为信号源的可用功率 P_{AVS}。

当晶体管用 Γ_{in} 等效，且 $\Gamma_{in}=\Gamma_s^*$ 时，其信号流图如图 7-27 所示。注意，节点 a_1 和 a_L 间、b_1 和 b_L 间支路增益都为单位增益 1，因此 $a_L=a_1$，$b_1=b_L$。由此可得信号源的可用功率 P_{AVS} 为

$$P_{AVS}=\frac{1}{2}|a_1|^2-\frac{1}{2}|b_1|^2 \tag{7.5.17}$$

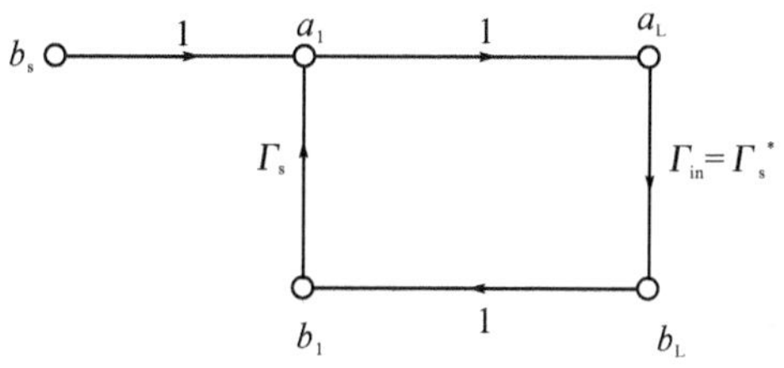

图 7-27　连接共轭匹配负载的电压源的信号流图

而 $a_1=b_s+b_1\Gamma_s$ 以及 $b_1=a_1\Gamma_s^*$，由此得到

$$a_1=\frac{b_s}{1-|\Gamma_s|^2} \tag{7.5.18}$$

和

$$b_1=\frac{b_s\Gamma_s^*}{1-|\Gamma_s|^2} \tag{7.5.19}$$

将式(7.5.18)和式(7.5.19)代入式(7.5.17)得到

$$P_{AVS}=\frac{\frac{1}{2}|b_s|^2}{1-|\Gamma_s|^2} \tag{7.5.20}$$

由于对放大器输出、输入功率有不同的定义，放大器的功率增益也就有传输功率增益 G_T、工作功率增益 G_p 以及可用功率增益 G_A 之分，下面分别予以讨论。

(2) 传输功率增益 G_T

传输功率增益 G_T 定义为传输给负载的功率 P_L 与信号源可用功率 P_{AVS} 的比值。由式(7.5.14)和式(7.5.20)，可以得到

$$G_T=\frac{P_L}{P_{AVS}}=\frac{|b_2|^2}{|b_s|^2}(1-|\Gamma_L|^2)(1-|\Gamma_s|^2) \tag{7.5.21}$$

比率 b_2/b_s 可以利用梅森定律得到，也就是

$$\frac{b_2}{b_s}=\frac{S_{21}}{1-(S_{11}\Gamma_s+S_{22}\Gamma_L+S_{21}\Gamma_L S_{12}\Gamma_s)+S_{11}\Gamma_s S_{22}\Gamma_L}$$

$$=\frac{S_{21}}{(1-S_{11}\Gamma_s)(1-S_{22}\Gamma_L)-S_{21}S_{12}\Gamma_L\Gamma_s} \tag{7.5.22}$$

将式(7.5.22)代入式(7.5.21)，得到

$$G_T=\frac{|S_{21}|^2(1-|\Gamma_s|^2)(1-|\Gamma_L|^2)}{|(1-S_{11}\Gamma_s)(1-S_{22}\Gamma_L)-S_{21}S_{12}\Gamma_L\Gamma_s|^2} \tag{7.5.23}$$

式(7.5.23)的分母可以进一步整理，于是 G_T 可表示为

$$G_T=\frac{1-|\Gamma_s|^2}{|1-\Gamma_{in}\Gamma_s|^2}|S_{21}|^2\frac{1-|\Gamma_L|^2}{|1-S_{22}\Gamma_L|^2} \tag{7.5.24a}$$

或者

$$G_T=\frac{1-|\Gamma_s|^2}{|1-S_{11}\Gamma_s|^2}|S_{21}|^2\frac{1-|\Gamma_L|^2}{|1-\Gamma_{out}\Gamma_L|^2} \tag{7.5.24b}$$

其中 Γ_{in} 和 Γ_{out} 分别由式(7.5.12)和式(7.5.13)给出。

式(7.5.24)表示传输功率增益 G_T 与源端反射系数 Γ_s(源内阻抗 Z_s)、负载端反射系数 Γ_L(或负载阻抗 Z_L)均有关。

(3)工作功率增益 G_p

工作功率增益 G_p 定义为传输到负载的功率 P_L 与网络的输入功率 P_{in} 的比值。P_L、P_{in} 分别由式(7.5.14)、式(7.5.16)给出，所以工作功率增益 G_p 可表示为

$$G_p=\frac{P_L}{P_{in}}=\frac{|b_2|^2(1-|\Gamma_L|^2)}{|a_1|^2(1-|\Gamma_{in}|^2)}$$

分子和分母同除以 $|b_s|^2$，得

$$G_p=\frac{P_L}{P_{in}}=\frac{\left|\frac{b_2}{b_s}\right|^2(1-|\Gamma_L|^2)}{\left|\frac{a_1}{b_s}\right|^2(1-|\Gamma_{in}|^2)} \tag{7.5.25}$$

其中 b_2/b_s 已由式(7.5.22)给出。利用梅森定律，可得比值 a_1/b_s 为

$$\frac{a_1}{b_s}=\frac{1-S_{22}\Gamma_L}{1-(S_{11}\Gamma_s+S_{22}\Gamma_L+S_{21}\Gamma_L S_{12}\Gamma_s)+S_{11}\Gamma_s S_{22}\Gamma_L} \tag{7.5.26}$$

将式(7.5.22)和式(7.5.26)代入式(7.5.25)，G_p 可表示为

$$G_p=\frac{1}{1-|\Gamma_{in}|^2}|S_{21}|^2\frac{1-|\Gamma_L|^2}{|1-S_{22}\Gamma_L|^2} \tag{7.5.27}$$

由式(7.5.27)可见，工作功率增益 G_p 与源端反射系数 Γ_s(或源内阻抗 Z_s)无关。

(4)可用功率增益 G_A

可用功率增益 G_A 定义为网络的可用功率 P_{AVN} 与信号源的可用功率 P_{AVS} 的比值。P_L、P_{AVS} 分别由式(7.5.15)、式(7.5.20)给出，所以可用功率增益 G_A 可以表示为

$$G_A=\frac{P_{AVN}}{P_{VAS}}=\frac{|b_2|^2}{|b_s|^2}(1-|\Gamma_{out}|^2)(1-|\Gamma_s|^2) \tag{7.5.28}$$

根据式(7.5.22)，比值 b_2/b_s 在 $\Gamma_L=\Gamma_{out}^*$ 条件下，可表示为

$$\begin{aligned}\frac{b_2}{b_s}&=\frac{S_{21}}{(1-S_{11}\Gamma_s)(1-S_{22}\Gamma_L)-S_{21}S_{12}\Gamma_L\Gamma_s}\\&=\left.\frac{S_{21}}{(1-S_{11}\Gamma_s)(1-\Gamma_{out}\Gamma_L)}\right|_{\Gamma_L=\Gamma_{out}^*}\\&=\frac{S_{21}}{(1-S_{11}\Gamma_s)(1-|\Gamma_{out}|^2)}\end{aligned} \tag{7.5.29}$$

将式(7.5.29)代入式(7.5.28)，得到表达式

$$G_A=\frac{1-|\Gamma_s|^2}{|1-S_{11}\Gamma_s|^2}|S_{21}|^2\frac{1}{1-|\Gamma_{out}|^2} \tag{7.5.30}$$

由式(7.5.30)可见，可用功率增益 G_A 与负载端反射系数 Γ_L(或源内阻抗 Z_s)无关。

(5) 放大器的电压增益 A_V

放大器的电压增益 A_V 定义为输出电压与输入电压的比值，即

$$A_V=\frac{a_2+b_2}{a_1+b_1}$$

除以 b_s，得

$$A_V=\frac{\dfrac{a_2}{b_s}+\dfrac{b_2}{b_s}}{\dfrac{a_1}{b_s}+\dfrac{b_1}{b_s}}$$

因此，需要利用梅森定律计算比值 a_2/b_s、b_2/b_s、a_1/b_s 和 a_2/b_s。可以写出 A_V 的表达式为

$$A_V=\frac{S_{21}(1+\Gamma_L)}{(1-S_{22}\Gamma_L)+S_{11}(1-S_{22}\Gamma_L)+S_{21}\Gamma_L S_{12}} \tag{7.5.31}$$

3. 驻波比的计算

根据式(7.5.9)，以及向晶体管输入端看进去的反射系数 Γ_{in}的定义 $b_1=\Gamma_{in}a_1$，可得

$$a_1=\frac{b_s}{1-\Gamma_s\Gamma_{in}} \tag{7.5.32}$$

将式(7.5.32)代入 $P_{in}=\frac{1}{2}|a_1|^2-\frac{1}{2}|b_1|^2=\frac{1}{2}|a_1|^2(1-|\Gamma_{in}|^2)$，得到

$$P_{in}=\frac{1}{2}|b_s|^2\frac{1-|\Gamma_{in}|^2}{|1-\Gamma_s\Gamma_{in}|^2} \tag{7.5.33}$$

而根据式(7.5.20)，信号源的可用功率 $P_{AVS}=\dfrac{\frac{1}{2}|b_s|^2}{1-|\Gamma_s|^2}$，代入式(7.5.33)得到

$$P_{in}=P_{AVS}\frac{(1-|\Gamma_s|^2)(1-|\Gamma_{in}|^2)}{|1-\Gamma_s\Gamma_{in}|^2} \tag{7.5.34}$$

式(7.5.34)也可写成

$$P_{in}=P_{AVS}M_s \tag{7.5.35}$$

则
$$M_s=\frac{(1-|\Gamma_s|^2)(1-|\Gamma_{in}|^2)}{|1-\Gamma_s\Gamma_{in}|^2} \tag{7.5.36}$$

式中：因子 M_s 称之为源失配因子。这个因子用于将 P_{AVS}传输给晶体管的部分。很明显，如果 $\Gamma_{in}=\Gamma_s^*$，式(7.5.36)得到 $M_s=1$，而且导致 $P_{in}=P_{AVS}$。可将表达式写成

$$P_{in}=P_{AVS}|_{\Gamma_{in}=\Gamma_s^*} \tag{7.5.37}$$

同样可得到

$$P_L=P_{AVN}M_L \tag{7.5.38}$$

其中
$$M_L=\frac{(1-|\Gamma_L|^2)(1-|\Gamma_{out}|^2)}{|1-\Gamma_{out}\Gamma_L|^2} \tag{7.5.39}$$

式中：因子 M_L 称之为负载失配因子，该因子用于将 P_{AVN}中传输给负载的部分。当 $\Gamma_L=\Gamma_{out}^*$ 时，式(7.5.39)给出了 $M_L=1$，此时 $P_L=P_{AVN}$，故可将表达式写成

$$P_L=P_{AVS}|_{\Gamma_L=\Gamma_{out}^*} \tag{7.5.40}$$

接下来推导 M_s、M_L 与输入端驻波系数 ρ_{in}、输出端驻波系数 ρ_{out} 的关系。输入和输出端驻波系数 ρ 对于微波放大器的设计十分重要。

图 7-28(a)所示说明一个微波放大器的输入部分，在无损匹配网络的输入端口，Γ_a 定义为

$$\Gamma_a=\frac{Z_a-Z_c}{Z_a+Z_c}$$

故
$$\rho_{in}=\frac{1+|\Gamma_a|}{1-|\Gamma_a|} \tag{7.5.41}$$

由于
$$P_{in}=P_{AVS}(1-|\Gamma_a|^2)$$

而根据式(7.5.35)，P_{in} 又可表示为

$$P_{in}=P_{AVS}M_s$$

由此可见
$$M_s=1-|\Gamma_a|^2$$

或者
$$|\Gamma_a|=\sqrt{1-M_s}$$

将式(7.5.36)代入得到

$$|\Gamma_a|=\sqrt{1-\frac{(1-|\Gamma_s|^2)(1-|\Gamma_{in}|^2)}{|1-\Gamma_s\Gamma_{in}|^2}}=\left|\frac{\Gamma_{in}-\Gamma_s^*}{1-\Gamma_{in}\Gamma_s}\right| \tag{7.5.42}$$

这个关系式表示 $|\Gamma_a|$ 可以用已知的 Γ_{in} 和 Γ_s 计算出来。同样在输出端(见图 7-28b)可得到

$$\Gamma_b=\frac{Z_b-Z_c}{Z_b+Z_c}$$

$$\rho_{out}=\frac{1+|\Gamma_b|}{1-|\Gamma_b|}$$

$$|\Gamma_b|=\sqrt{1-M_L}=\sqrt{1-\frac{(1-|\Gamma_L|^2)(1-|\Gamma_{out}|^2)}{|1-\Gamma_{out}\Gamma_L|^2}}=\left|\frac{\Gamma_{out}-\Gamma_L^*}{1-\Gamma_{out}\Gamma_L}\right| \tag{7.5.43}$$

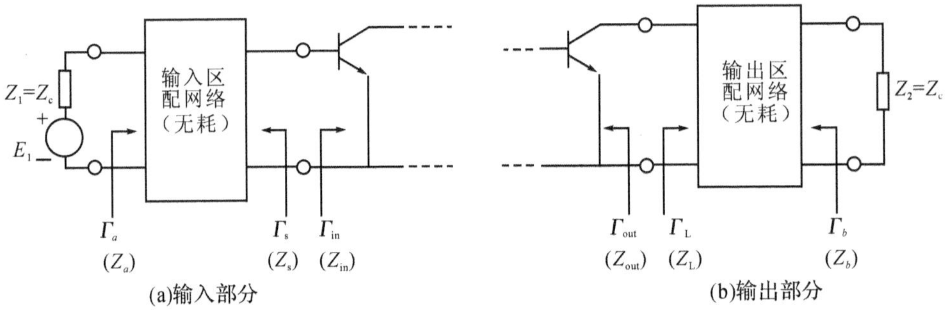

图 7-28 一个微波放大器的输入与输出部分

【例 7.7】 设微波放大器的输入部分如图 7-29 所示，$\Gamma_s=0.614\angle160°$。

(a)假定已知晶体管的 S 参数，并由此得到 Γ_{in} 是 $0.614\angle-160°$，计算输入端驻波系数 ρ_{in}。

(b)如果 $\Gamma_{in}=0.4\angle-145°$，计算驻波系数 ρ_{in}。

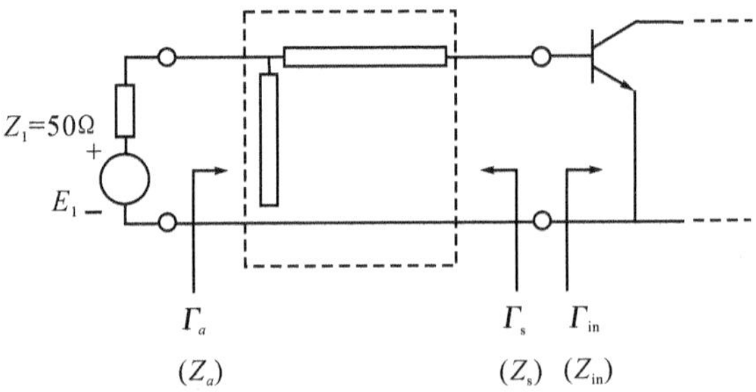

图 7-29 例 7.7 图

解 对于(a)，$\Gamma_s=\Gamma_{in}^*$，由式(7.5.42)，

得到$|\Gamma_a|=0$。再利用式(7.5.41),得到$\rho_{in}=1$。

上述计算说明,当晶体管的输入端口和信号源之间的共轭匹配条件$\Gamma_s=\Gamma_{in}^*$成立时,由信号源看到一个匹配的输入阻抗。

对于(b),$\Gamma_{in}=0.4\angle -145^\circ$。由于$\Gamma_s\neq\Gamma_{in}^*$,因此晶体管的输入端口没有达到传输最大功率的共轭匹配条件。利用式(7.5.42),得到

$$|\Gamma_a|=\left|\frac{0.4\angle -145^\circ-0.614\angle -160^\circ}{1-0.4\angle -145^\circ(0.614\angle -160^\circ)}\right|=0.327$$

因此利用式(7.5.41),得到输入端驻波系数ρ_{in}的数值为$\rho_{in}=\dfrac{1+0.327}{1-0.327}=1.97$。

习 题 7

7.1　求变压器(见题图 7.1)的 **A** 矩阵和 **S** 矩阵。

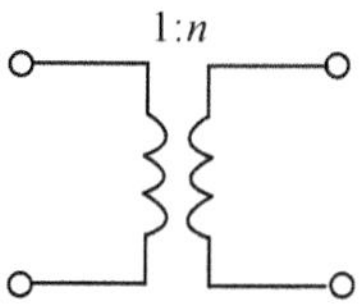

题 7.1 图

7.2　对于无耗、互易、对称的二端口网络,其独立的 S 参数有几个? 并说明理由。

7.3　有一个对称无损二端口网络,若输出端口接匹配负载,测得输入口的驻波比$\rho=1.5$,驻波相位$d_{min}=0.125\lambda_g$,求二端口网络的 **S** 参量。

7.4　一任意二端口网络如题 7.4 图所示,其 S 参数已知,当 2-2 面接负载,其电压反射系数为Γ_2时,求 1-1 面的Γ_{in}。

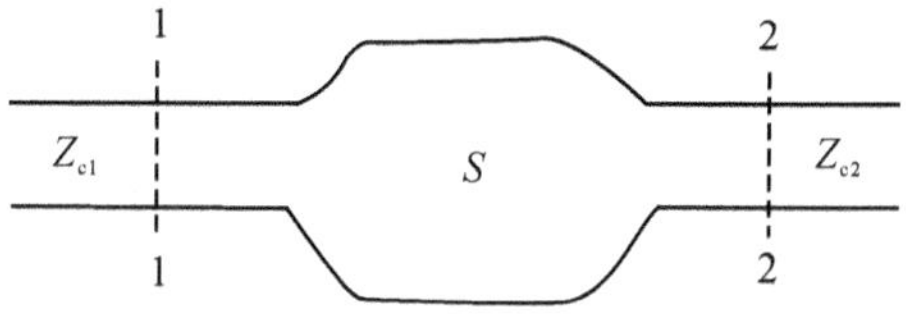

题 7.4 图

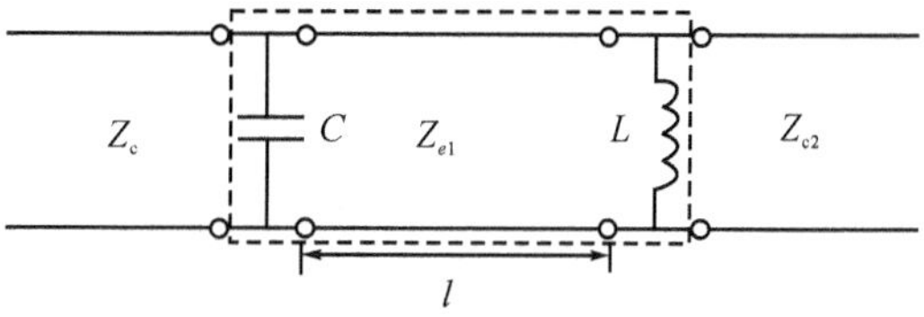

题 7.5 图

7.5　某微波元件的等效电路如题 7.5 图所示,工作角频率为ω,求此元件的等效网络散射矩阵参数。

7.6　在一传输系统上,某无损不均匀性可等效成一个电容,已知此电容的归一化电纳为$\left.\dfrac{\omega C}{Y_c}\right|_{\omega_0}=\dfrac{2}{\sqrt{3}}$,在传输线上可以找到适当的截面$T_1$和$T_2$,以$T_1$和$T_2$截面为参考面则可等效成一个理想变压器,如题 7.6 图所示。求T_1和T_2截面的位置(即βl_1和βl_2)以及理想变压器的变换比 n。

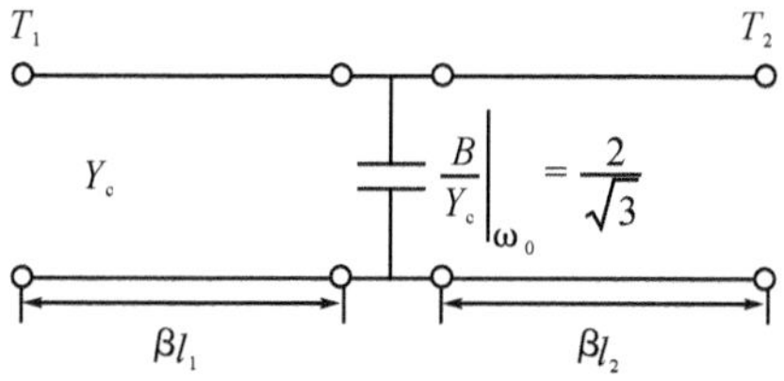

题 7.6 图

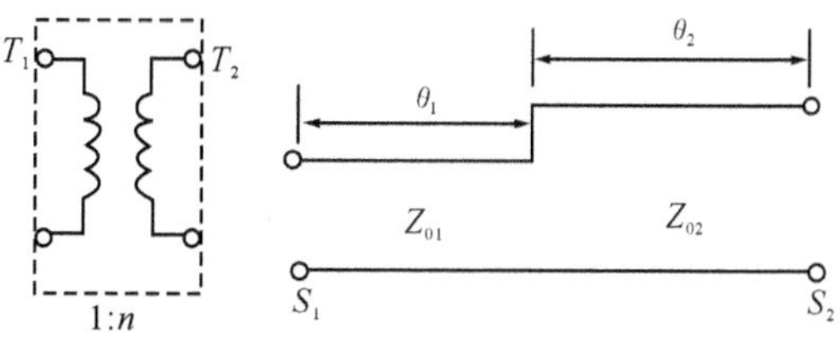

题 7.7 图

7.7　如题 7.7 图所示波导阶梯，求：

(1)阶梯处的 $\boldsymbol{T}$ 和 $\boldsymbol{A}$ 矩阵及其等效电路；

(2)电长度为 θ_1 和 θ_2 的参考面 S_1 和 S_2 之间电路总的 $\boldsymbol{T}$ 和 $\boldsymbol{A}$ 矩阵。

7.8　如题 7.8 图所示三端口网络，当参考面为 T_1、T_2、T_3 时的散射矩阵为

$$\boldsymbol{S}=\begin{bmatrix} S_{11} & S_{12} & S_{13} \\ S_{21} & S_{22} & S_{23} \\ S_{31} & S_{32} & S_{33} \end{bmatrix}$$

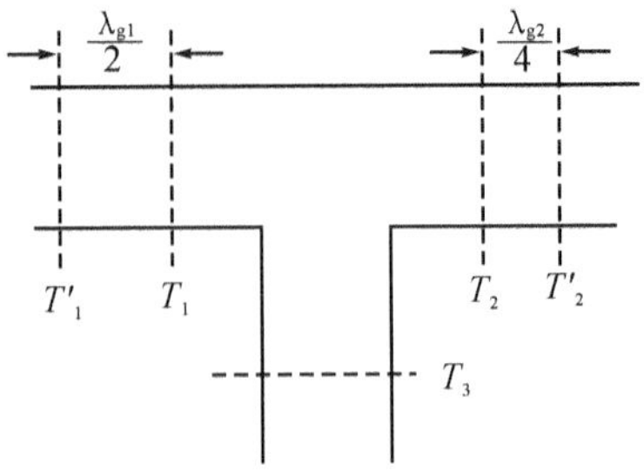

题 7.8 图

若 T_1 外移 $\lambda_{g1}/2$，T_2 外移 $\lambda_{g2}/4$，分别得到新的参考面 T'_1 和 T'_2，试求参考面移动后三端口网络的散射矩阵。

7.9　如题 7.9 图所示同轴波导转换接头，已知其散射矩阵为

$$\boldsymbol{S}=\begin{bmatrix} S_{11} & S_{12} \\ S_{21} & S_{22} \end{bmatrix}$$

(1)求端口②匹配时端口①的驻波系数；

(2)求当端口②接负载产生的反射系数为 Γ_2 时，端口①的反射系数；

(3)求端口①匹配时端口②的驻波系数。

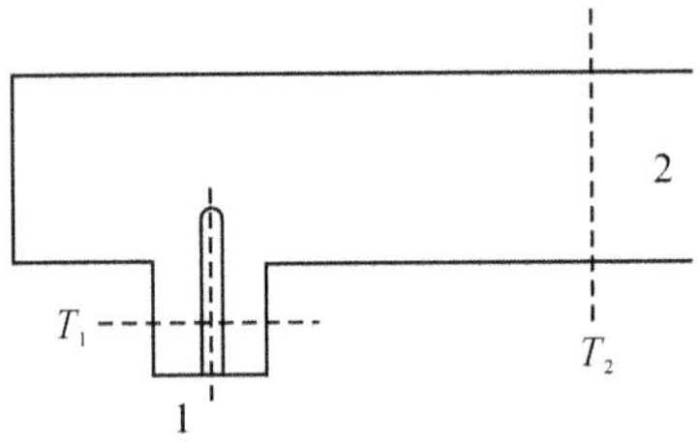

题 7.9 图

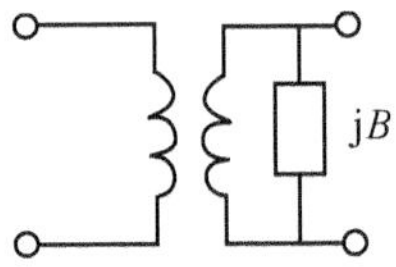

题 7.10 图

7.10　如题 7.10 图所示微波接头等效电路，今测得

$$S_{11}=-\frac{1+\mathrm{j}}{3+\mathrm{j}},\ S_{22}=\frac{1-\mathrm{j}}{3+\mathrm{j}}$$

求理想变压器的匝数比 n、接头处电纳 B 及 S_{12} 的值。

7.11　如题 7.11 图所示的矩形波导 H-T 分支，设波导无耗，端口③接有匹配负载，试求该 H-T 分支的 S 参量。

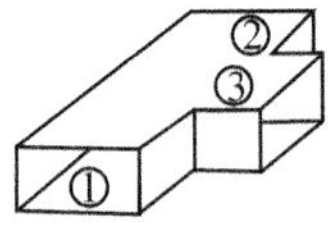

题 7.11 图

7.12　共源电路结构晶体管在 4GHz 的 S 参数为(参考电阻 $Z_0=50\Omega$)：$S_{11}=0.72\angle-116°$，$S_{12}=0.03\angle57°$，$S_{21}=2.6\angle76°$，$S_{22}=0.73\angle-54°$。求在共栅极电路结构下晶体管的 S 参数。

7.13　在习题 7.12 基础上，栅极串联一个 5nH 的电感以增加不稳定性(见题 7.13 图)，计算栅极串联该电感后的晶体管 S 参数。

7.14　一个微波放大器的输出部分如题 7.14 图所示，求：

(1)如果 $\Gamma_{out}=0.682$，计算 ρ_{out}；

(2)如果 $\Gamma_L=\Gamma_{out}^*$，验证 Z_b 为 50Ω；

(3)如果 $\Gamma_{out}=0.5\angle-60°$，计算 ρ_{out}。

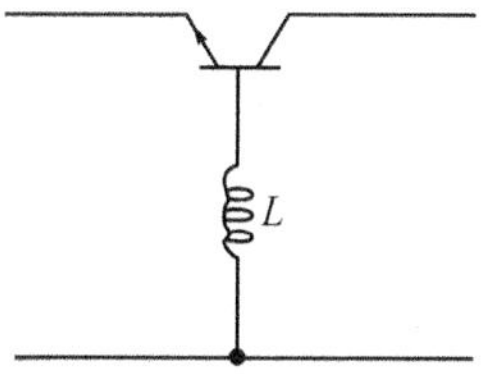

题 7.13 图

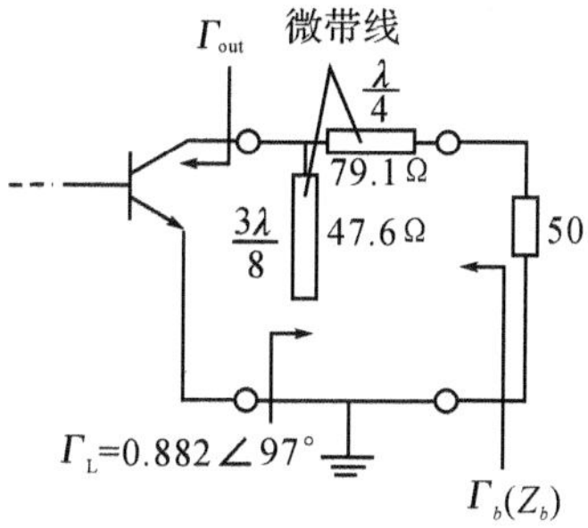

题 7.14 图

7.15　一个微波放大器的输入部分如题 7.15 图所示，求：

(1)如果 $\Gamma_{in}=0.545\angle-77.7°$，计算 ρ_{in}；

(2)如果 $\Gamma_s=\Gamma_{in}^*$，验证 Z_a 为 50Ω；

(3) 如果 $\Gamma_{in}=0.4\angle45°$，计算 ρ_{in}。

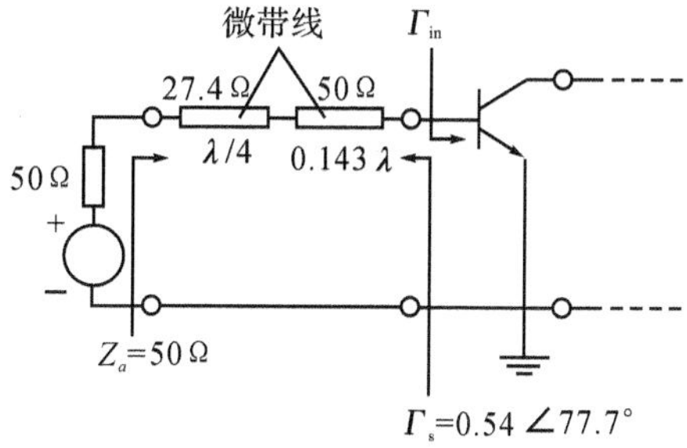

题 7.15 图

第 8 章

功分器、耦合器与滤波器

功分器、耦合器、滤波器是射频与微波电路中重要的无源微波电路元件。本章重点介绍适合用平面工艺制作的功分器、耦合器与滤波器。

8.1 讨论微带结构的功率分配器与合成器。8.2 节讨论微带耦合线定向耦合器、微带分支定向耦合器与微带环形定向耦合器。滤波器是本章讨论的重点，8.3 节重点关注微带滤波器的综合设计。

8.1 微带功分器

功率分配与合成器是最基本的无源器件，矩形波导的 E-T、H-T 分支都是功率分配器件，本节讨论微带结构的功率分配器(简称功分器)。微带功分器可以进行任意比例的功率分配，本节重点考虑等功率分配(3dB)的情况。

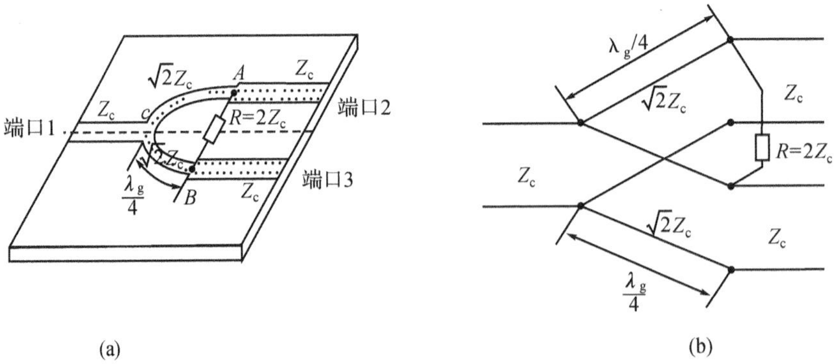

图 8-1　威尔金森功分器

图 8-1(a)所示的微带 3dB 功分器，也叫做威尔金森(Wilkinson)功分器。它的输入微带线和输出微带线的特征阻抗相等，均为 Z_c。两段分支微带线的特性阻抗为$\sqrt{2}Z_c$，长度为 $\lambda_g/4$。在分

支线的末端 A、B 点，跨接一个阻值为 $2Z_c$ 的电阻 R。其对应的传输线电路如图 8-1(b)所示。

这种结构功分器的特点是：当输出端口②和③接匹配负载时，输入端口①无反射，从端口①输入的功率被等分到端口②和③，且端口②和③相互隔离。

鉴于微带 3dB 功分器结构的对称性，可以用偶—奇模分析技术进行分析。这种分析方法我们已在耦合微带线、矩形波导 3dB 定向耦合器的分析中应用过。其基本根据是，结构的对称性导致场分布的对称性，但场分布可以存在偶对称与奇对称两种模式，它们都满足对称结构的边界条件。对于偶对称模式(以后简称为偶模)，对称面电场是波幅，而奇对称模式(以后简称为奇模)，对称面电场是波节。对称结构中的场总可以分解为偶模与奇模的组合。

为了用偶—奇模分析技术对微带 3dB 功分器进行分析，将图 8-1(b)所示的微带 3dB 功分器等效电路重绘于图 8-2，使得电路的对称体现得更明显。图 8-2 所示的电路，所有阻抗都用特征阻抗 Z_c 归一化，端口①归一化值为 1 的电阻用两个归一化值为 2 的电阻并联表示，$\lambda_g/4$ 线的归一化特性阻抗 $z'_c=\sqrt{2}$，并联电阻的归一化值 $r=R/Z_c=2$。为便于后面分析电路的 S 参数，端口②和③为 V_{g2}、V_{g3} 的电源激励。

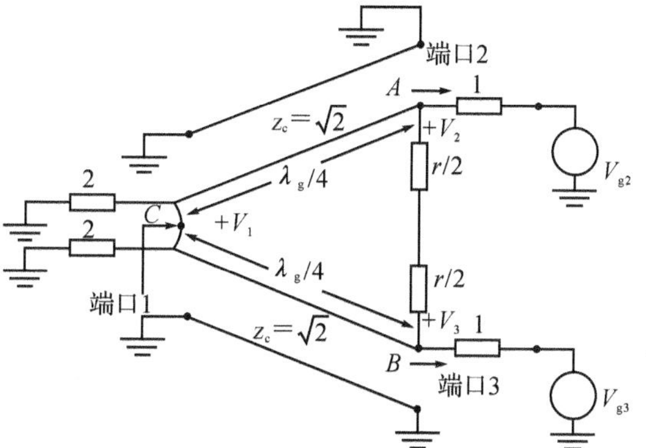

图 8-2　归一化、对称形式的威尔金森功分器

按偶—奇模分解技术，图 8-2 所示电路上的电压、电流分布可以分解为偶模与奇模的组合。对于偶模，$V_{g2}^e=V_{g3}^e$，对称面电压最大，电流为零，相当于开路。对于奇模，$V_{g2}^o=-V_{g3}^o$，对称面电压为零，电流最大，相当于短路。这里上标 e 和 o 分别表示偶模和奇模的量。这就是说，对于偶模、奇模，等效电路可用图 8-2 所示电路的一半表示，如图 8-3(a)和(b)所示。其中图(a)与偶模对应，而图(b)与奇模对应。为了以后分析方便，与端口②和③连接的激励电压源设为 $2V_0$。

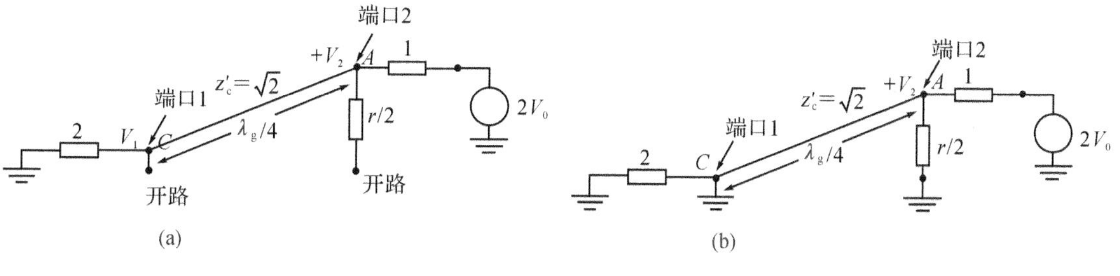

图 8-3　图 8-2 电路的切开

下面根据图 8-2 与图 8-3 分析电路的 S 参数。

按偶—奇模分析的基本思想，端口②为 $V_{g2}=4V_0$ 的源激励时在电路中建立的电压、电流，可以分解为端口②和③为偶模激励时在电路中建立的电压、电流与奇模激励时在电路中建立的电压、电流之和。因为偶模激励时，$V_{g2}^{e}=V_{g3}^{e}=2V_0$，奇模激励时，$V_{g2}^{o}=2V_0$，$V_{g3}^{o}=-2V_0$，偶模与奇模的组合，$V_{g2}=V_{g2}^{e}+V_{g2}^{o}=4V_0$，$V_{g3}=V_{g3}^{e}+V_{g3}^{o}=0$。

先讨论偶模激励的情况，因为 $V_{g2}^{e}=V_{g3}^{e}=2V_0$，端口②$A$ 点电压 V_2^{e} 等于端口③B 点电压 V_3^{e}，所以没有电流流过 A、B 间电阻 r，图 8-3(a)电阻 r 在对称面断开正反映了这一特点。这时，从端口②的 A 点向端口①看进去的输入阻抗为

$$z_{in,A}^{e}=(z_c')^2/2 \tag{8.1.1}$$

因为 $z_c'=\sqrt{2}$，故 $z_{in,A}^{e}=1$。即对于偶模，端口②是匹配的，全部功率将传输到接在端口①的负载。同时端口②A 点电压为

$$V_2^{e}=V_0 \tag{8.1.2}$$

如果设端口①C 点坐标为 $x=0$，端口②A 点坐标为 $x=-\lambda_g/4$，则线上电压可写为

$$V^{e}(x)=V^{e,in}(e^{-j\beta x}+\Gamma e^{j\beta x}) \tag{8.1.3}$$

因为 $V^{e}(x=-\lambda_g/4)=V_2^{e}=V_0$，将此边界值代入式(8.1.3)，得到

$$V^{e}\left(x=-\frac{\lambda_g}{4}\right)=jV^{e,in}(1-\Gamma)=V_0$$

所以

$$V^{e,in}=-j\frac{V_0}{(1-\Gamma)} \tag{8.1.4}$$

将式(8.1.4)代入式(8.1.3)，并取 $x=0$，就得端口①C 点的电压 V_1^{e} 为

$$V_1^{e}=V^{e}(x=0)=V^{e,in}(1+\Gamma)=-jV_0\frac{1+\Gamma}{1-\Gamma} \tag{8.1.5}$$

在端口①C 点向归一化值为 2 的电阻看进去的反射系数为

$$\Gamma=\frac{2-\sqrt{2}}{2+\sqrt{2}}$$

将此 Γ 代入式(8.1.5)就得到

$$V_1^{e}=-j\sqrt{2}V_0 \tag{8.1.6}$$

再讨论奇模激励的情况。奇模激励时，因为 $V_{g2}^{o}=2V_0$，$V_{g3}^{o}=-2V_0$，所以端口②A 点电压 V_2^{o} 与端口③B 点电压 V_3^{o} 大小相等、极性相反，即 $V_2^{o}=-V_3^{o}$，所以对称面上电压为零点，用接地符号表示，图 8-3(b)电阻 r 在对称面接地就反映了这一特点。这时，从端口②的 A 点向端口①看进去的归一化输入阻抗为 $r/2$，而 $r=2$，所以

$$z_{in,A}^{o}=1 \tag{8.1.7}$$

这是因为传输线长度是 $\lambda_g/4$，奇模工作时，端口①处短路，在端口②看起来是开路。因此奇模工作时，端口②也是匹配的。同时端口②A 点电压 V_2^{o} 与偶模工作时一样，也是 V_0，即

$$V_2^{o}=V_0 \tag{8.1.8}$$

因为端口①处短路，所以

$$V_1^{o}=0 \tag{8.1.9}$$

这样，就可得出威尔金森功分器的下列 S 参量。

无论偶模激励还是奇模激励，端口②和③都是匹配的，所以

$$S_{22}=S_{33}=0$$

当端口②为 $V_{g2}=4V_0$ 的电压源激励时，端口②A 点电压 V_2 与端口①C 点电压 V_1 为

$$V_2=V_2^{e}+V_2^{o}=2V_0$$

$$V_1=V_1^{e}+V_1^{o}=-j\sqrt{2}V_0$$

根据 7.2.2 节关于 S 参数的讨论，再利用对称互易关系，就得到

$$S_{12}=S_{21}=\frac{V_1^e+V_1^o}{V_2^e+V_2^o}=-\frac{j}{\sqrt{2}}$$

端口②和端口③是对称的，所以又有

$$S_{13}=S_{31}=-\frac{j}{\sqrt{2}}$$

由于剖分下的短路、开路特性，端口②和③是隔离的，所以

$$S_{23}=S_{32}=0$$

威尔金森功分器有三个端口，用三端口网络表示，其 S 参数有 9 个元素，已确定 8 个，还有 S_{11} 没有确定。为此要确定当端口②和③接匹配负载时，微带功分器在端口 1 的输入阻抗。这种情况下的等效电路如图 8-4(a)所示，从图上可见它与偶模激励 $V_2=V_3$ 时情况类似。因此，没有电流流过归一化值为 2 的电阻，它可以取走，剩下的电路如图 8-4(b)所示。现在，有两个 $\lambda_g/4$ 波长变换器的并联连接，终端接在归一化负载上，故输入阻抗为

$$z_{in}=\frac{(\sqrt{2})^2}{2}=1 \tag{8.1.10}$$

因而端口①是匹配的，即

$$S_{11}=0$$

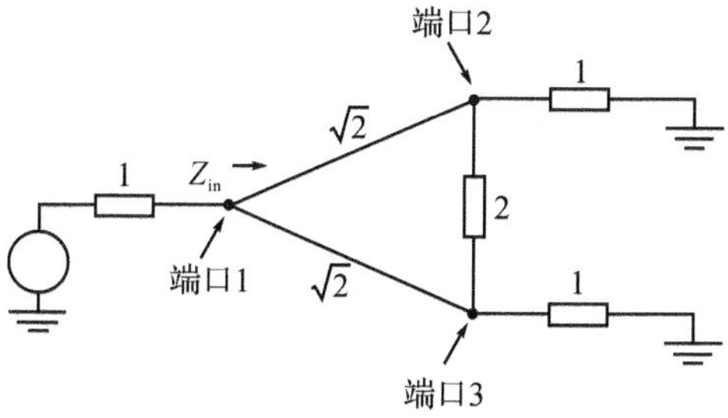

(a)信号从端口1输入时威尔金森功分器等效电路

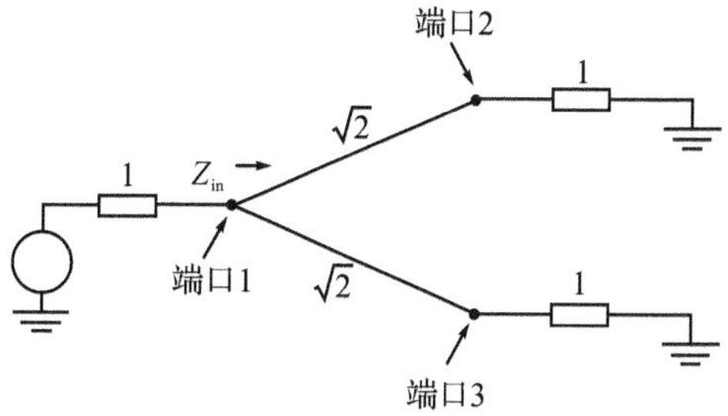

(b)等效电路(a)的简化

图 8-4　用于导出 S_{11} 的微带功分器分析

因此，威尔金森功分器的 S 矩阵为

$$\boldsymbol{S}=\begin{bmatrix} 0 & -j/\sqrt{2} & -j/\sqrt{2} \\ -j/\sqrt{2} & 0 & 0 \\ -j/\sqrt{2} & 0 & 0 \end{bmatrix} \tag{8.1.11}$$

注意：当功分器在端口①激励，且负载匹配时，电阻上没有功率损耗。因此，当输出匹配时，功分器是无损耗的；只有从端口②和③来的反射功率消耗在那个电阻上。

作为功分器的逆过程，若两路相同的信号从端口②和端口③同时输入，则端口①的输出是这两路的功率之和，此时称为功率合成器。

【例 8.1】　设计一个频率为 f_0，用于输入、输出微带线特征阻抗为 50Ω 的微带 3dB 功分器，并且给出反射损耗 S_{11}、插入损耗（$S_{21}=S_{31}$）和隔离度（$S_{23}=S_{32}$）与频率（从 $0.5f_0$ 到 $1.5f_0$）的关系曲线。

解　由图 8-1 和上述的推导，功分器中的 $\lambda_g/4$ 传输线应具有的特性阻抗为

$$Z=\sqrt{2}Z_c=70.7(\Omega)$$

并联电阻为

$$R=2Z_c=100\Omega$$

在频率 f_0 传输线长为 $\lambda_g/4$。采用微波电路分析中常用的 ADS 软件进行仿真，可得出 S 参数与频率的关系曲线，如图 8-5 所示。

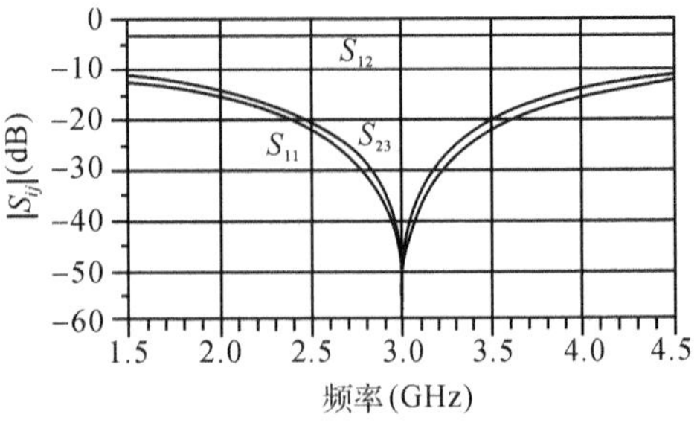

图 8-5　等分微带功分器的频响

微带型功分器亦可做成功率不等分的，微带图形如图 8-6 所示，如果端口②和③之间的功率比为 $K=P_3/P_2$，则可应用下列设计方程：

$$Z_{c3}=Z_c\sqrt{\frac{(1+K^2)}{K^3}}$$

$$Z_{c2}=K^2Z_{c3}=Z_c\sqrt{K(1+K^2)}$$

$$R=Z_c\left(K+\frac{1}{K}\right) \tag{8.1.6}$$

如 $K=1$，则上述结果归结为等分情况。另外还见到，输出线被匹配到阻抗 $R_2=Z_cK$ 和 $R_3=Z_c/K$，而不是阻抗 Z_c，可用阻抗变换器来变换这些输出阻抗。

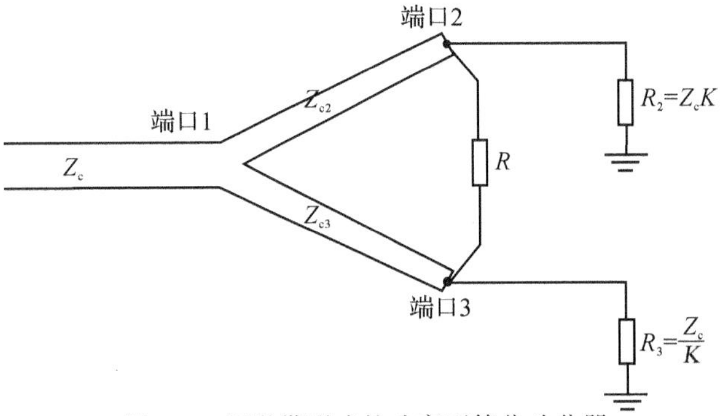

图 8-6　用微带形式的功率不等分功分器

8.2　耦合器

耦合器结构形式众多，本节着重讨论可用平面工艺制作的耦合微带线定向耦合器、微带分支定向耦合器和微带环形定向耦合器。定向耦合器有四个端口，可用四端口网络表示，7.3.5 指出无耗互易四端口网络可以完全匹配，且为一理想定向耦合器。

8.2.1　耦合微带线定向耦合器

耦合微带线定向耦合器是基于两带线之间的耦合效应。2.6 节用偶—奇模分析技术对耦合微带线进行了简要的分析。本小节在 2.6 节分析的基础上，还是用偶—奇模分析方法，先得出耦合线的定向耦合效应，然后进一步讨论耦合线定向耦合器的设计。

1. 耦合线段的定向耦合效应

图 8-7(a)所示的耦合微带线段，其电长度 $\theta=\beta l$，β 为耦合线段的传播常数，l 为耦合线的

几何长度。它有四个端口，信号从端口①输入，显然与端口①直通的端口②会有信号输出。以后称端口①为输入端口，端口②为直通端口。信号输入的那根带线叫主线，另一根就叫做副线，连接副线的两个端口记为端口③和④。端口①和③在同一侧，端口②和④在另一侧。由于主线和副线靠得很近，从端口①输入的部分信号功率耦合到副线是可以预期的。

耦合线段的定向耦合效应是指，从主线端口①输入的信号耦合到副线有方向性，比如端口③耦合到的信号强，而端口④耦合到的信号很弱。通过耦合线段的适当设计，在理想情况下，甚至只有端口③有耦合信号输出，而端口④与端口①完全隔离，没有信号输出。副线有信号输出的端口③叫做耦合端口，而与信号输入隔离的端口④叫隔离端口。

下面基于偶—奇模分析技术，通过传输线输入阻抗分析图 8-7(a)所示的耦合线段的耦合效应。偶—奇模分析的优点是，将四端口网络表示的耦合线段的问题简化为偶模和奇模涉及的二端口网络问题，从而使分析得到简化。

设耦合线的四个端口不是与匹配负载 Z_c 相连，就是与内阻为 Z_c 的匹配信号源连接。也就是说耦合线段的四个端口都匹配。这里 Z_c 是与端口连接的传输线特征阻抗。根据偶—奇模分析技术，图 8-7(b)上端口①的激励可分解成端口①和③为偶模、奇模激励的组合，如图 8-7(c)、(d)所示。为分析方便，假定端口①为 $2V_0$ 的电压激励，分解为奇—偶模激励时，端口上的激励电压就是 V_0。

由对称性可以见到：

对于偶模	对于奇模
$I_1^e=I_3^e$	$I_1^o=-I_3^o$
$I_2^e=I_4^e$	$I_4^o=-I_2^o$
$V_1^e=V_3^e$	$V_1^o=-V_3^o$
$V_2^e=V_4^e$	$V_4^o=-V_2^o$

同时端口①、②、③、④上的电压、电流可用偶模、奇模的量组合表示：

$$V_1=V_1^e+V_1^o \qquad I_1=I_1^e+I_1^o$$

$$V_2=V_2^e+V_2^o \qquad I_2=I_2^e+I_2^o$$

$$V_3=V_3^e+V_3^o \qquad I_3=I_3^e+I_3^o$$

$$V_4=V_4^e+V_4^o \qquad I_4=I_4^e+I_4^o$$

这样，图 8-7(b)所示的耦合器端口①的输入阻抗可表示为

$$Z_{in}=\frac{V_1}{I_1}=\frac{V_1^e+V_1^o}{I_1^e+I_1^o} \tag{8.2.1}$$

偶模和奇模都对应一根特性阻抗为 Z_c^e 或 Z_c^o、终端阻抗为 Z_c 的传输线。如果定义 Z_{in}^e 为端口①偶模的输入阻抗，Z_{in}^o 是奇模的输入阻抗，则有

$$Z_{in}^e=Z_c^e\,\frac{Z_c+jZ_c^e\tan\theta}{Z_c^e+jZ_c\tan\theta} \tag{8.2.2a}$$

$$Z_{in}^o=Z_c^o\,\frac{Z_c+jZ_c^o\tan\theta}{Z_c^o+jZ_c\tan\theta} \tag{8.2.2b}$$

根据图 8-7(c)和(d)所示，由分压关系可得

$$V_1^e=V_0\,\frac{Z_{in}^e}{Z_{in}^e+Z_c} \tag{8.2.3a}$$

$$V_1^o=V_0\,\frac{Z_{in}^o}{Z_{in}^o+Z_c} \tag{8.2.3b}$$

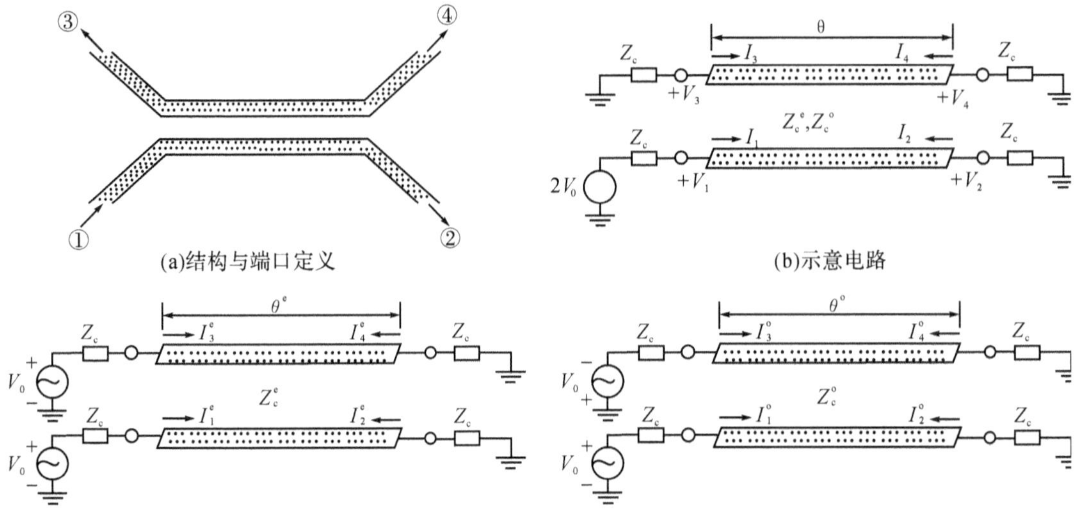

图 8-7　耦合微带线段耦合效应的奇—偶模分析模型(图中加上 $E_g=2V_0$)

$$I_1^e=\frac{V_0}{Z_{in}^e+Z_c} \tag{8.2.4a}$$

$$I_1^o=\frac{V_0}{Z_{in}^o+Z_c} \tag{8.2.4b}$$

将式(8.2.3)、式(8.2.4)代入式(8.2.1),得到

$$Z_{in}=\frac{Z_{in}^o(Z_{in}^e+Z_c)+Z_{in}^e(Z_{in}^o+Z_c)}{Z_{in}^e+Z_{in}^o+2Z_c}=Z_c+\frac{2(Z_{in}^eZ_{in}^o-Z_c^2)}{Z_{in}^e+Z_{in}^o+2Z_c} \tag{8.2.5}$$

如果令

$$Z_c=\sqrt{Z_c^eZ_c^o} \tag{8.2.6}$$

则式(8.2.2a)和式(8.2.2b)可简化为

$$Z_{in}^e=Z_c^e\,\frac{\sqrt{Z_c^o}+\mathrm{j}\sqrt{Z_c^e}\tan\theta}{\sqrt{Z_c^e}+\mathrm{j}\sqrt{Z_c^o}\tan\theta} \tag{8.2.7a}$$

$$Z_{in}^o=Z_c^o\,\frac{\sqrt{Z_c^e}+\mathrm{j}\sqrt{Z_c^o}\tan\theta}{\sqrt{Z_c^o}+\mathrm{j}\sqrt{Z_c^e}\tan\theta} \tag{8.2.7b}$$

只要式(8.2.6)得到满足,那么由式(8.2.7) 可得 $Z_{in}^eZ_{in}^o=Z_c^eZ_c^o=Z_c^2$。这样,式(8.2.5)成为

$$Z_{in}=Z_c$$

因此,一旦式(8.2.6)满足,端口①就是匹配的(由于对称,所有其他端口也是匹配的)。

这就是说,只要满足式(8.2.6),就有 $Z_{in}=Z_c$。

如图 8-7(b)所示,由分压关系可得

$$V_1=2V_0\,\frac{Z_{in}}{Z_{in}+Z_c}=V_0 \tag{8.2.8}$$

此时利用式(8.2.3),端口③的电压 V_3 可表示为

$$V_3=V_3^e+V_3^o=V_1^e-V_1^o=V_0\left[Z_{in}^e/(Z_{in}^e+Z_c)-Z_{in}^o/(Z_{in}^o+Z_c)\right] \tag{8.2.9}$$

根据式(8.2.7)与式(8.2.6)可得

$$\frac{Z_{in}^e}{Z_{in}^e+Z_c}=\frac{Z_c+\mathrm{j}Z_c^e\tan\theta}{2Z_c+\mathrm{j}(Z_c^e+Z_c^o)\tan\theta} \tag{8.2.10a}$$

$$\frac{Z_{in}^{o}}{Z_{in}^{o}+Z_c}=\frac{Z_c+jZ_c^o\tan\theta}{2Z_c+j(Z_c^e+Z_c^o)\tan\theta} \tag{8.2.10b}$$

将式(8.2.10)代入式(8.2.9)得到

$$V_3=V_0\frac{j(Z_c^e-Z_c^o)\tan\theta}{2Z_c+j(Z_c^e+Z_c^o)\tan\theta} \tag{8.2.11}$$

现定义 C 为

$$C=\frac{Z_c^e-Z_c^o}{Z_c^e+Z_c^o} \tag{8.2.12}$$

由式(8.2.12)可导出

$$\sqrt{1-C^2}=\frac{2Z_c}{Z_c^e+Z_c^o}$$

所以

$$V_3=\frac{V_0 jC\tan\theta}{\sqrt{1-C^2}+j\tan\theta} \tag{8.2.13}$$

类似的,可以证明

$$V_4=V_4^e+V_4^o=V_2^e-V_2^o=0 \tag{8.2.14}$$

$$V_2=V_2^e+V_2^o=V_0\frac{\sqrt{1-C^2}}{\sqrt{1-C^2}\cos\theta+j\sin\theta} \tag{8.2.15}$$

式(8.2.13)与式(8.2.14)表示副线端口④没有信号输出,与输入端口隔离,故平行耦合线端口④是隔离端口。端口③有耦合信号输出,故是耦合端口。由于副线隔离端口没有信号输出,只是耦合端口有信号输出,这说明从主线到副线的耦合有方向性。这种耦合的方向性叫定向耦合效应。对于平行耦合线定向耦合器,耦合端口和直通输出端口不在同一侧,对有些应用可能造成不便。

式(8.2.13)和式(8.2.15)给出了耦合端和直通端的电压对频率的关系,如图 8-8 所示。在很低频率($\theta\ll\frac{\pi}{2}$),实际上全部功率被送到端口②,而没有功率被耦合到端口③。频率响应是周期性的,在 $\theta=\frac{\pi}{2},\frac{3\pi}{2},\cdots$,$V_3$ 都有最大值。

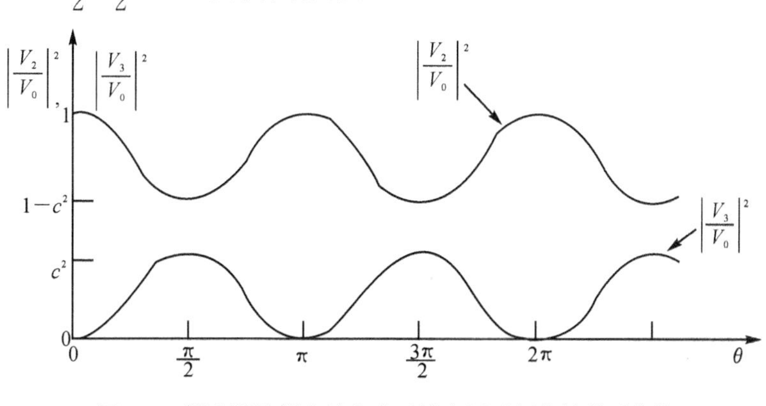

图 8-8　耦合器的耦合端和直通端电压对频率的关系曲线

图 8-8 表示的就是耦合线段的耦合效应。为了使耦合端口有尽可能大的输出,耦合区长度应接近四分之波长。

利用耦合线的定向耦合效应,可以制成定向耦合器。

2. 耦合线定向耦合器

根据前面关于耦合线耦合效应的分析，当耦合线段的长度为四分之波长（或相移 $\theta=\pi/2$）时，如果 V_0 为端口①的输入电压，那么端口③和端口②的电压为

$$V_3/V_0=C$$

$$V_2/V_0=-\mathrm{j}\sqrt{1-C^2}$$

端口④的电压为 $V_4=0$。耦合系数 C 由式(8.2.12)定义，小于 1。注意 V_2 与 V_3 有 90°相位差。

因此图 8-7(a)所示的四分之波长耦合线段可构成定向耦合器，其图重绘于图 8-9。各端口都跟 $Z_c=50\Omega$ 的标准微带线连接，$2w$ 长的过渡段用于阻抗匹配。

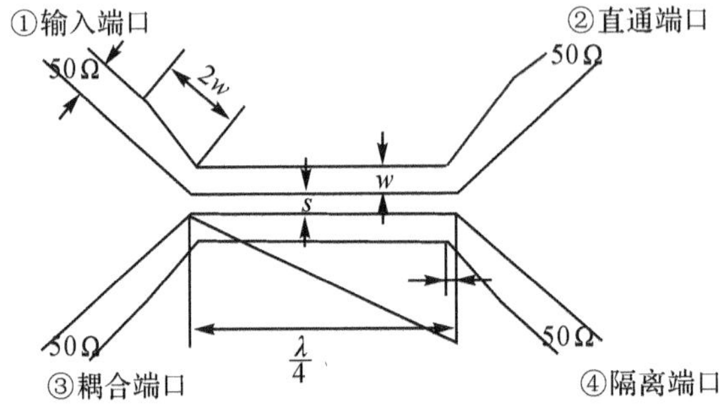

图 8-9　微带定向耦合器

设 P_1 是由匹配源馈入端口①的功率，P_2、P_3、P_4 分别在直通端口②、耦合端口③和隔离端口④可得到的功率，则描述定向耦合器的 4 个参数为

$$\text{耦合系数(dB)}=C=10\log\frac{P_1}{P_3} \tag{8.2.16a}$$

$$\text{方向性(dB)}=D=10\log\frac{P_3}{P_4} \tag{8.2.16b}$$

$$\text{隔离度(dB)}=I=10\log\frac{P_1}{P_4}=D+C \tag{8.2.16c}$$

$$\text{通过功率(dB)}=T=10\log\frac{P_2}{P_1} \tag{8.2.16d}$$

如图 8-9 所示的耦合线定向耦合器，由于 $P_{in}=|V_0|^2/2Z_c$，$P_2=(1-C^2)|V_0|^2/2Z_c$，$P_3=|C|^2|V_0|^2/2Z_c$，$P_4=0$，使得 $P_{in}=P_2+P_3+P_4$，这些结果满足功率守恒定理。

对于理想的耦合线定向耦合器，因为 $P_4=0$，方向性(dB)为无穷大，实际上是实现不了的。原因很多，很明显的一点是，在上述分析中，假定耦合线结构的偶模和奇模具有同样传播相速，所以传输线对两种模具有同样的长度。但对耦合微带线和其他准 TEM 模传输线，这个条件一般不满足，因而耦合器的方向性可能很差。实际上耦合微带线的偶模和奇模相速不相等，可以直觉地从耦合线横截面的力线图中得到解释。由于偶模和奇模在空气范围的边缘场分布的差别，偶模的有效介电常数会较高，即表示偶模的相速较小。为补偿耦合微带线获得相同的偶模和奇模相速，可以在耦合线两端并联电容 C_1、C_2（见图 8-9），对偶模并联电容不起作用，对奇模相移有影响，其增加的相移 $\Delta\theta_0$ 为

$$\Delta\theta^o=2\pi f_0(C_1+C_2)Z_c^o \tag{8.2.17}$$

式中：f_0 是中心频率。

最后，当规定了特性阻抗 Z_c 和电压耦合系数 C 后，可从式(8.2.6)与式(8.2.12)导出偶模和奇模特性阻抗的设计方程

$$Z_c^e = Z_c\sqrt{\frac{1+C}{1-C}} \tag{8.2.18a}$$

$$Z_c^o = Z_c\sqrt{\frac{1-C}{1+C}} \tag{8.2.18b}$$

【例 8.2】 设计一个 20dB 微带耦合器，基片介电常数 $\varepsilon_r=10$，特征阻抗为 50Ω，中心频率为 3GHz，确定耦合器的基本尺寸 $\frac{w}{h}$ 和 $\frac{s}{h}$。

解 由式(8.2.16a)可知，电压耦合系数为 $C=10^{\frac{-20}{20}}=0.1$；由式(8.2.18)可知，偶模和奇模的特征阻抗为

$$Z_c^e = 50\sqrt{\frac{1.1}{0.9}} = 55.28(\Omega)$$

$$Z_c^o = 50\sqrt{\frac{0.9}{1.1}} = 45.23(\Omega)$$

根据由图 2-34 耦合微带线设计曲线，因为 $Z_c^e=55.28\Omega$，$Z_c^o=45.23\Omega$，所以由图 2-34 查得 $w/h=0.95$，$S/h=1.5$，耦合器的长度 l 可以按下式选取

$$l \approx \frac{1}{2}\left(\frac{\lambda_{奇模}}{4}+\frac{\lambda_{偶模}}{4}\right)$$

图 8-10 就是按上述初始设计参数用 ADS 软件仿真得到的 S 参数与频率关系的曲线。由图可见，S_{12} 接近 0dB，说明信号功率主要通过直通端口②输出。S_{11} 小于 −30dB，说明端口①接近匹配。S_{13} 表示端口③与端口①的耦合，耦合度与设计值 20dB 接近。S_{14} 表示端口④与端口①的隔离，并非理想的无穷大。

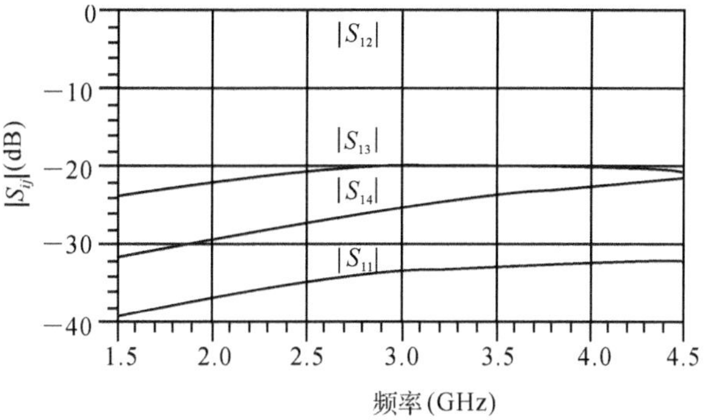

图 8-10　耦合线定向耦合器 S 参数与频率关系

耦合线定向耦合器因其耦合区长度要满足四分之波长这一条件，其带宽受到限制。此外，为了便于加工，两带线不能靠得很近，因此图 8-9 所示耦合线定向耦合器的耦合度很松。为了达到 3dB 或者 6dB 的耦合系数，一种方法是用几根彼此平行的线，以便线两边缘的杂散场对耦合有贡献。图 8-11(a)所示的 Lange 耦合器就是实现这种方法的实际例子。为了达到紧耦合，Lange 耦合器用了相互连接的 4 根耦合线。这种耦合器的优点是容易达到 3dB 耦合度，并有一个倍频程或更宽的带宽。输出线(端口②和端口③)之间也有 90°相位差，其主要缺点是实用问题，因为这些线很窄，又紧靠在一起，必须要横跨在线之间，所以连接线的加工比较困难。

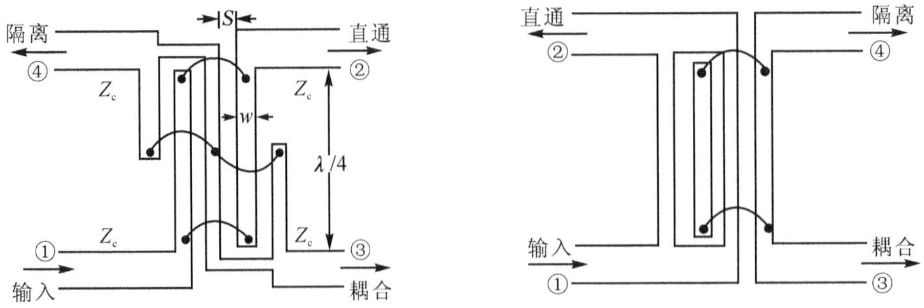

(a)微带电路的设计　　(b)展开型Lange耦合器

图 8-11　Lange 耦合器

展开型 Lange 耦合器如图 8-11(b)所示,其基本工作原理与原始的 Lange 耦合器一样,但是更容易用等效电路模拟。其等效电路如图 8-12(a)所示,由 4 导线耦合线结构组成。所有这些线都有同样的宽度和间距。若我们做一个合理的假设,即每根线只与最靠近的邻线耦合,而忽略远距离的耦合,则可等效为如图 8-12(b)所示的 2 导线耦合线电路。从而,若我们能推导出图 8-12(a)所示的 4 导线电路的偶模和奇模特征阻抗 Z_{c4}^{e} 和 Z_{c4}^{o}(用任意线的偶模和奇模特征阻抗 Z_c^e 和 Z_c^o 来表示),则能应用前面关于耦合线耦合器的结果去分析 Lange 耦合器。

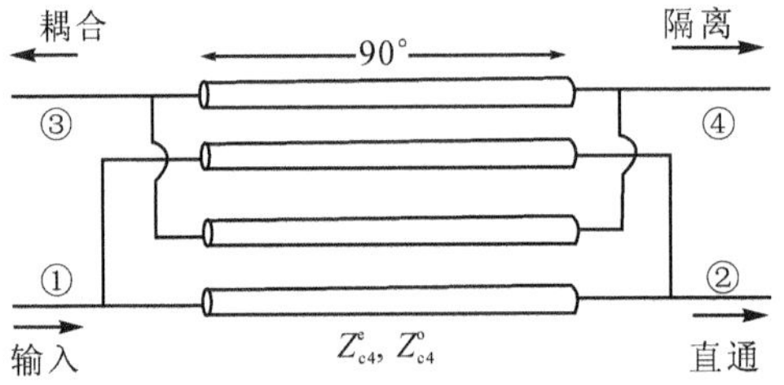

(a)4导线耦合线模型

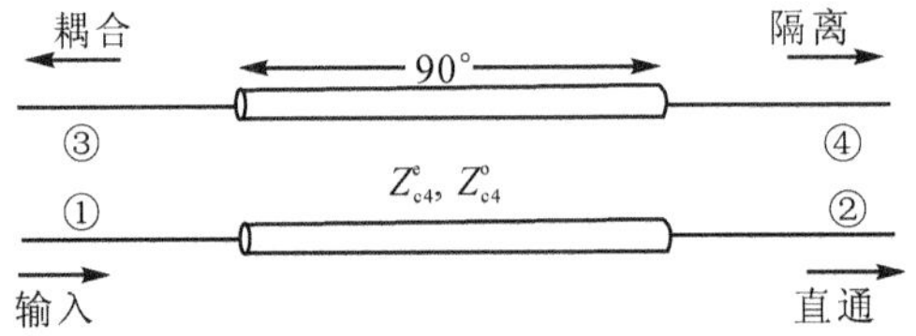

(b)近似的2导线耦合器模型

图 8-12　展开型 Lange 耦合器的等效电路

8.2.2　微带分支耦合器

微带分支耦合器也叫做微带分支电桥。如图 8-13 所示的微带分支耦合器由主线、副线及两个耦合分支线组成。分支线与主线、副线是并联的。分支线的长度及其间距均为中心频率的四分之一波长($\lambda/4$)。4 个端口微带线的特征阻抗 Z_c 相等,一般为 50Ω。两分支微带线特征阻抗也取 Z_c,而两分支线间主副线的特征阻抗取 $Z_c/\sqrt{2}$。这种耦合器很容易实现 3dB 的耦合度。

微带分支定向耦合器的特点是:

(1)结构上有高度的对称性。

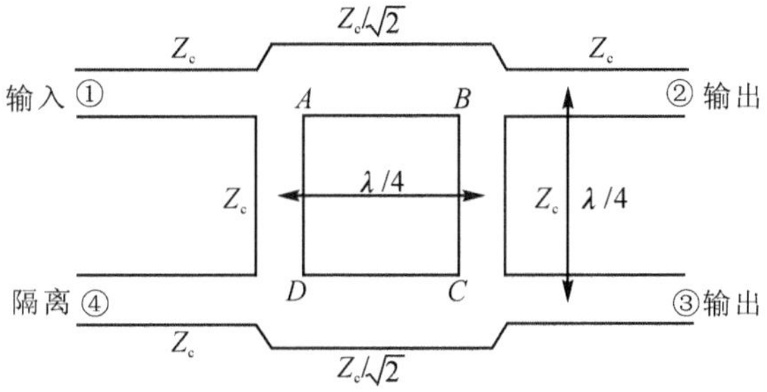

图 8-13　微带分支耦合器

任何一个端口都可作输入端口，输出端口总是在与输入端口相反的一侧，而隔离端口就是输入端口同侧的另一个端口。

(2) 3dB 耦合度且直通端与耦合端有 90°相位差。

所有端口都匹配的情况下，从端口①输入的功率，等分到直通端口②和耦合端口③(即耦合度为 3dB)，但两者有 90°相位差。没有功率耦合到端口④，故端口④是隔离端口。这个特性用 $\boldsymbol{S}$ 矩阵表示，就是

$$\boldsymbol{S}=\frac{-1}{\sqrt{2}}\begin{bmatrix}0 & \mathrm{j} & 1 & 0\\ \mathrm{j} & 0 & 0 & 1\\ 1 & 0 & 0 & \mathrm{j}\\ 0 & 1 & \mathrm{j} & 0\end{bmatrix} \tag{8.2.19}$$

微带分支耦合器这一工作特性，可作如下定性解释。如图 8-13 所示，如果信号(电压)仅从端口①输入，到达端口④(D 点)的信号为两路之叠加：一路由 $A\to D$，行程为 $\lambda/4$；另一种由 $A\to B\to C\to D$，行程为 $3\lambda/4$，两路信号行程差为 $\lambda/2$，对应的相位差为 π，若适当选择主、副线与分支线的特征阻抗，以使两路信号幅度相等，则端口④将无输出(隔离)。另一方面，到达端口③(C 点)的信号也为两路之叠加：一路由 $A\to B\to C$；另一路由 $A\to D\to C$，由于两路行程均为 $\lambda/2$，故在 C 点两路信号将同相(加强)。同样，适当选择主、副线与分支线的特征阻抗，可以控制端口②与端口③输出的信号功率比。

下面基于微带分支耦合器结构的对称性，用偶—奇模分析法对微带分支耦合器进行分析。分析的目的是要说明，如图 8-13 所示的微带分支耦合器，其工作特性确实如式(8.2.19)给出的 $\boldsymbol{S}$ 矩阵。

分析的基本思路是，将输入端口的激励分解为偶模激励与奇模激励的叠加，然后分析偶模、奇模分开激励下的反射系数和传输系数，最后得出每个端口的出射波。

分析的第一步，将图 8-13 所示的微带分支耦合器用图 8-14 所示的电路等效。需要指出的是图中每条线代表一根微带线。线的特征阻抗都用 Z_c 归一化，所以连接 4 个端口每根微带线(图中只画出一条线)的归一化特征阻抗 z_c 都等于 1。长度为 $\lambda/4$ 的两分支微带线的归一化特征阻抗 z'_c 也等于 1。而夹在分支微带线间、长度为 $\lambda/4$ 的主、副微带线的归一化特征阻抗 $z''_c=1/\sqrt{2}$。

分析时假定各端口都匹配，并设输入端口①为幅值 $a_1=1$ 的入射波激励。

分析的第二步，利用微带分支耦合器结构的对称性，将图 8-14 所示的这种激励分解为偶模激励和奇模激励的叠加，如图 8-15 所示。图(a)为偶模激励，对称面是波幅，电压最大，电流为零，对称面处于开路状态。图(b)为奇模激励，对称面短路，电流最大，电压为零，对称面处于短路状态，用虚线表示。因此无论是偶模激励还是奇模激励，都可分解为两个无耦合的二端

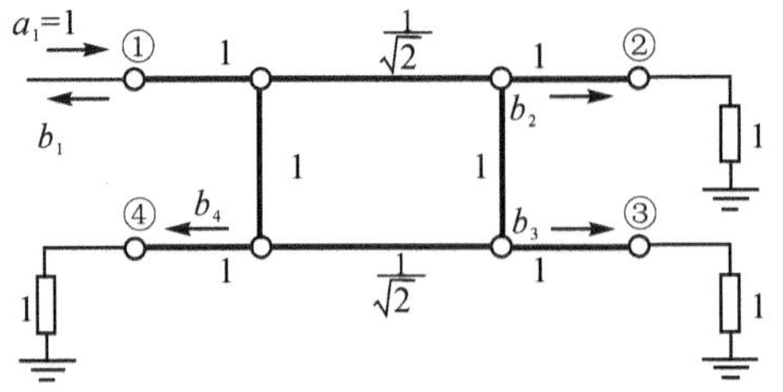

图 8-14　归一化形式的微带分支耦合器

口网络，如图 8-15(a)、(b)右边的两个电路。偶模激励时，两个端口的输入波振幅都是$+\frac{1}{2}$，奇偶激励时，两个端口输入波的振幅，一个是$+\frac{1}{2}$，另一个是$-\frac{1}{2}$。

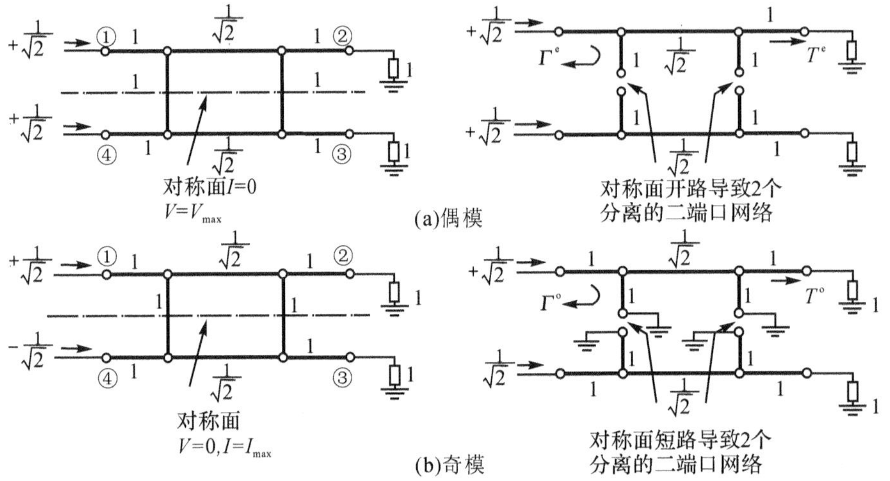

图 8-15　微带分支耦合器分解为偶模和奇模

参看图 8-15(a)、(b)右边的两个表示偶模和奇模激励的二端口网络，如设 Γ^e、Γ^o 分别表示偶模和奇模激励时该二端口网络的反射系数，而 T^e、T^o 分别表示偶模和奇模激励时的传输系数，则在各端口都匹配的前提下，微带分支耦合器每个端口处出射波(用 b 表示)的振幅就是偶模和奇模在各端口出射波的叠加：

$$b_1=\frac{1}{2}\Gamma^e+\frac{1}{2}\Gamma^o \tag{8.2.20a}$$

$$b_2=\frac{1}{2}T^e+\frac{1}{2}T^o \tag{8.2.20b}$$

$$b_3=\frac{1}{2}T^e-\frac{1}{2}T^o \tag{8.2.20c}$$

$$b_4=\frac{1}{2}\Gamma^e-\frac{1}{2}\Gamma^o \tag{8.2.20d}$$

分析的第三步，根据图 8-15 所示的偶模和奇模的等效电路计算 Γ^e、Γ^o 和 T^e、T^o，并由此得出如式(8.2.19)表示的 $\boldsymbol{S}$ 矩阵。

参看图 8-15(a)右边表示偶模的等效电路，因为并联开路 $\lambda/8$ 短截线的导纳为 $Y=\mathrm{j}\tan kl=\mathrm{j}$，相应的 $ABCD$ 矩阵为

$$\begin{bmatrix} A & B \\ C & D \end{bmatrix}^e_{并联Y=\mathrm{j}}=\begin{bmatrix} 1 & 0 \\ \mathrm{j} & 1 \end{bmatrix} \tag{8.2.21a}$$

而$\frac{\lambda}{4}$平行双导线的 $ABCD$ 矩阵为

$$\begin{bmatrix} A & B \\ C & D \end{bmatrix}^{e}_{\frac{\lambda}{4}\text{平行线}} = \begin{bmatrix} 0 & \mathrm{j}/\sqrt{2} \\ \mathrm{j}\sqrt{2} & 0 \end{bmatrix} \tag{8.2.21b}$$

所以对偶模而言，总的 $ABCD$ 矩阵为

$$\begin{bmatrix} A & B \\ C & D \end{bmatrix}^{e} = \begin{bmatrix} 1 & 0 \\ \mathrm{j} & 1 \end{bmatrix}_{\text{并联}Y=\mathrm{j}} \begin{bmatrix} 0 & \mathrm{j}/\sqrt{2} \\ \mathrm{j}\sqrt{2} & 0 \end{bmatrix}_{\frac{\lambda}{4}\text{平行双导线}} \begin{bmatrix} 1 & 0 \\ \mathrm{j} & 1 \end{bmatrix}_{\text{并联}Y=\mathrm{j}}$$

$$= \frac{1}{\sqrt{2}} \begin{bmatrix} -1 & \mathrm{j} \\ \mathrm{j} & -1 \end{bmatrix} \tag{8.2.22}$$

然后根据表 7-1，将 $ABCD$ 参量(此处用定义 $z_c=1$)转换到与反射系数和传输系数等效的 S 参数。由此得到

$$\Gamma^{e} = \frac{A+B-C-D}{A+B+C+D} = \frac{(-1+\mathrm{j}-\mathrm{j}+1)/\sqrt{2}}{(-1+\mathrm{j}+\mathrm{j}-1)/\sqrt{2}} = 0 \tag{8.2.23a}$$

$$T^{e} = \frac{2}{A+B+C+D} = \frac{2}{(-1+\mathrm{j}+\mathrm{j}-1)/\sqrt{2}} = \frac{-1}{\sqrt{2}}(1+\mathrm{j}) \tag{8.2.23b}$$

同样，对于奇模我们得到

$$\begin{bmatrix} A & B \\ C & D \end{bmatrix}^{o} = \frac{1}{\sqrt{2}} \begin{bmatrix} 1 & \mathrm{j} \\ \mathrm{j} & 1 \end{bmatrix} \tag{8.2.24}$$

给出反射系数和传输系数为

$$\Gamma^{o} = 0 \tag{8.2.25a}$$

$$T^{o} = \frac{1}{\sqrt{2}}(1-\mathrm{j}) \tag{8.2.25b}$$

然后将式(8.2.23)和式(8.2.25)代入式(8.2.20)，得到如下结果：

$$b_1 = 0 \tag{8.2.26a}$$

$$b_2 = -\frac{\mathrm{j}}{\sqrt{2}} \tag{8.2.26b}$$

$$b_3 = -\frac{1}{\sqrt{2}} \tag{8.2.26c}$$

$$b_4 = 0 \tag{8.2.26d}$$

式(8.2.26a)表示端口①是匹配的，而式(8.2.26b)和式(8.2.26c)表示端口①输入的功率等分到端口②和③，且有 90°相位差。式(8.2.26d)表示没有功率到端口④，故端口④与端口①隔离。

式(8.2.26)给出的正是式(8.2.19)给出的 **S** 矩阵的第 1 行和第 1 列的元素，利用对称性，剩下的矩阵元可通过互换位置得到。

【例 8.3】 设计一个 50Ω 的微带 3dB 分支耦合器，画出从 $0.5f_0$ 到 $1.5f_0$ 频带内 S 参量的幅值变化，此处 $f_0=3\text{GHz}$ 是设计频率。

解 经过前面的分析，微带 3dB 分支耦合器的设计就轻而易举了。线长在设计频率上是 $\lambda/4$，夹在两分支线间主、副线的特征阻抗为阻抗是

$$\frac{Z_c}{\sqrt{2}} = \frac{50}{\sqrt{2}} = 35.4(\Omega)$$

用 ADS 软件仿真得到的频率响应画在图 8-16 中。注意，在设计频率 f_0 处分别得到了在端口②和端口③中的完善 3dB 功率分配，以及在端口④和端口①中的完善隔离和回波损耗。可是，在频率偏离开 f_0 时，所有这些量都会迅速变坏。

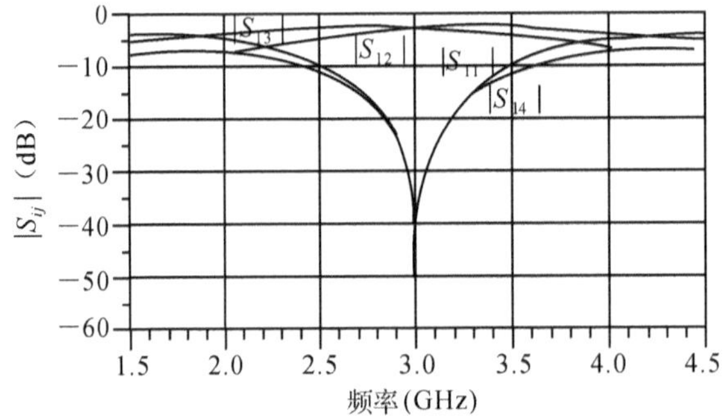

图 8-16　例 8.3 中的分支线耦合器的 S 参量的幅值与频率的关系曲线

8.2.3　微带环形耦合器

微带环形耦合器也叫做微带环形电桥。如图 8-17 所示，整个环的周长为 1.5λ，如果环形耦合器的 4 个端口微带线特性阻抗 Z_c 都是 50Ω，则圆环的特性阻抗 Z_{c1} 就是 $\sqrt{2}Z_c$。除端口②和端口④之间相隔 $3\lambda/4$，其余各相邻端口间距均为 $\lambda/4$。

微带环形耦合器适用于较高微波频段，比如 X 波段以上的频段。这是因为如果采用微带分支耦合器，随着频率升高、波长缩短，分支微带线以及夹在两分支微带线的主副微带线可能太短且太宽，以致结构上难于实现。而微带环形耦合器，环形部分微带特性阻抗高，微带线窄，环的周长也长，因此制作误差与设计误差都较小。当然，将微带环形耦合器用在微波低频段，则有可能使尺寸过大。

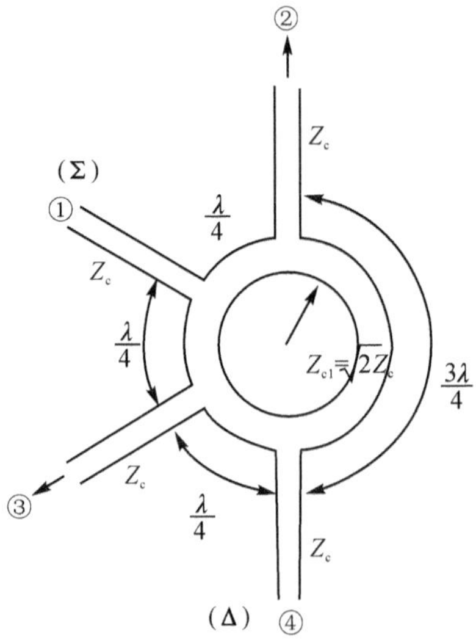

图 8-17　微带环形耦合器

微带环形耦合器的特点是有两种工作状态。第一种状态，两个输出端口同相输出，第二种工作状态，两个输出端口有 180°相移。如果信号从端口①输入，则将在端口②和③等分成两个同相分量，而端口④被隔离。若信号从端口④输入，则将端口②和③等分成两个有 180°相移的分量，而端口①被隔离。

微带环形耦合器当作为合成器使用时，输入信号加在端口②和③，在端口①将形成输入信号的和，而在端口④则形成输入信号的差。因此端口①称为和端口，用 Σ 表示。端口④称为差端口，用 Δ 表示。所以理想的 3dB 微带环形耦合器的 $\boldsymbol{S}$ 矩阵有下列形式：

$$\boldsymbol{S}=\frac{-\mathrm{j}}{\sqrt{2}}\begin{bmatrix}0 & 1 & 1 & 0\\ 1 & 0 & 0 & -1\\ 1 & 0 & 0 & 1\\ 0 & -1 & 1 & 0\end{bmatrix} \tag{8.2.28}$$

微带环形定向耦合器的这种工作特性可作如下定性解释。对于第一种工作状态，信号从端口 1 输入，并等分成两路信号，一路向端口②传输，一路向端口③传输，由于端口②与端口③跟端口①的间距相等，所以端口②和③耦合到的信号是同相的。但两路信号到达端口④有半个波长路程差，或有 180°相移，叠加的结果是相互抵消，适当的设计可使耦合到端口④的信号为零，即与端口 1 隔离。第二种工作情况，信号从端口④输入，等分成两路信号到达端口②和③有半个波长路程差，因而端口②和③耦合到的信号是反相的。两路信号到达端口①也相差半个波长路程，在端口①叠加的结果相互抵消，适当的设计也可使耦合到端口①的信号为零，即与端口④隔离。

对微带环形定向耦合器的分析，也可根据其对称性用偶—奇模分析技术进行。具体分析过程与微带分支耦合器类似。

对于第一种同相输出的情况，当端口①用单位振幅 $a_1=1$ 的入射波激励时，先将微带环形定向耦合器归一化成图 8-18 所示的电路，其中图(a)等效于偶模激励，图(b)等效于奇模激励。

设 Γ^e、Γ^o 和 T^e、T^o 分别为微带环形耦合器偶模和奇模电路的反射系数和传输系数，那么来自微带环形耦合器的出射波振幅是

$$b_1=\frac{1}{2}\Gamma^e+\frac{1}{2}\Gamma^o \tag{8.2.29a}$$

$$b_2=\frac{1}{2}T^e+\frac{1}{2}T^o \tag{8.2.29b}$$

$$b_3=\frac{1}{2}\Gamma^e-\frac{1}{2}\Gamma^o \tag{8.2.29c}$$

$$b_4=\frac{1}{2}T^e-\frac{1}{2}T^o \tag{8.2.29d}$$

接下去计算图 8-18 中表示偶模和奇模激励的二端口网络的 $ABCD$ 矩阵，并由此进一步计算偶模和奇模激励时各端口的反射系数 Γ^e、Γ^o 和传输系数 T^e、T^o。

根据图 8-18 所示分解为偶模、奇模激励的等效电路，可得

$$\begin{bmatrix} A & B \\ C & D \end{bmatrix}^e=\begin{bmatrix} 1 & \mathrm{j}\sqrt{2} \\ \mathrm{j}\sqrt{2} & -1 \end{bmatrix} \tag{8.2.30a}$$

$$\begin{bmatrix} A & B \\ C & D \end{bmatrix}^o=\begin{bmatrix} -1 & \mathrm{j}\sqrt{2} \\ \mathrm{j}\sqrt{2} & 1 \end{bmatrix} \tag{8.2.30b}$$

然后，利用表 7-1 就得到

$$\Gamma^e=\frac{-\mathrm{j}}{\sqrt{2}} \tag{8.2.31a}$$

$$T^e=\frac{-\mathrm{j}}{\sqrt{2}} \tag{8.2.31b}$$

$$\Gamma^o=\frac{\mathrm{j}}{\sqrt{2}} \tag{8.2.31c}$$

$$T^o=\frac{-\mathrm{j}}{\sqrt{2}} \tag{8.2.31d}$$

将这些结果代入式(8.2.29)，可得

$$b_1=0 \tag{8.2.32a}$$

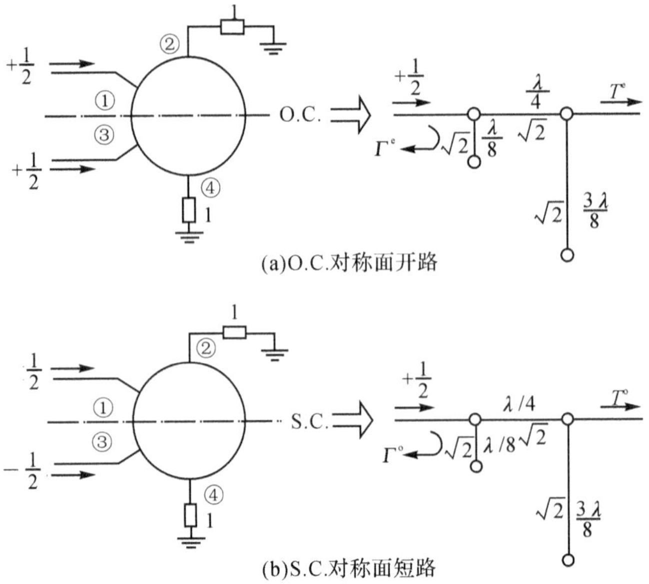

图 8-18　当端口①用单位振幅输入波激励时，微带环形耦合器分解为偶模和奇模

$$b_2=\frac{-j}{\sqrt{2}} \tag{8.2.32b}$$

$$b_3=\frac{-j}{\sqrt{2}} \tag{8.2.32c}$$

$$b_4=0 \tag{8.2.32d}$$

这表明输入端口①是匹配的，端口④是隔离的，输入功率是等分的，端口②和③之间是同相的。这些结果形成了在式(8.2.28)给出的散射矩阵中的第 1 行和第 1 列。

对于环形微带耦合器的第二种工作情况，即两输出端口反相输出的情况。入射波幅 $a_1=1$ 的信号由端口④输入，这种情况可以分解为如图 8-19 所示的偶摸和奇模激励的叠加。各端口出射波的振幅可表示为

$$b_1=\frac{1}{2}T^e-\frac{1}{2}T^o \tag{8.2.33a}$$

$$b_2=\frac{1}{2}\Gamma^e-\frac{1}{2}\Gamma^o \tag{8.2.33b}$$

$$b_3=\frac{1}{2}T^e+\frac{1}{2}T^o \tag{8.2.33c}$$

$$b_4=\frac{1}{2}\Gamma^e+\frac{1}{2}\Gamma^o \tag{8.2.33d}$$

图 8-19 中偶模和奇模电路的 $ABCD$ 矩阵为

$$\begin{bmatrix} A & B \\ C & D \end{bmatrix}^e=\begin{bmatrix} -1 & j\sqrt{2} \\ j\sqrt{2} & 1 \end{bmatrix} \tag{8.2.34a}$$

$$\begin{bmatrix} A & B \\ C & D \end{bmatrix}^o=\begin{bmatrix} 1 & j\sqrt{2} \\ j\sqrt{2} & -1 \end{bmatrix} \tag{8.2.34b}$$

然后，从表 7-1 得到所需的反射系数和传输系数分别为

$$\Gamma^e=\frac{j}{\sqrt{2}} \tag{8.2.35a}$$

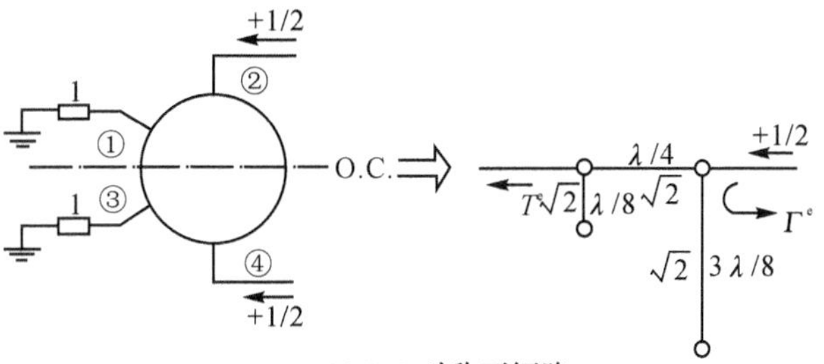

(a)O.C.对称面短路

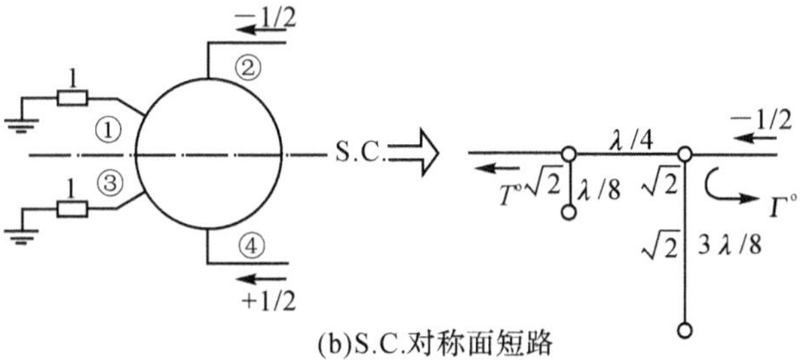

(b)S.C.对称面短路

图 8-19　当端口④用单位振幅输入波激励时，微带环形耦合器分解为偶模和奇模

$$T^e=\frac{-j}{\sqrt{2}} \tag{8.2.35b}$$

$$\Gamma^o=\frac{-j}{\sqrt{2}} \tag{8.2.35c}$$

$$T^o=\frac{-j}{\sqrt{2}} \tag{8.2.35d}$$

将这些结果代入式(8.2.33)，可得

$$b_1=0 \tag{8.2.36a}$$

$$b_2=\frac{j}{\sqrt{2}} \tag{8.2.36b}$$

$$b_3=\frac{-j}{\sqrt{2}} \tag{8.2.36c}$$

$$b_4=0 \tag{8.2.36d}$$

这表明输入端口④是匹配的，端口①是隔离的，输入功率是等分的，端口②和③有 180°相位差。这些结果形成了式(8.2.28)所给出散射矩阵的第 4 行和第 4 列。矩阵中的余下元素可以由对称性得到。

微带环形耦合器的带宽受限于环长度有关的频率，但通常有 20%～30%量级的带宽。

【例 8.4】　微带环形耦合器的设计和特性

设计一个有着 50Ω 系统阻抗的 180°微带环形耦合器。画出从 $0.5f_0$ 到 $1.5f_0$ 的 S 参量(S_{1j})的幅值，其中 f_0=3GHz 是设计频率。

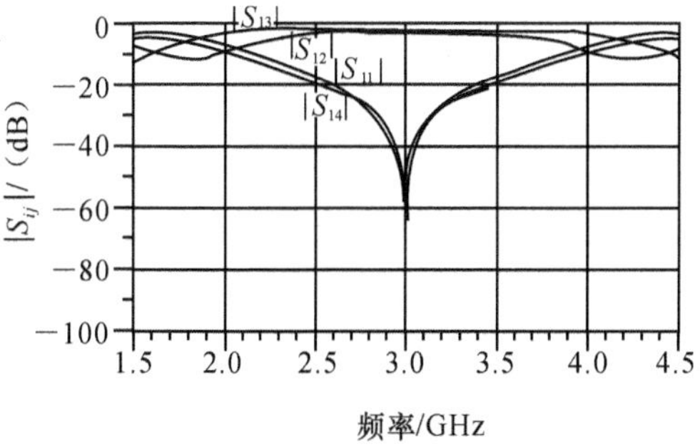

图 8-20　例 8.4 中微带环形耦合器的 S 参量的幅值与频率的关系曲线

解　参考图 8-17(a)，环形传输线的特征阻抗是

$$\sqrt{2}Z_0=70.7\Omega$$

而馈线阻抗是 50Ω。S 参量幅值与频率的关系如图 8-20 所示。由图可知，与微带方形分支电桥一样，在设计频率 f_0 处也得到了在端口②和③中的完善 3dB 功率分配，以及在端口④和①中的完善隔离和回波损耗，但频带不够宽。

8.3　滤波器

8.3.1　滤波器概述

1. 描述滤波器特性的主要参数

滤波器是在频域中对信号进行处理的基本器件。在电路中它可以用一个二端口网络表示，如图 8-21 所示。输入端口连接信源，信源用内阻抗为 Z_g、随时间作简谐变化的电压源表示，输出端口与负载 Z_L 连接。滤波器的作用是，将来自信源的载有信息的信号同不需要的混杂(如干扰、噪声以及失真产物)相分离。基本工作原理是，对载有信息的频谱分量滤波器的衰减很小，呈“通”的状态。而对不需要的频谱分量滤波器的衰减很大，呈“阻”的状态。因而滤波器对输入信号的频谱具有选择衰减的特征。

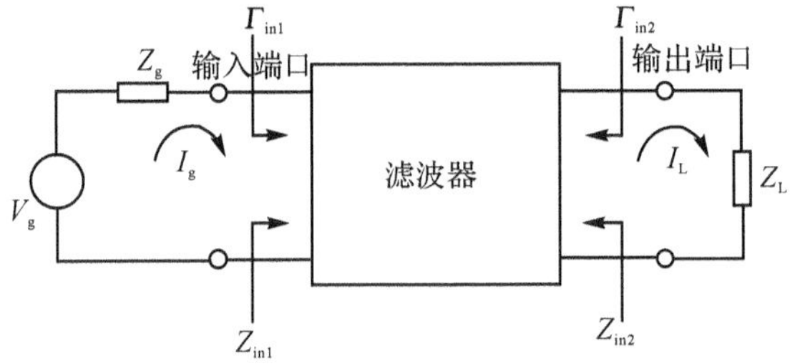

图 8-21　滤波器用二端口网络等效

信号通过滤波器被衰减的程度，可以用滤波器的插入衰减表示。最普通的滤波器具有图 8-22 所示的低通、高通、带通、带阻衰减特性。通带内信号通过滤波器的衰减很小，而阻带内信号通过滤波器的衰减则很大。通带与阻带间过渡区对信号既非“通”，也非“阻”。通带的宽度按半功率或 3dB 带宽定义，即在通带边缘频率点，滤波器插入衰减比带内最小插入衰减增加 3dB，此边缘频率叫做截止频率，常用角频率 ω_c 表示，而通带内衰减则用 L_p 表示。对于阻带特性，常用阻带最小衰减 L_s 及其对应的边界角频率 ω_s 表示。通带截止角频率 ω_c 与阻带边界角频率 ω_s 之差就是滤波器过渡区的宽度。

滤波器的理想衰减特性：插入衰减在通带内为零，阻带内为无穷大，过渡区宽度为零。理论上可以证明，这样的滤波器实际上是不存在的。

由图 8-22 所示的滤波器的插入衰减特性可知，反映滤波器主要特征的参数是：

(1)通带截止角频率 ω_c 和通带最大衰减 L_p

(2)阻带边界角频率 ω_s 和阻带最小衰减 L_s

为了排除反射衰减的影响，滤波器的插入衰减指定为输入、输出端口匹配情况下，即 Γ_{in1}

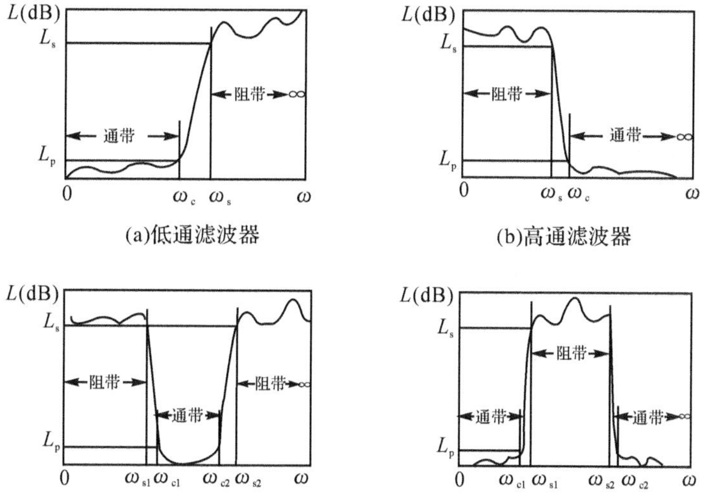

(a)低通滤波器　(b)高通滤波器

(c)带通滤波器　(d)带阻滤波器

图 8-22　普通滤波器的插入衰减特性

$=0$，$\Gamma_{in2}=0$（或 $Z_{in1}=Z_g$，$Z_{in2}=Z_L$）条件下的插入衰减，并称这个条件的衰减为特征衰减。Γ_{in1}、Γ_{in2} 分别为从滤波器输入端、输出端向滤波器看进去的反射系数，而 Z_{in1}、Z_{in2} 分别为从滤波器输入端、输出端向滤波器看进去的输入阻抗。

滤波器两个端口都匹配的情况下，用 S 参数表示时，$b_2=S_{21}a_1$，所以插入衰减（特征衰减）特性可表示为

$$L=10\lg\frac{1}{|S_{21}|^2}\ (\mathrm{dB}) \tag{8.3.1}$$

2. 常用滤波器的插入衰减特性

按插入衰减特性，工程中常用的滤波器有最大平坦滤波器与切比雪夫滤波器两类。其插入衰减特性如图 8-23 所示。

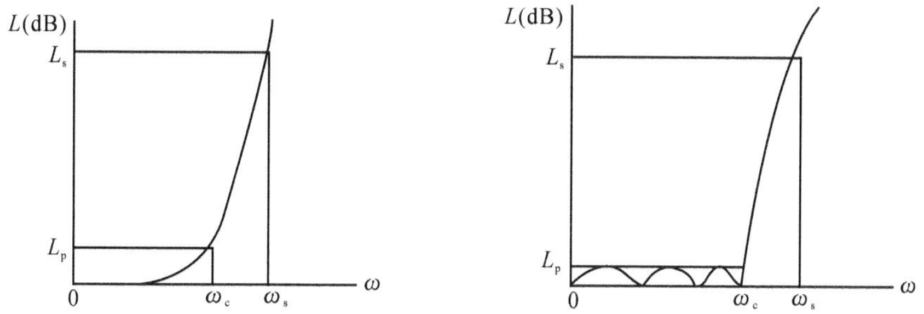

图 8-23　工程常用滤波器的插入衰减特性

最大平坦滤波器的插入衰减 L 随频率的增加而单调增加。在通带内，L 随频率增加变化平缓；在通带外，L 随频率增加而很快增长，但此种滤波器的（$\omega_s-\omega_c$）还是比较宽，即由通带过渡到阻带不是很陡。而切比雪夫滤波器在通带内衰减有等波纹特性，通带外衰减量 L 单调增加。与最大平坦滤波器相比，（$\omega_s-\omega_c$）较窄，即由通带过渡到阻带较陡。还有一类椭圆函数式滤波器，通带内、通带外衰减量 L 都有等波纹特性，但它的（$\omega_s-\omega_c$）更窄，即带外衰减具有最大的上升斜率。不过由于其电路结构复杂，用得不多。本节主要讨论最大平坦滤波器与切比雪夫滤波器。

3. *LC* 电路实现的基本滤波器

频率较低时，滤波器常用集总的 LC 电路实现。

(1)基本 LC 低通滤波器，又可分为 Γ 型、T 型、π 型(见图 8-24)。串联电感与并联电容的选择使串联电感对低频分量呈低阻抗，而并联电容对低频分量呈现高阻抗，使低频分量顺利通过。对于高频分量，串联电感呈高阻抗，并联电容呈低阻抗，高频分量不易通过，故具有低通特性。

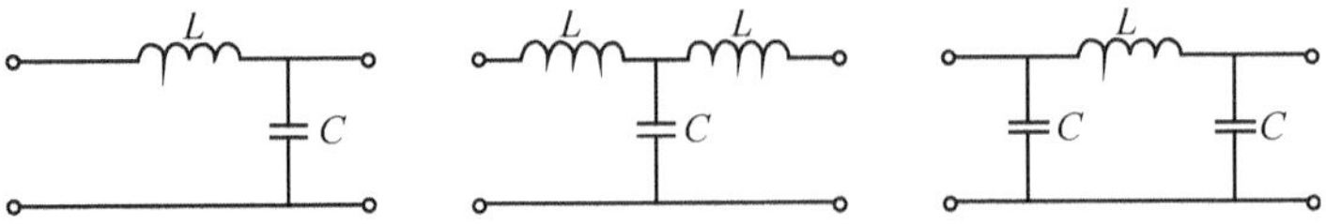

(a)Γ型基本LC低通滤波器　(b)T型低通滤波器　(c)π型低通滤波器

图 8-24　低通滤波器

(2)基本 LC 高通滤波器(见图 8-25)。串联电容对高频分量阻抗很小，而并联电感对高频分量阻抗很大，因而高频分量容易通过。对于低频分量，串联电容阻抗很大，并联电感阻抗很小，低频分量不易通过，故具有高通特性。

(3)基本串联、并联带通滤波器(见图 8-26)。谐振时，在通带范围内，LC 串联谐振电路阻抗很小，并联谐振电路阻抗很大，故图 8-26 电路具有带通特性。

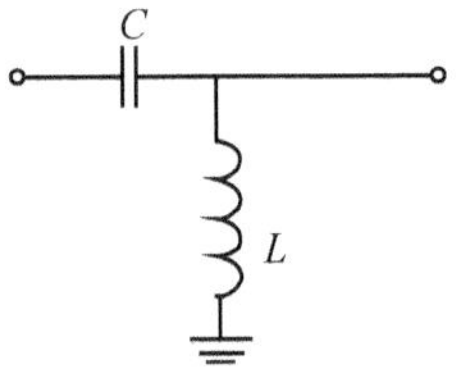

图 8-25　高通滤波器

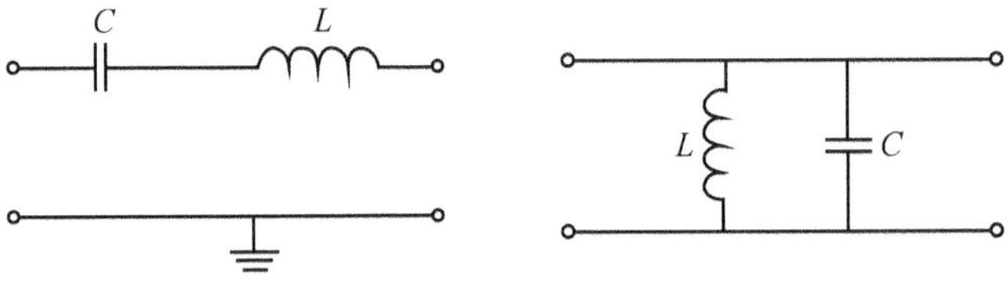

(a)基本串联带通滤波器　(b)基本并联带通滤波器

图 8-26　带通滤波器

(4)基本并联、串联带阻滤波器(见图 8-27)。其工作原理也可根据 LC 谐振电路呈现的阻抗特性得到解释 。

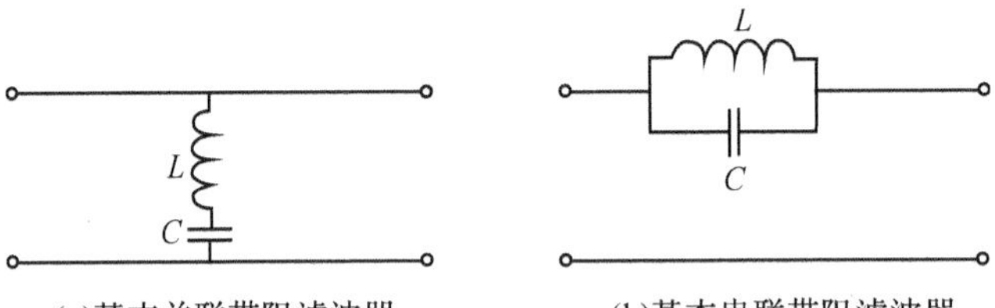

(a)基本并联带阻滤波器　(b)基本串联带阻滤波器

图 8-27　带阻滤波器

(5)基本滤波器电路的串联、并联构成更复杂的多级滤波器(见图 8-28、图 8-29)。图8-28 有 8 个电路元件，是具有 8 个极点的低通滤波器。图 8-29 有 6 个谐振电路元件，是具有 6 个极点的带通滤波器。

构成集总参数滤波器的基本电路元件用相应的分布参数元件替代，就得到分布参数滤波器。例如用长度 $l<\frac{\lambda}{4}$ 的开路、短路微带线代替电容与电感，用$\frac{\lambda}{4}$开路、短路微带线代替串联、并联 LC 回路，就可得到相应的微带低通、带通滤波器。

集总参数滤波器虽然不是本章讨论的重点，但它仍然是分布参数滤波器设计的基础。

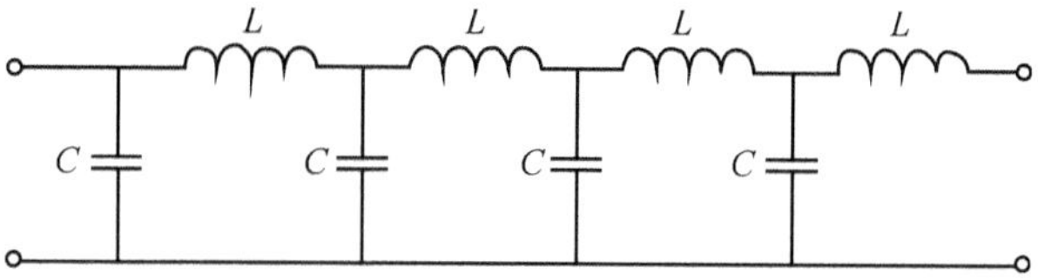

图 8-28　8 个极点的低通滤波器

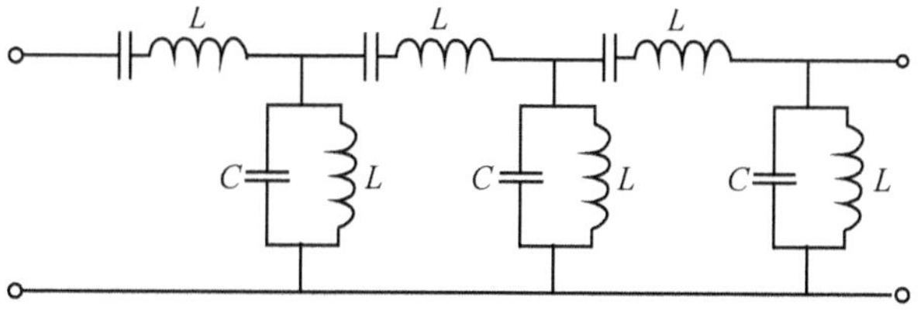

图 8-29　6 个极点带通滤波器

4. 滤波器的分析与综合

已知滤波器电路结构求其插入衰减等特性，这属于滤波器的分析问题；而从要求的插入衰减特性确定滤波器的电路结构和元件数值，这一过程属于滤波器的综合设计问题。工程设计中遇到的大多是综合设计问题。本节重点讨论滤波器的综合设计问题。

如果以插入衰减特性作为滤波器设计的出发点，那么如图 8-30 所示，滤波器的综合设计过程主要包括以下 4 个环节：

首先是确定滤波器的技术要求，以决定用最大平坦滤波器还是切比雪夫滤波器方案；

然后是阻抗和频率都归一化的低通原型滤波器的设计，这种归一化简化了对任意频率、阻抗和类型（低通、高通、带通或带阻）滤波器的设计；

接着将低通原型再标度到所希望的频率和阻抗；

最后是滤波器的具体实现，解决如用分布电路元件替代集总参数元件等问题。

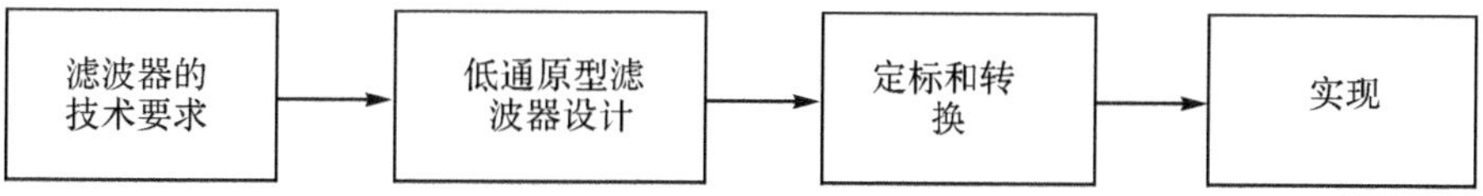

图 8-30　插入衰减法设计滤波器过程

8.3.2　低通原型滤波器设计

1. 低通原型滤波器电路

低通原型滤波器是各种滤波器设计的基础。所谓低通原型滤波器，是实际的低通滤波器的频率对通带截止频率归一化，各元件阻值对信源内阻归一化。

低通原型滤波器有两种互为对偶的电路形式，如图 8-31(a)和(b)所示。g_0，g_1，g_2，…，g_n，g_{n+1}为电路元件值。两种形式都可以应用，因为它们给出的响应相同。由于网络是互易的，左端或者右端的电阻都可以定义为信号源的内阻抗。应该注意到，图 8-31 中遵守下列规则：

①$g_k(k=1\sim n)$依次为串联线圈的电感量和并联电容器的电容量；

②若 $g_1=C'_1$，则 g_0 为发生器的电阻 R'_0，但若假定 $g_1=L'_1$，则 g_0 应为发生器的电导 G'_0；

③若 $g_n=C'_n$，则 g_{n+1} 为负载电阻 R'_{n+1}，但若假定 $g_n=L'_n$ 则 g_{n+1} 应为负载电导 G'_{n+1}。

采用这些规定的理由是，无论采用上述对偶电路的那种形式，从它们所导出的方程式的形式是完全一样的，两种线路给出相同响应。除了 g_k 电路元件值之外，还需一个附加的原型参数 ω'_c，即通带边缘的角频率。

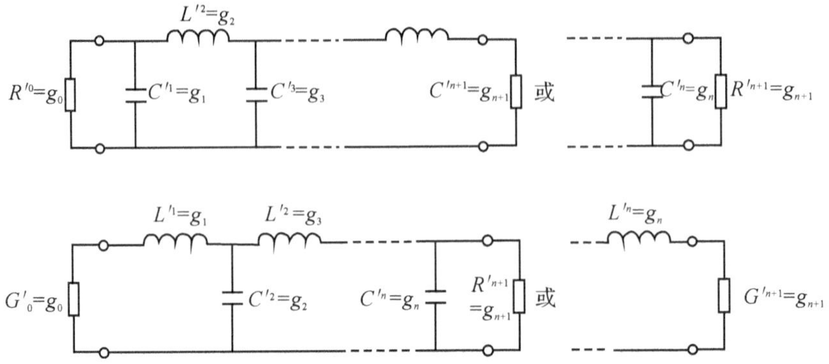

图 8-31　原型滤波器参数的定义

所讨论的原型滤波器的元件值，全是归一化的，即取 $g_0=1$，这就是说源电阻、负载电阻归一化到 1Ω。对频率也进行归一化，即 $\omega'_c=1$，也就是说 3dB 边带角频率 ω'_c 归一化到 1rad/s。

图 8-31 所示原型滤波器具有低通特性是显而易见的，接下去要解决的一个问题是，如何根据插入衰减特性，确定滤波器的级数及归一化元件的数值。下面分最大平坦滤波器与切比雪夫滤波器两种情况予以讨论。

2. 最大平坦低通原型滤波器归一化元件值的计算

最大平坦低通原型滤波器，其散射参数 S_{21} 模的平方可表示为

$$|S_{21}|^2=\frac{1}{1+k^2\omega'^{2n}}\qquad(n=1,2,3,\cdots)\tag{8.3.2}$$

故其插入衰减特性为

$$L=(1+k^2\omega'^{2n})\tag{8.3.3}$$

而以 dB 表示的插入衰减特性为

$$L=10\lg(1+k^2\omega'^{2n})\ (\text{dB})\tag{8.3.4}$$

式中：ω' 是归一化频率，表示为

$$\omega'=\frac{\omega}{\omega_c}\tag{8.3.5}$$

其中，ω 是实际工作频率；ω_c 是通带截止频率，k 是待定系数，取决于通带内最大衰减 L_p。对于最大平坦低通原型滤波器，通带内最大衰减位于 $\omega'=1$ 处，如取通带内最大衰减为 3dB，那么 $k=1$，故得到

$$L=10\lg(1+\omega'^{2n})\tag{8.3.6}$$

由式(8.3.5)可见，当 $\omega'\gg1$ 时，插损 $L\approx\omega'^{2n}$，因此插损增加率是 $20n$dB/十倍频程。

式(8.3.6)的图解如图 8-32 所示。这种衰减特性曲线之所以称为最大平坦曲线，是由于式(8.3.3)括弧中的量当 $\omega=0$ 时，$2n-1$ 阶导数为零。

将阻带边频 ω_s 对通带截止频率 ω_c 归一化，记作 ω'_s 则式(8.3.6)成为

$$L_s=10\lg(1+\omega'^{\,2n}_s)\tag{8.3.7}$$

以 n 作参变数，将 L_s 作为 ω'_s 的函数作一族曲线，就得到图 8-32 所示的 $n=1$ 至 $n=15$ 时 $L_p=3\text{dB}$ 的最大平坦滤波器的插损特性曲线。L_p 定义为通带中最大衰减。注意，为了作图方便，以 $|\omega'_s|-1$ 作为横坐标。之所以加上绝对值符号是因为低通至带通或带阻的变换会产生负的值，但这些频率的衰减特性与正值的衰减特性一样。

利用图 8-32，可根据设计要求确定最大平坦滤波器级数 n。

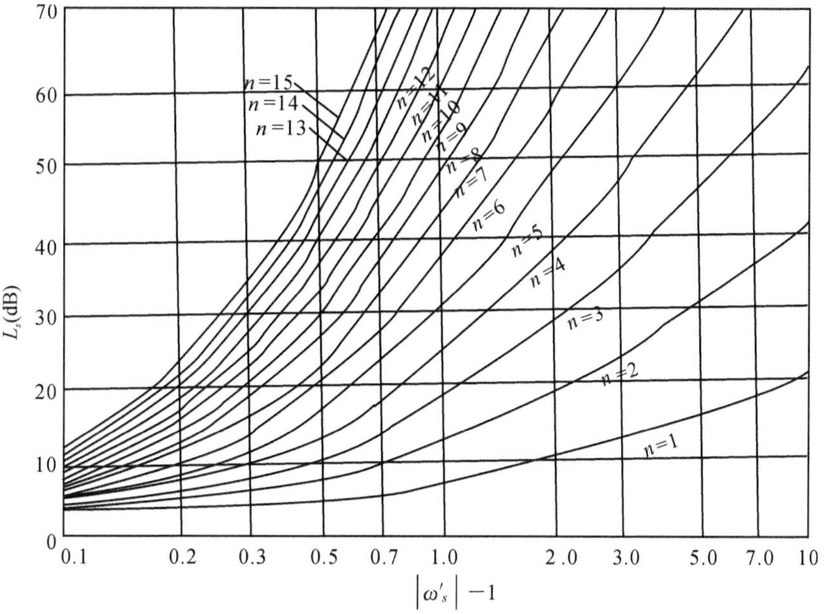

图 8-32　最大平坦滤波器的衰减特性曲线

【例 8.5】 确定最大平坦滤波器级数 n，设 3dB 边带频率为 4GHz，在带外 8GHz 衰减大于 48dB。

解　先计算 $|\omega'_s|-1=\left|\dfrac{8000}{4000}\right|-1=1$

由图 8-32 可得，对于 $n=8$ 的曲线，当 $|\omega'_s|-1$ 为 1 时，$L>48\text{dB}$，故最大平坦滤波器级数 $n=8$。

最大平坦滤波器带内、带外衰减特性也可用诺模图(Nomograph)得到，如图 8-33 所示。诺模图左边适用于 $\omega'>1$(阻带)，右边适用于 $\omega'<1$(通带)。还是利用例 8.5 的设计数据，$\omega'_s=2$，$L=48\text{dB}$，在诺模图左边，插损 48dB 点与 $\omega'_s=2$ 的点连线与滤波器级数的线交点为 8，此即滤波器要求的级数。如果要求带内 $\omega'=0.8$ 这一点插损，则可从诺模图右边部分得到，$\omega'=0.8$ 点与 $n=8$ 的点连线延长与插损线相交点为 0.35dB，这就是 $\omega'=0.8$ 点的插损。

下面以图 8-31(b)$n=2$ 的低通原型电路为例(见图 8-34)，说明怎样由插入衰减特性决定电路元件值。

我们假定源阻抗是 1Ω，截止频率 $\omega_c=1$，当 $n=2$ 时，以倍数计的插入衰减为

$$L=1+\omega^4$$

滤波器的输入阻抗为

$$Z_{in}=j\omega L_1+\frac{R_3(1-j\omega R_3C_2)}{1+\omega^2R_3^2C_2^2} \tag{8.3.8}$$

因为

$$\Gamma=\frac{Z_{in}-1}{Z_{in}+1} \tag{8.3.9}$$

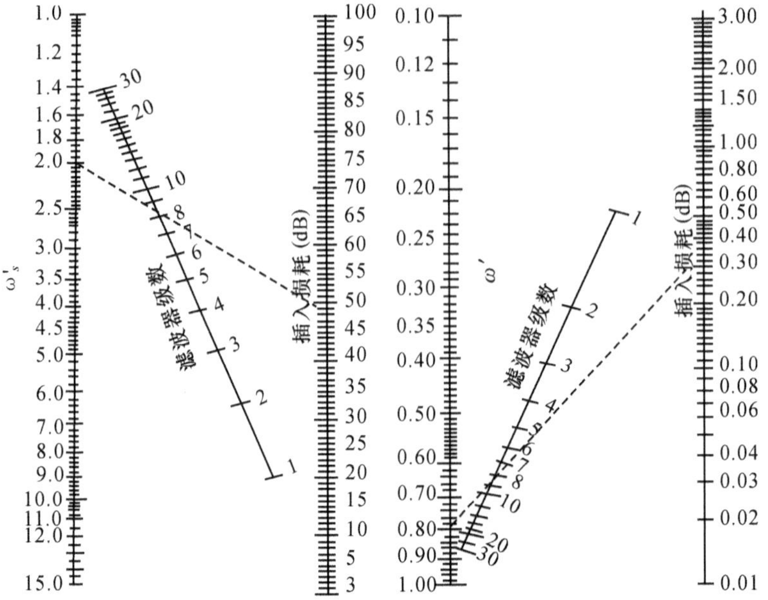

图 8-33 最大平坦滤波器设计用诺模图(Nomograph)

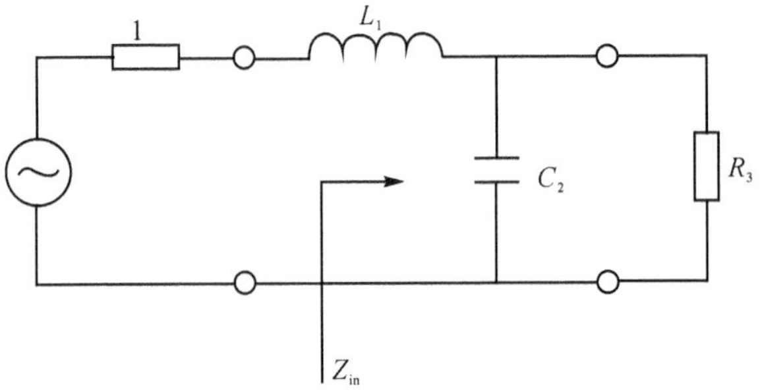

图 8-34 低通滤波器原型 $n=2$

所以插入衰减可表示为

$$L=\frac{1}{1-|\Gamma|^2}=\frac{|Z_{in}+1|^2}{2(Z_{in}+Z_{in}^*)} \tag{8.3.10}$$

而由式(8.3.8)可得

$$Z_{in}+Z_{in}^*=\frac{2R_3}{1+\omega^2R_3^2C_2^2}$$

$$|Z_{in}+1|^2=\left(\frac{R_3}{1+\omega^2R_3^2C_2^2}+1\right)^2+\left(\omega L_1-\frac{\omega C_2R_3^2}{1+\omega^2R_3^2C_2^2}\right)^2$$

所以式(8.3.10)变为

$$\begin{aligned}L&=\frac{1+\omega^2R_3^2C_2^2}{4R_3}\left[\left(1+\frac{R_3}{1+\omega^2R_3^2C_2^2}\right)^2+\left(\omega L_1-\frac{\omega C_2R_3^2}{1+\omega^2R_3^2C_2^2}\right)^2\right]\\&=1+\frac{1}{4R_3}\left[(1-R_3)^2+(R_3^2C_2^2+L_1^2-2L_1C_2R_3^2)\omega^2+L_1^2C_2^2R_3^2\omega^4\right]\end{aligned} \tag{8.3.11}$$

注意,式(8.3.11)是 ω^2 项的多项式,与希望的插入衰减特性式(8.3.7)应当相同,这就要求式(8.3.11)与式(8.3.7)中 ω^0、ω^2、ω^4 项的系数相等。

由式(8.3.11)与式(8.3.7)中 ω^0 项系数相等,可得

$$1+\frac{1}{4R_3}(1-R_3)^2=1$$

得到 $R_3=1$

而由 ω^2 项系数相等，以及 $R_3=1$，可得

$$C_2^2+L_1^2-2L_1C_2=0$$

所以 $L_1=C_2$

最后由 ω^4 项系数相等，必然有

$$\frac{1}{4}L_1^2C_2^2=\frac{1}{4}L_1^4=1$$

所以 $L_1=C_2=\sqrt{2}$

原则上，这个过程可以扩展到求 n 个元件的滤波器的元件值，显然，对于较大的 n，这是不实际的。一般情况下，怎样从滤波器的插入衰减特性决定滤波器元件的值，读者可参考滤波器设计专著，下面只给出最后结果。

对于两端带有电阻终端的最大平坦滤波器，给定 $L_p=3\text{dB}$、$g_0=1$ 和 $\omega_c=1$，则其原型元件值可以按下式计算：

$$g_0=1$$

$$g_k=2\sin\left[\frac{(2k-1)\pi}{2n}\right]\quad *(k=1,2,\cdots,n) \tag{8.3.12}$$

$$g_{n+1}=1$$

表 8-1 所示为 $g_0=1$、$L_p=3\text{dB}$ 和 $\omega_1'=1$ 且 n 含有 1 至 10 个电抗元件的滤波器的元件值。

表 8-1　滤波器电抗元件值

n	g_1	g_2	g_3	g_4	g_5	g_6	g_7	g_8	g_9	g_{10}	g_{11}
1	2.000	1.000									
2	1.414	1.414	1.000								
3	1.000	2.000	1.000	1.000							
4	0.7654	1.848	1.848	0.7654	1.000						
5	0.6180	1.618	2.000	1.618	0.6180	1.000					
6	0.5176	1.414	1.932	1.932	1.414	0.5176	1.000				
7	0.4450	1.247	1.802	2.000	1.802	1.247	0.4450	1.000			
8	0.3902	1.111	1.663	1.962	1.962	1.663	1.111	0.3902	1.000		
9	0.3473	1.000	1.532	1.879	2.000	1.879	1.532	1.000	0.3473	1.000	
10	0.3129	0.908	1.414	1.782	1.975	1.975	1.782	1.414	0.9080	0.3129	1.000

3. 切比雪夫低通原型滤波器归一化元件值的计算

切比雪夫低通原型滤波器以 dB 计的插入衰减特性为

$$\begin{aligned} L&=10\lg[1+k^2T_n^2(\omega')] \\ &=\begin{cases}10\lg[1+k^2\cos^2(n\arccos\omega')] & (\text{dB})(\omega'\leqslant 1,\text{通带}) \\ 10\lg[1+k^2\cosh^2(\operatorname{arccosh}\omega')] & (\text{dB})(\omega'\geqslant 1,\text{阻带})\end{cases}\end{aligned} \tag{8.3.13}$$

式中：k 是待定系数，由 L_p 决定，$L_p=10\lg(1+k^2)(\text{dB})$；$T_n(\omega')$ 为 n 阶切比雪夫多项式。将阻带边频 ω_s 对通带截止频率 ω_c 归一化，记作 ω_s'，则式(8.3.13)的阻带衰减成为

$$L_s=10\lg[1+k^2\cosh^2(n\operatorname{arccosh}\omega_s')] \tag{8.3.14}$$

将 L_s 作为 ω'_s 的函数，而 k(即 L_p)和 n 作为参变数画成曲线族，就得到图 8-32 所示的 $L_p=0.1$dB 时切比雪夫纸通原型滤波器的插入衰减特性曲线，这里仍取 $|\omega'_s|-1$ 作为横坐标。

将图 8-32 的最大平坦衰减特性曲线与图 8-35 的切比雪夫特性曲线比较可以看出，若通带内允许的衰减量 L_p 和电抗元件的数目 n 一定，则切比雪夫滤波器的截止速率更快。因为其截止陡峭，所以常常宁可选择切比雪夫特性曲线而不取其他的特性曲线；然而，假如滤波器中的电抗元件损耗较大，那么无论哪种滤波器的通带响应的形状与无耗时的比较，都将发生变化，而在切比雪夫滤波器中这种影响尤其严重。理论证明了最大平坦滤波器的时延失真要比切比雪夫滤波器小。

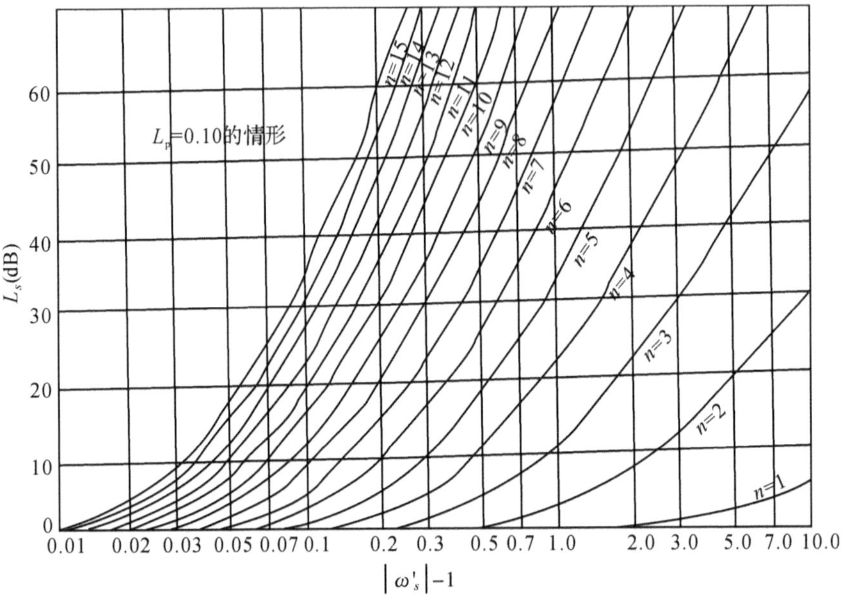

图 8-35　切比雪夫阻带衰减特性

利用图 8-35 可决定带内波纹 $L_p=0.1$dB 时滤波器级数 n。对于 L_p 为其他值时，可利用图 8-36 所示诺模图决定 n 值。图 8-36 中参变数有 4 个，即 ω'_s、带内波纹、带外插损及级数 n。

如果要求带内波纹为 0.5dB，$\omega'_s=4.6$，带外插损(ω'_s)为 61dB 时滤波器级数 n，可从带内波纹 0.5dB 点与带外插损 61dB 点连线，按图中所示方法延伸并与 $\omega'=4.6$ 点连线，与级数线交点为 4，此即要求的滤波器级数 n。

为节省篇幅，怎样从切比雪夫滤波器插入衰减特性决定滤波器元件值，这里从略。下面只给出具体结果。对于两端具有电阻终端的切比雪夫滤波器，当其通带波纹为 L_pdB、$g_0=1$ 和 $\omega'_c=1$，它的原型元件值可按以下各式计算：

$$\beta=\ln\left(\coth\frac{L_p}{17.37}\right)$$

$$\gamma=\sinh\left(\frac{\beta}{2n}\right)$$

$$a_k=\sin\left[\frac{(2k-1)\pi}{2n}\right]\quad(k=1,2,\cdots,n)\tag{8.3.15}$$

$$b_k=\gamma^2+\sin^2\left(\frac{k\pi}{n}\right)\quad(k=1,2,\cdots,n)$$

$$g_1=\frac{2a_1}{r}\tag{8.3.16}$$

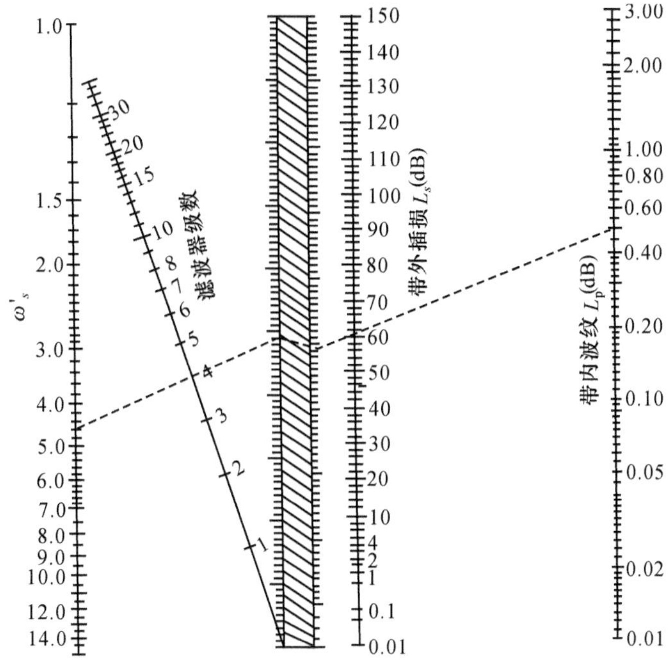

图 8-36　切比雪夫滤波器设计诺模图(Nomograph)

$$g_k=\frac{4a_{k-1}a_k}{b_{k-1}g_{k-1}}\quad (k=2,3,\cdots,n) \tag{8.3.17}$$

当 n 为奇数时，$g_{n+1}=1$；当 n 为偶数时，$g_{n+1}=\coth^2(\beta/4)$。

表 8-2 给出了 $L_p=0.01$dB,0.1dB,0.2dB,0.5dB 和电抗元件数 $n=1$ 至 10 的切比雪夫滤波器的元件值。应该注意到本节讨论的所有滤波器原型，若 n 为奇数，都是对称的；若为偶数，则它们具有反对称性质。因此，由滤波器一半的元件值可以求得滤波器另一半的元件值。

表 8-2　滤波器电抗元件值

$L_p=0.01$dB

n	g_1	g_2	g_3	g_4	g_5	g_6	g_7	g_8	g_9	g_{10}	g_{11}
1	0.0960	1.0000									
2	0.4488	0.4077	1.1007								
3	0.6291	0.9702	0.6291	1.0000							
4	0.7128	1.2003	1.3212	0.6476	1.1007						
5	0.7563	1.3049	1.5773	1.3049	0.7563	1.0000					
6	0.7813	1.3600	1.6896	1.5350	1.4970	0.7098	1.1007				
7	0.7969	1.3924	1.7481	1.6331	1.7481	1.3924	0.7969	1.0000			
8	0.8072	1.4130	1.7824	1.6833	1.8529	1.6193	1.5554	0.7333	1.1007		
9	0.8144	1.4270	1.8043	1.7125	1.9057	1.7125	1.8043	1.4270	0.8144	1.0000	
10	0.8196	1.4369	1.8192	1.7311	1.9362	1.7590	1.9055	1.6527	1.5817	0.7446	1.1007

$L_p=0.1$dB

n	g_1	g_2	g_3	g_4	g_5	g_6	g_7	g_8	g_9	g_{10}	g_{11}
1	0.3052	1.0000									
2	0.8430	0.6220	1.3554								

续　表

n	g_1	g_2	g_3	g_4	g_5	g_6	g_7	g_8	g_9	g_{10}	g_{11}
3	1.0315	1.1474	1.0315	1.0000							
4	1.1088	1.3061	1.7703	0.8180	1.3554						
5	1.1468	1.3712	1.9750	1.3712	1.1468	1.0000					
6	1.1681	1.4039	2.0562	1.5170	1.9029	0.8618	1.3554				
7	1.1811	1.4228	2.0966	1.5733	2.0966	1.4228	1.1811	1.0000			
8	1.1897	1.4346	2.1199	1.6010	2.1699	1.5640	1.9444	0.8778	1.3554		
9	1.1956	1.4425	2.1345	1.6167	2.2053	1.6167	2.1345	1.4425	1.1956	1.0000	
10	1.1999	1.4481	2.1444	1.6265	2.2253	1.6418	2.2046	1.5821	1.9628	0.8853	1.3554

$L_p = 0.2\text{dB}$

n	g_1	g_2	g_3	g_4	g_5	g_6	g_7	g_8	g_9	g_{10}	g_{11}
1	0.4342	1.0000									
2	1.0378	0.6745	1.5386								
3	1.2275	1.1525	1.2275	1.0000							
4	1.3028	1.2844	1.9761	0.8468	1.5386						
5	1.3394	1.3370	2.1660	1.3370	1.3394	1.0000					
6	1.3598	1.3632	2.2394	1.4555	2.0974	0.8838	1.5386				
7	1.3722	1.3781	2.2756	1.5001	2.2756	1.3781	1.3722	1.0000			
8	1.3804	1.3875	2.2963	1.5217	2.3413	1.4925	2.1349	0.8972	1.5386		
9	1.3860	1.3938	2.3093	1.5340	2.3728	1.5340	2.3093	1.3938	1.3860	1.0000	
10	1.3901	1.3983	2.3181	1.5417	2.3904	1.5536	2.3720	1.5066	2.1514	0.9034	1.5386

$L_p = 0.5\text{dB}$

n	g_1	g_2	g_3	g_4	g_5	g_6	g_7	g_8	g_9	g_{10}	g_{11}
1	0.6986	1.0000									
2	1.4029	0.7071	1.9841								
3	1.5963	1.0967	1.5963	1.0000							
4	1.6703	1.1926	2.3661	0.8419	1.9841						
5	1.7058	1.2296	2.5408	1.2296	1.7058	1.0000					
6	1.7254	1.2479	2.6064	1.3137	2.4758	0.8696	1.9841				
7	1.7372	1.2583	2.6381	1.3444	2.6381	1.2583	1.7372	1.0000			
8	1.7451	1.2647	2.6564	1.3590	2.6964	1.3389	2.5093	0.8796	1.9841		
9	1.7504	1.2690	2.6678	1.3673	2.7239	1.3673	2.6678	1.2690	1.7504	1.0000	
10	1.7543	1.2721	2.6754	1.3725	2.7392	1.3806	2.7231	1.3485	2.5239	0.8842	1.9841

8.3.3　滤波器转换

滤波器的转换是双向的。一是将实际的低通、高通、带通、带阻滤波器通过频率变换，将其转化为低通原型滤波器，以确定滤波器的级数 n 及低通原型滤波器归一化元件值；二是经过综合设计，有了低通原型滤波器的归一化元件值后，再一次通过频率变换，求出实际滤波器的归一化元件数值，而后进一步求出真实的元件数值。这里所说的频率变换，仅对频率标度的横坐标进行了变换，而对表示衰减的纵坐标没有变换，故称之为等衰减条件下的频率变换。

1. 低通原型滤波器与实际低通滤波器的转换

图 8-37 所示为低通原型滤波器与实际低通滤波器在等衰减条件下的频率变换。ω'和 ω 分别为低通原型和实际低通滤波器的频率。

图 8-37　低通原型滤波器与实际低通滤波器的频率变换

等衰减条件下的频率转换要求，在低通原型滤波器的频率 $\omega'=0,1,\omega'_s,\infty$，与实际低通滤波器对应的频率 $\omega=0,\omega_c,\omega_s,\infty$，两者应有相同的衰减量 L。显然，其频率变换关系是

$$\omega'=\frac{\omega}{\omega_c} \tag{8.3.18}$$

为使低通原型滤波器与实际低通滤波器在上述对应的频率点上有相同的衰减量，要求网络中对应的元件在两种频率变量下具有相同的归一化阻抗，即

$$z'_k(\omega)=z_k(\omega') \quad (k=1,2,3,\cdots) \tag{8.3.19}$$

式中：$z'_k(\omega)$为实际滤波器有关元件的归一化阻抗，而 $z_k(\omega')$为低通原型滤波器有关元件的归一化阻抗。将式(8.3.18)用于具体电路的串联电感、并联电容有

$$\begin{cases} \mathrm{j}\omega L'_k=\mathrm{j}\omega' g_k=\mathrm{j}\,\dfrac{\omega}{\omega_c}g_k \\ \dfrac{1}{\mathrm{j}\omega C'_i}=\dfrac{1}{\mathrm{j}\omega' g_i}=\dfrac{1}{\mathrm{j}\,\dfrac{\omega}{\omega_c}g_i} \end{cases} \tag{8.3.20}$$

式中：L'_k、C'_i 是实际滤波器元件的归一化值(对信源内阻 R_g 归一化)。从上两式可得

$$\begin{cases} L'_k=\dfrac{g_k}{\omega_c} \\ C'_i=\dfrac{g_i}{\omega_c} \end{cases} \tag{8.3.21}$$

若求元件的真实值，只需对信源内阻 R_g 反归一化，结果为

$$\begin{cases} L_k=L'_kR_g=\dfrac{g_k}{\omega_c}R_g \\ C_i=\dfrac{C'_i}{R_g}=\dfrac{g_i}{\omega_cR_g} \end{cases} \tag{8.3.22}$$

实际负载则由原型电路的负载性质确定。若 g_{n+1}与 g_n 并联，则

$$R_L=g_{n+1}R_g=R_g \tag{8.3.23}$$

若 g_{n+1}与 g_n 串联，则

$$G_L=g_{n+1}G_g=\frac{1}{R_g} \tag{8.3.24}$$

图 8-38 所示为电感输入式低通原型滤波器和实际低通滤波器的对应电路。对于电容输

入式电路，以上分析同样适用。

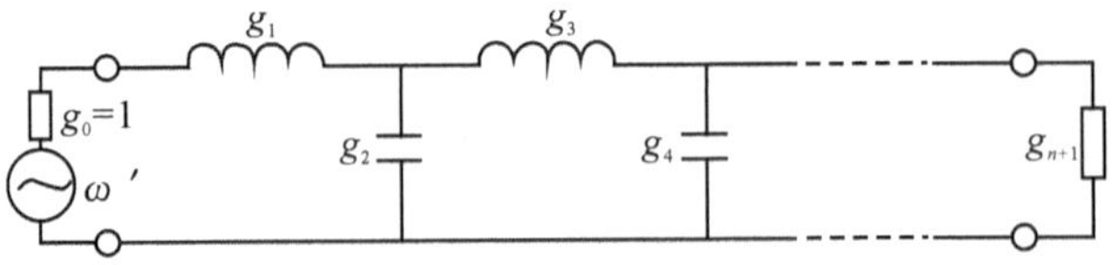

(a)低通原型滤波器电路

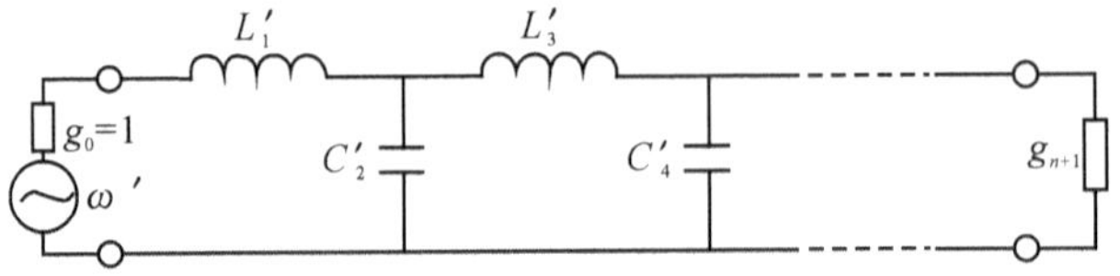

(b)实际低通滤波器电路

图 8-38　低通原型和实际低通滤波器对应电路

2. 低通原型滤波器与带通滤波器的转换

图 8-39 所示为等衰减条件下低通原型滤波器与实际带通滤波器的频率变换图。

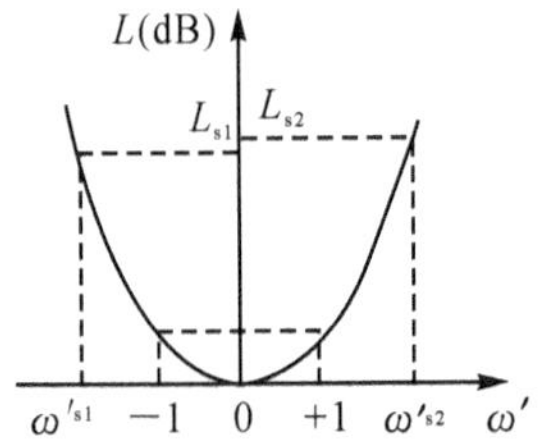

(a)低通原型滤波器插入衰减特性

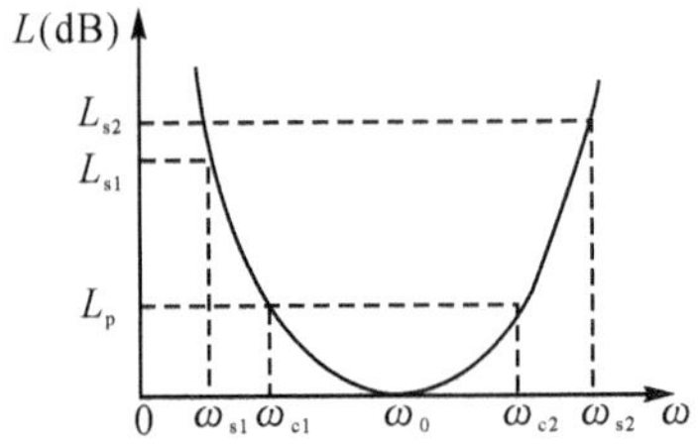

(b)带通滤波器插入衰减特性

图 8-39　低通原型滤波器与带通滤波器频率变换图示

低通原型与带通滤波器频率变换关系可表示为

$$\omega'=\frac{\omega_0}{\omega_{c2}-\omega_{c1}}\left(\frac{\omega}{\omega_0}-\frac{\omega_0}{\omega}\right)=\frac{1}{\Delta}\left(\frac{\omega}{\omega_0}-\frac{\omega_0}{\omega}\right) \tag{8.3.25}$$

式中：$\Delta=\dfrac{\omega_{c2}-\omega_{c1}}{\omega_0}$为相对带宽；$\omega_{c1}$、$\omega_{c2}$为通带边缘频率；$\omega_0=\sqrt{\omega_{c1}\omega_{c2}}$为中心频率。

由式(8.3.25)可见：

当 $\omega=\omega_0$ 时，$\omega'=\dfrac{1}{\Delta}\left(\dfrac{\omega}{\omega_0}-\dfrac{\omega_0}{\omega}\right)=0$

当 $\omega=\omega_{c1}$时，$\omega'=\dfrac{1}{\Delta}\left(\dfrac{\omega}{\omega_0}-\dfrac{\omega_0}{\omega}\right)=\dfrac{1}{\Delta}\left(\dfrac{\omega_{c1}^2-\omega_0^2}{\omega_0\omega_{c1}}\right)=-1$

当 $\omega=\omega_{c2}$时，$\omega'=\dfrac{1}{\Delta}\left(\dfrac{\omega}{\omega_0}-\dfrac{\omega_0}{\omega}\right)=\dfrac{1}{\Delta}\left(\dfrac{\omega_{c2}^2-\omega_0^2}{\omega_0\omega_{c2}}\right)=1$

这正是图 8-39 所示的频率变换关系。

等衰减条件要求实际带通滤波器在 $\omega=\omega_0$，ω_{c1}，ω_{c2}诸频率点跟低通原型滤波器在 $\omega'=0$，-1，1 对应的频率点有相同的衰减量，或其对应的电路元件上有相同的归一化串联电抗与归一化并联电纳。

由两者归一化串联电抗相等，得到

$$\mathrm{j}\omega' g_k=\frac{\mathrm{j}}{\Delta}\left(\frac{\omega}{\omega_0}-\frac{\omega_0}{\omega}\right)g_k$$

$$=\mathrm{j}\left[\omega\frac{g_k}{\Delta\omega_0}-\frac{1}{\omega\dfrac{\Delta}{\omega_0 g_k}}\right]=\mathrm{j}\left[\omega L'_k-\frac{1}{\omega C'_k}\right]$$

式中：

$$\begin{cases}L'_k=\dfrac{g_k}{\Delta\omega_0}\\[2mm] C'_k=\dfrac{\Delta}{\omega_0 g_k}\end{cases}\tag{8.3.26}$$

可见，低通原型滤波器中的串联电感变换成了带通滤波器中的串联谐振电路。

而由归一化并联电纳相等，得到

$$\mathrm{j}\omega' g_i=\mathrm{j}\frac{1}{\Delta}\left(\frac{\omega}{\omega_0}-\frac{\omega_0}{\omega}\right)g_i=\mathrm{j}\left(\omega\frac{g_i}{\Delta\omega_0}-\frac{1}{\omega\dfrac{\Delta}{\omega_0 g_i}}\right)$$
$$=\mathrm{j}\left[\omega C'_i-\frac{1}{\omega L'_i}\right]$$

式中：

$$\begin{cases}C'_i=\dfrac{g_i}{\Delta\omega_0}\\[2mm] L'_i=\dfrac{\Delta}{\omega_0 g_i}\end{cases}\tag{8.3.27}$$

可见，低通原型滤波器中的并联电容变换成了带通滤波器中的并联谐振电路。

带通滤波器的归一化电路如图 8-40 所示。

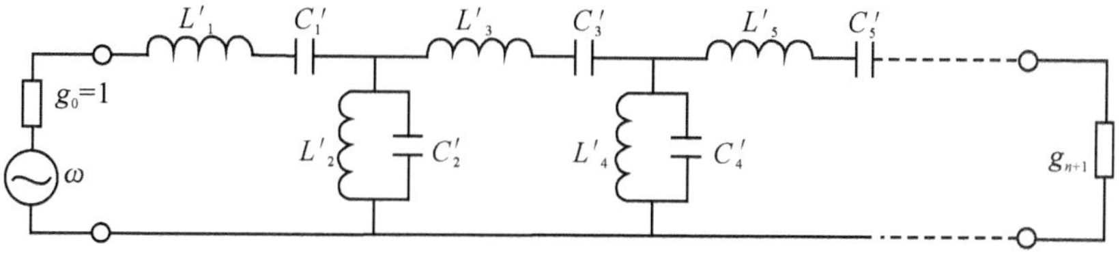

图 8-40　带通滤波器归一化电路

实际带通滤波器的真实值，将 L'_k、C'_k、L'_i、C'_i 对信源内阻反归一化，负载性质判据则如前所述。

3. 低通原型滤波器与实际高通滤波器的变换

低通原型滤波器与实际高通滤波器在等衰减条件下的频率变换关系如图 8-41(a)、(b)所示，其频率变换关系为

$$\omega'=-\frac{\omega_c}{\omega}\tag{8.3.28}$$

运用等衰减条件，高通滤波器元件归一化值为

$$\begin{cases}C'_k=\dfrac{1}{\omega_c g_k}\\[2mm] L'_i=\dfrac{1}{\omega_c g_i}\end{cases}\tag{8.3.29}$$

与低通原型滤波器对应的高通滤波器的电路如图 8-41(c)所示。低通原型滤波器中的电感变换为高通滤波器中的电容，而低通原型滤波器中的电容变换为高通滤波器中的电感。

式(8.3.29)的导出留给读者作为练习。

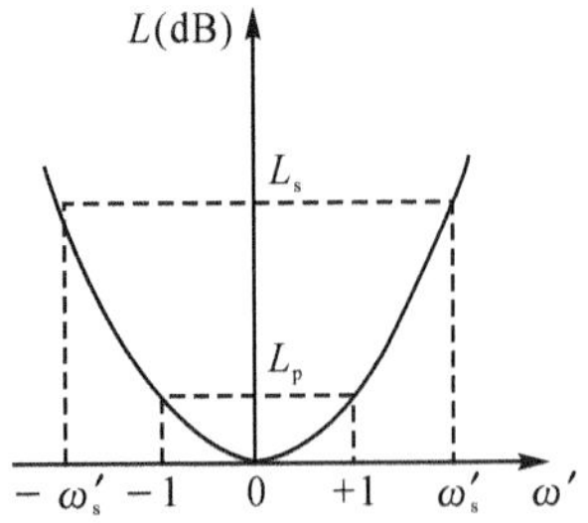

(a)低通原型滤波器插入衰减特性

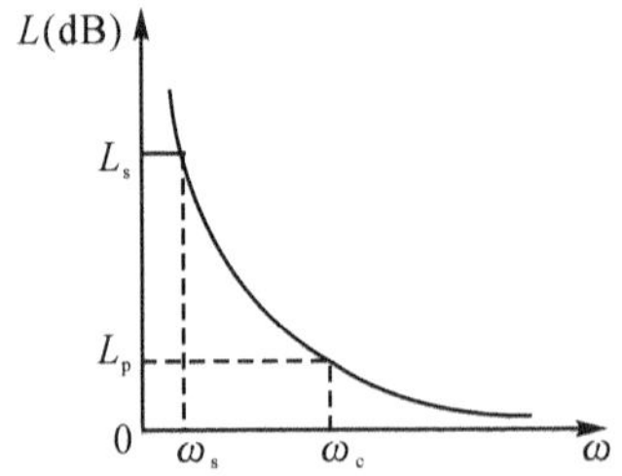

(b)高通滤波器插入衰减特性

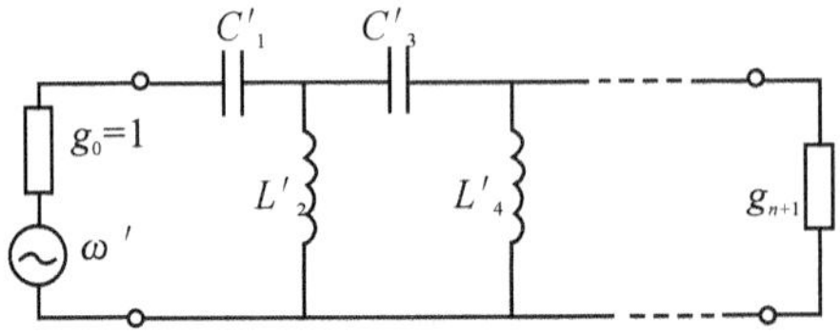

(c)与低通原型对应的高速通滤波器电路

图 8-41　低通原型与高通滤波器的转换与高通滤波器电路

4. 低通原型滤波器与带阻滤波器的转换

等衰减条件下低通原型滤波器与带阻滤波器的频率变换关系如图 8-42(a)、(b)所示。其频率变换关系为

$$\frac{1}{\omega'}=\frac{1}{\Delta}\left(\frac{\omega_0}{\omega}-\frac{\omega}{\omega_0}\right) \tag{8.3.30}$$

式中：$\omega_0=\sqrt{\omega_{c1}\omega_{c2}}$，$\Delta=\frac{\omega_{c2}-\omega_{c1}}{\omega_0}$。

利用等衰减条件，可得低通原型滤波器中的串联电感变换为带阻滤波器中的串联的并联谐振电路，其元件归一化值为

$$\begin{cases} L'_k=\dfrac{\Delta g_k}{\omega_0} \\ C'_k=\dfrac{1}{\Delta\omega_0 g_k} \end{cases} \tag{8.3.31}$$

低通原型滤波器中的并联电容变换为带阻滤波器中的并联的串联谐振电路，其元件归一化值为

$$\begin{aligned} L'_i&=\frac{1}{\Delta\omega_0 g_i} \\ C'_i&=\frac{\Delta g_i}{\omega_0} \end{aligned} \tag{8.3.32}$$

式(8.3.30)、式(8.3.32)的导出作为练习。

带阻滤波器归一化电路如图 8-42(c)所示。

为了便于查阅，从低通原型滤波器元件值到实际低通、高通、带通、带阻滤波器元件值的转换，如表 8-3 所示。

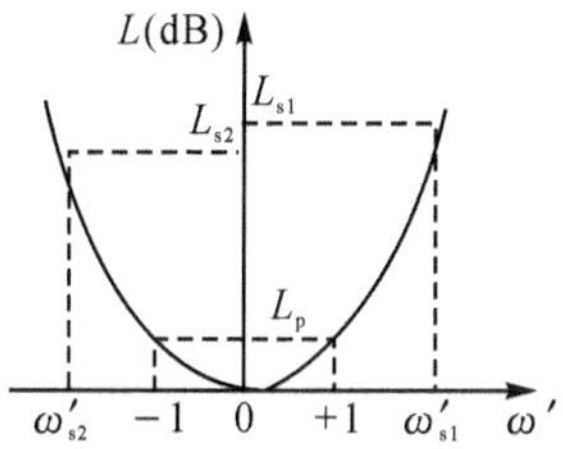

(a)低通原型与带阻滤波器的插入衰减特性

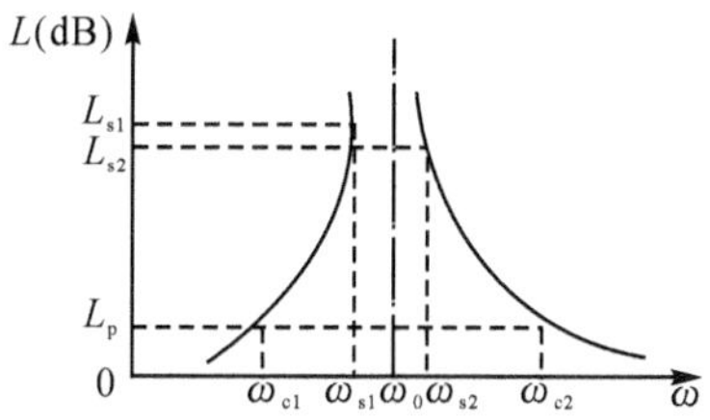

(b)低通原型与带阻滤波器的插入衰特性

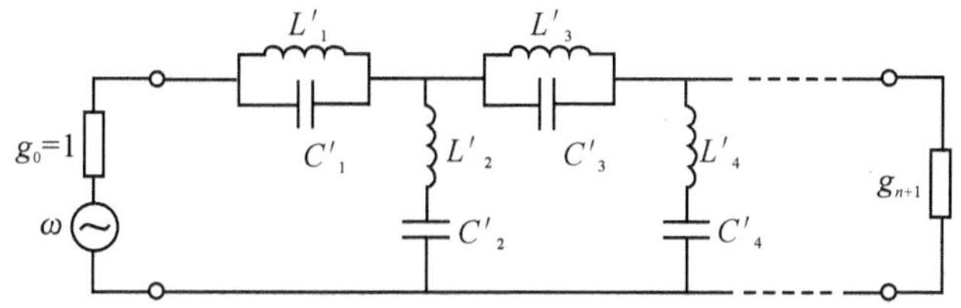

(c)带阻滤波器的归一化电路

图 8-42　低通原型与带阻滤波器的转换与带阻滤波器电路

表 8-3　滤波器转换表

低通滤波器	高通滤波器	带通滤波器	带阻滤波器
串联电感 $L_k=g_k\dfrac{R_g}{\omega_c}$	串联电容 $C_k=\dfrac{1}{g_k\omega_c R_g}$	串接于电路的串联谐振元件 $L_k=\dfrac{g_kR_g}{\Delta\omega_0}$ $C_k=\dfrac{\Delta}{\omega_0 g_kR_g}$	串接于电路的并联谐振元件 $L_k=\dfrac{\Delta g_kR_g}{\omega_0}$ $C_k=\dfrac{1}{\Delta\omega_0 g_kR_g}$
并联电容 $C_i=g_i\dfrac{1}{\omega_cR_g}$	并联电感 $L_i=\dfrac{R_g}{g_i\omega_c}$	并接于电路的并联谐振元件 $L_i=\dfrac{\Delta R_g}{\omega_0 g_i}$ $C_i=\dfrac{g_i}{\Delta\omega_0 R_g}$	并接于电路的串联谐振元件 $L_i=\dfrac{R_g}{\Delta\omega_0 g_i}$ $C_i=\dfrac{\Delta g_i}{\omega_0 R_g}$

8.3.4　滤波器实现

前面得到的滤波器的元件值如何通过具体电路实现，是本节接下去要讨论的问题。实现的方法大体有三种：

用集中元件去构造滤波器，它的突出优点是显著地减小了电路的尺寸，特别是在 S 波段以下的频段，设计也比较灵活，其缺点是制作工艺要求较高。

用半集中元件去构造滤波器，其优点是结构简单，制作容易，设计计算也不太复杂。

用分布式元件去构造滤波器，其优点是结构简单，制作容易，但是实现的灵活性稍差，在微波低端体积大。

1. 集总式微带元件

射频与微波电路中应用的集总式元件主要包括螺旋电感、叉指电容、MIM(金属—绝缘—金属)薄膜电阻、通过孔、空气桥等，如图 8-43 所示。这种元件很多是基于微带线的，也叫做集总式微带元件。随着微电子工艺的进步，集总式微带元件线度越来越小，其工作频率不断提高。已从 x 波段提高到 60GHz。工作于如此高频率的集总式微带元件的精确设计，需要对这些元器件的工作特性有透彻的了解，其数学模型务必将诸如接地面、邻域效应、边缘效应、寄生效应等考虑进去。具体分析已超出本书范围，表 8-4、表 8-5 分别给出了集总式微带电感与微带电容的等效电路及其主要参数的设计公式。

集总式微带电感可以是一段高阻抗的微带线或者是一螺旋导带，即螺旋电感。它的一端要通过空气桥与其他元件连接。螺旋导带的宽度与厚度取决于其上通过的电流。导带的典型厚度在 0.5 到 1.0μm 之间，一般要大于 4 倍趋肤深度。空气桥的间隙一般在 1.5 到 3μm 之间。频率高于 L 波段应用时，电感值一般为 0.5 到 10nH。螺旋电感的优点是电感量可做得大，占用芯片面积小。频率更高时，电路中所需电感量可减小，可用直线式的基于高阻微带线的电感，电感量一般为 2 到 3nH。

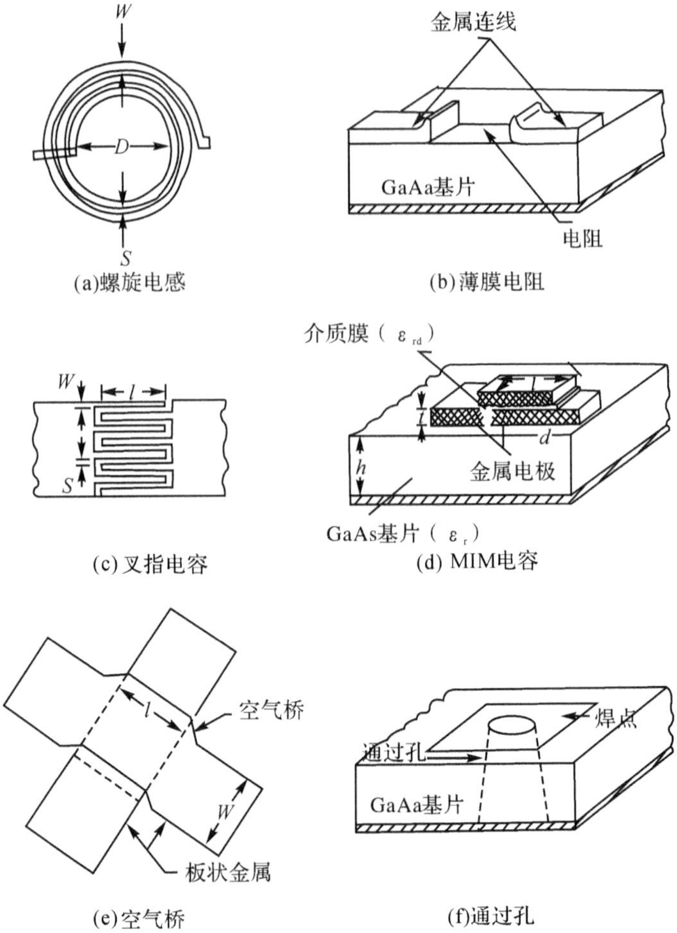

图 8-43　集总式微带元件

接地导体的存在使电感量减少，可用减小因子 k_g 表示。

$$L = k_g L_0 \tag{8.3.33}$$

其中：L_0 为自由空间中的电感量。

$$k_g = 0.57 - 0.145\ln\frac{w}{h} \quad \left(\frac{w}{h} > 0.05\right) \tag{8.3.34}$$

式中：w 是导带宽度，h 是介质基片厚度。表 8-4 给出的是电感与电阻的工程计算公式。N 表示螺旋的卷数，R_s 是每平方面电阻，其他符号的意义示于表 8-4 中，k 是另一修正因数，考虑电流在导体拐角处“拥挤”效应。经验公式是

$$k = 1.4 + 0.217\ln\frac{w}{5t} \quad \left(5 < \frac{w}{t} < 100\right) \quad (\text{基于高阻微带线电感})$$

$$k = 1 + 0.33\left(1 + \frac{s}{w}\right) \quad (\text{螺旋电感})$$

其中，t 为导带厚度。

表 8-4　集总式微带电感及其等效电路与设计公式

电　感	等效电路	表达式
直线电感 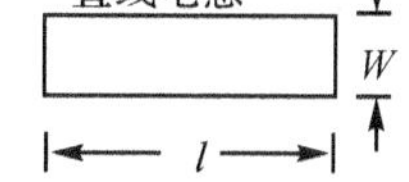 环形电感 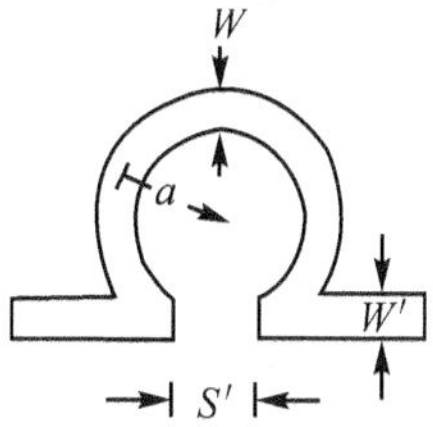 	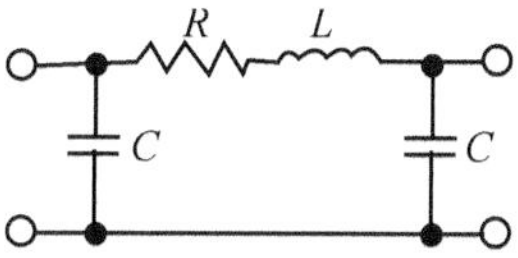 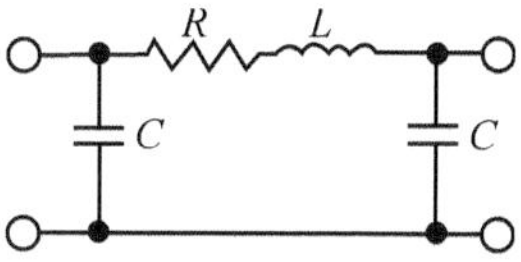 	$L(\mathrm{nH})=2\times10^{-4}l\left[\ln\left(\frac{l}{W+t}\right)+1.193+0.2235\frac{W+t}{l}\right]\cdot k_g$ $R(\Omega)=\frac{kR_s l}{2(W+t)}$ $L(\mathrm{nH})=1.257\times10^{-3}a\left[\ln\left(\frac{a}{W+t}\right)+0.078\right]\cdot k_g$ $R(\Omega)=\frac{kR_s}{W+t}\pi a$
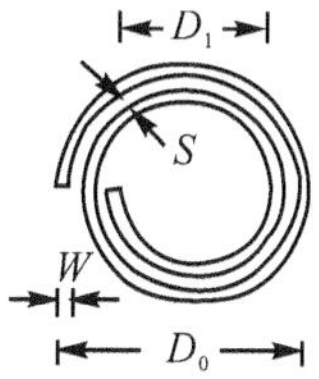 	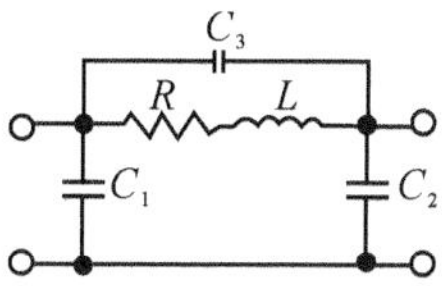 	$L(\mathrm{nH})=0.03937\frac{a^2n^2}{8a+11c}\cdot K_g$ $a=\frac{D_0+D_1}{4},c=\frac{D_0-D_1}{2}$ $R(\Omega)=\frac{k\pi anR_s}{W}$

集总式电容有两种基本形式，即交叉指式及 MIM 式。究竟选用哪一种形式要根据所需电容值的大小、工作频率的高低、电容元件的大小以及工艺条件来决定。叉指电容可做到小于 1PF，MIM 技术可得到较大容量电容，占用芯片面积小。

交叉指式电容其串联电容值跟指对数、指与指之间间隙有很大关系，其设计公式如表 8-5 所示，其中 $K(k)$是第一类椭圆积分。$K'(k)$是它的互补函数。

$$K'(k)=K(k'),\ k'=\sqrt{1-k^2}$$

表 8-5 给出的电容计算公式精度不是很高。

MIM 式电容由嵌在两导电板间低损耗绝缘介质组成，绝缘膜一般为 Si_3N_4。电容器底板和上盖板的片电阻要分别小于 0.06Ω/sq 和 0.01Ω/sq。绝缘介质的厚度一般为 0.2μm，相对介电系数为 6.8，其电容值为 300pF/mm²。上盖板通过空气桥连接到其他电路元件。MIM 式电容量的工程计算公式也在表 8-5 中给出。其等效电路的得出，需假定上盖板与电路连接。而且把它看成是导带宽度为 W、长为 l 的微带线，Z_{em}是该微带线的特征阻抗，ε_{re}为厚度 d 的介质的介电系数，并联电导 G 表示介质损耗，而 R_0 表示导带损耗，C_1 表示上盖板边缘电容。

将微波损耗材料以薄膜形式淀积到绝缘基片上，并通过光刻即可得到薄膜电阻。镍、氮化钽是常用的薄膜电阻材料，薄膜厚度一般在 0.05～0.2μm。半绝缘基片上半导体也可用作薄膜电阻。薄膜电阻的设计基于薄膜材料的面电阻与热阻、通过薄膜电阻的电流、容许的电阻误差以及温度系数等因素。

表 8-5　集总式微带电容及其等效电路与设计公式

电　　容	等效电路	表达式
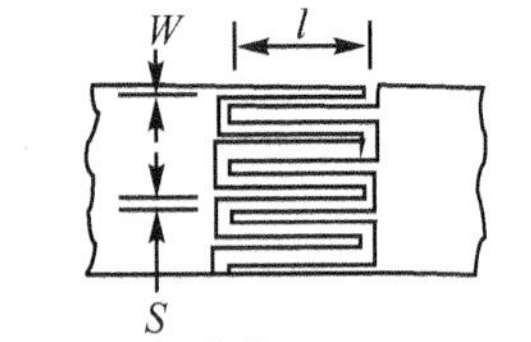	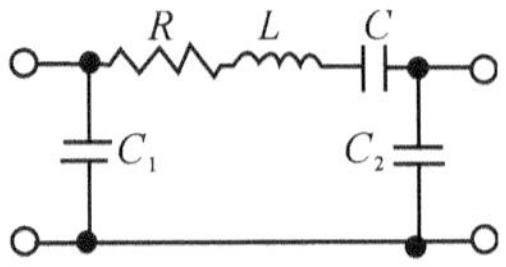	$C(\text{pF})=\frac{\varepsilon_{re}\times10^{-3}}{18\pi}\frac{K(k)}{K'(k)}(n-1)l$ $k=\tan^2\left(\frac{a\pi}{4b}\right),a=\frac{W}{2},b=\frac{W+S}{2}$ $R(\Omega)=\frac{4}{3}\frac{R_sL}{Wn}$
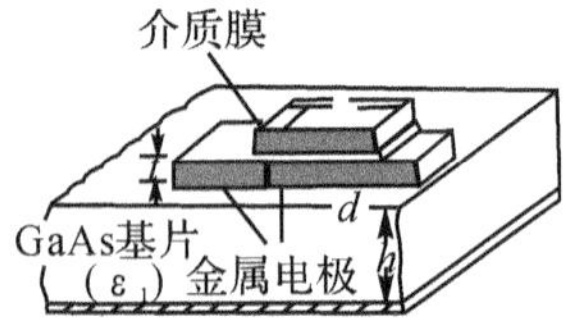	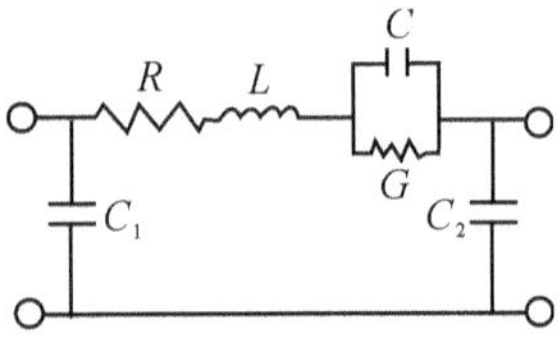	$C(\text{pF})=\frac{10^{-3}\varepsilon_{rd}Wl}{36\pi d}$ $R_0(\Omega)=\frac{R_sl}{W}$ $G(\text{S})=\omega C\tan\delta$ $C_1(\text{pF})=1.11\times10^{-3}(\sqrt{\varepsilon_{r_e}}/z_{e_m}-0.034W/h)l$

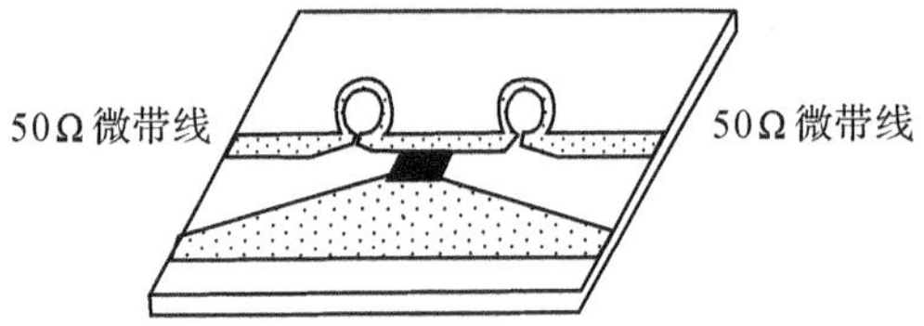

(a)三阶低通滤波器

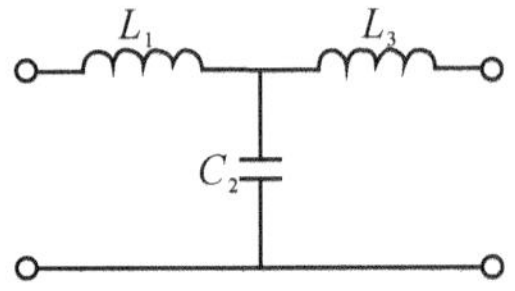

(b)其等效电路

图 8-44　低面滤波器及其等效电路

图 8-44 所示低通滤波器，就是用表 8-5 中列出的叉指电容、表 8-4 中列出的环形电感构造的。这种滤波器广泛应用于集总元件和半导体芯片组合而成的有源微波集成电路。它是由三个元件（两个串联电感，一个并联电容）构成的最简单的 T 型网络，故原型滤波器级数 $n=3$。其性能如图 8-45 所示。该滤波器在电路中的作用是对半导体芯片直流偏置形成通路，但不扰乱微波能量，能有效地阻止微波能量沿偏置引线的泄漏。为便于用平面工艺制作，输入、输出为微带线，L_1、L_3 为制作在石英基片上环形电感，C_2 为叉指电容。

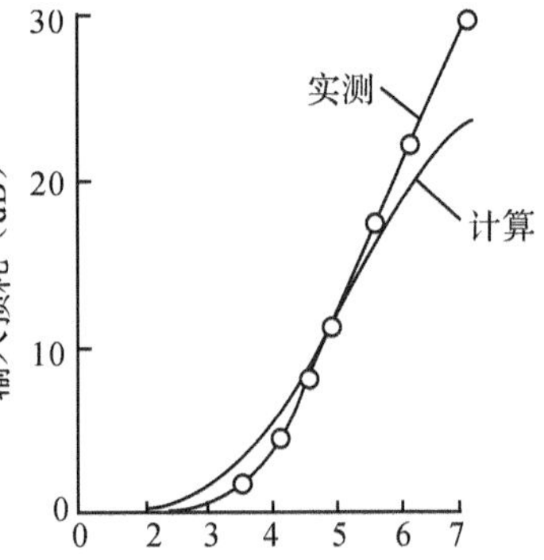

图 8-45　三阶低通滤波器的插入损耗特性

2. 低通滤波器实现举例

用集中元件实现微波低通滤波器，将通过下面的实例予以说明。

【例 8.6】 设滤波器的设计指标是

截止频率：$f_c=\frac{\omega_c}{2\pi}=285\text{MHz}$，即通带为 0～285MHz；

通带衰减：等于或小于 0.2dB；

阻带衰减：在 570MHz 频率上至少为 35dB；

端接条件：两端均为 50Ω 的微带线。

设计计算步骤如下：

(1)确定低通原型滤波器：由于要求通带衰减等于或小于 0.2dB，故可选用 0.2dB 波纹的

切比雪夫原型。根据归一化频率有

$$\frac{\omega_s}{\omega_c}=\frac{2\pi\times570\times10^9}{2\pi\times285\times10^9}=2$$

由阻带衰减 35dB 的要求，并根据图 8-36 得出 $n=5$，该滤波器的归一元件值为

$$g_0=g_6=1,g_1=1.3394,g_2=1.3370,$$
$$g_3=2.1660,g_4=1.3370,g_5=1.3394$$

(2)决定滤波器的实际元件数值：选用图 8-46 所示的电路结构，电容用 MIM 式，电感用高阻微带线形式。根据滤波器的截止频率和终端电阻，按照表 8-3 所示变换公式可以得出滤波器的三个电容和两个电感的实际数值：

$$C_1=\left(\frac{1}{50}\right)\left(\frac{1}{2\pi\times285\times10^6}\right)\times1.3394=15\times10^{-12}(\mathrm{F})$$

$$L_2=\left(\frac{50}{1}\right)\left(\frac{1}{2\pi\times285\times10^6}\right)\times1.3370=37.4\times10^{-9}(\mathrm{H})$$

$$C_3=\left(\frac{1}{50}\right)\left(\frac{1}{2\pi\times285\times10^6}\right)\times2.1660=24.2\times10^{-12}(\mathrm{F})$$

$$L_4=L_2=37.4\times10^{-9}(\mathrm{H})$$

$$C_5=C_1=15\times10^{-12}(\mathrm{F})$$

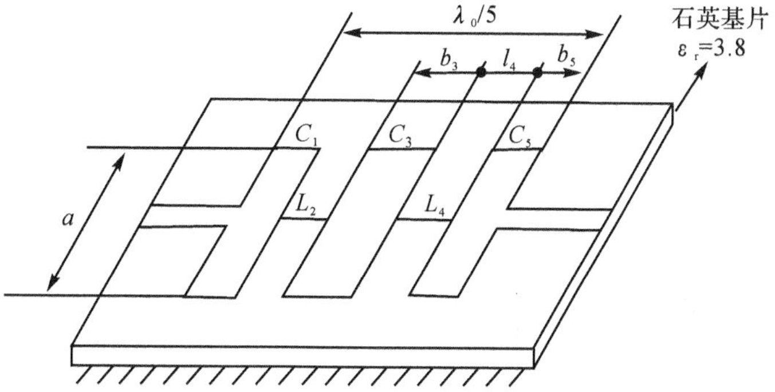

图 8-46　低通滤波器电路

(3)计算 C_1、C_3 和 C_5 电容板的尺寸。初步设想整个滤波器的长度小于 $\lambda_1/4$，λ_1 是低通滤波器截止频率自由空间波长。各元件的长度小于微带波长的 1/8，因此可考虑以集总参数电路来设计。C_1、C_3 和 C_5 电容板可按平板电容器的公式计算：

$$A'=\frac{C_ih}{\varepsilon_0\varepsilon_r}\quad(i=1,3,5)\tag{8.3.35}$$

式中：h 为介质基片的厚度；ε_r 为基片的相对介电常数；ε_0 为自由空间介电常数。

由于边缘场的影响，实际电容板的面积要小些。如果用 a 和 b 表示图 8-46 中电容板的长和宽，则 A' 将为

$$A'=(a+\alpha h)(b+\alpha h)\tag{8.3.36}$$

式中：α 是边缘场的归一化因子。

电容板的实际面积 $A=ab$ 与 A' 的关系为

$$A=\left\{\left[A'+\frac{(\beta^2-4)\alpha^2h^2}{4}\right]^{\frac{1}{2}}-\frac{\alpha\beta h}{2}\right\}^2\tag{8.3.37}$$

式中：β 是与电容板长宽有关的系数，可表示为

$$\beta=\sqrt{a/b}+\sqrt{b/a} \tag{8.3.38}$$

经验表明，由于边缘场而使每一电容板尺寸有效的增加量近似等于基片厚度 h，因此 $\alpha\approx 1$，故式(8.3.37)可简化为

$$A=\left\{\left[A'+\frac{(\beta^2-4)h^2}{4}\right]^{\frac{1}{2}}-\frac{\beta h}{2}\right\}^2 \tag{8.3.39}$$

将 C_1、C_3 和 C_5 的数值代入式(8.3.35)得

$$A'_1=A'_5=10.65\times10^{-3}\text{m}^2$$

$$A'_3=9.12\times10^{-3}\text{m}^2$$

在计算时采用的是厚度 h 为 1.27mm 的石英基片($\varepsilon_r=3.82$)。

考虑边缘场的影响之后，按式(8.3.39)算出的各电容板的面积为

$$A_1=A_5=4.5\times10^{-3}\text{m}^2$$

$$A_3=7.6\times10^{-3}\text{m}^2$$

在计算时假定 C_1 和 C_5 的长度比 $a/b=3.52$，而 C_3 的长宽比为 2.91。

(4)决定微带电感 L_2 和 L_4 的尺寸：微带电感的尺寸可用下面公式计算：

$$L=\frac{30L_c}{Z_e\sqrt{\varepsilon_e}}(\text{cm}) \tag{8.3.40}$$

选择微带电感线的特性阻抗 $Z_e=150\Omega$，在石英基片上对应的宽高比为 $W/h=0.143$，$\varepsilon_{eff}=2.59$。将有关数据代入式(8.3.40)，求得微带电感线的长度为 $L_2=L_4=4.64$cm；宽度 $W_2=W_4=0.143h=0.143\times1.27=0.182$(mm)。

3. 分布参数电路元件与倒置器

频率高时，一般用分布参数电路元件构造滤波器。对于平面结构电路，常用开路、短路的微带线作为滤波器的电路元件，正如 2.3.3 节中讨论过的，长度小于 $\lambda/4$ 的开路微带线等效为一个电容，而长度小于 $\lambda/4$ 的短路微带线相当于一个电感。$\lambda/4$ 开路微带线与串联谐振电路等效，而 $\lambda/4$ 短路微带线相当于并联谐振电路。

如果用基于矩形波导的电路元件构造滤波器，矩形波导断开不等于开路，终端短路的 $\lambda_g/4$ 波导可等效为矩形波导的开路。记住这一点就可用矩形波导元件构造滤波器。

用分布参数电路元件构造滤波器，要求这些分布参数电路元件在同一点上进行串联和并联，结构上有时很难实现。倒置变换器的应用可解决这个困难。

倒置变换器实际上是一个二端口网络，可以把负载(阻抗 Z_L 或导纳 Y_L)变换为其倒数。阻抗和导纳倒置器的网络表示如图 8-47(a)和(b)所示，图中 K、J 为实常数，K 称为阻抗倒置器的特征阻抗，J 称为导纳倒置器的特性导纳。阻抗或导纳的变换关系为

$$Z_{in}=\frac{K^2}{Z_L}\ (\text{阻抗倒置器}) \tag{8.3.41}$$

$$Y_{in}=\frac{J^2}{Y_L}\ (\text{导纳倒置器}) \tag{8.3.42}$$

倒置器的 $ABCD$ 矩阵表示为

$$\begin{bmatrix}A & B\\ C & D\end{bmatrix}_{\text{阻抗倒置器}}=\begin{bmatrix}0 & \pm\text{j}k\\ \pm\text{j}/k & 0\end{bmatrix} \tag{8.3.41}$$

$$\begin{bmatrix}A & B\\ C & D\end{bmatrix}_{\text{导纳倒置器}}=\begin{bmatrix}0 & \pm\text{j}/J\\ \pm\text{j}J & 0\end{bmatrix} \tag{8.3.42}$$

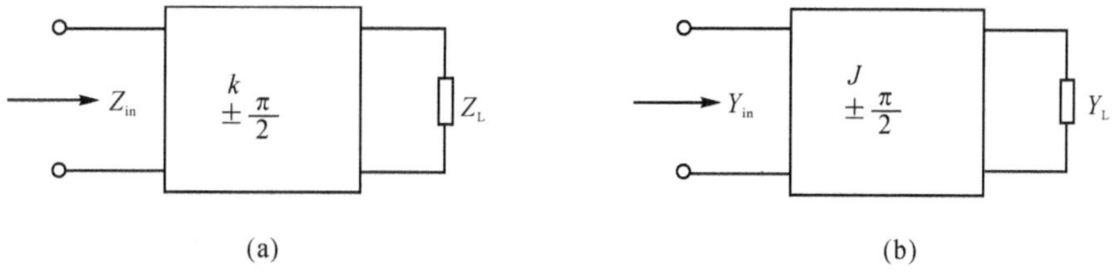

图 8-47　阻抗和导纳倒置器

倒置变换器既可用集总参数电路实现，也可用分布参数电路实现。一段 1/4 波长传输线就是最简单也最常用的分布参数倒置变换器。由传输线理论可知，经 1/4 波长传输线变换，其负载阻抗（或导纳）与输入阻抗（或导纳）有如下关系

$$Z_{in}=\frac{Z_c^2}{Z_L}$$

$$Y_{in}=\frac{Y_c^2}{Y_L}$$

所以 1/4 波长传输线既可作阻抗倒置器也可作导纳倒置器，前者的 K 就是传输线的特征阻抗 Z_c，后者的 J 就是传输线的特性导纳 Y_c。

将倒置器引入滤波器电路就可用一种电抗性质的元件（容性或感性）构造滤波器，克服了在电路的同一点上进行元件的串联或并联。

4. 用倒置器实现的低通滤波器

如图 8-31 所示的低通原型滤波器，应用倒置器后，既可全部用电感元件构造，也可全部用电容元件构造（见图 8-48），图(a)对应于电感输入式原型电路，图(b)对应于电容输入式原形电路，以后称图 8-48 所示电路为变形低通原型滤波器。倒置器在此起着元件的隔离变换作用。

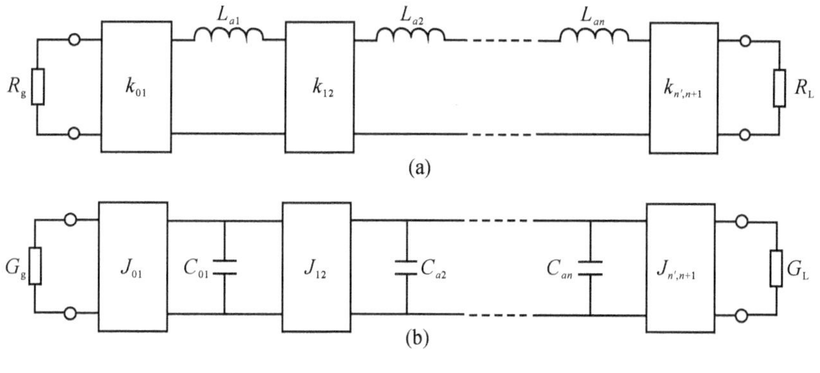

图 8-48　变形低通原型滤波器

接下去要解决的问题是，变形低通原型滤波器中倒置器的特征阻抗 K 或特性导纳 J 与低通原型元件的归一化值 g_k 的关系。解决这个问题的出发点是，低通原型和变形低通原型两者应当有相同的插入衰减特性，即两者的对应阻抗相同，或差一比例因子。

图 8-49(a)所示为电感输入式低通原型中的部分电路，图 8-49(b)所示为对应的电容输入式低通原型部分电路，图 8-49(c)所示为与图 8-49(b)所示相应的变形低通原形部分电路。图 8-49(a)中的开路面 T_2 对应着图 8-49(b)和图 8-49(c)中的短路面 T_2'。

图 8-49(a)中，T_1 面上的输入阻抗为

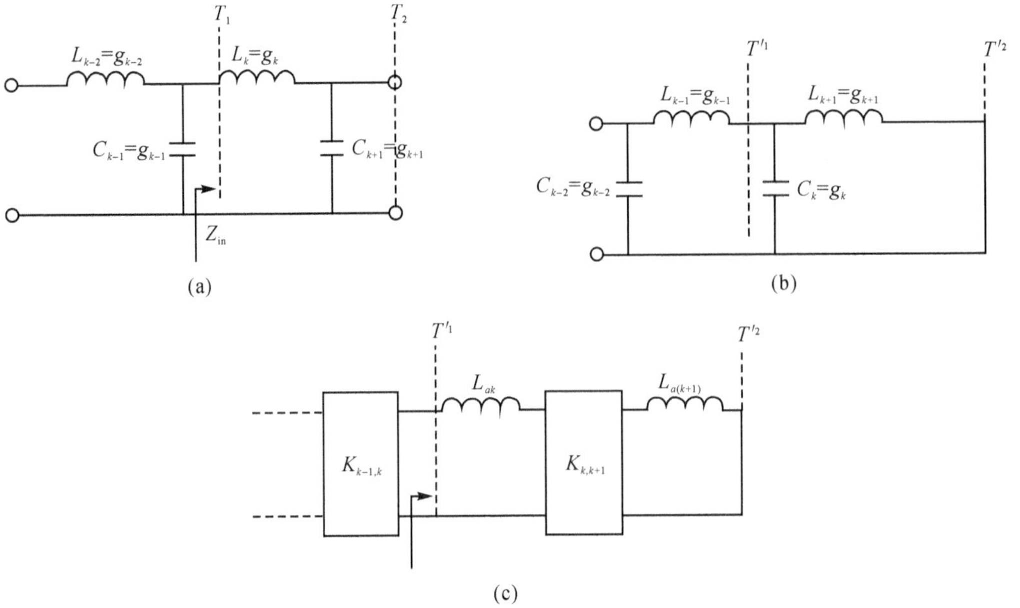

图 8-49　低通原型和变形电路

$$Z_{\text{in}}=\mathrm{j}\omega L_k+\frac{1}{\mathrm{j}\omega C_{k+1}} \tag{8.3.43}$$

图 8-49(c)中，T'_1 面上的输入阻抗为

$$Z'_{\text{in}}=\mathrm{j}\omega L_{ak}+\frac{k^2_{k,k+1}}{\mathrm{j}\omega L_{a(k+1)}} \tag{8.3.44}$$

设 Z'_{in}与 Z_{in}差一比例因子 L_{ak}/L_k，即

$$Z'_{\text{in}}=\frac{L_{ak}}{L_k}Z_{\text{in}}=\mathrm{j}\omega L_{ak}+\frac{L_{ak}}{\mathrm{j}\omega L_k C_{k+1}} \tag{8.3.45}$$

比较式(8.3.44)和式(8.3.45)，得

$$K_{k,k+1}=\sqrt{\frac{L_{ak}L_{a(k+1)}}{L_k C_{k+1}}}=\sqrt{\frac{L_{ak}L_{a(k+1)}}{g_k g_{k+1}}} \tag{8.3.46}$$

依此方法，可以得到阻抗倒置器和导纳倒置器的全部参数为

$$\begin{cases} K_{0,1}=\sqrt{\dfrac{R_g L_{a1}}{g_0 g_1}} \\ K_{k,k+1}=\sqrt{\dfrac{L_{ak}L_{a(k+1)}}{g_k g_{k+1}}} \quad (k=1\sim n-1) \\ K_{n,n+1}=\sqrt{\dfrac{L_{an}R_L}{g_n g_{n+1}}} \end{cases} \tag{8.3.47}$$

$$\begin{cases} J_{0,1}=\sqrt{\dfrac{G_g C_{a1}}{g_0 g_1}} \\ J_{k,k+1}=\sqrt{\dfrac{C_{ak}C_{a(k+1)}}{g_k g_{k+1}}} \\ (k=1\sim n-1) \\ J_{n,n+1}=\sqrt{\dfrac{C_{an}G_L}{g_n g_{n+1}}} \end{cases} \tag{8.3.48}$$

其中，L_{ak} 和 L_k 虽然差一比例因子，但在等衰减条件下仍然有相同的频率选择性。因为根据式(4.6.17)，如果 L_k 或 C_k 都按同一比例增大，那么谐振电路的品质因数保持不变。

设计时，L_{ak}、$L_{a(k+1)}$ 和 $K_{k,k+1}$ 三个量中可任意选定两个；同样，C_{ak}、$C_{a(k+1)}$ 和 $J_{k,k+1}$ 三个量中也可任意选定两个，这给设计者带来了不小的方便。

5. 用倒置器实现的微波带通滤波器

前面分析可知，在低通原型滤波器的基础上，经过倒置器的隔离变换，得到了只含有被分隔开的同一电抗性质元件的变形低通原型，如图 8-48 所示。下面利用带通滤波器与低通原型的频率变换关系，把变形低通电路中的串接电感 L_{ak}（或并接电容 C_{ak}）变换成带通滤波器的串联谐振电路（或并联谐振电路），如图 8-50 所示。

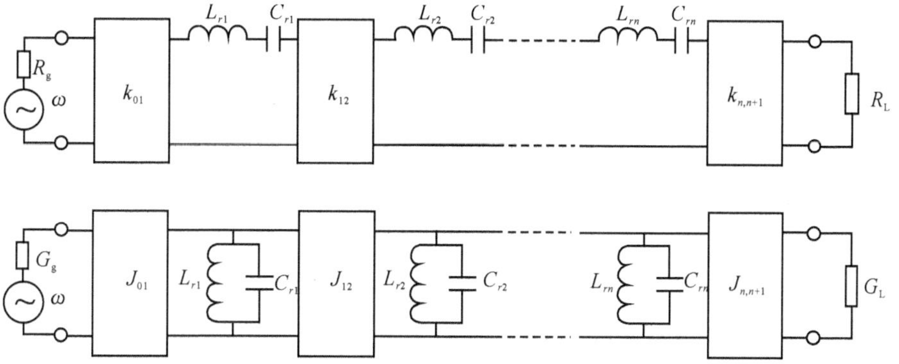

图 8-50　带通滤波器的等效电路

类似于前面由低通原型滤波器到带通滤波器转换所分析的那样，图 8-48(a)与图 8-50(a)中串接支路的变换关系由等衰减条件求出

$$\mathrm{j}\omega' L_{ak}=\mathrm{j}\,\frac{1}{\Delta}\left(\frac{\omega}{\omega_0}-\frac{\omega_0}{\omega}\right)L_{ak}=\mathrm{j}\omega L_{rk}+\frac{1}{\mathrm{j}\omega C_{rk}}$$

解得串联谐振电路的元件值与 L_{ak} 的关系为

$$\begin{cases} L_{rk}=\dfrac{L_{ak}}{\Delta\omega_0} \\ C_{rk}=\dfrac{\Delta}{\omega_0 L_{ak}} \end{cases} \tag{8.3.49}$$

其中

$$\omega_0=\frac{1}{\sqrt{L_{rk}C_{rk}}}$$

根据式(4.6.17)定义的电抗斜率参量

$$x_k=\frac{1}{2}\omega_0\frac{\partial X}{\partial\omega}\bigg|_{\omega=\omega_0}=\omega_0 L_{rk}=\frac{1}{\omega_0 C_{rk}}=\sqrt{L_{rk}/C_{rk}}$$

将式(8.3.49)代入上式得

$$x_k=\frac{L_{ak}}{\Delta}$$

将上式代入式(8.3.47)得阻抗倒置器的特性阻抗表示式为

$$\begin{cases} K_{01}=\sqrt{\dfrac{R_g\Delta x_1}{g_0g_1}} \\ K_{k,k+1}=\Delta\sqrt{\dfrac{x_kx_{k+1}}{g_kg_{k+1}}} \quad (k=1\sim n-1) \\ K_{n,n+1}=\sqrt{\dfrac{\Delta x_nR_L}{g_ng_{n+1}}} \end{cases} \tag{8.3.50}$$

同样,对图 8-48(b)与图 8-50(b)中的并接支路进行类似变换,可得有关参量为

$$\begin{cases} C_{rk}=\dfrac{C_{ak}}{\Delta\omega_0} \\ L_{rk}=\dfrac{\Delta}{\omega_0C_{ak}} \end{cases}$$

$$\omega_0=\frac{1}{\sqrt{L_{rk}C_{rk}}}$$

$$b_k=\omega_0C_{rk}=\frac{1}{\omega_0L_{rk}}=\frac{C_{ak}}{\Delta}$$

最后得导纳倒置器的特性导纳表示式为

$$\begin{cases} J_{01}=\sqrt{\dfrac{G_g\Delta b_1}{g_0g_1}} \\ J_{k,k+1}=\Delta\sqrt{\dfrac{b_kb_{k+1}}{g_kg_{k+1}}} \quad (k=1\sim n-1) \\ J_{n,n+1}=\sqrt{\dfrac{\Delta b_nG_L}{g_ng_{n+1}}} \end{cases} \tag{8.3.51}$$

式中:b_k 为式(4.6.17)定义的电纳斜率参量,可表示为

$$b_k=\frac{1}{2}\omega_0\frac{\partial B}{\partial\omega}\bigg|_{\omega=\omega_0}=\omega_0C_{rk}=\frac{1}{\omega_0L_{rk}}=\sqrt{\frac{C_{rk}}{L_{rk}}}$$

因为 x_k 与 b_k 跟 L_{ak} 与 L_k 的比例因子无关,所以倒置器参数也跟 L_{ak} 与 L_k 的比例因子无关。

8.3.5　平行耦合微带线带通滤波器

平行耦合微带线带通滤波器与平面电路工艺兼容,在射频与微波电路中得到广泛应用。这种带通滤波器的典型结构如图 8-51 所示,可以看作多级耦合微带线段的级连。本节讨论两个问题,一是耦合微带线段的滤波特性,这是平行耦合微带线带通滤波器的理论基础;二是关于这种带通滤波器的综合设计。

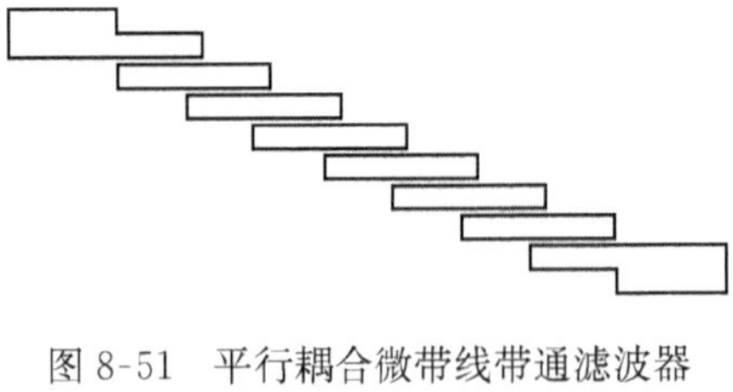

图 8-51　平行耦合微带线带通滤波器

1. 耦合微带线段的频率响应

耦合微带线段应用于滤波器电路时，它的四个端口只有两个用于信号的输入与输出，另外两个不是开路就是短路，所以从输入、输出关系看，这是一个二端口网络。所谓耦合线段的频率响应就是这个二端口网络的频率响应。

图 8-52(a)所示的耦合线段，信号从端口①输入，端口③输出，端口②和④开路。可以用偶—奇模分析法研究耦合线段的频率响应。其基本思想是，先将信号对输入端口的激励分解为偶模和奇模的激励；然后分别研究偶模和奇模激励下的频率响应；最后将偶模、奇模的频率响应组合起来，得到耦合线段的频率响应。

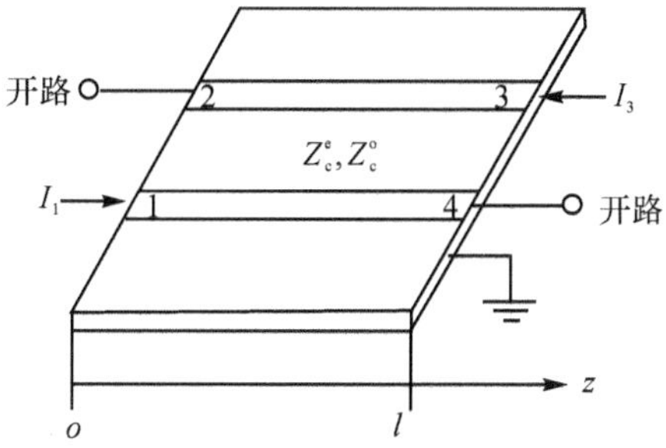

(a)

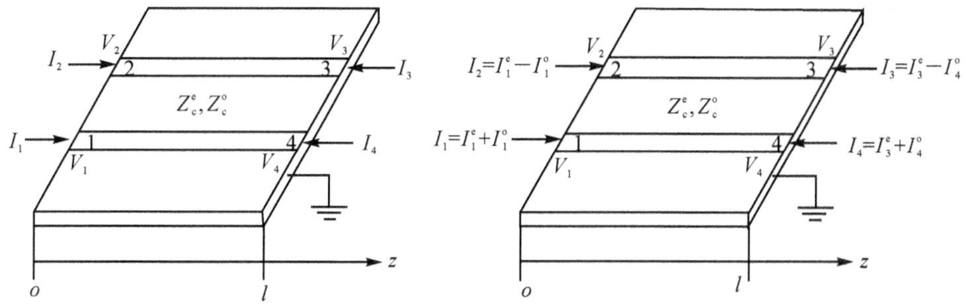

(b)

图 8-52　耦合线滤频率响应的偶—奇模分析

图 8-52(b)是耦合线段的分析模型，Z_c^e、Z_c^o 为耦合线段偶模和奇模的特征阻抗。V_1、V_2、V_3、V_4 表示各相应端口的电压，I_1、I_2、I_3、I_4 则为相应端口的电流，电流流进端口的方向定义为电流的正方向。图 8-52(c)将各端口电流分解为偶模与奇模的组合。根据偶模、奇模场分布的特点，对于偶模，我们可以认为 $I_1^e=I_2^e$，$I_4^e=I_3^e$，$V_1^e=V_2^e$，$V_4^e=V_3^e$，而对于奇模则 $I_1^o=-I_2^o$，$I_4^o=-I_3^o$，$V_1^o=-V_2^o$，$V_4^o=-V_3^o$。因此在图 8-52 (c)中，对于偶模，I_1^e、I_2^e、I_3^e、I_4^e 都是流进端口的，而对于奇模，I_1^o、I_4^o 是流进端口的，I_2^o、I_3^o 则是流出端口的。因此，如果各端口总电流 $I_i(i=1,2,3,4)$用偶模和奇模电流的叠加表示，则为

$$I_1=I_1^e+I_1^o \tag{8.3.52a}$$

$$I_2=I_1^e-I_1^o \tag{8.3.52b}$$

$$I_3=I_3^e-I_4^o \tag{8.3.52c}$$

$$I_4=I_3^e+I_4^o \tag{8.3.52d}$$

以上表达式中，上标“e”和“o”分别表示属于偶模和奇模的量。

现在可据此模型分析耦合线段在偶模、奇模激励下的响应。首先考虑用 I_1^e 电流源在偶模下驱动此线。假如其他端口开路，在端口①或端口②看进去的输入阻抗为

$$Z_{in}^e=-jZ_c^e\cot\beta l \tag{8.3.53}$$

在这两个带线上的电压可表示为

$$V_1^e(z)=V_2^e(z)=V_e^{in}[e^{-j\beta(l-z)}+e^{+j\beta(l-z)}]=2V_e^{in}\cos\beta(l-z) \tag{8.3.54}$$

所以在端口①或端口②的电压是

$$V_1^e(0)=V_2^e(0)=2V_e^{in}\cos\beta l \tag{8.3.55}$$

而根据输入阻抗的定义，$V_1^e(0)=Z_{in}^e I_1^e$，故由式(8.3.53)得到

$$V_1^e(0)=-jI_1^e Z_c^e\cot\beta l \tag{8.3.56}$$

将式(8.3.56)与式(8.3.55)比较，得到 $2V_e^{in}=-\dfrac{jZ_c^e I_1^e}{\sin\beta l}$，因此式(8.3.54)可改写成用 I_1^e 表示的表达式，即

$$V_1^e(z)=V_2^e(z)=-jZ_c^e\frac{\cos\beta(l-z)}{\sin\beta l}I_1^e \tag{8.3.57}$$

同样，用电流源 I_3^e 驱动线上偶模的电压是

$$V_3^e(z)=V_4^e(z)=-jZ_c^e\frac{\cos\beta z}{\sin\beta l}I_3^e \tag{8.3.58}$$

再考虑用 I_1^o 电流源在奇模下驱动此线的情形。若其他端口开路，在端口①或端口②看到的输入阻抗是

$$Z_{in}^o=-jZ_c^o\cot\beta l \tag{8.3.59}$$

在每个带线上的电压可表示为

$$V_1^o(z)=-V_2^o(z)=2V_o^{in}\cos\beta(l-z) \tag{8.3.60}$$

则在端口①或端口②的电压是

$$V_1^o(0)=-V_2^o(0)=2V_o^{in}\cos\beta l$$

而根据 Z_{in}^o 的定义，又有

$$V_1^o(0)=Z_{in}^o I_1^o=-jI_1^o Z_c^o\cot\beta l \tag{8.3.61}$$

比较上面两式，V_o^{in} 可用 I_1^o 表示，故式(8.3.60)可改写成

$$V_1^o(z)=-V_2^o(z)=-jZ_c^o\frac{\cos\beta(l-z)}{\sin\beta l}I_1^o$$

同样由电流源 I_4^o 驱动线上奇模的电压是

$$V_4^o(z)=-V_3^o(z)=-jZ_c^o\frac{\cos\beta z}{\sin\beta l}I_4^o \tag{8.3.62}$$

因此在端口①的总电压为

$$\begin{aligned}V_1&=V_1^e(0)+V_1^o(0)+V_3^e(0)+V_4^o(0)\\&=-j(Z_c^e I_1^e+Z_c^o I_1^o)\cot\theta-j(Z_c^e I_3^e+Z_c^o I_4^o)\csc\theta\end{aligned} \tag{8.3.63}$$

此处，用到了式(8.3.56)、式(8.3.61)、式(8.3.58)和式(8.3.62)以及 $\theta=\beta l$。根据式(8.3.52)，I_1^e、I_1^o、I_4^e 和 I_4^o 又可用 I_1、I_2、I_3 和 I_4 表示

$$I_1^e=\frac{1}{2}(I_1+I_2) \tag{8.3.64a}$$

$$I_1^o=\frac{1}{2}(I_1-I_2) \tag{8.3.64b}$$

$$I_4^e = \frac{1}{2}(I_3 + I_4) \tag{8.3.64c}$$

$$I_4^o = \frac{1}{2}(I_4 - I_3) \tag{8.3.64d}$$

将式(8.3.64)代入式(8.3.63)得到

$$V_1 = \frac{-j}{2}[(Z_c^e I_1 + Z_c^e I_2 + Z_c^o I_1 - Z_c^o I_2)\cot\theta + (Z_c^e I_3 + Z_c^e I_4 + Z_c^o I_4 - Z_c^o I_3)\csc\theta]$$

整理后可简写成

$$V_1 = Z_{11} I_1 + Z_{12} I_2 + Z_{13} I_3 + Z_{14} I_4 \tag{8.3.65a}$$

重复上面的过程，或直接利用对称性，可得到

$$V_2 = Z_{21} I_1 + Z_{22} I_2 + Z_{23} I_3 + Z_{24} I_4 \tag{8.3.65b}$$

$$V_3 = Z_{31} I_1 + Z_{32} I_2 + Z_{33} I_3 + Z_{34} I_4 \tag{8.3.65c}$$

$$V_4 = Z_{41} I_1 + Z_{42} I_2 + Z_{43} I_3 + Z_{44} I_4 \tag{8.3.65d}$$

式中：

$$Z_{11} = Z_{22} = Z_{33} = Z_{44} = \frac{-j}{2}(Z_c^e + Z_c^o)\cot\theta \tag{8.3.66a}$$

$$Z_{12} = Z_{21} = Z_{34} = Z_{43} = \frac{-j}{2}(Z_c^e - Z_c^o)\cot\theta \tag{8.3.66b}$$

$$Z_{13} = Z_{31} = Z_{24} = Z_{42} = \frac{-j}{2}(Z_c^e - Z_c^o)\csc\theta \tag{8.3.66c}$$

$$Z_{14} = Z_{41} = Z_{23} = Z_{32} = \frac{-j}{2}(Z_c^e + Z_c^o)\csc\theta \tag{8.3.66d}$$

对于端口②和端口④开路的情况，$I_2 = I_4 = 0$，所以四端口阻抗矩阵方程式(8.3.65)可简化为

$$\begin{bmatrix} V_1 \\ V_3 \end{bmatrix} = \begin{bmatrix} Z_{11} & Z_{13} \\ Z_{31} & Z_{33} \end{bmatrix} \begin{bmatrix} I_1 \\ I_3 \end{bmatrix} \tag{8.3.67}$$

式(8.3.67)就是我们期待的耦合线段输出与输入关系的 **Z** 矩阵表示。接下去我们要从这一关系得到耦合线段的频率响应。

为便于分析，假定输入、输出端口都匹配，即从输入、输出端口看进去的输入阻抗 Z_{in1}、Z_{in3} 都等于端口连接的负载阻抗 Z_{i1}、Z_{i3}，即 $Z_{in1} = Z_{i1}$，$Z_{in3} = Z_{i3}$，如图 8-53 所示。图中用 **A** 矩阵表示耦合线段，**A** 矩阵参数可由 **Z** 矩阵参数变换得到。由于对称性，$Z_{in1} = Z_{in3} = Z_{in}$。经过并不复杂的运算，$Z_{in}$ 为

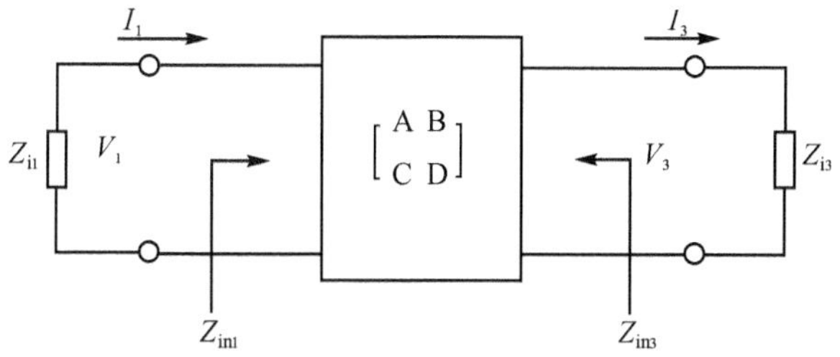

图 8-53　端接镜像阻抗的二端口网络

$$Z_{in} = \sqrt{Z_{11}^2 - \frac{Z_{11} Z_{13}^2}{Z_{33}}} = \frac{1}{2}\sqrt{(Z_c^e - Z_c^o)^2 \csc^2\theta - (Z_c^e + Z_c^o)^2 \cot^2\theta} \tag{8.3.68}$$

式(8.3.58)表示的阻抗与频率或波长有关。当耦合线段长度为 $\lambda/4$(或 $\theta = \pi/2$)，Z_{in} 可简化为

$$Z_{in}=\frac{1}{2}(Z_c^e-Z_c^o) \tag{8.3.69}$$

这是一个正实数，因为 $Z_c^e>Z_c^o$。但是当 $\theta\to0$ 或 π 时，Z_{in} 实部为零，虚部趋于 $\pm j\infty$，信号被全反射，通不过，故是阻带。截止频率可由式(8.3.68)求得

$$\cos\theta_1=-\cos\theta_2=\frac{Z_c^e-Z_c^o}{Z_c^e+Z_c^o} \tag{8.3.70}$$

这表明对于 $\theta_1<\theta<\theta_2=\pi-\theta_1$，$\beta$ 是实数。

$\lambda/4$ 开路耦合线响应如图 8-54 所示。实部不为零处为通带，其余实部为零，只有虚部，全反射，就是阻带。故端口②和④都开路的 $\lambda/4$ 开路耦合线具有带通滤波器的频率响应。

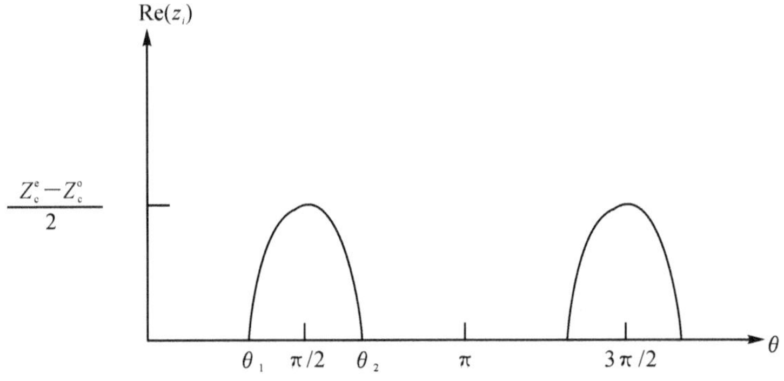

图 8-54　两端开路耦合线频率响应

同样的分析可以得两端短路耦合线，一端短路与一端开路耦合线的频率响应。

2. 平行耦合线带通滤波器

根据 2.6 节，如果确定了耦合微带线的奇、偶模特征阻抗，那么微带线的几何、物理参数基本可以确定了。所以平行耦合线带通滤波器的设计，关键是建立低通原型滤波器参数与平行耦合线奇、偶模特征阻抗间的关系。为了建立这种关系，通常将耦合微带线段等效为一个导纳倒置器及相邻电长度为 θ、特性导纳为 Y_c 的传输线段的组合，如图 8-55 所示。

如图 8-55(a)所示的耦合单元电路，应用耦合微带线的偶—奇模分析法，可得其 **A** 矩阵为

$$\boldsymbol{A}=\begin{bmatrix}\dfrac{Z_c^e+Z_c^o}{Z_c^e-Z_c^o}\cos\theta & -j\left(\dfrac{2Z_c^eZ_c^o}{Z_c^e-Z_c^o}\cos\theta\cot\theta-\dfrac{Z_c^e-Z_c^o}{2}\sin\theta\right)\\ j\dfrac{2\sin\theta}{Z_c^e-Z_c^o} & \dfrac{Z_c^e+Z_c^o}{Z_c^e-Z_c^o}\cos\theta\end{bmatrix}$$

对于图(b)的电路，应用网络级联方法可得其 **A** 矩阵为

$$\begin{aligned}\boldsymbol{A}&=\begin{bmatrix}\cos\theta & j\dfrac{1}{Y_c}\sin\theta\\ jY_c\sin\theta & \cos\theta\end{bmatrix}\begin{bmatrix}0 & -j\dfrac{1}{J}\\ -jJ & 0\end{bmatrix}\begin{bmatrix}\cos\theta & j\dfrac{1}{Y_c}\sin\theta\\ jY_c\sin\theta & \cos\theta\end{bmatrix}\\ &=\begin{bmatrix}\left(\dfrac{J}{Y_c}+\dfrac{Y_c}{J}\right)\sin\theta\cos\theta & j\left(\dfrac{J}{Y_c^2}\sin^2\theta-\dfrac{1}{J}\cos^2\theta\right)\\ j\left(\dfrac{Y_c^2}{J}\sin^2\theta-J\cos^2\theta\right) & \left(\dfrac{J}{Y_c}+\dfrac{Y_c}{J}\right)\sin\theta\cos\theta\end{bmatrix}\end{aligned}$$

上述两矩阵中对应元素应相等。由 A_{11} 相等可得

$$\frac{Z_c^e+Z_c^o}{Z_c^e-Z_c^o}=\left(\frac{J}{Y_c}+\frac{Y_c}{J}\right)\sin\theta$$

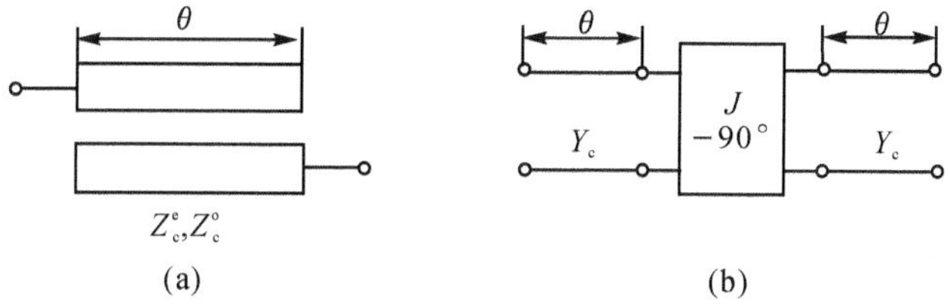

图 8-55 耦合单元及其等效电路

在中心频率附近，$\theta\approx 90°$，故有

$$\frac{Z_c^e+Z_c^o}{Z_c^e-Z_c^o}=\frac{J}{Y_c}+\frac{Y_c}{J} \tag{8.3.72}$$

同样的近似应用于 A_{12} 可得

$$\frac{Z_c^e-Z_c^o}{2}=\frac{J}{Y_c^2} \tag{8.3.73}$$

联立解以上两式可得

$$\begin{cases}\dfrac{Z_c^e}{Z_c}=1+\dfrac{J}{Y_c}+\left(\dfrac{J}{Y_c}\right)^2\\[2ex]\dfrac{Z_c^o}{Z_c}=1-\dfrac{J}{Y_c}+\left(\dfrac{J}{Y_c}\right)^2\end{cases} \tag{8.3.74}$$

式(8.3.74)即为图 8-55 中耦合单元及其等效电路之间的参量关系式。按上述等效方法，将各耦合单元级联后，得到如图 8-56(a)所示的等效电路。图中各导纳倒置器之间为一段特性导纳为 Y_c 的半波长传输线段。

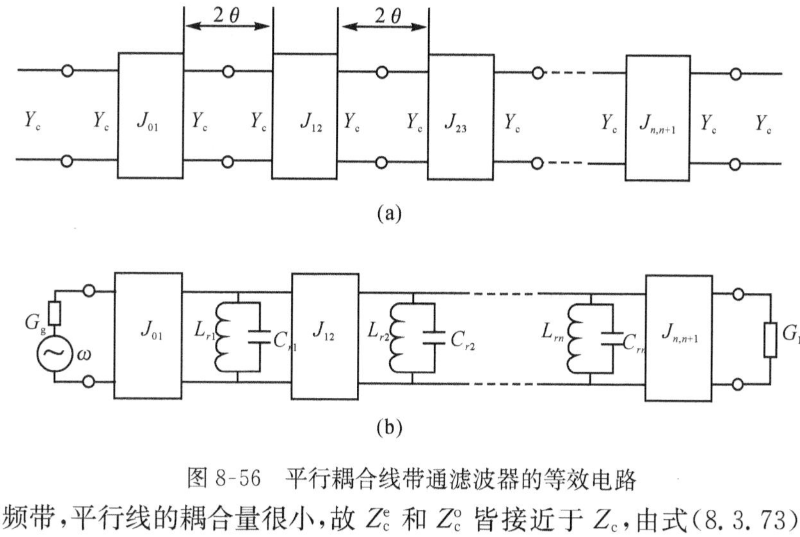

图 8-56 平行耦合线带通滤波器的等效电路

对于窄频带，平行线的耦合量很小，故 Z_c^e 和 Z_c^o 皆接近于 Z_c，由式(8.3.73)可知 $J\ll Y_c$。由于 J 值较小，倒置器在此起着将半波长线的负载导纳变得很小的作用，故半波长线段可等效于一个并联谐振电路并接在导纳倒置器旁，其对应于图 8-56 中(b)的等效电路，故可应用式(8.3.48)求得各倒置器的特性导纳。求解时代入下列参量：各并联谐振电路的等效电纳斜率参量 $b=\frac{\pi}{2}Y_c$，并取 $G_g=G_L=Y_c$，则各倒置器的归一化特性导纳为

$$\begin{cases} j_{01}=\dfrac{J_{01}}{Y_c}=\sqrt{\dfrac{\pi\Delta}{2g_0g_1}} \\ j_{k,k+1}=\dfrac{J_{k,k+1}}{Y_c}=\dfrac{\pi\Delta}{2}\sqrt{\dfrac{1}{g_kg_{k+1}}} \quad (k=1\sim n-1) \\ j_{n,n+1}=\dfrac{J_{n,n+1}}{Y_c}=\sqrt{\dfrac{\pi\Delta}{2g_ng_{n+1}}} \end{cases} \tag{8.3.75}$$

将式(8.3.75)代入式(8.3.74)即可求得各耦合单元的奇偶模特性阻抗，从而确定它们的尺寸大小。此种结构有下述优点：结构紧凑，寄生通带的中心频率可达 $3f_0$，对于制好的版图可通过调整耦合线段的长度和缝隙来满足综合设计的指标要求。

【例 8.7】 设计一平行耦合微带线带通滤波器，中心频率 $f_0=3000\text{MHz}$，频率在(3000±60)MHz 内等波纹衰减小于 0.5dB，频率在(3000±220)MHz 外衰减大于 30dB，输入、输出微带线 $Z_c=50\Omega$，试求各耦合单元的 Z_c^e 和 Z_c^o。若介质基片的 $\varepsilon_r=9.0$，厚度 $h=1\text{mm}$，试求各耦合单元的尺寸。

解 (1)计算有关参量，分别为

$$\Delta=\frac{\Delta f}{f_0}=\frac{120}{3000}=0.04$$

$$\omega'_{s1}=\frac{1}{\Delta}\left(\frac{f_{s1}}{f_0}-\frac{f_0}{f_{s1}}\right)=\frac{1}{0.04}\left(\frac{2.78}{3}-\frac{3}{2.78}\right)=-3.81$$

$$\omega'_{s2}=\frac{1}{\Delta}\left(\frac{f_{s2}}{f_0}-\frac{f_0}{f_{s2}}\right)=\frac{1}{0.04}\left(\frac{3.22}{3}-\frac{3}{3.22}\right)=3.54$$

(2)确定低通原型参数

因 $|\omega'_{s1}|>|\omega'_{s2}|$，故用 ω'_{s2} 来选定 n。查图 8-36 得 $n=3$，查表 8-3 得 $g_1=g_3=1.5963$，$g_2=1.0967$，$g_4=1.0000$。

(3)计算倒置器的归一化特性导纳，由式(8.3.75)得

$$j_{01}=j_{34}=\sqrt{\frac{\pi\Delta}{2g_0g_1}}=\sqrt{\frac{\pi\times0.04}{2\times1\times1.5963}}=0.1984$$

$$j_{12}=j_{23}=\frac{\pi\times0.04}{2}\sqrt{\frac{1}{1.5963\times1.0967}}=0.0475$$

(4)计算耦合单元的奇偶模特性阻抗，由式(8.3.74)有

$$(Z_c^e)_{01}=(Z_c^e)_{34}=Z_c\left[1+\frac{J_{01}}{Y_c}+\left(\frac{J_{01}}{Y_c}\right)^2\right]=61.9(\Omega)$$

$$(Z_c^o)_{01}=(Z_c^o)_{34}=Z_c\left[1-\frac{J_{01}}{Y_c}+\left(\frac{J_{01}}{Y_c}\right)^2\right]=42.1(\Omega)$$

$$(Z_c^e)_{12}=(Z_c^e)_{23}=Z_c\left[1+\frac{J_{12}}{Y_c}+\left(\frac{J_{12}}{Y_c}\right)^2\right]=52.5(\Omega)$$

$$(Z_c^o)_{12}=(Z_c^o)_{23}=Z_c\left[1-\frac{J_{12}}{Y_c}+\left(\frac{J_{12}}{Y_c}\right)^2\right]=47.7(\Omega)$$

(5)求各耦合单元的尺寸

由上述的奇偶模特性阻抗值，查图 2-34 的耦合微带线奇偶模特性阻抗曲线，可得每一耦合单元微带线的宽度 W 及间距 s 为

$$\frac{W_{01}}{h}=\frac{W_{34}}{h}=0.93 \qquad \frac{s_{01}}{h}=\frac{s_{34}}{h}=0.65$$

$$\frac{W_{12}}{h}=\frac{W_{23}}{h}=1.05 \qquad \frac{s_{12}}{h}=\frac{s_{23}}{h}=2.27$$

计算各段耦合线的长度时，应考虑线上奇偶模的相速不相等，按平均有效介电常数 ε_e 去计算中心波长 λ_g，且由于线端的开路电容缩短效应，必须对线长进行修正。对于 $W/h\approx1$ 的微带线，切去线长 $\Delta l\approx0.3h$。故各耦合段的实际线长为

$$l_{01}=l_{34}=\frac{\lambda_{g01}}{4}-\Delta l$$

$$l_{12}=l_{23}=\frac{\lambda_{g12}}{4}-\Delta l$$

其中，λ_{g01} 和 λ_{g12} 的计算可参见第 2 章中耦合微带线的例 2.4。

图 8-57 所示就是根据以上设计参数用 ADS 软件仿真得到的该滤波器 S_{11}、S_{12} 与频率的关系曲线，能基本达到设计要求。

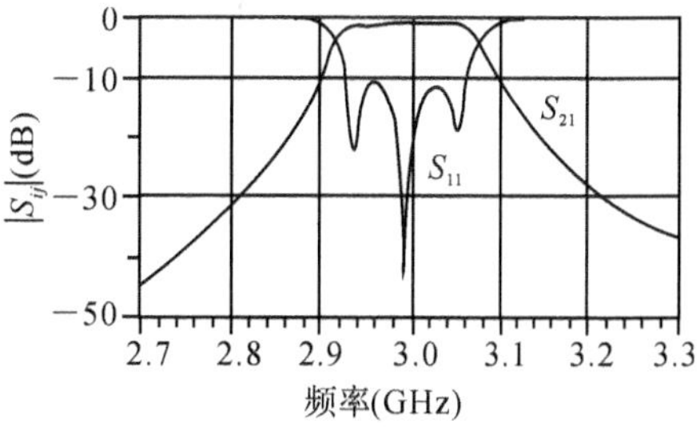

图 8-57　S_{11}、S_{12} 与频率的关系曲线

习 题 8

8.1　简要说明威尔金森功分器跨接在端口②和③的电阻 R 的作用。

8.2　用多个威尔金森功分器，设计 N 路功分器的电路结构（以 $N=8$ 为例）。

8.3　设计一个威尔金森功分器，其功率分配比 $K=P_3/P_2=1/3$，源阻抗为 50Ω。

8.4　参考微带分支 3dB 定向耦合器工作原理及设计方法，设计一个如题 8.4 图所示的矩形波导分支 3dB 定向耦合器，中心工作频率为 10GHz，各端口矩形波导截面 $a=23\text{mm}$，$b=10\text{mm}$。要确定分支矩形波导与两分支波导间矩形波导的截面尺寸与长度。

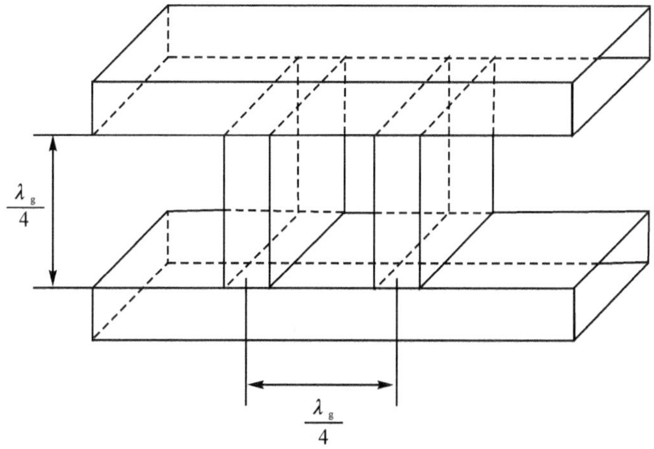

题 8.4 图

8.5　如果在矩形波导 3dB 定向耦合器端口②与③接可移动短路活塞，而在端口④接匹配负载，如题 8.5 图所示，改变两短路活塞位置，端口①的反射系数可以为任意数

值。试对此进行分析证明。

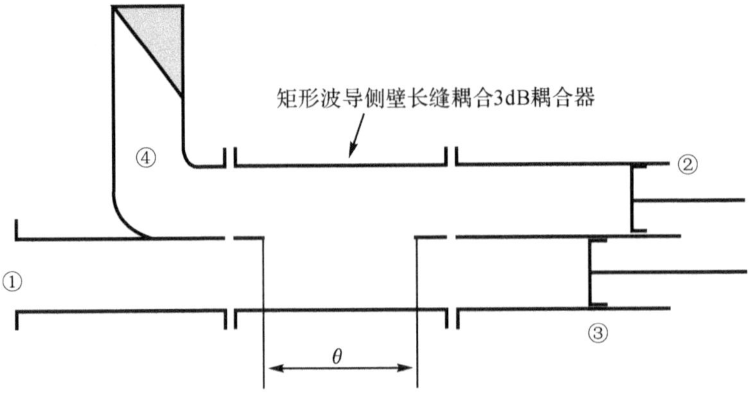

题 8.5 图

8.6　已知 $n=4$、$L_P=3\text{dB}$ 的最大平坦低通滤波器的归一化元件值，求截止频率 $f_c=3\text{GHz}$、信源内阻 $R_s=50\Omega$ 的低通滤波器元件真实值。

8.7　一低通滤波器的截止频率 $f_c=4\text{GHz}$，通带内最大衰减为 0.5dB，阻带边缘频率 $f_s=6\text{GHz}$ 时 $L_s\geqslant 35\text{dB}$，试确定其切比雪夫式低通原型电路。

8.8　设计一个如图 8-44 所示结构的切比雪夫低通滤波器，电容用 MIM 式，电感用高阻微带线形式。采用厚度 h 为 1.27mm、介电系数 $\varepsilon_r=3.82$ 的基片。滤波器的设计指标是：截止频率：$f_c=500\text{MHz}$；通带衰减：等于或小于 0.2dB；阻带衰减：在 1000MHz 频率上至少为 35dB，两端均为 50Ω 的微带线。确定滤波器的结构尺寸。

8.9　如题 8.9 图(a)所示 λ/4 耦合线段，信号从端口①输入，端口③输出，端口②、④与地短路，导出如题 8.9 图(b)所示的频率响应。

(提示：$Z_{in}=\dfrac{2Z_c^e Z_c^o \sin\theta}{\sqrt{(Z_c^e-Z_c^e)^2-(Z_c^e+Z_c^e)^2\cos^2\theta}}$)

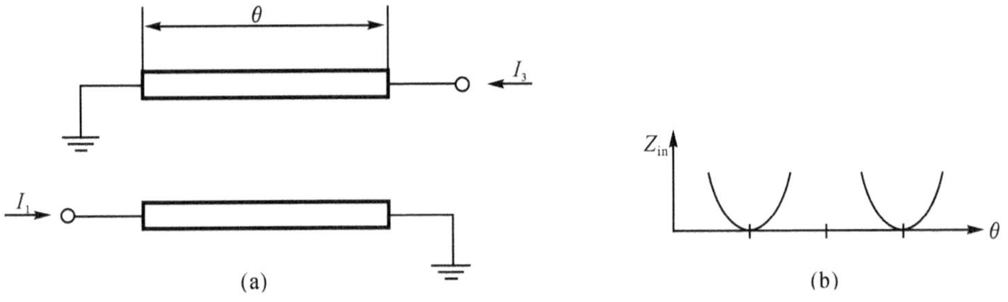

题 8.9 图

8.10　设计一平行耦合线带通滤波器，技术指标如下：中心频率 $f_0=3.5\text{GHz}$，频率在(3±0.07)GHz 内等波纹衰减小于 0.6dB，频率在(3±0.25)GHz 外衰减大于 30dB，输入、输出微带线特征阻抗均为 50Ω，试求各耦合单元的 Z_c^e、Z_c^o。若介质基片的 $\varepsilon_r=9$，厚度 $h=1\text{mm}$，试求每一耦合单元的线宽 w 及间隙 s。

8.11　试说明题 8.11 图所示的波导带阻滤波器的工作原理。它是由主波导上等距相隔 $3\lambda_g/4$ 的多个终端短路的 E-T 分支构成的，各分支波导的长度稍短于半波长，呈现容性。主波导与各分支线间用电感膜片耦合。故每个 E-T 分支等效于一并联谐振电路串接在主传输线上。

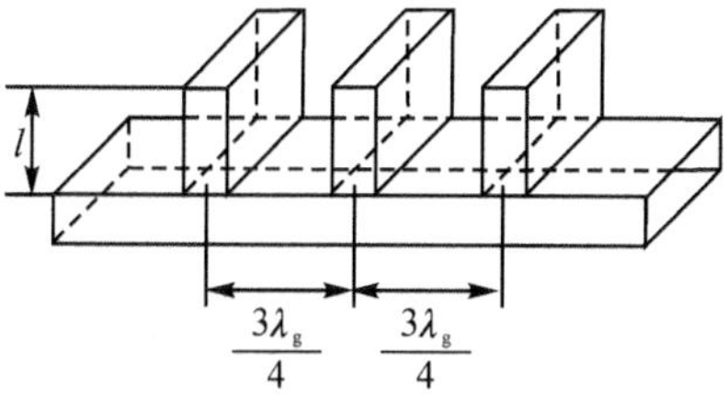

题 8.11 图

8.12　试说明如题 8.12 图所示的微带分支线带阻滤波器工作原理。它是由稍小于 $\lambda_g/2$ 的开路分支微带线通过隙缝电容与主带线相耦合而构成的。

8.13　试说明题 8.13 图所示的微带结构的带通滤波器的工作原理及设计方法。该滤波器由 N 个串联谐振的传输线段与 $N+1$ 个电容性隙缝构成。隙缝可以近似为串联电容，在中心频率 ω_0 处，谐振器长度近似为 $\lambda/2$。

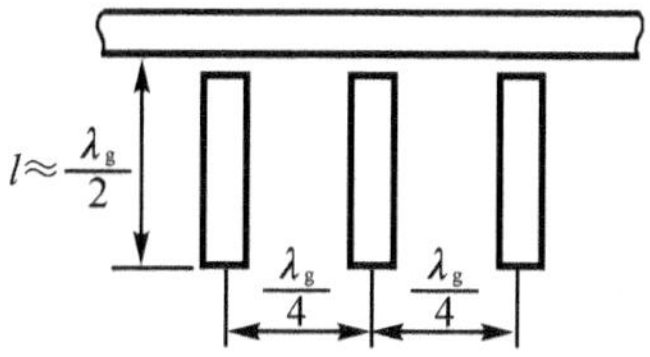

题图 8.12

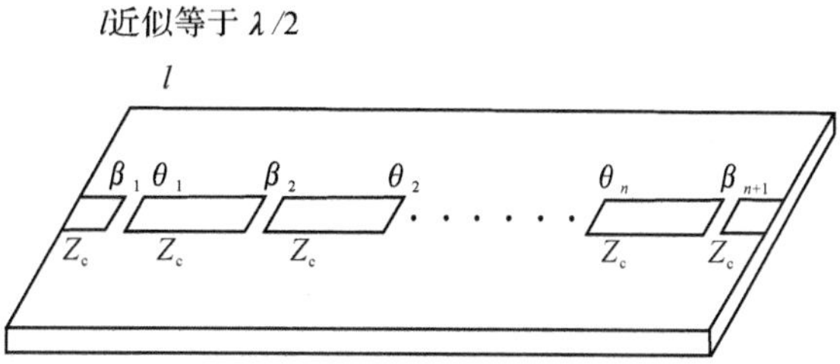

题图 8.13

8.14　试说明题 8.14 图所示的并联电感膜片耦合波导带通滤波器工作原理及设计原则。它是一个用并联电感膜片与相邻两小段波导组合为阻抗侧置器，而用半波长波导段作为串联谐振电路的微波带通滤波器。

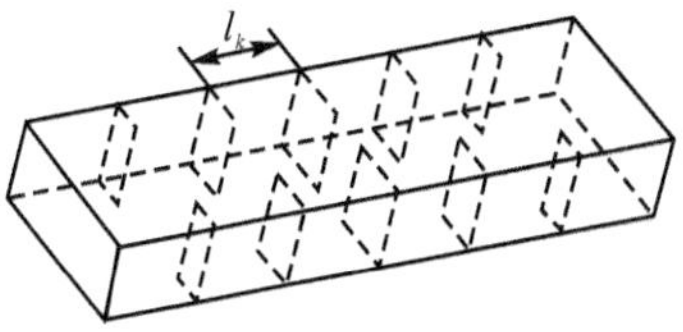

题 8.14 图

8.15　采用题 8.14 中的并联电感膜片耦合波导带通滤波器电路结构，设计一个切比雪夫式带通滤波器，技术指标如下：
中心频率 $f_0=10\text{GHz}$，频率在$(10\pm0.21)\text{GHz}$内等波纹衰减小于 0.6dB，频率在$(10\pm0.75)\text{GHz}$外衰减大于 30dB，采用横截面尺寸 $a=23\text{mm}$，$b=10\text{mm}$ 的矩形波导，决定该耦合器的结构尺寸。

第9章

放大器、振荡器与混频器

本书前面讨论过的微波电路，如第8章讨论的功率分配合成器、耦合器与滤波器，构成电路的器件都不包含半导体器件，统称为无源微波电路。本章讨论的放大器、振荡器、混频器，半导体器件是不可缺少的。微波电路中包含半导体器件的，按我国工业界习惯称为微波有源电路。有必要指出，国外书籍和文献中仅将高频能量增长的电路，如放大器、振荡器叫做有源电路(active circuit)，而混频器、检波器、开关、限幅器等均归入无源电路(passive circuit)。

微波半导体器件在微波电路中的作用，从能量转换角度看，大体可分为两类，在放大器与振荡器中，通过半导体中载流子的媒介，将直流电源的能量转变为高频场能量，而在混频器、检波器中，则将一种频率的交变场能量转变为另一频率的交变场能量。

在各类电子系统中，放大器、振荡器、混频器是基本部件，本章9.1节简述微波晶体管的工作原理、等效电路及其参数表示。9.2、9.3与9.4节分别讨论微波晶体管放大器、振荡器与混频器。

9.1 微波晶体管的工作原理、等效电路及其参数表示

微波电路中采用的晶体管，如按结构与工作原理分，主要有双极晶体管(Bipolar Junction Transistor, BJT)和场效应晶体管(Field Effect Transistor, FET)两类；如按所用材料分，可分为基于硅(Si)材料的，以及基于化合物半导体材料的，如砷化镓(GaAs)、磷化铟(InP)。长期以来，尤其在微波的高频段，微波晶体管主要基于化合物半导体材料。近年来由于基于硅材料的SiGe BiCMOS以及RFCMOS技术的进步，SiGe-HBT最高截止频率已超过350GHz。因此低功率微波、毫米波电路将主要基于硅技术，而基于化合物半导体的晶体管将主要在大功率应用场合发挥作用。

下面简要叙述微波双极晶体管与微波场效应晶体管的工作原理、等效电路及其参数表示。先介绍构成晶体管的基础PN结。

9.1.1 本征半导体、P型半导体、N型半导体与PN结

构成微波晶体管的材料无论是硅还是砷化镓，它们都属于半导体，其电导率σ介于导体和绝缘体之间。半导体中参与导电的荷电粒子(即载流子)有电子和空穴，电子带负电，空穴带正电。因此，半导体中电流由电子电流和空穴电流两部分组成，即

$$J=J_n+J_p \tag{9.1.1}$$

式中：J是电流密度；J_n表示电子电流密度；J_p则表示空穴电流密度，下标n、p分别表示跟电子或空穴有关的量。

电子电流和空穴电流又可分解为漂移电流和扩散电流两部分。漂移电流源于载流子在电场作用下的漂移，扩散电流由于运动电荷密度的梯度分布，载流子从密度高的地方向密度低的地方扩散

$$J_n=q\mu_n nE+qD_n\nabla n \tag{9.1.2}$$

$$J_p=q\mu_p pE-qD_p\nabla p \tag{9.1.3}$$

式中：n和p为电子和空穴的密度；q为电子电荷；μ和D为半导体材料的迁移率和扩散系数，下标n和p分别表示属于电子和空穴的量。上两式适用于线性电荷迁移为主的较低电场区。在该区域内，载流子速度与电场强度大小呈正比关系

$$v=\mu E \tag{9.1.4}$$

迁移率μ的单位是$cm^2/(V\cdot S)$，扩散系数D的单位是cm^2/S，可以利用爱因斯坦关系式由迁移率决定

$$D=\mu\frac{kT}{q} \tag{9.1.5}$$

式中：$k=1.38\times10^{-23}J/{}^\circ K$，是波尔兹曼常数；$T$是绝对温度。

没有杂质的半导体叫本征半导体。本征半导体中电子的浓度n_e和空穴的浓度n_p相等，并用n_i标记本征半导体中载流子的浓度。掺有杂质的半导体，电子浓度n_e和空穴浓度n_p可以相差很大。根据统计物理导出的任意半导体材料电子浓度和空穴浓度的乘积满足下述关系

$$n_i^2=n_e n_p \tag{9.1.6}$$

在硅(Si)和锗(Ge)的本征半导体中掺杂磷(P)、砷(As)、锑(Sb)等五价元素，就构成掺杂半导体。杂质的五价元素的原子每取代晶格中的一个四价元素原子，便给出一个多余的价电子，因而这种杂质称为施主杂质。掺有施主杂质的半导体材料称为N型半导体。设加于本征半导体的施主杂质原子的浓度$N_D\gg n_i$，那么N型半导体中电子浓度n_e将取决于N_D。又设施主杂质的所有原子全部离子化，于是$n_e\approx N_D$，且$n_e\gg n_i$。而根据式(9.1.6)，$n_p=n_i^2/n_e\approx n_i^2/N_D$，因此$n_p\ll n_i$。这就是说N型半导体中电子的浓度比空穴的浓度大得多。故称电子为多子，空穴为少子。

与N型材料对应的是P型材料，在硅本征半导体中掺入硼(B)、铝(Al)、镓(Ga)、铟(In)等三价元素，三价元素的原子取代晶格中的四价元素，就构成P型半导体。这些杂质称为受主杂质。若受主杂质浓度$N_a\gg n_i$，且$n_p\approx N_a$，同样由式(9.1.6)，$n_e=n_i^2/n_p\approx n_i^2/N_a\ll n_i$。这说明P型半导体中空穴浓度远大于电子浓度，并称空穴是多子，电子是少子。

P型半导体和N型半导体接触，其交界处附近就形成PN结。PN结有三大特性，即整流特性、电容特性和击穿特性。

对于孤立的、均匀掺杂的保持电中性的半导体，如果是P型的，正的空穴电荷抵消了固定的受主空间电荷，如果是N型半导体，电子电荷抵消了电离施主的固定电荷，如图9-1(a)所示。但是当P型半导体和N型半导体如图9-1(b)所示的理想接触时，因为P型一边的空穴比N型一边的多，所以连接后的瞬间，空穴开始向N型一边扩散，同样电子也开始从N型向P型扩散，如图9-1(b)所示。虽然电子和空穴分别向结的相反方向运动，但施主和受主离子在空间位置上是固定不变的。因此，载流子从结附近区域的扩散会留下未被抵消的空间电荷[见图9-1(c)]，形成了如图9-1(d)所示的电荷密度分布。这就导致在PN结附近形成空间电荷区或耗尽区。后一个取名的根据是该区域的载流子密度已大大下降或耗尽的事实。空间电荷区、耗尽区也叫势垒区。注意这个扩散过程不会无限继续下去，随着PN结附近势垒区的建立，其内建电场自N区指向P区，它使载流子在内建电场作用的漂移运动刚好同扩散运动方向相反。当漂移电流与扩散电流相抵消时达到平衡。平衡时势垒区有一定宽度，N区电位比P区电位高出V_D，V_D称为接触电势差。eV_D称为势垒高度。图9-1(e)所示为PN结两旁的电位分布。

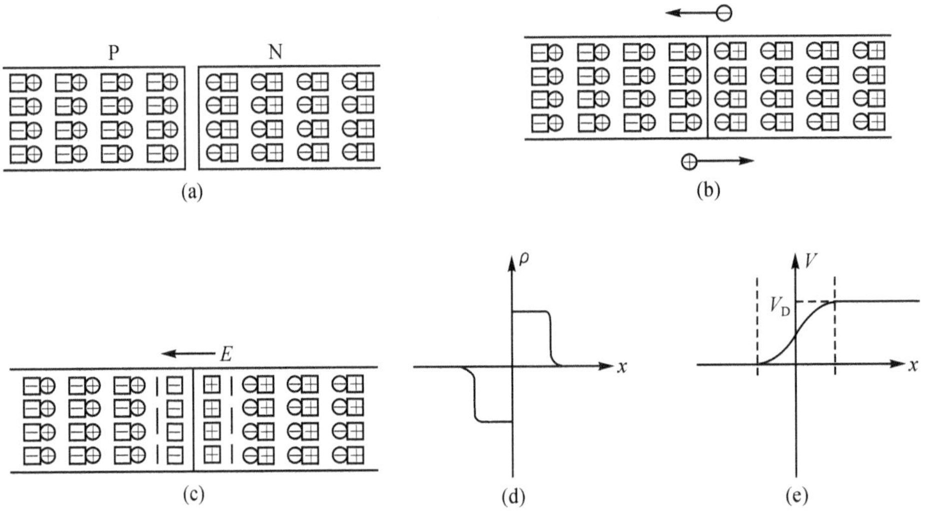

图9-1　PN结形成过程

现在给PN结加一电压，如果P型半导体接电源正极，而N型半导体接电源负极，称为正向偏置，反之称为反向偏置，如图9-2(a)、(b)所示。在正向电压V作用下，PN结势垒降低eV，内建电场漂移作用减弱，N区电子(P区空穴)向P区(N区)扩散，进入P区(N区)的电子(空穴)，在结区外一个扩散长度范围内边扩散边复合，形成指数衰减分布，这是少子的扩散电流。扩散长度是指少子在被漂移之前能够在大量多子内扩散的平均距离。这种在PN结区边界处发生的少子注入效应称为"正向注入"。在反向电压V作用下，势垒增高eV，载流子的漂移作用大于扩散作用，使界面两侧少子浓度低于平衡时的值，引起少子从体内向势垒区边界扩散，称为"反向抽取"。结区高电场使势垒区边界少子浓度为零，因而少子浓度梯度可保持不变且很小，形成反向电流较小，且不随电压变化。因此，PN结的电压—电流特性就如图9-2(c)所示，具有单向导电的整流效应。所以PN结可作整流二极管应用。

PN结电流—电压特性可表示为

$$I=I_0(e^{V/V_{\text{ref}}}-1) \tag{9.1.7}$$

式中：$V_{\text{ref}}=kT/q$，k为波兹曼常数，T为绝对温度，q为电子电荷，I_0为反向饱和电流。

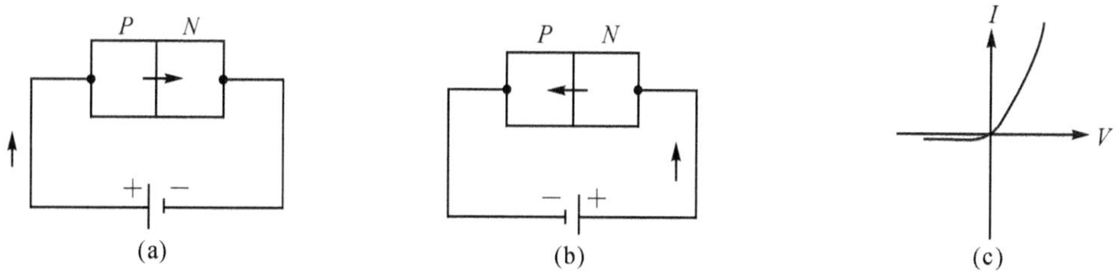

图 9-2 直流偏置的 PN 结以及 PN 结的电流—电压特性

式(9.1.7)表示的 PN 结 I-V 特性是非线性的。假设加在 PN 结上电压为

$$V=V_0+v_1\sin\omega t$$

那么 $V_0=0$ 及 $V_0=V_A$，且 $v_1\ll V_A$ 两种情况下电流波形的图解如图 9-3 所示。图(a)相当于 PN 结作整流二极管使用时的情况，正半周内二极管导通，负半周内只有很小的反向饱和电流，尽管加在 PN 结上电压是正弦变化的，但 PN 结上流过的电流还是脉冲式的。图(b)这种情况，流过 PN 结的电流可分解为直流分量 I_A 与交流分量 i_1 两部分，由于 I-V 特性曲线斜率与 V 有关。尽管信号电压的交流分量 v_1 是正弦变化的，但 i_1 随时间的变化不是标准的正弦波。如果用傅里叶展开，可分解为基波及多个高次谐波的组合。这就是说 i_1-v_1 的关系不是线性的，具有非线性。PN 结二极管作检波、混频器应用时，正是利用了 PN 结电流—电压关系的非线性效应。

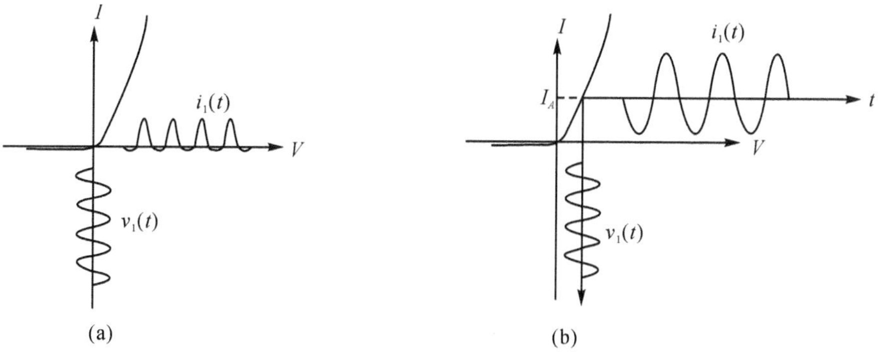

图 9-3 PN 结 i_1-v_1 关系的非线性

PN 结除了整流特性外，还有电容特性，正如前面讨论过的，P 型与 N 型两种半导体材料形成 PN 结时，在接触面两旁产生空间电荷，此空间电荷为不能够移动的电离杂质电荷。外加偏压使势垒区电场变化时，须改变势垒区宽度以改变空间电荷量，这种微分电容效应称势垒电容。利用 PN 结的微分电容效应，PN 结可作变容管应用。

当 PN 结反向偏压加大到某一值 V_B 时，反向电流突然变得很大，这种现象称为 PN 结击穿。击穿不等于器件的烧毁。若采用保护电阻或散热装置，使击穿电流控制在一定范围，则 PN 结击穿可以重新恢复高阻状态；否则，使反向电流无限增长，则将导致 PN 结烧毁。

9.1.2 双极型晶体管

两个 PN 结背靠背连在一起，就构成双极晶体管(BJT)，它可以是 PNP 结构，也可以是 NPN 结构。对于高频应用，优先应用 NPN 结构，这是因为晶体管的工作依赖于少数载流子穿越基极扩散的能力。由于电子通常具有比空穴好得多的迁移特性，所以须用 NPN 结构。

图 9-4所示为 NPN 双极晶体管结构及连接电路。两个 PN 结分别称为发射结和集电结，把晶体管分成三个区域：发射区、基区和集电区，并引出三个电极，称为发射极、基极和集电极，分别用 E、B、C 表示。正常工作的晶体管发射结加正偏压，集电结加负偏压，如图 9-4 所示。

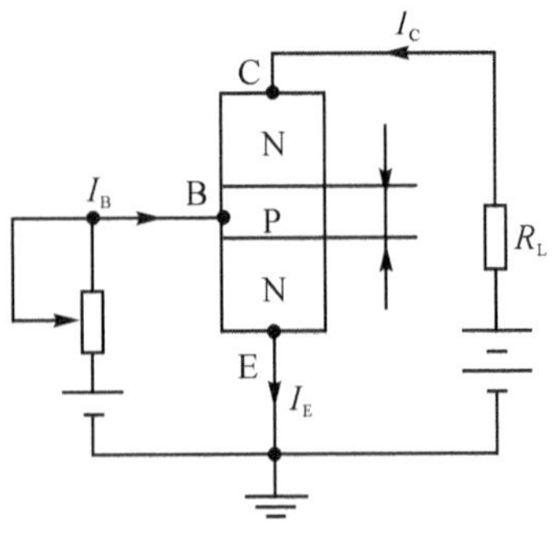

图 9-4　NPN 连接电路

使发射区施主浓度比基区受主浓度高得多，则从发射区注入基区的电子电流 I_{nE} 比从基区注入发射区的空穴电流 I_{pE} 大得多，可认为发射极电流 $I_E \approx I_{nE}$，又使基区厚度比电子扩散长度小得多，则注入基区的电子大部分可扩散到集电结，在集电区反偏压作用下，漂移到达集电极，形成集电极电子电流 I_{nC}。若集电极原来很小的反向饱和电流为 I_{CBO}，则集电极电流为 $I_C = I_{nC} + I_{CBO}$。基区虽薄，仍有少量空穴与电子复合，形成复合电流 I_r，于是基极电流为

$$I_B = I_{pE} + I_r - I_{CBO}$$

根据电流连续性原理，有 $I_E = I_B + I_C$。一般 I_r、I_{pE} 和 I_{CBO} 都很小，则 $|I_B| \ll |I_E|$，满足 $I_E \approx I_C$。

在图 9-4 所示连接电路中，I_B 是输入电流，I_C 是输出电流，直流电流放大系数

$$\beta = \frac{I_C}{I_B} \gg 1 \tag{9.1.8}$$

晶体管的放大作用不仅表现在电流方面，也表现在电压和功率方面。在图 9-4 所示连接电路中，晶体管的输入电阻 r 很低，而输出电阻很高，可以接很大的负载电阻 R_L，其电压放大系数为

$$G_v = \frac{R_L}{r}\beta \tag{9.1.9}$$

而功率放大系数

$$G_p = \frac{R_L}{r}\beta^2 \tag{9.1.10}$$

有一点需要指出，BJT 中集电极电流 I_C 近似等于发射极电流 I_E。由于 I_E 与 V_{BE} 的非线性关系，当正弦变化信号加到发射结时，集电极电流 I_C 中的交流分量并不完全按正弦变化，而包含高次谐波分量。

从能量转换角度看，NPN 双极晶体管中高频场得到放大的过程是，信号电压通过发射极—基极电路在发射结建立的高频场，使从发射区注入基区的电子流密度得到调制。由于基区很薄，可以不考虑电子与空穴的复合，此密度调制电子流几乎全部到达发射结，在发射结反偏电压的作用下，最终打上集电极，在集电极电路中形成电流。注意，电子打上集电极不是集电极电路中电流的开始，而是集电极电流的终结。事实上，当密度调制的电子流向集电极运动的过程中，在集电极电路中就感应起电流。在此感应电流的作用下，通过集电极—发射极电路，在发射结建立起高频场。密度调制的电子流正是通过与此高频场的有效相互作用，将从直流电源得到的能量转交给高频场，使高频场得到放大。这里所谓"有效"相互作用，就是密度调制电子流的稠密电子块要在高频减速场中通过集电极。如果电子流到达集电极的渡越时间 τ 远小于高频场振荡周期 T，即 $\tau \ll T$，那么电子流和高频场的有效相互作用自动会实现。如果 τ 与 T 相比拟，稠密电子块向集电极移动过程中，一部分时间遇到的是高频加速场，电子流将从高频加速场中得到能量，高频场将被衰减。

如图 9-4 所示，NPN 结构只是为分析用的理想结构。实际 NPN 晶体管的结构及制作工艺，如图 9-5(a)所示。首先在 N^+ 型硅衬底上生长一层外延层构成 N 型集电极，在外延层上扩散形成 P 型基区，然后在基区平面上按梳状结构形成 N^+ 型发射区和 P^+ 型基区以制作发射极和基极的欧姆接触，这样就形成 NPN 型平面梳状微波双极晶体管。N^+、P^+ 的上标“+”表示掺杂浓度较高。图(b)是 NPN BJT 的符号表示。

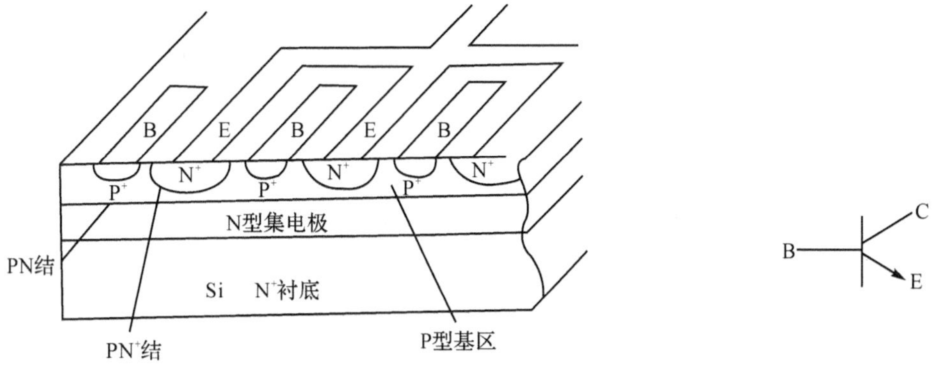

(a)梳状结构剖面图　　　(b)符号

图 9-5　NPN 双极晶体管的结构和符号

由图 9-5(a)所示的 NPN 双极晶体管的结构及前面导出的电流—电压关系，在小信号假定下，其等效电路如图 9-6 所示。对照图 9-5(a)可帮助我们理解等效电路中各元件的意义。R_B 是基极串联电阻，R_E 是正向偏置发射结电阻，R_C 是集电极串联电阻，C_C 是集电结电容，C_{DE}是正向偏置发射结扩散电容，C_{TE}是正向偏置发射结势垒电容。α 是当集电极和基极交流短路时的电流传输系数，可表示为

$$\alpha=\left.\frac{I_C}{I_{EO}}\right|_{V_{CB}=0}\approx\frac{\alpha_0}{1+\mathrm{j}\dfrac{\omega}{\omega_a}} \tag{9.1.11}$$

式中：α_0 是 α 的低频值，ω 为工作频率，ω_a 为 α 的截止频率，α 还有一个附加的相位，此处省去。

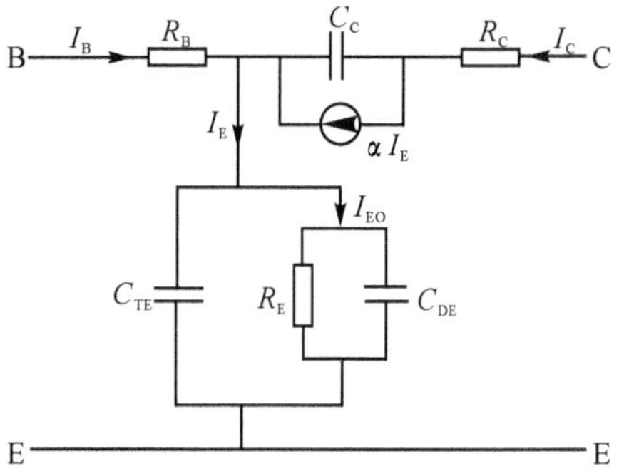

图 9-6　双极晶体管等效电路

由图 9-6 所示的 NPN 晶体管等效电路可见，B-E 端口是信号输入端口，C-E 端口是信号输出端口，发射极 E 为输入、输出端口共用。这种电路接法就将原来要用三端口网络表示三个电极构成的晶体管简化到用二端口网络来表示的晶体管。以后对放大器、振荡器的讨论，晶体管都当作一个二端口网络处理。对晶体管关心的不再是其内部结构与工作原理，而只关心外部特性。晶体管的外部特性可以用多组参数表示。如果端口状态用电压、电流表示，网络参数就用 Z 参数、Y 参数、A 参数表示。如果端口状态用入射波 a、出射波 b 表示，网络参数就用 S 参数表示。S 参数高频下便于测量，本书以后对晶体管的描述多数情况下用 S 参数表示。

9.1.3　场效应晶体管

场效应晶体管利用了半导体表面的场效应现象。所谓场效应，是指在半导体上加上电场时，其表面的载流子将在外加电场作用下漂移，引起载流子密度在电场方向的重新分布，从而使垂直电场方向通过的电流发生变化，这种半导体导电能力跟随与电流方向垂直的电场而改变的现象，就称为场效应。因此，可以用随信号改变的电场控制半导体导电的能力，场效应晶体管就是根据这个基本思想构成的，其工作电流是半导体中多数载流子的漂移电流，所以场效应晶体管属于单极型晶体管。

场效应晶体管一般可分为三类：结型场效应晶体管（JFET）；绝缘栅场效应晶体管（IGFET），其中以 SiO_2 作栅极绝缘物的"金属—氧化物—半导体"场效应晶体管最为重要，称为"MOS 场效应晶体管"（MOSFET），以及肖特基势垒栅场效应晶体管（MESFET）。砷化镓 MESFET 在微波电路得到广泛应用，其结构示意图如图 9-7 所示。由此示意图可以看出 MESFET 的工艺过程大体如下：用半绝缘的 GaAs 材料作衬底，在衬底上生长出非常薄的 N 型外延层，称作有源层沟道。在外延层上做三个电极：源极（source，用 S 表示）、栅极（gate，用 G 表示）、漏极（drain，用 D 表示）。栅极与 N 型外延层之间为金属—半导体结。简称金—半结，也称肖特基结，在栅极下形成耗尽层。源极、漏极与 N 型外延层之间为欧姆接触。

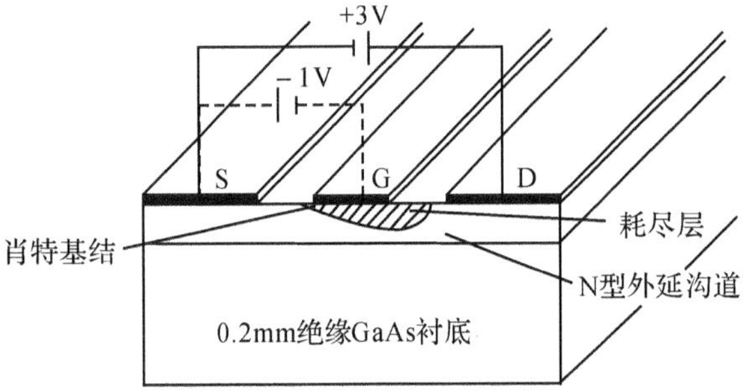

(a)结构示意图

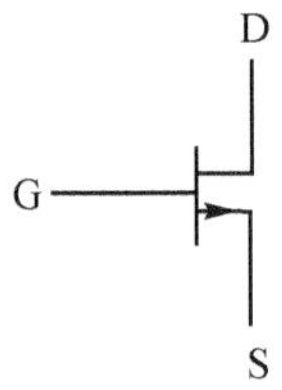

(b)符号

图 9-7　砷化镓 MESFET 结构示意图与符号

对于栅极与 N 型外延层构成的金—半结（或肖特基结）要作一点说明。在室温下，N 型砷化镓中大多数施主杂质原子均匀离化，大量电子从杂质原子中逸出，成为自由电子。当它与作为栅极的金属接触时，大量电子从 N 型砷化镓侧进入金属，因而在 N 型砷化镓一侧留下不可移动的正离子，即带正电的"空间电荷"，形成了"空间电荷层"，也即"耗尽层"。这些空间电荷与进入金属的电子之间产生自建电场，造成势垒，阻止电子向金属一侧的进一步扩散。上述势垒称为肖特基势垒，如图 9-8 所示。当金—半结加正压，即金属一侧接电源正极，N 型砷化镓一侧接负极，金—半结中势垒降低，耗尽层变薄；反之耗尽层变厚。

再看图 9-7 场效应晶体管三个电极与电源的连接。栅—源之间的电压 V_{GS} 为负值，即栅极电压为负，则耗尽层变宽使沟道变窄，阻止电子流通过有源层沟道，从而控制漏极电流 I_{DS} 的变化。当 V_{GS} 足够负时，沟道被耗尽层夹断，此时的 V_{GS} 称为夹断电压，记作 V_P。当 V_{DS} 固定为某一常数时，I_{DS} 与 V_{GS} 关系如图 9-9(a)所示。而 V_{GS} 固定为某一常数时，I_{DS} 与 V_{DS} 关系如图 9-9(b)所示。

如果 MESFET 工作在小信号状态，耗尽层仅受到 V_{GS} 的控制，用较小的栅极交流信号电

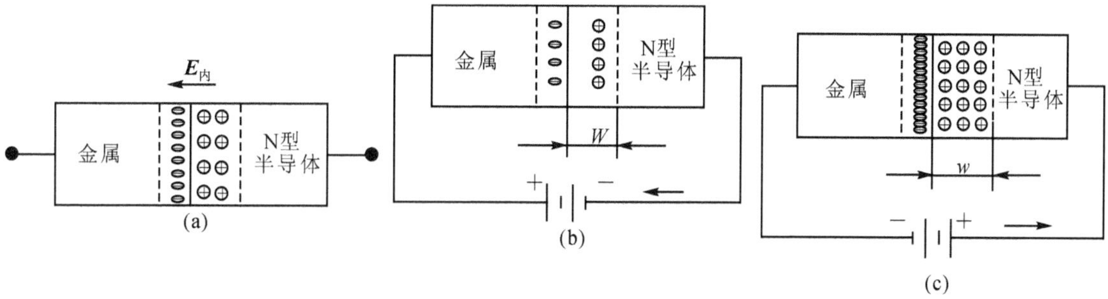

图 9-8　金—半结中的耗尽层

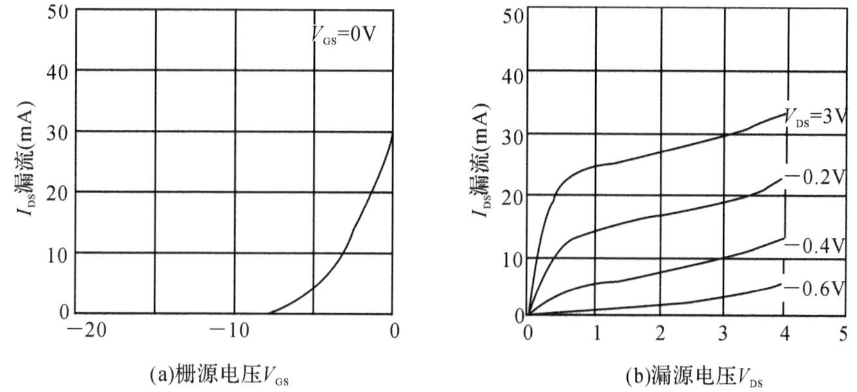

图 9-9　MESFET I_{DS}-V_{GS}、I_{DS}-V_{DS}特性曲线

压就可控制较大的漏极电流，这就是功率放大的机理。由于 I_{DS}与 V_{GS}的非线性关系，尽管输入信号是正弦变化的，但漏极电流的交流分量并非完全按正弦规律变化，如果用傅里叶展开，还包括其他谐波分量。

MESFET 的等效电路如图 9-10 所示。这个等效电路直接与器件的物理参数相关，将图 9-10(a)和(b)对照，不难看出集总参数等效电路各元件的物理意义和位置。C_{GS}是栅源结电容，C_{DG}是栅漏部分耗尽层结电容，$C_{GS}+C_{DG}$是栅极与沟道间耗尽层总电容，C_{DC}是沟道中偶极层的电容，简化的等效电路中常被省略。R_{DS}是沟道电阻。C_{DS}是源漏间的衬底电容。R_S、R_G和 R_D 分别是源极、栅极和漏极的分布参数电阻，包括体电阻和引出端的欧姆接触电阻。g_mV_{GS}是受控电流源。显然漏极电流受 V_{GS}控制，g_m 是小信号跨导，与工作频率有关。g_m 的一般表达式为

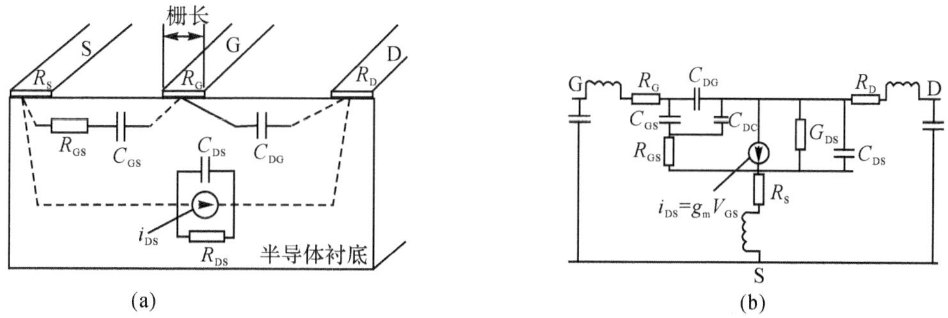

图 9-10　MESFET 等效电路

$$g_m = \frac{g_{m0}}{1+j\dfrac{\omega}{\omega_y}} e^{-j\omega\tau_0} \tag{9.1.12}$$

式中：g_{m0}为低频跨道，定义为

$$g_{m0} = \left.\frac{dI_{DS}}{dV_{GS}}\right|_{V_{DS}=\text{常数}} \tag{9.1.13}$$

而 τ_0 为载流子在沟道中从源端到漏端的渡越时间；ω_y 为跨道的截止频率，通常为数十到数百 GHz，因此 $\omega/\omega_y \ll 1$。

如图 9-10 所示的 MESFET 等效电路，从外部特性看，MESFET 就可用描述二端口网络的参数表示，最常用的也是 S 参数表示。

从能量交换角度看，MESFET 中能量转换的过程是，加在栅极上的交变信号使得通过源一漏沟道的电流密度受到调制。此密度调制电流向漏极运动过程中，在漏极电路中感应起高频电流，在此电流作用下，漏一源间建立高频场，如果密度调制的电子流在向漏极运动过程中遇到的是高频减速场，电子流从直流电源得到的能量转交给高频场，就使高频场得到放大。如果载流子在沟道中的渡越时间比高频振荡周期小得多，密度调制电子流与高频场的有效相互作用就会自动实现。

因此不管是双极晶体管，还是 MESFET，要想提高其工作效率，减小载流子在器件内部的渡越时间是必不可少的。减少渡越时间，一是缩小器件的尺寸，二是提高载流子的漂移速度。一方面微电子工艺技术的进步，使场效应晶体管栅极长度可以不到 0.1μm；另一方面异质结材料的使用，使载流子漂移速度得到提高。这两方面的进步，使晶体管的工作频率不断提升，从微波、毫米波，甚至接近太赫电磁波。

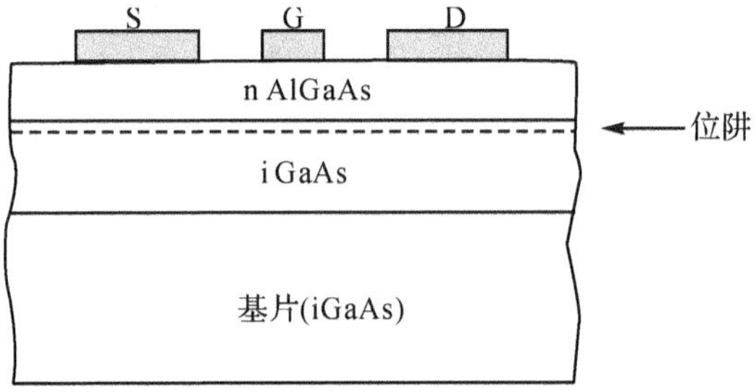

图 9-11 HEMT 原理结构

不同半导体材料构成的结称为异质结。高电子迁移率晶体管（HEMT）就是利用异质结的高迁移率这一特性来突破 GaAs MESFET 的频率上限的。如图 9-11 所示，异质结是在一层未掺杂的 iGaAs 和 N 型 AlGaAs 的分界面上形成的。由于所谓“能带”不匹配，在分界面靠近 GaAs 一侧形成势垒，势垒如此之薄，被低电位吸引的电子在势垒中形成二维电子气，由于电子在未掺杂半导体中很少跟杂质碰撞，较之在掺杂半导体中，它们有很高的迁移率，这就使 HEMT 可以工作到更高的工作频率。（“能带”的概念要用量子力学才能得到完整的解释，本书不再深入讨论）

异质结用于双极晶体管就得到异质结晶体管（HBT）。异质结晶体管比标准的双极晶体管可以工作到更高的频率。HBT 以往主要基于化合物半导体材料，发射结由 N 型 AlGaAs 和 P 型 GaAs 组成异质结，集电结是 P 型 GaAs 和 N 型 GaAs 组成的同质结。这种异质结晶体管记为 AlGaAs/GaAs HBT。近年来由于锗—硅工艺技术的进步，出现了用 SiGe 作 HBT 的基极。这种异质结晶体管记作 SiGe/Si HBT。尽管 SiGe/Si HBT 的噪声系数和截止频率比 AlGaAs/GaAs HBT 略差一些，但是由于 SiGe/Si HBT 具有兼容标准 Si 制造工艺的优点，使得 SiGe/Si HBT 具有诱人的价格前景。可以预计，未来小功率微波、毫米波电路会越来越多地应用 SiGe/Si HBT。

无论是 AlGaAs/GaAs HBT 还是 SiGe/Si HBT，都采用了发射极比基极有更宽禁带的半

导体材料。这样做允许制造高掺杂的基极和低掺杂的发射极的微波晶体管，使 HBT 的电流增益与基极和发射极掺杂无关。因此，与标准的双极晶体管比较，HBT 降低了基极电阻(源于基区材料高的电子迁移率)、输出电导及发射极耗尽电容，从而大大改善了高频性能。而在标准双极晶体管中，基极的重掺杂与提高电流增益有矛盾，只能折中考虑，限制了其高频性能。

9.2　微波晶体管放大器

9.2.1　微波晶体管放大器的分析模型

微波晶体管放大器用来放大微波信号，微波晶体管是其核心器件，可用二端口网络等效，输入端口的高频信号通过该二端口网络，在输出端口得到放大。从能量交换角度看，微波晶体管放大器必须包括以下两个功能模块：

(1)微波晶体管。提供作为能量转换媒介的荷电粒子(载流子)流，正是通过该荷电粒子流与高频场的有效相互作用，使高频场得到放大。

(2)高频场赖以存在的电路。在输入端口，高频信号通过输入端高频电路建立的高频场，使得晶体管中荷电粒子(载流子、电子或空穴)流密度得到调制，而在输出端口，该密度调制的荷电粒子流的稠密荷电粒子块在输出端高频电路建立的高频减速场中通过，从而将荷电粒子流从直流电源得到的能量转换为高频场能量，使高频交变信号得到放大。

因此，微波晶体管放大器可用图 9-12 所示的分析模型表示。图中晶体管用虚线框中的二端口网络表示。晶体管实际上是三端口器件，要用三端口网络表示，但晶体管在放大器、振荡器中使用时，有一个电极端口为输入、输出端共用且接地，这样就可简化为二端口网络表示。网络端口的变量，用电压、电流表示时，v_1、i_1 为输入端口的量，v_2、i_2 为输出端口的量。端口的变量在微波中最常用的是入射波 a 和出射波 b。a_1、b_1 表示端口①的量，a_2、b_2 表示属于端口②的量。当输入、输出端口都匹配时，$a_2=0$。

$$b_2=S_{21}a_1 \tag{9.2.1}$$

其中，$|S_{21}|>1$，表示晶体管有放大功能。

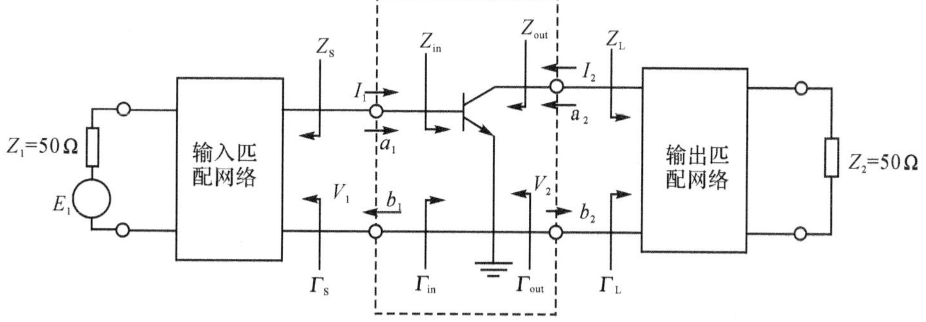

图 9-12　微波晶体管放大器分析模型

内阻抗为 Z_1 的输入信号源与阻抗 Z_2 的负载，一般要通过阻抗变换网络才连接到晶体管的输入与输出端，这主要考虑两方面因素，一是从电路结构考虑，输入信号源与负载直接连接到晶体管的输入端与输出端，电路实现起来可能有困难，更重要的是信号源的内阻抗 Z_1、输出阻抗 Z_2，其值往往不能任意取，例如在微带电路中一般取 50Ω。但晶体管最佳工作状态与晶体管输入、输出端口连接的负载有关，这样就需要一个阻抗变换网络将信号源内阻抗 Z_1 变换为晶体管输入端口的源阻抗 Z_s，将输出阻抗 Z_2 转换为晶体管输出端口负载阻抗 Z_L，使晶体管放大器工作于较佳的状态。这里对晶体管工作于所谓"较佳"状态要作一说明。因为衡量晶体管放大器的性能指标很多，如增益、噪声系数、反映放大器线性工作特点的增益压缩等，而晶体管输入端源阻抗 Z_s 与输出端负载阻抗 Z_L 对这些参数的影响是不一样的，有时甚至是矛盾的。Z_s、Z_L 的选择只能折中考虑。

图 9-12 中 Z_s、Z_L 的意义已如前述，分别表示从晶体管输入端口、输出端口向源与负载方向看去的阻抗。而 Z_{in}、Z_{out} 则表示从输入端口、输出端口向晶体管看进去的输入阻抗。如果用反射系数表示，则 Γ_s、Γ_L 表示晶体管输入、输出端向源与负载看去的反射系数，Γ_{in}、Γ_{out} 则表示从输入、输出端口向晶体管内部看进去的反射系数。

由图 9-12 所示的分析模型可知，微波晶体管放大器的设计主要归结为微波晶体管的选择，输入、输出阻抗变换网络两个问题的解决。那么，选择微波晶体管的根据是什么？输入、输出阻抗变换网络设计的原则是什么？为此我们要研究晶体管参数，输入、输出阻抗变换网络（也就是 Z_s、Z_L 或 Γ_s、Γ_L）对放大器性能的影响。

下面将就放大器的稳定性、增益、噪声与非线性，讨论晶体管 S 参数以及输入、输出阻抗变换网络（也就是 Z_s、Z_L 或 Γ_s、Γ_L）对放大器性能的影响，并由此得出放大器的设计原则。

9.2.2 放大器的稳定性与输入、输出稳定圆

放大器自激振荡是不稳定性的表现，此时没有信号输入，也有振荡功率输出，就不成为放大器了。放大器的稳定性，或者说振荡的抑制是放大器设计中需要考虑的重要因素。如果从源端或负载端向晶体管看去的阻抗 Z_{in} 或 Z_{out} 有负的实部，即晶体管呈负阻特性，就可能产生自激振荡，引起放大器工作的不稳定。根据 Γ_{in}、Γ_{out} 与 Z_{in}、Z_{out} 的关系

$$\Gamma_{in}=\frac{Z_{in}-Z_c}{Z_{in}+Z_c} \tag{9.2.2}$$

$$\Gamma_{out}=\frac{Z_{out}-Z_c}{Z_{out}+Z_c} \tag{9.2.3}$$

式中：Z_c 表示晶体管输入、输出端口连接输入、输出网络传输线的特征阻抗。如果 Z_{in} 或 Z_{out} 有负的实部，那么就有 $|\Gamma_{in}|>1$ 或 $|\Gamma_{out}|>1$。什么情况下会出现 $|\Gamma_{in}|>1$ 或 $|\Gamma_{out}|>1$ 呢？为此将 Γ_{in}、Γ_{out} 表达式(7.5.12)与式(7.5.13)重写如下：

$$\Gamma_{in}=S_{11}+\frac{S_{12}S_{21}\Gamma_L}{1-S_{22}\Gamma_L} \tag{9.2.4}$$

$$\Gamma_{out}=S_{22}+\frac{S_{12}S_{21}\Gamma_s}{1-S_{11}\Gamma_s} \tag{9.2.5}$$

式中：S_{11}、S_{12} 等是晶体管的 S 参数；Γ_s、Γ_L 分别表示从晶体管输入、输出端向源与负载看去的反射系数。由上面两式可知，Γ_{in}、Γ_{out} 只与 Γ_s、Γ_L 以及晶体管的 S 参数有关。因为源内阻 Z_1、输出电阻 Z_2 是正值，经无源匹配网变换后的 Z_s 和 Z_L 必有正的实部，而根据 Γ_s、Γ_L 与 Z_s、Z_L 关系

$$\Gamma_s=\frac{Z_s-Z_c}{Z_s+Z_c} \tag{9.2.6}$$

$$\Gamma_L=\frac{Z_L-Z_c}{Z_L+Z_c} \tag{9.2.7}$$

由式(9.2.6)与式(9.2.7)可见，$|\Gamma_s|$、$|\Gamma_L|$总是小于 1 的。但将$|\Gamma_s|<1$和$|\Gamma_L|<1$代入式(9.2.4)与式(9.2.5)，对于某些 S 参数，$|\Gamma_{in}|>1$和$|\Gamma_{out}|>1$可能会出现。

【例 9.1】 一个工作于 8GHz 的 GaAs FET，其 S 参数如下：

$$S_{11}=0.98\angle 163^\circ$$

$$S_{21}=0.675\angle -161^\circ$$

$$S_{12}=0.39\angle -54^\circ$$

$$S_{22}=0.465\angle 120^\circ$$

计算 $\Gamma_s=1\angle -163^\circ$（或相应的阻抗为 $Z_s=-j7.5\Omega$）时的 Γ_{out}。

解　将以上参数代入式(9.2.4)，得到

$$\Gamma_{out}=12.8\angle -16.6^\circ$$

即$|\Gamma_{out}|>1$，而相应的阻抗 Z_{out}为

$$Z_{out}=-58-j2.6\Omega$$

有负的实部，即呈现负阻。所以，即使$|\Gamma_s|<1$和$|\Gamma_L|<1$，对于某些 S 参数，$|\Gamma_{in}|>1$和$|\Gamma_{out}|>1$是可能的。

当$|\Gamma_{in}|>1$或$|\Gamma_{out}|>1$时，晶体管的输入或输出端呈现负阻，并引起自激振荡，其根本原因在于晶体管内部的反馈。晶体管的 S_{12} 就表示内部反馈量，它是电压波的反向传输系数。S_{12}越大，内部反馈越强。反馈量达到一定程度时，将会使放大器的稳定性变坏，甚至产生自激振荡。S_{21}代表电压波的正向传输系数，也就是放大倍数。S_{21}越大，则放大以后的功率越强。在同样反馈系数 S_{12}的情况下，S_{21}越大，当然反馈的功率也越强。因此，S_{21}也影响放大器的稳定性。

根据前面的讨论，可以得出放大器稳定工作而不产生振荡的条件是

$$|\Gamma_s|<1 \tag{9.2.8}$$

$$|\Gamma_L|<1 \tag{9.2.9}$$

$$|\Gamma_{in}|=\left|S_{11}+\frac{S_{12}S_{21}\Gamma_L}{1-S_{22}\Gamma_L}\right|<1 \tag{9.2.10}$$

$$|\Gamma_{out}|=\left|S_{22}+\frac{S_{12}S_{21}\Gamma_s}{1-S_{11}\Gamma_s}\right|<1 \tag{9.2.11}$$

式(9.2.8)和式(9.2.9)表明源端和负载端是无源的，而式(9.2.10)和式(9.2.11)则表明从源和负载端向晶体管看进去的 Z_{in} 和 Z_{out} 的实部应是非负的。稳定和不稳定的分界线是$|\Gamma_{in}|=1$和$|\Gamma_{out}|=1$，令式(9.2.10)和式(9.2.11)的幅值等于 1，并从中解出 Γ_s 和 Γ_L 的值。可以看出 Γ_s 和 Γ_L 的解均在圆上(称之为稳定圆)，圆方程由下面的公式给出(其推导从略)。

$$\left|\Gamma_L-\frac{(S_{22}\Delta S_{11}^*)^*}{|S_{22}|^2-|\Delta|^2}\right|=\left|\frac{S_{12}S_{21}}{|S_{22}|^2-|\Delta|^2}\right| \tag{9.2.12}$$

和

$$\left|\Gamma_s-\frac{(S_{11}-\Delta S_{22}^*)^*}{|S_{11}|^2-|\Delta|^2}\right|=\left|\frac{S_{12}S_{21}}{|S_{11}|^2-|\Delta|^2}\right| \tag{9.2.13}$$

式中：$\Delta=S_{11}S_{22}-S_{12}S_{21}$。　(9.2.14)

使$|\Gamma_{in}|=1$的 Γ_L 值(输出稳定圆)的半径和圆心分别为

$$r_L = \left| \frac{S_{12}S_{21}}{|S_{22}|^2 - |\Delta|^2} \right| \text{(半径)} \tag{9.2.15}$$

$$C_L = \frac{(S_{22} - \Delta S_{11}^*)^*}{|S_{22}|^2 - |\Delta|^2} \text{(圆心)} \tag{9.2.16}$$

使 $|\Gamma_{out}|=1$ 的 Γ_s(输入稳定圆)的半径和圆心分别为

$$r_s = \left| \frac{S_{12}S_{21}}{|S_{11}|^2 - |\Delta|^2} \right| \text{(半径)} \tag{9.2.17}$$

$$C_s = \frac{(S_{11} - \Delta S_{22}^*)^*}{|S_{11}|^2 - |\Delta|^2} \text{(圆心)} \tag{9.2.18}$$

将以二端口器件表示的晶体管在某一频率的 S 参数代入式(9.2.15)至式(9.2.18)就可以算出稳定圆的半径和圆心，并在圆图上画出该圆。如果在 Γ_s、Γ_L 平面上稳定圆与圆图($|\Gamma|=1$)不相交，则不管什么源阻抗与负载阻抗，放大器都是稳定的，称为绝对稳定(见图 9-13)，其表示式为

$$||C_L| - r_L| > 1 \quad 对于 |S_{11}| < 1 \tag{9.2.19}$$

以及

$$||C_s| - r_s| > 1 \quad 对于 |S_{22}| < 1 \tag{9.2.20}$$

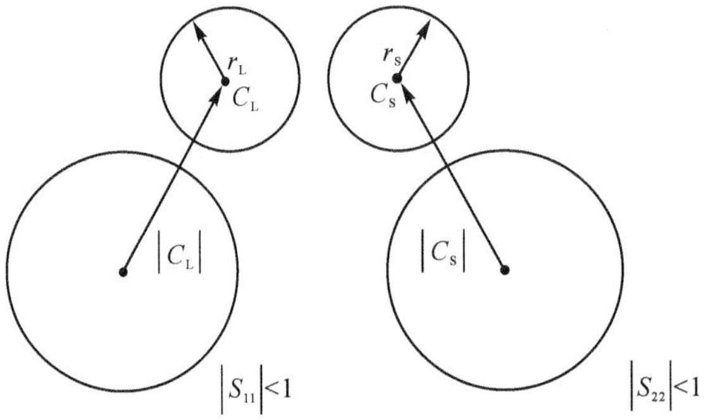

(a) Γ_L平面　　(b) Γ_s平面

图 9-13　绝对稳定条件

如果在 Γ_L 平面，输出稳定圆与圆图相交，当 $|S_{11}|<1$ 时，圆图中位于输出稳定圆外面的部分是稳定的[见图 9-14(a)]。因为如果取稳定圆中一点，比如 $Z_L=Z_c$，则 $\Gamma_L=0$，而 $|S_{11}|<1$，代入式(9.2.10)可得 $|\Gamma_{in}|<1$。同样的分析可以得出，当 $|S_{11}|>1$ 时，则位于圆图中在输出稳定圆内部的部分是稳定的[见图 9-14(b)]。

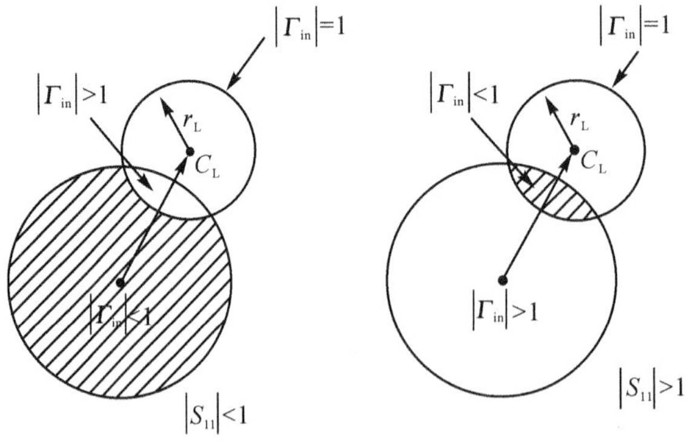

(a)　　(b)

图 9-14　圆图上说明 Γ_L 平面的稳定区域

如果 Γ_s 平面上输入稳定圆与圆图相交，类似前面分析，当 $|S_{22}|<1$ 时，圆图中位于输入稳定圆外面的区域是稳定的[见图 9-15(a)]，而当 $|S_{22}|>1$ 时圆图中位于输入稳定圆内部的区域是稳定的[见图 9-15(b)]。

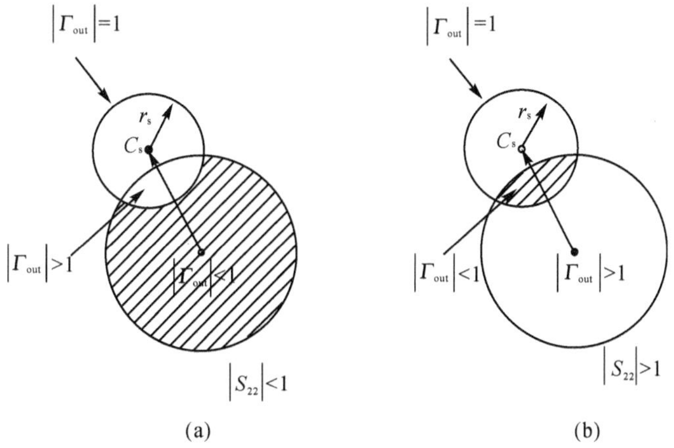

图 9-15　圆图上说明 Γ_s 平面的稳定区域

对式(9.2.8)到式(9.2.11)直接做一些冗长的处理，就能得到绝对稳定必要而充分的条件：

$$K>1 \tag{9.2.21}$$

$$|\Delta|<1 \tag{9.2.22}$$

其中

$$K=\frac{1-|S_{11}|^2-|S_{22}|^2+|\Delta|^2}{2|S_{12}S_{21}|} \tag{9.2.23}$$

以及

$$\Delta=S_{11}S_{22}-S_{12}S_{21}$$

器件厂商所生产的大部分微波晶体管要么绝对稳定，要么以 $K<1$ 和 $|\Delta|<1$ 而潜在不稳。潜在不稳定晶体管的 K 值通常是 $0<K<1$ 和 $|\Delta|<1$。这些潜在不稳定晶体管，其输入和输出稳定圆与圆图的边界有交点。

【例 9.2】 设某 BJT 晶体管 $f=4\text{GHz}$ 的 S 参数为

$$S_{11}=0.552\angle 169°, S_{12}=0.049\angle 23°, S_{21}=1.681\angle 26°, S_{22}=0.839\angle -67°$$

试确定该晶体管的稳定性。

解　将上述 S 参数代入式(9.2.21)与式(9.2.22)得到

$$K=1.102>1$$

$$\Delta=0.419\angle 111.04° \text{或} |\Delta|<1$$

所以该晶体管工作频率为 4GHz 时是绝对稳定的。

【例 9.3】 某 GaAs FET 晶体管的 S 参数同例 9.1，即工作于 8GHz 时的 S 参数为

$$S_{11}=0.98\angle 163°$$

$$S_{21}=0.675\angle -161°$$

$$S_{12}=0.39\angle -54°$$

$$S_{22}=0.465\angle 120°$$

试判断该晶体管的稳定性。如果不稳定，在圆图上标明稳定与不稳定工作的区域。

解　将上述 S 参数代入式(9.2.21)与式(9.2.22)得到

$$K=0.52<1$$

$$\Delta=0.6713\angle-61.7^\circ$$

即 $K<1$ 和 $|\Delta|<1$，故晶体管为潜在不稳。其输入稳定圆的圆心和半径为

$$C_s=\frac{[0.98\angle163^\circ-(0.6713\angle-61.7^\circ)(0.465\angle120^\circ)^*]^*}{(0.98)^2-(0.6713)^2}=1.35\angle-156^\circ$$

$$r_s=\left|\frac{0.025\angle31^\circ(11.84\angle102^\circ)}{(0.761)^2-(0.221)^2}\right|=0.52$$

同理可得输出稳定圆的圆心和半径为

$$C_L=1.035\angle14.34^\circ$$

$$r_L=1.12$$

输入和输出稳定圆如图 9-16 所示。

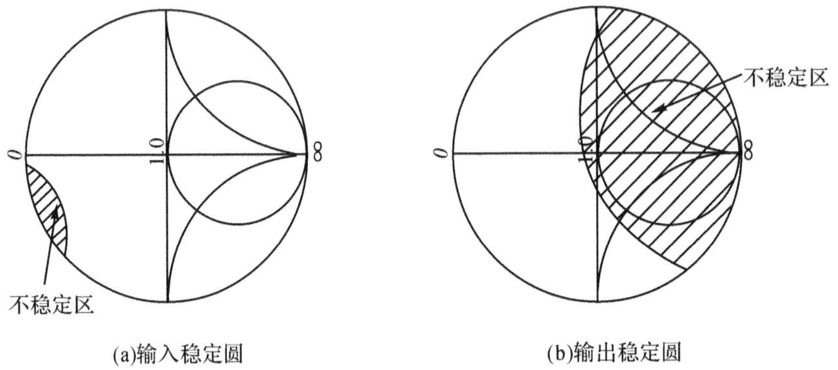

图 9-16　例 9.3 输入和输出稳定圆

从图 9-16 所示的输入不稳定圆可知，例 9.1 选的负载 $\Gamma_s=1\angle-163^\circ$（或相应的阻抗为 $Z_s=-j7.5\Omega$），正好在它的不稳定区，因而由此得到 $|\Gamma_{out}|>1$，$\mathrm{Re}(Z_{out})<0$ 是有根据的。

根据前面关于放大器稳定性的分析，如果晶体管的 S 参数满足绝对稳定条件式(9.2.21)和式(9.2.22)，即晶体管是绝对稳定的。从稳定性考虑，源端 Γ_s、负载端 Γ_L（或源端 Z_s、负载端 Z_L）的选择不受任何限制。如果晶体管 S 参数不满足绝对稳定条件式(9.2.21)和式(9.2.22)，即晶体管潜在不稳定，那么 Γ_s、Γ_L（或 Z_s、Z_L）应选择在使得 $|\Gamma_{in}|<1$ 或 $|\Gamma_{out}|<1$ 的稳定工作区，最好离开不稳定工作区远一点。

9.2.3　放大器的增益与等增益圆

增益是放大器最基本的性能指标，根据 7.5 节分析的结果，增益不仅跟晶体管性能有关，也跟向源端看进去的阻抗 Z_s 以及向负载端看进去的负载阻抗 Z_L 有关。下面根据图 9-12 所示放大器分析模型讨论放大器的增益与 Z_s、Z_L（或 Γ_s、Γ_L）的关系。

1. 功率增益方程

7.5 节基于放大器的信号流图，并用梅森(Mason)定理得到放大器的传输功率增益 G_T，工作功率增益 G_p 和可用功率增益 G_A 与晶体管的 S 参数以及 Γ_s、Γ_L（或 Z_s、Z_L）的关系，见式(7.5.18)、式(7.5.22)与式(7.5.26)，并重写如下：

$$G_T=\frac{\text{输送到负载的功率}}{\text{来自信号源的可用功率}}=\frac{P_L}{P_{AVS}}$$

$$=\frac{1-|\Gamma_s|^2}{|1-\Gamma_{in}\Gamma_s|^2}|S_{21}|^2\frac{1-|\Gamma_L|^2}{|1-S_{22}\Gamma_L|^2} \tag{9.2.24}$$

或

$$G_T=\frac{1-|\Gamma_s|^2}{|1-\Gamma_{11}\Gamma_s|^2}|S_{21}|^2\frac{1-|\Gamma_L|^2}{|1-\Gamma_{out}\Gamma_L|^2} \tag{9.2.25}$$

$$G_p=\frac{\text{输运到负载的功率}}{\text{网络输入功率}}=\frac{P_L}{P_{in}}$$

$$=\frac{1}{1-|\Gamma_{in}|^2}|S_{21}|^2\frac{1-|\Gamma_L|^2}{|1-S_{22}\Gamma_L|^2} \tag{9.2.26}$$

$$G_A=\frac{\text{来自网络的可用功率}}{\text{来自信号源的可用功率}}=\frac{P_{AVN}}{P_{AVS}}$$

$$=\frac{1-|\Gamma_s|^2}{|1-S_{11}\Gamma_s|^2}|S_{21}|^2\frac{1}{1-|\Gamma_{out}|^2} \tag{9.2.27}$$

Γ_{in}与Γ_L、Γ_{out}与Γ_s的关系，以及Γ_s、Γ_L与Z_s、Z_L的关系由式(9.2.4)至式(9.2.7)表示。式中：P_L是负载吸收功率；P_{in}是输入到网络(即晶体管)的功率；P_{AVS}是当输入端共轭匹配时来自信号源的输入功率；P_{AVN}是当输出端共轭匹配时输送到负载的功率。

由式(9.2.25)至式(9.2.27)表示的放大器的传输功率增益G_T、工作功率增益G_p和可用功率增益G_A可得出，$G_T=f(\Gamma_s,\Gamma_L,\boldsymbol{S})$，$G_p=f(\Gamma_L,\boldsymbol{S})$，$G_A=f(\Gamma_s,\boldsymbol{S})$，即$G_T$是$\Gamma_s$、$\Gamma_L$、$\boldsymbol{S}$三者的函数。而$G_p$只是$(\Gamma_L,\boldsymbol{S})$的函数，与$\Gamma_s$无关；$G_A$只是$(\Gamma_s,\boldsymbol{S})$的函数，与$\Gamma_L$无关。当晶体管的$S$参数给定，增益只与$\Gamma_s$、$\Gamma_L$有关。

【例 9.4】 如图 9-12 所示的输入、输出电路，其中$\Gamma_s=0.5\angle 120°$，$\Gamma_L=0.4\angle 90°$，晶体管的S参数为

$$S_{11}=0.6\angle -160°,S_{12}=0.045\angle 16°,S_{21}=2.5\angle 30°,S_{22}=0.5\angle -90°$$

求G_T、G_p和G_A。

解 从上述数据代入式(9.2.4)、式(9.2.5)，得到

$$\Gamma_{in}=0.627\angle -164°$$

$$\Gamma_{out}=0.47\angle -97.63°$$

再利用式(9.2.25)至式(9.2.27)马上得到

$G_T=9.43$(或者 9.75dB)

$G_p=13.51$(或者 11.31dB)

$G_A=9.55$(或者 9.8dB)

下面我们在晶体管S参数给定前提下，从(9.2.25)至式(9.2.27)出发，分析放大器增益与Γ_s、Γ_L(或Z_s、Z_L)的关系。

2. 等增益曲线及其圆图表示

根据式(9.2.25)至式(9.2.27)给出的放大器增益的表达式，在给定晶体管S参数的前提下，传输功率增益G_T、工作功率增益G_p和可用功率增益G_A只与Γ_s、Γ_L(或Z_s、Z_L)有关。增益与Γ_s、Γ_L的关系直观地表达出来的最好方法是将等增益曲线在圆图上标出来。等增益曲线相当于地图上等高线。下面将证明，在小信号情况下，圆图上等增益曲线为一族圆，叫做等增益圆族。等增益圆是我们设计微波放大器确定Γ_s、Γ_L(或Z_s、Z_L)的重要依据之一。因为增益有传输功率增益G_T、工作功率增益G_p和可用功率增益G_A之分；等增益圆也就有等传输功率增益圆、等工作功率增益圆、等可用功率增益圆之分。每一种等功率增益圆又可分为以下四种

情况：

$$\text{单向情况}(S_{12}=0)\begin{cases}\text{绝对稳定}\\\text{潜在不稳定}\end{cases}$$

$$\text{双向情况}(S_{12}\neq 0)\begin{cases}\text{绝对稳定}\\\text{潜在不稳定}\end{cases}$$

因此等功率增益圆总共可分为 12 种情况。这里，单向情况($S_{12}=0$)，表示不存在从输出到输入的反馈，二端口网络是单向的。而双向情况($S_{12}\neq 0$)，表示存在从输出到输入的反馈。

等增益圆的分析方法是，令 G_T、G_p、G_A 等于某一常数，得到 Γ_s、Γ_L 在圆图上的变化轨迹，这就是等 G_T、G_p、G_A 增益圆族。为节省篇幅，本节挑选了少数几种情况进行讨论，给出等增益圆在圆图上圆心的位置和半径。

(1)单向且绝对稳定情况下的等传输功率增益圆

所谓单向，是指晶体管的 $S_{12}=0$，由式(9.2.4)与式(9.2.5)可得 $\Gamma_{in}=S_{11}$，$\Gamma_{out}=S_{22}$。这就是说，只要 $|S_{11}|<1$，$|S_{22}|<1$，必然有 $|\Gamma_{in}|<1$，$|\Gamma_{out}|<1$。因此对于单向晶体管，$|S_{11}|<1$，$|S_{22}|<1$ 就是绝对稳定的条件。

由式(9.2.25)得到单向晶体管的功率增益为

$$G_T=\frac{1-|\Gamma_s|^2}{|1-S_{11}\Gamma_s|^2}|S_{21}|^2\frac{1-|\Gamma_L|^2}{|1-S_{22}\Gamma_L|^2} \tag{9.2.28}$$

式(9.2.28)中的第一项取决于晶体管的 S_{11} 和源反射系数 Γ_s；第二项 $|S_{21}|^2$ 取决于晶体管的散射参数 S_{21}；第三项取决于 S_{22} 参数和负载反射系数 Γ_L。可以将式(9.2.28)看成是 3 个完全独立的增益来考虑。因此，可把式(9.2.28)写成

$$G_T=G_sG_0G_L \tag{9.2.29}$$

式中：

$$G_s=\frac{1-|\Gamma_s|^2}{|1-S_{11}\Gamma_s|^2} \tag{9.2.30}$$

$$G_0=|S_{21}|^2 \tag{9.2.31}$$

$$G_L=\frac{1-|\Gamma_L|^2}{|1-S_{22}\Gamma_L|^2} \tag{9.2.32}$$

这样，放大器的增益就由 3 个不同的增益(或损耗)模块来表示。输入匹配网络决定了 Γ_s，并且根据式(9.2.30)得到 G_s，晶体管的增益是 $G_0=|S_{21}|^2$，而输出匹配网络决定了 Γ_L，并根据式(9.2.32)得到 G_L。其中 G_s 和 G_L 分别代表输入和输出电路的匹配造成的增益或损耗。

先讨论只与输入匹配网络有关的等 G_s 圆。当输入端共轭匹配时，即 $\Gamma_s=S_{11}^*$，由式(9.2.30)可得到最大的 G_s 值，即

$$G_{smax}=\frac{1}{1-|S_{11}|^2} \tag{9.2.33}$$

而当 $|\Gamma_s|=1$ 时，G_s 具有最小值 0。其他的 Γ_s 得到的增益 G_s 在零和 $G_{s\,max}$ 之间。也就是

$$0<G_s<G_{smax}$$

定义归一化增益因子

$$g_s=\frac{G_s}{G_{smax}}=G_s(1-|S_{11}|^2)=\frac{1-|\Gamma_s|^2}{|1-S_{11}\Gamma_s|^2}(1-|S_{11}|^2) \tag{9.2.34}$$

那么 $0<g_s<1$

经过简单推导可得出，使 g_s(或 G_s)恒定的 Γ_s，在圆图上是一个圆，称为等 G_s 圆，其方程为

$$|\Gamma_s-C_{gs}|=r_{gs} \tag{9.2.35}$$

该圆的圆心 C_{gs} 和半径 r_{gs} 为

$$C_{gs}=\frac{g_s S_{11}^*}{1-|S_{11}|^2(1-g_s)} \tag{9.2.36}$$

$$r_{gs}=\frac{\sqrt{1-g_s}(1-|S_{11}|^2)}{1-|S_{11}|^2(1-g_s)} \tag{9.2.37}$$

每一个恒等 g_s 产生一个新的等 G_s 圆。式(9.2.36)和式(9.2.37)可以用来产生等 G_s 圆。显然，当 $g_s=1$ 时，式(9.2.37)给出 $r_{gs}=0$，而式(9.2.36)给出 $C_{gs}=S_{11}^*$。因此，对于最大增益的等 G_s 圆则由一个点来表示，位于 S_{11}^*。

对于只与输出匹配网络有关的等 G_L 圆，经过类似分析得到

$$G_{Lmax}=\frac{1}{1-|S_{22}|^2}$$

当 $|\Gamma_L|=1$ 时，G_L 具有最小值 0。其他的 Γ_L 得到的增益 G_L 在零和 $G_{L\max}$ 之间。

$$0<G_L<G_{Lmax}$$

归一化增益因子定义为

$$g_L=\frac{G_L}{G_{Lmax}}=G_L(1-|S_{22}|^2)=\frac{1-|\Gamma_L|^2}{|1-S_{22}\Gamma_L|^2}(1-|S_{22}|^2) \tag{9.2.38}$$

同样　$0<g_L<1$

使 g_L 恒等于某一值的 Γ_L，满足的圆方程为

$$|\Gamma_L-C_{gL}|=r_{gL} \tag{9.2.39}$$

该圆的圆心 C_{gL} 和半径 r_{gL} 为

$$C_{gL}=\frac{g_L S_{22}^*}{1-|S_{22}|^2(1-g_L)} \tag{9.2.40}$$

$$r_{gL}=\frac{\sqrt{1-g_L}(1-|S_{22}|^2)}{1-|S_{22}|^2(1-g_L)} \tag{9.2.41}$$

【例 9.5】 一个 FET 频率为 3GHz 时的 S 参数($Z_c=50\Omega$)为

$$S_{11}=0.8\angle-90^\circ, S_{12}=0, S_{21}=2.8\angle100^\circ, S_{22}=0.66\angle-50^\circ$$

求共轭匹配时的负载 Z_s、Z_L 值，以 dB 计的 G_{smax}、G_{Lmax} 和 G_{Tmax}，画出 G_s 的几个等增益圆。

解　$\Gamma_s=S_{11}^*=0.8\angle90^\circ$，$\Gamma_L=S_{22}^*=0.66\angle50^\circ$，相应 Γ_s 和 Γ_L 的阻抗 Z_s、Z_L 值为

$$Z_s=50(0.2195+j0.9758)\Omega=(10.975+j48.79)\Omega$$

$$Z_L=50(0.9601+j1.7212)\Omega=(48.00+j86.06)\Omega$$

$$G_{smax}=\frac{1}{1-|S_{11}|^2}=2.78 \text{ 或 } 4.44(\text{dB})$$

$$G_{Lmax}=\frac{1}{1-|S_{22}|^2}=1.77\text{，或者 } 2.48(\text{dB})$$

$$G_0=|S_{21}|^2=7.84\text{，或者 } 8.94(\text{dB})$$

故　$G_{Tmax}=4.44+8.94+2.48=15.86(\text{dB})$

确定 $G_{smax}=4.44\text{dB}$ 以后，计算增益为 3,2,1 和 0 的等增益圆的圆心及半径

$$G_s=3\text{dB}, g_s=0.718, C_{gs}=0.701\angle90^\circ, r_{gs}=0.233$$

$$G_s=2\text{dB}, g_s=0.570, C_{gs}=0.629\angle90^\circ, r_{gs}=0.326$$

$$G_s=1\text{dB}, g_s=0.453, C_{gs}=0.558\angle90^\circ, r_{gs}=0.410$$

$$G_s=0\text{dB}, g_s=0.36, C_{gs}=0.488\angle90^\circ, r_{gs}=0.488$$

根据以上数据的等增益圆族绘于图 9-17 中。

对于单向情况下的潜在不稳定情况，$|S_{11}|>1$，$|S_{22}|>1$，也可做类似的分析。

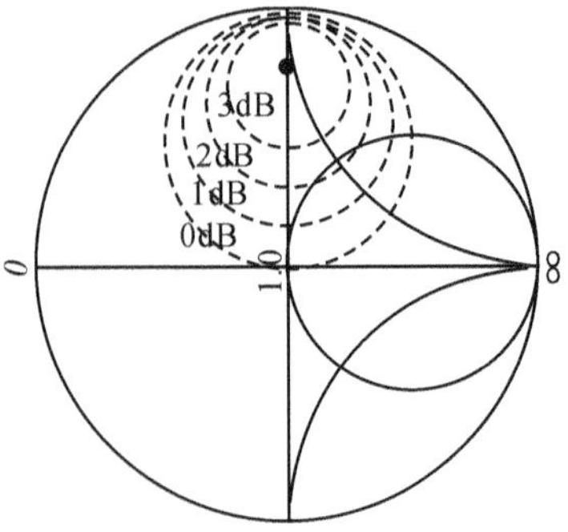

图 9-17 $G_s=3,2,1$ 和 0 的等增益圆

(2)绝对稳定双向情况下等可用功率增益圆

等可用功率增益圆，因为 G_A 与负载阻抗 Z_L 无关，其绝对稳定情况下等增益圆可由式(9.2.27)导出。为此将 Γ_{out} 与 Δ 表达式(9.2.5)与式(9.2.14)代入式(9.2.27)，得到

$$G_A=\frac{|S_{21}|^2(1-|\Gamma_s|^2)}{\left(1-\left|\frac{S_{22}-\Delta\Gamma_s}{1-S_{11}\Gamma_s}\right|^2\right)|1-S_{11}\Gamma_s|^2}=|S_{21}|^2 g_A \tag{9.2.42}$$

其中
$$g_A=\frac{G_A}{|S_{21}|^2}=\frac{1-|\Gamma_s|^2}{1-|S_{22}|^2+|\Gamma_s|^2(|S_{11}|^2-|\Delta|^2)-2\mathrm{Re}(\Gamma_s C_1)} \tag{9.2.42}$$

和
$$C_1=S_{11}-\Delta S_{22}^* \tag{9.2.43}$$

等可用功率增益圆的圆心 C_A 和半径 r_A 如下：

$$C_A=\frac{g_A C_1^*}{1+g_A(|S_{11}|^2-|\Delta|^2)} \tag{9.2.44}$$

$$r_A=\frac{[1-2K|S_{11}S_{21}|g_A+|S_{12}S_{21}|^2 g_A^2]^{\frac{1}{2}}}{1+g_A(|S_{11}|^2-|\Delta|^2)} \tag{9.2.45}$$

在绝对稳定前提下，如果两个端口同时共轭匹配，即 $\Gamma_s=\Gamma_{in}^*$，$\Gamma_L=\Gamma_{out}^*$，可得到最大功率增益为

$$G_{Tmax}=G_{pmax}=G_{Amax}=\frac{|S_{21}|}{|S_{12}|}(K-\sqrt{K^2-1}) \tag{9.2.46}$$

式(9.2.46)的推导从略。K 由式(9.2.23)表示。

【例 9.6】 BJT 晶体管的 S 参数同例 9.2，即在 $f=4\text{GHz}$ 时的 S 参数为：$S_{11}=0.552\angle169°$，$S_{12}=0.049\angle23°$，$S_{21}=1.681\angle26°$，$S_{22}=0.839\angle-67°$；计算该晶体管放大器的等可用功率增益圆。

解 例 9.2 中已得到该晶体管的 $K=1.012$ 和 $\Delta=0.419\angle111.04°$。因此，该管在 4GHz 是绝对稳定的。

因为该晶体管绝对稳定，其最大增益可在二端口同时共轭匹配时得到，可按式(9.2.46)计算。将 S_{12}、S_{21} 与 K 值代入，得到 $G_{Amax}=14.7\text{dB}$。

等可用功率增益圆族的圆心和半径按式(9.2.44)和式(9.2.45)计算。计算结果如下：

等可用功率增益	G_A(dB)	12.7	11.7	9.7	7.7
归一化等可用功率增益	g_A	6.59	5.23	3.3	2.08
等可用功率增益圆心	C_A	$0.755\angle-154°$	$0.662\angle-154°$	$0.491\angle-154°$	$0.651\angle-154°$
等可用功率增益圆半径	r_A	0.24	0.334	0.503	0.348

根据上述数据得到的等可用功率增益圆族绘于图 9-18。由于晶体管是绝对稳定的，所有的可用增益圆族都在圆图的单位圆内。

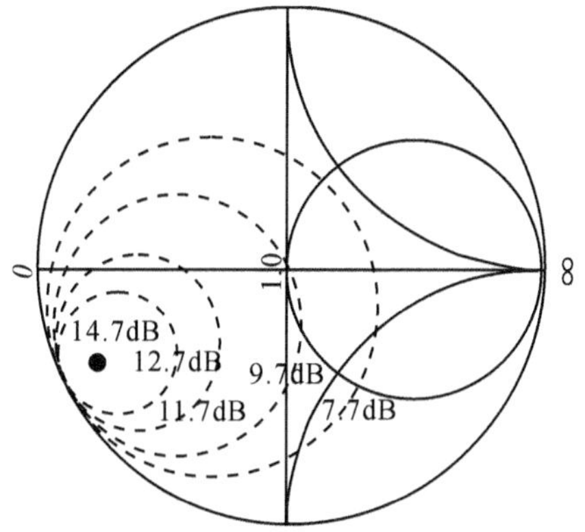

图 9-18　例 9.7 等可用功率增益圆族

9.2.4　放大器的噪声

放大器的噪声表现为，即使放大器的输入端没有信号输入，即 $P_{in}=0$，输出端仍然具有随机特征的噪声功率 P_n 输出，该电平常称为放大器的噪声本底，其典型值在 −60dBm 到 −100dBm(在系统的带宽上)之间。因此，当输入信号功率电平比噪声本底还低时，信号湮没在噪声中，不管放大系数怎么大，也不能将信号区分出来。所以放大器的噪声限制了放大器能放大的最小信号。

1. 噪声来源及其表示

放大器的噪声有来自外部的，例如通过天线接收而来的外部噪声，也有放大器自身产生的噪声，称为内部噪声。内部噪声通常是由器件和材料中的电荷或载流子的随机运动产生的。主要有以下几种：

热噪声(thermal noise)。这是最基本的一种噪声，它是由束缚电荷的热振动造成的。也称为 Johnson 噪声或 Nyquist 噪声。

散粒噪声(shot noise)。这是由电子管或固态器件中载流子的随机涨落引起的。

闪烁噪声(flicker noise)。其发生在固态元件或真空电子管中，其噪声功率与频率 f 成反比，所以常称为 $1/f$ 噪声。

超过 100MHz，热噪声起主要作用，因此噪声对微波电路设计的影响，热噪声最为重要。

考虑热力学温度 T(K)下的一个电阻 R，如图 9-19(a)所示。该电阻中的电子处于随机运动状态，其功率正比于温度 T。这些随机运动的电子在电阻的两端产生小的随机电压涨落，如图 9-19(b)所示。电压变化的平均值为零，但有非零的均方根值 v_n。在室温下直至 1000GHz 的频率，v_n 可近似表示为

$$v_n=\sqrt{4kTBR} \tag{9.2.47}$$

式中：k 为波尔兹曼常数；T 为绝对温度；B 为频带宽度。注意这种噪声不随频率而改变，称为白噪声(white noise source)。噪声功率正比于带宽，实际上它受到微波电路通带的限制。

图 9-19(a)所示的有噪声电阻可用戴维南等效电路来代替，它包含一个无噪电阻 $R_{无噪}$ 和一个由式(9.2.47)给出的噪声电压源，如图 9-20(a)所示。当负载 $Z_L=R_{无噪}$ 时，会从该等效噪声源(或有噪电阻)得到最大的功率转移，所以在带宽 B 内传送到负载的最大功率是

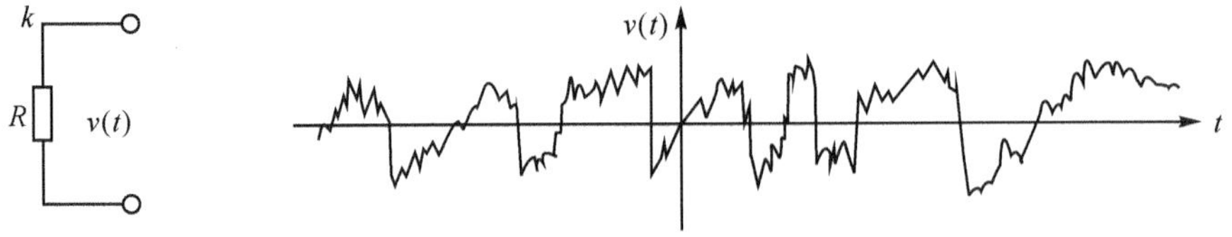

(a)有噪电阻　(b)有噪电阻产生的随机电压

图 9-19　一个有噪电阻上产生的随机电压

$$P_n=\left(\frac{v_n}{2R_{无噪}}\right)^2 R_{无噪}=\frac{v_n^2}{4R_{无噪}}=kTB \tag{9.2.48}$$

这个重要的结果给出了在温度 T 下来自有噪电阻的最大可用噪声功率。有噪电阻也可用一个无噪电导 G 与一个噪声电流源 i_n 并联的电路等效,如图 9-20(b)所示。

(a)　(b)

图 9-20　有噪电阻把最大功率传送到负载电阻的等效电路

考虑图 9-21(a)所示的一端口噪声网络,其中 P_n 为端口处的可用噪声功率。该一端口网络可用一个温度为 T_s 的噪声电阻 R 等效

$$T_s=\frac{P_n}{kB} \tag{9.2.49}$$

其中称 T_s 为噪声温度。图 9-21(b)所示电阻 R 在噪声温度 T_s 下,产生可用噪声功率 $P_n=KT_sB$。

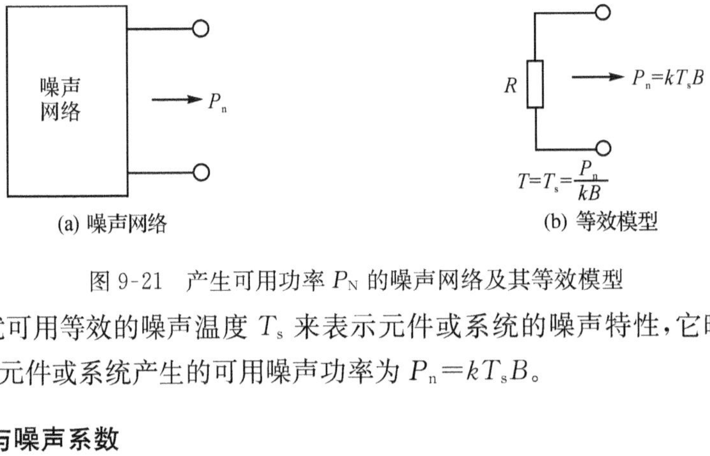

(a) 噪声网络　(b) 等效模型

图 9-21　产生可用功率 P_N 的噪声网络及其等效模型

这样我们就可用等效的噪声温度 T_s 来表示元件或系统的噪声特性,它暗示在元件或系统的带宽 B 内,元件或系统产生的可用噪声功率为 $P_n=kT_sB$。

2. 信噪比与噪声系数

信号中混有噪声,影响了信号的质量。信号质量可用信噪比表示,定义为

$$\frac{S}{N}=\frac{有用的信号功率电平}{无用的噪声功率电平} \tag{9.2.50}$$

信噪比越大,信号质量越好。信号可检测,信号强度比噪声强度要大一些,一般要求信噪比大于 3dB。对于移动电话,S/N 要大于 15dB。如果元件或系统的带宽为 1MHz,在室温下($T=290$K),按式(9.2.48),最大可用噪声功率 $P_n=-114$dBm。如果要求信噪比大于 3dB,则最小可检测信号功率为-111dBm。

放大器的噪声性能可用噪声系数 F 表示。其定义是

$$F=\frac{\text{输入端信噪功率比}}{\text{输出端信噪功率比}}=\frac{P_{si}/P_{ni}}{P_{so}/P_{no}} \tag{9.2.51}$$

式中：P_{si}、P_{ni} 分别为输入端信号功率与噪声功率，P_{so}、P_{no} 为输出端信号功率与噪声功率。如果放大器增益为 G_A，则有

$$P_{so}=G_A P_{si} \tag{9.2.52}$$

输入端口噪声功率 P_{ni} 可用等效噪声温度 T_s 表示，即

$$P_{ni}=kT_s B \tag{9.2.53}$$

输出端口噪声 P_{no} 来自两部分，一个由噪声源 KT_sB 而来，经放大器放大，在输出端为 G_AKT_sB；另一部分来自放大器自身产生的噪声，记为 P_n，同样结合 P_n，可定义一个有效输入噪声温度 T_e，也就是

$$T_e=\frac{P_n}{KBG_A} \tag{9.2.54}$$

因此 P_{no} 可表示为

$$P_{no}=G_A P_{ni}+P_n=KT_sBG_A+KT_eBG_A=KT_s\left(1+\frac{T_e}{T_s}\right)BG_A \tag{9.2.55}$$

将式(9.2.53)、式(9.2.55)和式(9.2.52)代入式(9.2.51)，噪声系数又可表示成

$$F=1+\frac{T_e}{T_s} \tag{9.2.56}$$

由式(9.2.56)可见，噪声系数的测量要确定信号源的参考温度。290°K 被公认为标准温度 T_0(即 $T_0=290°\text{K}$)。所以参考温度一般被定为 290°K(即 $T_s=T_0=290°\text{K}$)。

由噪声系数的表达式(9.2.51)或式(9.2.56)可见，放大器自身产生的噪声 P_n 越小，噪声系数就越小。当 $P_n=0$ 时，以倍数计的噪声系数为 1。所以放大器的噪声系数是衡量放大器噪声性能的一个重要参数。

信号源连接到放大器的输入端，可用图 9-22 所示的等效电路计算其噪声。信号源用并联的电流源 I_s 与导纳 Y_s 表示。晶体管放大部分为一个有噪二端口网络，该有噪二端口网络用一个无噪二端口网络以及与其串联的电压噪声源 v_n、并联的电流噪声源 i_n 表示。

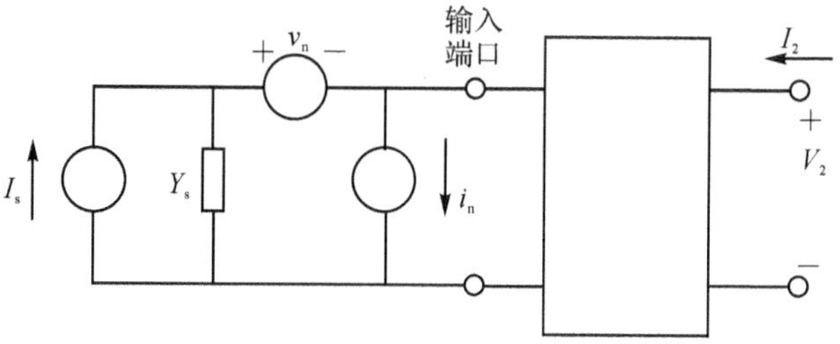

图 9-22　计算放大器噪声系数的噪声模型

理论分析和实测表明，当放大器噪声系数最小时，从输入端口向源看进去的反射系数 Γ_s 并不等于从输入端口向晶体管看进去的反射系数 Γ_{in}^*，而是有一定的失配。这是因为放大器内部存在噪声，如热噪声、闪烁噪声和沟道噪声等，都是彼此相关的。当放大器输入端口有一定失配，有可能调整了各噪声之间的相位关系，使它们输出端口相互抵消，从而降低了噪声系数。因而在输入端口向信源方向看进去的反射系数 Γ_s 有一个最佳值，用 Γ_{opt} 表示。当改变输入匹配电路使得

$$\Gamma_s=\Gamma_{opt} \tag{9.2.57}$$

此时，放大器具有最小噪声系数 F_{min}，称为最佳噪声匹配。

3. 等噪声系数圆

根据图 9-22 所示放大器噪声分析模型,假定信号源的噪声与二端口网络的噪声不相关,二端口放大器的噪声系数可按式(9.2.58)计算,其证明从略。

$$F=F_{\min}+\frac{r_{\rm n}}{g_{\rm s}}|Y_{\rm s}-Y_{\rm opt}|^2 \tag{9.2.58}$$

其中,$r_{\rm n}$ 是二端口的归一化噪声电阻(即 $r_{\rm n}=\frac{R_{\rm n}}{Z_{\rm c}}$),$Y_{\rm s}=g_{\rm s}+{\rm j}b_{\rm s}$ 表示归一化源导纳,而 $Y_{\rm opt}=g_{\rm opt}+{\rm j}b_{\rm opt}$ 表示获取最小(或最佳)噪声系数 $F_{\min}$ 的归一化源导纳。

用反射系数 $\Gamma_{\rm s}$ 和 $\Gamma_{\rm opt}$ 表示 $Y_{\rm s}$ 和 $Y_{\rm opt}$,即

$$Y_{\rm s}=\frac{1-\Gamma_{\rm s}}{1+\Gamma_{\rm s}} \tag{9.2.59}$$

和
$$Y_{\rm opt}=\frac{1-\Gamma_{\rm opt}}{1+\Gamma_{\rm opt}} \tag{9.2.60}$$

将式(9.2.59)和式(9.2.60)代入式(9.2.58)得

$$F=F_{\min}+\frac{4r_{\rm n}|\Gamma_{\rm s}-\Gamma_{\rm opt}|^2}{(1-|\Gamma_{\rm s}|^2)|1+\Gamma_{\rm opt}|^2} \tag{9.2.61}$$

式中:$F_{\min}$ 是器件工作电流和频率的函数,对于每一个 $F_{\min}$ 只有一个 $\Gamma_{\rm opt}$。如图 9-23 所示为一个 BJT 晶体管的 $F_{\min}$ 随电流变化的典型曲线。

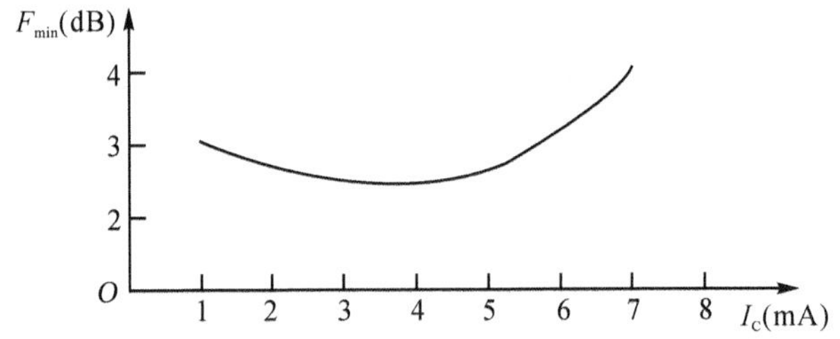

图 9-23　$V_{\rm CE}=10{\rm V}$,$f=4{\rm GHz}$,$F_{\min}$ 随集电极电流变化的典型曲线

式(9.2.61)可用来对一个给定的噪声系数 $F=F_i$ 设计 $\Gamma_{\rm s}$。重新整理式(9.2.61)得

$$\frac{|\Gamma_{\rm s}-\Gamma_{\rm opt}|^2}{1-|\Gamma_{\rm s}|^2}=\frac{F_i-F_{\min}}{4r_{\rm n}}|1+\Gamma_{\rm opt}|^2 \tag{9.2.62}$$

可以看出,对于给定的噪声系数 F_i,式(9.2.62)的右边是一个常数。因此,定义噪声参数

$$N_i=\frac{F_i-F_{\min}}{4r_{\rm n}}|1+\Gamma_{\rm opt}|^2 \tag{9.2.63}$$

由此,式(9.2.62)可改写为

$$\frac{|\Gamma_{\rm s}-\Gamma_{\rm opt}|^2}{1-|\Gamma_{\rm s}|^2}=N_i$$

$$(\Gamma_{\rm s}-\Gamma_{\rm opt})(\Gamma_{\rm s}^*-\Gamma_{\rm opt}^*)=N_i-N_i|\Gamma_{\rm s}|^2$$

$$|\Gamma_{\rm s}|^2(1+N_i)-2{\rm Re}(\Gamma_{\rm s}\Gamma_{\rm opt}^*)+|\Gamma_{\rm opt}^*|=N_i$$

或者

$$|\Gamma_{\rm s}|^2-\frac{2}{1+N_i}{\rm Re}(\Gamma_{\rm s}\Gamma_{\rm opt}^*)+\frac{|\Gamma_{\rm opt}^*|^2}{1+N_i}=\frac{N_i}{1+N_i}$$

这个方程显然是 $\Gamma_{\rm s}$ 平面上的一个圆。实际上,该式可以表述为另一形式,即

$$\left|\Gamma_s-\frac{\Gamma_{opt}}{1+N_i}\right|=\frac{N_i^2+N_i(1-|\Gamma_{opt}|^2)}{(1+N_i)^2} \tag{9.2.64}$$

对于给定的 N_i，该圆的圆心位于

$$C_{F_i}=\frac{\Gamma_{opt}}{1+N_i} \tag{9.2.65}$$

圆的半径为

$$r_{F_i}=\frac{1}{1+N_i}\sqrt{N_i^2+N_i(1-|\Gamma_{opt}|^2)} \tag{9.2.66}$$

由式(9.2.64)可知，参数 N_i 是由各种 F_i 的值计算出来的。然后，利用式(9.2.65)和式(9.2.66)可在 Γ_s 平面上画出一组等噪声圆族。

由式(9.2.64)、式(9.2.65)和式(9.2.66)可以看出，当 $F_i=F_{min}$时，$N_i=0$、$C_{F_{min}}=\Gamma_{opt}$而且 $r_{F_{min}}=0$。也就是说，圆 F_{min}的圆心位于Γ_{opt}处，半径为 0。由式(9.2.65)，可知其他噪声系数圆的圆心都处于Γ_{opt}的矢径方向上。

【例 9.7】 前面例 9.2、例 9.6 用的晶体管是一个低噪声晶体管，工作频率 f=4GHz 时其 S 参数、F_{min}、Γ_{opt}以及 R_n 分别为

$$S_{11}=0.552\angle 169°, S_{12}=0.049\angle 23°, S_{21}=1.681\angle 26°, S_{22}=0.839\angle -67°;$$

$$F_{min}=2.5\text{dB}, \Gamma_{opt}=0.475\angle 166°, R_n=3.5\Omega。$$

例 9.2 已证明该晶体管是绝对稳定的。试在圆图上作 F_i=2.6,2.8,3.0dB 的等噪声系数圆族。

解 $r_n=3.5/50=0.07$，F_i=2.6,2.8,3.0dB，用倍数表示则分别为 F_i= 1.8197,1.9054,2。F_{min}=2.5dB，用倍数表示为 F_{min}=2.5dB=1.7783。

当 F_i=2.6dB 时，可由式(9.2.63)得

$$N_i=\frac{1.8197-1.778}{4\times 0.07}|1+0.475\angle 166°|^2=0.0452$$

$$C_{F_i}=\frac{0.475\angle 166°}{1+0.0452}=0.455\angle 166°$$

$$r_{F_i}=\frac{1}{1+0.0452}\sqrt{(0.0452)^2+0.0452[1+(0.475)^2]}=0.229$$

同理，当 F_i=2.8dB 时，$N_i=0.1378$，$C_{F_i}=0.417\angle 166°$，$r_{F_i}=0.312$。

当 F_i=3.0dB 时，$N_i=0.2354$，$C_{F_i}=0.3845\angle 166°$，$r_{F_i}=0.475$。

以上三个噪声系数圆如图 9-24 所示。

在实际设计中，设计的噪声系数与最终放大器的噪声系数的值总有差距。在窄带设计中，噪声系数差异的典型数值是零点几 dB 到 1dB。

对于 N 个放大器级连组成的系统，如图 9-25 所示，其总的噪声系数为

$$F=F_1+\frac{F_2-1}{G_1}+\frac{F_3-1}{G_1G_2}+\cdots+\frac{F_n-1}{G_1G_2\cdots G_{n-1}} \tag{9.2.67}$$

由式(9.2.67)可见，当第一级有一定增益时，第一级噪声系数对总链路的噪声系数起决定作用。

注意式(9.2.67)中 G、F 是功率比，对于损耗为 L 的无源器件 $G=1/L$，$F=L$。

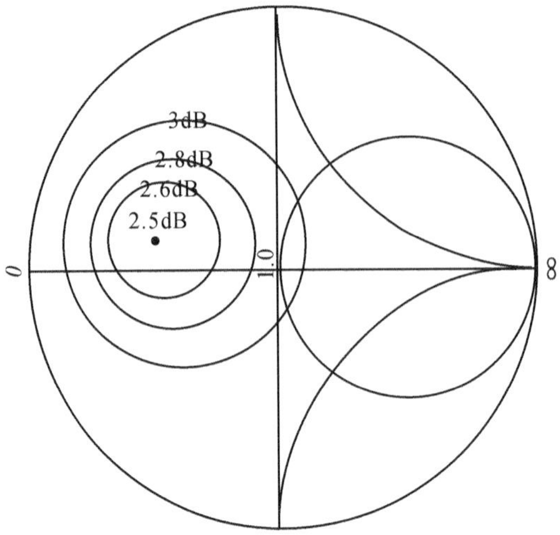

图 9-24　例 9.7Γ_s 平面中的噪声系数圆族

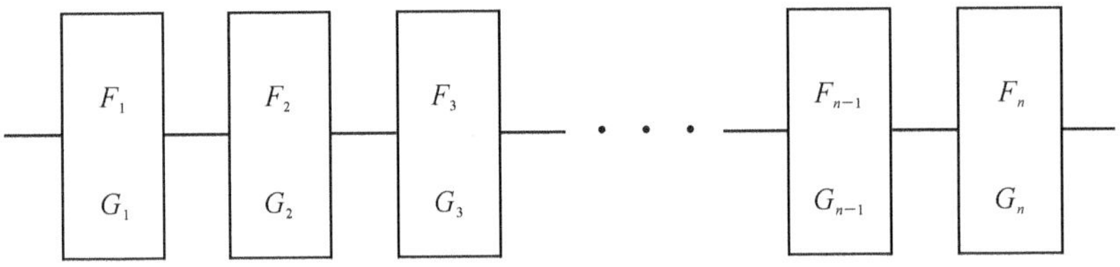

图 9-25　N 个放大器的级连

9.2.5　放大器的非线性

前已提过，放大器能放大的最小信号受制于噪声，噪声决定了放大器动态范围的下限。动态范围是指使放大器输出—输入关系保持线性的输入信号功率变化范围。那么制约放大器动态范围上限的因素是什么呢？这就是放大器输出—输入关系的非线性。非线性将导致输出信号的失真，信号失真超出一定程度而不能识别时，再大的信号也没有意义。放大器非线性表现的一种形式是，当输入功率达到一定值时，输出开始饱和，换言之，当输入功率再增加时，输出功率不再线性增长。非线性还导致出现新的频率分量。放大器设计中，非线性作为不利因素要加以限制，而在混频器中，非线性又是其工作基础，得到了有益的应用。

1. 非线性的一般表示

前面关于晶体管工作原理的讨论中已指出，双极晶体管集电极电流 I_C 跟发射结电压 V_{BE} 的关系是非线性的，场效应管漏极电流 I_D 与栅极控制电压 V_{GS} 关系也是非线性的，它们的非线性表现有两个方面，一是幅度非线性，二是相位非线性。幅度非线性一般可用下面的关系式表示

$$i=k_1v(x)+k_2[v(x)]^2+k_3[v(x)]^3+\cdots \tag{9.2.68}$$

式中：i 表示放大器输出电流中的交变分量，$v(x)$ 为输入端交变信号电压。

系数 k_n 一般情况下为复数，可以从输出波形的分析得到。式(9.2.68)右边第一项与输入信号成正比，属线性项，其他都是非线性项。对于非线性特性的分析，式(9.2.68)取前三项已足够，即

$$i=k_1 v(x)+k_2[v(x)]^2+k_3[v(x)]^3 \tag{9.2.69}$$

得出式(9.2.69)时还隐含一个假定，就是这种非线性与频率无关，即有足够带宽，也就是说信号的各频率分量在输出端都可用式(9.2.69)表示。

当多音频信号(multi-tone signal)，即该信号的频谱包含多个频率分量，输入到式(9.2.69)表示的网络时，即使很弱的非线性也会产生许多新的频率分量。假定 $v(x)$ 由两个不同频率的正弦电压构成

$$v(x)=A_1\cos\omega_1 t+A_2\cos\omega_2 t \tag{9.2.70}$$

并假定 ω_1 与 ω_2 靠得很近以至于在 ω_1、ω_2 两个频率时，$k_i(i=1,2,3)$ 不随频率变化，还进一步假定 k_i 为实数。那么将式(9.2.70)代入式(9.2.69)得到

$$\begin{aligned} i &= k_1(A_1\cos\omega_1 t+A_2\cos\omega_2 t)+k_2(A_1\cos\omega_1 t+A_2\cos\omega_2 t)^2+k_3(A_1\cos\omega_1 t+A_2\cos\omega_2 t)^3 \\ &= k_1(A_1\cos\omega_1 t+A_2\cos\omega_2 t)+ \\ &\quad k_2\left(A_1^2\,\frac{1+\cos 2\omega_1 t}{2}+A_2^2\,\frac{1+\cos 2\omega_2 t}{2}+A_1A_2\,\frac{\cos(\omega_1+\omega_2)t+\cos(\omega_1-\omega_2)t}{2}\right)+ \\ &\quad k_3\left\{\left[A_1^3\left(\frac{3\cos\omega_1 t}{4}+\frac{\cos\omega_2 t}{4}+\frac{\cos 3\omega_1 t}{4}\right)+A_2^3\left(\frac{3\cos\omega_2 t}{4}+\frac{\cos 3\omega_2 t}{4}\right)\right]+\right. \\ &\quad A_1^2A_2\left[\frac{3}{2}\cos\omega_2 t+\frac{3}{4}\cos(2\omega_1+\omega_2)t+\frac{3}{4}\cos(2\omega_1-\omega_2 t)\right]+ \\ &\quad \left. A_2^2A_1\left[\frac{3}{2}\cos\omega_1 t+\frac{3}{4}\cos(2\omega_2+\omega_1)t+\frac{3}{4}\cos(2\omega_2-\omega_1 t)\right]\right\} \end{aligned} \tag{9.2.71}$$

式(9.2.71)右边包含系数 k_1 的第一项没有新的频率分量，两个正弦波只是在幅度上放大 k_1 倍，故是输出信号中线性项。输出信号中线性项与输入信号相比没有任何失真。包含系数 k_2、k_3 的第二、三项，属于非线性项，它们构成对输入信号的"失真"。注意，非线性项的存在，使输出信号中出现了新的频率分量，如图 9-26 所示。输出信号第二项中包含新频率 $2\omega_1$、$2\omega_2$ 的项叫二次谐波失真(second harmonic distortion)，而包含新频率 $(\omega_1+\omega_2)$、$(\omega_1-\omega_2)$ 的项叫二阶交调失真(second intermodulation distortion, IMD)，它们都源于二阶非线性效应。输出信号第三项中包含新频率 $3\omega_1$、$3\omega_2$ 的项叫做三次谐波失真，而含新频率 $(2\omega_1\pm\omega_2)$、$(2\omega_2\pm\omega_1)$ 的项叫三阶交调失真(third intermodulation distortion, IMD)，它们源于三阶非线性效应。三阶非线性还引起增益压缩(Gain compression)。

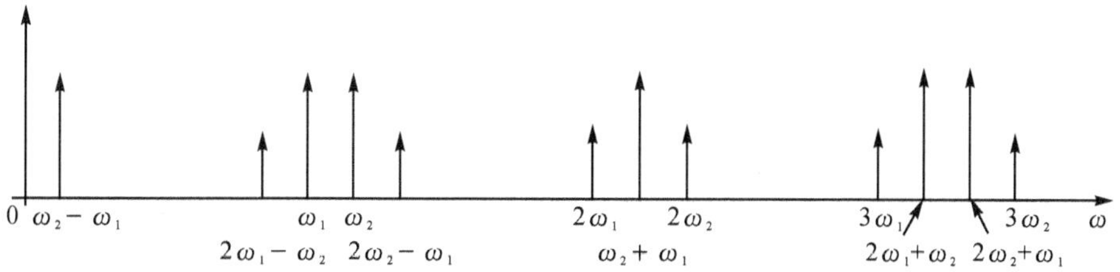

图 9-26　二阶和三阶双频交调产物的输出频谱($\omega_1<\omega_2$)

2. 增益压缩(Gain compression)与 1dB 压缩点 $P_{-1\text{dB}}$

当电路的输出信号幅度不能随输入信号幅度以相同的比例增加，即增益 G 随输入信号幅度的增加而降低时，可用增益压缩表示。输出饱和(输出功率不再随输入功率增加而增加，甚至随输入功率增加而减小)就是增益压缩的表现之一。由式(9.2.71)可知，输出信号中包含 $\cos\omega_1 t$ 的项有

$$A'_1 = k_1 A_1 + k_3\left(\frac{3}{4}A_1^3 + \frac{3}{2}A_1 A_2^2\right) \tag{9.2.72}$$

其中，k_3 一般为负，故当 $A_2\cos\omega_2 t$ 较大时，就使得 $A_1\cos\omega_1 t$ 信号的增益减小。增益降低是由附加信号存在而引起的。

当单音频信号(single-tone signal)输入到网络时，由于非线性引起的增益相对变化为

$$A''_1 = \frac{k_1 A_1 + k_3\left(\frac{3}{4}A_1^3\right)}{k_1 A_1} = \frac{k_1 + k_3\left(\frac{3}{4}A_1^2\right)}{k_1} \tag{9.2.73}$$

式中：A''_1 叫做单音频增益压缩因子(single-tone gain compression factor)。

图 9-27 所示左边的一条曲线表示基本信号输入与输出的关系，随输入功率增加，由于 k_3 的影响，实际输出功率(用实线表示)逐步偏离理想情况下的输出功率(用虚线表示)。图中输入、输出功率都用 dBm 计。电路增益比理想情况下减小 1dB 的点叫做 1dB 压缩点($P_{-1\text{dB}}$)，是描述增益压缩的一个重要参数。1dB 压缩点可以用输入功率($P_{-1\text{dB, in}}$)表示，也可用输出功率($P_{-1\text{dB, out}}$)表示。图 9-27 所示右边的一条曲线表示增益压缩因子与输入功率的关系。超过 1dB 压缩点($P_{-1\text{dB}}$)，随输入功率增加，增益压缩的影响就很严重。通信系统中如低噪声放大器、混频器、中频放大器等一般工作于小信号状态，其输入信号电平远低于 1dB 压缩点($P_{-1\text{dB}}$)，以得到较好的线性特性。但对于工作于大信号状态的功率放大器，为实现较高的效率，工作点接近 1dB 压缩点，因此只能保持一定程度的线性特性。

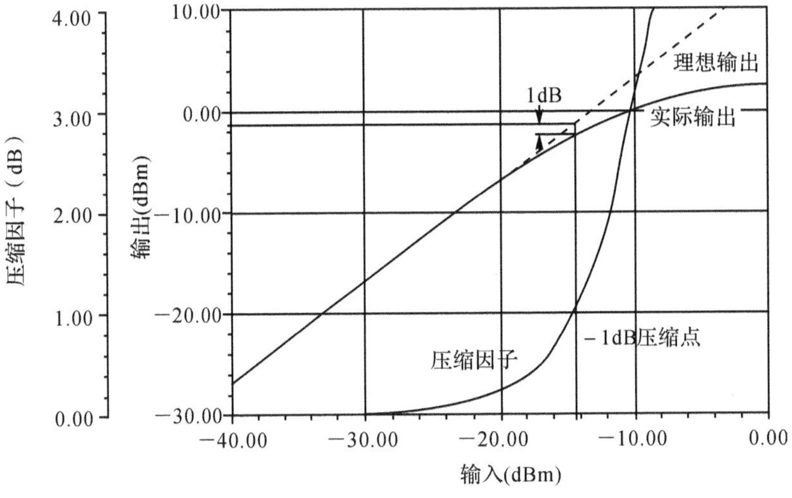

图 9-27　非线性导致增益压缩与 $P_{-1\text{dB}}$压缩点

3. 交调失真(*IMD*)

前面已提到，幅度非线性导致新频率产生，有谐波失真与交调失真。交调失真的影响很难消除，即使系统工作点远离 1dB 压缩点，IMD 仍将严重影响系统的工作。因为这些频率分量既可能远离系统工作频率，也可能就在工作频带附近，甚至落在工作频带内，而且这些频率分量也可能有较大的功率。那些落在工作频带附近甚至在工作频带内的频率分量就很难消除。这些新频率分量或造成解调误差(接收状态)或造成对相邻信道的干扰(在发射状态)。

根据前面讨论，当系统为双音频信号(two-tone signal)输入时，交调(IMD)可分为二阶交调(IM_2)与三阶交调(IM_3)两种情况。IM_2 是指包含新频率($\omega_1+\omega_2$)、($\omega_1-\omega_2$)的项。IM_3 是

指包含$(2\omega_1 \pm \omega_2)$和$(2\omega_2 \pm \omega_1)$的新频率分量的项。

小信号情况下，即信号电平远低于 1dB 压缩点，当输入功率变化 1dB 时，IM_2 变化 2dB，IM_3 变化 3dB。衡量交调失真的程度一般用三阶交调交截点(IP_3)表示。图 9-28 所示右边的一条曲线就是三阶交调信号输入与输出关系，相应的虚线是没有增益压缩的理想情况。IP_3 对应于基本信号与三阶交调信号虚线的交点。这就是说对应于三阶交截点 IP_3，在输出端三阶交调信号与基本信号具有相同的强度。$IP_{3,\text{in}}$、$IP_{3,\text{out}}$ 为三阶交截点对应的输入、输出功率。用 dB 表示时，IP_{in} 与 IP_{out} 之差为网络增益 G。

通常 IP_3 比 $P_{1\text{dB}}$ 大 12～15dB。

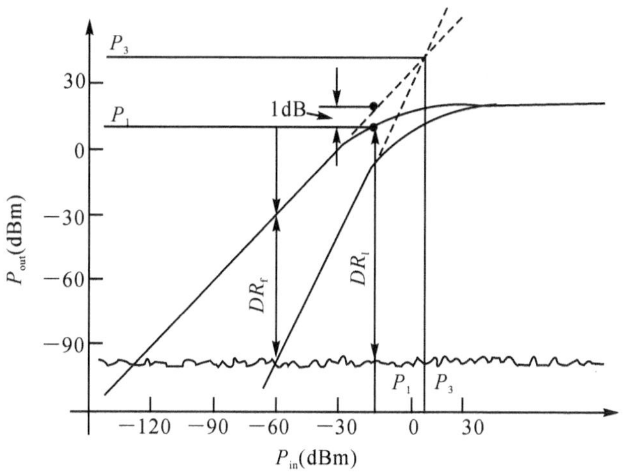

图 9-28　基本信号与三阶交调信号的输入—输出关系

实际通信电路中，由于滤波器的应用，二阶交调的影响一般可以消除。因为二阶交调频率$(\omega_1 \pm \omega_2)$、$(\omega_2 \pm \omega_1)$一般落在通带外，可以用带通滤波器予以消除。但在超过倍频程的通信系统中，通带内某些频率分量的二阶交调产物仍可落在通带内，这种情况下利用平衡电路(如推挽放大器，平衡混频器)可降低二阶交调 IM_2。

与二阶交调 IM_2 相比，三阶交调 IM_3 在实际通信电路中一般不易消除。如果 ω_1、ω_2 频率比较接近，虽然三阶交调分量$(2\omega_2 + \omega_1)$、$(2\omega_1 + \omega_2)$一般在通带外，可以用滤波器予以消除，但另一些分量，如$(2\omega_1 - \omega_2)$、$(2\omega_2 - \omega_1)$分量可能接近通带甚至就在通带内，很难用滤波器消除这些分量。所以实际通信系统对三阶交调要给予特别关注。

4. 放大器的动态范围

如果低端功率为噪声功率 P_{No} 所限，高端限制在 $P_{1\text{dB}}$ 压缩点，这基本上是放大器的线性工作范围，记为 DR_l。对于低噪声放大器或混频器，在低端也是噪声限制其工作，但如取 $P_{1\text{dB}}$ 作为高端限制，则接近 $P_{1\text{dB}}$ 时，交调失真变得不可以接受。实际的工作范围要使寄生响应(spurious response)最小，这称为无寄生动态范围，记为 DR_f。其上限定义为三阶交调产物的功率等于元件噪声电平时的最大输出功率，如图 9-28 所示。用分贝表示的无寄生动态范围可表示为

$$DR_f = \frac{2}{3}(IP_3 - P_{No}) \tag{9.2.74}$$

上式推导从略。

9.2.6 放大器设计考虑

常用的放大器有低噪声放大器、宽带放大器和功率放大器。低噪声放大器用于接收机前端。根据前面关于通信系统噪声的分析，系统的总噪声主要由第一级放大器的噪声性能决定，所以低噪声放大器对低噪声的要求特别高。宽带放大器通常指频带在倍频程以上的放大器。宽带放大器主要用于电子战设备中的侦察、干扰、宽频带雷达、超高速数字电路等。宽带放大器要求在一个较宽的频率范围内保持放大器增益不变。功率放大器一般用于放大链路的末级，要求得到足够的功率输出。输出功率的大小取决于系统的要求。对于蜂窝无线通信移动终端，末级功放功率输出一般在 0.2～3W，而对于基站末级功放，其输出功率范围为 5～200W。功率放大器涉及非线性问题，分析起来比较困难。

前面根据图 9-12 所示的放大器的分析模型，分析了稳定性、增益、噪声与晶体管 S 参数以及源阻抗 Z_s、负载阻抗 Z_L 的关系。最大增益、最小噪声等反映放大器性能的指标对晶体管 S 参数以及 Z_s、Z_L 的要求是不一样的，有时甚至是矛盾的。放大器设计主要是根据对放大器的应用要求，如增益、噪声、带宽、输出功率等指标，重点解决：

(1)选择合适的晶体管及其工作点(直流偏置)，以确定晶体管的 S 参数。

(2)确定 Z_s、Z_L。根据应用要求，在增益、噪声、带宽、功率输出等诸多指标间进行折中。

(3)设计输入、输出阻抗变换网络，将源内阻 Z_1 变换为 Z_s，输出阻抗 Z_2 变换为 Z_L，而且这种阻抗变换网络在工艺上也是易于实现的。

低噪声放大器、宽带放大器、功率放大器由于它们所关注的重点不同，对以上三个问题的解决也显出了不同的特点。

1. 低噪声放大器设计

(1)首先根据应用要求，选择噪声系数低的晶体管，确定低噪声工作的直流偏置点及 S 参数，并根据 S 参数，检验其稳定性。如果是不稳定的，要给出稳定工作圆，确定稳定工作负载的区域，以后 Z_s、Z_L 的确定一定要落在这个区域内。也可采取反馈等措施，使晶体进入绝对稳定状态。

(2)在圆图上绘出等噪声系数圆与等可用功率增益圆，在优先满足低噪声要求的前提下，兼顾增益，确定 Z_s 与 Z_L。

(3)对微带结构的放大器，Z_1、Z_2 一般为 50Ω，据此，设计从 50Ω 到 Z_s、50Ω 到 Z_L 的输入、输出阻抗变换网络。

前面通过例 9.2、例 9.6 与例 9.7 计算了工作频率 $f=4\text{GHz}$、S 参数为 $S_{11}=0.552\angle 169°$，$S_{12}=0.049\angle 23°$，$S_{21}=1.681\angle 26°$，$S_{22}=0.839\angle -67°$的 BJT 的稳定性，等可用功率增益圆与等噪声系数圆。计算表明该晶体管是绝对稳定的，只从稳定性考虑，用该晶体管作低噪声放大器，任何负载值都可选联。如果把该晶体管的等噪声系数圆、等可用功率增益圆画在同一张圆图上就得到图 9-29。

由图 9-29 可见，该晶体管的 $F_{\min}$对于 Γ_{opt}周围的 Γ_s 的微小变化并不很敏感。当 $\Gamma_s=\Gamma_{opt}$时，可用增益 G_A 还有 11dB。因此，为了得到最低噪声的工作条件，只好牺牲一点增益，确定 $\Gamma_s=\Gamma_{opt}$。负载反射系数 Γ_L 的选择是为了获得向负载最大功率传输(即 $\Gamma_L=\Gamma_{out}^*$)。以 $\Gamma_s=\Gamma_{opt}$为例，确定 Γ_L 的值为

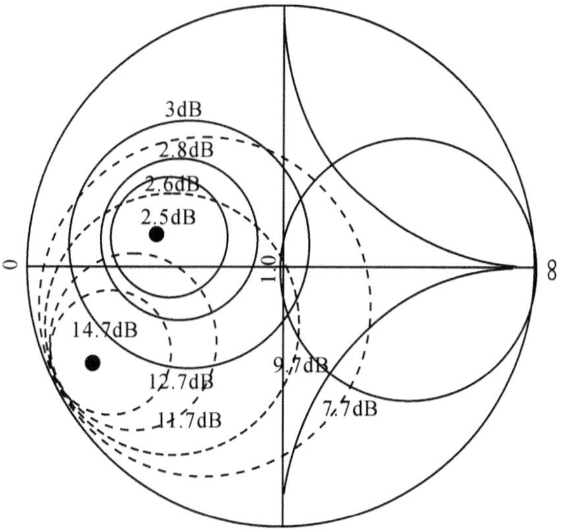

图 9-29　等噪声系数圆与等可用功率增益圆

$$\Gamma_L=\left(S_{22}+\frac{S_{12}S_{21}\Gamma_{opt}}{1-S_{11}\Gamma_{opt}}\right)^*=0.844\angle 70.4^\circ$$

由于 $\Gamma_L=\Gamma_{out}^*$，输出端的驻波比 ρ 为 1，而增益 $G_T=G_A=11\text{dB}$，$G_p=12.7\text{dB}$。同时，$\Gamma_{in}=0.744\angle 157^\circ$，经过进一步计算可以得到输入端的驻波比 ρ 等于 4.26。

对于微带结构放大器，可以用 T 型微带线（并联可变电纳）进行输入、输出电路的匹配。

下面通过一个具体例子，说明低噪声放大器的设计过程。

【例 9.8】 设计一个低噪声放大器，要求工作频率 $f=12\text{GHz}$，输出驻波系数 $\rho=1.5$，带宽在 800MHz 以上，噪声系数 $F<1\text{dB}$，功率增益大于 12dB。

解 (1) 选择晶体管，其 S 参数为 $S_{11}=0.630\angle-172^\circ$，$S_{12}=0.085\angle-19^\circ$，$S_{21}=3.401\angle 13^\circ$，$S_{22}=0.380\angle-139^\circ$，$F_{min}=0.5$，$\Gamma_{opt}=0.540\angle 156^\circ$，$R_n=1.5\Omega$。

(2) 计算稳定性，按式(9.2.21)、式(9.2.22)

$$K=0.9,|\Delta|=0.248$$

所以是潜在不稳定的，因此要进行稳定性设计。计算并画出 12GHz 时的输入、输出稳定圆，如图 9-30 所示。输入稳定圆上 A 点所对应最大阻抗实部为 $50\times0.024=1.2\Omega$。因此，如果在输入端口处串联一个大于 1.2Ω 的电阻，便有可能使晶体管处于稳定状态。输入端口串联一个 1.5Ω 的电阻后，S 参数为：$S_{11}=0.579\angle-171.830^\circ$，$S_{12}=0.082\angle-19.097^\circ$，$S_{21}=3.294\angle 12.903^\circ$，$S_{22}=0.376\angle-138.3759^\circ$，计算得到 $K=1.025$，$|\Delta|=0.238$，可见晶体管已处于绝对稳定状态。但同时噪声性能有所恶化，新的噪声参数为：$F_{min}=0.83\text{dB}$，$\Gamma_{opt}=0.373\angle 152.274^\circ$，$R_n=2.984\Omega$。

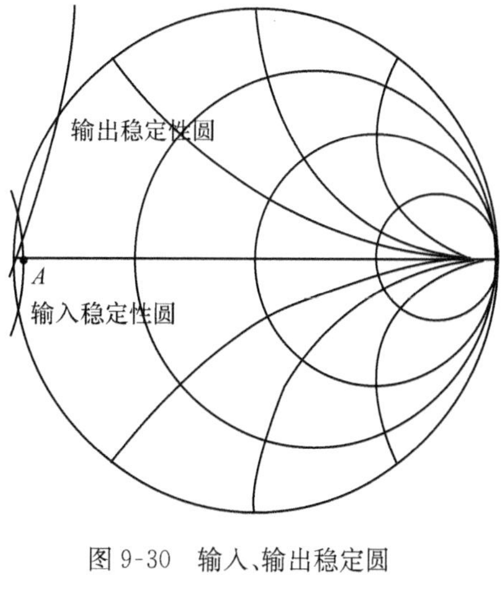

图 9-30　输入、输出稳定圆

(3) 计算 12GHz 时的等可用功率增益与等噪声系数圆族，并将它们标注在同一张圆图上，如图 9-31 所示。12GHz 时的最大可用功率增益

MSG=15.059dB;可以看出,如果我们牺牲 1.5dB 的增益,就可以取得 1dB 以下的噪声性能。

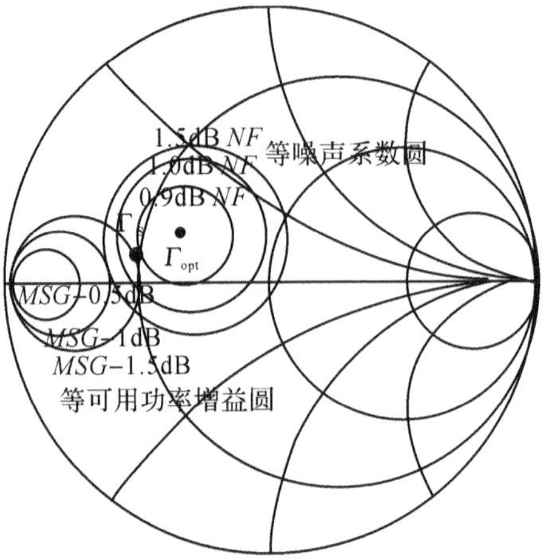

图 9-31　等可用功率增益与等噪声系数圆族

(4) 如图 9-31 所示,在 MSG－1.5dB 的等增益圆上选择噪声系数最小的一点 m,其对应的 $\Gamma_s=0.503\angle 171.988°$,相应的阻抗为 $Z_s=(16.65+j3.10)\Omega$。然后根据所选 Γ_s 计算出 $\Gamma_{out}=S_{22}+S_{12}\times S_{21}\times\Gamma_s/(1-S_{11}\times\Gamma_s)$,负载端采用共轭匹配,则得到 $\Gamma_L=\Gamma_{out}^*=0.515\angle 156.930°$,对应阻抗 $Z_L=(16.60+j9.10)\ \Omega$。

(5) 计算阻抗匹配网络参数。输入、输出均采用微带 T 形分支进行阻抗转换。最后得到如图 9-32 所示的电路,微带线上标出的是以 mm 为单位的长度。微带线特征阻抗为 50Ω,介质基片厚度 $h=0.762$mm,相对介电常数 $\varepsilon_r=2.2$。图中同时还给出了偏置电压的位置,其中隔直流电容选择使其在工作频率上电抗小于 1Ω,单位为 pF。

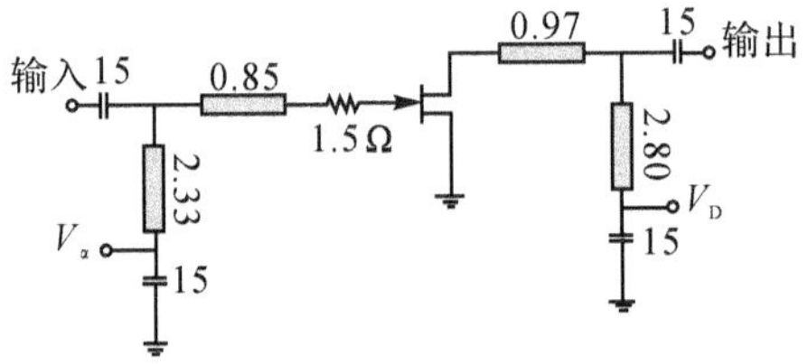

图 9-32　低噪声放大器电路

(6)用 ADS 对最终电路进行仿真,其 S 参数与频率关系如图 9-33 所示。12GHz 时放大器噪声系数 $NF=0.866$dB,功率增益 $G=13.32$dB。输出端驻波系数小于 1.5 的带宽约为 1000MHz。

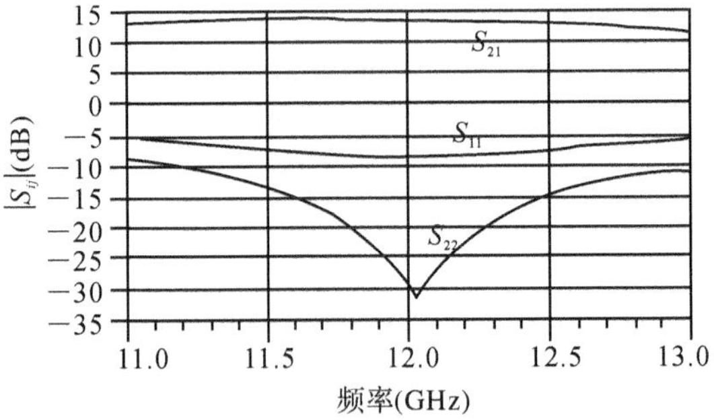

图 9-33　低噪声放大器仿真结果

2. 宽带放大器设计考虑

前已提及,从根本上说,宽带放大器的设计就是要求在一个较宽的频率范围内,保持放大器的增益不变。为此,应适当地设计匹配网络或者反馈网络,以补偿$|S_{21}|$随频率的变化。

宽带放大器设计中常遇到如下一些困难:

(1)$|S_{21}|$和$|S_{12}|$随频率发生变化。最典型的是,$|S_{21}|$随频率每倍频程 6dB 下降(－6dB/8 倍频程)而$|S_{12}|$却以同样的倍率上升。$|S_{12}S_{21}|$随频率的变化有一平坦变化的区域,这个区域非常重要,因为电路的稳定性依赖于这一数值。我们必须在这个平坦增益的区域内检查放大器的稳定性。

(2)散射参数 S_{11} 和 S_{22} 也是频率的函数,而且在较宽的频率范围内变化十分显著。

(3)宽带放大器的噪声系数和驻波系数 ρ 在某些频率范围内会恶化。

设计宽带放大器有两种通用技术：一是运用补偿匹配网络，二是运用负反馈电路。补偿匹配网络技术包括失配输入和输出匹配网络，以补偿随频率变化的 $|S_{21}|$。

运用补偿匹配网络技术实现宽带的基本思想可以结合图 9-33(a)所示单管放大设计过程说明。

设单向晶体管(BJT)的 S 参数如表 9-1 所示。要求设计一个放大器，频率范围从 300 到 700MHz 范围内，传输功率增益为 10dB。

表 9-1　BJT 晶体的散射参数

f(MHz)	S_{11}	S_{21}	S_{22}
300	$0.3\angle-45°$	$4.47\angle 40°$	$0.86\angle-5°$
450	$0.27\angle-70°$	$3.16\angle 35°$	$0.855\angle-14°$
700	$0.2\angle-95°$	$2.0\angle 30°$	$0.85\angle-22°$

由表 9-1 的数值表示：

$$|S_{21}|^2 = 13\text{dB} \quad 300\text{MHz}$$
$$= 10\text{dB} \quad 450\text{MHz}$$
$$= 6\text{dB} \quad 700\text{MHz}$$

因此，为了补偿 $|S_{21}|$ 的变化，匹配网络必须在 300MHz 降低增益 3dB，在 450MHz 降低 0dB，而在 700MHz 提高 4dB。

对于表 9-1 所示的单向晶体管

$$G_{\text{smax}} = \frac{1}{1-|S_{11}|^2} = \begin{cases} 0.409\text{dB} & 300\text{MHz} \\ 0.329\text{dB} & 450\text{MHz} \\ 0.177\text{dB} & 700\text{MHz} \end{cases}$$

由于源匹配网络只有很小的增益，因此只需要设计输出匹配网络。因为，全频带内 $|S_{22}| \approx 0.85$，所以

$$G_{\text{Lmax}} = \frac{1}{1-|S_{22}|^2} = 5.6\text{dB}$$

这就是说在 700MHz 得到 G_L 为 4dB 的增益是可能的。

对输出匹配网络的设计要求是，300MHz 时 $G_L=-3$dB；450MHz 时 $G_L=0$dB；700MHz 时 $G_L=4$dB。为此，利用 $G_L=1/(1-|S_{22}|^2)$ 在输出圆图上作出 300MHz 时 $G_L=-3$dB，450MHz 时 $G_L=0$dB 以及 700MHz 时 $G_L=4$dB 的等增益圆图(见图 9-34)。匹配网络必须将 50Ω 负载阻抗变换到 300MHz 的 -3dB 等增益圆的某一点上；450MHz 的 0dB 等增益圆的某一点上；700MHz 的 4dB 等增益圆的某一点上。由多种可以实现所需变换的匹配网络，其具体实现可留给读者作为练习。

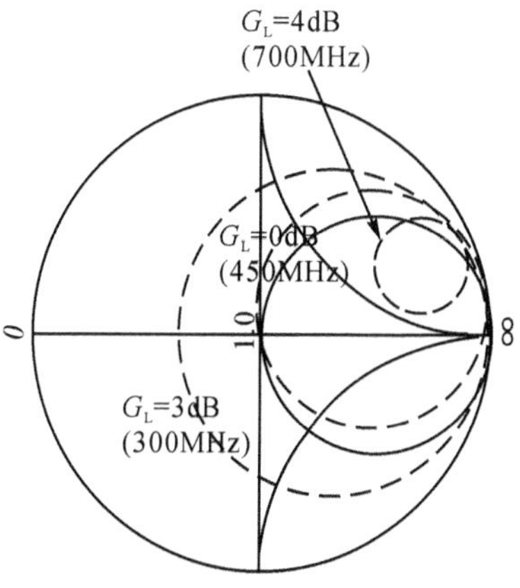

图 9-34　圆图上的宽带设计

为了获得平坦的增益而采用补偿匹配网络设计法，造成阻抗失配，因而使输入和输出的驻波系数明显恶化。用平衡放大器对于设计一个具有平坦增益和良好的输入及输

出驻波系数的宽带放大器是一种实用方法。图 9-35 显示最常用的一种平衡放大器架构，其中采用了微带分支 3dB 耦合器。

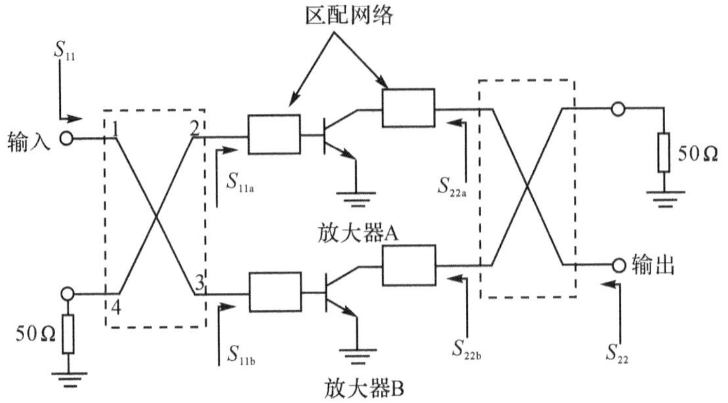

图 9-35　平衡放大器的架构

输入 3dB 耦合器将输入功率等分到放大器 A 和 B，而输出 3dB 耦合器又将两放大器的输出信号合成。微带分支 3dB 耦合器已在第 8 章讨论过了。

平衡放大器的带宽受限于耦合器的带宽(大约两倍频宽)。

平衡放大器架构的优点很多：

(1)可以按独立放大器进行设计，以获得平坦的增益、噪声系数等(即使单个放大器的驻波系数比较高)，而平衡放大器的输入和输出驻波系数取决于耦合器(即如果放大器是一致的，驻波系数 ρ 的理想值为 1)。

(2)具有较高的稳定度。

(3)输出功率是单一放大器的两倍。

(4)如果其中一个放大器失效，平衡放大器单元将会降低增益继续工作(即功率增益下降 6dB)。

(5)平衡放大器单元容易实现级连，因为每个单元由耦合器相互隔离。

平衡放大器架构的缺点是单元内有两个放大器，要消耗较多的直流功率，而且尺寸较大。另外，实际上还存在与放大器有关的有限插入损耗。

在宽带放大器中可以利用负反馈来获得平坦的增益和降低输入和输出驻波系数 ρ。当要求放大器的带宽接近十倍频率，仅仅基于匹配网络的增益补偿是十分困难的，但可以采用负反馈技术。实际上，运用负反馈的微波晶体管放大器可以设计为带宽非常宽(10 倍带宽，甚至更大)，而增益变化很小(十分之一个 dB)。但是不利的一面，负反馈将恶化噪声系数并降低晶体管可提供的最大功率增益。

利用负反馈技术增加带宽，其基本概念与低频电路中相似，不再进一步讨论。

3. 功率放大器设计考虑

功率放大器一般工作于大信号状态，其特性与工作于小信号情况下的放大器(如低噪声放大器)有明显区别。

小信号状态下，放大器输入、输出端共轭匹配时得到最大输出。在圆图上，最大输出在 $\Gamma=\Gamma_{Ms}$(输入圆图)或 $\Gamma=\Gamma_{ML}$(输出圆图)点上。Γ_{Ms}、Γ_{ML} 为输入、输出同时共轭匹配时的反射系数。

考虑到非线性，功率放大器最大输出以 $P_{-1dB,out}$ 增益压缩点为上界，因此圆图上表示放大器功率特性就以输出功率 P_{-1dB} 的信号源反射系数 Γ_{sP} 和负载反射系数 Γ_{LP} 标出，如图 9-36(a)所示，该图给出的是 $f=4$GHz 和 $f=12$GHz 之间每隔 2GHz Γ_{sP} 和 Γ_{LP} 的数值。

非线性也影响了等功率曲线的形状。小信号状态下，在圆图上等增益曲线(或等功率曲线)为一圆，但在大信号状态，由于非线性影响，就不是一个圆了，如图 9-36(b)所示。该晶体管在 1dB 增益压缩点最佳输出功率增益为 19dBm($G_{1dB}=6$dB)，输出为 18dBm、17dBm 等功率线就不是一个圆。

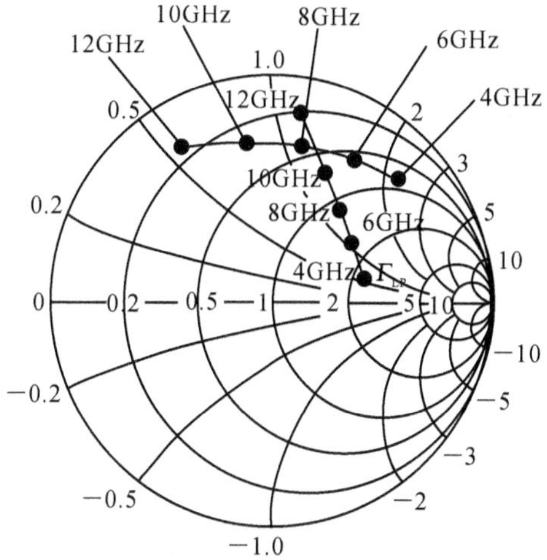

(a)典型的大信号反射系数

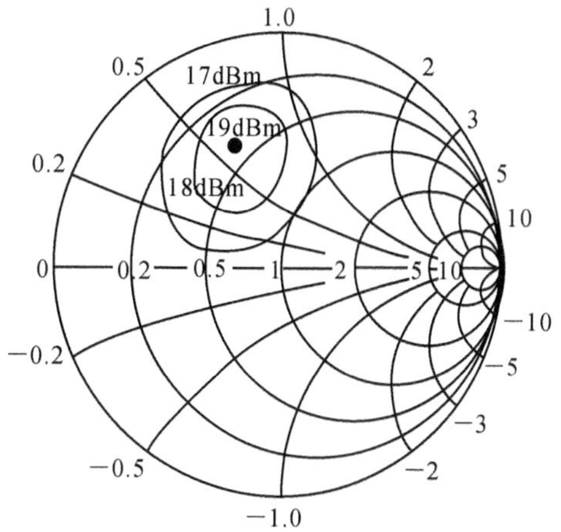

(b)大信号等功率曲线

图 9-36　大信号情况下晶体管 Γ_{sP}、Γ_{LP} 及等增益圆在圆图上表示

如果功率放大器设计时，对于所选定晶体管厂商都能提供如图 9-36 所示的大信号情况下的反射系数与等功率曲线，那么阻抗匹配网络的设计就有依据了。遗憾的是，生产厂商一般不提供大信号状态下晶体管的 S 参数，这就给功率放大器的设计造成了很大的困难。因此，如何通过测量得到大信号状态下晶体管的 S 参数或通过建立一个模型得出大信号状态下晶体管的特性参数，就成了功率放大器设计的一个重要问题，限于篇幅，本书不作进一步的讨论。

尽管晶体管的小信号模型不能得出功率放大器关于输出功率和效率的特性，但对于分析放大器的稳定性还是很有用的，而且大信号模型也要以小信号模型为基础，所以即使对于功率放大器，晶体管的小信号模型还是有应用价值的。

9.3　微波振荡器

振荡器用来产生交变电磁振荡。就频率调谐而言，振荡器可分为固定频率振荡器与可调频率振荡器。就振荡器所用晶体管类型而言，又可分为二极管振荡器和三极管振荡器。根据应用电路结构，振荡器还可分为波导结构振荡器、同轴线结构振荡器、介质谐振器振荡器与微带线结构振荡器。

振荡器是一个非线性电路，分析较难，一般包括三个部分，一是谐振器，作为储能元件，并控制振荡器频率；二是负阻器件，交变电磁能的提供者；三是耦合电路，将能量由谐振器耦合到负载。谐振器与负载都是消耗能量的,可用实部为正的阻抗表示。振荡器中有源器件,如微波二极管、三极管,就是提供负阻的器件。因此,振荡器中有源器件呈负阻特性是振荡建立的必要条件。

本节先分析产生振荡的条件,然后对二极管振荡器与三极管振荡器展开讨论,最后对振荡器的相位噪声作简要介绍。

9.3.1 振荡条件

从放大器角度看,振荡器可以看作正反馈足够强以致放大系数为无穷大的放大器。因为当放大系数趋于无穷大时,放大器输入端只要有很小的扰动(如噪声),输出端仍会建立起足够强的电磁振荡,这就是振荡器。

一个基本的反馈振荡器如图 9-37 所示。$A_V(\omega)$为放大器的电压增益,$\beta(\omega)$是反馈网络的增益(或损耗)。放大器的电压增益为开环增益,它是当反馈网络开路时,V_o 和 V_i 之间的增益。V_o 是放大器的输出电压,V_i 是输入电压,V_f 则是 V_o 经反馈网络反馈到放大器输入端的电压。所谓正反馈是指反馈电压 V_f 与输入电压 V_i 同相,或者闭环电路总相移必须是 0°或 360°的整倍数。

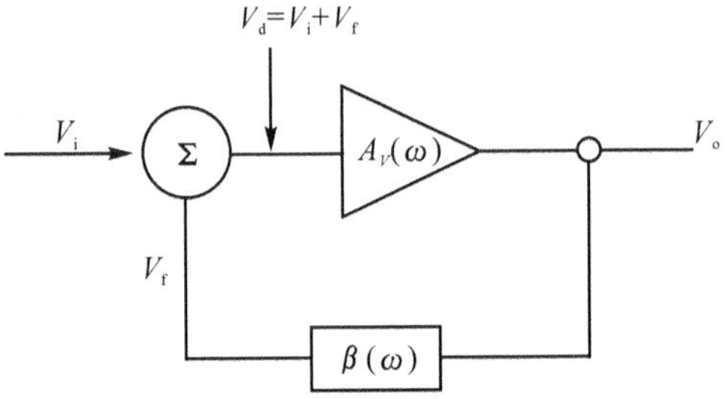

图 9-37　基本反馈振荡器电路

根据图 9-37 可以写出

$$V_o=A_V(\omega)V_d \tag{9.3.1}$$

$$V_f=\beta(\omega)V_o \tag{9.3.2}$$

以及

$$V_d=V_i+V_f \tag{9.3.3}$$

因此,由式(9.3.1)到式(9.3.3)可得环路增益 $A_{Vf}(\omega)$为

$$A_{Vf}(\omega)=\frac{V_o}{V_i}=\frac{A_V(\omega)}{1-\beta(\omega)A_V(\omega)} \tag{9.3.4}$$

为了产生振荡,没有信号输入时也必须有信号输出,即要求环路增益为无穷大,则只有当式(9.3.4)分母为零时才能实现,这就是

$$1-\beta(\omega)A_V(\omega)=0$$

或者

$$\beta(\omega)A_V(\omega)=1 \tag{9.3.5}$$

式(9.3.5)表示,为了产生振荡,环路增益必须为 1,这就是振荡条件的一种表达式,并称这种关系为 Barkhausen 准则。

如图 9-38(a)所示的微波振荡电路,Z_c 是负载,一般为 50Ω,表示损耗高频能量。Z_{in}是提供负阻器件的输入阻抗。Z_L 则是从负阻器件向负载方向看进去的输入阻抗,也就是 Z_c 经阻抗变换网络变换后的阻抗。引入负载阻抗 Z_L 后,图 9-38(a)可进一步简化到图 9-38(b)。图 9-38 (c)所示是其电信号流图。图 9-38(c)中 $\Gamma_L(\omega)$表示负载反射系数,只是频率 ω 的函数,而 $\Gamma_{in}(\omega)$表示有源器件输入反射系数,既是频率 ω 的函数,也是电流幅度 A 的函数。入射波 a_n 表示电路中产生的一个小噪声信号。根据图 9-38(c)中的信号流图,可以写出

$$a_L=\frac{a_n\Gamma_{in}(\omega)}{1-\Gamma_{in}(\omega)\Gamma_L(\omega)} \tag{9.3.6}$$

式(9.3.6)表示图 9-38(b)电路的闭环增益，它是式(9.3.4)的形式。由式(9.3.6)可见，当某些噪声信号产生了一个增长的 a_L 信号时，系统是非稳定的。只要函数

$$\Gamma_{in}(\omega)\Gamma_L(\omega)=1 \tag{9.3.7}$$

a_L 就趋于无穷大，表示没有信号输入，只是由于噪声的存在，才有功率输出，这就是说产生了振荡。因为

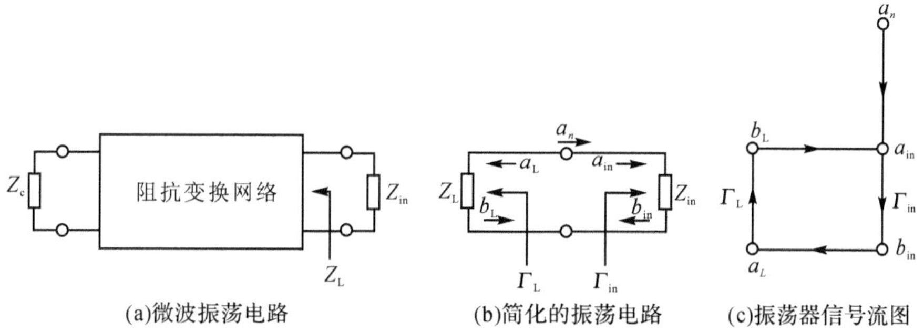

图 9-38　振荡器信号流图

$$\Gamma_{in}(A,\omega)=\frac{Z_{in}(A,\omega)-Z_0}{Z_{in}(A,\omega)+Z_0} \tag{9.3.8}$$

$$\Gamma_L(\omega)=\frac{Z_L(\omega)-Z_c}{Z_L(\omega)+Z_c} \tag{9.3.9}$$

式中：$Z_{in}(A,\ \omega)$是有源器件的输入阻抗，是电压或电流幅度与频率的函数；$Z_L(\omega)$是从有源器件向负载看进去的负载阻抗，它只是频率 ω 的函数。Z_c 是传输线特征阻抗。

将式(9.3.8)、式(9.3.9)代入式(9.3.7)得到

$$Z_{in}(A,\omega)+Z_L(\omega)=0 \tag{9.3.10}$$

$Z_{in}(A,\ \omega)$、$Z_L(\omega)$一般都是复数，由实部、虚部两部分构成，可表示为

$$Z_{in}(A,\omega)=R_{in}(A,\omega)+\mathrm{j}X_{in}(A,\omega) \tag{9.3.11}$$

$$Z_L(\omega)=R_L(\omega)+\mathrm{j}X_L(\omega) \tag{9.3.12}$$

将式(9.3.11)、式(9.3.12)代入式(9.3.10)，等式两边实部、虚部分别相等，得到

$$R_{in}(A,\omega)+R_L(\omega)=0 \tag{9.3.13}$$

$$X_{in}(A,\omega)+X_L(\omega)=0 \tag{9.3.14}$$

因为 $R_L(\omega)>0$，要使等式(9.3.13)成立，要求源的输入阻抗的实部 $R_{in}(A,\ \omega)$在某些频率范围内 $\omega_1<\omega<\omega_2$ 为负，即

$$R_{in}(A,\omega)<0 \tag{9.3.15}$$

负载阻抗正的实部 $R_L(\omega)$表示电路对能量的损耗，源内阻抗负的实部 $R_{in}(A,\omega)$表示供给电路的能量，当

$$|R_{in}(A,\omega)|>R_L(\omega) \tag{9.3.16}$$

由噪声激发的一个增长的正弦电流将流过电路。换句话说，振荡刚开始，振幅 A 很小，必须满足

$$|R_{in}(0,\omega)|>R_L(\omega) \tag{9.3.17}$$

只要环路总电阻是负值，电磁振荡振幅 A 将继续增长。因为 $R_{in}(A,\omega)$是振幅 A 的非线性函数，其绝对值$|R_{in}(A,\omega)|$随振幅 A 的增加而减小。当环路总电阻为零时，电流或电压的幅度最终达到一个稳定值(即 $A=A_0$)，此时负载损耗的功率正好等于源提供的功率，环路总

增益等于1。

式(9.3.14)决定了振荡器的振荡频率 ω_0，因此式(9.3.13)、式(9.3.14)就是振荡器达到稳定振荡的条件。由于 $Z_{in}(A,\omega)$ 与幅度和频率有关，由式(9.3.13)、式(9.3.14)确定的振荡频率可能不稳定。Kurokawa 曾证明，当式(9.3.13)、式(9.3.14)成立且同时满足下列条件

$$\left.\frac{\partial R_{in}(A)}{\partial A}\right|_{A=A_0}\left.\frac{\partial X_L(\omega)}{\partial \omega}\right|_{\omega=\omega_0}-\left.\frac{\partial X_{in}(A)}{\partial A}\right|_{A=A_0}\left.\frac{\partial R_L(\omega)}{\partial \omega}\right|_{\omega=\omega_0}>0 \tag{9.3.18}$$

可以获得稳定振荡。

在一个确定的振荡器设计中，有源器件对小信号的输入阻抗是已知的。设计 R_L 的实际方式是选择 R_L 以取得最大振荡功率，为此 R_L 的数值一般取

$$R_L=-\frac{R_0}{3} \tag{9.3.19}$$

$-R_0$ 是 $R_{in}(A)$ 在 $A=0$ 时的数值。

阻抗的倒数是导纳，用导纳表示时，稳定振荡的条件式(9.3.10)、式(9.3.13)与式(9.3.14)可表示为

$$Y_{in}(A,\omega)+Y_L(\omega)=0 \tag{9.3.20}$$

$$G_{in}(A,\omega)+G_L(\omega)=0 \tag{9.3.21}$$

$$B_{in}(A,\omega)+B_L(\omega)=0 \tag{9.3.22}$$

起振时要满足：

$$|G_{in}(0,\omega)|>G_L(\omega) \tag{9.3.23}$$

式中：

$$Y_{in}(A,\omega)=G_{in}(A,\omega)+jB_{in}(A,\omega) \tag{9.3.24}$$

$$Y_L(\omega)=G_L(\omega)+jB_L(\omega) \tag{9.3.25}$$

9.3.2　体效应二极管与雪崩二极管

晶体三极管有可能提供负阻，在分析晶体管放大器的稳定性时已提到过。除了晶体三极管外，体效应二极管、雪崩二极管也能提供负阻，它们在固体微波振荡器中也得到了广泛应用。

1. 体效应二极管

体效应二极管也称为耿氏二极管，它与所有其他二极管不同，不包含任何结，而是利用半导体内物理效应(体效应)的固态微波器件。这种器件利用了电子在能谷间的转移而产生负阻，所以它也被称为转移电子器件。其工作频段可以从1到120GHz(谐波工作时可到200GHz)，输出功率为十至几百 mW，频率低时可高达2W。效率最高可达30%～35%，但一般都低于10%或更小。其优点是噪声低，除作一般振荡器使用外，还可作低噪声本振源使用。

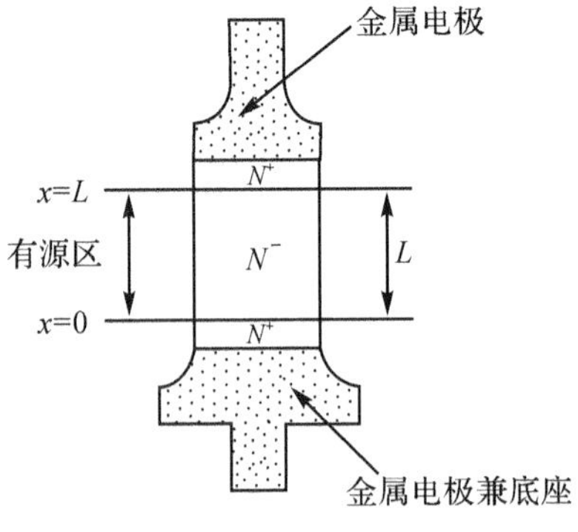

图 9-39　体效应二极管结构

(1) 结构

体效应二极管结构如图9-39所示，它是采用一块矩形立方体的 n-GaAs 材料，在两端制备欧姆接触电极构成。有源工作区(active region)通常为6～8μm长，N^+ 区域厚度为1～2μm，是欧姆型材料，电阻率很低(0.001Ω/cm)，作为有源区与

金属电极过渡层，除了改进金属电极与有源层的接触外，N^+ 区域也防止金属电极中金属离子迁移到有源工作区。

(2) 体效应二极管的负迁移率效应

n-GaAs 的导带具有双能谷结构，如图 9-40 所示，电子处于两能谷中的特点是不一样的。在低能谷中电子的有效质量小，迁移率高；在高能谷中，电子的有效质量大，相应的迁移率也降低。没有外加电场时，GaAs 中的电子都处于低能谷中。当外加电压时，N 型半导体中形成外加电场，电子从电场中获得能量，电子漂移速度随外加电场增大而加快，外加电场超过某阈值时，低能谷中的电子从直流电场获得的能量将大于高能谷的能量差，这些电子将从低能谷跃迁到高能谷，这时电子的迁移率降低。电场继续增加，越来越多的电子从低能谷跃迁到高能谷，其迁移率下降，因而电子漂移速度下降。当跃迁到高能谷的电子数大于低能谷中的电子数时，电子的平均漂移速度随电场增加反而减小，这一过程如图 9-41 所示。图中曲线的峰值对应的电场即电场的阈值 E_{th}。电场进一步增加，当所有低能谷电子都跃迁到高能谷，称这一电场为 E_b。电场超过 E_b，电子漂移速度随电场增加略有增加。在 $E_{th}<E<E_b$ 范围内，电子具有负的微分迁移率 μ_D，即

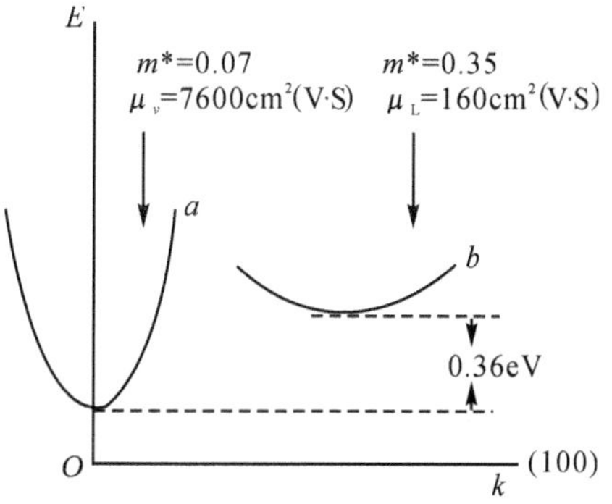

图 9-40 在 N 型砷化镓半导体中导带波矢量科

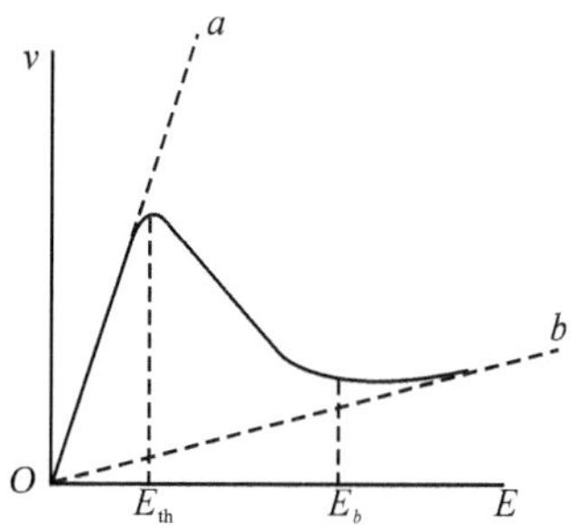

图 9-41 体效应二极管速度场

$$\mu_D=\frac{dv}{dE}<0 \quad (E_{th}<E<E_b) \tag{9.3.26}$$

电流密度 $J=\sigma E$，$\sigma=ne\mu_D$，而 $E=V/L$，故 $J=ne\mu_D V/L$，V 为外加电压，L 为 N 型砷化镓长度，这说明砷化镓在一定电场范围内(一般 E 在 $3\times10^3\sim2\times10^4$ V/cm)具有负电子迁移率，可呈现负阻特性。

(3)畴的形成与耿氏效应

在图 9-42 表示的砷化镓半导体二极管样品中，如果存在某种掺杂不均匀性，例如 $x=x_0$ 处有一小的掺杂区，那么加上外电压以后该处的电场将高于别处。随外加电压的增高，x_0 处电场首先超过 E_{th}，结果 x_0 左边有电子积累，右边由于电子速度快产生电子"抽空"现象，右边开始形成正离子区，这种正负电荷积累层类似于一偶极子，称为偶极畴。

由于畴内正负电荷的附加电场与外加电场方向一致，畴内电场增强。当外加电压不变时，导致畴外电场的降低。所以偶极畴又称高场畴。当畴内电场处于 $E_{th}<E<E_b$ 范围内时，畴内电子漂移速度随电场增强而降低，这就使畴内正负电荷进一步积累而长大，畴的长大反过来又使畴内电场更高，畴外电场更低。此过程非常迅速。然而，畴长大过程不会无限制地进行下去，因为畴外电场下降，电子漂移速度也下降，下降到某一程度以后，畴内外电子速度相等，形

成稳定畴。

在畴产生、长大及稳定的同时，畴也不断向阳极运动。畴到达阳极，即被吸收而消失，在外电路形成电流突变，电场恢复初始状态，新畴又立即在 x_0 处重新形成，这样周而复始，形成畴的自动振荡。图 9-43 所示为上述过程对应的外电路振荡电流波形。在转移电子器件中，电流振荡的这种固有模式就是众所周知的耿氏振荡效应。振荡频率 f 由二极管耿氏畴渡越时间 T_0 来确定，$f=1/T_0$，并将这种振荡模式称为渡越时间振荡模式。

体效应二极管的振荡模式有多种，主要分偶极畴模式和限累模式。渡越时间模式只是偶极层模式中的一种。偶极层中的另外两种是偶极畴消灭模式和延迟偶极畴模式，这里不再介绍。限累模式是限制空间荷积累模式(LSA)的简称，它同样也利用电子转移效应，但由于其材料掺杂均匀，偶极畴被抑制，所以工作时，工作层中无偶极畴存在，其工作频率与工作层长度无关，而是取决于外电路，所以其工作程长度比偶极畴模式大，外加偏压就可以提高，因而可有更大的输出功率和更高的效率。

(4)等效电路与电参数

体效应二极管的管芯结构较为简单，与一般二极管类似，其等效电路如图 9-44 所示。图中 $-R_D$ 是体效应二极管的负阻，C_D 为畴电容，R_0 是畴外低场区电阻，它一般远小于 R_D 值，C_0 为工作层电容。

体效应二极管的主要电参数有工作频率、输出功率、工作电压、工作电流和热阻等。下面主要介绍两个参数：工作频率 f_0 与输出功率 P_0。

体效应二极管工作频率与工作区长度成反比，对于偶极畴模式，其振荡频率可近似由下式给出

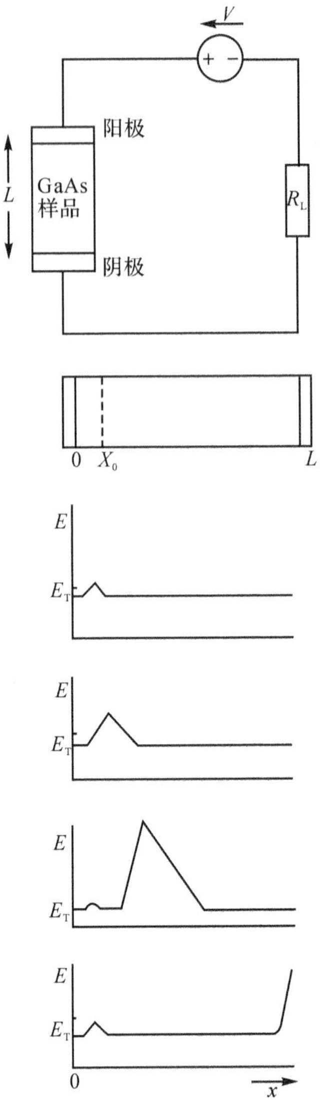

图 9-42　偶极畴形成和电场的分布

$$f_0=v_s/L=\frac{10^7}{L}=\frac{10^2}{L}(\text{GHz}) \tag{9.3.27}$$

式中：v_s 为畴运动速度；L 为畴渡越的有效长度。

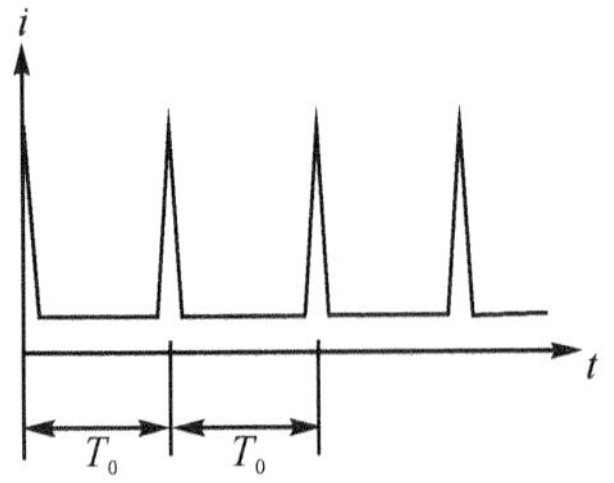

图 9-43　偶极畴振荡的电流波形

(微波工程基础图 6.52)

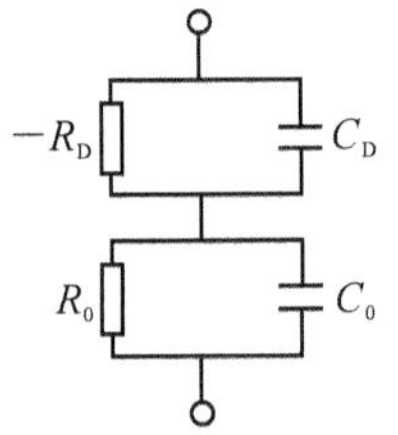

图 9-44　体效应二极管的管芯等效电路

体效应二极管输出功率由下式确定

$$P_0=\frac{E^2 v_s^2}{R_L f_0^2} \tag{9.3.28}$$

式中：E 为体效应二极管中的电场；v_s 为畴的运动速度，其饱和速度为 10^7cm/s，R_L 为负载电阻。因此，体效应二极管的输出功率与工作频率平方成反比，计算分析指出当负载电阻 R_L 为低场电阻 R_0 的 20～30 倍时，可获得最大的输出功率和最大的效率。

2. 雪崩渡越时间二极管

雪崩渡越时间二极管常常简称为“雪崩二极管”，缩写为 IMPATT。它综合利用势垒区中碰撞电离和载流子的渡越时间效应，可以在很高的频率下产生较大的功率。雪崩二极管的振荡频率已覆盖 1～300GHz，其最高振荡频率已超过 400GHz，单管连续波输出功率频率 220GHz 时，达到 50mW，94GHz 时，达到 900mW。雪崩二极管已成为微波尤其是毫米波的重要固态器件，其频率最高、功率最大，缺点是噪声较大。

(1)结构与工作原理

雪崩二极管的杂质分布多种多样，为说明其基本工作原理，下面采用里德二极管进行讨论。图 9-45 所示为里德二极管的基本结构和杂质与电场分布。从结构看实为 P^+NIN^+ 单边突变结，有一个漂移区，属“单漂移区型”。从电场分布看，可分为两个区域，即雪崩区与漂移区。图 9-46 所示则是雪崩二极管的电压电流波形。

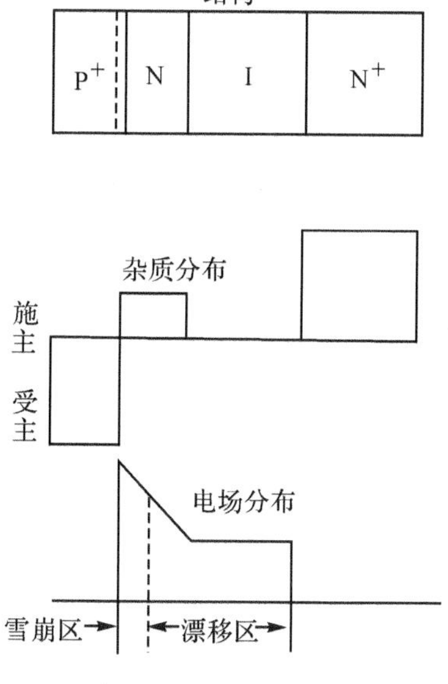

图 9-45　里德二极管的结构和杂质与电场分布

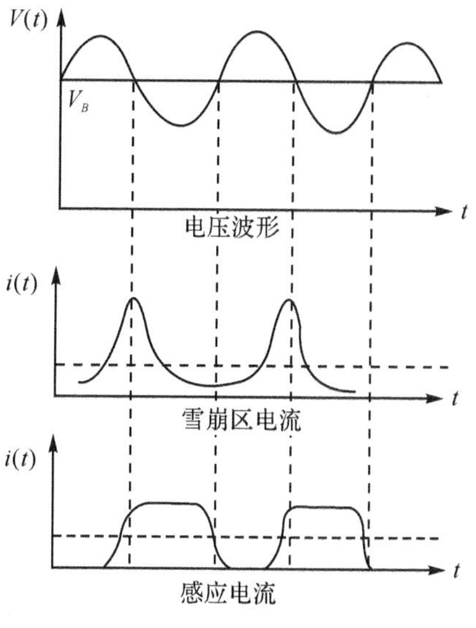

图 9-46　雪崩二极管的电压电流波形

如图 9-46 所示的雪崩二极管的电压电流波形可作如下解释。雪崩二极管是工作在雪崩击穿状态，外加射频信号是叠加在击穿电压 V_B 上的一个交流信号。在 0～π/2 周期内，器件两端的总电压高于雪崩击穿电压 V_B，所以雪崩区中的电子—空穴对的雪崩倍增指数增长，雪崩电流随之增加，直到交流电压通过零点(π/2)时，达到最大。这样就使雪崩电流产生了落后交流电压 90°的感性相移。

雪崩电流进入漂移区后，在电场的作用下，以饱和漂移速度通过漂移区输出。只要控制漂移区的长度，使其获得 π/2 的相移，这样外电流的基波分量就与交流电压之间存在 180°的相位差，就使雪崩二极管具有了负阻特性，可用于产生微波振荡。

(2)等效电路与性能参数

图 9-47 所示是雪崩二极管等效电路，其中虚线框内表示的是管芯等效电路，$-G_D$ 是负电导，它与二极管上的直流电压和交流电压幅度呈非线性关系，C_D 是等效电容，近似为一常量，R_s 是非线性电阻，L_s 是引线电感，C_p 是管壳电容，它们都是引入的封装参数。

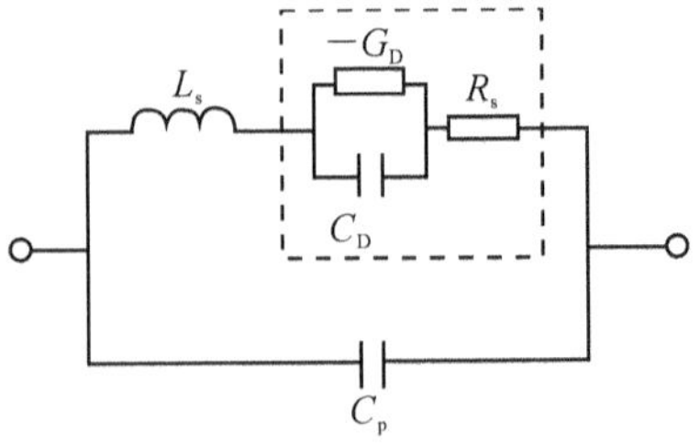

图 9-47　雪崩二极管等效电路

雪崩二极管产生负阻的条件是载流子通过漂移区的渡越时间为工作频率的半周期，即 $\tau=T/2$，故雪崩二极管的工作频率为

$$f_0=\frac{1}{T}=\frac{1}{2\tau}=\frac{v_s}{2w}$$

式中：w 为漂移区厚度；v_s 为载流子饱和漂移速度。

转换效率定义为输出功率 P_0 和电源供电功率 P_d 之比，即

$$\eta=\frac{P_0}{P_d}=\frac{V_0 I_0}{V_d I_d} \tag{9.3.29}$$

在尖脉冲下，$V_0/V_d\approx 1/2$，$I_0/I_d\approx 2/\pi$，故 $\eta\approx 1/\pi$，即理想效率可达 30%，实际都不到 20%。雪崩二极管的最大输出功率 P_{max} 受半导体材料和器件散热的限制，可以推得以下表示式

$$P_{max}=\frac{E_m^2 v_s^2}{8\pi f^2 X_c} \tag{9.3.30}$$

式中：E_m 为最大电场强度；v_s 为载流子饱和漂移速度；X_c 为雪崩管的容性电抗。

9.3.3　二极管负阻振荡器

在 20GHz 以上，二极管负阻振荡器应用较多。体效应二极管振荡器的输出功率没有雪崩管振荡器大，但噪声性能好。

下面简要介绍同轴型、波导型和微带结构型三种二极管振荡器。

1. 同轴型体效应二极管振荡器

图 9-48(a)所示是同轴腔振荡器电路结构示意图。体效应二极管 3 安装在同轴腔底部管座 2 上，管座底部装有散热块 1，体效应二极管负端接同轴腔外导体 4，正偏置 6 接入同轴腔内导体 8，同轴腔内外导体之间用聚四氟乙烯介质套筒 7 隔开，机械调谐采用扼流式不接触型活塞 5，以调节同轴腔长度从而改变谐振频率。射频功率通过耦合环 9 输出。

图 9-48(b)所示是该振荡器的等效电路。$-G_D$、jB_D 表示体效应二极管，同轴谐振器用并联的导纳 Y_0 等效，其值可近似为 $Y_0=G_0+jB_0$，而 $jB_0=-jY_c\cot k_0 l$。G_0 等效同轴腔的损耗，l 为同轴腔的长度，Y_c 为同轴线的特征导纳。谐振器与负载 Y_L 的耦合用一变比为 $1:n$ 的变压器表示，Y_L 一般等于同轴线的特征导纳。n 可用穿过同轴腔中面积 $S=l\times(b-a)$ 的磁通量与穿过耦合环的磁通量之比表示。a 与 b 分别为同轴腔内导体与外导体的半径。

(2) 波导型体效应二极管振荡器

体效应二极管振荡器当工作频率较高，频率从 8～94GHz，波导型结构用得较多。封装的体效应二极管安装在专用的底座上，便于散热，如图 9-49 所示。改变短路活塞位置可实现频

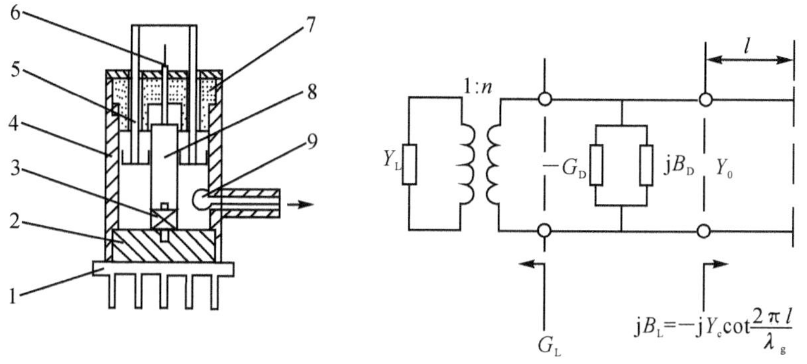

(a)电路结构　　(b)等效电路

图 9-48　同轴腔体效应二极管振荡器

率的机械调谐。输出波导高度多级过渡以实现波导高阻抗(几百欧)到体效应管低阻抗的变换。

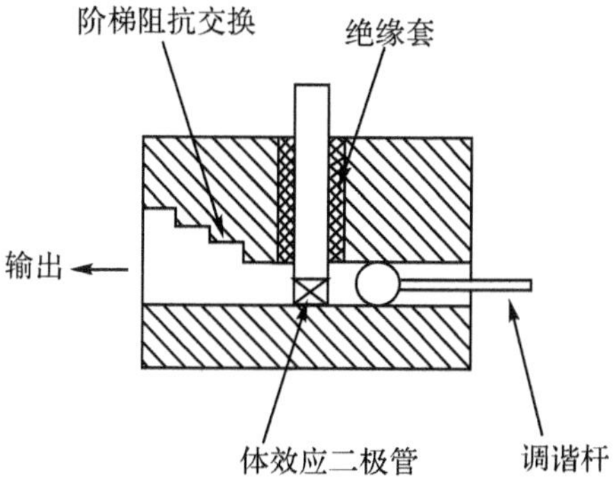

图 9-49　波导型效应二极管振荡器

(3) 微带型体效应二极管振荡器

图 9-50(a)所示是微带型体效应二极管振荡器。变容管 4 串接在体效应二极管 3 和谐振线 5 之间，作串联调谐，1 端是体效应二极管偏置输入端，2 端是电调谐元件变容管偏置输入端，6 是隔直电容，7 是偏置线，8 是接地块，9 是旁路电容，10 是变容管与体效应二极管的连线。图 9-50(b)所示是该振荡器的等效电路。$-R_D$、C_D 表示体效应管。变容管与谐振线用串联的 L_d、可变电容 C_V 以及 L_V 表示。

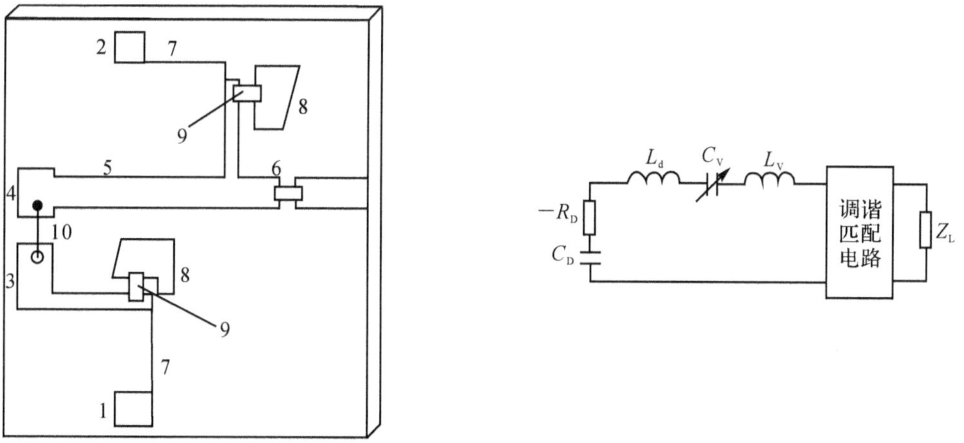

(a)微带电路结构　　(b)等效电路

图 9-50　微带型体效应二极管振荡器

微带体效应二极管振荡器结构简单，便于设计，制作方便，但损耗大，频率稳定度差，且不便于机械调谐，只适用于微波频率较低的小功率振荡器。

9.3.4　晶体三极管振荡器

1. 二端口负阻振荡器设计原理

晶体三极管振荡器有反馈振荡器与二端口负阻振荡器等结构形式。频率较低基于集总参数的振荡器，如常见的 Colpitts 振荡器、Hartley 振荡器、Clapp 振荡器都采用反馈振荡器结构形式，这种振荡电路在电子线路课程中都会讨论，本小节不再重复。

基于晶体三极管的二端口负阻振荡器的一般原理图如图 9-51(a)和(b)所示。晶体三极管的网络特性用 S 参数表示。Z_T 与 Z_{out} 分别是从终端端口向终端网络与晶体管看去的输入阻抗，而 Z_L 与 Z_{in} 则是从输入端口向负载网络与晶体管看去的输入阻抗。反射系数 Γ_T、Γ_{out} 与 Γ_L、Γ_{in} 也可作相应的解释。显然，晶体管的任何一个端口都可作为网络的终端端口。一旦选定终端端口，另一个端口就作为输入端口。负载匹配网络连接在输入端口。

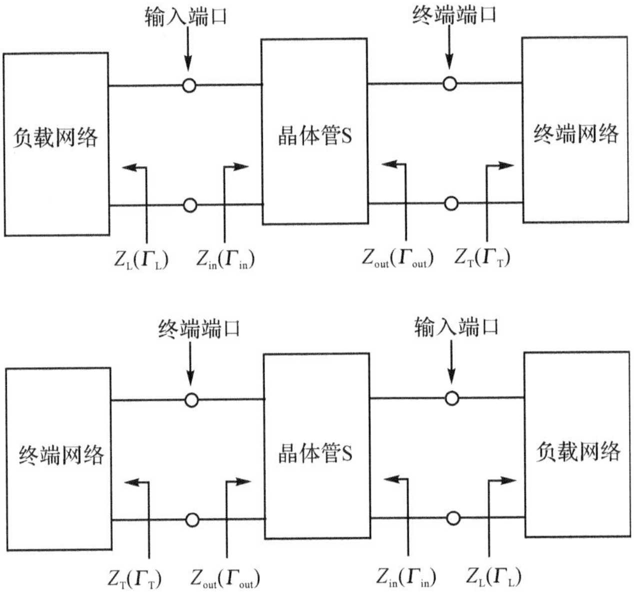

图 9-51　二端口振荡模型

为了产生振荡，作为晶体管的二端口网络要处于潜在不稳状态，且适当选择 Z_T 使得二端口网络起到一个单端口负阻器件的作用，输入阻抗 Z_{in} 的实部为负。稳定振荡条件也由式(9.3.13)、式(9.3.14)和式(9.3.10)决定。R_L 的数值初步由式(9.3.19)选定，即 $R_L \approx \dfrac{|R_{in}(0,\omega)|}{3}$。

下面将证明当输入端口引起振荡，终端端口也会产生振荡。

根据对单端口负阻振荡器分析，如果

$$\Gamma_{in}\Gamma_L = 1 \tag{9.3.32}$$

输入端口振荡，而由式(9.2.4)和式(9.3.32)得

$$\Gamma_L = \frac{1}{\Gamma_{in}} = \frac{1 - S_{22}\Gamma_T}{S_{11} - \Delta\Gamma_T} \tag{9.3.33}$$

或者
$$\Gamma_T=\frac{1-S_{11}\Gamma_L}{S_{22}-\Delta\Gamma_L} \tag{9.3.34}$$

同样由式(9.2.5)
$$\Gamma_{out}=\frac{S_{22}-\Delta\Gamma_L}{1-S_{11}\Gamma_L} \tag{9.3.35}$$

从式(9.3.34)、式(9.3.35)可以得到
$$\Gamma_{out}\Gamma_T=1 \tag{9.3.36}$$
表示终端端口也在振荡。

由此可得二端口负阻振荡器设计的初步程序。振荡器结构如图 9-52 所示。

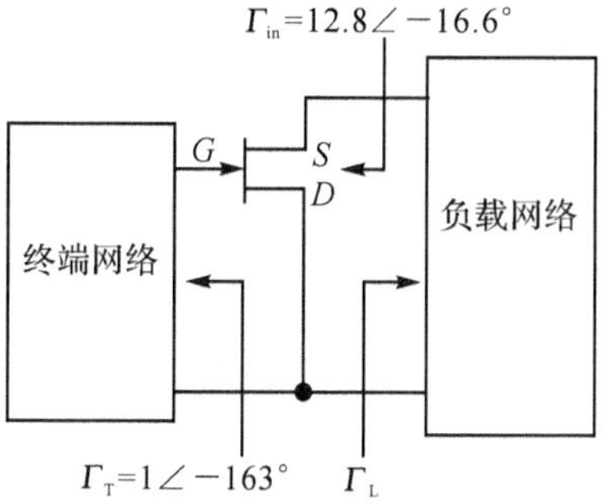

图 9-52　振荡器结构

(1) 选用在振荡频率为 ω_0 处是潜在不稳定的晶体管。

(2) 设计终端网络使其$|\Gamma_{in}|>1$。因为$|\Gamma_L|<1$,而根据式(9.3.32),$|\Gamma_{in}|$必须大于 1。这也等效于输入阻抗 Z_{in} 的实部为负。如果$|\Gamma_{in}|$不够大,可以采用串联或并联反馈增大$|\Gamma_{in}|$。

(3) 设计负载网络使其与 Z_{in} 谐振,并且满足式(9.3.35)中的起始振荡条件,也就是令
$$x_L(\omega_0)=-X_{in}(\omega_0) \tag{9.3.37}$$
和
$$R_L=-\frac{R_0}{3}\text{(或者更一般情况 }R_L=\frac{|R_{in}(0,\omega)|}{3}\text{)} \tag{9.3.38}$$

这种设计程序成功率较高,使用较为广泛,但是振荡频率与 ω_0 有一些偏差。因为只要负阻不等于负载电阻,振荡功率将增大,而 X_{in}作为 A 的函数在变化。

【例 9.9】 设计一个 8GHz 的 GaAs FET 振荡器。选择例 9.3 计算过的晶体管,因为该晶体管在 8GHz 时是不稳定的。该晶体管 8GHz 的 S 参数如下:

$S_{11}=0.98\angle 163°$,$S_{21}=0.675\angle -161°$,$S_{12}=0.39\angle -54°$,$S_{22}=0.465\angle 120°$

解　选取图 9-52 所示的电路结构,栅极和漏极端口为终端。

例 9.3 已检验过该晶体管的稳定性,在 8GHz 时,$K=0.52<1$,$\Delta=0.6713\angle -61.7°$,为潜在不稳。同时计算过该晶体管的稳定圆,如图 9-16 所示。

图 9-16 阴影区域中的任一 Γ_T 都能得到$|\Gamma_{in}|>1$(即输入端口的一个负电阻)。选择图 9-16 中在 A 点作为终端负载,即 $\Gamma_T=1\angle -163°$,相应的阻抗为 $Z_T=-j7.5\Omega$。之所以作这样的选择,是因为这个终端负载点离开稳定圆较远,且这个电抗可以由长度为 0.226λ 的 50Ω 开路微带线实现。终端负载 Z_T 确定后,再确定输入反射系数为 $\Gamma_{in}=12.8\angle -16.6°$,相应的阻抗为 $Z_{in}=-58-j2.6\Omega$。最后设计负载匹配网络,按式(9.3.38)和式(9.3.39)设计,即在 $f=8$GHz,$R_L\approx -R_{in}/3$,$X_L=-X_{in}$,故 $Z_L=19+j2.6\Omega$。

前面对二端口负阻振荡器分析也可用于大信号情况,只要器件的 S 参数是大信号下的 S 参数。大信号下 S 参数或根据器件的大信号模型得到,或通过测量得到。设计过程是

(1) 设计终端网络,选择 Γ_T 使得$|\Gamma_{in}|>1$。

(2) 估计 Γ_{in}与 Z_{in}。
$$Z_{in}(A_0,\omega_0)=R_{in}(A_0,\omega_0)+jX_{in}(A_0,\omega_0)$$
此处,$R_{in}(A_0,\omega_0)$、$X_{in}(A_0,\omega_0)$是大信号下的参数。

(3) 选择 Z_L,使得

$$R_L(\omega_0) = -R_{in}(A_0, \omega_0)$$

和

$$X_L(\omega_0) = -X_{in}(A_0, \omega_0)$$

由上面两个条件保证 $\Gamma_{in}\Gamma_L = 1$。

要得到振荡器的功率输出和效率必须基于大信号分析。谐波平衡技术是大信号下分析振荡器的很成功的方法。

2. 反射型微带振荡器

图 9-53 所示的是便于在微带电路上封装的微波晶体管(PHEMT),两源极接地。频率从 14.5 到 15GHz,输出功率为 16 到 23mW,直流到射频的效率大于 40%,最高达到 60%。对该晶体管的测试并经过简单计算表明,$K>1$,$\Delta<1$,因而是绝对稳定的。为此将一个源极的引线去掉,并与地绝缘,处于开路状态,另一源极引线接地。开路端源极引起的反射造成正反馈。再次测量该晶体管(一个源极引线去掉,另一个源极引线接地)的 S 参数,经计算,在 16.2GHz 时,$K<1$,$\Delta<1$,很不稳定。

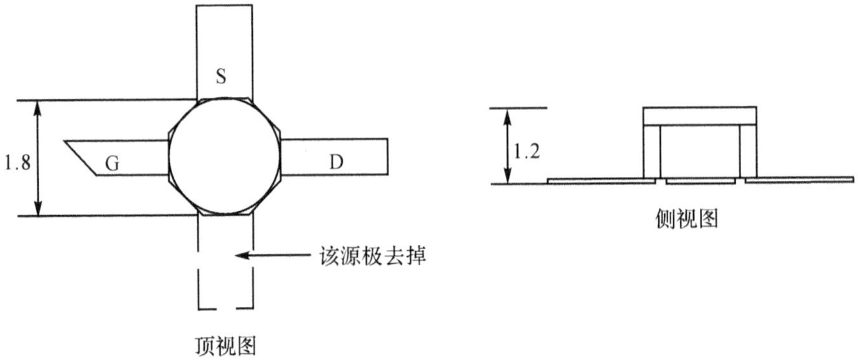

图 9-53 封装的 PHEMT

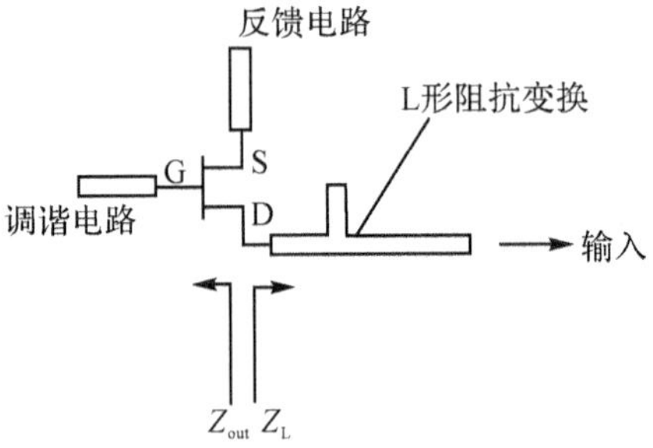

图 9-54 微带振荡器原理图

基于图 9-53 所示晶体管的微带结构振荡器的原理图如图 9-54 所示,开路的源极与栅极都与一小段开路微带线相连,漏极通过 L 形微带阻抗变换段与标准微带线相连,以实现阻抗匹配。满足振荡的条件是

$$R_{out} + R_L = 0$$

$$X_{out} + X_L = 0$$

式中:R_{out}、X_{out} 是从晶体管漏极端口看进去的输入阻抗;R_L、X_L 是向负载方向看进去的负载阻抗。R_{out} 务必是负的,起振时 R_{out} 的值要 3 倍于 R_L。改变与开路源极、栅极相连的开路微带线的长度,即可改变 $\Gamma_{out}(R_{out}、X_{out})$,与栅极相连的开路微带线相当于一谐振器,决定振荡器的工作频率。图 9-54 所示包括阻抗匹配部分所有微带线特征阻抗都为 50Ω。

3. 介质谐振器稳频振荡器

介质谐振器稳频振荡器是利用高 Q 微波介质谐振器进行稳频的晶体管振荡器,主要用于固定频率场合,晶体管既可选用 BJT,也可选用 GaAs FET,用 BJT 的介质谐振器稳频振荡器工作频率可超过 15GHz,用 GaAs FET 的频率超过 35GHz 并不困难。这种振荡器具有体积小、结构简单的特点。低损耗介质谐振器材料的进展使介质谐振器 Q 值已接近金属空腔谐振器，因此振荡器的相位噪声较低。介质谐振器的温度系数很容易控制，可以与 FET 电路互相补偿，使介质谐振器具有很高的频率稳定度。因此，介质谐振器已被广泛用于各类微波系统中。

介质谐振器的谐振频率与 $\sqrt{\varepsilon_r}$ 成反比，在微波频率低端要求 ε_r 值比较大，以减小电路尺寸。目前 ε_r 在 25～90 范围内。如 Trans-Tech 公司生产的 8000 系列介质谐振器，ε_r 从 28 到 80，频率从 UHF 波段一直到 Ka 波段。

介质谐振器已在 4.6 节讨论过，一般做成圆柱体结构，工作于 $TE_{01\delta}$ 模，其场分布如图4-45 所示，电场线以 z 轴为同心圆，没有纵向 z 分量，磁场线与电场线正交，在包含 z 轴平面内的闭合曲线。这种模式最容易与微带线耦合，如图 9-55 所示。介质谐振器放在微带线基片上，与微带线距离为 d。它们是通过磁力线相互耦合的。金属屏蔽是为了减小辐射损耗，并且增大谐振器 Q 值。

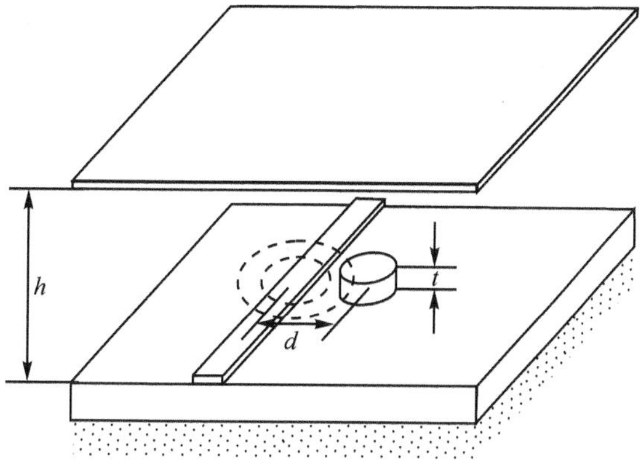

图 9-55　介质谐振器与微带线耦合

介质谐振器稳频振荡器的实用电路形式较多，如输出反射式、环路反馈式、栅极耦合式等。下面简要介绍环路反馈式介质谐振器稳频振荡器。

图 9-56(a)所示是环路反馈式介质谐振器稳频振荡器电路示意图。不加介质谐振器时，FET 电路是微波放大器的工作状态，不产生振荡；当把高 Q 介质谐振器放置在输出微带线与输入微带线之间，通过磁耦合把输出功率的一部分反馈到栅极，当反馈相位和反馈功率合适时将产生振荡，介质谐振器相当于窄带带通滤波器，在介质谐振器的中心频率处，反馈最强，相位合适。图 9-56(b)所示是反馈式介质振荡器的等效电路图。

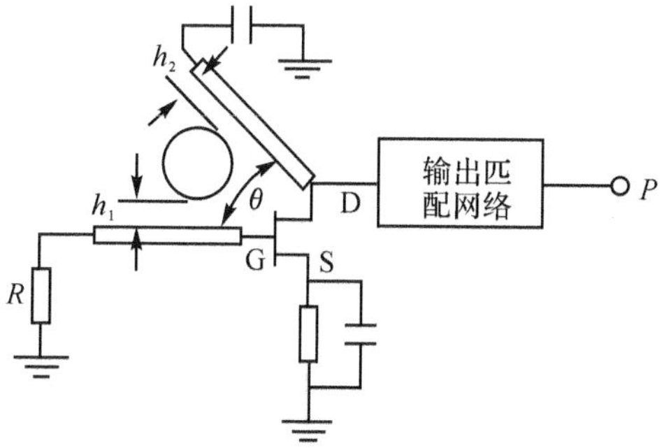

(a)振荡器电路

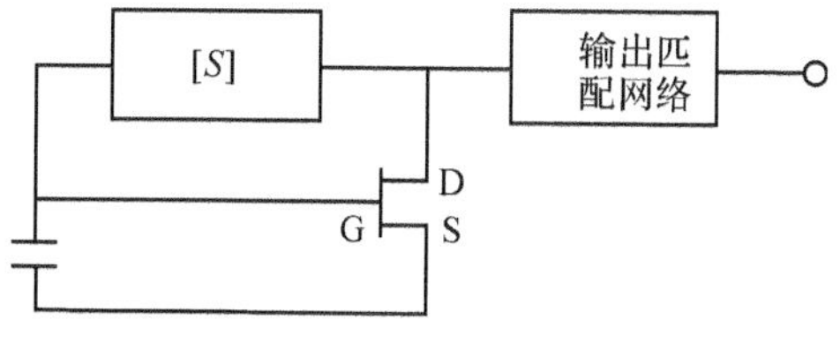

(b)等效电路

图 9-56　环路反馈式介质稳频振荡器

反馈式介质稳频振荡器的稳频效果与介质振荡器有载品质因数 Q_L 成正比，因此希望 Q_L 越大越好。Q_L 不仅取决于介质谐振器无载品质因数 Q_0，而且与微带电路耦合的强弱有直接关系。为了提高 Q_L，可以减弱耦合，与此同时，应选用高增益 FET 或采用两级 FET 放大电路。

在设计 FET 放大器电路时，应确保振荡频率处的增益最高，而在其他频率处尽可能没有增益，更不应存在寄生振荡。改变栅极和漏极微带线的夹角和介质谐振器的位置，将同时改变反馈相位和功率，使其满足振荡条件；而在介质谐振器的非谐振频率上无合适的反馈，且有栅极电阻 R 加载，不会产生振荡，因此不存在跳模。

9.3.5 环形行波振荡器

前面讨论的振荡器，谐振电路中高频场以驻波形式振荡，本小节讨论的环形行波振荡器(rotary traveling wave oscillator, RTWO)，谐振电路中高频场以行波形式存在。较之一般的 LC 振荡电路，环形行波振荡电路损耗小，并可工作到更高的频率。

环形行波振荡器是近几年才提出的一种产生多相方波(multiphase square waves)的振荡器。这种振荡器相互耦合而形成的网络结构，有可能在下一代集成电路中作为新型的时钟网电路得到应用，因而受到集成电路设计者的关注。这种电路适合用标准的 CMOS 工艺制作，0.18μm 工艺条件下，已得到 36GHz 时钟频率的振荡。

如图 9-57 所示，环形行波振荡器的基本结构与驻波振荡器电路一样，也分解为谐振电路与提供负阻的电路两部分。谐振器由环形结构的差分传输线构成，内、外两根带线上电压、电流有 180°相位差，且在 A 点交叉连接。时钟信号可以从环的任一点，如图 9-57 所示中的 B 点取出，为一近似方波的脉冲串。提供负阻的电路是分布地跨接在差分传输线上的 CMOS 反相器对，图 9-57 中共有 16 个反相器对。差分传输线在 A 点交叉连接是实现正反馈所必需的。

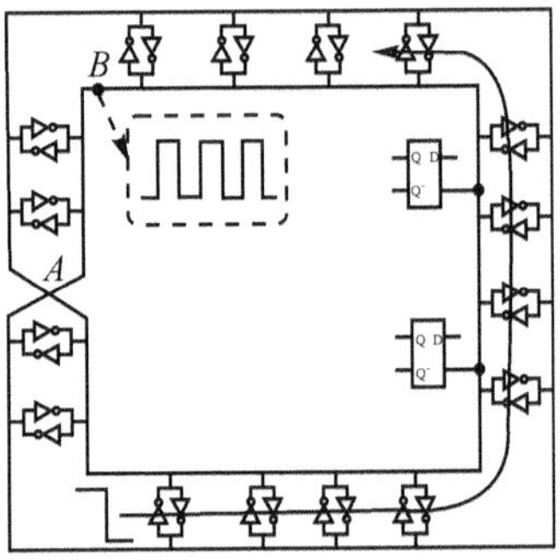

图 9-57 环形振荡器结构示意图

为说明环形行波振荡器的工作原理，不妨作一“设想”：在图 9-58(a)所示的差分传输线环断开的 A 点加一个电压源，外面的带线与电源正极相连，而里面的带线与电源负极相连，而且一旦开关闭合，立即撤去电压源，并在断开的 A 点将内外带线交叉连接，如图 9-58(b)所示。显然开关一闭合，就有一个电压行波沿差分传输线环逆时针旋转，内、外带线上对称点的电压有 180°相位差。由于内、外带线在 A 点交叉连接，当逆时针旋转的电压行波穿过 A 点后，内、外带线电压波的极性就会改变 180°。如果差分传输线无损耗，则该电压行波可在环中不断传播下去。因此，如果从环的 B 点采样，电压行波沿环一周，电压极性即改变一次。这样，从 B 点采样到的就是图中标出的多相方波脉冲信号。方波脉冲的宽度就是电压行波沿环行走一周的时延。当然，实际环形行波振荡器最初的电压行波不是通过图 9-58(a)所示的开关实现的，而是由某种噪声激励的，电压行波沿环的单向传输也不是先将环断开然后在断开点再交叉连接实现的。上面的“假想”仅便于说明问题。

然而实际的差分传输线环都是有损耗的，跨接在差分传输线的反相器对，工作时呈负阻，对电路提供能量，补偿差分传输线环的损耗，使环上的电压行波周而复始地沿环传播下去。

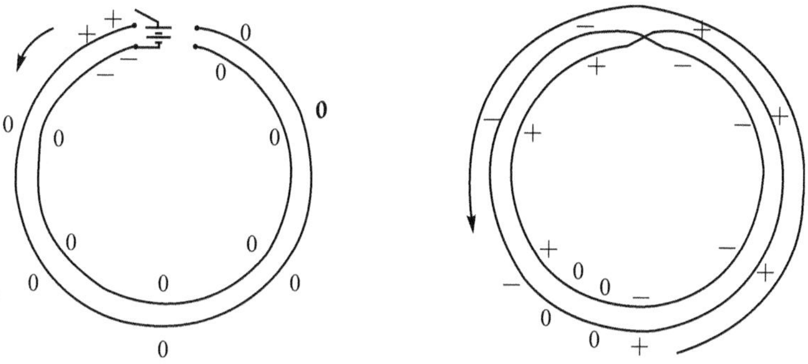

(a) (b)

图 9-58 差分传输线开环及闭环电压行波

图 9-59(a)所示的是跨接有反相器电路的差分传输线的一小段，为节省篇幅，差分传输线及反相器对的具体几何物理参数暂不列出。有兴趣的读者可参阅文献。用商用软件 ADS2003A 对它进行仿真，其直流传输特性如图 9-59(b)所示。当反相器工作于图中所示的线性区时，$\frac{\partial I_A}{\partial(V_A-V_B)}<0$，反相器表现出负阻特性。$V_A$、$V_B$ 为差分传输线两带线对地的电压，I_A、I_B 为两带线上电流。因为工作于奇模，所以 $V_A=-V_B$，$I_A=-I_B$。

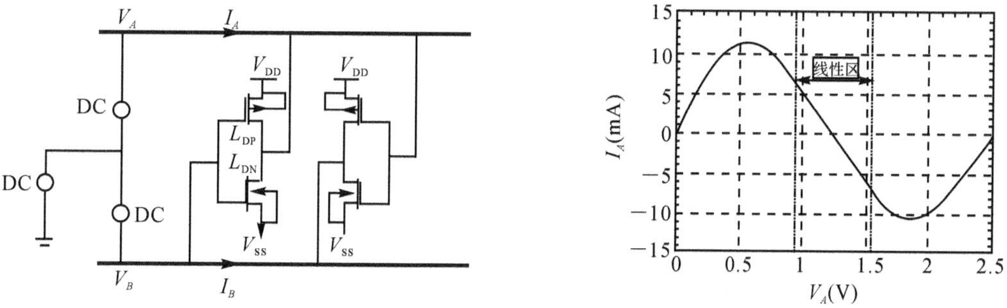

(a)加入差分电压源的反相器对电路 (b)反相器对的直流传输特性

图 9-59 跨接有反相器对的差出传输线及反相器对的伏一安特性

考虑反相器对后的差分传输线一小段的等效电路如图 9-60 所示。L_0、R_0 为单位长度的电感与电阻，C_{11}、C_{22} 为两带线对地电容，C_{12} 为两带线间电容，如设反相器对电容为 C_{inv}，则单位长度内反相器对贡献的电容 C_{inv0} 为

$$C_{inv0}=\frac{2NC_{inv}}{l} \tag{9.3.39}$$

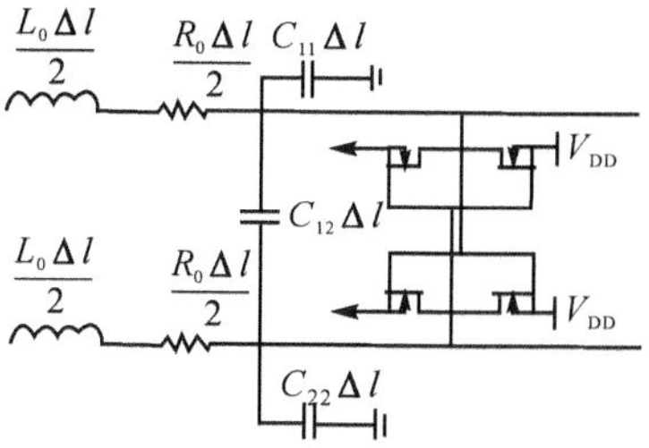

图 9-60 差分传输线一小段的等效电路

式中：N 为差分传输线环上跨接的总的反相器对数；l 为环的周长。则单位长度电容 C_0 为

$$C_0=\frac{1}{2}C_{11}+C_{12}+C_{inv0} \tag{9.3.40}$$

而沿差分传输线环电压行波的速度 v 为

$$v=\frac{1}{\sqrt{L_0C_0}} \tag{9.3.41}$$

环的周长为 l，则时钟振荡的频率为

$$f=\frac{v}{2l} \tag{9.3.42}$$

将上述设计的若干环形行波振荡器(RTWO)相互耦合就可构成环形行波振荡网络，如图 9-61 所示。图中包含了 4 个 RTWO，相邻两个环通过两个节点耦合，且在耦合点具有相同的相位。这种网络结构振荡器作为下一代集成电路的时钟网电路有很多优点，故被集成电路设计者关注。

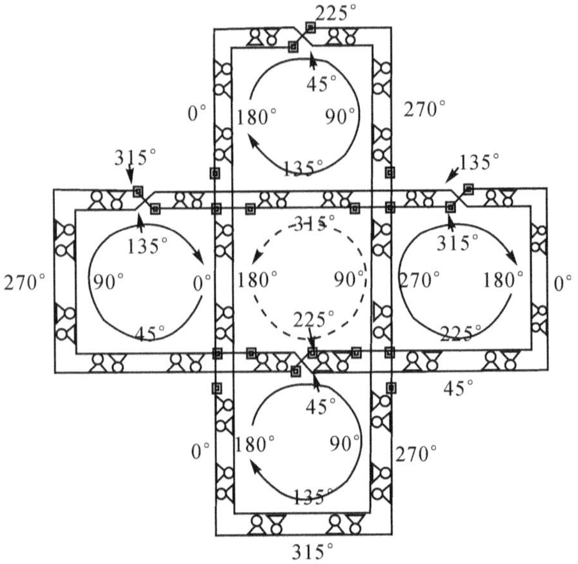

图 9-61　多个环路形成阵列模式

9.3.6　振荡器的特征参数

本节最后归纳一下振荡器的主要参数。

1. 功率输出

(1)连续波输出功率，以 W 或 mW 计。

(2)峰值功率或平均功率，主要用于脉冲工作状态。

2. 工作频率与调频范围

固定频率振荡器工作于点频，可调频振荡器给出电调或机调工作频率范围。

3. 效率

直流到射频的转换效率，用百分比表示，即

$$\eta=\frac{\text{输出功率}}{DC\ \text{输入功率}}100\%$$

4. 稳定度

稳定度是指振荡器经电的或机械的扰动后能回到原先的工作频率。比如 10GHz 工作时 ±10kHz/℃。

(1)调谐后漂移：调谐后由于固态器件热状态变化引起频率漂移。

(2)热稳定性：由于温度变化引起输出功率与频率变化。

5. 品质因数

(1)无载品质因数，不计负载影响，只由谐振腔损耗(R_c)引起。

(2)外观品质因数，只考虑负载(R_L)引起损耗，假定 $R_c=0$。

(3)有载品质因数，谐振器及负载损耗都考虑时的品质因数。

6. 频率

(1)频率跳变(jumping)：由于器件阻抗非线性引起振荡频率的非连续变化。

(2)频率牵引(pulling):负载相位变化 360°引起振荡频率的变化。

(3)频率推出:直流偏置变化引起振荡频率的变化。

7. 噪声

理想振荡器其振荡输出谱线只有一根,如图 9-62(a)所示,即只在要求的频率上产生极强的电磁振荡。而实际振荡器产生的信号,其幅度、频率或相位会被噪声调制,这种调制具有随机性,分别称为 AM 噪声、FM 噪声或相位噪声。

AM 噪声使振荡器输出信号的幅度随机起伏,FM 噪声使输出频谱展宽,如图 9-62(b)所示,f_c 为要求载波信号的频率。FM 噪声可用偏离载频 f_m(IP 输出频谱中(f_c+f_m))处 1Hz 带宽内噪声功率与载波信号功率之比来量度,即

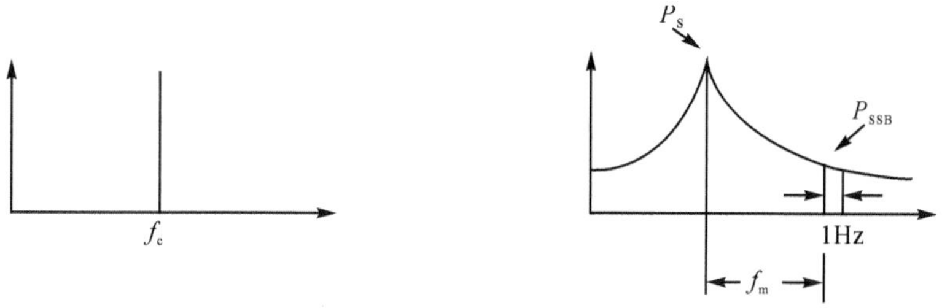

(a)理想振荡器输出　(b)实际振荡器的输出谱

图 9-62　振荡器的噪声谱

$$L(f_m)=\frac{\text{偏离载频 } f_m \text{ 处 1Hz 带宽内噪声功率}}{\text{载波信号功率}}=\frac{N}{C} \tag{9.3.43}$$

频率调制、相位调制都属于对载波相角 φ 的调制,即角度调制,因为$\frac{d\varphi}{dt}$即频率 f。相位噪声表现为相位的随机起伏,而相位对时间的导数就表现为频率的随机起伏。所以 FM 噪声、相位噪声本质上是同一回事。相位噪声也用 $L(f_m)$表示。

9.4　混频器

混频器是无线通信系统中一个基本的电路,其基本功能是利用非线性器件对频率进行变换,将加载信号的载波频率从 f_1 变换为 f_2。像手机这样的移动设备一般包含两个混频器。一个在接收链路中,另一个在发射链路中。接收链路中的混频器把接收到的较高频率的射频(RF)信号转变为频率较低的中频(IF)信号,以便后续信号处理,故接收混频器也叫下变频器。发射链路中的混频器则把较低的中频转变为较高频率的射频,因此发射链路中的混频器也叫上变频器。习惯上都把接收链路中的下变频器叫做混频器,而上变频器就是专门指发射链路中的混频器。

混频器按所采用的非线性器件可以分为二极管混频器与三极管混频器。二极管混频器结构简单,频带宽,噪声低,但有变频损耗,在微波混合集成电路中得到了广泛应用。三极管混频器可以给出更低的噪声,0~5dB 的变频增益,但是电路较复杂,需要直流供电,已得到越来越多的应用。

从电路结构形式来看，混频器有单管式混频、两管平衡式混频和多管式混频。单管混频只用一个晶体管，结构简单、成本低，但噪声高，抑制干扰能力差，要求不高时可以采用；平衡式混频器借助平衡电桥可使本机振荡器的噪声抵消，因而噪声性能得到改善，电桥又使信号与本振之间达到良好隔离，因此平衡混频器是最普遍采用的形式。

本节先讨论混频器有别于放大器、振荡器的一些特殊问题，再分别讨论二极管混频器与三极管混频器。

9.4.1 混频器工作特点及其参数表示

振荡器是一端口器件，放大器是二端口器件，混频器则是三端口器件。图 9-63(a)所示的是接收链路中起下变频作用的混频器，输入到混频器的信号有两个，一是射频信号 f_s，二是本振信号 f_{LO}(来自本地振荡器的正弦连续波信号)。频率 f_s 与 f_{LO} 比较接近，由于混频器中二极管与三极管的非线性，输出信号频谱中就包含 mf_s、nf_{LO} 的诸多和频、差频信号。如果在输出端口连接一个滤波器只使中频信号 $f_{IF}=|f_s-f_{LO}|$ 通过，那么输出信号中就只有中频 f_{IF}。图 9-63(b)则表示发射链路中起上变频作用的混频器，输入到混频器的信号也有两个，本振信号 f_{LO} 频率较高，只是信号 f_s 的频率较低，通过滤波输出的是频谱中 f_s 与 f_{LO} 的和频分量 $f_{IF}=f_s+f_{LO}$。

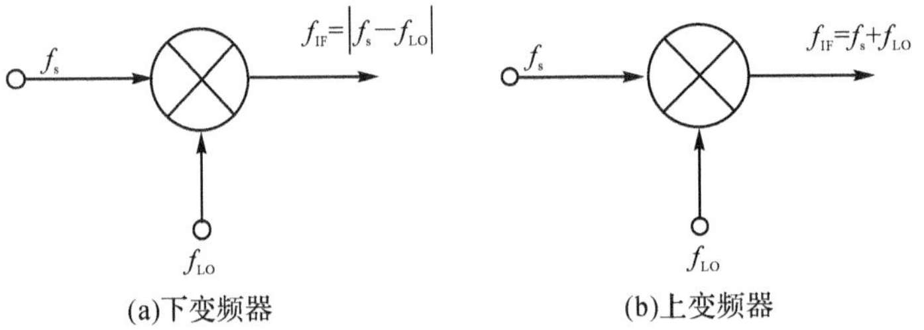

图 9-63　混频器

本振信号的强弱影响二极管的导通状态，因而也影响射频输入功率到中频输出功率的转换。所以，混频器的最佳工作状态对本振信号功率大小是有要求的。

对于超外差接收机，有必要对镜频这一术语专门作一说明。如果本振频率 f_{LO} 高于输入信号频率 f_s，那么镜频是指信号频率加上两倍中频频率，即 $(2\times f_{IF})+f_s$，或中频加本振频率 $f_{LO}+f_{IF}$。这里 f_{IF} 表示中频频率。如果本振频率低于输入信号频率，镜频则等于两倍中频与射频信号频率之差，即 f_s-2f_{IF}，或本振频率与中频之差，$f_{LO}-f_{IF}$。落在镜频的任何干扰信号，哪怕是白噪声，与本振混频的输出也有中频分量，同样能通过中频放大器输出，这是对有用信号与本振混频得到的中频输出的干扰。

根据前面关于混频器工作特点及其机理的简要讨论，混频器的特性参量与放大器、振荡器应当有所区别。下面选择几个主要特性参量进行说明。

1. 变频损耗或变频增益

混频器的最大特点是变换加载信号的载波频率，在接收链路中混频器将频率较高的输入信号转变为频率较低的中频(IF)输出信号。这一转换特性常用变频损耗或变频增益描述。对于二极管混频器，中频输出功率小于射频输入功率，就用变频损耗 α_m 表示。三极管混频器变频的同时还有放大作用，就用变频增益 G_c 表示。以分贝表示的变频损耗和变频增益定义是

$$\alpha_m(\mathrm{dB})=10\lg\left(\frac{P_s}{P_{IF}}\right) \tag{9.4.1}$$

$$G_c(\mathrm{dB})=10\lg\left(\frac{P_{IF}}{P_s}\right) \tag{9.4.2}$$

式中：P_{IF} 为中频输出功率；P_s 为射频输入功率。后面将结合二极管混频器、三极管混频器对变频损耗或变频增益作进一步的讨论。

2. 噪声系数

混频器用在接收机前端，噪声系数是一个重要指标。噪声系数的基本定义已在放大器中讨论过。但是混频器中存在多个频率，是多频率多端口网络。为适应多频率多端口网络噪声分析，噪声系数定义改为

$$F=\frac{P_{no}}{P_{ns}} \tag{9.4.3}$$

式中：P_{no} 指系统输入端噪声温度在所有频率上都是标准温度 $T_0=290\mathrm{K}$ 时，系统传输到输出端的总噪声资用功率；P_{ns} 是指仅由有用信号输入所产生的那一部分输出的噪声资用功率。

式(9.4.3)与式(9.2.51)关于噪声系数的定义本质上是一致的，但式(9.4.3)的定义不仅适用于单频线性网络，也适用于多频响应的外差电路系统。

根据具体用途的不同，混频器的噪声系数有单边带噪声系数与双边带噪声系数之分。

(1) 单边带噪声系数

在微波通信系统中，有用信号 f_s 只存在于 1 个信号的边带，其噪声系数称单边带噪声系数。此时混频器输出端的中频噪声功率 P_{no} 主要包括三部分，并表示为

$$P_{no}=kT_0\Delta f/\alpha_m+kT_0\Delta f/\alpha_m+P_{nd}$$

式中：Δf 为中频放大器频带宽度；α_m 为混频器变频损耗；T_0 为环境温度，$T_0=290\mathrm{K}$。

右边第一项叫做信号频带噪声功率，表示信号输入端口信源热噪声 $kT_0\Delta f$ 经过混频器变换由中频端口输出的中频噪声功率。第二项表示镜频频带噪声功率。由于热噪声是均匀白色频谱，因此如图 9-64 所示，在镜频 f_i 附近 Δf 内的热噪声与本振频率 f_{LO} 之差为中频，也将变换成中频噪声输出。这部分噪声功率与信号频带噪声功率一样大，都是 $kT_0\Delta f/\alpha_m$。第三项 P_{nd} 表示混频器自身噪声，主要源于混频器内部损耗电阻热噪声以及混频器电流的散弹噪声。

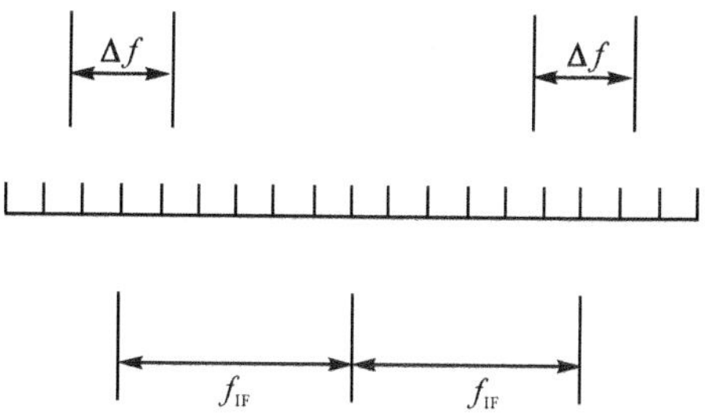

图 9-64　混频器热噪声谱

为了说明混频器的噪声性能，把 P_{no} 等效为混频器输出电阻在温度为 T_m 时产生的热噪声功率，即 $P_{no}=kT_m\Delta f$，T_m 称为混频器等效噪声温度。$kT_m\Delta f$ 和理想电阻热噪声功率之比定义为混频器噪声温度比 t_m，即

$$t_m=\frac{P_{no}}{kT_0\Delta f}=\frac{T_m}{T_0} \tag{9.4.4}$$

按照式(9.4.3)的定义，混频器单边带工作时的噪声系数为

$$F_{SSB}=\frac{P_{no}}{P_{ns}}=\frac{kT_m\Delta f}{P_{ns}} \tag{9.4.5}$$

在混频器技术手册中常用 F_{SSB} 表示单边带噪声系数。其中 SSB 是 Single Side Band 的缩写。

P_{ns}是信号边带热噪声(随信号一起进入混频器)传到输出端的噪声功率,它等于 $kT_0\Delta f/\alpha_m$。由此可得单边带噪声系数为

$$F_{SSB}=\frac{kT_m\Delta f}{\dfrac{kT_0\Delta f}{\alpha_m}}=\alpha_m t_m \tag{9.4.6}$$

(2) 双边带噪声系数

在遥感探测、射电天文等领域,接收信号是均匀谱辐射信号,存在于两个边带,这种应用时的噪声系数称为双边带噪声系数。

此时上下两个边带都有噪声输入,故 $P_{ns}=2kT_0\Delta f/\alpha_m$。按定义可写出双边带噪声系数为

$$F_{DSB}=\frac{P_{no}}{2k'T_0\Delta f/\alpha_m}=\frac{1}{2}a_m t_m \tag{9.4.7}$$

式中:DSB 是 Double Side Band 的缩写。

由式(9.4.6)和式(9.4.7)相比较可知,由于镜像噪声的影响,混频器单边带噪声系数比双边带噪声系数大一倍,即高出 3dB。

在商品混频器技术指标中常给出整机噪声系数,这是指包括中频放大器噪声在内的总噪声系数。混频器和中频放大器的总噪声系数可表示为

$$F_0=\alpha_m(t_m+F_{IF}-1) \tag{9.4.8}$$

式中:F_{IF}为中频放大器噪声系数;t_m 值主要由混频器性能决定,也和电路端接负载有关。在厘米波段,$t_m=1.1\sim1.2$,而在毫米波段 $t_m=1.2\sim1.5$。如在厘米波段,取 $t_m\approx 1$,则可粗略估计整机噪声为

$$F_0=\alpha_m F_{IF} \tag{9.4.9}$$

3. 隔离度

混频器隔离度是指各频率端口之间的隔离度,包括信号与本振之间的隔离度,信号与中频之间的隔离度,以及本振与中频之间的隔离度。隔离度定义是本振或信号泄漏到其他端口的功率与原有功率之比,单位为 dB。例如信号至本振的隔离度定义是

$$L_{sp}=10\lg\frac{\text{信号输入到混频器的功率}}{\text{在本振端口测得的信号功率}}$$

信号至本振的隔离度是个重要指标,尤其是在共用本振的多通道接收系统中,当一个通道的信号泄漏到另一通道时,就会产生交叉干扰。

本振至微波信号的隔离度不好时,本振功率可能从接收机信号端反向辐射或从天线反发射,造成对其他电设备干扰,使电磁兼容指标达不到要求,而电磁兼容是当今工业产品的一项重要指标。

信号至中频的隔离度指标在低中频系统中影响不大,但是在宽频带系统中就是个重要因素。

单管混频器隔离度依靠定向耦合器,很难保证高指标,一般只有 10dB 量级。

平衡混频器则是依靠平衡电桥。微带式的集成电桥本身隔离度在窄频带内不难做到 30dB 量级,但由于混频管寄生参数、特性不对称或匹配不良,不可能做到理想平衡。所以实际混频器总隔离度一般在 15~20dB 左右,较好者可达到 30dB。

4. 镜频抑制度

在本节噪声系数论述中已提到过单边带混频器镜频噪声的影响,它将使噪声系数变坏

3dB。在混频器之前如果有低噪声放大器，就更必须采取措施改善对镜频的抑制度。现在优良的低噪声放大器在 C 波段已能做到 $N_F=0.5$dB，若采用无镜频抑制功能的常规混频器，整机噪声将恶化到 3.5dB。此外，如果在镜频处有干扰，甚至可能破坏整机正常工作。

抑制镜频的方式大都是在混频器前加滤波器，可采用对镜频带阻式或对信频带通式。

镜频抑制度一般为 10～20dB，对于抑制镜频噪声来说已经够用。有些特殊场合，为了抑制较强镜频干扰，则需 25dB 或更高。

5. 本振功率与工作点

混频器的本振功率是指最佳工作状态时所需的本振功率。商品混频器通常要指定所用本振功率的数值范围，比如指定 $P_{LO}=10\sim12$dBm。这是因为，本振功率变化时将影响到混频器的许多项指标。本振功率不同时，混频二极管工作电流不同，阻抗也不同，这就会使本振、信号、中频三个端口的匹配状态变坏；此外，也将改变动态范围和交调系数。

本振功率在厘米波低端大约需 2～5mW，在厘米波高端为 5～10mW，毫米波段则需 10～20mW；双平衡混频器和镜频抑制混频器用 4 只混频管，所用功率自然要比单平衡混频管大一倍。在某些线性度要求很高、动态范围很大的混频器中，本振功率要求高达近百毫瓦。

9.4.2　二极管混频器

微波集成二极管混频器基本上采用肖特基势垒二极管作变频元件。虽然二极管混频必不可免有变频损耗，但是它结构简单，便于混合集成，工作频带宽，可能达到几个甚至几十个倍频程。它的噪声较低，是较好的二极管混频器，考虑变频损耗在内的总噪声系数可低达 4～5dB；而且工作稳定，动态范围大，不容易出现饱和。

1. 二极管单管混频器及其简化理论分析

单管混频器只采用 1 只混频二极管，图 9-65(a)所示是典型的微带电路单管混频器，图(b)所示为理想等效电路。

由图 9-65(a)可见，信号由定向耦合器的端口②输入并直通到端口④，本振 f_p 由定向耦合器端口①输入，耦合到端口④，然后同时经过匹配电路加到混频管。因为定向耦合器的端口②和④是隔离的，这就保证了信号与本振间的隔离。端口①到端口④的耦合度通常设计为 10dB 或略小，端口④与端口②本振耦合功率之比就是定向耦合器的方向性，约 5～10dB。端口①到端口②的隔离度等于耦合度加方向性，约为 15～20dB。端口③接匹配负载，以免影响隔离度。

匹配电路由微带 T 形分支和两段不同阻抗的微带线组成，将混频管阻抗匹配到定向耦合器入口阻抗。

混频管 V_j 的右端用扇形线在 S 点构成交流接地点，由此点可将中频 f_{IF} 引出。为构成混频管直流通路，用一段 $\lambda_g/4$ 高阻微带线在 G 点与基片背面相通而构成直流接地；直流通路另一端将在中频放大器内形成。

根据图 9-65(b)所示的单管混频器理想等效电路，信号和本振(LO)输入电压用两个串联电压源表示。信号 $v_s(t)$ 和本振 $v_{LO}(t)$ 可表示为

$$v_s(t)=V_s\cos\omega_s t \tag{9.4.10}$$

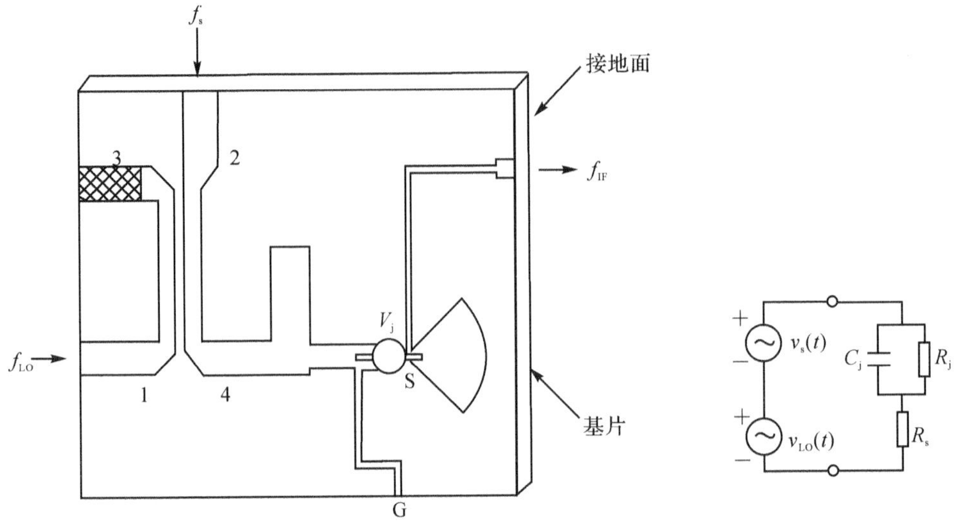

(a)单管混频器电路　　(b)理想等效电路

图 9-65　单管混频器电路

$$v_{LO}(t)=V_{LO}\cos\omega_{LO}t \tag{9.4.11}$$

式中：ω_s、ω_{LO}分别为信号和本振的角频率。

起混频作用的肖特基垫垒二极管管芯用 C_j，$R_j=1/g$ 和 R_s 三个元件构成的电路表示。C_j、R_j 分别表示肖特基垫垒二极管的结电容和结电阻，它们在电路中是并联的。g 定义为二极管的结电导，小信号下 C_j 与 g 的表达式下面会给出。R_s 表示包括接触电阻、沟导电阻等在内的串联电阻。

小信号情况下肖特基混频管 $I-V$ 变化关系可表示为

$$I(V)=I_S(e^{\alpha V}-1) \tag{9.4.12}$$

其中，I_S 为反向饱和电流，数值极小。V 为外加电压，$\alpha=q/nkT$，k 为玻尔兹曼常数，T 为绝对温度，q 为电子电荷，n 为理想因子，其理想值 $n=1$。

式(9.4.12)表示的 I-V 关系有强烈的非线性。其小信号结电导为

$$g(V)=\frac{\partial I(V)}{\partial V}=\alpha I_s e^{\alpha V} \tag{9.4.13}$$

而二极管的结电容为

$$C_j(V)=\frac{C_{j0}}{\left(1-\dfrac{V}{V_{bi}}\right)^{\gamma}} \tag{9.4.14}$$

式中：C_{j0}是零偏压时的结电容，V_{bi}是自建电压，$\gamma(\approx 0.5)$是指数参数，与二极管的制造工艺有关。

在混频过程中，只有加在非线性结电阻(与结电导是倒数关系)R_j 上的信号功率才参与频率变换，而 R_s、C_j 对 R_j 的分压和旁路作用将使信号功率消耗一部分，所以 R_s、C_j 对二极管混频器性能有重要影响。这两个参数的优化是二极管混频器设计的关键之一。二极管的截止频率 f_c 为

$$f_c=1/(2\pi R_s C_{j0}) \tag{9.4.15}$$

二极管的截止频率一般高达几百 GHz，要使混频器工作在较佳的状态，其截止频率比工作频率一般要高出 10 倍，甚至更多。

二极管混频器的变频损耗由三部分组成，包括电路失配损耗 α_ρ、混频二极管芯的结损耗 α_r 和非线性电导净变频损耗 α_g。

$$\alpha_m = \alpha_\rho + \alpha_r + \alpha_g \quad (\mathrm{dB}) \tag{9.4.16}$$

失配损耗 α_ρ 取决于混频器微波输入和中频输出两个端口的匹配程度。管芯的结损耗主要由电阻 R_s 和电容 C_j 对 R_j 的分压和旁路作用引起，可表示为

$$\alpha_r = 10\lg\left(1+\frac{R_s}{R_j}+\omega_s^2 C_j^2 R_s R_j\right) \ (\mathrm{dB}) \tag{9.4.17}$$

混频器工作时，C_j 和 R_j 值都随本振激励功率 P_{LO} 大小而变化。P_{LO} 很小时，R_j 很大，C_j 的分流损耗大；随着 P_{LO} 加强，R_j 减小，C_j 的分流减小，但 R_s 的分压损耗增长，因此将存在一个最佳激励功率。适当调整本振功率，使 $R_j=\frac{l}{\omega_s C_j}$ 时，可以获得最低结损耗，即

$$\alpha_{r\min} = 10\lg(1+2\omega_s C_j R_s) \ (\mathrm{dB}) \tag{9.4.18}$$

可以看出，管芯结损耗随工作频率而增加，也随 R_s 和 C_j 而增加。根据实际经验，硅混频二极管的结损耗最低点相应的本振功率大约为 1～2mW，砷化镓混频二极管最小结损耗相应的本振功率约为 3～5mW。

净变频损耗 α_g 取决于非线性器件中各谐波能量的分配关系，严格的计算要用计算机按多频多端口网络进行数值分析；但从宏观来看，净变频损耗将受混频二极管非线性特性、混频管电路对各谐波端接情况以及本振功率强度等影响。当混频管参数及电路结构固定时，净变频损耗将随本振功率增加而降低。本振功率过大时，由于混频管电流散弹噪声加大，从而引起混频管噪声系数变坏。对于一般的肖特基势垒二极管，正向电流为 1～3mA 时，噪声性能较好，变频损耗也不大。

下面对混频器产生的新频率分量中就我们最感兴趣的中频(IF)分量进行讨论。

小信号情况下，令加到混频二极管的电压为

$$V = V_0 + v \tag{9.4.19}$$

其中，V_0 是直流偏置电压；v 是小信号交流电压，包括信号电压和本振电压两部分

$$v(t) = v_s(t) + v_{LO}(t) = V_s\cos\omega_s t + V_{LO}\cos\omega_{LO} t \tag{9.4.20}$$

将式(9.4.19)代入式(9.4.12)，并作泰勒级数展开得

$$I(V) = I_0 + v\frac{\mathrm{d}I}{\mathrm{d}V}\bigg|_{V_0} + \frac{1}{2}v^2\frac{\mathrm{d}^2 I}{\mathrm{d}V^2}\bigg|_{V_0} + \cdots \tag{9.4.21}$$

式中：I_0 是直流偏置电流。根据式(9.4.12)，可得 $\frac{\mathrm{d}I}{\mathrm{d}V}\Big|_{V_0}$、$\frac{\mathrm{d}^2 I}{\mathrm{d}V^2}\Big|_{V_0}$ 为

$$\frac{\mathrm{d}I}{\mathrm{d}V}\bigg|_{V_0} = \alpha I_s e^{\alpha V_0} = \alpha(I_0+I_s) = g_d = \frac{1}{R_j} \tag{9.4.22}$$

$$\frac{\mathrm{d}^2 I}{\mathrm{d}V^2}\bigg|_{V_0} = \alpha^2 I_s e^{\alpha V_0} = \alpha^2(I_0+I_s) = \alpha g_d = g'_d \tag{9.4.23}$$

则式(9.4.21)可表示为

$$I(V) = I_0 + i = I_0 + v g_d + \frac{v^2}{2}g'_d + \cdots \tag{9.4.24}$$

将式(9.4.20)代入式(9.4.24)得到小信号情况下流过混频二极管的总的电流为

$$\begin{aligned} I(t) = {} & I_0 + g_d(V_s\cos\omega_s t + V_{LO}\cos\omega_{LO} t) + \\ & \frac{g'_d}{2}(V_s\cos\omega_s t + V_{LO}\cos\omega_{LO} t)^2 + \cdots \end{aligned} \tag{9.4.25}$$

式中：第 1 项是直流偏置电流，用隔直电容与中频(IF)断开；第 2 项是信号和本振的复制，可由低通 IF 滤波器滤出；第 3 项用三角恒等式可改写为

$$\begin{aligned} i(t)\big|_{\text{式(9.4.25)第3项}} &= \frac{g_d'}{2}(V_s\cos\omega_s t + V_{LO}\cos\omega_{LO}t)^2 \\ &= \frac{g_d'}{2}(V_s^2\cos^2\omega_s t + V_{LO}^2\cos^2\omega_{LO}t + 2V_sV_{LO}\cos\omega_s t\cos\omega_{LO}t) \\ &= \frac{g_d'}{4}[V_s^2(1+\cos 2\omega_s t) + V_{LO}^2(1+\cos 2\omega_{LO}t) \\ &\quad + 2V_sV_{LO}\cos(\omega_s-\omega_{LO})t + 2V_sV_{LO}\cos(\omega_s+\omega_{LO})t] \end{aligned}$$

只有一项包括所要的 IF 信号，即

$$i_{IF}(t) = \frac{g_d'}{2}V_sV_{LO}\cos(\omega_s-\omega_{LO})t = \frac{g_d'}{2}V_sV_{LO}\cos\omega_{IF}t \tag{9.4.26}$$

式中：$\omega_{IF}=\omega_s-\omega_{LO}$。

式(9.4.26)告诉我们：中频(IF)分量 $i_{IF}(t)$ 与信号电压 $v_s(t)$ 成正比。这表明，尽管载波频率改变，但中频分量携带的信息不变。中频(IF)分量 $i_{IF}(t)$ 与本振功率 P_{LO} 有关。本振加到二极管的功率大，V_{LO} 也增大，但 V_{LO} 也影响 g_d'，所以 $i_{IF}(t)$ 与 P_{LO} 关系较复杂。如前所述，考虑到噪声等性能，加到混频管的本振功率不是越大越好，而存在一个最佳范围。

单管混频器的隔离度、噪声系数都比其他形式混频电路差，只是结构简单，在某些要求不高之处仍可应用。

2. 平衡混频器

由两只混频管构成的混频器称为单平衡混频器，这种混频器应用很广，有多种电路结构形式。由于混频电路中采用了平衡电桥，使各端口隔离度大为改善，本机振荡器的相位噪声可在两管电流中抵消，同时也抵消了一部分组合谐波分量，因而既提高了混频纯度，又改善了变频损耗。

下面只对少数典型电路加以介绍。

(1)微带分支电桥混频器

图 9-66 所示的平衡混频器采用 8.2 节讨论过的微带分支 3dB 定向耦合器作平衡电桥，电桥每臂长度为 $\lambda_g/4$，λ_g 是本振和信号平均频率的微带波长。一般情况下，中频很低，有 $f_s\approx f_{LO}$，所以下面的所述微带波长均不指明是针对 f_s 还是 f_{LO}。

本振 f_{LO} 由电桥端口①输入，经电桥均分后加到两只混频管 V_{j1} 和 V_{j2}。信号 f_s 由端口②输入也经电桥均分后加到 V_{j1} 和 V_{j2}。两只混频管分别在 S_1 和 S_2 点由低阻抗开路微带线构成微波接地。

混频管与电桥之间的匹配电路将混频管阻抗匹配到 50Ω。电桥 4 个端口微带线特征阻抗 Z_c 皆为 50Ω。根据微带分支 3dB 定向耦合器的设计原则，电桥的 1～2 臂和 3～4 臂的特性阻抗是 Z_c，2～3 臂和 1～4 臂皆是 $Z_c/\sqrt{2}$。

注意，由于微带分支 3dB 耦合器在端口②与③输出的信号有 90°相位差，根据式(9.4.25)，端口②和③的中频分量有 180°相位差。所以，混频管 V_{j1} 和 V_{j2} 以相反极性安装，以使两混频器管的中频输出同相叠加。

本振的相位噪声是随本振一起由端口①进入电桥，相位噪声在 V_{j1} 和 V_{j2} 中混成的中频噪声相位相反而抵消，因而本振噪声的影响被大大削弱。这是平衡混频器的重要特性。

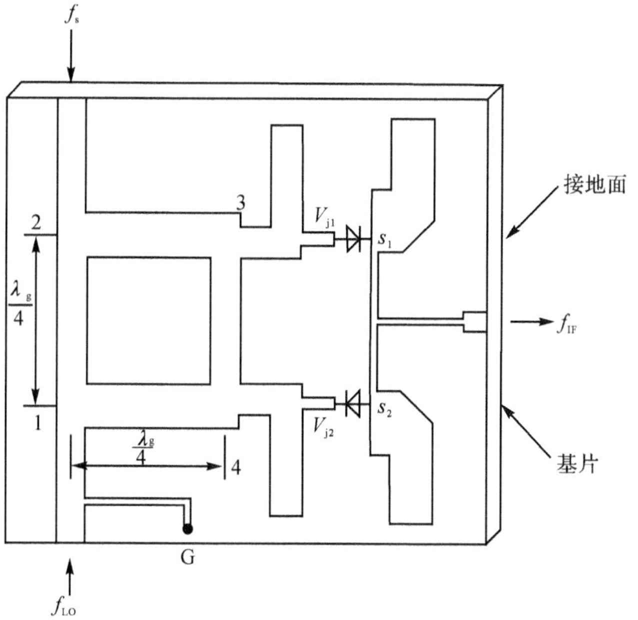

图 9-66　平衡混频器电路

平衡混频器中有一部分组合频率成分在中频端口也因 V_{j1} 和 V_{j2} 相反极性安装而相互抵消。此种分支电桥型被抵消的频率成分是 $m(f_s+f_{LO})$，其中 $m=1,2,3,\cdots$。

(2)环形电桥混频器

如图 9-67 所示，环形电桥混频器采用 8.2 节讨论过的环形电桥作混频器的平衡电桥。整个环的周长为 $1.5\lambda_g$，如果环形电桥的 4 个端口微带线特性阻抗 Z_c 都是 50Ω，则圆环各臂的特性阻抗 Z_1 就是$\sqrt{2}Z_c$。

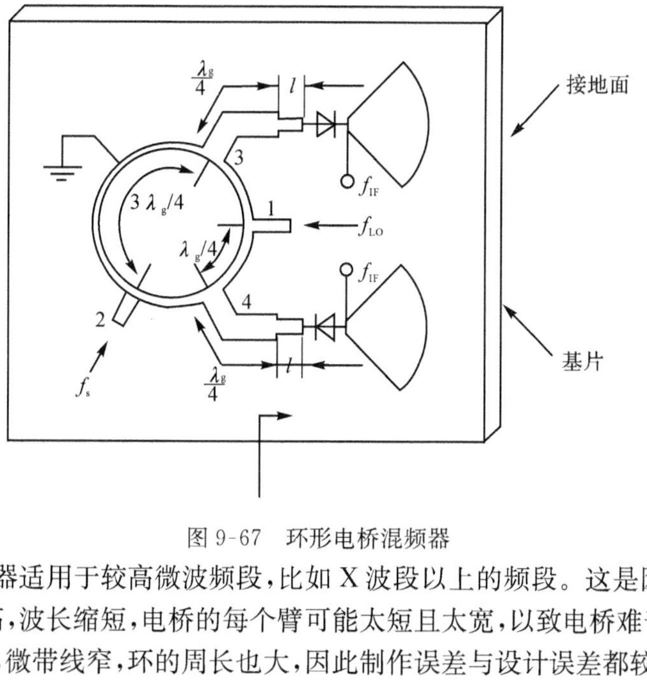

图 9-67　环形电桥混频器

环形电桥混频器适用于较高微波频段，比如 X 波段以上的频段。这是因为采用微带分支电桥，随着频率升高，波长缩短，电桥的每个臂可能太短且太宽，以致电桥难于实现。而环形电桥每臂特性阻抗高，微带线窄，环的周长也大，因此制作误差与设计误差都较小。反之，若用在微波低频段，则有可能使混频器整个尺寸过大。

根据环形微带电桥的工作特点，如图 9-67 所示，当混频器的本振 f_{LO} 由端口①馈入时，等分到端口②和③的信号是同相的，由于端口②和③的混频二极管是反向安装的，所以加在混频管上的本振电压是反相的。同样的分析，当信号 f_s 由端口④馈入时，等分到端口②和③的信号是反相的，但端口②和③的混频二极管是反向安装的，这就使得加到两混频管的信号电压是同相的。这种结构又称反相型平衡混频器。

混频管复数阻抗 Z_d 先经长度为 l 的一段微带线，在参考面 B 刚好变换为只有实部 R_b，再用一段 $\lambda_g/4$ 阻抗变换器把 R_b 变换为电桥入口特性阻抗 $Z_c=50\Omega$。阻抗变换器的特性阻抗为

$$Z_c=\sqrt{50\times R_b}$$

环形电桥混频器的本振入口和中频出口引线相互交叠，因此中频引出线只好在基片上穿孔后由基片下面引出。在中频不太高时，中频输出线也可以用跳线跨在本振输入微带线上。这是环形电桥混频器结构上的不足之处。

环形电桥混频器电路中，本振相位噪声也在中频端口相互抵消，而且本振的偶次谐波和信号的各次谐波组合分量将在中频端口相互抵消。

如果两混频管匹配不良，有反射时，由两管反射的本振功率在信号口是反相的，只要两管反射相等就可以抵消，因此环形电桥隔离度很好。但是，对于端口驻波比来说，不论是信号口还是本振口，两管反射将叠加，因此端口驻波比较差。

9.4.3 三极管混频器

三极管混频器常用场效应三极管(FET)或双栅场效应管作变频元件，这种混频器能给出大约 0～5dB 的变频增益。不止一个 FET 参量可提供非线性，但非线性最强的是跨导 g_m。当使用共源结构 FET 时，用负的栅极偏置，跨导 g_m 随栅压 V_{gs} 变化的典型关系如图 9-68 所示。当栅偏压接近夹断区时，跨导近似为零，小的正栅压变化能引起跨导大的变化，导致非线性响应。所以本振电压可施加到 FET 的栅极上，用以泵浦使跨导在高的和低的 FET 跨导值之间转换，从而提供所希望的混频功能。

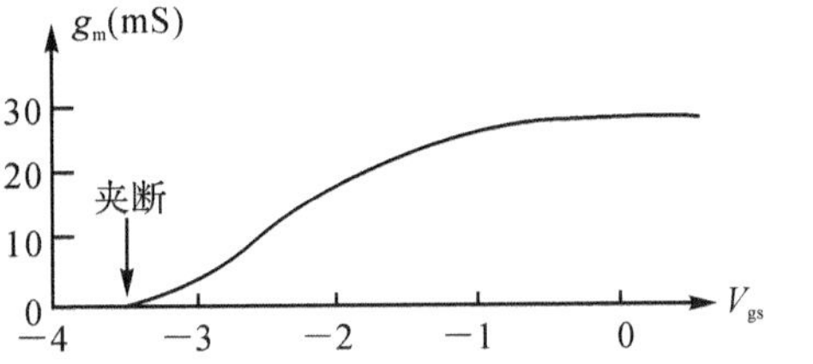

图 9-68　FET 的跨导 g_m 随栅一源电压 V_{gs} 变化

相对于二极管混频器，微波 FET 三极管混频器的主要优点是：

(1)可获得变频增益

三极管混频器可设计成高增益和高线性两种不同工作状态。通常为了获得较好线性度，用增益较低状态，此时增益约为几 dB。即使如此，仍比二极管混频的衰减状态改善了许多。

(2)输出饱和点高

典型的 FET 混频器 1dB 输出功率压缩点可能做到 20dBm，它比一般的二极管混频器高了许多，这不仅提高了动态范围的上限，而且改善了三阶交调性能。

(3)组合谐波分量少

本振工作点可以选在变频跨导的直线段，以获得最好直线性和最小谐波分量。

但是 FET 混频器的噪声系数高于同样的 FET 微波放大器的噪声系数，此点将在下面说明。

1. 三极管单管混频器及其简化理论分析

图 9-69(a)所示为单管 FET 混频器微带电路示意图，本振和信号同时通过微带定向耦合器并经输入匹配电路加到 FET 的栅极。为了避免损耗，信号经直通端口直接输入，本振则通过耦合端口输入。为了给 FET 栅极直流偏置，定向耦合器通过隔直电容与输入匹配电路连接，隔直电容的作用，就直流而言，FET 栅极跟其他电极是隔离的，但对高频仍然是连通的。负栅压通过低通偏置滤波器加到 FET 栅极。低通偏置滤波器只使直流通过，高频是通不过的。混频后中频输出经低通滤波器加到中放。射频陷波器是一段并联 $\lambda/4$ 开路微带线，对于高频是短路，以阻止高频分量。

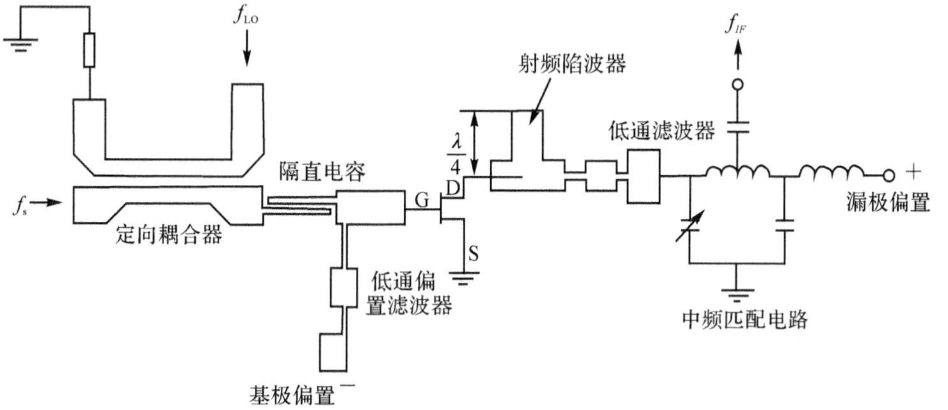

(a)FET混额器基本电路

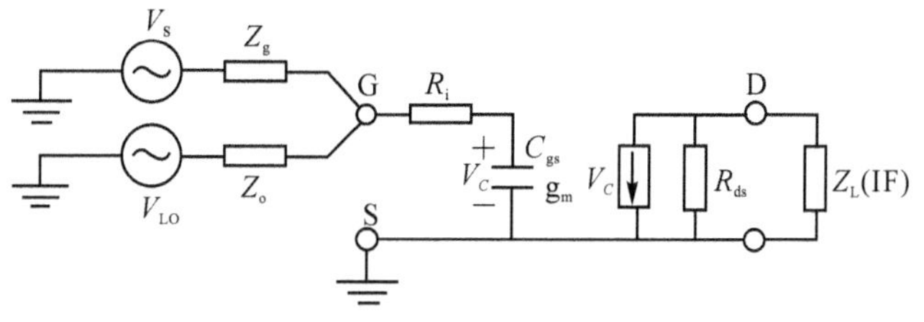

(b)FET混频器小信号等效电路

图 9-69

图 9-69(b)所示是图 9-69(a)的小信号等效电路。信号电压 $v_s(t)$、本振电压 $v_{LO}(t)$仍为式(9.4.10)与式(9.4.11)表示。$Z_g=R_g+jX_g$ 为信号源端口的阻抗，而 $Z_L=R_L+jX_L$ 为中频输出端口的负载阻抗，这些阻抗取复数，是为了实现最大功率传输，在输入和输出端口实现共轭匹配。Z_0 为本振源阻抗，一般为实数，因为本振信号与最大功率传输没有直接关系。R_i 表示 FET 串联栅极电阻，C_{gs}为栅一源极电容，R_{ds}为漏一源极电阻。跨导 g_m 定义为

$$g_m=\frac{\partial I_{ds}}{\partial V_{gs}} \tag{9.4.27}$$

非独立的电流源 g_mV_C 与跨接在C_{gs}上的电压 V_C 有关，与表示晶体管放大特性的 S_{21}直接有关。

跨导 $g(t)$由本振信号驱动，可以用本振的多个谐频进行傅里叶级数展开

$$g_{\mathrm{m}}(t)=g_0+2\sum_{n=1}^{\infty}g_n\cos n\omega_{\mathrm{LO}}t$$

若再加入小信号 $v_{\mathrm{s}}(t)=V_{\mathrm{s}}\cos\omega_{\mathrm{s}}t$ 时，FET 漏极电流将是

$$i_{\mathrm{ds}}(t)=g_{\mathrm{m}}(t)v_{\mathrm{s}}(t)=\left[g_0+2\sum_{n=1}^{\infty}g_n\cos n\omega_{\mathrm{LO}}t\right]V_{\mathrm{s}}\cos\omega_{\mathrm{s}}t \tag{9.4.28}$$

其中基波项就包含有用的中频。中频电流用 i_{IF}表示，即

$$i_{\mathrm{IF}}=2g_1V_{\mathrm{s}}\cos(\omega_{\mathrm{LO}}-\omega_{\mathrm{s}})t=I_{\mathrm{IF}}\cos\omega_{\mathrm{IF}}t \tag{9.4.29}$$

如果漏—源之间电阻 R_{ds}的时间平均值为$\overline{R}_{\mathrm{ds}}$，由等效电路图可知，FET 的电压增益可表示为

$$A(t)=\overline{R}_{\mathrm{ds}}g_{\mathrm{m}}(t) \tag{9.4.30}$$

FET 混频器可以有两种工作状态选择。第一种是最大变频增益状态，此时选如图 9-69 所示的夹断点为工作点；第二种工作状态要求变频线性度好，栅偏压选择接近于零或稍有一点正值。由图 9-69 可见，此时晶体管跨导接近最大值，按线性器件工作，此时高次组合谐波成分少，失真和噪声小，仅变频增益较低。

由等效电路[见图 9-70(b)]可知，对于射频或本振频率，作为一级近似，输入阻抗可近似表示为

$$Z_{\mathrm{in}}(\omega)=R_{\mathrm{in}}+\mathrm{j}X_{\mathrm{in}}(\omega)=Z_{\mathrm{g}}+R_i+\frac{1}{\mathrm{j}\omega C_{\mathrm{gs}}} \tag{9.4.31}$$

混频器的变频增益为

$$G_{\mathrm{c}}=\frac{P_{\mathrm{IF\text{-}avail}}}{P_{\mathrm{s\text{-}avail}}}=\frac{\dfrac{|V_{\mathrm{D}}^{\mathrm{IF}}|^2R_{\mathrm{L}}}{|Z_{\mathrm{L}}^{2\,2}|}}{\dfrac{|V_{\mathrm{s}}|^2}{4R_{\mathrm{g}}}}=\frac{4R_{\mathrm{g}}R_{\mathrm{L}}}{|Z_{\mathrm{L}}|^2}\frac{|V_{\mathrm{D}}^{\mathrm{IF}}|^2}{|V_{\mathrm{s}}|^2} \tag{9.4.32}$$

其中，$V_{\mathrm{D}}^{\mathrm{IF}}$ 是中频漏极电压；Z_{g}、Z_{L} 是信号和中频端口按最大传输功率选择的阻抗值。由图 9-70(b)所示等效电路，通过分压关系，可得到用 V_{s} 表示的跨越栅—源极电容的电压 $v_{\mathrm{C}}^{\mathrm{s}}(t)$，再利用式(9.4.28)或直接利用式(9.4.29)可得到用 V_{s} 表示的漏极电压中频分量 $V_{\mathrm{D}}^{\mathrm{IF}}$。如果中频频率比射频信号或本振的频率低得多，那么变频增益的简化表达式为

$$G_{\mathrm{c}}=\left(\frac{2g_1\overline{R}_{\mathrm{ds}}}{\omega_1C_{\mathrm{gs}}}\right)^2\frac{R_{\mathrm{g}}}{(R_{\mathrm{g}}+R_i)^2+\left(X_{\mathrm{g}}-\dfrac{1}{\omega_{\mathrm{s}}C_{\mathrm{gs}}}\right)^2}\frac{R_{\mathrm{L}}}{(\overline{R}_{\mathrm{ds}}+R_{\mathrm{L}})^2+X_{\mathrm{L}}^2} \tag{9.4.33}$$

当 $R_{\mathrm{g}}=R_i$，$X_{\mathrm{g}}=\dfrac{1}{\omega_1C_{\mathrm{gs}}}$，$\overline{R}_{\mathrm{ds}}=R_{\mathrm{L}}$ 以及 $X_{\mathrm{L}}=0$，即源跟负载共轭匹配时，变频增益最大，并可表示为

$$G_{\mathrm{c}}=\frac{g_1^2\overline{R}_{\mathrm{ds}}}{4\omega_{\mathrm{s}}^2C_{\mathrm{gs}}^2R_i} \tag{9.4.34}$$

式(9.4.34)表示增加 R_{L} 可增加变频增益，但也不能任意增加，要兼顾稳定性、交调失真和电路实现等因素。当 FET 工作于饱和区，跨导 g_1 一般最大，接近 FET 夹断电压时，式(9.4.33)中 g_1 跟偏置电压有强烈的依赖关系。

单栅场效应管混频有一定的缺点，这是源于本振和信号加在同一个栅极上的事实。为保证本振与信号有一定隔离度，本振与信号一般通过耦合器加到混频管栅极，而耦合器有一定的损耗，这就增加了噪声。这一缺点在双栅场效应管混频器中得到了解决。双栅场效应管等效于两个单栅场效应管的串联，通常信号直接加到第一栅，本振则直接加到第二栅。

FET 混频器的中频输出阻抗较高，在中频为 30MHz 时，输出阻抗约为 1.5k～2kΩ。需加

匹配电路变换至70Ω才能和中频电路相连接。

FET用作混频器时的噪声系数比用作放大器时的噪声系数高2～3dB，其原因是混频器输出频率通常只有几十兆赫，闪变噪声（$1/f$噪声）被放大叠加在输出噪声上，因而使噪声性能变坏。为了克服此缺点，中频频率必须足够高，比如取$f_{IF}=1GHz$，使之处于热噪声平坦区。闪变噪声的频谱分布和晶体管制造工艺有密切关系。

现在来比较一下三极管混频和二极管混频加中放的特性。

二极管混频后加中放的总噪声系数可近似为式(9.4.9)：

$$F=\alpha_m F_{IF} \quad \text{或} \quad F=\alpha_m+F_{IF} \quad (\text{dB}) \tag{9.4.35}$$

式中：α_m是二极管混频器变频损耗。性能较好的二极管混频器约为4～5dB，中放噪声设为1dB，总噪声将为5～6dB。

在FET混频器后加同样中放，其噪声系数将是

$$F=F_m+\frac{F_{IF}-1}{G_m} \tag{9.4.36}$$

由于FET混频器的增益G_m约为几分贝，所以总噪声系数主要取决于F_m。良好的设计，使用三极管混频器接收机的总噪声系数优于二极管混频器接收机的噪声系数是可能的。

2. 晶体三极管平衡混频器

与二极管平衡混频器一样，晶体三极管平衡混频器也有单平衡混频器与双平衡混频器之分。图9-71所示的则是双平衡单栅FET混频器，包括3个巴伦线和6个单栅FET。信号、本振均由信号巴伦、本振巴伦输入，中频通过中频巴伦输出。巴仑线是一个平衡一不平衡转换器，将输入的不平衡信号转变为平衡信号，或相反，将平衡输入信号转变为不平衡信号。

该混频器属于吉尔伯特混频器类型，其优点是：有转换增益，本振功率低，可以单片集成，隔离好。

图9-70所示的双平衡单栅FET混频器，工作原理也很简单。

如果射频信号为零，Q_1、Q_2栅极间没有电位差，Q_1、Q_2漏极电流相等。因此，本振信号输入不会有中频输出。同样，当射频信号不为零，加到Q_1、Q_2栅极，但本振输出端电压差为零，输出被平衡，也没有中频输出。

如果射频输入端口有一个很小的电压差值，而本振存在，中频输出口只有很小本振信号，但不能通过中频滤波器输出。同样，如果在本振端口只有很小的电压差，而射频信号存在于射频端口，在中频端口呈现很小射频信号，也不能通过中频滤波器输出。

只有当射频信号与本振信号同时加到射频与本振端口，才有中频信号通过中频滤波器输出，这就是把这种滤波器叫做双平衡混频器的原因。

利用先进的SiGe BiCMOS工艺，60GHz射频集成前端已有研制成功的报道。在这个电路中，工作于60GHz频率的低噪声放大器、本地振荡器、混频器、功率放大器等跟中频后面的信号处理电路都集成在同一硅基片上。基于SiGe BiCMOS工艺的微波、毫米波电路的发展值得关注。

二极管混频器不便应用单片集成技术制作，目前应用的单片集成混频器都是采用晶体三极管的。单片集成混频器体积小、功耗低，尤其适合移动通信设备应用。

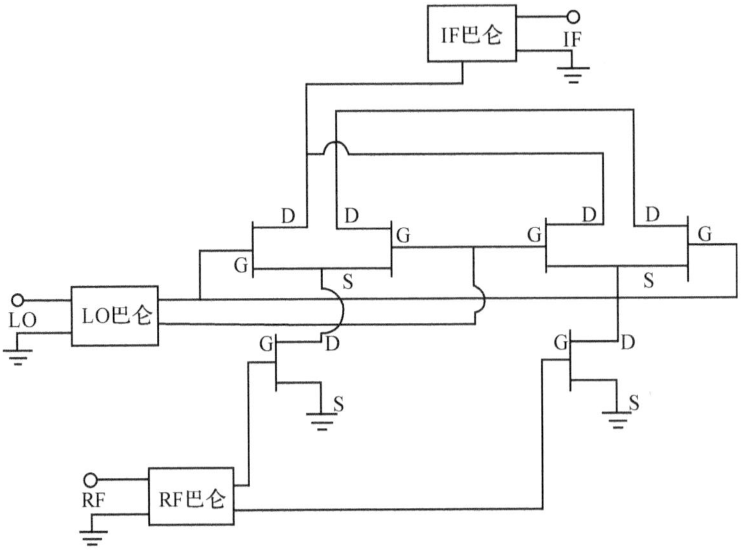

图 9-70 双平衡单栅 FET 混频

习 题 9

9.1 一个砷化镓 GaAs FET 在频率为 2GHz、偏置电压为 $V_{gs}=0$、参考电阻 $Z_c=50\Omega$ 时的 S 参数为 $S_{11}=0.894\angle-60.6°$,$S_{12}=0.02\angle62.4°$,$S_{21}=3.122\angle123.6°$,$S_{22}=0.781\angle-27.6°$。用 $k-\Delta$ 检验,确定该晶体管的稳定性,并在圆图上画出稳定性圆。

9.2 晶体管在 $f=800$MHz 的 S 参数为 $S_{11}=0.65\angle-90°$,$S_{12}=0.035\angle-40°$,$S_{21}=5\angle115°$,$S_{22}=0.8\angle-35°$。确定该晶体管的稳定性,并说明如何置端使晶体管稳定。(提示:如果不稳定,先画出输入、输出稳定圆,然后串联或并联电阻使 Γ_s、Γ_L 总在稳定区域中。)

9.3 一个带有 50Ω 参考阻抗的微波晶体管在 10GHz 时有下列 S 参数: $S_{11}=0.45\angle150°$,$S_{12}=0.01\angle-10°$,$S_{21}=2.05\angle10°$,$S_{22}=0.40\angle-150°$。源阻抗 $Z_s=50\Omega$,负载阻抗 $Z_L=30\Omega$,计算功率增益 G_T、工作功率增益 G_p 和可用功率增益 G_A。

9.4 晶体管在 4GHz 时有下列 S 参数(参考电阻 $Z_0=50\Omega$):$S_{11}=0.75\angle-120°$,$S_{12}=0$,$S_{21}=2.5\angle80°$,$S_{22}=0.60\angle-70°$。在圆图上画出 $G_s=2$dB 和 3dB 以及 $G_L=0$dB 和 1dB 的等增益圆。

9.5 用 GaAs FET 设计一个 $f=6$GHz 的微波放大器,使其工作功率增益为 9dB(或 7.94 倍),晶体管线性偏置点,$V_{ds}=4V$,$I_{ds}=0.5I_{dss}$ 的 S 参数是 $S_{11}=0.641\angle-171.3°$,$S_{12}=0.057\angle16.3°$,$S_{21}=2.058\angle28.5°$,$S_{22}=0.572\angle-95.7°$

9.6 参考例 9.8 图 9-32 所示的电路结构,设计一个在 4GHz 的最大增益放大器,计算和画出 3～5GHz 范围内的反射损耗和增益变化。晶体管的 S 参数(参考电阻 $Z_c=50\Omega$)如题 9.6 表所示。

题 9.6 表

f (GHz)	S_{11}	S_{12}	S_{21}	S_{22}
3.0	0.80 ∠−89°	0.03 ∠56°	2.86 ∠99°	0.76 ∠−41°
4.0	0.72 ∠−116°	0.03 ∠57°	2.60 ∠76°	0.73 ∠−54°
5.0	0.66 ∠−142°	0.03 ∠62°	2.39 ∠7454°	0.72 ∠−68°

(提示：为了在 4GHz 得到最大增益，应设计与晶体管共轭匹配的匹配网络，即在 4GHz，且 $\Gamma_s=\Gamma_{in}^*$ 和 $\Gamma_L=\Gamma_{out}^*$。)

9.7　一个 GaAs FET 偏置在最小噪声系数条件下，在 4GHz(参考电阻 $Z_c=50\Omega$)时有下列 S 参数和噪声参数：$S_{11}=0.60\angle-60°$，$S_{12}=0.05\angle26°$，$S_{21}=1.9\angle81°$，$S_{22}=0.5\angle-60°$，$F_{min}=1.6$dB，$\Gamma_{opt}=0.62\angle100°$，$R_n=20\Omega$。在圆图上画出噪声系数 2dB、2.5dB 与 3dB 的等噪声系数圆。

9.8　一个 GaAs FET 在 8GHz 有下列 S 参数和噪声参数(参考电阻 $Z_c=50\Omega$)：$S_{11}=0.7\angle-110°$，$S_{12}=0.02\angle60°$，$S_{21}=3.5\angle60°$，$S_{22}=0.8\angle-70°$，$F_{min}=2.5$dB，$\Gamma_{opt}=0.7\angle120°$，$R_n=15\Omega$。用开路并联短截线匹配网络设计一个噪声系数尽可能小和增益仍然较大的低噪声放大器。

9.9　设计一个晶体管振荡器，其中与栅极串联一个 5nH 的电感以增加不稳定性，计及栅极串联该电感后的晶体管 S 参数在 4GHz(参考电阻 $Z_c=50\Omega$)为：$S_{11}=2.18\angle-35°$，$S_{12}=1.26\angle18°$，$S_{21}=2.75\angle96°$，$S_{22}=0.52\angle155°$。(提示：先计算出稳定性圆(Γ_T 平面)，并确定不稳定区域，选择一个适当的 Γ_T，计算 Γ_{in}，并由此确定 Z_{in}、Z_L，最后设计匹配网络)

9.10　设计一个 6GHz 的晶体管振荡器，用共源极结构的 FET 驱动在漏极侧的 50Ω 的负载，晶体管的 S 参数是 $S_{11}=0.9\angle-120°$，$S_{12}=0.2\angle-15°$，$S_{21}=2.6\angle50°$，$S_{22}=0.5\angle-105°$。计算并画出输出稳定性圆和选择 $|\Gamma_{in}|$ 尽量大的 Γ_T。设计负载和终端网络。

9.11　一个混频二极管的 I-V 特性为 $i(t)=I_s(e^{3v(t)}-1)$。设 $v(t)=0.1\cos\omega_1 t+0.1\cos\omega_2 t$，并用 v 的幂级数展开 $i(t)$，只保留 v、v^2 和 v^3 项，对于 $I_s=1$A，求在每个频率处电流的幅值。

9.12　一个 900MHz 的 RF 输入信号，在混频器中下变频到 80MHz，两个可能的 LO 频率是多少？对应的镜像频率是多少？

9.13　设计一个用于无线局域网的单端 FET 混频器，接收机工作在 2.4GHz。FET 的参量为 $\bar{R}_{ds}=300\Omega$，$R_i=10\Omega$，$C_{gs}=0.3$pF 和 $g_1=10$mS。计算最大可能变频增益。

第10章

射频收发器

“射频(Radio Frequency,RF)”是指电磁波谱中某一特定的频率范围。随着第五代移动通信(5G)的到来,10～90GHz 这段电磁波谱都被称作射频予以应用。射频收发器(RF Transceiver)是任意两电子设备之间实现无线互连(通信)必需的基本构件,是近 30 年微波工程标志性的应用示例。

射频收发器的一个基本功能是实现载波频率的变换。载波通常是指正弦波。当正弦波的幅度、频率、相位为“0”“1”这样的数字信息调制(或键控)时,称为载波信号,它含有调制信号的全部特征。一般要求正弦载波的频率远远高于调制信号的带宽,否则会发生混叠,使传输信号失真。

射频收发器可工作于接收与发送两个模式。射频收发器工作于接收模式时,天线接收电磁波形式的射频载波信号,并将其转换为以电压或电流形式的射频载波信号。此射频信号一般很微弱,经射频收发器放大后下变频为频率较低的中频(IF)载波信号。如果采用零中频接收方案,则直接下变频为基带信号;发射模式与接收模式正好相反,射频收发器将基带信号上变频为射频载波信号,并经功率放大器放大后由天线发送到自由空间。

本章 10.1 简述射频收发器构成模块,10.2 介绍有关混频器基本原理与镜频抑制,10.3 讨论射频收发器的体系结构,10.4 简述射频收发器性能参数,10.5 讨论射频收发器在无线传感器网络中的应用。

10.1 射频收发器构成模块

图 10-1 为射频收发器原理框图,它可工作于发送、接收两种模式。上半部分箭头从左向右,指示发送模式的信号流程,下半部分箭头从右向左,指示接收模式的信号流程。接收模式、发送模式共用一个天线。当电路处于接收模式时,天线开关使天线与接收通道连接,而与发射通道隔离;处于发射模式时,天线开关使天线与发射通道接通,而与接收通道隔离。

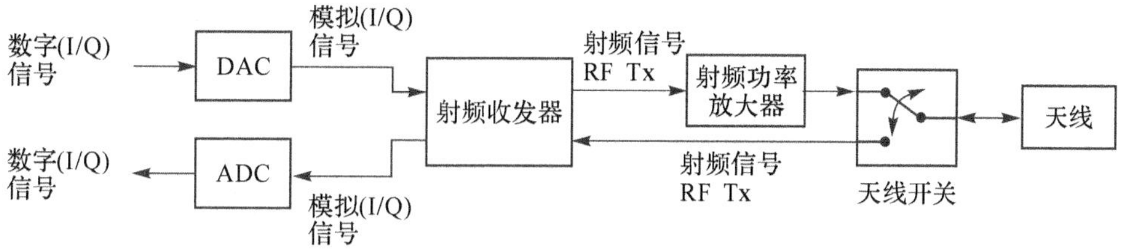

图 10-1　射频收发器原理框图

图 10-1 发射通道标注的“RF Tx”表示欲经天线发射的射频载波信号，而接收通道标注的“RF Rx”表示天线接收的射频载波信号。因此，天线接收与发送的都是频率较高的射频载波信号。众所周知，通信系统的实现要受硬件电路成本的限制，而硬件的限制与载波频率有关。频率较低时，硬件电路制作容易，成本也低。但载波频率较低时，带宽、通信容量受到限制。因为根据香农定理，信息速率与带宽成正比。载波频率高，就可获得较大的带宽。例如，一个 5GHz 的射频系统在限定时间内能传送的信息量是一个 500kHz 无线信道的一万倍。此外，在较高的频率下，给定的天线尺寸有可能得到较高的增益，这对于通信系统的小型化极为重要。

集成电路技术的进步，使得数字电路的性能越来越好，价格越来越便宜，电路设计中尽可能多地采用数字电路解决方案已成共识。但就目前达到的技术水平，将模/数(A/D)转换器(ADC)前移到天线，直接将天线接收的射频载波信号转换为数字信号尚有困难。一是根据现行的无线通信标准，使用的频率一般在 900MHz 以上，对于目前商品 A/D 转换器，这样的频率太高了。二是即使对 900MHz 以上载波信号直接进行 A/D 转换技术上可行，也因功耗大而影响其实用价值。反之，用模拟方法对高频信号进行处理，功耗小得多。这就是载波频率较高时，A/D 转换、D/A (数模)转换还不能前移到天线端，而需要在天线和 A/D 转换器(ADC)、D/A 转换器(DAC)之间配置射频收发器进行频率变换的原因。

图 10-1 中 ADC、DAC 模块左边数字信号处理部分，称为数字后端。介于数字后端与射频收发器之间的 A/D 转换器(ADC)与 D/A 转换器(DAC)的性能直接影响到射频收发器设计。所以射频收发器设计要把 ADC 与 DAC 看成射频收发器的一个功能模块。

载波频率变换是射频收发器要实现的一个基本功能，实现这种频率转换的电路称为混频器，它是射频收发器的另一重要功能模块。第 9 章分析混频器时曾指出：线性元件不会产生新的频率，混频器一定包含非线性元件；凡具有乘法功能的电路会产生新的频率分量。如设 $v_{RF}=A_{RF}\cos\omega_{RF}t$ 为射频(RF) 信号，$v_{LO}=A_{LO}\cos\omega_{LO}t$ 为本振(LO) 信号，现将这两个信号相乘，得到

$$\begin{aligned} v_{RF}\cdot v_{LO} &= (A_{RF}\cos\omega_{RF}t)(A_{LO}\cos\omega_{LO}t) \\ &= \frac{A_{RF}A_{LO}}{2}[\cos(\omega_{RF}-\omega_{LO})t+\cos(\omega_{RF}+\omega_{LO})t] \end{aligned} \tag{10.1.1}$$

因此，乘法产生了以角频率 ω_{RF} 与 ω_{LO} 表征的输入信号的差频($\omega_{RF}-\omega_{LO}$) 与和频($\omega_{RF}+\omega_{LO}$) 信号。此差频与和频信号一般称为中频(IF)信号。

式(10.1.1)表明，RF 和 LO 信号经乘法处理后其输出 IF 信号的幅值正比于 RF 与 LO 信号幅值的乘积。因此，如果 LO 信号幅值不变(通常如此)，那么在 RF 信号中任何幅值调制都传递给了 IF 信号。这就是说，经过混频器处理，尽管输出 IF 信号的载波频率变了，但载波承载的信号不变。式(10.1.1)就是构建混频器的依据，由此也可以得出混频器结构的基本特征：

混频器是一个三端口器件，其中两个端口分别连接 RF 和 LO 输入信号，第三个端口作为 IF 信号的输出。

遗憾的是，纯粹的乘法电路不容易实现。常用晶体管电流与电压的非线性关系实现混频。晶体管电流与电压的非线性对低噪声放大器的影响已在第 9 章讨论过，其非线性一般可以表示成

$$i = k_1 v + k_2 v^2 + k_3 v^3 + \cdots \tag{10.1.2}$$

对于场效应晶体管，式中：i 是漏极电流；v 是栅极与源极之间电压。对于双极晶体管，式中：i 是集电极电流；v 是基极与发射极之间电压 。

当 RF 信号和 LO 信号同时加到栅极与源极之间（对于场效应晶体管），或基极与发射极之间（对于双极晶体管），即 $v = v_{\mathrm{RF}} + v_{\mathrm{LO}}$，则式(10.1.2) 中的 v 可表示成

$$v = A_{\mathrm{RF}} \cos \omega_{\mathrm{RF}} t + A_{\mathrm{LO}} \cos \omega_{\mathrm{LO}} t \tag{10.1.3}$$

并假定 ω_{RF} 与 ω_{LO} 靠得很近以至于在 ω_{RF}、ω_{LO} 两个频率时式(10.1.2) 中系数 $k_i(i = 1,2,3)$ 不随频率变化，还进一步假定 k_i 为实数。那么将式(10.1.3) 代入式(10.1.2)，得到

$$\begin{aligned}
i = & k_1 (A_{\mathrm{RF}} \cos \omega_{\mathrm{RF}} t + A_{\mathrm{LO}} \cos \omega_{\mathrm{LO}} t) + k_2 (A_{\mathrm{RF}} \cos \omega_{\mathrm{RF}} t + A_{\mathrm{LO}} \cos \omega_{\mathrm{LO}} t)^2 \\
& + k_3 (A_{\mathrm{RF}} \cos \omega_{\mathrm{RF}} t + A_{\mathrm{LO}} \cos \omega_{\mathrm{LO}} t)^3 \\
= & k_1 (A_{\mathrm{RF}} \cos \omega_{\mathrm{RF}} t + A_{\mathrm{LO}} \cos \omega_{\mathrm{LO}} t) \\
& + k_2 \Big(A_{\mathrm{RF}}^2 \frac{1 + \cos 2\omega_{\mathrm{RF}} t}{2} + A_{\mathrm{LO}}^2 \frac{1 + \cos 2\omega_{\mathrm{LO}} t}{2} \\
& \quad + A_{\mathrm{RF}} A_{\mathrm{LO}} \frac{\cos(\omega_{\mathrm{RF}} + \omega_{2\mathrm{LO}})t + \cos(\omega_{\mathrm{RF}} - \omega_{\mathrm{LO}})t}{2} \Big) \\
& + k_3 \Big\{ \Big[A_{\mathrm{RF}}^3 \Big(\frac{3\cos \omega_{\mathrm{RF}} t}{4} + \frac{\cos \omega_{\mathrm{LO}} t}{4} + \frac{\cos 3\omega_{\mathrm{RF}} t}{4} \Big) \\
& \quad + A_{\mathrm{LO}}^3 \Big(\frac{3\cos \omega_{\mathrm{LO}} t}{4} + \frac{\cos 3\omega_{\mathrm{LO}} t}{4} \Big) \Big] \\
& \quad + A_{\mathrm{RF}}^2 A_{\mathrm{LO}} \Big[\frac{3}{2} \cos \omega_{\mathrm{LO}} t + \frac{3}{4} \cos(2\omega_{\mathrm{RF}} + \omega_{\mathrm{LO}}) t + \frac{3}{4} \cos(2\omega_{\mathrm{RF}} - \omega_{\mathrm{LO}} t) \Big] \\
& \quad + A_{\mathrm{LO}}^2 A_{\mathrm{RF}} \Big[\frac{3}{2} \cos \omega_{\mathrm{RF}} t + \frac{3}{4} \cos(2\omega_{\mathrm{LO}} + \omega_{\mathrm{RF}}) t + \frac{3}{4} \cos(2\omega_{\mathrm{LO}} - \omega_{\mathrm{RF}} t) \Big] \Big\}
\end{aligned} \tag{10.1.4}$$

注意，式(10.1.4) 导出过程与第 9 章讨论二音频信号输入时，得出放大器电流非线性的表达式(9.2.71) 相同。只要将式(9.2.71) 中 A_1 用 A_{RF} 替换，A_2 用 A_{LO} 替换，ω_1 用 ω_{RF} 替换，ω_2 用 ω_{LO} 替换，就得出式(10.1.4)。不过式(9.2.71) 对应低噪声放大器二音频输入的情况，而式(10.1.4) 对应的却是具有两个输入端的混频器情况。

式(10.1.4) 中包含系数 k_1 的第一项没有新的频率分量，两个正弦波只是在幅度上放大 k_1 倍，故是输出信号中线性项。包含系数 k_2、k_3 的第二、三项，属于非线性项。注意，非线性项的存在，使输出信号中出现了新的频率分量(见图 10-2)。输出信号第二项中包含新频率 $2\omega_{\mathrm{RF}}$、$2\omega_{\mathrm{LO}}$ 以及 $\omega_{\mathrm{RF}} + \omega_{\mathrm{LO}}$、$\omega_{\mathrm{RF}} - \omega_{\mathrm{LO}}$。输出信号第三项中包含新频率 $3\omega_{\mathrm{RF}}$、$3\omega_{\mathrm{LO}}$ 以及 $2\omega_{\mathrm{RF}} \pm \omega_{\mathrm{LO}}$、$2\omega_{\mathrm{LO}} \pm \omega_{\mathrm{RF}}$。其中，($2\omega_{\mathrm{RF}}$、$2\omega_{\mathrm{LO}}$) 称为二阶谐波分量，($3\omega_{\mathrm{RF}}$、$3\omega_{\mathrm{LO}}$) 称为三阶谐波分量，($\omega_{\mathrm{LO}} + \omega_{\mathrm{RF}}$) 与($\omega_{\mathrm{LO}} - \omega_{\mathrm{RF}}$) 称为二阶交调分量，就是通常所说的中频分量。($2\omega_{\mathrm{RF}} \pm \omega_{\mathrm{LO}}$、$2\omega_{\mathrm{LO}} \pm \omega_{\mathrm{RF}}$) 称为三阶交调分量。

对于频率变换来说，中频分量($\omega_{\mathrm{RF}} + \omega_{\mathrm{LO}}$)，($\omega_{\mathrm{RF}} - \omega_{\mathrm{LO}}$) 是我们希望的频率分量，其他频率分

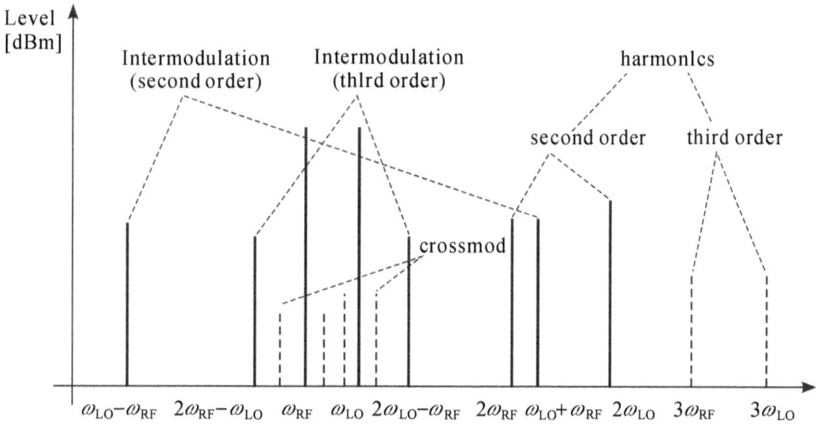

图 10-2　幅度非线性产生的新频率分量

量是不需要的,要想办法消除。

由此可得出构成射频收发器的模块除了 A/D 变换器与混频器两个模块外,还必须有第三个模块,这就是滤波器。滤波器的功能在于滤除混频过程中产生的不希望的频率分量。

电磁波在自由空间传播,其功率密度与离开发射天线的距离 r^2 成反比,如果接收天线离开发射天线足够远,接收天线接收到的信号一般很微弱,天线感应的信号电压在微伏(μV)量级,而 A/D 转换器要求的最小电压与 A/D 转换器的动态范围有关,一般大于毫伏(mV)。这就是说,射频收发器要将天线接收到的信号放大到 A/D 转换器可处理的电平,一般情况下,电压增益至少要大于 30dB,功率增益至少要大于 60dB。因此,射频收发器的第 4 个基本模块就是放大器。

综上所述,构成射频收发器的功能模块至少具备表 10-1 指示的 4 个模块。

表 10-1　构成射频收发器的功能模块

序号	功能	模块	符号
1	模/数或数/模转换	模、数、数/模转换器	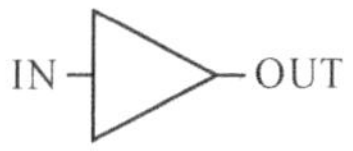
2	放大	放大器	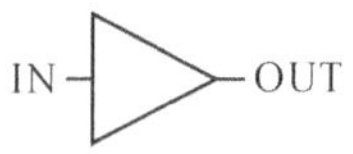
3	滤波	滤波器	
4	频率转换	混频器	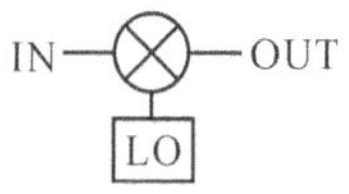

当然,天线也是射频前端不可或缺的部分,它相当于一个转换器,将电磁波形式的载波信号转换为电压、电流表示的载波信号。天线已在第 5 章专题讨论过。前述讨论中未将天线作为射频收发器的一个模块,特此说明。

10.2　射频收发器输入/输出频率变换的频谱表示与镜频抑制

如前所述，射频收发器的基本功能：一是放大射频信号；二是实现载波频率的变换。频率变换在频域中分析较为方便。本节先讨论实信号情况下，输入/输出频率变换的频谱表示与镜频抑制，接着将其扩展到复信号与复混频情况。

10.2.1　实信号情况下输入/输出频率变换的频谱表示与镜频抑制

仅用实数表示的信号就是实信号。前述射频信号 $v_{RF}=A_{RF}\cos\omega_{RF}t$，本振信号 $v_{LO}=A_{LO}\cos\omega_{LO}t$，中频输出信号的差频分量 $v_{IF差频}=\frac{A_{RF}A_{LO}}{2}\cos(\omega_{RF}-\omega_{LO})t$，或和频分量 $v_{IF和频}=\frac{A_{RF}A_{LO}}{2}\cos(\omega_{RF}+\omega_{LO})t$，都是用实数表示的，称为实信号。

射频收发器的频率变换由混频器实现。前已提及，混频器是一个三端口器件，如图 10-3 所示，它有两个输入端口，一个输出端口。通常将左侧的端口称为输入端，下方的端口为本振端，而右侧的端口为输出端。图中，混频器的输入信号用 $x(t)$ 表示，本振信号用 $c(t)$ 表示，而输出信号用 $y(t)$ 表示。

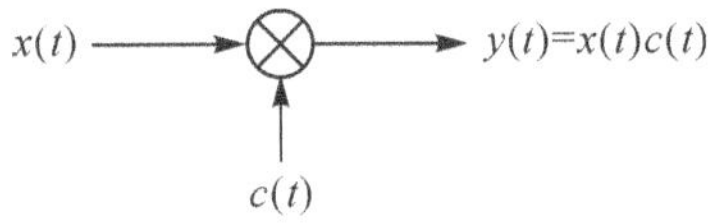

图 10-3　混频器输入－输出的表示

混频器输入与输出关系相当于一个乘法器，在时域中表示为

$$y(t)=x(t)c(t) \tag{10.2.1}$$

因此，图 10-3 中用相乘的符号表示混频器。

1. 理想情况下混频器在频域中的输入 / 输出关系

理想情况下的混频器可当作一个纯粹的乘法器来处理，且不考虑噪声干扰。

设 $X(\omega)$、$C(\omega)$ 与 $Y(\omega)$ 分别为 $x(t)$、$c(t)$ 与 $y(t)$ 的傅里叶变换，即 $x(t)\leftrightarrow X(\omega)$，$c(t)\leftrightarrow C(\omega)$ 与 $y(t)\leftrightarrow Y(\omega)$ 构成傅里叶变换对。据此定义，对式(10.2.1) 作傅里叶变换得到

$$y(t)\leftrightarrow Y(\omega)=\frac{1}{2\pi}[X(\omega)*C(\omega)] \tag{10.2.2}$$

式中：“*”表示卷积，即时域中的乘法运算对应于频域中的卷积运算。

因为 $\cos\omega_c t$、$\sin\omega_c t$ 的傅里叶变换为

$$\cos\omega_c t\leftrightarrow\pi[\delta(\omega+\omega_c)+\delta(\omega-\omega_c)] \tag{10.2.3}$$

$$\sin\omega_c t\leftrightarrow \mathrm{j}\pi[\delta(\omega+\omega_c)-\delta(\omega-\omega_c)] \tag{10.2.4}$$

如果设 $c(t)=\cos\omega_c t$，则 $x(t)\cos\omega_c t$ 的傅里叶变换为

$$x(t)\cos\omega_c t \leftrightarrow \frac{1}{2}[X(\omega+\omega_c)+X(\omega-\omega_c)] \tag{10.2.5}$$

同样，设 $c(t)=\sin\omega_c t$，则 $x(t)\sin\omega_c t$ 的傅里叶变换为

$$x(t)\sin\omega_c t \leftrightarrow \frac{\mathrm{j}}{2}[X(\omega+\omega_c)-X(\omega-\omega_c)] \tag{10.2.6}$$

式(10.2.5)与式(10.2.6)表明，信号 $x(t)$ 在时域中与余弦信号、正弦信号相乘，等效于在频域中的频谱搬移。

对于图 10-4 所示的上变频器，输入基带信号 $x_{\mathrm{BB}}(t)$ 与本振信号 $c_{\mathrm{RF}}(t)=\cos\omega_{\mathrm{RF}}t$ 的频谱分别如图 10-5 (a)、(b) 所示。注意：基带信号的频谱 $X_{\mathrm{BB}}(\omega)$ 集中在 $\omega=0$ 附近，即只是在 $\omega=0$ 附近非 0，其他部分可忽略。根据上面得出的信号 $x(t)$ 在时域中与余弦信号相乘，等效于在频域中的频谱搬移，就得到如图 10-5(c) 所示的中频输出频谱，即输入信号频谱 $X_{\mathrm{BB}}(\omega)$ 分别被搬移到 $-\omega_{\mathrm{RF}}$ 和 $+\omega_{\mathrm{RF}}$ 上。输出信号频谱 $Y(\omega)$ 为

$$Y(\omega)=\frac{1}{2}[X(\omega+\omega_{\mathrm{RF}})+X(\omega-\omega_{\mathrm{RF}})]$$

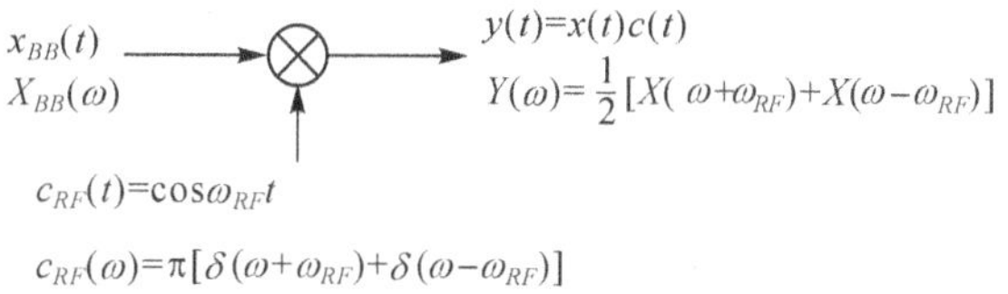

图 10-4　上变频器

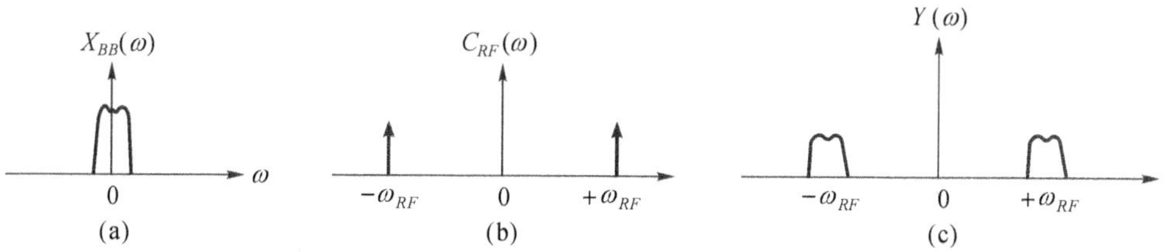

图 10-5　上变频器的频谱

注意，本节对信号频谱图的讨论，旨在强调频谱的位置，频谱幅值只是示意。

如图 10-6 所示的下变频器，输入射频信号 $x_{\mathrm{RF}}(t)$ 的频谱 $X_{\mathrm{RF}}(\omega)$ 具有带通信号的特点，集中在 $-\omega_{\mathrm{RF}}$ 和 $+\omega_{\mathrm{RF}}$ 附近，如图 10-7(a) 所示。实际上是基带信号频谱搬移到 $-\omega_{\mathrm{RF}}$ 和 $+\omega_{\mathrm{RF}}$ 上的频谱。本振 $c(t)=\cos\omega_{\mathrm{LO}}t$ 的频谱如图 10-7(b) 所示。根据信号 $x(t)$ 在时域中与余弦信号相乘，等效于在频域中的频谱搬移，将图 10-7(a) 的频谱分别搬移 $-\omega_{\mathrm{LO}}$ 与 $+\omega_{\mathrm{LO}}$ 就得到图 10-7(c) 与(d) 的频谱，将(c) 与(d) 的图加起来，就得到输出信号的频谱 $Y_{\mathrm{IF}}(\omega)$，如图 10-7(e) 所示。由图 10-7(e) 可见，经过下变频后基带信号频谱 $X_{\mathrm{BB}}(\omega)$ 搬移到 $-(\omega_{\mathrm{RF}}+\omega_{\mathrm{LO}})$，$-(\omega_{\mathrm{RF}}-\omega_{\mathrm{LO}})=-\omega_{\mathrm{IF}}$，$(\omega_{\mathrm{RF}}-\omega_{\mathrm{LO}})=\omega_{\mathrm{IF}}$，以及$(\omega_{\mathrm{RF}}+\omega_{\mathrm{LO}})$ 四个频率点上，中间的两个频谱就是需要的中频(IF) 频谱，因此下变频将射频信号变换到中频。

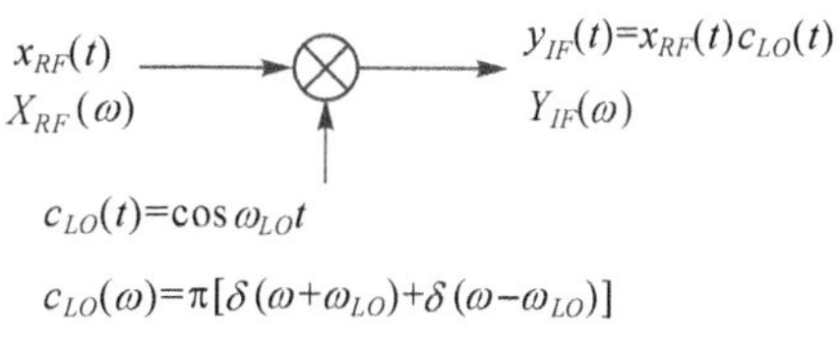

图 10-6　下变频器

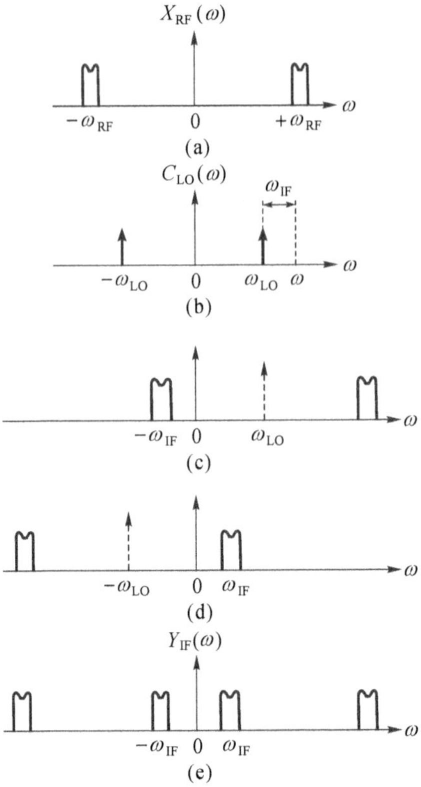

图 10-7　下变频器的频谱

2. 镜频干扰下的频域输出/输入关系

实际信号传输过程中都会受到干扰，比如在接收状态下，天线接收到的信号为有用信号与干扰信号之和，如记有用信号为 $x_w(t)$，干扰信号为 $x_i(t)$，则接收到的射频信号 $x_{RF}(t)$ 为

$$x_{RF}(t) = x_w(t) + x_i(t) \tag{10.2.7}$$

相应的频谱为

$$X_{RF}(\omega) = X_w(\omega) + X_i(\omega) \tag{10.2.8}$$

式中：$X_w(\omega)$ 为有用信号的频谱，具有带通信号的特点；$X_i(\omega)$ 是干扰信号的频谱。干扰信号的频谱一般很宽。如果干扰信号由白噪声引起，其带宽可假定为无限大。

干扰信号频谱中要特别注意有一个称为镜像频率的分量，记该频率分量为 ω_i，当

$$\omega_i \leqslant \omega_{LO} \leqslant \omega_w \tag{10.2.9}$$

且

$$\omega_{LO} - \omega_i = \omega_w - \omega_{LO} \tag{10.2.10}$$

式中：ω_w、ω_{LO} 分别为有用信号与本振信号的角频率。如上两个镜频分量，与本振信号 $\cos\omega_{LO}t$ 下变频产生的中频(IF) 分量 $X_{id}(\omega)$，跟有用信号 $X_w(\omega)$ 与本振下变频产生的中频(IF) 分量 $X_{wd}(\omega)$，具有相同的频率。这就造成对有用信号的严重干扰。考虑镜频干扰后，下变频器的频谱如图 10-8 所示。图 10-8(a) 所示的是射频信号 $x_{RF}(t)$ 的频谱，有用信号频谱位于 $-\omega_w$ 与 $+\omega_w$，干扰信号镜频位于 $-\omega_i$ 与 $+\omega_i$。图 10-8(b) 是本振信号 $\cos\omega_{LO}t$ 的频谱，位于 $-\omega_{LO}$ 与 $+\omega_{LO}$。图 10-8(c) 是下变频器输出的频谱，位于中频 $-\omega_{IF}$ 与 $+\omega_{IF}$。由图 10-8(c) 可见，镜频干扰信号与本振下变频后的中频输出频谱跟有用信号与本振下变频后的中频输出频谱重叠在一

起了，这是对有用中频输出频谱的严重干扰。

怎么克服镜频干扰呢？一个自然的想法就是采用滤波器。将天线接收到的射频信号 $x_{RF}(t)$ 先经过一个理想的带通滤波器进行滤波处理，该滤波器只让有用信号 $x_w(t)$ 的频谱 $X_{RF}(\omega)$ 通过，而阻止镜频干扰信号通过，如图 10-9 所示，其中图(a) 是伴有干扰信号的频谱，图(b) 是经理想滤波器滤波后输入下变频器的频谱，已没有镜频干扰的频谱。

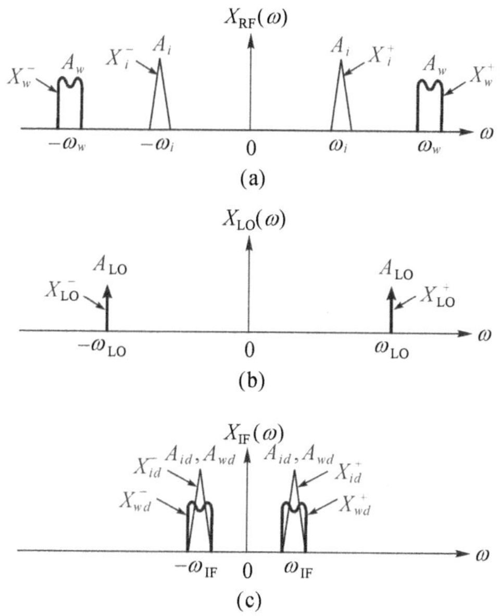

图 10-8　存在镜频干扰时的下变频频谱

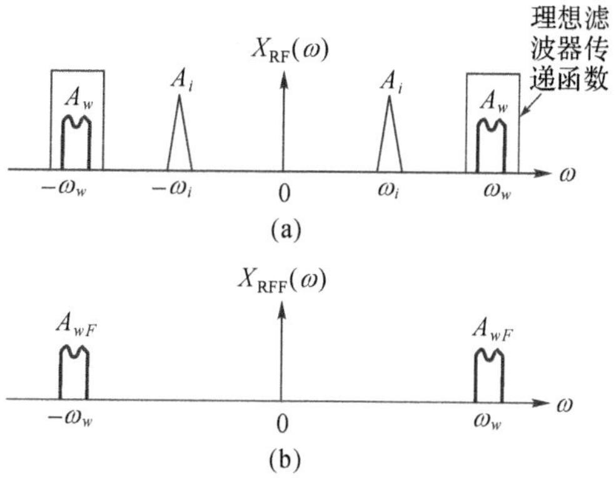

图 10-9　理想滤波器滤波后的射频输入信号频谱

实际的滤波器响应曲线并不具有图 10-9(a) 所示的矩形，对通带外信号的衰减不是无穷大，还会有一部分干扰信号通过滤波器到达下变频器输入端，滤波前与滤波后的信号如图 10-10(a) 和(b) 所示。可见，经滤波后镜频干扰信号确实小了。图 10-10(c) 是本振 $\cos \omega_{LO}t$ 的频谱，下变频后的中频输出频谱示于图 10-10(d)。尽管镜频干扰信号的中频频谱与有用信号的中频频谱还是重叠在一起，但镜频干扰的影响大为减小。

用零中频接收技术克服镜频干扰将在下一节讨论。

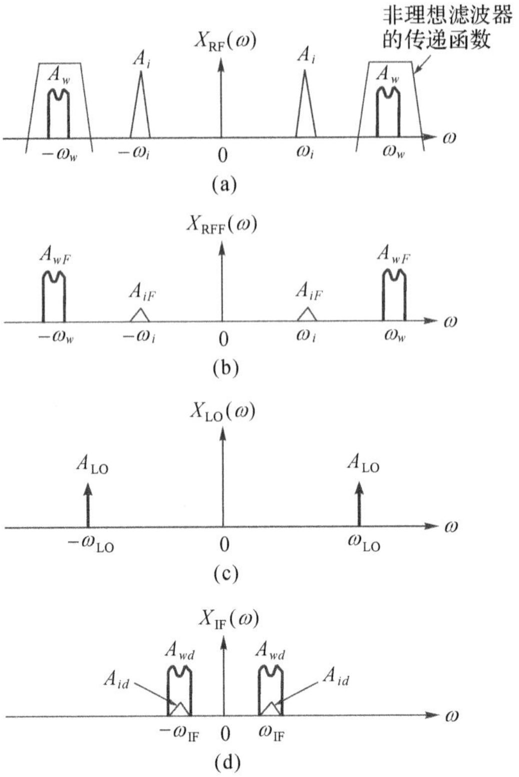

图 10-10　输入信号经实际滤波器处理后下变频器频谱

10.2.2　复信号与复混频

复信号 $x_c(t)$ 定义为

$$x_c(t)=x_r(t)+\mathrm{j}x_i(t) \tag{10.2.11}$$

式中：$x_r(t)$、$x_i(t)$ 分别为复信号 $x_c(t)$ 的实部和虚部。式(10.2.11)的傅里叶变换为

$$X_c(\omega)=X_r(\omega)+\mathrm{j}X_i(\omega) \tag{10.2.12}$$

式中：$X_c(\omega)$、$X_r(\omega)$ 与 $X_i(\omega)$ 分别为 $x_c(t)$、$x_r(t)$ 与 $x_i(t)$ 的傅里叶变换。如果选 $x_r(t)=A\cos\omega_c t$，$x_i(t)=A\sin\omega_c t$，则复信号 $x_c(t)$ 为

$$x_c(t)=A\cos\omega_c t+\mathrm{j}A\sin\omega_c t=A\mathrm{e}^{\mathrm{j}\omega_c t} \tag{10.2.13}$$

对式(10.2.13)进行傅里叶变换，就得到

$$A\mathrm{e}^{\mathrm{j}\omega_c t}\leftrightarrow 2\pi A\delta(\omega-\omega_c) \tag{10.2.14}$$

复信号 $A\mathrm{e}^{-\mathrm{j}\omega_c t}$ 频谱的图解示于图 10-11(a)，而 $A\mathrm{e}^{\mathrm{j}\omega_c t}$ 频谱的图解示于图 10-11(b)。

根据傅里叶变换理论，可以得到实信号 $x(t)$ 与复信号 $\mathrm{e}^{\mathrm{j}\omega_c t}$ 相乘的傅里叶变换为

$$x(t)\mathrm{e}^{\mathrm{j}\omega_c t}\leftrightarrow X(\omega-\omega_c) \tag{10.2.15}$$

式(10.2.15)表示，实信号 $x(t)$ 与 $\mathrm{e}^{\mathrm{j}\omega_c t}$ 相乘的结果将 $x(t)$ 的频谱 $X(\omega)$ 搬移到 ω_c。同样，实信号 $x(t)$ 与 $\mathrm{e}^{-\mathrm{j}\omega_c t}$ 相乘的结果将 $x(t)$ 的频谱 $X(\omega)$ 搬移到 $-\omega_c$。

设输入图 10-12(a)所示的上变频器的基带信号为 $x_{\mathrm{BB}}(t)$，对应的频谱为 $X_{\mathrm{BB}}(\omega)$，本振信号为复信号 $\mathrm{e}^{\mathrm{j}\omega_{\mathrm{RF}}t}$，则上变频器的输出信号 $y(t)$ 为

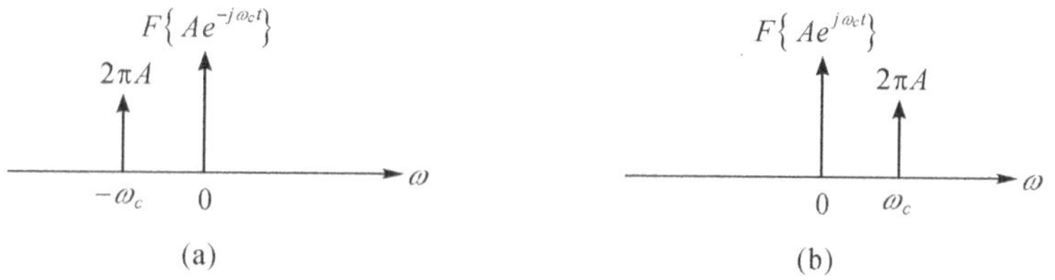

图 10-11　复信号 与 的频频谱

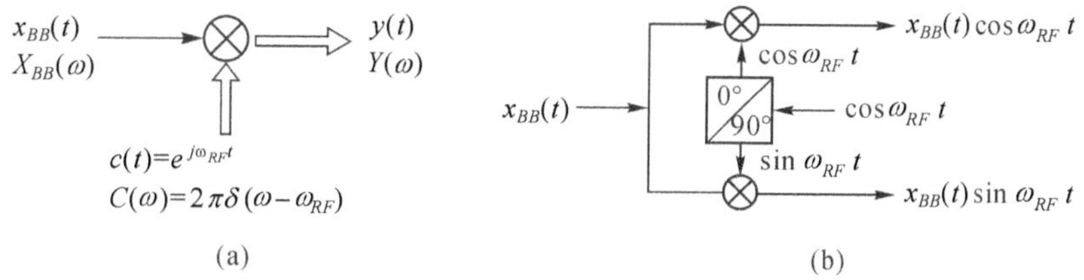

图 10-12　基于复混频的上变频器

$$y(t) = x_{BB}(t)e^{j\omega_{RF}t} \tag{10.2.16}$$

式(10.2.16) 又可表示为

$$\begin{aligned} y(t) &= x_{BB}(t)e^{j\omega_{RF}t} = x_{BB}(t)(\cos\omega_{RF}t + j\sin\omega_{RF}t) \\ &= y_I(t) + jy_Q(t) \end{aligned} \tag{10.2.17}$$

式中：

$$y_I(t) = x_{BB}(t)\cos\omega_{RF}t \tag{10.2.18}$$

$$y_Q(t) = x_{BB}(t)\sin\omega_{RF}t \tag{10.2.19}$$

其中，$y_I(t)$、$y_Q(t)$ 习惯上称为信号的同相(I)分量与正交(Q)分量。根据式(10.2.18)与(10.2.19)，容易得到上变频器的实现框图，如图 10-12(b)所示。

对式(10.2.16)取傅里叶变换，则得到输出频谱 $Y_{IF}(\omega)$ 为

$$Y_{IF}(\omega) = X_{BB}(\omega - \omega_{RF}) \tag{10.2.20}$$

这就是说基带信号已调制到角频率为 ω_{RF} 的载波上。频谱搬移过程如图 10-13 所示。注意，复混频时基带信号只搬移到 ω_{RF} 一个频率上，而在图 10-13 所示的实混频中，基带信号搬移到 ω_{RF}、$-\omega_{RF}$ 两个频率上。

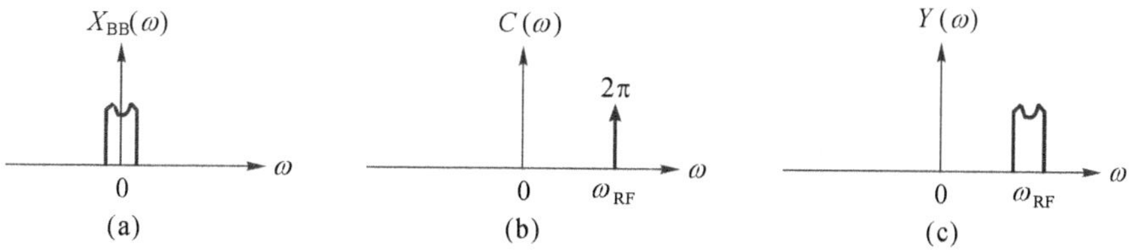

图 10-13　基于复混频的上变频器频谱

本振输入为复信号 $e^{-j\omega_{LO}t}$ 的下变频器如图 10-14(a) 所示，而射频输入信号 $x_{RF}(t)$[或 $X_{RF}(\omega)$] 仍如式(10.2.7)[或式(10.2.8)]，包括有用信号与镜干扰信号两部分。其下变频输出为

$$\begin{aligned} y_{IF}(t) &= x_{RF}(t)e^{-j\omega_{LO}t} = x_{RF}(t)(\cos\omega_{LO}t - j\sin\omega_{LO}t) \\ &= y_I(t) + jy_Q(t) \end{aligned} \tag{10.2.21}$$

式中：

$$y_I(t)=x_{\mathrm{RF}}(t)\cos\omega_{\mathrm{LO}}t \tag{10.2.22}$$

$$y_Q(t)=-x_{\mathrm{RF}}(t)\sin\omega_{\mathrm{LO}}t \tag{10.2.23}$$

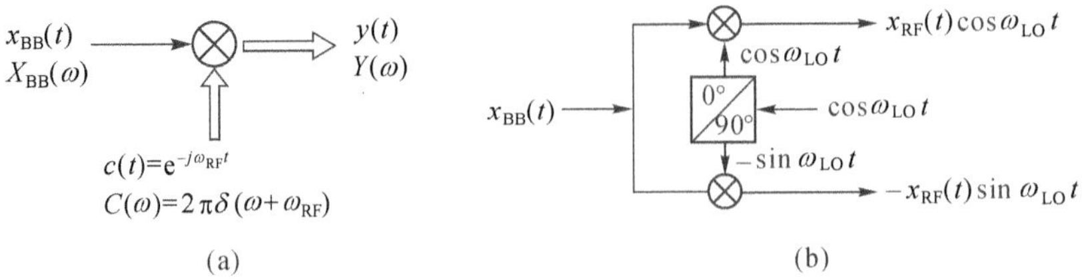

图 10-14　基于复混频的下变频器框图

根据式(10.2.22)与式(10.2.23)，容易得到下变频器的实现框图，如图 10-14(b) 所示。根据信号 $x_{\mathrm{RF}}(t)$ 与复信号 $\mathrm{e}^{-\mathrm{j}\omega_{\mathrm{LO}}t}$ 相乘其频谱就是将 $X_{\mathrm{RF}}(\omega)$ 搬移到 $-\omega_{\mathrm{LO}}$ 的频谱搬移原理，图 10-14(b) 所示下变频器频谱搬移过程如图 10-15 所示。

在图 10-15 中，其中图(a) 是射频输入信号频谱，包括有用的 $X_w(\omega)$ 和镜频干扰 $X_i(\omega)$ 两部分，图(b) 是本振复信号 $\mathrm{e}^{-\mathrm{j}\omega_{\mathrm{LO}}t}$ 的频谱，图 10-15(c) 是中频输出频谱。由图(c) 可见，有用的中频频谱 $X_{wd}(\omega)$ 位于 $+\omega_{\mathrm{IF}}$，而镜频干扰位于 $-\omega_{\mathrm{IF}}$。为消除镜频干扰，需要一个能识别正频率与负频率的滤波器，这种滤波器叫复数滤波器，可以滤去负频率分量。图(c) 中已标出理想复数滤波器的频率响应。下变频输出的信号经复数滤波器滤波后就得到只包括有用信号的频谱，如图 10-15(d) 所示。

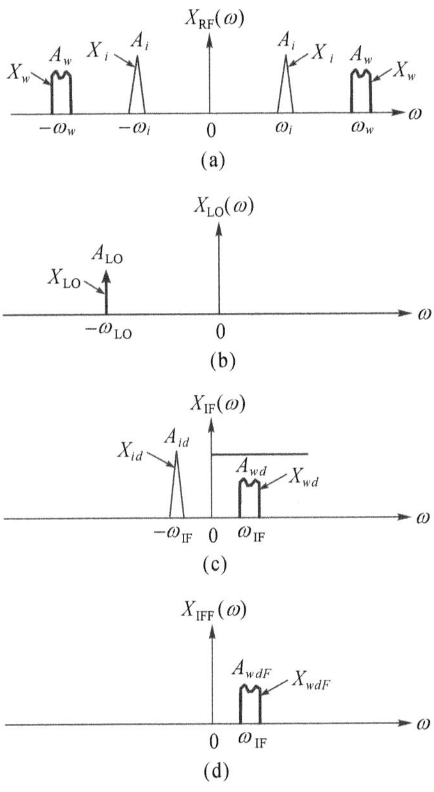

图 10-15　基于复混频的下变频器的频谱搬移

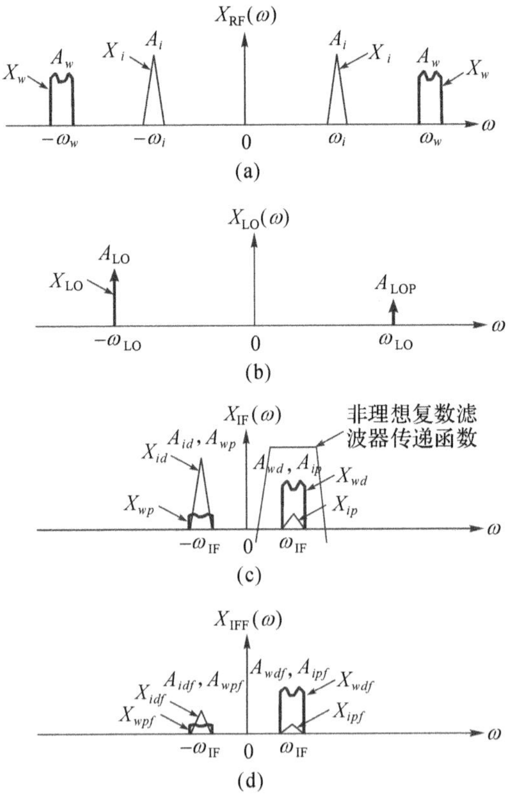

图 10-16　基于复混频并经复数滤波的实际混频器的频谱

由于各种工艺上的原因，实际的复信号 $e^{-j\omega_{LO}t}$ 的实部、虚部大小不完全相等，相位也不完全相差 90°，本振的频谱也不只是 $-\omega_{LO}$ 分量，在 $+\omega_{LO}$ 也有一个小的分量，如图 10-16(b) 所示。将图 10-16(a) 所示输入信号频谱搬移到以 $-\omega_{LO}$、$+\omega_{LO}$ 对称中心并相加，就得到图 10-16(c) 所示的频谱，在 $+\omega_{IF}$ 处，输出中频频谱中还存在少量镜频干扰。由于实际的复数滤波器对负频率信号的衰减并不是无穷大，故输出信号经复数滤波后，在 $-\omega_{IF}$ 处还残存一定的有用信号与镜频干扰信号，如图 10-16(d) 所示。

如果射频输入信号也取复信号的形式，即也可表示成同相分量和正交分量，则

$$x_{RF}(t) = x_{RF,I}(t) + jx_{RF,Q}(t) \tag{10.2.24}$$

此输入信号与复本振信号 $e^{-j\omega_{LO}t}$ 相乘得到的 $y_{RF}(t)$ 为

$$\begin{aligned} y_{RF}(t) &= x_{RF}(t)e^{-j\omega_{LO}t} = [x_{RF,I}(t) + jx_{RF,Q}(t)](\cos\omega_{LO}t - j\sin\omega_{LO}t) \\ &= [x_{RF,I}(t)\cos\omega_{LO}t + x_{RF,Q}(t)\sin\omega_{LO}t)] \\ &\quad + j[x_{RF,I}(t)\cos\omega_{LO}t - x_{RF,I}(t)\sin\omega_{LO}t] \\ &= y_I(t) + jy_Q(t) \end{aligned} \tag{10.2.25}$$

其中，

$$y_I(t) = x_{RF,I}(t)\cos\omega_{LO}t + x_{RF,Q}(t)\sin\omega_{LO}t \tag{10.2.26}$$

$$y_Q(t) = x_{RF,I}(t)\cos\omega_{LO}t - x_{RF,I}(t)\sin\omega_{LO}t \tag{10.2.27}$$

根据式(10.2.26)与式(10.2.27)，容易得到下变频器的实现框图，如图 10-17 所示。这种混频器称为双正交混频器，它用了 4 个乘法器。

双正交混频器输入信号的频谱如图 10-18(a)所示，本振复信号频谱如图 10-18(b)所示，图 10-18(c)是输出频谱。如果用理想复数滤波器进行滤波，去了负频率分量，剩下的只是有用信号频谱。

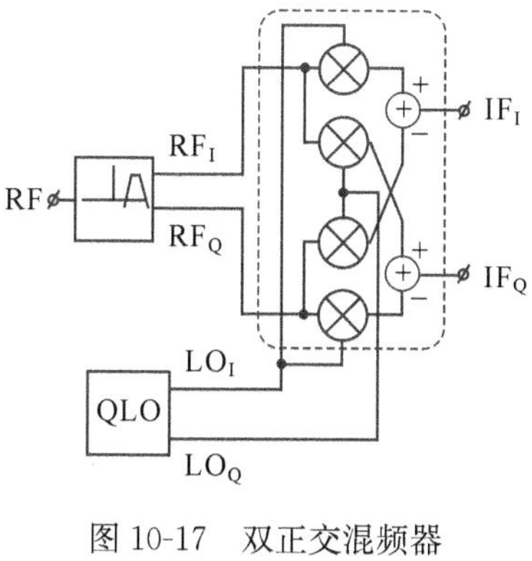

图 10-17　双正交混频器

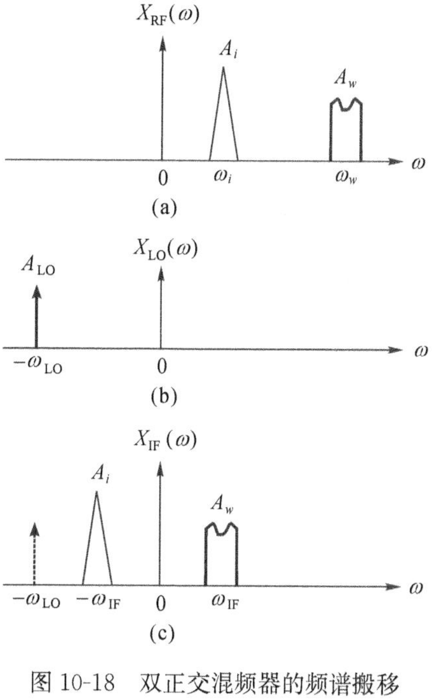

图 10-18　双正交混频器的频谱搬移

复数滤波器分为无源和有源两种。无源四相 RC 复数滤波器优点是结构简单，而且不增加直流功耗；缺点是会增加链路损耗，而且不具备通道选择功能。有源复数滤波器在消除镜像信号的同时也能起到选择通道的作用。

根据前面讨论,如信号用实信号形式表示,为消除镜频干扰,输入信号先经过一个带通滤波器再进行下变频,即滤波处理在下变频之前。但是,引入复信号与复混频的概念后,滤波处理就可以在下变频之后。

10.3　射频收发器体系结构

已如前述,射频收发器可分解为 4 个功能模块:ADC、DAC,实现数据转换;放大器,实现信号放大;混频器,用来变换载波频率;滤波器,滤除不希望的信号与噪声。这 4 个模块的不同组合就得到不同的射频收发器体系结构。发射机相对于接收机要简单一些,下面着重讨论接收机的体系结构。

射频收发器体系结构从大的方面可分为两类,即单通道体系结构与双通道体系结构。

10.3.1　单通道体系结构

如图 10-19 所示的单中频外差接收机就属于单通道收发器的典型例子。混频器的射频输入信号,本振输入信号都取实信号形式。单通道外差接收机构成模块及信号流程说明如下:

天线接收到的信号先通过射频滤波器(RFF),该滤波器的作用是选择工作频段,限制输入带宽,减少互调(IM)失真,抑制杂散(Spurious)信号,避免杂散响应,减少本振泄漏,在全双工(FDD)系统中作为频域双工器。互调失真的定义,见 10.4 节。

低噪声放大器(LNA)对射频滤波器输出的微弱信号进行放大。低噪声放大器本身应具有非常低的噪声,其作用是在不造成接收机线性度恶化的前提下提供一定的增益,以抑制后续电路的噪声。接在 LNA 后面的滤波器(RFIRF)用以抑制镜频干扰,并进一步抑制其他杂散信号,减小本振泄漏。镜频抑制滤波器的输出作为混频器的射频输入信号,本振信号由本地振荡器(LO)提供。混频器是接收机中输入射频信号最强的模块,其线性度是最重要的指标,由于处在接收机的前端,也同时要求其具有较低的噪声系数。混频器输出的中频信号再经过中频滤波器(IFF)滤波,其作用是抑制邻信道干扰,滤除混频器产生的互调干扰,抑制其他杂散信号。中频滤波器输出的中频信号经可变增益放大器(VGA)放大到一定的幅度供后续电路 A/D 转换器(ADC)处理。

单中频外差接收机的中频输出频率较高,对后续电路 ADC 要求较高。

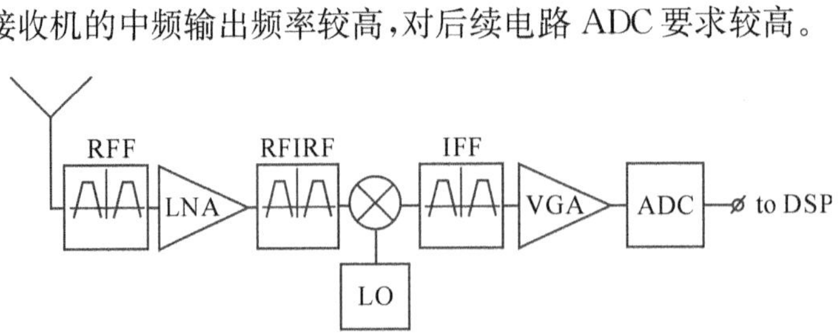

图 10-19　单中频外差接收机

如图 10-20 所示的双中频外差接收机,射频信号经过两次混频,第一次混频将载波频率降为较高的中频,第二次混频再将较高的中频进一步降为较低的中频。因为经过两次混频,有两个镜频需要抑制。IFIRF 滤波器抑制第一次混频产生的镜频干扰，IFF 滤波器抑制第二次混频产生的镜频干扰，当然它对第一次混频产生的干扰信号也起到抑制作用。二次混频的优点是，最后的中频输出频率较低，可以低到 10MHz，这就大大降低了后续电路 ADC 的采样速率。

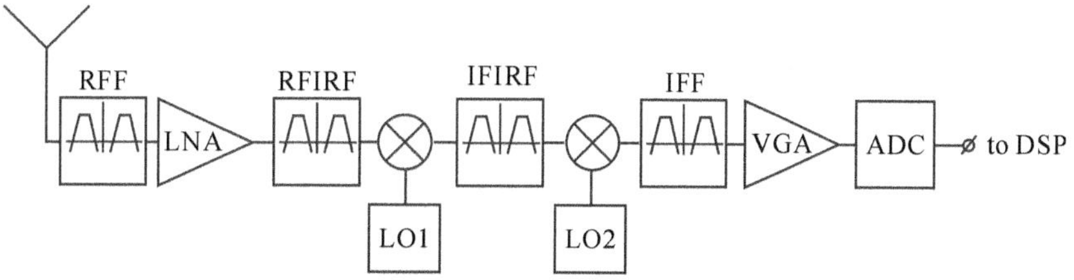

图 10-20 双中频超外差接收机

注意，对于单通道体系结构，镜频抑制滤波器在混频之前，并用带通滤波器实现。

10.3.2 双通道体系结构

对于双通道体系结构，信号被分成同相(I)和正交(Q)两路信号，同时镜频抑制在混频之后，一般用于数字调制系统。

1. 正交低中频射频收发电路

正交低中频射频收发电路是较为简单的双通道接收机结构，如图 10-21 所示。天线、RFF 与 LNA 的作用与单通道外差接收机相同。LNA 输出的信号分两路输入正交混频器，正交混频器本振输入信号为复信号，也分两路输入正交混频器，这两路本振输入信号是正交的，大小相等，相位相差 90°。正交混频器输出信号也分两路，一路是同相分量 IF_I，另一路是正交分量 IF_Q。这两路分量经中频复数滤波器(IFCF)滤波后，I、Q 两路信号经 VGA 放大到足够程度经 ADC 变换后，由数字电路处理。

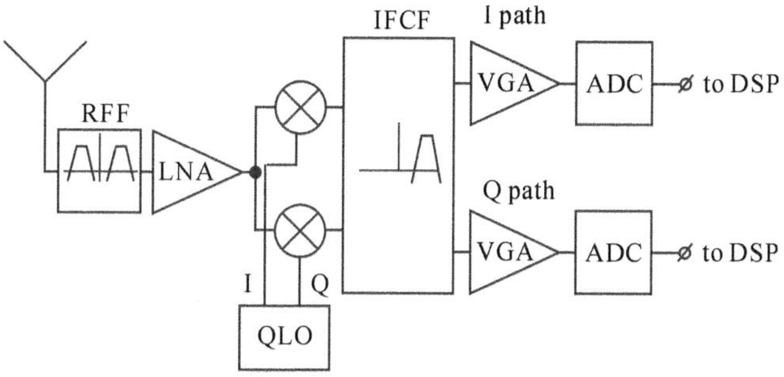

图 10-21 正交低中频射频收发电路

IFCF 对镜频干扰的抑制如图 10-22 所示。在图示情况下，IFCF 的中心频率(ω_c)等于中频(ω_{IF})。IFCF 可以用集成电路工艺制作在芯片上，这对于降低电路成本十分重要。

2. 双正交低中频射频收发电路

双正交低中频射频收发电路也是双通道接收机中一种稍复杂的体系结构，如图 10-23 所

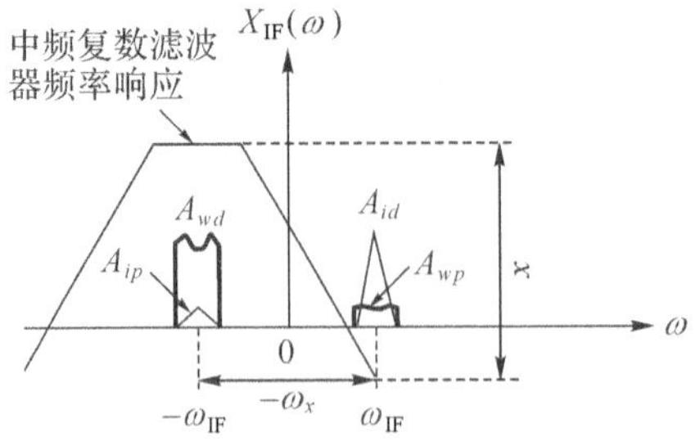

图 10-22　IFCF 对镜频干扰的抑制

示。在这种体系结构中采用双正交混频器进行频率变换。天线、RFF 与 LNA 跟前面讨论的正交低中频前端电路相同。因为采用双正交混频器混频，射频输入信号也为复信号。接在 LNA 后面的 RC 多相滤波器(RCPF) 将射频输入信号分为同相(I)与正交(Q)两路信号输入双正交混频器，本振信号由正交本振(QLO)提供，也是 I、Q 两路信号。双正交混频器输出的 I、Q 两路信号经 IFCF 滤波，再经 VGA 放大，最后由 ADC 变换为数字信号。

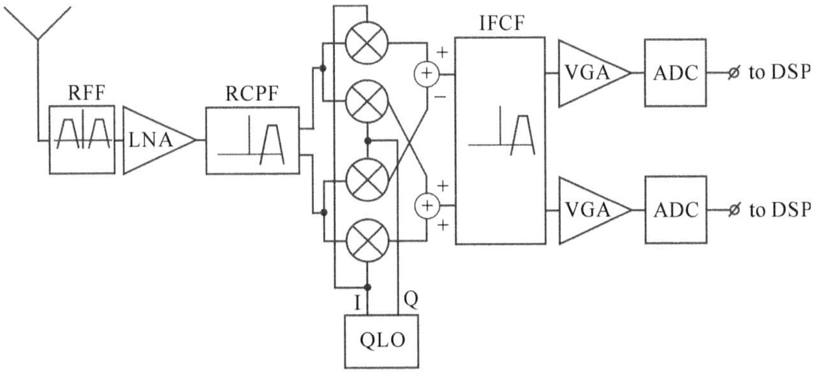

图 10-23　双正交低中频射频收发电路

3. 零中频射频收发器

零中频接收机的方案如图 10-24 所示，其本振频率 ω_{LO} 等于载频 ω_{RF}，即中频 ω_{IF} 为零，不存在镜像频率，也就没有镜频干扰的问题，不需要镜频抑制滤波器。这种直接将载频下变频为基带的方案称为零中频或直接下变频。由于零中频接收机不需要片外高 Q 值的带通滤波器，可以实现单片集成而被广泛重视。从图 10-24 可见，混频器输出信号经低通滤波处理即可输入 VGA。不过零中频结构存在着直流偏差、本振泄漏和闪烁噪声($1/f$ 噪声)等问题，因此有效地

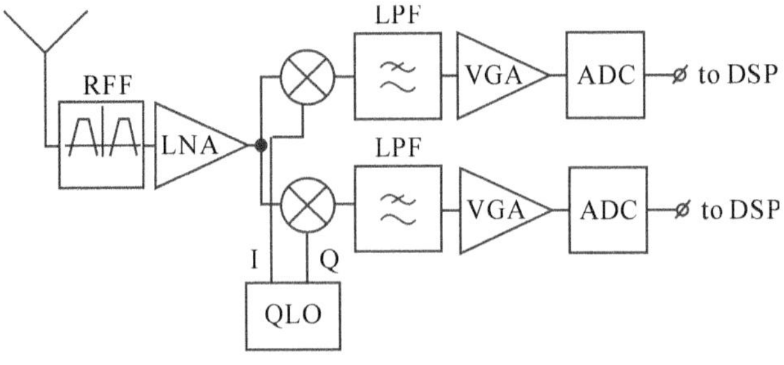

图 10-24　零中频接收机

解决这些问题是保证零中频结构正确实现的前提。

零中频接收的频谱转换如图 10-25 所示。其中，图(a)是输入信号频谱，图(b)是本振信号频谱，图(c)则是混频输出得到的基带频谱。

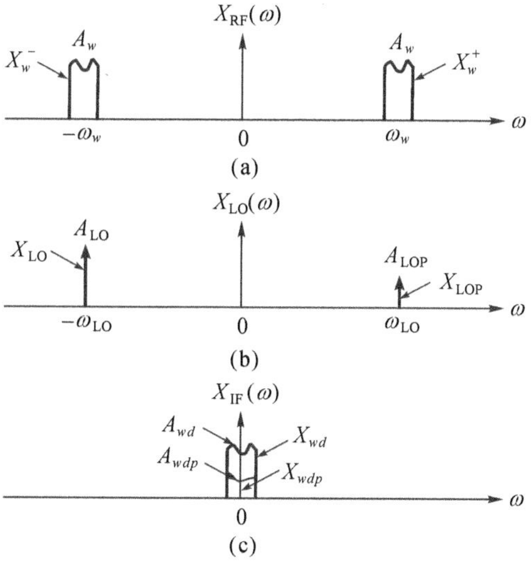

图 10-25　零中频接收机频谱转换

4. 数字中频结构

近年来伴随着模/数转换、数/模转换技术的发展，A/D 或 D/A 的采样速率越来越快，采样精度越来越高，出现了数字中频结构的收发机。与超外差结构相比，数字中频结构收发机将调制解调部分以及模拟基带电路部分替换到了数字域完成。接收链路中，射频信号变频至中频信号后经过 VGA 的功率控制，直接进入 ADC 进行模/数转换，之后在数字域进行 I/Q 解调、抽取，再进行数字滤波最终送往基带的 I 路与 Q 路。发射链路中，同相与正交的两路基带信号经过内插，再进行数字滤波，然后在数字域 I/Q 调制，之后经过 DAC 进行数/模转换成为中频信号，再经过中频电路部分与射频前端。常见的数字中频收发机的结构框图如图 10-26 所示

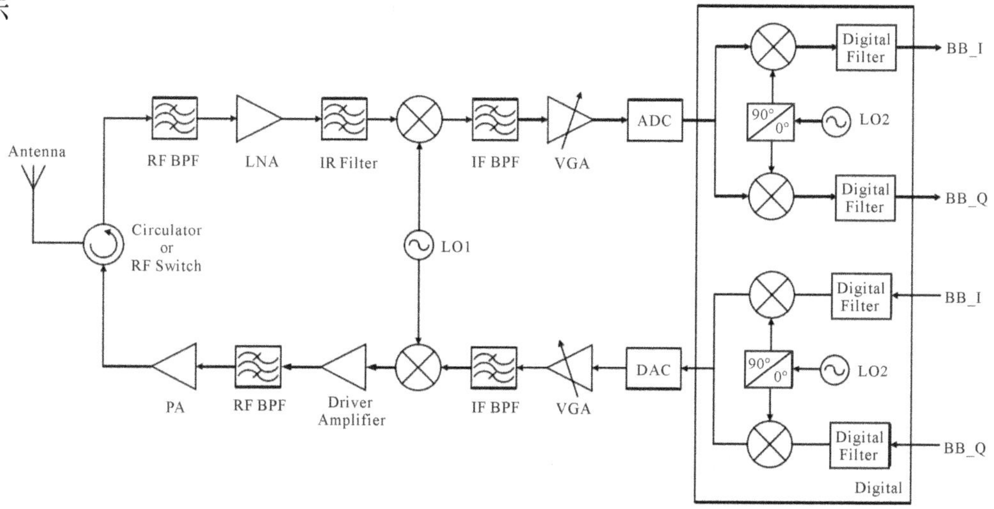

图 10-26　数字中频收发机的结构框图

数字中频结构的收发机将基带电路部分以及 I/Q 调制与解调模块放于数字域完成，减少了模拟基带电路所需的元器件，包括基带低通滤波器、基带放大器等。如此，减少了模拟基带会产生的闪烁噪声、I/Q 失配等问题，同样也简化了收发机的结构，降低了成本且方便 PCB 板的设计与收发性能的调试。除此，之外数字中频有较强的灵活性，随着 ADC/DAC 的发展，将愈发普及。

数字中频结构收发机的主要问题是性能极大程度上受 ADC/DAC 性能约束。

10.4 射频收发器性能参数

以下就接收器、发送器与频率综合器三部分讨论射频收发器的特性参数。其中频率综合器为混频器提供本振信号。

1. 射频接收器性能参数

从系统应用角度看，保证接收器解调后的误码率(BER)指标十分重要。误码率定义为发生错误的比特数占总传输比特数的比例。无线通信系统，接收器对 BER 的要求一般在 10^{-4} 左右。接收器电路噪声、电路非线性、时钟相位噪声等都对误码率有影响，表征这些影响因素的指标，如信噪比、灵敏度、线性度、动态范围等更方便指导电路设计，以下分别讨论之。

(1)信噪比(Signal to Noise Ratio，SNR)

在通信系统中通常用$\frac{E_b}{N_o}$来表征接收器输出的信噪比，其中 E_b 定义为单位比特信号的能量，N_o 为噪声能量谱密度(W/Hz)。在加性高斯白噪声近似中 N_o 在频域上是个恒定值。一些特定的调制方式比如 FSK(频移键控)，BPSK(二进制相移键控)，QPSK(正交相移键控)，在一些假设条件下误码率与$\frac{E_b}{N_o}$存在特定的关系。但实际接收器中解调及滤波都存在非理想因素，会影响输出误码率，在一些更复杂的调制方式下，误码率和$\frac{E_b}{N_o}$的关系需要通过仿真得到。

电路设计中更习惯使用信噪比 SNR 来描述信号的质量，SNR 表述了信道中接收的信号能量与噪声能量的比值，已在前面讨论过。信噪比和滤波器的设计有关，在匹配滤波器条件下，接收端的信噪比可以达到最佳值；但是$\frac{E_b}{N_o}$的值不受接收滤波器的影响。$\frac{E_b}{N_o}$和 SNR 的关系如下

$$\mathrm{SNR} = \frac{E_b}{N_o}\frac{\mathrm{DR}}{\mathrm{BW}} \tag{10.4.1}$$

其中，DR 表示数据传输速率(比特/秒)；BW 为接收器滤波器带宽。因此，接收器设计中可以根据误码率要求和相应的调制方式计算所要求的$\frac{E_b}{N_o}$值，然后根据传输带宽和式(10.4.1)计算需要满足的信噪比。需要注意的是，在接收器中并不仅是电路的噪声会影响误码率，接收电路中的其他非理想因素，比如电路的非线性、本振信号的相位噪声等都会影响信号质量。所以，计算中一般可以将各种噪声以及干扰看作非相干性的，不区分这两者对信噪比影响的差别，直接

将它们的能量叠加作为总的噪声干扰源。

(2)灵敏度与级联噪声系数

接收器的灵敏度定义为在保证输出误码率的条件下，接收器输入端能检测到的最小信号，以下用可以感受到的最小信号功率 P_{sens} 表示。接收器电路的噪声是决定接收器灵敏度的重要因素。噪声系数 NF 定义为如图 10-27 所示二端口网络输入端信噪比 SNR_{in} 与输出端信噪比 SNR_{out} 之比：

$$\mathrm{NF}=\frac{\mathrm{SNR_{in}}}{\mathrm{SNR_{out}}} \tag{10.4.2}$$

它表示经过射频器件后，信号有用功率的相对损失和噪声功率的相对放大，体现了电路对信噪比的恶化程度。所以一个无噪声系统的噪声系数为 1 (0dB)，对于一个实际的有噪系统，噪声系数都是大于 1(或大于 0dB)。无线通信系统中，基站的噪声系数一般为 3～5dB，用户移动台的噪声系数一般为 7～9dB。

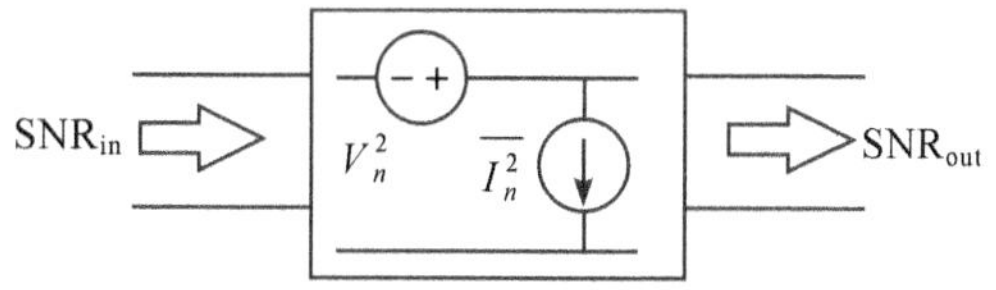

图 10-27　二端口网络噪声系数定义

考虑到解调器对输入端最小信噪比 SNR_{min} 的要求，以及噪声系数的定义，接收机与天线连接处最小输入功率或接收机的灵敏度 P_{sens}(dBm) 应为

$$P_{sens} = P_{ni} + \mathrm{NF}_{Rx} + \mathrm{SNR}_{min} \tag{10.4.3}$$

式中：NF_{Rx} 是接收机整体噪声系数；SNR_{min} 是接收器输出端要求的最低信噪比；NF_{Rx}、SNR_{min} 都是以 dB 表示的。$P_{ni} = kTB$，为输入端热噪声功率，其中 $k = 1.38\times10^{-23}$ J/K，为波尔兹曼常数；T_0 是绝对温度；B 是信号带宽。将 $P_{ni} = kTB$ 代入式(10.4.3)，则得

$$P_{sens} = 10\lg(kT) + 10\lg B + \mathrm{NF}_{Rx} + \mathrm{SNR}_{min} \tag{10.4.4}$$

如果 $T = 290$k，上式成为

$$P_{sens} = -174 + 10\log B + \mathrm{NF}_{Rx} + \mathrm{SNR}_{min} \tag{10.4.5}$$

式(10.4.5) 表明，对应一定带宽，采用一定编码方式的系统，接收器的灵敏度直接决定了接收器需要满足的噪声系数大小，而噪声系数则是收发器设计的重要参数。有的接收器灵敏度使用图 10-27 二端口网络噪声系数定义表示，则需要注意 SNR 和图 10-27 二端口网络噪声系数定义的关系，如式(10.4.1)。

接收器都是几个电路模块的级联系统，如图 10-28 所示，要考虑各个模块噪声系数如何级联的问题。在每个模块输入输出匹配的情况下，如果每个模块输入输出都匹配到特定阻抗(一般为 50Ω)，其总的噪声系数为

$$F = F_1 + \frac{F_2 - 1}{G_1} + \frac{F_3 - 1}{G_1G_2} + \cdots + \frac{F_n - 1}{G_1G_2\cdots G_{n-1}} \tag{10.4.6}$$

式中：F_n、G_n 分别为第 n 个模块的噪声系数与增益。式(10.4.6) 在传统的分立系统中比较合适，因为此时每个二端口网络的输入输出一般都匹配到 50Ω。

由式(10.4.6) 可见，第一级的增益、噪声系数对总链路的噪声系数起决定作用。注意式(10.4.6) 中 G、F 是功率比。对于损耗为 L(以功率比表示) 的无源器件，$G = \frac{1}{L}$，$F = L$。

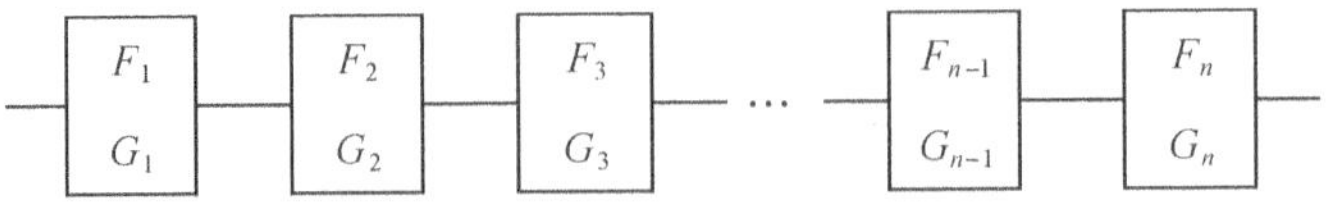

图 10-28　N 个模块的级连

【例 10.1】 计算如图 10-29 所示两级放大器的总噪声系数。

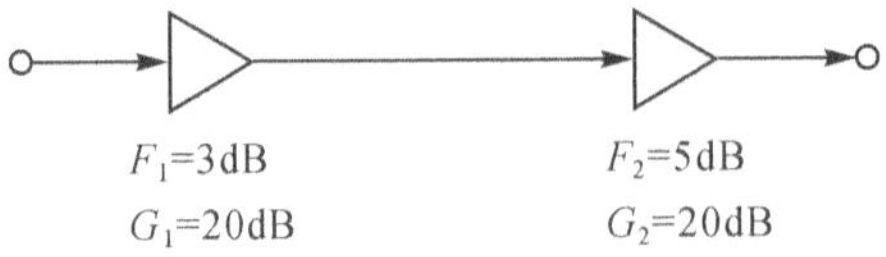

图 10-29　级连放大器

解　$F_1=3\text{dB}=2, F_2=5\text{dB}=3.162, G_1=20\text{dB}=100, G_2=20\text{dB}=100$,

$$F=F_1+\frac{F_2-1}{G_1}=2+\frac{3.162-1}{100}=3.06(\text{dB})$$

注意 $F\approx F_1$，因为第一级放大器有较高增益。

等效噪声温度定义为

$$T_e=(F-1)T_o \tag{10.4.7}$$

式中：$T_o=290\text{K}$ 或 300K。F 以功率比表示，所以

$$F=1+\frac{T_e}{T_o} \tag{10.4.8}$$

因此式(10.4.6)可表示成

$$T_e=T_{e1}+\frac{T_{e2}}{G_1}+\frac{T_{e3}}{G_1G_2}+\cdots+\frac{T_{en}}{G_1G_2\cdots G_{n-1}} \tag{10.4.9}$$

其中，T_{en} 是 n 级以 K 表示的等效噪声温度。

(3)线性度

接收器的灵敏度决定了系统对接收小信号处理的能力，并对系统的噪声系数提出了要求。对应的接收器线性度及动态范围决定了系统对大信号的处理能力。一般无线通信协议都要求射频接收器具有 80～100dB 的动态范围。因此，接收器不仅需要处理小信号，而且在大信号输入的情况下也要能保证系统的正常工作及误码率的要求。

非线性在接收器中主要表现为输出信号幅度饱和及谐波失真。有关幅度饱和及谐波失真已在第 9 章讨论过。输出幅度饱和用 1dB 压缩点来表示，它定义为使电路增益相对小信号增益降低 1dB 时的输入(或输出)信号幅度，通常都是用相对于 50Ω 的有效功率值来表示。电路的 1dB 压缩点表示了电路所能处理的最大信号幅度。谐波失真主要用二阶交调量(Second Order Modulation, IM2)与三阶交调量 (Third Order Modulation, IM3)表示。

从接收器电路模块来看，三阶交调量将降低低噪声放大器和混频器的性能；而二阶交调量将恶化混频器的性能，使混频器的输入信号直接通到混频器的输出。一般系统使用输入三阶交调点(IIP3)或输出三阶交调点(OIP3)来描述线性度。

IIP3 是设计射频收发电路的重要参数，它与系统参数有关。同噪声级联类似，整个系统的线性度也存在级联问题。如果已知每一级模块的 IIP3_n，可计算整个系统的三阶交调点 $\text{IIP3}_{\text{total}}$。计算步骤如下：

(1)把所有交调点转换到系统输入端，转换规则是减去以 dB 计的增益，加上以 dB 计的

损耗。

(2)交调点功率用 dBm 表示。

(3)假定所有交调点彼此独立互不相关，则总的 $IP_{3,in}$ 为

$$IIP3=\frac{1}{\frac{1}{IIP3(1)}+\frac{1}{IIP3(2)}+\cdots+\frac{1}{IIP3(n)}}(mW) \tag{10.4.10}$$

(4)将以 mW 表示的 IIP3 用 dBm 表示。

【例 10.2】 计算如图 10-30 所示射频系统总的 IIP3。

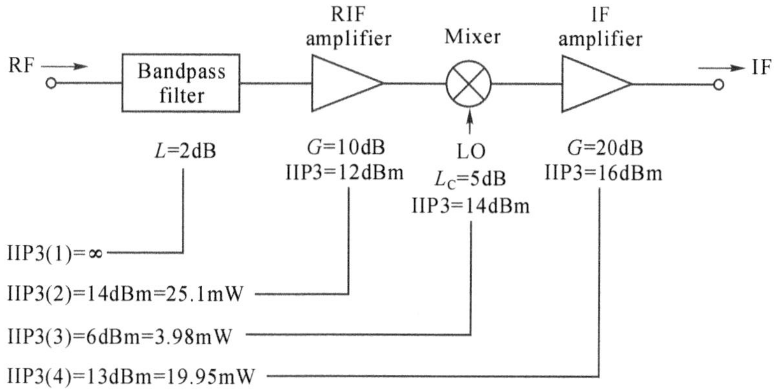

图 10-30　射频系统

L—插入损耗，G—增益，L_C—转换损耗

解　将各级交调点转换到输入端，转换规则是：如欲计算第 i 级归算到输入端的 IIP3(i)，将 i 级 IIP3 减去前面几级增益即可。对于图 10-30 所示链路，结果也示于图中。

所以，系统总的 IIP3 为

$$IIP3=10\log\left(\frac{1}{\frac{1}{IIP3(1)}+\frac{1}{IIP3(2)}+\frac{1}{IIP3(3)}+\frac{1}{IIP3(4)}}\right)$$

$$=10\log\left(\frac{1}{\frac{1}{\infty}+\frac{1}{25.1}+\frac{1}{3.98}+\frac{1}{19.95}}\right)=10\log 2.93$$

$$=4.07\text{dBm 或 } 2.93\text{mW}$$

(4)其他相关参数

接收器除了灵敏度、噪声系数、线性度等主要指标，还需要关注其他描述系统性能的指标，如动态范围、增益控制及滤波衰减等。

动态范围描述了接收器在满足误码率情况下能够处理的输入信号功率范围。其最低输入功率为接收器的灵敏度，表示接收器能够处理的最低信号功率；动态范围的上限为接收器能处理的最大信号功率，这个值是由线性度决定的，也就是为了保证接收器误码率，该最大信号产生的交调量不超过系统噪底。可以看出，系统的动态范围是由系统灵敏度和线性度决定的。

网络输入信号的最高门限根据应用要求，一般用 1dB 压缩点 P_{-1dB} 定义，也可用 n 阶交调 IIPn 定义。对于单频输入增益为 G 的放大器，以 dBm 计的输入信号或驱动功率

$$P_{-1dB,in}=P_{-1dB,out}-G+1dB \tag{10.4.11}$$

如果以 1dB 压缩点作为输入信号的最高门限，则单音频输入时动态范围 DR 为

$$DR = P_{-1dB,in} - MDS \tag{10.4.12}$$

式中：MDS 为噪声受限的最小可检功率。

如果用三阶交调功率电平 $P_{IM3,in}$ 达到接收机灵敏度 P_{sens} 时的输入电平 P_{in} 作为输入信号的最高门限，则接收机的动态范围是

$$DR = P_{in} - MDS \quad (当\ P_{IM3,in} = P_{sens}) \tag{10.4.13}$$

接收器通过增益控制单元调节不同接收功率情况下的系统增益来满足接收器输出信号幅度的要求；增益控制范围要能够覆盖接收器的动态范围，保证电路在不同工艺、不同温度及不同电压偏移情况下正常工作。

2. 发射器主要参数

各种无线通信标准都会对发射器射频部分有着严格要求，包括输出频谱、调制精度、载波精度、最大与最小发射功率、增益控制等，以下主要关注输出频谱和线性度两个指标。

(1)输出频谱

发射器的输出信号必须受到无线标准和 FCC(美国联邦通信委员会)的严格限制。为了保证每个信道中信号对其邻近信道的影响忽略不计，每种无线标准都规定了发送调制信号的频谱罩，发射信号的频谱不能超过规定的频谱罩。如图 10-31 所示为 GSM(全球移动通信系统)所要求的发射频谱罩。

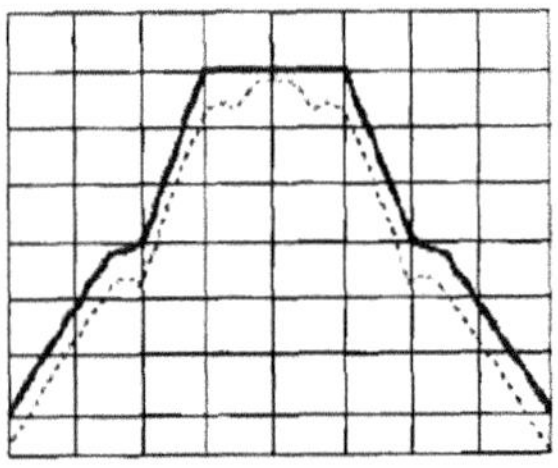

图 10-31　GSM 所要求的发射频谱罩

上面提及的“信道”在无线通信中是对无线发送端和接收端之间通路的一种形象比喻。对于无线电波而言，它从发送端传送到接收端，其间并没有一个有形的连接，它的传播路径也有可能不只一条，我们为了形象地描述发送端与接收端之间的工作，可以想象两者之间有一个看不见的道路衔接，把这条衔接通路称为信道。在频分多址系统中，相邻信道采用的频率是不同的。

(2)线性度和 EVM

由于实际的发射器总会引入种种非理想因素，比如噪声、正交失配、非线性等，都会造成调制信号的畸变。特别是更复杂调制方式的使用，比如现在通信系统中常用的 OFDM(正交频分复用)调制，其调制后信号具有较大的峰均功率比(Peak to Average Ratio，PAR)，对线性度要求较高，并且由于其时域信号的包络变化较大，用传统线性度表示参数，比如输出 1dB 压缩点，只能大致反映其线性度。在数字调制发射器中，引入了误差矢量幅度(Error Vector Magnitude，EVM)来反映实际信号与理想信号的差别，用来描述链路的线性度。定义第 k 个码元的最佳采样时间测得的信号矢量为 R_k，对应发射时理想矢量 T_k，误差矢量 $\Delta k = R_k - T_k$，如图 10-32 所示。考虑到信号的随机性，不同时刻的码元误差矢量会发生变化，信号矢量点会

以理想矢量为中心呈正态分布，因此可以定义均方根 EVM 为：

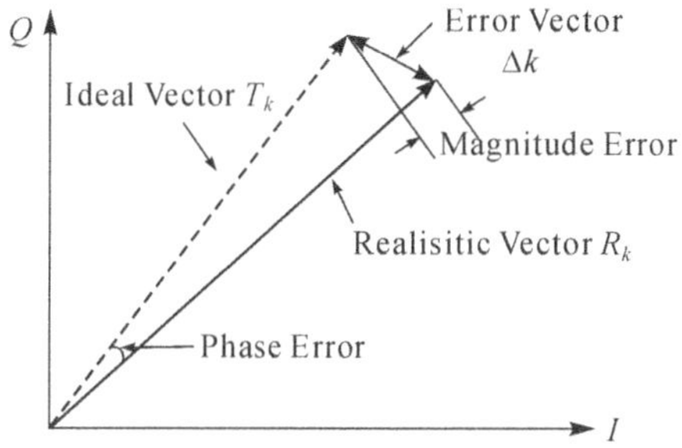

图 10-32　误差矢量幅度 EVM

$$\mathrm{EVM}_k = \frac{\sqrt{\frac{1}{N}\sum_{k=1}^{N}|R_k - T_k|^2}}{|T_k|} \tag{10.4.14}$$

EVM 通常用百分之多少来表示，或者取其 dB 值。

另外，发射器还需要关注的指标包括：增益控制，以满足不同工作模式下的输出功率；发射信号边带抑制，以进一步满足系统线性度的需要；载波抑制，对于低功率输出模式下的发射器，过大的载波泄漏会严重影响发射器的线性度。

3. 频率综合器主要参数

对于频率综合器，相位噪声指标最为重要。理想的频率综合器输出频谱应该是一个单频点的输出，其瞬态可以表示为：

$$V_{\mathrm{out}} = A\cos(2\pi f_0 t + \varphi) \tag{10.4.15}$$

其中，A 为振幅；f_0 为振荡频率；φ 为任意固定相位。但是实际的输出并不是单一的频点，它的输出可以表示为：

$$V_{\mathrm{out}} = A\cos[2\pi f_0 t + \varphi(t)] = A\cos(2\pi f_0 t)\cos\varphi(t) - A\sin(2\pi f_0 t)\sin\varphi(t)$$

其中，$A(t)$ 和 $\varphi(t)$ 都是时间的函数，$|\varphi(t)| \ll 1$ 时，上式近似为

$$V_{\mathrm{out}} = A\cos[2\pi f_0 t + \varphi(t)] \approx A\cos(2\pi f_0 t) - A\varphi(t)\sin(2\pi f_0 t) \tag{10.4.16}$$

式(10.4.16)表示信号幅度和相位随时间的变化，式(10.4.16)说明 $\varphi(t)$ 的频谱被搬移到 f_0 的两边。这样一来，在频率 f_0 附近就会存在一个噪声边带。如图 10-33 所示为两种状态下的输出频谱。

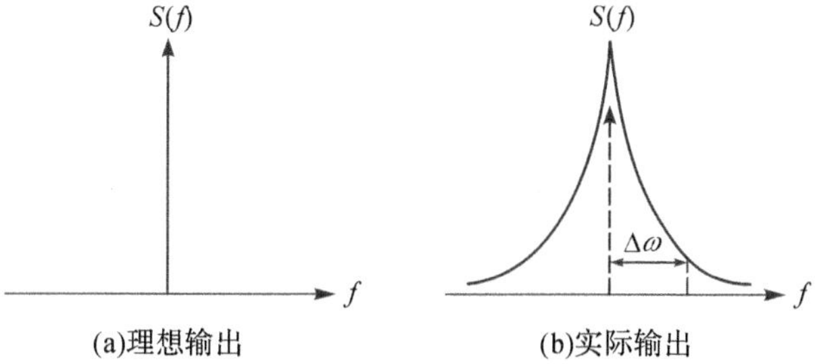

图 10-33　频率综合器输出频谱对比

信号的相位噪声通常用距离载波频率 Δf 处 1Hz 内单边带噪声功率和载波功率的比值表

示：

$$L\{\Delta f\}=10\lg\left[\frac{P(f_0+\Delta f)}{P(f_0)}\right] \tag{10.4.17}$$

相位噪声的单位通常用 dBc/Hz，并且需要说明 Δf 的大小。对于窄带通信系统，干扰信号的能量往往集中在固定的频率偏移处，如在 GSM 系统中，±600kHz，±1.6MHz，±3 MHz 频偏处干扰信号的能量分别为－43dBm，－33dBm，－23dBm，为了避免这些干扰信号下变频后淹没有用信号，频率综合器在这些频率偏移处的相位噪声需要满足一定的要求。

相位噪声主要通过两种方式影响接收器性能：相位噪声对带内或带外的干扰信号的搬移，这种方式主要影响窄带通信方式；另外，相位噪声可以影响接收 I/Q 信号的星座图，通常发生在宽带 OFDM 通信系统中。由于发射器处理的是大信号，不容易受相位噪声的影响，因此发射器对相位噪声的要求没有接收器要求严格。

10.5　射频收发器在无线传感网络应用举例①

手机是现代电路的标志性成果，其主板电路由数字后端与射频前端两大模块构成。射频前端以射频收发器、功率放大器两块集成电路为核心，当然还包括天线与天线开关，实现高频信号的处理。全球几十亿人使用手机，射频收发器应用之广泛可见一斑。

近年快速发展的物联网，其更是将用户端延伸和扩展到了任何物品与物品之间，进行信息交换和通信。物联网的传感器节点，不再是数十亿，而是数百亿，上千亿，甚至更多。每个传感器节点都通过射频收发器无线联网，物联网对射频收发器的惊人需求可想而知。

本节以中继型大型汽车胎压监测系统为例，说明射频收发器在无线传感器网络中的应用。

无线传感器网络是由部署在监测区域内大量的廉价微型传感器节点组成，并通过无线通信方式形成一个如图 10-34 所示的多跳自组织网络。该网络由传感器节点(End Device)、汇聚节点(Router)和管理节点(Coordinator)等部分组成。

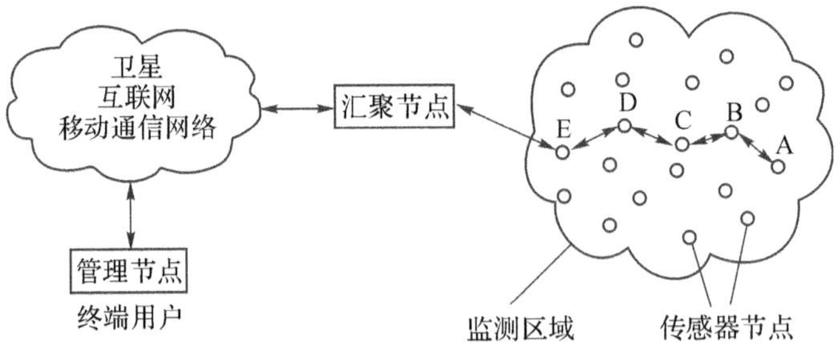

图 10-34　无线传感器网络

传感器节点一般由数据采集单元、数据处理单元、数据传输单元和电源管理单元 4 部分组成。它的处理能力、存储能力和通信能力相对较弱，通过小容量电池供电。传感器节点间的通信功能通过射频收发器实现。

① 王亚萍，硕士学位论文《中继型大型汽车胎压监测系统设计与实现》，2016，本节编写参考了其中的部分内容。

业已推出多款针对传感器节点的专用芯片，将传感器与包括射频收发器在内的其他单元都集成到一块芯片上，极大地方便了无线传感器网络的构建。

轮胎压力监测系统(Tire Pressure Monitoring System, TPMS)在 20 世纪 90 年代末应用于汽车，有间接式 TPMS 和直接式 TPMS 两种解决方案。目前，市场上的主流产品是直接式 TPMS。直接式 TPMS 解决方案，采用压力传感器来直接测量轮胎压力，可以为每个轮胎提供独立的、准确的、实时的胎压测量。其安装位置可以是气嘴、轮胎内或者轮辋上。通过集成在芯片上的其他传感器，直接式 TPMS 还可以同时监测轮胎的温度、加速度等参数，为驾驶者提供更多的信息。

如图 10-35 所示的是 TPMS 系统框图，由胎压监测模块、中继模块和接收主机等部分构成。其中胎压监测模块(选用芯片 FXTH87)实现轮胎压力和温度数据采集以及数据无线发射功能；中继模块(选用芯片 KW01)接收后方轮胎的无线数据并随即转发给接收主机，实现无线信号的中继传输，提高无线信号传输的稳定性；接收主机(选用芯片 KW01)接收前方胎压监测模块直接发送的数据和中继模块转发的数据，经过一定的数据处理后，显示实际的轮胎压力值在 OLED(有机电激光显示)显示屏上。

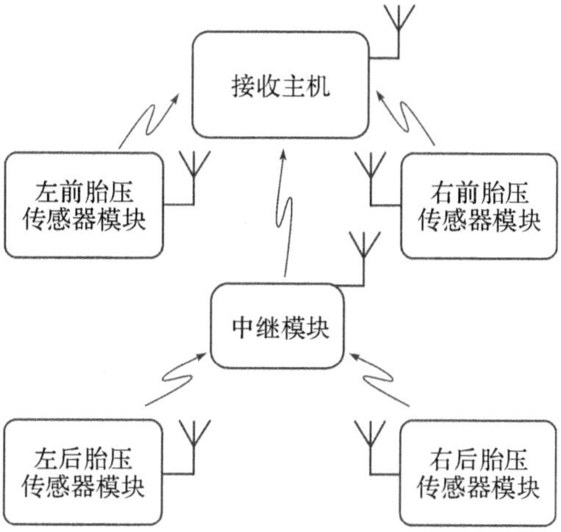

图 10-35　TPMS 系统框图

FXTH87 系列胎压监测传感器是目前市场上尺寸较小的胎压传感器之一，封装尺寸只有 7mm×7mm。同时，它还具有功耗低、存储器量大等优势。它将数据采集、处理、无线传输与电源管理等功能集成到一块芯片上，为产品的小型化、低功耗设计提供了保证。因此，很多胎压监测系统设计人员优先选择 FXTH87 作为胎压传感器模块的核心器件，以获得更小的产品尺寸和更优的产品性能。

如图 10-36(a)所示为 FXTH87 系列传感器外形图，该传感器共 24 个引脚，如图 10-36(b)所示。

胎压传感器芯片 FXTH87 内部除了数据采集、处理与电源管理部分外还集成了 315MHz/433MHz 无线发射器，图 10-37 是内部无线发射器部分结构框图。调制模式有 FSK(二进制频移键控)和 OOK(二进制振幅键控)两种选择；编码方式有曼彻斯特编码、双相位编码、不归零码三种可选；可选择固定数据包格式发送，也可以由 MCU(微控制器)控制数据发送；256bits 数据缓冲区可以满足大多数数据传输要求。

作为中继模块与接收主机选用的芯片 MKW01Z128，简称为 KW01，内部集成了 KL26 微

(a)FXTH87外形图

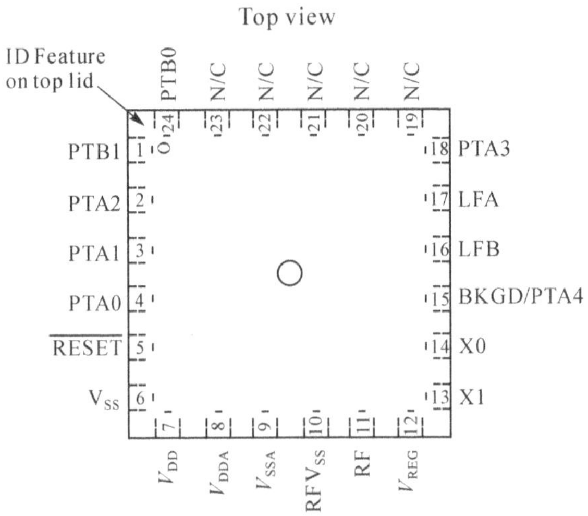

(b)引脚图

图 10-36　FXTH87 外形图与引脚图

控制器和 Sub-1 GHz 无线收发器。KW01 芯片和 FXTH87 芯片，其数据传输部分(射频收发器)是相同的，都基于 SX1231 系列芯片。

无线射频收发器 SX1231 具有极低的能耗，处于接收模式下的电流为 16mA，待机功耗电流为 100nA。在 Sub-1 GHz 的频段范围内具有 FSK 等多种调制模式。通过软件配置，可以灵活设置调节在－18 到＋17dBm 范围内的无线发射功率。其接收灵敏度最低可达－120dBm(1.2kbps)。

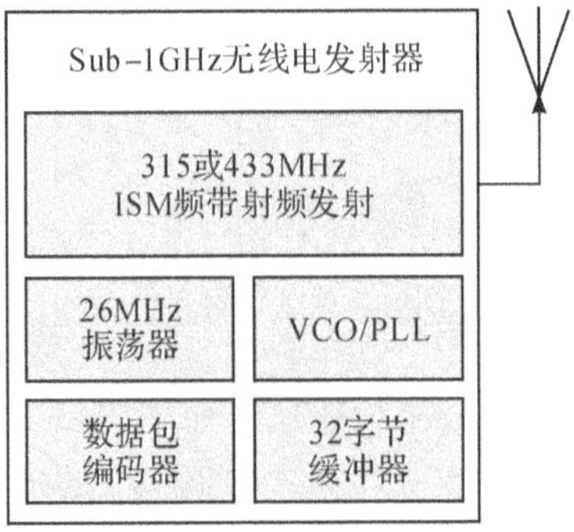

图 10-37　FXTH87 内部无线电发射器

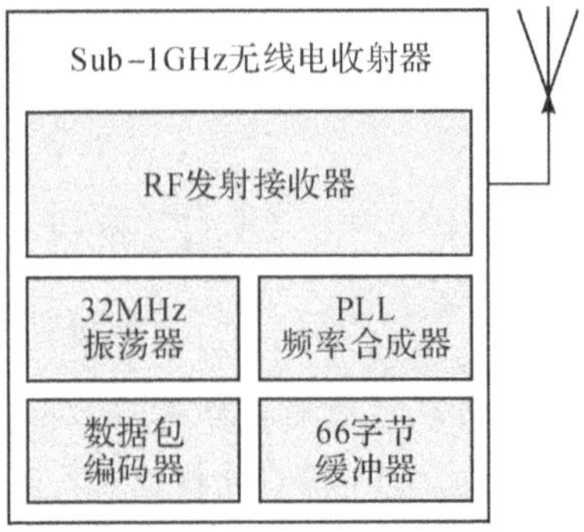

图 10-38　KW01 内部无线收发器

如图 10-38 所示为集成在 KW01 芯片内部的 sub-1GHz 频段的无线收发器框图。其内部集成了双向级联、单向功率放大器(Power Amplifer，PA)，低噪声放大器(Low Noise Amplifier，LNA)、收发控制开关、温度传感器以及低电量指示器等，并支持单/双端天线接口，使得无线射频电路外围所需的分立电子元件较少，简化了射频电路设计的复杂度。

基于 KW01 的中继模块硬件设计分两部分：一是 KW01 芯片“最小系统构件”设计；二是 sub-1GHz 无线射频电路构件设计。

1. KW01 最小系统构件设计

所谓“最小系统”是指可保证 KW01 芯片内部的程序正常运行所必需的，且不可再次精简的外设电路，主要由电源滤波电路、复位电路、调试接口电路和晶振电路等构件组成，如图 10-39所示。

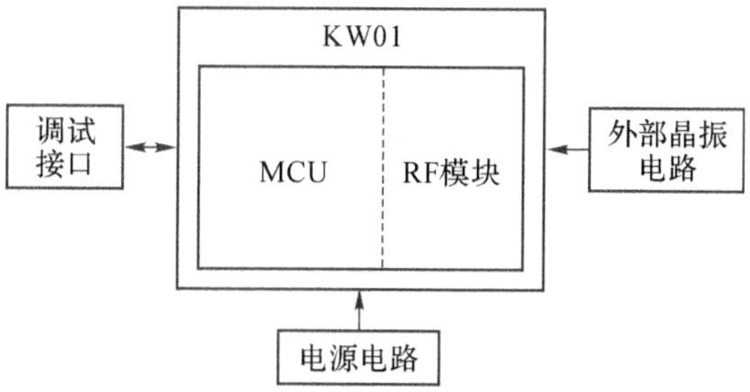

图 10-39 KW01 最小系统构件原理框图

(1)电源滤波电路

KW01 芯片通过大量的电源类引脚提供足够的电流容量以保证芯片正常工作，同时所有的电源引脚必须接适当的滤波电容以抑制高频噪声，提高电路抗干扰能力和系统的稳定性。如图 10-40 所示为 KW01 最小系统构件中的电源滤波电路。在给 KW01 无线射频芯片提供额定的电压时，还需要在电源引脚上添加 10μF，0.01μF 和 0.1μF 的电容来增强 KW01 最小系统的电磁容错性，确保系统电源的稳定输入，并降低因电源波动为嵌入式系统带来的不稳定因素。

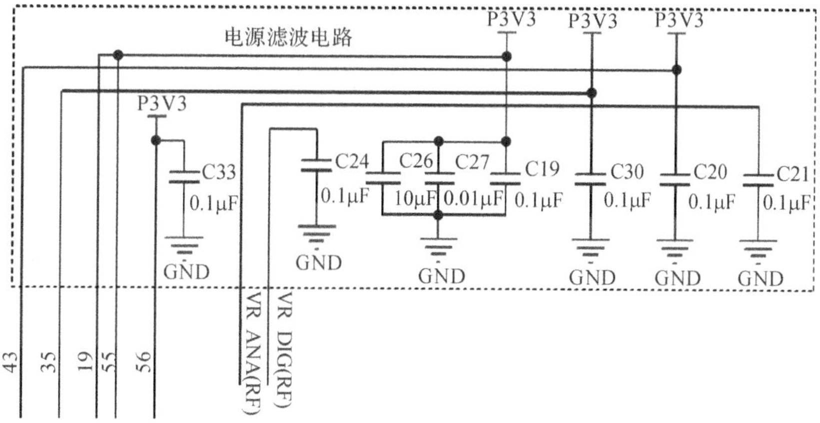

图 10-40 电源滤波电路

(2)复位电路

复位电路主要用于在对芯片软硬件调试时提供手动复位。为使嵌入式系统因为软件因素而出现死机的状况得到及时的修复，需要为 KW01 的最小系统构件设计简单的复位电路。

KW01 芯片的复位引脚低电平有效，因此在芯片正常运行的时候复位引脚呈高电平状态，需要复位时通过外部电路拉低复位引脚以使芯片复位。如图 10-41 所示为 KW01 最小系统的复位电路，其中 RESET_B 连接芯片的复位引脚$\overline{\text{RESET}}$。RESET_B 引脚平时为 MCU 输出高电平，当按下复位按钮 RK1 后，Reset Light 指示灯亮，该引脚处于低电平状态，使芯片复位。此外，为了尽量减小电源波动而产生的干扰信号，在电路中添加了值为 0.1μF 的高频滤波电容 RC1。

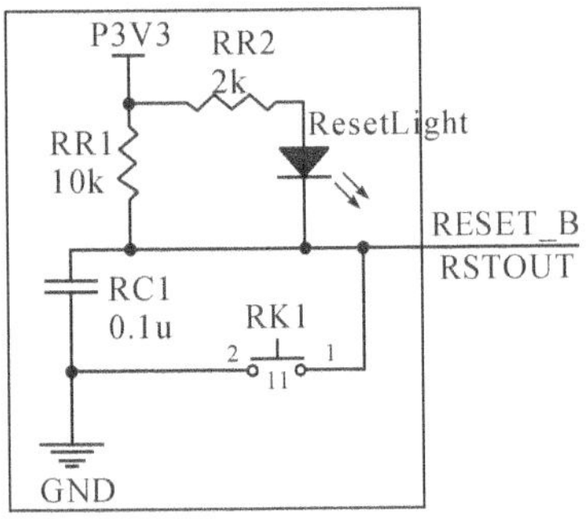

图 10-41　复位电路

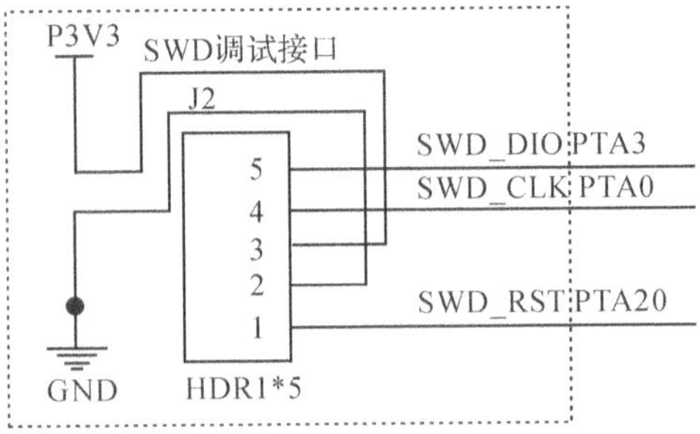

图 10-42　调试接口电路

(3)调试接口电路

KW01 无线射频芯片内部集成了基于 ARM CoreSight 架构的 SWD (Serial Wire Debug) 串行有线调试接口。SWD 调试接口仅需要两根线，就能实现程序的调试和写入，分别是数据输入/输出线 SWD_ DIO 和时钟线 SWD_CLK。如图 10-42 所示为 SWD 调试接口电路。

(4)晶振电路

晶振电路是一种可为嵌入式最小系统及其包含的其他模块提供准确工作时钟的重要电路。根据 KW01 硬件设计参考手册，KW01 可选的晶振电路解决方案一共有三种：外部单晶振、外部双晶振和外部时钟源。其中，使用双晶振或外部时钟源是一种高成本高精度的 MCU 工作时钟解决方案。

KW01 内部集成了一个约为 32kHz 的内部参考时钟，其精度相对不高，但经过校准后可以满足 MCU 的工作要求，包括芯片复位启动时钟和低功耗模式的唤醒时钟等多种具体应用场景。同时考虑到无线节点的成本、稳定性、简化硬件设计等多个因素，在设计晶振电路时采用外部单晶振方案，如图 10-43 所示。

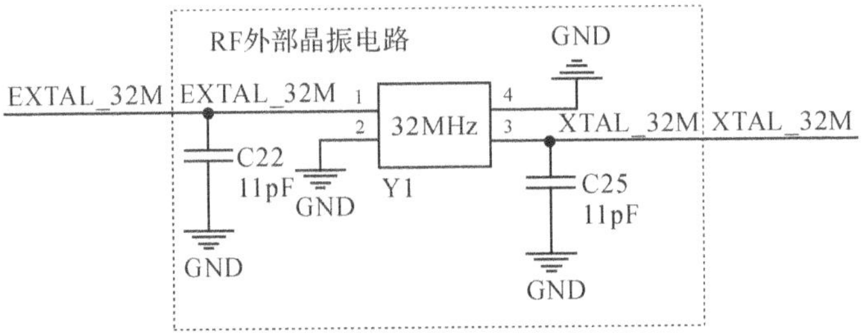

图 10-43　RF 外部晶振电路

该部分使用一个大小为 32MHz 的外部晶振作为 KW01 芯片内部所集成的无线射频收发器的晶振源输入。通过软件配置，可以将无线射频收发器的时钟分频，同时使用芯片的 CLKOUT 引脚输出以驱动基于 Cortex-MO＋内核的 MCU 正常工作。

将图 10-40 至图 10-43 所示电源滤波电路、复位电路、接口电路、晶振电路连接到 KW01，便得到 KW01 芯片的最小系统构件原理图，如图 10-44 所示。

(5)电源模块设计

根据 KW01 硬件设计参考手册，KW01 的正常工作电压范围为 1.8～3.6V。由于 USB 接口能够为其提供 5V 的电源电压，因此可以考虑选择一款 5V 转 3.3V 的电源转换芯片以简化硬件电路的设计。综合考虑电源转换芯片的成本、性能、功耗和电压保护等重要因素，选择

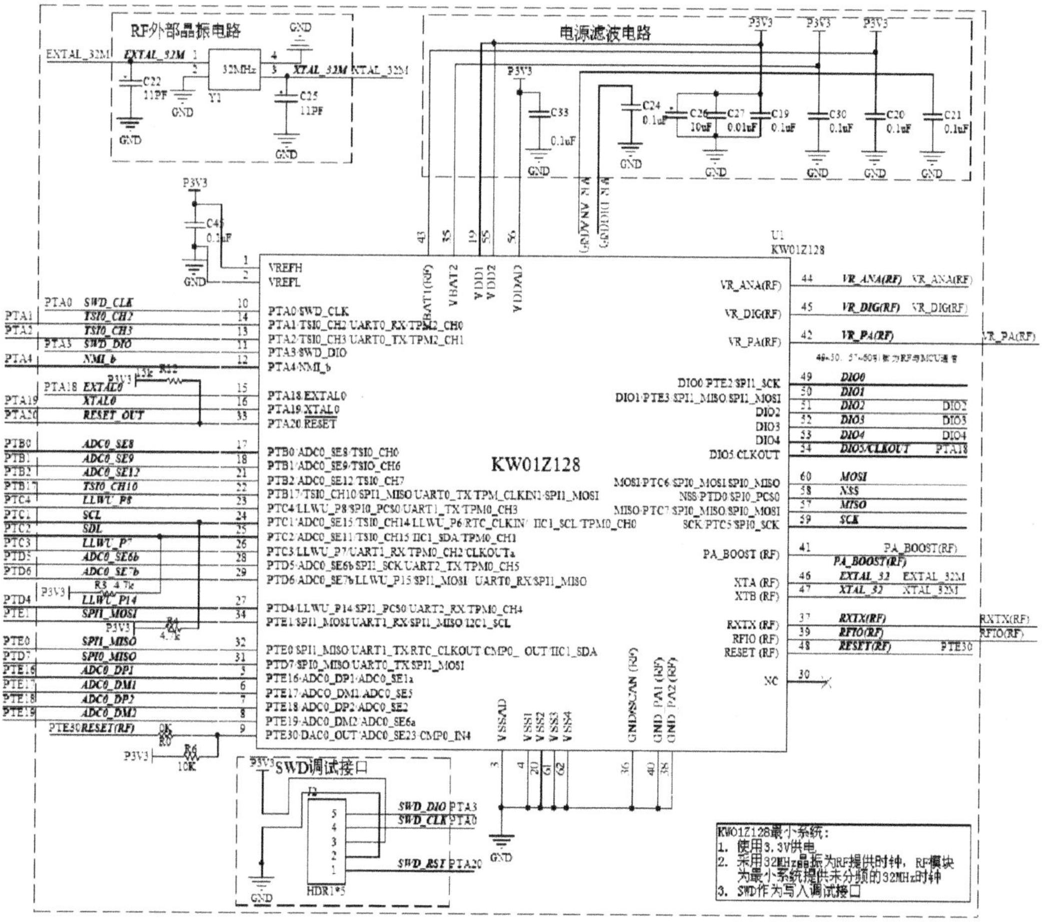

图 10-44　KW01 芯片的最小系统构件原理

采用 SPX3819 作为无线节点的电源转换芯片，其原理图设计如图 10-45 所示。该电源转换芯片可以将 5V 的电源输入转换为稳定的 3.3V 输出，并能在额定电压下提供 500mA 的系统最大负载电流。

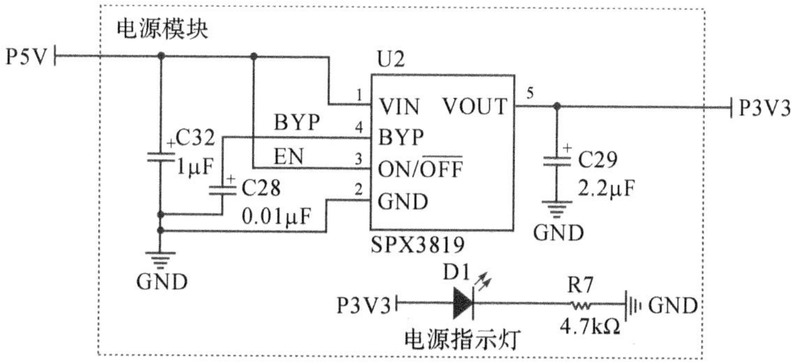

图 10-45　电源模块原理

2. Sub-1GHz 无线射频电路构件设计

(1)射频天线选型

天线是无线设备收发电磁波信号的一种重要电子部件。因此,射频天线对于无线节点通信也极为重要,天线设计的好坏将直接关系到无线信号收发质量,影响无线信号的收发距离。

目前市场上较为常用的射频天线,主要包括 PCB 天线、Chip 天线和 Whip 天线。其中,PCB 天线成本较低,但设计难度较大,需要考虑的无线射频因素较多;Chip 天线,即陶瓷天线,体积小,成本适中,适合用于较短距离通信的应用场景;Whip 天线性能最好,无线信号放大效果明显,成本相对较高。

(2)集总参数阻抗变换网络设计

KW01 无线射频芯片与飞思卡尔公司之前推出的 MC 1321X、MC 1322X 和 MC 1323X 系列的 ZigBee 无线射频芯片所使用的差分天线不同,KW01 采用的是单端天线接口。因此,不需要使用巴伦(平衡/不平衡变压器)电路进行单端一差分变换。这将简化无线节点中Sub-1G 无线射频前端电路的硬件设计,降低射频硬件的设计复杂度,缩短芯片应用开发周期。

射频收发器输出引脚处输出阻抗与天线等效阻抗的匹配是射频收发器电路设计的一个重要环节。阻抗匹配既可用集总参数元件构成的匹配电路,也可用分布参数电路来实现。分布参数匹配电路适合高频应用。集成电路内部一般采用集总参数元件构成的匹配电路。

阻抗匹配的基本原理如图 10-46 所示,图中 Z_T 是从射频收发器 RF 引脚看入的阻抗,Z_M 为 Z_T 经阻抗匹配网络转换后从天线端向匹配网络看入的阻抗,而 Z_A 是从天线端向天线方向看入的等效阻抗。阻抗匹配要求 Z_A 与 Z_M 呈共轭匹配关系,即

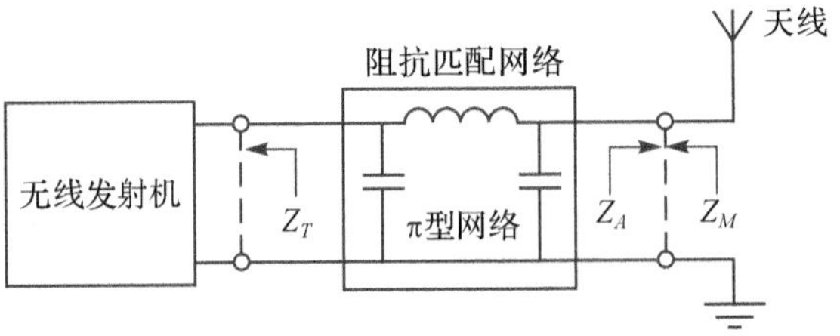

图 10-46 无线发射机与天线的阻抗匹配原理

$$Z_M = Z_A^* \tag{10.5.1}$$

对于窄带应用,阻抗匹配网络一般采用双元件 LC 低通型网络,或如图 10-46 所示的三元件 π 型低通网络。设计时假定 Z_T 与 Z_A 是已知的,工作频率也是给定的,要确定的是匹配网络的 L、C 参数。根据匹配网络结构,可以求出 Z_M,将 Z_M、Z_A 代入式(10.5.1),令其实部和虚部分别相等,即可确定匹配网络的参数 L、C。

射频收发器工作时,接收时,要避免带外杂波的干扰;发送时,带外发射则构成对其他通信系统的干扰,因此射频收发器与天线之间插入一个带通滤波器是必要的。

为了尽可能地减少射频外围元件数量,降低传输线损耗,并且使滤波器保持良好的截止频率特性,在设计射频前端电路时采用如图 10-47 所示的 2 阶椭圆函数低通滤波器。

制造商在推出 KW01 芯片的同时,还向用户推荐为 KW01 定制的射频前端电路,图 10-48 为工作于 915MHz 与 868MHz 频率的射频前端电路。芯片 VR_PA 引脚通过一个交流性阻断无源网络为发送端的功率放大器提供稳定的电源;RFIO(RF)引脚进行无线信号的收发,电

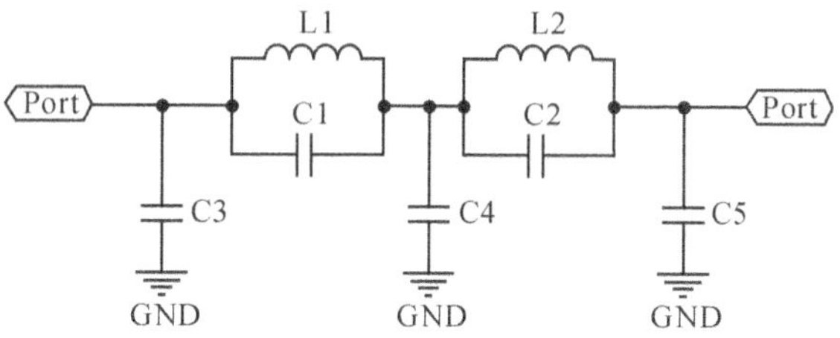

图 10-47　二阶椭圆函数低通滤波器模型

路中的其余部分为通用的 RF 网络，其作用是在天线和收发器 RFIO 之间为引脚提供阻抗匹配和选频。

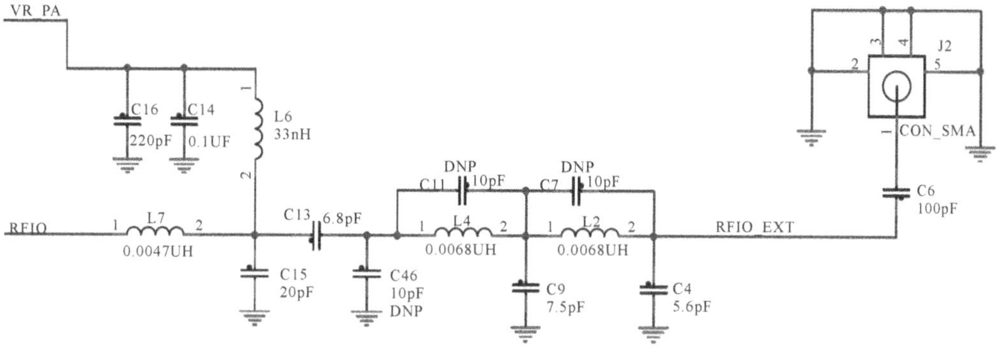

图 10-48　飞思卡尔公司推荐的射频前端电路(工作频率 915MHz 与 868MHz)

习 题 10

10.1　题 10.1 图所示模拟乘法混频器，图中 $x_1(t)=A_1\cos\omega_1 t$，$x_2(t)=A_2\cos\omega_2 t+(\alpha_3 A_2^3/4)\cos 3\omega_2 t$，计算输出频率分量。如设 $\omega_1=2\pi\times 850\text{MHz}$，$\omega_2=2\pi\times 900\text{MHz}$，期望的中频输出频率是多少？不希望的干扰频率是多少？有什么问题？

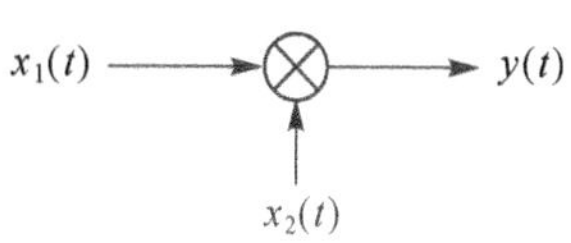

题 10.1 图

10.2　题 10.2 图(a) 所示为 Hartley 镜像抑制接收机原理框图，接收机中使用两个混频器、两个低通滤波器和一个 90° 移相器，90° 移相器又称为希尔伯特滤波器，其传递函数表示为

$$H(\omega)=-\mathrm{j}\,\mathrm{sgn}(\omega)$$

设 ω_{RF}、ω_{LO}、$\omega_{镜频}$ 沿频率抽分布如题 10.2 图(b) 所示，试分析其频谱搬移过程。标出输入信号频谱(包括有用信号与镜频干扰)，余弦信号的频谱，B 点的频谱，正弦信号的频谱，A 点的频谱，C 点的频谱，输出处频谱。表明输出频谱中没有镜频干扰。

10.3　题 10.3 图(a)所示为 Weaver 镜像抑制接收机原理框图，接收机中使用四个混频器、两个低通滤波器；与 Hartley 结构相比，Weaver 结构用两个混频器替代 90°移

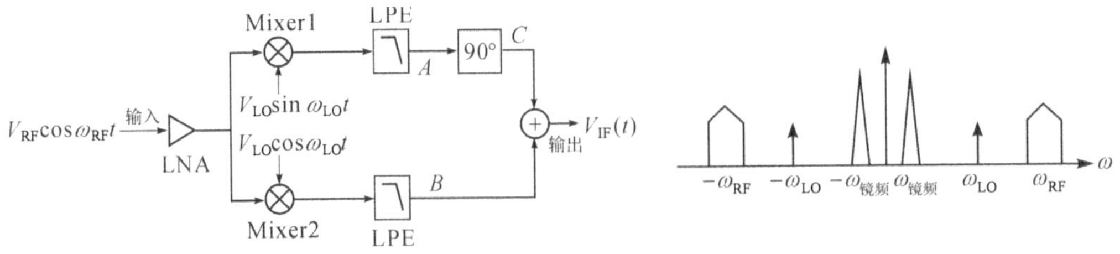

(a)　　　　　　(b)

题 10.2 图

相器。设 ω_{RF}、ω_{LO}、$\omega_{镜频}$ 沿频率轴分布如题 10.3 图(b)所示，试分析其频谱搬移过程：标出 A 点的频谱，C 点的频谱，B 点的频谱，D 点的频谱，输出处频谱。说明输出频谱中没有镜频干扰。

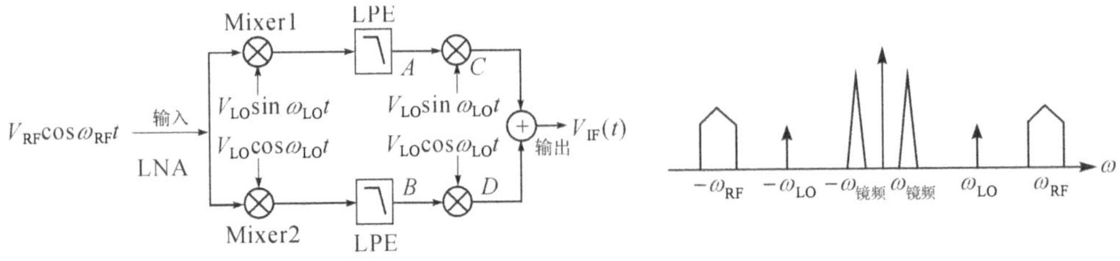

(a)　　　　　　(b)

题 10.3 图　Weaver 镜像抑制接收机原理框图

10.4　WCDMA 信号带宽 3.84MHz，用户终端参考灵敏度指定为 −106.7dBm，要求接收机误码率 BER 小于 10^{-3}，根据 WCDMA 信号编码及调制方式，可得出信噪比为 −7.7dB，试预算接收机噪声系数 NF。

10.5　计算题 10.5 图所示两级放大器的总噪声系数。

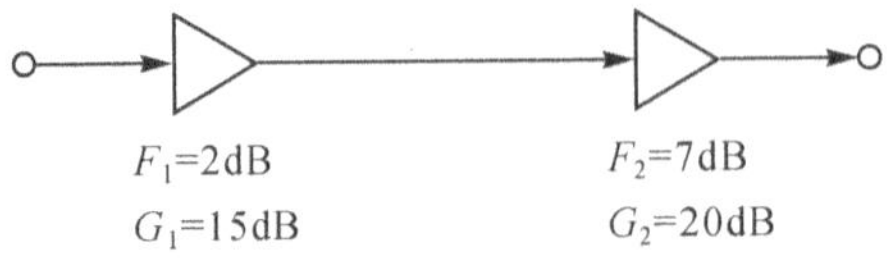

题 10.5 图　级连放大器

10.6　计算题 10.6 图所示射频系统总的 IIP3。

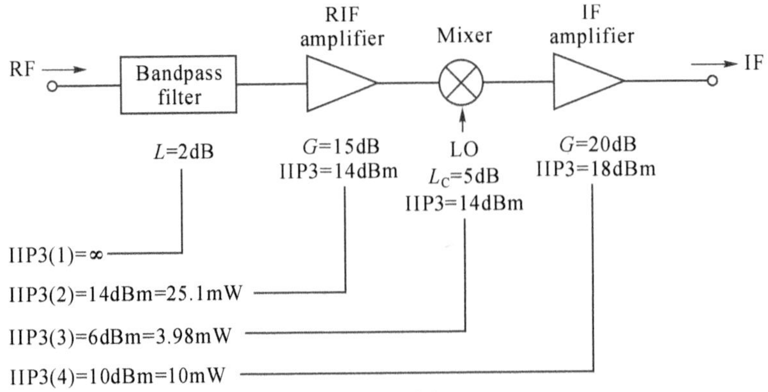

题 10.6 图

L—插入损耗，G—增益，L_C—转换损耗

附 录

附录1 坐标与算符▽

	直角坐标系 x、y、z	柱坐标系 ρ、φ、z	球坐标系 r、θ、φ
单位长度	$\mathrm{d}x$、$\mathrm{d}y$、$\mathrm{d}z$	$\mathrm{d}\rho$、$\rho\mathrm{d}\varphi$、$\mathrm{d}z$	$\mathrm{d}r$、$r\mathrm{d}\theta$、$r\sin\theta\mathrm{d}\varphi$
$\nabla\Phi$	$\boldsymbol{x}_0\dfrac{\partial\Phi}{\partial x}+\boldsymbol{y}_0\dfrac{\partial\Phi}{\partial y}+\boldsymbol{z}_0\dfrac{\partial\Phi}{\partial z}$	$\boldsymbol{\rho}_0\dfrac{\partial\Phi}{\partial\rho}+\boldsymbol{\varphi}_0\dfrac{\partial\Phi}{\partial\varphi}+\boldsymbol{z}_0\dfrac{\partial\Phi}{\partial z}$	$\boldsymbol{r}_0\dfrac{\partial\Phi}{\partial r}+\boldsymbol{\theta}_0\dfrac{1}{r}\dfrac{\partial\Phi}{\partial\theta}+\boldsymbol{\varphi}_0\dfrac{1}{r\sin\theta}\dfrac{\partial\Phi}{\partial\varphi}$
$\nabla^2\Phi$	$\dfrac{\partial^2\Phi}{\partial x^2}+\dfrac{\partial^2\Phi}{\partial y^2}+\dfrac{\partial^2\Phi}{\partial z^2}$	$\dfrac{1}{\rho}\dfrac{\partial}{\partial\rho}\left(\rho\dfrac{\partial\Phi}{\partial\rho}\right)+\dfrac{1}{\rho^2}\dfrac{\partial^2\Phi}{\partial\varphi^2}+\dfrac{\partial^2\Phi}{\partial z^2}$	$\dfrac{1}{r^2}\dfrac{\partial}{\partial r}\left(r^2\dfrac{\partial\Phi}{\partial r}\right)+\dfrac{1}{r^2\sin\theta}\dfrac{\partial}{\partial\theta}$ $\left(\sin\theta\dfrac{\partial\Phi}{\partial\theta}\right)+\dfrac{1}{r^2\sin^2\theta}\dfrac{\partial^2\Phi}{\partial\varphi^2}$
$\nabla\cdot A$	$\dfrac{\partial A_x}{\partial x}+\dfrac{\partial A_y}{\partial y}+\dfrac{\partial A_z}{\partial z}$	$\dfrac{1}{\rho}\dfrac{\partial}{\partial\rho}(\rho A_\rho)+\dfrac{1}{\rho}\dfrac{\partial A_\varphi}{\partial\varphi}+\dfrac{\partial A_z}{\partial z}$	$\dfrac{1}{r^2}\dfrac{\partial}{\partial r}(r^2A_r)+\dfrac{1}{r\sin\theta}$ $\dfrac{\partial}{\partial\theta}(\sin\theta A_\theta)+\dfrac{1}{r\sin\theta}\dfrac{\partial A_\varphi}{\partial\varphi}$
$\nabla\times A$	$\boldsymbol{x}_0\left(\dfrac{\partial A_z}{\partial y}-\dfrac{\partial A_y}{\partial z}\right)+$ $\boldsymbol{y}_0\left(\dfrac{\partial A_x}{\partial z}-\dfrac{\partial A_z}{\partial x}\right)$ $+\boldsymbol{z}_0\left(\dfrac{\partial A_y}{\partial x}-\dfrac{\partial A_x}{\partial y}\right)$	$\boldsymbol{\rho}_0\left(\dfrac{1}{\rho}\dfrac{\partial A_z}{\partial\varphi}-\dfrac{\partial A_\varphi}{\partial z}\right)+$ $\boldsymbol{\varphi}_0\left(\dfrac{\partial A_\rho}{\partial z}-\dfrac{\partial A_z}{\partial\rho}\right)$ $+\boldsymbol{z}_0\left(\dfrac{1}{\rho}\dfrac{\partial}{\partial\rho}(\rho A_\varphi)-\dfrac{1}{\rho}\dfrac{\partial A_\rho}{\partial\varphi}\right)$	$\boldsymbol{r}_0\dfrac{1}{r\sin\theta}\left[\dfrac{\partial}{\partial\theta}(\sin\theta A_\varphi)-\dfrac{\partial A_\theta}{\partial\varphi}\right]$ $+\boldsymbol{\theta}_0\dfrac{1}{r}\left[\dfrac{1}{\sin\theta}\dfrac{\partial A_r}{\partial\varphi}-\dfrac{\partial}{\partial r}(rA_\varphi)\right]$ $+\boldsymbol{\varphi}_0\dfrac{1}{r}\left[\dfrac{\partial}{\partial r}(rA_\theta)-\dfrac{\partial A_r}{\partial\theta}\right]$

附录 2　矢量运算恒等关系

$\boldsymbol{A}\cdot(\boldsymbol{B}\times\boldsymbol{C})=\boldsymbol{B}\cdot(\boldsymbol{C}\times\boldsymbol{A})=\boldsymbol{C}\cdot(\boldsymbol{A}\times\boldsymbol{B})$

$\boldsymbol{A}\times(\boldsymbol{B}\times\boldsymbol{C})=\boldsymbol{B}(\boldsymbol{A}\cdot\boldsymbol{C})-\boldsymbol{C}(\boldsymbol{A}\cdot\boldsymbol{B})$

$\nabla(\Phi_1\Phi_2)=\Phi_1\nabla\Phi_2+\Phi_2\nabla\Phi_1$

$\nabla\cdot(\Phi\boldsymbol{A})=\boldsymbol{A}\cdot\nabla\Phi+\Phi\nabla\cdot\boldsymbol{A}$

$\nabla\cdot(\boldsymbol{A}\times\boldsymbol{B})=\boldsymbol{B}\cdot(\nabla\times\boldsymbol{A})-\boldsymbol{A}\cdot(\nabla\times\boldsymbol{B})$

$\nabla\times(\Phi\boldsymbol{A})=\nabla\Phi\times\boldsymbol{A}+\Phi\nabla\times\boldsymbol{A}$

$\nabla\cdot(\nabla\times\boldsymbol{A})=0$

$\nabla\times\nabla\Phi=0$

$\nabla\times(\nabla\times\boldsymbol{A})=\nabla(\nabla\cdot\boldsymbol{A})-\nabla^2\boldsymbol{A}$

散度定理：$\int_V(\nabla\cdot\boldsymbol{A})\mathrm{d}V=\oint_S\boldsymbol{A}\cdot\mathrm{d}\boldsymbol{S}$

斯托克斯定理：$\int_S(\nabla\times\boldsymbol{A})\cdot\mathrm{d}\boldsymbol{S}=\oint_c\boldsymbol{A}\cdot\mathrm{d}\boldsymbol{l}$

附录 3　贝塞尔函数与三角函数、指数函数

对贝塞尔函数的理解最好跟正弦、余弦和指数函数对比起来，因为正弦、余弦、指数函数我们都很熟悉。

贝塞尔函数	正弦、余弦函数、指数函数
第 n 阶贝塞尔方程 $x^2\dfrac{\mathrm{d}^2y}{\mathrm{d}x^2}+x\dfrac{\mathrm{d}y}{\mathrm{d}x}+(\lambda^2x^2-n^2)y=0$	正弦、余弦函数、指数函数满足的微分方程 $\dfrac{\mathrm{d}^2y}{\mathrm{d}x^2}+\lambda^2y=0$
(i)$\lambda^2>0$，λ 是实数，n 为整数 用级数方法求解贝塞尔方程得到两个独立的解： $J_n(x)$——第 n 阶第一类贝塞尔函数 $Y_n(x)$——第 n 阶第二类贝塞尔函数	(i)$\lambda^2>0$，λ 是实数 用级数方法求解上面的微分方程得到两个独立的解： $\sin(x)$——正弦函数 $\cos(x)$——余弦函数
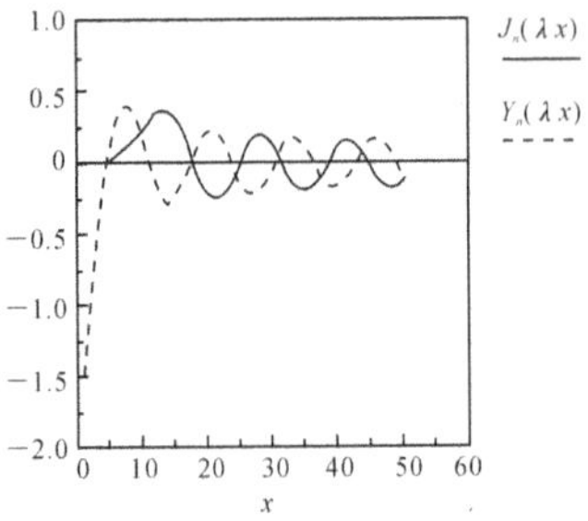	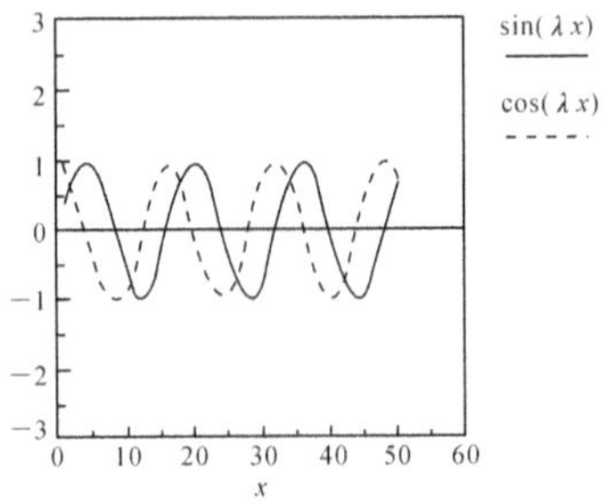

<table>
<tr><td colspan="2">比较 $J_n(\lambda x)$、$Y_n(\lambda x)$与 $\sin(\lambda x)$、$\cos(\lambda x)$确有相似之处</td></tr>
<tr><td>(ii)$\lambda^2<0$，λ 是虚数
设 $\lambda=j\gamma$
微分方程成为
$x^2\dfrac{d^2y}{dx^2}+x\dfrac{dy}{dx}+(\gamma^2x^2+n^2)y=0$
用级数方法求解得到两个独立的解
$I_n(\gamma x)$——第 n 阶第一类修正贝塞尔函数
$K_n(\gamma x)$——第 n 阶第二类修正贝塞尔函数
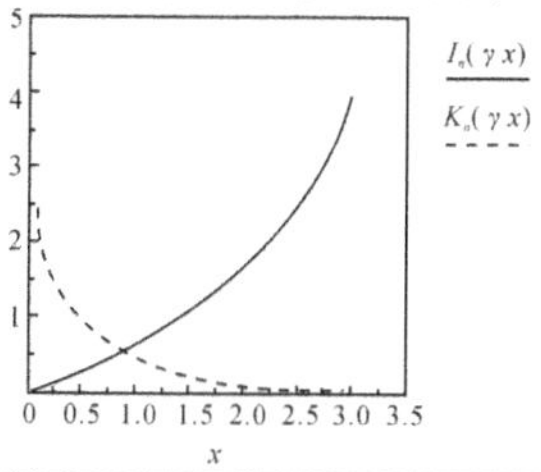
</td>
<td>(ii)$\lambda^2<0$，λ 是虚数
设 $\lambda=j\gamma$
微分方程成为
$\dfrac{d^2y}{dx^2}-\gamma^2y=0$
用级数方法求解得到两个独立的指数函数解
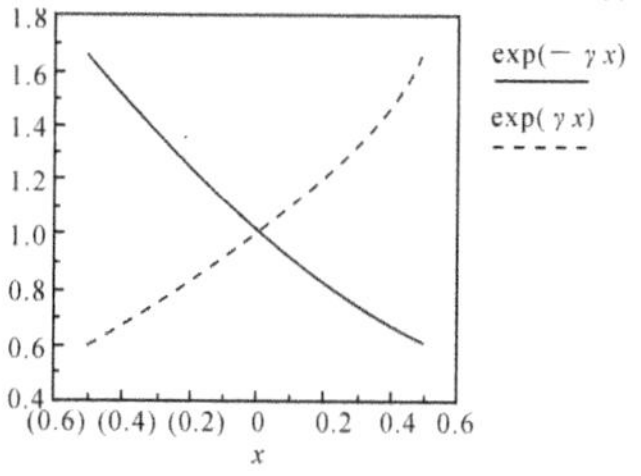
</td></tr>
<tr><td colspan="2">比较 $I_n(\gamma x)$、$K_n(\gamma x)$与 $\exp(-\gamma x)$、$\exp(\gamma x)$确有相似之处</td></tr>
</table>

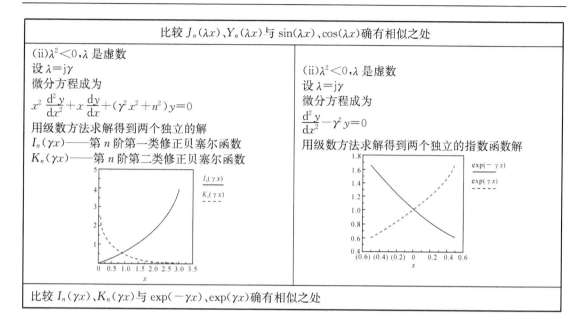

附录 4　材料常数

以下介质材料的常数与商用材料可能有一些差别。

附表 4-1　微波或更低频率介质的相对介电系数 ε_r

材　　料	相对介电系数 ε_r
PTFE(聚四氟乙烯)	2.1
Paraffin(石蜡)	2.1
Polyethylene(聚乙烯)	2.25
Polypropylene(聚丙烯)	2.5
Polystryrene(聚苯乙烯)	2.7
Wood(木材)	2 to 4
Paper(纸)	3
Rubber(橡皮)	3
Snow (dry)[雪(干)]	3.3
Nylon(尼龙)	3.5
Glass(玻璃)	4
Ice (pure)[(冰(纯)]	4
Quartz(石英)	5
Sodium chloride(氯化钠)	5.7
Alumina[氧化铝(矾土)]	10

材　　料	相对介电系数 ε_r
Silicon(硅)	12
Germanium(锗)	16
Diamond(金刚石)	16
Ethyl alcohol 乙醇	25
Water (pure) [水(纯)]	80
Titanium dioxide(二氧化钛)	100
Barium titanate(钛酸钡)	1200

附表 4-2　光波段常用材料折射率 n

介　　质	折射率 n
Hydrogen(氢)	1.000132
Air(空气)	1.000293
Carbon dioxide(二氧化碳)	1.00045
Water (pure)(纯净水)	1.333
Ethyl alcohol(乙醇)	1.361
Glass(玻璃)	1.4 to 1.8
Fused silica(熔融石英)	1.46
Vitreous quartz(透明石英)	1.45
Crystal quartz(石英晶体)	1.55
Dense flint(致密燧石)	1.75
Sodium chloride(氯化钠)	1.50
Diamond(金刚石)	2.42

附表 4-3　材料的相对磁导率 μ_r

材　　料	相对磁导率 μ_r
Copper, aluminium Plastics, wood(铜,铝,塑料,木材)	1.0
Nickel(镍)	50
Cast iron(生铁)	60
Cobalt(钴)	60
Steel(钢)	300
Ferrite (typical)(铁氧体)	1000
Iron (transformer) (变压器用铁芯)	3000
Iron (pure) (纯铁)	4000
Mumetal(导磁合金或(合金)	20000

附表 4-4　材料的电导率 σ　(S/m)

材　　料	相对电导率 σ
Silver(银)	6.17×10^{7}
Copper(铜)	5.80×10^{7}
Gold(金)	4.10×10^{7}
Aluminium(铝)	3.82×10^{7}
Brass(黄铜)	1.50×10^{7}
Nickel(铁)	1.15×10^{7}
Bronze(青铜)	1.10×10^{7}
Carbon steel(碳钢)	6×10^{6}
Lead(铅)	4.6×10^{6}
Germanium (pure)[锗(纯)]	2.2×10^{6}
Stainless steel(不锈钢)	1.1×10^{6}
Mercury(水银)	1×10^{6}
Cast iron(粗铁)	1×10^{6}
Graphite(石墨)	7×10^{4}
Carbon(碳)	3×10^{4}
Silicon (pure)[硅(纯)]	1.2×10^{3}
Ferrite (typical)(铁氧体)	100
Water (sea)(海水)	4
Water (pure)[水(纯净)]	10^{-4}
Granite(花岗岩)	10^{-6}
Bakelite(酚醛塑胶)	10^{-9}
Polystyrene(光泽塑胶)	10^{-16}
Quartz(石英)	10^{-17}

参考文献

英文版

1. Cotter W. Sayre Complete Wireless Design[M]. New York: McGraw-Hill Teleccon, 2001
2. Fawwaz T Ulaby. Fundamentals of applied electromagnetics. Prentice Hall Inc, 1997 (Upper Saddle River, New Jersey, USA)
3. K C Gnpta, Ramesh Grarg. Rakesh Chadha "Computer Aided Design of Microwave Circuits" Artech House, Inc, 1981(Dedham, Massachusetts)
4. K. C. Gupta, Ramesh Garg, Inder Bahl. Prakash Bhartia "Microstrip Lines and Slotlines" (Second edition) Artech House, INC. 1996(Dedham, Massachusetts, USA)
5. Liang Chi Shen, Jin Au Kong. Applied electromagnetism[J]. Wadsworth Inc, 1983
6. Nigel J Cronin. Microwave and optical waveguides. Institute of physics publishing, 1995 (Bristal and Philadelphia, USA)
7. Reinhold Ludwig. Pavel Bretchko "RF Circuit Design Theory and Applications" Pearson Education, 2002(Upper Saddle River, NJ, USA)
8. Robert E Collin, Francis J Zucker. Antenna theory[M]. New York: McGraw-Hill, 1969
9. Stanley V Marshall, Gabriel G Skitek. Electromagnetic concepts and applications. Prentice Hall Inc, 1987 (Englewood Cliffs, New Jersey, USA)
10. Ulrich L Rohde, David Newkirk. RF/Microwave Circuit Design for Wireless Applications[M]. New York: JOHN WILEY & SONS, Inc, 2000

中文版

1. 陈抗生. 电磁场与电磁波[M]. 北京:高等教育出版社,2007
2. 廖承恩. 微波技术基础[M]. 北京:国防工业出版社,1984
3. 应嘉年,顾茂章,张克潜. 微波与光导波技术[M]. 北京:国防工业出版社,1994
4. 张明德,孙小菡. 光纤通信原理与系统[M]. 南京:东南大学出版社,1996

5. 张克潜,李德杰. 微波与光电子学中的电磁理论[M]. 2 版. 北京:电子工业出版社,2001
6. 水启刚. 微波与光导波技术[M]. 杭州:浙江大学出版社,1996
7. 牛中奇,朱满座,卢智远等. 电磁场理论基础[M]. 北京:电子工业出版社,2001
8. 王增和,王培章,卢春兰. 电磁场与电磁波[M]. 北京:电子工业出版社,2001
9. 刘学观,郭辉萍. 微波技术与天线[M]. 西安:西安电子科技大学出版社,2001
10. 倪光正. 工程电磁场原理[M]. 北京:高等教育出版社,2002
11. I. J. 鲍尔,P. 布哈蒂亚. 微带天线[M]. 梁联卓,寇廷耀,译. 北京:电子工业出版社,1984
12. 楼仁海,符果行,袁敬闳. 电磁理论[M]. 成都:电子科技大学出版社,1996
13. 冯恩信. 电磁场与波[M]. 西安:西安交通大学出版社,1999
14. David M. Pozar. 微波工程[M]. 张肇仪,周乐柱,吴德明,等译. 北京:电子工业出版社,2006
15. 李宗谦,余金兆,高葆新. 微波工程基础[M]. 北京:清华大学出版社,2004
16. 高葆新. 微波集成电路[M]. 北京:国防工业出版社,1995
17. Cuillermo Gonzalez. 微波晶体管放大器分析与设计[M]. 2 版. 白晓东,译. 北京:清华大学出版社,2003